Holzfrei

Nr. 52 1953

S. 9373—9704 30. Dezember

Chemisches Zentralblatt

Vollständiges Repertorium für alle Zweige der reinen und angewandten Chemie

1830 gegründet. 1897—1945 von der Deutschen Chemischen Gesellschaft fortgeführt.
Im Auftrage der Deutschen Akademie der Wissenschaften zu Berlin, der Chemischen Gesellschaft in der Deutschen Demokratischen Republik, der Akademie der Wissenschaften zu Göttingen und der Gesellschaft Deutscher Chemiker

herausgegeben von Prof. Dr. **Maximilian Pflücke**

124. Jahrgang

1953

Chefredakteure: Dr. Eugen Klever und Prof. Dr. Maximilian Pflücke

Akademie-Verlag GmbH., Berlin — Verlag Chemie, GmbH., Weinheim/Bergstr.

Inhalt

Namenregister

Chemisches Zentralblatt

1953 **Nr. 52** **30. Dezember**

A. Allgemeine und physikalische Chemie.

Alfred Benrath, *Chemische Grundbegriffe. Eine erkenntnistheoretische Studie.* Die Arbeit stellt eine erkenntniskrit. Betrachtung der in Physik u. Chemie verwendeten Grundbegriffe „Atom" u. „Molekül" dar, die zunächst nach Vf. aus einer naheliegenden mechan. Analogie entstanden ist. Diese heurist. Fiktion führte zu Axiomen, von denen ausgehend die beobachtbaren Erscheinungen log. eingeordnet werden können. Die krit. Erkenntnislehre weist auf die Unterschiede des Atombegriffs als „Fiktion" u. als „Axiom" hin. Vf. zeigt, daß die Axiome dieselbe Realität haben wie die Erscheinungen, die zu ihrer Aufstellung geführt haben, u. daß die in der LOSCHMIDTschen Zahl gegebene Grenze der Teilbarkeit der Stoffe das Mol. zu einer realen Tatsache macht. (Chemiker-Ztg. **77.** 282–86. 5/5. 1953. Ansbach.) G. HEINRICH. 10

Jerome Alexander, *Fortschreitende Stufen der Materialisation.* Allg. naturphilosoph. Betrachtungen. (Colloid Chem. **7.** 201–08. 1950.) HENTSCHEL. 10

A_1. Kernphysik und Kernchemie.

Alexander W. Stern, *Raum, Feld und Äther in der gegenwärtigen Physik.* Folgerungen aus der Theorie der Quantenfelder u. der DIRACschen klass. Feldtheorie. (Science [Washington] **116.** 493–96. 7/11. 1952. Flushing, Long Island, N. Y.)
GERHARD SCHMIDT. 80

Bernard Kwal, *Energieverluste von schnellen geladenen Teilchen in einem vollständig ionisierten Medium (Ionenplasma). Anwendung auf die Höhenstrahlung im interstellaren Raum.* Zur Berechnung der Energieverluste von schnellen geladenen Teilchen im Ionenplasma werden in der BOHRschen Formel die Umlauffrequenz durch die charakterist. Frequenz des Plasmas u. die Anregungsenergie **durch die Austrittsenergie** des Elektrons aus dem Plasma gesetzt. Unter der Annahme von 1 Proton u. 1 Elektron je cm^3 wird der Energieverlust von Höhenstrahlenteilchen im interstellaren Raum abgeschätzt. Die so errechneten Werte sind höher als die nach der FERMI-Theorie über den Ursprung der Höhenstrahlung ermittelten. (C. R. hebd. Séances Acad. Sci. **230.** 1662–64. 8/5. 1950.) W. SCHÄFER. 85

V. Sarabhai, U. D. Desai und **R. P. Kane,** *Meteorologische und extraterrestrische Ursachen der täglichen Schwankung der Intensität der Höhenstrahlung.* Mit vertikalen GEIGER-Zählerteleskopen wurden die täglichen Schwankungen der Intensität der kosm. Strahlung u. die Intensitäten der Mesonen- u. Elektronenkomponenten in Ahmedabad (50 m Seehöhe) untersucht. Bei einer genaueren Unters. des Einfl. der meteorolog. Faktoren auf diese Schwankungen wurde gefunden, daß man geeignete barometr. Koeffizienten zur Korrektur für die Intensitäten der kosm. Strahlung angeben kann. Die barometr. Koeffizienten für die 3 Intensitäten sind $\beta_T = -4{,}2\%$ pro cm Hg; $\beta_M = -2{,}4\%$ pro cm Hg u. $\beta_E = -14{,}0\%$ pro cm Hg. Die Schwankungen der Elektronenkomponente werden zum größten Teil durch den Massenabsorptionseffekt mit einer Änderung des barometr. Drucks verursacht. Bei der Gesamtintensität u. der Mesonenintensität wurde dagegen eine Restschwankung von ca. 0,3% in der Amplitude festgestellt. Die tägliche Mesonenrestschwankung ist wahrscheinlich extraterrestr. Ursprungs. (Proc. Indian Acad. Sci., Sect. A **37.** 287–303. Febr. 1953. Ahmedabad, Phys. Res. Labor.) GOTTFRIED. 85

H. V. Neher, *Zusammenhänge geomagnetischer Höhenstrahleffekte.* (Vgl. **BIEHL u. Mitarbeiter,** C. **1949. II.** 839.) Aus einem Vgl. des Breiteneffektes u. der Ost–West-Asymmetrie schließt Vf., daß die Primärstrahlung entweder nur oder fast ausschließlich aus positiven Teilchen bestehen muß, wobei der Betrag ihrer Ladung offenbleibt. Die Rechnung ergibt für das Verhältnis der Häufigkeiten $-/+$ den Wert $-0{,}12 \pm 0{,}15$. (Physic. Rev. [2] **78.** 674–80. 15/6. 1950. Pasadena, Calif., California Inst. of Technol.)
E. REUBER. 85

D. S. R. Murty, *Ost-West-Asymmetrie der Höhenstrahlen.* Mit einem Dreifachkoinzidenz-Zählerteleskop wurde in Hyderabad die Ost-West-Asymmetrie der Höhenstrahlung untersucht. Es wurde beobachtet, daß die Asymmetrie zunächst bis zu einem Maximum von 12,3% bei einem Zenitwinkel von 43^0 ansteigt u. hierauf mit höheren

Zenitwinkeln kontinuierlich abfällt. (Proc. Indian Acad. Sci., Sect. A **37**. 317—20. Febr. 1953. Hyderabad, Osmania Univ., Phys. Labor.) GOTTFRIED. 85

S. F. Singer, *Die Zenitwinkelabhängigkeit der Höhenstrahlung jenseits der Atmosphäre bei $\lambda = 41^0$ N.* Bei einem Raketenflug wurde mittels eines Zählrohrteleskopes aus insgesamt 6 Zählrohren die Abhängigkeit der gerichteten Intensität der Höhenstrahlung vom Zenitwinkel untersucht. Sie ist bei 0—15° 0,078 ± 0,010 cm^{-2}·sec^{-1} je Raumwinkeleinheit, bei >60° 0,114 ± 0,014 cm^{-2}·sec^{-1} je Raumwinkeleinheit. Bei Beurteilung der Winkelabhängigkeit ist die Verschmierung durch den Öffnungswinkel des Teleskopes zu beachten. Theoret. Kurven für diesen Zusammenhang haben einen qualitativ gleichen Verlauf. (Physic. Rev. [2] **77**. 729—30. 1/3. 1950. Silver Spring, Md., Johns Hopkins Univ., Appl. Phys. Labor.) E. REUBER. 85

S. F. Singer, *Über die Natur der Höhenstrahlung in der Nähe des Pfotzer-Maximums bei $\lambda = 41^0$ N.* (Vgl. vorst. Ref.) Bei einem Vgl. der mit einem Zählrohrteleskop erhaltenen Ergebnisse wurde gefunden, daß die prim. spezif. Ionisierung im Gebiet zwischen 9 u. 29 km Höhe um den Faktor 1,65 höher ist als in Seehöhe. Dieser Faktor kann im PFOTZER-Maximum noch größer sein, da die Meßwerte durch den weiten Höhenbereich verschmiert sind. Daraus wird geschlossen, daß der größte Teil leicht absorbierbarer Höhenstrahlung in großen Höhen nicht aus Elektronen mit 5—50 MeV bestehen kann. Bei Annahme von langsamen Protonen u. Mesonen sind die Ergebnisse gut erklärbar. (Physic. Rev. [2] **77**. 730. 1/3. 1950.) E. REUBER. 85

James P. Parker, *Zenitwinkelabhängigkeit der ausgedehnten Luftschauer.* (Sitzungsbericht.) Messungen der Zenitwinkelabhängigkeit der ausgedehnten Luftschauer wurden in 500 u. 6200 ft. Höhe durchgeführt. Die Zenitwinkelabhängigkeit wurde nach der Schauertheorie von ROSSI u. GREISEN (Rev. mod. Physics **13**. [1941.] 240) berechnet. (Physic. Rev. [2] **87**. 169. 1/7. 1952. Univ. of North Carolina.)
WIEDEMANN. 85

L. Allegretti und **Abd El-Wahab Khalil,** *Über ein zweites, drittes und viertes Maximum in der Übergangskurve von Rossi.* Über das 2. Maximum in der Übergangskurve liegen widersprechende Ergebnisse vor. Vff. weisen dieses Maximum u. bei Pb-Schichtdicken, die ein Mehrfaches von 12,5 cm betragen, auch noch ein 3. u. 4. Maximum nach; alle diese Maxima sind wesentlich schwächer als das erste. (Nuovo Cimento [9] **8**. 1011—13. 1/12. 1951. Alexandria, Faruk I Univ., Phys. Dep.) R. K. MÜLLER. 85

E. Clementel und **G. Puppi,** *Über die Nucleonenkomponente in der Atmosphäre.* Auf Grund der Unters der Protonenspektren u. des Verhältnisses zwischen Protonen u. Nucleonen, der Quellen der Nucleonenkomponente, der Verluste an Kernmaterie u. der mittleren freien Weglänge des Stoßes entwickeln Vff. eine Diffusionsgleichung für die Nucleonenkomponente. Die Absorptionswege für 400, 600 u. 800 MeV ergeben sich zu 145, 140 u. 135 g·cm^{-2}, beim Modell mit variablen Verlusten zu 137, 128 u. 126 g·cm^{-2} in Übereinstimmung mit den experimentellen Zahlen. (Nuovo Cimento [9] **8**. 936—51. 1/12. 1951. Padova u. Neapel, Univ., Ist. di Fisica.) R. K. MÜLLER 85

E. Clementel und **F. Ferrari,** *Über die Nucleonenkomponente in der Atmosphäre.* 2. Mitt. (1. vgl. vorst. Ref.) In den Spektren der Protonen- u. Neutronenkomponenten von 400 u. 2200 MeV für die atmosphär. Tiefen 1033, 680 u. 310 g·cm^{-2} werden die sek. Komponenten aus radioakt. u. nichtradioakt. Prozessen getrennt erörtert. Die theoret. Beziehungen werden mit den experimentellen Befunden verglichen. Das Verhältnis von Protonen zu Neutronen ist, soweit es nur sek. Komponenten umfaßt, nicht höher als 1 u. ändert sich sehr langsam mit g·cm^{-2}, das effektive Verhältnis nimmt mit der Höhe rasch zu, stimmt aber in niedrigen u. mittleren Lagen mit ersterem prakt. überein. (Nuovo Cimento [9] **9**. 572—79. 1/7. 1952.) R. K. MÜLLER. 85

Luke C. L. Yuan, *Die Neutronendichte in der freien Atmosphäre in Höhen bis zu 100 000 Fuß.* Ausführliche Darst. der C. **1950**. II. 735 referierten Arbeit. (Physic. Rev. [2] **77**. 728—29. 1/3. 1950. Princeton, N. J., Princeton Univ.) E. REUBER. 85

H. L. Bradt und **B. Peters,** *Überschuß von Lithium, Beryllium, Bor und anderen leichten Kernen in der primären Höhenstrahlung und das Problem der Entstehung der Höhenstrahlung.* Mit einem Plattensatz aus photograph. Emulsionen, die nach verschied. Entw. charakterist. Korndichten in Abhängigkeit von der Kernladungszahl besaßen (NTB 3 u. NTA), wurde die Häufigkeit der leichten Kerne bis Z = 14 in der prim. Höhenstrahlung für die geomagnet. Breite von 30° in ca. 30 km Höhe bestimmt. Das Vork. der einzelnen Kernsorten in Abhängigkeit von dem Entstehungsmechanismus der Höhenstrahlung wird diskutiert, u. es wird für das vorliegende Untersuchungsmaterial gefolgert, daß in der prim. Höhenstrahlung kaum Li-, Be- oder B-Kerne vorkommen können. Es wird weiter berechnet, daß die meisten schweren prim. Kerne keine Kernwechselwirkungsprozesse zwischen ihrem Beschleunigungsgebiet u. dem Auftreffen auf die Erdatmosphäre erleiden, also in einer Zeit von weniger als $10^6/\varrho$ Jahren, wobei ϱ die Dichte der Atome längs der Teilchenbahn ist. (Physic. Rev. [2] **80**. 943—53. 15/12. 1950. Rochester, N. Y., Univ.) W. SCHÄFER. 85

I. B. Bernstein, *Verbesserte Berechnungen zur Kaskaden-Schauer-Theorie.* Mit Hilfe einer Störungsrechnung werden die Differentialgleichungen der Kaskadentheorie integriert. Das Ergebnis führt zu Korrekturen, die größer sind, als bisher erwartet wurde. Die numer. Ausrechnung ist für alle leichten Elemente sowie für einzelne Elektronen u. Protonen möglich. (Physic. Rev. [2] **80**. 995—1005. 15/12. 1950. Upton, N. Y., Brookhaven Nat. Labor.) W. SCHÄFER. 85

B. T. Feld, I. L. Lebow und **L. S. Osborne,** *Schauer minimal ionisierender Teilchen von durch Höhenstrahlen ausgelösten Kernzerfällen in Kernemulsionen.* Bei 15 Kernzerfallsaufnahmen wurden die Bahnspuren minimaler Korndichte, die von einfach geladenen Teilchen mit einer die Ruhenergie übersteigenden kinet. Energie stammen, die Bahnen mit bis zu fünfmal so großer D., die von energiereichen Protonen stammen, u. die starken Bahnen, die von langsamen Protonen, α-Teilchen oder Kernbruchstücken erzeugt werden, untersucht. Aus der Addition der Ladungen der die beiden letzten Bahnarten erzeugenden Teilchen kann auf die Natur des zertrümmerten Kerns geschlossen werden. Die Minimal-Bahnspuren werden wahrscheinlich von π-Mesonen erzeugt. Ihre Winkelverteilung ist für die verschied. Kernarten verschieden u. stimmt bei leichten Kernen mit einfachen theoret. Annahmen überein. Es ist anzunehmen, daß die Mesonen in einer Kaskade mit geringer Multiplizität je Akt erzeugt werden. (Physic. Rev. [2] **77**. 731—32. 1/3. 1950. Cambridge, Mass., MIT., Phys. Dep., and Labor. for Nucl. Sci. and Engng.) E. REUBER. 85

H. L. Bradt und **M. F. Kaplon,** *Energieübertragung auf Nucleonen in Höhenstrahlsternen in 95000 Fuß Höhe.* Es wird der Zusammenhang zwischen Größe u. Häufigkeit von Sternen u. die Energie ihrer Bahnspuren nach der Emulsionstechnik bestimmt. Aus den Daten läßt sich ein oberer Grenzwert für den Wirkungsquerschnitt einer Übertragung von mehr als 150 MeV von einem Primärteilchen auf einen Ag- oder Br-Kern zu $1{,}0 \cdot 10^{-24}$ cm² bestimmen. (Physic. Rev. [2] **78**. 680—82. 15/6. 1950. Rochester, N. Y., Univ. of Rochester.) E. REUBER. 85

W. L. Whittemore und **R. P. Shutt,** *Elektrische und nicht-elektrische Streuung von Höhenstrahlmesonen und Protonen.* (Sitzungsbericht.) Auf Seehöhe u. auf 3,4 km Höhe wurde die Streuung von 15000 Höhenstrahl-Mesonen u. Protonen in 5 cm Pb untersucht. Auf Seehöhe ist die Streuung im wesentlichen elektr. u. in Übereinstimmung mit den Theorien (u. a. von MOLIÈRE), es handelt sich meist um μ-Mesonen. In 3,4 km steht die Verteilung der Streuwinkel für die negativen Teilchen in Übereinstimmung mit den COULOMB-Streutheorien, die Verteilung der positiven Teilchen zeigt jedoch einen „Schwanz" mit bevorzugter Vorwärtsrichtung, was auf elast. Beugungsstreuung der Protonenkomponente an den Pb-Kernen hinweist. (Physic. Rev. [2] **87**. 241. 1/7. 1952. Brookhaven Nat. Labor.) WIEDEMANN. 85

C. N. Yang, *Mögliche experimentelle Bestimmung der skalaren oder pseudoskalaren Natur des neutralen Mesons.* Beim Zerfall eines Mesons in zwei Photonen müssen diese gleiche Polarisationsrichtungen haben, wenn das Meson skalar ist, u. senkrecht aufeinander stehende, wenn es pseudoskalar ist. Die Photonen müßten durch die von ihnen erzeugten Paare feststellbar sein, die ihrerseits mittels Zählrohrkoinzidenzen registriert werden können. Läßt man die Ebenen, in denen sich die beiden Zählrohrpaare befinden, um die Richtung der beiden Zerfallsphotonen rotieren, so wird die Zahl der Vierfachkoinzidenzen sich nach verschied. Winkelabhängigkeiten ändern. Bei vernachlässigbar klein angenommenen Zählrohren ist der zu erwartende Effekt ca. $\pm 12\%$ der gezählten Impulse. (Physic. Rev. [2] **77**. 722—23. 1/3. 1950. Princeton, N. J., Inst. for Adv. Stud.) E. REUBER. 90

James Keck und **Raphael Littauer,** *Erzeugung von Photomesonen in Deuterium.* In Ergänzung zu der C. **1953**. 3510 referierten Arbeit errechnet sich aus der Winkelverteilung der Rückstoßprotonen der Wirkungsquerschnitt für die Erzeugung von π^--Mesonen unter 90° zum 236 MeV-Photonenstrahl zu $10{,}8 \pm 1{,}0$ μbarn/Raumwinkel in befriedigender Übereinstimmung mit dem Wert aus dem π^-/π^+-Verhältnis. (Physic. Rev. [2] **88**. 139—40. 1/10. 1952. Ithaca, N. Y., Cornell Univ., Newman Labor. of Nucl. Stud.) WERNER SCHULZ. 90

W. Heckrotte, L. R. Henrich und **J. V. Lepore,** *Photoerzeugung von π^0-Mesonen aus Deuterium.* (Sitzungsbericht.) (Vgl. C. **1953**. 3.) Das Verhältnis der Wirkungsquerschnitte für die Photoerzeugung von π^0 aus D zu dem aus H gibt Aufschluß über die relativen Vorzeichen der Kopplungskonstanten der neutralen Mesonen für Protonen

u. Neutronen. Die Ergebnisse der Berechnung für das Deuteron als Endzustand wie für den ungebundenen Zustand der beiden Nucleonen werden mitgeteilt. (Physic. Rev. [2] **87.** 219. 1/7. 1952. Berkeley, Univ. of California.) WIEDEMANN. 90

K. A. Brueckner und **K. M. Watson,** *Phänomenologische Beziehungen zwischen Photomesonenerzeugung und Meson–Nucleon-Streuung.* In ähnlicher Weise wie die Meson–Nucleon-Streuung wird die Mesonenerzeugung durch Photonen auf der Grundlage der Hypothesen der Ladungsunabhängigkeit u. der starken Resonanzwechselwrkg. zwischen Meson u. Nucleon in den Zuständen $J = {}^3/_2$ u. $I = {}^3/_2$ behandelt. Energie- u. Winkelabhängigkeit sowie das Verhältnis der Wirkungsquerschnitte können befriedigend wiedergegeben werden. Die Meth. läßt sich auch auf die Winkelverteilung der bei (p–p)-Zusammenstößen entstehenden π^+-Mesonen anwenden. (Physic. Rev. [2] **86.** 923–28. 15/6. 1952. Bloomington, Ind., Indiana Univ., Phys. Dep.) WIEDEMANN. 90

Edward J. Kelly, *Äquivalenztheoreme für Meson–Nucleon-Kopplungen.* Die Äquivalenz der skalaren (pseudoskalaren) u. der vektoriellen (pseudovektoriellen) Kopplung der Meson- u. Nucleonfelder in der skalaren (pseudoskalaren) Mesonentheorie wird diskutiert. (Physic. Rev. [2] **79.** 399–400. 15/7. 1950. Cambridge, Mass., M.I.T., Dep. of Phys.) WIEDEMANN. 90

Maurice M. Lévy, *Nicht-adiabatische Behandlung des relativistischen Zweikörper-Problems.* Die nicht-adiabat. Behandlung der relativist. Wechselwrkg. zwischen zwei Teilchen wird verallgemeinert, um die Paarerzeugung einzuschließen. Zwei Fälle werden untersucht: 1. die maximale Mesonenzahl zu einer gegebenen Zeit ist = 1, die Anzahl der Paare ist unbeschränkt. 2. Keine Paarerzeugung, aber Mesonenzahl beliebig. Die exakte Korrektur zur skalaren Mesonenwechselwrkg. zweier Nucleonen kann nur erhalten werden, wenn Wechselwirkungsprozesse 4. u. 6. Ordnung eingeschlossen werden. (Physic. Rev. [2] **88.** 72–82. 1/10.; Sitzungsbericht: Physic. Rev. [2] **86.** 626. 15/5.; Bull. Amer. physic. Soc. **27.** Nr. 1. 51. 31/1. 1952. Princeton, N. J., Inst. for Adv. Stud.) WIEDEMANN. 90

Maurice Jean und **Jacques Prentki,** *Über die Streuung der π-Mesonen durch Nucleonen.* Die theoret. Diskussion der Wechselwrkg. zwischen dem pseudoskalaren Mesonenfeld u. dem Nucleonenfeld zeigte die Äquivalenz der pseudoskalaren u. pseudovektoriellen Kopplungen für Nucleon-Nucleon-Wechselwirkungen. Ein weiterer Effekt zweiter Ordnung ist der Mesonen-COMPTON-Effekt, der hier unter Benutzung der symm. Theorie von KEMMER besprochen wird. Die Wahrscheinlichkeiten für die Wechselwrkg. der Mesonen mit bzw. ohne Ladungswechsel können mit Hilfe des vorgelegten Ansatzes angegeben werden. (C. R. hebd. Séances Acad. Sci. **230.** 365–67. 23/1. 1950.) W. SCHÄFER. 90

H. Bradner und **B. Rankin,** *Weitwinkelstreuung von π^--Mesonen.* (Vgl. C. **1953.** 7015.) In einer G5-Emulsion wird die Streuung von π^--Mesonen um mehr als 30° für Teilchenenergien zwischen 20 u. 38 MeV untersucht. Der Streuquerschnitt kann zu etwa einem halben Kernquerschnitt abgeschätzt werden. Das Verschwinden eines π^--Mesons ohne Erzeugung eines Sterns kann möglicherweise durch Ladungsaustausch mit einem Proton erklärt werden. Streuungen unter weniger als 30° sind nicht sicher zu deuten, da in dem fraglichen Energiebereich die π-Streuung u. der π-μ-Zerfall schwer unterscheidbar werden. (Physic. Rev. [2] **80.** 916. 1/12. 1950. Berkeley, Calif., Univ., Radiat. Labor.) W. SCHÄFER. 90

P. Budini, *K-Einfang des μ-Mesons.* Der Übergang von $P + \mu^- \rightarrow \mu^0 + N$ kann entweder über $\pi^+ + N + \mu^-$ oder über $\pi^- + P + \mu^0$ erfolgen. Wenn man nur den pseudoskalaren Ausdruck der HAMILTON-Funktion der Wechselwrkg. berücksichtigt, ergibt sich, daß die Wahrscheinlichkeit der Rk. entgegen der Erwartung auch in diesem Falle (bei den leichtesten Kernen) proportional $\approx Z^4$ ist. Vf. weist auf die Unterschiede hin, die durch die skalaren u. die pseudoskalaren Wechselwirkungen im Problem der Anregung des Kerns verursacht werden. (Nuovo Cimento [9] **8.** 901–08. 1/12. 1951. Trieste, Univ., Ist. di Fis.) R. K. MÜLLER. 90

R. Levi Setti und **G. Tomasini,** *Über den Zerfall von μ-Mesonen.* Vff. haben aus Messungen der Mehrfachstreuung von Mesonen in Kernemulsionen ein Energiespektr. der Zerfallsteilchen von μ-Mesonen erhalten. Dazu wurden auf ILFORD G5-Platten von 400, 600 u. 1200 μ Dicke, die auf 2850 m Seehöhe der Höhenstrahlung ausgesetzt waren, alle Spuren von mehr als 1 mm Länge ausgemessen. Die Ergebnisse sind tabellar. u. in Form eines Differentialenergiespektr., das die Zahl der Teilchenspuren pro 10 MeV Energieintervall, gegen die Energie aufgetragen, enthält, wiedergegeben. Sie sind mit den aus magnet. Ablenkungsverss. in der WILSON-Kammer erhaltenen in befriedigender Übereinstimmung. Einige Fälle von Vernichtungs- u. Bremsstrahlungsprozessen wurden beobachtet, die die Hypothese stützen, daß die M. der Zerfallsteilchen nahezu gleich der Elektronenmasse ist. Es wurden jedoch keinerlei Anzeichen dafür gefunden, daß außer dem gewöhnlichen Zerfall in ein Elektron u. 2 Neutrinos noch andere Prozesse auftreten. (Nuovo Cimento [9] **8.** 994—1005. 1/12. 1951. Milano, Univ., Ist. di Fis.; Genova, Univ., Ist. di Fis.) CONRAD. 90

U. Fano, H. Hurwitz jr. und **L. V. Spencer,** *Eindringen und Diffusion von Röntgenstrahlen. 5. Mitt. Einfluß kleiner Ablenkungen auf das asymptotische Verhalten.* (4. vgl. SPENCER, Physic. Rev. [2] **76.** [1949.] 1885.) In der 1. Mitt. (vgl. C. **1950.** II. 2646) hatten BETHE, FANO u. KARR einen Ausdruck für die asymptot. Änderung der Röntgenstrahlenintensität in größeren Tiefen eines absorbierenden Stoffes hergeleitet, wobei der Einfl. kleiner winkelmäßiger Ablenkungen vernachlässigt worden war, der die niedrigenerget. Verminderungen begleitet, die durch die COMPTON-Streuung bedingt sind. In der vorliegenden Arbeit berücksichtigen Vff. die Korrekturen für diesen Einfl., wobei jedoch nur der Fall berücksichtigt wird, in dem der Absorptionskoeff. monoton mit abnehmender Photonenenergie zunimmt. Bei der theoret. Behandlung wurden die von WICK (vgl. Physic. Rev. [2] **75.** [1949.] 738) für das analoge Problem der Neutronendiffusion angewandten Methoden benutzt. (Physic. Rev. [2] **77.** 425—26. 15/2. 1950. Schenectady, N. Y., Knolls Atomic Power Labor.) GOTTFRIED. 90

Ludwig Waldmann, *Über den g-Faktor des Elektrons nach der klassischen Feldmechanik.* Vf. untersucht, welches magnet. Moment die Feldmechanik dem Elektron zuschreibt. Den Ausgangspunkt der Berechnungen bilden das BOPP-FEYNMANsche Wirkungsprinzip in seiner allgemeinsten Gestalt u. die Bewegungsgleichungen der Feldmechanik. (Z. Naturforsch. **7a.** 645—48. Okt. 1952. Mainz, Max-Planck-Inst. für Chemie.) GERHARD SCHMIDT. 90

Frank L. Hereford, *Mehrfachstreuungseffekte bei der Messung maximaler Elektronenreichweiten.* Die Messung der prakt. maximalen Reichweite R_p monoenerget. Elektronen im Energiebereich 3—12 MeV hat für *Al* Werte ergeben, die unterhalb der berechneten Werte liegen. Diese Abweichung wird durch die Einw. von Mehrfachstreuung im Absorber erklärt u. durch eine halbempir. Korrektur an den berechneten Werten von R_p in Rechnung gesetzt. Die korr. Rechenwerte stimmen mit den an Al u. *Cu* gemessenen Werten überein. (Physic. Rev. [2] **78.** 327. 1/5.; Bull. Amer. physic. Soc. **25.** Nr. 1. 20. 2/2. 1950. Univ. of Virginia.) WERNER SCHULZ. 90

D. West, *Messungen der Verteilung der Energieverluste für Elektronen mit minimaler Ionisierung in einem Proportionalzähler.* Die Energieverluste in Materie von relativist. geladenen Teilchen über Strecken klein gegenüber der Gesamtreichweite zeigen große Fluktuationen infolge von δ-Strahlen. Diese Fluktuationen beschränken erheblich die Informationen, die aus der Messung der spezif. Ionisation mittels Zähler abgeleitet werden können. Messungen der Energieverlustverteilung von ROTHWELL (Proc. physic. Soc. Sect. B **64.** [1951.] 911) ergaben, daß diese Verteilung in *Ar* u. *Kr* breiter ist, als sie von LANDAU, aber enger **ist** als sie von BLUNCK u. LEISEGANG berechnet wurde. Vf. setzte die Verss. von ROTHWELL unter Verwendung einer größeren Anzahl von Gasen u. eines größeren Druckbereiches fort. Als Gase wurden $Ne + CH_4$, $Ar + CH_4$, $Kr + CH_4$ u. $Ne + Kr$ sowie CH_4 bei verschied. Partialdrucken benutzt. Die Elektronen hatten eine Energie von 1,3 MeV. (Proc. physic. Soc. Sect. A **66.** 306—08. 1/3. 1953.) V. HARLEM. 90

Edward Sturcken, Robert Heller und **Alfred H. Weber,** *Prozentuale β-Strahlen-Durchlässigkeit durch dünne Fenster.* (Sitzungsbericht.) Die prozentuale Durchlässigkeit monoenerget. Elektronen im Bereich von 16—32 kV durch dünne Nylon-Filme von 0,02—0,1 mg/cm² wird mit Scintillationszählern gemessen. Für Nylon von 0,05 mg/cm² werden Werte von 10% bei 16 kV bis 70% bei 32 kV ermittelt. (Physic. Rev. [2] **78.** 327. 1/5.; **Bull. Amer. physic. Soc. 25. Nr.** 1. 20. **2/2.** 1950. St. Louis Univ.) WERNER SCHULZ. 90

R. B. Harvey, F. A. Keidel und **S. H. Bauer,** *Einige Auswirkungen der Düsenform auf die Beugung von Elektronen durch Gase.* Die theoret. Formel der Streustrahlung eines auf ein Gas treffenden Elektronenstrahls großer Geschwindigkeit hat u. a. eine verschwindende Dicke der Gasschicht zur Voraussetzung. Da dies prakt. nie erfüllt ist, hängen die Messungen weitgehend von der Ausgestaltung der Düse ab, durch die das Gas mit den Elektronen in Wechselwrkg. gebracht wird. Es werden zahlreiche Unterss. durchgeführt, auf Grund derer eine geeignete Düsenform mit gutem Wirkungsgrad angegeben werden kann. (J. appl. Physics **21.** 860—74. Sept. 1950. Ithaca, N. Y., Cornell Univ., Dep. of Chem.) PIEPLOW. 90

Herman Feshbach, *Die Coulomb-Streuung relativistischer Elektronen und Positronen an Kernen.* Die COULOMB-Streuung energiereicher Elektronen (>4 MeV) u. Positronen wird mit Hilfe der bedingt konvergierenden MOTTschen Reihe für Streuwinkel Θ

im Bereich von 30—150° u. für Kernladungen Z von 13—80 berechnet u. tabellar. festgelegt. Das in Kurvenform dargestellte Verhältnis der Wirkungsquerschnitte für die Streuung von Positronen u. Elektronen zeigt, daß dieses Verhältnis <1 ist u. mit wachsendem Z abnimmt. (Physic. Rev. [2] **88.** 295—97. 15/10. 1952. Cambridge, Mass., MIT., Dep. of Phys., u. Labor. for Nucl. Sci. and Engng.) Werner Schulz. 90

Toshio Azuma, Hiroshi Nakamura, Isao Kumabe, Kunihiko Tsumori und **Sakae Shimizu,** *Über die Rückwärtsstreuung der β-Strahlen von* ^{32}P. (Sitzungsbericht.) Es werden ^{32}P-β-Teilchen an Pb gestreut u. das so erhaltene β-Spektr. mit einem Linsenspektrometer aufgenommen. Das beobachtete Streuspektr. wird mit verschied. theoret. Ansätzen verglichen. (Bull. Inst. chem. Res., Kyoto Univ. [Kagaku Kenkyusho Hokoku] **29.** Nr. 6. 69—70. Juni 1952. K. Kimora Labor. [Orig.: engl.]) Weigel. 90

D. G. Hurst und **N. Z. Alcock,** *Die Streulängen des Deuterons.* Inhaltlich ident. mit der C. **1953** 6808 referierten Arbeit. (Physic. Rev. [2] **80.** 117—18. 1/10. 1950. Chalk River, Ontario, Canad., Nat. Res. Counc. of Canada, A. E. P.) Werner Schulz. 90

Ingemar Bartholdson, *Die Winkelverteilung der D-D-Neutronen.* Messungen des Vf. ergeben, daß im Gebiet niedriger Deuteronenenergie die beobachtete winkelmäßige Anisotropie der Neutronen hauptsächlich von den Coulombschen- u. Zentrifugalschranken des einfallenden Teilchens abhängig ist. (Ark. Fysik **2.** 271—75. 1950.) Gottfried. 90

Henriette Faraggi, *Experimentelle Bestimmung der Reichweite-Energie-Beziehung und des Bremsvermögens von Emulsionen für energiearme geladene Teilchen.* Für die beim Beschuß von *Li*, *B* u. *N* mit therm. Neutronen erzeugten Protonen u. α-Teilchen geringer Energie werden in Emulsionen die Reichweiten u. Bremsvermögen bestimmt. Die erhaltenen Reichweiten (α: 1,52 ± 0,09 MeV, —5,0 ± 0,2 μ; 2,04 ± 0,07 MeV, —6,7 ± 0,2 μ; 5,298 MeV, —22,0 ± 0,2 μ; p: 0,58 ± 0,02 MeV, —6,1 ± 0,15 μ; 0,91 ± 0,02 MeV, —12,1 ± 0,06 μ) sind mit einer Genauigkeit von 5% für alle Kernemulsionen gültig. Eine größere Genauigkeit kann durch Eichung der jeweiligen Emulsion erzielt werden. Die Bremsvermögen liegen höher, als der theoret. Erwartung entspricht. (C. R. hebd. Séances Acad. Sci. **230.** 1398—99. 12/4. 1950.) W. Schäfer. 90

Pierre Cüer, Jean-Pierre Lonchamp, Jean Combes und **Serge Gorodetzky,** *Über die Bestimmung der Bahnspuren von α-Teilchen niedriger Energie in Kernemulsionen.* Diskussion der Genauigkeit der Reichweitemessungen von α-Teilchen niedriger Energie an Hand der Rk. ^{6}*Li*(n, t)α in Ilford D₁-Emulsionen. Die Reichweite wird zu 6,19 ± 0,04 μ bestimmt, das Bremsvermögen der Emulsion bei 50% relativer Feuchtigkeit zu 1680 ± 40 für α-Teilchen von 2 MeV. (C. R. hebd. Séances Acad. Sci. **230.** 1764—66. 15/5. 1950.) Eichhoff. 90

Eugene P. Wigner, *Über die statistische Verteilung der Breiten und Abstände von Kernresonanzniveaus.* Wenn der mittlere Abstand der Resonanzniveaus sehr klein ist im Vgl. mit dem Energiegebiet, in welchem der Abstand oder die Breite der Niveaus sich merklich um den Mittelwert ändert, so kann man von einer statist. Verteilung der Abstände u. Breiten der Niveaus sprechen. Es entsteht dann die Frage, ob das „Verteilungsgesetz" für Breite u. Abstand für Protonen, Neutronen usw. verschieden ist, d. h. ob es abhängig **ist** von der langreichenden Wechselwrkg. des gestreuten Teilchens. Es wird gezeigt, daß, während die mittlere Breite von der langreichenden Wechselwrkg. abhängig sein muß, die Verteilung der Breiten, wenn diese in Abhängigkeit von ihrem Mittelwert gemessen wird, hiervon unabhängig ist. Im Fall der Niveauabstände ist nicht nur ihre Verteilung um das Mittel, sondern auch das Mittel selbst unabhängig von der weitreichenden Wechselwirkung. Die logarithm. Ableitung der Wellenfunktion an der Oberfläche des Kerns hat als Ganzes einen positiven Wert zwischen den Resonanzstellen als Folge des größeren Einfl. der hochenerget. Resonanzen gegenüber dem der gebundenen Zustände. (Proc. Cambridge philos. Soc. **47.** 790—98. Okt. 1951.) v. Harlem. 95

Salomon Rosenblum und **Manuel Valadares,** *Neue Bestimmung einiger Radien, schwerer radioaktiver Kerne.* Nach den neuen Daten über einige α-Spektren werden nach der Formel von Gamow die Radien in der *Ra*-Reihe zu A = 4n + 2 u. in der *Th*-Reihe zu A = 4n berechnet. Die Radien verändern sich stetig mit A, Abweichungen von der Kurve lassen auf Feinstrukturen schließen. (C. R. hebd. Séances Acad. Sci. **230.** 384—86. 23/1. 1950.) Wiedemann. 95

Alfred O. Nier, *Eine Neubestimmung der relativen Isotopenhäufigkeiten von Kohlenstoff, Stickstoff, Sauerstoff, Argon und Kalium.* Vf. bestimmt in 2 Massenspektrometern mit 60°-Ablenkung den relativen Isotopengeh. von C, N_2, O_2, Ar u. K. Er erhält folgende Werte: für 2 verschied. Proben $^{13}C/^{12}C$ 0,01117 ± 0,00003 u. 0,01124 ± 0,00003. Für atmosphär. N_2 $^{14}N/^{15}N$ 273 ± 1. Für prozentuale Häufigkeit von ^{16}O, ^{17}O, ^{18}O in atmosphär. O_2 99,759; 0,0374; 0,2039; von ^{40}Ar, ^{36}Ar, ^{38}Ar 99,600; 0,063; 0,337; von ^{41}K, ^{40}K, ^{39}K 6,91 ± 0,04; 0,0119 ± 0,0001; 93,08 ± 0,04. Der ^{40}K-Geh. in natürlichem K liegt damit 10% über dem bisherigen Wert. Bei Verwendung von atmosphär. O_2 als Standard ergibt sich zwischen physikal. u. chem. At.-Gew. ein Umrechnungsfaktor 1,0002783 ± 0,0000005. (Physic. Rev. [2] **77**. 789—93. 15/3. 1950. Minneapolis, Minn., Univ., Dep. of Phys.) SPEER. 100

Alfred O. Nier, *Eine Neubestimmung der relativen Isotopenhäufigkeiten von Neon, Krypton, Rubidium, Xenon und Quecksilber.* (Vgl. vorst. Ref.) Vf. verwendet zur Best. des relativen Isotopengeh. von Ne, Kr, Rb, Xe u. Hg ein Massenspektrometer, das mit einem willkürlichen Ar-Isotopengemisch von ^{36}Ar u. ^{40}Ar geeicht wird. Für die prozentualen Häufigkeiten der Isotopen u. für das At.-Gew. ergaben sich folgende Werte: ^{20}Ne 90,92 ± 0,04; ^{21}Ne 0,257 ± 0,001; ^{22}Ne 8,82 ± 0,04%; At.-Gew. des Ne 20,172; ^{78}Kr 0,354 ± 0,002; ^{80}Kr 2,27 ± 0,01; ^{82}Kr 11,56 ± 0,02; ^{83}Kr 11,55 ± 0,02; ^{84}Kr 56,90 ± 0,1 u. ^{86}Kr 17,37 ± 0,02%; At.-Gew. des Kr 83,805; das Verhältnis ^{85}Rb/^{87}Rb ist 2,591 ± 0,003; ^{124}Xe 0,096 ± 0,001; ^{126}Xe 0,090 ± 0,001; ^{128}Xe 1,919 ± 0,004; ^{129}Xe 26,44 ± 0,08; ^{130}Xe 4,08 ± 0,01; ^{131}Xe 21,18 ± 0,05; ^{132}Xe 26,89 ± 0,07; ^{134}Xe 10,44 ± 0,02 u. ^{136}Xe 8,87 ± 0,01%; At.-Gew. des Xe 131,300. Für das At.-Gew. von Hg wurde 200,605 berechnet. (Physic. Rev. [2] **79**. 450—54. 1/8. 1950.) SPEER. 100

Harvey Casson, *Kern-γ-Strahlen aus dem Beschuß von Natrium, Magnesium und Aluminium mit Protonen niedriger Energie.* Energie u. relative Intensität von γ-Strahlen, die beim Beschuß von Na-, Mg- oder Al-Targets mit Protonen zwischen 200 u. 415 keV bei verschied. Resonanzeinfängen auftreten, wurden mit einem NaJ(Tl)-Einkristallspektrometer gemessen. Bei der Rk. Al(p,γ)^{28}Si wurde ein angeregtes Niveau von ^{28}Si bei ca. 12,00 MeV u. γ-Strahlen von 1,81 ± 0,04, 2,82 ± 0,07, 4,65 ± 0,10, 5,04 ± 0,10, 7,12 ± 0,15 u. 7,46 ± 0,15 MeV beobachtet. Bei ^{23}Na (p,γ)^{24}Mg hat der angeregte Zustand von ^{24}Mg die Energie 12,03 MeV u. die γ-Strahlen 1,38 ± 0,04, 6,84 ± 0,24, 7,50 ± 0,20 u. 10,3 ± 0,3 MeV. Die Rk. ^{26}Mg(p,γ)^{27}Al ergibt ein angeregtes Niveau von ^{27}Al bei 8,6 MeV mit γ-Strahlen von 5,8, 2,8 u. ca. 4 MeV. ^{24}Mg(p,γ)^{25}Al liefert für ^{25}Al die Anregungsenergie 2,5 MeV mit γ-Strahlen von 1,95 ± 0,06, 0,48 ± 0,05 u. 2,35 ± 0,1 MeV. Zerfallsschemata für die beobachteten Energieverhältnisse werden aufgestellt u. die Reaktionswahrscheinlichkeiten für den Protoneneinfang abgeschätzt. (Physic. Rev. [2] **89**. 809—20. 15/2. 1953. Chicago, Ill., Univ. of California, Dep. of Phys. and Inst. for Nucl. Stud.) CONRAD. 103

L. J. Gallaher und **W. B. Cheston**, *Winkelkorrelationen bei (d,pγ)-Reaktionen.* Die Winkelkorrelationsfunktion f(Θ, ϑ) für die Rk. (d,pγ), worin Θ den Winkel zwischen den Bahnen des einfallenden Deuterons u. des emittierten Protons, ϑ den Winkel zwischen der Bahn des vom Kern absorbierten Neutrons (aus dem Proton) u. des emittierten γ-Strahls bedeutet, wird mit den für die (d,p)-Rk. üblichen Methoden u. Näherungen berechnet u. mit der Rk. ^{40}*Ar*(d,p)^{41}Ar*(γ)^{41}Ar verglichen (^{41}A* 1,34 MeV-Niveau von ^{41}Ar), wobei die Winkelkorrelation in Abhängigkeit von cos ϑ den möglichen Spin- u. Paritätswerten des Grundzustandes u. des angeregten Zustandes von ^{41}Ar gegenübergestellt wird. (Physic. Rev. [2] **88**. 684. 1/11. 1952. St. Louis, Mo., Washington Univ.) WERNER SCHULZ. 103

Harry T. Easterday und **Heinrich A. Medicus**, *Isomere Übergänge bei ^{93}Tc und ^{96}Tc.* Die nach Beschuß von ^{92}*Mo* mit 9,5 MeV-Protonen auftretende 43,5 Min.-Aktivität mit 390 keV-γ-Übergang wurde durch 2 unabhängige Rkk. ^{92}Mo(d,n) u. ^{93}*Nb*(α,4n) erzeugt u. mittels Schwellenwertberechnungen dem ^{93}Tc zugeschrieben. Mit doppelt fokussierendem Spektrometer wurde das Verhältnis K/L + M zu 5,8 ± 0,3 bestimmt. Der Konversionskoeff. der 390 keV-Linie von ^{93}Tc ist 0,31 ± 0,07, was einem M4 isomeren Übergang entspricht. Das beim Beschuß von Mo mit Protonen auftretende Isomer von 51,5 ± 1,0 Min. Halbwertszeit u. 34,4 keV Übergangsenergie konnte durch Vgl. seiner L-Linie mit Linien bekannter Tc-Isotope als ^{96}Tc erkannt werden. Bei der Erzeugung von ^{96}-Tc durch (α,n)-Rk. aus ^{93}Nb wurde eine schwache Positronenabzweigung gefunden. Ein Zerfallsschema für ^{96}Tc wird vorgeschlagen. (Physic. Rev. [2] **89**. 752—54. 15/2. 1953. Berkeley, Calif., Univ. of California, Dep. of Phys., Radiat. Labor.) CONRAD. 103

Bruce Dropesky und **Edwin O. Wiig**, *Drei neue Xenonisotope mit Neutronenunterschuß.* Die Aktivität einer Probe aus dem Beschuß von J mit 240 MeV-Cyclotron-Protonen wird vor u. nach Trennung der Mutter- u. Tochtersubstanzen mit einem NaJ(Tl)-Scintillationszähler u. einem β-Spektrometer gemessen. Dabei werden die Isotope ^{121}Xe, ^{122}Xe u. ^{123}Xe mit den Halbwertszeiten von 40 ± 2 Min., 20 ± 1 Std. u. 1,7 ± 0,2 Std. gefunden. ^{122}Xe, dessen 3,1 MeV-Positronenstrahlung mit der von ^{122}*J* übereinstimmt, erweist sich als Mutterelement von ^{122}J. (Physic. Rev. [2] **88.** 683–84. 1/11. 1952. Rochester, N. Y., Univ. of Rochester, Dep. of Chem.) WERNER SCHULZ. 103

D. R. Hutchinson und **M. L. Wiedenbeck,** *Neuuntersuchung der Radioaktivität von ^{124}Sb.* Das β-Spektr. von ^{124}Sb wird mit einem Dünnlinsenspektrometer unter besonderer Berücksichtigung der inneren Konversion der γ-Strahlen von 0,607 (I) u. 1,7 MeV (II) u. des Verlaufs des β-Spektr. bei hoher Energie untersucht. Für I wird ein Konversionskoeff. $\alpha_K = (3,63 \pm 0,40)\cdot 10^{-3}$ u. $\alpha_L = (5,15 \pm 1,0)\cdot 10^{-4}$ gefunden. Ein Vgl. von α_K mit theoret. Werten deutet auf einen elektr. Quadrupolübergang. Der Konversionskoeff. von II wird als $< 5\cdot 10^{-4}$ geschätzt. Die nächsthöchste β-Komponente wird als in 1. Ordnung verboten angesehen. (Physic. Rev. [2] **88.** 699–702. 15/11. 1952. Ann Arbor, Mich., Univ. of Michigan, Randall Labor. of Phys.) WEIGEL. 103

Nadine Marty, Hélène Langevin und **Pierre Hubert,** *Untersuchung der von ^{126}J emittierten Strahlungen.* Bei der Unters. von ^{126}J, das durch (d, dn)-Rkk. mit 28 MeV-Deuteronen gewonnen wurde, ließen sich folgende Strahlungen nachweisen: β^+ $E_{max} = 1,21 \pm 0,05$ MeV; β^- $E_{max} = 1,255 \pm 0,01$ u. 0,87 MeV. Das β^+/β^--Verhältnis beträgt $(2,7 \pm 0,2)$ %, die relative Intensität der β^--Komponenten 27,5 bzw. 72,5%. Durch Photoeffekt werden γ-Energien von $\gamma_I = 393 \pm 6$ keV, $\gamma_{II} = 662 \pm 12$ keV u. $\gamma_{III} = 27 \pm 0,5$ keV nachgewiesen. Die Insitätsverhältnisse $\gamma_{670}/\gamma_{390}$ u. γ_{27}/γ_{670} betragen 0,98 $\pm$ 0,1 bzw. 1,25 $\pm$ 0,2. Das wiedergegebene Zerfallsschema stimmt mit dem Schalenmodell von M. G. MAYER überein. (C. R. hebd. Séances Acad. Sci. **236.** 1153–55. 16/3. 1953.) EICHHOFF. 103

K. I. Roulston und **R. W. Pringle,** *Das Zerfallsschema von ^{192}Ir.* (Vgl. Cork u. Mitarbeiter, C. **1951.** II. 3124 u. **1952.** 1605.) γ-γ-Koinzidenzunterss. an ^{192}*Pt* aus dem β-Zerfall von ^{192}Ir mit einem Scintillationsspektrometer ergaben zusätzlich zu dem Zerfallsschema von CORK u. Mitarbeiter für ^{192}Pt einige neue energiereiche γ-Linien. Die Gesamtenergie des Überganges in den Grundzustand beträgt 1,58 $\pm$ 0,03 MeV. (Physic. Rev. [2] **87.** 930–31. 15/9. 1952. Winnipeg, Can., Univ. of Manitoba, Phys. Dep.) H. HAUSWALD. 103

Anna Maria Conforto und **R. D. Sard,** *Die Erzeugung von Neutronen durch μ-Mesonen-Einfang in Pb, Mg und Ca.* (Vgl. C. **1952.** 1119.) Mittels einer Linse aus magnetisiertem Eisen können μ-Mesonen, u. zwar sowohl μ^+ als auch μ^-, fokussiert werden. Mittels einer Koinzidenz–Antikoinzidenz-Anordnung wurden die beim Einfang von μ^- verdampfenden Neutronen bestimmt. Die Wrkg. der Linse wurde durch Messung der Zerfallselektronen mit verzögerten Koinzidenzen geprüft. Die Bremsgröße für die μ^--Mesonen wurde durch Vgl. mit der Best. des μ-Mesonenspektr. auf Seehöhe zu ca. 1,8 min^{-1} ermittelt, die Neutronenempfindlichkeit der Anordnung zu ca. 2%. Die Zahl der Neutronen je Einfang in Pb wurde zu 1,47 ($\pm$25%) gegenüber einem Literaturwert von 2,16 bestimmt. In Ca u. Mg werden nur sehr wenige, falls überhaupt, Neutronen ausgesandt. Das Verhältnis der nachgewiesenen Neutronen zu den eingefangenen Mesonen beträgt hier $(0,6 \pm 0,5)$ % gegenüber $(3,1 \pm 0,3)$ % in Pb. (Physic. Rev. [2] **86.** 465–75. 15/5. 1952. St. Louis, Mo., Washington Univ.) WIEDEMANN. 103

F. Wagner jr., M. S. Freedman, D. W. Engelkemeir und **L. B. Magnusson,** *Strahlungen von ^{213}Bi, ^{209}Pb und ^{209}Tl.* (Sitzungsbericht.) Vff. bestimmen mit einem Doppellinsenspektrometer das Elektronenspektr. von ^{225}*Ac* im Gleichgewicht mit seinen Folgeprodukten. Das Kontinuum ließ sich in 4 Komponenten aufspalten: 1,99 MeV (^{209}Tl), 1,39 u. 0,96 MeV (^{213}Bi) u. 0,62 MeV (^{209}Pb). Konversionslinien wurden bei 417, 341, 200, 118 u. 80 keV gefunden. Mit einem Scintillationsspektrometer wurden γ-Quanten bei 435, 230 u. 165 keV sowie K-Strahlung nachgewiesen. Eine Unters. des ^{209}*Pb*-β^--Spektr. mit einem Scintillationsspektrometer an einem abgetrennten Präp. ergab ein KURIE-Diagramm mit einem Endpunkt bei 640 keV. (Physic. Rev. [2] **88.** 171. 1/10. 1952. Argonne National Labor.) WEIGEL. 103

A. N. Nessmejanow, L. A. Ssasonow und **I. Ss. Ssasonowa,** *Der chemische Zustand der bei Atomumwandlungen gebildeten Atome.* In einer umfassenden Übersicht (176 Literaturzitate) werden alle die Beobachtungen zusammengetragen, welche die Veränderung des chem. Zustandes (Wertigkeit, Bindungsart) als Folge von Kern-Rkk., β-Zerfallsprozessen u. isomeren Übergängen betreffen. Bes. eingehend werden die Halogene, Mn u. Cr behandelt. (Успехи Химии [Fortschr. Chem.] **22.** 133–78. Febr. 1953. Moskau.) KIRSCHSTEIN. 105

—, *Kerndaten für Versuchsreaktoren niedriger Energie.* Offizielle Bekanntgabe der Daten für die Wirkunsgquerschnitte der Spaltung, des Einfangs u. der Streuung therm. Neutronen bei *U*, für die Neutronenzahl pro Spaltung von ^{235}U (2,5 $\pm$ 0,1) sowie für das Resonanz-Absorptionsintegral in natürlichem U. (Canad. J. Physics **29.** 203–04. März 1951.) GERHARD SCHMIDT. 105

Raymond L. Murray, *Über die Erzeugung und Ansammlung radioaktiver Gase von einem mit Unterbrechungen arbeitenden Meiler.* (Sitzungsbericht.) Für die Ansammlung u. den Zerfall der gasförmigen Spaltprodd. eines nicht kontinuierlich arbeitenden Meilers werden Differentialgleichungen aufgestellt u. gelöst. (Physic. Rev. [2] **87.** 171. 1/7. 1952. North Carolina State Coll.) H. HAUSWALD. 105

Henry Seligman, *Erzeugung und Verwendung von Radioisotopen.* (Vgl. C. **1953.** 485 u. 5769.) Verwendung der Radioisotope in der Industrie u. in Forschungslaborr., u. a. für Dickenbestimmungen, radiograph., metallurg., physikal.-chem., biochem., zoolog. u. medizin. Untersuchungen. (Nature [London] **171.** 588—90. 4/4. 1953. Harwell, A. E. R. E.) GERHARD SCHMIDT. 105

D. W. Kerst, G. D. Adams, H. W. Koch und **C. S. Robinson,** *Arbeitsweise eines 300 MeV-Betatrons.* Die mit einer Ionisationskammer gemessene Ausbeute beträgt bei 315 MeV-Elektronen ca. 1000 r/Min. 1 m hinter einer $^1/_8$ in. dicken Pb-Platte bei einer 80 kV-Injektion. Die Ausgangsleistung konnte durch den steil ansteigenden Spannungsverlauf der Injektion auf das 5fache gesteigert werden. Der 9%ig. Strahlungsverlust auf der Sollkreisbahn wird durch bes. Impulse kompensiert, die auch zur Ausblendung des Elektronenbündels dienen. Die die hohe Leistungsfähigkeit des Betatrons bestimmenden Faktoren werden im einzelnen angeführt. Mit dem Gerät wurden Mesonenbahnen in photograph. Emulsionen beobachtet. (Physic. Rev. [2] **78.** 297. 1/5. 1950. Urbana, Ill., Univ. of Illinois, Phys. Dep.) WERNER SCHULZ. 112

R. Latham, M. J. Pentz und **M. Blackman,** *Ein Spulensystem für ein Betatron mit Luftkern.* Vff. beschreiben den Entwurf eines Spulensystems mit Luftkern zur Erzeugung eines Magnetfeldes von 150 Gauß für ein 300 keV-Betatron bei einer Arbeitsfrequenz von 50 Hz u. die Messung der Feldverteilung. (Proc. physic. Soc., Sect. B **65.** 89—93. 1/2. 1952. London, Imperial Coll., Dep. of. Phys.) H. HAUSWALD. 112

R. S. Livingston, R. J. Jones und **R. E. Wright,** *Eine Ionenquelle hoher Intensität für das Cyclotron.* Die Charakteristik einer Ionenquelle hoher Intensität vom Glühkathoden–Bogen-Typ wird unter Anlegung einer Gleichspannung bestimmt. Mehr als die Hälfte der Atome des in der Bogenkammer eingeschlossenen H_2-Gases wird ionisiert (H^+-Anteil bei optimaler Einregelung 85%). Der mit der angelegten Spannung steigende Ionenstrom erreicht Werte von 100 mA bei 10 kV. Die Leistungsfähigkeit der Ionenquelle wird in einem kleinen Cyclotron untersucht, in dem Protonen bis auf 2 MeV beschleunigt werden. Die Abnahme des Ionenstromes mit steigendem Bahnradius wird mit Hilfe einer beweglichen Sonde gemessen. (Physic. Rev. [2] **78.** 329—30. 1/5.; Bull. Amer. physic. Soc. **25.** Nr. 1. 23—24. 2/2. 1950. Carbide and Carbon Chemic. Corp.) WERNER SCHULZ. 112

F. J. Rink, *Radiofrequenzquelle für positive Ionen.* (Sitzungsbericht.) Es wird eine Radiofrequenzionenquelle zur Erzeugung positiver Ionen in einem 300 keV-Beschleuniger beschrieben. Die Erregung der Entladung erfolgt durch das Radiofrequenzfeld einer Spule, die den Resonanzkreis eines 120 MHz-Oscillators darstellt. Ein axiales Magnetfeld aus HELMHOLTZ-Spulen verbessert die Ionenerzeugung beträchtlich. (Physic. Rev. [2] **79.** 414. 15/7. 1950. Oak Ridge National Labor.) WEIGEL. 112

S. J. Bame jr. und **L. M. Baggett,** *Ein Magnetlinsen-Paarbildungs-γ-Spektrometer.* (Sitzungsbericht.) Es wird ein zweispuliges Solenoid-β-Spektrometer in Verbindung mit einem VAN-DE-GRAAFF-Generator mit Magnetanalysator beschrieben. Mittels eines geeigneten Zählsystems läßt sich das Spektrometer der Zählung von β^--β^+-Koinzidenzen anpassen. (Physic. Rev. [2] **79.** 415. 15/7. 1950. Rice Inst.) WEIGEL. 112

L. M. Baggett und **S. J. Bame jr.,** *Messungen mit einem Magnetlinsen-Paarspektrometer.* (Sitzungsbericht.) (Vgl. vorst. Ref.) Eichung des l. c. beschriebenen Paarspektrometers. Als Eichlinie diente die Konversionslinie des 0,663 MeV-γ-Strahls aus ^{137}Cs bei verschied. Einstellungen des Auflösungssystems. Die Linienform der Koinzidenzen zwischen den Gliedern eines Paares wird mit Hilfe der 2,62-MeV-γ-Strahlen von ThC″ u. der 4,3 MeV-γ-Strahlen aus einer Po–Be-Quelle untersucht. (Physic. Rev. [2] **79.** 415. 15/7. 1950.) WEIGEL. 112

J. E. Francis jr., P. R. Bell und **J. C. Gundlach,** *Einkanal-Differential-Impulshöhenanalysator.* (Sitzungsbericht.) Der Einkanalanalysator wird zur Messung des Energiespektr. aus Scintillations- u. Proportionalzählern verwendet. Konstruktion u. Wirkungsweise werden angegeben. (Physic. Rev. [2] **79.** 418. 15/7. 1950. Oak Ridge National Labor.) WEIGEL. 112

T. N. Hatfield, Fred Morris und **Charles Hager,** *Das Phasenspektrum bei der Impulsanalyse.* (Sitzungsbericht.) Eine Meth. zur Best. des Phasenspektrums wird angegeben.

Eine Stufenfunktion wird gleichzeitig mit dem Impuls in den Analysator gegeben u. die auf das Amplitudenspektrum ausgeübte Wrkg. erlaubt eine Best. des Phasenspektrums. (Physic. Rev. [2] **79.** 418. 15/7. 1950. Univ. of Texas.) Weigel. 112

Laura Colli, Ugo Facchini und **Emilio Gatti,** *Impulse in Argon-Zählern.* Die photoelektr. Effekte an der Kathode u. im Gas (Ar, 15—100 cm Hg) zylindr. Zählrohre werden durch Messung der α- u. β-Impulse im Proportional- u. Zählbereich untersucht. Gemessen wird der Spannungsverlauf des Verstärkungsfaktors bei 2 verschied. Zeitkonstanten u. die Form der Impulse. Der Entladungsvorgang wird prakt. nur durch die photoelektr. Effekte an der Kathode u. nicht durch die im Gas auftretenden bestimmt. (Physic. Rev. [2] **80.** 92—93. 1/10. 1950. Milano, Piazzale Cimit. Monument., Labor., CISE.) Werner Schulz. 112

Om Parkash, *Über die Temperaturveränderlichkeit in Geiger-Müller-Zählern mit Alkohol–Argon-Füllung.* Vf. mißt bei verschied. Tempp. (20°, 40—180°) die mit einem A.–Ar-gefüllten Geiger-Zähler gezählten Impulse als Funktion der Zählerspannung. Die gemessenen Kurven werden mit wachsender Temp. steiler, der Geiger-Bereich (Plateau) wird immer enger, um schließlich nur noch durch einen schmalen Bereich geringer Kurvenneigung angedeutet zu sein. Andere Meßkurven, die jeweils 30 Min. nach der Erhitzung bei Zimmertemp. aufgenommen wurden, ähneln weitgehend untereinander u. der Anfangskurve, die vor den Erwärmungsprozessen gemessen wird. Die Auffassung, daß die Temperaturabhängigkeit der Geiger-Zähler durch Oberflächenbeläge auf der Kathode verursacht ist, die bei höherer Temp. abgedampft werden, wird abgelehnt. Der Einfl. von Hg-Restdämpfen wird diskutiert. (Physic. Rev. [2] **80.** 303. 15/10. 1950. Hoshiarpur, Punjab, India, Punjab Univ., Phys. Labor., Government Coll.) Reusse. 112

J. Sharpe, *Extra Hochspannungsfilterkasten für BF_3-Proportionalzähler.* In vielen Fällen ist es empfehlenswert, den Metallzylinder von BF_3-Proportionalzählern auf Erdpotential zu bringen. Um Feuchtigkeitseinflüsse auszuschalten, wurde das Hochspannungsfiltersystem (Widerstände, Kondensatoren), mit dem der Anodendraht verbunden ist, in einem hermet. verschlossenen, mit Silicagel als Trocknungsmittel versehenen Kasten untergebracht. Der Zähler ist unter Wahrung eines gewissen Abstandes direkt mit dem Kasten verbunden. (J. sci. Instruments **29.** 409—10. Dez. 1952. Harwell, Berks., Atomic Energy Res. Establishment.) Gottfried. 112

C. E. Mandeville und **H. O. Albrecht,** *Nachweis von β-induzierten Scintillationen von Kristallen mit einem photoempfindlichen Geiger-Müller-Zähler.* Ergänzende Angaben zu der C. **I. 1951.** 2999 referierten Arbeit. (Physic. Rev. [2] **80.** 117. 1/10. 1950. Swarthmore, Pa., Bartol Res. Found. of the Franklin Inst.) Werner Schulz. 112

R. F. Post und **N. S. Shiren,** *Scintillationszähler-Charakteristiken gepulster Photomultiplier.* (Sitzungsbericht.) Der Verstärkungsfaktor eines gewöhnlichen Photomultipliers liegt bei Dauerstrombetrieb in der Größenordnung von 10^6. Eine erhebliche Steigerung dieses Verstärkungsfaktors läßt sich durch Impulstastung der Anodenspannung erreichen. (Physic. Rev. [2] **78.** 644. 1/6.; Bull. Amer. physic. Soc. **25.** Nr. 2. 13. 16./3 1950. Stanford Univ.) W. E. Reichardt. 112

John I. Hopkins, *Elektronenenergieuntersuchungen mit dem Anthracen-Scintillationsspektrometer.* (Sitzungsbericht.) Lichtimpulse, die durch auf Anthracen auftreffende Elektronen ausgelöst werden, liefern der Elektronenenergie proportionale Impulshöhen. Diese Proportionalität tritt auch dann auf, wenn einige der Elektronen den Kristall durchlaufen. Der Fehler bei der Best. der Elektronenenergie aus den Impulshöhen ist nicht $>1\%$ im Energiebereich 125—1900 keV. Ansprechunterss. für Kristalldicken von 0,38, 1,29 u. 2,50 cm werden ausgeführt. Die Impulshöhe–Energie-Kurven lassen sich auf eine Kurve normieren. (Physic. Rev. [2] **79.** 415. 15/7. 1950. Oak Ridge National Labor.) Weigel. 112

Martin J. Cohen, *Eine Ionisationsnebelkammer.* Die Nebelkammer ist mit einer Ar–Alkohol-Mischung gefüllt, die Elektronen nicht angelagert. Die bei einem Ionisierungsprozeß entstehenden Elektronen werden in einem elektr. Feld innerhalb von 10 μsec gesammelt u. ergeben einen Impuls, mit dem gleichzeitig die Ionisierung gemessen u. die Expansion ausgelöst werden kann. Dabei werden die positiven Ionen als Nebelbahnen sichtbar. Vf. gibt Theorie u. prakt. Durchführung dieser Meth. mit einer Parallelplattenkammer, die über 1000 Std. in Betrieb gehalten werden konnte. (Rev. sci. Instruments **22.** 966—77. Dez. 1951. Princeton, N. J., Palmer Physic. Labor.) Pollermann. 112

Carl E. Nielsen, Theodore S. Needels und **Orville H. Weddle,** *Diffusionsnebelkammern.* Vff. beschreiben 3 Typen von Diffusionsnebelkammern. Die erste ist eine Metallkammer u. arbeitet mit Aufwärtsdiffusion von *n-Propanol* in He zwischen—10°

u. 50°. Die zweite besteht aus einem 2-Liter-Becherglas auf einem Trockeneisblock mit einem befeuchteten Pappdeckel als Deckel u. arbeitet mit Abwärtsdiffusion von 90%ig. Alkoholdampf. Eine dritte, größere Metallkammer dieser Art wurde mit 70% n-Propanol in W. zwischen 50° u. —60° betrieben. Beobachtungen über Untergrundnebel, Diffusionsrichtung, die Höhe des empfindlichen Vol., über das Vorzeichen der Tröpfchenladung u. die krit. Übersättigung werden durchgeführt. (Rev. sci. Instruments **22.** 673—77. Sept. 1951. Columbus, O., Ohio State Univ., Dep. of Phys.) POLLERMANN. 112

A. V. Crewe und **W. H. Evans,** *Die Diffusionsnebelkammer.* Vff. beschreiben eine Hochdruckdiffusionsnebelkammer für 30 at Betriebsdruck für H_2- u. Methylalkoholfüllung zur Unters. von Mesonen, die von den Protonen des 156 in.-Synchrocyclotrons erzeugt werden. (Atomics **3.** 221—29. Sept. 1952. Liverpool, Univ., Nucl. Phys. Labor.) POLLERMANN. 112

Alexander Langsdorf jr., *Die Diffusionsnebelkammer.* Vf. beschreibt Prinzip, Entw. u. Verwendung der Diffusionsnebelkammer in der Kernphysik. (Ind. Engng. Chem. **44.** 1298—1300. Juni 1952. Chicago, Ill., Argonne Nat. Labor.) POLLERMANN. 112

Edgar M. Munyon und **J. D. Kurbatov,** *Eine kontinuierlich arbeitende Nebelkammer.* Vff. konstruieren eine Abart der Diffusionsnebelkammer, mit der das α-Spektr. von kurzlebigen radioakt. Stoffen aufgenommen werden kann. Innerhalb weniger Minuten nach dem Einsetzen des Präp. werden Bahnen sichtbar. Zur Eichung auf Energiewerte dient ein Po-Präparat. (Rev. sci. Instruments **23.** 380—81. Juli 1952. Columbus, O., Ohio State Univ.) POLLERMANN. 112

Daphne Schiff und **Pierre R. Gendron,** *Eine neue kontinuierlich empfindliche Diffusionsnebelkammer.* Im Gegensatz zu den üblichen Kammern wird mit Wasserdampf in Luft gearbeitet. Der Temperaturgradient kann so eingestellt werden, daß sich eine gleichförmige Zunahme der Übersättigung vom Deckel zum Boden einstellt. Es wurde die Kondensation an anorgan. Kernen mit Spuren von Na-, Ca-, Mn-Chloriden u. $CuSO_4$ untersucht. (J. Colloid Sci. **6.** 495—96. Okt. 1951. Montreal, Univ., Dep. of Chem.) POLLERMANN. 112

H. de Laboulaye, C. Tzara und **J. Studinovski,** *Verhalten der Ionen in einer selbstgesteuerten Nebelkammer.* Ein α-Teilchen wird in der Symmetrieachse des elektr. Feldes zweier paralleler Drähte eingeschlossen. Die Nebelkammer ist mit einem Gas–Dampf-Gemisch gefüllt, das keine Elektronen anlagert, Die Elektronen werden gesammelt. Ihr Impuls löst die Expansion aus u. macht die positive Ionensäule sichtbar. Das elektr. Feld wird entweder sofort oder verzögert abgeschaltet. Auf diese Weise konnten Vff. die Multiplikation in einem Proportionalzählrohr untersuchen. Die Ionen im Gas–Dampf-Gemisch lagern sich sehr schnell an u. nehmen eine mittlere Beweglichkeit von ca. 0,9 $cm^2 \cdot V^{-1}$ sec^{-1} an. (J. Physique Radium **13.** 359—67. Juni 1952. Paris, Serv. de Phys. nucl., Commiss. à l'Énergie atomique.) POLLERMANN. 112

F. Verzár, *Kondensationskernzähler mit automatischer Registrierung.* Der Kondensationskernzähler arbeitet nach dem Prinzip von NOLAN u. POLLAK (Proc. Roy. Irish Acad. **51.** [1946.] 9). Durch eine vollautomat. Steuerung der Kammer läßt sich mit dem Gerät eine laufende Registrierung der Kernzahl durchführen. (Arch. Meteorol., Geophysik, Bioklimatol., Ser. A **5.** 372—76. 1953. Basel, Physiolog. Inst.) POLLERMANN. 112

H. Faraggi, A. Bonnet und **M. J. Cohen,** *Bestrahlung und Entwicklung von Kernemulsionen, die mit intensiven Strömen thermischer Neutronen, begleitet von γ-Strahlung, exponiert wurden.* Die zweckmäßigste Anordnung für eine Bestrahlung im Meiler, welche die Bldg. einer induzierten Aktivität in der Emulsion u. eine Einw. der γ-Strahlung weitgehend vermeidet, wird diskutiert. Die hauptsächlich durch Elektronen hervorgerufene Verschleierung läßt sich durch geeignete Unterentwicklung herabsetzen. Die besten Ergebnisse werden mit ILFORD-C_2-Emulsionen erzielt. Die Platten werden unmittelbar nach der Bestrahlung für 30 Min. auf 3° abgekühlt u. dann 5 Min. bei 30° entwickelt. Es lassen sich bis zu einer Exposition mit $3 \cdot 10^{12}$ Neutronen/cm^2 genügend transparente Emulsionen erhalten, die eine gute Identifizierung von α-Teilchen u. Protonen erlauben. (J. Physique Radium **13.** Nr. 7/9. Suppl. 105A—111A. Juli/Sept. 1952.) EICHHOFF. 112

Č. Jech, *Nachweis radioaktiver Substanzen in der Luft mit Kernemulsionen.* Ein mit Wasserdampf gesättigtes Luftvol. wird unter Verwendung einer Vakuumkammer durch eine Düse auf eine Kernplatte gesaugt. Aus der mkr. Auswertung der Bahnspuren lassen sich Aktivitäten von 10^{-16} bis 10^{-12} C/cm^3 Luft nachweisen. (Collect. Trav. chim. Tchécoslov. **15.** 719—22. 1950. Prag-Bulovka, State Radiotherapeut. Inst., Dep. of Phys.) EICHHOFF. 112

Marie Ader, Jean Debiesse, Théo Kahan und **Louis Rougeot,** *Verwendung eines Mikrodensitometers zur Untersuchung von Kernfilmen.* Beschreibung einer Meth. zur Unters. der räumlichen Verteilung emittierter, reflektierter oder gestreuter Kernstrahlung. Eine mit ILFORD G_5-Emulsion präparierter Film wird in einer App. (ADER u. Mitarbeiter, C. **1952.** 3604) halbringförmig über der Quelle bzw. dem Streukörper ausgespannt. Durch Rotation des Halbringes oder des Streukörpers um seine Achse ist die Unters. eines Raumwinkels von 4π möglich. Die Ausmessung des Films nach entsprechender Exposition u. Verarbeitung in einem registrierenden Mikrodensitometer liefert schnell die statist. Verteilung der Strahlung. (C. R. hebd. Séances Acad. Sci. **233.** 1446—47. 3/12. 1951.) EICHHOFF. 112

A₂. Optisches Verhalten der Materie.

Ludwig Grabner und **Vernon Hughes,** *Weiterer Beweis für einen Zweiquantenübergang in der Molekülspektroskopie.* Eine einfache Erweiterung der Theorie des Zweiquantenübergangs (vgl. C. **1952.** 2961) besagt, daß ein solcher beobachtet werden müßte, wenn zwei getrennte Frequenzen f_1 u. f_2 angewendet werden, vorausgesetzt, daß $f_1 + f_2 = \Delta E/h$ ist, wo ΔE die mit dem n. Übergang verbundene Energiedifferenz ist. Bei Verwendung von zwei Frequenzen in einem schwachen, stat. C-Feld beobachteten Vff. tatsächlich das Maximum der nullten Schwingungslinie bei der vorhergesagten Frequenz. Die Frequenzpaare, bei denen dieser Übergang auftritt, sind tabellar. zusammengestellt. Es ist noch nicht erklärbar, warum andere Halbfrequenzlinien bisher noch nicht beobachtet wurden. In dieser Hinsicht negative Ergebnisse wurden mit ^{85}*RbF*, ^{87}*RbF* u. ^{39}*KF* erzielt. (Physic. Rev. [2] **82.** 561. 15/5. 1951. New York, N. Y., Columbia Univ.) GOTTFRIED. 114

T. Holstein, *Selbstabsorption (imprisonment) der Resonanzstrahlung in Gasen.* 2. Mitt. (1. vgl. C. **1947.** E, 484.) Bei Belichtung eines abgeschlossenen Gasvol. mit der Resonanzstrahlung wird nach Unterbrechung der erregenden Strahlung ein exponentielles Abklingen der Form $\exp(-\gamma g t)$ beobachtet ($1/\gamma$ = Strahlungsdauer eines isolierten Gasatoms, g = dimensionsloser „Strahlungsaustrittsfaktor"). Diese Erscheinung ist darauf zurückzuführen, daß ein im Innern des Gasvol. emittiertes Lichtquant erst nach wiederholter Reabsorption u. Emission an die Grenze des abgeschlossenen Gasvol. gelangt. Die Größe g, die als reziproke Zahl der Emission u. Reabsorptionen eines eingeschlossenen (imprisoned) Lichtquants anzusehen ist, hängt vom Gasdruck, von der Geometrie des abgeschlossenen Gasvol. u. von der Form der Resonanzlinie ab. Die Theorie der „eingefangenen" Resonanzstrahlung in Gasen wird erweitert für den Fall eines in Form eines unendlichen Zylinders abgeschlossenen Gasvol. sowie für ein planparalleles Gasvol. u. der Austrittsfaktor g für eine durch DOPPLER-Effekt, durch Stoß bzw. statist. verbreiterte Resonanzlinie berechnet. Die Theorie ist mit neueren Resonanzstrahlungsmessungen an Hg-Dampf verschied. Druckes (vgl. ALPERT, MC COUBREY u. HOLSTEIN. C. **1950.** II. 1319) im Einklang. (Physic. Rev. [2] **83.** 1159—68. 15/9. 1951. East Pittsburgh, Pa., Westinghouse Res. Labor.) RUDOLPH. 114

Robert Lennuier und **Jean-Louis Cojan,** *Messung der mittleren Lebensdauer des Resonanzniveaus 6^3P_1 verschiedener Hg-Isotope.* (Vgl. C. **1952.** 7925.) Nach der Resonanzmethode wird festgestellt, daß sich die mittlere Lebensdauer τ des $^3P_1$-Niveaus mit dem Kernspin i des Isotops ändert. Für die geraden Isotope (i = 0) ist $\tau = 1{,}10 \cdot 10^{-7}$ Sek., für ^{199}Hg (i = $^1/_2$) $\tau = 1{,}45 \cdot 10^{-7}$ u. für ^{201}Hg (i = $^3/_2$) ist $\tau = 2{,}25 \cdot 10^{-7}$ Sekunden. (C. R. hebd. Séances Acad. Sci. **231.** 1450—52. 18/12. 1950.) GERHARD SCHMIDT. 118

G. L. Stukenbroeker, D. D. Smith, G. K. Werner und **J. R. McNally jr.,** *Spektrale Isotopenbestimmung des Lithiums.* In der Entladung an einer wassergekühlten Hohlkathode mit Li_2SO_4 in 2 bis 3 Torr He (35 mA) werden mit Hilfe eines Gitterspektrographen (30000 Striche/in.) für die 6707,8 Å-Resonanzlinie des Li ein Dublettabstand von 0,155 Å beim ^{7}Li, von 0,159 Å beim ^{6}Li u. eine mittlere Isotopenverschiebung von 0,159 Å gemessen. Unter optimalen Versuchsbedingungen bzgl. Strom, Gasdruck u. Geometrie der Entladungsanordnung ist auf Grund der Messung des Intensitätsverhältnisses der Isotopenlinie eine Best. des ^{6}Li-Geh. in natürlichem Material mit einer Genauigkeit von 6% möglich. (J. opt. Soc. America **42.** 383—86. Juni 1952. Oak Ridge, Tenn., Nat. Lab., Stable Isotope Res. and Prod. Div.) RUDOLPH. 118

H. C. Rowlinson und **R. F. Barrow,** *Das Bandenspektrum von Aluminiummonofluorid.* Das Emissionsspektr. von AlF wird im Gebiet von 2000—7500 Å untersucht, u. es werden vier Bandensysteme gefunden. Die Analyse der ersten beiden wird verbessert bzw. vervollkommnet; bei der 3. u. 4. Bande, ein komplexes Syst. bei 5450 bis 6050 Å u. ein Syst. nach violett abschattierter Banden mit doppeltem Kopf bei 6670 bis 7250 Å, ist es nicht sicher, ob AlF der Ursprung ist; Vff. vermuten in S_2 den tatsächlichen Ursprung dieser Banden. Ein Vgl. der Werte der Dissoziationsenergie des AlF aus therm. u. spektroskop. Messungen legt die Annahme nahe, daß ein Potentialmaximum im $A^1\Pi$-Zustand des AlF existiert. (Proc. physic. Soc. Sect. A **66.** 437—46. 1/5. 1953. Oxford, Univ., Physical Chem. Labor.) D. HAHN. 118

H. L. Welsh, M. F. Crawford, J. C. F. MacDonald und **D. A. Chisholm,** *Induzierte Infrarotabsorptionen von H_2, N_2 und O_2 in den ersten Obertongebieten.* Es wurden zuerst die Infrarotabsorptionsspektren von H_2 in einer Zelle mit 150 at u. 85 cm Weglänge u. einer mit 1500 at u. 30 cm Weglänge untersucht, wobei die Aufnahmen der ersten Zelle bei 80° K u. 300° K durchgeführt wurden. Der integrale Absorptionskoeff. der Obertonabsorption in H_2 bei 80° K u. 300° K ändert sich mit dem Quadrat der D. bis zu 426 bzw. 676 Amagat. Der spezif. integrale Absorptionskoeff. für den Oberton ist $3{,}5 \cdot 10^{-5}$ cm^{-1} pro cm Weglänge pro Amagat^2 bei 80° K u. $6{,}2 \cdot 10^{-5}$ bei 300° K; für die Fundamentale ist er bei 80° K $1{,}1 \cdot 10^{-3}$ cm^{-1} u. $2{,}5 \cdot 10^{-3}$ bei 300° K. Die Kurve des spezif. Absorptionskoeff. für den Oberton zeigt für 80° K fünf einzelne Komponenten. Vff. glauben, daß die beobachtete Absorption eine Überlagerung von 2 Banden ist. Es kann angenommen werden, daß die niedrigere Frequenzbande der erste Oberton ist u. daß die höhere Bande einem doppelten Übergang entspricht, in dem beide H_2-Moll. beim Zusammenstoß gleichzeitig dem Fundamentalübergang unterliegen. — Eine Absorption bei der ersten Obertonfrequenz von N_2, 1632 cm^{-1}, wurde in fl. N_2 bei einer Weglänge von 22,6 cm u. bei einer Weglänge von 30 cm in der Hochdruckzelle bei Zimmertemp. mit einer **Gasdichte** von 81 % der Fl. beobachtet. Der spezif. integrale Absorptionskoeff. für Fl. u. Gas ist $1{,}4 \cdot 10^{-6}$ cm^{-1} per cm Weg u. pro Amagat^2. Das Verhältnis des spezif. integralen Absorptionskoeff. des Obertons zu dem der fundamentalen Absorption ist 1:66. Bei O_2 beträgt dieses Verhältnis 1:30. (Physic. Rev. [2] **83.** 1264. 15/9. 1951. Toronto, Univ., McLennan Labor.) GOTTFRIED. 120

J. C. Decius und **D. P. Pearson,** *Die Infrarotabsorption von kristallinem und flüssigem Hydrazinmonochlorid und -monobromid.* Es wurden die infraroten Absorptionsspektren von festem $N_2H_4 \cdot HCl$ bei 25° u. —190° u. von fl. N_2H_4HCl bei 95°, von krist. $N_2D_4 \cdot HCl$ bei 25°, von krist. $N_2H_4 \cdot HBr$ bei 25° u. von fl. $N_2H_4 \cdot HBr$ bei 0,5° sowie von krist. $N_2D_4 \cdot HBr$ bei 25° untersucht. Ganz allg. ergab sich, daß die Spektren der Bromide u. Chloride ziemlich ähnlich sind; die Maxima der Bromide sind jedoch gegenüber denen der Chloride um etwa 15 cm^{-1} nach der niederfrequenten Seite zu verschoben. Bemerkenswert ist die Breite des N—H- bzw. N—D-Dehnungsgebietes, das sich von 2602—3261 cm^{-1} erstreckt. Die Hauptunterschiede in den Spektren der krist. u. fl. Verbb. bestehen in einer Verbreiterung der Banden u. **einer Verschiebung** nach niedrigeren Frequenzen beim Schmelzen. Die erhaltenen Spektren werden mit den entsprechenden RAMAN-Spektren verglichen. (J. Amer. chem. Soc. **75.** 2436—39. 20/5. 1953. Corvallis, Ore., State College, Dep. of Chem.) GOTTFRIED. 120

Marie-Louise Grenier-Besson, Gilbert Amat und **Pierre Barchewitz,** *Beitrag zur Untersuchung des Schwingungsspektrums von Stickstoffoxydul.* Es wurde das infrarote Absorptionsspektrum von N_2O zwischen 1,5 u. 2,5 μ untersucht. Neben den beiden bisher bekannten intensiven Banden bei 4734,7 u. 4419,5 cm^{-1} wurden neu sieben parallele u. zwei senkrechte Banden festgestellt. Tabellar. sind die verschied. Banden nach Typ, Intensität, Wellenlänge in μ u. in cm^{-1} zusammengestellt. Die berechneten cm^{-1}-Werte stimmen mit den experimentellen Werten gut überein. (C. R. hebd. Séances Acad. Sci. **235.** 1636—37. 22/12. 1952.) GOTTFRIED. 120

A. U. Momin, *Das Infrarotspektrum von Magnesiumoxyd zwischen 1 und 21 μ.* Es wurde das Infrarotspektr. von MgO-Filmen verschied. Dicke untersucht, die durch Aufdampfen auf eine KCl-Platte von einem brennenden Mg-Band erzeugt wurden. Es liegt kein kontinuierliches Spektr. vor, sondern eine Reihe gut definierter Absorptionsbanden. Die stärkste dieser Banden liegt zwischen 18 u. 19 μ; eine weitere starke Bande, die jedoch aus zwei oder mehr dicht nebeneinanderliegenden Banden besteht, liegt zwischen 14 u. 16 μ. Nach kürzeren Wellenlängen zu treten mit zunehmender Dicke der Filme eine Anzahl neuer Banden auf. Bei etwa 7 μ nimmt die Durchlässigkeit plötzlich stark ab; dies beruht wahrscheinlich auf der Reflexion u. Streuung der kürzeren Wellenlängen durch den MgO-Film. (Proc. Indian Acad. Sci., Sect. A **37.** 254—59. Febr. 1953. Poona, Meteorological Office, Radiation Labor.) GOTTFRIED. 120

T. M. Sanders jr., A. L. Schawlow, G. C. Dousmanis und **C. H. Townes,** *Ein Mikrowellenspektrum des freien OH-Radikals.* Vff. konnten ein starkes Mikrowellenabsorptionsspektr. des freien Radikals $^{16}O^1H$ nachweisen. Die Radikale wurden in einer Radiofrequenzentladung in Wasserdampf erzeugt. Der Dampf strömte kontinuierlich durch die Entladung u. die Absorptionszelle bei einem Druck von etwa 0,1 mm Hg. Die Intensität der Linien erwies sich als stark von dem Entladungsstrom u. dem Druck abhängig. Die Übergänge mit ihren Frequenzen sind: K = 4, J = 4½, F = 5 → F = 5 23826,90±0,05 MHz, F = 4 → F = 4 23818,16 ±0,05 MHz; K = 5, J = 5½ F = 6 → F = 6 36994,43 ±0,15 MHz u. F = 5 → F = 5 36983,47 ±0,15 MHz. (Physic. Rev. [2] **89.** 1158—59. 1/3. 1953. New York, N. Y., Columbia Univ.) GOTTFRIED. 121

R. G. Nuckolls, L. J. Rueger und **Harold Lyons,** *Mikrowellenabsorptionsspektrum von ND_3.* Erweiterung früherer Unterss. der Vff. über das Mikrowellenspektr. von ND_3 (vgl. C. **1952.** 11 u. 4981). Es wurden die gemessenen Frequenzen (MHz) von folgenden ND_3-Inversionslinien mit den von Vff. zugeordneten Quantenzahlen (J, K) angegeben: (1, 1) 1589,10, (2, 2) 1591,72, (3, 3) 1599,53, (4, 4) 1612,99, (5, 5) 1631,82, (6, 6) 1656,18, (7, 7) 1686,46, (8, 8) 1722,85, (9, 9) 1765,80, (10, 10) 1815,37, (11,11) 1872,43, (12, 12) 1937,31, (13, 13) 2010,57, (14, 14) 2092,32, (15, 15) 2183, (16, 16) 2285, (17, 17) 2403 u. (18, 18) 2540. (Physic. Rev. [2] **89.** 1101. 1/3. 1953. Washington, D. C., Nat. Bureau of Standards.) GOTTFRIED. 121

Isao Takahashi, Akira Okaya, Tsuneo Hashi, Toru Ogawa und **Osamu Ryuzan,** *Über das Inversionsspektrum von Ammoniak.* Es wurde die Hyperfeinstruktur des Inversionsspektrums des NH_3 im 1 cm-Gebiet untersucht. Die tabellar. zusammengestellten beobachteten Frequenzen wurden mit den Daten von anderer Seite verglichen. Die Übereinstimmung war gut. (Bull. Inst. chem. Res., Kyoto Univ. [**Kagaku Kenkyusho Kagaku**] **28.** Nr. 3. 54. März 1952. Nozu Labor. [Orig.: engl.]) GOTTFRIED. 121

R. Bersohn, *Das Kernresonanzspektrum eines Systems aus vier Kernen.* (Sitzungsbericht.) Das Kernresonanzabsorptionsspektrum verschied. gepulverter NH_4-Salze ist von GUTOWSKY u. Mitarbeiter (C. **1950.** II. 1781) gemessen u. die Abmessungen des tetraedr NH_4^+ aus dem zweiten Moment der Absorptionskurve bestimmt worden. Unter der idealisierenden Annahme, daß im festen Zustand das Salz als ein unabhängiges Syst. von vier äquidistanten Dipolen besteht, kann die Linienform berechnet werden. Das Ergebnis ist qualitativ in Übereinstimmung mit der beobachteten Linienform u. sagt die Anisotropie der Linienform für den Einkristall voraus. Bes. kann aus der Unters. der Kernresonanzabsorption eines NH_4-*Halogenid*-Einkristalls auf die Verteilung der Orientierung der NH_4^+-Ionen geschlossen werden unter der Voraussetzung, daß keine Elementarbereiche vorhanden sind. (Physic. Rev. [2] **87.** 226. 1/7. 1952. Cornell Univ.) v. HARLEM. 121

A. Gozzini, *Über den Faraday-Effekt paramagnetischer Substanzen im Mikrowellengebiet.* Vf. untersucht experimentell die Drehung der Polarisationsebene von linear polarisierten Mikrowellen (3,2 cm), die innerhalb eines zur Fortpflanzungsrichtung der Mikrowellen parallelen Magnetfeldes (1800—4800 Oe) paramagnet. Substanzen durchdringen. Die VERDETsche Konstante wechselt ihre Vorzeichen bei den Werten des Magnetfeldes, bei denen paramagnet. Resonanz besteht. Dieser Wert wird für *K-Cr-Alaun* bei 3580, für $MnSO_4$ bei 3280, für $MnCO_3$ bei 3430 Oe erreicht. Das Verf. bietet eine Möglichkeit zur einfachen Best. des g-Faktors. (Nuovo Cimento [9] **8.** 928—35. 1/12. 1951. Pisa, Univ., Ist. di Fisica.) R. K. MÜLLER. 121

M. M. Paranjpe und **M. V. Shingre,** *Lichtstreuung an Flüssigkeitstropfen verschiedener Brechungsindices.* Die Winkelverteilung der Intensität des an Tröpfchen von *Chlf.*, *Bzl.*, *Anilin* u. CS_2 gestreuten Lichtes wurde nach der elektromagnet. Lichttheorie von MIE berechnet u. experimentell untersucht. Die Tröpfchen hatten die Größe $\alpha = 2\pi\varrho/\lambda = 20$, mit ϱ = Tröpfchenradius u. λ = Wellenlänge des einfallenden monochromat. Lichtes (5893 Å). Es zeigt sich, daß die Vorwärtsstreuung sehr viel größer als die Rückwärtsstreuung u. daß die seitliche Streuung extrem klein ist. Es wurden eine Reihe von Maxima u. Minima beobachtet; der größte Wert liegt in Richtung des einfallenden Lichtes (180°), der niedrigste entgegengesetzt. Ein einfacher Zusammenhang zwischen der Streuintensität in einer gegebenen Richtung u. dem Brechungsindex (von 1,449—1,632) konnte nicht gefunden werden. Die theoret. u. gemessenen Kurven zeigen einen sehr ähnlichen Verlauf. Das zu erwartende Minimum in Richtung des ersten Beugungsminimums wurde allerdings nur bei Chlf. u. Bzl. gefunden. (J. Univ. Bombay [N. S.] **19.** Nr. 29. A 1—6. März 1951. Bombay, Inst. of Sci.) LINDBERG. 122

Charles F. Squire, *Bemerkung über Reflexion und Beugung an Eiskristallen am Himmel.* Reproduktion einer photograph. Aufnahme von einer sogenannten „Scheinsonne" (mock sun), die Vf. im Flugzeug in einer Höhe von 12000 Fuß gemacht hatte. Diese Erscheinung entsteht durch gleichzeitige Reflexion u. Beugung an schwebenden Eiskristallen, kann hohe scheinbare Geschwindigkeiten entwickeln u. tritt stets unter dem Reflexionswinkel von der Sonne her auf. (J. opt. Soc. America **42.** 782. Okt. 1952. Houston, Texas, Rice Inst.) GOTTFRIED. 122

R. C. Faust, *Eine interferometrische Methode zur Untersuchung lokaler Änderungen in den Brechungsindices eines festen Körpers.* Vf. hat eine Meth. entwickelt, bei der lokale Veränderungen des Brechungsindex beobachtet werden können. Der zu untersuchende feste Körper wird in der Immersions-Fl. zwischen zwei parallele, metallisierte Platten eines Interferometers gebracht u. durch einen parallelen Strahl weißen Lichtes bei n. Einfall beleuchtet. Ein Bild der Probe wird dann auf den Schlitz eines Spektrometers projiziert. Die Interferenzstreifen erfahren eine Verschiebung beim Durchkreuzen von der Fl. zu dem Gebiet fl.–fest des Interferometers; diese Verschiebung verschwindet jedoch bei der Wellenlänge, bei der der Brechungsindex der Fl. gleich dem des festen Körpers ist. Die Genauigkeit beträgt $\pm 0{,}0001$. Bestimmungen wurden nach dieser Meth. durchgeführt an einem *Glas*-Film, einem Glasfaden, *Glimmer*, *Nylon*-Faser, Blättchen von *Celluloseacetat* u. einer Faser von *Viscoserayon*. (Proc. physic. Soc. Sect. B **65.** 48—62. 1/1. 1952. Manchester, Brit. Rayon Res. Ass.) GOTTFRIED. 122

Goro Yamaguchi, *Über das Brechungsvermögen des niedriger wertigen Al-Ions (Al^+ oder Al^{2+}) im Kristall.* Die Ionenrefraktion R u. die Polarisierbarkeit des in dem vom Vf. gefundenen *Spinell*-Kristall (vgl. **Dainippon Yogyo Kyokwai Zasshi** [J. **Jap. ceram. Assoc.**] **55.** [1947.] 42) mit der wahrscheinlichen Zus. (0,412 Al^+, 0,412 Al^{3+}, 0,176 Mg)·O·Al_2O_3 (oder 0,824 Al^{2+}) enthaltenen Al-Ions werden untersucht. Der Brechungsindex des Kristalls beträgt 1,78. Mit den bekannten Ionenrefraktionen $R_{Al^{3+}} = 0{,}17$ u. $R_{Mg^{2+}} = 0{,}26$ werden mit der LORENTZ-LORENZ-Formel $R_{O^{2-}} = 3{,}77$ **in n. Spinell,** $R_{Al^+} = 1{,}80$ u. $R_{Al^{2+}} = 0{,}98$ sowie die Polarisierbarkeiten $\alpha = 3R/4\pi N_0$ (N_0 LOSCHMIDTsche Zahl) zu $\alpha_{Al^+} = 0{,}727 \cdot 10^{-24}$ u. $\alpha_{Al^{2+}} = 0{,}397 \cdot 10^{-24}$ berechnet. (Bull. chem. Soc. Japan **23.** 89—90. Aug. 1950. Tokio, Univ., Fac. of Engng., Dep. of Appl Chem.) LINDBERG. 122

Pierre Giacomo und **Pierre Jacquinot,** *Genaue Festlegung eines Maximums oder Minimums der Durchlässigkeit in Abhängigkeit von der Wellenlänge. Anwendung auf die Herstellung dünner Schichten.* Bei der Festlegung der Durchlässigkeits- oder Reflexionsmaxima oder -minima von Substanzen in Abhängigkeit von der Wellenlänge tritt das von einer Autolampe kommende durchgelassene oder reflektierte Licht zunächst in ein Spektroskop, dessen Prisma zur Einstellung der gewünschten Wellenlänge drehbar ist. Dieses Spektr. trifft nach Reflexion an einem um kleinste Winkel schwingenden Spiegel auf den Spalt einer Photozelle, deren Strom durch einen Wechselstrom verstärkt wird. Durch den schwingenden Spiegel wird eine kleine period Änderung $\delta\lambda$ von der Frequenz N der benutzten Wellenlänge erzeugt. Für die Wellenlängen, für die die Durchlässigkeit oder die Reflexionsintensität durch ein Maximum oder Minimum geht, tritt eine Auslöschung oder eine Umkehrung der Komponente der Frequenz des Stromes in der Photozelle ein Die Auslöschung der Komponente der Frequenz 2 N tritt bei Wendepunkten ein. Die Meth. läßt sich auf die schnelle Unters. von Farbfiltern anwenden, außerdem gestattet sie, die opt. D. einer dielektr. Schicht während ihrer Darstellung auf ein Vielfaches von $\lambda/4$ zu regulieren. (J. Physique Radium **13.** Nr. 2. Suppl. 59 A—64 A. Febr. 1952. Bellevue, C. N. R. S., Labor. Aimé Cotton.) GOTTFRIED. 122

W. A. Runciman und **E. G. Steward,** *Die atomistische Lage und Größe der Thallium-Ionen in KCl(Tl)-Phosphoren* Durch Röntgenstrahlunters. zeigen Vff., daß die Ausdehnung der KCl-Struktur **durch** Tl-Einbau mit dem Gesetz von VEGARD übereinstimmt u. daß die Tl^+ **Ionen** substituierend eingebaut werden. Für den Radius des Tl^+-Ions in Wechselwrkg. mit 6 Cl^--Ionen wird ein neuer Wert von $1{\cdot}42_7$ Å gefunden, der für die Berechnung der Luminescenz von KCl(Tl) von Wichtigkeit ist. Der Ionenabstand Tl–Cl beträgt $3{,}230_7$ Å. (Proc. physic. Soc., Sect. A **66.** 484—91. 1/5. 1953. Wembley, Middx. General Electric Comp., Res. Labor.) D. HAHN. 125

A₃. Elektrizität. Magnetismus. Elektrochemie.

C. Kenty, M. A. Easley und **B. T. Barnes,** *Gastemperaturen und elastische Verluste in Quecksilber–Argon-Niederdruckentladungen.* Ausführliche Fassung der C. **1952.** 643 referierten Arbeit. (J. appl. Physics **22.** 1006—11. Aug. 1951. Nela Park, Cleveland, O., Gen. El. Co., Lamp Development Labor.) PIEPLOW. 131

Gottfried Wehner, *Plasma-Oscillator.* Es werden Verss. mit einer Niederdruckentladung (stabilisiert) beschrieben, aus der eine Hochfrequenzkomponente ausgesiebt werden kann. Die Schwingungserzeugung weist eine formale Ähnlichkeit zur Klystronschwingung auf. (J. appl. Physics **21.** 62—63. Jan. 1950. Wright Field, Dayton, O.) W. E. REICHARDT. 131

H. Säufferer, *Die Welligkeit der Strahlung einer Quecksilberhochdruck-Wechselstromlampe im Gebiet der Zehntelmillimeterwellen.* Der zeitliche Strahlungsverlauf der Hg-Hochdrucklampe HQ 500 im Gebiet des langwelligen Ultrarot wird mittels eines stroboskop. Verf. gemessen. Es ergibt sich eine der momentanen Lampenleistung entsprechende Modulation (3:1) der Strahlung, die im Sichtbaren stärker ist (7:1) u.

die der Momentanleistung im Sichtbaren weniger nacheilt als im Ultrarot. (Z. Physik **131.** 376–84. 1952. München, TH.) PIEPLOW. 131

G. Hettner, *Zur Theorie der Emission und Absorption von Hochdruckbögen im Gebiet der Zehntelmillimeterwellen.* Ausgehend von der Annahme eines lokalen thermodynam. Gleichgewichts des Hochdruckbogenplasmas, werden dessen Emission u. Absorption für langwelliges Ultrarot (λ ca. 0,1 mm) berechnet u. als Bremsstrahlung der freien Elektronen gedeutet. (Z. Physik **131.** 385–94. 1952. München, TH, Inst. f. Theoret. Phys.) PIEPLOW. 131

Georg Schmitz, *Rechnungen zur elektrodenstabilisierten Bogenentladung.* (Vgl. C. **1953.** 3772.) Durch numer. Integration wird für einen bestimmten Fall des elektrodenstabilisierten Bogens die radiale Temperaturverteilung in der Mitte des Bogens berechnet. Außerdem wird der Verlauf der Kurven gleicher Strahlungsdichte konstruiert. Beim Vgl. mit dem wandstabilisierten Bogen benötigt letzterer immer eine höhere Brennspannung, aber eine kleinere Leistung als der elektrodenstabilisierte Bogen. Die Versuchsergebnisse von STEENBECK mit Bögen im schwerefreien Raum gliedern sich in die Rechnungen gut ein. (Z. Physik **132.** 23–29. 1952. Aachen, TH, Phys. Inst.) PIEPLOW. 131

Jean Roig und **Maurice Bécart,** *Das Verhalten einer heliumgefüllten Entladungsröhre mit hohler, wassergekühlter Kathode.* Die Kathode besteht aus einem Al-Block mit einer Bohrung von 4 mm Durchmesser (15 mm tief). Verwendet wird He als Füllgas bei einigen mm Hg Druck. Eine Reihe von Entladungscharakteristiken wird mitgeteilt. (C. R. hebd. Séances Acad. Sci. **234.** 1262—64. 17/3. 1952.) PIEPLOW. 131

N. Warmoltz, *Die Zündverzögerung eines Ignitrons.* Oscillograph. Unterss. über die Zündverzögerung am Halbleiterstift eines Ignitrons bei angelegter konstanter Spannung ergeben eine starke Abhängigkeit der Verzögerungszeit von der Höhe der angelegten Spannung. Bei Steigerung der Spannung um den Faktor 4 ändert sich die Verzögerungszeit um ca. 4 Zehnerpotenzen, die kleinsten Zeiten liegen bei 10^{-6} bis 10^{-7} sec. Unter sonst gleichen Umständen sind die Unterschiede bei festem u. fl. *Hg* u. festem u. fl. *Sn* als Kathode oder bei Zusatz von Ar verhältnismäßig gering. Die Ergebnisse bestätigen eher die Theorie eines Wärmedurchschlags als die einer Zündung durch Feldemission. (Philips Res. Rep. **6.** 388—400. Okt. 1951.) PIEPLOW. 131

Harald Norinder und **Oskars Salka,** *Der Mechanismus positiver Funkenentladungen bei großen Abständen in Luft bei Atmosphärendruck.* Auf Grund zahlreicher, sehr klarer photograph. Unterss. der geometr. Anordnung: positive Kugel gegen Platte für Kugeldurchmesser zwischen 1,44 u. 50 cm u. für Schlagweiten bis zu 155 cm in Luft mit Hilfe der Normstoßwelle $^1/_{50}$ μsec werden drei Stadien unterschieden: 1. An der Kugel bilden sich spontan relativ lichtschwache Stämmchen aus, die sich verästeln u. Kronen bilden; Stamm u. Krone entstehen u. wachsen gleichzeitig in ca. 10^{-8} Sek., ihre mittleren Längen wachsen mit dem Kugeldurchmesser; die Stammlänge ist spannungsunabhängig, die Kronenlänge wächst progressiv mit der Spannung. 2. Im Stamm der ersten Phase wächst während der zweiten, von der Anode ausgehend, ein wesentlich hellerer Kanal hoch, der vor der Krone der ersten Phase seitlich aus dem Stamm herausbricht u. sich verästelt; von den Astenden zur Kathode hin erstreckt sich ein faserig strukturiertes Leuchten; keine Entladungen wachsen von der Kathode aus; der Vorgang kann bis zu $2 \cdot 10^{-5}$ Sek. dauern. 3. Die dritte Phase, der eigentliche Überschlag, beginnt, wenn ein oder mehrere Plasmakanäle der zweiten Phase die Kathode berühren. Ein krit. Vgl. der Messungen mit anderen Überlegungen macht es wahrscheinlich, daß das Auftreten der ersten Phase an das Vorhandensein freier Elektronen in der Atmosphäre gebunden ist; die Ausbldg. der zweiten Phase wird vermutlich durch Photoionisation unterstützt; die faserige Streifenentladung liefert die notwendigen Elektronen für das Vorwachsen der Äste. Der Luftdurchschlag langer Funkenstrecken ist ein komplizierter Vorgang, u. es erscheint ausgeschlossen, für ihn ein einziges Kriterium wie etwa das von TOWNSEND oder LOEB u. MEEK aufzufinden. (Ark. Fysik **3.** 347—85. 1952. Uppsala, Univ., Inst. of High Tension Res.) PIEPLOW. 131

D. C. Choudhury, *Entstehung der E-Schicht im Sauerstoffdissoziationsgebiet in der unteren Atmosphäre.* Vf. benutzt die Höhenverteilungsformel von MOSES u. WU (C. **1952.** 1775) für die Verteilung von mol. O_2 (infolge Photodissoziation) in der E-Schicht, wo dessen Konz. schnell mit der Höhe abfällt, um den Absorptionsquerschnitt A für die Ionisation von O_2 zu berechnen. Für A ergeben sich abhängig von der Höhe h (100—120 km), von der Temp. (270—300° K) u. vom Temperaturgradienten (dT/dh 5 u. 10°/km) Werte zwischen $3{,}1 \cdot 10^{-19}$ u. $8{,}8 \cdot 10^{-18}$ cm^2. Zur Deutung dieser Werte ist die Annahme notwendig, daß die zwei von der Theorie angenommenen Prozesse, 1. Prädissoziation durch Sonnenstrahlung im Gebiet 900—1000 Å u. 2. Ionisation durch sehr energiereiche Photonen (Energie bis ca. 181 eV an Stelle früherer Schätzungen von 325 eV) gleichzeitig bei der Entstehung der E-Schicht mitwirken. Prozeß 2 ist vermutlich für die „Feinstruktur" der E-Schicht verantwortlich. (Physic. Rev. [2] **88**. 405—08. 15/10. 1952. Calcutta, Univ., Inst. of Radio-Phys. and Electronics.) RUDOLPH. 131

Madeleine Chenot, *Ein mit Hochfrequenz ionisiertes Gas als „Stromquelle"*. Wird das Gas einer Entladungsröhre durch ein äußeres Hochfrequenzfeld ionisiert, so kann man an zwei inneren Elektroden, die mit der HF-Erzeugung in keinerlei Zusammenhang stehen, eine Gleichstromleistung entnehmen, vorausgesetzt, daß die inneren Elektroden asymm. sind u. daß die ionisierte Gassäule Inhomogenitäten aufweist. Diese Inhomogenitäten sind der eigentliche Sitz der EMK., die vermutlich auf Diffusionserscheinungen zurückzuführen ist. (C. R. hebd. Séances Acad. Sci. **234**. 608—10. 4/2. 1952.) PIEPLOW. 131

W. F. G. Swann, *Über gewisse Stoffe, die zu Elektreten führen.* (Sitzungsbericht.) Ein Elektret der Dicke L mit Oberflächen senkrecht zur x-Achse, der in Richtung der positiven x-Achse polarisiert ist, wird an den Stellen $x = 0$ u. $x = L$ mit den Potentialen V_0 u. Null betrachtet. Die Polarisation P_x nimmt mit $e^{-\alpha x}$ ab. Wenn die Oberflächen mit Folien bedeckt u. durch einen Widerstand R verbunden sind, der gleich dem inneren Widerstand des Dielektrikums ist, so ergibt sich die Änderung des Potentiales V bei $x = 0$ unabhängig von der ursprünglichen Ladungsverteilung, falls die Ladungsabnahme dem OHMschen Gesetz gehorcht. Ist C die Kapazität, V_0 negativ u. die Zeitkonstante $1/\alpha$ größer als RC, so fällt V in der Zeit T_1 auf Null ab, steigt dann in T_2 auf einen positiven Maximalwert V_m u. geht endlich auf Null zurück. Vf. gibt folgende Größenordnungen an: T_1 ca. 1—2 Tage, T_2 ca. 1 Woche, V_m ca. 2000 V, der Abfall auf Null erfolgt mit einer Halbwertszeit von ca. 3 Jahren. (Physic. Rev. [2] **79**. 213. 1/7.; Bull. Amer. physic. Soc. **25**. Nr. 3. 22. 27/4. 1950. Bartol Res. Found.) H. JACOB. 132

A. D. Franklin, *Die „Fremdladung" von Carnauba-Wachselektreten.* (Sitzungsbericht.) Durch Isolation des Elektretmaterials von den Elektroden während der Polarisation mittels S-Scheiben gelang es Vf., die „Fremdladung" getrennt von der „Eigenladung" auf dem Elektret allein zu erzeugen. Die Zerfallscharakteristik dieser „Fremdladung" wurde als Funktion der Zeit u. der Temp. der Polarisation gemessen. (Physic. Rev. [2] **78**. 342. 1/5.; Bull. Amer. physic. Soc. **25**. Nr. 1. 38. 2/2. 1950. Franklin Inst.) SPEER. 132

H. Fröhlich und **F. Seitz,** *Bemerkungen über die Theorie des dielektrischen Zusammenbruchs in Ionenkristallen.* Vergleichende Diskussion der beiden von den Vff. einzeln aufgestellten Theorien über den dielektr. Zusammenbruch in Ionenkristallen. (Physic. Rev. [2] **79**. 526—27. 1/8. 1950. Lafayette, Ind., Purdue, Univ., Dep. of Phys.; Urbana, Ill., Univ., Dep. of Phys.) SPEER. 132

Herbert B. Callen, *Polaronzustände in Ionenkristallen.* Vf. prüft die Möglichkeiten eines experimentellen Nachw. der durch ein Polaron (= Elektron mit der durch seine Existenz geschaffenen Ionenpolarisation) hervorgerufenen Wirkungen. Diese Beobachtbarkeit dürfte nur bei der Messung der Absorptionsbandenverschiebung mit der Temp. gesichert sein. (Physic. Rev. [2] **79**. 533—34. 1/8. 1950. Philadelphia, Pa., Univ., Randal Morgan Labor. of Phys.) SPEER. 132

Sumner Mayburg, *Der Einfluß des Druckes auf die niederfrequente Dielektrizitätskonstante von Ionenkristallen.* Kurze Mitt. zu der C. **1951**. I. 2122 referierten Arbeit. (Physic. Rev. [2] **79**. 203. 1/7.; Bull. Amer. physic. Soc. **25**. Nr. 3. 12. 27/4. 1950. Univ. of Chicago.) H. JACOB. 132

E. Billig und **K. W. Plessner,** *Eine Bemerkung über die dielektrische Dispersion in polykristallinen Stoffen.* Es wird ein Modell entwickelt u. durchgerechnet, um die in gewissen polykrist. Stoffen (bes. in Halbleitern) beobachtete dielektr. Dispersion zu erklären. Das Modell geht davon aus, daß in diesem Fall die Struktur inhomogen ist. Allerdings kann auf Grund allein von dielektr. Messungen noch nicht entschieden werden, welcher Mechanismus die dielektr. Dispersion bedingt, jedoch gibt oft die Größe des Effektes Hinweise dafür, ob das hier entwickelte Modell zur Erklärung anwendbar ist. (Proc. physic. Soc., Sect. B **64**. 361—63. 1/4. 1951. Aldermaston, Berks., Aldermaston Court, Assoc. Electr. Ind. Ltd., Res. Labor.) V. HARLEM. 132

C. S. Hung und **V. A. Johnson,** *Der spezifische Widerstand von Acceptor- und Donatorstörstellenniveaus enthaltenden Halbleitern.* Messung des spezif. Widerstandes u. des HALL-Koeff. einer Reihe von Ge-Proben als Funktion der Temp. bis herab zu 10° K. Unterhalb 100° K ist der Widerstand von Proben mittlerer Reinheit fast vollständig auf die Streuung der Ladungsträger an den Störstellen zurückzuführen. Bei noch niedrigeren Tempp. nimmt der Widerstand wieder zu; dies läßt sich nach der CONWELL-WEISSKOPF-Formel nur dann erklären, wenn Donator- u. Acceptorstörstellen gleichzeitig vorhanden sind. Die Zahl der für die Streuung in Frage kommenden Ionen kann also wesentlich größer sein als die aus dem HALL-Koeff. folgende Zahl der freien Ladungsträger. (Physic. Rev. [2] **79.** 535—36. 1/8.; Sitzungsbericht: **78.** 335. 1/5.; Bull. Amer. physic Soc. **25.** Nr. 1. 30. 2/2. 1950. Lafayette, Ind., Purdue Univ.) SPEER. 135

Marie Freymann und **René Freymann,** *Über die Existenz von zwei verschiedenen Ursachen der Debye-Absorption im Hertz-Spektrum. Anwendung auf Halbleiter.* Auf Grund der vorhandenen Literatur kommen die Vff. zu dem Ergebnis, daß man zwei Typen von dipolaren Erscheinungen unterscheiden muß, u. zwar 1. solche, die durch die Orientierung der Moll. oder Atomgruppen bedingt sind, u. 2. solche, die ihren Ursprung in dem Vorhandensein von Fehlern in dem Kristallgitter haben. Auf Grund dieser Überlegungen begannen die Vff. mit Verss., diesen dipolaren Mechanismus für verschied. Halbleiter zu vergleichen. Als vorläufiges Ergebnis wird mitgeteilt, daß die Vff. starke Absorptionen im km- u. cm-Gebiet bei *ZnO*, TiO_2, V_2O_5, *FeO* u. Fe_2O_3 beobachtet haben. (C. R. hebd. Séances Acad. Sci. **235.** 1125—27. 10/11. 1952.) GOTTFRIED. 135

Merril F. Distad, *Die durch Elektronenbeschuß der negativen Elektrode in Zinkblende verursachten Gleichgewichtsströme.* Wenn die negative Elektrode von ZnS-Kristallen mit 5—900 eV-Elektronen beschossen wird, so wird ein Stromfluß durch den Kristall induziert. Im Gleichgewicht stellte sich ein Verhältnis zwischen dem induzierten Kristallstrom u. dem Primärstrom von 10^{-5} bis 10^{-9} ein. Dieses Verhältnis war von der Primärstromstärke unabhängig u. nahm mit der 2—2,6ten Potenz der Beschleunigungsspannung zu, es war temperaturunabhängig u. nahm mit der Elektrodenspannung an den Kristallenden zu. Eine dicht bei der beschossenen Elektrode entstandene Raumladung hatte großen Einfl. auf die zeitliche Änderung des Kristallstromes u. die Größe des Gleichgewichtswertes. Die Erklärung stützt sich auf eine Elektronenemission von der beschossenen Elektrode in den Kristall. Die Annahme innerer Sekundärelektronen ist nicht notwendig. (Physic. Rev. [2] **80.** 879—86. 1/12. 1950. Washington, D. C., Naval Res. Labor.) SPEER. 135

J. O. McNally, *Lebensdauerprüfungen von Oxydkathoden. — Ein technischer Bericht.* (Sitzungsbericht.) Beschreibung einer Reihe von Faktoren, die zur Erfassung der thermion. Lebensdauer von kommerziellen Röhrentypen wichtig sind. Die wesentlichsten Einflüsse rühren von der Kathodentemp. u. der Stromdichte an der Kathode her. (Physic. Rev. [2] **78.** 356. 1/5. 1950. Bell Telephone Labor.) SPEER. 135

C. D. Richards jr., *Eine „Güteziffer" und ein „Qualitätsverhältnis" für die Gleichstromemission von Oxydkathoden.* (Sitzungsbericht.) Vf. schlägt zur bequemen Kennzeichnung der Eigg. von kommerziellen Röhren mit Oxydkathoden die Einführung einer „Güteziffer" vor, die durch den Tangens des Winkels einer Geraden von einem willkürlichen Abscissenpunkt an den Knickpunkt der Anodenstrom–Anodenspannungscharakteristik beim Übergang vom Raumladungs- in das Sättigungsgebiet definiert ist. Bezieht man diese Güteziffer auf eine Standardröhre, so erhält man ein „Qualitätsverhältnis" der jeweiligen Röhre. (Physic. Rev. [2] **78.** 356. 1/5. 1950. Superior Tube Co.) SPEER. 135

Thomas H. Briggs, *Bestimmung des Zustandes von Oxydkathoden in Dioden mittels der Güteziffern.* (Vgl. vorst. Ref.) (Sitzungsbericht.) Durch Einführung der Güteziffer von Dioden mit Oxydkathoden kann in übersichtlicher Weise Aufschluß über den Aktivierungszustand u. die zu erwartende Lebensdauer der Kathode gewonnen werden. Es wurde eine lineare Beziehung zwischen der Güteziffer für die Gleichstromemission u. dem Qualitätsverhältnis des log der intermittierenden Emission gefunden. (Physic. Rev. [2] **78.** 356. 1/5. 1950. Superior Tube Co.) SPEER. 135

J. H. Afflek und **L. V. Holroyd,** *Verwendung von* ^{140}*Ba zur Untersuchung von Oxydkathoden.* (Sitzungsbericht.) Eine Reihe von Verss. mit BaO, das ^{140}Ba enthält, ergibt die Möglichkeit, Verdampfungsgeschwindigkeit des Ba, Geschwindigkeit der Bldg. von freiem Ba in der Zwischenschicht BaO—Trägermetall, sowie Dicke der Zwischenschicht während der Lebensdauer der Kathode zu ermitteln. (Physic. Rev. [2] **89.** 893. 15/2. 1953. Univ. of Missouri,) RUDOLPH. 135

Harold Jacobs, George Hees und **Walter Crossley,** *Wirkungen kontrollierter Verunreinigungen im Nickelgrundmetall auf die thermionische Emission von Oxydkathoden.* (Sitzungsbericht.) Emissionsmessungen über je 500 Std. von Oxydkathoden mit 18 verschied. bin. Ni-Legierungen als Grundmetall. Die Legierungen wurde aus reinsten Ausgangsmetallen im Vakuum zusammengeschmolzen. Bei *Al*–Ni, *Cr*–Ni, *Mo*–Ni u. *Th*–Ni ergaben sich bes. gute Emissionswerte, während *B*–Ni, *Be*–Ni u. *Fe*–Ni als Grundmetallegierungen sehr geringe Emissionswerte zur Folge hatten. (Physic. Rev. [2] **78.** 356. 1/5. 1950. Sylvania Electric Products, Inc.) SPEER. 135

H. F. Ivey und **C. L. Shackelford**, *Bequeme Methoden für Berechnungen der thermionischen Emission.* (Vgl. C. **1950.** II. 617.) (Sitzungsbericht.) Zur Berechnung der Temp., bei der eine gegebene thermion. Emission eines bestimmten Materials auf Grund der RICHARDSONschen Gleichung erzielt wird, geben Vff. 4 einfache Methoden an. Die erste beruht auf einer algebraischen Red. der RICHARDSONschen Gleichung auf eine Form, die T nur noch im Exponentialterm enthält, zwei sind graph. Natur, während bei der vierten Meth. die Ergebnisse in Form eines Nomogramms abgelesen werden. (Physic. Rev. [2] **78.** 356. 1/5. 1950. Westinghouse Electric. Corp.) SPEER. 135

N. H. Odell und **H. Y. Fan**, *Impedanzcharakteristika der Korngrenzen von hochohmigem n-Typ-Germanium.* (Sitzungsbericht.) Messung der Impedanzcharakteristik der Grenzschichten in n-leitendem Ge in Abhängigkeit von der Temp. u. der Frequenz zwischen 400 kHz u. 4 MHz. Die an die Grenzschichten angelegte Spannung war klein im Vgl. zu dem kT entsprechenden Wert. Unterhalb 0° ist die Grenzschichtkapazität von der Frequenz unabhängig; der Elektrizitätstransport erfolgt im wesentlichen durch Elektronen. Oberhalb 0° wächst der Anteil der Löcherleitung, u. die Kapazität der Grenzschichten nimmt mit steigender Frequenz ab. Außerdem wurde beobachtet. daß (bei fester Frequenz) die Kapazität mit abnehmender Temp. ebenfalls sinkt. (Physic. Rev. [2] **78.** 334. 1/5.; Bull. Amer. physic. Soc. **25.** Nr. 1. 29—30. 2/2. 1950. Purdue Univ.) SPEER. 135

W. E. Taylor und **H. Y. Fan**, *Gleichstromcharakteristika von hochohmigen Grenzschichten an den Kristallgrenzen in Germanium.* (Vgl. vorst. Ref.) (Sitzungsbericht.) Der häufig gefundene hohe elektr. Widerstand der Korngrenzen von n-leitendem Ge in beiden Stromrichtungen kann durch Nucleonenbeschuß aufgehoben werden. Hierbei wandelt sich das n-leitende Ge teilweise in p-leitendes um. Durch geeignete Wärmebehandlung kann dieser Prozeß umgekehrt werden, u. es ergibt sich wieder der hohe Grenzschichtwiderstand. Vff. erklären diesen durch natürliche Grenzschichten an beiden Seiten der Korngrenzen, die durch lokalisierte Energiezustände innerhalb der Energielücke hervorgerufen werden. Für die Energiedifferenz zwischen Grenzschichtpotential u. FERMI-Niveau ergibt sich ca. 0,5 eV. (Physic. Rev. [2] **78.** 335. 1/5.; Bull. Amer. physic. Soc. **25.** Nr. 1. 30. 2/2. 1950.) SPEER. 135

H. Y. Fan und **M. Becker**, *Temperaturabhängigkeit der photoelektrischen Effekte an p–n-Grenzschichten in Germanium.* (Vgl. vorst. Ref.) (Sitzungsbericht.) Unters. der photoelektr. Effekte an p–n-Grenzschichten in Ge nach Deuteronenbeschuß bei Tempp. zwischen —190° u. +20°. Es wurde monochromat. Licht im Gebiet 0,9—1,9 μ verwendet. Bei allen Wellenlängen nahm die Photospannung mit abnehmender Temp. stark zu: ca. 5mal bei Abkühlung von 20 auf 0° u. ca. 80mal von 0 auf —70°. Bei Lichtimpulsen von 15 μSek. Dauer konnten bei 20 u. 0° keine zeitlichen Verzögerungen der entsprechenden Photoimpulse festgestellt werden, während bei —70° eine Verzögerung mit der Zeitkonstanten von 130 μSek. beobachtet wurde. Die Form der Spannungsimpulse war unabhängig von der Wellenlänge des Lichtes, obwohl, bes. bei den beiden Extremwerten 0,9 u. 1,9 μ, sehr unterschiedliche Absorptionsverhältnisse vorliegen. (Physic. Rev. [2] **78.** 335. 1/5.; Bull. Amer. physic. Soc. **25.** Nr. 1. 30. 2/2. 1950.) SPEER. 135

G. Preston Burns, *Wirkungsgrad des thermoelektrischen Prozesses.* (Sitzungsbericht.) Es werden Formeln für den thermoelektr. Wirkungsgrad für die Fälle abgeleitet, daß die äußere Belastung vom inneren elektr. Widerstand verschieden ist, maximale Leistung erzielt wird u. der Wirkungsgrad seinen maximalen Wert erreicht. Unter Annahme des Gesetzes von WIEDEMANN-FRANZ-LORENZ ist bei maximalem Wirkungsgrad die äußere Belastung 3,91mal so groß wie der innere elektr. Widerstand, wenn die Tempp. an den Kontaktstellen des Paarsyst. 27 bzw. 427° betragen. Für eine thermoelektr. Kraft von 1 mV/° C ist der maximale Wirkungsgrad 33,9%. (Physic. Rev. [2] **78.** 327. 1/5.; Bull. Amer. physic. Soc. **25.** Nr. 1. 20. 2/2. 1950. Univ. of Virginia, Mary Washington Coll.) WERNER SCHULZ. 135

J. E. Verschaffelt, *Über die Theorie des Thermoelements.* Darst. des Problems auf der Grundlage der früher entwickelten Theorie der Thermoelektrizität (vgl. C. **1951.** I. 429) mit scharfer Polemik der DE GROOTschen Theorie der irreversiblen Prozesse. (Bull. Cl. Sci., Acad. roy. Belgique [5] **38.** 512—23. 1952.) KIRSCHSTEIN. 135

A. Schulze und **H. Eicke**, *Über Goldchrom-Normalwiderstände.* Vff. berichten über ihre langjährigen Erfahrungen mit Goldchromnormalwiderständen; sie bestehen aus 97,95 Gew.-% Au u. 2,05% Cr, spezif. Widerstand 0,33 Ohm·mm²/m bei 20°. Diese Widerstände sind den bisher üblichen Manganinwiderständen durch den geringeren Temperaturkoeff. des Widerstandes u. die größere Alterungsbeständigkeit überlegen. 2 Neukonstruktionen, bei denen sich die Widerstände in einer mit Ar gefüllten Glasumhüllung befinden, werden beschrieben. Die Widerstände sind für Messungen höchster

Genauigkeit geeignet u. können daher als Normalwiderstände eingesetzt werden. (Z. angew. Physik **4.** 321—24. Sept. 1952. Berlin, Deutsch. Amt für Maß u. Gewicht; Berlin-Charlottenburg, Physikal. Techn. Reichsanst.) FUCHS. 136

M. v. Laue, *Kritische Bemerkungen zur Theorie der Supraleitung.* Die von LONDON in seinem Buch „Macroscopic theory of superconductivity" eingeführte Oberflächenenergie zwischen der supra- u. der normalleitenden Phase ist unbegründet. Weitere Einwände betreffen Äußerungen LONDONs über den Zwischenzustand u. die Frage, ob ein Ringstrom bei absol. thermodynam. Gleichgewicht fließen kann. (Ann. Physik [6] **10.** 296—301. 1952.) KIRSCHSTEIN. 136

F. London, *Bemerkungen zu vorstehender Arbeit zur „Theorie der Supraleitung" von Max von Laue.* (Vgl. vorst. Ref.) Vf. hält an der Vorstellung der Oberflächenenergie fest. Die übrigen Einwände werden als durch Mißverständnisse verursacht bezeichnet. (Ann. Physik [6] **10.** 302—03. 1952. Durham, N. C., Duke Univ.) KIRSCHSTEIN. 136

M. v. Laue, *Bemerkungen zur Theorie der Supraleitung.* 2. Mitt. (Vgl. vorst. Reff.) Abschwächung der früheren Einwände; doch bleibt ein thermodynam. Widerspruch in der LONDONschen Theorie bestehen. (Ann. Physik [6] **10.** 305—09. 1952.) KIRSCHSTEIN. 136

F. Beck, *Eine spezielle Form des elektrodynamischen Potentials von Supraleitern.* (Vgl. C. **1952.** 3774.) Es wird gezeigt, in welchen Grenzen die LONDONsche Theorie, die von v. LAUE (vgl. vorst. Reff.) angegriffen wird, gültig bleibt. (Ann. Physik [6] **10.** 310—13. 1952. Berlin-Dahlem, KWI für physikal. Chem. u. Elektrochem.) KIRSCHSTEIN. 136

F. London, *Zu den weiteren „Bemerkungen zur Theorie der Supraleitung" des Herrn von Laue.* (Vgl. vorst. Reff.) Klärende Schlußbemerkungen. (Ann. Physik [6] **10.** 314—16. 1952.) KIRSCHSTEIN. 136

M. C. Steele und **R. A. Hein,** *Teilchengrößeneffekte bei der Supraleitfähigkeit von Cadmium.* Durch Rühren von geschmolzenem Cd in hochsd. Siliconöl wurden Proben hergestellt, in denen das Cd in Form kleiner Kügelchen von $2—3 \cdot 10^{-3}$ bzw. $6—12 \cdot 10^{-2}$ cm Radius vorlag. Für die zuerst genannte Probe liegt die Kurve, die die krit. Feldstärke als Funktion der Temp. darstellt, deutlich höher als die zweite. Daraus wird auf eine Eindringtiefe von der Größenordnung 10^{-4} cm geschlossen, ein verhältnismäßig hoher Wert, der aber bei der niedrigen Sprungtemp. ($0,65 \pm 0,02°$ K) verständlich ist. (Physic. Rev. [2] **87.** 908. 1/9. 1952. Washington, D. C., Naval Res. Labor.) KIRSCHSTEIN. 136

Samuel Jackson Barnett, *Bemerkungen zu der Notiz von André J. P. Meyer über die gyromagnetischen Koeffizienten in elektromagnetischen Einheiten von Eisen, Nickel, Kobalt und einigen ihrer Legierungen.* (Vgl. C. **1949.** E. 17; **1953.** 6619.) Hinweis auf die Genauigkeit der alten, von denen von MEYER abweichenden Meßergebnisse des Vf. u. deren Übereinstimmung nach dem BARNETT- u. dem EINSTEIN-DE HAAS-Effekt. (C. R. hebd. Séances Acad. Sci. **231.** 761—62. 16/10. 1950.) FAHLENBRACH. 137

John S. Thomsen und **T. H. Berlin,** *Ein Phasenübergang, bedingt durch Dipolwechselwirkung in einem einfachen kubischen Kristall.* (Sitzungsbericht.) Ein Phasenübergang bei einer bestimmten Temp. wird unter Annahme eines einfachen kub. Kristalls mit klass. Dipolen in jedem Gitterpunkt mittels einer Wechselwirkungsmatrix u. einer angenäherten Verteilungsfunktion dargestellt. Dieser Übergang beschreibt den Wechsel vom nichtmagnet. zum antiferromagnet. Zustand. (Physic. Rev. [2] **79.** 203. 1/7.; Bull. Amer. physic. Soc. **25.** Nr. 3. 12. 27/4. 1950. Johns Hopkins Univ.) H. JACOB. 137

A. H. Geisler, *Koerzitivkraft von Ausscheidungslegierungen.* (Vgl. Trans. Amer. Soc. Metals **43.** [1951.] 70.) Die Dauermagnetwerkstoffe *Cunico* (29% Ni, 7% Cu, Rest Co), *Cunife* (40% Ni, 10% Cu, Rest Fe) u. die verschied. Arten von *Alnico* sowie *Ni–Au*-Legierungen sind strukturell in der Beziehung gleich, daß im Zustand hoher Koerzitivkraft die Kristallstruktur der Ausscheidung aus dem kub. Gitter in ein tetragonales Gitter geändert ist. Es wird eine einfache empir. Beziehung für diese Legierungen abgeleitet, die das Maximum der Koerzitivkraft direkt mit dem Grad der Tetragonalität u. der Sättigungsinduktion der Ausscheidung in Verbindung bringt. Aus diesem Ergebnis folgt, daß nicht nur die Anisotropie der Form, sondern auch die von Spannungen beeinflußbare Kristallanisotropie einen Beitrag zur Koerzitivkraft liefert. (Rev. mod. Physics **25.** 316—22. Jan. 1953. Schenectady, N. Y., General Electric Co., Knolls Res. Labor.) V. HARLEM. 137

Louis Néel, *Sättigungsmagnetisierung der Mischferrite von Nickel und Zink.* Die Sättigungsmagnetisierung der Mischferrite $xNiO\ (1 - x)\ ZnO \cdot Fe_2O_3$ nimmt mit wachsendem ZnO-Geh. bis zu ca. 60 Mol-% ZnO zu u. fällt dann zum reinen $ZnO \cdot Fe_2O_3$ auf Null hin ab. Vf. erklärt diese Tatsache a) mit dem schrittweisen Verdrängen von Fe^{3+}-

Ionen von den Oktaederplätzen durch Zn^{2+}-Ionen, b) mit der an Gewicht zunehmenden negativen Austauschwechselwrkg. bei den Oktaederplätzen bei sehr hohen ZnO-Gehh.. so daß die Momente auf den Tetraeder- u. den Oktaederplätzen nicht mehr antiparallel stehen können, u. c) mit einem zusätzlichen Orientierungseffekt der Spins der Fe^{3+}-Ionen auf den Oktaederplätzen. (C. R. hebd. Séances Acad. Sci. **230**. 375—77. 23/1. 1950. Grenoble, Univ., Inst. de Phys.) FAHLENBRACH. 137

J. T. Kendall und **D. Yeo**, *Magnetische Susceptibilität und Anisotropie von Glimmer.* Vff. untersuchten die magnet. Susceptibilität u. Anisotropie von natürlichem *Muskovit* u. synthet. *Fluorphlogopit.* Diese Mineralien enthalten kleine Mengen von Fe, wodurch para- u. ferromagnet. Effekte hervorgerufen werden. In erster Näherung ist die mittlere Susceptibilität linear abhängig vom Gesamt-Fe-Geh. u. die paramagnet. Anisotropie proportional dem Geh. an Fe(II). Bei niedrigen Feldstärken rufen ferromagnet. Verunreinigungen (wahrscheinlich submkr. Einschlüsse von Magnetit) anomale Ergebnisse hervor. Es wird gezeigt, daß solche Einschlüsse bei allen untersuchten Glimmerproben vorhanden sind u. den Paramagnetismus des synthet. Glimmers hervorrufen. Die Einschlüsse sind wahrscheinlich mit ihren magnet. Achsen in eine Vorzugsrichtung in bezug auf die kristallograph. Achsen des Glimmers ausgerichtet. (Proc. physic. Soc., Sect. B. **64**. 135—42. 1/2. 1951. Metropolitan-Vickers Electrical Co., Ltd., Res. Dep.) v. HARLEM. 137

N. J. Harrick und **N. F. Ramsey**, *Magnetisches Rotationsmoment, magnetische Susceptibilitäten und Elektronenverteilung im Wasserstoffmolekül.* Aus Messungen des Rotationsspektr. von H_2 im Zustand I = J = 1 in Magnetfeldern von 3—7 kGauß mit der Atomstrahlmeth. wird das rotationsmagnet. Moment von H_2 (J = 1) zu 0,88291 $\pm$0,00007 Kernmagnetonen bestimmt u. daraus der hochfrequente Anteil der diamagnet. Susceptibilität zu $(1{,}64 \pm 0{,}16) \cdot 10^{-31}$ Erg/Gauß·Mol. berechnet. Die Abhängigkeit der diamagnet. Susceptibilität von der Molekülorientierung wird durch Messung der diamagnet. Wechselwrkg. des Mol. mit dem äußeren Magnetfeld, welche nur von der Rotationsquantenzahl abhängt u. mit dem Quadrat der Feldstärke zunimmt, für verschied. Rotationsübergänge u. Feldstärken ermittelt. Als bester Mittelwert bei 6600 Gauß ergibt sich für die Differenz der diamagnet. Susceptibilitäten für ein Mol. mit $m_J = \pm 1$ bzw. $m_{J_1} = 0$ der Wert $\xi_{\pm 1} - \xi_0 = (-3{,}66 \pm 0{,}20) \cdot 10^{-31}$ Erg/Gauß²·Molekül. Aus dem Hochfrequenzanteil der diamagnet. Susceptibilität u. dieser Differenz ergibt sich das Quadrupolmoment der Elektronenverteilung, bezogen auf die Symmetrieachse der Kerne, zu $Q = (0{,}330 \pm 0{,}013) \cdot 10^{-16}$ cm², ein mit dem thereot. Wert $(0{,}344 \pm 0{,}010) \cdot 10^{-16}$ cm² von JAMES u. COOLERIDGE innerhalb der Meßfehlergrenzen übereinstimmender Wert. (Physic. Rev. [2] **88**. 228—32. 15/10. 1952. Cambridge, Mass., Harvard Univ., Lyman Labor. of Physics.) WERNER SCHULZ. 137

W. Opechowski, *Magnetooptische Effekte und paramagnetische Resonanz.* Übersicht über die Theorie der magnetoopt. Effekte u. der paramagnet. Resonanz. (Rev. mod. Physics **25**. 264—68. Jan. 1953. Vancouver, Can., Univ. of Brit. Columbia, Dep. of Phys.) v. HARLEM. 137

W. C. Koehler und **E. O. Wollan**, *Paramagnetische Streuung von Neutronen durch dreiwertige Ionen von Nd und Er.* In jedem Fall ist der Querschnitt für magnet. Streuung nach vorne in genügender Übereinstimmung mit dem berechneten, wenn in der Formel für magnet. Streuung von HALPERN u. JOHNSON der Ausdruck $g_s^2 S(S + 1)$ durch $g_J^2 J(J + 1)$ ersetzt wird. Die Winkelabhängigkeit der magnet. Streuung ist für Pr_2O_3 u. Nd_2O_3 ähnlich, bei Er_2O_3 jedoch merklich verschieden. Zu Vergleichszwecken wurde der Amplitudenformfaktor für die 4f-Schale aus der halbempir. Abschirmungskonstanten von PAULING u. SHERMAN berechnet. Dieser durch die Elektronenverteilung bedingte Formfaktor fällt auf Null ab für $k = 4\pi \sin \Theta/\lambda = 5$. Für Er_2O_3 hat die beobachtete magnet. Streuung den gleichen allg. Charakter, sie bleibt aber noch bei wesentlich höherem k bestehen. Bei Nd_2O_3 u. Pr_2O_3 ist die Streuamplitude im wesentlichen winkelunabhängig von k = 0 bis k = 3,5, dann fällt sie langsam auf Null in der Gegend von k = 6,5. Die kub. Form des Nd_2O_3 wurde hergestellt, um das auf das Nd-Ion wirkende elektrostat. Feld zu ändern. Innerhalb von $\pm$10% wurde keine Änderung der magnet. Streuung beobachtet. Ferner wurden noch Messungen bis zu 20,4° K herab durchgeführt. Keine Effekte einer kohärenten Streuung wurden beobachtet, u. die diffuse Streuung blieb innerhalb der Meßgenauigkeit konstant. (Rev. mod. Physics **25**. 128—29. Jan. 1953. Oak Ridge, Tenn., Oak Ridge Nat. Labor.) v. HARLEM. 137

R. C. Schonebaum, *Leitfähigkeit in nichtwässerigen Lösungen.* Mit der Absicht, die Theorie von FUOSS u. KRAUS (J. Amer. chem. Soc. **55**. [1933.] 21), nach der, abgesehen von der Viscosität, kein, nicht bereits durch die DK. erfaßter spezif. Einfl. des Lösungsm. auf die Leitfähigkeit feststellbar ist, auf ihre Gültigkeit auch im bisher nicht untersuchten sauren Medium zu prüfen, führte Vf. Leitfähigkeitsmessungen mit Hilfe einer JONES-Brücke unter Verwendung eines Kathodenstrahloscillographen als Minimumanzeiger an Lsgg. von *Tetraäthylammoniumpikrat* in 100%ig. Eisessig bzw. in 100%ig. Propionsäure bei 25° innerhalb eines großen Konzentrationsbereiches aus. Die Ergebnisse stehen in guter Übereinstimmung mit der Theorie u. zeigen, daß auch im sauren Medium die DK. der allein die Leitfähigkeit bestimmende Faktor ist. Für die Lsgg. in Eisessig ergibt sich nach der Extrapolationsmeth. von SHEDLOWSKY für Λ_0 der Wert von 29,9 $Ohm^{-1} cm^2$ u. für die Dissoziationskonstante K der Wert von $1,16 \cdot 10^{-6}$. Die Unterss. werden an weiteren Elektrolyten fortgesetzt. (Nature [London] **170**. 422—23. 6/9. 1952. Delft, Techn. Univ., Labor. for Phys. Chem.) NIEMITZ. 138

R. J. Gillespie, E. D. Hughes und **C. K. Ingold,** *Kryoskopische Messungen in Schwefelsäure.* 1. Mitt. *Prinzipien und Methoden. Die kryoskopische Konstante und einige andere Konstanten der Schwefelsäure.* Zu Beginn einer größeren Versuchsreihe über kryoskop. Messungen in H_2SO_4 mit dem Ziel der Aufklärung gewisser ionogener Rkk., die sich bei der Unters. der Kinetik der aromat. Nitrierung andeuteten, geben Vff. einen Überblick über Theorie u. Methoden solcher Messungen. An Stelle des VAN'T HOFFschen i-Faktors, der in diesem Fall zu vorläufig unüberwindbaren Definitionsschwierigkeiten führt, wird der γ-Faktor eingeführt, der lediglich als Funktion der Zahl der gelösten Partikel definiert wird, wobei eventuelle zwischenmol. Kräfte durch Anwendung von Aktivitätskoeffizienten ausgeschaltet werden. Mittels einer neuen App. wird zunächst die kryoskop. Konstante (KK.) der H_2SO_4 neu bestimmt, deren bisherige Bestimmungen vor allem deswegen nicht exakt sind, weil die gelösten, als nichtionisiert angenommenen Substanzen in Wirklichkeit doch ionisieren. Von vielen untersuchten Verbb. erweisen sich nur SO_2Cl_2 u. $ClSO_3H$ als nicht ionisiert. Die KK. der H_2SO_4 ergibt sich zu im Mittel 5,98° pro Mol u. Liter. Unter Verwendung ionisierter Sulfate (K, NH_4) wird ein Mittelwert von 5,97° gefunden, während sich bei Verwendung von Aceton u. Essigsäure im Mittel ebenfalls 5,97° ergibt. Wegen der extremen dielektr. Eigg. der H_2SO_4 lassen sich also in gewissen Konzentrationsbereichen auch organ. O-Verbb., die sich als unendlich starke Basen verhalten, verwenden, die bei anderen Lösungsmitteln wegen ihres elektrostat. nichtidealen Verh. unbrauchbar sind. Wegen der Unmittelbarkeit der 1. Meth. wird der Wert 5,98° den weiteren Unterss. zugrunde gelegt. Der F. der reinen H_2SO_4 wird mit 10,36° $\pm$ 0,01° angegeben u. liegt niedriger, als er sonst bisher angegeben wurde. Die mol. Schmelzwärme ergibt sich zu 2605 $cal \cdot Mol^{-1}$. (J. chem. Soc. [London] **1950**. 2473—92. Sept. London, Univ. Coll., William Ramsay and Ralph Forster Labor.) NIEMITZ. 139

R. J. Gillespie, *Kryoskopische Messungen in Schwefelsäure.* 2. Mitt. *Wasser und Schwefeltrioxyd als gelöste Stoffe. Die Basenstärke des Wassers und die Säurestärke der Dischwefelsäure.* (1. vgl. vorst. Ref.) Vf. berichtet über Bestimmungen der FF. des Syst. W.–SO_3 in der Nähe der Zus. der H_2SO_4. Die Ergebnisse u. die daraus gezogenen Schlüsse unterscheiden sich etwas von denen früherer Beobachtungen. Aus den Daten des Bereichs mit mehr W., als dem stöchiometr. Verh. W.–SO_3 entspricht, ergibt sich, daß die Ionisation des W. als Base in dem Lösungsm. H_2SO_4 deutlich unvollständig ist, die Basizitätskonstante $K_b(H_2O)$ beträgt im Mittel 1,2 $Mol \cdot kg^{-1}$. Aus den Daten jenseits des Gefrierpunktmaximums ergibt sich, daß die Dischwefelsäure mäßig ionisiert ist, die Aciditätskonstante $K_a(H_2S_2O_7)$ beträgt 0,028 $Mol \cdot kg^{-1}$, entspricht also einer mittelstarken Säure. Der Wert ist allerdings wegen der Bldg. höherer Polyschwefelsäuren nicht eindeutig. Aus der 0,26° betragenden Differenz zwischen dem berechneten F. der undissoziierten H_2SO_4 u. dem beobachteten Maximum im untersuchten Syst. läßt sich die Konz. an durch Selbstdissoziation entstandenen gelösten Partikeln zu 0,043 mol. bzw. unter der Annahme vollständiger Ionisation dieser Partikel zu 0,0215 mol. an ein–einwertigen Elektrolyten berechnen. (J. chem. Soc. [London] **1950**. 2493—2503. Sept.) NIEMITZ. 139

R. J. Gillespie, J. Graham, E. D. Hughes, C. K. Ingold und **E. R. A. Peeling,** *Kryoskopische Messungen in Schwefelsäure.* 3. Mitt. *Salpetersäure, Distickstoffpentoxyd, Distickstofftetroxyd und Distickstofftrioxyd als gelöste Stoffe. Kryoskopischer Beweis der Bildung des Nitroniumions, NO_2^+.* (2. vgl. vorst. Ref.) Vff. zeigen an Hand von Gefrierpunktsmessungen, daß HNO_3, N_2O_5, N_2O_4 u. N_2O_3 als gelöste Stoffe mit H_2SO_4 als Lösungsm. nach folgenden Gleichungen reagieren: $HNO_3 + 2\,H_2SO_4 = NO_2^+ + H_3O^+ + 2\,HSO_4^-$; $N_2O_5 + 3\,H_2SO_4 = 2\,NO_2^+ + H_3O^+ + 3\,HSO_4^-$; $N_2O_4 + 3\,H_2SO_4 = NO_2^+ + NO^+ + H_3O^+ + 3\,HSO_4^-$ u. $N_2O_3 + 3\,H_2SO_4 = 2\,NO^+ + H_3O^+ + 3\,HSO_4^-$. Diese Umsetzungen verlaufen quantitativ, wenn man davon absieht, daß W. als mittelstarke Base (vgl. vorst. Ref.) teilweise nach dem Gleichgewicht: $H_2O + H_2SO_4 \rightleftharpoons H_3O^+ + HSO_4^-$ rekombiniert. Daher ist der γ-Faktor (vgl. vorvorst. Ref.) der HNO_3 kleiner als 4, nämlich im Mittel über mehrere Konzz. 3,77. Für N_2O_5, N_2O_4 u. N_2O_3 ergeben sich statt theoret. 6 die folgenden Werte: 5,70, 5,69 u. 5,69, ebenfalls als Mittelwerte über mehrere Konzentrationen. Die Abweichungen von den theoret. Werten, die wegen der unvollständigen Ionisation des W. erwartet werden können, lassen sich auf Grund der Basizitätskonstanten des W. (vgl. vorst. Ref.) berechnen u. sind in guter Übereinstimmung mit den experimentellen Werten. (J. chem. Soc. [London] **1950.** 2504—15. Sept.) NIEMITZ. 139

R. J. Gillespie, *Kryoskopische Messungen in Schwefelsäure.* 4. Mitt. *Reaktionen ionisierter Sulfate in Oleum. Selbstionisationsgleichgewichte in Schwefelsäure und Ionengleichgewichte in Oleum. Die Polyschwefelsäuren.* (3. vgl. vorst. Ref.) Vf. beobachtet die Gefrierpunktsänderungen des Oleums beim Zusatz von $(NH_4)_2SO_4$ u. anschließendem Wasserzusatz. Die Ergebnisse werden diskutiert, u. es wird aus ihnen die Basizitätskonstante des HSO_4^--Ions abgeleitet, die zusammen mit der Aciditätskonstante der $H_2S_2O_7$ die Berechnung der Autoprotolysenkonstanten der H_2SO_4 gestattet. Zusammen mit dem Wert für die Gesamtkonz. an durch Selbstdissoziation der H_2SO_4 entstandenen Teilchen (vgl. 2. Mitt.) lassen sich die Konzz. der einzelnen Arten berechnen, u. zwar ergibt sich für die durch Autoprotolyse entstandenen Ionen $H_3SO_4^+$ u. HSO_4^- 0,013 mol. u. für die einer geringen Ioneneigendehydratation entstammenden H_3O^+ u. $HS_2O_7^-$ 0,0083 molar. Weitere Unterss. im Bereich jenseits der $H_2S_2O_7$ lassen die Existenz weiterer Polyschwefelsäuren im Oleum vermuten, von denen $H_2S_3O_{10}$ u. $H_2S_4O_{13}$ als sicher angenommen werden können. Für die Bldg. der ersteren wird eine Gleichgewichtskonstante abgeleitet. Die Fähigkeit, Polysäuren zu bilden, scheint demnach allen Elementen der 6. Gruppe des Period. Syst. gemeinsam zu sein. Bzgl. der Stärke der Säuren ergibt sich folgendes: $H_2S_2O_7$ ist eine mittelstarke Säure (vgl. 2. Mitt.). Dagegen ist das $HS_2O_7^-$-Ion eine sehr schwache Säure, so daß selbst bei einem großen Überschuß an HSO_4^--Ion, der stärksten in diesen Lsgg. verfügbaren Base, **kaum** $S_2O_7^{2-}$-Ionen entstehen. Während also $H_2S_2O_7$ in der 1. Stufe weitgehend dissoziiert ist, besteht prakt. keine Dissoziation in der 2. Stufe. Im Gegensatz hierzu sind die übrigen Polysäuren nicht nur in der 1. Stufe noch etwas stärker dissoziiert, sondern vor allem sind sie in der 2. Stufe ebenfalls wesentlich mehr dissoziiert, was aus strukturellen u. elektrostat. Gründen zu erwarten war. Weiter werden die Rkk. betrachtet, die bei der Titration des SO_3 im Oleum oder von Lsgg. in Oleum mit W. bis zum Aufhören der Nebelbldg. stattfinden. Die bisherige Annahme, daß dabei ein HSO_4^--Ion ein halbes Mol. des titrierbaren SO_3 entfernt, weil 2 dieser Ionen für die stöchiometr. Abbindung von 2 Protonen eines Mol. $H_2S_2O_7$ genügen, erweist sich als unbegründet. Der Faktor 1/2 bedeutet nur eine Näherung u. hängt von der Empfindlichkeit des Titrationsendpunktes u. einer sorgfältigen Temperaturkontrolle ab, d. h. er hängt ab von der Beziehung zwischen der zu Erzeugung eines sichtbaren Nebels notwendigen Minimumkonz. an $H_2S_2O_7$ u. der Basizitätskonstanten des $H_2SO_7^-$-Ions. (J. chem. Soc. [London] **1950.** 2516—31. Sept.) NIEMITZ. 139

R. J. Gillespie und **J. Graham,** *Kryoskopische Messungen in Schwefelsäure.* 5. Mitt. *Ionisation der Salpetersäure in Oleum* (4. vgl. vorst. Ref.) Beim Zusatz von HNO_3 zu Oleum steigt der F. zunächst an, um nach Durchlaufen eines Maximums wieder abzunehmen, u. zwar mit wachsendem Gradienten. Eine nähere Unters. zeigt, daß zunächst die Rk. $HNO_3 + 2\ H_2S_2O_7 = NO_2^+ + HS_2O_7^- + 2\ H_2SO_4$ abläuft, also unter Bldg. von ***Nitroniumhydrogendisulfat,*** während weiterer HNO_3-Zusatz nach der Gleichung $HNO_3 + HS_2O_7^- = NO_2^+ + 2\ HSO_4^-$ zu ***Nitroniumhydrogensulfat*** führt. Die damit zusammenhängenden Protonenübertrittprozesse sind folgende: Zunächst ionisiert $H_2S_2O_7$ teilweise als Säure. Der erste Einfl. des entstehenden $HS_2O_7^{2-}$-Ions ist ein die Ionisation hemmender, bis das Maximum der Gefrierpunktskurve erreicht ist. Dann beginnt der Verbrauch der freien $H_2S_2O_7$, u. das $HS_2O_7^-$-Ion erleidet teilweise Solvolyse mit entsprechendem Absinken des Schmelzpunkts. Im weiteren Verlauf deprotoniert das entstehende HSO_4^--Ion das $HS_2O_7^-$-Ion unter Bldg. n. $S_2O_7^{2-}$-Ionen, wodurch das Absinken des F. stark beschleunigt wird. Neben diesen Desulfatierungs- u. Deprotonisierungsprozessen der $H_2S_2O_7$ verlaufen in geringem Umfang die gleichen Prozesse an den im Oleum in geringem Maß vorhandenen höheren Polyschwefelsäuren. Aus den experimentellen Befunden werden die ν-Faktoren des Nitroniumhydrogendisulfats u. des Nitroniumhydrogensulfats abgeleitet. Diese stimmen gut überein mit den ν-Faktoren des Ammoniumhydrogendisulfats bzw. denen des Ammoniumhydrogensulfats. Die Ergebnisse der Nitroniumhydrogensulfatbldg. bestätigten die in vorst. referierter Mitt. geschilderten Selbstdissoziationsprozesse der H_2SO_4. (J. chem. Soc. [London] **1950.** 2532—37. Sept.) NIEMITZ. 139

R. J. Gillespie, *Kryoskopische Messungen in Schwefelsäure.* 6. Mitt. *Nitroniumperchlorat- und Ammoniumperchlorat als gelöste Stoffe. Die Basizität des Perchlorations und die Acidität der Überchlorsäure. Bemerkungen über die Stärke einiger Oxysäuren.* (5. vgl. vorst. Ref.) Aus den Depressionen des F. der H_2SO_4 bei der Lsg. von Nitronium- u. Ammoniumperchlorat ergibt sich, daß das Anion dieser Salze weitgehend zu freier $HClO_4$ solvatisiert ist, d. h. $HClO_4$ ist in H_2SO_4 eine sehr schwache Säure. Ihre Aciditätskonstante sowie die Solvatisierungskonstante des ClO_4^--Ions wird abgeleitet. Das Syst. $H_2S_2O_7$–$HClO_4$–H_2SO_4 wird mit dem Syst. Essigsäure–Phenol–W. verglichen. Auf Grund bekannter Regeln über die Stärke von Oxysäuren ist zu erwarten und kann auch bestätigt werden, daß $H_2S_2O_7$ eine wesentlich stärkere Säure als $HClO_4$ ist. Aus diesen Vergleichen ergibt sich, daß ein die Stärke von Oxysäuren bestimmender Faktor die Stabilisierung von Oxyanionen, bezogen auf die Säuren, durch mesomere Ladungsverteilung zwischen den O-Atomen mit partiellen Doppelbindungen ist. (J. chem. Soc. [London] **1950**. 2537—42. Sept.) NIEMITZ. 139

R. J. Gillespie, *Kryoskopische Messungen in Schwefelsäure.* 7. Mitt. *Die Basizität von Nitro-, Sulfonyl- und Sulfurylverbindungen in Schwefelsäure.* (6. vgl. vorst. Ref.) Aus Messungen der Gefrierpunktserniedrigung von Lsgg. in H_2SO_4 ergibt sich, daß Nitroverbb. in diesem Lösungsm. als Basen ionisieren. Die Basizitätskonstanten der Verbb. *Nitromethan, Nitrobenzol,* dessen *p-Methyl-* u. *m-Amino*-Substitutionsprodd., sowie *2.4.6-Trinitrotoluol* werden bestimmt. Der Ionisationsbereich dieser Verbb. in wasserfreier H_2SO_4 liegt zwischen 20% für Trinitrotoluol u. 70% für *p-Nitrotoluol.* Mittels der gleichen Meth. wird gezeigt, daß *Benzolsulfonsäure, p-Toluolsulfonsäure* u. *Diphenylsulfon* ebenfalls in H_2SO_4 als Basen ionisieren. Ihre Basizitätskonstanten werden bestimmt. Eine ähnliche Unters. des Ae. als gelösten Stoffes zeigt, daß dieser prakt. quantitativ in Äthylschwefelsäure umgewandelt wird, die ebenfalls merklich ionisiert ist. Konstitutionsbedingter Einfl. auf die Basizität wird diskutiert u. die Kinetik der aromat. Nitrierung in H_2SO_4 in ihrer Beziehung zu Ionisationsprozessen der besprochenen Art betrachtet. (J. chem. Soc. [London] **1950**. 2542—51. Sept.) NIEMITZ. 139

R. J. Gillespie, *Kryoskopische Messungen in Schwefelsäure.* 8. Mitt. *Essigsäureanhydrid und Benzoesäureanhydrid als gelöste Stoffe. Kryoskopischer Beweis für die Existenz von Acetylium- und Benzoyliumionen.* (7. vgl. vorst. Ref.) Aus kryoskop. Unterss. der Lsgg. von Essigsäure- u. **Benzoesäureanhydrid** in H_2SO_4 läßt sich die Existenz von Acetylium- u. Benzoyliumionen wahrscheinlich machen, die gemäß der allg. Gleichung $(R\cdot CO)_2O + 2H_2SO_4 = R\cdot CO^+ + R\cdot CO_2H_2^+ + 2HSO_4^-$ entstehen. (J. chem. Soc. [London] **1950**. 2997—3000. Nov.) NIEMITZ. 139

R. J. Gillespie, E. D. Hughes und **C. K. Ingold,** *Kryoskopische Messungen in Salpetersäure.* 1. Mitt. *Distickstoffpentoxyd und Wasser als gelöste Stoffe. Die Selbstdissoziation der Salpetersäure.* Vff. berichten über Unterss. des Gefrierpunktdiagramms des Syst. N_2O_5–H_2O in der Nachbarschaft des Bereichs der Zus. der HNO_3, aus denen sich ergibt, daß N_2O_5 in HNO_3 vollständig in Nitronium- u. Nitrationen dissoziiert ist, die insgesamt mit 4 Moll. HNO_3 solvatisiert sind, u. daß W. in verd. Lsg. in HNO_3 prakt. nicht ionisiert, aber pro Mol. mit 2 Moll. HNO_3 solvatisiert ist. Aus der Form der Gefrierpunktskurve in der Nähe des Maximums läßt sich schließen, daß die HNO_3 weitgehend selbst dissoziiert ist, u. zwar infolge einer ion. Eigendehydratation gemäß der Gleichung $2HNO_3 = NO_2^+ + NO_3^- + H_2O$. Es kann abgeschätzt werden, daß in analysenreiner wasserfreier HNO_3 bei —40° ca. 3,4% unter Bldg. von 1,2% Nitroniumion, 1,7% Nitration u. 0,5% Wasser dissoziiert ist. Weitere 10% der HNO_3 können als durch die Prodd. der Selbstdissoziation solvatgebunden angesehen werden. (J. chem. Soc. [London] **1950**. 2552—58. Sept. London, Univ. Coll., William Ramsay and Ralph Forster Labor.) NIEMITZ. 139

Je. A. Kanewski, *Zur Theorie des Elektrodenpotentials.* 2. Mitt. *Einige Fragen der thermodynamischen Theorie des Elektrodenpotentials.* (1. vgl. **Журнал Физической Химии** [J. physik. Chem.] **22.** [1948.] 1397.) Von den üblichen thermodynam. Potentialgleichungen ausgehend, wird der Begriff der „elektr. Potentialphasen" eingeführt. Es werden Gleichungen für die Änderung des thermodynam. Potentialsyst. bei verschiedenphasigen Übergängen der Ionen u. Elektronen in galvan. Elementen angegeben. Außerdem werden Gleichungen zur Berechnung des absol. Elektrodenpotentials nichtmetall. Elektroden (*F, Cl, Br, J* u. *H*) aufgestellt. (**Журнал Физической Химии** [J. physik. Chem.] **25.** 854—62. Juli 1951. Moskau.) A. KUNZE. 140

Paul Delahay, *Eine polarographische Methode für die indirekte Bestimmung der Polarisationskurven für die Sauerstoffreduktion an verschiedenen Metallen.* 1. Mitt. *Beschreibung der Methode — Verwendung von Platin.* Der Zweck der Anwendung einer indirekten Meth. ist die Ausschaltung der Rkk. der H^+-Ionenentladung u. der Oxydation des Elektrodenmaterials. Die Elektrode, an der die Sauerstoffred. untersucht wird, wird in einem geschlossenen, mit anfänglich mit Luft gesätt. Lsg. gefüllten Gefäß bei verschied. konstanten Potentialen polarisiert. In verschied. Zeitabschnitten wird die O_2-Konz. polarograph. bestimmt. Aus diesen Werten kann der Strom für die Red. errechnet werden. Die gesamte Polarisationskurve ergibt sich aus diesen Stromwerten u.

den verschied. Werten des Elektrodenpotentials. Der Beitrag der Zwei- u. Vierelektronenprozesse, d. h. der Red. des O_2 zu H_2O_2 bzw. zu H_2O wird errechnet. Die Gleichgewichtsbedingungen für die elektrolyt. Red. des O_2 werden aus thermodynam. Daten abgeleitet. (J. electrochem. Soc. **97**. 198—204. Juni 1950. Eugene, Ore., Univ.) J. FISCHER. 142

Paul Delahay, *Eine polarographische Methode für die indirekte Bestimmung der Polarisationskurven für die Sauerstoffreduktion an verschiedenen Metallen.* 2. Mitt. *Anwendung auf neun übliche Metalle.* (1. vgl. vorst. Ref.) Untersucht wurden die Polarisationskurven von *Al, Zn, Mg, Ni, Fe, Ag, Cu, Sn* u. *Pb.* Die ersten drei Metalle begünstigen die Bldg. von H_2O_2. Mit den anderen Metallen konnten nur geringe Mengen H_2O_2 erhalten werden. Die Zahl der Elektronen u. die Mitwirkung des Vierelektronenreduktionsprozesses auf den gesamten Reduktionsstrom ist eine Funktion des Potentiales eines jeden Metalles. Es wird auf die Möglichkeit hingewiesen, daß bei den Korrosionsprozessen H_2O_2 gebildet wird. (J. electrochem. Soc. **97**. 205—12. Febr. 1950.) J. FISCHER. 142

F. Tödt, *Die Messung der kathodischen Sauerstoffreduktion durch geeignete Modellelemente.* Auf *Au-* u. *Pt-*Oberflächen können durch Messungen der Kapazität bzw. Stromlieferung noch geringe Bruchteile einer monoatomaren Schicht einer Sauerstoffbelegung gemessen werden. An bewegten Pt-Elektroden kann der Einfl. des sich in der Diffussionsschicht befindenden O_2 berechnet werden. Eine Verringerung des Depolarisationsstromes durch Einschalten hoher Widerstände gleicht sich innerhalb weiter Grenzen aus. Eine den Elektrolyten nur berührende Kathode zeigt an der Dreiphasengrenze Luft–Metall–Elektrolyt eine um das Vielfache gesteigerte Depolarisationsstromdichte. Herabsetzung der Entladungsdauer eines O_2-Elementes auf $^1/_{50}$ Sek. ergab nur 5% des bei langsamer Entladung gefundenen O_2. Die Entladungsgeschwindigkeit steht also in einem Verhältnis zur Oxydbedeckung u. der O_2-Konzentration. Die Meßmeth. versagt bei Metallen, bei denen durch Lokalelementtätigkeit zwischen Oxyd u. Grundmetall eine nichterfaßbare kathod. Red. stattfindet. (Z. Elektrochem., Ber. Bunsenges. physik. Chem. **56**. 165—69. 1952. Berlin-Dahlem, KWI für phys. Chemie u. Elektrochemie, u. Materialprüfamt.) J. FISCHER. 142

E. Wicke und **B. Weblus,** *Polarisationskapazität, Adsorption und Überspannung des Wasserstoffs an Platin.* Es wird gezeigt, daß die Belegung einer Pt-Elektrode mit H-Atomen nicht durch Kationen u. SO_4^{2-}- bzw. Cl^--Ionen (im Konzentrationsbereich 0,1—1 n), dagegen von Br^-- u. noch mehr von J^--Ionen beeinflußt wird. Messungen ergaben eine Verdrängung des H_2. In salz- u. schwefelsaurer Lsg. ist demnach die unpolarisierte Pt-Elektrode weitgehend mit adsorbierten H-Atomen belegt. Aus dem Belegungsgrad läßt sich schließen, daß die Überspannung bei der kathod. Abscheidung des H_2 durch die langsame Entladung der H-Ionen an der Oberfläche der Pt-Elektrode zustande kommt. Es wird eine Beziehung zwischen Überspannung u. Stromdichte abgeleitet, die bei höheren Überspannungen in die TAFELsche Gleichung mit dem b-Wert 0,116 V ausläuft. Die Austauschstromdichte der benutzten Pt-Elektrode bei der kathod. H_2-Abscheidung läßt sich mit den Meßergebnissen der anod. Polarisationskapazität in größenordnungsmäßigen Zusammenhang bringen. (Z. Elektrochem., Ber. Bunsenges. physik. Chem. **56**. 169—76. 1952. Göttingen, Univ., Inst. für Physikal. Chem.) J. FISCHER. 143

N. D. Tomaschow und **G. P. Tschernowa,** *Erhöhung der Stabilität des passiven Zustandes eines Metalles.* (Vgl. C. **1953**. 8012.) Die Einführung edlerer Zusätze (z. B. Ag, Pt, Pd in Stahl) bewirkt eine Verstärkung der anod. Polarisation. Wird bei der Veredelung des Anodenpotentials das Potential der anod. Bldg. eines Phasen- oder Adsorptionsoxyds erreicht, dann tritt Passivierung der Anoden ein, u. die Korrosion hört auf. Bei Kontakt von rostfreiem Stahl mit Pt erfolgt Korrosion bei H_2SO_4-Konzz. von 50—70%, ohne diesen Kontakt bei 20—80%. Die Korrosionszone wird also durch Kontakt mit Pt wesentlich verengt. Zusätze von geringen Mengen Pt, Pd oder Cu bewirken, daß der passive Zustand bei wesentlich niedrigerer Stromdichte erreicht wird. Diese „kathod. Zusätze" erhöhen also die Korrosionsbeständigkeit. Auch ganz dünne Überzüge edlerer Metallen führen zu leichterer u. beständigerer Passivierbarkeit. Der Mechanismus der Passivierung durch kathod. Zusätze wird damit erklärt, daß im Anfangsstadium der Korrosion eine Anreicherung dieser Zusatzelemente auf der Oberfläche erfolgt, die die anod. Polarisation der restlichen Oberfläche verstärkt, u. zwar um so mehr, je wirksamer das Zusatzmetall als Kathode ist. (Доклады Академии Наук СССР [Ber. Akad. Wiss. UdSSR] [N. S.] **89**. 121—24. 1/3. 1953.) R. K. MÜLLER. 143

A$_4$. Thermodynamik. Thermochemie.

Simone Marquet, *Mathematische Untersuchung der verallgemeinerten Boltzmannschen Gleichungen.* Theoret. Abhandlung. (C. R. hebd. Séances Acad. Sci. **234**. 2345—47. 9/6. 1952.) GOTTFRIED. 149

Tsunemaru Usui, *Über die thermodynamische Bewegungsgleichung des Zweiflüssigkeitenmodells von Helium II.* In Anlehnung an die GORTERsche Betrachtungsweise gelangt Vf. zu dem Ergebnis, daß die Entropie pro Masseneinheit als Prod. aus der Konz. der n. Phase u. (angenähert) einer Funktion von p allein darstellbar ist. Die beiden Ausbreitungsgeschwindigkeiten für Wellen werden berechnet. (Physica **17.** 694–702. Juli 1951. Tokyo, Univ., Fac. of Gen. Culture, Phys. Dep.) KIRSCHSTEIN. 149

I. Prigogine und **P. Mazur,** *Über zwei Formulierungen der Hydrodynamik und das Problem des flüssigen Helium II.* Im Gegensatz zu der klass. Theorie von GIBBS wird angenommen, daß der Impuls zwischen den verschied. Komponenten einer Fl. nicht in n. Weise, sondern nur in vernachlässigbar geringem Umfang übertragen wird. Aus den hydrodynam. Gleichungen, die aus dieser Voraussetzung ableitbar sind, folgen die GORTERschen Bewegungsgleichungen für He II. (Physica **17.** 661–79. Juli 1951. Brüssel, Univ. libre, Fac. des Sci.) KIRSCHSTEIN. 149

P. Mazur und **I. Prigogine,** *Über die Hydrodynamik von flüssigen Mischungen von ^3He und ^4He.* (Vgl. vorst. Ref.) Anwendung der l. c. genannten Gleichungen auf den Fall, daß eine der „Fll." (die n.) aus ^{3}He u. ^{4}He besteht. (Physica **17.** 680–93. Juli 1951.) KIRSCHSTEIN. 149

L. Grunberg und **A. H. Nissan,** *Viscosität hochkomprimierter Flüssigkeiten. Beziehung zu kritischen Konstanten.* Vff. stellen eine Beziehung zwischen der Viscosität hochkomprimierter Fll. u. den krit. Konstanten in Form eines Nomogramms auf, in dem das Verhältnis der Viscosität der komprimierten Fl. η_v zu der der Fl. bei Atmosphärendruck η_A als Funktion der red. Temp., T_r, u. der red. D., ϱ_r, dargestellt ist. Die D. wurde als 2. Parameter gewählt, um Interpolationen im krit. Bereich zu ermöglichen. Das Nomogramm ist sowohl auf hochkomprimierte Gase als auch auf Fll. in der Nähe des krit. Punktes anwendbar. Die erreichbare Genauigkeit liegt in der Größenordnung von $\pm 10\%$. Die zur Aufstellung des Nomogramms führenden Betrachtungen werden zusammenfassend dargestellt, wobei die Annahme wesentlich ist, daß in hochkomprimierten Fll. die Bewegungsgröße durch 2 verschied. Mechanismen übertragen werden kann, nämlich einmal durch einen reinen Translations (Gas)-Typ u. zum anderen durch einen Schwingungs (Fl.)-Typ. Auf diese Weise wird folgende Gleichung erhalten: $\log_{10}[\eta_P/\eta_A - (1 - 0{,}5\,\varrho_r)^{4/3}] - 1/4{,}606\ T_r = 1{,}855 + \log_{10} f(\varrho_r)$, wobei $f(\varrho_r)$ eine von der Natur der betreffenden Substanz unabhängige, lediglich von ϱ_r abhängige Funktion ist. (Ind. Engng. Chem. **42.** 885–91. Mai 1950. Wembley, Middlesex, Dr. Rosin Ind. Res. Comp. u. North Fleet, Kent, Bowater Paper Corp.) NIEMITZ. 149

M. v. Stein und **H. Voetter,** *Ermittlung von Partialdrucken aus dem Gesamtdruck von Flüssigkeitsgemischen: Folgerungen aus der Gleichung von Duhem-Margules.* Vff. zeigen auf Grund des Integralkurvenfeldes, daß nur ganz bestimmte Totaldruckkurven zu monotonen u. physikal. sinnvollen Partialdruckkurven führen, so daß die DUHEM-MARGULES-Gleichung (DMG) bei der Berechnung von Partialdrucken aus dem Gesamtdruck bin. Flüssigkeitssysteme, bes. bei stark positiven Systemen, eine unmittelbare Kontrolle der Meßwerte gestattet. Sie beschreiben ferner einfache Methoden zur raschen Durchführung der Integration der DMG auf numer. u. graph. Wege u. geben die entsprechenden Formeln für polynäre Systeme an. (Z. physik. Chem. **201.** 97–110. Dez. 1952. Wien, TH, Inst. für Phys. Chem.) NIEMITZ. 150

Harold J. Hoge und **Robert D. Arnold,** *Dampfdrucke von Wasserstoff, Deuterium und Wasserstoffdeuterid und Taupunktdrucke ihrer Gemische.* Vff. messen die Dampfdrucke von H_2, D_2 u. HD etwa von ihren Tripelpunkten bis zu ihren krit. Punkten u. stellen die Ergebnisse tabellar. u. graph. dar. Die H_2- u. D_2-Proben werden zum ortho–para-Gleichgewicht bei $20{,}4^0$ K mittels Nd_2O_3 katalysiert. Es werden geeignete Interpolationstabellen angefertigt, um die Resultate sowohl in cm–g–Sek.- als auch in techn. Einheiten anzugeben. Ferner werden Messungen von Taupunktdrucken von mehreren bin. Gemischen bei Drucken unterhalb 1 at ausgeführt. Die beobachteten Drucke liegen ca. 3% über den nach dem Gesetz idealer Lsgg. zu erwartenden. (J. Res. nat. Bur. Standards **47.** 63–74. Aug. 1951. Washington, D. C.) FREIWALD. 150

Harold J. Hoge und **James W. Lassiter,** *Kritische Temperaturen, Drucke und Volumina von Wasserstoff, Deuterium und Wasserstoffdeuterid.* (Vgl. vorst. Ref.) Vff. bestimmen die krit. Tempp., Drucke u. Voll. von H_2, D_2 u. HD durch Messung kurzer Abschnitte der P–V-Isothermen in der Nähe der krit. Punkte. Die H_2- u. D_2-Proben werden zum ortho–para-Gleichgewicht bei $20{,}4^0$ K katalysiert u. mit e-H_2 u. e-D_2 bezeichnet. Es wird für e-H_2 gefunden $T_k = 32{,}994^0$ K, $P_k = 12{,}770$ at u. $V_k = 65{,}5$ cm³/Mol; für HD entsprechend $35{,}908^0$ K, 14,645 at, 62,8 cm³/Mol; für e-D_2: $38{,}262^0$ K,

16,282 at, 60,3 cm^3/Mol. Vff. beschreiben eine Meth., Isothermenwerte für verschied. Substanzen miteinander in Beziehung zu bringen, die auf der Anwendung von graph. Darstellungen von log P gegen log V beruht. (J. Res. nat. Bur. Standards **47.** 75–79. Aug. 1951.) FREIWALD. 150

Richard E. Hulme, *Wärmeinhalt von wasserfreiem NaOH.* Zusammenfassung von Ergebnissen älterer Arbeiten, hauptsächlich der deutschen u. russ. Literatur als Berechnungsgrundlagen für den NaOH-Verarbeiter. (Chem. Engng. **57.** Nr. 2. 139–41. Febr. 1950. Diamond Alkali Res. Labors.) SCHÖTTLER. 151

C. C. Stephenson, R. W. Blue und **J. W. Stout,** *Die Natur der allmählichen Umwandlung im NH_4Cl und ND_4Cl.* Die Entropieänderung, die mit der Umwandlung im NH_4Cl u. ND_4Cl verbunden ist, wird mittels Wärmekapazitätsmessungen (zwischen 20 u. 300° K) untersucht u. für beide Verbb. zu 1,2–1,5 cal·Grad^{-1}·Mol^{-1} gefunden. Vorausgesetzt, daß der Umwandlung ein Ordnungs–Unordnungs-Effekt entsprechend FRENKEL (Acta Physicochim. URSS **3.** [1935.] 23) zugrunde liegt, berechnet sich die Entropieänderung in beiden Fällen zu R ln 2 = 1,36 cal·Grad^{-1}·Mol^{-1}, trotz der Verschiedenheit der Trägheitsmomente der beiden Verbindungen. Die Übereinstimmung zwischen berechnetem u. gemessenem Wert spricht für die Richtigkeit der zugrundegelegten Theorie. (J. chem. Physics **20.** 1046–47. Juni 1952. Cambridge, Mass., M.I.T., Dep. of Chem.) GEDSCHOLD. 151

Miguel Pérez Pascual, *Affinität und freie Energie.* Die Affinität von Elementen kann nicht als bloße Funktion der Wärmetönung der Rk. gemessen werden, sondern ist eine Funktion der durch Degradation höherer Energie erhaltenen Wärme, die auf Grund der Funktion der Verminderung der freien Energie gemessen werden kann. (Metalurgia y Electr. **17.** Nr. 185. 44–45. Jan. 1953.) R. K. MÜLLER. 154

J. J. Lander, *Experimentelle Enthalpien von SrO, BaO, CaO, $BaCO_3$ und $SrCO_3$ bei hohen Temperaturen. Dissoziationsdrucke von $BaCO_3$ und $SrCO_3$.* In einem Mischungscalorimeter (Eichung durch Einwurf von Pt) werden die Enthalpien zwischen 298 u. T° K von CaO, SrO, BaO, $SrCO_3$ u. $BaCO_3$ bestimmt. Die tabellierten Ergebnisse werden durch die Gleichungen $H_T - H_{298} = a \cdot T + b \cdot 10^{-3} \cdot T^2 + c \cdot 10^5 \cdot T^{-1} - d$ kcal/Mol dargestellt; als Koeffizienten werden angegeben: CaO, bis 1180° K: a = 11,68, b = 0,54, c = 1,660, d = 4139; SrO, bis 1270° K: a = 12,34, b = 0,56, c = 1,806, d = 4334; BaO, bis 1300° K: a = 12,74, b = 0,520, c = 1,984, d = 4510; $SrCO_3$, bis 1197° K: a = 21,42, b = 4,28, c = 3,396, d = 79,05; $BaCO_3$, bis 1079° K: a = 20,77, b = 5,85, c = 2,860, d = 7670. Für die Enthalpien der Carbonate oberhalb der Umwandlungspunkte werden tabellierte Werte angegeben. Als Umwandlungswärmen ergeben sich: $SrCO_3$ (1197° K) 4,7 kcal/Mol, $BaCO_3$ (1079° K) 4,52 kcal/Mol, $BaCO_3$ (1241° K) 0,7 kcal/Mol. Unterhalb der Umwandlungspunkte zeigen sich Anzeichen einer Anomalie der spezif. Wärme. Außerdem werden die CO_2-Drucke über den beiden Carbonaten bestimmt u. daraus Dampfdruckgleichungen u. thermodynam. Daten für das Dissoziationsgleichgewicht abgeleitet. (J. Amer. chem. Soc. **73.** 5794–97. Dez. 1951. Murray Hill, N. Y., Bell Telephone Labors., Inc.) WITTIG. 155

G. Drummond und **R. F. Barrow,** *Thermochemische Dissoziationsenergien von gasförmigem Calcium-, Strontium- und Bariumoxyd.* Die Dissoziationsenergien von CaO, SrO u. BaO für T = 0 werden aus bekannten thermochem. Daten der Bildungswärmen der Oxyde, der Sublimationswärmen der Metalle u. der Dissoziationswärme des O_2 berechnet. Um die ebenfalls eingehenden, aber nur ungenau bekannten Sublimationswärmen der Oxyde zu bestimmen, werden die Entropien in Abhängigkeit von der Temp. für die gasförmigen Oxyde aus bekannten Dampfdruckformeln, aus spektroskop. Daten u. mit Hilfe von Annahmen über den Grundzustand berechnet, während sich die Entropien der festen Oxyde aus den bekannten Standardwerten u. den von LANDER (vgl. vorst. Ref.) bestimmten Enthalpien ergeben. Als Dissoziationsenergien für T = 0 werden so für CaO 115,7 ± 4,0, für SrO 110,4 ± 3,5 u. für BaO 128,7 ± 3,5 kcal/Mol erhalten. Die Streuungen im Endergebnis resultieren aus der Unsicherheit in der Annahme über den Grundzustand. Die Ergebnisse stimmen gut mit Werten überein, die sich aus Gleichgewichtsmessungen ergeben. Dagegen weichen die aus spektroskop. Daten berechneten Dissoziationsenergien von den vorst. Werten stark ab. (Trans. Faraday Soc. **47.** 1275–77. Dez. 1951. Oxford, Univ., Phys. Chem. Labor.) WITTIG. 155

M. Farber und **A. J. Darnell,** *Die Dissoziation von H_2 und N_2 an Wolframdrähten.* Die LANGMUIRsche Meth. zur Best. der Dissoziationswärme Q von mol. Gasen an heißen Drähten wird nach Modifikation der Meth. für kleine Drucke (10^{-2} Torr) dazu benutzt, um Q für H_2 u. N_2 zu bestimmen. Gemessen wird die im Glühdraht für die Erreichung einer bestimmten Temp. T erforderliche elektr. Energie N im Vakuum u. bei Ggw. der

Gase. Aus dem Verlauf von N gegen T wird für H_2 ein Q von 101 ± 3 kcal/Mol ermittelt. Für N_2, bei dem bis 2900°K u. kurzzeitig bei 3300° K gemessen wurde, konnte eine merkliche Dissoziation nicht festgestellt werden, so daß mit einem Q = 225 kcal/Mol gerechnet werden muß. (J. chem. Physics **21**. 172—73. Jan. 1953. Pasadena, Cal., California Inst. of Technol, Jet Propulsion Labor.) RUDOLPH. 155

Paul W. Gilles und **John L. Margrave,** *Die Dissoziationsenergie des Fluors.* Aus Messungen der Druckabhängigkeit von der Temp. bei 810, 815 u. 860° K wurden der Dissoziationsgrad, die Dissoziationsgleichgewichtskonstante u. die Dissoziationsenergie des Fluors berechnet. Für letztere ergibt sich ein Mittelwert von $31{,}5 \pm 0{,}9$ kcal/Mol. Unterhalb 800° K entspricht der gemessene Druck dem für ein nichtdissoziiertes ideales Gas berechneten Wert. (J. chem. Physics **21**. 381—82. Febr. 1953. Lawrence, Kans., Univ. of Kansas, Dep. of Chem.) FORCHE. 155

R. B. Peppler und **E. S. Newman,** *Bildungswärmen einiger Bariumaluminate.* Im tern. Syst. $BaO \cdot m\,Al_2O_3 \cdot n\,H_2O$ werden eine Anzahl von Lösungswärmen in 2,00nHCl bei 25° bestimmt. Die Genauigkeit der stöchiometr. Zus. ist 1%. Als Hilfsgrößen werden Verdünnungswärmen von wss. $AlCl_3$-Lsgg. u. Mischungswärmen von wss. u. salzsauren Lsgg. von $BaCl_2$ mit verd. HCl u. wss. $AlCl_3$-Lsgg. gemessen. Als Bildungswärmen aus den Oxyden bei t = 25° ergeben sich für m = 1 u. n = 0 —23,99, für m = $^1/_3$ u. n = 0 —44,96, für m = 1 u. n = 1 —32,95, für m = 1 u. n = 2 —36,39, für m = 1 u. n = 4 —45,36, für m = 1 u. n = 7 —51,29, für m = $^1/_2$ u. n = $^5/_2$ —39,44 u. für m = $^6/_7$ u. n = $^{30}/_7$ —39,23 kcal/Mol. (J. Res. nat. Bur. Standards **47**. 439—42. Dez. 1951. Washington, D. C., Nat. Bur. of Stand.) WITTIG. 155

I. Prigogine und **R. Buess,** *Verteilung der Materie und Transportphänomene bei Gegenwart eines Temperaturgradienten und einer chemischen Reaktion.* Rein theoret. mathemat. Arbeit über die bei Ggw. chem. Rkk. u. beim Auftreten eines Temperaturgradienten auftretenden Erscheinungen, wie z. B. Wärmefluß durch Konvektion, der durch die Reaktionswärme bedingt ist. Die Ergebnisse werden auf feste u. fl. Reaktionspartner angewandt. Die sehr geringe Wärmeleitfähigkeit in Fll. läßt darauf schließen, daß die therm. Superleitfähigkeit des fl. *He II* nicht auf „innere" Konvektion, sondern auf eine Vermehrung der Entropie zurückzuführen ist, für die die mathemat. Klärung noch gefunden werden muß. (Bull. Cl. Sci., Acad. roy. Belgique [5] **38**. 711—17. 1952. Bruxelles, Univ. Libre, Fac. des Sci.) ROEDER. 158

J. M. Coulson und **J. H. Ellinger,** *Ein Nomogramm zur Berechnung der Wärmeübergangskoeffizienten für Konvektion ohne Phasenänderung.* Der Wärmeübergangskoeff. wird mit Hilfe der dimensionslosen als NUSSELTsche, PRANDTLsche, GRASHOFsche u. REYNOLDSsche Zahl bezeichneten Ausdrücke ermittelt. Für jede dieser Zahlen sowie für die Abhängigkeit der therm. Leitfähigkeit, der Viscosität u. der PRANDTLschen Zahl von der Temp. wird ein besonderes Hilfsnomogramm aufgestellt. Alle diese Hilfsnomogramme werden zu einem Hauptnomogramm auf einer Tafel vereinigt. Ein Rechenbeispiel wird gegeben. (Trans. Instn. chem. Engr. **28**. 189—201. 1950. London, Imp. Coll. of Sci. and Technol., Chem. Engng. Dep.) MIETHING. 158

Bogdan Baranowski, *Isotherme Konvektionsströmung wässriger $KMnO_4$-Lösung.* Vf. untersucht eine Konvektionsströmung, die durch Dichteunterschiede in isothermen Systemen erzeugt wird. Die Geschwindigkeit steigt mit der Größe der Dichteunterschiede, strebt aber einem Grenzwert zu. Sie vermindert sich mit wachsender Temperatur. Der Einfl. von Solvathüllen auf diesen Vorgang wird berücksichtigt. (Naturwissenschaften **38**. 405—06. Sept. 1951. Breslau, Univ. u. TH., Phys.-chem. Inst.) v. SCHIESZL. 158

G. Bonfiglioli, *Schmelzen als hydrodynamische Instabilität bei der Ausbreitung von Wärmewellen.* Theoret. Betrachtungen über Gitterschwingungen, die mit der Anregung schließen, die elast. Konstanten in der Nähe der FF. zu untersuchen. (Physic. Rev. [2] **87**. 897. 1/9. 1952. Turin, Ist. Elettrotecn. Naz.) KIRSCHSTEIN. 158

E. Barton und **E. V. Williams,** *Experimentelle Bestimmung der Filmmantel-Wärmeübertragungskoeffizienten für Merrillöl, Dowtherm und Tetrakresylsilicat.* Eine bekannte Menge Diäthylanilin wurde in einem ummantelten, mit Deckel u. Rückflußkühler versehenen 7-Gallonen-Stahlgefäß von außen durch die im Mantelraum zirkulierende Heiz-Fl. (Merillöl, Dowtherm oder Tetrakresylsilicat) erhitzt. Die Tempp. der ein- u. ausfließenden Heiz-Fl., des ein- u. ausfließenden Kühlwassers, des Diäthylanilins u. die pro Std. durch die App. fließenden Heizflüssigkeits- u. Kühlwassermengen wurden bestimmt u. die Wärmeleitungskoeffizienten errechnet. Sie betragen z. B. (alle Werte in CHU/sq.ft./Std./° C gemessen) für Dowtherm bei einer Diäthylanilintemp. von 90° u. einem Dowthermdurchfluß von 1800 lb./Std.: Heizbadkoeff. 29,7; Koeff. der Gefäßwand mit Diäthylanilinfilm 262, Dowthermfilmkoeff. 33,5, für Merrillöl mit einer Durchflußmenge von 2300 lb./Std. u. einer Diäthylanilintemp. von 100°: Heizbadkoeff. 13,9; Koeff. der Gefäßwand mit Diäthylanilinfilm 280; Koeff. des Merrillölfilms 14,65. Bei Tetrakresylsilicat wurde nur der Koeff. des Heizbades bei einer Diäthylanilintemp. von 216° ermittelt. Sein Wert betrug bei einem Tetrakresylsilicatdurchfluß von 2500 lb./Std. 40, bei einem Tetrakresylsilicatdurchfluß von 2000 lb./Std. 27. Weitere Einzelheiten bzgl. des Wärmeflusses u. weiterer Werte der Wärmeleitungskoeffizienten für andere Tempp. vgl. Original. (Trans. Instn. chem. Engr. **28.** 149—57. 1950. Imp. Chem. Ind. Ltd., Dyestuffs Div.) OPPERMANN. 158

H. v. Bertele, *Oberflächen- und Kathodenflecktemperatur von Quecksilberkathoden als ein Problem der Wärmeleitung.* Die Wärmeabfuhr durch das Hg wird bei techn. Berechnungen allg. auf den Strom bezogen u. als Konstante behandelt. Dies gilt nur für bestimmte Betriebszustände bestimmter Gefäßtypen u. stimmt mit den physikal. Verhältnissen nicht überein. Es wird deshalb die mittlere Oberflächentemp. des Hg unter Berücksichtigung der Temp. u. der Wanderungsgeschwindigkeit des Brennflecks berechnet. Die Brennflecktemp. klingt innerhalb eines Kreises ab, dessen Durchmesser nur dreimal größer als der Brennfleckdurchmesser ist. (Brit. J. appl. Physics **3.** 127—32. April 1952. Purley, Surrey.) PIEPLOW. 158

H. H. Rust und **H. Drubba,** *Die plastische Sichtbarmachung von Ultraschallfeldern durch Erniedrigung der Grenzflächenenergie.* Durch Aufstreuen von Aluminiumbronze auf die Wasseroberfläche des Schalltroges wird eine Oberfläche mit verringerter Grenzflächenenergie geschaffen. Es gelingt dadurch auch bei größerer Ultraschalleistung, die Struktur des Schallfeldes plast. sichtbar zu machen (Reliefverf.). (Kolloid-Z. **127.** 38—39. Juni 1952. Hamburg, Univ., Inst. für angew. Phys.) FALKENHAGEN. 159

A₅. Grenzschichtforschung. Kolloidchemie.

C. R. Kanekar und **K. E. Subrahmaniam,** *Optische Eigenschaften von Zirkonhydroxydgelen.* Die Änderung der Opazität u. der Depolarisationsfaktoren des an $Zr(OH)_4$-Gel während seiner Bldg. quer gestreuten Lichtes wurde untersucht. Das Gel wurde nach der Meth. von PRAKASH (J. Indian chem. Soc. **9.** [1932.] 455) durch Hinzufügen von Na-Acetatlsg. zu $Zr(NO_3)_4$-Lsg. hergestellt. Es wird gezeigt, daß die Teilchengröße während u. auch noch einige Zeit nach der Gelbldg. kontinuierlich zunimmt; die Anisotropie nimmt anfangs schwach ab u. dann kontinuierlich zu. Hinzufügen von HCl oder HNO_3 verlangsamt die Gelbildung. Die Teilchen sind kleiner u. weniger anisotrop, die Opazität ändert sich langsamer u. bleibt kleiner. Zufügen von 0,05 cm³ H_2SO_4 auf 5 cm³ 10%ig. $Zr(NO_3)_4$-Lsg. hat einen gleichartigen Effekt, Zufügen von 0,1 cm³ u. mehr H_2SO_4 hat jedoch gerade den umgekehrten Effekt. Größe u. Anisotropie der Teilchen sowie Opazität u. Zunahme der Opazität sind größer, was auf eine Zunahme der Agglomeration schließen läßt. (J. Univ. Bombay [N. S.] **19.** Nr. 29. A 28—A 34. März 1951. Bombay, Inst. of Sci.) LINDBERG. 162

L. J. E. Hofer, *Ferromagnetismus bei kolloiden Teilchen.* Übersicht. (Colloid Chem. **7.** 113—24. 1950. Pittsburgh, Pa., Bur. of Mines.) HENTSCHEL. 162

W. J. West, *Korngrößenbestimmungen von Tonteilchen in Wassersuspensionen mit Hilfe von Kleinwinkelröntgenbeugung.* Von 5 verschied. Tonen, von denen 4 zu den *Montmorilloniten* u. einer zum *Bentonit*-Typ gehörte, wurden in trocknem Zustand u. in wss. Suspension Kleinwinkelaufnahmen gemacht, wobei die Intensitäten mit einem Zählrohr gemessen wurden. Für die trocknen Proben ergaben sich Teilchengrößen zwischen 0,3 u. 0,7 μ. Bei den 8%ig. wss. Suspensionen konnten Teilchengrößenbestimmungen nicht durchgeführt werden. Ganz allg. ergab sich jedoch eine Zunahme der Teilchengrößen gegenüber den trockenen Tonproben, u. zwar war diese Zunahme proportional der Quellungseig. des Tones. Die am besten quellenden Tone hatten die größten Teilchen. Die Ton–W.-Systeme mit den größten Teilchen hatten ebenfalls die größte Viscosität u. die höchste Gelfestigkeit. Bei Verdünnung der Suspension auf 4% konnte keine merkliche Veränderung der Teilchengröße beobachtet werden. Bei Zusatz von $Na_4P_2O_7$ zu den Suspensionen wurde bei einem Ton vom Montmorillonittyp eine Abnahme der Teilchengröße, bei dem Ton vom Bentonittyp keine Änderung beobachtet. (J. Colloid Sci. **7.** 295—305. Juni 1952. La Habra, Calif., Res. Corp.)

GOTTFRIED. 162

Armin Weiss, R. Fahn und **U. Hofmann,** *Nachweis der Gerüststruktur in thixotropen Gelen.* Vff. erbringen einen Nachw. der Struktur von thixotropen Gelen, indem sie aus dem erstarrten Gel die Fl. absublimieren. Diese Arbeit erfordert ein Gefrieren des Gels u. Sublimation im Hochvakuum. Bei den Gelen aus *Na-*, *K-* u. *Ca-Bentonit* war das Vol. nach dem Austrocknen fast ebenso groß wie beim versteiften Gel, außerdem hatten sie eine erhebliche Festigkeit u. Elastizität. Die ausgetrockneten Gerüste der *Halloysit*-Gele waren dagegen schon durch leichte Erschütterungen zu verändern, wodurch das Vol. auf die Hälfte vermindert wurde. Das Gerüst der Halloysitgele besteht aus Leisten oder Rohren, beim Bentonit aus einem Kartenhaus aus Plättchen. (Naturwissenschaften **39.** 351–52. Aug. 1952. Darmstadt, TH, Eduard-Zintl-Inst.) KNÖPKE. 163

Rempei Goto und **Nishio Hirai**, *Sedimentationsvolumen von Pulvern.* Zur Unters. der lyophilen Eigg. verschied. Pulver in Bzl. wurde die Sedimentationsgeschwindigkeit v u. das Endvol. pro g V_1 beobachtet. v von *ZnO*, *Stärke* oder *Ruß* beginnt in Bzl. zunächst scharf abzunehmen bis zu einem Sedimentationsvol. V_2, das mehrere Male größer ist als V_1. Ist V_2 erreicht, dann schreitet die Sedimentation weiter fort, d. h., daß die Wechselwrkg. oder die Reibung zwischen den Teilchen bei V_2 akt. zu werden beginnt. Die Werte von V_1 u. V_2 sind in irgendeiner Art mit den lyophilen Eigg. der Pulver gekoppelt. So gibt z. B. trockne Stärke in Bzl. kleine Werte von V_1 u. V_2, feuchte dagegen, die thixotrop ist, liefert große Werte für V_1 u. V_2. Ebenso liefert das **thixotrope ZnO** große V_1- u. V_2-Werte. (Bull. Inst. chem. Res., Kyoto Univ. [Kagaku Kenkyusho Hokoku] **28.** Nr. 3. 67–68. März 1952. Goto Labor. [Orig.: engl.]) GOTTFRIED. 163

George Antonoff, *Gesetze der Oberflächenspannung als Hinweis für Aggregate in Flüssigkeiten.* Zusammenfassende Übersicht über den Gültigkeitsbereich der ANTONOFFschen Regel u. die moderne Theorie des fl. Zustandes. (Colloid Chem. **7.** 83–111. 1950.) HENTSCHEL. 166

J. C. Fisher, *Die hydrostatische Grenzspannung von Wasser nahe 0°.* Nach Unterss. von FISHER (vgl. J. appl. Physics **19.** [1948.] 1062) liegt der Grenzdruck in W. oberhalb 5° bei ca. 270 negativen Bars u. beträgt damit ca. 20% des theoret. nach der Kernbildungstheorie errechneten Wertes. Unterhalb 5° sinkt die Grenzspannung sehr schnell mit abnehmender Temp. auf einen Wert von nahe Null oberhalb 0°. Diese starke Abnahme der Grenzspannung läßt sich mit Hilfe der **Keimbldg.** von Eis bei red. Druck erklären. Danach erhöht ein negativer Duck von 300 Bars den E. von W. um 2,7° in guter Übereinstimmung mit den Beobachtungen von BRIGGS (vgl. C. **1951.** I. 165). (J. appl. Physics **21.** 1068. Okt. 1950. Schenectady, N. Y., General Electric Res. Labor.) GOTTFRIED. 166

Gerard Kraus und **John R. Thiem**, *Eine vereinfachte Luftdurchflußmethode zur Bestimmung der Oberflächengröße von Pulvern.* Vff. beschreiben eine etwas abgeänderte, von SCHWERTZ (vgl. J. appl. Physics **20.** [1949.] 1070) vorgeschlagene Meth. zur Best. der Oberflächen von Pulvern. Bei der Meth. der Vff. ist ein teilweise evakuierter Behälter mit der Außenatmosphäre durch einen Stopfen des zusammengepackten Pulvers verbunden, dessen Oberfläche gemessen werden soll. Die entsprechend abgeänderten Formeln werden entwickelt. Bestimmt wurden mit dieser Meth. die Oberflächen von mkr. kleinen *Glas*-Kügelchen u. von *Ruß*. Die ermittelten Werte stimmten gut mit den Werten überein, die nach anderen Methoden erhalten worden waren. (J. appl. Physics **21.** 1065. Okt. 1950. Cincinnati, O., Univ., Applied Sci. Res. Labor.) GOTTFRIED. 166

Karl Sollner und **Harry P. Gregor**, *Die Elektrochemie selektivdurchlässiger Membranen.* 3. Mitt. 1. Teil. *Der elektrische Widerstand selektivdurchlässiger Kollodiummembranen in Lösungen verschiedener Elektrolyte.* (2. vgl. J. physic. Colloid Chem. **54.** [1950.] 330.) Vff. untersuchen die Zeit, die nötig ist, bis 3 Typen von ursprünglich im sauren Zustand befindlichen selektivdurchlässigen oxydierten *Kollodiummembranen* (**I**) nach Einw. verschied. Elektrolyte (*KCl*, *LiCl* u. K_2SO_4) konstanten elektr. Endwiderstand aufweisen. Diese Zeiten schwanken von 15 Min. bis zu vielen Stunden. Das Gleichgewicht wird mit **I** höherer **Porosität** schneller erreicht. Große nichtkrit. Ionen scheinen die Gleichgewichtseinstellung nicht merklich zu verzögern, während große krit. Ionen sie zu verlangsamen scheinen. Die Konz. der im Kontakt mit den **I** befindlichen Lsgg. scheint nur von geringer Bedeutung zu sein. Unter vergleichbaren Bedingungen sind die zur Erreichung des konstanten Widerstandes notwendigen Zeiten wesentlich größer als bis zur Erreichung konstanter Konzentrationspotentiale. Die Meßergebnisse des konstanten Endwiderstandes 4 verschied. **I** im Gleichgewicht mit KCl, K_2SO_4, *K-Citrat*, LiCl, $MgCl_2$ u. *HCl* bei den Konzz. 0,1, 0,01 u. 0,001 n werden wiedergegeben. Die Daten werden diskutiert in Hinblick auf die verschied. Typen von **I**, den Einfl. der Konz. auf den Widerstand u. den Einfl. der Natur des Elektrolyten. Ferner werden Vergleiche gezogen zwischen der Konzentrationsfunktion des Widerstandes gleicher **I** im Gleichgewicht mit Lsgg. verschied. Elektrolyte, sowie zwischen der Konzentrationsfunktion des Widerstandes verschied. **I** im Gleichgewicht mit Lsgg. der gleichen Elektrolyte. Gewisse Unzulänglichkeiten der selektivdurchlässigen oxydierten **I**, wie ihre geringe mechan. Festigkeit u. vor allem ihr schwach saurer Charakter werden diskutiert u. Möglichkeiten der Verbesserung aufgezeigt. (J. Colloid Sci. **6.** 557–70. Dez. 1951.

Minneapolis, Minn., Univ., Dep. of Physiol; Bethesda, Md., Federal Security Agency, Public Health Serv., Nat. Inst. of Health, Nat. Inst. of Arthritis and Metabolic.)
NIEMITZ. 170

Karl Sollner und **Harry P. Gregor**, *Die Elektrochemie selektivdurchlässiger Protamin–Kollodium-Membranen.* 3. Mitt. 2. Teil. *Der elektrische Widerstand einiger Typen selektivdurchlässiger Protamin–Kollodium-Membranen in Lösungen verschiedener Elektrolyte.* (3. Mitt. 1. Teil vgl. vorst. Ref.) Vff. untersuchen die Zeit, die nötig ist, bis 3 Typen von selektivdurchlässigen Protamin–Kollodium-Membranen (I) nach Einw. verschied. Elektrolyte (*KCl*, KJO_3 u. $MgCl_2$) konstanten elektr. Endwiderstand aufweisen. Die Zeiten schwanken zwischen 15 Min. u. vielen Std. u. sind aus unbekannten Gründen etwas größer als in dem analogen Fall der Kollodiummembran (vgl. vorst. Ref.). Dagegen ähnelt der Einfl. der ionogenen Eigg. der Elektrolyte auf die Gleichgewichtseinstellungsgeschwindigkeit sich in beiden Fällen sehr. Die Meßergebnisse des konstanten Endwiderstandes von 3 verschied. I im Gleichgewicht mit KCl, LiCl, $MgCl_2$, *KF-*, *K-Acetat* u. K_2SO_4 bei den Konzz. 0,1, 0,01 u. 0,001 werden wiedergegeben. Die Daten werden in der gleichen Weise diskutiert wie die an oxydierten Kollodiummembranen erhaltenen u. führen zu den gleichen Gesetzmäßigkeiten. Die Ergebnisse dieser u. der vorangegangenen Arbeit werden diskutiert auf der Grundlage der Theorie der fixierten Ladungen bzgl. des elektochem. Verh. der Membranen. Verschied. Komplikationen, die sich bei Verwendung vom Membranen mit heteroporösen u. inhomogenen Eigg. ergeben, werden skizziert. Verschied. Grenzbedingungen in bezug auf die Konz. der zugesetzten Elektrolyte, auf die Natur der krit. Ionen u. a. werden theoret. diskutiert u. mit den experimentellen Ergebnissen verglichen. Die Richtung weiterer fruchtbarer Unterss. über Membranwiderstände wird aufgezeigt, u. es wird auf die wachsende Zahl der Berührungspunkte zwischen der physikal. Chemie der Membranen u. der Unterss. an Ionenaustauschern hingewiesen. (J. Colloid Sci. **7.** 37–52. Febr. 1952.)
NIEMITZ. 170

F. H. Garner, *Diffusionsmechanismus bei der Mischung von Flüssigkeiten.* Die beim Eintropfen von *Äthanolamin* in phenolphthaleinhaltiges W., von Gemischen aus einer wasserlösl. Komponente (z. B. *Butylalkohol*) mit einem schwereren Lösungsm. (z. B. $CHCl_3$) u. *Kobaltchlorid* als Farbreagens oder von feinzerteilte Kohle enthaltenden Verbb. u. Mischungen in W. aufgenommenen Filme zeigten, daß bei niedrigen REYNOLDS-Zahlen (R) die Diffusionsvorgänge der Zweifilmhypothese von LEWIS u. WHITMAN entsprechend verlaufen; das Tropfeninnere bleibt dabei in Ruhe. Bei hohen Fallgeschwindigkeiten treten oberhalb einer klar definierten R-Grenze bei schneller Diffusion Wirbel im Innern des Tropfens auf. Für ein Gemisch aus Butylalkohol, $CHCl_3$ u. C_6H_6 liegt diese Grenze beim R-Bereich von 68–71, d. h. oberhalb dieses Grenzgebietes erfolgt Zirkulation im Tropfen. Hierbei geht die Tropfenform von der sphär. Gestalt in eine abgeflachte, ellipsoid. über. Bei wasserunlösl., nichtdiffundierenden Verbb. findet Wirbelbldg. in Tropfen allenfalls bei R von der Größenordnung 1000 bis 1500 statt. (Trans. Instn. chem. Engr. **28.** 88–96. 1950. Birmingham, Univ.)
OPPERMANN. 171

J. Pawlowski, *Bestimmung des Reibungsgesetzes der nicht-Newtonschen Flüssigkeiten aus den Viscositätsmessungen mit Hilfe eines Rotationsviscosimeters.* Vf. behandelt theoret. (in allgemeinster mathemat. Form) eine neue Meth. zur Best. des Reibungsgesetzes (Zusammenhang zwischen Schubspannung u. Schergeschwindigkeit) nicht-NEWTONscher Flüssigkeiten. Hierzu ist die experimentelle Best. einer einzigen Fließkurve mit Hilfe eines Rotationsviscosimeters erforderlich, aus deren Verlauf das Reibungsgesetz durch einmaliges Differenzieren gewonnen werden kann. (Kolloid-Z. **130.** 129–31. März 1953. Dormagen, Farbenfabriken Bayer, Werk Dormagen, Phys. Labor.)
G. HEINRICH. 172

Webster Capps, *Viscosität von Glas.* Vf. gibt an Hand der vorliegenden Literatur einen zusammenfassenden Überblick über die verschied. Methoden der Viscositätsmessung an Glas bis zu Tempp. von 1400° sowie, ebenfalls aus der Literatur, einige Ergebnisse von einfachen Silicatsystemen. (J. Colloid Sci. **7.** 334–42. Juni 1952. Washington, D. C., Nat. Bur. of Stand.)
GOTTFRIED. 172

N. I. Smirnow und **B. L. Ruban**, *Die Bewegung von Tropfen in einem Medium.* 8. Mitt. *über die Bewegung von Körpern in einem Medium.* (7. vgl. C. **1953.** 6625.) Wenn die GALILEI-Zahl $Ga = D_t^3 d_m^2/\eta_m^2 g$ (D_t = Durchmesser der Tropfen, d_m, η_m = D. bzw. Viscosität des Mediums; g = Schwerkraftbeschleunigung) d_t = D. der Tropfen, $\Gamma = (D_t + D_K)/D_K$ (D_K = Durchmesser der Kolonne) ist, dann gibt die Größe des Prod. $Ga\,[(d_m - d_t)/d_m]^{0,8} \cdot \Gamma^{-3}$ Aufschluß darüber, ob die Bewegung von Tropfen (analog auch von Gasblasen) im Turbulenzgebiet (>70000), im Übergangsgebiet (<70000, >66,5) oder im laminaren Gebiet (<66,5) stattfindet. Für alle 3 Gebiete wird die Abhängigkeit der Bewegungsgeschwindigkeit der Tropfen oder Gasblasen von D_t u. von η_m nachgewiesen. Die REINOLDS-Zahl Re erweist sich in experimentellen Unterss. nicht als Voraussetzung, sondern als Folge von Ähnlichkeitsbeziehungen. (Журнал Прикладной Химии [J. angew. Chem.] **26.** 110—13. Jan. 1953. Leningrad, Technol. Lensowjet-Inst., Lehrstuhl für Technol. der synthet. Kautschuke.) R. K. MÜLLER. 173

O. P. Agarwal und **J. Anderson Storrow,** *Druckabfall in Fließbetten.* 1. Mitt. Proben festen körnigen Materials können durch Gas- oder Flüssigkeitsströme aufgewirbelt werden. Aufwärtsgerichtete Gasströme sind günstig für Rkk. zwischen Festkörpern u. Gasen, sie begünstigen eine gleichmäßige Temperaturverteilung in exothermen Rkk. u. können die Reaktionsgeschwindigkeiten erhöhen. Vff. berichten zunächst über Verss., bei denen sie körniges Material (Kohleproben verschied. Maschengrößen, Sand, Graphitstückchen, Adsorptionskohle, zerstoßene Ziegel verschied. Herkunft, zerstoßene keram. RASCHIG-Ringe, Polyvinylchlorid usw.) im aufwärtsgerichteten Luftstrom behandelten. Die Proben ruhten dabei zunächst in Bronzetrögen, die mit 0,0005—0,001 in weiten Bohrungen (je nach Versuchsbedingungen) versehen waren. Der Druckabfall wurde mit Wasser- oder CCl_4-Manometern gemessen, die Luftzufuhrgeschwindigkeit v aus dem Druckabfall in Rohren berechnet. Beim Auftragen des Druckabfalls log Δp in der aufgewirbelten Probe gegen log v ergaben sich gerade Linien, parallel zueinander verschoben, je nach Korngröße des Materials. Wichtige Kennzahlen sind die Minimalgeschwindigkeit v_e, bei der im Pulver die Aufwirbelung beginnt (v_e ist von der gleichen Größenordnung wie v_t, = der Geschwindigkeit, bei der ein aufgewirbeltes Pulver in der Schwebe bleibt) u. die Maximalgeschwindigkeit v_s, über die hinaus kein weiterer Effekt mehr festzustellen ist. Vff. entwickeln die Gleichungen für v_e (abhängig von Gravitation, D., Korndurchmesser, Porosität usw.), v_t u. v_s auf Grund ihrer zahlreichen Versuchsergebnisse sowie für die zu erwartenden Δp-Werte u. für die Höhe der Aufwirbelung. (Chem. and Ind. **1951.** 278—86. 14/4. Manchester, Coll. of Techn., Appl. Chem. Dep., Chem. Engng. Labor.) ROEDER. 173

S. Teichner, *Analogien der Textur zwischen den aktivierten Montmorilloniten und gewissen Katalysatoren.* Vf. berichtet zuerst über Verss. zur Best. der Textur der Oberflächenschicht von natürlichem Montmorillonit mit dem Zweck festzustellen, ob die nach der N_2-Absorptionsmeth. bei tiefer Temp. gemessene spezif. Oberfläche als Hinweis auf eine Blättchenstruktur angesehen werden kann. Zur Feststellung der Bedingungen, unter denen die Oberflächenschicht verändert werden kann, wurde zunächst der Hydratationszustand des Minerals nach verschied. therm. Vorbehandlungen im Vakuum untersucht. Es wurde hierbei festgestellt, daß bei Erhitzen bis zu 280° im Vakuum alles W. bis auf das konstitutionell gebundene W. entfernt wird. Die spezif. Oberflächen der auf verschied. Weise therm. vorbehandelten Proben hatte der Vf. bereits früher (vgl. C. **1948.** E. **873**) gemessen. Die erhaltenen Werte lagen beträchtlich tiefer als die, die HENDRICKS aus der Gesamtadsorption des W. hergeleitet hatte. Aus diesem Unterschied geht hervor, daß die N_2-Moll. sich nur an der äußeren Oberfläche der Elementarteilchen festsetzen u. nicht in die einzelnen Schichten eindringen. Hierauf wurden Montmorillonite untersucht, die durch verschieden langes Kochen mit 30%ig. H_2SO_4 aktiviert worden waren; bei dieser Behandlung wird ein mehr oder weniger großer Teil der Kationen Al, Mg u. Fe entfernt. Die beiden aktivierten Proben enthielten noch 1,2 bzw. 0,95 Mol. W. pro Elementarzelle. Aus den mit N_2 bei —195° u. mit n-Butan bei 0° erhaltenen Adsorptionsisothermen u. den berechneten spezif. Oberflächen folgte, daß eine optimale Aktivierungszeit vorhanden ist; wird diese Zeit überschritten, dann vermindert sich die spezif. Oberfläche, u. die besondere poröse Struktur wird zerstört. Jedenfalls hat es den Anschein, daß sich bei der Aktivierung eine poröse Struktur bildet mit annähernd gleichen Porenradien. Hierauf wurden an einer Reihe verschied. FISCHER-Katalysatoren nach ähnlichen Vorbehandlungen durch Adsorption mit N_2 bei —195° die spezif. Oberflächen festgestellt. Die Versuchsergebnisse sind tabellar. zusammengestellt. Zum Schluß schließlich wurden an den gleichen Proben die Isothermen von chem. adsorbiertem CO ermittelt u. das Verhältnis V_{CO}/V_{N_2} festgestellt. Dieses Verhältnis liefert einen Hinweis auf den Anteil des an der Oberfläche vorkommenden Metalls. (J. Chim. physique Physico-Chim. biol. **47.** 244—52. März/April 1950. Lyon, Univ., Labor. de Chim. Industrielle.) GOTTFRIED. 176

A. C. Zettlemoyer, Amir Chand und **Ernest Gamble,** *Adsorption durch organische Substanzen.* 1. Mitt. *Krypton und Stickstoff an Polyäthylen, Nylon und Kollagen.* Aus der N_2- u. Kr-Adsorption bei *Polyäthylen* (I), *Nylon* (II) bzw. *Kollagen* (III) bei der Temp. des fl. O_2 bzw. N_2 wurden die Adsorptionsisothermen ermittelt. Die Adsorptionsdaten ergeben Werte für die inneren Oberflächen, die bei jeweils der gleichen Probe für beide Gase bei verschied. Tempp. gut übereinstimmen. Es wird gefolgert, daß die

BRUNAUER-EMMETT-TELLER-Theorie eine brauchbare Meth. zur Ermittlung der inneren Oberflächen organ. Feststoffe durch nichtpolare Gase darstellt. Ferner wurde die Thermodynamik der Adsorptionen untersucht. Bei Kr steigen die Kurven der Adsorptionswärmen bei zunehmender Adsorption, bis eine monomol. Schicht gebildet ist, um dann wieder abzufallen. Die Entropiekurven für Kr an I bzw. II fallen nach Bldg. einer monomol. Schicht gegen Grenzwerte. Bei III wurden ein extrem tiefes Minimum bei geringer Bedeckung u. ein Maximum bei monomol. Schicht erhalten. (J. Amer. chem. Soc. **72.** 2752—57. Juni 1950. Bethlehem, Pa., Lehigh Univ., W. H. Chandler Chem. Labor.) SCHÄFF. 176

K. L. Babcock, L. E. Davis und **Roy Overstreet,** *Ionenaktivitäten in Ionenaustauschsystemen.* Die Aktivität eines Ions im adsorbierten Zustande wird durch die freie mol. Energie des Ions bestimmt. Als Bezugsgröße dient eine unendlich verd. Lsg., in welcher die Aktivität des adsorbierten Ions gleich der in der gelösten Phase ist. Vff. stellen fest, daß nicht die Beziehungen zwischen thermodynam. Aktivität der sorbierten Ionen u. quantitativen Eigg. wie Sättigungsgrad usw., sondern die Aktivitätsverhältnisse der adsorbierten Ionen an den Austauschvorgängen beteiligt sind. Diese können aus den Ionanaustauschverhältnissen ermittelt werden. Zwischen der Ionenaustauschkonstante u. der thermodynam. Gleichgewichtskonstante für Austauschprozesse ist streng zu unterscheiden. Experimentell gefundene Ionenaustauschkonstanten sind für die Beurteilung der Ionenverteilung zwischen Lsg. u. Adsorbens von Bedeutung, können jedoch nicht für die Berechnung thermodynam. Eigg. herangezogen werden. (Soil Sci. **72.** 253—60. Okt. 1951. Univ. of California.) GRÜTZ. 176

Harry P. Gregor, *Gibbs-Donnan-Gleichgewichte in Ionenaustauschharz-Systemen.* Als Modell für ein Ionenaustauschharz wird ein Zylinder variablen Vol. betrachtet, der durch Federn unter Spannung gehalten wird. An diesem Modell erläutert Vf. eine Theorie des Ionenaustausches auf Grund der GIBBS-DONNAN-Gleichungen. Die Gesetzmäßigkeiten des Ionenaustausches werden zurückgeführt auf meßbare physikal. Größen, die unabhängig vom Austauschvorgang definiert sind. — Das innere Vol. V_i eines Harzes ist eine lineare Funktion des osmot. Druckes: $V_i = m\pi + b$. Unter idealisierten Bedingungen ergibt sich als Gleichgewichtsbedingung für den Austausch zwischen den Ionen 1 u. 2: $RT\ln[(n_1/n_2)_i(n_2/n_1)_o] = RT\ln k_d = \pi(v_0 - v_1)$; $\Delta F^0 = -\pi[v_2 - v_1 - (f - g)v_0]$. Die Indices i u. 0 beziehen sich auf die Verhältnisse innerhalb bzw. außerhalb der Harzphase, v_1 u. v_2 sind die Voll. der austauschenden Ionen u. f u. g die Anzahl Mole H_2O, die mit den Ionen ein- bzw. ausgetauscht werden, v_0 ist das Molvol. des H_2O. Die Abhängigkeit von k_d von den Voll. der eintauschenden Ionen, der Quellfähigkeit des Harzes (= Federkraft) u. vom Verhältnis $(n_1/n_2)_0$ wird qualitativ gut wiedergegeben. Auch die Wrkg. einer Konzentrationserhöhung der Außenlsg., die zu einer Schrumpfung des Harzes führt, läßt sich durch das Modell gut beschreiben. — Für nichtideale Systeme werden Aktivitäten bzw. Aktivitätskoeffizienten eingeführt u. mit den partiellen mol. Voll. gerechnet. Für eine Abschätzung von $(A_0)_i$, der Aktivität des H_2O im Harz, u. von π werden mehrere Wege angegeben. Die Differenzen in den partiellen mol. Voll. lassen sich direkt experimentell ermitteln. — Die Übereinstimmung der Theorie mit dem Experiment wird an einem Beispiel erörtert. Sie ist im allg. befriedigend. (J. Amer. chem. Soc. **73.** 642—50. 15/2. 1951. Brooklyn, N. Y., Polytechn. Inst., Dep. of Chem.) GABRIELE GÜNTHER. 176

J. D'Ans, G. Heinrich und **D. Jänchen,** *Über die Bindung von Schwermetallsalzen durch chromatographisch wirksames Aluminiumoxyd.* Nach einer Zusammenstellung der bisher über die Bindung von Ionen an chromatograph. wirksamem Al_2O_3 veröffentlichten Hypothesen berichten Vff. über Ergebnisse quantitativer Bestimmungen der bei der Chromatographie von Elektrolytlsgg. festgehaltenen Kationen u. Anionen. Aus diesen Ergebnissen wird geschlossen, daß Al_2O_3 neben den als Verunreinigung vorhandenen Na-Ionen austauschfähige H-Ionen enthalten muß. Der Austausch erfolgt auch bei mehrwertigen Schwermetallkationen so, daß jeweils nur ein Na-Ion oder ein H-Ion ersetzt wird. Bei einem 2-wertigen Kation bleibt dann eine Wertigkeit für die Bindung eines Anions frei; bei 1-wertigen Kationen werden keine Anionen mitgebunden. Ist das über ein 2-wertiges Kation gebundene Anion 2-wertig, so bestehen für seine Bindung verschied. Möglichkeiten, die angeführt werden. Zur Erhärtung der aus den Versuchsergebnissen abgeleiteten Auffassung über die chromatograph. Bindung von Ionen werden die Austausch-Rkk. am Al_2O_3 durch p_H-Messungen mit der Glaselektrode verfolgt. (Chemiker-Ztg. **77.** 240—44. 20/4. 1953. Berlin, Techn. Univ.) G. HEINRICH. 177

C. A. Stokes, *Die Flockung von Rußaerosolen durch Beschallung.* Inhaltsgleich mit der C. **1951.** I. 374 referierten Arbeit. (Colloid Chem. **7.** 403—29. 1950. Boston, Mass., Goldfrey S. Cabot Inc.) HENTSCHEL. 180

A_6. Strukturforschung.

Henrich Neumann und **Jan Barstad,** *Eine selbstzentrierende Röntgenkamera für Pulveraufnahmen.* In der beschriebenen Kamera ist die zylindr. ausgebildete Drehachse exakt zentriert eingebaut. In diese Drehachse wird der genau einpassende Präparathalter eingeführt, der an seinem vorderen Ende ein Loch von 0,11 mm Durchmesser enthält, in das der Glasfaden eingeführt werden kann, auf den das Pulver aufgebracht wird. (Norsk geol. Tidsskr. **32.** 57—58. **1953.** Oslo, Univ., Geol. Museum.) GOTTFRIED. 181

J. W. Feffery, *Kameras zum Gebrauch mit einer Feinfokusröntgenröhre.* Der sehr kleine Brennfleck, die sehr hohe spezif. Belastung der Antikathode sowie der nur 15 mm betragende Abstand Brennpunkt—Fenster der von EHRENBERG u. SPEAR (vgl. C. **1953.** 3685) entwickelten Röntgenröhre verlangen zur vollen Ausnutzung der Leistungsfähigkeit kleine Kameras, bei denen die Zentrierung der zu untersuchenden Substanzen mit möglichster Genauigkeit durchgeführt werden kann. Vf. beschreibt zwei neu konstruierte Kameras, eine fokussierende SEEMANN-BOHLIN-Kamera u. eine halbfokussierende Kamera zum Gebrauch mit blättchenförmigen Proben. Die Kameras werden fest mit der Röhre verbunden. (J. sci. Instruments **29.** 385—88. Dez. 1952. London, Univ., Birkbeck Coll.) GOTTFRIED. 181

K. A. Gross, *Universalmontierung für Röntgengoniometer.* Es wird eine vereinfachte Anordnung von MACKAY (vgl. C. **1953.** 5622) beschrieben, mit der es möglich ist, Schwenkaufnahmen um drei verschied., aufeinander senkrecht stehende Drehungsachsen durchzuführen, ohne den Kristall neu zu justieren. (J. sci. Instruments **29.** 414. Dez. 1952. Garston, Watford, Building Res. Stat.) GOTTFRIED. 181

D. S. Beard, E. G. Cox und **G. J. Sutton,** *Ein neues Gleich-Neigungs-Weißenberg-Röntgengoniometer.* Beschreibung des neu konstruierten Goniometers. Der Schwenkwinkel kann auf jeden Wert zwischen 2 u. 240° eingestellt werden. Der Film registriert von $2\,\vartheta = 4—170°$ bei einem Kameraradius von 2,75 cm; der maximale Neigungswinkel beträgt 70°. (J. sci. Instruments **28.** 246—51. Aug. 1951. Leeds, Univ., Dep. of Inorg. and Phys. Chem.) GOTTFRIED. 181

J. N. Eastabrook und **A. J. C. Wilson,** *Die Beugung von Röntgenstrahlen durch gestörte Kristallaggregate.* 3. Mitt. *Bemerkungen über die Deutung der Fourier-Koeffizienten.* (2. vgl. C. **1950.** I. 1453.) Theoret. Überlegung über das Linienprofil höherer Reflexionsordnungen an den Gitterebenen. (Proc. physic. Soc., Sect. B **65.** 67—75. 1/1. 1952. Cardiff, Univ. Coll., Viriamu Jones Labor.) GOTTFRIED. 181

G. Fournet, *Einfluß der Teilchengröße und -gestalt bei der Auswertung der diffusen Röntgendiagramme.* Vf. zeigt den Einfl. der Größe u. Gestalt von streuenden Teilchen auf die Verteilung der Streuintensität, u. wie die experimentellen Kurven der Streuintensität als Funktion des Winkels ausgewertet u. welche Parameter bestimmt werden können. Im allg. ist nämlich eine Beziehung zwischen Existenz (u. Lage) eines Maximums der Streuintensität u. der Struktur der streuenden Teilchen nur schwer abzuleiten, da wegen des Einfl. der Teilchengröße u. -gestalt kein gesetzmäßiger Zusammenhang besteht. Für genaue Ergebnisse muß man ein Modell aufstellen u. die Form der theoret. Kurven der Streuintensität mit den experimentellen Kurven bei verschied. Konzz. vergleichen. (Discuss. Faraday Soc. Nr. **11.** 121—25. **1951.** Paris, Conserv. Nat. des Arts et Métiers, Off. Nat. d'Études et de Rech. Aéronaut., Labor. du Prof. Guinier.) SCHÄFF. 181

D. T. Keating und **B. E. Warren,** *Der Einfluß eines niedrigen Absorptionskoeffizienten auf röntgenspektrometrische Messungen.* Bei röntgenspektrometr. Messungen mit blättchenförmigen Proben, die einen niedrigen Absorptionskoeff. besitzen, findet die Beugung der Röntgenstrahlen nicht nur in der Oberflächenschicht statt, sondern auch im Inneren der Substanz. Hierdurch tritt nicht nur eine asymm. Verbreiterung, sondern auch eine Verschiebung des Maximums ein. Vff. behandeln theoret. das allg. Problem, eine Kurvenform zu erhalten, bei der die niedrige Absorption berücksichtigt wird; entsprechende Ausdrücke werden mitgeteilt. Eine weitere Korrekturmöglichkeit besteht in der STOKESschen Meth. (vgl. Proc. physic. Soc., Sect. B **61.** [1948.] 382) der FOURIER-Analyse. An Hand des (0 0 4)-Maximums von Graphit wird die Meth. erläutert. (Rev. sci. Instruments **23.** 519—22. Okt. 1952. Cambridge, Mass., Inst. of Technol.) GOTTFRIED. 181

R. Glocker, *Zur Auswertung von Rückstrahlaufnahmen für röntgenographische Spannungsmessungen.* Es werden Berechnungen angestellt, um die Ungenauigkeit einer einfachen Auswertungsformel zu ermitteln. Die Ergebnisse werden in solcher Form dargestellt, daß die Korrektion nachträglich an dem erhaltenen Spannungswert angebracht werden kann. Zahlenmäßig erweist sich die Korrektion als so klein, daß ihre

Berücksichtigung im allg. nicht notwendig ist. (Z. angew. Physik **3.** 212—16. Juni 1951. Stuttgart, TH, Röntgeninst.) DICKHAUT. 181

James F. Hornig und **Joseph O. Hirschfelder,** *London-Dispersionskräfte zwischen ungleichen Molekülen.* Nach der Meth. von MARGENAU (J. chem. Physics **6.** [1938.] 896) wurde für die LONDON-Dispersionskraft zwischen ungleichen, unpolaren Moll. eine Gleichung abgeleitet, in der die Resonanzfrequenzen u. die Polarisierbarkeiten der betreffenden Stoffe auftreten. Das Potential ist von Termen mit R^{-6}, R^{-8}, R^{-10} usw. abhängig. (J. chem. Physics **20.** 1812. Nov. 1952. Madison, Wis., Univ., Naval Res. Labor.) ZIMMER. 182

J. A. Pryde und **G. O. Jones,** *Eigenschaften von glasartig erstarrtem Wasser.* Vff. zeigen auf Grund früherer Unterss. u. eigener Verss., daß trotz der großen Schwierigkeit, vollständig glasartig erstarrtes W. herzustellen, W. unter günstigen Bedingungen, z. B. bei Kondensation von Wasserdampf, bei der Temp. der fl. Luft glasartig erstarren kann u. eine zwischen —150 u. —125° liegende Transformationstemp. besitzt. Daraus muß geschlossen werden, daß die bereits bei 0° erkennbare Strukturneigung des W. bei weiterem starken Absinken der Temp. sehr erheblich zunimmt, so daß, wie bei anderen Fll. mit gerichteten Bindungen, der Wert für die Aktivierungsenergie des Viscositätsflusses die Verdampfungswärme u. die Stärke der Einzelbindung um ein Vielfaches übersteigen kann. Nach den Unterss. der Vff. krist. glasartig erstarrtes W. mit verschied. Mengen kristallinen Eises schlagartig vollständig, u. zwar augenscheinlich in Form der Eismodifikation I, wenn die Temp. —129° übersteigt. (Nature [London] **170.** 685—88. 25/10. 1952. London, Univ., Queen Mary Coll., Dep. of Phys.) NIEMITZ. 188

B. A. Bilby, *Statische Modelle von Versetzungen.* Beschrieben wird ein Modell, mit welchem verschied. Kristallgitter gebaut werden können. Diese können elast. verformt u. es können Versetzungen eingeführt werden. Mit diesem Modell können die Geometrie der Bewegung u. der Anordnung von Versetzungen verschied. Arten u. bestimmte Ergebnisse der elast. Versetzungstheorie demonstriert werden. Ausgewählte Versetzungsbeispiele in einem einfachen kub. Gitter werden betrachtet, um den Spielraum u. die Grenzen des Modells festzulegen. (J. Inst. Metals **76.** 613—27. Febr. 1950. Birmingham, Univ.) HOCHSTEIN. 190

D. Turnbull, *Bildung von Kristallkeimen in flüssigen Metallen.* Vf. zeigt zunächst, daß sich die bekannten Tatsachen über die Keimbildungserscheinungen in fl. Metallen befriedigend auf der Grundlage der Vorstellungen über krit. Teilchengröße u. Grenzflächenenergie erklären lassen. In großen kontinuierlichen Massen wird die Keimbldg. fast stets durch fremde Grenzflächen katalysiert. In kleinen Tröpfchen ist jedoch die Wahrscheinlichkeit, daß ein katalyt. Einschluß vorhanden ist, so viel geringer, daß die minimalen Keimbildungshäufigkeiten reproduzierbar sind. Auf der Grundlage der Theorie der homogenen Keimbldg. berechnet Vf. die Grenzflächenenergien σ zwischen Kristallkeimen u. den entsprechenden Fll. aus den Keimbildungshäufigkeiten kleiner Tröpfchen. Aus diesen σ-Werten werden die Energien δ_g der Grenzflächen, die ein Atom dick sind u. N-Atome enthalten, berechnet. Das Verhältnis von δ_g zu der grammatomaren Schmelzwärme ΔH_f beträgt für die Metalle *Hg, Ga, Sn, Pb, Al, Ag, Cu, Au, Mn, Ni, Co, Fe, Pd* u. *Pt* angenähert 0,45, für H_2O, *Bi, Sb* u. *Ge* dagegen nur ca. 0,32. (J. appl. Physics **21.** 1022—28. Okt. 1950. Schenectady, N. Y., General Electric Co., Res. Labor.) GOTTFRIED. 190

R. L. Fullman, *Bildung von Anlaßzwillingen während des Kornwachstums.* Vf. entwickelt eine Theorie der Bldg. von Anlaßzwillingen, wobei er von der Annahme ausgeht, daß sich ein Anlaßzwilling in der Ecke eines wachsenden Keims bildet, wenn die Orientierungsbeziehungen zwischen dem Zwilling u. den Keimnachbarn zu einer kleineren gesamten freien Grenzflächenenergie führen, als das die Orientierungsbeziehungen zwischen dem Keim selbst u. seinen Nachbarn tun. Aus Verss., die bezwecken, den Unterschied in den freien Grenzflächenenergien von Korngrenzensegmenten auf entgegengesetzten Seiten von Zwillingsgrenzflächen, die sich neu in Kornecken gebildet hatten, festzustellen, konnte nachgewiesen werden, daß die freie Energie tatsächlich gegen die Kornecken zu kleiner ist. Es wurde das Verhältnis der freien Grenzflächenenergie von Zwillingsgrenzflächen zu dem der Korngrenzflächen in *Cu* u. *Al* gemessen. Es ergaben sich die Werte 0,036 ± 0,006 u. 0,21 ± 0,05. Der in der Häufigkeit von Anlaßzwillingen in Cu u. Al beobachtete Unterschied steht in Übereinstimmung mit der Theorie ebenso wie der Unterschied in den Verhältnissen der freien Grenzflächenenergien der Zwillingsgrenzfläche zu der der Korngrenzfläche (vgl. hierzu C. **1953.** 4169). (J. appl. Physics **21.** 1069—70. Okt. 1950. Schenectady, N. Y., General Electric Co., Res. Labor.) GOTTFRIED. 190

S. Amelinckx, *Beobachtungen über das schraubenförmige Wachstum von Kristallen von Siliciumcarbid.* Auf Grund eines reichhaltigen Beobachtungsmaterials über schraubenförmige Wachstumserscheinungen auf SiC-Flächen konnte Vf. zwei Hypothesen über die Kinetik der Wachstumsfronten von BURTON, CABRERA u. FRANK (vgl. C. **1952.** 4896) bestätigen. Ebenso konnte eine von genannten Autoren (l. c.) aufgestellte Gleichung über die Wachstumsgeschwindigkeit in Abhängigkeit von dem Krümmungsradius der Wachstumsfronten als den experimentellen Beobachtungen entsprechend nachgewiesen werden. Die Beobachtungen über die Wechselwirkungen zwischen mehreren Spiralen werden diskutiert sowie Beziehungen zwischen schraubenförmigem Wachstum u. Polytypie behandelt. Aus einer Statistik über die relative Wahrscheinlichkeit von Versetzungen verschied. Stärke ergab sich, daß diese Wahrscheinlichkeit mit dem Wert des BURGERSschen Vektors abnimmt; das Verhältnis von Versetzungen mit großem BURGERSschen Vektor nimmt mit der Temp. zu. (J. Chim. physique Physico-Chim. biol. **49.** 411–21. Juli/Aug. 1952. Gent, Geol. Inst., Labor. voor Kristalkunde.) GOTTFRIED. 190

S. Amelinckx, *Beobachtungen über das schraubenförmige Wachstum von Kristallen von Siliciumcarbid.* In Fortsetzung seiner früheren Unterss. (vgl. C. **1953.** 498 u. vorst. Ref.) berichtet Vf. über neue mkr. u. interferometr. Beobachtungen an spiralartigen Wachstumserscheinungen von SiC. Beobachtungen an Anfangsstadien der Spiralbldg. lieferten eine Bestätigung des bekannten Wachstumsmechanismus von FRANK. Es werden zwei Methoden beschrieben, um aus inneren Interferenzen Ganghöhen im allg. u. besonderen zu messen. (J. Chim. physique Physico-Chim. biol. **50.** 45–48. Jan. 1953.) GOTTFRIED. 190

Ronald W. Gurney, *Gitterschwingungen in Graphit.* Wird ein Neutron mit einer Energie <100 eV in Graphit abgebremst, dann besteht der Hauptmechanismus für diesen Energieverlust in der Anregung von Gitterschwingungen. Zur Abschätzung der Geschwindigkeit des Energieverlustes durch langsame Neutronen benötigt man die Kenntnis des Frequenzspektr. des Gitters, das in der vorliegenden Arbeit untersucht wird. In natürlichem u. künstlichem Graphit bilden die Kristallite Agglomerate kleinerer Einheiten; im künstlichen Graphit bilden diese Einheiten dünne Platten, von denen jede nicht mehr als 12–17 parallel geordnete Ebenen besitzt. Für Atomverschiebungen senkrecht zu einer Ebene sind die wiederherstellenden Kräfte sehr viel schwächer als für ähnliche Verschiebungen in der Ebene selbst; für den letzteren Fall sind die wiederherstellenden Kräfte so stark, daß diese Gitterschwingungen bei tiefen Tempp. nicht angeregt werden. Anwendung der DEBYEschen Theorie der spezif. Wärme führte zu einem T^2-Gesetz an Stelle des gewöhnlichen T^3-Gesetzes bei tiefen Temperaturen. Noch nicht veröffentlichte Messungen der spezif. Wärme zwischen 25 **u.** 60° K von ESTERMANN u. KIRKLAND wurden mit der Theorie verglichen; sie führten zu einer DEBYE-Temp. von 614° K für die Frequenzgrenze dieser transversalen Wellen mit schwachen wiederherstellenden Kräften. Kombiniert man diesen Wert mit dem Wert 2100° K für die restlichen Schwingungsarten, dann läßt sich die spezif. Wärme über den ganzen Temperaturbereich darstellen. (Physic. Rev. [2] **88.** 465–66. 1/11. 1952. College Park, Md., Univ., Inst. for Fluid Dynamics and Appl. Mathematics.) GOTTFRIED. 190

Ronald W. Gurney, *Die Streuung von langsamen Neutronen in polykristallinen Medien.* (Vgl. vorst. Ref.) Wenn ein Neutron, das einen Kristallit durchläuft, nicht genügend Energie besitzt, um ein Atom aus seinem Platz auszustoßen, dann tritt Anregung einer Gitterschwingung ein. Vf. behandelt Neutronen mit Energien zwischen 5,0 u. 0,5 eV, d. h. einem Energiebereich, in dem sich sowohl der Wirkungsquerschnitt für elast. Streuung σ_{el} als auch für unelast. Streuung σ_{in} sehr schnell mit der Energie ändert. Zur Behandlung der unelast. Zusammenstöße, bei denen viele Phonone ausgetauscht werden, ersetzte FINKELSTEIN (vgl. C. **1949.** I. 164) das DEBYEsche Modell durch ein eigenes u. entwickelte Ausdrücke für J_n (E), die Wahrscheinlichkeit, daß ein Neutron mit der Energie E beim Zusammenstoß mit einem Atom der M. M bei einem Zusammenstoß n Quanten verliert. Abschätzungen des Vf. von J_n für große u. kleine Werte von M ergaben, daß bei dem Abbremsprozeß durch diesen Prozeß ein schweres Element viel weniger wirksam ist als ein leichtes Element wie im Falle für schnelle Neutronen. In dem Energiebereich zwischen 0,5 **u.** 5,0 eV ist der Wirkungsquerschnitt für elast. Streuung umgekehrt proportional der Energie des Neutrons, d. h. $\sigma_{el} = \sigma_0\, A/E$. Da nun in diesem Energiebereich der beobachtete Gesamtwirkungsquerschnitt für viele Elemente unabhängig von der Energie ist, folgt für die unelast. Streuung $\sigma_{in} = \sigma_0\,(1 - A/E)$. Trägt man für $M = 7$ σ_{el} u. σ_{in} gegen die Wirkungsquerschnitte graph. auf, dann ist oberhalb einer Energie von 0,4 eV die eine Kurve das Spiegelbild der anderen Kurve, d. h. der Gesamtwirkungsquerschnitt $(\sigma_{el} + \sigma_{in})$ hat einen Wert, der, in Übereinstimmung mit den Verss., unabhängig von der Energie ist. (Physic. Rev. [2] **88.** 466—67. 1/11. 1952.) GOTTFRIED. 190

Henri A. Levy und **S. W. Peterson,** *Neutronenbeugungsbestimmung der Kristallstruktur von Ammoniumbromid in vier Phasen.* Mittels Neutronenbeugung wurden die Strukturen der vier bei ND_4Br auftretenden Phasen untersucht: 1. die kub. Phase IV bei —195°, die tetragonale Phase III bei —78°, die kub. Phase II bei 23° u. die kub. Phase I bei 200°. Aus der Diskussion der erhaltenen Diagramme ergaben sich für die einzelnen Phasen die folgenden Strukturen: die Phase IV zeigt eine geordnete, einfach kub. Anordnung der ND_4- u. Br-Ionen, wobei jedes D-Atom auf einer Linie liegt, die N u. Br verbindet, u. wobei jedes Br tetraedr. von je 4 D umgeben ist. Die Phase III enthält Säulen von parallelen ND_4-Ionen, die sich parallel der c-Achse erstrecken; benachbarte Säulen sind entgegengesetzt orientiert. Die D-Atome liegen wieder entlang den N ··· Br-Linien; die Umgebung der Br ist jedoch asymm., u. zwar derart, daß die Br-Ionen etwa um 0,012 Å nach der Ebene der nahen D-Atome hin verschoben sind. Abwechselnde Br-Ionen sind in entgegengesetztem Sinne verschoben, wodurch der zentrosymm. Charakter der Struktur erhalten bleibt. Die Phase II enthält eine regellose Anordnung der ND_4-Ionen in zwei Orientierungen, wobei in jeder die D-Ionen entlang den N ··· Br-Linien liegen. Die Umgebung des Br ist regellos, sie schwankt statist. zwischen Null u. 8 benachbarten D-Atomen. Die Phase I hat NaCl-Struktur, a = 6,90 Å; Raumgruppe O_h u. Z = 4. Während N in 4 (a) u. Br in 4 (b) liegen, wird das Diagramm durch 3 verschied. Anordnungen der D-Atome befriedigt, zwischen denen eine Entscheidung noch nicht getroffen werden konnte. Auch in diesen Strukturen ist die Umgebung der Br regellos. (J. Amer. chem. Soc. **75.** 1536—42. 5/4. 1953. Oak Ridge, Tenn., Nat. Labor., Chem. Div.) GOTTFRIED. 195

Gösta Brogren, *Die Röntgenbeugung von Quarz und der Einfluß der Oberflächenbehandlung.* Vf. untersuchte röntgenograph. die Flächen [1 0 $\bar{1}$ 0] u. [1 1 $\bar{2}$ 0] von Quarzkristallen auf ihre Brauchbarkeit als Spektrometerkristalle. Die Messungen wurden mit einem GEIGER-MÜLLER-Zählrohr durchgeführt. Zunächst wurde an [1 0 $\bar{1}$ 0] der Einfl. der Oberflächenbehandlung der polierten Fläche auf die Halbwertsbreite der Interferenz untersucht. Zu diesem Zweck wurde die Fläche bei 18—20° verschieden lange mit 40%ig. HF geätzt. Es wurde gefunden, daß nach einer Ätzzeit von ca. 4 Min. die Halbwertsbreite einen konstanten Wert erreicht hatte. Hierbei wurde pro Std. eine ca. 4000 Å dicke Schicht abgeätzt. Da die [1 0 $\bar{1}$ 0]-Fläche opt. keine guten Reflexionen zeigte, wurden die weiteren Unterss. an der Fläche [1 1 $\bar{2}$ 0] durchgeführt. Hier genügte eine Ätzzeit von 1 Min., um einen konstanten Wert der Halbwertsbreite zu erhalten. Gemessen wurden an dieser Fläche für verschied. Wellenlängen (von 2498—558 X) die Halbwertsbreite, die %ig. Reflexion, der Reflexionskoeff. u. das physikal. Auflösungsvermögen. Es wurde beobachtet, daß die experimentellen Halbwertsbreiten größer waren als die unter der Annahme eines vollkommenen Idealkristalls errechneten; anderseits waren die errechneten %ig. Reflexionen größer als die experimentell bestimmten Werte. Bei dem Reflexionskoeff. u. dem Auflösungsvermögen war die Übereinstimmung gut. (Ark. Fysik **6.** 321—34. 1953. Uppsala, Univ., Dep. of Phys.) GOTTFRIED. 195

Wilfrid R. Foster, *Untersuchungen der Polymorphie des $MgSiO_3$ bei hohen Temperaturen durch Röntgenstrahlenbeugung.* Kurze Mitt. zu der C. **1952.** 3781 referierten Arbeit. (Amer. Mineralogist **36.** 315—16. März/April 1951.) HENTSCHEL. 195

T. B. Rymer und **G. D. Archard,** *Gitterkonstanten von Zinkoxyd.* Präzisionspulveraufnahmen an ZnO ergaben bei einer Temp. von 20° die Gitterkonstante a = 3,24961 ±0,00002 Å. (Research **5.** 292. Juni 1952. Reading, Univ., u. Aldermaston, Assoc. Electr. Ind. Ltd.) GOTTFRIED. 195

J. Longuet-Escard, *Struktur von Nickelhydroaluminaten.* Beim Versetzen eines Gemisches von Nitraten oder Chloriden von Ni oder Al, das reich an Ni-Salz ist, mit NaOH, erhält man nach dem Auswaschen u. Trocknen einen Nd., der ein Pulverdiagramm, das weder die Interferenzen des Nickelhydroxyds (Brucittyp) noch die des Hydrargillits enthält, zeigt. Es handelt sich demnach um ein wasserhaltiges Nickelaluminat. Pulveraufnahmen an einem Präp., das nach dem Auswaschen 2—6 Tage mit W. bei 100° behandelt u. dann abzentrifugiert worden war, zeigten neben einer Reihe von sehr scharfen Interferenzen mehrere Banden, deren Kanten nach niedrigeren Beugungswinkeln zu scharf, nach höheren Beugungswinkeln zu dagegen verwaschen waren. Von der in Blättchen kristallisierenden Verb. wurden hierauf nach 0 0 1 orientierte Tafeln gepreßt. Auf Aufnahmen mit parallel der Tafelebene einfallendem Röntgenlicht wurden die beiden ersten Ordnungen von 0 0 1 entsprechend d = 7,95 bzw. 3,95 Å erhalten. Durch Schwenken des Präp. wurden auch die 4., 6. u. 7. Ordnung von 0 0 1 erhalten. Die Interferenzen liegen in Form von Bögen beiderseits des Äquators. Die erste der auf den Pulveraufnahmen beobachteten Banden erscheint auf dem Äquator schwach, wenn das einfallende Licht parallel der Tafeloberfläche einfällt u. wird bei senkrechtem Durchtritt des Strahls stärker. Die anderen Banden sind ebenfalls bei der ersten Stellung schwach, werden jedoch intensiver, wenn zwischen Oberfläche der Probe u. Röntgenstrahl ein Winkel von 30° besteht. Bei der ersten Bande handelt es sich demnach um eine zweidimensionale Interferenzbande, die durch eine parallele Verschiebung der Schichten gegeneinander hervorgerufen wird. Die anderen Banden entstammen Ketten, die unter 30° gegen die Blättchen geneigt sind. PATTERSON- u. FOURIER-Synthesen schließen einwandfrei tetraedr. Lagen für die Metallionen aus u. verlangen oktaedr. Anordnung. Hieraus folgt, daß in dem Gitter abwechselnd OH- u. Ni + Al-Schichten auftreten. Es wird darauf aufmerksam gemacht, daß dies ein neuer Strukturtyp ist. (J. Chim. physique Physico-Chim. biol. **47.** 238—41. März/April 1950. Labor. Central des Serv. Chim. de l'État.) GOTTFRIED. 195

Mitsuoki Nakahira, Shin-ichi Iwai und **Akira Suzuki,** *Einige Beobachtungen über die Tonmineralien Kaolinit und Halloysit durch Röntgenstrahlen und Elektronenmikroskopie.* Es wurden röntgenograph. untersucht *Hongkong-Kaolinit* (I), *Ina-Ton* (II), *Ishōchi-Ton* (III) u. *Iōsin-Ton* (IV). Aus der Intensitätsverteilung, dem Auftreten von scharfen u. diffusen Interferenzen konnte der Grad der Regellosigkeit in dem Gitteraufbau bestimmt werden; er ändert sich in der folgenden Reihenfolge: **IV** (hydratisierter **Halloysit**) — **III** (hydratisierter Halloysit) — **II** (hydratisierter Halloysit) — **I** (Halloysit). Die elektronenmkr. Unters. führte zu den folgenden Beobachtungen: **I** besteht aus Aggregaten von ziemlich großen leistenförmigen Mineralien. Die Dimensionen der Leisten waren etwa: Länge 10000—50000 Å, Breite 700—4000 Å. **II** bildete Polyeder mit Durchmessern von 2000—4000 Å. Es hat den Anschein, als ob die Polyeder aus einer großen Anzahl kleiner Blättchen bestehen, die sich zu kugelförmigen Gebilden zusammengeschlossen haben. **III** bildete Aggregate kleiner Blättchen, die ca. 600 bis 2000 Å lang u. einige Hundert Å breit waren. **IV** zeigte das gleiche elektronenmkr. Bild wie **III**. (J. sci. Res. Inst. [Tokyo] **45.** Nr. 1. 52—56. Juli 1951.) GOTTFRIED. 195

J. H. van der Merwe, *Über die mit interkristallinen Grenzflächen in Zusammenhang stehenden Spannungen und Energien.* Unter Zugrundelegung der von PEIERLS (Proc. physic. Soc., Sect. A **52.** [1940.] 34) u. NABARRO (vgl. C. **1947.** 1352) eingeführten Modelle wurden an drei Typen von Grenzflächen die Spannungen u. die Energien berechnet, die mit einer solchen Grenzfläche in Zusammenhang stehen. Die folgenden 3 Typen wurden behandelt: 1. Eine Grenzfläche, an der sich der Gitterparameter ändert, d. h. die von zwei in Kontakt stehenden Kristallen gebildet wird, die verschied. Parameter haben; 2. eine Zwillingsgrenzfläche, d. h. eine Grenzfläche zwischen zwei Hälften eines Kristalls, die in bezug aufeinander um eine gemeinsame, senkrecht zur Grenzfläche liegende gemeinsame Achse gedreht sind, u. 3. eine Kippgrenzfläche, welche auftritt, wenn zwei Teile desselben Kristalls in bezug aufeinander symm. um eine gemeinsame, in der Grenzflächenebene liegende Achse gedreht sind. Mit diesen Modellen ist die Aufteilung der Grenzfläche in eine Folge von Versetzungen eine natürliche Folge der Analyse, die die Ausdrücke für die Spannungen, Atomversetzungen u. die mit der Grenzfläche assoziierten Energien als Funktionen der Drehungen usw. liefert. Wird der Abstand zwischen den Versetzungen unendlich, dann reduzieren sich die Ausdrücke zu den entsprechenden für einzelne Versetzungen. Das Kennzeichen der Energie zwischen den Grenzflächen ist das, daß sie anfänglich sehr schnell mit dem Winkel der Drehung usw. ansteigt. Es wird kurz auf die Ergebnisse der Theorie für Fragen der orientierten Aufwachsung eingegangen. (Proc. physic. Soc., Sect. A. **63.** 616—37. 1/6. 1950. Bristol, Univ., H. H. Wills Phys. Labor.) GOTTFRIED. 195

Masaaki Yanagisawa, *Epitaktisches Wachstum von auf Glimmer, Calcit, Kalkspat, Steinsalz und Glas niedergeschlagenen Metallen.* Durch Eintauchen kleiner Plättchen von Glimmer, Calcit, Kalkspat, Steinsalz u. Glas in eine **ammoniakal.** $AgNO_3$-Lsg., der einige Tropfen Formaldehyd zugesetzt worden waren, wurden auf den obigen Substanzen *Ag*-Ndd. erhalten. LAUE-Aufnahmen ergaben, daß auf dem Spaltblättchen des Glimmers das Ag eine gewisse Orientierung zeigte, u. zwar wurden zwei [1 1 0]-Faserachsen beobachtet, die sich unter 90° schnitten. In allen anderen Fällen wurden nur DEBYE-Interferenzen erhalten; eine Orientierung war demnach nicht vorhanden. Analog wurden durch Eintauchen der obigen Proben in FEHLINGsche Lsg., der ebenfalls Formaldehyd zugesetzt worden war, *Cu*-Ndd. erhalten. In keinem Fall konnte eine Orientierung der Cu-Ndd. beobachtet werden. (Bull. Inst. chem. Res., Kyoto Univ. [**Kagaku Kenkyusho Hokoku**] **28.** Nr. 3. 58. März 1952. H. Takagi Labor. [Orig.: engl.]) GOTTFRIED. 196

Jean-Claude Monier, *Epitaxie des p-Aminophenols auf verschiedenen Unterlagen.* Vf. untersuchte zunächst die beim Aufsublimieren von *p-Aminophenol* (I) auf *Calcit* u. *$NaNO_3$* auftretenden orientierten Aufwachsungen. I bildet auf den Trägern sechseckige Kriställchen mit einer Diagonalenlänge bis zu 15 μ, deren Winkel sich leicht vermessen ließen. Drehkristallaufnahmen des Calcits lieferten auf dem Äquator außer den Calcitinterferenzen die Interferenzen von (200) u. (400) von I, woraus hervorgeht, daß (100) orientiert auf dem Calcit aufgewachsen ist. Auf (100) von *NaCl* wurden zwei neue Orientierungen des I festgestellt. Bei der einen Gruppierung ist 3c = 15,75 Å parallel 4 × [1$\bar{1}$0] = 15,91 Å des Trägers, bei der anderen b = 8,19 Å parallel 2 × [1$\bar{1}$0] = 7,96 Å des Trägers. Auf (001) von *Baryt* wurden ebenfalls zwei Orientierungen von I beobachtet, u. zwar: 1. b = 8,19 Å von I entspricht [100] = 8,86 Å des Trägers u. c = 5,25 Å von I [010] = 5,44 Å des Baryts. Auf (001) von *Cölestin* entspricht die b-Achse von I der Richtung [100] = 8,36 Å des Trägers u. ferner c der Richtung [010] = 5,36 Å des Cölestins. Auf (001) von *KCl* bilden ca. 40% der I-Kristalle Winkel von 5% mit den [110]-Richtungen. Dies entspräche b von I parallel 2 × [110] = 8,89 Å der Unterlage u. 5c = 26,25 Å von I parallel 6 × [110] = 26,68 Å des KCl. Aus den Beobachtungen ergibt sich ganz allg., daß die Ebene (100) des I, die nahezu senkrecht zu den Molekülachsen ist, bevorzugt wird. (C. R. hebd. Séances Acad. Sci. **234**. 2375—77. 9/6. 1952.) GOTTFRIED. 196

Louis Royer, *Über die Epitaxie von Kristallen von Anthrachinon und Urotropin auf einem Spaltblättchen von Gips.* Läßt man *Anthrachinon* (I) aus benzol. Lsg. auf einem frischen Spaltblättchen von Gips — (010)-Fläche — auskristallisieren, dann lassen sich drei verschied. Orientierungen von I gegenüber dem Gips feststellen, u. zwar liegt [001] von I parallel einer der folgenden Gipsrichtungen: [001], [100] u. [10$\bar{1}$]. Die Netzebenenabstände für diese 3 Richtungen sind 6,23; 5,63 u. 6,49 Å; der [001]-Abstand von I beträgt 3,98 Å. Die Epitaxie erklärt sich durch die Tatsache, daß man innerhalb der erlaubten Toleranzgrenzen hat: 3 × 3,98 Å ~ 2 × 6,23 Å ~ 2 × 5,63 Å ~ 2 × 6,49 Å. Die Parameterunterschiede des Gipses gegenüber I betragen ca. 6, 4 u. 9%. — Läßt man *Urotropin* (II) aus Chlf. auf einer Spaltfläche von Gips auskristallisieren, dann fallen zunächst die Ebenen (110) des II u. (010) des Gipses zusammen. Außerdem koinzidieren die Richtungen [$\bar{1}$11] oder [$\bar{1}$1$\bar{1}$] des Gipses mit [001] von Gips. Der Unterschied zwischen den Parametern beträgt in diesem Falle ca. 2,5%. (C. R. hebd. Séances Acad. Sci. **236**. 1430—32. 8/4. 1953.) GOTTFRIED. 196

Hidekiyo Fujihira, *Einflüsse koexistierender Ionen auf die innere Struktur von auf eine Zinkoberfläche aus Kupfer(II)-sulfatlösung niedergeschlagenem Kupfer.* In 18-u. 28-Gew.-%ig. Lsgg. von $CuSO_4$, denen 0,03—0,1% HCl, Essigsäure, H_2SO_4, Na_2SO_4, $NaHSO_4$, $ZnSO_4$ u. $FeSO_4$ zugesetzt worden war, wurde Zn eingetaucht u. der entstandene Cu-Nd. röntgenograph. untersucht. Nach Zusatz von HCl u. Essigsäure bestand der Cu-Nd. aus einer vollkommen unregelmäßigen Anhäufung von Mikrokristallen mit Durchmessern von 10^{-3} bis 10^{-4} cm. Je höher die Säurekonz. war, um so poröser wurde der Cu-Niederschlag. Zusatz von H_2SO_4 bewirkte Auftreten von porösem Cu mit Mikrokristallen mit Durchmessern von 10^{-2} bis 10^{-3} cm. Das Zufügen von Sulfaten erzeugte einen dichten Cu-Nd. mit einigen Kristallkeimen, die Faserstruktur in Richtung [110] hatten. Das Grundkupfer bestand aus unregelmäßigen Anhäufungen u. Mikrokristallen mit 10^{-2} cm Durchmesser. Die Menge zugesetzten Sulfats hatte keinen Einfl. auf die Faserstruktur des Cu, wenn die Konz. der $CuSO_4$-Lsg. konstant war; bei den höheren $CuSO_4$-Konzz. trat die Faserstruktur deutlicher hervor. (Bull. Inst. chem. Res., Kyoto Univ. [Kagaku Kenkyusho Hokoku] **28**. Nr. 3. 59—60. März 1952. H. Takagi Labor. [Orig.: engl.].) GOTTFRIED. 196

Masashige Koyama, *Röntgenuntersuchungen der innerstrukturellen Veränderung in Aluminium infolge Anlassens.* Proben von 99,99%ig. polykristallinem Al wurden je 4 Std. bei 450° angelassen u. durch Walzen in ihrer Dicke um 80% (I), 95% (II) u. u. 97% (III) reduziert. LAUE-Aufnahmen zeigten bei den Proben I u. II die gewöhnlichen Rekristallisationsphänomene. In Probe III wurden ein spannungsfreier vollkommener Kristall u. einige unvollkommene spannungsreiche Kristalle gleichzeitig in fast den gleichen kristallograph. Richtungen beobachtet, u. zwar nach kurzem Anlassen bei 300°, bei 2std. Anlassen auf 300° wiesen sie die faserige Rekristallisationsanordnung auf. Bei Anlaßtempp. von 450 u. 600° ergaben sich die gleichen Beobachtungen. (Bull. Inst. chem. Res., Kyoto Univ. [Kagaku Kenkyusho Hokoku] **28**. Nr. 3. 58—59. März 1952. H. Takagi Labor. [Orig.: engl.].) GOTTFRIED. 197

C. E. Ransley und **H. Neufeld,** *Die Löslichkeitsverhältnisse in den Systemen Aluminium–Natrium und Aluminium–Silicium–Natrium.* Die Löslichkeit von Na in festem

Al wurde durch direkte Messung der gelösten Menge durch Eintauchen von reinstem Al in fl. Na bestimmt. Bei 550—650° wird die Löslichkeit mit ca. 0,002% angegeben, wobei der Temperaturkoeff. ziemlich klein zu sein scheint. Die Ergebnisse erlauben eine Berechnung der Diffusionsgeschwindigkeit von Na in festes Al. Die Mischbarkeitsgrenzen im bin. Syst. wurden ebenfalls bestimmt, dabei wurde die monotekt. Zus. bei 0,14% Na u. die Löslichkeit von Na in fl. Al, die langsam von diesem Wert auf 0,25% bei 775° steigt, bestimmt. Wenn Al, das Si in fester Lsg. enthält, in fl. Na erhitzt wird, bildet sich als Oberflächenschicht eine tern. Legierung. Auf Grund von Verss., bei denen Al-Streifen mit verschied. Si-Gehh. der Einw. von Na für längere Zeit ausgesetzt waren, gelang es, annähernde Gleichgewichtswerte für die Konzz. von Si u. Na in fester Lsg. mit dieser Verb. bei verschied. Tempp. zu bestimmen. Die Si-Gleichgewichtsgehh. wurden bestimmt zu 0,15% bei 600°, 0,04% bei 550°, 0,01% bei 500°. Die entsprechenden Na-Gehh. liegen zwischen 0,0016% u. 0,0005%. Da die Verb. bei höheren Tempp. über 800° stabil ist, konnte eine ähnliche Bestimmungsmeth. angewandt werden, um die Liquidusisothermen der Verb. zu bestimmen. Es wurde nur eine Verb. festgestellt, deren Zus. nicht genau bestimmt werden konnte. Es wird angenommen, daß sie auf der Zus. [$NaAlSi_{1,25}$] oder [$NaAlSi_{1,33}$] aufgebaut ist. Auf Grund der erhaltenen Ergebnisse wird ein vorläufiges Diagramm Al–Si–Na aufgestellt, das ein bin. Eutektikum bei ca. 0,017% Na aufweist. (J. Inst. Metals **78**. 25—46. Sept. 1950. Gerrads Cross, Bucks., British Aluminium Co., Ltd.) GOY. 197

Christopher B. Walker und **André Guinier,** *Die Phänomene der Vorfällung in der Legierung Aluminium–Silber.* Vff. untersuchten röntgenograph. die Entw. der quasiamorphen Zonen in Al–Ag-Legierungen in Abhängigkeit verschied. isothermer, nach dem Abschrecken durchgeführter Wärmebehandlungen. Bei gleichbleibender Temp. ändert sich die Lage des amorphen Ringes prakt. nicht; sein Durchmesser nimmt mit steigender Temp. ab. Um die Hälfte des ursprünglichen Durchmessers zu erhalten, muß man 91 Std. auf 100°, 4 Std. auf 140° oder 10 Std. auf 255° erhitzen. Bei der Verfolgung des Anlassens wurde beobachtet, daß die ringförmige Interferenz durch eine zentrale Diffusionsinterferenz ersetzt wird; nach 100std. Anlaßzeit bei 140° nehmen die Diagramme dieser zentralen Diffusion plötzlich einen anderen Charakter an, u. zwar treten Interferenzstreifen auf, die im reziproken Gitter den Achsen [111] entsprechen. Dieses Stadium entspricht der Ausfällung der γ'-Phase $AlAg_2$. Dieses Stadium ist außerdem charakterisiert durch das Auftreten von Diffusionsphänomenen bei großen Glanzwinkeln. (C. R. hebd. Séances Acad. Sci. **234**. 2379—81. 9/6. 1952.) GOTTFRIED. 197

Riccardo Ferro, *Über die Legierungen des Urans mit Wismut.* 3. Mitt. (1. vgl. C. **1953**. 7488.) Die Verb. UBi_2 (36,29% U) ist tetragonal, isomorph mit UP_2, UAs_2 u. USb_2; a_0 = 4,445 (Å), c_0 = 8,908, c/a = 2,004; Raumgruppe D_{4h}^7; Abstand U—Bi 3,23 u. 3,34 Å; pyknometr. D. 12,36. Vf. gibt eine ausführliche Tabelle der Röntgenunterss. u. einen graph. Vgl. mit anderen Verbb. UX_2. (Atti Accad. naz. Lincei, Rend., Cl. Sci. fisiche, mat. natur. [8] **14**. 89—94. Jan. 1953. Genova, Univ., Ist. di Chim. gen.) R. K. MÜLLER. 197

R. A. Oriani, *Lokale Ordnung in festem Cu_3Au.* Unter Zugrundelegung von Literaturangaben der Röntgenunterss. an Cu_3Au bei Tempp. oberhalb der krit. Temp. der Überstrukturbldg. (500°) u. Aktivitätsdaten an der gleichen Legierung bei 500° berechnete Vf. die %ig. Red. der Anzahl von Au–Au-Bindungen von der, die für vollständig regellose Struktur charakterist. ist. Im ersten Fall erhielt er 43,4%, im zweiten Fall 27,5 bzw. 27,2%. (J. appl. Physics **21**. 1068—69. Okt. 1950. Schenectady, N. Y., General Electric Co., Res. Labor.) GOTTFRIED. 197

E. C. Ellwood und **K. Q. Bagley,** *Die Struktur von Eutektika.* Es wird eine Unters. über die Kristallstruktur der bin. Legierungen *Ag–Cu, Al–Cu, Ag–Al* u. *Fe–Zementit* ausgeführt, von denen jede bei Raumtemp. aus einem zweiphasigen Syst. besteht, in welchem die Phasen gleichzeitig bei höherer Temp. gebildet werden. In dem Falle des eutekt. Syst. wurde bestätigt, daß Orientierungsbeziehungen zwischen diesen beiden Phasen existieren. Diese Beziehungen wurden bestimmt. Es wurde gefunden, daß ein Einkristall des Eutektikums als eine Kombination zweier sich ineinander verflechtender Einkristalle wirkt u. daß die Phasen derart ausgerichtet sind, daß sie die geringste Interferenz an der Kristallgrenzfläche verursachen. Beziehungen wurden ferner zwischen der Richtung des Temperaturgradienten u. den kristallograph. Richtungen in den eutekt. Phasen beobachtet. Der mögliche Einfl. des Kristallgefüges u. der Ähnlichkeit der Atomabstände auf die Löslichkeit im festen Zustande wird erörtert. — Schrifttumsangaben. Diskussion. (J. Inst. Metals **76**. 631—42. 780—83. Febr. 1950. Durham, Univ.) HOCHSTEIN. 197

Gérard Fournet, *Untersuchung der Umwandlungen geordnet-regellos in den Cu–Pt-Legierungen.* In dem Gitter der geordneten Cu–Pt-Legierungen mit rhomboedr. Symmetrie ist jedes Atom von 6 gleichen ersten Atomen u. 6 ersten ungleichen Atomen umgeben. Dieselbe Nachbarschaft tritt auch im regellosen Zustand (kub.-flächenzentrierte Symmetrie) u. bei hoher Temp. bei einer 1—1-Legierung auf, wo jeder Ordnungseinfl. auf kurze Entfernung verschwunden sein sollte. Vf. zeigt, daß sich diese experimentellen Tatsachen unter der Annahme erklären lassen, daß die Differenz $W(r_2)$ der Energien gleicher u. ungleicher Paare relativ zu den zweiten Nachbarn größer ist als $W(r_1)$, entsprechend den ersten Nachbarn. Der Wert des Verhältnisses $W(r_2)$ zu $W(r_1)$ beträgt 1,67. (C. R. hebd. Séances Acad. Sci. **235**. 1377—79. 1/12. 1952.) GOTTFRIED. 197

R. W. K. Honeycombe, *Inhomogenität der Deformation in Metalleinkristallen.* Es wurden röntgenograph. nach der von BERG (Z. Kristallogr., **Mineralog. Petrograph.,** Abt. A **89**. [1934.] 286) entwickelten Meth. die lokalen Orientierungsänderungen in durch Zug deformierten großen Al-Kristallen untersucht. Die Al-Kristalle wurden um 1—10% gedehnt. Auf den Vergrößerungen der röntgenograph. erhaltenen Diagramme war in allen Fällen ein feines Netzwerk von Banden zu erkennen, wobei die Bandenebene gewöhnlich (110) ist, bei den Banden kann es sich demnach nicht um Gleitbanden handeln. Der Abstand der Banden beträgt ca. 0,05 mm, ihre Breite ca. 0,005 mm. Bei genauerer Unters. konnten auch Gleitlinien beobachtet werden. Es besteht offensichtlich eine Verbindung zwischen den feinen Deformationsbanden u. dem auf LAUE-Aufnahmen beobachteten Asterismus von gedehnten Al-Kristallen. Die beobachtete Feinstruktur des Asterismus ist nicht auf Absorptionskanten des Kristalles zurückzuführen. Man muß annehmen, daß als Ergebnis der Deformation der Kristall in kleine Blöcke oder Schichten zerfällt, die sich leicht in ihrer Orientierung unterscheiden u. die den LAUE-Asterismus hervorrufen. — Es wird noch kurz darauf hingewiesen, daß bei *Cd*-Einkristallen, die bis zu 100% gedehnt worden waren, keine Deformationsbanden auftreten. (Proc. physic. Soc., Sect. A **63**. 672—73. 1/6. 1950. Cambridge, Cavendish Labor.) GOTTFRIED. 197

W. Sylwestrowicz und **E. O. Hall,** *Die Deformation und Alterung von weichem Stahl.* Die Deformation von 3 verschied. Stahldrähten (Durchmesser 1 oder ½ mm) wurde bei sehr niedrigen Zuggeschwindigkeiten untersucht. Die zunächst einsetzende Deformation ist bis zur oberen Streckgrenze elast., hierauf fällt die Spannung plötzlich, u. gleichzeitig erscheint quer über den Draht die erste LÜDERS-Bande. Außerhalb der Bande ist das Material undeformiert. Die Banden breiten sich hierauf über den Draht aus bis zur Erreichung der unteren Streckgrenze an dem Punkt, an dem der ganze Draht von Banden bedeckt ist (LÜDERS-Spannung). Von diesem Punkt ab steigt die Spannung wieder scharf an, u. die Deformation wird homogen. Es wurden hierauf die Werte der oberen u. unteren Streckgrenze in Abhängigkeit von der Teilchengröße untersucht, die durch verschied. Wärmebehandlung erhalten worden war. Es ergab sich hierbei, daß sowohl die obere wie die untere Streckgrenze sehr empfindlich gegen Korngrößenveränderungen sind. Die Differenz zwischen beiden Werten nimmt mit zunehmender Korngröße sehr stark ab. Ebenso hat die Zuggeschwindigkeit einen großen Einfl. auf die untere Streckgrenze u. die LÜDERS-Spannung. Beide steigen mit zunehmender Deformationsgeschwindigkeit stark an. Bleibt der Draht nach Erscheinen der LÜDERS-Bande einige Zeit bei Zimmertemp. unbelastet, dann härtet sich das Material in der Bande durch Spannungsalterung, u. es muß eine zusätzliche Zugspannung angewandt werden, bevor sich die Bandenfront weiter ausbreitet. Bei stärkeren Alterungsbedingungen (Wärmebehandlung) ändert sich die ganze Zug–Spannungs-Kurve. Es hat den Anschein, daß die Front der ersten LÜDERS-Bande blockiert ist, so daß sie sich nicht weiter ausbreiten kann. Anstatt dessen entsteht bei weiterer Deformation eine neue, die „zweite" LÜDERS-Bande, welche sich über die alte Bande hinweg ausbreitet. Eine theoret. Diskussion der Beobachtungen führte zu dem Ergebnis, daß die COTTRELLsche Theorie der Streckgrenze nicht anwendbar ist u. daß irgendeine Form der Korngrenzentheorie die Ergebnisse erklären kann. (Proc. physic. Soc., Sect. B **64**. 495—502. 1/6. 1951. Cambridge, Cavendish Labor.) GOTTFRIED. 200

Ulrich Dehlinger und **Herbert Scholl,** *Vergleich zwischen röntgenographisch und ferromagnetisch bestimmten inneren Spannungen.* Bei frei gezogenen Drähten aus reinem *Ni* ergeben sich die Werte der aus der Verbreiterung der Röntgenlinien durch Multiplikation von $\delta\,\alpha/\alpha$ mit E/2 u. aus der reversiblen Remanenzänderung berechneten mittleren Spannungen als gleich, solange die Ausdehnung der kohärenten Bezirke nicht kleiner als 10^{-4} cm ist. Bei höheren Verformungsgraden liegt der magnet. bestimmte Wert unter dem röntgenolog. Wert u. ist vermutlich nicht brauchbar. Die aus der reversiblen Magnetisierungsarbeit berechneten Werte der inneren Spannungen sind nur dann ident. mit den aus der Remanenzänderung gewonnenen, wenn man von der gemessenen Magnetisierungsarbeit die Kristallenergie abzieht. Die Koerzitivkraft ist bis in die Nähe der Reißfestigkeit proportional den röntgenograph. bestimmten Werten der inneren Spannungen. Die durch eine angelegte u. wieder weggenommene Belastung erzeugte Änderung der Remanenz wurde gemessen. Dieser Effekt tritt nur in dem Belastungsbereich zwischen der Streckgrenze der Einzelkristalle u. der des vielkristallinen Materials auf. Die Kurven der nach den eingangs genannten Verff. bestimmten inneren Spannungen ändern sich beim Überschreiten der Streckgrenze nicht. (Z. Metallkunde **44.** 136—38. April 1953. Stuttgart, Max-Planck-Inst. für Metallforschung, u. TH, Inst. für theoret. u. angewandte Physik.) APEL. 200

Takeo Yokobori, *Die Cottrell-Bilby-Theorie des Fließens von Eisen.* Obwohl die Theorie von COTTRELL u. BILBY (vgl. Proc. physic. Soc., Sect. A **62.** [1949.] 49) das Fließen gut erklärt, bestehen nach Ansicht des Vf. Zweideutigkeiten über die Meth. zur Herleitung der Gleichung der Temperatur- u. Verformungsgeschwindigkeitsabhängigkeit, für die Vf. eine neue Gleichung angibt. Auf Grund weiterer Rechnungen kommt Vf. zu dem Ergebnis, daß der log der Streckgrenze proportional der absol. Temp. ist. Die vorliegenden experimentellen Resultate stehen in guter Übereinstimmung mit den vorliegenden theoret. Überlegungen. (Physic. Rev. [2] **88.** 1423. 15/12. 1952. Komaba-machi, Meguro-ku, Tokio, Univ., Inst. of Sci. and Technol.) GOTTFRIED. 200

K. V. Shooter, *Reibungseigenschaften von Wolframcarbid und eingebetteten Carbiden.* Es werden die Reibungseigg. von Wolframcarbid (I) u. von eingebetteten Carbiden (II) bei 0,01 cm/Sek. u. 4 kg Last untersucht. Dabei ist der Reibungskoeff. bei **I**/**I** $\mu = 0{,}3$, also geringer als bei Metallen gegeneinander ($\mu = 0{,}5$—$1{,}5$) u. entspricht dem anderer harter Materialien: Diamant/Diamant ($\mu = 0{,}1$—$0{,}2$), SiC/SiC ($\mu = 0{,}2$), Sapphir/Sapphir ($\mu = 0{,}3$). **II**, z. B. in Co eingebettet, ergibt ein weniger brüchiges Material als **I** u. auch ein niederes μ(**II**/**II** $\mu = 0{,}2$—$0{,}25$) als **I**/**I** oder Co/Co ($\mu = 0{,}3$). Die Erniedrigung beruht zum Teil auf einem dünnen Co-Film, der sich über die ganze Schicht ausbreitet. Während aber **I** auch nach 2000 Schlittenbewegungen in der Prüfung ein unverändertes $\mu = 0{,}3$ zeigt, steigt bei **II** das μ nach einigen hundert Bewegungen plötzlich auf 0,6, bei gleichzeitig merkbarer Zerstörung der Oberfläche durch Herausreißen nicht nur kleiner Teile Carbid, sondern größerer Teile Carbid u. Einbettung. Die Reibungskoeffizienten **I**/Metall (Cu, Cd, Fe, Co) sind mit denen der Metalle gegeneinander vergleichbar. (Research **4.** 136—39. März 1951. Cambridge, Univ., Dep. of Physic. Chem., Res. Labor. on the Phys. and Chem. of Surfaces.) KLEFFNER. 200

Joseph Chatelet und **Robert Cabarat,** *Über die elastischen Eigenschaften des Natriumchlorids.* Vff. bestimmten zunächst mit Hilfe longitudinaler akust. Schwingungen an einer Reihe von **NaCl**-Einkristallen bei gewöhnlicher Temp. die elast. Parameter s_{11} u. $s' = s_{11} - s_{12} - (\frac{1}{2}) s_{44}$ zu $22{,}4 \pm 0{,}2 \cdot 10^{-13}$ cm²/Dyn u. $-11{,}8 \pm 0{,}2 \cdot 10^{-13}$ cm²/Dyn. Gleichzeitig wurde an den gleichen Proben der YOUNGsche Modul in seiner Längsrichtung mittels seiner Eigenfrequenz u. außerdem die innere Reibung, definiert durch das logarithm. Dekrement der Dämpfung der Schwingungen im Vakuum, bestimmt. Schließlich wurde noch der Einfl. von Erhitzen auf die elast. Parameter u. die innere Reibung untersucht. (C. R. hebd. Séances Acad. Sci. **232.** 2111—12. 4/6. 1951.) GOTTFRIED. 200

B. Ramachandra Rao, *Eine neue Ultraschallmethode zur Bestimmung elastischer Konstanten.* Es wird gezeigt, wie die elast. Konstanten eines Kristalls durch Messungen der Übertragungsmaxima im Resonanzbereich bestimmt werden können. (Current Sci. **19.** 148—49. Mai 1950. Waltair, Andhra Univ., Geol. Dep.) FALKENHAGEN. 200

A₇. Gleichgewichte. Kinetik.

G. Schwarzenbach, G. Anderegg und **R. Sallmann,** *Komplexone.* 23. Mitt. *Der Phenolatsauerstoff als Koordinationspartner.* (22. vgl. C. **1953.** 3366.) Es wird über die Acidität u. das Komplexbildungsvermögen solcher Derivv. der Iminodiessigsäure berichtet, die eine phenol. OH-Gruppe tragen: *N-[2-Oxybenzyl]-iminodiessigsäure* (**I**), *1-Oxy-2.6-di-[(N.N-bis-carboxymethyl)-aminomethyl]-4-methylbenzol* (**II**), *1-Oxy-2.6-di-[(N.N-bis-carboxymethyl)-aminomethyl]-4-chlorbenzol* (**III**) u. *1-Oxy-2.6-di-[(N.N-bis-carboxymethyl)-aminomethyl]-4-benzolsulfosäure* (**IV**). Die Verbb. besitzen Betainstruktur. Die Dissoziation der Säuren wird diskutiert, u. die Aciditätskonstanten in 0,1n KCl-Lsg. bei 20°, aufgeschlüsselt nach Werten für die COOH-, phenol. OH- u. $\overset{+}{N}$H-Gruppe, werden bestimmt. **I** besitzt nur ein Carboxylproton (log K = 2,2), **II**—**IV** haben deren zwei. Diese COOH-Gruppen sind wiederum stark acidifiziert durch den in der Nähe sitzenden Ammonium-N, entsprechend pK-Werten von ca. 2. Werden die Protonen der Moll. nach abnehmender Acidität geordnet, so kommt nach den Protonen der COOH-Gruppen das der phenol. OH-Gruppe, das infolge der Möglichkeit zur Ausbildung

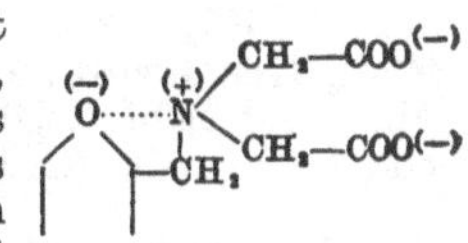

einer H-Brücke (vgl. nebenst. Formel) ebenfalls stark acidifiziert ist. Der pK-Wert des phenol. OH in **I** beträgt 8,2, in **II** 6,6, während bei **III** mit 5,95 u. bei **IV** mit 5,49 noch der Einfl. des in p-Stellung stehenden Substituenten merkbar ist. Als letztes Proton dissoziiert bei **I** das der Immoniumgruppe mit einem pK-Wert von 11,8. Dieser Wert, um mindestens eine Einheit größer als bei anderen Derivv. der Iminodiessigsäure, findet ebenfalls durch die Ausbildung der oben diskutierten H-Brücke seine Deutung. Die Komplexbldg. von **I** mit *Mg^{2+}*, *Ca^{2+}*, *Sr^{2+}* u. *Ba^{2+}*, von **II** mit Mg^{2+} u. Ca^{2+} sowie von **III** u. **IV** mit Ca^{2+} wird untersucht u. diskutiert. Scheinbare pK-Werte bei Ggw. von Erdalkalichlorid u. Bildungskonstanten der Komplexe werden durch Aufnahme von Neutralisationskurven ermittelt u. tabellar. zusammengestellt. Die „Phenolkomplexone" **I**—**IV** stehen in bezug auf die Stabilität ihrer Erdalkalikomplexe zwischen der Nitrilotriessigsäure u. der Äthylendiamintetraessigsäure. Die Komplexe sind sehr säureempfindlich, so daß nur im alkal. Gebiet die Metalle stark gebunden werden. Eine Eigentümlichkeit der Oxyphenylen-bis-methyliminodiessigsäuren ist die Fähigkeit zur Aufnahme zweier Metallionen. Der Phenolatsauerstoff ist in diesen Komplexen ein sehr effektvoller Koordinationspartner.

Versuche: *α.α'-Dibrom-o-kresolcarbonat*, $C_{15}H_{12}O_3Br_2$ (**V**), F. 101—102° (absol. A.), durch Bromierung von geschmolzenem o-Kresolcarbonat bei 145—150°. **I**, $C_{11}H_{13} \cdot O_5N$, aus 20 g **V** in Bzl. durch Zutropfen einer Lsg. von 32,2 g Iminodiessigsäuredimethylester unter Rühren u. 5 Std. auf 70—80° Erwärmen (→ *Dimethylester*, farbloses dickfl. Öl); durch Verseifung von 10 g Ester in wss. A. mit 30%ig. NaOH (1 Std. bei 60—70°), Versetzen mit 31%ig. HCl bis zum p_H 1,5 u. Eindampfen im Vakuum bis zur Trockne, Herauslösen von NaCl mit wenig W., werden 5,7 g **I** erhalten; **I** kann aus W. oder A.–W. umkrist. werden; die wss. Lsg. färbt Kongo blau. **II**, $C_{17}H_{22}O_9N_2$, aus 10,2 g 2.6-Dichlormethyl-p-kresol in Bzl. mit 33 g Iminodiessigsäuredimethylester durch 2std. Erhitzen auf 50—60° (18 g *Dimethylester* als farbloses Öl); Verseifung mit $Ba \cdot (OH)_2$; 16 g; durch MANNICH-Kondensation von 21,6 g p-Kresol, Formalin u. 56,0 g Iminodiessigsäure (**VI**); 79 g. — **III**, $C_{16}H_{19}O_9N_2Cl$, bräunliches Pulver aus A., Zers. 184 bis 186°, aus **VI** in NaOH mit p-Chlorphenol u. Formalin während 5 Std. bei 60—70°. — Na-Salz von **IV**, $C_{16}H_{15}O_{12}N_2SNa_5$, analog aus phenol-p-sulfonsaurem Na, umkrist. aus W.–Äthanol. (Helv. chim. Acta **35**. 1785—93. 15/10. 1952. Zürich, Univ., Chem. Inst., u. Basel, Wiss. Labor. der Ciba-Akt.-Ges.) SPARMANN. 223

Jean-Michel Dunoyer, *Über die theoretischen Variationen der Aktivierungsenergie einer chemischen Reaktion als Funktion der Temperatur.* Die Aktivierungsenergie einer chem. Rk. berechnet man aus der ARRHENIUSschen Gleichung, wobei in vielen Fällen diese Größe von der Temp. abhängig ist. Vf. untersucht wenigstens qualitativ die theoret. Änderungen der Aktivierungsenergie als Funktion der Temp., ausgehend von der Theorie von EYRING u. Mitarbeiter für eine Rk. eines Atoms u. eines zweiatomigen Mol. u. von 2 zweiatomigen Molekülen. Er findet, daß bei diesen einfachen Rkk. die Theorie in guter Übereinstimmung mit der experimentell bestimmten Aktivierungsenergie ist, während man dies bei komplizierten Mol.-Rkk. nicht erwarten kann. (C. R. hebd. Séances Acad. Sci. **230**. 840—42. 27/2. 1950.) JÄGER. 225

J. S. Batzold, C. Luner und **C. A. Winkler**, *Reaktionen in dissoziiertem Peroxyddampf.* Bei elektr. Entladungen in H_2O_2-Dampf bilden sich H_2O_2, H_2O, O_2 u. H_2. Die Mengenverhältnisse hängen von den Versuchsbedingungen ab. Sehr ähnliche Reaktionsprodd. entstehen bei der gleichen Behandlung von H_2O u. bei der Einw. von H-Atomen auf O_2-Moll. in einer Kühlfalle. Bei der Rk. von mol. H_2O_2 mit H-Atomen, dissoziiertem H_2O_2-Dampf oder dissoziiertem H_2O-Dampf in Ggw. oder Abwesenheit von O_2 ist W. das einzige Reaktionsprodukt. Alle diese Rkk. sind Kettenreaktionen. Die Reaktionsmechanismen werden diskutiert. (Canad. J. Chem. **31**. 262—71. März 1953. McGill Univ., Physic. Chem. Labor.) J. MATTNER. 225

M. W. Lister, *Die Zersetzung von unterchloriger Säure.* Vf. maß den Grad des Zerfalls von HOCl in wss. Lsg. in Ggw. von etwas NaOCl. Der Zerfall ist fast unabhängig von der Konz. an NaOCl, aber proportional dem Quadrat der Konz. an HOCl. Es finden folgende Rkk. statt: $2\,HOCl = HCl + HClO_2$ (beide ionisiert); $HOCl + ClO_2^- = Cl^- + HClO_3$ (ionisiert), wobei die 1. Stufe langsamer abläuft. Noch langsamer verläuft die Rk. $HOCl + ClO^- = Cl^- + HClO_2$ (ionisiert). Vf. beschreibt die analyt. Nachweise sämtlicher auftretenden Stoffe (NaOH, Na_2CO_3, NaOCl bzw. HOCl, $NaClO_2$, $NaCl_3O$) u. gibt Werte für vorliegende Gleichgewichte. (Canad. J. Chem. **30**. 879—89. Nov. 1952. Toronto, Can., Univ., Dep. of Chem.) ELCHLEPP. 225

Roland Muxart, *Untersuchungen des Mechanismus von einigen chemischen Reaktionen mit Radioschwefel.* Die Rk. $SO_3HCl + {}^{35}SCl_2$ verläuft bei Zimmertemp. in der Weise, daß $^{35}SOCl_2 + SO_2 + HCl$ gebildet wird. Bei den Systemen $^{35}SO_2/SOCl_2$ u. $SO_2/^{35}SCl_2$ findet kein Austausch von S statt, während bei dem Syst. $SOCl_2/^{35}SCl_2$ ein Austausch erfolgt. Die erstgenannte Rk. erklärt sich demnach durch eine Übertragung von Sauerstoff. (C. R. hebd. Séances Acad. Sci. **231.** 1489—91. 18/12. 1950.) EICHHOFF. 225

U. R. Evans, *Metalloxydation. Eine vereinfachte Behandlung.* Für beobachtete u. gemessene Erscheinungen bei der Bldg. von Oxydschichten auf Metallen werden Erklärungen u. Regeln gegeben: Wandern von Metallionen durch Oxydfilme unter Ausnutzung von Fehlstellen im Oxydgitter u. Ionisieren des adsorbierten O (Beispiele: Cu, Zn, Fe); Bldg. von Hohlräumen u. Rissen; *Cu* in O_2 bei 1000° (parabol. Fortschreiten usw.); Sulfid- u. Jodidschichten; *Al* in Luft bei gewöhnlichen Tempp. (dichte Oxydschichten, Risse, Eloxieren; asymptot. Verlauf); Einfl. der äußeren u. inneren Grenzflächen-Rkk.; Verbrennen von Metallen; Beschleunigen durch Mo u. S; Verzögern durch Legieren (Cu mit Al; Bldg. eines reinen Al_2O_3-Films auf Cu). — 53 Literaturangaben. (Research **6.** 130—37. April 1953. Cambridge, Univ.) BLUMRICH. 225

Lawrence J. Heidt, *Nichtbiologische Photosynthese.* Die Zers. von H_2O durch Licht, das von im H_2O gelösten Metallionen absorbiert wird, verläuft im Fall der Verwendung von Ce^{3+} u. Ce^{4+} in folgenden Einzelschritten: $2\,Ce^{4+} + H_2O$ + Licht = $2Ce^{3+} + \frac{1}{2}O_2 + 2H^+$ (1), $2Ce^{3+} + 2H_2O$ + Licht = $2Ce^{4+} + H_2 + 2OH^-$ (2), $_1Ce^{4+} + {}_2Ce^{3+}$ + Licht = $_1Ce^{3+} + {}_2Ce^{4+}$ (3) u. $2H^+ + 2OH^- = 2H_2O$ (4). Die Summe dieser Einzel-Rkk. ist $2Ce^{4+} + 2Ce^{3+} + H_2O$ + Licht = $2\,Ce^{3+} + 2Ce^{4+} + H_2 + \frac{1}{2}O_2$ (5). Der Verlust von Ce^{4+}-Ionen durch Rk. (1) wird, wenn Ce^{3+} vorhanden ist, durch Rk. (2) gedeckt. Daß bei der Rk. (2) H_2 gebildet wird, beweist Vf., indem er mit diesem heißes CuO reduziert. Die Quantenausbeuten betragen **36%** für Rk. (1) u. 0,1% für Rk. (2). Vf. vermutet, daß die Ausbeute der durch (5) gegebenen Photo-Rk. am größten ist, wenn das Verhältnis Ce^{3+}/Ce^{4+} groß u. die Säurekonz. <1 Mol/Liter ist. (Proc. Amer. Acad. Arts Sci. **79.** 228—35. Juli 1951.) WOELK. 226

A. Couper und **D. D. Eley,** *Die Parawasserstoffumwandlung an Palladium–Gold-Legierungen.* 1. **Mitt.** ***über die elektronische Grundlage der katalytischen Aktivität.*** Die Unterss. werden an Drähten aus Pd–Au-Legierungen von ca. 0,1 mm **Durchmesser** durchgeführt, die zuvor durch eine elektr. Entladung bei 0,1 mm H_2-Druck von O u. anschließend durch Ausgasen im Vakuum bei **700—900° absol.** von gelösten H-Atomen befreit werden. Die kinet. Messungen werden über möglichst weite Temperaturbereiche **ausgedehnt** (je nach Aktivität der Legierungen z. B. zwischen 150 u. 330, 200 u. 400, 400 u. 800, 370 u. 1000° absol.). Die Katalysatoren zerfallen hinsichtlich der Aktivierungsenergie E in 2 Gruppen: An reinem Pd u. Pd-reichen Legierungen wird ein E-Wert von ca. 3,5 kcal/Mol gefunden, der zwischen 60 u. 70 At.-% Au in der Legierung plötzlich auf einen Wert 8,5 der Au-reichen Legierungen u. schließlich unterhalb von 10% Pd in einer weiteren Stufe auf den Wert 17,5 des reinen Au ansteigt. Messungen der paramagnet. Susceptibilität zeigen, daß die 1. Stufe der vollständigen Auffüllung des d-Bandes mit Elektronen entspricht. Freie d-Elektronenplätze sind danach für die Tieftemperaturkatalyse der para-H_2-Umwandlung wesentlich; es wird angenommen, daß sie die chemisorbierten H-Atome binden. Der Frequenzfaktor der Umwandlung wird unter Zugrundelegung eines Austauschmechanismus M—H + para-H_2 → $\underset{M}{H\cdot\cdot H\cdot\cdot H}$ → ortho-H_2 + H—M berechnet, wobei der H_3-Komplex durch Eintritt eines H_2-Mol. aus der VAN DER WAALS-Schicht gebildet wird (zu dieser Berechnung vgl. ELEY, C. **1949.** I. 1199). Es besteht befriedigende Übereinstimmung zwischen den so berechneten u. den gefundenen Werten des Frequenzfaktors (allerdings gibt eine Rechnung ähnliche Werte auch für den BONHOEFFER-FARKAS-Mechanismus 2MH ⇌ 2M + H_2, der möglicherweise nach Auffüllen des d-Bandes einsetzt). Ster. Betrachtungen zeigen, daß ein H_3–M-Komplex leicht an einem Gitterplatz der (110)-Ebene, dagegen nicht an einem solchen der (100)-Ebene des Pd gebildet werden kann. Es wird angenommen, daß der aktivierte H_3-Komplex durch eine d-Bindung u. eine metall. Hybridbindung ($d^{2,56}sp^{2,22}$) an einen Gitterplatz gebunden wird. Das d-Band des Pd kann auch durch Elektronen von gelösten H-Atomen aufgefüllt werden, die ein ähnliches Anwachsen von E bewirken wie die Lsg. von Au. Bereits eine sehr kleine, durch elektr. Entladung in H_2-Atmosphäre erzeugte Menge von H-Atomen im reinen Pd erhöht E auf 6,5 kcal, die Lsg. von 8 At.-% H sogar auf 11 kcal. In letzterem Falle ist die Wrkg. also bereits größer als diejenige von 60 At.-% Au, was vielleicht auf eine gewisse Anreicherung der H-Atome in den oberflächennahen Schichten des Drahtes zurückzuführen ist. Durch diese Wrkg. der H-Atome können auch früher unverständliche Beobachtungen über die Wrkg. von gelöstem Wasserstoff als Katalysatorgift u.

über die Aktivierung von Hydrierkatalysatoren durch Oxydation, die in der Literatur zu finden sind, erklärt werden. (Discuss. Faraday Soc. Nr. **8.** 172—84. **1950.** Bristol, Univ., Chem. Dep.) REITZ. 227

J. Zawadzki, *Der Mechanismus der Ammoniakoxydation und gewisser analoger Reaktionen.* Für die Oxydation von NH_3 an *Pt* u. an oxyd. Katalysatoren stellt Vf. das folgende Schema (Imidtheorie) auf: (1) $NH_3 + O = NH + H_2O$; zu NO führende Rkk. (2) $NH + O_2 = HNO_2$, (2a) $HNO_2 = NO + OH$, (2a') $2OH = H_2O + O$ oder (2b) $2HNO_2 = NO + NO_2 + H_2O$; zu N_2O führende Rkk. (3) $NH + O = HNO$, (3a) $2HNO = N_2O + H_2O$; zu N_2 führende Rkk. (4a) $2NH = N_2 + H_2$, (4b) $NH + NH_3 = N_2H_4$, mit anschließendem Zerfall; (5) $NH + HNO = N_2 + H_2O$; (6) $NH_3 + HNO_2 = N_2 + 2H_2O$ (Zerfall von NH_4NO_2); (7) $2NO = N_2 + O_2$; (8) $2N_2O = 2N_2 + O_2$, oder auch Rkk. zwischen NH_3 u. NO_2. Alle diese Rkk. verlaufen an der Katalysatoroberfläche; in der Gasphase findet wahrscheinlich nur die Rk. von NH_3 mit NO_2 statt. Die Regeneration des atomaren O (Rk. 2a') liefert bestenfalls die Hälfte des für die Rk. 1 erforderlichen O; der Rest muß durch Dissoziation von O_2 an Pt geliefert werden. Mit Hilfe der Imidtheorie kann das bekannte Tatsachenmaterial über die NH_3-Oxydation einfacher erklärt werden als mit Hilfe der BODENSTEINschen Hydroxylamintheorie; darüber hinaus ist die Erklärung in besserem Einklang mit Energieberechnungen. Während im BODENSTEINschen Schema die Oxydation mit der endothermen Rk. $NH_{3\,ads.} + O_{ads.} = NH_2OH_{ads.}$ beginnt, durch welche nicht erklärt werden kann, daß prakt. jeder Stoß von NH_3-Moll. auf die Katalysatoroberfläche wirksam ist, sprechen die folgenden Tatsachen zugunsten der Imidtheorie: 1. ein instabiles NH kann in verschied. Rkk., an denen N_2 u. H_2 oder N—H-Verbb. teilnehmen, mit Hilfe seines charakterist. Spektr. nachgewiesen werden; 2. Hydrazin ist unter den Prodd. verschied. Rkk., an denen NH_3 teilnimmt, nachgewiesen worden; es entsteht wahrscheinlich durch die Rk. $NH_3 + NH = N_2H_4$; 3. in $NH_3 - O_2$-Flammen mit NH_3-Überschuß sowie bei der entsprechenden Rk. an *Cu* werden N_2 u. H_2 im Verhältnis 1:1 gefunden; in den gleichen Flammen sowie bei der Rk. an *Ni–NaOH*-Katalysatoren entsteht auch N_2H_4. Die Imidbildungs-Rk. in obigem Schema kann als stark exotherm angenommen werden, wenn man als Prod. nicht gasförmiges, sondern am Pt adsorbiertes NH annimmt. Auch die Wärmetönungen der übrigen Rkk. des Schemas können teilweise wegen des Fehlens der thermodynam. Daten nur geschätzt werden; eine solche Schätzung ergibt jedoch, daß alle Rkk. exotherm oder nur schwach endotherm sind, so daß die Annahme niedriger Aktivierungsenergien aller beteiligten Elementarprozesse gerechtfertigt erscheint. — Es werden die Ergebnisse von Oxydationsverss. mit den Gasmischungen 10% NH_3 + 90% Luft sowie 12% NH_3 + 29% O_2 + 59% N_2 an Pt-Drahtnetz bei Tempp. von 350—560° u. variierter Strömungsgeschwindigkeit mitgeteilt. Ferner wird über Verss. von WINNICKI mit 10% NH_3 + 90% O_2 u. 10% NH_3 + 90% Luft an einem *CuO–MnO_2*-Katalysator (35:65) bzw. an *Fe_2O_3–Bi_2O_3–MnO_2* (79,5:11,5:7,2) bei 180—420° (vgl. WINNICKI, Roczniki Chem. [**Ann. Soc. chim. Polonorum**] **23.** [1949.] 388) sowie Verss. von KEPINSKI u. WITCZYNSKI mit der letztgenannten Gasmischung an Bi_2O_3, an CuO–MnO_2–*$CaCO_3$* (45:45:10) u. an Pt bei Tempp. zwischen 230 u. 560° berichtet. In allen Fällen wird N_2O unter den Prodd. gefunden. Die Ergebnisse dieser Verss., bes. die Änderung der N_2O-Ausbeute mit den Versuchsbedingungen u. Katalysatoren, werden an Hand des angegebenen Schemas gedeutet. Auch die HCN-Oxydation u. die Red. von NO durch überschüssiges H_2 können durch die Annahme von NH als Zwischenprod. erklärt werden. Die Temperaturabhängigkeit der NH_3-Oxydation an Pt u. an oxyd. Katalysatoren wird diskutiert. (Discuss. Faraday Soc. **Nr. 8.** 140—52. **1950.** Warschau, Inst. of Technol., Labor. of Inorgan. Technol.) REITZ. 227

Émile Pernoux, *Verwendung des Elektronenmikroskops bei der Untersuchung von Katalysatorträgern.* Elektronenmkr. wurden mehrere, verschied. vorbehandelte *Kieselgur* (**I**)-Proben untersucht. Die erste Probe bestand aus **I**, die durch Schütteln in W. dispergiert war; ein Tropfen der Suspension wurde auf einen Kollodiumfilm gebracht u. untersucht. Festgestellt wurden gleichmäßig verteilte Poren, deren Dimensionen zwischen 0,3 u. 0,05 μ schwankten. Zur Unters. der zweiten Probe wurde **I** zuerst mit HNO_3 u. hierauf mit HCl bis zur Trockne erhitzt. In dieser Probe waren die kleinen Poren vollkommen verschwunden, während die größeren Poren teilweise durch eine flockig aussehende Substanz verdeckt waren, bei der es sich wahrscheinlich um Kieselsäuregel handelt. Um dies sicherzustellen, wurde in der dritten Probe die mit Säure behandelte Substanz der Einw. von 5%ig. Na_2CO_3-Lsg. ausgesetzt. Im Elektronenmikroskop sind nun die bisher verschwundenen oder teilweise verdeckten Proben wieder vollkommen klar sichtbar; hiermit ist die Annahme, daß es sich bei der flockigen Substanz um Kieselsäuregel handelt, bewiesen. Die vierte Probe schließlich war ein Präp. von I, das nur mit 5%ig. Na_2CO_3-Lsg. behandelt worden war. Das elektronenmkr. Bild unterschied sich nicht von dem der ersten Probe. (J. Chim. physique Physico-Chim. biol. **47.** 233. März/April 1950. Lyon, Univ., Labor. d'Optique Électronique.) GOTTFRIED. 227

B. Anorganische Chemie.

P. M. Heertjes und **L. J. Revallier,** *Einige Eigenschaften von aus Salpetersäure und Schwefeltrioxyd bestehenden Nitriersäuren.* Nach der F.-Kurve der Mischungen von HNO_3 u. SO_3 (neben wenig W. u. N_2O_3) u. der Isolierung entsprechender Kristalle wurde die Existenz von $2SO_3 \cdot HNO_3$ (Rhomben; nach dem RAMAN-Spektr. NO_3^+ u. $HS_2O_7^-$ enthaltend) bestätigt u. die von $5SO_3 \cdot 3HNO_3$ (Nadeln) wahrscheinlich gemacht. Ferner wurden Blättchen nicht genau bekannter Zus. aus Gemischen mit nur 40 bis 45 Mol-% SO_3, unreine, N_2O_5 enthaltende Kristalle u. (bei hohem SO_3-Geh.) eine zweite, aus SO_3 bestehende fl. Phase beobachtet. (Research **3.** 286—88. Juni 1950. Delft, Techn. Hoogeschool, Labor. voor chem. Technol.) BLUMRICH. 253

W. D. English und **J. W. Dale,** *Ditellurdekafluorid.* Das in den meisten seiner Eigg. dem S_2F_{10} ähnliche **Ditellurdekafluorid,** Te_2F_{10}, entsteht durch direkte Fluorierung von mit CaF_2 gemischtem Te in ca. 20%ig. Ausbeute. Man leitet F_2 (16 g/Std.) über ein 2 Tage bei 110° getrocknetes Gemisch aus 100 g Te- u. 450 g CaF_2-Pulver im Cu-Rohr u. kondensiert die Prodd. in mit fl. Luft gekühlten Pyrexglasfallen. Die Dest. ergibt 117 g (62%) TeF_6, 25 g (19%) Te_2F_{10} u. 0,5 cm³ eines nicht identifizierten gelben Öles vom $Kp._{480}$ 92°. Wenn das Te mit NaF gemischt wird, entsteht kein Te_2F_{10}. — Te_2F_{10} ist eine schwere, farblose, leicht flüchtige Fl., $Kp._{748}$ 53°, F. —34 bis —33°; $D.^{25}_{25}$ 2,88; n_D^{20} 1,298; Mol.-Refr. $_D$ 28,7; Dampfdruckgleichung zwischen —33 u. 54°: $\log p(mm) = -2063/T + 9{,}20$; Verdampfungswärme 9440 cal/Mol; TROUTONsche Konstante 28,8 cal·Mol^{-1}·$Grad^{-1}$. Es ist mehrere Monate unzers. haltbar, greift aber Glas langsam an, löst fluorierte Schmiermittel auf, färbt Aceton braun u. macht aus KJ-Lsg. in Aceton J_2 frei. Von W. oder 20%ig. NaOH wird es in 18 Std. nicht angegriffen. Mit Na reagiert es langsam, mit K heftig unter kleinen Explosionen. (J. chem. Soc. [London] **1953.** 2498—99. Aug. Ottawa, Can., Defence Res. Chem. Labors.) FORCHE. 255

Hans Kautsky und **Lieselotte Haase,** *Darstellung einer neuartigen, besonders reaktionsfähigen Form des Siliciums.* Elementares Si in Form freier Sechsringnetze wurde durch Umsetzung von $CaSi_2$ mit $SbCl_3$ in o-Dichlorbenzol unter 8std. Erwärmen auf 160° bei Ausschluß von Wasserdampf u. O_2 erhalten. Es ist ein feinblättriges Si von dunkelbrauner Farbe, das an der Luft farblos wird. Gegen O_2, Cl_2, 40%ig. HF, konz. HNO_3, heißen A. u. W. ist es äußerst empfindlich. Durch Erwärmen kann diese Si-Modifikation in die n., dreidimensionale Struktur übergeführt werden. Längere Einw. von $SbCl_3$ auf $CaSi_2$ bei höheren Tempp. u. Konzz. führt zur Bldg. von $SiCl_n$ ($0 \leqq n \leqq 4$). Durch Umsetzung von $CaSi_2$ mit $SbCl_3$ in alkoh. Lsg. erhält man bereits bei 80° Substanzen der Zus. $Si(OR, Cl)_n$. Beide Verbindungstypen bestehen aus Si-Netzen analog denen des elementaren Si, nur sind sie teilweise mit Cl bzw. Cl u. OR substituiert. Die dunkelbraune Farbe des Si verändert sich mit zunehmender Chlorierung nach reinem Gelb. (Z. Naturforsch. **8b.** 45—46. Jan. 1953. Marburg, Univ., Inst. für Siliciumchemie.) M. SCHENK. 261

Erich Thilo, *Strukturchemische Untersuchungen von Silicaten.* Inhaltsgleich mit der C. **1951.** II. 3563 referierten Arbeit. (Silikattechnik **2.** 357—62. Dez. 1951. Berlin, Humboldt-Univ., I. Chem. Inst.) HENTSCHEL. 261

F. O. Wienert, *Feste Lösungen in Kalium–Natrium–Magnesium–Chlorid–Sulfat–Wasser-Systemen.* Vf. untersucht die Mutterlauge u. Ndd. von K_2Cl_2, Na_2SO_4, $MgSO_4$, Na_2Cl_2 u. H_2O enthaltenden Mehrstoffsystemen. Die Zus. der Mutterlauge weicht dabei oft von den theoret. Werten nach VAN'T HOFF, JAENECKE, D'ANS u. anderen Autoren ab. Vf. erklärt an Hand zahlreicher Beispiele die Tatsachen durch die Annahme, daß Na_2SO_4, K_2SO_4 u. *Glaserit* feste Lsgg. mit $MgSO_4$ bilden, auch wenn die Mutterlauge weit entfernt von der Sättigung mit $MgSO_4$-haltigen Phasen ist. Vf. gibt einen ausführlichen Überblick über diese Probleme, die auch die Bldg. kleiner Kristalle einschließen. (Roy. Austral. chem. Inst. J. Proc. **17.** 197—204. Mai 1950.) CRAMER. 282

Louis Blanchin, Boris Imelik und **Marcel Prettre,** *Änderungen der Textur und Struktur des Hydrargillits im Verlauf seiner Entwässerung.* Thermogravimetr. wurde die Entwässerung von **Hydrargillit** bei sehr langsamen Temperaturanstiegen untersucht. Hierbei wurde vor endgültiger Entwässerung eine Zwischenphase beobachtet, die über ein Temperaturintervall von ca. 100° vorhanden war u. die angenäherte Zus. $2Al_2O_3 \cdot H_2O$ besaß. Röntgenaufnahmen ergaben, daß es sich nur um eine Phase, u. zwar um *Böhmit,* handelte. — Messungen der spezif. Oberfläche durch Adsorption von N_2 bei —195°

u. Unters. der Porosität durch Dichtemessungen in He u. Hg zeigten für den obigen Bereich der Zwischenphase auch eine deutliche Strukturänderung an. (C. R. hebd. Séances Acad. Sci. **233.** 1029—31. 29/10. 1951.) GOTTFRIED. 294

Louis Blanchin, Boris Imelik und **Marcel Prettre,** *Röntgenographische Untersuchung der Entwässerungsprodukte eines kristallisierten Hydrargillits.* Bei früheren Entwässerungsverss. an **Hydrargillit** hatten Vff. (vgl. vorst. Ref.) ein Zwischenprod. der ungefähren Zus. $2\,Al_2O_3 \cdot H_2O$ erhalten, das röntgenograph. als *Böhmit* identifiziert werden konnte. Eine erneute Unters. dieses Zwischenprod. mittels Elektronenbeugung u. Röntgenkleinwinkelaufnahmen ergab jedoch, daß neben dem Böhmit eine begrenzte Menge wasserfreier Tonerde vorhanden ist, die wahrscheinlich in den Oberflächenschichten der Böhmitkristalle lokalisiert ist. Mittels der Kleinwinkelaufnahmen konnten Böhmitkriställchen mit Teilchengrößen $< 0{,}1\ \mu$ festgestellt werden. Bei der weiteren **Entwässerung** traten zunächst zwei wasserfreie Tonerden, u. zwar η- u. $\varkappa'$-Al_2O_3, **auf.** Bei noch weitergehender Entwässerung erscheint vor Auftreten des α-Al_2O_3 die ϑ-Phase des Al_2O_3. (C. R. hebd. Séances Acad. Sci. **236.** 1025—28. 9/3. 1953.) GOTTFRIED. 294

Mortéza Rassa, *Thermische Zersetzung des Thallium(I)-carbonats.* Erhitzt man Tl_2CO_3 (F. 273°) im Vakuum bei langsam ansteigenden Tempp. u. fortlaufender photograph. Registrierung der CO_2-Drucke, dann beobachtet man die ersten schwachen Zersetzungserscheinungen zwischen 230—240°, aber erst oberhalb 300° beginnt der CO_2-Druck deutlich zu steigen. Bei langsamem Abkühlen fällt der Druck zunächst schnell, bleibt jedoch stets höher als der bei ansteigenden Tempp. beobachtete Druck; unterhalb 300° ist eine Reabsorption des CO_2 kaum noch merkbar. Erhitzt man die gleiche Probe nach erneuter Anlegung des Vakuums, so sind die Drucke stets niedriger als bei der ersten Erhitzung, woraus hervorgeht, daß das Ausgangsgemisch aus Tl_2CO_3 u. Tl_2O bestand. Die Reabsorption beim Abkühlen ist unvollkommen. Bei einem dritten Erhitzen blieben die Drucke noch weiter zurück, das Verhältnis Tl_2O/Tl_2CO_3 ist demnach größer geworden. (C. R. hebd. Séances Acad. Sci. **236.** 1673—75. 27/4. 1953.) GOTTFRIED. 297

Teruichiro Kubo und **Kiichi Shinriki,** *Reaktionen von $BaCO_3$ mit TiO_2 im festen Zustand.* 3. Mitt. *Über den Verlauf der Reaktion.* Im Syst. **$BaCO_3$–TiO_2** in fester Phase bildet sich wie im Syst. BaO–TiO_2 ungeachtet verschied. Mischungsverhältnisse zuerst *$BaO \cdot TiO_2$* (I), ferner bei Überschuß von $BaCO_3$ oder TiO_2 nur *$2\,BaO \cdot TiO_2$* (II), dann über das Zwischenprod. $2\,BaO \cdot 3\,TiO_2$ die Verb. *$BaO \cdot 3\,TiO_2$*. I bildet sich leicht oberhalb 700°, II oberhalb 900°. Bei dieser Temp. sind die Bedingungen von denen im Syst. BaO–TiO_2 verschieden. Die Gründe für die Aufeinanderfolge der Rkk. werden erörtert. (J. chem. Soc. Japan, ind. Chem. Sect. [Kōgyō Kagaku Zassi] **55.** 49—51. Febr. 1952. Tokyo, TH. [Orig.: japan.]) SCHULER. 321

E. L. Zebroski, H. W. Alter und **F. K. Heumann,** *Chlorid-, Fluorid-, Nitrat-, Phosphat- und Sulfatkomplexe des Thoriums.* Nach der Meth. von CONNICK u. Mitarbeitern (vgl. C. **1950.** II. 627 u. früher) untersuchten Vff. die Abhängigkeit der Verteilung von radioakt. Th(IV)-Ionen zwischen einer wss. Phase mit konstanter Ionenstärke ($HClO_4$) bei Hinzufügung von Salzen u. einer Lsg. von *Thenoyltrifluoraceton* (I) in Bzl. als andere Phase. Es wird die Abhängigkeit des Thoriumextraktionsgleichgewichtes von der I-Aktivität u. der H-Ionenaktivität unter der Voraussetzung, daß das Th^{4+} als einfach hydratisiertes 4wertiges Ion in $HClO_4$-Lsgg. bei Konzz. um 0,08 Mol/Liter vorliegt, gezeigt. Vff. bestimmten die Bildungskonstanten verschied. Komplexe des Th(IV)-Ions mit Fluorid, Chlorid, Nitrat, Sulfat u. Phosphat. (J. Amer. chem. Soc. **73.** 5646—50. Dez. 1951. Schenectady, N. Y., General Electric Co.) PLUST. 324

K. H. Gustavson, *Der Ersatz von Sulfatgruppen in Chromkomplexen durch die funktionellen Gruppen von Kationenaustauschern.* (Vgl. C. **1952.** 2114.) Vf. untersuchte *$Cr_2(OH)_2(SO_4)_2$*-Lsgg., die das gesamte Cr in der Kationenform enthielten, mit Hilfe von Sulfon- u. Carboxylaustauschern (*Dowex 50* u. *Amberlite IRC 50*) sowie durch Austausch der ionogenen Sulfatgruppen durch Anionenaustausch. Es resultiert eine Lsg., die 1 SO_4-Gruppe auf 2 Cr-Atome enthält. Dem in dieser Lsg. vorliegenden Komplex kommt nach Ansicht des Vf. eine Strukturformel des Typs (Cr—O—Cr—SO_4—
$SO_4/2$
Cr—O—Cr)$^{4+}$ zu. Die die Brücke bildende SO_4-Gruppe widersteht zwar dem Angriff
$SO_4/2$
durch die Sulfongruppe des Dowex 50, durch eine Carboxylgruppe dagegen wird diese Brücke gebrochen. Die Sulfatbindung existiert also in 2 Zuständen: der Brückenform sowie einer weniger stabilen Form, bei der das Sulfat an 1 Cr-Atom gebunden ist. (Svensk kem. Tidskr. **63.** 167—76. 1951. Stockholm, Garverinäringens Forskningsinst.) WOELK. 335

Félix Bertaut und **Pierre Blum**, *Struktur des Kobaltdisilicids.* Bei der Unters. des Syst. Co–Si durch elektrolyt. Silicierung von Co-Oberflächen fanden Vff. neben den bereits bekannten Phasen Co_2Si u. CoSi als neue Phase *$CoSi_2$*, die röntgenograph. untersucht wurde. Pulverdiagramme ergaben kub. Symmetrie u. CaF_2-Typ mit a = 5,365 Å. (C. R. hebd. Séances Acad. Sci. **231.** 626–28. 25/9. 1950.) GOTTFRIED. 355

C. Mineralogische und geologische Chemie.

Heinz Meixner, *Die Starksche Methode zur Bestimmung des optischen Zonencharakters an keilrandigen Kristallen mittels Berek-Kompensator.* Vf. macht auf die wenig bekannte STARKsche Meth. zur opt. Unters. von Pulverpräpp., bes. von gerade noch durchsichtigen Erzsplittern, aufmerksam. Es wird die Bewegungsrichtung der NEWTONschen Streifen im Keilrand bei Betätigung des BEREK-Kompensators oder eines Quarzkeils beobachtet. Die Meth. eignet sich bes. in Fällen merklicher Absorption, großer Dicke oder hoher Doppelbrechung. (Schweiz. mineralog. petrogr. Mitt. **32.** 348–50. 1952. Knappenberg, Kärnten, Lagerstättenunters. der Österr. Alpine Montan Ges.) GOTTFRIED. 372

Mosè Balconi, *Über eine neue Methode der Berechnung von Gesteinsanalysen und einige bemerkenswerte Folgerungen.* Vf. erläutert die Meth. von KÖHLER u. RAAZ (C. **1952.** 4983) zur Berechnung von Gesteinsanalysen auf Grund der Anreicherung an SiO_2 durch Aneinanderkettung von SiO_4^{4-}-Gruppen, wobei zwischen tetraedr. u. „extratetraedr." („bindendem") Si unterschieden wird. Die Berechnung wird für eine Probe von *Monzonit* durchgeführt, wobei die quantitative mineralog. Zus. auf Grund der „SiO_2-Anreicherungszahlen" errechnet wird. Vf. weist darauf hin, daß ein ähnliches „äquivalentes" Verf. auch befolgt wird, wenn, wie üblich, bei der Darst. der alkal. Feldspäte nur die Alkalimetalle berücksichtigt werden unter Vernachlässigung des Al^{IV}. Zu prüfen ist, ob bei den tetraedr. Gruppierungen der Silicatstrukturen Gruppen mit „reiner" Koordination u. solche SiO_4^{4-}-Gruppen zu unterscheiden sind, die auch in geschmolzenem Zustand als solche erhalten bleiben, wie die auch im fl. Zustand beständigen Anionen PO_4^{3-} u. SO_4^{2-}. (Atti Accad. naz. Lincei, Rend., Cl. Sci. fisiche, mat. natur. [8] **14.** 130–38. Jan. 1953. Wien, Inst. für Mineral., u. Pavia, Univ., Ist. di Mineral.) R. K. MÜLLER. 372

N. N. Marotschkin und **I. I. Schafranowski**, *Kristallographie der Fehlstellen von synthetischem Rubin.* Die Oberfläche der Fehlstellen des künstlichen Rubins ist von einer großen Zahl kleinster Kristallflächen bedeckt, so daß die Gesamtoberfläche des Rubins matt erscheint. Aus den Lichtsignalen für die Fälle, daß die Verlängerungsachse des Kristalls sich mit der tern. Symmetrieachse deckt oder mit ihr den Winkel 60–70° bildet, ergibt sich, daß die ausgeprägtesten Flächenkombinationen {0 0 0 1}, {1 1 2 0}, {2 2 4 3}, {1 0 1 1} genau den von NIGGLI für die natürlichen Kristalle statist. errechneten Hauptformen entsprechen. (Записки Всесоюзного Минералогического Общества [Schr. Allunions mineralog. Ges.] [2] **82.** 60–62. 1953.) LEBTAG. 372

F. K. Schipulin, *Über die Bedeutung von gas-flüssigen Einschlüssen für die Deutung des Intrusionsprozesses.* Bei der mkr. Unters. der Gesteine aus den Granitmassiven des unteren Tertiär in Fernost ergaben sich einige Besonderheiten in der Struktur der gas–fl. Einschlüsse im Quarz u. anderen Mineralien des Granitoidmassivs, die eine Beurteilung des Intrusionsvorganges ermöglichen. Danach erfolgte die Intrusion im Magma unter dem bestimmenden Einfl. der flüchtigen Phase. Die ursprünglich im Magma gelöste u. zu einem bestimmten Zeitpunkt der allmählichen Abkühlung ausgeschiedene flüchtige Phase reagierte mit der restlichen Magmaschmelze. (Доклады Академии Наук СССР [Ber. Akad. Wiss. UdSSR] [N. S.] **89.** 159–62. 1/3. 1953. Geol. Inst. der Akad. der Wiss. der UdSSR, u. Komarow, Fernost-Zweigstelle der Akad. der Wiss. der UdSSR.) LEBTAG. 378

H. A. Brouwer und **C. G. Egeler**, *Über den glaukophanitischen Metamorphismus in den Glanzschiefern von Korsika.* Geolog. Abhandlung. (Proc., Kon. nederl. Akad. Wetensch., Ser. B **54.** 130–39. März/April 1951. Amsterdam, Inst. de Géologie.) GOTTFRIED. 378

Francis J. Turner, *Natur und dynamische Interpretation von Deformationslamellen im Calcit dreier Marmore.* Vf. untersucht die Gefügeregelung in drei kristallinen Marmoren (gebänderter Marmor, Moray Firth, Schottland; Yule-Marmor, Col.; gefalteter Marmor, Sonora, Calif.), die nicht postkristallin verändert sind. In erster Linie wurden Zwillingslamellen nach (0 1 $\bar{1}$ 2) eingemessen. Die beschränkte Regelung der Körner, die sich auch auf die c-Achsen u. nicht von Verzwilligung herrührende Lamellen nach (0 1 $\bar{1}$ 2) erstreckt, kann durch Heranziehung experimenteller Ergebnisse gedeutet werden. Es wird angenommen, daß die Regelung der c-Achsen während der Hauptphase der Metamorphose geschieht, während die Zwillingslamellen in einer sehr späten Phase der beginnenden Deformation gebildet werden. (Amer. J. Sci. **251.** 276—98. April 1953. Berkeley, Calif., Univ., Dep. of geol. Sci.) HILLER. 380

G. Canning Barnard, *Diatomit und seine Gewinnung in der Kenya-Kolonie.* Die Eigg. des Diatomits u. seine Gewinnung im Steinbruchbetrieb in Kariandus, Kenya, werden beschrieben. (Mining Mag. **82.** 271—74. Mai 1950.) ENSSLIN. 380

J. Orcel und **A. Sandréa,** *Über einige Epidot- und Chlorit-Syenitgesteine von Korsika.* Auf Grund der chem. u. mineralog. Unterss. werden die Gesteine von Santa Lucia di Tallano in die Gruppe der *Episyenite* u. die von Matoni u. Roccaserra in die Gruppe der *Helsinkite* eingereiht. Ob die letzteren direkt magmat. Bildungen darstellen oder ob sie in der pneumatolyt. oder hydrothermalen Phase entstanden sind, konnte nicht entschieden werden. (Bull. Soc. franç. Minéralog. Cristallogr. **75.** 569—79. Okt./Dez. 1952. Paris, Labor. de Minéralog. du Muséum.) ENSSLIN. 380

G. W. Brindley und **R. F. Youell,** *Ferrochamosit und Ferrichamosit.* Bei Unters. der sedimentären Eisenerzlager von Frodingham u. Northampton wurde durch Erhitzen in Luft bei 400° aus dem Ferrochamosit Ferrichamosit hergestellt. Die Oxydation ist von teilweiser Dehydratisierung begleitet. Dabei werden die äußeren Hydroxydschichten des Kaolinitgitters zu Oxydschichten, während die inneren bis zu 450—500° erhalten bleiben. Die Röntgendiagramme beider Formen sind prinzipiell gleich, zeigen aber andere Intensitäten der Reflexe. Außerdem tritt eine Kontraktion der Gitterdimensionen ein: Ferrochamosit a = 5,404, b = 9,360, c = 7,100 kX, Ferrichamosit a = 5,244, b = 9,080, c = 7,048 kX. Bei 460° gelingt in H_2/H_2O-Atmorphäre die Red. des Ferri- zum Ferrochamosit. Die Oxydation ist begleitet von einem charakterist. Farbwechsel von Grün zu Braun. Bei höheren Tempp. bis 1100° entstehen je nach den Erhitzungsbedingungen *Ferroaluminat, Spinell, Hämatit* u. *Cristobalit.* (Mineralog. Mag. J. mineralog. Soc. **30.** 57—70. März 1953. Leeds, Univ., Phys. Dep.) HILLER. 380

P. Bordet und **J. Geffroy,** *Einschlüsse von Ilmenit in den Basalten von Tahalra (Hoggar).* Außer mehr oder weniger großen Brocken von Gneis, Granit u. anderen Gesteinen, welche im Verlaufe der vulkan. Tätigkeit in das basalt. Magma eingeschlossen wurden, enthält dieses noch körnige Massen von **Ilmenit,** zusammen mit etwas *Kupferkies.* Diese stammen aus unbekannten Schichten u. wurden versenkt u. von dem Magma aufgenommen. (Bull. Soc. franç. Minéralog. Cristallogr. **75.** 580—83. Okt./Dez. 1952. Paris, Inst. cathol., Labor. de Minéralog., et Labor. de Minéralog. du Muséum.) ENSSLIN. 380

Leason H. Adams, *Eine Bemerkung zur Stabilität von Jadeit.* Unter vereinfachten Bedingungen kann aus therm. Daten der Druck bei verschied. Temp. berechnet werden, der für eine Bldg. von Jadeit aus *Nephelin* u. *Albit* notwendig ist. Er steigt um 18 bar pro Grad u. beträgt bei 400° 4800 bar. Es wird angenommen, daß unter Druck *Analcim* unter Bldg. von Jadeit u. W. inkongruent schmilzt. Selbst bei Wasserüberschuß wird sich also bei hohem Druck Jadeit statt Analcim bilden. (Amer. J. Sci. **251.** 299—308. April 1953. Washington, D. C., Carnegie Inst., Geophys. Labor.) HILLER. 380

Jules Agard und **Valéry Ziegler,** *Gegenwart von Scheelit am Rande des Granits der Zaër, Zentral-Marokko.* Vff. berichten über das Vork. von **Scheelit** in der Umgebung des Randes des in dem obigen Gebiet die Kalkbänke durchschneidenden Biotitgranits. Scheelit kommt hier in den von dem Granit metamorphisierten Kalken vor, die in ca. 1—2 km vom Kontakt entfernt in silicifizierte Kalke u. Taktite umgewandelt sind. Begleitende Mineralien sind *Granat, Diopsid, Idokras, Calcit, Quarz* u. *Wollastonit.* Ein zweiter Typ von Scheelitvorkk. wurde am Südrand des gleichen Granitbatholits bei Kondiat Cheïba in den Quarzadern festgestellt. Der hier auftretende Granit ist ein Zweiglimmergranit, der nach dem Kontakt zu dem Schiefer hin eine aplit. Struktur annimmt. In den zahlreichen, in den Schiefer eindringenden Adern tritt der Scheelit auf; selten tritt *Feldspat,* häufiger *Turmalin* auf. (C. R. hebd. Séances Acad. Sci. **232.** 2121—23. 4/6. 1951.) GOTTFRIED. 380

François Permingeat, *Gegenwart von Scheelit in den Taktiten von Sidi bou Othmane, Jebilet, Marokko.* Vf. beschreibt das Vork. von **Scheelit** in den zu Taktiten metamorph umgewandelten Kalken durch etwas tiefer liegenden hercyn. Granit. Neben dem Scheelit wurde *Molybdänit* in diesen Taktiten festgestellt. Außer diesen beiden Mineralien konnte in diesen metamorphen Kalken *Graphit* nachgewiesen werden. (C. R. hebd. Séances Acad. Sci. **232.** 2123—25. 4/6. 1951.) GOTTFRIED. 380

Simonne Caillère und **Juan Goñi,** *Mineralogische Untersuchung einiger devonischer Tone von Zentral-Uruguay.* Es wurden eine Reihe von Tonproben von Blanquillos,

Saint-Ramon de Cañas, Sarandi del Yi (Zentral-Uruguay), bes. die phyllit. Fraktionen u. die Sande untersucht. Therm. Differentialanalyse des Phyllits ergab einwandfrei das Vorliegen von *Kaolinit*, doch schwankt die Menge phyllit. Materials in weiten Grenzen. Durch Best. des Gewichtsverlustes zwischen 450 u. 700° u. Best. des p_H-Wertes konnte der Geh. an Kaolinit u. *Phyllit* für die einzelnen Proben hinreichend genau bestimmt werden. Die durch Sedimentation abgeschiedenen Sande lassen sich nach ihrer mineralog. Zus. in zwei Gruppen unterteilen: die einen sind in der Hauptsache quarziger Natur, die anderen enthalten *Zirkon* mit oder ohne *Turmalin*. Accessor. Mineralien sind *Staurolith, Fluorit, Apatit* u. *Sillimanit*. (C. R. hebd. Séances Acad. Sci. **235**. 1662—64. 22/12. 1952.) GOTTFRIED. 380

James E. Bever, *Bemerkungen über einige Mineralvorkommen in der Gegend von Guffey, Colorado.* Vf. gibt eine kurze Aufzählung von Mineralien, deren Vork. in der Gegend von Guffey (Col.) noch nicht beschrieben sind. Es handelt sich um: *Euxenit, Magnetit, Sillimanit, Cordierit, Cyanit, Scheelit* u. einige Kupfermineralien aus der Betty-Mine. (Amer. Mineralogist **38**. 138—41. Jan./Febr. 1953. Ann Arbor, Mich., Univ.) HILLER. 380

Paul Ramdohr, *Neue Erzmineralien.* Das als *Auricuprid* beschriebene Mineral ist die intermetall. Verb. $AuCu_3$. Sie wurde in einem Hartonolithdunit u. in einem hochtemperierten Gold-Quarzgang in Australien gefunden. In dem Syst. Ag–Sb wurde in Dyskrasit führenden Ag-Erzen von Cobalt das *Allargentum*, hexagonales Silber mit 8—15% Sb, neben dem kub. Mischkristall Ag–Sb mit Sb <8% gefunden. Der von SCHOLZ beschriebene *Niggliit* $PtTe_3$ ist eine intermetall. Verb. der Zus. PtSn. Der von PETTERD beschriebene u. wieder gestrichene *Heazlewoodit* existiert nach PEACOCK doch. Er kommt auch reichlich in Poschiavo (Graubünden) vor. Neben diesem Material findet sich in dem Vork. von Trial Harbour (Tasmanien) ein Nickel-Blei-Sulfid der Zus. $Ni_3Pb_2S_2$, welches rhomboedr. krist. u. *Shandit* benannt wurde. Das als *Eskebornit* von Tilkrode beschriebene Mineral ist kein reines FeSe, sondern enthält noch Cu. In Nickel-Magnetkies-Lagerstätten wurde ein hochtemperierter kub. Mischkristall, *Chalkopyrrhotin* der Zus. $CuFeNiS_3$ gefunden, dessen Gitter offenbar durch den Ni-Geh. stabilisiert ist. (Fortschr. Mineralog. **28**. 69—70. 1949; ausg. Dez. 1950. Berlin.) ENSSLIN. 383

C. Friedlaender, *Alkaligesteine von Blue Mountains, Ontario.* Geolog.-petrograph. Untersuchung. (Schweiz. mineralog. petrogr. Mitt. **32**. 213—42. 1952. Zürich.) GOTTFRIED. 385

E. Wm. Heinrich, *Zonenbildung in Pegmatitbereichen.* Vf. zeigt an der Unters. einer großen Zahl von Pegmatitvorkk., daß ihre Größe, Form, innere u. äußere Struktur u. ihr Mineralbestand eine Funktion der Entfernung vom Batholithen ist. Überdeckt wird das Bild durch den Einfl. des Nachbargesteins auf Form u. äußere Struktur u. damit auch den inneren Aufbau des Pegmatits. Unter der Annahme, daß die einfachen Pegmatite die Vorläufer der Pegmatitentstehung darstellen, hängt der Ort u. die Zus. eines Pegmatites ab: von dem chem. Charakter des Batholithen, vom Kristallisationsstand des Batholithen bei der Abgabe des pegmatit. Materials u. von der Durchdringbarkeit des umgebenden Gesteins. (Amer. Mineralogist **38**. 68—87. Jan./Febr. 1953. Ann Arbor, Mich., Univ.) HILLER. 385

Masayoshi Ishibashi und **Tsunenobu Shigematsu,** *Chemische Untersuchungen des Ozeans.* 40. Mitt. *Über die Regelmäßigkeiten der Mengen sich in Seewasser lösender Elemente* (2). (Vgl. C. **1952**. **4110**.) An Hand eines Vgl. der Zus. der Erdkruste u. der im Seewasser mengenmäßig vorkommenden Elemente wurde die Beziehung der Menge des in Seewasser gelösten Elementes zu dem gleichen Element in der Erdkruste untersucht. Unter der Annahme, daß das Ionenpotential den Charakter eines Elementes darstellt, fanden Vff. eine Regelmäßigkeit zwischen dem Verhältnis der Menge eines Elementes in Seewasser zu dem des gleichen Elementes in der Erdkruste einerseits u. dem Ionenpotential anderseits. Aus der gefundenen Regelmäßigkeit wurden die Mengen einiger bisher noch nicht bestimmter Elemente im Seewasser berechnet. Aus der mittleren Zus. einiger Mineralwässer in Japan ergab sich, daß auch hier eine ähnliche Regelmäßigkeit vorhanden ist. (Bull. Inst. chem. Res., Kyoto Univ. [Kagaku Kenkyusho Hokoku] **27**. Nr. 12. 42—48. Dez. 1951. Ishibashi Labor. [Orig.: engl.]) GOTTFRIED. 393

Hans-Karl Paetzold, *Die aus dem photochemischen Gleichgewicht, der Turbulenz und den Luftströmungen herrührende mittlere vertikale Ozonverteilung.* Den Verlauf der beobachteten mittleren O_3-Verteilung in verschied. Breiten erklärt Vf. durch ein Zusammenwirken von photochem. Bldg. u. Zerstörung des O_3 mit Turbulenz u. Luftströmungen. Oberhalb 25 km wird die mittlere O_3-Verteilung allein durch das photochem. Gleichgewicht bestimmt; unterhalb dieser Höhe spielen Austausch durch Turbulenz

u. Luftströmungen eine ausschlaggebende Rolle. (J. atmospheric terrestr. Physics **3.** 125—31. April 1953. Weißenau, Max-Planck-Inst. für Phys. der Stratosphäre.) GOTTFRIED. 396

K. R. Ramanathan und **R. N. Kulkarni,** *Höhenverteilung von atmosphärischem Ozon.* Zusammenfassende Übersicht der Höhenverteilung des **Ozons** in der Atmosphäre oberhalb des Mount Abu (Höhe 3900 Fuß), wie sie in der Zeit zwischen Okt. 1951 u. April 1952 festgestellt worden war. Die größten Änderungen im O_3-Geh. traten in der Schicht zwischen 18 u. 27 km auf. Darunter ist nur sehr wenig O_3 vorhanden. (Proc. Indian Acad. Sci., Sect. A **37.** 321—31. Febr. 1953. Ahmedabad, Phys. Res. Labor.) GOTTFRIED. 396

Abdul Khaleq und **Arlette Vassy,** *Tägliche Änderung der reduzierten Dichte und der mittleren Temperatur des atmosphärischen Ozons in niedrigen Breiten.* Vff. berichten über Messungen des atmosphär. O_3 in Kabul (Breite 34°, Höhe 1800 m), die sich über ein Jahr erstreckten. An einer Reihe von Tagen wurde speziell die tägliche Veränderung der red. D. u. der Temp. in Abständen von 10 Min. 3 Std. vor bis 3 Std. nach Durchgang der Sonne durch den Meridian untersucht. Hierbei konnte eine Verminderung um den Mittag dortiger Zeit beobachtet werden; ebenfalls konnten saisonbedingte Veränderungen nachgewiesen werden. Ferner ergab sich, daß die Dichten für den gleichen Zenitabstand nachmittags stärker waren als am Vormittag. (C. R. hebd. Séances Acad. Sci. **235.** 737—38. 6/10. 1952.) GOTTFRIED. 396

Harald Norinder, Reinhards Siksna und **Arvids Metnieks,** *Radon- und Thorongehalte der Bodenluft bei Almunge.* In dem im Almungedistrikt auftretenden *Canadit,* der durch Mineralkombination Albit–Nephelin–Alkaliamphibol u. Pyroxen charakterisiert ist, tritt accessor. *Zirkon* u. *Thorit* auf. Auf Grund des Auftretens von Thorit wurde auf Radioaktivität geschlossen, die untersucht wurde. Zu diesem Zweck wurde die Bodenluft, die durch Röhren aus 0,4—0,6 m Tiefe erhalten wurde, auf ihren Geh. an Rn u. Tn untersucht. Die Aktivitäten des Rn u. Tn lassen sich unter Berücksichtigung des Unterschieds zwischen den Zerfallsperioden beider Emanationen gut trennen. (Geol. Fören. Stockholm Förh. **74.** 450—54. Nov./Dez. 1952.) GOTTFRIED. 396

D. Organische Chemie.

D_1. Allgemeine und theoretische organische Chemie.

J. L. Franklin, *Berechnung von Resonanzenergien.* Vf. berechnet die Resonanzenergie organ. Verbb. aus der Differenz der Bildungswärmen des Mol. u. der entsprechenden Struktur, bei der keine Resonanz angenommen wird, da früher gezeigt wurde (vgl. FRANKLIN, C. **1949.** E. 35), daß die Bildungswärmen u. freien Bildungsenergien organ. Moll. additive Funktionen charakterist. Gruppenäquivalente sind. Die berechneten Resonanzenergien stimmen gut überein mit den aus den Hydrierwärmen erhaltenen, weniger gut mit den aus Verbrennungswärmen oder Bindungsenergien nach PAULING errechneten Daten. Den nach den beiden ersten Methoden erhaltenen Werten wird eine größere Genauigkeit zugeschrieben. Als Folge der Tatsache, daß die Entropie des Mol. durch die Resonanz nicht beeinflußt wird, kann die Resonanzenergie (aus den Bildungswärmen bei 298° K) mit Hilfe der Gruppenäquivalente bei verschied. Tempp. angewandt werden, um die freien Bildungsenergien bei jenen Tempp. zu berechnen. (J. Amer. chem. Soc. **72.** 4278—80. Sept. 1950. Baytown, Tex., Humble Oil & Refining Comp., Refining Techn. and Res. Div.) G. WINKLER. D 10

H. H. Jaffé, *Die Elektronenstruktur von Ferrocen.* Die Elektronenstruktur des *Ferrocens* (I) (*Bis-[cyclopentadienyl]-eisen*) wurde nach der MO-Theorie bestimmt. Es wird angenommen, daß die Molekülbahnen in I durch Atombahnen des Eisenatoms u. Molekülbahnen des Cyclopentadienylradikals gebildet werden. Die 18 Valenzelektronen von I sind auf diese Molekülbahnen so verteilt, daß 16 bindende u. 2 nichtbindende Bahnen resultieren. Diese Elektronenverteilung erlaubt eine Erklärung der Stabilität, der magnet. Susceptibilität u. des Absorptionsspektr. von **I.** Die Stabilität von I ist nach dieser Behandlung durch 2 Faktoren bedingt: 1. das Fe-Atom besitzt Edelgaskonfiguration, u. 2. das Fe-Atom ist mit jedem organ. Radikal durch kovalente Bindungen verbunden. Außerdem scheint für das Fe-Atom in I freie Drehbarkeit zu bestehen. (J. chem. Physics **21.** 156—57. Jan. 1953. Chapel Hill, Univ. of North Carolina, U. S. Public Health Service, School of Public Health, Ven. Dis. Exp. Labor.) ZIMMER. D 10

F. Korte, *Das UV-Spektrum in Abhängigkeit von der Konstitution organischer Verbindungen.* Zusammenfassender Bericht über Technik u. Anwendungsmöglichkeit

der UV-Absorptionsspektroskopie. Der Einfl. des Lösungsm. (Hexan, Ae., Dioxan, Chlf., Äthanol) u. der Konz. wird diskutiert u. als Beispiel die Absorptionsspektren einiger charakterist. Typen organ. Verbb. (Verbb. mit Doppelbindungen oder unabhängigen Chromophoren, konjugierte Systeme, Polyene, Ketone, Diketone, Aromaten, Isomere, Verbb. mit intramol. H-Brücken, Heterocyclen) angegeben. (Angew. Chem. **63**. 370—77. 21/8. 1951. Hamburg, Univ., Biochem. Abt. des Chem. Staatsinst.)
D. HAHN. D 118

P. P. Feofilow und **I. G. Fajerman,** *Über die Absorptions- und Luminescenzspektren von Triphenylmethanfarbstoffen.* (Vgl. C. **1949**. E. 1005 u. **1947**. E. 189.) Absorptions-, Luminescenz- u. Polarisationsspektren von Lsgg. von ~ $5 \cdot 10^{-5}$ g/cm³ *Fuchsin, Kristallviolett, Nachtblau* (Diphenylnaphthylmethanfarbstoff) u. *Malachitgrün* in Glycerin (—60° bis —80°) unter bes. Berücksichtigung des kurzwelligen Absorptions-Nebenmaximums. Bestätigung der früheren Ergebnisse. (Доклады Академии Наук СССР [Ber. Akad Wiss. UdSSR] [N. S.] **87**. 931—34. 21/12. 1952.) AMBERGER. D 118

M. J. Kland-English, R. K. Summerbell und **I. M. Klotz,** *Die Struktur von Styroloxyd-Dimeren.* 1. Mitt. *UV-Spektren von 2.5-Diphenyl-1.4-dioxanen und verwandten Verbindungen.* Vff. messen die UV-Spektren in A. von: *Monophenyl-1.4-dioxan* (**I**, F. 46°), *cis-* (**VI**, F. 123°) u. *trans-2.5-Diphenyl-1.4-dioxan* (**II**, F. 175°), *Phenyläthylenglykol* (**III**, F. 66—67°), *Styroloxyd* (**IV**), *2-Benzyl-4-phenyl-1.3-dioxolan* (**V**, F. 41—42°), *Hydrobenzoin* (**VII**), *2.3-Diphenyl-1.4-dioxan* (**VIII**, F. 49—50°), *2.3-Dibenzyl-1.4-dioxan* (F. 62°), *2.3-Bis-[o-tolyl]-* (**IX**, F. 105—106°), *-[m-tolyl]-* (**X**, F. 84°) u. *-[4-chlorphenyl]-1.4-dioxan* (F. 152—153°), *Dibenzyläther* u. *β-Phenäthylalkohol.* Die Spektren der Diaryl-1.4-dioxane sind gegen das des Bzl. rotverschoben. Für die die Gruppierung $C_6H_5C(O)C(O)$— enthaltenden Verbb. **I** bis **V** u. **VI** bis **VIII** ist das Verhältnis der Absorptionsintensitäten in den beiden Maxima $\varepsilon_1/\varepsilon_2$ konstant (~ 0,9 bzw. 0,8), die niedrigere Konstante der zweiten Gruppe erklären die Vff. durch ster. Hinderung. Aus der Stellung von **II** u. **IV** in diesen Gruppen u. aus dem Vgl. der **I**- u. **II**-Spektren schließen Vff. auf die trans-Stellung der Phenylgruppen in **II** u. cis-Stellung in **VI**. Die **IX** u. **X**-Spektren sind gegen Toluol rotverschoben u. untereinander sehr ähnlich. Die Zahl der Absorptionsmaxima wird bei den Diphenyldioxanen um so größer, je näher die Phenylgruppen aneinanderrücken; so besitzen **II** ein, **VI** zwei u. **VIII** drei Absorptionsmaxima. Ferner werden die UV-Spektren von *Mono-p-anisyl-1.4-dioxan* (F. 64—66°), *2.3-Bis-[4-methoxyphenyl]-1.4-dioxan* (F. 79—80°) u. *2.3-Dixenyl-1.4-dioxan* (F. 145—147°) in A. angegeben. Hier überdecken Resonanzeffekte einen eventuellen Einfl. der Konfiguration. (J. Amer. chem. Soc. **75**. 3709—12. 5/8. 1953. Evanston, Ill., Northwestern Univ., Dep. of Chem.) LIEBIG. D 118

Francis A. Smith und **E. Carroll Creitz,** *Infrarotstudien über die Assoziation in elf Alkoholen.* Die Infrarotspektren von *Methanol, Dodecanol-(1)* (**I**), *tert.-Butylalkohol* (**II**), *Pentanol-(3)* (**III**), *3-Methylpentanol-(3)* (**IV**), *2.2.4-Trimethylpentanol-(3)* (**V**), *2.4-Dimethyl-3-äthylpentanol-(3)* (**VI**), *2.2.4-Trimethyl-3-äthylpentanol-(3)* (**VII**), *2.2.4-Trimethyl-3-isopropylpentanol-(3)* (**VIII**), *2.2.4.4-Tetramethyl-3-n-propylpentanol-(3)* (**IX**) u. *2.2.4.4.-Tetramethyl-3-isopropylpentanol-(3)* (**X**) wurden untersucht. An **I**, **II**, **III** u. **VI** wurde der Einfl. der fortschreitenden Verdünnung in Chlf. auf die relativen Intensitäten der Bande der OH-Valenz-Grundschwingung (bei ca. 2,75; 2,86 u. 3 μ) u. der ersten harmon. (bei 1,2—1,7 μ) untersucht. Die Existenz von freiem Alkohol neben di- u. polymeren Assoziaten wurde für **I**, **II** u. **III** nachgewiesen. Die Bande von **VI** läßt schließen, daß es zwei Arten von Dimeren bildet, nämlich 1. mit einfacher u. 2. mit doppelter H-Brücke. **III** hat einen isosbest. Punkt bei 1,43 μ mit einem molaren Extinktionskoeff. (a_μ) von ca. 0,1. Weitere Unterss. galten dem Einfl. der Verdünnung auf die Intensitäten der Banden von **III** bei 6,65—9,7 μ u. von Methanol bei 2—12 μ, um Banden der OH-Deformationsschwingung zu finden. An Hand von Diagrammen (a_μ als Funktion der Wellenlänge) werden die Ergebnisse erläutert u. mit denen anderer Autoren verglichen. Ein isosbest. Punkt im Spektr. von **III** liegt bei 8,82 μ (a_μ 28,6). Der Einfl. der ster. Hinderung auf die Assoziation wurde an unverdünntem **III** u. an seinen Alkylderivv. **IV**, **V**, **VI**, **VII**, **VIII**, **IX** u. **X** untersucht. Die Ergebnisse sind in 24 Diagrammen (Durchlässigkeit in % als Funktion der Wellenlänge) wiedergegeben u. werden diskutiert. — Vff. versuchen, mit Unterss. von **VI**, das hauptsächlich in mono- u. dimerer Form vorliegt, die Annahme zu stützen, daß die Bande bei 2,86 μ für die dimere Form der Alkohole charakterist. ist. Mono- u. dimere Form scheinen dem BEERschen Gesetz zu gehorchen. Über die Eigg. der Pentanole werden folgende Angaben gemacht: **VI** (aus C_2H_5MgCl u. Diisopropylketon), E. —16,0°, Kp. 177,9°; n_D^{20} 1,4439; $D.^{20}_4$ 0,8588. — **V** (durch Red. von Pentamethylaceton), E. —11,3°; Kp. 151,3°; n_D^{20} 1,4287; $D.^{20}_4$ 0,8322. — **VII** (aus C_2H_5MgBr u. Pentamethylaceton), $Kp._{35}$ 93—97°; n_D^{20} 1,4479;

D.$^{20}{}_4$ 0,862. — VIII (aus Trimethylessigsäuremethylester u. Isopropyl-MgCl), E. —18,3° Kp. 215,4°; n_D^{20} 1,4574; D.$^{20}{}_4$ 0,8785. — IX (aus Hexamethylaceton u. C_3H_7MgCl), Kp.$_{22}$ 117°; n_D^{20} 1,4563; D.$^{20}{}_4$ 0,8595. — X (aus tert.-C_4H_9MgCl u. Äthylisobutyrat), Kp. 234,0°; n_D^{20} 1,4646; D.$^{20}{}_4$ 0,8889. (J. Res. nat. Bur. Standards **46.** 145—64. Febr. 1951.) CLEVE. D 120

Venkateswarlu Putcha und **Masataka Mizushima,** *Die mögliche Mikrowellenabsorption in den Molekülen, die den Punktgruppen $D_{2d} \equiv V_d$ und T_d angehören.* (Sitzungsbericht.) Es wird gezeigt, daß reine Rotationsabsorption in den Moll. möglich ist, die der Punktgruppe $D_{2d} \equiv V_d$ (*Allen* usw.) angehören, wenn sich das Mol. in einem angeregten, doppelt entarteten Zustand befindet. Die angenäherten Lagen dieser Linien, die aus dem aus Infrarotdaten erhaltenen B-Wert errechnet werden, fallen für *Allen* u. *Allen-d_4* in das Mikrowellengebiet. Derselbe Absorptionstyp ist auch für Moll. möglich, die zu der Punktgruppe T_d gehören, wenn sie sich in angeregten, dreifach entarteten Schwingungszuständen befinden. Es wurde das Matrixelement des dem Übergang entsprechenden Dipolmoments berechnet; hierbei konnte gezeigt werden, daß es proportional der zweiten Ableitung des Dipolmoments ist. Es wird darauf aufmerksam gemacht, daß dieses Matrixelement etwa dasselbe ist wie das der Obertonschwingungsbanden. (Physic. Rev. [2] **89.** 896. 15/2. 1953. Duke Univ.) GOTTFRIED. D 121

Suzanne Keramsi, Robert Lochet und **Auguste Rousset,** *Die optische Anisotropie der Moleküle von Benzol und Nitrobenzol in Tetrachlorkohlenstofflösung.* Es wurde die molekulare Anisotropie δ^2 von Lsgg. von *Bzl.* u. *Nitrobenzol* in CCl_4 gemessen. Für Bzl. ist δ^2 für verd. Lsgg. (c < 0,25) nahezu konstant gleich $25 \cdot 10^{-3}$, nimmt mit sinkender Konz. weiter ab u. hat für reines Bzl. einen Wert von $17 \cdot 10^{-3}$. Für dampfförmiges Bzl. wurde von anderer Seite ein Wert von $39 \cdot 10^{-3}$ gemessen. Diese Abnahme von 39 auf $25 \cdot 10^{-3}$ ist dem mol. Feld der umgebenden isotropen Moll. des CCl_4 zuzuschreiben. Die bei hohen Konzz. beobachtete Abnahme von δ^2 läßt sich durch den fortschreitenden Ersatz der isotropen CCl_4-Moll. durch die anisotropen Moll. des Bzl. erklären. — Bei dem Nitrobenzol wächst δ^2 mit zunehmender Nitrobenzolkonz. von $38 \cdot 10^{-3}$ bei verd. Lsgg. auf $62 \cdot 10^{-3}$ in reinem Nitrobenzol. Aus Messungen der dielektr. Polarisation folgt für reines Nitrobenzol u. für konz. Lsgg. das Auftreten von Doppelmoll. infolge antiparalleler Bindung der Dipolmomente. Der für verd. Lsgg. mit ihren Einzelmoll. erhaltene Wert von $38 \cdot 10^{-3}$ müßte in konz. Lsgg. wieder auftreten, die ja Einzel- u. Doppelmoll. enthalten. In dem für δ^2 abgeleiteten Ausdruck müßte die tatsächliche Anzahl der Einzel- u. Doppelmoll. eingesetzt werden, anstatt der Anzahl von angenommenen Einzelmolekülen. Die Differenz des für dampfförmiges Nitrobenzol gefundenen Wertes von $\delta^2 = 54 \cdot 10^{-3}$ u. des für sehr verd. Lsgg. erhaltenen Wertes ($30 \cdot 10^{-3}$) läßt sich durch die Theorie des intermol. Feldes von RAMAN u. KRISHNAN (Philos. Mag. **5.** [1928.] 498) erklären. (C. R. hebd. Séances Acad. Sci. **233.** 379—81. 30/7. 1951.) GOTTFRIED. D 122

Charles M. Wheeler jr. und **Freeman S. Jones,** *Brechungsindices einiger Cyclohexanollösungen.* Es wurden bei 20° im Na-Licht die Brechungsindices von *Anilin, Bzl., Toluol, Chlorbenzol* u. *Isoamylalkohol* sowie bei 25° die Indices von Lsgg. von *Cyclohexanol* in den genannten 5 Verbb. in Konzz. von 0—100 Gew.-% der zweiten Komponente gemessen. Die Versuchsergebnisse sind tabellar. zusammengestellt. (Analytic. Chem. **24.** 1991—92. Dez. 1952. Durham, N. H., Univ.) GOTTFRIED. D 122

Paul Pesteil, *Fluorescenz und Absorption von kristallisiertem Stilben.* Es wurde zuerst die Fluorescenz von Stilben untersucht. Die anregende Strahlung verlief parallel der **x**-Achse, sie wurde durch ein GLANsches Prisma polarisiert, u. zwar in der **y**-Richtung horizontal u. der **z**-Richtung vertikal. Untersucht wurde mit einem WOLLASTON-Prisma die in der **y**-Richtung emittierte Fluorescenzstrahlung. Die Verss. ergaben, daß die Schwingung der austretenden Strahlung parallel der M-Achse polarisiert ist, wo M die kleine Achse des Mol. bedeutet. — Weiter ergab eine qualitative Unters. der Absorption das Auftreten von 3 Banden, deren Maxima bei 3680, 3830 u. 3870 Å liegen. Ihre Absorptionskoeffizienten K sind im Vgl. zu den bereits bekannten Banden diesseits von 3600 Å sehr schwach. Diese beiden sehr verschied. Zonen geben das gleiche, aus vier Banden bestehende Fluorescenzspektr., sie sind ferner in gleicher Weise polarisiert. Für die ersten 3 Banden ist $K_3 > K_2 > K_1$ (1, 2, 3 sind die drei Hauptachsen des Indexellipsoids), woraus hervorgeht, daß eine starke Polarisation der Absorption in der Mol.-Ebene auftritt (vgl. hierzu C. **1953.** 3857.) (C. R. hebd. Séances Acad. Sci. **233.** 377—79. 30/7. 1951.) GOTTFRIED. D 125

A. u. L. Schmillen und **F. Rohde,** *Über die Abklingzeit von festen Lösungen aromatischer Kohlenwasserstoffe.* Vff. messen an festen Lsgg. von *Tetracen* (I) in *Anthracen* (II), die mit steigender Konz. des I eine Abnahme der blauen Fluorescenz des II u. eine Zunahme der gelben des I zeigen, die Abklingzeiten τ des blauen II-Leuchtens als Funktion der I-Konz. c. Mit wachsendem c nimmt τ ab. Dieses Ergebnis spricht eindeutig für eine Abwanderung der Anregungsenergie vom II, bevor eine Emission einsetzen kann, u. somit gegen die Annahme einer Energieübertragung über opt. Absorption u. Reemission. Das Syst. *Pentacen*-II verhält sich ähnlich. Die Abklingzeiten des reinen II hängen in starkem Maße von dessen Vorbehandlung ab. Für in der chromatograph. Säule gereinigtes, aus Bzn. auskrist. II ist $\tau = 1{,}3 \cdot 10^{-8}$ Sekunden. Auch die Emission von II wird durch die Vorbehandlung, z. B. durch Zerkleinern der Kristalle, im Sinne einer Verstärkung des langwelligen Emissionsauslaufens im Gelben verändert, wobei τ von $1{,}3 \cdot 10^{-8}$ Sek. für die unzerkleinerte Substanz auf $6{,}5 \cdot 10^{-9}$ Sek. nach Zerkleinerung verkürzt wird Die Emissionsänderung ist als eine Folge der Kristallitgröße unter dem Einfl. verstärkter Oberflächenenergieniveaus anzusehen. (Z. Naturforsch. **8a.** 213—14. Febr./März 1953. Gießen, Justus-Liebig-Hochsch., Phys. Inst.) RUDOLPH. D 125

G. E. Hyde und **D. F. Hornig**, *Die Messung von Bindungsmomenten und deren Ableitungen für HCN und DCN aus Ultrarotintensitäten.* Die absol. Intensitäten der Fundamentalschwingungen von HCN u. DCN werden gemessen. Aus diesen wird das Bindungsmoment der C—H-Bindung zu 1,13, dasjenige der C—N-Bindung zu 1,80 bestimmt, wobei, wenn C gegenüber N positiv ist, H gegenüber C positiv sein muß. Auch der Einfl. des Abstandes auf die Bindungsmomente wird erörtert. Anomale Spitzen in einer HCN-Bande können auf Dimerisation zurückgeführt werden. (J. chem. Physics **20.** 647—52. April 1952. Providence, R. I., Brown Univ., Metcalf Chem. Labor.)

K. L. WOLF. D 132

Ralph G. Pearson und **Forrest V. Williams,** *Ionisierungsgeschwindigkeiten von Pseudosäuren.* 5. Mitt. *Sterische Effekte bei der basenkatalysierten Ionisation von Nitroäthan.* (4. vgl. PEARSON u. DILLON, C. **1953.** **8811.**) Vff. verfolgten konduktometr. die Geschwindigkeit der Neutralisation von 0,1—0,2 Mol *Nitroäthan* (I) in 30%ig. wss. A. bei 25° durch je 0,1—0,2 Mol. *Pyridin* (II), *2*-(III), *3*-(IV) u. *4-Methylpyridin* (V), *2.6-Lutidin* (VI), *Chinolin* (VII), *Isochinolin* (VIII) u. *2-Methylchinolin* (IX) u. bestimmten die bimol. Reaktionsgeschwindigkeitskonstanten k' der Rk. $CH_3CH_2NO_2 + B \underset{k''}{\overset{k'}{\rightleftharpoons}} CH_3 \cdot CHNO_2^- + BH^+$ (B = Base), die durch Zugabe von 0,002—0,004 Mol J_2 bis zu dessen Verbrauch durch $CH_3CHNO_2^- + J_2 \rightarrow CH_3CHJNO_2 + J^-$ nach rechts getrieben wurde. Die Dissoziationskonstanten pK_b der Basen betrugen in W. bei 25° u. 50%ig. Neutralisation unter Vernachlässigung der Aktivitätskoeffizienten für **III** 8,08; **IV** 8,34; **V** 8,00; **VI** 7,36 u. **IX** 8,35. Die k'-Werte waren [in () $k' \cdot 10^3$ in Liter/Mol·Min.; abgeschätzte pK_b in 30%ig. A.]: **II** (6,5 ± 0,2; 8,75), **III** (24,5 ± 0,9; 7,98), **IV** (13,2 ± 0,2; 8,34), **V** (18,2 ± 0,3; 8,00), **VI** (20,8 ± 0,6; 7,36), **VII** (4,5 ± 0,1; 9,06), **VIII** (7,6 ± 0,1; 8,64) u. **IX** (7,7 ± 0,0; 8,30). Schließlich wurde die Rk. zwischen **I** u. **II** bei Tempp. von 0—35° in Abhängigkeit vom Geh. an A. untersucht u. die Aktivierungsenergie E u. -entropie $\Delta S^{\neq}$ berechnet. E in kcal/Mol u. $\Delta S^{\neq}$ in cal/Mol·Grad betrugen in W. 16,6 bzw. —25,0; in 30%ig. wss. A. 15,8 bzw. —28,3 u. in 70%ig. wss. A. 17,1 bzw. —29,7. Die allg. für basen- bzw. säurekatalysierte Rkk. geltende lineare Beziehung zwischen den —log k u. den pK-Werten wird hier gut erfüllt mit Ausnahme von **VI** u. **VIII.** Vff. schließen hieraus auf ster. Hinderung durch Wechselwrkg. zwischen der Methylgruppe des **I** u. den Substituenten in 2- u. 6-Stellung der Base im Übergangszustand („F-strain", vgl. **Brown u. Mitarbeiter,** C. **1946.** I. 1192). Durch Vgl. mit Nitramid (vgl. **Bell u. Wilson,** C. **1951.** I. 2272) u. Trimethylbor (vgl. **Brown u. Barbaras,** C. **1948.** II. 1393) zeigen Vff., daß **I** bzgl. des Auftretens des „F-strain" zwischen beiden Verbb. steht. — *p-Phenylphenacyl-4-picoliniumbromid,* aus W. 261—262° (Zers.). (J. Amer. chem. Soc. **75.** 3073—75. 5/7. 1953. Evanston, Ill., Northwestern Univ., Chem. Labor.) GNAUCK. D 139

Peter C. Crofts und **Gennady M. Kosolapoff,** *Darstellung und Bestimmung der scheinbaren Dissoziationskonstanten einiger Alkylphosphon- und Dialkylphosphinsäuren.* Vff. bestimmten die scheinbaren Dissoziationskonstanten einiger Alkylphosphon- u. Dialkylphosphinsäuren durch potentiometr. Titration bei 25°. Die Ergebnisse zeigen, daß Verzweigungen in der Kohlenstoffkette eine abschwächende Wrkg. auf die Säurestärke haben. Ersatz eines H-Atoms durch CH_3— führt zu einer Zunahme von pK_2' um 0,38. Ähnliche Zunahmen sind auch bei den pK_1'-Werten u. den pK'-Werten der Phosphinsäuren zu beobachten. Den abweichenden Wert von *Di-tert.-butylphosphinsäure* (**IX**) erklären Vff. durch ster. Spannung. Verss. zur Messung der Basizität von *Dimethylphosphinsäure,* zum Vgl. mit Kakodylsäure, durch potentiometr. Titration mit HCl führten zu keinem klaren Ergebnis, obwohl in der Titrationskurve eine deutliche Unstetigkeitsstelle auftritt.

V e r s u c h e : *Methylphosphonsäure* (I), F. 104—106°, auf dem Wege: $NaOCH_3 + PCl_3 \rightarrow$ Trimethylphosphit, dieses + $CH_3J \rightarrow$ Dimethylmethylphosphonat, dieses + $PCl_5 \rightarrow$ Säuredichlorid [$Kp._{20,5}$ 64—67°], dieses mit Butanol verestert → Di-n-butylmethylphosphonat [$Kp._{1,5}$ 86—91°, n_D^{20} 1,4246, $D._4^{20}$ 0,9770]. Der Ester wurde mit HCl zu I verseift; pK_1' 2,38; pK_2' 7,74. — *Äthylphosphonsäure* (**II**), F. 57—60°, aus Triäthylphosphit, über Diäthyläthylphosphonat u. das Äthylphosphonyldichlorid (Kp. 177—179°), pK_1' 2,43; pK_2' 8,05. — *n-Propylphosphonsäure* (**III**), F. 73°; pK_1' 2,49; pK_2' 8,18. — *n-Butylphosphonsäure* (**IV**), F. 105—106°; pK_1' 2,59; pK_2' 8,19. — *Isobutylphosphonsäure*, F. 118,5—119,0°; pK_1' 2,70; pK_2' 8,43. **II—IV** wurden aus den Alkylbromiden durch Rk. mit Na-Diisobutylphosphit (**V**) in Toluol u. Verseifung des Esters mit HCl dargestellt. — *Isopropylphosphonsäure* (**VI**), F. 74—75° (Bzl.), aus Isopropyljodid u. **V** in Toluol u. Verseifung des entstehenden Esters ($Kp._{0,05}$ 58—62°); Ausbeute sehr gering; pK_1' 2,66; pK_2' 8,44. — Entsprechend: *sek.-Butylphosphonsäure* (**VII**), $C_4H_{11}O_3P$, F. 54 bis 56°; (Bzl.-PAe.); pK_1' 2,74; pK_2' 8,48. — *tert.-Butylphosphonsäure* (**VIII**), $C_4H_{11}O_3P$, F. 191,5—192°, (Ligroin-Eisessig), pK_1' 2,79, pK_2' 8,88. —**VI** wurde auch durch Hydrolyse von Isopropylphosphonyldichlorid ($Kp._{14}$ 77—79°) gewonnen; **VII** aus sek.-Butylphosphonyldichlorid durch Solvolyse mit wss. A., **VIII** aus tert.-Butylphosphonyldichlorid [F. 121—122,5° (Ligroin)] durch Solvolyse mit A. u. HCl. — *Diisopropylphosphinsäure*, $C_6H_{15}O_2P$, F. 47,5—49,5°, $Kp._{0,02}$ 84—86°, aus **V** u. $(CH_3)_2CHMgCl$; pK' 3,56. — *Di-tert.-butylphosphinsäure* (**IX**), $C_8H_{19}O_2P$, F. 208—210° (W.), pK' 4,24, aus tert.-Butylphosphonyldichlorid oder aus PCl_3 u. $(CH_3)_3CMgBr$. Die Phosphonyldichloride wurden aus den Alkylhaliden, PCl_3 u. $AlCl_3$ gewonnen. Bei Verw. von tert.-Amylchlorid entstand ein Endprod. ($Kp._{19}$ 92—123°), das in 5 Fraktionen auseinanderdestilliert werden konnte. 2 Fraktionen erwiesen sich als **VIII**. — Untersucht wurden noch die scheinbaren Dissoziationskonstanten von *Dimethylphosphinsäure* (F. 87,5—88,5°), pK' 3,08; *Diäthylphosphinsäure* (F. 16,5—18,5°, $Kp._{0,08}$ 92°), 3,29; *Di-n-propylphosphinsäure* (F. 58,5 bis 59° [PAe.]); 3,46; *Di-n-butylphosphinsäure* (F. 68,5—69°), 3,41. (J. Amer. chem. Soc. **75.** 3379—83. 20/7. 1953. Auburn, Ala., Polytechn. Inst., Ross Chem. Labor.)

PAULIG. D 139

Hch. Zollinger und **W. Büchler,** *Zur Kenntnis der Kupplungsreaktion.* 3. Mitt. *Säurestärke und Kupplungsmechanismus von Dioxynaphthalinsulfosäuren.* (2. vgl. C. **1951.** I. 310.) Die potentiometr. bestimmten Dissoziationskonstanten der OH-Gruppen in W. bei 20° betragen von *2.8-Dioxynaphthalinsulfonsäure-(6)* (**I**) pK_2 8,61 u. pK_3 10,21; von *2.3-Dioxynaphthalinsulfonsäure-(6)* (**II**) pK_2 8,24 u. pK_3 12,13; von *1.8-Dioxynaphthalinsulfonsäure-(4)* (**III**) pK_2 5,33 u. pK_3 > 12,70 u. von *1.8-Dioxynaphthalindisulfonsäure-(3.6)* (**IV**, *Chromotropsäure*) pK_3 5,53 u. pK_4 > 12,75. Durch Vgl. mit den pK-Werten der Monooxynaphthalinsulfonsäuren mit gleicher Stellung der Substituenten schließen Vff., daß bei **I** der pK_2-Wert der 8-Oxy- u. der pK_3-Wert der 2-Oxygruppe zukommt, während bei **III** pK_2 zur 1-Oxy- u. pK_3 zur 8-Oxygruppe gehört, u. bei **II** vermutlich die 2-Oxygruppe stärker dissoziiert ist. Im symm. **IV** sind die Hydroxyle gleichwertig. Vff. diskutierten die Unterschiede der pK-Werte zwischen Mono- u. Dioxynaphthalinsulfonsäuren u. ihren Zusammenhang mit der Konst. u. schließen, daß OH-Gruppen in 1.8-Stellung H-Brücken bilden, womit der niedrige pK_2- bzw. pK_3-Wert von **III** bzw. **IV** erklärt wird. Auch für **II** wird eine, wenn auch schwache H-Brücke zwischen den OH-Gruppen vermutet. — Vff. schließen auf Grund früherer Verss. (l. c.), daß die Kupplung in Nachbarstellung zum saureren Hydroxyl erfolgt u. hierbei, wie auch WISTAR u. BARTLETT (J. Amer. chem. Soc. **63.** [1941.] 413) annahmen, das Phenolat- mit dem Diazoniumion den Reaktionsknäuel bildet. (Helv. chim. Acta **34.** 591 bis 599. 15/3. 1951. Basel, CIBA Akt.-Ges., wissensch. u. analyt. Labor. des Farbendep.)

GNAUCK. D 139

M. I. Bobrowa und **P. N. Ssokolow,** *Polarographische Untersuchung einiger organischen Säuren.* Es wurden das Halbwellenpotential ($E_{1/2}$) in bezug auf die Normalwasserstoff-Elektrode einiger organ. Säuren bei verschied. Konzz. u. 15° in 0,1n KCl-Lsg. bestimmt. $E_{1/2}$ erwies sich als unabhängig von der Konz.; i_d (Stärke des Diffusionsstroms) war linear abhängig von der Konz. (Gleichung von ILKOVIČ). Der Wert des Koeff. α, der im Falle irreversibler Red. den Koeff. n in der Gleichung $E = E_{1/2} + (RT/nF)$ ln $i/(i_d - i)$ ersetzt, wurde in jedem Fall ermittelt u. die lineare Abhängigkeit zwischen ln $i/(i_d-i)$ u. E bestätigt. Die Red. von Gemischen der untersuchten Säuren, ausgenommen solcher mit *Phthalsäure* (**I**), ist wegen der geringen Unterschiede der $E_{1/2}$-Werte der Säuren mit der Ausbldg. einer einzigen polarograph. Welle verbunden. Die Polarogramme von Gemischen mit **I** zeigen 2 Wellen mit unverändertem $E_{1/2}$-Wert für **I**. Die Abhängigkeit der 1. Dissoziationskonstante (i_d/c) wird durch die Gleichung von KORSCHUNOW, KUSNETZOWA u. SCHTSCHENNIKOWA (vgl. C. **1949.** E. 35) $i_d/c = a - bp_K$ (p_K negativer Logarithmus der 1. Dissoziationskonstanten) mit a = 4,40 u. b = 0,53 wiedergegeben.

V e r s u c h e : *Ameisensäure*; $E^1/_2$ —1,38 V. *Benzoesäure*; $E_{1/2}$ —1,36 V; i_d (Mikroamp.) = 3,51·0,52·c (c in mMol/Liter); α = 0,46. *Salicylsäure*; $E_{1/2}$ —1,29 V; i_d = 4,75. 0,5·c; α = 0,44. *Glykolsäure*; $E_{1/2}$ —1,32 V; i_d = 0,09·0,275·c; α = 0,20. *Milchsäure*;

$E_{1/2}$ −1,37 V; i_d 0,241·0,448·c; α = 0,33. *Oxalsäure*; $E_{1/2}$ −1,31 V; i_d = 10,1·0,4·c; α = 0,27. *Malonsäure*; $E_{1/2}$ −1,34 V; i_d = 0,48·4,96·c; α = 0,32. *Phthalsäure*; 1. Welle, $E_{1/2}$ −1,0 V; 2. Welle, $E_{1/2}$ −1,29 V. (Журнал Общей Химии [J. allg. Chem.] **21** (83). 1774—79. Okt. 1951.) QUECK. D 142

M. I. Bobrowa und **P. N. Ssokolow,** *Polarographische Untersuchung einiger Ketone.* (Vgl. vorst. Ref.) Best. von $E_{1/2}$ u. α für *Benzophenon* (I), *p-Tolylphenylketon* (II), *Chlormethyläthylketon* (III) u. *α-Chloräthylmethylketon* (IV) bei 15° in einer Grundlsg. der Zus. 0,01 n HCl + 0,01 n KCl in 80 Vol.-%ig. A.; p_H 3,3. Die Abweichung der α-Werte bei I gegenüber PASTERNAK (vgl. C. **1949.** I. 373) wird auf Verschiedenheit der sek., irreversiblen Prozesse der I-Red. in verschied. Grundlsgg. zurückgeführt. *Methylbutylketon* gibt keine charakterist. Welle, ebenso *Dipropylketon.* — Ergebnisse: I; 1. Welle, i_D = 0,33·10^{-5} für c = 10^{-3} (Mol/Liter): $E_{1/2}$ (gegen die Normalwasserstoff-Elektrode) −0,80 V; α 0,2; 2. Welle, i_D = 0,75·10^{-5}; $E_{1/2}$ −1,37 V; α 0,2. II; 2 Wellen mit $E_{1/2}$ 0,79 u. 1,41 V; α für beide 0,2. III; i_d = 1,2·10^{-5} A für c = 2·10^{-2} Mol/Liter; $E_{1/2}$ −1,21 ± 0,02 V; α 0,23 IV; i_d = 2,5·10^{-5} A für c = 2·10^{-2} Mol/Liter; $E_{1/2}$ −1,30 ± 0,02V α 0,23. (Журнал Общей Химии [J. allg. Chem.] **21** (83). 1779—82. Okt. 1951.) QUECK. D 142

Louis Kaplan, William L. Kester und **Joseph J. Katz,** *Einige Eigenschaften des Bis-[cyclopentadienyl]-eisens.* Es werden einige physikal. Eigg. des *Bis-[cyclopentadienyl]-eisens* (I) mitgeteilt, das in 51%ig. Ausbeute aus Cyclopentadienyl–MgBr u. $FeCl_3$ in Tetrahydrofuran u. mehrmalige Hochvakuumsublimation hergestellt wurde. Der Dampfdruck des festen I gehorcht der Gleichung log P_{mm} = 7,615—(2470/T), für fl. I gilt log P_{mm} = 10,27—(3680/T); daraus berechnet sich die Sublimationswärme zu 16,81 kcal/Mol, die Verdampfungswärme des fl. I zu 11,3 kcal/Mol. u. die Schmelzwärme zu 5,5 kcal/Mol. Ein Tripelpunkt liegt bei 183°, der n-Kp. bei 244°, die TROUTON-Konstante hat den Wert 21,2. Das UV-Spektr. in A. u. Hexan zeigt Maxima bei 325 u. 440 mμ, in CCl_4 absorbiert I unter 400 mμ stärker als in den anderen Lösungsmitteln. In wasserfreier HF werden Maxima bei 440, 250 u. 620 mμ gefunden; die neuen Maxima werden kation. Oxydationsprodd. zugeschrieben. Das Infrarotspektr. des festen I zeigt intensive Banden bei 3080, 1108, 999 u. 811 cm^{-1} u. schwächere bei 2060, 1775, 1689, 1410, 1257, 1190, 1045, 825 u. 785 cm^{-1}, in CS_2 liegen nur Banden bei 1750, 1710, 1677 u. schwache Banden bei 1775 u. 1689 cm^{-1}. Eine Zuordnung ist nicht gegeben. (J. Amer. chem. Soc. **74.** 5531—32. 5/11. 1952. Chicago, Argonne National Labor., Chem. Div.) ZIMMER. D 146

Duncan Taylor und **George C. Vincent,** *Phasengleichgewichte in Sulfonsäure–Wasser-Systemen.* Die Löslichkeiten substituierter Sulfonsäuren in W. wird über einen großen Temperaturbereich gemessen, sowie die Dampfdrucke der gesätt. u. der ungesätt. Lösungen. Mit dem gleichen Meßverf. wird weiter der Lösungsdruck in Abhängigkeit von der Temp. bestimmt u. die Lösungs- u. Dissoziationswärmen berechnet. 20 Hydrate werden in den untersuchten Systemen nachgewiesen, die Monohydrate sind stabiler als höhere Hydrate. Untersucht werden die Systeme mit *Benzol-* (F. 52,5°), *p-* (F. 104,8°) u. *o-Toluol-* (F. 62,1°), *p-Nitrobenzol-* (F. 110,2°, aus dem *Sulfonchlorid,* F. 77°), *p-Fluorbenzol-* (F. 85,8°, durch Sulfonierung von Fluorbenzol mit 10%ig. Oleum, über das *Sulfochlorid,* F. 33,7°) *p-Chlorbenzol-* ($C_6H_5O_3ClS$, F. 100,3°, analog vorst. Verb., *Sulfochlorid,* F. 53°) u. *p-Brombenzolsulfonsäure* ($C_6H_5O_3BrS$, F. 90,2°, *Sulfochlorid,* F. 75,5°). (J. chem. Soc. [London] **1952.** 3218—24. Aug. Edinburgh, Univ.) v. SCHIESZL. D 150

George T. Furukawa, Robert E. McCoskey und **Martin L. Reilly,** *Ein Beitrag zur Verdampfungswärme des Chlortrifluoräthylens* (C_2F_3Cl). Durch direkte Messungen in einem adiabat. Calorimeter bestimmten Vff. die Verdampfungswärme des $CF_2 = CFCl$ bei seinem n. Kp. (244,80° K) zu 4990 ± 4 cal/Mol. Dieses experimentelle Ergebnis stimmt gut mit dem von OLIVER, GRISARD u. CUNNINGHAM (J. Amer. chem. Soc. **73.** [1951.] 5719.) berechneten Wert von 4965 cal/Mol überein. Hieraus berechnet sich die Entropie des $CF_2 = CFCl$ bei 244,80° K u. 1 at zu 73,28 ± 0,10 cal/Grad·Mol. (J. Amer. chem. Soc. **75.** 4339—40. 5/9. 1953. Washington, D.C., National Bureau of Standards, Thermodynamic Section, Heat and Power Div.) FORCHE. D 155

Joseph L. Jackson, *Spontane Entzündungstemperaturen. Technische Flüssigkeiten und reine Kohlenwasserstoffe.* Die minimale Entzündungstemp. für 94 reine KW-stoffe u. 15 techn. Fll. wurde bestimmt. Außerdem wurde die zur Entzündung notwendige Zeit gemessen. Da die Ergebnisse weitgehend von der Meßmeth. abhängig sind, wurden zur besseren Vergleichsmöglichkeit sämtliche Messungen in dem von SCOTT, JONES u. SCOTT (C. **1948.** II. 525.) angegebenen App. durchgeführt. (Ind. Engng. Chem. **43.** 2869—70. 10/12. 1951. Cleveland, O., NACA. Lewis Flight Propulsion Labor.) KLAFFKE. D 157

S. Prager, E. Bagley und **F. A. Long,** *Diffusion von Kohlenwasserstoffdämpfen in Polyisobutylen.* 2. Mitt. (1. vgl. C. **1952.** 3793.) Analog l. c. wird Diffusion von KW-stoff-

dämpfen in *Polyisobutylen* untersucht. Die Unterss. werden diesmal bei 25° u. 46,5° für *n-Butan, n-Pentan, Isobutan, Isopentan* u. *Neopentan* durchgeführt, es wird gezeigt, daß, wie bei 35°, die Diffusionskoeffizienten $\overline{D}$i. exponentiell mit der Konz. ansteigen (Gleichung $\overline{D} = \overline{D}_0 \cdot e^{Ac}$ mit $\overline{D}$ = integraler $\overline{D}$i., c Konz. in g/g trockenes Polymeres; $\overline{D}_0$ u. A Konstanten für den KW-stoff). Alle Unterss. werden im Konzentrationsbereich c = 0—0,1 g/g Polymeres gemacht. — Vff. zeigen weiter, daß bei allen 3 Tempp. die $\overline{D}_0$-Werte von den kleineren zu den größeren KW-stoffen abnehmen u. D_0 mehr von der Verzweigung als vom Molvol. abhängt. — Die Koeffizienten passen sich gut der ARRHENIUS-Gleichung $\overline{D}_0 = B^{\Delta E^*/RT}$ an. Da die $\overline{D}_0$-Werte sich verhältnismäßig wenig ändern, variieren auch die ΔE^*-Werte nicht viel mehr als der geschätzte mittlere Fehler von ±0,5 Kcal. Die ΔE^*-Werte sind für die geraden KW-stoffketten am geringsten u. werden mit zunehmender Verzweigung größer. Dies zeigt, daß die Diffusion ein aktivierter Vorgang ist u. die erste Stufe die Bldg. eines Loches (Hohlraum) im polymeren Netzwerk ist. — Abschließend werden Vgll. mit den Aktivierungsenergien der Diffusion anderer organ. Stoffe in Polystyrol u. Polyvinylacetat angestellt u. gezeigt, daß die Diffusion in die 2 nichtpolaren Polymeren weniger ΔE erfordert als in Polyvinylacetat. Dies ist das erwartete Ergebnis, da die Lochbldg. im polaren Polymeren beträchtlich schwieriger ist. (J. Amer. chem. Soc. **75.** 1255—56. 5/3. 1953. Ithaka, N. Y., Cornell Univ.)
ZANKER. D 171

J. J. Kipling und **D. A. Tester,** *Adsorption aus binären Gemischen; Bestimmung der einzelnen Adsorptionsisothermen.* Bei der Adsorption aus bin. Flüssigkeitsgemischen an einer festen Oberfläche lassen sich die Adsorptionsisothermen der einzelnen Komponenten nicht durch eine einfache Gleichung nach FREUNDLICH oder LANGMUIR wiedergeben, obwohl diese Gleichungen die Isothermen der Konzentrationsänderungen für das Gemisch mit befriedigender Genauigkeit ausdrücken. — Eine theoret. Betrachtung, die sich auf die Annahme gründet, daß die Oberfläche bei allen Konzz. mit dem adsorbierten Stoff vollständig bedeckt ist, führt zu Ergebnissen, die mit den durch direkte Adsorption aus der betreffenden Dampfphase erhaltenen übereinstimmen. Für diese Art der Adsorption wird eine kinet. Behandlung vorgeschlagen. Als Beispiele dienen die Adsorptionsverhältnisse *A.–Bzl., Bzl.-Essigsäure* u. *Bzl.-Äthylendichlorid* an Aktivkohle bei 20°. Für diese Temp. werden auch die Partialdrucke der Gemische Bzl.–A. u. Bzl.–Äthylendichlorid neu bestimmt. (J. chem. Soc. [London] **1952.** 4123—33. Nov. Hull, Univ.-College.)
HENTSCHEL. D 176

J. M. Cowley, A. L. G. Rees und **J. A. Spink,** *Sekundäre elastische Streuung bei der Elektronenbeugung.* Auf Elektronenbeugungsaufnahmen von Filmen langkettiger Paraffine sind sehr häufig die Einflüsse sek. elast. Streuung von Elektronen in Form von Extrainterferenzen, Gruppen von Interferenzen, Interferenzbögen, von diffusen Banden mit scharfen Kanten sowie auf Aufnahmen von Einkristallen in Form verbotener Reflexe zu beobachten. Die Verss. wurden mit langkettigen Paraffin-KW-stoffen u. ihren Gemischen durchgeführt, die rhomb. kristallisieren, u. zwar mit der [0 0 1]-Achse senkrecht zur Filmebene. Extrainterferenzen treten bes. dann auf, wenn nur eine begrenzte Anzahl von regellosen Kristalliten zur Elektronenbeugung beitragen; sie lassen sich vollständig auf der Basis elast. Streuung deuten: Gruppen von Interferenzen sind auf Diagrammen von Mosaikkristallen zu beobachten, in denen die Mosaikblocks nur geringe Unterschiede in der Orientierung aufweisen. Bei stärker polykristallinen Filmen treten je nach dem Grad dieser Polykristallinität sek. Interferenzkreissegmente oder auch vollkommene Interferenzringe auf. Verbotene Reflexe sind nur bei Einkristallaufnahmen beobachtbar. So treten auf den Aufnahmen von Paraffinkristallen zuweilen h 0 0- u. 0 k 0-Reflexe mit h oder k ungerade auf, die durch die Kristallsymmetrie verboten sind. Dreht man die Kristalle, die die verbotenen Reflexe lieferten, um die [1 0 0]- oder [0 1 0]-Richtung, dann treten diese verbotenen Interferenzen nicht mehr auf. Durch diese Beobachtung wird die Möglichkeit, daß diese Reflexe durch eine Strukturänderung hervorgerufen werden, ausgeschlossen. — Vff. geben einen Überblick über die Theorie der Sekundärstreuung in Einkristallen u. leiten in diesem Zusammenhang eine Formel ab, mit deren Hilfe sich die theoret. Intensitäten aus den experimentell beobachteten Intensitäten berechnen lassen. Als Anwendungsbeispiel wird die Strukturanalyse von *Dicetyl* mit Hilfe von FOURIER-Projektionen unter Verwendung der oben erwähnten Formel durchgeführt. (Proc. physic. Soc., Sect. A **64.** 609—19. Juli 1951. Melbourne, Comm. Sci. and Ind. Res. Organization, Div. of Ind. Chem.)
GOTTFRIED. D 181

Horst Bayer, *Zur Theorie der Spin-Gitterrelaxation in Molekülkristallen.* Zu den von DEHMELT u. KRÜGER (C. **1951.** I. 1283) vorgenommenen Messungen über Quadrupolresonanzfrequenzen in kristallinem *1.2-Dichloräthylen* entwickelt Vf.

eine theoret. Begründung. Die Temperaturabhängigkeit der Kernquadrupolfrequenzen wird durch die Annahme gedeutet, daß die Moll. im Gitterverband als quantenmechan., harmon. Oscillatoren aufgefaßt werden, die Torsionsschwingungen ausführen u. deren Amplitude temperaturabhängig ist. Die durch Vf. rechner. ermittelten Grenzen für die Spin-Gitterrelaxationszeit bei T $\sim 70^0$ K beträgt $\approx 0,05$ Sek. u. stimmt größenordnungsmäßig mit dem Experiment überein. (Z. Physik **130**. 227—38. 1951. Hannover.) ZIMMER. D 182

Yonezo Morino, Kôzo Kuchitsu und **Takehiko Shimanouchi**, *Die mittleren Amplituden der thermischen Schwingungen in mehratomigen Molekülen.* 1. Mitt. *$CF_2{=}CF_2$ und $CH_2{=}CF_2$.* Unter Zugrundelegung der UREY-BRADLEY-Potentialfunktion berechnen Vff. die Durchschnittsamplituden der therm. Schwingungen in $CF_2{=}CF_2$ (I) u. $CH_2{=}CF_2$ (II) sowie deren Kraftkonstanten u. Bindungsmomente. Die Werte wurden durch eine Analyse der RAMAN- u. Infrarotspektren unter Einbeziehung der Abstoßung zwischen unverbundenen Atomen von I u. II erhalten. Für I wurden nachst. Kraftkonstanten berechnet (in 10^{-5} Dyn/cm): $K_{CF} = 5,5$; $H_{FCF} = 0,25$; $H_{CCF} = 0,25$; $F_{FF} = 1,15$; $F_{CF} = 0,8$; $K_{CC} = 9,2$ u. für II $K_{CH} = 4,8$; $H_{HCH} = 0,3$; $H_{CCH} = 0,25$; $F_{HH} = 0,1$; $F_{CH} = 0,4$ u. $K_{CC} = 8,4$. Die erhaltenen Werte stimmen mit denen durch Elektronenbeugung von KARLE u. KARLE (J. chem. Physics **18**. [1950.] 565) experimentell gefundenen Werten gut überein. (J. chem. Physics **20**. 726—33. April 1952. Tokyo, Japan, Univ., Fac. of Sci. Chem. Labor.) ZIMMER. D 182

R. B. Lawrance und **M. W. P. Strandberg**, *Zentrifugale Verzerrung in asymmetrischen Kreiselmolekülen.* 1. Mitt. *Gewöhnlicher Formaldehyd $H_2{}^{12}CO$.* Ausführliche Arbeit zu dem C. **1952**. 348 referierten Vortragsbericht. (Physic. Rev. [2] **83**. 363—69. 15/7. 1951. Cambridge, Mass., Massachusetts Inst. of Technol., Res. Labor. of Electronics.) RUMPF. D 182

Hch. Zollinger, *Mesomerer Effekt der Sulfonsäuregruppe.* (Vorl. Mitt.) Vf. untersuchte den Einfl. der aromat. gebundenen Sulfonsäuregruppe auf die Reaktivität anderer Substituenten desselben Moleküls. Dazu wurden die pK-Werte von *Anilin* (4,71), *Metanilsäure* (3,65), *Sulfanilsäure* (I; 3,12), *Phenol* (9,86), *m-* (9,07) u. *p-Phenolsulfonsäure* (II; 8,70), *Benzoesäure* (4,09), *m-* (3,78) u. *p-Sulfobenzoesäure* (III; 3,72) durch potentiometr. Best. bei einer Ionenstärke von 0,10 in W. bei 25° gemessen u. hieraus mit der HAMMETTschen Gleichung die σ-Werte berechnet. Es zeigte sich, daß der Effekt der p-SO_3-Gruppe durch einen einzelnen σ-Wert nicht genau beschrieben wird, denn der σ-Wert von **III**, **+0,37**, ist um **0,21** kleiner als die Werte von **I** bzw. **II**, +0,58. Vf. schließt, daß auch in den Sulfonsäureionen ein konjugativer Effekt vorhanden ist, u. daß das S-Atom in Sulfonsäuren fähig ist, sein Oktett zu einer Decett- oder Dodecett-Struktur auszudehnen. Die Säurekonstanten wurden ferner bei einer Ionenstärke von 0,01 bzw. 0,001 statt bei 0,1 gemessen (spektrophotometr.), es ergaben sich kleinere σ-Werte. Für die m-SO_3N^--Gruppe ist σ +0,39 bzw. +0,31. (Nature [London] **172. 257—58. 8/8. 1953. Basel, CIBA, Ltd., Dyestuffs Dep.)** CLEVE. **D 182**

Rolf Huisgen und **Josef Reinertshofer**, *Ein neuer Aspekt der Chemie mittlerer Ringe.* Die monomol. Reaktionsgeschwindigkeitskonstanten der Umlagerung von N-Nitrosolactonen **A** in cycl. Diazoester gehen bei Vergrößerung der Methylenkette durch ein Maximum; dies deutet auf zwei Faktoren hin, die die Bereitschaft zur Umlagerung gegensinnig beeinflussen. Auf die Reaktionsgeschwindigkeit der Umlagerung wirken sich aus: 1. das Energieniveau des Übergangszustandes beim „Abrollprozeß" der Acylwanderung u. 2. das Energieniveau der ebenen Vorzugskonfiguration. Aus Dipolmessungen ergab sich, daß von den möglichen ebenen Konfigurationen im offenkettigen Syst. die trans-Form bevorzugt wird. In kleinen Lactamringen wird die aus elektrostat. Gründen ungünstigere cis-Lage erzwungen. Diese Erhöhung des Energieniveaus des Grundzustandes wirkt sich in einer Erleichterung der Umlagerung aus. In dem Maß, in dem mit größer werdendem Ring der Übergang in die trans-Gruppierung möglich wird, sinkt das Energieniveau der Nitrosoverb., also ihre Bereitschaft zu Acylwanderung. — Auch die Gruppierungen eines Esters, α-Diketons usw. enthalten aus elektrostat. oder Resonanzgründen drehungseingeschränkte Bindungen mit Bevorzugung einer trans-Konfiguration. Im einzelnen wurden gemessen [n =] 5; [$k_1 \cdot 10^6 \cdot$ Sek.$^{-1}$ =] 0,00. — 6; 0,07. — 7; 154. — 8; 2420. — 9; 5750. — 10; 44,3. — 11; 15,7. (Z. Naturforsch. **6b**. 395. Okt./Nov. 1951. Tübingen, Univ., Chem. Inst.) GOTTFRIED. D 184

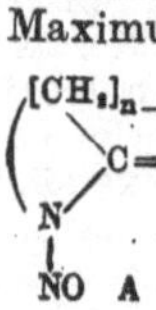

A

Hans Kuhn, *Analogieversuche mit schwingenden Membranen zur Ermittlung von Elektronenzuständen in Farbstoffmolekülen mit verzweigtem Elektronengas.* Die Energieeigenwerte E_n eines Y-förmig verzweigten π-Elektronensyst. können rechner. nur schwer, durch Beobachtung der CHLADNI-Figuren an analog geformten elast. schwingenden Membranen als Modellen jedoch gut bestimmt werden. Vf. beschreibt die Grundlagen des Verf. u. vergleicht die so erhaltenen E_n mit den Werten, die früher (KUHN. Helv. chim. Acta **32.** [1949.] 2247) unter Zugrundelegen des eindimensionalen Elektronengasmodells erhalten worden waren. Im allg. ist die Übereinstimmung befriedigend, nur die Energiedifferenz zwischen Grund- u. 1. Anregungszustand ist bei dem vereinfachten Modell 3mal so klein wie bei der jetzigen Berechnung. (Z. Elektrochem. angew. physik. Chem. **55.** 220—25. April 1951. Kopenhagen, Univ., Inst. for teoret. Fysik, u. Basel, Univ., Physikal.-Chem. Inst.) KRESZE. D 184

S. Nikitine und **S. G. El Komoss,** *Über die Theorie des Metallmodells von Polymethinmolekülen, die der Ionisation Rechnung trägt. Anwendung auf das Ultraviolettspektrum.* Von NIKITINE (J. Chim. Physique **47.** [1950.] 47; **48.** [1951.] 37) u. von NIKITINE u. EL KOMOSS (C. **1953.** 7505; J. Chim. Physique **48.** [1951.] 44) wurde die Theorie des Metallmodells von Polymethinmoll. entwickelt. Die Übereinstimmung zwischen den theoret. u. experimentellen Ergebnissen war jedoch nicht befriedigend. Um diese Diskrepanz zu vermeiden, wurde die Theorie in gewissen Punkten geändert u. verbessert. Das frühere Modell berücksichtigte nicht die Ionisation, so daß die Elektronen den Potentialtrog nicht verlassen konnten. Vff. nahmen nun an, daß die Elektronen entlang der Molekülkette einem Potential unterliegen, das an beiden Enden der Kette Null ist. Mit Hilfe dieser Theorie, bei der die Ionisation berücksichtigt ist, wurden die UV-Absorptionsbanden von 4 homologen Farbstoffen berechnet. Die Übereinstimmung mit den experimentellen Ergebnissen war viel befriedigender als bei Anwendung der ersten Theorie. Es wurden die Jodide der folgenden Farbstoffe untersucht: R=CH—R'; R=CH—CH=CH—R'; R=CH—CH=CH—CH=CH—R' u. R=CH—CH=CH—CH=CH—CH=CH—R', wo R u. R' N-Äthylbenzthiazolreste bedeuten. (J. Physique Radium **12.** 635—36. Mai 1951. Strasbourg, Univ., Inst. de Phys., u. Alexandria, Faruk I Univ., Phys. Dep.) GOTTFRIED. D 184

Jean-Michel Dunoyer, *Beobachtungen über die Kristallisationsformen des Octanols.* Bei *Octanol-(1)* waren Anomalien der DK. dicht unterhalb des F. (—17°) beobachtet worden. Zur weiteren Unters. dieser Beobachtung stellte der Vf. Pulveraufnahmen des Alkohols bei verschied. Tempp. zwischen —19° u. —120° her. Aufnahmen bei —19° lieferten 4 wenig intensive, aber scharfe Linien, die sich bis jetzt jedoch noch nicht deuten ließen. Die Lage der Interferenzen weist aber jedenfalls nicht auf kub., tetragonale oder hexagonale Symmetrie hin. Diagramme zwischen —25° u. —61° ließen sich hexagonal mit den Dimensionen a = 4,468 Å; c = 7,282 Å indizieren. Bei tieferen Tempp. verschwindet diese hexagonale Struktur wieder, u. man erhält bis zu —120° das gleiche Diagramm, welches bei —19° erhalten worden war. (C. R. hebd. Séances Acad. Sci. **233.** 41—42. 2/7. 1951.) GOTTFRIED. D 190

Philip Frank Eiland und **Ray Pepinsky,** *Röntgenuntersuchung von Eisen-bis-cyclopentadienyl.* Drehkristall- u. WEISSENBERG-Aufnahmen an *Eisen-bis-cyclopentadienyl* ergaben monokline Struktur mit a = 9,00 Å; b = 7,52 Å; c = 5,94 Å; β = 92,5°. Raumgruppe ist $P\,2_{1/a}$. Mit einer gemessenen D. von 1,516 erhält man Z = 2. Die beiden Fe-Atome liegen an den Zellecken u. dem Mittelpunkt der Zelle. Die Symmetrie verlangt, daß das Mol. zentrosymm. ist mit dem Fe-Atom in dessen Zentrum. Eine Elektronendichteprojektion auf die (x, y)-Ebene ergab eine Bestätigung der von anderen Seiten vorgeschlagenen scheibenförmigen (sandwich) Struktur. Die C–C-Abstände im planaren Mol. sind 1,41 Å, der Abstand Fe–C = 2,0 Å. (J. Amer. chem. Soc. **74.** 4971. 5/10. 1952. State College, Pa., Pennsylvania State Coll., Dep. of Phys., X-Ray and Crystal Analysis Labor.) GOTTFRIED. D 195

J. Monteath Robertson, *Die Kristallstruktur von Kupfertropolon und die Dimensionen des Tropolonrings.* Kupfertropolon, $(C_7H_5O_2)_2Cu$, krist. aus Bzl. oder A. in sehr feinen glänzenden grünen Nadeln mit der c-Achse als Nadelachse. Die monokline Zelle hat die Dimensionen a = 11,60 ± 0,05 Å; b = 13,82 ± 0,02 Å; c = 3,80 ± 0,005 Å; β angenähert 93°. Raumgruppe ist C_{2h}^5—$P\,2_{1/a}$; Z = 2. Die Struktur wurde durch eine zweidimensionale FOURIER-Analyse aufgeklärt. Es wurden die folgenden x- u. y-Parameter festgelegt (wegen der Bezeichnung vgl. die nebenst. Figur): Cu (x = 10; (y =) 0; O_1 0,137; —0,025; O_2 0,058; 0,134; C_1 0,203; 0,054; C_2 0,157; 0,140; $(CH)_3$ 0,209; 0,229; $(CH)_4$ 0,317; 0,260; $(CH)_5$ 0,408; 0,201; $(CH)_6$ 0,397; 0,104; $(CH)_7$ 0,310; 0,036. Mit der durchgeführten Analyse konnten die z-Parameter nicht direkt erhalten werden. Die 7 C-Atome liegen prakt. auf einem Kreis mit dem Radius 1,61 Å. Die interatomaren Abstände sind aus der Figur zu ersehen. Der Abstand 1,34 Å zwischen C_1 u. O_1 entspricht einer C—OH-Bindung, der zwischen C_2 u. O_2 mit 1,25 einer C=O-Bindung. Daß O_1 tatsächlich einer OH-Gruppe entspricht, beweist der

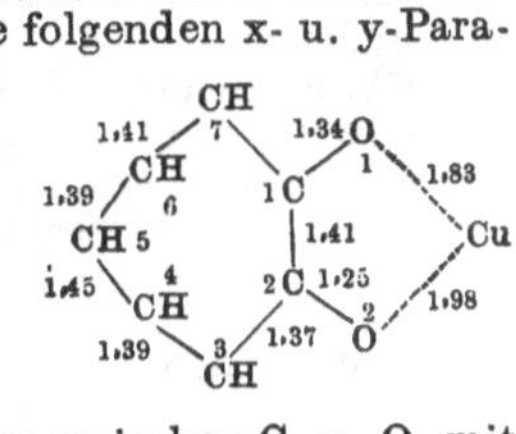

Abstand von 1,83 Å zwischen O_1 u. Cu, während der andere Abstand wesentlich größer ist. Das Cu-Atom liegt in der gleichen Ebene wie der Tropolonring. (J. chem. Soc. [London] **1951**. 1222—29. Mai. Glasgow, Univ., Chem. Dep.) GOTTFRIED. D 195

H. Krebs, *Über die Struktur des Kristallvioletts.* Zweck der vorliegenden Unters. war, auf röntgenograph. Wege eine Entscheidung über die Konstitutionsformel der Triphenylmethanfarbstoffe herbeizuführen; es handelte sich darum, festzustellen, ob sich die positive Ladung des Farbstoffions wesentlich auf das zentrale C-Atom konzentriert, oder ob sie sich durch Ausbildung eines mesomeren Syst. zwischen zwei Benzolkernen u. einem chinoiden Ringsyst. über die drei N-Atome verteilt. — Von dem Chlorid des Kristallvioletts wurden aus W. hexagonale Kristalle mit 9 Moll. H_2O erhalten. Die Elementarzelle hat die Dimensionen a = 16,0 Å; c = 7,8 Å; Z = 2; Raumgruppe C_{3v}^4. Da Z = 2 ist, ist die Lage des zentralen C-Atoms festgelegt; es liegt entweder in 0, 0, z u. 0, 0, z + ½ oder in $^1/_3$, $^2/_3$, z u. $^2/_3$, $^1/_3$, z + ½. Zur Aufklärung der Struktur wurden noch das Bromid, das Jodid u. das Nitrat röntgenograph. untersucht. Hierbei ergab sich, daß nicht nur die Abmessungen der Elementarzellen innerhalb der Meßgenauigkeit übereinstimmen, sondern daß auch die Intensitäten entsprechender Interferenzen gleich sind. Hieraus kann geschlossen werden, daß das Gitter des Kristallvioletts gerüstartig von den Farbstoffionen aufgespannt u. die Lage der Anionen weitgehend unbestimmt sein muß. Es werden zwei Strukturvorschläge gemacht, zwischen denen vorläufig eine Entscheidung nicht zu treffen ist, u. zwar 1. mit dem zentralen C-Atom in $^1/_3$, $^2/_3$, z u. $^2/_3$, $^1/_3$, ½ + z; die Dimethylaminogruppen müssen dann so liegen, daß sie den Raum zwischen den Benzolkernen der benachbarten Moll. ausfüllen. In dieser Struktur müssen die Ionen annähernd plan gebaut sein; ferner bilden sich Röhren aus, in denen die Anionen weitgehend beweglich angeordnet sind. Bei dem zweiten Vorschlag hat das zentrale C-Atom die Lagen 0, 0, z u. 0, 0, ½ + z. Hier liegen die Farbstoffionen geldrollenartig übereinander, können aber um die c-Achse gegeneinander verdreht sein. Die einzelnen Rollen werden durch elektrostat. Wechselwrkg. zwischen den Farbstoffionen u. den in den Zwischenräumen befindlichen Anionen zusammengehalten. (Fortschr. Mineralog. **26**. 79—82. 1947; ausg. 1950. Bonn.) GOTTFRIED. D 195

Reino Näsänen, *Potentiometrische und spektrophotometrische Untersuchungen des 8-Oxychinolins und seiner Derivate.* 6. Mitt. *8-Oxychinolin–Chelat-Verbindungen des Kobalts, Bleis und Nickels in wässerigen Lösungen.* (5. vgl. C. **1953**. 7049.) Vf. bestimmt nach der früher mitgeteilten Meth. die Komplexkonstanten (K.) u. die Löslichkeitsprodd. (L.) der Chelatverbb. des *8-Oxychinolins* (**I**) mit Co, Pb u. Ni. Die pK- Werte sind pK_1'' = 6,09 für $CoOx^+$, 5,72 für $PbOx^+$ u. 5,47 für $NiOx^+$. Für L. ergeben sich die Werte pS_0 = 24,77 für $CoOx^+$, 22,00 für $PbOx^+$ u. 26,05 für $NiOx^+$. Diese Werte u. die früher für die Chelatverbb. des **I** mit Ba, Sr, Ca, Mg, Cd, Zn u. Cu gefundenen werden miteinander verglichen u. die Stabilität der Verbb. diskutiert. Die Reihenfolge der Stabilität ist die gleiche wie bei anderen Chelatverbindungen. (Suomen Kemistilehti B **26**. 11—15. 1953. Helsinki, Inst. of Technol., Labor. of Phys. Chem.) NIEMITZ. D 223

E. C. Lumb und **P. A. Winsor,** *Hydrotrope Extraktion von gewissen sauerstoffhaltigen organischen Verbindungen.* Es werden Unterss. durchgeführt, um sowohl die theoret. als auch prakt. Möglichkeiten zu prüfen, O-haltige organ. Verbb. aus KW-stoffen mit Hilfe der Extraktion mit konz. wss. Lsgg. von hydrotropen Salzen, z. B. Na- oder K-Butyrat oder -Hexoat usw. zu entfernen. Der Einfl. der Temperaturänderung, der Konz., der Änderung der chem. Struktur der extrahierten Verbb. u. der extrahierenden Salze, sowie der Zugabe von anorgan. Salzen auf die Wirksamkeit der Extraktion wird an Hand zahlreicher Versuchsreihen untersucht. Geprüft wurde bes. die Extraktion von *Octanol-(1)*, *-(2)* u. *Undecanol-(1)*, sowie *n-Nonansäure*, *2-* u. *4-Äthylhexanol-(1)*, *Hexanol-(1)* aus n-Hexan u. anderen KW-stoffen bzw. KW-stoffgemischen. Zahlreiche Kurven u. Diagramme, aus denen hervorgeht, daß man bei Verwendung von hydrotropen Salzen mit niedrigem Mol.-Gew. eine große Anzahl O_2-haltiger Verbb. aus KW-stoffen extrahieren kann, wobei auch noch verwandte sauerstoffhaltige Verbb. voneinander mit zufriedenstellenden Ergebnissen getrennt werden können. Emulsionen treten nicht auf, die Extrakte können durch Verdünnen mit W. oder durch Dest. aus dem Extraktionsmittel isoliert werden. — 12 Literaturhinweise. (Ind. Engng. Chem. **45**. 1086—93. Mai 1953. Chester, England, Thonton Res. Centre, Shell Petroleum Co., Ltd.) K. O. MÜLLER. D 224

Mansel Davies, Percy Jones, D. Patnaik und **E. A. Moelwyn-Hughes,** *Die Verteilung niedriger Fettsäuren zwischen Wasser und einer Reihe von Lösungsmitteln.* Untersucht wird das Verh. von *Essigsäure* u. *Propionsäure* bei der Verteilung zwischen W. u. n-Heptan, Bzl., Schwefelkohlenstoff, Chlorbenzol, Nitrobenzol u. Chlf., sowie Leichtbenzin. Angegeben werden die Gleichgewichtskonstanten, die Mischungswärmen u. die Mischungsentropien. Vff. untersuchen weiter die Dissoziation von Doppelmoll. in verschied. Lösungsmitteln u. setzen sie in Beziehung zur DK. des Lösungsmittels. In der Dampfphase ist die Zunahme der inneren Energie durch Aufspaltung von Doppelmoll. 14,5 kcal, in unpolaren Lösungsmitteln 9 kcal u. in polaren ca. 6 kcal. Die Unterss. bestätigen, daß die Anziehungskräfte bei dimeren Moll. hauptsächlich elektrostat. Natur sind. (J. chem. Soc. [London] **1951**. 1249—52. Mai. Aberystwyth, Univ. Coll. of Wales, Edward Davies Chem. Labor., u. Cambridge, Univ., Dep. of Phys. Chem.) v. SCHIESZL. D 224

Robert L. Bohon und **W. F. Claussen,** *Die Löslichkeit aromatischer Kohlenwasserstoffe in Wasser.* UV-Spektralphotometr. werden die Löslichkeiten von *Bzl.* (**I**), *Toluol* (**II**), *Äthylbenzol* (**III**), *m-* (**IV**) u. *p-Xylol* (**V**), *Naphthalin* (**VI**) u. *Biphenyl* (**VII**) in W. zwischen 0—40° gemessen. Je größer die zu lösenden Moll. sind, umso geringer ist die Wasserlöslichkeit. Aus dem Temperaturkoeff. der Löslichkeit werden die Lösungswärmen u. die Lösungsentropien berechnet. Die Löslichkeit von **II** in W. wird durch die Zugabe von 0,4 mol $AgNO_3$ sehr stark erhöht. Trägt man die Löslichkeiten über 1/T auf, so zeigen die Kurven ein Minimum bei 18° bei den Stoffen **I**—**V**, welches Vff. einer speziellen Wechselwrkg. des Benzolringes mit den Wassermoll. zuschreiben. Dieses Minimum zeigt **II** in der $AgNO_3$-Lösung nicht. Wechselwirkungen zwischen Lösungsm. u. gelöstem Stoff weisen Vff. durch die Verschiebung der Absorptionsmaxima beim Übergang von einem Lösungsm. zum anderen für **II**, **VI** u. **VII** in W., n-Heptan, A. bzw. Methylalkohol nach. (J. Amer. chem. Soc. **73**. 1571—78. April 1951. Champaign, Ill., Univ., Noyes Labor.) v. SCHIESZL. D 224

Richard H. Wiley und **Newton R. Smith,** *Gegenseitige Löslichkeit von 4.6-Dimethyl-1.2-pyron und Wasser.* (1. Mitt. *2-Pyron.*) Es wurden die Löslichkeitsbeziehungen zwischen 4.6-Dimethyl-1.2-pyron (**I**) u. W. untersucht. Die Ablesung der Tempp. erfolgte an einem Punkt definitiver Trennung der Phasen. Dieser Trennung ging eine deutliche Opalescenz voraus, so daß eine genaue Temperaturbest. nicht leicht war. Die beobachteten niedrigsten u. höchsten Tempp. für das Auftreten von zwei Phasen waren 59,7 ± 0,5° u. 86,3 ± 0,50°. In Systemen, die weniger als 25 u. mehr als 50 Gew.-% **I** enthielten, waren die beiden Fll. oberhalb 51,5°, dem F. des **I**, vollkommen mischbar. Die Erklärung für das Verh. ist, daß unterhalb der unteren krit. Temp. Verbindungsbldg. vom H-Bindungstyp die Löslichkeit der organ. Verb. vergrößert. (J. Amer. chem. Soc. **73**. 1383—84. März 1951. Louisville, Ky., Univ., Dep. of Chem.) GOTTFRIED. D 224

M. J. S. Dewar, *Anwendungen der Elektronentheorie auf organische Reaktionen.* Vf. zeigt die Anwendbarkeit der modernen Elektronentheorie auf organ. Reaktionen. Bes. behandelt werden die Bldg. von Diazoniumsalzen, deren Stabilität, die SANDMEYERsche-Rk., die Azokupplung, die Red. der Azoverbb. zu Aminen, die aromat. Substitution, Umlagerungen, die FRIEDEL-CRAFTS-Rk. u. in diesem Zusammenhang die bes. Rolle des $AlCl_3$ als Katalysator in der Erdöltechnologie. (Research **3**. 154—59. April 1950. Maidenhead, England, Courtaulds Ltd., Res. Labor.) ZIMMER. D 225

Gus A. Ropp, Vernon F. Raaen und **Arthur J. Weinberger,** *^{14}C-Isotopeneffekte in der organischen Chemie.* Vff. untersuchten einige Umsetzungen mit ^{14}C-markierten Verbindungen. Folgende Rk. zeigten Isotopeneffekte: 1. Zers. von *^{14}C-Quecksilberformiat* bei 80° in CO_2, Hg u. HCOOH, 2. die Umsetzung von *$^{14}C_{(\alpha)}$-Acetophenon* (**I**) mit *2.4-Dinitrophenylhydrazin* (**II**) sowie 3. mit *Semicarbazid*, 4. die Rk. von *$^{14}C_{(\alpha)}$-Benzophenon* (**IV**) mit **II**. Bei folgenden Rkk. trat kein Isotopeneffekt auf: 5. Addition von Br_2 an *$^{14}C_{(\alpha)}$-Styrol* (**V**), an *$^{14}C_{(\beta)}$-Styrol* [beide Rkk. bei —80°]; an *$^{14}C_{(\alpha)}$-Zimtsäuremethylester* [→ $^{14}C_{(\alpha)}$-Dibromzimtsäuremethylester, F. 119° (Methylalkohol)] oder *$^{14}C_{(\beta)}$-Zimtsäuremethylester* [beide Rk. bei 25°]; DIELS-ALDER-Rk. von *$^{14}C_{(\beta)}$-Nitrostyrol* (**VI**) u. *2.3-Dimethylbutadien*; Absorption von $^{14}CO_2$ in *Benzylamin* bzw. in 0,1n NaOH. Vff. nehmen an, daß die bei Rk. 1 gefundene Isotopenfraktionierung auf einen Mechanismus zurückzuführen ist, bei dem der geschwindigkeitsbestimmende Schritt der Bruch einer C—O- oder C—Hg-Bindung ist. Für die säurekatalysierte Rk. 2 wurde das Verhältnis $k_{(14)}/k_{(12)}$ bei +25° zu 0,964, bei —25° zu 0,909 gefunden. Daraus läßt sich eine Differenz der Aktivierungsenergien nach ARRHENIUS von ~50 cal/Mol berechnen. Die Umkehrbarkeit der Rk. 3 wurde untersucht, indem **I** u. unmarkiertes Acetophenonsemicarbazon (**III**) miteinander gemischt wurden. Auch nach 20 Std. war in **III** keine Aktivität festzustellen. Für Rk. 4 wird $k_{(14)}/k_{(12)}$ mit 0,934 angegeben. Das Ausbleiben der Isotopenfraktionierung bei den CO_2-Absorptionsverss. erklären Vff. mit einem CO_2-Austausch zwischen fl. u. Gasphase u. Diffusionserscheinungen. — Für das Ausbleiben einer Isotopenfraktionierung bei den Bromierungen u. der DIELS-ALDER-Rk. konnte noch keine Erklärung gefunden werden.

Versuche: $^{14}C_{(\alpha)}$-*Acetophenon* (I), aus $^{14}C_{(1)}$-Acetylchlorid u. Bzl. nach FRIEDEL-CRAFTS. Entsprechend $^{14}C_{(\alpha)}$-*Benzophenon* (IV) aus Benzoylchlorid (aus $^{14}C_{(\alpha)}$-Benzoesäure). Bei Prüfung der Reversibilität der Rk. 5. unter Verwendung von Styrolbromid (F. 73—74° [A.]) u. V bzw. von $^{14}C_{(\alpha)}$-1.2-Dimethyl-4-nitro-5-phenylcyclohexen-(1) (F. 91,5—92,5° [A./W.]) u. VI gelang in keinem Fall der Nachw. eines Austauschs. (J. Amer. chem. Soc. **75**. 3694—97. 5/8. 1953. Oak Ridge, Tenn., Oak Ridge Nat. Labor., Chem. Div.) PAULIG. D 225

Hans von Euler, Hans Hasselquist und **Olof Ceder,** *Reduktone und Endiol-Umlagerungen in saurer und alkalischer Lösung.* Die Umlagerung von 3,2 ·10⁻⁵ mol *Dibenzoylcarbinol* (I) in sein Endiol wurde spektrophotometr. bei 20° u. p_H 12,87 verfolgt u. eine Rk. 1. Ordnung (k = 4,13 ·10⁻² min⁻¹) gefunden. Unter p_H 7,15 wurde keine Veränderung der UV-Absorption festgestellt, während bei p_H 8 das Maximum bei 2450 Å vollständig verschwand. — Die Titration des I mit TILLMANS-Reagens (TR) entsprach völlig den Ergebnissen u. Schlüssen von KARRER u. Mitarbeitern (C. **1953**. 4367). Es wurde die p_H-Abhängigkeit der Rk. zwischen *Ascorbinsäure* (II), *Triosereduktion* (III), *Dioxymaleinsäure* (IV), *Reduktonmonoanil* (V) bzw. α-*Aminoacetophenon* (VI) u. TR titrimetr. untersucht u. durch UV-Absorptionsmessungen von III u. seinem Na-Salz, von IV sowie von V–HCl- u. V–Na-Salz bei verschied. p_H-Werten unterstützt. Bei p_H 11 ist für II, bei p_H 8,9 für III u. bei p_H 7,3 für V das Minimum der Reaktionsgeschwindigkeit, das bei II zwischen n/250 u. n/5 Lsgg. nur gering Konz.-abhängig (p_H 11 → 9,8) ist. Da Citrat-, Glycinat- u. Boratpuffer starken Einfl. auf die Rk. mit III haben, wird auf Teilnahme von III-Salzen oder -Komplexen an der Rk., gegebenenfalls durch Einfl. auf eine Chelatisierung, geschlossen. VI hat $< p_H$ 8 schwächere reduzierende Eigg., da es unter Wasserabspaltung u. Bldg. einer Hydropyrazinverb. (vgl. GABRIEL [1908]) mit sich selbst reagiert. Für die Geschwindigkeit der Umlagerung von 4 ·10⁻⁵ mol VI in die Enaminform war bei 20° u. p_H 12,87 k = 2,58 ·10⁻² min⁻¹. Ferner wurde *N-[Dibenzoylmethyl]-phthalimid* titrimetr. mit TR untersucht, wobei pro Mol 0,9 Mol Enol gefunden wurde. — Die UV-Spektren des Na-Salzes von I sowie von *Benzoesäure* u. von TR (*Dichlorphenolindophenol*) werden angegeben.

Versuche: *Dibenzoylcarbinol* (I), F. 110—111°, aus Dibenzoylcarbinylbromid über das Acetat, nach NEUFVILLE u. v. PECHMANN (1890); *Na-Salz*, aus I in A. unter N_2 mit 4%ig. alkoh. NaOH; gibt an der Luft in Lsg. Na-Benzoat, unter N_2 mit HCl ein red. nicht kristallisierbares, gelbes Öl. — *Reduktonmonoanil* (IV)-*HCl-Salz*, $C_9H_9O_2N$ · HCl, goldgelbe Prismen vom F. 158—160°, aus der konz. methanol. Lsg. von IV u. Zutropfen von konz. HCl. — *N-[Dibenzoylmethyl]-phthalimid*, $C_{23}H_{15}O_4N$, F. 193—194° (Bzl.), aus Dibenzoylbrommethan u. Phthalimidkalium 90 Min. bei 150°, Kristallkuchen mit 4%ig. $NaHCO_3$-Lsg. aufnehmen u. nach Waschen mit Methanol aufkochen. — α-*Aminoacetophenon* (VI), F. 184—185° (Methanol), durch Kochen von Phenacylphthalimid 1 Std. mit 20%ig. HCl u. Abtrennen der Phthalsäure. (Liebigs Ann. Chem. **581**. 198—210. 1953. Stockholm, Univ., Inst. for organ.-chem. Forsch.) GNAUCK. D 225

David H. Volman, *Methylradikal-induzierte Polymerisation von gasförmigem Butadien.* Die Polymerisation von gasförmigem *Butadien* (I) wird bei Tempp. zwischen 140 u. 161° u. Drucken zwischen 40 u. 470 mm Hg manometr. untersucht, wobei zur Ketteneinleitung freie Methylradikale aus dem therm. Zerfall von Di-tert.-butylperoxyd (II) verwandt werden. Die Polymerisationsgeschwindigkeit folgt der Gleichung $-d[M]/dt = k[M][C]^{1/2}$, wobei [M] bzw. [C] den Druck von I bzw. II bedeuten u. die Bruttogeschwindigkeitskonstante k in der Form $k = k_p(k_i/k_t)^{1/2}$ durch die Geschwindigkeitskonstanten der Kettenfortführung (k_p), des Kettenstartes (k_i) u. des Abbruchs (k_t) dargestellt werden kann. k ergibt sich zu 0,055 (Mol/Liter)$^{-1/2}$ sec^{-1} bei 151° mit einer Temperaturabhängigkeit entsprechend einer scheinbaren Aktivierungsenergie E = 22,1 kcal/Mol. Da für den Kettenabbruch, wie begründet wird, $E_t = 0$ angenommen werden kann u. für den Kettenstart (den monomol. Zerfall von II) nach Messungen von GEORGE u. WALSH (Trans. Faraday Soc. **42**. [1946.] 94) u. RALEY, RUST u. VAUGHAN (C. **1949**. I. 278) E_i = 39,1 kcal/Mol beträgt, folgt für die Kettenfortführung aus der Beziehung $E = \frac{1}{2}E_i + E_p - \frac{1}{2}E_t$ ein Wert E_p = 2,6 kcal/Mol. (J. chem. Physics **19**. 668—70. Juni 1951. Davis, Calif., Univ., Coll. of Agricult., Div. of Chem.) REITZ. D 225

André Broche und **René Gibert,** *Kinetische Untersuchung der Aldolkondensation. 2. Mitt. Dilatometrische Methode: Apparatur.* Vff. beschreiben eine App. zur kinet. Unters. von Rkk. nach der dilatometr. Meth., bestehend aus Thermostat mit einer Temperaturkonstanz von ±1/1000 bis ±5/10000°, Dilatometer, Kathetometer u. magnet. Rührvorrichtung. Bereits 30 Sek. nach Reaktionsstart ist Messung möglich.

Vff. untersuchten damit Aldolkondensation von 0,0909 mol. *Acetaldehyd* bei 11° u. zeigen, daß sie zu genaueren Ergebnissen kommen als BELL (J. chem. Soc. [London] **1937.** 1637). (Bull. Soc. chim. France, Mém. [5] **20.** 51—53. Jan. 1953. Clermont-Ferrand, Fac. des Sci.) GNAUCK. D 225

G. Haugaard, L. Tumerman und **H. Silvestri,** *Eine Untersuchung der Reaktion von Aldosen mit Aminosäuren.* Es wird eine neue Technik zur Unters. der Rk. zwischen Aldosen u. Aminosäuren (**A**) entwickelt. Hierbei werden an **A** gesätt. Lsgg. mit **A** als Bodenkörper verwandt u. der N-Geh. der Lsgg. analyt. ermittelt. Da mit fortschreitendem **A**-Verbrauch weiteres **A** in Lsg. gehen muß, ist die Zunahme des N-Geh. ein direktes Maß für die Reaktion. Aus den Kurven, die sich bei Auftragen des N-Geh. als Funktion der Zeit ergeben, können die Geschwindigkeit der Bldg. der SCHIFFschen Base (**S**), ihre Konz. im Gleichgewicht (u. damit die Geschwindigkeit ihres reversiblen Rückzerfalls in die Ausgangsstoffe) u. die Geschwindigkeit eines gegebenenfalls irreversiblen Zerfalls der **S** in N-haltige Abbauprodd. abgeleitet werden. Die Meth. wird auf die folgenden **A**-Aldosesysteme unter alkal. Bedingungen (p_H 9,2) bei 24° angewandt: *dl-Leucin* (**II**)-*Glucose* (**I**), *dl-Valin* (**III**)-**I**, *l-Leucin*-**I**, **III**-*Lactose*, **II**-*Arabinose*, **II**-*2.3-Dimethylglucose.* Das an 1. Stelle genannte Syst. wird genauer untersucht; es zeigt sich ein gewisser p_H-Einfl. entsprechend dem Einfl. des p_H auf die Dissoziation der **A**. Aus der Temperaturabhängigkeit zwischen 0 u. 40° folgt eine Aktivierungsenergie von 19,7 kcal/Mol. Lactose u. **III** reagieren in äquimol. Verhältnis. Die spezif. Drehung der aus l-Leucin u. **I** erzeugten **S** ist $[\alpha]_D^{20}$ —42,6°. Der Zusammenhang zwischen Zers. der **S** u. Bldg. einer braunen Substanz aus **A** u. Aldose, z. B. beim Kochen unter Rückfluß, wird erörtert. Kinet. Verss. stützen die Annahme, daß die Bräunungs-Rk. in einer Kondensation der **A** mit Kohlehydratabbauprodd. besteht, welch letztere aus dem irreversiblen Zerfall der **S** stammen. (J. Amer. chem. Soc. **73.** 4594—4600. Okt. 1951. Oakdale, N. Y., Nat. Dairy Res. Labor.) REITZ. D 225

K. E. Howlett, *Untersuchungen über unimolekulare Zersetzungen von Chlorkohlenwasserstoffen.* 5. Mitt. *Die Wirkung inerter Gase auf unimolekulare Reaktionen und mögliche Fälle von cis-Additionen.* (4. vgl. C. **1953.** 6455.) Im Anschluß an die 2. Mitt. (C. **1953.** 4838) untersuchte Vf. bei 343° den Einfl. von kinet. inerten Gasen auf die unimol. Zers. von *Äthylidenchlorid* (**I**) u. berechnete daraus die Pyrolysengeschwindigkeitskonstante k bei hohen Drucken. Es wurde die relative Durchschnittswirksamkeit der Energieübertragung auf **I** (bezogen auf **I** = 1) berechnet durch Vgl. des Drucks des zugegebenen Gases mit dem von **I**, der den gleichen Anstieg der k bewirken würde: für *HCl* 0,93, *Vinylchlorid* (**II**) 1,01, *Äthylen* (**III**) 1,35, N_2 0,52, *He* 0,25 u. eine 1 : 1-Mischung HCl + **II** 0,50. Jedes dieser Gase hatte bei beträchtlichen Zugaben keinen Einfl. auf die k bei hohen Drucken; es tritt also keine „chem." Katalyse auf. Wie zu erwarten, steigt die relative Wirksamkeit mit der chem. Reaktionsfähigkeit u. der Mol.-Größe. Auch eine 1 : 1-Mischung von HCl u. **III** hatte eine nicht additive Wrkg. auf k, während in N_2–HCl- u. N_2–**II**-Mischungen (1 : 1) jede einzelne Komponente ihren Effekt additiv ausübt. Der nichtadditive Effekt wird auf Rk. der Komponenten untereinander zurückgeführt u. thermodynam. erklärt, indem die Moll. hohen Energieinhalts, die die Energieübertragung auf Substratmoll. vornehmen könnten, durch Verbindungsbldg. verschwinden unter Verteilung ihres Energieinhaltes. Diese Erklärung erfordert Annahme einer cis-Addition. Da ein C-haltiger Oberflächenfilm im Reaktionsgefäß verwendet wurde, der nach BARTON (vgl. C. **1950.** II. 980.) cis-Eliminierungen fördert, sieht Vf. diese Annahme als zutreffend an. (Chem. and Ind. **1952.** 1175—76. 29/11. London, Bedford Coll., Chem. Dep.) GNAUCK. D 225

Charles D. Hurd und **Julian L. Azorlosa,** *Deuterium-Kennzeichnung bei der Pyrolyse von Butan und Propylen.* (Vgl. HURD u. SPENCE, J. Amer. chem. Soc. **51.** [1929.] 3353.) Vff. stellen *Butan-1-d* (**I**), *1.2-Dibrompropan-3-d* (**II**) u. *Propen-3-d* (**III**) her. Sie untersuchen die Pyrolyse von **I** u. **III**. Dadurch soll entschieden werden, ob das nach der Rk. wiedergewonnene **I** bzw. **III** tatsächlich unumgesetztes Ausgangsmaterial ist (Fall 1), oder ob **I** bzw. **III** während der Pyrolyse regeneriert werden (Fall 2). Die „unzers. Fraktion" von **I**, die nach der Pyrolyse wiedergewonnen wurde, enthielt weniger D als das Ausgangsmaterial, während die unzers. Fraktion von **III** den gleichen D-Geh. aufwies wie das Ausgangsmaterial. Nach diesem Ergebnis muß also nicht ausschließlich der Fall 1 eintreten. Diese Ergebnisse werden durch einen Mechanismus, in dem das Auftreten freier Radikaler angenommen wird, erklärt, sie bestätigen frühere Annahmen, daß sich aus n-Butyl-Radikal leichter Butan bildet als aus sek.-Butyl. Es wurde eine Meth. zur Trennung von Butan u. Propen von den anderen bei der Pyrolyse entstehenden Prodd. gefunden. Olefine wurden von gesätt. KW-stoffen durch Schütteln mit H_2SO_4 getrennt. Zwischen **I** u. 38%ig. H_2SO_4 erfolgt innerhalb der Zeit, die erforderlich ist, um Buten zu absorbieren, kein D–H-Austausch.

Versuche: *Butan-1-d* (I), $Kp._{750}$ —0,5 bis —0,2°, aus einer *Grignard*-Lsg. aus 100 g Butylbromid in Dibutyläther mit 11,0 g D_2O (99,5% ig); 27,6 g (Ausbeute). — *1.2-Dibrompropan-3-d* (II), $Kp._{60}$ 66—67°, über die Stufen Acetanhydrid + D_2O → Essigsäure-d, Rk. mit Zn-Staub u. Allylchlorid in Dioxan, Einleiten von III in Br_2 in CCl_4 bei —5°; 75,5% (bezogen auf D_2O). — *Propen-3-d* (III), Kp. —44 bis —43°, durch Eintropfen von II in sd. A. mit Zn-Staub; 78%. (J. Amer. chem. Soc. **73**. 33—37. Jan. 1951. Evanston, Ill., Northwestern Univ., Chem. Labor.) J. MATTNER. D 225

C. E. Boozer und **E. S. Lewis,** *Die Zersetzung von sekundären Alkylchlorsulfiten.* 2. Mitt. *Lösungsmitteleffekte und Mechanismen.* (1. vgl. C. **1953**. 3057.) Opt.-akt. *Butyl-(2)* (I), *Pentyl-(2)* (II) u. *Octyl-(2)-chlorsulfit* (III), aus den entsprechenden (+)-Alkoholen von ca. 10% ig. opt. Reinheit erhalten, wurden in verschied. Lösungsmitteln unter N_2 zers., wobei neben SO_2 u. Alkylchlorid RCl auch Olefin u. HCl entsteht. I ergab [in () Temp., Ausbeute an RCl u. Olefin in %, Drehungsrichtung u. opt. Reinheit von RCl in % bezogen auf 100% ig. opt. reinen Ausgangsalkohol] in *Dioxan* (IV) (62°; 50%; —; +96,5%), *Tetrahydropyran* (62°; 40%; —; +98,2%), *Äthylenchlorid* (V) (76°; 10%; —; +55%), *Cyclohexanon* (78°; 40%; —; —36%), *Acetonitril* (62°; 30%; —; —64%), IV + 10^{-3} mol *Pyridinhydrochlorid* (30,5°; 51%; —; —67%) u. in *Toluol* (VI) (62°; 50%; —; —95%); II in IV (76°; 46%; 20%; +98,5%) u. in *Äthylenbromid* (62°; 30%; 40%; +32%); III in *Tetrahydrofuran* (VII) (71°; 34%; 56%; +35%), *Dioxolan* (VIII) (74°; 11%; 52%; +20%), *Acetophenon* (77°; 15%; —; —18%), *Acetal* (IX) (77°; 9%; 29%; —27%), *Isooctan* (X) (100°; 38%; 15%; —43%), *Thiophen* (74°; 27%; 38%; —49%), *Kerosin* (111°; 20%; —; —78%) u. ohne Lösungsm. (70°; 60%; —; —93%). Da Alkohole u. RCl gleicher Konfiguration auch gleichen Drehungssinn haben, zeigt negative Drehungsrichtung Inversion an. Die Kinetik der Rkk. wurde zum Teil spektrophotometr. bei **234** mμ, in einem Fall (**III in IV**) polarimetr. verfolgt u. folgende monomol. Reaktionsgeschwindigkeitskonstanten k erhalten: [in () $k_1 \cdot 10^4$ in sec^{-1}; Temp.] I in IV (56; 99° bzw. 9,8; 77,5° bzw. 2,18; 61,5°), in X (0,167; 96°), in VI (2,262; 96°), II in V (5,8; 74°) u. in *Di-n-butyläther* (XI) (1,0; 99°); III in IV (10; 76,5°), VII (4,0; 71°), VIII (26; 74°) u. in IX (6,0; 76,5°). Da III nahe beim Kp. gemessen wurde, ist das gewonnene (+)-*2-Chloroctan* durch die (—)-Verb. verunreinigt u. daher das Ausmaß der Inversion zu hoch angegeben. In XI wurde nur *Penten-(2)*, aber kein 2-Chlorpentan isoliert. Alkylchloride wurden ebenfalls nicht bei Zerss. in *Diisoamyläther*, *Butylbromid* u. *Nitrobenzol* gefunden, in *Nitromethan* ergab I eine nicht identifizierte, krist. Verb. vom F. 144—146°, während in *Dimethylformamid* die Rk. äußerst heftig verlief. In X ergab die Rk. nur unter schnellem N_2-Strom gute Konstanten 1. Ordnung, sonst verlief hier die Rk. autokatalyt., wobei offenbar HCl oder SO_2 als Katalysatoren wirksam sind. In IV, V u. VI waren die k_1-Werte vom N_2-Strom unabhängig; in den anderen Lösungsmitteln wurde Autokatalyse nicht bemerkt. Da die k_1-Werte nicht stark voneinander abweichen, wird angenommen, daß allg. als geschwindigkeitsbestimmender Schritt die Ionisation der S—Cl-Bindung unter Bldg. eines undissoziierten Ionenpaars anzusehen ist. Die langsamen Rkk. in den KW-stoffen werden teils ihrer geringen DK., teils ihrer niedrigen Ionensolvatisierungsfähigkeit zugeschrieben. Vff. nehmen an, daß 3 verschied. Mechanismen je nach Lösungsm. ablaufen können: 1. bei Erhaltung der Konfiguration wird nach Ionisierung der S—Cl- u. Schwächung der C—O-Bindung unter Abspaltung von Cl^- bzw. SO_2Cl^- das entstandene Carboniumion sofort durch ein geeignetes Lösungsmittel-Mol., z. B. IV, solvatisiert u. so eine Racemisierung verhindert. Durch Zusammenschluß des Carboniumions u. Cl^- wird unter Verdrängung des Lösungsmittel-Mol. nach der gleichen Seite das Alkylchlorid unveränderter Konfiguration gebildet. 2. In Lösungsmitteln wie VI, die weder nucleophile Eigg. haben noch Carboniumionen gut solvatisieren, wird das Ionenpaar bei Verlust von SO_2 bzw. SO_2Cl^- von der anderen Seite von Cl^- unter Inversion angegriffen. Der Unterschied zwischen 1. u. 2. ist durch die Folge der Solvatisierungsfähigkeit $Cl^- >$ IV $> SO_2 >$ VI verursacht. 3. Für die anderen Lösungsmittel wird wegen ihrer viel höheren DK. angenommen, daß durch eine Ionenketten-Rk. $Cl^- + ROSOCl \rightarrow ClR + SO_2 + Cl^-$ Inversion möglich ist. Die Kette wird durch $Cl^- + ROSO^+ \rightarrow RCl + SO_2$ abgebrochen, wobei die Reaktionsordnung zwischen 1 u. 1,5 liegen sollte. (Wegen meßtechn. Schwierigkeiten noch nicht sicher nachgewiesen.) Ein Anzeichen für die Asymmetrie des S-Atoms konnte sowohl bei den UV-Spektren als auch durch die opt. Drehung nicht entdeckt werden. — Die partielle Spaltung der Alkohole erfolgte über die Brucinsalze der Hydrogenphthalate. — *Pentanol-(2)*, Kp. 119,0—119,5°, n_D^{20} 1,4061. (J. Amer. chem. Soc. **75**. 3182—86. 5/7. 1953. Houston, Tex., Rice Inst., Dep. of. Chem.) GNAUCK. D 225

Leo H. Sommer, Walter P. Barie und **Jack R. Gould,** *Kinetik und Mechanismus der Methyl—Silicium-Spaltung durch Schwefelsäure.* 34. Mitt. *über Organosiliconchemie.*

(33. vgl. J. Amer. chem. Soc. **75.** [1953]. 2932.) Die volumetr. verfolgte Spaltung von 0,0278—0,0572 mol *β-Trimethylsilylpropionsäure* (**I**) durch 85—97%ig. H_2SO_4, bei der CH_4 entsteht, ergab bei 20° pseudomonomol. Reaktionsgeschwindigkeitskonstanten, aus denen durch Division mit der Konz. an undissoziierter H_2SO_4 befriedigende bimol. Reaktionsgeschwindigkeitskonstanten k_2 (1,20—1,54·10^{-4} Liter/Mol·Sek.) erhalten wurden. Zugabe von $NaHSO_4$ hatte Einfl. auf die Reaktionsgeschwindigkeit. Analog ergab *Chlormethyltrimethylsilan* (**II**) mit H_2SO_4 unter Abspaltung einer CH_3-Gruppe als CH_4 über Chlormethyltrimethylsilicoschwefelsäure nach Hydrolyse *symm. Bis-[chlormethyl]-tetramethyldisiloxan*. Da nur eine Methylgruppe aus **I** bzw. **II** abgetrennt wird, u. H_3PO_4, HCl bzw. Essigsäure keine Spaltung bewirken, nehmen Vff. einen ion. Mechanismus (Siliciumion) unter elektrophilem Angriff am C an; langsamer Schritt der Rk. ist Angriff von H_2SO_4 unter Bldg. von CH_4, Siliciumion u. HSO_4^-. — *Symm.-Bis-[chlormethyl]-tetramethyldisiloxan*, $C_6H_{16}OCl_2Si_2$, Kp.$_{21}$ 92°, aus **II** u. konz. H_2SO_4 unter Rühren 15 Min. bei 85—86° (starkes Schäumen), dann auf 105° erwärmen, n_D^{20} 1,4389; 80% Ausbeute. (J. Amer. chem. Soc. **75.** 3765—67. 5/8. 1953. State College, Pa., Whitmore Labor.) GNAUCK. D 225

F. Marshall Beringer und **Seymour Sands**, *Die Synthese, Säurestärke und Decarboxylierung von substituierten Mesitoesäuren.* Vff. stellten Derivv. von *Mesitoesäure* (**I**) dar, um den Einfl. von Substituenten in m-Stellung auf Rkk. u. Eigg. von **I** zu untersuchen. Synthetisiert wurden *3-Nitro-*(**II**), $C_{10}H_{11}O_4N$, F. 180—182° (50%ig. A.), (durch Nitrierung von **I**); *3-Amino-*(**III**), $C_{10}H_{13}O_2N$, F. 209—210° (10%ig. A.), (durch Hydrierung von **II**, [*5-Benzylthiuroniumsalz*, F. 178,5—179]); *3-Oxy-*(**IV**), $C_{10}H_{12}O_3$, F. 136,5—137,5 (W.), (durch Verkochen der Diazoniumverb. von **III**, [*α-Naphthylurethan*, F. 204—205°]); *3-Chlor-* (**V**), $C_{10}H_{11}O_2Cl$, F. 143,5—144° (W.-A.), (durch SANDMEYER-Rk. von **III**); *3-Brom-* (**VI**), F. 163,5° (W.-A.), (durch Bromierung von **I**); *3-Methyl-* (**VII**), F. 164—165° (A.), (aus *Mesityl-MgBr* mit Dimethylsulfat (→ *Isodurol*) Bromierung des Prod. u. Rk. der GRIGNARD-Verb. mit CO_2); u. *3-Äthylmesitoesäure* (**VIII**), $C_{12}H_{16}O_2$, F. 145—146° (A.-Hexan) (analog über Äthylmesitylen, [*5-Benzylthiuroniumsalz*, F. 164,5°]). — Als Säuredissoziationskonstanten (pK_a) der **I**-Derivv. ermittelten Vff. folgende Werte (in A.-W. [55:45] bei 22°): **II** 4,34; **VI** 4,84; **V** 4,84; **IV** 5,32; **I** 5,32; **III** 5,39; **VII** 5,40; **VIII** 5,50. Verglichen mit den pK_a Werten der entsprechenden Derivv. der Benzoesäure liegen die Werte etwas niedriger, nach Ansicht der Vff. beruht das auf ster. Hinderung. — Die Decarboxylierung der Säuren wurde in 83,0% H_2SO_4 u. 82,1% H_3PO_4 untersucht. Die Rk. ist 1. Ordnung. Bei 70° steigt die Reaktionsgeschwindigkeit in der Reihenfolge **IV** < **I** < **VII** < **VIII**, sie ist in H_2SO_4 größer als in H_3PO_4. In H_2SO_4 wurden für die Aktivierungsenergie E bzw. die Stoßzahlfaktoren log A [A in sec^{-1}] erhalten: **I** 27,7 [kcal/Mol]; 15,0; **VIII** 25,9; 14,4; **VII** 23,7; 13,9; **IV** 21,3; 10,3; in H_3PO_4: **I** 28,5; 13,8; **IV** 15,9; 6,1. Vff. deuten den Abfall der E- u. A-Werte mit steigender Donoreigg. des m-Substituenten durch Annahme der Decarboxylierung als einer elektrophilen Substitution. (J. Amer. chem. Soc. **75.** 3319—22. 20/7. 1953. Brooklyn, N. Y., Polytechn. Inst., Dep. of Chem.) PAULIG. D 225

L. J. Edwards, *Die Hydrolyse des Aspirins.* 2. Mitt. (1. vgl. Trans. Faraday Soc. **46.** [1950.] 723.) Es wird die Hydrolyse von *Aspirin* (**I**) im Temperaturbereich von 10—50° u. im p_H-Bereich von 1—13 untersucht. Für die **I**-Hydrolyse kommen prakt. nur die nachst. 4 der 6 möglichen, gleichzeitigen Rkk., die in der 1. Mitt. aufgestellt worden sind, in Betracht. (1) **I** + H_3O^+ → $HOC_6H_4CO_2H$ (**II**) + CH_3CO_2H (**III**) + H^+; (4) $(I)^-$ + H_3O^+ → **II** + **III**; (5) $(I)^-$ + H_2O → **II** + $(III)^-$ ⇌ $(II)^-$ + **III** u. (6) $(I)^-$ + OH^- → $(II)^-$ + $(III)^-$. Für die im Temperaturbereich von 10—50° aufgefundene monomol. Reaktionsgeschwindigkeitskonstante ergibt sich ein Ausdruck $k_{beob.} = k_1[H^+]/(1 + k/[H^+]) + (k_4[H^+] + k_5[H_2O] + k_6[OH^-])/(1 + [H^+]/k)$. Die bimol. Konstanten wurden aus vorst. Ausdruck erhalten, indem der p_H-Bereich wie folgt in einzelne Abschnitte aufgeteilt wurde: 0—1 $k_{beob.} = k_1[H^+] + k_4K$; 1—4 $= \{(k_1[H^+] + k_4K)[H^+] + 55{,}5\, k_5K\}/([H^+] + K)$; 4—6 $= (k_4[H^+]) + 55{,}5\, k_5K/([H^+] + K)$; 6—6,5 $= 55{,}5\, k_5$; 6,5—11 $= 55{,}5\, k_5 + k_6[OH^-]$ u. 11—14 $= k_6[OH^-]$. Die Hydrolyse wurde in Pufferlsgg. vorgenommen u. spektrophotometr. verfolgt. Die Dissoziationskonstante von **I** zwischen 10 u. 50° beträgt ca. $5 \cdot 10^{-4} > K > 1{,}5 \cdot 10^{-4}$. Für die Konstanten wurden nachst. Werte gefunden: $\log k_1 = 12{,}055 - 3416/T$; $\log k_4 = 13{,}650 - 3477/T$; $\log k_5 = 11{,}134 - 4007/T$ u. $\log k_6 = 22{,}632 - 5446/T \pm 5{,}5\%$, woraus sich die Aktivierungsenergien für (1) zu 15620, (4) 15900, (5) 18330 u. (6) 24910 cal/Mol. ergeben. (Trans. Faraday Soc. **48.** 696—99. Aug. 1952. Brockham Park, Betchworth, Surrey, Phys. Dep.) ZIMMER. D 225

R. S. H. Chiang und **J. E. Willard,** *Beweis des teilweisen Ausbleibens des Bruchs der Kohlenstoff-Brom-Bindung beim Isomerenübergang von* ^{80}Br. Beim Übergang von ^{80m}Br (Halbwertszeit 4,4 Std.) in den Zustand niedrigerer Kernenergie, ^{80}Br (Halbwertszeit 18 Min.) geht ein Teil der Energie durch Ausstoßen eines K- oder L-Elektrons verloren. Dabei bleibt ein positiv geladenes Bromion zurück. Diese positive Ladung kann erhöht werden, wenn an Stelle von Röntgenstrahlen AUGER-Elektronen ausgestoßen werden. Diese Ladungsänderung läßt das chem. Verh. unverändert, jedoch tritt das positiv geladene Bromion gewöhnlich aus der Stammverb. aus, entweder weil der Verlust von Bindungselektronen eine chem. Instabilität verursacht, oder wegen der durch die Ladungsverteilung über das ganze Molekül bedingten COULOMBschen Abstoßung, oder schließlich wegen der bei der Ladungsneutralisation frei werdenden Energie. Teilweise verbleibt aber auch ^{80}Br in der organ. Stammverb., entweder infolge Ausbleibens des Bruchs der C–Br-Bindung oder infolge von Rückbildung. Vff. untersuchten diese Erscheinung in fl. u. Gasphase an *Bromtrichlormethan* (I), *Brombenzol* (II), ***Methylbromid*** (**III**) u. ***Bromtrifluormethan*** (**IV**), die alle ^{80m} enthielten. Die Organobromverb. wurde jeweils mit einem großen Überschuß inakt. Broms mindestens 10 Halbwertszeiten von ^{80}Br (18 Min.) stehengelassen, so daß alle meßbaren Mengen von ^{80}Br während dieser Zeit entstanden sein mußten. Ein Bruch der C–Br-Bindung führt zum Austausch von akt. u. inakt. Br des Br_2, nach dessen Abtrennen wurde die Strahlung des in der organ. Verb. verbliebenen akt. Br unter Berücksichtigung des erst nach der Abtrennung des freien Br entstandenen ^{80}Br u. ^{82}Br gemessen. Die Unterss. ergaben, daß jedes Br-Atom beim Isomerenübergang mindestens ein Elektron verliert, wobei Vff. annehmen, daß der Bruch der C–Br-Bindung bei den Br-Atomen ausbleibt, die nur ein oder zwei Elektronen emittieren. Der Geh. an zurückgehaltenem ^{80}Br hängt von der Konst. der organ. Verb. ab, eine Beziehung zwischen der Wahrscheinlichkeit des Bruchs der C–Br-Bindung u. der Konst. wurde jedoch nicht gefunden. Unterschiedliche Ergebnisse, die mit **I** im fl. u. im Gaszustand erhalten wurden, können auf Lösungsmitteleinfl. u. Wrkg. innermol. Kräfte zurückgeführt werden. Bei **III** treten im übrigen diese Unterschiede nicht auf, vermutlich wegen der geringeren Größe des Radikals oder den andersartigen innermol. Kräften. — ^{80m}*Br*-**I**, durch Bestrahlung von inakt. CCl_3Br in Ggw. von Br_2, das ^{80m}Br enthielt. — ^{80m}*Br*-**II**, aus der inakt. Verb. durch Neutronenbeschuß. — ^{80m}*Br*-**III**, aus inakt. CH_3Br mit ^{80m}Br-haltigem $AlBr_3$. — ^{80m}*Br*-**IV**, aus CF_3H u. ^{80m}Br-haltigem Br_2 am heißen Pt-Draht. (J. Amer. chem. Soc. **74.** 6213—16. 20/12. 1952. Madison, Wis., Univ., Dep. of Chem.) PAULIG. D 226

Thomas J. Sworski und **Milton Burton**, *Eine Untersuchung des Einflusses der Geschwindigkeit der stoßenden Teilchen auf die Radiolyse einiger aromatischer Kohlenwasserstoffe.* Die chem. Wrkg. des Elektronenbombardements einiger aromat. KW-stoffe wurde in Verss. von SWORSKI, HENTZ u. BURTON (J. Amer. chem. Soc. **73.** [1951.] 1998) untersucht. Die gleichen Stoffe werden nunmehr der Strahlung des Graphitreaktors des Oak Ridge Nat. Labor. ausgesetzt, um den Einfl. der Geschwindigkeit der stoßenden Teilchen bei der Radiolyse festzustellen. Es werden nur die bei -120^0 flüchtigen gasförmigen Verbb. untersucht (H_2, CH_4, C_2-KW-stoffe). Die Anzahl erzeugter Gasmoll. pro 100 (eV absorbiert) beträgt bei *Toluol* 0,18, *Äthylbenzol* 0,27, *Isopropylbenzol* 0,27 u. *tert.-Butylbenzol* 0,22. Die Werte liegen um 10—30% höher als bei Bombardement mit 1,5- u. 1,8-MV-Elektronen. Gleichzeitig ist das Verhältnis H_2/CH_4 bei Bestrahlung im Reaktor etwa doppelt so groß wie bei Elektronenbombardement. (J. Amer. chem. Soc. **73.** 3790—92. Aug. 1951. Notre Dame, Ind., Univ., Dep. of Chem.) REITZ. D 226

S. Ašperger, I. Murati und **O. Čupahin**, *Kinetik der Reaktion zwischen Kaliumferrocyanid und Nitrosobenzol. Die katalytische Wirkung der Mercuriionen und des ultravioletten Lichtes.* Die Zerfallsgeschwindigkeit des *Kaliumferrocyanids* (I) in Pentacyanid u. CN^- (1) $[Fe(CN)_6]^{4-} \overset{H_2O}{\rightleftharpoons} [Fe(CN)_5 \cdot H_2O]^{3-} + CN^-$, die nicht direkt zugänglich ist, kann durch Verfolgung der Rk. (2) $[Fe(CN)_5H_2O]^{3-} + C_6H_5NO \rightarrow [Fe \cdot (CN)_5C_6H_5NO]^{3-} + H_2O$ bestimmt werden. Die Kinetik der Rk. zwischen **I** u. *Nitrosobenzol* (**III**) in wss. Lsg. wird von Vff. spektrophotometr. untersucht, indem die Extinktion des violetten Komplexes $[Fe(CN)_5C_6H_5NO]^{3-}$ (**II**) gemessen wird. Das Gleichgewicht der Rk. (1) liegt im Dunkeln vollständig auf der linken Seite, wird jedoch durch die irreversible Rk. (2) nach rechts verschoben. **II** hat ein Absorptionsmaximum bei 528 mμ (Konz. $5 \cdot 10^{-5}$ mol.). Seine Lsgg. gehorchen dem LAMBERT-BEERschen Gesetz. Die Anfangsreaktionsgeschwindigkeit im Dunkeln ist abhängig von der Konz. an **I** ($5 \cdot 10^{-4}$ bis $5 \cdot 10^{-1}$ mol.) u. **III** (nur bis zu $1,4 \cdot 10^{-3}$ mol., weil dann Rk. 1 geschwindigkeitsbestimmend wird). Aus der Temperaturabhängigkeit der Extinktion wird für Rk. 1 eine annähernde Aktivierungsenergie von 19,8 kcal/Mol ermittelt. Reaktionsgeschwindigkeitskonstanten können nicht bestimmt werden, da **II** bei höheren Tempp. langsam zerfällt. — Hg^{2+}-Ionen beschleunigen die Rk. sehr stark. Die p_H-Anhängigkeit

zeigt ein Optimum bei p_H 3,5, die Konzentrationsabhängigkeit ist linear. Der katalyt. Einfl. ist bis zu Konzz. von $1 \cdot 10^{-7}$ mol. zu verfolgen. Er kann zur Best. von Spuren Hg^{2+}-Ionen im dest. W. verwendet werden. Die Rk. in Ggw. von Hg^{2+} zeigt einen negativen Salzeffekt. — UV-Licht beschleunigt ebenfalls die Reaktion. Die Unters. der Temperaturabhängigkeit der Rk. bei Belichtung ergibt einen Haupttemperatur-Koeffizient ($Q_{10} = 1,2$), der einer Photo-Rk. entspricht, wobei Rk. 1 der langsamste Vorgang ist (unter den angewandten Bedingungen kann die Dunkel-Rk. vernachlässigt werden). Die Konzentrationsabhängigkeit der Reaktionsgeschwindigkeit von **I** (ab 0,0375 mol. u. **III** (bis zu $2 \cdot 10^{-3}$ mol.) ist auch im Gebiet totaler Absorption gegeben, was beweist, daß der elementare photochem. Akt nicht nach Gleichungen (1) verläuft, da in einem solchen Falle nach dem Gesetz von BUNSEN u. ROSCOE die Reaktionsgeschwindigkeit konzentrationsunabhängig von **I** sein müßte. Gleichung (1) stellt die Bruttogleichung eines komplizierteren Vorganges dar. Die Rk. im Licht hat ein Optimum bei p_H 4,7 u. wird von CN-Ionen gebremst bzw. ganz unterbunden (bei einer CN^--Konz. von 0,25 mol). Der Einfl. der CN-Ionen ist ein Massenwirkungseffekt auf das Gleichgewicht (1). KCNO hat keinen Einfluß. Hg^{2+}-Ionen beschleunigen die Rk.; bei einer Hg^{2+}-Konz. von $3,7 \cdot 10^{-4}$ verläuft sie momentan. (J. chem. Soc. [London] **1953.** 1041—46. April. Zagreb, Kroatien, Univ., Inst. of Inorg., Analytic. and Physic. Chem.)
G. WINKLER. D 226

M. V. S. Sastri und **S. R. Srinivasan,** *Über die Natur des aktiven Substrates bei der Fischer-Tropsch-Synthese über Kobaltkatalysatoren.* Vff. bestimmen mittels Tieftemperaturchemisorption (86° K) von CO das freie Kobalt an der Oberfläche eines akt. FISCHER-TROPSCH-Katalysators (Co : ThO_2 : MnO_2 : Kieselgur = 100 : 6 : 12 : 200). Es werden die CO u. N_2-Isothermen für alle Stufen des wie folgt behandelten Katalysators wiedergegeben: Red. mit H_2, anschließend Verwendung in der FISCHER-TROPSCH-Synth., erneute Red. mit H_2 u. folgende Carburisierung mit CO (genaue Angaben über Reaktionsbedingungen). Eine tabellar. Zusammenstellung der Syntheseprodd. bei 190° in Abhängigkeit von der Volumengeschwindigkeit wird gegeben. Die von dem in der Synth. verwendeten Katalysator chemisorbierte Menge CO beträgt 73% vom Wert für den ursprünglichen, red. Katalysator, d. h. ca. $^3/_4$ der Co-Atome der Oberfläche können allein durch mehrstündiges Erhitzen im Vakuum (200°, $p < 10^{-4}$ mm) „gereinigt" werden, während carburiertes Co (ca. $^1/_4$ CO chemisorbiert im Vgl. zum frischen Katalysator) bei 300° nur unbeträchtlich „gereinigt" wird. Ein Auftreten von feststellbaren Mengen Carbid während der akt. Synth. findet nach Ansicht der Vff. entgegen der Feststellung von CRAXFORD u. RIDEAL (J. chem. Soc. [London] **1939.** 1604) weder in räumicher Form noch als Oberflächencarbid statt. (J. Amer. chem. Soc. **75.** 2898 bis 2900. 20/6. 1953. Kharagpur, Indien, Indian Inst. of Techn.) G. WINKLER. D 227

Kenzi Tamaru, *Über die Verzögerung von Katalysen. Die katalytische Reaktion zwischen Acetylen und Wasserstoff.* Vf. untersucht die Verzögerung der Hydrierung von C_2H_2 durch H_2 am *Pd-Tonerde*-Kontakt, die durch Ablagerung von Polymeren auf dem Katalysator sowie durch anorgan. Salze hervorgerufen wird. Geschwindigkeitskonstanten für die Rk. wurden bei 30° gemessen. Unter Berücksichtigung der Reaktionsverzögerung durch die Polymeren soll die Reaktionsgeschwindigkeit der Hydrierung durch die Gleichung $-dP/dt = K_1P_{H_2}/(1 + b\sqrt{A\,P_{C_2H_2}})$ wiedergegeben werden. Die katalyt. Hydrierung von C_2H_2 u. C_2H_4 verläuft an einigen akt. Stellen des Katalysators. Dabei können für C_2H_2 diese akt. Stellen andere sein als für C_2H_4. Bleiacetatlsg. vergiftet den Katalysator bzgl. C_2H_4-Hydrierung viel mehr als bzgl. C_2H_2-Hydrierung. (Bull. chem. Soc. Japan **23.** 180—84. Nov. 1950. Tokyo, Univ., Fac. of Sci., Chem. Inst.)
J. MATTNER. D 227

Kenzi Tamaru, *Verteilung des Katalysators und katalytische Aktivität. Katalytische Hydrierung von Acetylen am Pd–Kieselgur-Katalysator.* (Vgl. vorst. Ref.) Vf. untersuchte die Hydrierung von C_2H_2 an Pd–Kieselgur-Katalysatoren von verschied. Verteilungsgrad. Die Hydrierung verläuft bei allen Katalysatoren nicht nur bis zum C_2H_4, sondern auch zum C_2H_6 u. zwar in zwei getrennten Schritten. Die Verhältnisse liegen ganz ähnlich wie bei Pd–Al_2O_3-Katalysatoren. Der Verteilungsgrad des Katalysators beeinflußt das Verhältnis der Hydrierungsgeschwindigkeit des C_2H_2 zu der des C_2H_4. Es ist groß bei Katalysatoren mit großem Verteilungsgrad. Diese Beeinflussung wird durch das Vorhandensein verschied. akt. Regionen des Katalysators erklärt, die durch den verschied. Verteilungsgrad bedingt sind. Diskussion des Reaktionsmechanismus. (Bull. chem. Soc. Japan **23.** 184—86. Nov. 1950.) J. MATTNER. D 227

Karl Kindler, Herbert Oelschläger und **Paul Henrich,** *Studien über den Mechanismus chemischer Reaktionen,* 13. Mitt. *Spezifische Hydrierungen von Halogenallylphenolen zu Halogenpropylphenolen.* (12. vgl. Liebigs Ann. Chem. **565.** [1949]. 51.) *4-Halogen-2-allylphenole* lassen sich in Ggw. von Pd hydrieren. Während nun in unpolaren Lösungsmitteln (aromat. u. hydroaromat. KW-stoffen) in einer spezif. Rk. ausschließlich die Allylgruppe hydriert wird, wird in polaren Lösungsmitteln (Isopropanol, Butanol u. Eisessig < Methanol < absol. A.) außerdem das Halogen reduktiv abgespalten. Br reagiert leichter als Cl. Alle Hydrierungen (H.) wurden mit Proben vom selben Vorrat an Pd-Mohr durchgeführt, da die Menge des reduktiv abgespaltenen Halogens mit der Aktivität des Kontaktes zunimmt. Erhöhung von Druck u. Katalysatormenge wirken in gleicher Richtung. Im allg. wurde $^1/_{20}$ Mol Phenol in 50cm³ Lösungsm. in Ggw. von 1,0 g Pd bei Zimmertemp. u. 0,5 atü hydriert. Vff. nehmen an, daß polare Lösungsmittel auf Grund der restlichen Bindungskräfte des O mit den Organohalogenverbb. Molekülverbb. eingehen, in denen die Bindung zum Halogenatom aufgelockert ist. Hierfür spricht die Tatsache, daß nicht nur OH-haltige organ. Verbb., sondern auch z. B. Dioxan oder Zusatz von W. die Halogenabspaltung begünstigen. Durch Zusatz des Amids (**VI**) bzw. des Diäthylamids der Nicotinsäure oder von Thiophen bei der H. in alkoh. Medium kann die Halogenabspaltung auf unter 1 % herabgesetzt werden.

V e r s u c h e: *4-Chlor-2-allylphenol* (I), $Kp._{15}$ 133—134°, F. 48°, aus [4-Chlorphenyl]-allyläther durch CLAISEN-Umlagerung; 91% (Ausbeute). *4-Brom-2-allylphenol* (II), $Kp._{12}$ 138—140°, F. 50,5°, aus [4-Bromphenyl]-allyläther durch 40 Min. Erhitzen auf 250° im CO_2-Strom; 76%; Ae.-Dampf verwandelt bereits in geringer Menge die Kristalle in ein farbloses Öl. — *H. von* **I** *in Methanol*, (Dauer bis zur Aufnahme der theoret. H_2-Menge) 15 Min.; Cl-(Abspaltung) 6,2%; (Ausbeute) 86% *4-Chlor-2-propylphenol* (III), $Kp._{21}$ 137—138°, F. 31° (PAe.). — *H. in absol A.*, 10 Min.; Cl 8,6%; 80% **III**. — *H. in 80%ig. A.* 20 Min.; Cl 20%. — *H. in Isopropanol*, 15 Min.; Cl 3.6%; 93% **III**. — *H. in n-Butanol*, 15 Min.; Cl 3%; 91% **III**. — *H. in Eisessig*, 10 Min.; Cl 2,8%; 87% **III**. — *H. in Dioxan*, 20 Min.; Cl 2,8%; 93% **III**. — *H. in Bzl.*, bei 0,5 atü 40 Min. bzw. bei 2,5 atü 20 Min.; kein Cl; 95 bzw. 96% **III**. — *H. in Cyclohexan, Xylol* (**IV**) *bzw. Dekalin* (**V**), rascherer Verlauf als in Bzl.; kein Cl; in **IV** 93%, in **V** 81% **III**. — *H. in A. in Ggw. von 1/2000 Mol Nicotinsäureamid*, 30 Min.; Cl 0,4%; 95% **III**. — *H. in Ggw. von 1/2000 bzw. 1/8000 Mol Nicotinsäurediäthylamid*, 20 Min.; Cl 0,8%; 88 bzw. 90% **III**. — *H. in Ggw. von 1/50000 Mol* **VI**, Verlangsamung der Hydrierung; Cl 0,6%; 90% **III**; *in Ggw. von* 10^{-6} *Mol* **VI**, n. Verlauf. — *H. von 1/40 Mol* **II** *in absol. A.*, sehr rasche Rk.; Br 28%. — *H. von 1/20 Mol in Bzl.* mit 0,1 g Pd, keine Aufnahme; nach Zugabe von weiteren 0,9 g Pd u. Drucksteigerung auf 2,5 atü, 45 Min.; kein Br; *4-Brom-2-propylphenol*, $Kp._{15}$ 142—143°; F. 42° (PAe.); 90%. (Chem. Ber. **86**. 167—72. 1953. Hamburg, Univ., Inst. für Pharmazeut. Chem.) PETTERS. D 227

Ss. D. Fridman und **M. Ja. Kagan**, *Kinetik und Reaktionsmechanismus der katalytischen Hydrierung–Dehydrierung.* 5. Mitt. *Katalytische Umwandlung von Cyclohexen in Gegenwart von Kupfer und Eisen.* (4. vgl. C. **1951**. II. 1413.) Vff. untersuchen die Umwandlung von *Cyclohexen* (I) in Ggw. von Cu- u. Fe-Katalysatoren im dynam. Syst. unter Verdünnen mit H_2 u. N_2. Unter bestimmten Bedingungen wird **I** in Ggw. von Cu bei 230° u. in Ggw. von Fe bei 136° hydriert. Bei 130—350° erleidet **I** je nach den Bedingungen der Katalyse 3 Arten von Umwandlungen: Hydrierung zum Cyclohexan, Disproportionierung von H unter Bldg. von Cyclohexan u. Bzl. u. Dehydrierung zum Benzol. Der Einfl. von Temp., Verdünnen mit H_2 u. N_2 u. Kontaktzeit auf die Reaktionsrichtung wird untersucht u. gefunden, daß unter geeigneten Bedingungen (niedrige Temp. u. großer Überschuß an H_2, 2,7—2,9 Mol/1 Mol **I**) die Rk. vollständig als Hydrierung, bei wenig H_2 (0,5 Mol H_2/1 Mol **I** in Ggw. von Cu) u. 25 Sek. Kontaktzeit vollständig als Disporportionierung (bei Fe erst bei 300° u. großer Verdünnung mit N_2) verlaufen kann. Die Rk. kann auch als Disproportionierung u. gleichzeitige Hydrierung oder Dehydrierung verlaufen. Im N_2-Strom wird **I** in Ggw. von Cu- u. Fe-Katalysatoren durch Disproportionierung u. Dehydrierung umgewandelt, wobei mit steigender Temp. der Anteil der 2. Rk. zunimmt. Außerdem konnte gezeigt werden, daß in Ggw. von Cu- u. Fe-Katalysatoren die Rkk. der Hydrierung von Bzl. u. Dehydrierung von Cyclohexan wegen der geringen Aktivität der Katalysatoren nicht stattfinden. Die Disproportionierung des H in teilweise hydriertem Bzl. verläuft in Ggw. von Pt, Pd oder Ni. (Журнал Общей Химии [J. allg. Chem.] **21 (83)**. 874—84. Mai 1951. Moskau, Inst. für feine chem. Technologie.) v. FÜNER. D 227

G. A. Mills und **S. G. Hindin**, *Chemische Kennzeichnung von Katalysatoren.* 2. **Mitt.** *Sauerstoffaustausch zwischen Wasser und Crackkatalysatoren.* (1. vgl. C. **1951**. I. 3287.) Vff. untersuchten den Sauerstoffaustausch mit $H_2{}^{18}O$ an dem als Petroleum–Crack-Katalysatoren verwendeten SiO_2–Al_2O_3, Bentonit, Kaolin u. säureaktivierten Bentonit sowie an SiO_2- u. Al_2O_3-Gel bei 105° u. z. T. bei 565°. Beim SiO_2-Gel u. beim Silicium-Aluminiumoxyd wurde der Austausch auch in Ggw. von 0,1n Säure oder Alkali vorgenommen. Vff. stellten fest, daß bei Oxyden mit großer Oberfläche der in [SiOH] u. H–O–H-Bindung vorliegende oder durch die Dehydration aktivierte Sauerstoff schnell, der als [Si–O–Si] gebundene Sauerstoff dagegen langsam ausgetauscht wird. Natürliches Kaolin u. Bentonit zeigten keinen Austausch. Während der einmonatigen Rk. mit H_2O bei 105° wurde Veränderung der Oberflächengröße u. Struktur der Oxyde festgestellt. Der beobachtete Austausch konnte mit der aus Oberflächengröße u. D. abgeleiteten Oxydstruktur in Beziehung gebracht werden. Es wird angenommen, daß der Sauerstoffaustausch an der Katalysatorenoberfläche vor sich geht. Die Rk. des H_2O mit einer LEWIS-Base ermöglicht Koordinationswechsel des Al im Katalysator von sechs nach vier. Die Annahme einer Koordinationsänderung als Grundlage katalyt. Wirksamkeit erfordert jedoch eine labile Oberfläche, deren Existenz hier nachgewiesen wird. Das H_2O-Mol. kann sowohl ein Proton als auch eine Hydroxylgruppe liefern u. wird ähnlich wie HCl beim $AlCl_3$-Katalysator als Cokatalysator aufgefaßt. (J. Amer. chem. Soc. **72.** 5549—54. Dez. 1950. Marcus Hook, Pa., Houdry Process Corp.) BEHNE. D 227

J. P. Wibaut und **A. Strang,** *Autoxydation gesättigter Kohlenwasserstoffe in flüssiger Phase.* 2. Mitt. (1. vgl. C. **1952.** 3795.) Vff. ermitteln zunächst den Einfl. von Katalysatoren (Stearate von Co^{2+}, Mn^{2+}, Ce^{4+}, Fe^{3+}, Cd^{2+}, Zn^{2+}) auf die Autoxydationsgeschwindigkeit v von *2.5-Dimethylhexan* (**I**) (in der angebenen Folge Absinken) u. untersuchen dann v in Abhängigkeit von O_2-Partialdruck, KW-stoffkonz. u. Katalysatorkonz. bei **I**, *2-Methylheptan* u. *Hexadecan.* Die Oxydation muß nach den Ergebnissen eingeleitet werden durch katalyt. Zers. eines prim. gebildeten Hydroperoxyds (**A**), bei der Radikale entstehen, die in Ketten-Rkk. weiterreagieren. **A** wird durch Rk. von Alkylradikalen mit O_2 zurückgebildet. v ist unabhängig von der Konz. an Katalysator. Vff. stellen ein Reaktionsschema auf, dessen Gleichung für die Reaktionsgeschwindigkeit in guter Übereinstimmung mit den experimentellen Ergebnissen ist. (Proc., Kon. nederl. Akad. Wetensch., Ser. B **55.** 207—18. Mai/Juni 1952. Amsterdam.) L. FISCHER. D 227

Irving Wender, Sol Metlin und **Milton Orchin,** *Chemie der Oxo- und verwandte Reaktionen.* 5. Mitt. *Säurekatalyse bei Pinakon.* (4. vgl. C. **1952.** 2650.) Die Rk. von *Pinakon* (**I**) mit CO u. H_2 in Ggw. von *Dikobaltoktacarbonyl* (**II**) wurde untersucht bei einer Temp. von 185—189°. Im Übergangszustand entsteht nach Ansicht der Vff., durch den aus **II** gebildeten sauren Katalysator $H[Co(CO)_4]$ katalysiert, ein Carboniumion (**A**) unter Abspaltung einer OH-Gruppe von **I**. Dieses Ion reagiert auf 3 Wegen weiter: Unter Verlust eines Protons entsteht daraus *Pinakolin* (gefunden 17,2%), das unter der Einw. von **II** u. H_2 in *Pinakolinalkohol* (**III**) übergeht (4,1%). Möglicherweise reagiert **III** durch Retropinakolinumlagerung weiter, das Reaktionsprod. geht dann mit CO u. H_2 in *3.4-Dimethylpentanol-(1)* (**IV**) über, der im Gemisch zu 26,2% gefunden wurde. **IV** kann ebenfalls auf einem 2. Reaktionsweg entstehen: **A** bildet unter Verlust eines Protons das nicht faßbare 2.3-Dimethylbuten-(2)-ol-(3) (**V**), das W. abspaltet zu 2.3-Dimethylbutadien, welches dann mit CO + H_2 auch **IV** bildet. Der 3. Weg führt vom **A** über **V** zum 3.4-Dimethylpentandiol-(1.4), das unter Wasserabspaltung u. Ringbldg. in *2.2.3-Trimethyltetrahydrofuran* übergeht. Analog gewannen Vff. unter den gleichen Versuchsbedingungen aus Pentantriol-(1.2.5) *Tetrahydrofurfurylalkohol.* Wurde als Katalysator $CoCO_3$ unter sonst gleichen Versuchsbedingungen verwendet, erfolgte keine Umsetzung. Vff. führen daher die Rk. auf die katalyt. Wrkg. der starken Säure $H[Co(CO)_4]$ zurück, die sich mit **II** u. H_2 im Gleichgewicht befindet. (J. Amer. chem. Soc. **73.** 5704—06. Dez. 1951. Bruceton, Pa., Bur. of Mines, Synth. Fuels Res. Branch.) PAULIG. D 227

Y. H. Skellon und **J. W. Spence,** *Selen als Katalysator bei der cis–trans-Isomerisierung von ungesättigten Fettsäuren.* Es wurde die katalyt. Wrkg. eines Standardselenpräp. auf die Isomerisierung der *cis-Heptadecen-(8)-*, *cis-Heptadecen-(6)-*, *cis-Heneikosen-(12)-carbonsäure-(1)* (**I**) u. der *Ricinolsäure* (**II**) untersucht. In Konzz. von 0,15—0,3% bewirkte der Katalysator sowohl bei 180° als auch in koll. Paraffinlsg. innerhalb einer Std. bei Tempp. $<210°$, bei **II** sogar nach 2 Std. bei 220° keine Umwandlung in die entsprechende trans-Verbindung. Lediglich hoch gereinigte **I** ergab nach 5 std. Erhitzen auf 180° eine 44%ig. Isomerisierung. — *Standardselenpräp.*, 2 g K_2SeO_3 in 10 cm^3 33%ig. HCl gelöst, mit 50 cm^3 W. verd. u. mit SO_2 gesättigt. — *Koll. Selen,* durch Erhitzen 0,1 g vorst. Präp. mit 20 g Paraffin (F. 55°) auf 220°. (Chem. and Ind. **1953.** 302. 28/3. London, Acton Techn. Coll., Dep. of Chem. and Biol.) L. FISCHER. D 227

D$_2$. Präparative organische Chemie. Naturstoffe.

Brynmor Jones und **Eileen N. Richardson,** *Jodchlorid aus Chloraminen. Die Darstellung von jodierten Phenolen, Naphtholen und aromatischen Äthern mit Hilfe eines Chloramins und eines Jodids.* Eine aus Dichloramin T u. NaJ in Eisessig bereitete Lsg. von *JCl* wurde von BRADFIELD u. Mitarbeitern (J. chem. Soc. [London] **1928.** 782) zur

Jodierung von Anilinderivv. verwendet. Vff. jodierten mit dem gleichen Reagens Phenole, Phenolcarbonsäuren u. Phenoläther. Sehr leicht substituierbare Phenole (Phenol, p-Kresol, α- u. β-Naphthol, 4-Chlor-1-naphthol) werden zugleich oxydiert u. verharzen, weniger akt. geben mit 2 Mol JCl Dijodderivv., mit einem Mol schwer trennbare Gemische von Mono- u. Dijodphenolen; andere Phenole u. solche Äther, die sich von akt. Oxyverbb. ableiten, werden glatt monojodiert. p-Bromanisol, Anissäure, 4-Chlornaphthyl-(1)-benzyläther u. 4-Äthoxy-1-naphthoesäure reagieren nicht merklich. Die meisten Verbb. wurden in Eisessig bei Raumtemp. jodiert, Oxy- u. Alkoxynaphthoesäuren bei 60—75°; alle Reaktionsprodd. wurden aus A. oder Essigsäure umkristallisiert. — *p-Jodanisol*, F. 52°, aus Anisol; 90% (Ausbeute). — *p-Jodphenetol*, F. 27°, aus Phenetol; 90%. — *1-Jodnaphthyl-(2)-methyläther*, $C_{11}H_9OJ$, F. 88°, aus Naphthyl-(2)-methyläther; 90%. — *1-Jodnaphthyl-(2)-äthyläther*, $C_{12}H_{11}OJ$, F. 74°, aus Naphthyl-(2)-äthyläther; 87%. — *4-Jodnaphthyl-(1)-äthyläther*, $C_{12}H_{11}OJ$, F. 45°, aus Naphthyl-(1)-äthyläther; 82%. — *2.4-Dichlor-6-jodphenol*, F. 62°, aus 2.4-Dichlorphenol; 80%. — *2.4-Dibrom-6-jodphenol*, F. 104°, aus 2.4-Dibromphenol; 80%. — *5-Jod-3-nitro-p-kresol*, $C_7H_6O_3NJ$, F. 83°, aus 3-Nitro-p-kresol; 90%. — *2-Chlor-4-jod-m-5-xylenol*, C_8H_8OClJ, F. 90°, aus 2-Chlor-m-5-xylenol; 65%; daneben *2-Chlor-4.6-dijod-m-5-xylenol*, C_8H_7· $OClJ_2$, F. 131°; dieses entsteht allein bei Anwendung von 2 Mol JCl; 95%. — *2.4-Dichlor-6-jod-m-5-xylenol*, $C_8H_7OCl_2J$, F. 130°, aus 2.4-Dichlor-m-5-xylenol; 90%. — *3.5-Dijodsalicylsäure*, F. 233°, aus Salicylsäure; 85%. — *4-Oxy-3.5-dijodbenzoesäure*, $C_7H_4O_3J_2$, F. 262° (Zers. ab 255°), aus p-Oxybenzoesäure; 90%. — *3-Oxy-4-jod-2-naphthoesäure*, $C_{11}H_7O_3J$, Zers. ab 210°, aus 3-Oxy-2-naphthoesäure; 80%. — *6-Oxy-5-jod-2-naphthoesäure*, $C_{11}H_7O_3J$, F. 234° (Zers. ab 223°), aus 6-Oxy-2-naphtoesäure; 92%. — *5-Jod-6-methoxy-2-naphthoesäure*, $C_{12}H_9O_3J$, Zers. ab 292°, aus 6-Methoxy-2-naphthoesäure; 90%. — *5-Jod-6-n-lauryloxy-2-naphthoesäure*, $C_{23}H_{31}O_3J$, F. 145°, mesomorph: smekt. Phase 145—167°, nemat. Phase 167—170°, aus 6-n-Lauryloxy-2-naphthoesäure; 90%. — *8-Jod-7-n-octyloxy-2-naphthoesäure*, $C_{19}H_{23}O_3J$, F. 148°, aus 7-n-Octyloxy-2-naphthoesäure (F. 141°); 90%. — *7-n-Cetyloxy-8-jod-2-naphthoesäure*, $C_{27}H_{39}O_3J$, F. 123°, aus 7-n-Cetyloxy-2-naphthoesäure (F. 137°); 90%. — *4.6-Dijod-1.3-dimethoxybenzol*, $C_8H_8O_2J_2$, F. 198—199°, aus m-Dimethoxybenzol; 75%. — *4.5-Dijod-1.2-dimethoxybenzol*, $C_8H_8O_2J_2$, F. 134°, aus o-Dimethoxybenzol; 30%. — *2.5-Dijod-1.4-dimethoxybenzol*, $C_8H_8O_2J_2$, F. 171°, aus p-Dimethoxybenzol; 20%. — *2.4-Dijod-3.5-dimethylphenylmethyläther*, $C_9H_{10}OJ_2$, F. 125°, aus m-5-Xylylmethyläther; 50%. (J. chem. Soc. [London] **1953**. 713—15. Febr., Hull, Univ., Coll.) PRACEJUS. 450

Roderich Graf, *Der Reaktionsmechanismus der Sulfoxydation.* Eingehende Unters. der nach $RH + SO_2 + \frac{1}{2} O_2 \rightarrow RSO_3H$ verlaufenden Sulfoxydation. Die Rk. wird unter anfänglicher Einstrahlung von UV-Licht mit *Cyclohexan* (**I**) bei einem Verhältnis $SO_2/O_2 = 2:1$ bei 35—65° durchgeführt; maximale Ausbeute bei 55°. Arbeitet man mit einem Unterschuß an O_2, so treten period. Schwankungen der Temp. des Reaktionsgemisches u. der Ausbeute an RSO_3H ein. Prim. entsteht aus **I** die leicht zersetzliche *Cyclohexansulfopersäure* (**II**), die jedoch in **I** gegen SO_2 beständig ist. — In Ggw. von Jod erfolgt die Sulfoxydation nur bei fortdauernder UV-Bestrahlung solange noch Jod vorhanden ist, geht aber nach Verbrauch des J_2 auch im Dunkeln weiter. Es entsteht neben **II** J_2O_5. — Sämtliche Radikalbildner bringen die Rk. in Gang. Vf. deutet daher die Ergebnisse durch den folgenden Mechanismus: Prim. entstehen Alkylradikale, die sich mit SO_2 zu $R^{\bullet} + SO_2 \rightarrow RSO_2^{\bullet}$ umsetzen. Anlagerung von O_2 ergibt $RSO_2O_2^{\bullet}$, dies bildet neue $R^{\bullet}$ nach $RSO_2O_2^{\bullet} + RH \rightarrow RSO_2O_2H + R^{\bullet}$. **II** zerfällt nun weiter nach $RSO_2O_2H \rightarrow RSO_2O^{\bullet} + {}^{\bullet}OH$, $RSO_2O^{\bullet} + RH \rightarrow RSO_2H + R^{\bullet}$ u. $RH + {}^{\bullet}OH \rightarrow H_2O + R^{\bullet}$; damit erklärt sich die Autokatalyse. UV-Licht ist nur zum Start notwendig. — Die Konz. von **II** steigt nicht beliebig, sondern nähert sich einem konstanten Wert, der Überschuß wird in Neben-Rkk. verbraucht. — Als Nebenprodd. konnte Vf. nachweisen: H_2SO_4 sowie *Cyclohexandiol-(1.2)-monocyclohexansulfonat* (**IV**), das bei saurer Hydrolyse *Cyclopentylformaldehyd*, bei alkal. *Cyclohexenoxyd* (**VI**) neben der *Cyclohexansulfonsäure* (**V**) lieferte. Die Bldg. dieser Prodd. wird durch die Rkk. **II** + $C_6H_{12} \rightarrow C_6H_5SO_3H + C_6H_{10} + H_2O$; **II** + $C_6H_{10} \rightarrow$ **IV** erklärt. — Einfl. anderer Reaktionsteilnehmer: In W. ist dauernde UV-Bestrahlung notwendig, es entstehen **V** u. H_2SO_4, in Methanol **V** u. CH_3HSO_4. In Eisessig wird das gemischte Anhydrid (**III**) von Essigsäure u. **II** erhalten. **III** ist stabiler als **II**, aber wesentlich labiler als Benzoylperoxyd. Vermutlich erfolgt Zers. in $RSO_2O^{\bullet} + {}^{\bullet}OCOCH_3 \rightarrow RSO_2O^{\bullet} + CH_3^{\bullet} + CO_2$. Als Auslösesubstanz von Radikalketten-Rkk. ist **III** zwischen 30—70° gut geeignet, die Sulfochlorierung katalysiert **III** schon in Mengen von 0,02 Gew.-%. Bei Verwendung von 0,03 bis 0,19% werden auch olefinhaltige KW-stoffgemische sulfochloriert. Ebenso hat sich **III** bei der Sulfoxydation von **I** bzw. höhermol. gesätt. KW-stoffen in Ggw. von W. als wirksam erwiesen. — **III** entsteht auch bei der Sulfoxydation von **I** in Essigsäureanhydrid, Thionylchlorid bringt die Rk. zum Erliegen, Sulfurylchlorid u. $POCl_3$ beeinflussen sie nicht. In PCl_3 erfolgt Sulfoxydation auch ohne UV-Bestrahlung, Hauptprod. ist hier *Cyclohexansulfonsäureanhydrid* (**VII**).

Versuche: *Cyclohexansulfonsäure* (**V**), $C_6H_{12}O_3S \cdot 2\ H_2O$; *Anilid*, $C_{12}H_{17}O_2NS$, F. 86—87° (verd. Methanol). *Cyclohexandiol-(1.2)-monocyclohexansulfonat* (**IV**), F. 65 bis 66° (Cyclohexan), aus der Mutterlauge von **V** durch Verdünnen mit W. abgeschieden, oder aus **VI** u. **V**. — *Acetylcyclohexansulfonylperoxyd* (**III**), $C_8H_{14}O_5S$, F. 35—36° (Cyclohexan), aus **I**, SO_2 u. O_2 mit Essigsäureanhydrid bei 30°. — *Cyclohexansulfonsäureanhydrid* (**VII**), $C_{12}H_{22}O_5S_2$, F. 106—107° (Cyclohexan), aus **I**, SO_2 u. O_2 bei Ggw. von PCl_3 bei 45°. — Durch **III** ausgelöste Ketten-Rkk.: *Tetrachlorkohlenstoff*, aus Chlf. u. Cl_2 bei 45—60°; *Cetansulfochlorid*, aus Hexadecan, SO_2 u. Cl_2 bei 40°; *Cyclohexancarbonsäure*, $Kp._6$ 115°, aus **I** u. Oxalylchlorid, Oxalesterchlorid oder $COCl_2$, erst bei 55°, dann bei 60—70° u. Hydrolyse; *Hexahydrobenzonitril*, $Kp._{10}$ 65°, aus **I** u. ClCN bei 30—50°, dann 60°; isomere *Cyanheptane*, $Kp._{23}$ 84—95°, analog aus n-Heptan in Ggw. von Wasser. (Liebigs Ann. Chem. **578**. 50—82. 1952. Farbwerke Hoechst, Textillabor.) KLEINWÄCHTER. 450

M. Häusermann, *Zur Disproportionierung aliphatischer Aldehyde.* 3. Mitt. *Über die Reaktion von Tischtschenko.* (2. vgl. C. **1952**. 6838.) Mit Cl_2, $AlCl_3$, $HgCl_2$ oder $ZnCl_2$ aktivierte Al-Alkoholate katalysieren die TISCHTSCHENKO-Rk. bei kleinen Ansätzen bedeutend weniger als in den Patenten angegeben (D. R. PP. 579 566 u. 733 884); geprüft an Acetaldehyd u. n-Butyraldehyd. Aus 2-Äthylhexanal wurde neben *2-Äthylcapronsäure-[2-äthylhexyl]-ester* ($Kp._{11}$ 138—140°; $D.^{23}{}_4$ 0,8571; $n_D^{18,5}$ 1,4376) durch Überlagerung der Rk. mit Red. nach VERLEY-MEERWEIN-PONNDORF, Aldolkondensation sowie Autoxydation des Aldehyds Bldg. einer größeren Zahl von Verbb. beobachtet. Die Rk. von Aldehyden RCHO verläuft allg. mit bester Esterausbeute bei Einw. von aktivierten Alkoholaten $(RCH_2O)_3Al$. — $\alpha.\beta$-ungesätt. Aldehyde werden auch von aktiviertem Al-Alkoholat nicht angegriffen (untersucht an Crotonaldehyd, 2-Äthylhexenal), Furfurol verharzt, Zimtaldehyd bildet ein nicht zu destillierendes Prod., das bei der Verseifung Zimtsäure liefert. — Aldole geben die TISCHTSCHENKO-Rk., aus 3-Oxy-2-äthylhexanal werden so mit $Al(OC_2H_5)_3$ der *Mono-[3-oxy-2-äthylcapronsäureester] des 2-Äthylhexandiols-(1.3)* ($Kp._{0,2}$ 160—162°, $D.^{29}{}_4$ 0,977, n_D^8 1,4638) u. daneben *2-Äthylhexenal* ($Kp._{10}$ 45—85°), nicht trennbare Gemische u. Harz gebildet. Bei Verwendung von Butyrylaldoxan-haltigem Ausgangsmaterial erfolgt außerdem Bldg. des *Monobuttersäureesters des 2-Äthylhexandiols-(1.3)* ($Kp._{12}$ 137—146°). — Bei der Darst. von aktiviertem Al-2-Äthylhexylat in 2-Äthylhexanol als Lösungsm. in Ggw. von $HgCl_2$ am Rückfluß wurde als Nebenprod. *2-Äthylhexylidendi-[2-äthylhexyl]-acetal* ($Kp._{0,1}$ 120 bis 130°, $D.^{20}{}_4$ 0,846, n_D^{18} 1,4495) erhalten. (Helv. chim. Acta **34**. 2172—81. 1/12. 1951. Neuchâtel, Univ., Labor. de Chim. organ.) MACHOLDT. 450

R. Ss. Galanina, *Thermische Chlorierung von n-Hexan.* Für die Chlorierung von n-Hexan (**I**) aus der Benzinfraktion des Erdöls werden die günstigsten Bedingungen zur Erzielung optimaler Ausbeute an Monochlorhexanen bei voller Ausnutzung des Cl_2 ermittelt.

Versuche: *Monochlorhexane* (**II**), $C_6H_{13}Cl$, werden im kontinuierlichen Verf. in einer Reaktionsschlange durch Einw. von trocknem Cl_2 auf verdampftes **I**, mol. Verhältnis 1 : 10, unter Zugabe des Cl_2 mit der Geschwindigkeit 0,72 Liter/Liter Reaktionsraum pro Std. bei 235° zu 96% (auf umgesetztes **I** bezogen), davon 35% *2-Chlorhexan*, 65% *1-Chlorhexan*, erhalten. *Dichlorhexane*, aus **II** durch Einw. von Cl_2 (**II** : Cl_2 = 1 : 6), Zugabegeschwindigkeit 0,45 Liter/Liter Reaktionsraum pro Std. bei 257° zu 98,7%, davon 33% *1.2-Dichlorhexan*, Kp. 172—174°; $D.^{20}{}_4$ 1,080; n_D^{20} 1,4690, 50,3% *1.6-Dichlorhexan*, Kp. 203—205°; $D.^{20}{}_4$ 1,1086; n_D^{20} 1,4760 u. 16,7% *1.5-Dichlorhexan*, $Kp._{10}$ 73—77°; $D.^{20}{}_4$ 1,066; n_D^{20} 1,4620. (Доклады Академии Наук СССР [Ber. Akad. Wiss. UdSSR] [N. S.] **88**. 983—86. 21/2. 1953.) WINTER. 510

Robert L. Myers, *Reaktion von Chlortrifluoräthylen mit Sauerstoff. Chlortrifluoräthylen* (**I**; $Kp._{760}$ —28,0°) ist in Berührung mit reinem entgasten W. unbegrenzt beständig, auch in Ggw. von verd. Säuren oder in N_2-Atmosphäre. In Ggw. von Hydroxylionen tritt Hydrolyse ein, wobei vermutlich W. an die Doppelbindung des **I** angelagert u. HF abgespalten wird; Chloridionen entstehen nicht. — Aus **I** u. O_2 bildet sich unter dem Eigendruck des **I** u. bei Abwesenheit von Licht bei Zimmertemp. eine Verb., die bei der Hydrolyse Oxalsäure, HF, HCl u. geringe Mengen eines wasserlösl. Peroxyds liefert. Die Geschwindigkeit der Rk. zwischen **I** u. O_2 ist bei Abwesenheit von fl. **I**-Phase unmeßbar klein. In Ggw. von fl. **I** verläuft die Umsetzung in etwa einer Std.; bei Ggw. von W. ist sie in 6 Min. beendet. Anscheinend spielt das W. über einen bloßen Lösungseffekt hinaus noch eine besondere Rolle; denn in Ggw. von W. beobachtet man keine Induktionsperiode, wie sie bei Abwesenheit von W. zuweilen

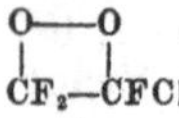
A

auftritt. Der Grad der Umsetzung ist von dem O_2-Druck direkt abhängig. Als Zwischenstufe wird das Peroxyd **A** angenommen. — Für die Polymerisation von **I** ist aus diesen Beobachtungen zu folgern, daß ein p_H-empfindliches Polymerisationssyst. von O_2-Spuren beeinflußt wird, u. daß umgekehrt ein p_H-unempfindliches Syst. durch O_2 nicht inhibiert wird, da aller O_2 schnell in ionisierte Verbb. übergeführt wird. Wenn Carboxylendgruppen in dem Polymeren vermieden werden sollen, ist das Arbeiten mit organ. Peroxyden zu empfehlen (vgl. Elliott, Myers u. Roedel, C. **1953.** 9507). (Ind. Engng. Chem. **45.** 1783—85. Aug. 1953. Schenectady, N. Y., General Electric Co, Res. Labor.) Forche. 520

R. Ja. Lewina, T. I. Tanzyrewa und **A. A. Fainsilberg,** *Synthese von Kohlenwasserstoffen.* 20. Mitt. *Synthese von Alkenen und Alkanen mit quartärem Kohlenstoffatom.* (18. vgl. Журнал Общей Химии [J. allg. Chem.] **22** (**84**). [1952.] 430.) Durch Umsetzung tert. Alkylmagnesiumchloride mit Allylbromid (**I**) wurden *4.4-Dimethylhepten-(1), 4.4.5-Trimethylhexen-(1)* u. *4.4-Dimethylocten-(1)* synthetisiert. Katalyt. Red. ergab die entsprechenden gesätt. Verbindungen.

Versuche: Die als Ausgangsmaterial benötigten tert. Alkohole werden aus Aceton mit n-C_3H_7MgBr, iso-C_3H_7MgBr u. n-C_4H_9MgBr (vgl. C. **1952.** 1301) hergestellt. *Dimethylpropylcarbinol,* $Kp._{770}$ 120,3°; $D.^{20}_4$ 0,8041; n_D^{20} 1,4087; 54% (Ausbeute). *Dimethylisopropylcarbinol,* $Kp._{750}$ 117—118°; $D.^{20}_4$ 0,8294; n_D^{20} 1,4235; 41%. *Dimethylbutylcarbinol,* $Kp._{742}$ 138—139°; $D.^{20}_4$ 0,8136; n_D^{20} 1,4185; 71%. — Einw. von konz. HCl bei 0° auf vorst. Carbinole führt mit 80%ig. Ausbeute zu nachst. Chloriden. *2-Chlor-2-methylpentan,* $Kp._{746}$ 105—107°; $D.^{20}_4$ 0,8610; n_D^{20} 1,4128. *2-Chlor-2.3-dimethylbutan,* $Kp._{760}$ 108—109°; $D.^{20}_4$ 0,8758; n_D^{20} 1,4214. *2-Chlor-2-methylhexan,* $Kp._{753}$ 127—128°; $D.^{20}_4$ 0,8569; n_D^{20} 1,4193. — Synth. der 4.4-Dimethylalkene-(1): Zu 12 g mit J_2 aktiviertem Mg in 150 ml absol. Ae. wird zur Einleitung der Rk. C_2H_5Br (2 ml) u. dann tropfenweise eine äther. Lsg. des Chlorids (1 : 1) unter schwachem Erwärmen hinzugefügt; die Grignard-Lsg. wird im N_2-Strom unter Rühren tropfenweise zu einer gekühlten (—11° Badtemp.) äther. Lsg. von **I** (1 : 1) hinzugegeben; man läßt 2 Std. bei Zimmertemp. u. 3 Std. unter Erwärmen einwirken, zers. mit Eis + NH_4Cl u. dest. über Na. *4.4-Dimethylhepten-(1),* C_9H_{18}, $Kp._{754}$ 129,1—129,5°; $D.^{20}_4$ 0,7324; n_D^{20} 1,4185; Mol.-Refr. ($[MR]_D$) 43,45; 49%. *4.4.5-Trimethylhexen-(1),* $Kp._{760}$ 132,3—132,4°; $D.^{20}_4$ 0,7494; n_D^{20} 1,4251; 28%. *4.4-Dimethylocten-(1),* $C_{10}H_{20}$, Kp. 152,5—152,6°; $D.^{20}_4$ 0,7451; n_D^{20} 1,4231; 42%. — Aus den Alkenen durch Bromieren in Chlf. unter Kühlung nachst. Verbindungen. *1.2-Dibrom-4.4-dimethylheptan,* $Kp._3$ 87,5—88°; D^{20}_4 1,4070; n_D^{20} 1,4972; $[MR]_D$ 59,54. *5.6-Dibrom-2.3.3-trimethylhexan,* $Kp._3$ 90,5—91°; $D.^{20}_4$ 1,4320; n_D^{20} 1,5046. *1.2-Dibrom-4.4-dimethyloctan,* $Kp._3$ 101°; $D.^{20}_4$ 1,3590; n_D^{20} 1,4942. — Die Hydrierung der Alkene wurde bei 160° in Ggw. von Pt-Kohle (15% Pt) durchgeführt. *4.4-Dimethylheptan,* $Kp._{760}$ 134,3—134,4°; $D.^{20}_4$ 0,7221; n_D^{20} 1,4076; $[MR]_D$ 43,74. *2.3.3-Trimethylhexan,* $Kp._{760}$ 136,2—136,4°; $D.^{20}_4$ 0,7323; n_D^{20} 1.4138. *4.4-Dimethyloctan,* $Kp._{760}$ 157,4—157,6°; $D.^{20}_4$ 0,7347; n_D^{20} 1,4144. (Журнал Общей Химии [J. allg. Chem.] **22** (**84**). 571—77. April 1952. Moskau, Lomonossow-Univ., Zelinsky-Labor. für organ. Chem.) H. Fröhlich. 520

R. Ja. Lewina und **N. P. Schuscherina,** *Synthese von Kohlenwasserstoffen.* 21. Mitt. *Hydrobromide von Dienkohlenwasserstoffen in der Synthese von Olefin- und Paraffinkohlenwasserstoffen mit quartärem Kohlenstoffatom.* (20. vgl. vorst. Ref.) *Alkene,* $C_2H_5C\cdot(CH_3)(R)CH{=}C(CH_3)C_2H_5$ (R = *n*-C_3H_7, *iso*-C_3H_7, *n*-C_4H_9, *iso*-C_4H_9, C_6H_5 u. *Cyclohexyl*) werden durch Einw. von 5-Brom-3.5-dimethylhepten-(3) (**I**) auf Grignard-Verbb. hergestellt. Die Konst. der Verbb. wird durch die Unters. der Oxydationsprodd. an den Beispielen von *3.5-Dimethyl-5-äthylocten-(3)* (**II**) u. *3.5-Dimethyl-5-äthylnonen-(3)* sowie durch das passive Verh. von *3.5-Dimethyl-5-phenylhepten-(3)* (**III**) gegenüber einem Cr_2O_3/Al_2O_3-Katalysator sichergestellt. Die von Lewina u. Mitarbeitern (Журнал Общей Химии [J. allg. Chem.] **16** (**78**). [1946.] 817) festgestellte Isomerisierung von Allylbenzol zu Propenylbenzol (desgleichen ihrer Homologen) beim Überleiten über den Katalysator bei 250° muß bei **III** ausbleiben, da das α-C-Atom quartär ist. In Übereinstimmung mit der Konst. von trisubstituierten Äthylenen ist das Verh. der Verbb. bei der Bromierung: statt der n. Dibromprodd. werden unter HBr-Abspaltung *ungesätt. Monobromide* $C_2H_5C(CH_3)(R)CBr{=}C(CH_3)C_2H_5$ gebildet. Die aus den Alkenen durch Hydrierung gewonnenen Alkane zeigen im Raman-Spektr. im Frequenzbereich von ca. 1200 cm^{-1} Linien, die auf das quartäre C-Atom zurückzuführen sind; vollsymm. Schwingungen liegen bei ca. 700 cm^{-1}. Über die Frequenzzuweisung zu Strukturelementen des Mol. vgl. Stepanow (Журнал Физической Химии [J. physik. Chem.] **20.** [1946.] 9) u. Treschtschowa, Akischin u. Tatewski (C. **1948.** E. 28).

Versuche: Die Umsetzung von **I** mit den Grignard-Verbb. RMgBr (im Falle R=C_6H_{11} das Chlorid) erfolgte wie früher (vgl. C. **1951.** II. 3433) im Verhältnis **I** : Alkylhalogenid : Mg = 1 : 1,5 : 1,5 unter Rühren bei —40 bis —50°, dann 6 std. Erwärmen; nach üblicher Aufarbeitung wurde das Reaktionsprod. über Na dest.; III wurde vor der Vakuumdest. durch Ausfrieren von etwas *Diphenyl* befreit. *3.5-Dimethyl-5-äthylocten-(3)* (II), $C_{12}H_{24}$, Kp.$_{756}$ 191,4°; D.$^{20}_{4}$ 0,7800; n_D^{20} 1,4432; Mol.-Refr. $[MR]_D$ 56,96; 40% (Ausbeute). Mit MnO_4 in Aceton entsteht hieraus *Methyläthylpropylessigsäure*, $C_8H_{16}O_2$, Kp. 213—215°. *3.5.6-Trimethyl-5-äthylhepten-(3)*, $C_{12}H_{24}$, Kp.$_{754}$ 194,5—195°; D.$^{20}_{4}$ 0,7913; n_D^{20} 1,4492; 27%. *3.5-Dimethyl-5-äthylnonen-(3)*, $C_{13}H_{26}$, Kp.$_{766}$ 211,5—212°; D.$^{20}_{4}$ 0,7850; n_D^{20} 1,4457; 41%. Hieraus durch Oxydation *Methyläthylbutylessigsäure* (*Silbersalz*, $C_9H_{17}O_2Ag$). *3.5.7-Trimethyl-5-äthylocten-(3)*, $C_{13}H_{26}$, Kp.$_{765}$ 206,5—207,5°; D.$^{20}_{4}$ 0,7833; n_D^{20} 1,4446; 30%. *3.5-Dimethyl-5-phenylhepten-(3)* (III), Kp.$_4$ 104—104,5°; Kp$_{755}$ 255—256°; D.$^{20}_{4}$ 0,9244; n_D^{20} 1,5313; $[MR]_D$ 67,75; 18%. *3.5-Dimethyl-5-cyclohexylhepten-(3)*, Kp.$_{1,5}$ 97—97,5°; D.$^{20}_{4}$ 0,8660; n_D^{20} 1,4790; $[MR]_D$ 68,23; 41%. — *4-Brom-3.5-dimethyl-5-äthylocten-(3)*, $C_{12}H_{23}Br$, Kp.$_{12}$ 93—95°; durch Bromieren von II in Ae. unter Kühlung; das Reaktionsprod. wird im N_2-Strom im Vakuum dest.; D.$^{20}_{4}$ 1,0909; n_D^{20} 1,4808; $[MR]_D$ 64,47. *4-Brom-3.5.6-trimethyl-5-äthylhepten-(3)*, Kp.$_4$ 89 bis 90°; D.$^{20}_{4}$ 1,0970; n_D^{20} 1,4917. *4-Brom-3.5-dimethyl-5-äthylnonen-(3)*, Kp.$_2$ 102—104°; D.$^{20}_{4}$ 1,078; n_D^{20} 1,4860. *4-Brom-3.5.7-trimethyl-5-äthylocten-(3)*, Kp.$_3$ 94—95°; D.$^{20}_{4}$ 1,0590; n_D^{20} 1,4830. — *3.5-Dimethyl-5-äthyloctan*, $C_{12}H_{26}$, Kp.$_{750}$ 188,5—189°. Durch Hydrieren von II in Ggw. von Pt-Kohle (15% Pt) bei 170°; D.$^{20}_{4}$ 0,7695; n_D^{20} 1,4315; $[MR]_D$ 57,23. *2.3.5-Trimethyl-3-äthylheptan*, $C_{12}H_{26}$, Kp.$_{759}$ 197,5—198°; D.$^{20}_{4}$ 0,7820; n_D^{20} 1,4387. *3.5-Dimethyl-5-äthylnonan*, $C_{13}H_{28}$, Kp.$_{760}$ 213—214°; D.$^{20}_{4}$ 0,7761; n_D^{20} 1,4356. *2.4.6-Trimethyl-4-äthyloctan*, $C_{13}H_{28}$, Kp.$_7$ 79—80°; D.$^{20}_{4}$ 0,7760; n_D^{20} 1,4349. *3.5-Dimethyl-5-cyclohexylheptan*, Kp.$_2$ 98—99°; D.$^{20}_{4}$ 0,8515; n_D^{20} 1,4679 $[MR]_D$ 68,73. (Журнал Общей Химии [J. allg. Chem.] **22** (**84**). 577—85. April 1952.) H. FRÖHLICH. 520

Paul Tarrant, D. A. Warner und **R. E. Taylor,** *Die Umsetzung von Trifluoraceton mit Acetylen.* Abweichend von den Angaben von HILL u. TOWNE (A. P. 2 490 753, C. **1949**. E. 487) erhielten Vff. bei der Umsetzung von Trifluoraceton (I) mit der GRIGNARD-Verb. aus C_2H_5MgBr u. CH≡CH etwas *3-Trifluormethylbutin-(1)-ol-(3)* (II) u. größere Mengen *2.5-Bis-[trifluormethyl]-hexin-(3)-diol-(2.5)* (III). Auch bei den Umsetzungen von I mit Na- u. K-Acetylenid in verschied. Lösungsmitteln ist III stets das Hauptprod.; die höchste Ausbeute an II (15%) erhält man mit wss. KOH als Kondensationsmittel. In fl. NH_3 wird Na-Acetylenid nur zu 45% umgesetzt. Einen wesentlichen Einfl. auf die II-Ausbeute hat die Zeit zwischen der Zugabe des I zu der Äthinyl-MgBr-Lsg. u. der Hydrolyse des Adduktes.

Versuche: *Trifluoraceton* (I), Kp. 21—23°; durch Kondensation von Trifluoressigsäureäthylester mit Essigsäureäthylester zu Trifluoracetessigester, dessen Zers. mit 35%ig. H_2SO_4 u. Dest. des Rohprod. über P_2O_5. — *3-Trifluormethylbutin-(1)-ol-(3)* (II), $C_5H_5OF_3$, Kp. 97—98°, D.$^{25}_{4}$ 1,160, n_D^{25} 1,3521, Mol-Refr.$_D$ 25,69, At.-Refr.$_F$ 1,39; durch 4std. Einleiten von CH≡CH (100 cm³/Min.) in eine Lsg. von 1 Mol C_2H_5MgBr, Zugabe von 0,80 Mol I im Laufe einer Std. unter Drosselung des C_2H_2-Stromes auf 20 cm³ Min., ½std. Kochen, Abkühlen, Eingießen in 100 cm³ konz. HCl u. 200 g Eis, Sättigen der wss. Schicht mit NaCl u. Ausäthern, Abdampfen des Ae., Wasserdampfdest. des Rückstands u. Rektifikation; 9—12% (Ausbeute). — *2.5-Bis-[trifluormethyl]-hexin-(3)-diol-(2.5)* (III), $C_8H_8O_2F_6$, F. 108—108,5°; durch Umkristallisation des festen Rückstands von vorst. Vers. aus Äthylenchlorid; seidige Nadeln; 30—40%. — Wenn man 1 Mol I im Laufe einer Std. zu 1 Mol CH≡CNa in 1200 cm³ fl. NH_3 gibt, noch 15 Min. C_2H_2 einleitet, das NH_3 verdampfen läßt u. den Rückstand mit 150 cm³ Ae. bedeckt u. in eiskalter 35%ig. H_2SO_4 löst, erhält man neben 55% nicht umgesetztem I 11% II u. 18% III. — Wird in ein Gemisch aus 0,5 Mol I u. 40 cm³ 2,5%ig. wss. KOH 6 Std. C_2H_2 eingeleitet u. 1,5 g $NaHCO_3$ u. 10 cm³ W. zugegeben, so entstehen 14,5 % II u. 36,8% III. (J. Amer. chem. Soc. **75**. 4360—62. 5/9. 1953. Gainesville, Fla., Univ. of Florida, Dep. of Chem.) FORCHE. 550

Horst Baganz, Karl-Heinz Dossow und **Wolfgang Hohmann,** *Über 1.2-Dialkoxyäthene.* 1. Mitt. *Darstellung und Charakterisierung von 1.2-Diäthoxyäthen und 1.2-Dipropoxyäthen.* Die Darst. von *1.2-Diäthoxyäthen* (I) durch katalyt. A.-Abspaltung aus Äthoxyacetaldehyddiäthylacetal (II) mit Hilfe von Silicagel oder entwässertem sek. Natriumphosphat u. die Darst. von *1.2-Dipropoxyäthen* (III) aus Propoxyacetaldehyddipropylacetal (IV) in Ggw. von CeO_2 werden beschrieben. I entsteht auch zu ca. 5% aus II mit Phthalsäureanhydrid (vgl. dagegen MCELVAIN u. STAMMER, J. Amer. chem. Soc. **73**. [1951.] 915, sowie TREIBS u. REICHARDT, C. **1952**. 7634). Eine kontinuierlich u. bei Normaldruck arbeitende App. wurde entwickelt.

Versuche: *Bromacetaldehyddiäthylacetal* (V), Kp.$_{12}$ 60—62°, aus Paraldehyd u. Brom in A.-Überschuß in der Kälte (5 Std.); 72,5% (Ausbeute). — *Bromacetaldehyddipropylacetal* (VI), Kp.$_{13}$ 89,5—90,5°; 65%. — *Äthoxyacetaldehyddiäthylacetal* (II),

Kp.$_{11}$ 57—58°, aus **V** mit $NaOC_2H_5$ in A. unter 120 at H_2 bei 130° (4 Std.); 51%. — *Propoxyacetaldehyddipropylacetal* (**IV**), $C_{11}H_{24}O_3$, Kp.$_{764}$ 216—218° (korr.), aus **VI** mit $NaOC_3H_7$ in C_3H_7OH unter 230 at H_2 bei 160° (6 Std.); 95%. — *2.4-Dinitrophenylhydrazon* von *n-Propoxyacetaldehyd*, $C_{11}H_{14}O_5N_4$, F. 85,5°, orangegelbe Kristalle (A.). — *1.2-Diäthoxyäthen* (**I**), $C_6H_{12}O_2$, Kp. 133—134°, aus **II** a) mit Silicagel unter 52 mm N_2 bei 190° (30 Min.), b) mit sek. Natriumphosphat unter 100 mm N_2 bei 340° (90 Min.); n_D^{20} 1,4225; 27% (Ausbeute bei b). — *Glykoldiäthyläther*, $C_6H_{14}O_2$, Kp. 118—119°, aus **I** mit H_2 (in A., RANEY-Ni); n_D^{20} 1,3860. — Die beim 6std. Erhitzen von 81 g **II** u. 74 g Phthalsäureanhydrid (**VII**) auf 190° erhaltenen, unter 145° sd. Prodd. enthalten 3% **I** (gemessen am Bromverbrauch); bei 220° entstehen aus 81 g **II** u. 37 g **VII** 4,9% **I**. — *1.1.2.2-Tetraäthoxyäthan*, $C_{10}H_{22}O_4$, Kp.$_{14}$ 88—89°, aus der Dibromverb. von **I** u. $Na \cdot OC_2H_5$; n_D^{22} 1,4075. — *1.2-Dipropoxyäthen* (**III**), $C_8H_{16}O_2$, Kp.$_{755}$ 167°, aus 280 g **IV** mit CeO_2 (App. vgl. Original); $D.^{21}_4$ 0,8657; n_D^{21} 1,4271; Mol.-Refr. 42,805; 90 g (Ausbeute). — *Glykoldipropyläther*, $C_8H_{18}O_2$, Kp.$_{750}$ 159,5° aus **III** mit H_2 in A. (RANEY-Ni); $D.^{19}_4$ 0,8437; n_D^{22} 1,4028; Mol.-Refr. 42,53. (Chem. Ber. **86**. 148—54. 1953. Berlin-Charlottenburg, Techn. Univ., Organ.-chem. Inst.) J. ROTHE. 570

Helmut Zinner, *Notiz zur Darstellung der Mercaptane.* Man bereitet die für die Mercaptaldarst. erforderlichen reinen *Mercaptane* am besten aus den Alkylbromiden u. einer höchstens 30%ig. alkoh. Lsg. von KSH. *Äthylmercaptan*, Kp. 34—35°. In eine Lsg. von 2 Mol KOH in wss. A. bei 0° ca. 2—3 Std. H_2S einleiten, 15 Min. auf 20 bis 22° erwärmen u. unter Eiskühlung 1 Mol Äthylbromid zutropfen, unter H_2S-Einleiten 4 Std. bei Zimmertemp. rühren, abdest., in überschüssiger NaOH lösen, mit konz. HCl (—20°) ausfällen; 87% (Ausbeute). — Analog folgende *Mercaptane*: *Isopropyl-*, Kp. 56 bis 58°, aus Isopropylbromid bei 35°; 79%. — *n-Propyl-*, Kp. 68—70°; 83%. — *Isobutyl-*, Kp. 86—88°, Rk. bei 45°; 84%. — *n-Butyl-*, Kp. 98—100°; 80%. — *Benzyl-*, Kp. 193—195°, aus Benzylchlorid bei 50°; 85%. — *Dithioglykol*, Kp. 144—146°, aus 2 Mol KSH u. ½ Mol Äthylenbromid bei 45°; 69%. (Chem. Ber. **86**. 825—27. 1953. Jena, Univ., Inst. für Organ. Chem. u. Biochem.) CLEVE. 600

R. J. Koshar, P. W. Trott und **J. D. LaZerte,** *Darstellung von β-H-Perfluoralkansulfonsäuren.* Durch Umsetzung von Perfluorpropen (**I**), Perfluorpenten-(1) (**II**) u. Perfluorhepten-(1) (**III**) mit $NaHSO_3$ wurden fluorierte Alkansulfonsäuren der allg. Formel $C_nF_{2n+1}\text{-}CHF\text{-}CF_2\text{-}SO_3H$ dargestellt. Diese Verbb. sind sehr hygroskop., sowohl in W. als auch in Ae. lösl. u. bilden an feuchter Luft Hydrate. Sie stellen starke Säuren dar u. reagieren mit NaCl unter Bldg. von HCl. Sowohl die freien Säuren als auch ihre Na-Salze sind in wss. Medium stark oberflächenaktiv. Die Na-Salze sind im trockenen Zustand therm. bis 350° stabil; in wss. Lauge erleiden sie bei ca. 250° schnelle Zersetzung.

Versuche: $CF_3\text{-}CHF\text{-}CF_2\text{-}SO_3H$, Kp.$_{20}$ 111—113°; durch 9std. Erhitzen von 90 g **I**, 60 g $NaHSO_3$, 27,4 g Borax, 120 cm³ W. u. 0,8 g Benzoylperoxyd in einem Autoklaven aus rostfreiem Stahl auf 110—120°, Eindampfen des Reaktionsgemisches zur Trockne, Extraktion des rohen Na-Sulfonats (115 g) mit warmem A. u. Vakuumdest. von 100 g des im Vakuum getrockneten Salzes mit 150 g 95%ig. H_2SO_4 u. 40 g SO_3 (Sulfan β); Ausbeute 64% (Umsatz 93%). — $C_3F_7\text{-}CHF\text{-}CF_2\text{-}SO_3H$, Kp.$_{14}$ 119—120°; aus **II**; 79 (83) %. — $C_5F_{11}\text{-}CHF\text{-}CF_2\text{-}SO_3H$, Kp.$_3$ 119—120°; aus **III**; 73 (74) %. (J. Amer. chem. Soc. **75**. 4595—96. 20/9. 1953. St. Paul, Minn., Minnesota Mining and Manufacturing Comp., Central Res. Dep.) FORCHE. 600

T. L. Cairns, A. W. Larchar und **B. C. McKusick,** *Die Reaktion von Äthylisocyanid mit Methanol, Äthanol und Äthylmercaptan bei hohen Drucken.* Bei der Rk. von Äthylisocyanid (**I**) mit CH_3OH, C_2H_5OH u. C_2H_5SH bei 125°, 8500 at entstehen Prodd., für die die *Formamidinstruktur* $HC(=NC_2H_5)N(C_2H_5)CHR_2$ [R = OCH_3, OC_2H_5, SC_2H_5] vorgeschlagen wird. Ein Mechanismus, nach dem die Redaktion durch spurenweise vorhandene Basen katalysiert wird, wird diskutiert.

Versuche: *Äthylisocyanid* (**I**), Kp. 75—78°, aus AgCN u. C_2H_5J nach LOWRY u. HENDERSON (Proc. Roy. Soc. [London], Ser. A. **136**. [1932.] 471); n_D^{25} 1,3597; 67% (Ausbeute). — Bei Rk. von **I** mit CH_3OH bei 7300 at, 125° in einer BRIDGEMAN-App. (The Physics of high pressure, London **1949**, 30—59) in 18 Std. entsteht *Verb.* $C_8H_{18}O_2N_2$, Kp.$_{760}$ 196—197°, Kp.$_{11}$ 79—80°, n_D^{25} 1,4883; 64%. — *Verb.* $C_{10}H_{22}O_2N_2$, Kp.$_{760}$ 213°, Kp.$_{11}$ 93°, ebenso aus **I** u. C_2H_5OH; n_D^{25} 1,4409; 40%. — *Verb.* $C_{10}H_{22}N_2S_2$, Kp.$_{0,6}$ 85 bis 88°, aus **I** u. C_2H_5SH; n_D^{25} 1,5180; 78%. — Bei Rk. von **I** mit H_2O in Dioxan entsteht *N-Äthylformamid* (Kp.$_{10}$ 86—89°, n_D^{25} 1,4291); 41%. (J. org. Chemistry **17**. 1497—1500. Nov. 1952. Wilmington, Del., E. I. Dupont de Nemour, Chem. Dep., Exp. Stat.) K. FABER. 810

William D. Emmons und **Arthur F. Ferris,** *Oxydationsreaktionen mit Pertrifluoressigsäure.* Eine Lsg. von H_2O_2 in *Trifluoressigsäure* (**I**) wirkt als Oxydationsmittel, vermutlich infolge Bldg. von *Pertrifluoressigsäure* gemäß CF_3—COOH + H_2O_2 ⇌ CF_3—COOOH + H_2O. Ein solches Gemisch vermag Anilin mit 79%ig. Ausbeute zu *Nitrobenzol*, p-Nitranilin mit 86%ig. Ausbeute zu *p-Dinitrobenzol* u. p-Aminobenzonitril (**II**) mit 98%ig. Ausbeute zu *p-Nitrobenzonitril* (**III**) zu oxydieren. Man versetzt 40 cm³ **I** bei 20° mit 5,1 cm³ 90%ig. H_2O_2, gibt 5,9 g **II** hinzu, läßt die Temp. auf 50° ansteigen, gießt das Prod. nach 1 Std. in Eiswasser u. erhält 7,2 g **III**. — Auch Nitrosamine lassen sich mit dem Gemisch zu Nitraminen oxydieren. Bei Diäthyl- u. Dibutylnitrosamin betragen die Ausbeuten an den entsprechenden Nitraminen 76 bzw. 77%. — Mit dem I–H_2O_2-Gemisch verläuft die Hydroxylierung von Ölsäure wesentlich schneller als mit Perameisensäure. (J. Amer. chem. Soc. **75**. 4623—24. 20/9. 1953. Huntsville, Ala., Rohm and Haas Comp., Josiah Gorgas Labor.) Forche. 810

Dov Ben-Ishai und **Ephraim Katchalski,** *Reaktion von Acetylbromid und -chlorid mit Urethanen.* Acetylbromid reagiert mit N-mono- u. N.N-disubstituierten sowie mit unsubstituierten Äthyl- u. Benzylcarbamaten unter Bldg. von *Äthyl-* (**I**) bzw. *Benzylbromid* (**II**), der entsprechenden *Acetamide* u. CO_2. Ein Reaktionsmechanismus wird vorgeschlagen. Acetylchlorid bewirkt N-Acetylierung des N-Methyl- u. N-unsubstituierten Äthyl- u. Benzylcarbamats. Es reagiert nicht mit N-Phenyl- u. N.N-disubstituierten Carbamaten.

Versuche: *Urethane*: Handelsübliches Äthylcarbamat u. Äthyl-N-phenylcarbamat wurden ohne weitere Reinigung verwendet. Nach bekannten Methoden wurden erhalten: *Äthyl-N-methylcarbamat* aus Methylamin u. Äthylchlorcarbonat. *Äthyl-N.N-dimethyl-* u. *N.N-Diphenylcarbamat* wurden analog Vorst. aus Dimethylamin bzw. Diphenylamin dargestellt. *Benzylcarbamat,* aus Benzylchlorcarbonat u. Ammoniak. *Benzyl-N.N-diphenylcarbamat,* aus Diphenylcarbamylchlorid u. Benzylalkohol. — Folgende neue Verbb. wurden dargestellt: *Benzyl-N-methylcarbamat,* $C_9H_{11}O_2N$, Kp.$_8$ 143°, aus äquimol. Mengen von Methylamin u. Benzylchlorcarbonat nach Schotten-Baumann, D.$^{30}_4$ 1,1078, n_D^{30} 1,5227; 60% (Ausbeute). — *Benzyl-N.N-dimethylcarbamat,* $C_{10}H_{13}O_2N$, Kp.$_{21}$ 151—152°, analog aus Dimethylamin, D.$^{30}_4$ 1,0707, n_D^{30} 1,5095; 75%. — *Benzyl-N-phenylcarbamat,* $C_{14}H_{13}O_2N$, F. 77—78° (PAe.), aus Isopropyl-N-phenylcarbamat u. Benzylalkohol. Bei der Rk. von Acetylbromid mit Äthyl- u. Benzylcarbamaten wurden folgende *Amide* erhalten: *N.N-Dimethylacetamid,* Kp.$_{760}$ 166—167°, aus Äthyl- oder Benzyl-N.N-dimethylcarbamat u. CH_3COBr (18 Std., 120—130° bzw. 2 Std., 120—130°); n_D^{30} 1,4304; 80 bzw. 70% (Ausbeute). — *N.N-Diphenylacetamid,* F. 100—101° (wss. A., dann PAe.), analog aus Äthyl- oder Benzyl-N.N-diphenylcarbamat (48 Std., 96—98° bzw. 6 Std., 110—120°); 50 bzw. 78%. — *N-Methylacetamid,* F. 27°, Kp.$_{28}$ 97—100°, aus Äthyl- oder Benzyl-N-methylcarbamat (12 Std., 120—130° bzw. 2 Std., 120—130°); n_D^{30} 1,4272; 82 bzw. 70%. — *N-Phenylacetamid,* F. 113° (wss. A.), aus Äthyl- oder Benzyl-N-phenylcarbamat (4 Std., 110 bis 120° bzw. 1 Std., 100°); 74 bzw. 67%. — *Acetamid, Semihydrobromid,* aus Urethan bzw. Benzylcarbamat, jeweils 1 Std., 100°; 20 bzw. 16%. Bei der Rk. von Benzylcarbamat mit CH_3COBr entstand ferner in 30%ig. Ausbeute *Diacetylamin.* Bei allen vorst. aufgeführten Rkk. bildete sich als Nebenprod. **I** bzw. **II**. — Bei der Einw. von Acetylchlorid auf Carbamate wurden erhalten: *Äthyl-N-acetyl-N-methylcarbamat,* Kp.$_{760}$ 182°, aus Äthyl-N-methylcarbamat u. CH_3COCl, 1 Std., 100°; D.$^{30}_4$ 1,051; n_D^{30} 1,4268; 79%. — *Benzyl-N-acetyl-N-methylcarbamat,* Kp.$_{30}$ 172°, analog aus Benzyl-N-methylcarbamat, 2½ Std., 90°; D.$^{30}_4$ 1,1257; n_D^{30} 1,5183; 78%. — *Äthyl-N-acetylcarbamat,* F. 76—77° (PAe.), aus Urethan, 1 Std., 100°; 85%. — *Benzyl-N-acetylcarbamat,* F. 105° (Bzl.–PAe.), aus Benzylcarbamat, 1 Std., 100°; 82%. (J. org. Chemistry **16**. 1025—30. Juli 1951. Rehovoth, Israel.) Kempf. 810

J. D. LaZerte, L. J. Hals, T. S. Reid und **G. H. Smith,** *Pyrolyse der Salze von Perfluorcarbonsäuren.* Die therm. Zers. der Na-Salze von Perfluorcarbonsäuren mit 3 oder mehr C-Atomen in Pyrexglas- oder Stahlgefäßen liefert nach der Rk. C_nF_{2n+1}—CF_2—CF_2—COONa → C_nF_{2n+1}—$CF{=}CF_2$ + CO_2 + NaF *Perfluorolefine* mit endständiger Doppelbindung mit Ausbeuten von 65—100%. Die Zers. beginnt bei ca. 230° u. verläuft bei 250—260° schnell u. kontrollierbar. Bei Salzen mit anderen Metallen der 1., 2. u. 3. Gruppe des Period. Syst. hängen die Ausbeuten von dem jeweiligen Kation ab, wie am Beispiel der Perfluorbutyrate gezeigt wird. Die K-Salze geben gute Ausbeuten an Perfluorolefinen; so erhält man aus K-Perfluorbutyrat *Perfluorpropen* mit 98%ig. Ausbeute. Aus K-Perfluorvaleriat entstehen *Perfluorbuten-(1)* u. *Perfluorbuten-(2)* im Verhältnis 1:4. Bei den Erdalkalisalzen der Perfluorbuttersäure nimmt die C_3F_6-Ausbeute mit steigendem At.-Gew. des Kations zu; beim Ca-Salz beträgt sie weniger als 10%, beim Ba-Salz 78%. Ag-Perfluorbutyrat zers. sich bei 300—320° zu C_3F_6 u. C_6F_{14}; aus Ag-Perfluorcaprylat entsteht $C_{14}F_{30}$ mit 77%ig. Ausbeute. Als Nebenprodd. bei der Zers. der Perfluorbutyrate treten C_3F_7COF, $(C_3F_7CO)_2O$ u. C_3F_7COOH auf. NH_4-

Perfluorbutyrat liefert weder ein Olefin noch Carbonylverbb., sondern geht nahezu quantitativ in $CF_3—CF_2—CHF_2$ über. — Die Pyrolyse der Salze der Trifluoressigsäure nimmt einen andersartigen Verlauf. Das Li- u. das K-Salz liefern ebenso wie das Na- u. Ba-Salz Trifluoracetylfluorid u. Trifluoressigsäureanhydrid als Hauptprodukte. Wird aber die Pyrolyse von Na-Trifluoracetat in Ggw. von festem NaOH durchgeführt, so setzt bei ca. 270° eine sehr schnelle exotherme Rk. ein, u. man erhält *Tetrafluoräthylen* neben etwas Trifluoracetylfluorid u. Fluoroform; auf diese Weise läßt sich nach Durchleiten der gasförmigen Reaktionsprodd. durch 15%ig. KOH u. P_2O_5 ohne weitere Fraktionierung ein $CF_2=CF_2$ von über 98%ig. Reinheit gewinnen. — Wenn die Pyrolyse der Na-Salze der höheren Perfluorcarbonsäuren in Ggw. von W. im Autoklaven oder in Ggw. von Äthylenglykol (I) bei dessen Siedetemp. vorgenommen wird, entstehen gesätt. Fluorkohlenstoffverbb. mit einem H-Atom von der allg Formel $C_nF_{2n+1}H$ mit hohen Ausbeuten. — Die Ultrarotspektren der Perfluorolefine mit 3 u. mehr C-Atomen enthalten die für die Doppelbindung charakterist. Spitze bei 1795 cm^{-1}. Die Verbb. $C_nF_{2n+1}H$ zeigen die Absorption der C–H-Bande bei 2940—2990 cm^{-1}.

Versuche: *Perfluorpropen*, $CF_3—CF=CF_2$, Kp.$_{730-745}$ —29°; durch Pyrolyse von $C_3F_7—COONa$; 97% (Ausbeute); aus dem K-Salz 98%, dem Li-Salz 20%, dem Mg-Salz <5%, dem Ca-Salz <10%, dem Sr-Salz 25%, dem Ba-Salz 78%, dem Pb-Salz <10%, dem Al-Salz <5% u. aus dem Ag-Salz 45% neben C_6F_{14}. — *Perfluorbuten-(1)*, $C_2F_5—CF=CF_2$, Kp.$_{730-745}$ 1°; aus $C_4F_9—COONa$; 91%. — *Perfluorpenten-(1)* $C_3F_7—CF=CF_2$, Kp.$_{730-745}$ 29°, n_D^{25} 1,2571; aus $C_5F_{11}—COONa$; 90%. — *Perfluorhepten-(1)*, $C_5F_{11}—CF=CF_2$, Kp.$_{730-745}$ 81°, n_D^{25} 1,2782; aus $C_7F_{15}—COONa$; 86%. — *Perfluornonen-(1)*, $C_7F_{15}—CF=CF_2$, Kp.$_{730-745}$ 123°, n_D^{25} 1,2868; aus $C_9F_{19}—COONa$; 65%. — *Tetrafluoräthylen*, $CF_2=CF_2$, Kp.$_{730-745}$ —74°; aus $CF_3—COONa$ u. festem NaOH bei 270°; 90%. — *1.1.1.2.2.3.3.4.4-Oktafluorbutan*, C_4HF_9, Kp.$_{740}$ 14°; durch 5std. Erhitzen von 1681 g $C_4F_9—COOK$ u. 907 g I im Pyrexglaskolben mit Rückflußkühler auf 170 → 190°, Durchleiten der Prodd. durch 15%ig. KOH u. Fraktionierung; 84%. — *$CF_3—CF_2H$*, Kp. —50°; aus $C_2F_5—COONa$ in I; 98%. — *$CF_3—(CF_2)_2—H$*, Kp. —16°; aus $C_3F_7—COONa$ in I; 97%; oder aus $(C_3F_7COO)_2Ba$ in I; 88%. — *$CF_3—(CF_2)_4—H$*, Kp. 46°; aus $C_5F_{11}—COONa$ in I; 80%. — *$CF_3—(CF_2)_6—H$*, Kp. 94°, n_D^{52} 1,2690; aus $C_7F_{15}—COONa$ in I; 60%. (J. Amer. chem. Soc. **75.** 4525—28. 20/9. 1953. St. Paul, Minn., Minnesota Mining and Manufacturing Comp., Central Res. Dep.)

FORCHE. 810

Wilhelm Treibs und **Oskar Holbe**, *Synthesen mit Dicarbonsäuren.* 2. Mitt. *Chlorierung der Adipinsäure und einige Umsetzungen ihrer Mono- und Dichlorierungsprodukte.* (1. vgl. C. **1952**. 2148.) Vff. stellen durch Chlorieren von Adipinsäure *α-Chlor-* bzw. *α.α'-Dichloradipinsäure* dar u. überführen diese Säuren in *α-Oxy-* bzw. *α.α'-Dioxyadipinsäure* sowie in *$\Delta^{\alpha,\beta}$-Dihydromuconsäure* bzw. *trans–trans-Muconsäure*. Behandlung von *α.α'-Dichloradipinsäurediamid* mit konz. NH_3 liefert unter Ringschluß *Pyrrolidindicarbonsäure-(2.5)-diamid*.

Versuche: *α.α'-Dichloradipinsäure*, $C_6H_8O_4Cl_2$, F. 180°, durch Chlorierung des mit $SOCl_2$ bereiteten Adipinsäuredichlorids in Ggw. von Jod unter Belichten bei 80° bis zur Aufnahme von 2 Cl u. Eintropfen des Prod. in sd. W., umkrist. aus W.; 64% (Ausbeute). *Dimethylester* (I), $C_8H_{12}O_4Cl_2$, Kp.$_{13}$ 157—159°, $D.^{20}_4$ 1,2802, n_D^{20} 1,2802, a) in 50—60%ig. Ausbeute aus dem Chlorierungsprod. mit überschüssigem Methanol, b) aus der Säure in absol. Methanol mit trockenem HCl; 75%. *Diäthylester*, $C_{10}H_{16}O_4Cl_2$, Kp.$_8$ 168—169°, $D.^{20}_4$ 1,1551, n_D^{20} 1,4491, *Diamid* (II), $C_6H_{10}O_2N_2Cl_2$, F. 200° (W.), aus dem Ester u. konz. wss. NH_3, seidenglänzende Blättchen. — *α-Chloradipinsäuredimethylester* (III), $C_8H_{13}O_4Cl$, Kp.$_{10}$ 138—139°, Chlorierung wie vorst. bis zur Aufnahme von 1 Cl u. Eintropfen von Methanol in das Reaktionsprod.; $D.^{20}_4$ 1,1528; n_D^{20} 1,4510; 60%. — *α-Oxyadipinsäure*, F. 151° (W.), aus **III** durch Kochen mit 32%ig. HCl. — *α.α'-Dioxyadipinsäure*, F. 158° (A.), Gemisch aus Racem- u. Mesoform, aus der rohen Dichloradipinsäure durch Kochen mit 2n Na_2CO_3; 55—60%. — *$\Delta^{\alpha,\beta}$-Dihydromuconsäure*, F. 169° (W.), aus **III** mit 33%ig. methanol. Anilinlsg. bei 100—110° im Autoklaven in 60 Std. u. Verseifen des Esters (gelbes Öl, erstarrt in Kältemischung) mit 60%ig. H_2SO_4; 57%. — *trans–trans-Muconsäure*, F. 289°, aus **I** mit 33%ig. Anilinlsg. im Autoklaven bei 110° in 70 Std., über den *Muconsäuredimethylester*, Kp.$_{12}$ 185°, u. das K-Salz; 60%. — *Pyrrolidindicarbonsäure-(2.5)-diamid*, **II** wird bei 120—125° im Bombenrohr 2 Tage mit überschüssigem 25%ig. wss. NH_3 behandelt. *Pikrat*, $C_6H_{11}O_2N_3 \cdot C_6H_3O_7N_3$, gelbe Nadeln (W.), Zers. über 240°. (Chem. Ber. **85.** 608—12. 1952. Leipzig, Univ., Inst. für organ. Chemie.)

FROHLOFF. 820

Wilhelm Treibs und **Roland Mayer**, *Synthesen mit Dicarbonsäuren.* 3. Mitt. *Malonestersynthesen mit α-Bromadipinsäureestern.* (2. vgl. vorst. Ref.) Kondensation von α-Bromadipinsäureester (I) mit Na-Malonester liefert *Pentantetracarbonsäure-(1.1.2.5)-*

tetraäthylester (II), dessen Na-Verb. mit I zu *Nonanhexacarbonsäure-(1.4.5.5.6.9)-hexaäthylester* umgesetzt wird. Mit Na-Cyanessigsäureäthylester reagiert I unter Bldg. von *1-Cyanpentantricarbonsäure-(1.2.5)-triäthylester*.

Versuche: *Pentantetracarbonsäure-(1.1.2.5)-tetraäthylester* (II), $C_{17}H_{28}O_8$, $Kp._{25}$ 227—228°, aus Na-Malonsäurediäthylester u. I nach 3std. Kochen; $D.^{18}_4$ 1,1035; n_D^{18} 1,4451; ölig klare Fl.; 50% (Ausbeute). — *Pentantetracarbonsäure-(1.1.2.5)* (III), $C_9H_{12}O_8$, F. 117—118° unter CO_2-Abspaltung, aus II mit 5facher Menge konz. HCl durch 3std. Kochen, blaßgelbes Öl, krist. nach 14 Tagen in winzigen Nädelchen (absol. A.), gut lösl. in W. u. 96%ig. A., weniger gut in absol. A. u. Ae., schwer in Benzol. — *Pentantricarbonsäure-(1.2.5)*, $C_8H_{12}O_6$, F. 85—86°, aus III bei 125—130°, leichtlösl. in W. u. Ae., mäßig in heißem, schwer in kaltem Benzol. — *1-Cyanpentantricarbonsäure-(1.2.5)-triäthylester*, $C_{15}H_{23}O_6N$, $Kp._{16}$ 215—219°, aus Cyanessigsäureäthylester u. I; $D.^{14}_4$ 1,1247; n_D^{14} 1,4537; 55%. — *1-Brompentantetracarbonsäure-(1.1.2.5)-tetraäthylester*, $C_{17}H_{27}O_8Br$, $Kp._{12}$ 235—242°, aus II u. Br_2 in Chlf., gelbe ölige Fl.; 90%. — *Nonanhexacarbonsäure-(1.4.5.5.6.9)-hexaäthylester*, $C_{27}H_{44}O_{12}$, $Kp._{0,03}$ 243—248°, a) aus der mit Na-Äthylat bereiteten Mononatriumverb. von II u. I in 15 Std. auf dem Wasserbad; $D.^{12}_4$ 1,1932; n_D^{18} 1,4921; gelbes zähes Öl von angenehmem Estergeruch; 25%; b) aus Dinatriummalonsäurediäthylester in A. mit I in 60 Std. auf dem Wasserbad; $D.^{18}_4$ 1,1931; n_D^{18} 1,4920; 10%. — *Nonanpentacarbonsäure-(1.4.5.6.9)*, $C_{14}H_{20}O_{10}$, F. 124 bis 126° (A.), aus vorst. Ester mit der 6fachen Menge konz. HCl in 4 Std., krist. nach 2 Monaten im Eisschrank in Knötchen. (Chem. Ber. **85** 612—15. 1952.) FROHLOFF. 820

Wilhelm Treibs und **Roland Mayer.** *Synthesen mit Dicarbonsäuren.* 4. Mitt. *α-Carboxy- und α.α.Dicarboxyadipinsäuren.* (3. vgl. vorst. Ref.) Vff. stellen α-Carboxy- u. α.α'-Dicarboxyderivv. aus Adipinsäureestern u. Oxalsäureester dar. Am *Butantricarbonsäure-(1.1.4)-triäthylester* (II) gelingt mit Na-Äthylat der Ringschluß zu *Cyclopentanon-(1)-dicarbonsäure-(2.5)-diäthylester* (IV), dessen Mononatriumverb. Vff. mit α-Halogendicarbonsäureestern umsetzen.

Versuche: *α-Cyanadipinsäurediäthylester* (I), $C_{11}H_{17}O_4N$, $Kp._6$ 167—169°, aus α-Bromadipinsäurediäthylester u. NaCN in A.; $D.^{18}_4$ 1,0834; n_D^{18} 1,4438; 9% (Ausbeute). — *Cyclobutandicarbonsäure-(1.2)-dimethylester*, $C_8H_{12}O_4$, $Kp._{14}$ 104—105°, aus α-Bromadipinsäuredimethylester u. NaCN in Methanol; $D.^{18}_4$ 1,1189; n_D^{18} 1,4432; 10%. — *Butantricarbonsäure-(1.1.4)*, aus I beim Kochen mit KOH. *Triäthylester* (II), $C_{13}H_{22}O_6$, a) aus I in A. mit A.–H_2SO_4 auf dem Wasserbad, $Kp._{14}$ 163—165°; $D.^{15}_4$ 1,0625; n_D^{18} 1,4392; 60%; b) aus in absol. Ae. gelöstem, völlig trockenem Na-Äthylat (aus 7,5 g Na), 58,4 g Oxalsäurediäthylester u. 40,4 g Adipinsäurediäthylester, $Kp._{25}$ 190—192°; 70%. *Trimethylester*, $Kp._{18}$ 174—177°, aus festem Oxalsäuredimethylester u. Adipinsäuredimethylester wie zuvor unter b); $D.^{14}_4$ 1,0639; n_D^{14} 1,4422. Bei Verwendung von in A. gelöstem Na-Äthylat oder Anwendung eines Überschusses reagierte der Adipinsäureester unter Ringschluß zu *Cyclopentanon-o-carbonsäureestern*. — *Butantetracarbonsäure-(1.1.4.4)-tetraäthylester*, $C_{16}H_{26}O_8$, $Kp._{25}$ 220—225°, aus Na-Äthylat in absol. Ae., Oxalsäurediäthylester u. II, nach Trocknen u. Abdest. des Ae. zeigte die Lsg. rote $FeCl_3$-Rk., bei 180°/25 Torr CO-Abspaltung; 12%. — *Cyclopentanon-(1)-dicarbonsäure-(2.5)-diäthylester* (IV), $C_{11}H_{16}O_5$, $Kp._{18}$ 161—164°, aus Na-Äthylat u. II; $D.^{18}_4$ 1,1293; n_D^{18} 1,4559; 33%, tiefrote $FeCl_3$-Rk., im Vorlauf *Cyclopentanon-o-carbonsäureäthylester* (III), $Kp._{18}$ 112°; 18%. — *[1-Oxo-2.5-dicarbäthoxycyclopentyl-(2)]-bernsteinsäurediäthylester* (V), $C_{19}H_{28}O_9$, $Kp._2$ 223—227° (leichte Zers.), zu in absol. A. gelöstem Na wurde unter Kühlung vorgekühltes IV gegeben u. die entstandene Mononatriumverb. mit α-Brombernsteinsäurediäthylester umgesetzt, gelbliches Öl; $D.^{16}_4$ 1,1702; n_D^{16} 1,4728; 23%. — *[1-Oxocyclopentyl-(2)]-bernsteinsäure*, $C_9H_{12}O_5$, F. 139° (Ae.–Ligroin), aus V mit konz. HCl; 60%. — α-*[1-Oxo-2-carbäthoxycyclopentyl-(2)]-adipinsäurediäthylester* (VI), $C_{18}H_{28}O_7$, $Kp._6$ 216—220°, aus III wird mit Na-Äthylat die feste Na-Verb. bereitet u. mit α-Bromadipinsäurediäthylester umgesetzt; $D.^{20}_{20}$ 1,1071; n_D^{16} 1,4632; 28%. — α-*[1-Oxo-2.5-dicarbäthoxycyclopentyl-(2)]-adipinsäurediäthylester* (VII), $Kp._2$ 234—240° (stärkere Zers.), analog VI aus α-Bromadipinsäurediäthylester u. IV; 23%. — α-*[1-Oxocyclopentyl-(2)]-adipinsäure*, F. 129—130° (Ae.–Ligroin), a) aus VI mit konz. HCl; 30%; b) aus VII mit konz. HCl. (Chem. Ber. **85.** 615—19. 1952.) FROHLOFF. 820

M. Brenner und **W. Huber,** *Herstellung von α-Aminosäureestern durch Alkoholyse der Methylester. Ester* von *Methionin* u. *Tryptophan* wurden durch Umsetzung der Methylester mit den entsprechenden Alkoholen in Ggw. katalyt. Mengen Na-Methylat mit Ausbeuten von 93—96% dargestellt. Doch ist die Umsetzung von einer mehr oder weniger vollständigen Racemisierung begleitet. Durch Umsetzung von L-Leucinmethylester mit n-Hexanol (I) in Ggw. von Al-Isopropylat konnte jedoch opt. reiner *L-Leucinhexylester* mit 75% Ausbeute erhalten werden, der nach Verseifung mit HCl reines

L-Leucin lieferte. Die Darst. der Methylester erfolgte durch Umsetzung der Aminosäuren in CH_3OH mit $SOCl_2$. Nach Verseifung der Ester wurde durch Papierchromatographie bewiesen, daß keine N-Methylierung stattgefunden hatte.

V e r s u c h e: *Leucinhexylester*, Kp.$_{0,22}$ 75—76°, durch Zugabe von 2,5% ig. methanol. Na-Methylat zu Leucinmethylester u. **I** bei 10—12° u. Entfernung des CH_3OH bei 30—40 mm u. dann 0,01—0,02 mm; 93—96% (Ausbeute). — Analog die *Methioninester* nachst. Alkohole: *β-Methoxy-*, *β-Diäthylaminoäthanol*, *Benzylalkohol*, *Heptanol-(2)*, *n-Undecanol*, *7-Äthyl-2-methylundecanol-(4)* u. *Oleylalkohol* sowie *Tryptophanbenzylester* (F. 71—72°), der über das Hydrochlorid isoliert wurde. — *L-Leucinhexylester*, $C_{12}H_{25}O_2N$, aus Al-Isopropylat in **I** bei 50—60°, Zugabe von L-Leucinmethylester bei Zimmertemp., u. Erwärmen auf 55°/14 mm u. dann 65°/14 mm unter Durchsaugen eines CO_2-freien Luftstromes; n_D^{25} 1,4347; D.^{25} 0,89362; 71—72%. — *L-Leucinmethylester*, $C_7H_{15}O_2N$, Kp.$_{12}$ 69—70°, durch Zutropfen von $SOCl_2$ zu CH_3OH u. dann Zugabe von L-Leucin unterhalb —5°, 2std. Rühren bei 40°, Entfernung des CH_3OH im Vakuum, Aufnehmen in W., Überschichten mit Ae. u. Zugabe von NH_4OH (Phenolphthalein); n_D^{25} 1,4269, D.^{27} 0,99220; 83—86%. — *L-Methioninmethylester*, $C_6H_{13}O_2NS$, Kp.$_{12}$ 121 bis 123°, durch 2tägiges Stehen bei 0°, n_D^{25} 1,4878, D.^{22,5} 1,1001. (Helv. chim. Acta **36**. 1109—15. 1/8. 1953. Basel, Univ., Organ. chem. Anstalt.) HORST BAGANZ. 950

Theodor Wieland und **Werner Schäfer,** *Über Peptidsynthesen.* 6. Mitt. *Die Darstellung einiger Aminoacylthiophenole und ihre Umsetzung mit Aminen und Aminosäuren.* (5. vgl. C. **1953**. 6860.) Durch Umsetzung der entsprechenden, frisch dargestellten Aminosäurechloridhydrochloride mit Thiophenol bei 70° wurden *S-Glycylthiophenol* (**I**)-, *S-Valylthiophenol* (**II**)-, *S-Leucylthiophenol* (**III**)- u. *S-Methionylthiophenol* (**IV**)-*Hydrochlorid* dargestellt. Diese Aminoacylthiophenole geben in wss.-alkal. Lsg. unter gleichzeitiger Kondensation u. Hydrolyse papierchromatograph. nachweisbare Peptide; in Ggw. einer 2. Aminosäure entstehen gemischte Peptide. Im Papierchromatogramm eines Ansatzes von **III** u. Glycin wurden mindestens 3 Leucylglycinpeptide nachgewiesen. Die Rk. ist jedoch wegen der Vielzahl der entstehenden Kondensationsprodd. noch nicht präparativ anwendungsfähig. Läßt man jedoch die wss. Lsg. des Aminoacylthiophenolhydrochlorids zu einer 80° warmen, mit 1 Äquivalent einer tert. organ. Base (z. B. N-Äthylpiperidin) versetzten wss. Aminosäurelsg. tropfen, so entsteht das entsprechende Dipeptid mit ca. 50% Ausbeute. Nach dieser Meth. wurde die Bldg. von *Glycylserin* (**V**), *Glycylmethionin* (**VI**), *Methionylglycin* (**VII**), *Methionylserin* (**VIII**), *Methionylhistidin* (**IX**) u. *Methionylasparaginsäure* (**X**) papierchromatograph. nachgewiesen. Dipeptide lassen sich mit Acylthiophenolen zu Tripeptiden umsetzen, z. B. zu *Methionylalanylglycin* (**XI**), das mikropräparativ aus einem Papierchromatogramm isoliert u. zu den erwarteten Aminosäuren hydrolysiert wurde. Bei gleichzeitiger Rk. mehrerer verschied. Aminoacylthiophenole (z. B. von **I** + **III** + **IV**) in W.-Äthylpiperidin bilden sich höhermol. gemischte Polypeptide. — Beim Versetzen einer Lsg. von **I** in absol. CH_3OH mit Äthylpiperidin scheidet sich *Diketopiperazin* aus; die Mutterlauge enthält mehrere ninhydrinpositive Verbb., vermutlich die *Thiophenylester* von *Di-*, *Tri-* u. *Tetraglycin.* Die Verbb. **I**—**IV** wurden in die Aminohydroxamsäuren übergeführt; beim Versetzen mit Piperidin, Anilin oder wss. NH_3 entstehen aus **I**—**IV** die entsprechenden Amide der zugrunde liegenden Aminosäuren.

V e r s u c h e: *S-Glycylthiophenol* (**I**)-*Hydrochlorid*, $C_8H_{10}ONClS$, Blätter, F. 180° (Zers.), durch 15Min. langes Erwärmen von 15,6 g frisch dargestelltem Glycinchloridhydrochlorid u. 70 ml Thiophenol auf 70°; 30% (Ausbeute). — *S-Valylthiophenol* (**II**)-*Hydrochlorid*, $C_{11}H_{16}ONClS$, F. 190° (Zers.); 85%. — *S-Leucylthiophenol* (**III**)-*Hydrochlorid*, $C_{12}H_{18}ONClS$, F. 171—172°; 50%. — *S-Methionylthiophenol* (**IV**)-*Hydrochlorid*, $C_{11}H_{16}ONClS_2$, F. 143°; 82%; durch 4std. Rühren von 14,9 g Methionin in 300 ml CH_3COCl bei 0° u. 24 g PCl_5 unter Bldg. des leicht gelb gefärbten *Methioninchloridhydrochlorids* u. dessen Umsetzung mit Thiophenol bei 40—50°. — *S-[Benzalglycyl]-thiophenol*, $C_{15}H_{13}ONS$, F. 128° (CH_3OH + W.). Benzalglycin-K wird mit C_6H_5COCl in Chlf. 5 Std. bei 0° gerührt; die Lsg. des entstandenen gemischten Anhydrids läßt man 3 Std. bei Raumtemp. mit Thiophenol stehen. — R_F-Werte in Methyläthylketon–Pyridin–W. 70:15:15 (**A**) u. sek.-Butanol–HCOOH–W. 75:15:10 (**B**): **VI** 0,13 (**B**); **VII** 0,15 (**A**), 0,14 (**B**); **V** 0,03 (**B**); **VIII** 0,15 (**A**), 0,14 (**B**); **IX** 0,11 (**A**); **X** 0,11 (**A**); **XI** 0,16 (**A**). — R_F-Werte in **B**: *Glycinderivv.*: **I** 0,43, *Hydroxamverb.* 0,06, *Amid* 0,025, *Anilid* 0,34, *Piperidid* 0,31. — *Valinderivv*: **II** 0,69, *Hydroxamverb.* 0,33, *Amid* 0,27, *Anilid* 0,74, *Piperidid* 0,57. — *Leucinderivv.*: **III** 0,78, *Hydroxamverb.* 0,47, *Amid* 0,32, *Anilid* 0,80, *Piperidid* 0,65. — *Methioninderivv.*: **IV** 0,73; *Hydroxamverb*, 0,22, *Amid* 0,24, *Anilid* 0,73, *Piperidid* 0,57. (Liebigs Ann. Chem. **576**. 104—09. 30/4. 1952. Mainz, Univ., Organ.-Chem. Inst.) K. F. MÜLLER. 950

Theodor Wieland und **Hermann Bernhard,** *Über Peptidsynthesen.* 7. Mitt. *Di- und Tripeptidverbindungen des Thiophenols.* (6. vgl. vorst. Ref.) Beim Erhitzen von Valinchloridhydrochlorid (**I**) u. Thiophenol (**II**) in benzol. Lsg. entstehen das dem Valin entsprechende Diketopiperazin (**III**) u. Divalylthiophenolhydrochlorid (**IV**). **III** bildet sich ohne Beteiligung von **II** aus 2 **I**-Moll.; bei der Bldg. von **IV** hat vor der Rk. des **I** mit **II** eine HCl-Abspaltung zwischen 2 Moll. **I** stattgefunden. Bei obiger Rk. entstehen weitere Prodd., die nach ihrem S-Geh. u. dem papierchromatograph. Verh. ihrer Hydrolysate die Thiophenylester von höheren Oligopeptiden der entsprechenden Aminosäuren darstellten. — Aus Valylthiophenolhydrochlorid wurde die freie Esterbase in krist. Form dargestellt. — Aus den entsprechenden Peptidchloridhydrochloriden u. **II** wurden synthetisiert: Glycyl-dl-valyl-dl-isoleucylthiophenolhydrochlorid (**V**), Glycyl-dl-valylthiophenol- u. Glycyl-dl-leucylthiophenolhydrochlorid. Beim Stehenlassen von **V** in aceton. Lsg. in Ggw. von $(C_2H_5)_3N$ bildet sich ein Glycyl-dl-valylisoleucinpolykondensat, dessen opt. Mol.-Gew.-Best. (Vgl. der Extinktion der Lsg. des 2.4-Dinitrophenylderiv. in m-Kresol bei 370 mμ mit der des 2.4-Dinitrophenylglycylvalylleucins) ergab, daß eine Peptidkette aus 27 regelmäßig alternierenden Bausteinen Glycin, Valin u. Isoleucin (Mol.-Gew. ca. 2700) vorliegt.

Versuche: Umsetzung von **I** mit **II**: 10 g **I** werden mit 20 ml **II** in 50 ml Bzl. 1 Std. auf 80° erwärmt; aus dem Ansatz wurden isoliert: das *Diketopiperazin* (**III**) *des Valins* (F. 300° [Zers.]) u. *Divalylthiophenolhydrochlorid* (**IV**), Reaktionsprodd. aus 4 g **I** u. 3 bzw. 6 bzw. 25 ml **II** (8std. Erhitzen der benzol. Lsg.) enthielten 4 bzw. 6,4 bzw. 12,87% S (berechnet für Valylthiophenolhydrochlorid). — *Valylthiophenol*, F. 65—70°, durch Eintragen des Hydrochlorids in Lsg. von 20 g kristallwasserhaltigem Na-Acetat + 30 ml Aceton (2 Phasen in der Kälte) u. Eindampfen der Acetonschicht. — *Glycyl-dl-valyl-dl-isoleucylthiophenolhydrochlorid* (**V**), $C_{19}H_{30}O_3N_3ClS$, F. 195° (Aceton + konz. HCl), aus Glycyl-dl-valyl-dl-isoleucylchloridhydrochlorid (das bei 60—70° scharf getrocknete u. staubfein gemahlene Tripeptid wird in CH_3COCl aufgeschlämmt u. bei —10° unter Rühren innerhalb 20 Min. mit PCl_5 versetzt; nach 3std. Rühren bei 0° wird abgesaugt u. mit Ae. gewaschen) u. **II** (vermischen u. 1 Tag bei Raumtemp. stehenlassen); 80% (Ausbeute). — *Glycyl-dl-valylthiophenolhydrochlorid,* $C_{13}H_{19}O_2N_2ClS$, F. 154°, analog **V**; 42%. — *Glycyl-dl-leucylthiophenolhydrochlorid,* $C_{14}H_{21}O_2N_2ClS$, F. 83—84°; 40%. — *Polyglycyl-dl-valylisoleucin,* durch 1tägiges Stehenlassen von 3 g **V** u. 3 ml $(C_2H_5)_3N$ in 50 ml Aceton; 1 g amorphes, in den üblichen Lösungsmitteln unlösl. Pulver. (Liebigs Ann. Chem. **582.** 218—24. 1953.) K. F. MÜLLER. 950

Stefan Goldschmidt und **Manfred Wick,** *Über Peptid-Synthesen.* 1. Mitt. Durch Umsetzung von Isocyanatfettsäureestern (Carbonylaminosäureestern) mit acylierten Aminosäuren gelingt es, Dipeptidderivv. mit ca. 90% Ausbeute darzustellen: $R\cdot CH\cdot(NHAc)\cdot COOH + OCN\cdot CH(R_1)\cdot COOC_2H_5 \rightarrow R\cdot CH(NHAc)\cdot CO\cdot NH\cdot CH(R_1)\cdot COO\cdot C_2H_5 + CO_2$. Die Rk. läßt sich auch zur Darst. von Derivv. höherer Peptide verwenden, wenn man als Säurekomponenten acylierte Peptide umsetzt. Die neue Meth. ermöglicht es, die COOH-Gruppe einer Acylaminosäure oder eines Acylaminopeptids mit der NH_2-Gruppe eines Aminosäureesters auf dem Umweg über den Isocyanatfettsäureester zur Rk. zu bringen; damit läßt sich also, ausgehend von einem Peptid, die Verlängerung der Kette auf der Carboxylseite erreichen. — Die als Ausgangsprodd. dienenden Isocyanatfettsäureester ließen sich durch Rk. der Aminosäureesterhydrochloride mit Phosgen in Toluol bei 120° mit über 90% Ausbeute darstellen.

Versuche: *dl-Carbonylalaninäthylester* (**I**), durch 1½ std. Einleiten von $COCl_2$ in ein Gemisch von 15 g dl-Alaninäthylesterhydrochlorid (bei 50° über P_2O_5 getrocknet) + 50 ml Toluol im Ölbad von 130—160° unter Rühren; $Kp._{11}$ 69°; 85—91% (Ausbeute). *N-Carbäthoxyalaninäthylester,* F. 26°, durch 2std. Kochen von **I** in A. + Pyridin; $Kp._{11}$ 123°; 96,5%. *α-Ureidopropionsäureäthylester,* F. 101° (Bzl.), aus **I** u. konz. NH_3. *N-Phenylureidopropionsäure,* $C_{10}H_{12}O_3N_2$, aus W., F. 174° (Zers.), aus **I** u. Anilin u. Verseifung mit 2nNaOH bei 40°. — *dl-Carbonyl-α-aminobuttersäureäthylester* (**II**), analog **I**; Öl, $Kp._{19}$ 81°; 92—96%. *α-N-Phenylureidobuttersäure,* $C_{11}H_{14}O_3N_2$, F. 169° (Zers.). — *dl-Carbonyl-α-aminoisobuttersäureäthylester,* $Kp._{12}$ 61,5°; 92%. *Dimethylhydantoin,* F. 175° (verd. A.); 86%. — *dl-Carbonylnorvalinäthylester,* $Kp._{14}$ 94°; 97,5%. — *dl-Carbonylvalinäthylester* (**III**), $Kp._{11}$ 87°, $Kp._{20}$ 94°; 92—94%. — *dl-Carbonylnorleucinäthylester* (**IV**), $Kp._{14}$ 104°; 91%. *Ureidonorleucin,* $C_7H_{14}O_3N_2$, F. 165° (Zers.). — *dl-Carbonylisoleucinäthylester* (**V**), $Kp._{11}$ 94°, $Kp._{37}$ 125°; 92—93%. *N-Phenylureidoester,* F. 81° (Ae.). — *dl-Carbonylleucinäthylester* (**VI**), $Kp._{11}$ 97°, $Kp._{15}$ 104,5°; 94—95%. *N-Phenylureidosäure,* $C_{13}H_{18}O_3N_2$, F. 165° (Zers.), aus A. Nadeln. — *l-Carbonylleucinäthylester,* $Kp._{15}$ 104,5°, $[\alpha]_D^{20}$ —22,4°; 91,5%. — *dl-Carbonylphenylglycinäthylester* (**VII**), $Kp._2$ 127°, $Kp._{17}$ 152°; 95%. *α-Phenylureidophenylessigsäureäthylester,* $C_{17}H_{18}O_3N_2$, Blättchen aus A., F. 175°. *Diphenylhydantoin,* $C_{15}H_{12}O_2N_2$, F. 188° (verd. A.). —

dl-Carbonylphenylalaninäthylester (**VIII**), Kp.$_{10}$ 152°, Kp.$_{26}$ 173°; 90—94%. — *l-Carbonyl-S-benzylcysteinäthylester* (**IX**), Kp.$_{0,8}$ 162—163°, Kp.$_{11}$ 201°, $[\alpha]_D^{18}$ —41,9° (in Substanz); 91%. *Phenylureido-S-benzylcysteinäthylester*, $C_{19}H_{22}O_3N_2S$, Nädelchen aus CH_3OH, F. 124,5—125°. — *dl-Carbonylmethioninäthylester* (**X**), Kp.$_{24}$ 155°; 91%. *Phenylureidomethionin*, $C_{12}H_{16}O_3N_2S$, F. 139,5° (Zers.). — *l-Carbonylasparaginsäureäthylester* (**XI**), Phosgenierung bei 80° in Xylol; Kp.$_{10}$ 130°, Kp.$_{24}$ 164°, $[\alpha]_D^{24}$ —34,5° (in Substanz); 89—91%. *Phenylureidoasparaginsäure*, F. 185° (Zers.). — *l-Carbonylglutaminsäureäthylester* (**XII**), analog **XI**; Kp.$_{10}$ 151°, $[\alpha]_D^{17}$ —46,3° (in Substanz); 92%. *Carbobenzoxy-l-glutaminsäure* (**XIIa**), F. 119° (aus Essigester + PAe.), durch 2 std. Erhitzen von **XII** u. Benzylalkohol in Pyridin u. Verseifung mit 2 nNaOH. — Phosgenierung von Glycylglycinäthylester in Toluol gibt *Hydantoin-3-essigsäureäthylester*, Nadeln (A.), F. u. Misch-F. 120°; dessen Erhitzen mit 5 nNaOH führt zu *Carbonyl-bis-glycin*, F. 204—206° (CH_3OH). — *Carbonylglycinäthylester* (**XIII**), Glycinäthylester-hydrochlorid u. Perchlorameisensäureester werden in Toluol zum Sieden erhitzt (1½ Std.); Kp. 66—67°; 72%. — Dipeptide: *Carbobenzyloxy(Cbo)-glycylglycinäthylester* (**XV**), $C_{14}H_{18}O_5N_2$, F. 82° (W.), durch 2—3 std. Erhitzen von Cbo-glycin (**XIV**) u. **XIII** im Ölbad auf 110° (auch unter Verwendung von Toluol, Xylol, Anisol oder Isoamyläther als Lösungsm.) oder unter Zusatz von Pyridin (1 Std. bei 60°), bis zur Beendigung der CO_2-Entw.; 85 bzw. 96%. *Cbo-glycylglycin* (**XVa**), $C_{12}H_{14}O_5N_2$, F. 178° (CH_3OH), durch Verseifung von **XV** mit 2 nNaOH bei Raumtemp. (1 Std.). Verseifung des Esters mit 8 nNaOH auf dem Wasserbad gibt *Carbonyl-bis-glycin*, F. 204—206° (Zers.). — *Cbo-dl-alanylglycinäthylester*, $C_{15}H_{20}O_5N_2$, Nadeln aus W., F. 81°, aus Cbo-dl-alanin u. **XIII** wie **XV**; 91%. *Cbo-dl-alanylglycin*, $C_{13}H_{16}O_5N_2$, F. 127° (CH_3OH). — *Cbo-glycyl-dl-alaninäthylester*, aus **XIV** u. **I** in Toluol; Öl; 94%. *Cbo-glycyl-dl-alanin* (**XVI**), $C_{13}H_{16}O_5N_2$, F. 176° (wss. A.). — *Cbo-glycyl-dl-leucinäthylester* $C_{18}H_{26}O_5N_2$, Nadeln aus W., F. 52°, aus **XIV** u. **VI** wie **XV**; 94%. *Cbo-glycyl-dl-leucin*, $C_{16}H_{22}O_5N_2$, F. 125° (verd. CH_3OH). — *Cbo-glycyl-dl-phenylalaninäthylester*, $C_{21}H_{24}O_5N_2$, Nadeln aus A., F. 92°, aus **XIV** u. **VIII**; 84%. *Cbo-glycyl-dl-phenylalanin*, $C_{19}H_{20}O_5N_2$, F. 161° (W.). — *Cbo-glycyl-dl-α-aminobuttersäureäthylester*, $C_{16}H_{22}O_5N_2$, Nadelbüschel aus W., F. 46°, aus **XIV** u. **II** unter Pyridinzusatz; 93%. *Cbo-glycyl-dl-aminobuttersäure*, $C_{14}H_{18}O_5N_2$, F. 158° (CH_3OH). — *Cbo-glycyl-dl-C-phenylglycinäthylester*, $C_{20}H_{22}O_5N_2$, F. 166° (W. oder Essigester–PAe.), aus **XIV** u. **VII** unter Pyridinzusatz; 94%. *Cbo-glycyl-dl-C-phenylglycin*, $C_{18}H_{18}O_5N_2$, F. 190° (CH_3OH). — *Cbo-glycyl-dl-methioninäthylester*, aus **XIV** u. **X**, Öl; 94%. *Cbo-glycyl-dl-methionin*, $C_{15}H_{20}O_5N_2$, F. 124° (CH_3OH), durch Verseifung mit n-NaOH bei 70°. — *Cbo-glycyl-dl-isoleucinäthylester*, aus **XIV** u. **V** unter Pyridinzusatz (30 Min.); Öl; 95%. *Cbo-glycyl-dl-isoleucin*, $C_{16}H_{22}O_5N_2$, F. 108° (W., verd. CH_3OH oder Essigester–PAe.). — *Cbo-glycyl-dl-valinäthylester*. aus **XIV** u. **III** unter Pyridinzusatz (30 Min.); Öl; 95%. *Cbo-glycylvalin*, $C_{15}H_{20}O_5N_2$, F. 146° (Essigester). — *Cbo-glycyl-dl-norleucinäthylester*, aus **XIV** u. **IV**; Öl; 92%. *Cbo-glycyl-dl-norleucin*, $C_{16}H_{22}O_5N_2$, F. 134° (CH_3OH). — *Cbo-dl-C-phenylglycylglycinäthylester*, $C_{20}H_{22}O_5N_2$, F. 144° (CH_3OH), aus Cbo-phenylglycin u. **XIII**; 88%. — *Cbo-glycyl-S-benzylcysteinäthylester*, $C_{22}H_{26}O_5N_2S$, Nadeln aus CH_3OH, F. 80°, aus **XIV** u. **IX**, $[\alpha]_D^{20}$ —45,9° (CH_3OH); 90%. — *Phthalylglycylglycinäthylester*, F. 190° (W.), aus Phthalylglycin u. **XIII**; 90%. — *Phenacetylglycylglycinäthylester*, Prismen aus verd. A., F. 126,5°, aus Phenacetursäure u. **XIII** unter Pyridinzusatz; 95%. *Phenacetylglycylglycin*, $C_{12}H_{14}\cdot O_4N_2$, F. 175° (Zers., aus CH_3OH). — *Cbo-triglycinäthylester*, F. 166° (W.), aus **XVa** u. **XIII** unter Pyridinzusatz; 93%. *Cbo-triglycin* (**XVII**), $C_{14}H_{17}O_6N_3$, F. 198° (W.); 93%. — *Cbo-glycyl-dl-alanylglycinäthylester*, $C_{17}H_{23}O_6N_3$, F. 179° (W.), aus **XVI** u. **XIII** in Toluol (2 Std.); 87%. *Cbo-glycyl-dl-alanylglycin*, $C_{15}H_{19}O_6N_3$, F. 176° (W.); 90%. — *Cbo-l-glutamyl-(1.5)-bis-[glycinäthylester]*, $C_{21}H_{29}O_8N_3$, Nadeln aus A., F. 153°, aus **XIIa** u. **XIII** unter Pyridinzusatz; $[\alpha]_D^{20}$ —27,8° (0,4051 g in 25 ml Aceton); 95%. — *Cbo-tetraglycinäthylester*, F. 185° (W.), aus **XVII** u. **XIII** in Toluol; 85%. *Cbo-tetraglycin*, F. 203° (W.). (Liebigs Ann. Chem. **575**. 217—31. 6/2. 1952. München, TH, Organ.-chem. Inst.) K. F. MÜLLER. 950

Paul Cristol, Christian Benezech und **André Crastes de Paulet,** *Über die Hydrolyse gewisser Peptide mit salpetriger Säure–Essigsäure nach D.-D. Van Slyke.* Die Desaminierung nach VAN SLYKE mit HNO_2–Essigsäure ist nicht spezif. für α-Aminosäuren, sondern es werden auch Peptide unter gleichzeitiger Hydrolyse durch das Reagens desaminiert. An Hand des nach 10 Min. bei 18—20° u. p_H 3,72 mit HNO_2 nach VAN SLYKE erreichten Hydrolysengrades von *Glycylglycin* (44%), *Glycylleucin* (36%), *Leucylglycin* (4%), *Glycylglycylglycin* (13,5%), *Leucylglycylglycin* (2%), *Glycyltyrosin* (52%), *Leucyltyrosin* (8%), *Glycyltryptophan* (35%) u. *Alanylglycin* (4%) wird der Zusammenhang zwischen Konst. des Peptids u. seiner Hydrolysierbarkeit diskutiert. *Chloracetylleucin, Chloracetyltyrosin, Chloracetyltryptophan, Cycloglycylglycin, Hippur-*

säure u. *p-Aminohippursäure* werden nicht merklich, *Glutathion* wird dagegen zu 88% hydrolysiert. (C. R. hebd. Séances Acad. Sci. **236.** 148—49. 5/1. 1953.) NEHRING. 950

Jesse P. Greenstein, Sanford M. Birnbaum und **M. Clyde Otey,** *Optische Enantiomorphe der α-Aminoadipinsäure. α-Aminoadipinsäure* (I) wurde nach dem Acylaseverf. (vgl. BIRNBAUM u. Mitarbeiter, C. **1952.** 7032) in ihre Antipoden zerlegt. L-I wird im Gegensatz zu D-I durch L-Aminosäureoxydase aus *Crotalus adamanteus* (1 Std. bei p_H 7,2) oxydiert; dieser Umstand erlaubt eine Reinheitsbest. von D-I, die danach weniger als 1°/$_{00}$ L-I enthält.

V e r s u c h e: *N-Chloracetyl-DL-α-aminoadipinsäure*, $C_8H_{12}O_5NCl$, F. 129° (korr.; Essigester); aus I u. Chloracetylchlorid; 31% (Ausbeute). — *L-α-Aminoadipinsäure* (L-I), $C_6H_{11}O_4N$ (W.), aus vorst. Verb. mit Acylase I bei p_H 7,0 (38°, 10 Std.); $[\alpha]_D^{25}$ +25,0° (2%, 5nHCl); 76% (Ausbeute). Aus dem Filtrat D-I, $[\alpha]_D^{25}$ —25,0° (2%, 6nHCl); 42%. — *D-Piperidoncarbonsäure* (II), $C_6H_9O_3N$, aus D-I durch 2 std. Kochen mit W.; $[\alpha]_D^{25}$ —16,5° (2%, W.), —41,5° (2%, 6nHCl); 80%. (J. Amer. chem. Soc. **75.** 1994—95. 20/4. 1953. Bethesda, Md., Nat. Cancer Inst.) J. ROTHE. 950

P. E. Verkade und **J. H. Uhlenbroek,** *Synthese von Phosphatidsäuren.* Es wurde zunächst die Umsetzung von Monoacylglykolen mit Diphenylchlorphosphonat (I) untersucht, wobei gut kristallisierende reine *Acylglykolphosphorsäurediphenylester* in 80—85%ig. Ausbeute entstehen (*Stearoylverb.*, F. 37,5—38,5°). Die Hydrogenolyse der Phenylester (Abspaltung von Cyclohexan) verläuft mit einem Pt–Kohle-Katalysator in einem geeigneten Lösungsm. mit H_2 unter n. Druck unter Schütteln glatt bei Zimmertemp.; ungesätt. Fettsäurereste werden dabei ebenfalls hydriert. Die erhaltenen *Acylglykolphosphorsäuren* zeigen höhere FF. (*Stearoylverb.*, F. 89,5—90,5°) als ihre Diphenylester. Ausgehend von α.β- bzw. α.γ-Diglyceriden erfolgt mit I in Ggw. von Pyridin bzw. Chinolin im Überschuß der analoge Umsatz; Ausbeute an *Diphenylestern* 80—90%; die Präpp. kristallisieren gut aus PAe. u. zeigen scharfe FF. (*α.β-Distearoylverb.*, F. 58 bis 58,5°; *α.γ-Distearoylverb.*, F. 50,5—51,5°; *α-Palmitoyl-β-stearoylverb.*, F. 50,5—51,5°; *α-Stearoyl-β-palmitoylverb.*, F. 53—54°; *α-Palmitoyl-γ-stearoylverb.*, F. 39,5—40°), Acylwanderung tritt nicht ein. Die Hydrogenolyse der Diphenylester wurde wie oben in Dioxan ausgeführt; Ausbeute an *Diacylglycerophosphorsäuren* 80—85%; *α.β-Distearoylverb.*, F. 70—71°; *α.γ-Distearoylverb.*, F. 68,5—69,5°; *α-Palmitoyl-β-stearoylverb.*, F. 73,5—74,5°; *α-Stearoyl-β-palmitoylverb.*, F. 62,5—63,5°; *α-Palmitoyl-γ-stearoylverb.*, F. 63,5—64,5°. Acylwanderung findet ebenfalls nicht statt. Hinweis, daß die von BAER (C. **1952.** 4443) in ähnlicher Weise synthetisierten opt.-akt. Phosphatidsäuren nicht ganz rein sind. (Proc., Kon. nederl. Akad. Wetensch., Ser. B **55.** 110—14. März/April 1952.) TÄUFEL. 980

A. V. Sunthankar, B. D. Tilak und **K. Venkataraman,** *Nitrophenylalkylsulfide, -sulfoxyde und -sulfone.* Die Na-Salze von Thiophenolen wurden mit Äthylenchlorhydrin, Glycerin-α-monochlorhydrin oder Chloressigsäure in alkoh. oder wss. Lsg. umgesetzt u. die entstehenden *Sulfide* mit H_2O_2 in CH_3COOH zu den entsprechenden *Sulfoxyden* u. *Sulfonen* oxydiert. Die Red. der Nitrogruppen erfolgte durch Hydrierung in alkoh. Lsg. in Ggw. von RANEY-Ni. *2.6-Dijod-4-nitrophenylthioglykolsäure* (F. 112° unter Zers.) wurde durch Jodierung von p-Nitrophenylthioglykolsäure mit ClJ in CH_3COOH dargestellt. Während die Bromierung von [*p-Nitrophenyl*]-[*carboxymethyl*]-*sulfon* (F. 167°) zu [*p-Nitrophenyl*]-[*dibrommethyl*]-*sulfon* (F. 170°) führte, wurde aus [*p-Nitrophenyl*]-[*carbomethoxymethyl*]-*sulfon* (F. 126°) [*p-Nitrophenyl*]-[*α-brom-α-carbomethoxymethyl*]-*sulfon* (F. 131°) erhalten, das mit wss. Alkali in [*p-Nitrophenyl*]-[*brommethyl*]-*sulfon* (F. 164°) übergeführt wurde. — [*p-Nitrophenyl*]-[*β-oxyäthyl*]-*sulfoxyd*, F. 124°. — [*p-Nitrophenyl*]-[*β-oxyäthyl*]-*sulfon*, F. 125°. — [*p-Aminophenyl*] [*β-oxyäthyl*]-*sulfid*, $Kp._{15}$ 190° (Bad). — [*p-Nitrophenyl*]-[*carboxymethyl*]-*sulfoxyd*, F. 141°. — [*p-Nitrophenyl*]-[*2.3-dioxypropyl*]-*sulfid*, F. 93.5°. (Current Sci. **20.** 155—56. Juni 1951. Bombay, Univ., Dep. of Chem. Techn.) HILDEGARD BAGANZ. 1090

Heinrich Rheinboldt und **Ernesto Giesbrecht,** *Unsymmetrische Diselenide.* Durch Umsetzen von Selenhalogeniden (ArSeX) mit Selenomercaptanen oder deren Metallderivv. in inerten Lösungsmitteln werden asymm. *Diselenide* (I, R·Se·Se·R′) erhalten. Selenylthiocyanate (Ar·Se·SCN) reagieren wie die Selenylbromide bzw. -chloride, nicht aber die Selenylselenocyanate (Ar·Se·SeCN). I bilden mit den entsprechenden Disulfiden u. Selenylthiolaten (Ar·Se·S·Ar′) lückenlose Mischkristallreihen. Alle untersuchten Verbb. vom Typ I zers. sich wenig oberhalb ihres F., sind gelb bis orangegelb u. zeigen in Lsg. u. in Substanz Thermochromie. Bei alkal. Hydrolyse spalten die untersuchten I in *Arylselenensäure* (Ar·SeOH) u. *Arylselenol* (Ar·SeH). Oxydation mit H_2O_2 spaltet die I in *Arylseleninsäuren.* 2-Nitrodiphenyldiselenid (II) wird von H_2O_2 in Aceton in *Benzolseleninsäure* u. *2.2′-Dinitrodiphenyldiselenid* (V) neben *2.2′-Dinitrodiphenyldiselenoxyd* ($NO_2 \cdot C_6H_4 \cdot SeO_2 \cdot Se \cdot C_6H_4 \cdot NO_2$) gespalten.

Versuche (erste Zahl der FF. ist der „Auftaupunkt"): *2-Nitrodiphenyldiselenid* (II), $C_{12}H_9O_2NSe_2$, F. 55—56° (orangegelbe Nadeln aus PAe.), durch Mischen von 2-Nitrophenylselenbromid (III) u. Selenophenol (IV) in Chlf. unter HBr-Entw.; 93% (Ausbeute). Wird durch Methanol oder A. zu *2.2'-Dinitrodiphenyldiselenid* (V), F. 210—212° (gelbe Nadeln aus Bzl.), zersetzt. — Hydrolyse von II durch Erhitzen mit wss.-alkoh. KOH unter N_2 (3 Std.) gibt IV (95%), V u. *o-Nitrobenzolseleninsäure*, F. 182—183° (aus W.). — Bei Oxydation von II mit H_2O_2 in Eisessig bei Raumtemp. (6 Std.) entsteht ein Gemisch der beiden Seleninsäuren; Oxydation von II mit H_2O_2 in Aceton führt in exothermer Rk. zu *2.2'-Dinitrodiphenyldiselenoxyd*, F. 158—160° (Zers., orangerote Nadeln aus Xylol), V u. *Benzolseleninsäure*; 91%. — *2-Nitrophenyl-α-naphthyldiselenid* (VIII), $C_{16}H_{11}O_2NSe_2$, F. 99—100° (gelbe Plättchen aus PAe.), durch Verreiben von III u. Seleno-α-naphthol (IX); 85%. — *2-Nitrophenyl-α-naphthyldisulfid*, $C_{16}H_{11}O_2NS_2$, F. 108—109° (gelbe Blättchen aus Methanol + Chlf.), aus o-Nitrophenylschwefelbromid u. α-Thionaphthol durch Verreiben; 97%. Bin. Syst. mit VIII vgl. Kurvenbild im Original. — *Benzylselenomercaptan* (VI), C_7H_8Se, Kp.$_{22}$ 101,5 bis 102,5°, durch Hydrolyse von Benzylselen·MgCl nach PAINTER (C. **1948**. I. 36); 42%. — *[2-Nitrophenyl]-benzyldiselenid*, $C_{13}H_{11}O_2NSe_2$, F. 56—57° (gelbe Kristalle aus PAe.), aus 2-Nitrophenylselenchlorid oder III u. VI durch Verreiben in CS_2; 89%. — *4-Chlor-2-nitrodiphenyldiselenid*, $C_{12}H_8O_2NClSe_2$, F. 95,3—96,2° (gelborange Blättchen aus Isopropanol), aus 4-Chlor-2-nitrophenylselenbromid (VII) u. IV in Chlf. oder aus VII u. Pb-Selenophenolat in Bzl. bei Raumtemp. oder ebenso aus VII u. Ag-Selenophenolat oder aus 4-Chlor-2-nitrobenzolselenylthiocyanat u. Pb-Selenophenolat; 92 bzw. 97 bzw. 93 bzw. 96%. — *4-Chlor-2-nitrophenyl-α-naphthyldiselenid* (X), $C_{16}H_{10}O_2$·NClSe, F. 133,2—134,2° (orangefarbene Blättchen aus Chlf. + Methanol), aus VII u. IX in CS_2; 95%. Bin. Syst. mit *[α-Naphthalinselenenyl]-4-chlor-2-nitrothiophenolat* vgl. Kurvenbild im Original. — *4-Chlor-2-nitrophenylbenzyldiselenid*, $C_{13}H_{10}O_2NClSe_2$, F. 76,8—77,7° (gelbe Blättchen aus Chlf. + Methanol), aus VI u. VII in CS_2; 94%. — *4-Brom-2-nitrodiphenyldiselenid*, $C_{12}H_8O_2NBrSe_2$, F. 93,7—94,6° (gelborange Blättchen aus Chlf. + Methanol), aus IV u. *4-Brom-2-nitrophenylselenbromid* (XI) in CS_2; 92%. — *[4-Brom-2-nitrophenyl]-α-naphthyldiselenid*, $C_{16}H_{10}O_2NBrSe_2$, F. 129,2—130,2° (gelbes Kristallpulver aus Chlf. + Methanol), aus IX u. XI in CS_2; 82%. — *[4-Brom-2-nitrophenyl]-benzyldiselenid*, $C_{13}H_{10}O_2NBrSe_2$, F. 73,5—74,5° (gelbe Kristalle aus Chlf. + Methanol), aus VI u. XI in CS_2; 92%. — *2-Nitro-4-methyldiphenyldiselenid* (XII), $C_{13}H_{11}O_2NSe_2$, F. 83—84° (gelborange Stäbchen aus A.), aus 2-Nitro-4-methylphenylselenbromid (XIII) u. IV in Chlf.; 93%. Bin. Syst. mit *[2-Nitro-4-methylbenzolselenyl]-phenylthiolat* vgl. Kurvenbild im Original. — *2-Nitro-4-methylphenyl-α-naphthyldiselenid*, $C_{17}H_{13}O_2NSe_2$, F. 120—120,8° (gelborange Kristalle aus Äthylacetat), aus IX u. XIII durch Verreiben; 90%. — *[2-Nitro-4-methylphenyl]-benzyldiselenid*, $C_{14}H_{13}O_2NSe_2$, F. 98,3—99,2° (gelborange Nadeln aus Chlf. + Methanol), aus VI u. XIII in CS_2 oder aus VI u. 2-Nitro-4-benzylbenzolselenylthiocyanat; 91 bzw. 95%. — *2-Nitro-5-methyldiphenyldiselenid*, $C_{13}H_{11}O_2NSe_2$, F. 89,0—89,9° (gelborange Nadeln aus Aceton + Methanol), aus IV u. 2-Nitro-5-methylbenzolselenenylbromid (XIV) in CS_2; 90%. — *[2-Nitro-5-methylphenyl]-α-naphthyldiselenid*, $C_{17}H_{13}O_2NSe_2$, F. 125,5—126,3° (orangegelbe Nadeln aus Äthylacetat), aus IX u. XIV; 92% — *[2-Nitro-5-methylphenyl]-benzyldiselenid*, $C_{14}H_{13}O_2NSe_2$, F. 102,2—103,2° (gelbe Nadeln aus Chlf. + Methanol), aus VI u. XIV; 88%. — *2.4-Dinitrodiphenyldiselenid*, $C_{12}H_8O_4N_2Se_2$, F. 108,4—109,2° (gelbe Nadeln aus A.), aus 2.4-Dinitrophenylselenbromid (XV) u. IV durch Verreiben; 98%. — *[2.4-Dinitrophenyl]-α-naphthyldiselenid*, $C_{16}H_{10}O_4N_2Se_2$, F. 139,3—140,1° (gelbes Pulver aus Chlf. + Methanol), aus IX u. XV in CS_2; 93%. — *[2.4-Dinitrophenyl]-benzyldiselenid*, $C_{13}H_{10}N_2Se_2$, F. 115,9—116,7°, aus VI u. XV (gelbe Blättchen aus A.); 93%. — *Anthrachinonyl-(2)-phenyldiselenid*, $C_{20}H_{12}O_2Se_2$, Zers. bei 180° (feine orangegelbe Nadeln aus Chlf. + Methanol), aus Anthrachinonyl-(2)-selenbromid (XVI) u. IV durch Verreiben; 95%. — *Anthrachinonyl-(2)-α-naphthyldiselenid*, $C_{24}H_{14}O_2Se_2$, Erweichungspunkt 282 bis 283°, oberhalb 310° Zers. (orangegelbe Nadeln aus Dioxan), aus IX u. XVI in CS_2; 90%. — *Anthrachinonyl-(2)-benzyldiselenid*, $C_{21}H_{14}O_2Se_2$, Zers. ab 188° (orangegelbe Blättchen aus Chlf. + Methanol), aus VI u. XVI in CS_2; 88%. (Chem. Ber. **85**. 357—68. 20/5. 1952. São Paulo, Brasilien, Univ., Philosoph. Fak., Chem. Inst.) K. FABER. 1090

Ss. I. Burmisstrow und **L. I. Korotschkina**, *N-Brom(Chlor)-N'-arylsulfonylchinondiimine*. Durch Einw. von NaOCl-Lsg. bzw. Br_2 in Eisessig auf N-Arylsulfonyl-1.4-phenylendiamine werden *N-Brom-(Chlor)-N'-arylsulfonylchinondiimine* erhalten, gelbe krist. Verbb., die in NH_3 mit Phenol blaue Färbungen geben, wobei *N-substituierte Indophenole* 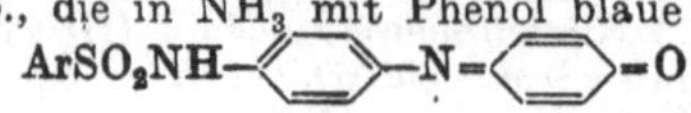 oder 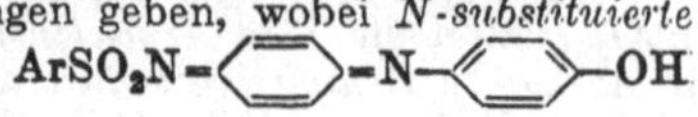 entstehen.

Versuche (FF. korr.): *p-Toluolsulfonsäure-4-nitroanilid*, F. 193°; aus 76,2 g p-Toluolsulfochlorid (I) u. 55,2 g 4-Nitroanilin in 200 ml Xylol in Ggw. von 42,4 g calcinierter Soda; nach 4std. Sieden Abblasen von Xylol mit Wasserdampf, Ausziehen des Rückstandes mit 3,5%ig. NaOH u. Ansäuern mit HCl; 63% (Ausbeute). — *N-p-Toluolsulfonyl-1.4-phenylendiamin*, F. 178,5°; durch Red. vorst. Verb. mit Na_2SO_3 in NaOH bei 50—60°; 87,3%. — *N-Chlor-N'-p-toluolsulfonyl-1.4-benzochinondiimin*, $C_{13}H_{11}O_2N_2ClS$, F. 93,1°; aus 4 g vorst. Verb. in 25 ml 5%ig. HCl u. 220 ml 0,2nNaOCl-Lsg. bei 0°; man löst den Nd. in $C_2H_4Cl_2$, konz. die Lsg. im Vakuum u. fügt A. hinzu; Nadeln, mehrere Tage haltbar. — *N-Brom-N'-p-toluolsulfonyl-1.4-benzochinondiimin*, $C_{13}H_{11}O_2N_2BrS$, F. 144,5°; aus vorvorst. Verb. in Eisessig mit Br_2 bei 0°; nach Eingießen in W. wird der Nd. aus $C_2H_4Cl_2$ + Bzn. krist.; Kristalle; zers. sich schnell in alkal. Lösung. — *N-Acetyl-N'-benzolsulfonyl-1.4-phenylendiamin*, $C_{14}H_{14}O_3N_2S$, F. 157°; aus N-Acetyl-1.4-phenylendiamin u. Benzolsulfochlorid in Xylol in Ggw. von Na_2CO_3 bei 70°; Nadeln aus A.; 74,4%. — *N-Benzolsulfonyl-1.4-phenylendiamin*, F. 170,5°; aus vorst. Verb. durch Hydrolyse mit verd. NaOH; 58,5%. — *N-Brom-N'-benzolsulfonyl-1.4-benzochinondiimin* (II), $C_{12}H_9O_2N_2BrS$, F. 132°, Kristalle. — *5-Amino-2-p-toluolsulfamidoanisol*, $C_{14}H_{16}O_3N_2S$, F. 172,5°; durch Red. von 5-Nitro-2-p-toluolsulfamidoanisol bei 50—70°; Nadeln. — *N⁴-Brom-N¹-p-toluolsulfonyl-2-methoxy-1.4-benzochinondiimin*, $C_{14}H_{13}O_3N_2BrS$, F. 83,5°; Zers. bei 135°. — *2-Acetamido-5-p-toluolsulfamidotoluol*, $C_{16}H_{18}O_3N_2S$, F. 166°; aus 5-Amino-2-acetamidotoluol u. I in Na_2CO_3-Lsg. bei 70°; hellrosa Nadeln. Gibt mit Lauge *2-Amino-5-p-toluolsulfamidotoluol*, F. 127,5°. — *N²-Brom-N⁵-p-toluolsulfonyl-2.5-toluchinondiimin*, $C_{14}H_{13}O_2N_2BrS$, F. 47°; Zers. bei 170°. — Einw. von Phenol auf **II** in wss.-alkoh. NH_3, Behandeln mit Bzl. zur Entfernung nicht umgesetzter Ausgangsprodd., Ausziehen der wss. Lsg. mit Butylalkohol u. Abdampfen des Lösungsm. bei niedriger Temp. gibt ein Harz, das nach Aufnehmen in verd. NH_3 u. Ansäuern dunkelviolette Flocken des *Indophenolderiv.* $C_{18}H_{14}O_3N_2S$ liefert; F. unscharf bei 188°. (Журнал Общей Химии [J. allg. Chem.] **23** (85). 94—99. Jan. 1953. Iwanowo, Chem.-Technol. Inst.) H. Fröhlich. 1190

Dietrich Jerchel und **Hans Fischer,** *Über Amidrazone.* Auf dem früher (C. **1952**. 6851) beschriebenen Wege werden weitere *Amidrazone*, $RC(NH_2)=NNHR'$, dargestellt, wobei gezeigt wird, daß die zu den Amidrazonen führende Red. auch bei diphenylsubstituierten Formazanen sowie Diformazanen durchführbar ist. Ein besserer Weg zur Darst. von Amidrazonen ist die katalyt. Hydrierung von Alkyl- bzw. Arylnitroformaldehydhydrazonen, $RC(NO_2)=NNHR'$, in Ggw. von Pd/$BaSO_4$ oder Raney-Ni. Weitere Vertreter werden nach Pinner [1897] aus Iminoätherhydrochloriden u. Hydrazinen dargestellt. — Die Amidrazone zeigen gegenüber *Mycobacterium tuberculosis Typus gallinaceus* vollständige Wachstumshemmungen bis zu Verdünnungen von 1:16000 (Tabellen); am wirksamsten sind **I**—**IV**, deren Wrkg. der von p-Acetylaminobenzaldehydthiosemicarbazon (TB I, Conteben) gleichzusetzen ist. Die durch Ersatz der COOH-Gruppe in p-Aminosalicylsäure (PAS) durch die Phenylamidrazongruppe entstehende Verb. zeigt bei einer Verdünnung von 1:10000 nur eine Wachstumshemmung von 50%. — Das starke Komplexbildungsvermögen der Amidrazone liegt etwa in gleicher Größenordnung wie bei den Thiosemicarbazonen aromat. Aldehyde. — Gegenüber *Mycobacterium tuberculosis Typus humanus* ist **I** weniger u. sind **V** u. **IV** ebenso wirksam wie gegenüber dem Typus gallinaceus. **I** ist von den untersuchten Vertretern auch gegenüber den pathogenen Hautpilzen *Trichophyton granulosum* u. *Mikrosporon gipseum* am wirksamsten (Tabelle). Ferner wurde die Toxizität einiger Amidrazone bei interperitonealer Applikation an Mäusen geprüft: Von **I**, **II** u. **III** wirken 200—300 mg/kg sicher tödlich, **IV** ist ca. 5mal ungiftiger.

Versuche: *ω.ω'-Diphenyl-p-phenylendiformamidrazonpikrat*, F. 186—189°, aus 1 g N.N'.N''.N'''-Tetraphenyl-C.C'-p-phenylendiformazan in Aceton durch Red. mit Na-Dithionit in W., Einengen, Versetzen mit 2nNaOH, Ausäthern, Einleiten von HCl u. Rk. des Öles mit wss. Pikrinsäure; gelbe Nadeln. *Dihydrochlorid*, $C_{20}H_{20}N_6 \cdot 2HCl \cdot H_2O$, F. 227—230° unter Zers. (A./Ae.), durch Zerlegen des Pikrats mit NaOH, Ausäthern u. Einleiten von HCl; 70 mg (Ausbeute); gibt in A. mit Co-Acetat den tief grünblau gefärbten *Co-Komplex*. — *ω-Phenyl-p-diphenylylformamidrazonhydrochlorid*, $C_{19}H_{17}N_3 \cdot HCl$, F. 117—119° (A./Ae.), aus 1 g C-[p-Diphenylyl]-N.N'-diphenylformazan wie vorst.; 50 mg. — *ω-[p-Tolyl]-p-methylphenylformamidrazonhydrochlorid*, $C_{15}H_{17}N_3 \cdot HCl \cdot \frac{1}{2}H_2O$, F. 178—180° (A./Ae.), ebenso aus Tri-p-tolylformazan in wss. Aceton bei portionsweisem Zusatz von 2nHCl; 65%. — *ω-Phenylbenzamidrazonhydrochlorid*, F. 124°, aus Phenylnitroformaldehyd (α-Nitrobenzaldehyd) (**VII**)-phenylhydrazon in A. durch Hydrierung mit 3%ig. Pd/$BaSO_4$, Einleiten von HCl u. Durchreiben mit Essigester; aus A. Nadeln; 80%. *Pikrat*, F. 195—196°. — **VII**-*p-Tolylhydrazon*, $C_{14}H_{13}O_2N_3$, F. 111—112°, aus Phenylnitromethan-Na (**VI**) in NaOH u. p-Tolyldiazoniumchlorid in Eisessig; aus A. rote Nadeln; 40%. — *ω-[p-Tolyl]-benzamidrazonhydrochlorid*, $C_{14}H_{15}N_3 \cdot HCl \cdot 1/2 H_2O$, aus vorst. Verb. in A. durch Red. mit RANEY-Ni über das *Pikrat* (F. 157—159°); 94%. *Hydrobromid*, F. 118—120°. — **VII**-*β-Naphthylhydrazon*, $C_{17}H_{13}O_2N_3$, F. 149—150°, aus **VI** u. der Diazoniumsalzlsg. von β-Naphthylamin; aus A./Aceton rote Nadeln; 34%. — *ω-[β-Naphthyl]-benzamidrazonhydrochlorid*, $C_{17}H_{15}N_3 \cdot HCl \cdot 2H_2O$, Zers. bei 215—217° (A./Ae.), aus vorst. Verb. durch RANEY-Ni-Hydrierung über das Pikrat; 53%. — **VII**-*p-Diphenylylhydrazon*, $C_{19}H_{15}O_2N_3$, F. 132°, aus **VI** u. der Diazoniumverb. von p-Diphenylylamin; aus A. rote Kristalle; 33%. — *ω-[p-Diphenylyl]-benzamidrazonhydrochlorid*, $C_{19}H_{17}N_3 \cdot HCl \cdot 1 1/2 H_2O$, F. 221—223° (A./Ae.), aus vorst. Verb. durch Hydrierung mit Pd/$BaSO_4$ über das Pikrat; 45%. — **VII**-*p-n-Butoxyphenylhydrazon*, $C_{17}H_{19}O_3N_3$, F. 88° (A.), aus **VI** u. diazotiertem p-n-Butoxyanilin in HCl/Eisessig; 34%. — *ω-[p-n-Butoxyphenyl]-benzamidrazonhydrochlorid*, $C_{17}H_{21}ON_3 \cdot HCl$, F. 209° (A./Ae.), aus vorst. Verb. durch Hydrierung mit RANEY-Ni über das Pikrat; 60%. — **VII**-*p-Methoxyphenylhydrazon*, $C_{14}H_{13}O_3N_3$, F. 94—95° (A./Essigester), aus **VI** u. diazotiertem p-Anisidin; 33%; Zers. nach einigen Tagen. — *ω-[p-Methoxyphenyl]-benzamidrazonhydrochlorid*, $C_{14}H_{15}ON_3 \cdot HCl \cdot 1/2 H_2O$, F. 173° (A./Ae.), aus vorst. Verb. durch Hydrierung in Ggw. von RANEY-Ni über das Pikrat; 46%. — **VII**-*p-Benzyloxyphenylhydrazon*, $C_{20}H_{17}O_3N_3$, F. 123—124° (A./Essigester), aus p-Aminophenolbenzyläther durch Diazotierung u. Kupplung mit **VI**; 39%. — Daraus durch RANEY-Ni-Hydrierung *ω-[p-Benzyloxyphenyl]-benzamidrazonhydrochlorid*, $C_{20}H_{19}ON_3 \cdot HCl$, F. 124° (A./Ae.); 66%. — **VII**-*3.4-Dimethylphenylhydrazon*, F. 37°. — *ω-[3.4-Dimethylphenyl]-benzamidrazonhydrochlorid*, $C_{15}H_{17}N_3 \cdot HCl$, F. 237 bis 238°; 45%; in CH_3OH mit alkoh. Cu-Acetatlsg. blaue Komplexverbindung. — *Nitroformaldehyd-p-nitrophenylhydrazon*, $C_7H_6O_4N_4$, F. 149° (A./W.), aus Nitromethan in 2nNaOH u. der mit 2nNaOH neutralisierten Diazoniumsalzlsg. von p-Nitranilin; 6%. — *ω-[p-Aminophenyl]-formamidrazondihydrochlorid*, $C_7H_{10}N_4 \cdot 2HCl \cdot 2H_2O$, Zers. bei 190° (A./Ae.), aus vorst. Verb. durch Red. mit RANEY-Ni; 50%; hygroskopisch. — *1-Nitroacetaldehydphenylhydrazon*, F. 134—135° (A.), aus Nitroäthan, NaOH u. Benzoldiazoniumchloridlsg.; gelbe Nadeln; 27%. — Daraus durch RANEY-Ni-Hydrierung in A. *ω-Phenylacetamidrazonhydrochlorid*, $C_8H_{11}N_3 \cdot HCl \cdot 1/2 H_2O$, F. 119—122° (A./Ae.); 65%. — *Nitroformaldehyd-p-carbäthoxyphenylhydrazon*, $C_{10}H_{11}O_4N_3$, F. 150° (A.), aus p-Aminobenzoesäureäthylester durch Diazotierung u. Kupplung mit Nitromethan; 80%. — Hydrierung vorst. Verb. mit Pd/$BaSO_4$ in A./Essigester gibt *ω-[p-Carbäthoxyphenyl]-formamidrazonhydrochlorid* (**IV**), $C_{10}H_{13}O_2N_3 \cdot HCl \cdot H_2O$, F. 172—173°; fast 100%. — *1.4-Bis-[p-nitrophenoxy]-butan* (im Original „O.O′-Tetramethylen-1.4-bis-p-nitrobenzol“), $C_{16}H_{16}O_6N_2$, F. 130°, aus p-Nitrophenol-K durch 8std. Erhitzen mit 1.4-Dibrombutan, A. u. $ZnCl_2$ auf 160°, Abdest. u. Zugabe von CH_3OH; 15%. — RANEY-Ni-Red. vorst. Verb. gibt *1.4-Bis-[p-aminophenoxy]-butan* (im Original „O.O′-Tetramethylen-bis-(1.4)-p-aminobenzol“), F. 126°; 70%. *Dihydrochlorid*, $C_{16}H_{20}O_2N_2 \cdot 2HCl$. — *1.4-Bis-[p-(α-nitrobenzylidenhydrazino)-phenoxy]-butan* [im Original „O.O′-Tetramethylen-bis-(1.4)-p-phenylhydrazon des Phenylnitroformaldehyds“], $C_{30}H_{28}O_6N_6$, F. 140°, aus vorst. Verb. durch Diazotierung in Essigsäure u. Zugabe von **VI** in NaOH; aus A./Essigester rote Kristalle; 15%. — *O.O′-Tetramethylen-bis-[ω-(4-oxyphenyl)-benzamidrazon]-dihydrochlorid*, $C_{30}H_{32}O_2N_6$. $2HCl \cdot 2H_2O$, F. 170—171° (Zers.), durch RANEY-Ni-Hydrierung von 2 g vorst. Verb. in Essigester/A.; 1 g. — *ω-Phenyl-p-chlorbenzamidrazonhydrochlorid*, $C_{13}H_{12}N_3Cl \cdot HCl \cdot 1/2 H_2O$, F. 164—168° (A./Ae.), aus 10 g p-Chlorbenziminoäthylätherhydrochlorid (F. 126—129°) in A. durch 8tägige Rk. mit Phenylhydrazin bei n. Temp. u. Versetzen mit HCl u. W.; 4 g. — *Co-Komplexverb.*, $C_{26}H_{22}N_6Cl_2Co$, aus vorst. Verb. mit Co-Acetat in CH_3OH; fast schwarze Nadeln. — *3-[p-Chlorphenyl]-1.5-diphenyl-1.2.4-triazol*, $C_{20}H_{14}N_3Cl$, F. 96—98°, aus vorst. Hydrochlorid u. Benzoylchlorid. — *ω-Methylbenzamidrazonhydrochlorid*, $C_8H_{11}N_3 \cdot HCl$, F. 185° (A./Ae.), aus 5 g Benziminoäthylätherhydrochlorid (**VIII**) u. Methylhydrazin; 2 g. — *ω-n-Dodecylbenzamidrazonhydrochlorid*, $C_{19}H_{33}N_3 \cdot HCl$, F. 84—86° (A./Ae.), aus 5 g **VIII** u. 9 g Dodecylhydrazin über das Pikrat; 1 g. — *ω-Phenylbenzylformamidrazonhydrochlorid* (*ω-Phenylphenylacetamidrazonhydrochlorid*, **III**), $C_{14}H_{15}N_3 \cdot HCl$, F. 223° (W.), aus 15 g Phenylacetiminoäthylätherhydrochlorid; 8 g; daneben 6 g *N.N′-Diphenyl-C-benzylformazan*; *Co-Komplexverb.*, F. 168—170°, fast schwarze Nadeln. — *ω-[p-Chlorphenyl]-benzamidrazonhydrochlorid*, $C_{13}H_{12}N_3Cl \cdot HCl \cdot 1/2 H_2O$, F. 162—164°, aus 5 g **VIII** u. p-Chlorphenylhydrazin; 2 g. Daraus die *Base*, F. 113—115°. — *p-Amino-n-butoxybenzolhydrochlorid*, $C_{10}H_{15}ON \cdot HCl$, F. 130—132°, aus p-n-Butoxynitrobenzol durch katalyt. Hydrierung; 90%. — *p-n-Butoxybenzonitril*, $C_{11}H_{13}ON$, Kp. 240—244°, aus 25 g vorst. Verb. durch Diazotierung in HCl, Zugabe der Lsg. zu auf 60° erwärmter CuCN-Lsg., $^1/_4$std. Erhitzen auf 100°, Dampfdest. u. Ausäthern; 16 g. — Daraus *p-n-Butoxybenziminoäthylätherhydrochlorid*, F. 117°; 60%. — *ω-Phenyl-p-n-butoxy-*

benzamidrazonhydrochlorid (II), $C_{17}H_{21}ON_3 \cdot HCl \cdot H_2O$, F. 183—184° (A./Ae.), aus 3 g vorst. Verb. u. $C_6H_5NHNH_2$; 500 mg. — *ω-[p-Chlorphenyl]-p-chlorphenylformamidrazonhydrochlorid* (*ω-[p-Chlorphenyl]-p-chlorbenzamidrazonhydrochlorid*, I), $C_{13}H_{11}N_3Cl_2 \cdot HCl \cdot 1/2 H_2O$, F. 182—183° (W./A.), aus 6 g p-Chlorbenziminoäthylätherhydrochlorid u. 8 g p-Chlorphenylhydrazinhydrochlorid in A.; 2 g. — *ω-[2.4-Dichlorphenyl]-benzamidrazonhydrochlorid*, $C_{13}H_{11}N_3Cl_2 \cdot HCl$, F. 260—261° (Zers.), aus 10 g VIII u. 17 g 2.4-Dichlorphenylhydrazin durch 8tägige Rk. in absol. A.; Blättchen; 4,5 g. Daraus die *Base*, $C_{13}H_{11}N_3Cl_2$, F. 115°, aus CH_3OH/W. Nadeln. — *ω-Phenyl-p-methoxybenzamidrazonhydrochlorid* (V), $C_{14}H_{15}ON_3 \cdot HCl \cdot H_2O$, F. 125° (A./Ae.), aus 12 g p-Methoxybenziminoäthylätherhydrochlorid in absol. A. u. 13 g $C_6H_5NHNH_2$ durch 8tägige Rk.; 3 g; daneben *C-[p-Methoxyphenyl]-N.N'-diphenylformazan*, F. 156—158° (A./Aceton). — *ω-Phenyl-2-oxy-4-nitrobenzamidrazonhydrochlorid*, $C_{13}H_{12}O_3N_4 \cdot HCl$, F. 208° (A./Ae.), aus 1 g 2-Oxy-4-nitrobenziminoäthylätherhydrochlorid (F. 198—205°) u. $C_6H_5NHNH_2$; 1 g. — *ω-Phenyl-2-oxy-4-aminobenzamidrazondihydrochlorid*, $C_{13}H_{14}ON_4 \cdot 2HCl$, F. 55 bis 60°, aus vorst. Verb. durch Hydrierung mit 5%ig. Pd/$BaSO_4$ in A. u. Behandeln mit HCl-Gas; 100%; hygroskopisch. (Liebigs Ann. Chem. **574**. 85—98. 1951. Heidelberg, MPI für Med. Forschung, Inst. für Chem.) NITZSCHKE. 1200

J. D'Ans, J. Mattner und **W. Busse,** *Herstellung und Eigenschaften reiner Benzopersäure.* Es wurden die Eigg. reiner *Benzopersäure* untersucht; das herkömmliche Darstellungsverf. (v. BAEYER u. VILLINGER [1900]) wurde verbessert.

V e r s u c h e: *Dibenzoylperoxyd* (I), durch 2std. Zugeben von Benzoylchlorid zu 10%ig. H_2O_2-Lsg. u. 4nNaOH bei —3° bis 0° unter kräftigem Rühren (vgl. dagegen PECHMANN u. VANINO [1894]); 98% (Ausbeute); Reinheit 98—98,5%; Kristalle aus Äthanol. — *Benzopersäure* (II), F. 34—35°, aus I in Toluol (vgl. LEVI u. LAGRAVE, (Bull. Soc. chim. France **37**. [1925.] 1598) u. Na + A. (96%ig) unter Rühren bei —5° u. Lösen des ausgefallenen *Na-Salzes* in Eiswasser. Hieraus wurde II mit H_2SO_4/Eiswasser befreit, in Chlf. aufgenommen u. die Lsg. über Natriumsulfat getrocknet. Nach Abdampfen des Chlf. im Vakuum sublimierte II bei 40°/4 mm. Reinheit 99,7%; nadelartige Kristalle, stark doppelbrechend. Die Linien des DEBYE-SCHERRER-Diagramms waren etwas dichter als bei reiner Benzoesäure. II greift die Haut u. Textilien an u. reizt die Schleimhäute. (Angew. Chem. **65**. 57—59. 21/1. 1953. Berlin, TU, Techn.-chem. Inst.) PFAFF. 1210

C. F. H. Allen und **H. B. Johnson,** *Phenylbernsteinsäure.* Man läßt in eine alkoh. Lsg. von Diäthylbenzalmalonat eine wss. Lsg. von KCN einlaufen u. erhitzt 18 Std. auf 65—75°. Man erhält *Äthyl-β-phenyl-β-cyanpropionat*, Kp.$_8$ 161—164°, als klares rotes Öl. Daraus durch 18std. Erhitzen mit konz. HCl *Phenylbernsteinsäure*, $C_{10}H_{10}O_4$, F. 165,5—166° (W.). (Org. Syntheses **30**. 83—86. 1950.) TROFIMOW. 1220

B. N. Jayasimha, S. C. Bhattacharyya und **P. C. Guha,** *Biguanidderivate von Diarylsulfonen und -sulfiden.* Biguanidderivv. des *p.p'-Diaminodiphenylsulfids*, *-sulfons* (I), *4-Nitro-4'-aminodiphenylsulfids* u. *-sulfons* wurden durch Rk. der entsprechenden Aminhydrochloride mit Cyanguanidinen in A., Pyridin usw. dargestellt u. aus W. oder verd. A. umkristallisiert. Einige besitzen *in vitro* antituberkulare Wirksamkeit. Umsetzung von I mit CNBr führte nicht zu dem erwarteten Cyanamid, sondern zu einem harzartigen Produkt. — *Sulfide* $(R-X-C_6H_4)_2S$; X = —NH—C=(NH)—NH—C=(NH)—NH—: $R = C_6H_5$, F. 176°. — $R = p\text{-}ClC_6H_4$, F. 172°. — $R = p\text{-}BrC_6H_4$, F. 166°. — $R = p\text{-}CH_3C_6H_4$, F. 170°. — *Sulfone* $(R-X-C_6H_4)_2SO_2$: $R = C_6H_5$, F. 240°. — $R = p\text{-}ClC_6H_4$, F. 192°. — $R = p\text{-}BrC_6H_4$, F. 189°. — $R = p\text{-}JC_6H_4$, F. 177°. — $R = p\text{-}CH_3C_6H_4$, F. 175°. — $R = p\text{-}CH_3OC_6H_4$, F. 268°. — *Sulfide* $R-X-C_6H_4SC_6H_4NO_2$: $R = C_6H_5$, F. 288°. — $R = p\text{-}ClC_6H_4$, F. 207—208°. — $R = p\text{-}BrC_6H_4$, F. 178°. — $R = p\text{-}CH_3C_6H_4$, F. 199—200°. — *Sulfone*, $R-X-C_6H_4SO_2-C_6H_4NO_2$: $R = C_6H_5$, F. 170°. — $R = p\text{-}ClC_6H_4$, F. 168°. — $R = p\text{-}BrC_6H_4$, F. 158°. — $R = p\text{-}CH_3C_6H_4$. F. 164° (Current Sci. **20**. 158. Juni 1951. Bangalore, Indian Inst. of Sci., Organ. Chem. Labors.) HILDEGARD BAGANZ. 1280

Henry Gilman und **Sydney M. Spatz,** *Orientierung bei der Metallierung von Aminen.* Aromat. Amine werden durch metallorgan. Verbb. gewöhnlich in o-Stellung metalliert. Abweichendes Verh. kann ster. begründet sein. N-Äthyldiphenylamin wird im Gegensatz zu N-Methyldiphenylamin (I) nicht metalliert u. die N-Cyclohexylverb. (II) wenig angegriffen. N-Methylcarbazol (III) wird in 1-, bzw. 1- u. 8-Stellung substituiert, N-Äthylcarbazol aber überhaupt nicht. Daß Triphenylamin in m-, N-Phenylcarbazol aber in o-Stellung metalliert wird, ist ster. zu erklären.

V e r s u c h e: *N-Methyl-N-phenylanthranilsäure* (IV), $C_{14}H_{13}O_2N$, F. 104—104,5° (A.), a) 24std. Kochen von I in Ae. mit 1,26 Mol n-Butyl-Li (V) in Ae., blaßgrün; 4,4% (Ausbeute); b) 0,1 (Mol) I u. 0,2 V (40 Std.) wie bei a); 14,1% roh; c) 24std. Kochen von N-Phenylanthranilsäure, CH_3J u. verd. NaOH, 1std. Verseifen mit sd.

20%ig. NaOH; 94,4% roh. — *N-Methylacridon*, F. 198—199° (A.), aus **IV** in konz. H_2SO_4 (1 Std., Wasserbad); blaßgelb; 76,4%. — *N-Cyclohexyldiphenylamin* (**II**), $C_{18}H_{21}N$, Kp.$_{3-4}$ 156—160°, F. 74—74,5° (A.-Ae.), a) aus N-Cyclohexylanilin, C_6H_5J, K_2CO_3 u. Cu-Pulver (Bad 220—240°, 48 Std.); 46%; b) aus $(C_6H_5)_2NH$, Cyclohexylbromid (**VI**), CH_3COONa u. J (Bad 140°, 30 Std.); fast alles $(C_6H_5)_2NH$ unverändert; c) in 0,1 Mol **VI** u. $(C_6H_5)_2NNa$ [aus n-C_4H_9Na u. $(C_6H_5)_2NH$] unter N_2 20 Std. erhitzt; keine Reaktion. Durch Rk. von 8,8 g wie bei **IV** nach a) 0,3 g einer harzigen, nicht zu reinigenden Säure. — *N-Methylcarbazol* (**III**), F. 88—89° (A.): 45 g Carbazol in sd. Aceton mit 60 g $(CH_3)_2SO_4$ versetzt u. in 20 Min. Lsg. von 45 g NaOH in 30 cm³ W. eingerührt; nach 2 Std. in Eiswasser; 44 g. — *N-Methylcarbazoldicarbonsäure-(1.8)*, $C_{15}H_{11}O_4N$, F. 252—254° (Zers.), aus **III** analog **IV** nach a); 55% **III** zurück; rohes Säuregemisch mit sd. Bzl. extrahiert (Extrakt **A**); Rückstand aus A.; Nädelchen; 3,4%. — *N-Methylcarbazolcarbonsäure-(1)*, $C_{14}H_{11}O_2N$, F. 185°, aus **A**, blaßbräunliche Kristalle aus A.; 12,2%. (J. org. Chemistry **17**. 860—**64**. Juni 1952. Ames, Io., Iowa State Coll., Chem. Labor.) LEHMSTEDT. 1310

Arthur P. Phillips, *Mögliche Antivirusmittel*. 1. Mitt. *Einfache Analoge des Chloramphenicols (Chloromycetin)*. Zwei wichtige Strukturelemente des Chloramphenicols, die Nitrophenyl- u. die Dichloracetamidgruppe, werden zum Aufbau einfacher *Phenäthyl-* u. *Nitrophenäthyldichloracetamide* benutzt. Die neuen Verbb. werden gegen Viruserreger, bes. gegen den Erreger des *Rift-Tal-Fiebers*, geprüft. Wirksam war nur *2.5-Dimethoxy-4-nitrophenäthyldichloracetamid.*

Versuche: *N-Phenäthyldichloracetamid*, $C_{10}H_{11}ONCl_2$, F. 80—81° [Äthylacetat + Skellysolve (**II**)]; durch Erhitzen des Amins mit Methyldichloracetat. — *2-Methoxy-*, $C_{11}H_{13}O_2NCl_2$, F. 86—87° (Äthylacetat + **II**). — *3-Methoxy-*, $C_{11}H_{13}O_2NCl_2$, F. 72—73° (Ae. + **II** oder Bzl. + **II**). — *3-Äthoxy-*, $C_{12}H_{15}O_2NCl_2$, F. 70—71° (Ae. + **II**). — *4-Methoxy-*, $C_{11}H_{13}O_2NCl_2$, F. 90—92° (Äthylacetat + **II**). — *3-Methyl-4-methoxy-*, $C_{12}H_{15}O_2NCl_2$, F. 101—102° (Äthylacetat + **II**). — *3.4-Dimethoxy-*, $C_{12}H_{15}O_3NCl_2$, F. 127—128° (Methanol). — *2.5-Dimethoxy-* (**I**), $C_{12}H_{15}O_3NCl_2$, aus 2.5-Dimethoxyphenäthylamin durch Erhitzen mit Methyldichloracetat auf 100° (2 Std.), F. 83—84° (Bzl. + **II** oder Ae.). — *2.5-Dimethoxy-4-brom-*, $C_{12}H_{14}O_3NCl_2Br$, F. 141 bis 142° (Methanol). — *4-Nitro-*, $C_{10}H_{10}O_3N_2Cl_2$, F. 98—99° (Äthylacetat + **II**). — *3-Nitro-4-methoxy-*, $C_{11}H_{12}O_4N_2Cl_2$, F. 108—109° (Äthylacetat + **II**). — *2-Nitro-4.5-dimethoxy-*, $C_{12}H_{14}O_5N_2Cl_2$, F. 194—195° (Eisessig). — *4-Nitro-2.5-dimethoxy-*, $C_{12}H_{14}O_5N_2Cl_2$, aus **I** mit konz. HNO_3 in Eisessig unter Kühlen u. dann bei Raumtemp. (2 Std.), F. 155—156° (Methanol). — *N-Phenäthylchloracetamid*, $C_{10}H_{12}ONCl$, F. 67—68° (Äthylacetat + **II**). — *N-[1-(4'-Methoxyphenyl)-isopropyl]-chloracetamid-(2)*, $C_{12}H_{16}O_2NCl$, F. 79—80° (Äthylacetat + **II**). — *N-[3.4-Dimethoxyphenäthyl]-trichloracetamid*, $C_{12}H_{14}O_3NCl_3$, F. 109—110° (Äthylacetat + **II**). — *N-[4.5-Dimethoxy-2-nitrophenäthyl]-trichloracetamid*, $C_{12}H_{13}O_5N_2Cl_3$, F. 137—138° (wss. Methanol). — *N-[β-Phenyl-β-oxy-α-(4-methoxyphenyl)-äthyl]-dichloracetamid*, $C_{17}H_{17}O_3NCl_2$, F. 178—179° (Methanol). — *N-[β-Phenyl-α-(3.4-dimethoxyphenyl)-äthyl]-dichloracetamid*, $C_{18}H_{19}O_3NCl_2$, F. 130—131° (Methanol). — *N-[β-Phenyl-α-(2-nitro-4.5-dimethoxyphenyl)-äthyl]-dichloracetamid*, $C_{18}H_{18}O_5N_2Cl_2$, F. 242—243° (Eisessig). — *N-[4-Carboxyphenyl]-dichloracetamid*, $C_9H_7O_3NCl_2$, F. 241—242° (Methanol). — *N-[4-Chloracetamidophenyl]-chloracetamid*, $C_{10}H_{10}O_2N_2Cl_2$, F. >315° (Eisessig oder Methanol). — *N-[4-Dichloracetamidophenyl]-dichloracetamid*, $C_{10}H_8O_2N_2Cl_4$, F. 252—253° (Eisessig). (J. Amer. chem. Soc. **74**. 6125—27. 5/12. 1952. Tuckahoe, N. Y., Wellcome Res. Labors.) K. FABER. 1320

Howard B. Wright und **M. B. Moore**, *Lokalanästhetica*. 3. Mitt. *Modifikationen des β'-[4-Methylphenoxy]-äthyl-β-[N-methylbenzylamino]-äthyläthers*. (2. vgl. C. **1952**. **6049**.) Eine Reihe von Äthern der Formel $ArO(CH_2)_2O(CH_2)_2NR_2$ wurde dargestellt. Die Verbb. besitzen hornhautanästhesierende Eigg., rufen jedoch leichte Reizungen hervor.

Versuche: *o-Diphenoxyäthoxyäthylchlorid*, $C_{16}H_{17}O_2Cl$, Kp.$_{,1}$ 162°, Darst. nach BRUSON (A. P. 2 115 250), n_D^{26} 1,5792; 47,5% (Ausbeute). — *Benzaläthylimin*, Kp.$_{10}$ 84—88°, Darst. nach CROMWELL (C. **1945**. I. **1371**), n_D^{26} 1,5365; 75%. — *N-Äthylbenzylamin*, $C_9H_{13}N$, Kp.$_{747}$ 195—200°, durch Hydrierung der vorst. Verb. bei 80° u. 1025 lbs./sq.in. in Ggw. von RANEY-Ni, n_D^{25} 1,5090; 75%. — Die Darst. der nachst. *Alkaminäther* der Formel $ArO(CH_2)_2O(CH_2)_2NR_2$ erfolgte nach den in der 2. Mitt. (l. c.) angewendeten Methoden (in Klammern): *Ar* = *2-C₆H₅C₆H₄*, *NR₂* = *N(CH₃)CH₂C₆H₅*, $C_{24}H_{27}O_2N$, Kp.$_{,1}$ 218—220° (B), 4½ (Std. Reaktionsdauer). — *Ar* = *2-C₆H₅C₆H₄*, *NR₂* = *N(C₂H₅)CH₂C₆H₅*, $C_{25}H_{29}O_2N$, Kp.$_{0,45}$ 210—211° (A), 24. — *Ar* = *4-CH₃C₆H₄*, *NR₂* = *Piperidino*, $C_{16}H_{25}O_2N$, Kp.$_{2,6}$ 171° (A), 24; 30%. — *Ar* = *4-CH₃C₆H₄*, *NR₂* = *2-Methylpiperidino*, $C_{17}H_{27}O_2N$, Kp.$_{3,1}$ 180—181° (A), 24; 39%. — *Ar* = *4-CH₃C₆H₄*, *NR₂* = *2.6-Dimethylthiomorpholino*, $C_{17}H_{27}O_2NS$,

Kp.$_{1,1}$ 190—191° (A), 24; 57,5%. — *Ar* = *4-CH₃C₆H₄*, *NR₂* = *N(C₄H₉)₂*, $C_{19}H_{33}O_2N$, Kp.$_{4,4}$ 191—192° (A), 24. — *Ar* = *4-CH₃C₆H₄*, *NR₂* = *NHCH₂CH(CH₃)₂*, $C_{15}H_{25}O_2N$, Kp.$_{2,4}$ 156—158° (A), 24; 14%. — *Ar* = *4-CH₃C₆H₄*, *NR₂* = *NH(CH₂)₄CH₃*, $C_{16}H_{27}$·O_2N (A), 24; 20%. — *Ar* = *4-CH₃OC₆H₄*, *NR₂* = *N(CH₃)CH₂C₆H₅*, $C_{19}H_{25}O_3N$, Kp.$_{1,4}$ 204—205° (B), 3½. (J. Amer. chem. Soc. **75.** 1770—71. 5/4. 1953. North Chicago, Ill., Abbott Labors.) HILDEGARD BAGANZ. 1320

Ladislas Szabó, *Synthese einiger Aminosulfamidobenzoesäuren. 2-Sulfamido-4-aminobenzoesäure* wurde dargestellt durch Überführung von p-Nitrotoluol nach ULLMANN u. LEHNER (Ber. dtsch. chem. Ges. **38.** [1905.] 736) in *2-Sulfamido-4-nitrotoluol* u. Oxydation desselben mit alkal. $KMnO_4$ oder durch Rk. von p-Acetyltoluidin mit $ClSO_3H$ (**I**), Umsetzung mit NH_4OH, Oxydation des Sulfamids mit $KMnO_4$ u. Hydrolyse des *6-Aminosaccharins.* Beim Vers., *3-Sulfamido-4-aminobenzoesäure* (**II**) durch Rk. von 4-Chlorbenzoesäure mit **I**, Umsetzung zum Sulfamid u. Ersatz des Cl-Atoms durch die NH_2-Gruppe darzustellen, wurde *2-Chlorbenzolsulfamid* erhalten. Überführung von p-Toluidin nach HUBER (Helv. chim. Acta **15.** [1932.] 1372) in *4-Aminotoluol-3-sulfonsäure,* Acetylierung, Rk. des Na-Salzes mit PCl_3 u. PCl_5 u. Umsetzung des Säurechlorids mit NH_3 in Bzl. ergab *2-Acetylamino-5-methylbenzolsulfamid* (**III**). Rk. des Säurechlorids mit NH_4OH lieferte *Bis-[2-acetylamino-5-methylbenzolsulfonyl]-amin.* Durch Oxydation von **III** in saurer Lsg. mit $KMnO_4$ u. Abspaltung der Acetylgruppe wurde **II** gewonnen. *2-Amino-4-sulfamidobenzoesäure* wurde durch Rk. von 2-Nitrotoluol mit **I**, Überführung in das Amid mit NH_4OH u. Red. der Nitrogruppe in Ggw. von RANEY-Ni dargestellt. Der Vers., *3-Amino-4-sulfamidobenzoesäure* (**IV**) durch Nitrierung von 4-Acetylaminobenzoesäure, Desacetylierung, Diazotierung u. Umsetzung mit Äthylxanthogenat-K-Salz darzustellen, scheiterte, da das Diazoniumsalz so beständig war, daß es selbst bei hohen Tempp. nicht reagierte. Oxydation von p-Toluolsulfonsäure, Nitrierung der freien *p-Sulfobenzoesäure* u. Rk. des K-Salzes mit PCl_5 führte bei 130° zu dem entsprechenden Disäurechlorid, bei 180° zum Ersatz der Sulfongruppe durch Cl. Durch Umsetzung des Disäurechlorids mit wss. NH_4OH wurde das Diamid erhalten, das nach partieller Hydrolyse mit 5nNaOH *3-Nitro-4-sulfamidobenzoesäure* ergab, die durch katalyt. Hydrierung in **IV** übergeführt wurde. *2-Amino-5-sulfamido-* u. *2-Sulfamido-5-aminobenzoesäure* wurden entsprechend **II** aus den dazugehörigen Toluidinen dargestellt. Die Oxydation von 2-Sulfamido-5-acetylaminotoluol lieferte jedoch nicht direkt die substituierte Benzoesäure, sondern *5-Acetylaminosaccharin.* Die Darst. von *3-Amino-5-sulfamidobenzoesäure* erfolgte durch Sulfonierung von Benzoesäure, Nitrierung, Rk. mit PCl_3 u. dann PCl_5, Umsetzung mit NH_4OH, Hydrolyse mit 5nNaOH u. katalyt. Hydrierung. Da die 2-Brom-3-nitrobenzoesäure sich nicht als Ausgangsmaterial für *2-Sulfamido-3-aminobenzoesäure* eignete, wurde 2-Amino-3-nitrotoluol in schwefelsaurer Lsg. diazotiert, die Lsg. mit $CaCO_3$ neutralisiert, KSCN u. wenig $CoCl_2$ zugegeben, nach Zers. bei Raumtemp. mit NaOH hydrolysiert, das *2.2'-Dimethyl-6.6'-dinitrodiphenyldisulfid* mit Cl_2 umgesetzt u. das Sulfochlorid in das Sulfamid übergeführt. Eine zufriedenstellende Oxydation der Methylgruppe konnte jedoch weder am *2-Nitro-6-methylbenzolsulfamid* noch nach Red. der Nitrogruppe u. Acetylierung erreicht werden.

V e r s u c h e: *4-Nitro-2-sulfamidobenzoesäure,* F. 167—168°, aus 4-Nitro-2-sulfamidotoluol + sd. alkal. $KMnO_4$ u. Zugabe von A., Ansäuern des Filtrats (Kongorot) u. Ausäthern; 55—60% (Ausbeute). *Methylester,* $C_8H_8O_6N_2S$, F. 191°, mit CH_2N_2 in Ae. unter Kühlung. — *4-Amino-2-sulfamidobenzoesäure,* $C_7H_8O_4N_2S$, Zers. bei 270°, durch Hydrierung der vorst. Verb. in A. in Ggw. von RANEY-Ni. *Methylester,* C_8H_{10}·O_4N_2S, F. 179—180°, durch katalyt. Red. des Nitroesters, aus A. Nadeln. — *2-Amino-5-methylbenzolsulfonsäure,* aus p-Toluidin u. konz. H_2SO_4 nach 18 std. Erwärmen auf dem Wasserbad bei 12—15 mm, 6—7 std. Erhitzen im Ölbad bei 185—190°, Aufnehmen in verd. NaOH u. Ansäuern. *Acetylderiv., Na-Salz* (**V**), $C_9H_{10}O_4NSNa$, aus der Säure + $NaHCO_3$ durch Kochen mit Essigsäureanhydrid; 100%. *2-Acetylamino-5-methylbenzolsulfonsäure, Chlorid,* $C_9H_{10}O_3NClS$, F. 104—105° (PAe.), aus vorst. Na-Salz mit PCl_3 + PCl_5 bei 80—90° u. Gießen auf Eis; 40—45%. *Amid* (**III**), C_9H_{12}·O_3N_2S, F. 185° (W.), durch Einleiten von NH_3 in eine Lsg. des Sulfochlorids in Bzl.; 80—85%. — *3-Sulfamido-4-aminobenzoesäure* (**II**), $C_7H_8O_4N_2S$, aus **III** u. $KMnO_4$ + H_2SO_4 durch kurzes Kochen, Zers. mit A. u. Filtration. — *2-Nitro-4-sulfamidobenzoesäure,* $C_7H_6O_6N_2S$, F. 189—190° (W.), aus 2-Nitro-4-sulfamidotoluol, $KMnO_4$ u. heißem wss. KOH, so daß die Lsg. am Sieden blieb, Zugabe von A. u. Ansäuern des Filtrats. — *2-Amino-4-sulfamidobenzoesäure,* $C_7H_8O_4N_2S$, F. 240—245° (Zers.; W.), durch katalyt. Hydrierung der vorst. Verb. in A. in Ggw. von RANEY-Ni. — *3-Nitro-4-sulfobenzoesäure, K-Salz,* $C_7H_4O_7NSK$, (D. 1,52) aus 4-Sulfobenzoesäure u. HNO_3 + H_2SO_4 (D. 1,84), Verdünnen mit W. u. Zugabe zu sd. wss. KCl, Kristalle aus W.; 70—80%. —

3-Nitro-4-sulfamidobenzamid, $C_7H_7O_5N_3S$, F. 224—225° (W. u. dann A.), durch Verreiben des vorst. K-Salzes mit PCl_5, Erhitzen auf 110°, Gießen auf Eis u. Aufnehmen des Nd. in NH_4OH, kleine Nadeln. — *3-Nitro-4-sulfamidobenzoesäure*, $C_7H_6O_6N_2S$, F. 227—228° (W. u. dann A.), aus vorst. Amid mit 5nNaOH bis zum Auftreten von NH_3-Geruch u. Ansäuern des Filtrats. — *3-Amino-4-sulfamidobenzoesäure* (**IV**), C_7H_8·O_4N_2S, F. 252—255° (Zers.), durch Hydrierung der Nitrosäure in A. in Ggw. von RANEY-Ni. — *4-Acetylamino-3-methylbenzolsulfonsäure, Na-Salz*, aus o-Toluidin wie bei **V** beschrieben. *Sulfochlorid*, $C_9H_{10}O_3NClS$, F. 162° (Bzl.); 40%. *Sulfamid*, C_9H_{12}·O_3N_2S, F. 206° (W.), durch Behandlung des Sulfochlorids mit NH_4OH u. Einstellen auf p_H 3—4 nach Stehen über Nacht; 50—60%. — *2-Acetylamino-5-sulfamidobenzoesäure* (**VI**), $C_9H_{10}O_5N_2S$, F. 217° (Zers.), durch Oxydation des vorst. Sulfamids mit wss. alkal. $KMnO_4$, Erwärmen auf 95°, Zugabe von A. u. Ansäuern des Filtrats; 70%. — *2-Amino-5-sulfamidobenzoesäure*, $C_7H_8O_4N_2S$, F. 246° (Zers.) (W.), durch 2std. Kochen der vorst. Säure mit konz. HCl; 75—80%. — *2-Methyl-4-acetylaminobenzolsulfonsäure, Na-Salz*, aus m-Toluidin wie bei **V** angegeben. — *2-Methyl-4-acetylaminophenylsulfamid*, $C_9H_{12}O_3N_2S$, F. 199—200° (W.), durch Rk. des Na-Salzes mit PCl_3 u. dann PCl_5, Erwärmen auf dem Wasserbad, Gießen auf Eis, Aufnehmen des Nd. in NH_4OH, Neutralisation mit konz. HCl u. Einengen des Filtrats; 60%. — *5-Acetylaminosaccharin*, $C_9H_8O_4N_2S$, F. 290° (Zers.), Darst. wie bei **VI** angegeben. — *5-Amino-2-sulfamidobenzoesäure*, $C_7H_8O_4N_2S$, F. 247—250° (Zers.) (W.), durch 5std. Kochen der vorst. Verb. mit wss. KOH, Einstellen auf p_H 5 mit HCl, Stehen über Nacht u. Ansäuern des Filtrats (Kongorot), Nadeln; 40—50%. — *3-Nitro-5-sulfobenzoesäure, Dichlorid*, $C_7H_3O_5NCl_2S$, F. 65° (PAe.), aus 3-Nitro-5-sulfobenzoesäure-Na-Salz u. PCl_3 u. PCl_5; 60—70%. *Diamid*, $C_7H_7O_5N_3S$, F. 205° (W.), durch 2std. Erwärmen des Disäurechlorids mit konz. NH_4OH u. Ansäuern mit HCl; 70%. — *3-Nitro-5-sulfamidobenzoesäure*, $C_7H_6O_6N_2S$, F. 224—225° (W.), durch Erwärmen des vorst. Diamids mit 5nNaOH bis zur beginnenden NH_3-Entw. u. Ansäuern; 70%. — *3-Amino-5-sulfamidobenzoesäure*, $C_7H_8O_4N_2S$, F. 265—270° (Zers.) (W.), durch Hydrierung der vorst. Nitrosäure in A. in Ggw. von RANEY-Ni. — *2-Amino-3-nitrotoluol*, F. 92—94° (CH_3OH), aus N-Acetyl-o-toluidin, HNO_3 (D. 1,52), Eisessig u. Essigsäureanhydrid bei 0—5°. — *2-Thiocyan-3-nitrotoluol*, F. 43—45° (PAe.), aus wss. $NaNO_2$ u. vorst. Amin in konz. H_2SO_4 bei 0°, Gießen auf $CaCO_3$-Eis, Zugabe von KSCN zu dem Filtrat, Gießen in wss. $CoCl_2$, Rühren bis zur beendeten N_2-Entw. u. mehrstd. Stehen; gelbes Prod.; 80—85%. — *2.2'-Dimethyl-6.6'-dinitrodiphenyldisulfid*, F. 145° (CCl_4), durch 2tägiges Stehen der vorst. Verb. in wss. NaOH, blaßgelbes Produkt. — *2-Nitro-6-methylbenzolsulfosäure, Chlorid*, $C_7H_6O_4$·$NClS$, F. 80—90° (CCl_4), durch Einleiten von Cl_2 in ein Gemisch der vorst. Verb., HCl (D. 1,19) u. HNO_3 (D. 1,49) u. kurzes Erwärmen auf 90°. *Amid*, $C_7H_8O_4N_2S$, F. 197 bis 199° (50%ig. A.), Nadeln; 100%. — *2-Amino-6-methylbenzolsulfamid*, $C_7H_{10}O_2N_2S$, F. 135° (W.), durch Hydrierung der vorst. Verb. in Essigester in Ggw. von RANEY-Ni; 80—90%. (Bull. Soc. chim. France, Mém. [5] **20**. 771—76. Juli/Aug. 1953. Pasteur Inst., Labor .de Chim. thérapeut.) HILDEGARD BAGANZ. 1350

Gustav Ehrhart, *Synthesen von α-Aminosäuren*. 3. Mitt. *threo-p-Nitrophenylserin*. (2. vgl. C. **1950**. II. 287.) Bei der Kondensation von p-Nitrobenzaldehyd mit Glykokoll in Ggw. von frisch gefälltem $Ca(OH)_2$ in A. entsteht *threo-p-Nitrophenylserin* (**I**), von dem einige Derivv. hergestellt werden. Die Konfiguration von **I** wird durch Überführen in *O-Acetyl-N-phenacetylphenylserinäthylester*, der mit dem aus threo-Phenylserin (dargestellt nach ERLENMEYER) ident. ist, bewiesen.

Versuche: *threo-p-Nitrophenylserin* (**I**), aus p-Nitrobenzaldehyd u. Glykokoll durch Verrühren mit frisch gefälltem $Ca(OH)_2$ in A. (4—6 Std., 30—35°). *Äthylester* (**II**), F. 137—138° (aus A. oder Essigester), aus **I** mit absol. A. + HCl. — *N-Acetyl*-**II**, $C_{13}H_{16}O_6N_2$, F. 187°, aus **II** mit Acetanhydrid. — *O.N-Diacetyl*-**II**, $C_{15}H_{18}O_6N_2$, F. 134° (A. oder Essigester), aus **II** mit Acetanhydrid + Pyridin in 2 Std. bei 20°. — *N-Phenacetyl*-**II**, $C_{19}H_{20}O_6N_2$, F. 162° (aus A.), aus **II** mit Phenacetylchlorid (**III**) in Ggw. von $NaHCO_3$ durch Schütteln mit W. + Ae. bei 0°. — *N-Phenacetyl-p-aminophenylserinäthylester*, $C_{19}H_{22}O_4N_2$, F. 161—162° (Methanol), aus vorst. Verb. mit RANEY-Ni/H_2 in Methanol bei 20°. — *O-Acetyl-N-phenacetylphenylserinäthylester*, $C_{21}H_{23}O_5N$, F. 185 bis 187° (Essigester), aus vorst. Verb. durch Diazotieren u. N_2-Abspaltung nach HODGSON u. MARSDEN (J. chem. Soc. [London] **1942**. 748) oder aus nachst. Verb. mit Acetanhydrid + Pyridin. — *N-Phenacetylphenylserinäthylester*, $C_{19}H_{21}O_4N$, F. 151,5 bis 152°, aus threo-Phenylserin mit absol. A. + HCl u. dann mit **III**. (Chem. Ber. **86**. 483—87. 1953. Frankfurt/M.-Höchst, Farbwerke Hoechst, Pharmazeut.-wiss. Labor.)

K. FABER. 1350

Ja. A. Mandelbaum, I. L. Wladimirowa und **N. N. Melnikow**, *Aus dem Gebiete organischer Insektofungicide*. 12. Mitt. *Synthese von gemischten Estern der Phosphor- und*

Thiophosphorsäure. (11. vgl. C. **1951. II.** 1418.) *1.4-* u. *1.3-Phenylen-bis-[dialkylphosphate]* u. *-[dialkylthiophosphate]* wurden aus $(RO)_2POCl$ bzw. $(RO)_2PSCl$ u. den Dinatriumverbb. von Hydrochinon (I) bzw. Resorcin (II) hergestellt. Die am Speicherrüsselkäfer (Calandra granaria) geprüfte Aktivität war bei den Phosphaten höher als bei den Thiophosphaten; I-Derivv. waren aktiver als II-Derivv.; die Aktivität der Phosphate wuchs mit steigendem Mol.-Gew. von R. Die letale Konz. ($\% \cdot 10^3$) nach 24 std. Einw. lag bei den Phosphaten in den Grenzen von 5—100, bei den Thiophosphaten von 100—1000. Alle synthetisierten Verbb. sind weniger akt. als das häufig angewendete Diäthyl-4-nitrophenylthiophosphat, dem der Wert 2,5—5 zukommt.

V e r s u c h e: Zur Herst. der Phosphorsäureester werden 1 Mol I oder II u. 2 Mol $(RO)_2POCl$ in der 4—8fachen Gewichtsmenge Aceton in Ggw. von 2,3 Mol Na_2CO_3 unter Rühren 4—6 Std. gekocht; das Reaktionsprod. wird im Vakuum fraktioniert. *1.4-Phenylen-bis-[dimethylphosphat]*, $Kp._{0,02}$ 95—98°; $D.^{20}{}_4$ 1,3883; $n_D{}^{20}$ 1,4738; 70% (Ausbeute). *1.3-Phenylen-bis-[dimethylphosphat]*, $Kp._{0,025}$ 110—115°; $D.^{20}{}_4$ 1,2720; $n_D{}^{20}$ 1,4997; 31%. *1.4-Phenylen-bis-[diäthylphosphat]*, $Kp._{0,15}$ 118—121°; $D.^{20}{}_4$ 1,1913; $n_D{}^{20}$ 1,4575; 61%. *1.3-Phenylen-bis-[diäthylphosphat]*, $Kp._{0,13}$ 155—156°; $D.^{20}{}_4$ 1,2048; $n_D{}^{20}$ 1,4856; 39%. *1.4-Phenylen-bis-[diisopropylphosphat]*, $Kp._{0,024}$ 102—110°; $D.^{20}{}_4$ 1,2250; $n_D{}^{20}$1,4440; 78,5%. *1.3-Phenylen-bis-[diisopropylphosphat]*, $Kp._{0,035}$ 110 bis 112°; $D.^{20}{}_4$ 1,1069; $n_D{}^{20}$ 1,4500; 78,7%. — Zur Herst. der Thiophosphorsäureester wird I oder II mit 2 Mol CH_3ONa in CH_3OH in die Dinatriumverb. übergeführt, die Lsg. zur Trockne verdampft u. der Rückstand in Chlorbenzol mit $(RO)_2PSCl$ in Ggw. einiger Tropfen Pyridin unter Rühren 7—15 Std. auf 120—130° erhitzt. *1.4-Phenylen-bis-[dimethylthiophosphat]*, $Kp._{0,04}$ 105°; $D.^{20}{}_4$ 1,2428; $n_D{}^{20}$ 1,5230; 29%. *1.3-Phenylen-bis-[dimethylthiophosphat]*, $Kp._{0,16}$ 120—125°; $D.^{20}{}_4$ 1,2890; $n_D{}^{20}$ 1,5310; 71%. *1.4-Phenylen-bis-[diäthylthiophosphat]*, $Kp._{0,2}$ 134°; $D.^{20}{}_4$ 1,2496; $n_D{}^{20}$ 1,5158; 28%. *1.3-Phenylen-bis-[diäthylthiophosphat]*, $Kp._{0,15}$ 130°; $D.^{20}{}_4$ 1,1991; $n_D{}^{20}$ 1,5113; 51,5%. *1.4-Phenylen-bis-[diisopropylthiophosphat]*, $D.^{20}{}_4$ 1,1720; $n_D{}^{20}$ 1,5193; 58%; ist (wie auch nachst. Verb.) bei 0,05 mm nur unter Zers. destillierbar. *1.3-Phenylen-bis-[diisopropylthiophosphat]*, $D.^{20}{}_4$ 1,1352; $n_D{}^{20}$ 1,5103; 33,4%. (Журнал Общей Химии [J. allg. Chem.] **23** (**85**). 429—32. März 1953. Moskau, Wiss. Inst. für Düngemittel u. Insektofungicide.) R. KNOBLOCH. 1380

M. L. Galaschina, I. L. Wladimirowa, Ja. A. Mandelbaum und **N. N. Melnikow,** *Aus dem Gebiet organischer Insektofungicide.* 13. Mitt. *Synthese gemischter Ester der Phosphor- und Thiophosphorsäure, die einfachste Substituenten im aliphatischen Radikal enthalten.* (12. vgl. vorst. Ref.) Die gemischten *Phosphor-* u. *Thiophosphorsäureester* $(XCH_2CH_2O)_2P(:Y)OC_6H_4NO_2$ (p) u. $XCH_2CH_2OP(:Y)(OC_6H_4NO_2)_2$ ($X = Cl$ u. C_2H_5O; $Y = O$ u. S) wurden nach den üblichen Methoden synthetisiert. Bei der Prüfung auf insekticide Wrkg. am Speicherrüselkäfer (Calandra granaria) zeigte sich, daß alle weniger akt. als Diäthyl-4-nitrophenylthiophosphat sind.

V e r s u c h e: Die Ausgangsverbb. $XCH_2CH_2OPSCl_2$ u. $(XCH_2CH_2O)_2PSCl$, ebenso das für vorliegende Unters. nicht erforderliche $(ClCH_2CH_2O)_3PS$, werden durch Umsetzung der entsprechenden Alkohole mit $PSCl_3$ hergestellt. — Z. B. wird eine Lsg. von 32 g $ClCH_2CH_2OH$ in 32 g Pyridin + 32 ml $C_2H_4Cl_2$ allmählich zu 37,6 g $PSCl_3$ in 70 ml $C_2H_4Cl_2$ unter Rühren bei —2° hinzugefügt, das Gemisch 3 Std. bei 5—10° gerührt, mit Eiswasser zur Entfernung von Pyridin-Hydrochlorid behandelt u. die $C_2H_4Cl_2$-Lsg. im Vakuum fraktioniert; erhalten werden 9 g *Thiophosphorsäure-β.β'-dichlordiäthylesterchlorid*, $Kp._{17}$ 130°; $D.^{20}{}_4$ 1,5135; $n_D{}^{20}$ 1,5641. *Thiophosphor-β-chloräthylesterdichlorid*, $Kp._{14}$ 104—108°; $D.^{20}{}_4$ 1,4671; $n_D{}^{20}$ 1,5362; 44% (Ausbeute). *Thiophosphorsäure-β.β'.β''-trichloräthylester*, $Kp._9$ 142—150°; $D.^{20}{}_4$ 1,4778; $n_D{}^{20}$ 1,5650; 30%. *Thiophosphorsäure-β-äthoxyäthylesterdichlorid*, $Kp._{23}$ 108—114°; $D.^{20}{}_4$ 1,294; $n_D{}^{20}$ 1,4910; 32%. *Phosphorsäure-β-äthoxyäthylesterdichlorid*, $Kp._{21}$ 110—114°; aus β-Äthoxyäthylalkohol u. $POCl_3$; $D.^{20}{}_4$ 1,317; $n_D{}^{20}$ 1,4452; 44%. *Phosphorsäure-β.β'-diäthoxydiäthylesterchlorid*, $Kp._7$ 154°; $D.^{20}{}_4$ 1,152; $n_D{}^{20}$ 1,4310; 85%. — Die gemischten Ester der Thiophosphorsäure werden aus vorst. Verbb. u. p-Nitrophenyl-Na in Chlorbenzol in Ggw. von Pyridin bei 5—7 std. Erhitzen auf 130° gewonnen. *β-Chloräthyl-4.4'-dinitrodiphenylphosphat*, F. 86—87°. *β-Chloräthyl-4.4'-dinitrodiphenylthiophosphat*, F. 95—96°. *β.β'-Dichlordiäthyl-4-nitrophenylthiophosphat*, $n_D{}^{20}$ 1,5780; bei 0,02 mm nicht destillierbar. *β-Äthoxyäthyl-4.4'-dinitrodiphenylphosphat*, F. 72—73°. *β-Äthoxyäthyl-4.4'-dinitrodiphenylthiophosphat*, F. 75—76°. *β.β'-Diäthoxydiäthyl-4-nitrophenylphosphat*, $D.^{20}{}_4$ 1,2720; $n_D{}^{20}$ 1,5050. (Журнал Общей Химии [J. allg. Chem.] **23** (**85**). 433—35. März 1953.) R. KNOBLOCH. 1380

Kenneth N. Campbell und **Barbara K. Campbell,** *Phenylacetylen.* Man führt in fl. NH_3 in Ggw. von $Fe(NO_3)_3$ Na ein, gibt Anilin u. Styroldibromid zu, rührt 2 Std.

u. dest. nach Zugabe von NH_4OH u. W. wit Wasserdampf; Kp.$_{80}$ 73—74°; n_D^{20} 1,5465 bis 1,5484. (Org. Syntheses **30.** 72—74. 1950.) TROFIMOW. 1410

R. Ja. Lewina und **B. M. Gladstein,** *Synthese von Kohlenwasserstoffen.* 22. Mitt. *Umwandlung von Dienkohlenwasserstoffen in Cyclopropane.* (21. vgl. C. **1953. 9444.**) Die Dehydratation von Dimethylallylcarbinol (I) an Cr_2O_3/Al_2O_3 führt, wie früher (Ученые Записки Московского Государственного Университета [Wiss. Schriften der Univ. Moskau] **21.** [1951.] 233) gezeigt, zu *2-* u. *4-Methylpentadien-(1.3)* (**II** u. **III**). Wird das Gemisch mit HBr behandelt, so erfolgt sowohl bei **II** wie bei **III** Anlagerung in 1.2- u. 1.4-Stellung des konjugierten Syst., wobei jedes die (nichtisolierten) Bromide $(CH_3)_2CBrCH{=}CHCH_3$ u. $(CH_3)_2C{=}CHCHBrCH_3$ liefert. Ein 2. Mol. HBr wird an die Monobromide unter Bldg. ein u. desselben (nichtisolierten) Dibromids $(CH_3)_2CBrCH_2CHBrCH_3$ angelagert, das, mit Zn-Staub behandelt, *1.1.2-Trimethylcyclopropan* liefert. Analoge Rkk. werden mit 2.4-Dimethylhexen-(2)-ol-(4) (**IV**) u. 3.5-Dimethylhepten-(3)-ol-(5) (**V**) durchgeführt; hierbei werden *1.1.2-Trimethyl-2-äthylcyclopropan* bzw. *1.2-Dimethyl-1.2-diäthylcyclopropan* erhalten.

Versuche: Gemisch von *2-* u. *4-Methylpentadien-(1.3)* (**II** + **III**), C_6H_{10}; durch Überleiten von dampfförmigem **I** über Cr_2O_3/Al_2O_3 bei 250°; Kp.$_{761}$ 72,5—75,5°; $D.^{20}_4$ 0,7147; n_D^{20} 1,4474; 59% (Ausbeute). Gemisch von *2.4-Dimethylhexadien-(2.4)* u. *2-Äthyl-4-methylpentadien-(1.3)*, C_8H_{14}; durch Dehydratation von **IV** (vgl. C. **1948.** II. 1280); Kp.$_{760}$ 114—117,5°; $D.^{20}_4$ 0,7537; n_D^{20} 1,4461; 60% (auf Mesityloxyd bezogen). Gemisch von *3.5-Dimethylheptadien-(2.4)* u. *2-Äthyl-4-methylhexadien-(1.3)*, C_9H_{16}; durch Dehydratation von **V** (vgl. C. **1951.** II. 3433); Kp.$_{760}$ 136—142°; $D.^{20}_4$ 0,7631; n_D^{20} 1,4474; 86% (auf „Homomesiton" bezogen). — Die Gewinnung der Cyclopropane erfolgt durch Sättigen vorst. Diengemische mit HBr-Gas bei —5°, wobei 90—92% der für 2 HBr berechneten Menge aufgenommen werden; die Reaktionsmasse wird, ohne die Dibromide zu isolieren, mit der 4fachen Menge Zn-Staub in 96%ig. A. unter Rühren behandelt; die erhaltenen KW-stoffe werden über Na fraktioniert; sie weisen die für KW-stoffe mit 3gliedrigem Ring charakterist. Exaltation auf. *1.1.2-Trimethylcyclopropan,* C_6H_{12}, Kp.$_{760}$ 52,0—52,3°; $D.^{20}_4$ 0,6861; n_D^{20} 1,3845; Mol.-Refr. ($[MR]_D$) 28,68; 84% (auf das Diengemisch bezogen; an anderer Stelle ist 61% angegeben). *1.1.2-Trimethyl-2-äthylcyclopropan,* C_8H_{16}, Kp.$_{754}$ 103,6—104°; $D.^{20}_4$ 0,7408; n_D^{20} 1,4160; $[MR]_D$ 37,92; 80% (an anderer Stelle 56%). *1.2-Dimethyl-1.2-diäthylcyclopropan,* C_9H_{18}, Kp.$_{768}$ 131,1—131,3°; $D.^{20}_4$ 0,7595; n_D^{20} 1,4230; $[MR]_D$ 42,28; 81%. Ist nach dem RAMAN-Spektr. durch wenig eines KW-stoffs mit Doppelbindung verunreinigt. (Журнал Общей Химии [J. allg. Chem.] **22** (**84**). 585—91. April 1952. Moskau, Univ.) H. FRÖHLICH. 1810

Helmuth Kainer, *Eine Halogenierung in Allylstellung mit Salzen von elektropositiven Halogenen.* Tetraphenylcyclopentadien (I) wurde durch Umsetzung mit Bromdipyridinnitrat (II), $[Br(C_5H_5N)_2]^+NO_3^-$, in *1-Brom-2.3.4.5-tetraphenylcyclopentadien* (**III**) übergeführt. **III** konnte aus **I** auch mit N-Bromsuccinimid erhalten werden. Bei der Behandlung von **III** mit Zn-Staub in Eisessig wurde sofort Brom abgespalten unter Rückbldg. von **I.** Umsetzung von **I** mit *Joddipyridinnitrat* lieferte ein analoges *1-Jodderivat.* — Die Meth. ist jedoch nicht allg. zur Halogenierung der Allylstellung anwendbar; so erhält man aus Cholesterinacetat oder Cyclohexen mit **II** die gleichen Dibromverbb. wie durch direkte Bromierung mit Br_2. — Mit Pentaphenylpyrrol reagiert Bromdipyridinperchlorat nicht; aus Trinitrophenyldiphenylhydrazin entsteht sofort das blaue *Trinitrophenyldiphenylhydrazyl*-Radikal.

Versuche: *1-Brom-2.3.4.5-tetraphenylcyclopentadien* (**III**), $C_{29}H_{21}Br$, F. 190 bis 191°, durch Zufügen von 640 mg festem **II** (in gleicher Weise reagiert auch das Bromdipyridinperchlorat) zu einer Lsg. von 740 mg **I** in 25 cm^3 Chlf., Erwärmen auf dem Dampfbad für wenige Min. u. Abdampfen des Lösungsm. im Vakuum; aus Methyläthylketon Nadeln; 0,5 g (Ausbeute); oder durch 1std. Erhitzen von 740 mg **I** mit 420 mg N-Bromsuccinimid in 25 cm^3 CCl_4 unter Rückfluß; nach Einengen 0,7 g; aus Chlf.-Methanol gelbe Nadeln; F. u. Misch-F. 190—191°. — *Tetraphenylcyclopentadien* (**I**), $C_{29}H_{22}$, F. 175—176°, durch Lösen von **III** in wenig heißem Eisessig u. Versetzen mit Zn-Staub im Überschuß in der Hitze; nach Erkalten Nadeln. — *1-Jod-2.3.4.5-tetraphenylcyclopentadien,* $C_{29}H_{21}J$, F. 156°, durch Umsetzung von 740 mg **I** mit 700 mg Joddipyridinnitrat in Chlf. wie oben; 0,5 g; aus Methyläthylketon gelbe Nadeln. Bei schwachem Erwärmen in einem Lösungsm. verliert die Substanz teilweise ihr Halogen; Red. mit Zn-Staub in Eisessig liefert **I** zurück. (Liebigs Ann. Chem. **578.** 232—34. 1952. Heidelberg, Max-Planck-Inst. für Medizin. Forsch., Inst. für Chem.)

FRUHSTORFER. 1810

D. C. Downing, *2.2.5.5-Tetramethylolcyclopentanolpentanitrat.* 2.2.5.5-Tetramethylolcyclopentanon wurde in absol. A. mit Cu-Chromitkatalysator bei 145—160°

zu *2.2.5.5-Tetramethylolcyclopentanol*, $C_9H_{18}O_5$, F. 97,5° (70% Ausbeute) hydriert (als Nebenprod. *1.1.3-Trimethylolcyclopentan*, $C_8H_{16}O_3$, F. 108,2—108,5°) u. anschließend bei 5° zu *2.2.5.5-Tetramethylolcyclopentanolpentanitrat*, $C_9H_{13}O_{15}N_5$, F. 91° (74% Ausbeute), nitriert. Die Brisanz dieser Verb. ist 1,51 mal stärker als die von 2.4.6-Trinitrotoluol. (Canad. J. Chem. **30.** 124—27. Febr. 1952. Ottawa, Can., Nat. Res. Council, Div. of Chem.) SCHÄFF. 1870

Zoltán Csürös, Konstantin Zech und **Sára Zech,** geb. **Binder,** *Über das schwefelsaure Estersalz des Cyclohexanonoxims.* (Vgl. auch C. **1953.** **5317.**) Untersucht wird der Reaktionsweg bei der Umsetzung des schwefelsauren Estersalzes (**III**) von Cyclohexanonoxim (**I**) mit N_3H bzw. bei der Rk. von **I** mit Azidosulfonsäure zu *Pentamethylentetrazol* (**II**). Die Konst. von **III** ist nun nicht sicher, in seinem Verh. ähnelt es den Aldoximderivaten. Zum Konstitutionsbeweis wurde untersucht: die saure u. alkal. Hydrolyse von **III**, die vor allem zu *ε-Caprolactam* (**IV**, F. 68°) führt, die Darst. von **III** sowohl aus Cyclohexanon mit Alkali (Ausbeute 8%) bzw. mit Alkalihydrogencarbonat (50%) u. Sulfoperamidsäure als auch als Zwischenprod. aus **I** u. Azidosulfonsäure, u. die Hydrierung von **III** in W. in Ggw. von Pd-Knochenkohle, bei der — auch bei Benutzung der KINDLERschen Modifikation — bis 84% *Dicyclohexylamin* entstanden. Vff. schließen aus den Ergebnissen, daß **III** ein **I**- u. kein **IV**-Deriv. ist. Für den Reaktionsweg bei der **II**-Bldg. folgt daraus: Die Rk. von **IV** zu **II** ist nicht möglich, die Umsetzung von **I** mit HN_3 wird durch das dabei entstehende W. verhindert, verläuft jedoch mit wechselnden Ausbeuten in Ggw. wasserbindender Mittel, wie P_2O_5, $POCl_3$, PCl_3, SO_2Cl_2 oder $ZnCl_2$. — Zum Vgl. wurden untersucht: die Hydrierung der K-Salze von *Acetophenonoximhydrogensulfat* (**VI**) u. *Benzaldoximhydrogensulfat* (**V**) sowie von **I**, sowie die saure Hydrolyse von **V** u. **VI**, bei der im Gegensatz zu früheren Angaben kein Nitril gebildet wird. — **III**, $C_6H_{10}O_4NSK$, durch Zugabe von **I** in Chlf. zu Azidosulfonsäure (aus HN_3 in Chlf. u. Chlorsulfonsäure unterhalb 10°), 90 Min. unterhalb 10°, dann 3 Std. bei 45°, Neutralisieren mit $BaCO_3$, Aufnehmen in W. u. Versetzen mit H_2SO_4; 26% (Ausbeute); oder durch Zutropfen von Cyclohexanon u. konz. $KHCO_3$-Lsg. zu wss. NH_2OSO_3H in Kältemischung; 50%. — **V**, analog mit Benzaldehyd u. KOH; 74%, ebenso **VI**; 72%. (Acta chim. Acad. Sci. hung. **1.** 83—93. 1951. Budapest, TH, Technol. Inst.) KLEINWÄCHTER. 1960

Arthur C. Cope und **Elbert C. Herrick,** *Diäthyl-cis-Δ^4-tetrahydrophthalat und Diäthyl-cis-hexahydrophthalat. Diäthyl-cis-Δ^4-tetrahydrophthalat* (**I**), $C_{12}H_{18}O_4$, Kp.$_5$ 129 bis 131°. Man erhitzt ein Gemisch aus 228 g cis-Δ^4-Tetrahydrophthalsäureanhydrid, 525 cm³ A. u. 2,5 g p-Toluolsulfonsäure 12—16 Std. unter Rückfluß, gibt 270 cm³ Toluol zu u. dest., wobei ein azeotropes Gemisch aus A., Toluol u. W. von Kp. 75—78° übergeht. Bei beginnender Temperaturabnahme werden 525 cm³ A. zugegeben, das Gemisch erneut 12—16 Std. unter Rückfluß gekocht u. nach Zugabe von 270 cm³ Toluol zunächst bei n. Druck, dann bei 25—35 mm eingedampft. Der Rückstand wird mit 200 cm³ A. verdünnt u. dest.; n_D^{25} 1,4600—1,4610; 280—292 g (Ausbeute). — Analog: *Dimethyl-cis-Δ^4-tetrahydrophthalat* (**II**), Kp.$_5$ 120—122°, n_D^{25} 1,4700; 80%. — *Diäthyl-cis-hexahydrophthalat*, $C_{12}H_{20}O_4$, Kp.$_9$ 130—132°. Man hydriert 226 g **I** in 30 cm³ absol. A. in Ggw. von 0,5 g PtO_2-Katalysator 3—5 Std. bei 2 at; n_D^{25} 1,4508—1,4510; 94—96%. — *Dimethyl-cis-hexahydrophthalat*, Kp.$_5$ 110—112°, aus **II**; n_D^{25} 14570, 98%. (Org. Syntheses **30.** 29—32. 1950.) TROFIMOW. 2020

F. J. Dyer, D. A. A. Kidd und **James Walker,** *Versuche über die Synthese wirksamer Rindenhormonersatzstoffe.* 2. Mitt. (1. vgl. J. chem. Soc. [London] **1942.** **347.**) Auf der Suche nach Desoxycorticosteron (**III**)-Analogen werden Verbb. mit der für **III** charakterist. α.β-ungesätt. Ketongruppierung u. der α-Ketolseitenkette hergestellt. Bei Anwendung der Rk. nach FRIEDEL-CRAFTS auf 3-Methyl-5-phenyl-Δ^2-cyclohexenon (**I**) mit Acetylchlorid wird *5-[p-Acetylphenyl]-3-methyl-Δ^2-cyclohexenon* (**VI**) erhalten, entsprechend mit Chloracetylchlorid das *Chlordiketon* (**VII**) u. daraus das *Acetoxy-* (**VIII**) u. *Oxydiketon* (**IX**). Zahlreiche Cyan- u. Carboxyaldehyde werden nach SOMMELET (C. R. hebd. Séances Acad. Sci. **457.** [1931.] 852, 1443) dargestellt, um die KNOEVENAGEL-Synth. für 5-Arylcyclohexenone anzuwenden, doch verliefen die Rkk. nicht befriedigend. Als Ausgangsmaterial für weitere Derivv. vom Typ des *4-[p-Acetoxyacetylbenzyl]-2.3-dimethyl-Δ^2-cyclohexenons* (**X**) diente HAGEMANNs Ester (**V**), für den Vf. auf Grund der weiteren Umsetzungen eine Δ^2-Doppelbindung annehmen. **V** wird nach HORNING, HORNING u. PLATT (J. Amer. chem. Soc. Soc. **71.** [1949.] 1771) zum 4-Keto-2.3-dimethyl-Δ^2-cyclohexen-1-carbonsäureäthylester (**XI**) methyliert. **XI** gibt bei Alkylierung mit p-Cyanbenzylbromid das *1-p-Cyanbenzylderiv.* (**XII**), das zur *zweibas. Säure* (**XIII**) verseift werden kann. **XIII** liefert bei der Veresterung ein Gemisch von *Di-* (**XIV**) u. *Monoäthylester* (**XV**). **XV** wird zu *4-[p-Carbäthoxybenzyl]-2.3-dimethyl-Δ^2-cyclohexenon-(1)*

(**XVI**) decarboxyliert u. weiter über die freie Säure, das Säurechlorid u. Diazoketon in **X** verwandelt. Beim Vgl. der Wirksamkeiten von **III**, **VI**, **VIII**, **IX** u. **X** bei bilateral adrenalektomierten Ratten zeigt nur **X** ca. 20—30% der Wrkg. von **III**, die anderen Verbb. sind unwirksam.

Versuche: *5-[p-Acetylphenyl]-3-methyl-Δ²-cyclohexenon* (**VI**), $C_{15}H_{16}O_2$, F. 90 bis 91°. Zu einer Lsg. von **I** u. Acetylchlorid in CS_2 wird im Laufe 1 Std. bei Zimmertemp. $AlCl_3$ zugesetzt, dann 2 Std. gerührt u. 15 Min. gekocht; aus wss. A. Nadeln; 38% (Ausbeute). Gibt in Aceton mit $KMnO_4$ bei Zimmertemp. *p-Acetylbenzoesäure* (**XVII**, $C_9H_8O_3$, F. 205—206°; aus wss. A. lange Prismen). — *Äthyl-p-cyanbenzoylmalonat*, $C_{15}H_{15}O_5N$, F. 63°. Eine Lsg. von 2,7 g p-Cyanbenzoylchlorid in Bzl. wird zu benzol. Äthoxy-Mg-malonester getropft; aus Bzl.–PAe. lange feine Nadeln; 2,65 g. Gibt beim Kochen am Rückfluß mit Eisessig, konz. HCl u. W. **XVII**. — *5 [p-Chloracetylphenyl]-3-methyl-Δ²-cyclohexenon* (**VII**), $C_{15}H_{15}O_2Cl$, F. 94—95° (Kp.$_{0,4}$ 200—210°), wie **VI** mit Chloracetylchlorid, zum Schluß 2 Std. am Rückfluß; aus wss. A. kleine Prismen. — *5-[p-Acetoxyacetylphenyl]-3-methyl-Δ²-cyclohexenon* (**VIII**), $C_{17}H_{18}O_4$, F. 143—144°, aus **VII** in Eisessig mit K-Acetat 6—7 Std. am Rückfluß; aus A. Nadeln. — *5-[p-Oxyacetylphenyl]-3-methyl-Δ²-cyclohexenon* (**IX**), $C_{15}H_{16}O_3$, F. 127—129°. Konz. HCl wird zu einer Lsg. von 1 g **VII** in Chlf. u. wss. Methanol getropft u. 40 Std. bei Zimmertemp. stehengelassen; aus Bzl. Spieße; 0,42 g. — *m-Cyanbenzaldehyd* (**II**), F. 77—79°, aus m-Cyanbenzylbromid u. Hexamethylentetramin in Chlf., 3 Std. am Rückfluß; 40%. — *p-Cyanbenzaldehyd*, F. 99°, aus p-Cyanbenzylbromid wie **II**; 51%. — *Isophthalaldehydsäure*, F. 172—173°, a) aus m-Brommethylbenzoesäure wie **II**; 48%; b) aus m-Brommethylbenzoesäure u. 10%ig. wss. $Cu(NO_3)_2$, 8 Std. am Rückfluß; 80%. — *4-[m-Cyanphenyl]-2.6-diketoheptan-3.5-dicarbonsäurediäthylester* (**IV**), $C_{20}H_{23}O_6N$, F. 146—147°, aus **II**, Acetessigester u. Piperidin in A. 12 Std. bei Zimmertemp.; aus A. kleine Nadeln; 77%. 2 g **IV** geben bei Hydrolyse (4 Std. am Rückfluß) mit Essigsäure u. H_2SO_4 *5-[m-Carbamylphenyl]-3-methyl-Δ²-cyclohexenon* ($C_{14}H_{15}O_2N$, F. 167—168°, aus 95%ig. A. kleine Prismen; 0,55 g). **IV** gibt nach 14—15 std. Kochen mit 20%ig. wss.KOH *β-[m-Carboxyphenyl]-glutarsäure* ($C_{12}H_{12}O_6$, F. 192—192°, aus W. Prismen). — *4-[p-Cyanphenyl]-2.6-diketoheptan-3.5-dicarbonsaärediäthylester*, $C_{20}H_{23}O_6N$, F. 183—185°, analog **IIa**; 77%. — *1-[p-Cyanbenzyl]-4-keto-2.3-dimethyl-Δ²-cyclohexen-1-carbonsäureäthylester* (**XII**), $C_{19}H_{21}O_3N$, Kp.$_{0,1}$ 200—215°, Kp.$_{0,005}$ 175—180° (Badtemp.). **XI** in Ae. wird langsam zu Na-Äthylat in Ae. zugesetzt, nach 2std. Rühren wird mit p-Cyanbenzylbromid versetzt u. 10 Std. unter N_2 gerührt; viscoses gelbes Öl; 44%. *2.4-Dinitrophenylhydrazon*, $C_{25}H_{25}O_6N_5$, F. 153—156°, aus A. winzige orangerote Prismen. — *1-[p-Carboxybenzyl]-4-keto-2.3-dimethyl-Δ²-cyclohexen-1-carbonsäure* (**XIII**), $C_{17}H_{18}O_5$, F. 233—234°, aus **XII** mit 25%ig. wss. KOH 48 Std. am Rückfluß; aus wss. Methanol kleine Prismen. — *1-[p-Carbäthoxybenzyl]-4-keto-2.3-dimethyl-Δ²-cyclohexen-1-carbonsäure* (**XV**), $C_{19}H_{22}O_5$, F. 141—142°, aus 48 g **XIII** in Bzl. u. A. mit konz. H_2SO_4, 24 Std. am Rückfluß; cremefarbene Prismen; 24%. Daneben 20,1 g *Diäthylester* (**XIV**), Kp.$_{0,03}$ 196—203°, viscoses gelbes Öl; *2.4-Dinitrophenylhydrazon*, $C_{27}H_{30}O_8N_4$, F. 193°, karmesinrote Tafeln aus Methanol–Äthylacetat; λ_{max} 390 mμ (log ε = 4,53; in Chlf.). — *4-[p-Carbäthoxybenzyl]-2.3-dimethyl-Δ²-cyclohexenon-(1)* (**XVI**), $C_{18}H_{22}O_3$, Kp.$_{0,001}$ 150—160°, aus **XV** in Chinolin in Ggw. von Cu-Bronze am Rückfluß unter N_2 bis zur Abspaltung von 1 Mol CO_2 (7—8 Std.); gelbes Öl; 54%. *2.4-Dinitrophenylhydrazon*, $C_{24}H_{26}O_6N_4$, F. 166°, aus Methanol–Äthylacetat ziegelrote Prismen. — *4-[p-Carboxybenzyl]-2.3-dimethyl-Δ²-cyclohexenon*, $C_{16}H_{18}O_3$, F. 119°, aus **XVI** mit 20%ig. wss. KOH, 3 Std., nach Zusatz von A. weitere 4 Std. am Rückfluß; aus Ligroin Prismen. — *4-[p-Acetoxyacetylbenzyl]-2.3-dimethyl-Δ²-cyclohexenon* (**X**), $C_{19}H_{22}O_4$, F. 98—99°. Das Na-Salz aus 1,6 g vorst. Verb. (mit wss. NaOH bei 0,005 mm Hg Eindampfen u. bei 105°/0,001 mm Trocknen) wird mit Pyridin u. Oxalylchlorid unter Eiskühlung behandelt, das entstandene Säurechlorid in Bzl. zu eiskaltem äther. CH_2N_2 getropft u. nach Stehen über Nacht mit Eisessig behandelt; aus Methanol blaßgelbe Prismen; 0,65 g. (J. chem. Soc. [London] **1952**. 4778 bis 4783. Dez. Mill Hill, London, Nat. Inst. for Med. Res.; Hampstead, London, M. R. C. Labors., Labor. Animals Bureau.) H.-J. KOCH. 2070

Helmut Zahn und **Herbert Zuber**, *Über einige reaktionsfähige Fluorverbindungen der aromatischen Reihe.* Vff. stellten verschied. aromat. Monofluor- u. Difluorderivv., bes. aus der Diphenyl- u. Diphenylsulfonreihe, dar, deren F-Atome durch o- u. p-ständige Nitrogruppen u. durch eine Sulfogruppe aktiviert u. somit der Rk. mit Aminen, Aminosäuren, Phenolen u. Proteinen zugänglich gemacht sind. — *2.2'-Difluor-3.5.3'.5'-tetranitrodiphenyl* (**I**) u. *3.3'-Difluor-4.6.4'.6'-tetranitrodiphenyl* (**II**) [im Orig. irrtümlich: 3.3'-Difluor-2.4.2'.4'-tetranitrodiphenyl, der Referent] wurden durch Nitrierung von 2.2'- bzw. 3.3'-Difluordiphenyl [erhalten aus 2.2'- bzw. 3.3'-Dinitrodiphenyl nach dem SCHIEMANN-Verf.] dargestellt. Die Stellung der Nitrogruppen in **I** wird durch Hydrolyse mit $NaNO_2$ in wss. Dioxanlsg. zu *3.5.3'.5'-Tetranitrodiphenylenoxyd* bewiesen. I reagiert mit Aminen (z. B. Anilin) u. mit der Aminogruppe von Aminosäuren. **II** bildet mit Anilin die Molekülverb. des *4.6.4'.6'-Tetranitro-3.3'-dianilinodiphenyls* mit 1 Mol Anilin. Das durch Nitrierung von 2-Fluordiphenyl gewonnene *2-Fluor-3.5.2'.4'-tetranitrodiphenyl* gibt mit Aminen gelbrote Derivate. — Bei den Fluornitroverbb. der Diphenylsulfonreihe [*p-Fluor-*, *p.p'-Difluor-* (**IV**), *p-Fluor-p'-chlor-* u. *p-Fluor-p'-brom-m.m'-dinitrodiphenylsulfon*], die durch FRIEDEL-CRAFTS-Rk. von *p-Fluorbenzolsulfochlorid* (**III**) mit Bzl., Fluor- (**VII**), Chlor- u. Brombenzol u. Nitrierung der Halogendiphenylsulfone dargestellt wurden, erfolgt die Aktivierung der F-Atome durch die kombinierte Wrkg. der SO_2- u. NO_2-Gruppen, so daß bereits eine Nitrogruppe an jedem Kern genügt, um die Verb. mit Anilin in der Kälte reaktionsfähig zu machen. Auch das durch Red. von **III** zu *p-Fluorthiophenol* (**V**), Methylierung zu *[p-Fluorphenyl]-methylthioäther*, dessen Oxydation mit H_2O_2 zum Sulfon u. dessen Nitrierung dargestellte *[p-Fluor-m-nitrophenyl]-methylsulfon* gibt mit Anilin eine krist. gelbe Verbindung. Die Nitrierung von *1.5-Difluornaphthalin* (**VI**) mit HNO_3 in Eisessig liefert nur *1.5-Difluor-4-nitronaphthalin*; bei Anwendung stärkerer Nitriermittel entsteht ein Gemisch schwer trennbarer Isomerer. — Die aus **VII** mit rauchender H_2SO_4 u. HNO_3 erhaltene u. als K-Salz isolierte *2-Nitrofluorbenzol-4-sulfonsäure* reagiert mit Anilin in der Kälte sofort unter HF-Abspaltung u. Bldg. einer in gelbroten Nadeln krist. Anilinverb. u. eignet sich zur Aminoendgruppenbest. in Proteinen u. zur Blockierung von ε-Aminogruppen eingebauter Lysinreste u. von Tyrosinphenolgruppen. Auch *p-Fluor-m-nitrobenzoesäure* u. ihr Äthylester besitzen ein akt. F-Atom.

V e r s u c h e: *2.2'-Dinitrodiphenyl*, F. 124°; durch Erhitzen eines Gemisches von 100 g o-Chlornitrobenzol u. 70 g Sand auf 240—245° (Ölbadtemp.), Zugabe von 80 g Cu-Pulver im Laufe von 20 Min. u. Extraktion des Reaktionsprod. mit heißem A.; aus A. grünlichgelbe Nadeln; 41% (Ausbeute). — *2.2'-Difluor-3.5.3'.5'-tetranitrodiphenyl* (**I**), $C_{12}H_4O_8N_4F_2$, F. 219—220°; durch Versetzen einer Lsg. von 3 g 2.2'-Difluordiphenyl in 60 cm³ konz. H_2SO_4 mit 15 cm³ rauchender HNO_3 (D. 1,5), 2std. Erhitzen auf dem Wasserbad, Gießen auf Eis, Ausäthern u. Umkristallisation des ätherunlösl. Teils aus Aceton + W.; grünlichgelbe Nadeln; 68% roh. — *3.5.3'.5'-Tetranitrodiphenylenoxyd*, $C_{12}H_4O_9N_4$, F. 252° (aus Aceton); durch Zugabe einer Lsg. von 500 mg **I** in 8 cm³ warmem Dioxan, Zusatz von weiteren 15—20 cm³ Dioxan u. 4std. Erwärmen auf dem Wasserbad; 91% roh. — *3.5.3'.5'-Tetranitro-2.2'-dianilinodiphenyl*, $C_{24}H_{16}O_8N_6$. durch Versetzen von **I** mit der achtfachen Menge Anilin, nach 2 Std. Zugabe von Aceton u. Ausfällen des Prod. mit einigen Tropfen W.; aus Aceton + W. rotgelbe Blättchen. — *3.3'-Difluor-4.6.4'.6'-tetranitrodiphenyl* (**II**), durch Nitrierung von 3.3'-Difluordiphenyl u. Umfällen aus Eisessig oder Ameisensäure; für die Umkristallisation wurde kein geeignetes Lösungsm. gefunden. — *Molekülverb. aus 4.6.4'.6'-Tetranitro-3.3'-dianilinodiphenyl u. 1 Mol Anilin*, $C_{30}H_{23}O_8N_7$, F. 215—216°; aus **II** in Aceton mit überschüssigem Anilin, tiefrote Kristalle. — *2-Fluor-3.5.2'.4'-tetranitrodiphenyl*, $C_{12}H_5O_8N_4F$, F. 185—186°; durch Nitrierung von 1 g 2-Fluordiphenyl mit 20 cm³ konz. H_2SO_4 u. 5 cm³ rauchender HNO_3, 3std. Erhitzen, Gießen auf Eis, Waschen des Nd. mit A. u. Ae. u. Umkristallisation aus Aceton oder Aceton–Wasser. *Verb. mit Anilin*, gelbe Blättchen, F. 156°. — *p.p'-Difluordiphenylsulfon* (**IV**), F. 98°; durch anteilweise Zugabe von 20 g $AlCl_3$ zu einer Lsg. von 20 g **III** in 9,6 g **VII**, 1std. Erwärmen auf dem Wasserbad u. Versetzen der beim Erkalten erstarrten M. mit Eiswasser; aus A. u. einigen Tropfen W. gelblichweiße Nadeln; 80% roh. — *p-Fluordiphenylsulfon*, $C_{12}H_9O_2FS$, F. 109—110°; ebenso aus **III** u. Bzl.; aus A. Nadeln, 87%. — *p-Fluor-p'-chlordiphenylsulfon*, F. 113°; ebenso aus **III** u. Chlorbenzol; aus A. + W. gelblichweiße Nadeln; 66%. — *p-Fluor-p'-bromdiphenylsulfon*, $C_{12}H_8O_2BrFS$, F. 114—115°; ebenso aus **III** u. Brombenzol; aus A. + W. rötlichweiße Nadeln; 73%. — *p.p'-Difluor-m.m'-dinitrodiphenylsulfon*, $C_{12}H_6O_6N_2F_2S$, F. 193—194°; durch Versetzen von 1 g **IV** mit einer Mischung von 5 cm³ rauchender HNO_3 + 20 cm³ konz. H_2SO_4 in der Kälte, 2std. Erwärmen auf dem Wasserbad u. Gießen auf Eis; aus Aceton u. wenig W. grünlichweiße Nadeln; 74%. — Auf gleiche Weise wurden die folgenden Dinitroverbb. gewonnen. *p-Fluor-m.m'-dinitrodiphenylsulfon*, $C_{12}H_7O_6N_2FS$, F. 160—161°; 87%. — *p-Fluor-p'-chlor-m.m'-dinitrodiphenylsulfon*, $C_{12}H_6O_6N_2ClFS$, F. 156—157°; 98%. — *p-Fluor-p'-brom-m.m'-dinitrodiphenylsulfon*, $C_{12}H_6O_6N_2BrFS$, F. 143°; 81%. — *p-Fluorthiophenol* (**V**), Kp.$_{10}$ 57—58°; durch Einrühren von 28 g **III** in eine Mischung aus 100 g konz. H_2SO_4, 300 g Eis u. 50 g Zn-Staub bei ca. 0°, nach 18 Std. Erwärmen zum Sieden (2 Std.) u. Wasserdampfdest.; 72% roh. *Verb. mit Dinitrofluorbenzol*, $C_{12}H_7O_4N_2FS$, aus Aceton gelbe Nadeln, F. 138 bis 139°. — *[p-Fluorphenyl]-methylthioäther*, Kp.$_{10}$ 74°; aus 4 g **V** in 21 cm³ 2nNaOH mit 5 g Dimethylsulfat; 90%. — *[p-Fluorphenyl]-methylsulfon*, $C_7H_7O_2FS$, F. 77—78°; durch Zutropfen von 5 cm³ 30%ig. H_2O_2 + 5 cm³ Eisessig zu einer Lsg. von 3,5 g der vorst. Verb. in 30 cm³ Eisessig, 2std. Erwärmen auf dem Wasserbad, Zers. des H_2O_2 mit MnO_2, Neutralisation mit NaOH u. Aufnehmen des Nd. in Ae.; aus A. + W. Blättchen; 70%. — *[p-Fluor-m-nitrophenyl]-methylsulfon*, $C_7H_6O_4NFS$, F. 156° (Aceton + W.), durch Nitrierung der vorst. Verb.; 95%. *Verb. mit Anilin*, aus A. + W. gelbe Blättchen, F. 125°. — *1.5-Difluor-4-nitronaphthalin*, $C_{10}H_5O_2NF_2$, F. 98°; durch Nitrierung von VI in rauchender HNO_3; aus A. + W. hellgelbe Nadeln; 82%. — *2-Nitrofluorbenzol-4-sulfonsaures Kalium*, durch tropfenweise Zugabe von 5 g rauchender HNO_3 (D. 1,52) zu 5 g VII in 20 g rauchender H_2SO_4 (20% SO_3), 20 Min. langes Erwärmen auf dem Wasserbad, Zugabe von 30 g rauchender H_2SO_4 (10% SO_3), 4std. Erwärmen (90°), Stehenlassen über Nacht u. Gießen auf eine Mischung von 80 g Eis + 28 g KCl; 60%. (Chem. Ber. **86**. 172—80. 1953. Heidelberg, Univ., Chem. Inst.) FORCHE. 2210

Claude Maquin und **Henry Gault**, *Über die Chlormethylierung von Diphenylmethan.* Bei 5std. Kochen eines Gemisches von Diphenylmethan in Essigsäure + H_3PO_4 u. HCl + Trioxymethylen u. Gießen auf Eis erhält man ein Öl, aus dem durch Rektifikation 38% *p-Chlormethyldiphenylmethan* (I; Kp.$_{15}$ 182°) isoliert wurden. Bei Vermeidung von Überhitzen kann man aus dem Rückstand 4% *p.p'-Bis-[chlormethyl]-diphenylmethan* (F. 108°, Kp.$_{15}$ 195°) isolieren. I bildet mit Phenyl-MgBr *p-Dibenzylbenzol* (F. 86°; 40%). Bei Kochen einer alkoh. Lsg. von I mit KCN, Extraktion u. Dest. entsteht *p-Cyanmethyldiphenylmethan*, das bei 4std. Verseifung in alkoh. 2 n NaOH *p-Benzylphenylessigsäure* liefert. Analoge Hydrolyse von I ergibt nicht, wie erwartet, *p-Oxymethyldiphenylmethan* (II), sondern wahrscheinlich dessen *Phenyläther*. II (F. 42°, Kp.$_{15}$ 190°) konnte jedoch aus I durch Acetylierung u. Verseifung gewonnen werden. (C. R. hebd. Séances Acad. Sci. **234**. 629—31. 4/2. 1952.) LEHWALD. 2210

S. Drahowzal, *Zur Darstellung des p.p'-Dichlorstilbens.* Von den in der Literatur beschriebenen Synthesen zur Darst. von an der Äthylenbrücke unsubstituierten Stilbenen eignet sich zur Darst. von *p.p'-Dichlorstilben* am besten diejenige über *p.p'-Dichlortoluylenhydrat* (II). Die alkal. Kondensation von p-Nitrotoluol (GREEN, DAVIES u. HORSFALL, J. chem. Soc. [London] **91**. [1907.] 2076; FISCHER u. HEPP, Ber. dtsch. chem. Ges. **26**. [1893.] 2231) führt nur zu dem amorphen, roten, unlösl. Prod. von KLINGER (Ber. dtsch. chem. Ges. **16**. [1883.] 941), das sich nur mit sehr großen Mengen Sn u. HCl zu *p.p'-Diaminostilben* reduzieren läßt. Die Darst. aus p-Chlorphenyl-MgBr u. Halogenacetalen (SPÄTH, Mh. Chem. **65**. [1914.] 463) gelingt nur mit Chloracetal; mit Bromacetal bildet sich in heftiger Rk. unter Erwärmen auf 100—110° ein wachsartiger Stoff. Die Zers. des p-Chlorbenzaldazins nach PASCAL (Bull. Soc. chim. **9**. [1911.] 1062) gelang in Ansätzen über 5 g nur unter bestimmten Bedingungen. Bei Darst. der Toluylenhydrate bestätigt Vf. die Angaben von SCHMIDLIN (Ber. dtsch. chem. Ges. **45**. [1912.] 3193), daß unbedingt p-Chlorbenzaldehyd (I) in die GRIGNARD-Lsg. aus p-Chlorbrombenzol einzutragen ist. Nach der Dehydratisierung des Toluylenhydrats ist jedoch die H_2SO_4 vor der Dest. sorgfältig zu entfernen.

Versuche: *p-Chlorbenzaldehyd* (I), F. 48° (n-Hexan), Kp.$_{10}$ 90°; nach D. R. P. 281212 aus Chlorbenzol, $AlCl_3$ u. 35 at CO bei 80°, nach Wasserdampf- dest. wird unter CO_2 dest.; 13% (Ausbeute). — *p.p'-Dichlortoluylenhydrat* (II), $C_{14}H_{12}OCl_2$, F. 74,5° (Dekalin, dann Hexan). Zu p-Chlorbenzyl-MgCl in sd. Ae. innerhalb 3 Std. I zugeben, überschüssiges I mit $NaHSO_3$ abscheiden, nach Abdampfen des Ae. auf —5° abkühlen; 69,5%. — *p.p'-Dichlorstilben*, F. 176,5°. II mit 20%ig. H_2SO_4 1 Std. kochen, neutral waschen u. im Vakuum dest., aus Chlf. Blättchen; 69%. (Mh. Chem. **82**. 316—21; S.-B. österr. Akad. Wiss., math.-naturwiss. Kl., Abt. II b **160**. 316—21. 1951. Wien, TH, Inst. für organ.-chem.Technol.) WUNDERLICH. 2210

Eugene Sawicki und **F. E. Ray**, *N-Fluoracetylderivate von carcinogenen Aminen.* Zur Prüfung ihres Einfl. auf lebende Zellen u. bösartige Tumore wurden im Vgl. zu den früher beschriebenen Trifluoracetylderivv. (vgl. C. **1953**. 6243) die Monofluoracetylderivv. einiger carcinogener Mono- u. Diamine dargestellt. Eine eiskalte Lsg. von 0,01 Mol des jeweiligen Monoamins in 5 cm³ Bzl. u. 2 cm³ Pyridin wurde tropfenweise mit 0,01 Mol Fluoracetylchlorid (I) versetzt, 5 Min. erwärmt, 20 cm³ W. zugegeben, das Bzl. im Vakuum bei Zimmertemp. abgedampft u. das Prod. aus Heptan umkristallisiert. Die Diamine (0,01 Mol) wurden in Pyridinlsg. (20 cm³) mit 0,02 Mol I versetzt, das Gemisch 1$^1/_2$ Std. bei 0—10° gerührt, in 100 cm³ eiskalte 25%ig. H_2SO_4 gegossen u. der Nd. aus Methylcellosolve umkristallisiert. Dargestellte Verbb.: *2-Fluoracetylaminobiphenyl*, F. 93—94°; 92% (Ausbeute). — *4-Fluoracetylaminobiphenyl*, F. 179—180°; 95%. — *4.4'-Bis-[fluoracetylamino]-biphenyl*, F. 316—318° (Zers.); 85%. — *2-Fluoracetylaminonaphthalin*, F. 106—107°; 90%. — *2-Fluoracetylaminofluoren*, F. 168—169°; 97%. — *2.7-Bis-[fluoracetylamino]-fluoren*, F. 253—255°; 88%. — *4-Fluoracetylamino-2'.3-dimethylazobenzol*, F. 155—157°; 96%. (J. Amer. chem. Soc. **75**. 4346. 5/9. 1953. Gainesville, Fla., Univ. of Florida, Cancer Res. Labor.) FORCHE. 2600

Heinrich Hock, Shon Lang und Gerhard Knauel, *Autoxydation von Kohlenwasserstoffen.* 10. Mitt. *Über Peroxyde von Benzolderivaten.* (9. vgl. C. **1944**. II. 523.) Das in der 9. Mitt. (l. c.) als Endprod. der Autoxydation von Inden (**I**) beschriebene Oxochroman erweist sich als *3-Oxoisochroman* (**II**). Es wird mit Permangat zu *Homophthalsäure* oxydiert. Die Entstehung von **II** wird so gedeutet, daß sich zunächst ein *Endoperoxyd* (**IV**) bildet, da die schwache Rk. von **IV** mit Eisenpentacarbonyl ein Hydroperoxyd unwahrscheinlich macht.

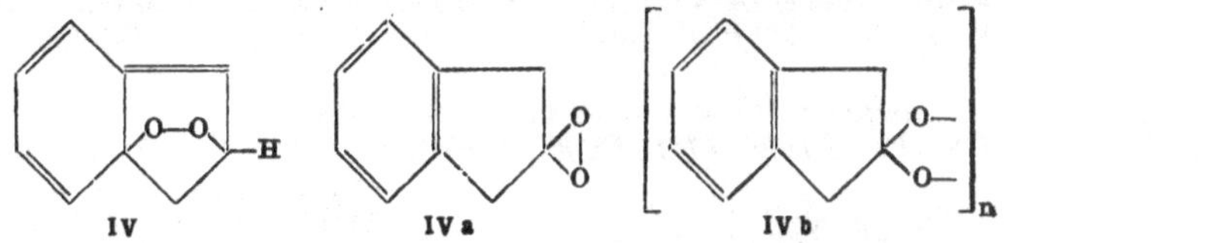

IV IVa IVb

Bei der Bldg. von **IV** muß das aromat. Syst. aufgehoben werden; wegen der Neigung zur Rückbldg. dieses Syst. lagert sich **IV** über ein *monomeres Ketoperoxyd* **IV a** in ein *Polymeres* **IV b** bzw. bevorzugt in **II** um. Durch Rk. von *β*-Indanon (**V**) mit CAROscher Säure (**VI**) wird ebenfalls **II** erhalten. — Die Autoxydation von *Fluoren* (**VII**) ergibt *9-Fluorenhydroperoxyd* (**VIII**). *4-Methyl-1.2-dihydronaphthalin* (**IX**) läßt sich zu einem sehr unbeständigen Peroxyd autoxydieren, das qualitativ die gleichen Rkk. wie **IV** ergibt. Eine Isolierung des Peroxyds gelingt nicht, der Verlauf der Autoxydation wird durch die Identifizierung der Folgeprodd. rekonstruiert.

V e r s u c h e: *3-Oxoisochroman* (**II**), $C_9H_8O_2$, F. 83°, durch Begasung von **I** bei 50° mit O_2, Abdest. von unverbrauchtem **I** bei 50°/1 Torr. u. Ausschütteln des Rückstands mit Ae.; Ungelöstes mit NaOH extrahieren, filtrieren, Filtrat mit verd. H_2SO_4 erhitzen u. heiß filtrieren; beim Abkühlen scheidet sich **II** aus. Aus der äther. Mutterlauge läßt sich noch die ca. 1½fache Menge **II** gewinnen; zusammen 27% (Ausbeute). **II** ferner durch Oxydation von **V** mit **VI** (aus $K_2S_2O_8$) in Eisessig. — *Homophthalsäure*, F. 177 bis 178°, durch Oxydation von **II** in KOH mit $KMnO_4$; 53%. — *9-Fluorenhydroperoxyd* (**VIII**), $C_{13}H_{10}O_2$, F. 93° (Bzn. oder Bzl.), durch Autoxydation von **VII** in Bzl. unter UV-Belichtung bei 70° mit O_2; lange Nadeln, zersetzlich an der Luft. — *Fluorenol*, F. 153°, durch Red von **VIII** mit 20% ig. Na_2SO_3-Lösung. — *Fluorenon*, F. 82°, durch Rk. von **VIII** mit 20% ig. $FeSO_4$-Lösung. — Autoxydation von **IX** in Bzl. mit oder ohne UV-Belichtung oder in unverd. Zustand ergibt außer 73% zurückgewonnenem **IX** folgende Prodd. (Ausbeuten in []): *α-Methylnaphthalin* [1,6%], *Pikrat*, F. 142°; *4-Methyltetralon-(3)* (**X**), $C_{11}H_{12}O$, Kp.$_{0,1}$ 87°, $D.^{20}_4$ 1,0873, n_D^{20} 1,55428 [10,6%], *Semicarbazon*, $C_{12}H_{15}ON_3$, F. 200—203° (schnell erhitzt), 177—178° (langsam erhitzt); *α-Naphthylcarbinol* (**III**), $C_{11}H_{10}O$, F. 63° [ca. 3,4%]; vermutlich *ac-3.4-Dioxy-4-methyltetralin*, $C_{11}H_{14}O_2$, [1,2%]; Harz [9,4%]; außerdem aus unverd. autoxydiertem **IX** u. aus **III** durch Oxydation mit $KMnO_4$ *α-Naphthoesäure*, $C_{11}H_8O_2$, F. 160° u. H_2O_2. — *β-[o-Acetylphenyl]-propionsäure*, F. 69—70° (W.), durch Oxydation von **X** mit $KMnO_4$; 82,5%. — **X**, durch Rk. von **IX** mit Perbenzoesäure in Chloroform. (Chem. Ber. **83**. 227—37. Mai 1950. Clausthal, Bergakad., Inst. für Brennstoffchem.) BECKE. 2650

Heinrich Hock, Fritz Depke und **Gerhard Knauel,** *Autoxydation von Kohlenwasserstoffen.* 11. Mitt. *Über tertiäre Hydroperoxyde.* (10. vgl. vorst. Ref.) ac-1-Methyltetralin (**I**) wird bei 35—45° mit O_2 autoxydiert, wobei *ac-1-Methyltetralinhydroperoxyd-(1)* (**II**) entsteht, das durch Dest. von überschüssigem **I** befreit wird. Bei Autoxydationstempp. über 60° tritt teilweise *ac-1-Methyltetralol-(1)* (**III**) als Zersetzungsprod. von **II** auf. **III** kann auch aus **II** durch Red. mit Na_2SO_3 oder durch Laugebehandlung gewonnen werden. Verd. Säure bildet unter Ringöffnung aus **II** *5-[o-Oxyphenyl]-pentanon-(2)*. — Die Autoxydation geschmolzenen Triphenylmethans (**V**; Tritan) führt zu den Sekundärprodd. *Phenol* (**VI**), *Benzophenon* (**VII**) u. *Ditritylperoxyd* (**VIII**). Bei Verwendung der Mol.-Verb. **V**–Bzl. (F. 79°) entstehen außerdem noch *Diphenyl* u. *Benzoesäure*. Wird **V** in Bzl. oder Chlf. autoxydiert, so ist das *Triphenylmethylhydroperoxyd* zu fassen.

V e r s u c h e (Ausbeuten in []): Mit Säure geschütteltes, mit W. u. $NaHCO_3$-Lsg. gewaschenes u. im Hochvakuum dest. **I** wird mit O_2 100 Std. bei 42—45° oder 30° begast. Dabei entstehen *ac-1-Methyltetralinhydroperoxyd* (**II**), $C_{11}H_{14}O_2$, Kp.$_{0,1}$ 99—100°, zähes Öl, stark reizend auf Schleimhäute, rötet Lackmus, $D.^{20}_4$ 1,1114, n_D^{20} 1,55848; [27,7% bzw. 17,1%], u. *ac-1-Methyltetralol-(1)* (**III**), F. 87°, das auch aus **II** in Ae. durch Red. mit Na_2SO_3 oder durch Versetzen mit NaOH oder LiOH erhalten wird; [35—40%]. — Durch Spaltung von **II** in Methanol mit 10% ig. H_2SO_4 (1 Std. auf dem Wasserbad) wird *5-[o-Oxyphenyl]-pentanon-(2)*, $C_{11}H_{14}O_2$, F. 53°; [30—35%], gewonnen; *Semicarbazon*, $C_{12}H_{17}O_2N_3$, F. 145°. — Die therm. Zers. von **II** bei 3 Torr. führt zu **III** [7,5%] u. *1-Methyl-3.4-dihydronaphthalin* (**IV**), n_D^{20} 1,57665; [33%]. — *α-Tetralon*, Kp.$_{0,1}$ 70—74°, aus einem Gemisch von **IV** u. Methylentetralin (aus **III** durch Wasserabspaltung) mit 10% ig. H_2O_2 u. $FeSO_4$; [5,6%]; *Semicarbazon*, F. 214—216°. — *Phenol* (**VI**), *Benzophenon* (**VII**),

F. 47—48° (*Oxim*, F. 143°), *Ditritylperoxyd* (VIII), F. 182°, *Diphenyl*, F. 68—70°, Benzoesäure, F. 120—121°, durch 90std. Begasung einer V–Bzl.-Schmelze bei 85—90° mit O_2 (4,2% ig. V-Umsetzung). — **VIII** u. *Triphenylmethylhydroperoxyd*, durch 80std. Autoxydation bei 50—60° von V–Bzl. in Bzl. (0,7% ig. V-Umsetzung) oder V in Chlf. (1,35% ig. V-Umsetzung). — **VI, VII** u. **VIII**, durch 50std. Durchleiten von O_2 durch geschmolzenes V bei 95—103° (6,45% ig. V-Umsetzung.) (Chem. Ber. **83**. 238—44. Mai 1950.)
BECKE. 2700

Heinrich Hock und **Fritz Depke**, *Autoxydation von Kohlenwasserstoffen.* 12. Mitt. *Über Peroxyde aus 1.2-Dihydronaphthalin.* (11. vgl. vorst. Ref.) *1.2-Dihydronaphthalin* (I) wird 120 Std. bei ca. 35° mit O_2 begast. Dabei entsteht *3.9-endo-Peroxy-1.2.3.9-tetrahydronaphthalin* (II) als Primärprod., das in ein *trimeres β-Tetralonperoxyd* (III) übergehen kann. Als Nebenprodd. können, bes. bei Tempp. über 40°, *β-Tetralon* (IV), *Naphthalin* (V), *W.*, H_2O_2, *3.4-Oxidotetralin* bzw. dessen Hydrat, *trans-3.4-Dioxytetralin*, u. Harze auftreten.

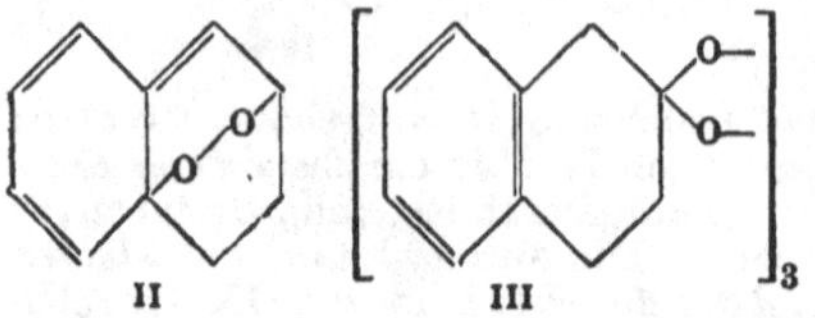

II III

Die Strukturen von **II** u. **III** werden nach den Ergebnissen ihrer Hydrierung u. Hydrolyse diskutiert. — Vff. weisen darauf hin, daß es kein allgemeingültiges Verf. für die Titration von peroxyd. O gibt, da die konstitutionellen Eigenarten jeden Peroxyds ihr eigenes Verf. verlangen.

V e r s u c h e : *1.2-Dihydronaphthalin* (I), aus Tetralinperoxyd über α-Tetralol (vgl. HOCK u. LANG, C. **1942**. II. 769), aus dem mit krist. Oxalsäure bei ca. 120° in 3 Std. W. abgespalten wird. **I** nimmt bei 18, 35, 60 bzw. 70° nach 430, 150, 35 bzw. 20 Std. die gleiche Menge O_2 auf, wobei die D. von 0,939 auf 1,051 zunimmt. Bei der Vakuumdest. werden erhalten: 80—85% **I**, *3.4-Oxidotetralin* ($Kp._1$ 78—81°), *Naphthalin* (V) (sublimiert bei 80—90°/1 Torr), *β-Tetralon* (IV) ($Kp._1$ 106—109°) u. harziger Rückstand, daraus mit W. *trans-3.4-Dioxytetralin*, F. 111—112°. Aus dem Restharz krist. nach Wochen eine *Verb.* $C_{10}H_{12}O_3$, F. 107—109° (*Dioxy-2-oxohexahydronaphthalin?*), aus. — *3.9-endo-Peroxy-1.2.3.9-tetrahydronaphthalin* (II), $C_{10}H_{10}O_2$, $Kp._{0,3}$ 87—90° (Zers.), durch Versetzen der Autoxydationsmischung mit der 5- bis 6fachen Menge PAe. bei —5° bis —8° u. anschließendes Ausziehen mit Methanol; Öl von stechendem Geruch, Ausbeute bis 8%. Red. von **II** mit Zn in äther. HCl lieferte 20% **V**, 25% *Dihydro-β-naphthol* (VI), $C_{10}H_{10}O$, $Kp._3$ 112—115°, 10% *Bis-[dialyl-(2)]-äther*, $C_{20}H_{18}O$, $Kp._3$ 190—200°, u. 5% einer *Verb.* $(C_{10}H_{10}O)_n$. Hydrierung von **II** in CH_3OH in Ggw. von $PdCl_2$ lieferte 2 verschied. *Verbb.* $C_{10}H_{12}O_2$, $Kp._1$ 120—130° u. F. 94—96°, wahrscheinlich *9.10-Epoxy-β-tetralol* u. *1.3-Dioxytetralin*. Bei der Hydrolyse von **II** mit verd. H_2SO_4 entstehen **IV**, *β-Naphthol*, **V** u. wahrscheinlich **VI**. — *Trimeres β-Tetralonperoxyd* (III), $(C_{10}H_{10}O_2)_3$, F. 66—67° (Braunfärbung), aus dem rohen peroxyd. Autoxydationsprod. nach dem Ausziehen mit Methanol als Rückstand. Bei der Red. von **III** mit Zn/äther. HCl entstehen *Tetralin* ($Kp._1$ 55 bis 60°), *β-Tetralol* ($Kp._1$ 95—98°) u. **IV**. Durch Hydrolyse von **III** entsteht **IV**, wahrscheinlich mit etwas *α-Oxy-β-tetralon* verunreinigt. — *o-Carboxyhydrozimtsäure*, $C_{10}H_{10}O_4$, F. 164—165°, durch Oxydation von **IV** mit $KMnO_4$ bei 10—15°; Nadeln; 36%. — *o-Phenylen-bis-essigsäure*, F. 147°, als Nebenprod. bei vorst. Rk.; 15%. (Chem. Ber. **83**. 317—27. Juli 1950.)
BECKE. 2700

Heinrich Hock und **Fritz Depke**, *Autoxydation von Kohlenwasserstoffen* 13. Mitt. *Über 1.4-Dihydronaphthalinhydroperoxyd.* (12. vgl. vorst. Ref.) Die Begasung von 1.4-Dihydronaphthalin (I) 70 Std. bei 40° mit trockenem O_2 führt zu *1.4-Dihydronaphthalinhydroperoxyd-(1)* (II), das leicht in polymere Peroxyde übergeht. Bei Autoxydationstempp. über 50° überwiegen bereits die Folge-Rkk., u. es entstehen hauptsächlich *Naphthalin* (IV), *1.4-Dihydro-α-naphthol* (V), *1.2.3-Trioxytetralin* (VI), *trans-2.3-Dioxytetralin* (III), *W.* u. H_2O_2. Mit Lauge wird **II** in α-Naphthol, **V** u. saure Prodd. übergeführt, bei der Vakuumdest. verharzt es größtenteils, ebenso beim Aufbewahren. **II** wird von Na_2SO_3 zu **V** reduziert. Mit verd. H_2SO_4 werden **V**, H_2O_2, *o-Carboxyhydrozimtsäure*, *γ-[o-Oxyphenyl]-crotonaldehyd*, *γ-[o-Oxyphenyl]-crotonsäure*, *Indencarbonsäure-(3)*, **VI** u. Harze gebildet. Die Rk. von **II** mit wss.-methanol. $FeSO_4$-Lsg. bei Zimmertemp. führt zu einer nicht identifizierten *Verb.* $C_{10}H_8O$, mit wss. $FeSO_4$-Lsg. in der Wärme zur *Verb.* $C_{10}H_{10}O_2$ (*3-Oxy-α-tetralon?*).

V e r s u c h e (Ausbeuten in []): *1.4-Dihydronaphthalin* (I), F. 24—25°, nach STRAUSS u. LEMMEL (C. **1913**. I. 1027) aus **IV** u. Na dargestellt u. über die Quecksilberoxydacetatverb. gereinigt; $Kp._2$ 75°; [47,5%]. — Autoxydation von **I** bei 40° u. Aufarbeitung ergab außer 52% zurückgewonnenem **I** *trans-2.3-Dioxytetralin* (III), F. 135°; [1%]; *1.4-Dihydronaphthalinhydroperoxyd* (II), $C_{10}H_{10}O_2$, $Kp._{0,2}$ 120—125°; $D._4^{22}$ 1,153;

n_D^{22} 1,5685; [8—10%]; **IV**; [4%]; u. wenig *1.4-Dihydro-α-naphthol* (V), $C_{10}H_{10}O$, F. 47 bis 48°, das auch aus rohem **II** mit Na_2SO_3 entsteht. — Autoxydation von **I** bei 65—70° lieferte 12% **II** bzw. dessen Polymerisationsprod., 32% **IV**, 36% **I**, sehr wenig **VII** u. 3% *1.2.3-Trioxytetralin* (**VI**), $C_{10}H_{12}O_3$, F. 148—150° (W.). — Behandlung von **II** mit 10—20%ig. Lauge gab *α-Naphthol*, F. 95°; [15%]; **V**; [12%], u. Harz. — *Inden-carbonsäure-(3)* ($C_{10}H_8O_2$, F. 158—159°), *o-Carboxyhydrozimtsäure* ($C_{10}H_{10}O_4$, F. 165°; [3,5%]), *γ-[o-Oxyphenyl]-crotonaldehyd* ($C_{10}H_{10}O_2$, F. 68—70°; [11,4%]), *γ-[o-Oxyphenyl]-crotonsäure* (F. 152—156°; [1%]), **V**, **VI** [5%] u. Harze [48%] aus **II** mit verd. H_2SO_4. — *Verb.* $C_{10}H_{10}O_2$ (*3-Oxy-α-tetralon?*), F. 51—52°; [41%]. *Semicarbazon*, $C_{11}H_{13}O_2N_3$, F. 171—173°. — *Verb.* $C_{10}H_8O$, F. 72—75°; [40%]. (Chem. Ber. **83**. 327—35. Juli 1950.)
BECKE. 2700

G. B. Pickering und **J. C. Smith**, *Oxydation von Alkylgruppen am Naphthalinkern.* Alkylnaphthaline (**I**) werden durch N-Bromsuccinimid (**II**) am α-C-Atom der Seitenkette bromiert. Die Bromverbb. lassen sich zu *Naphthylalkenen* dehydrobromieren u. dann im Gegensatz zu **I** leicht zu *Naphthoesäuren* oxydieren.

Versuche: *1-[Naphthyl-(2)]-buten-(1)* (**III**), $C_{14}H_{14}$, F. 38,5—40° (CH_3OH), Kp.$_{14}$ 159 bis 163°, durch 6std. Kochen von je 0,1 Mol 2-[n-Butyl]-naphthalin u. **II** in CCl_4, Filtrieren bei 0° u. Abdest. des CCl_4 über eine Kolonne; Rückstand 2 Std. mit Chinolin auf 150—160° erhitzt, mit Ae. verd. u. mit W. u. verd. HCl ausgezogen; 81% (Ausbeute). — *2-Naphthoesäure*, F. 184° (A.), durch Mischen von 9 g $Ba(MnO_4)_2$ in Aceton u. 3,3 g **III** in Aceton; nach Rk. Zugabe von W., Abdampfen des Acetons, Einleiten von SO_2 u. Ausäthern (Lsg. **A**); mit HCl 0,75 g. — *2-Naphthaldehyd*, Kp.$_{0,5}$ 90—120°, aus **A**; 1,5 g. *2.4-Dinitrophenylhydrazon*, $C_{17}H_{12}O_4N_4$, F. 270° (korr.), orangefarbene Nadeln aus Essigester. (Recueil Trav. chim. Pays-Bas **69**. 535—38. März 1950. Oxford, Univ., Dyson Perrins Labor.)
LEHMSTEDT. 2700

Georges Bichet, *9.10-Diphenyl-1.4-dioxyanthracen und seine Derivate. Eine Untersuchung bezüglich der labilen Sauerstoff-Kohlenstoff-Bindung.* In Weiterführung der Unterss. über das Photooxyd von *9.10-Diphenyl-1.4-dimethoxyanthracen* (**I**) werden *9.10-Diphenyl-1.4-dioxyanthracen* (**II**) u. seine O-Alkylderivv. dargestellt u. ihr photochem. Verh. untersucht. 9.10-Diphenylanthrachinon-(1.4) (**III**) gibt bei Red. mit konz. HJ oder mit Zn u. Essigsäure das stabile *9.10-Diphenyl-1.4-diketo-1.2.3.4-tetrahydroanthracen* (**IV**) u. beim Hydrieren in Ggw. von RANEY-Ni das sehr luftempfindliche **II**, dessen charakterist. Fluorescenz bei der Autoxydation zu **III** verschwindet. **II** entsteht auch aus **IV** durch Einw. von Alkalien oder GRIGNARD-Verbb. u. kann umgekehrt mit Mineralsäure (HCl) zu **IV** ketonisiert werden. Bei dem Vers., das Diacetat von **II** aus **IV** u. Essigsäureanhydrid darzustellen, entstand das *Acetat* von *9.10-Diphenyl-1-keto-4-oxy-1.2-dihydroanthracen.* Die Addition von 2 Mol H_2 an das Diketon **IV** ergab ein Prod., das eine CO- u. eine OH-Gruppe im Mol. enthält u. dessen Konst. noch nicht bekannt ist. Einige Diäther von **II** lassen sich in 50—55%ig. Ausbeute aus **IV** in den entsprechenden Alkoholen mit Mineralsäuren darstellen, wobei Luft nicht ausgeschlossen zu werden braucht. Mit tert.-Butanol, Glykolmonoalkyläthern, Allylalkohol, p-Methoxybenzylalkohol, Glykolsäure u. deren Äthylester war diese Rk. nicht möglich. Für den Mechanismus der Bldg. der Diäther aus **IV** wird angenommen, daß **IV** zunächst 2 Mol Alkohol zu den Halbacetalen addiert, die dann W. abspalten. Der *Diäthyl-* (**V**), *Dibenzyl-* u. *Diphenyläther* wurden durch Phenylieren des entsprechenden Chinizarindiäthers nach bekannten Verff. mit Phenyl-MgBr dargestellt. Die Photooxyde der 1.4-Dialkoxy-9.10-diphenylanthracene zerfallen unter Luminescenz schon bei Zimmertemp. im Verlauf mehrerer Tage bzw. Wochen, ihre Beständigkeit nimmt mit wachsender Länge des Alkylrestes zu; das Photooxyd des Dibenzyläthers hat sich nach 2 Jahren noch nicht verändert. **II** selbst bildet kein Photooxyd, sondern wird unter Bldg. von H_2O_2 zu **III** oxydiert.

Versuche: *9.10-Diphenylanthrachinon-(1.4)* (**III**), $C_{26}H_{16}O_2$, F. 220° (Bzl.), aus Chinizarin mit dem 1,5fachen der theoret. Menge äther. Phenyl-MgBr in Bzl. bei Raumtemp. u. nachfolgend Dehydratation des erhaltenen *9.10-Diphenyl-9.10-dihydro-1.4.9.10-tetraoxyanthracens* [aus Bzl. Kristalle mit 0,5 Mol Kristallbenzol, F. 220°; 50% (Ausbeute)]. *Monoxim*, $C_{26}H_{17}O_2N$, F. 300°, gelbe Kristalle; 75%. — *9.10-Diphenyl-1.4-diketo-1.2.3.4-tetrahydroanthracen* (**IV**), $C_{26}H_{18}O_2$, F. 260°, a) aus **III** mit konz. HJ u. Na-Hypophosphit in Cyclohexan bei Zimmertemp. (10—15 Std.) unter vorübergehendem Auftreten einer gelbgrünen Fluorescenz; 70%; b) aus **III** mit Zn-Staub in sd. Essigsäure, ebenfalls unter vorübergehendem Auftreten einer Fluorescenz, aus Bzl. oder Toluol Prismen; 50%; c) durch Ketonisieren von **II** in Bzl. mit konz. HCl bei Zimmertemp.; 98%. *Dioxim*, $C_{26}H_{20}O_2N_2$, F. 312° (aus A. oder Toluol), Kristalle; 55%. *Bis-2.4-dinitrophenylhydrazon*, $C_{38}H_{26}O_8N_8$, F. 355°, aus Xylol rote Tafeln mit

1 Mol Kristallxylol, aus Dioxan mit 2 Mol Kristalldioxan; 74%. **IV** liefert mit Phenyl-MgBr in Bzl. (1 Std.) über das stark fluorescierende **II** 90% **III**; die SeO_2-Oxydation in Essigsäure ergab ebenfalls **III**. — *9.10-Diphenyl-1.4-dioxyanthracen* (**II**), $C_{26}H_{18}O_2$, F. 195°, durch Hydrieren von **III** in absol. A. in Ggw. von Raney-Ni u. Konz. des Filtrats unter CO_2, braunrote Tafeln oder Klumpen; 90%. Liefert an der Luft **III** zurück. *Dimethyläther* (**I**), F. 203°, mit Dimethylsulfat u. KOH unter Ausschluß von Luft u. Feuchtigkeit; hellgelbe Kristalle; 40%. — *9.10-Diphenyl-1-keto-4-acetoxy-1.2-dihydroanthracen*, $C_{28}H_{20}O_3$, F. 242—243°, aus **IV** mit Essigsäureanhydrid [+ 1 Tropfen H_2SO_4 (66° Bé)] auf dem Wasserbad; Prismen; 85—90%. *2.4-Dinitrophenylhydrazon*, $C_{34}H_{24}O_6N_4$, F. 277°, aus Xylol orangerote Kristalle; 75%. — *Verb. $C_{26}H_{22}O_2$ (?)*, F. 258°, durch Hydrieren von **IV** in absol. A. in Ggw. von Raney-Ni; aus Bzl. Kristalle. *Acetylderiv.*, $C_{28}H_{24}O_3$ (?), F. 243°; 85%. *2.4-Dinitrophenylhydrazon*, $C_{32}H_{26}O_5N_4$ (?), F. 300°, aus Bzl. orangerote Kristalle; 70%. *Monobromverb. $C_{26}H_{21}OBr$ (?)*, F. 200 bis 202°, in Bzl. mit PBr_3; hellgelbe Prismen. — *9.10-Diphenyl-1.4-diäthoxyanthracen* (**V**), $C_{30}H_{26}O_2$, F. 247—248°, aus **IV** mit 1 Tropfen H_2SO_4 (66° Bé) in A. bei 70—80° u. Chromatographie aus Cyclohexan an Al_2O_3; gelbgrüne Kristalle; 50—55%. — *9.10-Diphenyl-1.4-dimethoxyanthracen* (**I**), $C_{28}H_{22}O_2$, F. 203°, analog in Methanol; gelbgrüne Kristalle; 50—55%. — *9.10-Diphenyl-1.4-dipropoxyanthracen*, $C_{32}H_{30}O_2$, F. 204—205°, ebenso in n-Propanol; gelbe Kristalle; 50—55%. — *9.10-Diphenyl-1.4-diisopropoxyanthracen*, $C_{32}H_{30}O_2$, F. 241°, gelbgrüne Kristalle; 50—55%. — *9.10-Diphenyl-1.4-bis-[2'-chloräthoxy]-anthracen*, $C_{30}H_{24}O_2Cl_2$, F. 196°, mit Glykolmonochlorhydrin; gelbgrüne Kristalle mit Triboluminescenz; 50%. — *9.10-Diphenyl-1.4-bis-[2'-bromäthoxy]-anthracen*, $C_{30}H_{24}O_2Br_2$, F. 207°, mit Glykolmonobromhydrin; gelbgrüne Kristalle mit Triboluminescenz; 45%. — *1.4-Diäthoxyanthrachinon* (**VI**), $C_{18}H_{16}O_4$, F. 177°, durch Überführen von Chinizarin (F. 199—200°, aus Xylol) in Bzl. mit KOC_2H_5 in die K-Verb. u. deren Umsetzung mit Diäthylsulfat unter Abdest. des Bzl. bis 150°; aus Bzl. oder A. gelbe Kristalle; 70%. — *9.10-Diphenyl-9.10-dioxy-1.4-diäthoxy-9.10-dihydroanthracen*, $C_{30}H_{28}O_4$, F. 319°, aus **VI** mit Phenyl-MgBr in sd. Bzl. (1 Std.); aus Dioxan Kristalle; 50%; liefert mit KJ u. Na-Hypophosphit in Essigsäure 56% **V**. — *1.4-Dibenzyloxyanthrachinon*, $C_{28}H_{20}O_4$, F. 186°, analog **VI** mit Benzylchlorid; aus Bzl. orangerote Prismen; 50%. — *9.10-Diphenyl-9.10-dioxy-1.4-dibenzyloxy-9.10-dihydroanthracen*, C_{40}·$H_{32}O_4$, aus vorst. Verb. mit Phenyl-MgBr, aus Bzl. Kristalle mit ½ Mol Kristallbenzol; 35%. — *9.10-Diphenyl-1.4-dibenzyloxyanthracen*, $C_{40}H_{30}O_2$, F. 183°, aus vorst. Verb. mit KJ/Essigsäure; aus Bzl. + Eisessig (1:1) gelbgrüne Nadeln; 95%. — *1-Chlor-4-oxyanthrachinon*, $C_{14}H_7O_3Cl$, F. 193—194°, durch NaCl–$AlCl_3$-Schmelze von p-Chlorphenol mit Phthalsäureanhydrid bei 175° (2 Std.); aus Eisessig gelborangefarbene Nadeln; 85%. — *1.4-Dichloranthrachinon*, $C_{14}H_6O_2Cl_2$, F. 187°, aus vorst. Verb. mit PCl_5; aus Eisessig (+ wenig Chromsäure) gelbe Nadeln; 70%. — *1.4-Diphenoxyanthrachinon*, $C_{26}H_{16}O_4$, F. 165°, aus vorst. Verb. mit K-Phenolat bei 180° (2 Std.) in Ggw. von Cu-Pulver; aus Methanol gelbe Nadeln; 70%. — *9.10-Diphenyl-9.10-dioxy-1.4-diphenoxy-9.10-dihydroanthracen*, $C_{38}H_{28}O_4$, F. 229°, aus Bzl. + Ae. Kristalle; 45%. — *9.10-Diphenyl-1.4-diphenoxyanthracen*, $C_{38}H_{26}O_2$, F. 222°, aus Bzl. + Eisessig (1:2) gelbgrüne Nadeln; 80%. (Ann. Chimie [12] **7**. 234—60. März/April 1952. Coll. de France, Labor. de Chim. Organ.) Gold. 2800

Giuseppe Sanna und **Tullio Zucca**, *Über ein neues Derivat des Thymols.* **1. Mitt.** *Über Dithymol.* Außer dem erstmals von Dianin (Bull. Soc. chim. France [4] **10**. [1910.] 125) beschriebenen Dithymol konnte ein weiteres Dithymol durch Oxydation von Thymol mit $FeCl_3$ im Sonnenlicht erhalten werden, dem wahrscheinlich die Konst. eines *2.6-Dimethyl-4.8-dioxy-9.9.10.10-tetramethyl-9.10-dihydroanthracens* zukommt.

Versuche: *Dithymol* von Dianin, $C_{20}H_{26}O_2$, F. 138°, durch Oxydation von 10 g Thymol (**I**) in 20 Liter W. mit 120 cm³ 26%ig. $FeCl_3$-Lsg. in 4 Tagen bei maximal 15°, Blättchen aus Äthanol. — Ein *Dithymol* mit denselben chem. Eigg., aber F. 165,5°, wird aus 5 g Thymol in trocknem Ae. mit 2,5 g $FeCl_3$ durch Einleiten von HCl-Gas erhalten (12 Std.). Dieses Dithymol bildet ein krist. *Hydrat*, $C_{20}H_{26}O_2 \cdot H_2O$, F. 108°, aus A. Kristalle. — *Neues Dithymol* (*2.6-Dimethyl-4.8-dioxy-9.9.10.10-tetramethyl-9.10-dihydroanthracen?*), $C_{20}H_{24}O_2$, F. 180°, aus 30 g **I** u. 30 g $FeCl_3$ in trockenem Ae. durch 2 Monate langes Belichten mit Sonnenlicht, aus Chlf. Kristalle. *Dibromderiv.*, $C_{20}H_{22}O_2Br_2$, F. 198°, durch Bromieren in Chlf., aus A. prismat. Kristalle. *Diacetylderiv.*, $C_{24}H_{28}O_4$, F. 135°, aus A. Nadeln. (Ann. Chimica **40**. 431—38. Aug./Okt. 1950. Cagliari, Univ., Inst. di Chim. gen.) K. Faber. 2800

Ng. Ph. Buu-Hoï, Ng. Hoán und **D. Lavit**, *Methyl-β-naphthylsulfid. Methyl-β-naphthylsulfid* (**I**) verhält sich in seinen Rkk. ähnlich wie Nerolin. Während bei der Formylierung mit N-Methylformanilid *2-Methylmercapto-1-naphthaldehyd* (**II**) gebildet wird, führt die FRIEDEL-CRAFTS-Acylierung nicht zu *1*-, sondern wahrscheinlich zu *6-Acylderivv.*, von denen das *2-Acetyl-* (**IV**), *2-Propionyl-6-methylmercaptonaphthalin* (**XI**) u. *β-[6-Methylmercaptonaphthoyl-(2)]-propionsäure* (**XII**) dargestellt wurden. Das WOLFF-KISHNER-Reduktionsprod. (**V**) von **IV** ließ sich erneut — vermutlich in 1-Stellung — acetylieren. **II** konnte mit verschied. substituierten Acetonitrilen zu *substituierten Acrylonitrilen* kondensiert werden, während die Kondensation mit 2.4.6-Trinitrotoluol auf der Stufe des sek. Alkohols stehenblieb, was vielleicht auf einer ster. Hinderung der Dehydratisierung beruht. *Cinchoninsäuren* entstanden bei DOEBNER-Kondensationen von Aldehyden u. Brenztraubensäure mit dem durch BECKMANN-Umlagerung von **IV**-*Oxim* dargestellten *[6-Methylmercaptonaphthyl-(2)]-amin* (**VI**), ferner bei PFITZINGER-Rkk. von **XI** bzw. **IV** mit Isatinen. *Thiosemicarbazone* von **II** u. **IV** cyclisierten mit α-Halogenfettsäuren glatt zu den entsprechenden *4'-Keto-2'-thiazolinylhydrazonen* (vgl. CHABRIER, Bull. Soc. chim. France, Mém. [5] **14**. [1947.] 797); erstere wirkten im Gegensatz zu letzteren tuberkulostatisch. *[6-Methylmercaptonaphthyl-(2)]-essigsäure* wurde aus **IV** durch WILLGERODT-KINDLER-Rk. erhalten. *6-Methylmercapto-2-ω-bromacetonaphthon* (**VII**) ließ sich mit α-Picolin bzw. 2.4-Lutidin nach TSCHITSCHIBABIN (Ber. dtsch. chem. Ges. **60**. [1927.] 1607) zu *substituierten Pyrrocolinen* der Formel **VIII** bzw. **IX** kondensieren, mit α-Aminopyridin analog zu dem *Glyoxalino-[1.2:a]-pyridin* **X** (vgl. TSCHITSCHIBABIN u. PLASCHENKOWA, Ber. dtsch. chem. Ges. **64**. [1931.] 2842). Die *Phenylhydrazone* von **IV** u. **XI** wurden nach FISCHER in *Indole* übergeführt.

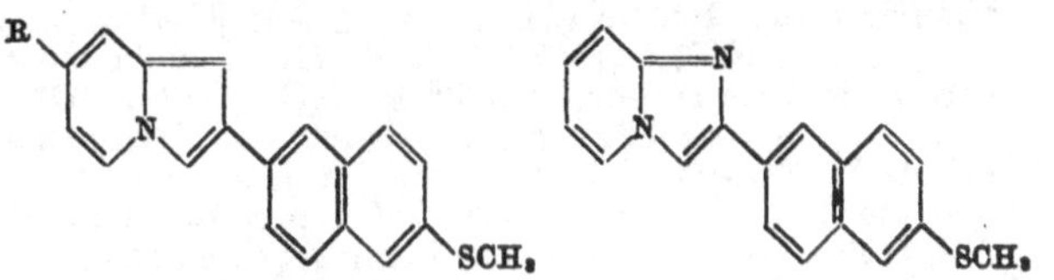

VIII R = H, IX R = CH_3 X

V e r s u c h e: *2-Methylmercapto-1-naphthaldehyd* (**II**), $C_{12}H_{10}OS$, F. 65°, Kp.$_{20}$ 220°; 6std. Erhitzen (100°) von 30 g **I**, 28 g N-Methylformanilid u. 31 g $POCl_3$, Gießen auf Eis u. Aufnehmen in Toluol gab 12 g **II** neben 18 g unverändertem **I**; aus A. hellgelbe Blättchen; verändert sich nicht beim Kochen mit Pyridinhydrochlorid. *Thiosemicarbazon*, $C_{13}H_{13}N_3S_2$, F. 171°, aus A. blaßgelbe Nadeln. — *[1-Methylnaphthyl-(2)]-methylsulfid* (**III**), $C_{12}H_{12}S$, F. 48°, aus 3 g **II** u. $N_2H_4 \cdot H_2O$ in Diäthylenglykol (5 Min. 100°) u. 2std. Kochen mit KOH; Blättchen aus A.; 2 g (Ausbeute). *Pikrat*, F. 107°, aus A. carminfarbene Nadeln. — *1-[2-Methylmercaptonaphthyl-(1)]-2-[2.4.6-trinitrophenyl]-äthanol-(1)*, $C_{19}H_{15}O_7N_3S$, F. 81°, aus **II** u. 2.4.6-Trinitrotoluol in A. mit 2 Tropfen Piperidin (Kochen); aus A. bräunliche Nadeln. — Folgende *α-substituierte β-[6-Methylmercaptonaphthyl-(2)]-acrylonitrile* wurden durch Schütteln von **II** u. dem entsprechenden Acetonitril in A. mit einigen Tropfen 20%ig. wss. KOH erhalten (*R* = *α-Substituent*): *R* = *Phenyl* (**XIII**), $C_{20}H_{15}NS$, F. 145°, aus A.–Bzl. gelbliche Nadeln, mit H_2SO_4 violett. — *R* = *p-Tolyl*, $C_{21}H_{17}NS$, F. 158°; Eigg. wie **XIII**. — *R* = *p-Chlorphenyl*, $C_{20}H_{14}NClS$, F. 175°; Eigg. wie **XIII**. — *R* = *p-Bromphenyl*, $C_{20}H_{14}NBrS$, F. 172°; Eigg. wie **XIII**. — *R* = *p-Jodphenyl*, $C_{20}H_{14}NJS$, F. 169°; Eigg. wie **XIII**. — *R* = *p-Methoxyphenyl*, $C_{21}H_{17}ONS$, F. 150°; Eigg. wie **XIII**. — *R* = *p-Nitrophenyl*, $C_{20}H_{14}O_2N_2S$, F. 196°, mit Piperidin als Katalysator; goldgelbe Nadeln aus Bzl.; mit H_2SO_4 grünlichblau. — *R* = *Thienyl-(2)*, $C_{18}H_{13}NS_2$, F. 142°, goldgelbe Nadeln aus A.; mit H_2SO_4 violett. — *R* = *Thionaphthenyl-(3)*, $C_{22}H_{15}NS_2$, F. 140°, goldgelbe Nadeln aus A.; mit H_2SO_4 dunkelgrün. — *6-Methylmercapto-2-acetonaphthon* (**IV**), $C_{13}H_{12}OS$, F. 120°, Kp.$_{15}$ 222—225°, aus 60 g **I** mit CH_3COCl u. $AlCl_3$ in Nitrobenzol bei Raumtemp.; aus A. Blättchen; 60 g; mit H_2SO_4 orangerot. *Semicarbazon*, $C_{14}H_{15}ON_3S$, F. 255°, Blättchen aus CH_3COOH. *Thiosemicarbazon*, $C_{14}H_{15}N_3S_2$, F. 201°, aus A. Prismen. *Oxim*, $C_{13}H_{13}ONS$, F. 163°, aus A. Nadeln. — *[6-Methylmercaptonaphthyl-(2)]-essigsäure*, $C_{13}H_{12}O_2S$, F. 159°, durch 12std. Kochen von 10 g **IV** mit 3 g S u. 12 g Morpholin, 2std. Erhitzen mit wss. KOH u. Ansäuern; aus Bzl. graue Prismen. — *[6-Äthylnaphthyl-(2)]-methylsulfid* (**V**), $C_{13}H_{14}S$, F. 48°, Kp.$_{15}$ 185°, aus 15 g **IV** u. $N_2H_4 \cdot H_2O$ + KOH wie **III**; aus A. Blättchen; 12,5 g. *Pikrat*, F. 101° (A.). — *2-Acetamido-6-methylmercaptonaphthalin*, $C_{13}H_{13}ONS$, F. 149°, durch Schütteln des **IV**-Oxims mit PCl_5 in Ae. bei 0°; aus Bzl. Nadeln. — *[6-Methylmercaptonaphthyl-(2)]-amin* (**VI**), $C_{11}H_{11}NS$, F. 117°, aus vorst. Verb. mit HCl u. Alkalisieren des Hydrochlorids (F. ca. 212°); graue Prismen aus CH_3OH. — *6-Methylmercapto-2-ω-bromacetonaphthon* (**VII**), F. 102° (roh), aus 10 g **IV** u. Br_2 in Chlf.; aus A. Nadeln; 5 g. — *2-[6-Methylmercaptonaphthyl-(2)]-chinoxalin*, $C_{19}H_{14}N_2S$, F. 179°, aus **VII** u. o-Phenylendiamin in A.; aus Bzl.–A. hellgelbe Prismen. — *2-[6-Methylmercaptonaphthyl-(2)]-pyrrocolin* (**VIII**), $C_{19}H_{15}NS$, F. 276°, durch ½std. Erhitzen von **VII** mit α-Picolin in A. auf 50—60°, Fällen mit Ae. u. Kochen mit 10%ig. wss. $NaHCO_3$; Prismen aus Xylol; sublimiert über 240°. — *7-Methyl-2-[6-methylmercaptonaphthyl-(2)]-pyrrocolin* (**IX**), $C_{20}H_{17}NS$, F. 293°, wie **VIII** aus **VII** u. 2.4-Lutidin; Blättchen aus Toluol. — *2-[6-Methylmercaptonaphthyl-(2)]-glyoxalino-[1.2:a]-pyridin* (**X**), $C_{18}H_{14}N_2S$, F. 189°, durch kurzes Kochen von **VII** mit 2-Aminopyridin in A. u. Alkalisieren; graue Prismen aus CH_3OH. — *2-[6-Methylmercaptonaphthyl-(2)]-indol*, $C_{19}H_{15}NS$, F. 251°, durch vorsichtiges Erhitzen des **IV**-Phenylhydrazons mit $ZnCl_2$; graue Prismen aus Toluol; mit H_2SO_4 rot. *Pikrat*, F. 198°, aus Bzl. violettbraune Nadeln. — *6-Methylmercapto-2-propionaphthon* (**XI**), $C_{14}H_{14}OS$, F. 100°, Kp.$_{13}$ 232—235°, wie **IV** aus 50 g **I** u. 40 g Propionsäureanhydrid; aus A. Blättchen; 52 g; mit H_2SO_4 orangerot. *Semicarbazon*, $C_{15}H_{17}ON_3S$, F. 217°, aus A. Prismen. *Thiosemicarbazon*, $C_{15}H_{17}N_3S_2$, F. 180°, aus A. hellgelbe Nadeln. — *3-Methyl-2-[6-methylmercaptonaphthyl-(2)]-indol*, $C_{20}H_{17}NS$, F. 146°, durch Kochen von 3 g des **XI**-Phenylhydrazons mit HCl-gesätt. CH_3COOH (2 Min.); Prismen aus A.; 2 g; mit H_2SO_4 rot. *Pikrat*, F. 162°, aus A. braunviolette Nadeln. — *β-[6-Methylmercaptonaphthoyl-(2)]-propionsäure* (**XII**), $C_{15}H_{14}O_3S$, F. 171°, wie **IV** aus 55 g **I** u. 34,7 g Bernsteinsäureanhydrid; aus Bzl. Nadeln; 68 g. — *γ-[6-Methylmercaptonaphthyl-(2)]-buttersäure*, $C_{15}H_{16}O_2S$, F. 109°, aus 65 g **XII** wie **III**; Nadeln aus Cyclohexan; 44 g. — *6-Äthyl-2-methylmercapto-1(?)-acetonaphthon*, $C_{15}H_{16}OS$, F. 67°, Kp.$_{15}$ 220—224°, aus 12 g **V** u. 5 g CH_3COCl wie **IV**; gelbliche Nadeln aus Cyclohexan; 8 g; mit H_2SO_4 blutrot; gab positive PFITZINGER-Rk. mit Isatin u. eine hellgelbe *Cinchoninsäure* vom F. 185°. — Folgende Derivv. des *2-[6'-Methylmercaptonaphthyl-(2')]-chinolins* (**XIV**) wurden aus **IV** bzw. **XI** durch PFITZINGER-Rk. mit Isatinen bzw. durch Decarboxylierung der so erhaltenen Cinchoninsäuren dargestellt (*Chinoline*: aus A. Nadeln; *Cinchoninsäuren*: hellgelbe Prismen aus A.–Toluol): **XIV**, $C_{20}H_{15}NS$, F. 182°. *Pikrat*, F. 208° (Zers.), orangegelbe Prismen aus Toluol. — *4-Carboxy-*, $C_{21}H_{15}O_2NS$, F. 252°. — *6-Methyl-*, $C_{21}H_{17}NS$, F. 183°. *Pikrat*, F. 195° (oder 203°? Der Ref.), orangegelb. — *4-Carboxy-6-methyl-*, $C_{22}H_{17}O_2NS$, F. 242°. —*4-Carboxy-6-brom-*, $C_{21}H_{14}O_2NBrS$, F. 276°. — *4-Carboxy-6-chlor-*, $C_{21}H_{14}O_2NClS$, F. 270°. — *3-Methyl-*, $C_{21}H_{17}NS$, F. 138°. *Pikrat*, F. 198°, orangegelb. — *3-Methyl-4-carboxy-*, $C_{22}H_{17}O_2NS$, F. 286°. — *3-Methyl-6-brom-*, $C_{21}H_{16}\cdot NBrS$, F. 185°. *Pikrat*, F. 203° (oder 195°? Der Ref.), orangegelb. — *3-Methyl-4-carboxy-6-brom-*, $C_{22}H_{16}O_2NBrS$, F. 310°. — *3.6-Dimethyl-*, $C_{22}H_{19}NS$, F. 143°. — *4-Carboxy-3.6-dimethyl-*, $C_{23}H_{19}O_2NS$, F. 302°. — *3-Methyl-6-chlor-*, $C_{21}H_{16}NClS$, F. 162°. — *3-Methyl-4-carboxy-6-chlor-*, $C_{22}H_{16}O_2NClS$, F. 316°. — *2-substituierte 7-Methylmercapto-1-azaphenanthren-4-carbonsäuren* (*R = 2-Substituent*), aus **VI** durch DOEBNER-Rk. mit Brenztraubensäure u. den entsprechenden Aldehyden; gereinigt über die Na-Salze oder durch Kristallisation aus CH_3COOH; orangegelbe Nadeln, decarboxylieren beim Schmelzen: *R = Thienyl-(2')*, $C_{19}H_{13}O_2NS_2$, F. 306°. — *R = Phenyl*, $C_{21}H_{15}O_2NS$, F. 314°. — *R = p-Methoxyphenyl*, $C_{22}H_{17}O_3NS$, F. 322°. — *R = Acenaphthyl-(5')*, $C_{27}H_{19}O_2NS$, F. 305°. — *R = Pyrenyl-(3')*, $C_{31}H_{19}O_2NS$, F. 310°. — *R = Phenanthryl-(9')*, $C_{29}H_{19}O_2NS$, F. 303°. — *R = 9'-Äthylcarbazolyl-(3')*, $C_{29}H_{22}O_2N_2S$, F. 306°. — *R = p-Dimethylaminophenyl*, $C_{23}H_{20}O_2N_2S$, F. 325°. — *R = p-Chlorphenyl*, $C_{21}H_{14}\cdot O_2NClS$, F. 296°. — *R = 3'.4'-Methylendioxyphenyl*, $C_{22}H_{15}O_4NS$, F. 346°. — *R = α-Naphthyl*, $C_{25}H_{17}O_2NS$, F. 314°. — *R = Furyl-(2')*, $C_{19}H_{13}O_3NS$, F. 309°. — *R = 3'.4'-Dichlorphenyl*, $C_{21}H_{13}O_2NCl_2S$, F. 307°. — *R = 2'.4'-Dichlorphenyl*, $C_{21}H_{13}O_2\cdot NCl_2S$, F. 301°. — *R = 5'-Chlorthienyl-(2')*, $C_{19}H_{1.}O_2NClS_2$, F. 300°. — *R = 2'-Methoxynaphthyl-(1')*, $C_{26}H_{19}O_3NS$, F. 305°. — *R = 2'-Methylmercaptonaphthyl-(1')*, $C_{26}H_{19}\cdot O_2NS_2$, F. 304°. — *2-Methylmercapto-1-naphthaldehyd-4'-keto-2'-thiazolinylhydrazone*, durch Kochen des **II**-Thiosemicarbazons mit Chloressigsäure bzw. α-Bromfettsäuren in A.; krist. aus A. oder CH_3COOH (*R = 5'-Substituent im Thiazolinring*): *R = H*, $C_{15}H_{13}ON_3S_2$, F. 263°. — *R = Äthyl*, $C_{17}H_{17}ON_3S_2$, F. 240°. — *R = n-Tetradecyl*, $C_{29}H_{41}ON_3S_2$, F. 153°. — *R = n-Hexadecyl*, $C_{31}H_{45}ON_3S_2$, F. 131°. — *6-Methylmercapto-2-acetonaphthon-4'-keto-2'-thiazolinylhydrazone*, wie vorst. Verbb. aus **IV**-Thiosemicarbazon (*R = 5'-Substituent im Thiazolinring*): *R = H*, $C_{16}H_{15}ON_3S_2$, F. 228°. — *R = Äthyl*, $C_{18}H_{19}ON_3S_2$, F. 182°. — *R = n-Tetradecyl*, $C_{30}H_{43}ON_3S_2$, F. 111°. — *R = n-Hexadecyl*, $C_{32}H_{47}ON_3S_2$, F. 95°. (J. chem. Soc. [London] **1953**. 485—89. Febr. Paris, Univ. Radium Inst., Dep. of Organ. Chem.) PRACEJUS. 3000

Adolf Butenandt, Peter Karlson und **Wolfram Zillig**, *Über Dioxopiperazine aus Puppen des Seidenspinners* (*Bombyx mori L.*). Aus angereicherten Extrakten aus 200 kg Seidenspinner (*Bombyx mori L.*)-Puppen ließen sich nach Chromatographie von deren Essigesterlsg. an Al_2O_3, Gegenstromverteilung der Substanzgemische aus den Eluaten zwischen W. u. Essigester u. Umkristallisieren aus Essigester u. Aceton die 4 Verbb. **a**—**d** isolieren, die im Puparisierungstest an *Calliphora*-Larven mit 100 γ keine physiol. Wrkg. zeigten. Durch ihre Bruttoformeln u. durch die papierchromatograph. Unters. der HCl-Hydrolysenprodd. wurden diese 4 Verbb. als *l-Leucyl-l-prolinanhydrid*, *l-Valyl-*

l-prolinanhydrid, l-Alanyl-l-prolinanhydrid u. *l-Leucyl-l-alaninanhydrid* erkannt; ihre Struktur wurde durch Synth. bewiesen.

Versuche: *l-Leucyl-l-prolinanhydrid*, $C_{11}H_{18}O_2N_2$, Substanz **a** aus dem Seidenspinnerpuppenextrakt, Blättchen aus Essigester, F. 159° (KOFLER), $[\alpha]_D^{22}$ —142,7° (4,069 mg in 1 cm³ CH_3OH). *Synthet. Prod.*, durch Rk. von *l*-Prolylchlorid (I) mit *l*-Leucinäthylester in Chlf. u. Cyclisierung des Peptidesters mit alkoh. NH_3; Reinigung durch Chromatographie der Essigesterlsg. an Al_2O_3; Blättchen, F. u. Misch-F. 159°; $[\alpha]_D^{22}$ —142,9° (4,773 mg in 1 cm³ CH_3OH). — *l-Valyl-l-prolinanhydrid*, $C_{10}H_{16}O_2N_2$, Substanz **b** aus dem Naturprod., Nadeln aus Essigester oder Aceton, sublimiert ab 140°, Sublimationspunkt 188°, $[\alpha]_D^{21}$ —153,7° (24,965 mg in 2 cm³ CH_3OH). *Synthet. Prod.*, aus I u. Valinäthylester, Sublimationspunkt 187°, $[\alpha]_D^{22}$ —151,6° (7,212 mg in 1 cm³ CH_3OH). — *l-Alanyl-l-prolinanhydrid*, $C_8H_{12}O_2N_2$, Substanz **c** aus dem Naturprod., säulenförmige Prismen aus Essigester u. Aceton, F. 163—164° (KOFLER); $[\alpha]_D^{22}$ —85,6° (4,325 mg in 1 cm³ CH_3OH). *Synthet. Prod.*, aus I u. *l*-Alaninäthylester, F. u. Misch-F. 163°; $[\alpha]_D^{22}$ —87,1° (5,45 mg in 1 cm³ CH_3OH). — *l-Leucyl-l-alaninanhydrid*, $C_9H_{16}O_2N_2$, Substanz **d** aus dem Naturprod., Kristalle aus Essigester–CH_3OH, die bei 160° in feine Nadeln übergehen u. bei 250° sublimieren; $[\alpha]_D^{25}$ +70,7° (2,883 mg in 1 cm³ CH_3OH). *Synthet. Prod.*, aus Phthalyl-*l*-leucin u. *l*-Alanin nach der Kohlensäureesteranhydridmeth. von BOISSONAS (C. **1952**. 836), anschließende Hydrazinspaltung nach SHEEHAN u. FRANK (J. Amer. chem. Soc. **71**. [1949.] 1856) u. Cyclisierung des entstandenen *l*-Leucyl-*l*-alaninesters durch Erhitzen in methanol. Lsg.; Prismen aus Essigester, Umwandlung in Nadeln bei 100°; Sublimation bei 250°; $[\alpha]_D^{21}$ +71,4° (3,78 mg in 1 cm³ CH_3OH). (Hoppe-Seyler's Z. physiol. Chem. **288**. 279—83. Nov. 1951. Tübingen, Univ., Physiol.-chem. Inst., u. Max-Planck-Inst. für Biochem.) K. F. MÜLLER. 3061

Lee Irvin Smith und **Richard Remsen Holmes,** *Die Einwirkung von Pyridin und Jod auf zwei o-Phenyl-1.4-diketone: 4.6.7-Trimethylcumarandion und sein 5-Oxyderivat.* (Vgl. C. **1953**. 3708.) Vff. untersuchen die Einw. von Pyridin u. J_2 u. anschließend Alkali auf 1.4-Bis-[2′-oxy-3′.4′.6′-trimethylphenyl]-butandion-(1.4) (I) u. 1.4-Bis-[2′-oxy-3′.4′.5′-trimethylphenyl]-butandion-(1.4) (II) nach KING, MCWHIRTHER u. BARTON (J. Amer. chem. Soc. **67**. [1945.] 2089). I liefert hierbei *4.6.7-Trimethylcumarandion* (III), wobei als Zwischenprod. eine gelbe, hochschm. Verb., die J_2 enthält u. in Pyridin lösl. ist, erhalten wird. Dieses Prod. wurde nicht analyt. rein erhalten; nach Ansicht der Vff. handelt es sich um das Pyridiniumjodid von I. Die Struktur von III wird durch zwei weitere Synthesen bewiesen u. seine Eigg. sowie die seines 5-Oxyderiv. (VI) untersucht. Der Reaktionsmechanismus I → III wird diskutiert. Wird III der Red. nach CLEMMENSEN unterworfen, erhalten Vff. *4.6.7-Trimethylcumaranon-(2)* neben einem hochschm., wahrscheinlich bimol. Prod., das nicht näher untersucht wird. Bei der Nitrierung ergibt III ein Mononitroprod. in guter Ausbeute. Der Vers., III in das entsprechende Chinon überzuführen, mißlingt. Die Kupplung mit diazotierter Sulfanilsäure (VIII), folgende Red. des Azofarbstoffes (nicht isoliert) mit $SnCl_2$ u. Oxydation der Aminoverb. (nicht isoliert) mit $FeCl_3$ liefert in geringer Ausbeute *5-Oxy-4.6.7-trimethylcumarandion* (VI), dessen Struktur durch eine unabhängige Synth. bewiesen wird. Die Darst. von VI aus III über die p-Nitrosoverb. mißlingt, da III durch die Einw. von Äthylnitrit u. HCl nicht angegriffen wird. Die Oxydation von VI zu dem entsprechenden Chinon gelingt nicht, ebenfalls nicht die Öffnung des Lactonringes durch Einw. von sd. A., im Gegensatz zu unsubstituierten Cumarandionanalogen. II unterscheidet sich grundsätzlich von I im Verh. gegenüber Pyridin/J_2, es liefert *Hexamethyloxindigo.*

Versuche: *4.6.7-Trimethylcumarandion* (III), $C_{11}H_{10}O_3$, F. 149—151°, sublimiert bei 2—3 mm bei 140°, aus I u. J_2 in Pyridin durch 1 std. Erwärmen auf dem Wasserbad, folgendes 12 std. Kochen des Reaktionsprod. mit wss.-alkoh. KOH u. Chromatographie aus Bzl./PAe. an Mg-Sulfat; 24% (Ausbeute); ferner aus V in Essigsäure durch 5 Min. Kochen; 69%; oder aus VII u. 2.3.5-Trimethylphenol (IV) in Tetrachloräthan durch Kochen über Nacht unter Feuchtigkeitsausschluß; 78%; kleine gelbe Nadeln, wird durch wss. SO_2, Äthylnitrit u. HCl nicht angegriffen, zers. sich bei 220°. — *2.3.5-Trimethylphenoxyessigsäure*, F. 130—131°, aus IV u. Chloressigsäure in wss. NaOH durch 18 std. Erhitzen auf 180° im Bombenrohr unter Schütteln; 78%. — *4.6.7-Trimethylcumaranon*, F. 88—90° (Bzl./PAe.), aus vorst. Verb. u. H_2SO_4 durch 20 Min. Erwärmen auf 90°; 73%; ferner aus IV u. $AlCl_3$ in Tetrachloräthan bei 140° unter Rühren, bis die heftige HCl-Entw. beendet ist, darauf Zugabe von Chloracetylchlorid u. 4 std. Kochen; das Reaktionsprod. wird in A. 2 Std. mit Na-Acetat gekocht; 70%. — *2-Oximino-4.6.7-trimethylcumaranon-(3)* (V), $C_{11}H_{11}O_3N \cdot \frac{1}{2} H_2O$, F. 253 bis 254° (Zers.), aus vorst. Verb in Essigsäure mit $NaNO_2$, lange gelbe Nadeln aus Essigsäure, sublimierbar unterhalb des F.; 70%. — *5-Nitro-4.6.7-trimethylcumarandion*,

$C_{11}H_9O_5N$, F 178—178,5° (Äthylacetat/PAe), aus III in H_2SO_4 mit $NaNO_3$ in H_2SO_4 bei 0° während 30 Min, gelbes Prod; 92%, ist beständig beim F., zers. sich bei 210 bis 220° unter Gasentw., löst sich in heißer Bicarbonatlsg. u. in kaltem Alkali, ist unlösl. in kaltem Bicarbonat. — *4.6.7-Trimethylcumaranon-(2)*, $C_{11}H_{12}O_2$, F. 121—123° (PAe.), sublimierbar, aus 9,5 g III mit amalgamiertem Zn u. wss. HCl durch 14 Std. Kochen neben einem nichtsublimierbaren Prod. vom F. 255°, welches nicht näher untersucht wurde; 2 g; löst sich in kochendem Alkali. — *5-Oxy-4.6.7-trimethylcumarandion* (**VI**), $C_{11}H_{10}O_4$, F. 188—190°, aus 9,5 g III u. 10,5 g **VIII** in Alkali über Nacht bei Zimmertemp., anschließendes Kochen mit salzsaurem $SnCl_2$ u. Oxydation mit $FeCl_3$ 2 Std. bei Zimmertemp.; 3 g (aus dem halben Ansatz) (Zugabe von $FeCl_3$ u. anschließende Wasserdampfdest. liefert Trimethylchinon neben Harzprodd.); ferner aus 15 g Trimethylhydrochinon u. 38 g **VII** in Tetrachloräthan durch 12 std. Kochen unter Feuchtigkeitsausschluß; 3,5 g, scharlachrote Nadeln aus Cyclohexan/Äthylacetat; wird nicht angegriffen von sd. A. mit oder ohne Zusatz von H_2SO_4, von kaltem $FeCl_3$ in wss. oder alkoh. Lsg. oder $Na_2Cr_2O_7$ in verd. H_2SO_4 bei 50°, beim Kochen mit beiden Oxydationsmitteln erfolgt vollkommene Zerstörung. — *Hexamethyloxindigo*, $C_{22}H_{20}O_4$, F. 305—306° (Zers.), aus 1,05 g **II** mit Pyridin/J_2 durch 2,5 std. Kochen, orangerote Platten aus Nitrobenzol, 1,1 g neben 0,4 g unverändertem **II**; unlösl. in Alkali, sd. Pyridin u. den meisten organ. Lösungsmitteln außer Nitrobenzol. — *Oxalylchlorid* (**VII**), $Kp._{750}$ 60—62°, durch Zugabe von Portionen wasserfreier Oxalsäure zu einer bei 0° gehaltenen Mischung von PCl_5 u. $POCl_3$ unter 18 std. Rühren; 45%. (J. Amer. chem. Soc. **73**. 4294—97. Sept. 1951. Minneapolis, Minn., Univ., School of Chem.) G. WINKLER. 3061

Marcel Fétizon und **Pierre Baranger**, *Die 1-[p-Nitrophenyl]-pyrrole als charakteristische Derivate der 1.4-Diketone.* p-Nitranilin liefert in A. in Ggw. einer kleinen Menge konz. HCl mit 1.4-Diketonen (I) in 80—90%ig. Ausbeute gelb- oder orangegefärbte *N-[p-Nitrophenyl]-pyrrole*, die sich vorzüglich zur Charakterisierung kleiner **I**-Mengen eignen.

Versuche: *1-[p-Nitrophenyl]-2-methyl-5-äthylpyrrol*, $C_{13}H_{14}O_2N_2$, F. 100,5°. p-Nitranilin u. Heptandion-(2.5) mit einem Tropfen konz. HCl in A. 3 Std. kochen, dann das Pyrrol durch 10%ig. K_2CO_3-Lsg. vollständig fällen u. das Rohprod. durch Chromatographieren (Al_2O_3, Ligroin) reinigen; 92% (Ausbeute). — Analog wurden folgende im Pyrrolkern substituierte *1-[p-Nitrophenyl]-pyrrole* dargestellt: *2.5-Dimethyl-*, $C_{12}H_{12}O_2N_2$, F. 145°, aus Acetonylaceton u. p-Nitranilin. — *2-Methyl-5-n-propyl-*, $C_{14}H_{16}O_2N_2$, F. 70—71°, analog aus Octandion-(2.5). — *2.5-Diäthyl-*, $C_{14}H_{16}O_2N_2$, F. 95—96°, aus Octandion-(3.6). — *2-Methyl-5-n-butyl-*, $C_{15}H_{18}O_2N_2$, F. 71,5°, aus Nonandion-(2.5). — *2.5-Di-n-propyl-*, $C_{16}H_{20}O_2N_2$, F. 93°, aus Decandion-(4.7). — *2.5-Dimethyl-3-äthyl-*, $C_{14}H_{16}O_2N_2$, F. 115°, aus 3-Äthylhexandion-(2.5). — *2-Methyl-5-phenyl-*, $C_{17}H_{14}O_2N_2$, F. 104°, aus Phenacylaceton. — *2-Methyl-5-p-tolyl-*, $C_{18}H_{16}O_2N_2$, F. 129°, aus 1-p-Tolylpentandion-(1.4). (C. R. hebd. Séances Acad. Sci. **236**. 1428—30. 8/4. 1953.) LIEBIG. 3081

Richard Kuhn und **Helmuth Kainer**, *Ringerweiterung am Tetraphenylpyrrol.* Bei der Umsetzung von Tetraphenylpyrrol (I) mit Bleitetraacetat in Chlf. wurde in 20%ig. Ausbeute *Tetraphenylpyrazin* (*Amaron*; **II**) erhalten. **II** konnte auch nach Umsetzung von I mit PbO_2 oder Benzopersäure isoliert werden.

Versuche: *Amaron* (**II**), $C_{28}H_{20}N_2$. a) 3,7 g I in 100 cm³ Chlf. + 20 g trockenem K_2CO_3 wurden tropfenweise mit 4,5 g Bleitetraacetat in 50 cm³ Chlf. versetzt u. das Gemisch anschließend auf dem Wasserbad erwärmt. Nach Filtrieren, Eindampfen u. Behandeln mit CH_3OH ein Öl, das mit Chlf. erstarrte; aus Eisessig Nadeln (0,72 g), F. u. Misch-F. 248—249°; b) durch 4 std. Kochen von 3 g I in Chlf. mit überschüssigem PbO_2; 0,31 g; Nadeln; c) durch Suspendieren von 3,7 g I in 3%ig. wss. Benzopersäure u. Eindampfen nach ½ Std.; 0,7 g. (Liebigs Ann. Chem. **578**. 226—27. 1952. Heidelberg, Max-Planck-Inst. für Med. Forsch., Inst. für Chem.) FRUHSTORFER. 3081

Richard Kuhn und **Helmuth Kainer**, *Ringöffnung am Tetraphenylpyrrol.* Vff. versuchten, die N-Nitrosoverb. des Tetraphenylpyrrols (I) darzustellen. An Stelle der gesuchten Verb. erhielten sie durch Umsetzung von I mit $NaNO_2$ oder Isoamylnitrit in Essigsäure in der Hitze *cis-Dibenzoylstilben* (**II**), in der Kälte dagegen eine *Verb.* $C_{28}H_{21}ON$ (**III**), deren Konst. diskutiert wird. **III** läßt sich mit verd. H_2SO_4 in Dioxan oder mit $NaNO_2$ in Eisessig in **II** überführen; bei der Hydrierung von **III** mit Zn-Staub in Eisessig wird I zurückerhalten. Vff. nehmen an, daß in **III** ein *Tetraphenyloxypyrrolenin* (**IIIa**) als Zwischenprod. der Ringöffnung vorliegt, das im Gleichgewicht mit dem offenkettigen *Di-*

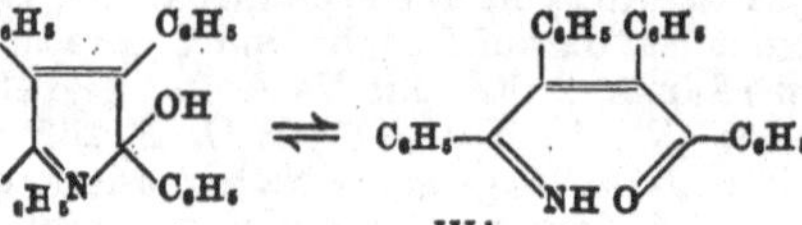

IIIb

benzoylstilbenmonoimin (IIIb) stehen könnte. — Aus II konnte mit NH_3/Dioxan *Tetraphenylpyrazin* (*Amaron*) erhalten werden. — UV-Spektren von I, II, III u. *Amaron* vgl. Original.

Versuche: *cis-Dibenzoylstilben* (II), $C_{28}H_{20}O_2$, F. 212—213° (Eisessig), durch Umsetzung von 3,7 g I in Eisessig bei 80° mit einer gesätt. wss. Lsg. von 4 g $NaNO_2$ unter Turbinieren oder in gleicher Weise mit Isoamylnitrit; nach Erkalten 2,4 g Rohprodukt. — *Verb.* $C_{28}H_{21}ON$ (III), F. 171—173°. 3,7 g I werden in Eisessig heiß gelöst u. dann rasch abgekühlt. Zu der feinen Suspension gibt man unter Eiskühlung u. Rühren anteilweise eine gesätt. wss. Lsg. von 2,4 g $NaNO_2$ (bzw. 4 g Isoamylnitrit). Die Rk. ist nach ½ Std. (bzw. nach 2 Std.) beendet. Nach Ausfällen mit W. 2,3 g (bzw. 3,5 g); aus Chlf.-Methanol 1,4 g (36%). II aus III, a) durch Zusetzen einer heißen Lsg. von 5 cm³ W. u. 5 cm³ H_2SO_4 zu 230 mg III in 10 cm³ Dioxan in der Wärme; 60 mg, Nädelchen; b) durch Umsetzung von 200 mg III in Eisessig mit 200 mg $NaNO_2$ in wenig W. bei 50—70°; nach Versetzen mit W. Nadeln; aus Chlf.-Methanol 110 mg. — *Tetraphenylpyrrol* (I), $C_{28}H_{21}N$, F. 207° (A.), durch 4std. Kochen von III (200 mg) in Eisessig mit Zn-Staub; wird auch durch Erwärmen von III mit ca. 57%ig. wss. HJ u. Eisessig erhalten. — *Tetraphenylpyrazin*, $C_{28}H_{20}N_2$, durch 20std. Erhitzen von 400 mg II mit konz. NH_3-Dioxan (1 : 1) auf 200°; aus Eisessig ca. 50 mg, F. u. Misch-F. 248 bis 249°. (Liebigs Ann. Chem. **578**. 227—31. 1952. Heidelberg, Max-Planck-Inst. für Med. Forsch., Inst. für Chem.) FRUHSTORFER. 3081

Eugene Sawicki, *N-substituierte 2-Nitrocarbazole.* Alle N-substituierten 2-Nitrocarbazole [N-R-2-Nitrocarbazole] wurden aus einer Lsg. von 2-Nitrocarbazol (nach SMITH u. BROWN, C. **1952.** 4923) in Aceton durch Versetzen mit 66%ig. wss. KOH u. mit R-Halogenid, 4std. Stehenlassen unter gelegentlichem Schütteln u. in W. Gießen hergestellt. Es wurden erhalten: R = *Methyl*, $C_{13}H_{10}O_2N_2$, F. 166—166,5°, gelbe Nadeln aus Heptan; 98% (Ausbeute). — R = *Äthyl*, $C_{14}H_{12}O_2N_2$, F. 148,5—149°, gelbe Platten aus Heptan; 85%. — R = *Acetyl*, F. 229—230°; 85%. — R = *Methansulfonyl*, F. 202—204°; 80%. — R = C_2H_5OCO, F. 153—154,5°, aus Kohlensäureäthylesterchlorid; 90%. — R = FC_2H_4OCO, F. 167—168°, aus Kohlensäure-β-fluoräthylesterchlorid; 90%. — R = *p-Methylbenzolsulfonyl*, F. 272°; 70%. — R = *Propargyl*, F. 188—189°; 95%. — Die letzten 6 Verbb. hellgelbe Nadeln aus Heptan oder Bzl.-Heptan. (J. Amer. chem. Soc. **75**. 4106—07. 20/8. 1953. Gainesville, Fla., Univ., Cancer Res. Labor.) J. MATTNER. 3081

I. G. M. Campbell, *Die Konfiguration von heterocyclischen Antimonverbindungen.* 2. Mitt. *Symmetrische und enantiomorphe 9-Stibiafluorene.* (1. vgl. C. **1951.** II. 2177.) Auf dem früher (l. c.) beschriebenen Weg wurden *9-[p-Carboxyphenyl]-9-stibiafluoren* (I) u. *2-Amino-9-[p-tolyl]-9-stibiafluoren* (II) dargestellt. Während II sich mit (+)-Weinsäure in die opt. Antipoden spalten ließ, gelang bei I keine Spaltung. Dieser Befund läßt die stabile pyramidale Anordnung der Substituenten am Sb-Atom als Ursache der opt. Aktivität erkennen. Studien der Racemisierungsgeschwindigkeit von (+)-II zeigten, daß Katalysatoren, z. B. HCl, die Geschwindigkeit stark beeinflussen können.

Versuche: *p-Carbäthoxyphenyldiphenylyl-(2)-stibintrichlorid* (III), $C_{21}H_{18}O_2Cl_3Sb$, F. 144—146° (Äthylacetat), aus dem $SbCl_3$-Doppelsalz von diazotiertem 2-Aminodiphenyl u. p-Carbäthoxyphenylstibindichlorid (IV) nach der früher angegebenen Meth. (l. c.); 20% (Ausbeute). — *p-Carbäthoxyphenyldiphenylyl-(2)-stibinchlorid*, $C_{21}H_{18}O_2ClSb$, F. 84—85°, aus III mit $SnCl_2$ in A. + 3nHCl. — *9-[p-Carbäthoxyphenyl]-9-stibiafluorenoxyd*, $C_{21}H_{17}O_3Sb$, F. 172—173°, aus III durch Behandeln mit Na-Acetat in Aceton u. dann mit Acetanhydrid + H_2SO_4 bei 90° (3 Std.). — *9-[p-Carboxyphenyl]-9-stibiafluoren* (I), $C_{19}H_{13}O_2Sb$, F. 231—233° (Nadeln aus A. + Chlf. 1 : 1), aus nachst. Äthylester durch Kochen mit wss.-alkoh. KOH (30 Min.). *Äthylester*, $C_{21}H_{17}O_2Sb$, F. 144—145°, aus III mit $SnCl_2$ in Aceton + 3nHCl. (+)-*α-Phenyläthylaminsalz*, $C_{19}H_{13}O_2Sb \cdot C_8H_{11}N$, F. 208—209° (aus absol. A.), $[\alpha]_D^{20}$ +29,0°. *Ephedrinsalz*, $C_{19}H_{13}O_2Sb \cdot C_{10}H_{15}ON \cdot H_2O$, F. 184—185° (A.), $[\alpha]_D$ +5,47°. *Chininsalz*, $C_{19}H_{13}O_2Sb \cdot C_{20}H_{24}O_2N_2$, F. 203—205° (A. + Chlf.), $[\alpha]_D$ —94,7°. Alle diese Salze konnten durch fraktionierte Kristallisation nicht in Stereoisomere getrennt werden. — *p-Carbäthoxyphenyl-4'-nitrodiphenylyl-(2)-stibinchlorid*, $C_{21}H_{17}O_4NClSb$, F. 156—157°, durch Red. des *Stibintrichlorids* (F. 88—94°, aus A.), das aus diazotiertem 2-Amino-4'-nitrodiphenyl (V), $SbCl_3$ u. IV wie III erhalten wird. — *9-[p-Carbäthoxyphenyl]-2-nitro-9-stibiafluoren*, $C_{21}H_{16}O_4NSb$, F. 193,5—195°, aus vorst. Stibinchlorid mit $SnCl_2$ + HCl in Aceton; Ausbeute gering. — *9-[p-Carboxyphenyl]-2-nitro-9-stibiafluoren*, $C_{19}H_{12}O_4NSb$, F. 212,5—213,5° (gelbes Pulver), durch Hydrolyse des Esters. — *4'-Nitrodiphenylyl-(2)-p-tolylstibintrichlorid* (VI), $C_{19}H_{15}O_2 \cdot NCl_3Sb$, aus diazotiertem V wie oben, F. 160—162°; 29%. — *4'-Nitrodiphenylyl-(2)-p-tolylstibinchlorid*, F. 147—148°, aus VI mit $SnCl_2$. — *2-Nitro-9-[p-tolyl]-9-stibia-*

fluoren, $C_{19}H_{14}O_2NSb$, F. 157—159° (gelbe Nadeln aus Äthylacetat), aus **VI** wie bei **I**, aber mit verlängerter Erhitzungsdauer mit Acetanhydrid + H_2SO_4, 50%. — *2-Amino-9-[p-tolyl]-9-stibiafluoren* (**II**), $C_{19}H_{16}NSb$, F. 132—133° (gelbliche Nadeln aus wss. A.), aus vorst. Verb. durch Erhitzen mit Zn-Staub in wss. A. (4. Std.). Das Salz mit +-Camphersulfosäure gibt bei Kristallisation Fraktionen mit $[\alpha]_D$ +18,6° bis +14,7° (c = 1,0 in A.), die sämtlich Mutarotation (Endwert $[\alpha]_D$ +12,5°) zeigen. Dibenzoylweinsäure u. (—)-Äpfelsäure geben uneinheitliche Salze. Die sauren Salze mit (+)-Weinsäure sind zur Trennung der opt. Antipoden durch Kristallisation aus A. geeignet. (+)-*Weinsäure*-(+)-**II**-*Salz*, $C_{19}H_{16}NSb \cdot C_4H_6O_6$, F. 161—162° (Zers., Nadeln), $[\alpha]_D$ +217°; daraus wird mit 0,5nNaOH (+)-**II**, $C_{19}H_{16}NSb$, F. 136—138° (Nadeln aus A.), $[\alpha]_D^{22}$ +250,5±1° (c = 0,530 in Bzl.) erhalten. (—)-*Weinsäure*-(—)-**II**-*Salz*, $C_{19}H_{16}NSb \cdot C_4H_6O_6$, F. 160 bis 161° (Zers.), $[\alpha]_D$ —212,8°; daraus (—)-**II**, F. 136—138°, $[\alpha]_D^{23}$ —248,0±2° (c = 0,248 in Bzl.). Racemisierungsverss. von (+)-**II** s. Original. (J. chem. Soc. [London] **1952**. 4448—53. Nov. Southampton, Univ.) K. FABER. 3091

Harry Kroll und **Henry Hoberman**, *Eine neue Carnosinsynthese*. *N-Phthalylcarnosin* (**I**) wurde durch Kupplung von Phthalyl-β-alanylazid (**II**) mit dem Na-Salz des L-Histidins dargestellt; Entfernung der Phthalylgruppe aus **I** nach SHEEHAN u. FRANK (J. Amer. chem. Soc. **71**. [1949.] 1856) oder SCHUMAN u. BOISSONNAS (C. **1952**. 7480) ergab *Carnosin*. Die Verseifung von **I**-Methylester (aus Phthalyl-β-alanylchlorid oder **II** u. L-Histidinmethylester) zu **I** begegnete Schwierigkeiten.

Versuche: *Phthalyl-β-alanylchlorid*, F. 102—103°, aus Phthalyl-β-alanin nach SHEEHAN u. FRANK (l. c.); 85—90% (Ausbeute). — *Phthalyl-β-alanylazid* (**II**), explosive Zers. bei 89—90°, aus voriger Verb. in Aceton + NaN_3 in W. unter Eiskühlung. — *Phthalylcarnosin* (**I**)-*Methylester*, $C_{18}H_{18}O_5N_4$, F. 193—194° (W.), aus Histidinmethylester u. **II** in $CHCl_3$ (über Nacht bei Raumtemp.). — *Phthalylcarnosin* (**I**), $C_{17}H_{16}O_5N_4$, F. 225—230° (Zers.), aus Histidin in n-NaOH u. **II** in Dioxan (über Nacht im Eisschrank). — *Carnosin*, $C_9H_{14}O_3N_4$, 1. durch 1std. Erhitzen von **I** mit $N_2H_4 \cdot H_2O$ in 95%ig. A., Eindampfen u. 15 Min. langes Erhitzen des Rückstandes auf 40—50° in 1,2mol. HCl, Abfiltrieren des Phthalylhydrazids u. Fällung als Hydrochlorid mit A., dessen wss. Lsg. durch eine „Deacidite"-Säule gegeben wird; 2. durch 3std. Erhitzen von **I** mit $(C_2H_5)_3N$ u. Phenylhydrazin in 95%ig. A., Ansäuern mit Eisessig u. Eingießen in Methyläthylketon; Nd. wird aus wss. A. umkristallisiert. (J. Amer. chem. Soc. **75**. 2511—12. 20/5. 1953. New Haven, Conn., Yale Univ., School of Med., Dep. of Physiol. Chem.) K. F. MÜLLER. 3122

Harold R. Nace und **Morton H. Gollis**, *2-Propyl-4-äthyl-3-nitrosooxazolidin, ein neues Produkt bei der Desaminierung von 2-Aminobutanol-(1) mittels salpetriger Säure*. Die Desaminierung von 2-Aminobutanol-(1) (**I**) mit HNO_2 in Eisessig liefert statt der erwarteten Prodd. n-Butyraldehyd (**II**) u. Butandiol-(1.2) (**III**) hauptsächlich *2-Propyl-4-äthyl-3-nitrosooxazolidin* (**IV**) neben wenig **III** u. Crotylalkohol. In HCl ist die Ausbeute an **IV** geringer, daneben erhält man 2% *2-Chlorbutanol-(1)*. Desgleichen vermindern höhere Säurekonzz. die Ausbeute an **IV**, da dieses durch Säuren in **I** u. **II** gespalten wird. — Angenommener Reaktionsverlauf: der intermediär gebildete **II** kondensiert sich mit unverändertem **I** zur SCHIFFschen Base 2-Butylidenaminobutanol-(1) (**VI**) u. zu 2-Propyl-4-äthyloxazolidin (**V**). Das Gleichgewicht zwischen **V** u. **VI** wird durch Nitrosierung von **V** verschoben; als Endprod. bildet sich **IV**. — Von **IV**, **V** u. **VI** wurden Infrarotspektren aufgenommen.

Versuche: *2-Propyl-4-äthyloxazolidin* (**V**), $C_8H_{17}ON$, $Kp._2$ 38—40°, aus **II** u. **I** durch Erhitzen in Bzl.; $D.^{20}_4$ 0,9039; n_D^{20} 1,4430; Mol.-Refr. ($[MR]_D$) 42,00; 43,8% (Ausbeute). *Benzolsulfamid*, $C_{14}H_{21}O_3NS$, F. 61,5—62,5°. *p-Toluolsulfamid*, $C_{15}H_{23}O_3NS$, F. 67,5—68° (A.-W.). — *2-Butylidenaminobutanol-(1)* (**VI**), $Kp._1$ 78,5—80°, aus **II** u. **I** durch Erhitzen in Bzl. neben **V**; n_D^{25} 1,4828; 22,1%. — *2-Propyl-4-äthyl-3-nitrosooxazolidin* (**IV**), $C_8H_{16}O_2N_2$, $Kp._4$ 83—84°, $Kp._2$ 54,5—55,5°; a) aus **I** u. $NaNO_2$ in salzsaurer Lsg. bei 0—5°; $D.^{25}_4$ 1,0159; n_D^{20} 1,4617; $[MR]_D$ 46,39; bis 43%; b) aus **I** u. $NaNO_2$ in essigsaurer Lsg. bei 0—5°; bis 52%; c) aus **V** u. $NaNO_2$ in salzsaurer Lsg. bei 0—5°; $D.^{25}_4$ 1,0130; n_D^{20} 1,4614; $[MR]_D$ 46,54; 38%. — Bei der Rk. a) wurden neben **IV** u. unverändertem **I** (21,5%; *Benzolsulfamid*, F. 82—82,5°; aus Bzl.-Hexan) erhalten: *Crotylalkohol* ($Kp._{72}$ 65—67°; n_D^{17} 1,4291; 4,4%; *α-Naphthylurethan*, F. 93,5—95°); *2-Chlorbutanol-(1)* ($Kp._{72}$ 83—88°; n_D^{25} 1,4368; 1,9%; *α-Naphthylurethan*, F. 77,5 bis 79°); *Butandiol-(1.2)* (**III**; Kp. $_2$56—58°; n_D^{20} 1,4382; 3,2%; *Bis-phenylurethan*, F. 118°). — Bei der Rk. b) wurden neben **IV** u. 9,8% unverändertem **I** erhalten: *Crotylalkohol* ($Kp._{72}$ 62—64°; n_D^{17} 1,4293; 4%; *α-Naphthylurethan*, F. 94—94,5°); **III** ($Kp._4$ 67 bis 69°; n_D^{20} 1,4388; 3,9%; *Bis-phenylurethan*, F. 117,5—118,5°). — 4std. Kochen von **IV** mit verd. H_2SO_4 oder HCl in A. liefert **II** [62%; *2.4-Dinitrophenylhydr-*

azon (VII), F. 117—121° (A.-W.); *Methonderiv.*, F. 133—134° (Methanol-W.)] u. I [41%; *Benzolsulfamid*, F. 82,5—83,5°; *Hydrochlorid*, F. 87,5—89° (A.-Äther)]. — VII entsteht auch bei direkter Behandlung von IV mit 2.4-Dinitrophenylhydrazin, F. 120,5—121,5°; aus A.-W. orange Nadeln. — *α-Chlorbutyrylchlorid*, Kp.$_{70}$ 63—65°, aus n-Butyrylchlorid u. SO_2Cl_2 nach KHARASCH u. BROWN (J. Amer. chem. Soc. 62. [1940.] 925); 31%. — *2-Chlorbutanol-(1)*, Kp.$_{62}$ 74—77°, aus vorst. Verb. mit $LiAlH_4$ nach SROOG u. Mitarbeitern (C. **1950.** I. 698); n_D^{25} 1,4441; 50%. *α-Naphthylurethan*, $C_{15}H_{16}O_2NCl$, F. 79—79,5°, mit Naphthylisocyanat in Heptan. — *Butandiol-(1.2)* (III), aus Butadienmonooxyd nach CLENDENNING (Canad. J. Res., Sect. B 28. [1950.] 608) mit Platin bei Niederdruck; 21%. *Bis-phenylurethan*, $C_{18}H_{20}O_4N_2$, F. 117—118° (A.-W.). (J. Amer. chem. Soc. **74.** 5189—92. 20/10. 1952. Providence, R. I., Brown Univ., Metcalf Chem. Labor.) J. ROTHE. 3132

A. H. Cook und **G. D. Hunter,** *Untersuchungen in der Azolreihe.* 33. Mitt. *Die Reaktion zwischen α-Aminonitrilen und Alkyl- oder Arylisocyanaten.* (32. vgl. C. **1951.** I. 3045.) Aus α-Aminonitrilen u. Alkyl- oder Arylisocyanaten erhaltene *substituierte Harnstoffe* (A) werden durch Erhitzen mit $NaOC_2H_5$ in A. in die entsprechenden 5-Aminooxazole umgewandelt. Im Falle der 5-Amino-2-arylaminooxazole führt deren Behandeln mit wss. NaOH zu dimeren Prodd., *1-Arylcarbamyl-3-[N'-arylureido]-2.4-diiminopyrrolidinen,* die auch gelegentlich direkt als Nebenprodd. der Oxazole auftreten. Behandeln von A mit alkoh. HCl führt zu substituierten *Hydantoinen.*

Versuche: *N-Carbäthoxycyanmethyl-N'-[α-naphthyl]-harnstoff* (I), $C_{16}H_{15}O_3N_3$, F. 179° (Nadeln aus A.), aus Aminocyanessigsäureäthylester (XIV) u. α-Naphthylisocyanat (II) durch Verrühren in Ae. bei 0° (24 Std.); 100% (Ausbeute). — *5-Carbäthoxy-3-[α-naphthyl]-hydantoin,* $C_{16}H_{14}O_4N_2$, F. 85° (Prismen aus wss. Methanol), durch Erhitzen von I mit 10%ig. alkoh. HCl (1 Std.); 90%. — *5-Amino-2-[α-naphthylamino]-oxazolcarbonsäure-(4)-äthylester* (III), $C_{16}H_{15}O_3N_3$, F. 237° (Zers., Prismen aus verd. Eisessig), aus I durch Erhitzen mit $NaOC_2H_5$ in A. (2. Std.); 94%. *Hydrochlorid,* $C_{16}H_{16}\cdot O_3N_3Cl$, F. 215°, Prismen. *Monomethylderiv.*, $C_{17}H_{17}O_3N_3$, F. 98° (Zers., hellgelbe Nadeln aus wss. Methanol), mit CH_2N_2. *N-Acetylverb.*, $C_{18}H_{17}O_4N_3\cdot H_2O$, F. 100° (Prismen aus A. + W.), durch Erhitzen mit Acetanhydrid (5 Min.). — *2.4-Diimino-1-[α-naphthylcarbamyl]-3-[N'-α-naphthylureido]-pyrrolidindicarbonsäure-(3.5)-diäthylester* (IV), $C_{32}H_{30}\cdot O_6N_6$, F. 145° (Zers., gelbe Nadeln aus Eisessig + W.), aus III durch Erhitzen mit 10%ig. wss. NaOH bis zur Lsg.; 60%. — *2.4-Diketo-1-[α-naphthylcarbamyl]-3-[N'-α-naphthylureido]-pyrrolidin,* $C_{26}H_{20}O_4N_4\cdot H_2O$, F. 80—110° (Zers.), aus IV durch Erhitzen mit 10%ig. äthanol. HCl (1 Std.). — *3-Amino-2.4-diketopyrrolidindicarbonsäure-(3.5)-diäthylester,* $C_{10}H_{14}O_6N_2$, F. 125° (Prismen aus Methanol + W.), aus III durch Erhitzen mit 10%ig. äthanol. HCl (3 Std.). — *N-[α-Cyanbenzyl]-N'-[α-naphthyl]-harnstoff* (V), $C_{19}H_{15}ON_3$, F. 190° (Zers., Nadeln aus Eisessig), aus α-Aminobenzylcyanid (XVI) u. II in Ae. bei 0°; 97%. — *3-[α-Naphthyl]-5-phenylhydantoin,* $C_{19}H_{14}O_2N_2$, F. 192° (Nadeln aus Methanol), durch Erhitzen von V mit 10%ig. alkoh. HCl (75 Min.); 90%. *Monoacetylderiv.*, $C_{21}H_{16}\cdot O_3N_2$, F. 201° (aus Eisessig), mit Acetanhydrid. — *5-Amino-2-[α-naphthylamino]-4-phenyloxazol* (VI), $C_{19}H_{15}ON_3$, F. 261° (Prismen aus Eisessig), aus V durch Erhitzen mit $NaOC_2H_5$ in A. (2 Std.); 40%. *Doppelverb. mit Dioxan,* 4 $C_{19}H_{15}ON_3\cdot$3 $C_4H_8O_2$, F. 257° (Zers.), beim Umlösen aus Dioxan. *Monomethylderiv.*, $C_{20}H_{17}ON_3\cdot H_2O$, F. 95° (Zers., hellgelbe Prismen aus wss. Methanol), mit CH_2N_2. — *2.4-Diimino-1-[α-naphthylcarbamyl]-3-[N'-α-naphthylureido]-3.5-diphenylpyrrolidin* (VII), $C_{38}H_{30}O_2N_6$, F. 125—135°, Gasentw. bei 160° u. dann nach Wiedererstarren bei 230—235° Zers. (Prismen aus Methanol), neben VI. *Tetramethylderiv.*, $C_{42}H_{38}O_2N_6\cdot 2\,CH_3OH$, F. 97° (gelbe Prismen aus wss. CH_3OH), mit CH_2N_2. *Diacetylderiv.*, $C_{42}H_{34}O_4N_6$, F. 258° (Zers., Prismen aus wss. Pyridin). — *2.4-Diketo-1-[α-naphthylcarbamyl]-3-[N'-α-naphthylureido]-3.5-diphenylpyrrolidin,* $C_{38}\cdot H_{28}O_4N_4$, F. 145—155° (Zers., gelbe Prismen aus Methanol + W.), aus VI durch Erhitzen mit 10%ig. alkoh. HCl. — *3-Amino-2.4-diketo-3.5-diphenylpyrrolidin* (VIII), $C_{16}H_{14}O_2N_2$, F. 174° (Zers., Prismen aus wss. Methanol), aus VII durch Erhitzen mit 10%ig. alkoh. HCl. — *3-Amino-2.4-diketo-1-methyl-3.5-diphenylpyrrolidin,* $C_{17}H_{16}O_2N_2$, F. 198° (Zers., Nadeln aus wss. Methanol), aus VIII mit äther. CH_2N_2. — *1-Acetyl-3-acetamido-2.4-diketo-3.5-diphenylpyrrolidin,* $C_{20}H_{18}O_4N_2$, F. 215° (rechtwinklige Platten aus A. + Eisessig), aus VIII mit sd. Acetanhydrid. — *3-Amino-1.1-diäthyl-2.4-diketo-3.5-diphenylpyrrolidiniumchlorid,* $C_{20}H_{23}O_2N_2Cl$, F. 245—255° (Zers., rechtwinklige Platten), aus VI durch Stehenlassen in 10%ig. alkoh. HCl bei 0° (2 Wochen). — *N-Cyanmethyl-N'-[α-naphthyl]-harnstoff* (IX), $C_{13}H_{11}ON_3$, F. 83° (Nadeln aus Methanol), aus Aminoacetonitril u. II in Chlf.; 99%. — *3-[α-Naphthyl]-hydantoin,* $C_{13}H_{10}O_2N_2$, F. 219° (Rhomben aus Methanol), aus IX mit sd. 10%ig. alkoh. HCl. — *5-Amino-2-[α-naphthylamino]-oxazol* (X), $C_{13}H_{11}ON_3$, F. 193° (Zers., Platten aus Methanol), aus IX durch Erhitzen mit $NaOC_2H_5$ in absol. A. (1$^1/_2$ Std.); 100%. *Hydrochlorid,* $C_{13}H_{12}ON_3Cl$, F. 217°

(Kristallbüschel aus Methanol + Ae.). — *2.4-Bis-imino-1-[α-naphthylcarbamyl]-3-[N'-α-naphthylureido]-pyrrolidin*, $C_{26}H_{22}O_2N_6$, F. 161 —163° (Zers., gelbe Nadeln aus wss. Methanol), aus **X** durch Erwärmen mit 10%ig. NaOH auf 80° (5 Min.); 8%. — *N-Cyanmethyl-N-methyl-N'-[α-naphthyl]-harnstoff* (**XI**), $C_{14}H_{13}ON_3$, F. 126° (dünne Nadeln aus Bzl.), aus N-Methylaminoacetonitril u. **II** in Ae. bei 0°; 85%. — *1-Methyl-3-[α-naphthyl]-hydantoin*, $C_{14}H_{12}O_2N_2$, F. 183° (Prismen aus Methanol), aus **XI** mit sd. alkoh. HCl (2 Std.). — *5-Amino-3-methyl-2-[α-naphthylimino]-oxazolin*, $C_{14}H_{13}ON_3$, F. 163° (rechtwinklige Platten aus Methanol), aus **XI** durch Erhitzen mit $NaOC_2H_5$ in A. (1½ Std.); 83%. — *N-Cyanmethyl-N'-methyl-N'-[α-naphthyl]-harnstoff* (**XII**), $C_{14}H_{13}ON_3$, F. 198° (Nadeln aus Methanol), aus **IX** u. $(CH_3)_2SO_2$ durch Erhitzen in Aceton in Ggw. von K_2CO_3. — *5-Amino-2-[N-methyl-α-naphthylamino]-oxazol*, $C_{14}H_{13}ON_3$, F. 191—192° (Zers., Nadeln aus Methanol), aus **XII** durch Kochen mit $NaOC_2H_5$ in A. (2 Std.). — *N-[α-Cyan-n-butyl]-N-methyl-N'-[α-naphthyl]-harnstoff* (**XIII**), $C_{17}H_{19}ON_3$, F. 151° (Kristallbüschel aus Bzl.), aus α-Methylamino-n-valeronitril (**XVII**) u. **II** in Ae. bei 0°; 100%. — *1-Methyl-3-[α-naphthyl]-5-n-propylhydantoin*, $C_{17}H_{18}O_2N_2$, F. 153° (Platten aus Methanol), aus **XIII** mit sd. 10%ig. alkoh. HCl. — *5-Amino-3-methyl-2-[α-naphthylimino]-4-n-propyloxazolin*, $C_{17}H_{19}ON_3$, F. 198° (Kristallbüschel aus Methanol), aus **XIII** durch Kochen mit $NaOC_2H_5$ in A. (2 Std.); 100%. — *N-Cyancarbäthoxymethyl-N'-phenylharnstoff*, $C_{12}H_{13}O_3N_3$, F. 167—169° (Nadeln aus Methanol), aus **XIV** u. Phenylisocyanat (**XV**) bei 0° in Ae.; 89%. — *5-Amino-2-phenylaminooxazolcarbonsäure-(4)-äthylester*, $C_{12}H_{13}O_3N_3$, F. 211—212° (gelbliche Kuben aus wss. Methanol), aus vorst. Verb. durch Kochen mit $NaOC_2H_5$ in A. (2 Std.); 82%. — *N-[α-Cyanbenzyl]-N'-phenylharnstoff*, F. 155° (haarförmige Kristalle aus A.), aus **XVI** u. **XV** in Ae. bei 0°; 94%. — *5-Amino-2-phenylamino-4-phenyloxazol*, aus vorst. Verb. durch Kochen mit $NaOC_2H_5$ in absol. A. (1½ Std.). *Acetat*, $C_{17}H_{17}O_3N_3$, F. 217° (Zers., hexagonale Platten aus Eisessig). — *2.4-Bis-imino-3.5-diphenyl-1-phenylcarbamyl-3-[N'-phenylureido]-pyrrolidin*, $C_{30}H_{26}O_2N_6 \cdot H_2O$, F. 94° (Zers., gelbe Prismen aus Methanol + W.), aus den Mutterlaugen von vorst. Verbindung. — *N-[α-Cyan-n-butyl]-N-methyl-N'-phenylharnstoff*, $C_{13}H_{17}ON_3$, F. 77° (Kristallbüschel aus Bzl. + 10% PAe.), aus **XV** u. **XVII** in Ae. bei 0°; 84%. — *N-[α-Cyanbenzyl]-N'-methylharnstoff* (**XIX**), $C_{10}H_{11}ON_3$, F. 166° (Nadeln aus Methanol), aus **XVI** u. Methylisocyanat (**XVIII**) in Ae. bei 0°; 87%. — *5-Amino-2-methylamino-4-phenyloxazol* $C_{10}H_{11}ON_3$, F. 240° (Zers., Nadeln aus Eisessig + PAe.), aus **XIX** durch Kochen mit $NaOC_2H_5$ in A. (1½ Std.); 48%. — *3-Methyl-5-phenylhydantoin*, F. 160° (Platten aus wss. Methanol), aus **XIX** mit alkoh. HCl. — *N-Cyancarbäthoxymethyl-N'-methylharnstoff*, $C_7H_{11}O_3N_3$, F. 164° (Nadeln aus Methanol), aus **XIV** u. **XVIII** bei 0° in Ae.; 78%. — *N-[α-Cyanbenzyl]-harnstoff*, F. 177° (aus W.), aus **XVI** u. NaCN in 50% wss. Eisessig; 100%. — *2.5-Diamino-4-phenyloxazol*, $C_9H_9ON_3$, aus vorst. Verb. durch Kochen mit $NaOC_2H_5$ in A.; 16%. — *N-[Carbäthoxycyanmethyl]-harnstoff*, $C_6H_9O_3N_3$, F. 166° (Nadeln aus Methanol), aus **XIV** u. NaCN; 63%. (J. chem. Soc. [London] **1952.** 3789—96. Okt. London, Imp. Coll. of Sci. and Technol.) K. FABER. 3132

R. L. McKee und **J. D. Thayer**, *2-[1-Äthylguanidino-(3)]-4-[p-chlorphenyl]-thiazol.* (Vgl. C. **1953.** 1484.) Dithiobiuret (I) reagiert mit $(C_2H_5)_2NH$ in Ggw. von HgO unter Bldg. des *Diäthylaminsalzes* (**II**) *von Cyanthioharnstoff.* Daraus wird mit p-Chlorphenacylbromid (**III**) *2-Cyanamido-4-[p-chlorphenyl]-thiazol* (**IV**) erhalten, das mit $C_2H_5NH_2 \cdot HCl$ *2-[1-Äthylguanidino-(3)]-4-[p-chlorphenyl]-thiazolhydrochlorid* (**V**) gibt. **IV** wird auch mit Pb-Acetat aus 2-Thioureido-4-[p-chlorphenyl]-thiazol (**VI**), das aus **I** u. **III** entsteht, erhalten. **V** ist gegen zahlreiche Bakterien sowie gegen *Plasmodium berghei* in Mäusen wirksam.

Versuche: *2-Amino-4-[p-chlorphenyl]-thiazol* (**VII**), $C_9H_7N_2ClS$, F. 172—184° (Nadeln aus A. + W.), aus äquimol. Mengen **III** u. Thioharnstoff in Methanol. — *N-Cyanthioharnstoff, Diäthylaminsalz* (**II**), $C_6H_{14}N_4S$, F. 137—139° (Nadeln aus CH_3OH + Ae.), durch Schütteln von je 0,1 Mol **I** u. HgO mit 0,2 Mol $(C_2H_5)_2NH$ in CH_3OH (4 Std.), Eindampfen, Lösen des Rückstands in CH_3OH u. Fällen mit Ae.; 10 g (Ausbeute). — *2-Thioureido-4-[p-chlorphenyl]-thiazol* (**VI**), $C_{10}H_8N_3ClS_2$, F. 236—243° (Gasentw.), nach Erstarren F. 251° (aus Aceton), aus 13,5 g **I** u. 21,8 g **III** in 300 cm³ heißem Aceton; 22,5 g. — *2-Cyanamido-4-[p-chlorphenyl]-thiazol* (**IV**), $C_{10}H_6N_3ClS$, F. 179 bis 181° (Nadeln aus A. + Aceton), aus 1,79 g **II** u. 2,3 g **III** durch Erwärmen (10 Min.) in 5 cm³ CH_3OH; 2,5 g, oder aus **VI** durch Erhitzen mit Pb-Acetat in wss. NaOH (30 Min.). Wird durch Erhitzen mit 50%ig. H_3PO_4 (1 Std.) in **VII** umgewandelt. — *2-[1-Äthylguanidino-(3)]-4-[p-chlorphenyl]-thiazolhydrochlorid* (**V**), $C_{12}H_{13}N_4ClS \cdot HCl$, F. 254—256° (Kristallpulver aus A.), aus 4 g **IV** durch 2 std. Verschmelzen mit 2 g $C_2H_5NH_2 \cdot HCl$ bei 150°; 2,4 g. (J. org. Chemistry **17.** 1494—96. Nov. 1952. Chapel Hill, N. C., Univ., Venable Chem. Labor., u. U. S. Public Health Serv., Veneral Disease Exp. Labor.) K. FABER. 3142

Josef Klosa, *Über die Nitrierung des 4-Oxycumarins (Versuche zur Synthese von terramycinähnlichen Körpern).* *4-Oxycumarin* (I) kann als Baustein in verschied. Naturstoffen nachgewiesen werden u. liegt wahrscheinlich auch als ein solcher in antibiot. Substanzen vor. In der Absicht, N-haltige Derivv. von I aufzubauen, untersucht Vf. die Bedingungen der Nitrierung von I. Rauchende HNO_3 lieferte überwiegend harzige Prodd., während rauchende HNO_3 in Acetanhydrid in mäßigen Ausbeuten ausschließlich *3-Nitro-4-oxycumarin* (II) bildet. Die Nitrierung mit rauchender HNO_3 in Chlf. ergab bessere Ausbeuten, eine solche mit H_2SO_4–HNO_3 dagegen schlechte. II ließ sich mit $SnCl_2$ zu *3-Amino-4-oxycumarin* (III) reduzieren, während bei der Red. mit Zn-Staub in Acetanhydrid *4-Oxy-3-acetamidocumarin* (IV) entsteht, das durch Kochen mit Acetanhydrid in *Cumarino-(3.4)-methyloxazol* (V) übergeht. IV entsteht auch aus *3-Isonitroso-2.4-dioxochroman* durch Red. mit Zn-Staub. II liefert beim Kochen mit NaOH *Salicylsäure.*

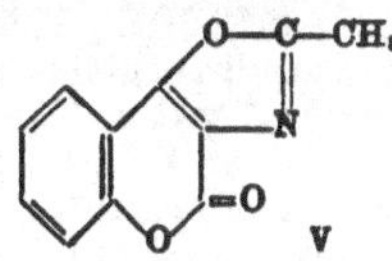

V

Versuche: *3-Nitro-4-oxycumarin* (II), $C_9H_5O_5N$, F. 176–178°; a) aus 2 g I durch vorsichtiges Eintragen unter Kühlen in ein Gemisch von 5 cm^3 Acetanhydrid u. 6 cm^3 rauchende HNO_3; 20 Std. bei Zimmertemp. stehen lassen, Gemisch in 300 cm^3 Eiswasser gießen; ölig-krist. M., die nach einigen Tagen vollständig erstarrt, Kristalle aus Methanol; 1,2 g (Ausbeute); b) aus 1 g I durch Eintragen in 10 cm^3 rauchende HNO_3 unter lebhafter Entw. von NO_2; 0,3 g; c) aus 1,5 g I durch Eintragen in ein Gemisch von 4 cm^3 konz. HNO_3 u. 3 cm^3 konz. H_2SO_4 in der Kälte; 1,1 g; d) aus 1 g I in 100 cm^3 Chlf. durch Zutropfen von 6 cm^3 rauchender HNO_3 unter Rühren; mehrere Std. stehenlassen, im Vakuum auf dem Wasserbad eindampfen; Kristalle beim Versetzen mit W.; II ist in kaltem W. schwer, in sd. W. u. A. leichter löslich. — *3-Amino-4-oxycumarin* (III), $C_9H_7O_3N$, F. 226°, aus 2 g II durch Red. mit 7 g $SnCl_2$ in 8 cm^3 konz. HCl bei n. Temp.; nach mehrstd. Kühlen Abscheiden eines krist. Prod., das mit H_2S zerlegt wird; aus dem getrockneten ZnS-Nd. ließen sich mit absol. A. 0,35 g III extrahieren; winzige Kristalle aus Alkohol. — *4-Oxy-3-acetamidocumarin* (IV), $C_{11}H_9O_4N$, F. 228°; a) aus 1,8 g II in 35 cm^3 Acetanhydrid durch Red. mit 5 g Zn-Staub während 45 Min. auf dem Wasserbad; Kristalle aus A.; 1,1 g; b) (vgl. auch ARNDT, Chem. Ber. **84**. [1951.] **319**) 1,3 g 3-Isonitroso-2.4-dioxochroman in ein Gemisch von 30 cm^3 Acetanhydrid u. 1 g Zn-Staub bei gewöhnlicher Temp. eintragen, weitere 3,5 g Zn in Portionen zufügen, dann 40 Min. auf 60–80° erwärmen; Kristalldrusen, F. 226°. — *Cumarino-(3.4)-methyloxazol* (V), $C_{11}H_7O_3N$, F. 181–182°, aus 1 g IV durch 30 Min. Kochen mit 8 cm^3 Acetanhydrid u. 4 Std. Stehenlassen, dann Verdünnen mit 100 cm^3 W.; nach einigen Std. Kristallisation; Nadeln (A.); 0,9 g. — *Salicylsäure,* F. 155–156°, aus 1,4 g vorst. Verb. durch 3 std. Kochen mit 28 cm^3 33%ig. KOH; 0,2 g. In ähnlicher Weise entsteht Salicylsäure auch aus IV. — *4-Oxycumarin-o-phenylendiaminsalz,* $C_9H_6O_3 \cdot C_6H_8N_2$, F. 270–271°, aus 2 g I durch 2 std. Kochen mit 1,5 g o-Phenylendiamin in 100 cm^3 Eisessig; 1,4 g moosgrüne Nadeln nach Filtrieren u. 24 std. Stehen. Spaltet beim Kochen mit W. oder A. in reines I zurück. (Pharmazie. **8.** 221–23. März 1953. Berlin.) PETTERS. 3211

Aleardo Oliverio, Aldo Schiavello und **Carlo Sebastiani,** *Kernoxydationen in der Cumarinreihe.* Die Einführung einer kernständigen Oxygruppe in Cumarinderivv. gelingt durch Oxydation in Pyridin in Ggw. von 5%ig. wss.KOH mit $K_2S_2O_8$-Lsg. durch Eintropfen innerhalb 2 Std. u. anschließendes 12 std. Stehenlassen. Nachst. Verbb. werden dargestellt: *4-Methyl-5.8-dioxy-6-acetocumarin,* F. 274–275°, aus 4-Methyl-5-oxy-6-acetocumarin. *Dimethyläther,* F. 180–181°. — *4-Methyl-6-oxy-7.8-dimethoxycumarin,* F. 178–179°, aus 4-Methyl-7.8-dimethoxycumarin. *Acetylderiv*, F. 109 bis 110°. *Methyläther,* F. 114°. — *4-Methyl-6-oxy-7-methoxycumarin,* F. 208–209°, aus 4-Methyl-7-methoxycumarin. *Acetylderiv.,* F. 200–201°. — *4-Methyl-6-oxy-5.7-dimethoxycumarin,* F. 191°, aus 4-Methyl-5.7-dimethoxycumarin. — *4-Phenyl-6-oxy-5.7-dimethoxycumarin,* F. 187–189°, aus 4-Phenyl-5.7-dimethoxycumarin. (Ricerca sci. **20.** 1304–05. Aug./Sept. 1950. Cagliari, Univ., Ist. di Chim. farm., u. Rom, Centro di studio per la chim. gener. del CNR.) K. FABER. 3211

A. N. Kosst und **A. P. Terentjew,** *Synthesen mittels Acrylonitrils.* 15. Mitt. *Gewinnung von 3-Phenyl- und 3.4-Diphenylpiperidin.* (14. vgl Журнал Общей Химии [J. allg. Chem.] **21** (**83**). [1951.] 1867.) Bei der Einw. von Acrylonitril (I) auf Benzylcyanid (II) entsteht *α-Phenylglutarsäuredinitril* (III), das bei der Red. mit Na in n-Butylalkohol *3-Phenylpiperidin* liefert. Analog entsteht bei der Red. von α.β-Diphenylglutarsäuredinitril (V) — dieses durch Umsetzung von Benzoldiazoniumchlorid mit I, Abspaltung von HCl, Addition von II — *3.4-Diphenylpiperidin.*

Versuche: *α-Phenylglutarsäuredinitril* (III), $C_{11}H_{10}N_2$, $Kp._{8,5}$ 181–183°; aus 29,3 g II u. 13,7 g I in Ggw. von 3 Tropfen $NaOC_2H_5$-Lsg.; man kühlt mit W., erwärmt nach 20—30 Min. ½ Std. auf 50—55°, gibt noch 2 Tropfen $NaOC_2H_5$-Lsg. hinzu, läßt 4 Std. bei Zimmertemp. einwirken u. gießt in 5%ig. Essigsäure; das Reaktionsprod. wird im Vakuum fraktioniert; $D.^{25}{}_4$ 1,0561; n_D^{25} 1,5237; 19,3—19,6 g (Ausbeute). — *Zimtsäurenitril* (**IV**), F. 20—22°; $Kp._{15}$ 113—115°. Zu einem Gemisch aus 30 g Essigsäure, 100 ml W., 70 ml 40%ig. KOH, 15 g $CuCl_2$, 250 ml Aceton u. 25 g **I** wird tropfenweise eine Benzoldiazoniumlsg. (48 g Anilin; 35 g $NaNO_2$; 150 ml W.; 10 ml konz. HCl) unter Kühlung hinzugefügt; man erwärmt ca. 2 Std. auf 50—55°, fügt W. hinzu, nimmt mit Ae. auf u. dest. im Vakuum 23—26 g *α-Chlor-β-phenylpropionitril* (etwas **IV** enthaltend), $Kp._{14}$ 135—139°, über. Dieses wird 30—40 Min. mit der 5fachen Menge Dimethylanilin erhitzt; n_D^{25} 1,5846; 14—15 g. — *α.β-Diphenylglutarsäuredinitril* (**V**), F. 105°; aus 11,7 g **II** u. 12,9 g **IV** in Ggw. von einigen Tropfen $NaOC_2H_5$-Lsg., anfangs unter Kühlung, dann 1½ Std. bei 40—50°; man gießt in Essigsäure/Eis u. krist. aus A.; 20—20,2 g. — *3-Phenylpiperidin*, $C_{11}H_{15}N$, $Kp._{12}$ 125,5—126°; aus 8,5 g **III** in 250 ml n-Butylalkohol bei der Red. mit 19 g Na bei 150—180° (Badtemp.); man dest. mit überhitztem Wasserdampf (180°) in verd. HCl u. dampft nach Abtrennung von C_4H_9OH zur Kristallisation ein; das *Hydrochlorid* wird mit pulverförmigem NaOH u. etwas Na_2SO_3 unter Kühlung zerlegt, worauf mit Ae. aufgenommen u. im Vakuum dest. wird; $D.^{23}{}_4$ 0,9592; n_D^{23} 1,5232; Mol.-Refr. 51,36; 4,75 g. *Hydrochlorid*, F. 143—143,5°. *Pikrat* u. *Benzoylderiv.* sind Öle. *β-Phenylpiperidin-N-carbonsäureäthylester*, $C_{14}H_{19}O_2N$, $Kp._{10}$ 145—146°; n_D^{25} 1,5124. — *3.4-Diphenylpiperidin*, F. 82—84°; $Kp._8$ 190°; 3—6,1 g aus 14 g **V**. (Журнал Общей Химии [J. allg. Chem.] **22** (**84**). 655—58. April 1952. Moskau, Univ., Zelinsky-Labor. für organ. Chemie.) H. FRÖHLICH. 3231

Hans Lettré, Werner Haede und **Eva Ruhbaum,** *Zur Darstellung von Derivaten des Nicotinsäureamids.* Durch Rk. des Anlagerungsprod. (I) von 2.4-Dinitrochlorbenzol (II) an Nicotinsäureamid (III) mit prim. Aminen nach einem von ZINCKE [1903] beschriebenen Mechanismus werden verschied. *[Pyridinium-3-carbonsäureamid]-chloride* dargestellt, von denen einige als mögliche *Promitosegifte* interessieren, die gegebenenfalls cytochem. zu den entsprechenden antimitot. tert. Aminen red. werden. Näher untersucht werden der Einfl. von *7-Cholesteryl-[pyridinium-3-carbonsäureamid]-chlorid* — auch in Verbindung mit *Colchicin*, dessen Wrkg. es verstärkt — auf die Mitose in vitro gezüchteter Fibroblasten sowie die Wrkg. (untersucht im Mäuse-Ascites-Tumor-Test) der durch Rk. von **I** mit Desacetylcolchicin (**IV**) gewonnenen *Verb.* $C_{26}H_{27}O_6N_2Cl$ (**V**), die durch Red. mit Dithionit wesentlich verstärkt wird. Auf Grund seiner Herst. aus dem Tropolonderiv. Trimethylcolchicinsäure (**VI**) enthält **IV** (u. damit **V**) ca. 15% an schwer abtrennbarer, biol. weniger wirksamer *Isoverb.*, wie sich durch Vgl. mit der Wirksamkeit von authent. **IV** ergibt. *α-Phenyl-4-aminozimtsäurenitril* (**VII**) reagierte nicht mit **I**, konnte aber mit 2.4-Dinitrophenylpyridiniumchlorid (**VIII**) entsprechend umgesetzt werden.

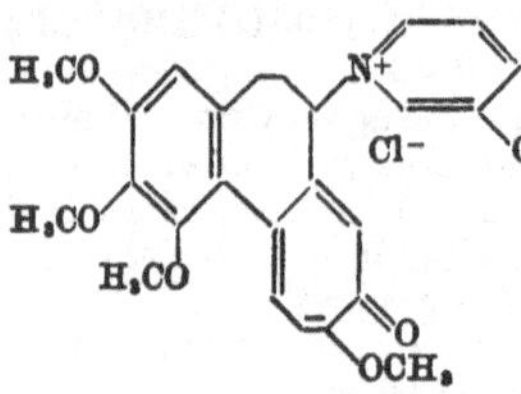

V

V e r s u c h e: *α-Phenyl-p-[N-pyridiniumchlorid]-zimtsäurenitrilhydrat*, $C_{20}H_{15}N_2Cl \cdot H_2O$, F. 150—152° (Methanol–Ae.), durch 20std. Rk. von **VII** u. **VIII** in sd. Methanol-Dioxan, Einengen, Aufkochen mit W., Fällen als $HgCl_2$-*Verb.*, Einleiten von H_2S in die wss. Lsg. u. Einengen des Filtrats; 42% (Ausbeute). — *2.4-Dinitrophenyl-[pyridinium-3-carbonsäureamid]-chlorid* (**I**), durch 1std. Erhitzen von **II** u. **III** auf dem Wasserbad, Lösen in Methanol, Digerieren mit Ae., Aufnehmen in W. u. Eindampfen; krist. mit 1 Mol Methanol, $C_{12}H_9O_5N_4Cl \cdot CH_3OH$, F. 115°; 63%. — *Nicotinsäureamidchlorbenzylat*, F. 235—236° (aus W. mit A.–Ae. gefällt), durch Rk. von **I** mit Benzylamin in Methanol u. Zusatz von Ae.; 91%. — *N-Phenyl-[pyridinium-3-carbonsäureamid]-chlorid*, $C_{12}H_{11}ON_2Cl$, F. ? (im Original 206—208° u. 236—238°; der Referent), aus **I** u. Anilin (**IX**) in Methanol u. Fällen mit Ae.; aus A.–Ae. Blättchen; 90%; auch durch Zers. nachst. Deriv. mit H_2S in W. u. Einengen des Filtrats. *$HgCl_2$-Doppelsalz*, $C_{12}H_{11}ON_2Cl_5Hg_2$, F. 151°, aus vorst. Verb. oder durch mehrstd. Kochen von **I** u. **IX** in A., Einengen u. Zugabe von W., HCl u. gesätt. $HgCl_2$-Lsg., aus W. Nadeln; 51%. — *Äthylen-1.2-bis-[pyridinium-3-carbonsäureamid]-dichlorid*, $C_{14}H_{16}O_2N_4Cl_2$, F. 285° (Zers.; Methanol–Ae.), aus **I** u. Äthylendiaminhydrat in Methanol, dann Fällen mit Äther. — Analog folgende Verbb.: *p-Sulfonamidobenzyl-[pyridinium-3-carbonsäureamid]-chlorid*, $C_{13}H_{14}O_3N_3ClS$, F. 246° (A.–Ae.), aus p-Sulfonamidobenzylamin (dieses aus dem Hydrochlorid [Marfanil]); 90%. — *7-Cholesteryl-[pyridinium-3-carbonsäureamid]-chlorid*, $C_{33}H_{51}O_2N_2Cl$, F. 217—218° (A.–Ae.), aus 7-Aminocholesterin (dieses aus dem Hydrochlorid); 54%. — *4'-Methoxystilbyl-[pyridinium-3-carbonsäureamid]-chlorid*, $C_{21}H_{21}O_2N_2Cl$, F. 180°, aus 4'-Methoxystilbylamin (dieses aus dem Hydrochlorid); 73%. — *Verb.* $C_{26}H_{27}O_6N_2Cl$ (**V**), F. 234—236° (Zers.; mit A.–Ae. aus W. gefällt), aus **I** u. **IV** (dieses aus **VI** mit äther.

CH_2N_2-Lsg. in Chlf.–Methanol u. Reinigung über das *Hydrochlorid*); 65%. — Folgende Verbb. bearbeitet von **Ingrid Hammer:** *Hexamethylen-1.6-bis-[pyridinium-3-carbonsäureamid]-dichlorid*, $C_{18}H_{24}O_2N_4Cl_2$, F. 254° (Methanol–Ae.), aus Hexamethylendiamin; 48%; daneben *2.4-Dinitranilin*. — *3-{β-[(Pyridinium-3-carbonsäureamid)-chlorid]-äthyl}-indol*, $C_{16}H_{16}ON_3Cl$, F. 236° (Methanol), aus Tryptamin; schwachgelb; 50%. (Liebigs Ann. Chem. **579**. 123—32. 1953. Göttingen, Univ., Organ.-Chem. Inst., u. Heidelberg, Univ., Inst. für exp. Krebsforschung.) W. HOFFMANN. 3231

J. N. Baxter und **J. Cymerman-Craig**, *Die Chemotherapie der Tuberkulose. 4. Mitt. Einige N-substituierte Nicotinamide und Nicotinamidine.* (3. vgl. C. **1952.** 4130.) Einige *N-Arylnicotinamidine* wurden nach OXLEY u. SHORT (J. chem. Soc. [London] **1946.** 147) u. die entsprechenden *Nicotinamide* aus Nicotinoylchlorid u. einem Amin dargestellt. Ihre pK_a-Werte wurden durch potentiometr. Titration in 50%ig. A. bestimmt u. miteinander verglichen. Die N-substituierten Verbb. besitzen in vitro größere antituberkulare Wirksamkeit als die Muttersubstanzen. Ein Zusammenhang zwischen Basizität u. bakteriolog. Wrkg. konnte nicht beobachtet werden. Langes Eindampfen von wss. *N-[p-Chlorphenyl]-nicotinamidin* (I)-*Toluol-p-sulfonat* führte zur Bldg. von *N-[p-Chlorphenyl]-nicotinamid* (II), woraus zu schließen ist, daß in der neutralen wss. Lsg. auf Grund des niedrigen pK_a-Wertes freies Amidin vorhanden ist. Die Basizität der Nicotinamidine ist um 1,5 pK-Einheiten geringer als die der entsprechenden Benzamidine.

Versuche: Nachst. *N-substituierte Nicotinamide* wurden durch Rk. von Nicotinoylchlorid mit dem entsprechenden Amin u. Gießen in Eiswasser mit Ausbeuten von 55—65% erhalten; aus Chlf. oder A. Nadeln oder Prismen: *N-[p-Chlorphenyl]*-(II), $C_{12}H_9ON_2Cl$, F. 169,5—170°. — *N-[p-Cyclohexylphenyl]*-, $C_{18}H_{20}ON_2$, F. 203—203,5°. — *N-[Diphenylyl-(4)]*-, $C_{18}H_{14}ON_2$, F. 217°. *Hydrochlorid*, $C_{18}H_{14}ON_2 \cdot HCl$, F. 267° (A.), Platten. — *N-[p-Phenoxyphenyl]*-, $C_{18}H_{14}O_2N_2$, F. 149,5—150°. — *N-[Dibenzofuryl-(2)]*-, $C_{18}H_{12}O_2N_2$, F. 220°. — Nachst. *N-substituierte Nicotinamidiniumtoluol-p-sulfonate* wurden durch 1,5—2,5std. Erhitzen von Amintoluol-p-sulfonat mit 3-Cyanpyridin auf 200°, Extraktion mit Ae., Ausziehen des unlösl. Nd. mit W. u. Einengen im Vakuum erhalten; 25—35%; aus W. oder Isopropanol Platten oder Nadeln. Die freien Basen wurden durch Zugabe von Alkali erhalten u. aus Chlf.–PAe. umkrist., Platten oder Prismen: *N-[p-Äthoxyphenyl]*-(III), $C_{21}H_{23}O_4N_3S$, F. 220°. *Freie Base*, $C_{14}H_{15}ON_3$, F. 128—129°. — *N-[p-Cyclohexylphenyl]*-, $C_{25}H_{29}O_3N_3S$, F. 178°. *Freie Base*, $C_{18}H_{21}N_3$, F. 172°. — *N-[Diphenylyl-(4)]*-, $C_{25}H_{23}O_3N_3S$, F. 213°. *Freie Base*, $C_{18}H_{15}N_3$, F. 162,5°. — *N-[p-Phenoxyphenyl]*-, $C_{25}H_{23}O_4N_3S$, F. 170°. *Freie Base*, $C_{18}H_{15}ON_3$, F. 163—164°. — *N-[Dibenzofuryl-(2)]*-, $C_{25}H_{21}O_4N_3S$, F. 213°. *Freie Base*, $C_{18}H_{13}ON_3$, F. 217,5°. — *N-[p-Chlorphenyl]-nicotinamidin* (I), $C_{12}H_{10}N_3Cl$, F. 190°. — Erhitzen von wss. I-Toluol-p-sulfonat auf 100° lieferte einen Nd., der nach Zugabe von Alkali u. Kristallisation aus Chlf. in zwei Fraktionen getrennt werden konnte. Während der eine Teil aus I bestand [*Dihydrochlorid*, $C_{12}H_{10}N_3Cl$, 2 HCl, F. 258—259° (Zers.: CH_3OH–W.). *Dipikrat*, $C_{12}H_{10}N_3Cl$, $2\,C_6H_3O_7N_3$, F. 166° (A.), Platten], lieferte der andere ein Gemisch von I-Dipikrat u. II-*Pikrat*, $C_{12}H_9ON_2Cl$, $C_6H_3O_7N_3$, F. 204—206° (A.), orangefarbene Prismen. — Entsprechend wurde aus III *N-[p-Äthoxyphenyl]-nicotinamid*, $C_{14}H_{14}O_2N_2$, F. 171—172° (Isopropanol); 1%; erhalten. — *Nicotinamid*, F. 129°, Platten. — *Nicotinanilid*, F. 119—120° (Bzl.–PAe.). *Hydrochlorid*, $C_{12}H_{10}ON_2 \cdot HCl$, F. 201,5—202°, aus A. Nadeln. — *Nicotinamidinhydrochlorid*, F. 186—187° (Isopropanol–Ae.). (J. chem. Soc. [London] **1953.** 1490—93. Mai. Sydney, Univ., Organ. Chem. Dep.)

HILDEGARD BAGANZ. 3231

Robert F. Toomey und **E. Raymond Riegel**, *Die Synthese von Tropasäure-[N-methylpiperidyl-(4)-ester]*. Vff. beschreiben eine von Chelidonsäure u. Acetyltropoylchlorid ausgehende Synth. des mit Atropin strukturverwandten *Tropasäure-[N-methylpiperidyl-(4)]-esters*.

Versuche: *Chelidonsäure*, durch Rk. von Aceton u. Oxalsäurediäthylester in Ggw. von C_2H_5ONa in absol. A., Einengen, Zugabe von HCl u. Eis u. 20std. Erhitzen des gebildeten *Diäthylesters* in konz. HCl; 72% (Ausbeute). — *N-Methylchelidamsäure*, durch 24std. Erhitzen vorst. Verb. in 25%ig. Methylaminlsg. auf 110° im Rohr u. Ansäuern; 89%. Daraus durch langsames Erhitzen u. Dest. bei 12 mm *N-Methylpyridon-(4)*; 86%. — *N-Methyl-4-oxypiperidin* (I), $Kp._8$ 83°, durch Red. vorst. Verb. mit Na in A., Fällen von NaCl mit alkoh. HCl, Zugabe von NH_4OH, 12std. Stehen u. Dest.; 46,5%. — *Acetyltropasäure*, durch Erhitzen von Tropasäure in Acetylchlorid u. mehrstd. Stehen unter Vakuum. Daraus durch 2std. Erhitzen mit $SOCl_2$ *Acetyltropoylchlorid*. — *Tropasäure-[N-methylpiperidyl-(4)]ester*, $C_{15}H_{21}O_3N$, durch 2std. Erhitzen vorst. Verb. mit I-*Hydrochlorid* (aus I mit alkoh. HCl), kurzes Erhitzen des gebildeten *Acetylderiv.* in W. u. Zugabe von NaOH; Öl; krist. bei Anreiben unter W.;

50—55%. (J. org. Chemistry **17.** 1492—93. Nov. 1952. Buffalo, N. Y., Univ., Dep. of Chem.) W. HOFFMANN. 3231

J. Büchi und **P. Meier,** *Die Darstellung und bakteriologische Prüfung einiger 8-[Oxyalkoxy]-chinolinderivate.* Es wurden die *Äthylen-* u. *Trimethylenglykoläther* von *8-Oxychinolin* (**I**) bzw. *8-Oxychinaldin* (**VI**) u. einiger ihrer Halogenderivv. hergestellt u. bakteriolog. auf ihre antisept. Wrkg. geprüft. Die dargestellten *8-[Oxyalkoxy]-chinolinderivv.* sind durchweg schlechter wirksam als die nicht verätherten Oxychinoline, zeigen aber gegen Staphylococcus pyogenes aureus etwas bessere Wrkg. als Phenoxetol.

V e r s u c h e (FF. korr.): *8-Oxychinaldine* (**VI**), F. 74—75°; aus 109 g o-Aminophenol u. 69,5 g o-Nitrophenol in 600 cm³ 69%ig. H_2SO_4 bei 110° durch Zutropfen von 105 g frisch dest. Crotonaldehyd innerhalb 45 Min., 1 Std. umrühren, dann 1 Std. bei 20°, in W. gießen, Nitrophenol mit Dampf abtreiben, Rückstand mit NH_4OH kongoneutral stellen, Nd. sodaalkal. machen u. mit Dampf dest.; gelbliche Nädelchen aus Methanol; sublimiert bei 90°/12 mm; 34,5% (Ausbeute). — *5-Chlor-8-oxychinolin* (**IV**), F. 124 bis 125°; aus **I** in 20%ig. HCl bei $<15°$ durch Einleiten von Cl_2, Nd. in W. lösen, mit Soda neutralisieren (Lackmus); Nadeln aus Ligroin; 42,9%. — Analog *5-Chlor-8-oxychinaldin,* F. 65,5—66,5°; 73%. — *5-Sulfo-8-oxychinolin,* durch Eintragen von 50 g **I** in 350 g rauchende H_2SO_4 (20% SO_3) bei $<10°$, 1 Std. stehenlassen, dann 24 Std. bei 5°, auf Eis gießen; aus 5%ig. HCl *Monohydrat,* gelbliche Nädelchen; 96,6%. — *5-Sulfo-7-chlor-8-oxychinolin,* aus 75 g der vorst. Verb. mit 25 g K_2CO_3 in W. bei 0° mit NaOCl-Lsg., dann HCl zutropfen, bis das Gemisch kongosauer bleibt, Temp. $<0°$, 12 Std. stehenlassen, mit Soda in Lsg. bringen, filtrieren (Entfernung von Dichlorverb.) u. Filtrat mit HCl neutralisieren; gelbliche Nädelchen des *Monohydrats* aus 5%ig. HCl; 91%. — *7-Chlor-8-oxychinolin* (**III**), F. 153—154°; aus 75 g der vorst. Verb. durch 30 Min. Kochen in 600 cm³ 50%ig. H_2SO_4, dann auf Eis gießen, mit NaOH kongoneutral stellen u. mit Soda lackmusneutral machen (Sulfosäure bleibt in Lsg.); aus Bzl. Nädelchen; 72,3%. — Analog *7-Chlor-8-oxychinaldin,* F. 118—119°; Nadeln aus Ligroin. Ausbeute der 3 Stufen 92,5 bzw. 84,4 bzw. 76,8%. — *5.7-Dichlor-8-oxychinolin,* F. 178—179°; aus **I** in Eisessig mit Cl_2 bei 15°, bis Kupplungs-Rk. mit diazotierter Sulfanilsäure negativ, dann mit wenig $NaHSO_3$ versetzen (um gebildetes 5.7.7-Trichlorketochinolin in die Dichlorverb. zu überführen) u. in W. gießen; aus Ligroin Nadeln; 61,3%. — *5-Chlor-7-jod-8-oxychinaldin* (**II**), F. 108—109°; aus 12 g gepulvertem Jod in 100 cm³ konz. HCl durch Einleiten von 10 g Cl_2, dann innerhalb 45 Min. 13,6 g **I** in 100 cm³ konz. HCl bei —5° eintropfen, 3 Std. rühren u. 24 Std. bei 20° stehenlassen, wenig $NaHSO_3$ zusetzen u. Nd. absaugen; braunstichige Nädelchen aus Ligroin; 83%. — *8-[γ-Oxypropoxy]-chinaldin,* $C_{13}H_{15}O_2N$, F. 106—106,5°; aus 5 g **VI** u. 3,15 g NaOH in 100 cm³ W. bei 100° mit 4,47 g Trimethylenchlorhydrin, dann ½ Std. kochen, abkühlen, untere Schicht in Chlf. aufnehmen, mit nNaOH waschen; bräunliches Öl, das erstarrt; aus Ligroin filzige Nädelchen, sublimiert bei 100°/0,2 mm; 55,8%. — *5-Chlor-7-jod-8-[β-oxyäthoxy]-chinaldin,* $C_{12}H_{11}O_2NClJ$, F. 126—127°; aus 6,39 g **II** in A. mit 2,7 g KOH u. 2,4 g Äthylenchlorhydrin bei 48 std. Kochen; schwachgelbliche Nädelchen aus Ligroin, sublimiert bei 0,2 mm/130°; 37,7%. — *7-Chlor-8-[β-oxyäthoxy]-chinolin,* $C_{11}H_{10}O_2NCl$, F. 67—68°; aus 1,8 g **III** in absol. A. mit 0,78 g K u. 1,2 g Äthylenchlorhydrin bei 48 std. Kochen; Nadeln aus Ligroin; 59,1%. — *5-Chlor-8-[β-oxyäthoxy]-chinolin,* $C_{11}H_{10}O_2NCl$, F. 118—119°; aus dem K-Salz von **IV** u. Äthylenchlorhydrin im Rohr bei 150° (5 Std.); Nadeln aus A./W.; 53,5%. — Analog wurden folgende *Äther* der Formel **V** dargestellt: $R_1 = R_2 = R_3 = H$, $n = 2$; F. 83—84°; 46,6%. *Hydrochlorid,* F. 200—201°. — $R_1 = R_2 = R_3 = H$, $n = 3$; F. 127—128°; 44,1%. — $R_1 = Cl$, $R_2 = R_3 = H$, $n = 3$; F. 105—106°; 51,8%. — $R_1 = R_3 = H$, $R_2 = Cl$, $n = 3$; F. 41—42°; 59,5%. *Hydrochlorid,* F. 153—154°. — $R_1 = R_2 = Cl$, $R_3 = H$, $n = 2$; F. 115—116°; 44,5%. — $R_1 = R_2 = Cl$, $R_3 = H$, $n = 3$; F. 105—106°; 63,1%. — $R_1 = Cl$, $R_2 = J$, $R_3 = H$, $n = 2$; F. 131—132°; 45,7%. — $R_1 = R_2 = H$, $R_3 = CH_3$, $n = 2$; F. 104—108°; 74,8%. *Hydrochlorid,* F. 219—219,5°. — $R_1 = Cl$, $R_2 = H$, $R_3 = CH_3$, $n = 2$; F. 135—135,5°; 49,0%. *Hydrochlorid,* F. 225—228°. — $R_1 = Cl$, $R_2 = H$, $R_3 = CH_3$, n = 3; F. 144—144,5; 64,7%. — $R_1 = H$, $R_2 = Cl$, $R_3 = CH_3$, $n = 2$; F. 87,5—88,5°; 64,2%. — $R_1 = H$, $R_2 = Cl$, $R_3 = CH_3$, $n = 3$; F. 80—81°; 57,5%. — $R_1 = R_2 = Cl$, $R_3 = CH_3$, $n = 2$; F. 117—118°; 55,3%. — $R_1 = R_2 = Cl$, $R_3 = CH_3$, $n = 3$; F. 90,5—91°; 58,7%. — $R_1 = Cl$, $R_2 = J$, $R_3 = CH_3$, $n = 3$, F. 113,5—114°; 37,4%. (Acta pharmac. int. [Copenhagen] **2.** 149—61. 1951. Zürich, ETH, Pharmazeut. Inst.) GOEBEL. 3231

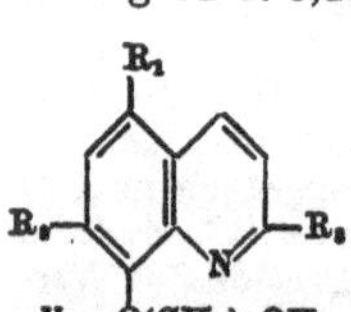

V

Alfred Burger und **Gilmer T. Fitchett,** *Synthesen in der 5.8-Dioxychinaldinreihe.* Vff. beschreiben die Darst. einer Anzahl von *5.8-Dimethoxychinaldinderivv.* aus 2.6-

nitro- u. -aminosubstituierten Verbb. des Hydrochinondimethyläthers. — Die pharmakol. Wrkg. des *4-[β-Diäthylaminoäthylamino]-5.8-dioxychinaldindihydrobromids* wird untersucht.

Versuche (FF. korr.): *2.5-Dimethoxyphenol*, $C_8H_{10}O_3$, Kp.$_{0,7}$ 87—89°, n_D^{25} 1,5430, durch Diazotierung von 2.5-Dimethoxyanilin in H_2SO_4, Eintropfen der Lsg. in heiße 10%ig. H_2SO_4, Dampfdest. u. Fraktionierung des benzol. Auszuges; 13% (Ausbeute). *3.5-Dinitrobenzoat*, $C_{15}H_{12}O_8N_2$, F. 129,5—131° (verd. A.); orangefarben. — *2.6-Dinitrohydrochinon*, F. 132—136° (Toluol), durch 2 std. Kochen von 2.6-Dinitrohydrochinon-4-acetat in Methanol–HCl u. Eindampfen; gelb; 95%. — *1.4-Dimethoxy-2.6-dinitrobenzol* (I), $C_8H_8O_6N_2$, F. 109—111°, aus vorst. Verb. mit CH_2N_2 in Ae.–Methanol; aus A. cremefarbene Nadeln; 88%. — *2.5-Dimethoxy-3-nitroanilin* (*2-Amino-6-nitro-1.4-dimethoxybenzol*) (II), $C_8H_{10}O_4N_2$, F. 87,5—89,5°, durch 1 std. Kochen von I mit $SnCl_2 \cdot 2\,H_2O$ in alkoh. HCl unter N_2, 12 std. Stehen u. Zers. der *$SnCl_4$-Komplexverb.* mit 10%ig. NaOH; aus Bzl.–Isooctan orangefarbene Blättchen; 39%. Daneben durch Einengen u. Alkalisieren des Filtrats, Aufnehmen in Bzl. u. Fällen mit Isooctan *x-Chlor-2.5-dimethoxy-3-nitroanilin*, $C_8H_9O_4N_2Cl$, F. 116,5—118,5° (verd. Methanol); gelb. Mit $(NH_4)_2S$ konnte II aus I wegen dessen Unbeständigkeit im alkal. Medium nicht gewonnen werden. II läßt sich durch Diazotierung nicht in 2.5-Dimethoxy-3-nitrophenol überführen. — *2.5-Dimethoxy-3-nitroacetanilid* (*3-Acetamido-2.5-dimethoxynitrobenzol*), $C_{10}H_{12}O_5N_2$, F. 137—139° (verd. A.), durch Acetylierung von II in Bzl. in Ggw. von Triäthylamin; citronengelb; 83,5%. — *3-Acetamido-2.5-dimethoxyanilin* (*2-Acetamido-6-amino-1.4-dimethoxybenzol*) (III), $C_{10}H_{14}O_3N_2$, F. 95—97° (Bzl.–Isooctan), durch Hydrierung vorst. Verb. in Essigester–A. in Ggw. von Raney-Ni; 92%. *Hydrochlorid*, $C_{10}H_{15}O_3N_2Cl$, F. 222° (Zers.; Methanol–Essigester). — *β-[2.5-Dimethoxy-3-acetamidoanilino]-crotonsäureäthylester* (IV), $C_{16}H_{22}O_5N_2$, F. 120,5—122,5° (Bzl.–Isooctan), durch mehrstd. Stehen vorst. Verb. mit Acetessigsäureäthylester in Ggw. von 20%ig. HCl im Exsiccator über H_2SO_4; 96%. — *4-Oxy-5.8-dimethoxy-7-acetamidochinaldin*, $C_{14}H_{16}O_4N_2$, F. 245—265° (Zers.; verd. A.), durch Conrad-Limpach-Cyclisierung von IV in sd. Diphenyläther u. Fällen mit PAe.; 74%; entsteht auch aus VI. Läßt sich weder alkal. noch sauer hydrolysieren. — *β-[2.5-Dimethoxy-3-nitroanilino]-crotonsäureäthylester*, $C_{14}H_{18}O_6N_2$, F. 88—90° (Methanol), analog IV aus II; citronengelb; 84%. — Daraus *4-Oxy-5.8-dimethoxy-7-nitrochinaldin* (V), $C_{12}H_{12}O_5N_2$, F. 245—247° (Zers.; Methanol); kanariengelb; 63%. — *4-Oxy-5.8-dimethoxy-7-aminochinaldin* (VI), $C_{12}H_{14}O_3N_2$, F. 266—267° (Zers.; Methanol), durch Hydrierung von V in A. mit Raney-Ni bei n. Druck; 96%. — *4-Oxy-5.8-dimethoxychinaldinhydrochlorid*, $C_{12}H_{14}O_3NCl$, F. 217° (Zers.), durch Diazotierung einer Suspension von VI in Methanol u. konz. HCl mit 25%ig. $NaNO_2$-Lsg. bei 0° u. anschließendes Erwärmen auf 50°. — *4-Chlor-5.8-dimethoxychinaldin*, $C_{12}H_{12}O_2NCl$, F. 122—123° (verd. A.), durch 3 std. Kochen vorst. Verb. (Base) in $POCl_3$, Zers. mit Eis, 8 std. Stehen u. Alkalisieren; 69%. — *4-[β-Diäthylaminoäthylamino]-5.8-dimethoxychinaldindihydrobromid*, $C_{18}H_{29} \cdot O_2N_3Br_2$, F. 214° (A.–Ae.), durch 6 std. Erhitzen vorst. Verb. mit β-Diäthylaminoäthylamin im Rohr auf 160—170°, Aufnehmen in Bzl. u. Fällen in Ae.; cremefarben; 22%. — *4-[β-Diäthylaminoäthylamino]-5.8-dioxychinaldindihydrobromid*, $C_{16}H_{25}O_2N_3Br_2$, F. 275° (Zers.; Methanol–Essigester), durch 9 std. Kochen vorst. Verb. in 48%ig. HBr unter N_2; 67%; hygroskopisch. — *4-Chlor-5.8-dimethoxy-7-nitrochinaldin*, $C_{12}H_{11}O_4N_2Cl$, F. 154,5—156,5° (A.), durch 11 std. Kochen von V in $POCl_3$; gelb. — *2.6-Diamino-1.4-dimethoxybenzol* (VII), $C_8H_{12}O_2N_2$, F. 69—72,5° (Bzl.–PAe.), Kp.$_{0,7-0,9}$ 133—138°, durch Hydrierung von I in Methanol–Essigester in Ggw. von Raney-Ni. *N.N'-Diacetylderiv.*, $C_{12}H_{16}O_4N_2$, F. 194,5—196,5°; aus Essigester seidige Nadeln; entsteht auch aus III. — *β.β'-[2.5-Dimethoxy-1.3-phenylendiamino]-dicrotonsäurediäthylester*, $C_{20}H_{28}O_6N_2$, F. 81,5—83,5° (Isooctan), analog IV aus VII; 73%. — *2.8-Dimethyl-4.6-dioxy-5.10-dimethoxypyrido-[3.2:g]-chinolindihydrochlorid*, $C_{16}H_{18}O_4N_2Cl_2$, F. 290° (Zers.; W.), aus vorst. Verb. durch beiderseitige Conrad-Limpach-Cyclisierung u. Zusatz von heißer HCl; orangefarben. (J. Amer. chem. Soc. **75**. 1359—62. 20/3. 1953. Charlottesville, Va., Univ., Cobb Chem. Labor.) W. Hoffmann. 3231

David Y. Curtin und **E. W. Tristram.** *Die Reaktion von Phenylhydrazin mit α-Halogenacetophenonen.* Vff. diskutieren die Ergebnisse chem. u. physikal. Unterss. des Reaktionsproduktes. Kryoskop. Messungen u. Röntgenstrukturanalyse zeigen, daß das Mol.-Gew. mit der Formel $C_{28}H_{24}N_4$ übereinstimmt. Das Reaktionsprod. existiert in 2 Modifikationen. Rk. mit Hydroxylamin ergibt *Diphenacyldioxim*, die katalyt. Hydrierung führt zu *Diphenacyl-bis-phenylhydrazon*. Unter Einbeziehung des UV- u. Ultrarotspektr. ergibt sich für das Reaktionsprod. die Struktur eines *6-Benzolazo-1.3.6-triphenyl-1.4.5.6-tetrahydropyridazins* (I). Weiter wird der Abbau durch Säuren untersucht, bei dem sich unter bestimmten Bedingungen *1.3.6-Triphenyl-1.4-dihydropyridazin* bildet.

Versuche: *6-Benzolazo-1.3.6-triphenyl-1.4.5.6-tetrahydropyridazin* (I), $C_{28}H_{24}N_4$, nach HOOGEVEEN (Recueil Trav. chim. Pays-Bas **50.** [1931.] 669) aus α-Bromacetophenon, wasserfreiem CH_3COONa u. Phenylhydrazin in A., gelbe Nadeln; F. 137,5 bis 138,5°; 60% (Ausbeute); nach Stehen in A. bei Raumtemp. rote monokline Blättchen, F. 132—136°. — *Diphenacyl-bis-phenylhydrazon*, F. 180—185°, aus I durch katalyt. Hydrierung mit H_2/PtO_2 während 30 Std. in A. bei 3,5 at, aus A.-Aceton schwach gelbliche Kristalle; 91%. — *Dibenzoyläthandioxim* (*Diphenacyldioxim*), F. 207—208°, durch 4 std. Kochen einer Lsg. von $NH_2OH \cdot HCl$ u. CH_3COONa in W. mit I in A., farblose Kristalle; 90%. — *1.3.6-Triphenyl-1.4-dihydropyridazin*, F. 113,5 bis 115,5°. I wird unter Schütteln zu H_2SO_4 u. W. (25 : 13) bei 10° hinzugefügt. Nach Eingießen in Eiswasser aus A. gelbe Nadeln; 38%. (J. Amer. chem. Soc. **72.** 5238—42. Nov. 1950. New York, N. Y., Columbia Univ.) BRÜCKNER. 3272

F. L. Rose, *Neue von 5-Aminopyrimidinen ausgehende Synthesen.* Die Darst. einer Reihe von *5-Aminopyrimidinen* wird beschrieben, von denen die meisten an $C_{(2)}$ weitere Aminoreste besitzen. Die NH_2-Gruppe an $C_{(5)}$ zeigt das Verh. aromat. prim. Amine u. läßt sich diazotieren. Bei Verbb. mit –SH, –OH oder $-NH_2$ an $C_{(4)}$ bzw. $C_{(6)}$ erfolgt dabei jedoch — auch in saurem Medium — sofort Cyclisierung zu *Pyrimidinothiadiazolen, -oxadiazolen* bzw. *-triazolen*; Verbb. mit Alkylgruppen in 4- u. 6-Stellung liefern in Ggw. von Alkali nach der Diazotierung *1.2.4.6-Tetraazaindene*; das *5-Amino-7-methylderiv.* (I) besitzt Antituberkulosewrkg. in vivo. Ringschluß erfolgt auch bei Pyrimidinen mit Phenyl-, Dialkylamino-, Alkylmercapto- u. Carboxymethylmercaptogruppen an $C_{(4)}$. Neben den entsprechenden Tetraazaindenen entstehen dabei in einigen Fällen *Azoverbb.* nicht genau ermittelter Konst.; die Isolierung von I neben der Azoverb. erfordert besondere Methoden. 5-Amino-, 5-Amino-7-methoxy- u. 5-Amino-7-chlor-1.2.4.6-tetraazainden konnten nach obigem Verf. nicht synthetisiert werden. 5-Aminopyrimidine mit verschied. Alkylresten an $C_{(4)}$ u. $C_{(6)}$ liefern nach der Diazotierung 2 isomere Prodd.; die Zuordnung der Strukturen von *5-Amino-3.7-dimethyl-* u. *5-Amino-7-äthyl-1.2.4.6-tetraazainden* erfolgte durch Vgl. ihrer UV-Absorptionsspektren mit denen von I, *5-Amino-7-äthyl-3-methyl-1.2.4.6-tetraazainden* u. *2-Amino-6-methylpurin.* Die RS-Gruppe einiger Alkylmercaptotetraazaindene kann gegen –OH, $-NH_2$, Alkylamino- bzw. Dialkylaminogruppen ausgetauscht werden; *7-Dimethylamino-1.2.4.6-tetraazainden* ist aus dem *5-Methylmercaptoderiv.* durch reduktive Entschwefelung zugänglich; der weitere Austausch von $-N(CH_3)_2$ gegen –OH scheiterte; mit konz. HCl entstand eine *Verb.* $C_4H_5O_2N_3$, wahrscheinlich *4-Aminopyrazol-5-carbonsäure.* Aus dem leicht zugänglichen *2.5-Diamino-4.6-dimethylpyrimidin* (II) wurde eine Reihe weiterer Derivv. dargestellt. Die 5-Aminogruppe zeigt n. Verh. bei Acylierungsrkk.; beschrieben werden auch Umsetzungen mit Dicyanimid u. Dicyandiamiden, wobei *Pyrimidyldiguanide* entstehen. — Die verwendeten 5-Aminopyrimidine werden durch Hydrierung der entsprechenden *5-Phenylazopyrimidine* mit RANEY-Ni erhalten; letztere bilden sich bei der Kondensation von Phenylazodiketonen mit Guanidinderivv.; die bei Verwendung monoalkylierter Guanidine theoret. mögliche Bldg. N-substituierter 2-Ketiminodihydropyrimidine wird durch Vgl. entsprechender UV-Spektren ausgeschlossen. Bei einem von BEHREND (1888) erhaltenen u. als „*5-Diazouracil-6-aldoxim*" bezeichneten Prod. handelt es sich nach Ansicht des Vf. um das Hydrat einer *Verb.* $C_5H_3O_3N_5$, der die obenst. Oxadiazolstruktur III zukommt.

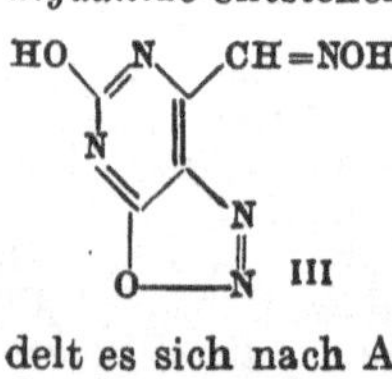

III

Versuche: *5-Amino-7-methyl-1.2.4.6-tetraazainden* (I), $C_6H_7N_5$, F. 301° (Zers.), durch Diazotieren von 138 g II, Zugeben der Diazoniumsalzlsg. durch eine Capillare zu stark gerührter 5nNaOH <10°, 20 Min. langes Erhitzen mit $Na_2S_2O_4$ auf 80° u. Fällen mit konz. HCl; aus Dimethylformamid strohfarbene Nadeln; roh 123 g (Ausbeute); verd. Lsgg. fluorescieren stark. *Hydrochlorid*, $C_6H_7N_5 \cdot HCl$, F. 253° (Zers.; mit Aceton gefällt). Bei Zugeben der obigen Diazoniumsalzlsg. zu NH_4OH oder Sodalsg. entsteht als Hauptprod. die *Azoverb.* $C_{12}H_{14}N_{10}$, F. >340°; aus Essigsäure rotbraune Blättchen. — *5-Oxy-7-methyl-1.2.4.6-tetraazainden*, $C_6H_6ON_4 \cdot 1^1/_2\ H_2O$, F. 339° (Zers.), durch 20 std. Kochen von I in konz. HCl; aus W. Nadeln. — *5-Amino-7-methylmercapto-1.2.4.6-tetraazainden* (IV), $C_6H_7N_5S$, F. 269° (Zers.), analog I aus 68 g **XXIII**; aus 2-Äthoxyäthanol hellgelbe Prismen; roh 32 g. *Hydrochlorid*, $C_6H_7N_5S \cdot HCl \cdot 1^1/_2\ H_2O$, F. >350° (W.). Intermediäres *Diazoniumsalz*, $C_6H_8N_5ClS \cdot 1{,}25\ H_2O$, aus W. strohfarbene Prismen, die sich bei 180° zersetzen. — Ferner nachst. 1.2.4.6-Tetraazaindene: *5-Amino-7-oxy-*, durch 1 std. Erhitzen von 4,5 g IV mit Perhydrol in Essigsäure auf 90—95° als *Methansulfonat*, $C_5H_5ON_5 \cdot CH_3SO_3H$, F. 370° (Zers.); aus W. hellgelbe Prismen; 4 g. — *5-Amino-7-benzylmercapto-* (V), $C_{12}H_{11}N_5S$, F. 198° (Chlorbenzol), aus 6,2 g **XXIV**; 2,25 g. — *5.7-Diamino-*, F. 330° (Zers.), durch 16 std. Erhitzen von 5 g

IV mit NH_4OH (D. 0,88) auf 150° im Rohr; 2,8 g; entsteht ebenso aus **V**. *Hydrochlorid*, $C_5H_6N_6 \cdot HCl \cdot H_2O$; aus W. nichtschm. Rosetten. — *5-Amino-7-isopropylamino-*, $C_8H_{12} \cdot N_6 \cdot \frac{1}{2} H_2O$, F. 246°, analog vorst. Verb. aus **IV** u. $(CH_3)_2CHNH_2$; nach Reinigung über das *Hydrogensulfit* aus W. Prismen. — *5-Amino-7-piperidino-*, $C_{10}H_{14}N_6$, F. 224° (Zers.), durch 4std. Kochen von **V** u. Piperidin; aus Dioxan Prismen. — *5-Amino-7-morpholino-*, $C_9H_{12}ON_6 \cdot 0{,}33\ H_2O$, F. 229—232°; aus W. cremefarbene Nadeln. — *5-Amino-7-dimethylamino-*, $C_7H_{10}N_6 \cdot H_2O$, F. 264° (Zers.), a) durch Diazotieren von 4,2 g **XXI**, Behandeln mit 3n, dann 10n NaOH <10°, Lösen in heißem W. u. Neutralisieren mit Essigsäure; 4 g; b) durch 10 Min. langes Erhitzen der Diazolsg. aus 2,7 g **XXI** auf 95—100° u. Zugabe von CH_3COONa; 2 g. — *7-Methyl-5-methylamino-*, $C_7H_9N_5$, F. 276—277°, durch Diazotieren von 25 g **XII**-Sulfat, Zugeben zu 3nNaOH u. Erhitzen mit $Na_2S_2O_4$ auf 60°; aus verd. alkal. Lsg. mit Essigsäure Prismen; 11,3 g. — *5-Dimethylamino-7-methyl-*, *Hydrogensulfit*, $C_8H_{11}N_5 \cdot H_2SO_3$, F. 174—176°, analog vorst. Verb. aus 15 g **XIII**; aus W. Nadeln; gibt nach Kochen in verd. HCl u. Neutralisieren mit wss. NH_4OH die *Base*, $C_8H_{11}N_5$, F. 166°, aus Toluol Nadeln; 6,4 g. — *5-Äthylamino-7-methyl-*, $C_8H_{11}N_5$, F. 224°, aus 20 g **XIV**-Sulfat über das *Hydrogensulfit*; aus Methanol Nadeln; 7 g. — *7-Methyl-5-n-propylamino-*, $C_9H_{13}N_5$, F. 221°, aus 2-Äthoxyäthanol cremefarbene Prismen. — *7-Methyl-5-isopropylamino-*, F. 213—215°, aus Toluol Blättchen. — *5-n-Butylamino-7-methyl-*, $C_{10}H_{15}N_5$, F. 162°, aus Toluol cremefarbene Nadeln. — *5-Isobutylamino-7-methyl-*, F. 200°, aus Chlorbenzol cremefarbene Blättchen. — *5-n-Amylamino-7-methyl-*, $C_{11}H_{17}N_5$, F. 154°, aus Toluol cremefarbene Prismen. — *7-Methyl-5-piperidino-*, $C_{11}H_{15}N_5$, F. 160—161°, aus Leichtbenzin Nadeln. — *5-Amino-7-äthyl-3-methyl-*, $C_8H_{11}N_5$, F. 219°, aus **XIX**; aus Butanol hellgelbe prismat. Nadeln. — *5-Guanidino-7-methyl-*, $C_7H_9N_7 \cdot 1\frac{1}{2} H_2O$, F. 227° (Zers.), durch Diazotieren von 24 g **XI**, Zugeben zu 3nNaOH <5°, Neutralisieren u. Heißfiltrieren; aus W. Nadeln; 14 g. *Sulfat*, $C_7H_9N_7 \cdot \frac{1}{2} H_2SO_4$, F. >330°, aus W. cremefarbene Nadeln. — *5-[p-Chloranilino]-7-methyl-*, $C_{12}H_{10}N_5Cl$, F. 242°, durch Diazotieren von 12,5 g **XV** bei 15—20°, 16std. Behandlung mit 2nNaOH, Neutralisieren u. Zugabe von NH_4Cl; aus Butanol hellgelbe Prismen; 6,9 g. — *7-Methyl-5-[p-anisidino]-*, $C_{13}H_{13}ON_5$, F. 215°, analog vorst. Verb. aus 5,8 g **XVI**; aus Butanol gelbe Prismen; 4,3 g. — *5-Amino-7-phenyl-*, $C_{11}H_9N_5 \cdot H_2O$, F. 90—95°, aus 2,3 g **XVII**; aus W. citronengelbe prismat. Nadeln; 1,6 g. — *5-Amino-3.7-dimethyl-*, *Hydrochlorid*, $C_7H_9N_5 \cdot HCl$, F. 342°, durch Diazotierung von 31,5 g **XVIII** u. Zugabe von viel HCl; aus W. strohfarbene Nadeln; 7,5 g; daraus mit verd. NaOH, dann NH_4Cl-Lsg. die *Base*, $C_7H_9N_5$, F. 327° (Zers.); Nadeln. — *5-Amino-7-äthyl-*, $C_7H_9N_5$, F. 278—280°, durch Neutralisieren der Mutterlauge bei der Darst. vorst. Hydrochlorids; aus 2-Äthoxyäthanol flache gelbe Nadeln; 11 g (roh). — *7-Dimethylamino-5-methylmercapto-*, $C_8H_{11}N_5S$, F. >300°, durch Diazotierung von 19,8 g **XXVI** bei 20°, 10 Min. langes Erhitzen auf 95—100° oder 2tägiges Stehen bei 20—25° u. Fällen aus der alkal. Lsg. des entstandenen *Hydrochlorids* (23 g) mit Essigsäure; aus Dimethylformamid rechtwinklige Prismen. — *7-Dimethylamino-*, *Hydrochlorid*, $C_7H_9N_5 \cdot HCl$, F. 288° (wss. Aceton), durch 16std. Erhitzen von 50 g vorst. Verb. u. 210 g RANEY-Ni in Dimethylformamid u. W. auf 100—105°, Heißfiltrieren, Eindampfen u. Aufnehmen in konz. HCl; 28 g. Daraus die *Base*, $C_7H_9N_5$, F. 261—264°; aus 2-Äthoxyäthanol Prismen. — Bei 6std. Kochen von 4,5 g des vorst. Hydrochlorids in 5nHCl u. Behandeln mit wss. NH_4OH u. Essigsäure entsteht *Verb.* $C_4H_5O_2N_3$, wahrscheinlich *4-Aminopyrazol-5-carbonsäure*, F. 211° (Zers.); 1,1 g. — *[5-Amino-1.2.4.6-tetraazaindenyl-(7)-mercapto]-essigsäure*, $C_7H_7O_2N_5S \cdot H_2O$, ohne F., durch Diazotierung von 22 g **XXV**; rein durch Fällen mit Essigsäure aus ammoniakal. Lsg.; 5 g. — **III**-*Hydrat(?)*, $C_5H_3O_3N_5 \cdot H_2O$, F. 245°, durch Diazotierung von 28 g 5-Amino-6-methyluracil u. Trocknen bei 100—160°/0,5 mm; aus W. Nadeln; 40 g; aus sd. Dichlorbenzol wasserfrei (F. 239°; Zers.). — *2.6-Diamino-5-formamido-4-methylpyrimidin*, $C_6H_9ON_5$, F. <300° (nur bei schnellem Erhitzen), durch 7std. Kochen von 5 g 2.5.6-Triamino-4-methylpyrimidin (**VI**) in 98%ig. HCOOH, Fällen mit Ae., Aufnehmen in heißem W. u. Alkalisieren mit wss. NH_4OH; aus W. Nadeln; 3,2 g. — *2-Amino-6-methylpurin*, $C_6H_7N_5$, durch Zugabe von 3 g vorst. Verb. zu 280° heißem Paraffin (Gasentw.), Verdünnen mit Bzl., Aufnehmen in 0,5nNaOH u. Fällen mit gesätt. NH_4Cl-Lsg.; aus W. Nadeln, die sich bei 300—320° zers.; 2,3 g (roh). — *2-Amino-4.6.7-trimethylpteridin* (**A**), $C_9H_{11}N_5$, F. 312—313°, aus 6 g **VI** u. Diacetyl bei 80° in W.; aus 2-Äthoxyäthanol gelbe Blättchen; 4,5 g. — *2-Amino-6-methyl-1'.2'.3'-triazolo-[5'.4':4.5]-pyrimidin*, $C_5H_6N_6 \cdot H_2O$, F. 284—285°, durch Diazotierung von 7 g **VI**, Aufnehmen in verd. NaOH u. Fällen mit Essigsäure; aus viel W. Blättchen; 7,4 g. — *2-Amino-6-methyl-1'.2'.3'-oxadiazolo-[5'.4':4.5]-pyrimidin*, $C_5H_5ON_5$, F. ca. 150° (explosive Zers.), durch Diazotie-

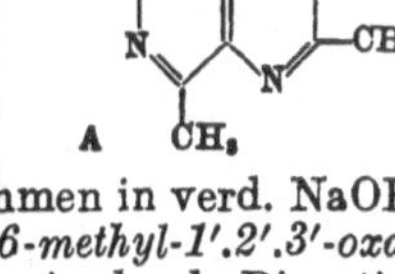

A

rung von 7,9 g 2.5-Diamino-4-oxy-6-methylpyrimidin (dieses aus 2-Amino-4-oxy-6-methylpyrimidin u. diazotiertem p-Chloranilin durch Red. mit RANEY-Ni unter Druck) u. Zugabe von NH_4OH; cremefarbene Nadeln; 5,7 g. — *2-Amino-6-methyl-1'.2'.3'-thiadiazolo-[5'.4':4.5]-pyrimidin*, $C_5H_5N_5S$, F. 216°, durch Diazotierung von 39 g **XXII** u. mehrstd. Stehen; aus Dimethylformamid Nadeln; 23,2 g. — *2-Amino-6-methyl-1'.3'-thiazolo-[5'.4':4.5]-pyrimidin*, $C_6H_6N_4S$, F. 214° (Butanol), durch 7 std. Kochen von 5 g **XXII** in 98%ig. HCOOH u. Alkalisieren; 3,5 g. — *2.2'-Diamino-6-methyl-1'.3'-thiazolo-[5'.4':4.5]-pyrimidinhydrochlorid*, $C_6H_7N_5S \cdot HCl$, F. 315° (Zers.), durch ½ std. Erhitzen von 24 g **XXVII** u. KSCN in 2nHCl auf 95°; aus W. flache gelbe Nadeln; 9 g; daraus die *Base*, $C_6H_7N_5S$, F. 276—278°, aus Butanol Blättchen. — *5.6-Dihydro-5-keto-2'-amino-6'-methylpyrimidino-[4'.5':2.3]-1.4-thiazinhydrochlorid*, $C_7H_8ON_4S \cdot HCl \cdot H_2O$, durch ½ std. Kochen von 9,5 g **XXV** in 2nHCl; lange, prismat. Nadeln; 6,05 g. — *2-Amino-4.6-dimethyl-5-phenylazopyrimidin*, F. 227—229°, durch Diazotieren von 186 g Anilin, Zusetzen der Diazoniumchloridlsg. zu Acetylaceton u. Na_2CO_3 in W., Zugeben des entstandenen *Phenylazoacetylacetons* (**VII**) zu einer Lsg. von Guanidinnitrat (**VIII**) in 10nNaOH u. Methanol, 20 std. Erhitzen auf 50° u. Waschen mit Methanol u. W. (60°); orangefarbene Blättchen; 410 g. — *2.5-Diamino-4.6-dimethyl-pyrimidin* (**II**), F. 184,5—186,5°, durch Druckhydrierung von 300 g vorst. Verb. in Ggw. von RANEY-Ni in Methanol, Filtrieren bei 60°, Eindampfen u. Waschen mit Ae.; große Prismen; 180 g. — *4.6-Dimethyl-2-methylamino-5-phenylazopyrimidin* (**IX**), $C_{13}H_{15}N_5$, F. 161°, durch Einw. von Methylguanidinsulfat auf **VII** in Methanol u. 11nNaOH, 5 Tage bei 20—25°; nach Waschen mit 50%ig. Methanol u. warmem W. aus Toluol goldfarbene Nadeln. — Analog nachst. 4.6-D i m e t h y l - 5 - p h e n y l a z o - p y r i m i d i n e: *2-Dimethylamino-*, $C_{14}H_{17}N_5$, F. 99° (PAe.); 5 Tage bei 20—25°. — *2-Äthylamino-*, $C_{14}H_{17}N_5$, F. 122° (Leichtbenzin); 5 Tage bei 20—25°. — *2-n-Propylamino-*, $C_{15}H_{19}N_5$, F. 136° (Methanol); 3 Tage bei 37°. — *2-Isopropylamino-*, $C_{15}H_{19}N_5$, F. 75—76° (wss. Methanol); 7 Tage bei 20—25°. — *2-n-Butylamino-*, $C_{16}H_{21}N_5$, F. 89° (Methanol); 3 Tage bei 37°. — *2-Isobutylamino-*, $C_{16}H_{21}N_5$, F. 104° (Methanol); 3 Tage bei 37°. — *2-n-Amylamino-*, $C_{17}H_{23}N_5$, F. 92—93° (Methanol); 3 Tage bei 37° (mit festem NaOH). — *2-Piperidino-*, $C_{17}H_{21}N_5$, F. 107° (Butanol); 3 Tage bei 37°. — *2-[p Chloranilino]-*, $C_{18}H_{16}N_5Cl$, F. 126—127° (A.); 3 Tage bei 37°. — *2-[p-Anisidino]-*, $C_{19}H_{19}ON_5$, F. 128—130° (Bzl.-PAe.); 3 Tage bei 37°. — *2-Guanidino-* (**X**), $C_{13}H_{15}N_7$, F. 247—248° (Butanol), aus Diguanidsulfat; 5 Min. bei 70°, dann 16 Std. bei 45°. — *2-Amino-4-methyl-6-phenyl-5-phenylazopyrimidin*, $C_{17}H_{15}N_5$, F. 158°, aus **VIII** u. [Phenylazo]-benzoylaceton; 2 Tage bei 37°; aus A. rotbraune Prismen. — *3-Phenylazohexandion-(2.4)*, $C_{12}H_{14}O_2N_2$, F. 83—84° (Methanol). Daraus *2-Amino-6-äthyl-4-methyl-5-phenylazopyrimidin*, $C_{13}H_{15}N_5$, F. 171°, aus Butanol gelbrote Nadeln. — *4-Phenylazoheptandion-(3.5)*, $C_{13}H_{16}O_2N_2$, F. 76° (Methanol). Daraus *2-Amino-4.6-diäthyl-5-phenylazopyrimidin*, $C_{14}H_{17}N_5$, F. 156°, aus Methanol rote Blättchen. — *3-Phenylazoheptandion-(2.4)* $C_{13}H_{16}O_2N_2$, F. 65° (wss. Methanol) (im Original irrtümlich als 4-Phenylazooctandion-(3.5), $C_{14}H_{18}O_2N_2$, bezeichnet. Der Ref.). Daraus *2-Amino-6-methyl-5-phenylazo-4-n-propylpyrimidin*, $C_{14}H_{17}N_5$, F. 108°, aus Methanol orangefarbene Nadeln. — *5-Amino-2-guanidino-4.6-dimethylpyrimidin* (**XI**)-*Sulfat*, $C_7H_{12}N_6 \cdot H_2SO_4$, F. 229°, durch Hydrierung von 26,2 g **X** mit RANEY-Ni in Methanol, Eindampfen, Auslaugen mit Bzl. u. Aufnehmen des Rückstands in nH_2SO_4 bei 80°; Nadeln; 14 g. — *5-Amino-4.6-dimethyl-2-methylaminopyrimidin* (**XII**), *Sulfat*, $C_7H_{12}N_4 \cdot H_2SO_4$, F. 193°, durch Red. von **IX** mit RANEY-Ni in Methanol bei anfangs 35° unter Druck, Dampfdest. (zur Entfernung von Anilin) u. Zugabe von 5nH_2SO_4 zum Rückstand; aus W. Nadeln; daraus die *Base*, $C_7H_{12}N_4$, F. 113°, aus Xylol Prismen. — Analog **XII** werden nachst. 5 - A m i n o - 4.6 - d i m e t h y l p y r i m i d i n e erhalten: *2-Dimethylamino-* (**XIII**), $C_8H_{14}N_4$, F. 122° (PAe.). — *2-Äthylamino-* (**XIV**), *Sulfat*, $C_8H_{14}N_4 \cdot H_2SO_4 \cdot H_2O$, F. 145° (A.); *Base*, $C_8H_{14}N_4$, F. 72° (PAe.). — *2-Isopropylamino-*, $C_9H_{16}N_4$, F. 101° (PAe.). — *2-n-Propylamino-*, $C_9H_{16}N_4$, F. 98° (Leichtbenzin). — *2-n-Butylamino-*, *Sulfat*, $C_{10}H_{18}N_4 \cdot H_2SO_4 \cdot ½H_2O$, F. 150° (W.). — *2-Isobutylamino-*, *Sulfat*, $C_{10}H_{18}N_4 \cdot H_2SO_4 \cdot ½H_2O$, F. 150° (W.). — *2-n-Amylamino-*, *Sulfat*, $C_{11}H_{20}N_4 \cdot H_2SO_4$, F. 143—144° (W.). — *2-Piperidino-*, $C_{11}H_{18}N_4$, F. 160—162° (Methanol). — *2-[p-Chloranilino]-* (**XV**), $C_{12}H_{13}N_4Cl$, F. 132° (Toluol). — *2-[p-Anisidino]-* (**XVI**), $C_{13}H_{16}ON_4$, F. 119° (Toluol) (Isolierung analog **XI**). — Ferner folgende 2.5 - D i a m i n o p y r i m i d i n e: *6-Methyl-4-phenyl-* (**XVII**), $C_{11}H_{12}N_4$, F. 146° (Aceton). — *6-Methyl-4-n-propyl-*, $C_8H_{14}N_4$, F. 114—116° (Bzl.). — *4-Äthyl-6-methyl-* (**XVIII**), $C_7H_{12}N_4$, F. 132° (Toluol). — *4.6-Diäthyl-* (**XIX**), $C_8H_{14}N_4$, F. 98° (Bzl.). — *2-Amino-4-dimethylamino-6-methyl-5-nitropyrimidin*, $C_7H_{11}O_2N_5$, F. 192—193°, durch Einw. von 25%ig. wss. $(CH_3)_2NH$ auf 19 g 2-Amino-4-chlor-6-methyl-5-nitropyrimidin (**XX**) in Dioxan bei anfangs 40°; aus A. goldfarbene Nadeln; 15 g. Daraus durch Druckhydrierung in Ggw. von RANEY-Ni in Methanol *2.5-Diamino-4-dimethylamino-6-methylpyrimidin* (**XXI**), $C_7H_{13}N_5$, F. 117 bis 119°, aus Bzl. Prismen; 11 g. — *2.5-Diamino-4-mercapto-6-methylpyrimidin* (**XXII**), $C_5H_8N_4S$, F. 310° (Zers.; 2-Äthoxyäthanol–W.), durch Eintragen von **XX** in eine Schmelze von $Na_2S \cdot 9\,H_2O$ bei 95°, nach 1 Std. Lösen in heißem W. u. Fällen mit Essigsäure. — *2-Amino-4-methyl-6-methylmercapto-5-nitropyrimidin*, $C_6H_8O_2N_4S$, F. 219°, durch $^1/_4$ std. Einw. von 10 n NaOH auf 4 g **XX** u. S-Methylthiuroniumsulfat in Dioxan–W.; aus Butanol gelbe Nadeln; 3 g. Daraus durch Druckhydrierung über Pd-Kohle in Methanol *2.5-Diamino-4-methyl-6-methylmercaptopyrimidin* (**XXIII**), $C_6H_{10}N_4S$, F. 141 bis 142°, aus W. Prismen. — *2-Amino-4-benzylmercapto-6-methyl-5-nitropyrimidin*, $C_{12}H_{12}O_2N_4S$, F. 155°, aus **XX** u. S-Benzylthiuroniumchlorid; aus Bzl. prismat. gelbe Nadeln. Daraus analog **XXIII** (aber in Butanol) *2.5-Diamino-4-benzylmercapto-6-methylpyrimidin* (**XXIV**), $C_{12}H_{14}N_4S$, F. 160°. — *[2.5-Diamino-4-methylpyrimidyl-(6)-mercapto]-essigsäure* (**XXV**), $C_7H_{10}O_2N_4S \cdot H_2O$, durch ½ std. Erhitzen von 37 g **XXII** u. $ClCH_2COOH$ in 2 n NaOH auf 95°; mit Essigsäure cremefarbene Nadeln, die sich bei ca. 230° zers.; 48,5 g. — *2-Chlor-4-dimethylamino-6-methyl-5-nitropyrimidin*, $C_7H_9O_2N_4Cl$, F. 97—98°, durch mehrstd. Einw. von 25%ig. wss. $(CH_3)_2NH$ auf 62 g 2.4-Dichlor-6-methyl-5-nitropyrimidin in Dioxan bei 20° u. Fällen mit W.; aus Methanol goldfarbene Nadeln; 33,5 g. — *4-Dimethylamino-2-mercapto-6-methyl-5-nitropyrimidin*, $C_7H_{10}O_2N_4S$, F. 224°, durch Einw. von $Na_2S \cdot 9\,H_2O$ u. Eisessig auf 54 g vorst. Verb. in Methanol bei 40°, dann 65° u. Zugabe von W.; aus Essigsäure citronengelbe Nadeln; 45 g; gibt bei ½ std. Einw. von $(CH_3)_2SO_4$ in 2 n NaOH bei 20° *4-Dimethylamino-6-methyl-2-methylmercapto-5-nitropyrimidin*, $C_8H_{12}O_2N_4S$, F. 78°, aus PAe. gelbe Prismen. Daraus (18 g) mit RANEY-Ni in Methanol *5-Amino-4-dimethylamino-6-methyl-2-methylmercaptopyrimidin* (**XXVI**), $C_8H_{14}N_4S$, F. 70°, aus Leichtbenzin Nadeln; 16 g. — *2-Amino-4-methoxy-6-methyl-5-nitropyrimidin*, $C_6H_8O_3N_4$, F. 199°, durch $^1/_4$ std. Kochen von 19 g **XX** in Ggw. von CH_3ONa in Methanol; aus 2-Äthoxyäthanol gelbe Nadeln; 17 g. Daraus (9,2 g) durch Hydrierung in Ggw. von RANEY-Ni u. Zugabe von 10 n H_2SO_4 *2.5-Diamino-4-methoxy-6-methylpyrimidinsulfat*, $C_6H_{10}ON_4 \cdot H_2SO_4$, F. 167—169°, aus wss. A. Nadeln; 10,4 g. — *2.5-Diamino-4-chlor-6-methylpyrimidin* (**XXVII**), $C_5H_7N_4Cl$, F. 198° (Zers.), durch 20 std. Hydrierung von 38 g **XX** in Ggw. von RANEY-Ni in Methanol, Versetzen mit konz. HCl u. CH_3COONa-Lsg., Filtrieren, Eindampfen u. Aufnehmen in wenig W. bei 0—5°; aus W. Nadeln; 20 g. — *2.5-Diamino-4-methylpyrimidin*, $C_5H_8N_4$, F. 182—183°, durch 10 Min. langes Kochen von **XXVII** u. Zn-Staub in 4 n NaOH, Versetzen des Filtrats mit 10 n NaOH u. Kühlen; aus Dioxan Prismen, leicht lösl. in W.; wss. Lsgg. fluorescieren stark. — *5-Acetamido-2-amino-4.6-dimethylpyrimidin*, $C_8H_{12}ON_4$, F. 246—247°, aus **II** u. Essigsäureanhydrid bei 50°; aus Butanol Prismen. — *2-Amino-5-benzamido-4.6-dimethylpyrimidin*, $C_{13}H_{14}ON_4$, F. 289,5—290,5°, aus **II** u. Benzoylchlorid in 2 n NaOH; aus Butanol Prismen. — *N.N'-Bis-[2-amino-4.6-dimethylpyrimidyl-(5)]-harnstoffdihydrochlorid*, $C_{13}H_{18}ON_8 \cdot 2\,HCl \cdot H_2O$, durch Einleiten von $COCl_2$ in eine Lsg. von **II** u. CH_3COONa in W. bei 20—25°, Fällen der *Base* mit NaOH u. Aufnehmen in 5 n HCl; mit Aceton Blättchen. — *2-Amino-4.6-dimethyl-5-thioureidopyrimidin*, $C_7H_{11}N_5S$, F. 235° (Zers.), durch ½ std. Kochen von **II** u. KSCN in 3 n HCl u. Fällen mit NH_4OH; aus 2-Äthoxyäthanol prismat. Nadeln. — *N-[2-Amino-4.6-dimethylpyrimidyl-(5)]-oxamidsäureäthylester*, $C_{10}H_{14}O_3N_4$, F. 189—190°, durch 5 std. Kochen von 10 g **II** in Oxalsäurediäthylester, Fällen mit Leichtbenzin, Aufnehmen in A., Eindampfen u. Aufnehmen in W. bei 50°; aus W. Blättchen; 3,3 g. — *N.N'-Bis-[2-amino-4.6-dimethylpyrimidyl-(5)]-malondiamid*, $C_{15}H_{20}O_2N_8$, F. 334,5°, durch 5 std. Erhitzen von 5,5 g **II** u. Malonsäurediäthylester auf 200—210° u. Fällen mit W.; aus Essigester Nadeln; 2,2 g. — *2-Amino-4.6-dimethyl-5-[p-nitrobenzolsulfonamido]-pyrimidin*, $C_{12}H_{13}O_4N_5S \cdot C_2H_5OH$, F. 230—232°, durch 2 std. Kochen von 4,4 g **II**, p-Nitrobenzolsulfochlorid u. CH_3COONa in W.; aus A. gelbe Prismen; 2 g. Daraus durch Hydrierung in Ggw. von RANEY-Ni *2-Amino-4.6-dimethyl-5-sulfanilamidopyrimidin*, $C_{12}H_{15}O_2N_5S$, F. 280°, aus W.–A. Nadelrosetten. — *2-Amino-5-dimethylamino-4.6-dimethylpyrimidin*, $C_8H_{14}N_4$, F. 151—152°, durch 4 std. Erhitzen von 4,6 g **II** u. CH_3J in 50%ig. Methanol auf 100° im Rohr, Eindampfen, Aufnehmen in W. u. Zugabe von NH_4OH; aus Toluol Prismen; 3,5 g (roh). — *2-Amino-4.6-dimethyl-5-[p-dimethylaminophenylazo]-pyrimidin*, $C_{14}H_{18}N_6$, F. 215—218°, durch Diazotierung von **II**, Zugeben von Dimethylanilin (in 2 n HCl) u. CH_3COONa u. 2 tägiges Rühren bei 10°; aus Butanol orangebraune Prismen. — *2-Amino-5-jod-4.6-dimethylpyrimidin*, $C_6H_8N_3J$, F. 185°, durch Einw. von KJ auf eine Diazoniumsalzlsg. aus 70 g **II** bei 85—95° u. Zugabe von sd. W. u. 10 n NaOH; aus Toluol gelbe Prismen; 58,5 g. — *N^1-[2-Amino-4.6-dimethylpyrimidyl-(5)]-N^3-cyanguanidin* (**XXVIII**), $C_8H_{11}N_7$, F. 297°, durch 1½ std. Erhitzen von 28 g **II** u. $(CN)_2NNa$ in wss. HCl auf 95°; aus 2-Äthoxyäthanol Prismen; 27,5 g. — *[2-Amino-4.6-dimethylpyrimidyl-(5)]-diguanidhydrojodid*, $C_8H_{14}N_8 \cdot HJ$,

F. 276,5—277,5° (Zers.), durch 2 std. Kochen von 9,2 g **II** u. Dicyandiamid in 4 n HCl u. Zugeben zu einer Lsg. von KJ in W.; aus W. Nadeln; 8,6 g. — Außerdem nachst. N^5-[2-Amino-4.6-dimethylpyrimidyl-(5)]-diguanidhydrojodide aus **II** u. den entsprechenden Alkylcyanguanidinen: *N^1-Methyl-*, $C_9H_{16}N_8 \cdot HJ$, F. 244° (Zers.); aus W. prismat. Nadeln. — *$N^1.N^1$-Dimethyl-*, $C_{10}H_{18}N_8 \cdot HJ$, F. 254 bis 260° (Zers.), aus Methanol Nadeln. — *N^1-Isopropyl-*, $C_{11}H_{20}N_8 \cdot HJ$, F. 257—259° (Zers.), aus Methanol Prismen. — *$N^1.N^1$-Pentamethylen-*, $C_{13}H_{22}N_8 \cdot HJ$, F. 258° (Zers.), aus W. Prismen. — *N^1-Methyl-N^1-isopropyl-N^5-[2-amino-4.6-dimethylpyrimidyl-(5)]-diguanidhydrochlorid*, $C_{12}H_{22}N_8 \cdot HCl$, F. 263° (Zers.), aus W. Prismen. — *N^1-[2-Amino-4.6-dimethylpyrimidyl-(5)]-N^5-äthyldiguaniddihydrojodid*, $C_{10}H_{18}N_8 \cdot 2\,HJ$, F. 304° (Zers.), durch 7 std. Kochen von **XXVIII** in 33%ig. wss. $C_2H_5NH_2$, Essigsäure u. 2-Äthoxyäthanol u. Zugabe von wss. KJ; aus W. Blättchen. — *$N^1.N^5$-Bis-[2-amino-4.6-dimethylpyrimidyl-(5)]-diguaniddihydrochlorid*, $C_{14}H_{21}N_{11} \cdot 2\,HCl$, F. 286—288° (Zers.), durch 16 std. Kochen von **II** u. **XXVIII** in wss. HCl u. 2-Äthoxyäthanol; aus W. Blättchen. — *N^1-[2-Amino-4.6-dimethylpyrimidyl-(5)]-N^5-[p-chlorphenyl]-diguanidhydrochlorid*, $C_{14}H_{17}N_8Cl \cdot HCl \cdot H_2O$, F. 259° (Zers.), durch 2 std. Kochen von 2 g **XXVIII** u. p-Chloranilin in konz. HCl u. Zugabe von W.; aus W. Nadelrosetten; 2,3 g. (J. chem. Soc. [London] **1952**. 3448—64. Sept. Blackley, Manchester, Imp. Chem. Ind. Ltd.)

W. HOFFMANN. 3272

Reuben G. Jones und **Keith C. McLaughlin**, *2.3-Pyrazindicarbonsäure*. Durch Oxydation von Chinoxalin (aus Glyoxal u. o-Phenylendiamin) mit $KMnO_4$: *2.3-Pyrazindicarbonsäure*, $C_6H_4O_4N_2$, F. 165—167° (Zers.). — Auf gleiche Weise *2-Methyl-5.6-pyrazindicarbonsäure* aus 2-Methylchinoxalin, F. 175° (Zers.), aus Aceton Kristalle. (Org. Syntheses **30**. 86—90. 1950.)

TROFIMOW. 3272

C. B. Pollard und **Betty Sue Gray**, *Einige Piperazinamide*. (26. Mitt. *über Piperazinderivate*.) (25. vgl. C. **1949**. II. 418.) Folgende Piperazine wurden nach einer früher (vgl. C. **1934**. I. 1818) beschriebenen Meth. unter Verwendung wasserfreier Piperazine in Ggw. von Soda in Isopropanol oder Bzl. dargestellt (FF. korr.): *1-[p-Chlorbenzoyl]-4-phenyl-*, F. 119—121° (Methanol); 29,2% (Ausbeute). — *1-[o-Chlorbenzoyl]-4-phenyl-*, F. 109—111° (Methanol); 22,5%. — *1-[m-Nitrobenzolsulfonyl]-4-phenyl-*, F. 153—154° (Formamid); 43,2%. — *1-[p-Brombenzolsulfonyl]-4-phenyl-*, F. 180—182° (Methanol); 38,6%. — *1.4-Bis-[p-chlorbenzoyl]-*, F. 238,8—239,8° (Isopropanol); 36%. — *1.4-Bis-[p-toluolsulfonyl]-*, F. 295,3—296,3° (Dioxan); 42%. — *1.4-Bis-[o-chlorbenzoyl]-*, F. 214—215,5° (Methanol); 22,9%. — *1.4-Bis-[m-nitrobenzolsulfonyl]-*, F. 262 bis 264° (Formamid); 34,4%. — *1.4-Bis-[p-chlorbenzoyl]-2.5-dimethyl-*, F. 288—289° (Chlorbenzol); 38,2%. — *1.4-Bis-[o-chlorbenzoyl]-2.5-dimethyl-*, F. 296—298° (Formamid); 48,2%. — *1.4-Bis-[m-nitrobenzolsulfonyl]-2.5-dimethyl-*, F. 249—250° (Formamid); 48,5%. — *1.4-Bis-[p-brombenzolsulfonyl]-2.5-dimethyl-*, F. 262—263° (Formamid); 51,5%. — Eine Wrkg. gegen Tuberkelbacillen wird nicht festgestellt. (J. Amer. chem. Soc. **75**. 491. 20/1. 1953. Gainesville, Fla., Univ., Organ. Chem. Labors.)

W. HOFFMANN. 3272

W. J. Burke, Martin J. Kolbezen und **C. Wayne Stephens**, *Kondensation von Naphtholen mit Formaldehyd und primären Aminen*. **(Vgl. C. 1953. 57.)** β-Naphthol (**N**) kondensiert sich mit Formaldehyd (**F**) u. prim., aliphat. oder alicycl. Aminen je nach Versuchsbedingungen zu *2-Alkyl-(oder Cycloalkyl-)2.3-dihydro-1H-naphth-[1.2:e]-m-oxazinen* (**I**) oder zu *N.N-Bis-[2-oxynaphthyl-(1)-methyl]-alkyl(oder cycloalkyl-)aminen* (**II**). Rk. in Methanol bei 60° von **N** + **F** mit Methylamin (**A**), Benzylamin (**B**), Cyclohexylamin (**C**) u. n-Butylamin (**D**) im mol. Verhältnis **N** : **F** : Amin = 1 : 2 : 1 führte in fast quantitativen Ausbeuten zu den entsprechenden **I** (R=CH_3 [**Ia**], R=$C_6H_5CH_2$ [**Ib**], R=C_6H_{11} [**Ic**], R=n-C_4H_9 [**Id**]), während im mol. Verhältnis 2 : 2 : 1 bei 25° mit **A**, **C** u. **D** in guten Ausbeuten **II** (**IIa**, **IIc** u. **IId**) erhalten wurden; mit **B** dagegen auch hier in 86%ig. Ausbeute **Ib**. Den Einfl. der Reaktionstemp. zeigen Verss. bei 0°, die mit **N** + **F** + **A** (1 : 2 : 1) nur 20% **Ia** neben 79% **IIa** ergaben (bei 25° während 2 Tagen 58% **Ia** neben 39% **IIa**). **B** u. **C** lieferten dagegen auch bei 0° oder 25° u. Verhältnis 1 : 2 : 1 **Ib** u. **Ic** in Ausbeuten über 84%. Mit **N** + **F** + **C** (2 : 2 : 1) wurde bei 0° **IIc** (86%), bei 60° nur **Ic** (55%, aus dem Rückstand des Reaktionsgemisches nach Abdampfen des Lösungsm. mit HCl-Aceton) isoliert. Die folgenden Rkk. wurden zur Strukturaufklärung der **I** u. **II** durchgeführt. **I** gaben mit wss. HCl leicht *1-Alkyl-(oder 1-Cycloalkyl-)aminomethylnaphthol-(2)-hydrochloride* (**IIIa—d**), die von **F** wieder in **I** zurückverwandelt wurden. **IIIa** reagierte mit Dibenzylamin zu *1-Dibenzylaminomethylnaphthol-(2)*, das auch aus **Ib** durch Rk. mit Phenyl—MgBr erhalten wurde. Behandeln von **Ib** mit Acetanhydrid in der Hitze u. anschließend mit Alkali führte zu *N-Benzyl-N-[2-oxynaphthyl-(1)-methyl]-acetamid*.

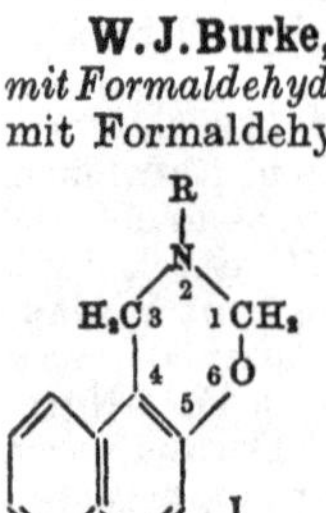

I

Die entsprechende N-Methylverb. wurde aus **IIa** unter analogen Bedingungen erhalten, während **IIa** bei Raumtemp. nur das *Diacetylderiv.* ergab. Weiter konnte **IIa** mit HNO_3 zu *1-Nitronaphthol-(2)* abgebaut u. durch N.N-Dimethylolbenzylamin (aus **B** u. **F**) in **Ib** umgewandelt werden. — Die Bedeutung des α-H bei den Kondensationen mit **N** wird durch die Tatsache gekennzeichnet, daß Bis-[2-oxynaphthyl-(1)]-methan sich mit **B** + **F** nicht kondensierte. Verss. mit **N** + **F** + **A** bzw. **N** + **F** + **C** im äquimol. Verhältnis (je 0,1 Mol während 2 Tagen bei 25° in CH_3OH), bei denen **IIIa** bzw. **IIIc** erwartet wurde, gaben 82% **IIa** (bzw. 59% **IIc**), wobei sich **N** im Gegensatz zu substituierten Phenolen befindet, mit denen leicht 2- oder 4-substituierte **III** erhalten werden. α-Naphthol + **F** + **C** (1 : 2 : 1) lieferten bei —5° *3.4-Dihydro-3-cyclohexyl-2H-naphth-[2.1:e]-m-oxazin* (**IV**), während bei höherer Temp. Polymerenbldg. eintrat, was durch die Existenz zweier Zentren im α-Naphthol, die mit **F** reagieren können, erklärt wird. **IV** gab beim Behandeln mit HCl *2-Cyclohexylaminomethylnaphthol-(1)-hydrochlorid*, das mit Piperidin im Überschuß in *2-Piperidinomethylnaphthol-(1)* umgewandelt werden konnte. Die 2-Stellung im α-Naphthol ist demnach häufiger als die 4-Stellung bei der Kondensation mit **F** + **C** beteiligt.

Versuche: *2.3-Dihydro-2-methyl-1H-naphth-[1.2:e]-m-oxazin* (**Ia**), $C_{13}H_{13}ON$, F. 67—68° (Methanol), durch Zufügen von 0,24 Mol **F** (18,5 cm³ 37%ig. wss. **F**) in 40 cm³ CH_3OH u. 0,1 Mol **N** in 50 cm³ CH_3OH zur gekühlten Lsg. von 0,1 Mol **A** (12,4 g 25%ig. wss. **A**) in 60 cm³ CH_3OH, 1½ Std. bei schwachem Rückfluß erhitzt u. Eingießen in kaltes W.; 98% (Ausbeute). *Hydrochlorid*, $C_{13}H_{14}ONCl$, F. 185—187° (Zers.), quantitativ durch Behandeln einer kalten Aceton-Lsg. von **Ia** mit einer äquivalenten Menge konz. HCl. — Die folgenden **I** werden analog dargestellt: *2.3-Dihydro-2-benzyl-1H-naphth-[1.2:e]-m-oxazin* (**Ib**), $C_{19}H_{17}ON$, F. 126—127° (Äthylacetat); Prismen; 99,5%. *Hydrochlorid*, $C_{19}H_{18}ONCl$, F. 169—170° (Zers.). — *2.3-Dihydro-2-butyl-1H-naphth-[1.2:e]-m-oxazin* (**Id**), Öl. *Hydrochlorid*, $C_{16}H_{20}ONCl$, F. 138—140°; 87%. — *2.3-Dihydro-2-cyclohexyl-1H-naphth-[1.2:e]-m-oxazin* (**Ic**), Öl. *Hydrochlorid*, $C_{18}H_{22}ONCl$, F. 178—179° (Zers.); 100%. — *1-Cyclohexylaminomethylnaphthol-(2), Hydrochlorid* (**IIIc**), $C_{17}H_{22}ONCl$, F. 192—193° (Zers.; A.), durch Dest. von 4 g **Ic**·HCl mit 1 cm³ konz. wss. HCl in 60 cm³ 85%ig. wss. n-Propylalkohol, bis im Destillat mit 2.4-Dinitrophenylhydrazin kein **F** mehr nachweisbar ist; 93%. — Die übrigen **III** analog: *1-Benzylaminomethylnaphthol-(2), Hydrochlorid* (**IIIb**), $C_{18}H_{18}ONCl$, F. 170—172° (Methanol); 86%. — *1-Butylaminomethylnaphthol-(2), Hydrochlorid* (**IIId**), $C_{15}H_{20}ONCl$, F. 143 bis 145° (50%ig. wss. Methanol); 60%. — *1-Methylaminomethylnaphthol-(2), Hydrochlorid* (**IIIa**), $C_{12}H_{14}ONCl$, F. 202—204° (Zers., A.); 94%. — *N.N-Bis-[2-oxynaphthyl-(1)-methyl]-methylamin* (**IIa**), $C_{23}H_{21}O_2N$, F. 147—148° (aus Dimethylformamid–Methanol 1 : 3). 0,2 Mol **N** u. 0,2 Mol **F** (wss. Lsg.) in 75 cm³ CH_3OH gelöst, dazu tropfenweise 0,1 Mol **A** (wss. Lsg.) in 50 cm³ CH_3OH gelöst, 24 Std. bei Raumtemp.; 91%. *Hydrochlorid*, $C_{23}H_{22}O_2NCl \cdot CH_3OH$, F. 142—144° (Methanol), durch Erwärmen einer Suspension von **IIa** in Methanol mit konz. HCl im Überschuß. — Die übrigen **II** analog: *N.N-Bis-[2-oxynaphthyl-(1)-methyl]-cyclohexylamin* (**IIc**), $C_{28}H_{29}O_2N$, F. 120—122°, Darst. bei 0°; 86%. *Hydrochlorid*, $C_{28}H_{30}O_2NCl$, F. 172—174°. — *N.N-Bis-[2-oxynaphthyl-(1)-methyl]-butylamin* (**IId**), $C_{26}H_{27}O_2N$, F. 137—138° (aus Dimethylformamid–Methanol 1:5); Prismen; 64%. *Hydrochlorid*, $C_{26}H_{28}O_2NCl$, F. 172—174° (Methanol–W.). — Umwandlung von **IIa** in **Ia**: 3 g **IIa**, 12,4 g **A** (25%ig. wss. Lsg.) u. 15 cm³ **F** (37%ig. wss. Lsg.) in 100 cm³ Methanol bei mäßigem Rückfluß 1½ Std. erhitzt; 98%. — **IIa** → **Ib** analog mit 10,7 g **B**; 97%. — *1-Dibenzylaminomethylnaphthol-(2)*, $C_{25}H_{23}ON$, F. 115—117°, a) durch Zusatz von Phenyl–MgBr im Überschuß zu **Ib** in trockenem Ae.; 8%; b) **IIIa** mit Dibenzylamin in A. 1½ Std. gekocht; 62%. — *1-Nitronaphthol-(2)*, F. 102—103° (A./W.), aus **IIa** mit HNO_3 in Essigsäure bei 0° während 5 Min.; 42%. — *1.6-Dinitronaphthol-(2)*, F. 193—194° (A.), wie vorst. bei 25° während 2 Tagen; 63%. — *N.N-Bis-[2-acetoxynaphthyl-(1)-methyl]-methylamin*, $C_{27}O_{25} \cdot O_4N$, F. 158—160° (A.), aus **IIa** mit Acetanhydrid (**V**) in Pyridin bei Raumtemp. während 2 Wochen; 100%. Hydrolyse mit 2%ig. methanol. KOH gab **IIa** zurück. — *N-Methyl-N-[2-oxynaphthyl-(1)-methyl]-acetamid*, $C_{14}H_{15}O_2N$, F. 199—200° (A.). **IIa** mit **V** 8 Std. auf 125° erhitzt, CH_3OH/KOH zugesetzt, 2 Std. gekocht, mit konz. HCl gefällt; mit alkoh. $FeCl_3$-Lsg. grünlichgelbe Färbung; 86%. — *N-Methyl-N-[acetoxynaphthyl-(1)-methyl]-acetamid*, $C_{16}H_{17}O_3N$, F. 123—125° (Methanol–W.), aus vorst. Verb. mit **V** bei 100—110° während 8 Std.; 90%. — *N-Benzyl-N-[2-oxynaphthyl-(1)-methyl]-acetamid*, $C_{20}H_{19}O_2N$, F. 169—170° (A.), aus **Ib** mit **V** bei 130° während 12 Std., Reaktionsgemisch im Vakuum konz., CH_3OH/KOH zugesetzt, noch einmal 3 Std. bei 55°; 37%. Daneben entsteht *Formaldehyd* (**F**), *2.4-Dinitrophenylhydrazon*, F. 165—166°. — *Bis-[2-oxynaphthyl-(1)]-methan*, F. 202—203°, durch alkal. Hydrolyse von **IIa**. — *3.4-Dihydro-3-cyclohexyl-2H-naphth-[2.1:e]-m-oxazin* (**IV**), $C_{18}H_{21}ON$, F. 86—88° (aus

Aceton, Lösen bei 25°, mit Trockeneis kühlen). — Die Mischung von 0,1 Mol **C** in 100 cm³ CH_3OH u. 0,2 Mol **F** (15 cm³ wss. 37%ig. Lsg.) in 100 cm³ CH_3OH von —5° wurde schnell zu einer kalten Lsg. von 0,1 Mol α-Naphthol in 100 cm³ CH_3OH gegeben, 10 Min. bei 0° u. 1 Std. bei Raumtemperatur. Zers. beim Erhitzen in CH_3OH oder Aceton. — *2-Cyclohexylaminomethylnaphthol-(1), Hydrochlorid*, $C_{17}H_{22}ONCl$, F. 171 bis 174° (Zers., A.), aus vorst. Verb. mit konz. HCl in A. während 5 Min. am Rückfluß; 79%. — *2-Piperidinomethylnaphthol-(1)*, F. 133—134° (Methanol); vorst. Verb. mit Piperidin 30 Min. auf 100—110° erhitzen; 71%. (J. Amer. chem. Soc. **74.** 3601—05. 20/7. 1952. Salt Lake City, Utah, Univ., Dep. of Chem.) MANTHEY. 3282

Wilhelm Wenner, *6.7-Dihydro-(5H)-dibenz-[c.e]-azepinderivate.* Durch Rk. von *o.o'-Bis-[brommethyl]-biphenyl* (**I**) mit prim. Aminen nach einer früher (vgl. C. **1953.** 3886) beschriebenen Meth. werden weitere N-substituierte Derivv. des *6.7-Dihydro-(5H)-dibenz-[c.e]-azepins* (**II**) dargestellt. **I** wird durch Bromierung von o.o'-Bitolyl (**III**) mit N-Bromsuccinimid gewonnen u. braucht nicht isoliert zu werden; da das Rohprod. (**Ia**) etwas *α-Brom-o.o'-bitolyl* enthält, entstehen neben den Derivv. von **II** in geringer Menge auch Derivv. von *α-Amino-o.o'-bitolyl*, die auf Grund der leichteren Löslichkeit ihrer Salze in A. von ersteren gut zu trennen sind. Das unsubstituierte **II** wird durch katalyt. Hydrierung des *6-Benzylderiv.* (**IV**) gewonnen. — Zu den pharmakol. Eigg. einiger **II**-Derivv. vgl. RANDALL u. SMITH (J. Pharmacol. exp. Therapeut. **103.** [1951.] 10).

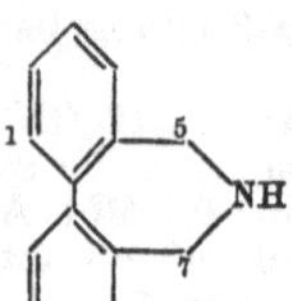

II

Versuche: Folgende *6.7-Dihydro-(5H)-dibenz-[c.e]-azepine* werden dargestellt: *6-Allyl-*, Kp.$_{15}$ 180—195° (Rohprod.), aus **Ia** (aus 100 g **III**) u. 105 g Allylamin in Bzl.; 100—105 g (Ausbeute). Daraus mit H_3PO_4 in A. das *Phosphat*, F. 205—206°; 120 g. Bei Neutralisation des Rohprod. (100 g) mit 8n HCl in absol. A. entsteht das *Hydrochlorid*, F. 208—210°; 95—100 g. Beim Einengen der Mutterlaugen vorst. Salze u. längerem Stehen unter Kühlung *2-Allylaminomethyl-2'-methylbiphenyl, Phosphat*, $C_{17}H_{19}N \cdot H_3PO_4$, F. 164—165°; 7 g; *Hydrochlorid*, $C_{17}H_{19}N \cdot HCl$, F. 129—130° (A.); gibt mit KOCN in W. *N-[2-(o-Tolyl)-benzyl]-N-allylharnstoff*, $C_{18}H_{20}ON_2$, F. 78—79°. — *6-Isopropyl-*, Kp.$_{20-24}$ 195—205°, aus **Ia** (aus 50 g **III**) u. 50 g Isopropylamin; 55 g (roh). Daraus mit alkoh. HBr in absol. A. *Hydrobromid*, F. 248—250°; 40 g. Daneben durch Eindampfen der Mutterlauge, Alkalisieren, Ausäthern u. Fällen mit alkoh. HBr *2-Isopropylaminomethyl-2'-methylbiphenylhydrobromid*, $C_{17}H_{21}N \cdot HBr$, F. 219—221° (Isopropanol); 2,5 g. — *6-Benzyl-* (**IV**), *Hydrochloridsemihydrat*, $C_{21}H_{19}N \cdot HCl \cdot {}^1/_2H_2O$, F. 205° (A.), aus **Ia** (aus 50 g **III**) u. 90 g Benzylamin in Bzl., Filtrieren u. Behandeln des Filtrats mit 2%ig. HCl. Bei alkal. Aufarbeitung die *Base*, Kp.$_{0,1}$ 195—200°; 40 g. *Hydrobromid*, $C_{21}H_{19}N \cdot HBr$, F. 196—197° (A.–Ae.). *Methojodid*, $C_{22}H_{22}NJ$, F. 188—190° (A.–Ae.). — *6-[β-Phenäthyl]-*, *Hydrochlorid*, $C_{22}H_{21}N \cdot HCl$, F. 221° (A.–Ae.), analog **IV** aus 7 g **Ia** u. 8 g β-Phenyläthylamin; 5 g. *Base*, Kp.$_{0,1}$ 250—255°; 9 g (aus 17 g **Ia**). Daraus mit alkoh. HBr in Ae. das *Hydrobromidsemihydrat*, $C_{22}H_{21}N \cdot HBr \cdot {}^1/_2H_2O$, F. 105—106°; 12 g. *Methojodid*, $C_{23}H^{24}NJ$, F. 122° (A.). — *6-[γ-Methoxypropyl]-*, Kp.$_{10-15}$ 195—200°, aus **Ia** (aus 25 g **III**) u. 38 g γ-Methoxypropylamin; 22 g. Daraus mit 85%ig. H_3PO_4 in A. das *Phosphat*, $C_{18}H_{21}ON \cdot H_3PO_4$, F. 171—172°; aus der Mutterlauge *2-[γ-Methoxypropylaminomethyl]-2'-methylbiphenylphosphat*, $C_{18}H_{23}ON \cdot H_3PO_4$, F. 133—134°; 3 g. — *6-[γ-Isopropoxypropyl]-*, Kp.$_1$ 205—210°, aus **Ia** (aus 25 g **III**) u. 50 g γ-Isopropoxypropylamin; 25 g. *Phosphatsemihydrat*, $C_{20}H_{25}ON \cdot H_3PO_4 \cdot {}^1/_2H_2O$, F. 45—46° (Isopropanol). *Hydrochlorid*, $C_{20}H_{25}ON \cdot HCl$, F. 156° (Bzl.). *Methojodid*, $C_{21}H_{28}ONJ$, F. 129—130° (Aceton). — *6-Cyclohexyl-*, *Hydrobromid*, $C_{20}H_{23}N \cdot HBr$, F. 262—264° (90%ig. A.), aus **Ia** u. Cyclohexylamin in Bzl., dann Äther. — *6-[β-Diäthylaminoäthyl]-*, *Diphosphatdihydrat*, $C_{20}H_{26}N_2 \cdot 2\,H_3PO_4 \cdot 2\,H_2O$, F. ?(im Original 278—230°. Der Ref.), aus **Ia** u. β-Diäthylaminoäthylamin in Bzl., dann Behandeln mit verd. HCl, NaOH, Ae., alkoh. H_3PO_4 u. Fällen mit Aceton. — *6-[β-Oxyäthyl]-*, Kp.$_{20-22}$ 235—240°, aus **Ia** (aus 50 g **III**) u. 55 g β-Aminoäthanol in Bzl.–Dioxan; 35 g. *Hydrobromid*, $C_{16}H_{17}ON \cdot HBr$, F. 190—192° (A.–Ae.). *Phosphat*, $C_{16}H_{17}ON \cdot H_3PO_4$, F. 180—181° (A.). — *6.7-Dihydro-(5H)-dibenz-[c.e]-azepin* (**II**), *Hydrochlorid*, $C_{14}H_{13}N \cdot HCl$, F. 286—288° (A.), durch Hydrierung von 1,6 g **IV**-Hydrochlorid in Ggw. von 10%ig. Pd-Kohle bei 25° u. 30 lbs. in A.; 1 g. (J. org. Chemistry **17.** 1451—55. Nov. 1952. Nutley, N. J., Hoffmann-La Roche Inc., Res. Labors.) W. HOFFMANN. 3370

Kurt Heyns und **Claus Kelch,** *Eine Synthese der Phenol-β-d-glucuronsäure.* Die *Phenol-β-d-glucuronsäure* (**I**) ist nicht durch katalyt. Oxydation von Phenyl-d-glucosid zu erhalten. Auch der Weg über das Acetobromglucuron (vgl. NEUBERG u. NEIMANN, Hoppe-Seyler's Z. physiol. Chem. **44.** [1905.] 97) ist nicht gangbar. Dagegen kann man **I erhalten,** wenn man aus Glucuronsäuremethylester *1-Bromtriacetyl-α-d-glucuron-*

säuremethylester (II) darstellt u. II mit Phenol zum *1-Phenoltriacetyl-β-d-glucuronsäuremethylester* (III) umsetzt u. III dann zu I verseift. Die Bldg. von III ist aber nur in Ggw. einer nicht zu großen Menge von zur Komplexbldg. neigenden Salzen über eine Komplexverb. von II möglich, die dann der Alkoholyse unterliegt. Polare Lösungsmittel behindern die Reaktion.

Versuche: *1-Phenoltriacetyl-β-d-glucuronsäuremethylester* (III), $C_{19}H_{22}O_{10}$, F. 115—116° (korr.), durch 7std. Kochen von 6,5 g II u. 77 g Phenol mit 1,97 g $Hg(CN)_2$ in 160 ml Bzl., Entfernen vom Bzl. u. Phenol im Vakuum, Lösen in A. u. Ausscheidung durch W.; feine, seidig glänzende Nadeln, leicht lösl. in Methanol, A., Ae., Chlf., CCl_4, Essigester u. Bzl., schwer lösl. in PAe., fast unlösl. in W., $[\alpha]_D^{20}$ —16,4° in Chlf.; 45% (Ausbeute). III gibt nach Erhitzen mit HCl u. Br_2 Tribromphenol u. verbraucht bei der Verseifung mit $Ba(OH)_2$ 4 Äquivalente/Mol. — *Phenol-β-d-glucuronsäure* (I) $C_{12}H_{14}$· $O·H_2O$, F. 161—162° (korr.), durch 18std. Verseifung von III mit $Ba(OH)_2$-Lsg. bei ca. 20°, lange Nadeln aus W., $[\alpha]_D$ —78,8° in W.; 62%. (Chem. Ber. **86**. 601—04. 1953. Hamburg, Univ., Chem. Inst.) WILLENBERG. 3400

H. Altermatt und **H. Deuel**, *Isolierung von Tetragalakturonsäure aus enzymatisch abgebauter Pektinsäure.* Vff. beschreiben die Isolierung u. Reindarst. von *Tetragalakturonsäure* ($C_{24}H_{34}O_{25}$) aus einer mit Schimmelpilzpolygalakturonase partiell abgebauter Pektinsäurelsg. mit Hilfe verschied. Löslichkeit der bas. u. neutralen Bleisalze der Oligogalakturonsäuren. Die Reinheit der erhaltenen Tetragalakturonsäure wurde papierchromatograph. bestimmt. (Helv. chim. Acta **36**. 340—42. 1953. Zürich, ETH, Agrikulturchem. Inst.) KATTENHORN. 3400

G. P. Ellis und **John Honeyman**, *N-substituierte Glykosylamine.* 3. Mitt. *Acetate, Benzoate und Methyläther.* (2. vgl. C. **1953**. 702.) Aus N-p-Tolyl-β-D-**glucosylamin** (I) wurde durch Acetylierung das *Tetraacetat* (II) u. durch anschließende Hydrolyse *2.3.4.6-Tetraacetylglucose* (III) gewonnen. III konnte durch Erhitzen mit p-Toluidin in II zurückverwandelt werden. Die *Benzoate* von I, N-p-Tolylmannosylamin (IV) u. N-p-Tolylxylosylamin (V) wurden erstmalig hergestellt u. durch Hydrolyse in die entsprechenden Aldosebenzoate umgewandelt. — Auf verschied. Wegen wurden die krist. *Tetramethyläther* von N-Phenyl-α-D-glucosylamin (VI) u. I hergestellt. Bei allen untersuchten Rkk. verhalten sich die N-Arylglycosylamine wie Pyranoseabkömmlinge.

Versuche: *N-p-Tolyl-β-D-glucosylamin-2.3.4.6-tetraacetat* (II), F. 141—143°, aus I durch 30 Min. Acetylierung mit Essigsäureanhydrid u. Pyridin bei —5° u. 36std. Stehen bei 0°, $[\alpha]_D^{20}$ —32,7° (c = 0,6 in Chlf.); 85% (Ausbeute). II aus III in A. durch 2std. Erhitzen mit p-Toluidin; 83%; oder durch 2std. Kondensation von III-Bromid mit p-Toluidin u. Hg-Acetat bei Raumtemp. u. 4std. Stehen bei 0°. — *2.3.4.6-Tetraacetylglucose* (III), F. 124—126° (Aceton/Ae./PAe.), aus vorst. Verb. durch Hydrolyse nach BUTLER u. Mitarbeitern (C. **1950**. II. 1002), $[\alpha]_D^{17}$ +31,6° (c = 0,5 in Chlf.); $[\alpha]_D^{17}$ +31,6 → +36,7° (c = 0,5 in Chlf. u. Spuren von A.); 94%. — *N-Phenyl-α-D-glucosylamin-2.3.4.6-tetraacetat*, F. 146—148° (A.), aus III in absol. A. durch 2std. Erhitzen mit Anilin, $[\alpha]_D^{19}$ +178,9° (c = 0,4 in Chlf.); 44%. — *2.3.4.6-Tetrabenzoat von* I, $C_{41}H_{35}O_9N$, F. 209° (Aceton/A.), aus I in Pyridin durch langsame Zugabe von Benzoylchlorid bei 0°, nach 3½ Std. eingießen in W., $[\alpha]_D^{15}$ +14,1° (c = 0,4 in Chlf.); $[\alpha]_D^{19}$ +50,0° (c = 0,4 in Bzl.). — *2.3.4.6-Tetrabenzoylglucose*, F. 114—116°, aus vorst. Verb. durch 5std. Erhitzen mit verd. HCl, $[\alpha]_D^{18}$ +90,1° (c = 0,2 in Chlf.); $[\alpha]_D^{14}$ +73,4 (c = 0,4 in A.); 80%. — *2.3.4.6-Tetrabenzoat von* IV, $C_{41}H_{35}O_9N$, F. 133—134° (CH_3OH/PAe.), aus IV in Pyridin mit Benzoylchlorid wie oben, $[\alpha]_D^{14}$ —125,6° (c = 0,8 in Chlf.); 74%. — *2.3.4.6-Tetrabenzoylmannose*, F. 178—179° (A.); $[\alpha]_D^{18}$ —88° (c = 0,5 in Chlf.); 60%. — *2.3.4-Tribenzoat von* V, $C_{33}H_{29}O_7N$, F. 180—181° (A.), aus V in Pyridin mit Benzoylchlorid wie oben, $[\alpha]_D^{22}$ +48,3° (c = 0,6 in Chlf.); 86%. — *2.3.4-Tribenzoylxylose*, F. 183—184°; $[\alpha]_D^{19}$ +25,5° (c = 2,0 in Chlf.); 76%. — Die Benzoylierungen von VI u. N-Phenyl-D-ribosylamin mit Benzoylchlorid in Pyridin ergaben immer *Benzanilid* als einziges festes Produkt. — *2.3.4.6-Tetramethyläther von* VI, F. 133—135° (wss. A.), aus 2.3.4.6-Tetramethylglucose in A. durch 4std. Erhitzen mit Anilin; 88%; oder durch 2tägiges Stehen in A. mit Anilin; 71%; oder über Tetramethyl-D-glucopyranosylbromid, das, ohne isoliert zu werden, 10 Tage in Chlf. mit Anilin im Kühlschrank aufbewahrt wird; 23%, oder aus VI durch milde Methylierung mit Methylsulfat u. NaOH; 25%; $[\alpha]_D^{15}$ +227,8° → +57,5° (c = 1,6 in CH_3OH); $[\alpha]_D^{18}$ +240° (c = 1,1 in Aceton); $[\alpha]_D^{18}$ +238,8° (c = 0,6 in Chlf.); wird die CH_3OH-Lsg. nach Beendigung der Mutarotation bei Raumtemp. verdampft, so bleibt das Ausgangsmaterial zurück. — *2.3.4.6-Tetramethyläther von* I, F. 151—152° (A.), aus Tetramethylglycose durch 7tägiges Stehen mit p-Toluidin in A. bei Raumtemp.; 89%; oder aus I durch Methylierung wie oben; 33%; $[\alpha]_D^{17}$ +221,4° → +60,0° (c = 0,5 in HC_3OH); $[\alpha]_D^{18}$ $+207^0$ (c = 1,0 in Chlf.). (J. chem. Soc. [London] **1952.** 2053—57. Juni. London, Univ., King's College.) ROSSOW. 3400

Friedrich Weygand und **Friedrich Wirth,** *Synthese von β-Ribazol ausgehend von Adenosin.* Durch Benzoylierung von Adenosin (I) mit 4 Mol Benzoylchlorid wurde ein amorphes Tetrabenzoyladenosin erhalten, das beim Verseifen mit $2nH_2SO_4$ unter Überschichtung mit Dipropyläther neben Adenin die *2.3.5-Tribenzoyl-d-ribose* (**II**) liefert; Benzoylierung von **I** mit 6 Mol Benzoylchlorid in Pyridin führte zu *Pentabenzoyladenosin* (**III**), das sich durch verd. H_2SO_4 in der Hitze nicht hydrolysieren ließ. **II** wurde zu *1-β-Acetyl-2.3.5-tribenzoyl-d-ribose* (**IV**) acetyliert, die mit fl. HBr zur (nicht krist.) *Benzobrom-d-ribofuranose* (**V**; *1-Brom-2.3.5-tribenzoyl-d-ribose*) umgesetzt wurde. **V** gab bei der Rk. mit Ag-5.6-Dimethylbenzimidazol in sd. Xylol als Hauptprod. *β-Tetrabenzoyl-d-ribofuranose* (**VI**), die auch durch Benzoylierung von **II** darstellbar ist, u. das gesuchte *β-Ribazol* (**VII**; *5.6-Dimethylbenzimidazol-1-β-d-ribofuranosid*). Red. von **V** mit $LiAlH_4$ ergab *1.4-Anhydro-d-ribit.*

Versuche: *Pentabenzoyladenosin* (**III**), $C_{45}H_{33}O_9N_5$, Nadeln, F. 187° (A.), aus 0,5 g **I** u. 1,3 ml Benzoylchlorid in Pyridin (1 Tag bei 38°). *Adenosin* (**I**), $C_{10}H_{13}O_4N_5$, F. u. Misch-F. 232° (A.), durch Verseifung von **III** mit CH_3ONa in CH_3OH; $[\alpha]_D^{20}$ -59 ± 2^0 (c = 1,5 in W.). — *2.3.5-Tribenzoyl-d-ribose* (**II**), $C_{26}H_{22}O_8$, F. 132—134° (A.): 10 g **I** werden mit 18 ml Benzoylchlorid in 500 ml Pyridin benzoyliert (2 Tage bei 38°); die *Tetrabenzoylverb.* (erstarrter Sirup) wird 24 Std. mit 1 Liter $2nH_2SO_4$ u. 250 ml n-Dipropyläther unter starkem Rühren auf dem Wasserbad erhitzt; Wiederholung der Hydrolyse nach Abtrennung der Dipropylätherschicht; 0,25 g aus 40 ml Dipropylätherlsg. nach Animpfen; $[\alpha]_D^{20}$ $+86,0 \pm 2^0$ (c = 0,84 in Chlf.). — *1-β-Acetyl-2.3.5-tribenzoyl-d-ribose* (**IV**), $C_{28}H_{24}O_9$, F. 128—129° (A.), durch Acetylierung des Eindampfrückstandes (13,58) der Dipropylätherlsg. des vorigen Vers. mit Acetanhydrid in Pyridin (1 Tag bei Raumtemp.), $[\alpha]_D^{20}$ $+23,9 \pm 2^0$ (c = 1,6 in Pyridin); 43% (Ausbeute). *2.3.5-Tribenzoyl-d-ribose* (**II**), $C_{26}H_{22}O_8$, Nadelrosetten, F. 132° (A.), durch Verseifung von **IV** in Äthylendichlorid mit HBr–Eisessig (bei 0° gesätt.), 2 Std. bei Raumtemp.; $[\alpha]_D^{20}$ $+108,3 \pm 3^0$ (c = 0,29 in Chlf.). — *β-Tetrabenzoyl-d-ribofuranose* (**VI**), $C_{33}H_{26}O_9$, Nadeln, F. 121° (CH_3OH u. A.), aus **II** u. Benzoylchlorid in Pyridin (2 Tage bei 38°); $[\alpha]_D^{20}$ $+15,9 \pm 1^0$ (c = 1,26 in Chlf.). — *Benzobrom-d-ribofuranose* (**V**), $C_{26}H_{21}O_7Br$, aus **IV** u. fl. HBr unter Kühlung mit fl. Luft; zersetzlich, krist. nicht. — *5.6-Dimethylbenzimidazol-1-β-d-ribofuranosid* (**VII**; *β-Ribazol*), $C_{14}H_{18}O_4N_2$, F. 202—203° (CH_3OH); durch 30 Min. langes Erhitzen von **V** (aus 5 g **IV**) u. 4 g Ag-5.6-Dimethylbenzimidazol in 25 ml Xylol u. Hydrolyse des Reaktionsprod. mit 6nHCl (6 Std. bei 100°); $[\alpha]_D^{20}$ $-45,3 \pm 2^0$ (c = 1,2 in Pyridin); 3,7%. *Pikrat*, $C_{14}H_{18}O_4N_2 \cdot C_6H_3O_7N_3$, F. 192° ($CH_3OH$). **VII** nach DAVOLL u. BROWN (J. Amer. chem. Soc. **73.** [1951.] 5781) durch Kondensation von **V** (aus 5 g **IV**) mit 5.6-Dimethylbenzimidazol-$HgCl_2$; 21 mg. — *1.4-Anhydro-d-ribit*, F. 99°, aus **V** u. $LiAlH_4$ in Ae., Dest. bei 140°/10^{-2} Torr u. Anreiben mit Ae.; mit dem Prod. nach KUHN u. WENDT (Chem. Ber. **81.** [1948.] 553) Misch-F. 98—99°; $[\alpha]_D^{20}$ $+71 \pm 2^0$ (c = 0,52 in W.). (Chem. Ber. **85.** 1000—07. 1952. Heidelberg, Univ., Chem. Inst.) K. F. MÜLLER. 3450

I. Ja. Posstowski und **N. P. Bednjagina,** *Die natürlichen Verbindungen des Guanidins.* Überblick über Vork., Konst., chem. u. physiol. Eigg. sowie Synthesen der natürlichen Verbb. des *Guanidins*: *Arginin, Octopin, Kreatin, Kreatinin, Agmatin, Arcain, Vitiatin, Galegin, Sphärophysin, Smirnovin, Streptomycin, Asterubin* u. *Canavanin.* — 79 Literaturangaben. (Успехи Химии [Fortschr. Chem.] **20.** 141—60. März/April 1951.) v. PEZOLD. 3500

A. R. H. Cole, R. Norman Jones und **Konrad Dobriner,** *Eine Beziehung zwischen der stereochemischen Konfiguration von 3-Oxysteroiden und ihren Infrarotabsorptionsspektren.* Die Infrarotspektren zahlreicher 3-Oxystereoide in CS_2 werden untersucht, bei allen tritt eine starke Bande zwischen 995 u. 1055 cm^{-1} auf, die auf eine C—OH-Valenzschwingung zurückgeführt wird. Die Lage der Bande ist abhängig von der Konfiguration an $C_{(3)}$ u. $C_{(5)}$. Vff. geben eine Einteilung der 3-Oxysteroide in 5 Gruppen an: 1. trans (A/B-Ringbindung), 3β (Konfiguration der C—O-Bindung), Ä (äquatorial, Lage der C—O-Bindung), 1037—1040 (Lage der OH-Bande in cm^{-1}) (*3β-Oxyandrostan, -cholesten, -$\Delta^{8,14}$-* u. *-Δ^{14}-cholesten, -ergostan, -Δ^{8}-, -$\Delta^{8,14}$-* u. *-Δ^{14}-ergosten, -Δ^{22}-stigmasten* u. *-$\Delta^{7,22}$-stigmastadien*). 2. cis, 3α, Ä, 1037—1044 (*3α-Oxyätiocholan, -Δ^{16}-ätiocholen, -koprostan, -Δ^{22}-5-isoergosten, -$\Delta^{7,22}$-5-isoergostadien, -Δ^{22}-5-isostigmasten*). 3. trans, 3α, P (polar), 996—1002 (*3α-Oxyandrostan, -Δ^{16}-androsten, -cholestan*). 4. cis, 3β, P, 1032—1036 (*3β-Oxy-Δ^{16}-ätiocholen, -pregnan, -koprostan*). 5. Δ^5—C=C, 3β, Ä, 1050—1052 (*3β-Oxy-Δ^5-androsten, -$\Delta^{5,17}$-pregnadien, -Δ^5-cholesten, -Δ^5-stigmasten, -$\Delta^{5,24,28}$-stigmastadien*). Die gleichzeitige Anwesenheit von Carbonylgruppen an $C_{(7)}$, $C_{(11)}$, $C_{(12)}$, $C_{(17)}$ oder $C_{(20)}$ beeinflußt die Lage der OH-Bande nicht (1. 1037—1039 bei

3β-Oxy-17-ketoandrostan, -17a-keto-D-homoandrostan u. dessen *17-Methylderiv., -20-keto-allopregnan* u. dessen *16α.17α-Epoxyd, -20-keto-Δ$^{9.11}$-* u. *-Δ^{16}-allopregnen* [1060 bei *3β-Oxy-6-ketocholestan*]. 2. 1037—1039 bei *3α-Oxy-17-keto-* u. *-11.17-diketoätiocholan, -17-keto-Δ^{9,11}-ätiocholen, -20-ketopregnan, -20-keto-17-isopregnan, -20-keto-Δ^{11}-pregnen*; *Methylester* der: *3α-Oxyätiocholansäure, -11-ketoätiocholansäure, -Δ^{11}-ätiocholensäure, -bis-norcholansäure, -11-keto-bis-norcholansäure, -11-ketonorcholansäure, -cholansäure,* dessen *9α.11α-* u. *11α.12α-Epoxyd, -6-* u. *-11-ketocholansäure, -12-keto-* u. *-12α-chlor-Δ^{9,11}-cholensäure.* 3. 998—1002 bei *3α-Oxy-11.17-diketo-* u. *-17-ketoandrostan* u. dessen *9α.11α-Epoxyd, -17-keto-Δ^{9,11}-androsten, -20-ketoallopregnan* u. *3α-Oxy-17β-acetoxyandrostan.* 4. 1032—1036 bei *3β-Oxy-17-keto-* u. *-17β-acetoxyätiocholan, -20-ketopregnan.* 5. 1050—1052 bei *3β.17β-Dioxy-Δ^5-androsten* u. dessen *17-Acetat, 3β-Oxy-20-keto-Δ^5-pregnen, -Δ$^{5.17.20}$-pregnadien, -Δ^5-16α-methylpregnen, -Δ$^{5.16}$-pregnadien, -Δ$^{5.16}$-16α-methylpregnadien, 3β-Oxy-Δ^5-cholen-* u. *-ätiocholensäuremethylester*). Die $C_{(17)}$–CO-Funktion ruft 2 mittelstarke Banden bei 1010 u. 1055 cm^{-1} hervor, doch scheinen sich die Banden gegenseitig nicht zu beeinflussen, da z. B. das Infrarotspektr. von Androstan-3β-ol-17-on durch einfache Summierung der Spektren von Androstan-3β-ol u. Androstan-17-on (u. Substraktion von Androstan) mit ziemlicher Genauigkeit erhalten wird. Die OH-Bande von 17β-Oxysteroiden liegt in der gleichen Gegend wie die der 3-Oxysteroide, ist aber bedeutend schwächer, so daß 3.17β-Diole ohne Schwierigkeit identifiziert werden können. Die starken Banden der C—H-Deformationsschwingungen liegen unterhalb 995 cm^{-1} u. stören meist nicht. (J. Amer. chem. Soc. **74.** 5571—75. 20/11. 1952. Ottawa, Can., Nat. Res. Council of Canada, Div. Chem.; New York, N. Y., Sloan Ketterin Inst. for Cancer Res.) H.-J. KOCH. 3700

Huang-Minlon, Evelyn Wilson, N. L. Wendler und **M. Tishler,** *Steroid-17α-acetate.* Im Gegensatz zu den Literaturangaben ist es möglich, 17α-Oxy-20-ketosteroide ohne Strukturveränderung zu acetylieren, doch reichen die Bedingungen, unter denen die entsprechenden 17β-Oxysteroide acetyliert werden (mit Acetanhydrid u. Pyridin bei 100°), für die 17α-Derivv. nicht aus. So wurde Pregnan-3α.17α.21-triol-11.20-dion-3.21-diacetat (I) durch 12 std. Kochen mit Acetanhydrid in 60%ig. Ausbeute oder mit Acetanhydrid u. p-Toluolsulfonsäure in der Kälte in das *Triacetat* (**III**) übergeführt. **III** gibt nach Hydrolyse u. anschließender milder Acetylierung wieder **I** u. bei partieller Hydrolyse mit 2 Mol $NaOCH_3$ das *3-Monoacetat* (**V**). Bei partieller Hydrolyse von **III** mit 1 Mol $NaOCH_3$, anschließender Oxydation des unreinen Prod. mit HJO_4 u. Veresterung wird *Methyl-3α-acetoxy-17α-oxy-11-ketoätiocholanat* (**VI**) erhalten. Auf ähnliche Weise wie **I** werden Pregnan-3α.17α-diol-11.20-dion-3-monoacetat (II), **VI**, Pregnan-17α.21-diol-3.11.20-trion-21-monoacetat (**VIII**), das entsprechende Allopregnan (**IX**) u. Cortison-21-monoacetat (**X**) in die entsprechenden 17α-Acetate übergeführt, wobei in allen Fällen durch Hydrolyse die 17α-Hydroxylgruppe regeneriert werden kann.

Versuche: *Pregnan-3α.17α.21-triol-11.20-dion-3.17.21-triacetat* (**III**), $C_{27}H_{38}O_8$, F. 150—152° (85%ig. Methanol nach Chromatographie), a) aus 6 g **I** mit redest. Acetanhydrid 12 Std. am Rückfluß; $[\alpha]_D^{26}$ +40,9° (Chlf.); 3,7 g (Ausbeute); b) in etwas geringerer Ausbeute aus **I** mit Acetanhydrid u. p-Toluolsulfonsäure 16—20 Std. bei Zimmertemperatur. 3 g **III** geben bei partieller Hydrolyse mit 2 Mol methanol. Na-Methylat bei 20—22° das *3-Monoacetat* [**V**, $C_{23}H_{34}O_6$, F. 209—212° (Äthylacetat); $[\alpha]_D^{22}$ +80° (Chlf.); 2,37 g]. **V** gibt bei Acetylierung in Pyridin mit Acetanhydrid bei Zimmertemp. **I.** — *Methyl-3α-acetoxy-17α-oxy-11-ketoätiocholanat* (**VI**), $C_{23}H_{34}O_6$, F. 144,3—145,5°, aus 1 g **III** durch partielle Hydrolyse mit 1 Mol Na-Methylat, Oxydation des Rohprod. in Dioxan mit wss. HJO_4 u. nachfolgende Veresterung mit CH_2N_2; $[\alpha]_D^{22}$ +71,2° (Chlf.); 0,36 g. — *Pregnan-3α.17α-diol-11.20-dion-3.17-diacetat* (**IV**), $C_{25}H_{36}O_6$, F. 203—204° (Methanol), aus 3 g **II** wie **III a**; $[\alpha]_D^{23}$ +46,7° (Chlf.); 2,27 g. 0,4 g **IV** geben bei der Hydrolyse in Methanol mit 10%ig. wss. NaOH (20 Min. bei 35°) das freie *Diol* [F. 203—204° (Bzl.); 0,33 g], u. dieses gibt bei milder Acetylierung **II** (F. 205,5—206,5°). — *Methyl-3α.17α-diacetoxy-11-ketoätiocholanat* (**VII**), $C_{25}H_{36}O_7$, F. 198—199°, aus 0,2 g **VI**, 5 Std. wie bei **III a**; Prismen aus Ae.–PAe.; $[\alpha]_D^{26}$ +21,8° (Chlf.); 0,19 g. 0,5 g **VII** geben bei der Hydrolyse mit 10%ig. methanol. KOH (3 Std. am Rückfluß) *3α.17α-Dioxy-11-ketoätiocholansäure* [$C_{20}H_{30}O_5$, F. 286—287°; $[\alpha]_D^{24}$ +41,7° (Dioxan); 0,35 g]. — *Pregnan-17α.21-diol-3.11.20-trion-17.21-diacetat* (**VIII a**), $C_{25}H_{34}O_7$, F. 221—222° (verd. Methanol), aus 2,5 g **VIII** wie bei **III a**; $[\alpha]_D^{26}$ +27,4° (Chlf.); 1,45 g. **VIII a** gibt nach partieller Hydrolyse wie bei **III** u. anschließender milder Acetylierung **VIII.** — *Allopregnan-17α.21-diol-3.11.20-trion-17.21-diacetat* (**IX a**), $C_{25}H_{34}O_7$, F. 167—170° (nach Festwerden F. 177—182°; aus Methanol), aus 2,4 g **IX** wie bei **III b**; $[\alpha]_D^{23}$ +43,9° (Chlf.); 2,13 g. **IX a** gibt bei der Hydrolyse wie bei **III** wieder **IX.** — *Cortison-17.21-diacetat* (**X a**), $C_{25}H_{32}O_7$, F. 221—222° (Methanol), aus 4,5 g **X** wie bei **III a**; $[\alpha]_D^{23}$ +133° (Chlf.); λ_{max} 238 mμ (log ε = 4,2; in Methanol); 2,3 g.

Xa gibt nach der Hydrolyse bei wie **III** *Cortison.* (J. Amer. chem. Soc. **74.** 5394—96. 5/11. 1952. Rahway, N. J., Merck & Co., Inc., Res. Labor.) H.-J. KOCH. 3700

J. B. Ziegler und **A. C. Shabica,** *Der stereochemische Verlauf der Addition von Halogenen an Cholesterin.* Vff. bestätigen die Annahme von BARTON, MILLER u. YOUNG (C. **1953.** 7561), daß die Bromchlorierung der 5.6-Doppelbindung des Cholesterins (**I**) nach der N-Bromacetamid-HCl-Meth. durch den Angriff von Cl^- auf eine α-orientierte Zwischenverb. vom Bromoniumtyp **A** unter Bldg. von *5α-Brom-6β-chlorcholestan-*

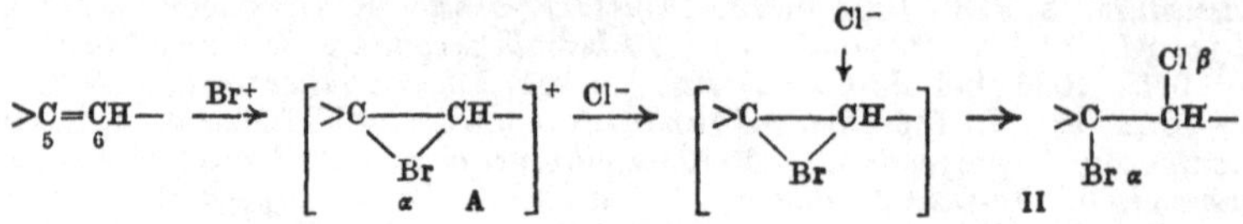

3β-ol (**II**) erfolgt. Zum Konstitutionsbeweis von **II** wird dieses durch CrO_3-Oxydation des 3β-Hydroxyls in das Keton verwandelt, das zum bekannten *6β-Chlor-Δ⁴-cholesten-3-on* (**IV**) dehydrobromiert wird, wobei nur Br^-, jedoch kein Cl^- auftritt. Die Konfiguration des $C_{(5)}$-Br folgt aus der Analogie der bewiesenen Struktur des 5α.6β-Dibromids u. aus der Differenz der mol. Drehungen. In Übereinstimmung mit BARTON u. Mitarbeitern wird bei **II** (nach 75 Std. in Chlf. bei Zimmertemp.) u. bei **II**-Acetat (nach Kochen in Bzl.) keine Mutarotation gefunden. Bemerkenswert ist das Versagen der Meth. der F.-Depression bei der Identitätsbest. gewisser Halogenpaare. Folgende Paare zeigen keine F.-Depression: **IV** mit 6β-Brom-Δ^4-cholesten-3-on (dagegen zeigt das 6β- mit dem 6α-Chlorderiv. eine Depression); **II**-Acetat mit der entsprechenden 5α.6β-Dibromverb.; 5α-Brom-6β-chlorcholestan-3-on mit der entsprechenden 5α.6β-Dibromverb.; **II** mit der entsprechenden 5α.6β-Dichlorverbindung.

V e r s u c h e (FF. korr. im elektr. geheizten Metallbad mit einem Thermometer mit innerer Fadenkorrektur; opt. Drehungen in Chlf.): *5α-Brom-6β-chlorcholestan-3β-ol* (**II**), $C_{27}H_{46}OClBr$, F. 138—139° (Zers.; aus Äthylacetat–Methanol). Eine Lsg. von 15,48 g **I** in Chlf. wurde mit HCl gesätt. u. nach Kühlen auf 10° portionsweise bei 10—15° mit einer 40° warmen Lsg. von N-Bromacetamid in Chlf. versetzt; $[\alpha]_D^{23}$ —43°; $[M]_D$ —217°; Misch-F. mit gewöhnlichem Cholesterylchlorid (F. 142—143°) 139—141° (Zers.); 14,4 g (Ausbeute). *Acetat,* $C_{29}H_{48}O_2ClBr$, F. 119—121° (Äthylacetat–Methanol), aus **I**-Acetat (**III**) wie **II** oder durch Acetylierung von **II**; $[\alpha]_D^{23}$ —43°; $[M]_D$ —234°; 4,53 g aus 4,29 g **III** bzw. 0,55 g aus 0,5 g **II**. *Benzoat,* $C_{34}H_{50}O_2ClBr$, F. 126—127,5° (Äthylacetat), aus 4,41 g **I**-Benzoat wie **II**; $[\alpha]_D^{22}$ —28°; $[M]_D$ —171°; 4,49 g. — *5α.6β-Dibromcholestanyl-3β-acetat,* F. 114,5—118°, aus 4,29 g **III** wie **II** unter Verwendung von HBr; 4,8 g. — *5α-Brom-6β-chlorcholestan-3-on,* $C_{27}H_{44}OClBr$, F. 64,5° (Zers.; aus Chlf.–Methanol), aus 5 g **II** in Eisessig mit CrO_3 1 Std. bei 55°; $[\alpha]_D^{22}$ —45°; $[M]_D$ —225°; 4,5 g. — *6β-Chlor-Δ⁴-cholesten-3-on* (**IV**), $C_{27}H_{43}OCl$, F. 128—129° (lebhaftes Aufbrausen bei 170°; aus Äthylacetat–Methanol), a) aus 3,00 g vorst. Verb. mit entwässertem Na-Acetat u. absol. A. 1 Std. am Rückfluß; $[\alpha]_D^{23}$ +13°; λ_{max} 241 mμ (ε_{max} 11805; in A.); 1,28 g. Im Nd. der anorgan. Salze wurde qualitativ viel Br^-, aber kein Cl^- nachgewiesen; b) nach BARTON u. MILLER (C. **1951.** II. 229), F. 125—126° (nur leichtes Aufbrausen bei 200°; aus Äthylacetat–Methanol). Misch-F. mit **IV** nach a) 128—130°. — *6β-Brom-Δ⁴-cholesten-3-on,* F. 129—130° (bei 140° blauschwarz unter heftigem Aufbrausen; aus Äthylacetat–Methanol), nach DANE, WANG u. SCHULTE (**Hoppe-Seyler's** Z. physiol. Chem. **245.** [1936.] 80); Misch-F. mit vorst. Verb. 128—133°. — *5β.6α-Dibromkoprostanyl-3β-acetat,* $C_{29}H_{48}O_2Br_2$, F. 97—100°, durch Acetylierung von 0,8 g des entsprechenden Alkohols (BARTON u. MILLER, C. **1951.** II. 230); kräftige stabförmige Prismen aus Äthylacetat–Methanol; $[\alpha]_D^{24}$ +36°; $[M]_D$ +212°; 0,67 g. (J. Amer. chem. Soc. **74.** 4891—94. 5/10. 1952. Summit, N. J., Ciba Pharmaceutical Products Res. Dep.) H.-J. KOCH. 3700

John C. Babcock und **Louis F. Fieser,** *Reduktive Methylierung von Steroidketonen.* Das bei der Oxydation von Methyl-$\Delta^{9,11}$-lithocholenat (**V**) entstehende Prod., das von FIESER u. RAJAGOPALAN (C. **1952.** 6539) als 3.8-Epoxyd bezeichnet wurde, wird auf Grund des Absorptionsspektr., der Bldg. eines Semicarbazons u. Dinitrophenylhydrazons u. der Bldg. eines ident. Prod. durch OPPENAUER-Oxydation von **V** als *Methyl-3-keto-$\Delta^{9,11}$-cholenat* (**I**) erkannt. Das aus **V** durch Hydrierung in Methanol–HBr entstehende, vorher auch als Epoxyd bezeichnete Prod. ist das *Methyl-3β-methoxy-$\Delta^{9,11}$-cholenat* (**II**). Die aus **II** durch weitere Hydrierung entstehende Verb. muß dann der gesätt. *3-Methyläther* (**III**) sein, der auch durch Hydrierung von Methyldehydrolithocholat (**VII**) oder durch Methanolyse von Lithocholsäuremethylester-3-p-tosylat (**IV**) gebildet wird. Da die letztere Rk. immer mit Inversion verbunden ist, muß die Methoxygruppe in **II** u. **III** β-orientiert sein. Die früher bei der Acetolyse von **II** als Nebenprod. (1%) isolierte Verb. wird als *3β-Oxy-Δ^{9,11}-cholensäure* (F. 210°, $[\alpha]_D$ +44° [Dioxan]; *Methylesteracetat* [**VIa**], F. 183°, $[\alpha]_D$ +40° [Dioxan]) erkannt u. die Struktur durch die Differenz der mol. Drehungen u. durch ihre Bldg. aus **V**-p-Toluolsulfonat durch Solvolyse bewiesen. Die bei der Hydrierung (**I** → **II** u. **VII** → **III**) in Methanol–HBr festgestellte Bldg. von Methyläthern wird als reduktive Methylierung bezeichnet u. auch auf Koprostanon u. Cholestanon angewendet.

Versuche: *Methyl-3-keto-Δ^{9,11}-cholenat* (**I**; früher „Methyl-3α.8α-oxido-Δ^{9,11}-cholenat“), F. 117—119° (Ligroin 60—90°). a) Zu 1 g **V** in Essigsäure wird im Laufe 1 Std. unter Kühlung 0,33 g $Na_2Cr_2O_7 \cdot 2\,H_2O$ in Essigsäure zugetropft; nach 8 Std. bei 25° Ausscheidung von Blättchen; λ_{max} 5,79, 5,83 μ (Chlf.) u. 5,75, 5,82 μ (CS_2); 0,75 g (Ausbeute). b) 265 mg **V** in Bzl. werden mit Cyclohexanon u. Al-Isopropylat 3 Std. am Rückfluß gekocht; nach Verdünnen u. Ansäuern Ae.-Extraktion u. chromatograph. Reinigung (Bzl.–PAe.); Misch-F. 116,5—117,5°; $[\alpha]_D^{22}$ +35 ± 1° (Chlf.); 99 mg. *Semicarbazon*, $C_{26}H_{41}O_3N_3$, F. 189° (Zers.); λ_{max} 2,82, 3,0, 5,80, 5,92 u. 6,35 μ (Chlf.). *2.4-Dinitrophenylhydrazon*, $C_{31}H_{42}O_6N_4$, F. 203,5—206° (Chlf.–Methanol); λ_{max} 367,5 mμ (E = 22400 in A.). — *Methyl-3β-methoxy-Δ^{9,11}-cholenat* (**II**; früher „*Methyl-3α.8α-oxidocholanat*“), $C_{26}H_{42}O_3$, F. 113—115° (Ae.–Methanol), aus 450 mg **I** in HBr-haltigem Methanol mit PtO_2 u. H_2; 0,33 g, daneben 25 mg **I**. **II** wird durch $Na_2Cr_2O_7$ bei 25° oder durch Acetylierung nicht verändert. — *Methyl-3β-methoxycholanat* (**III**; früher „*Methyl-8[?]-oxycholanat*“), $C_{26}H_{44}O_3$, F. 103—104°, a) aus 256 mg **VII** wie **II**; Chromatographie ergibt einen ersten, mit PAe.–Bzl. (9 : 1) eluierten, nicht identifizierten Anteil (F. 85—87°, $[\alpha]_D^{22}$ +22,5° [Chlf.]), **III** u. einen dritten Anteil, der aus einem Gemisch von *3-Alkoholen* zu bestehen scheint. b) **IV** in Methanol mit Na, 24 Std. am Rückfluß, ergibt *3β-Methoxycholansäure* ($C_{25}H_{42}O_3$), früher „*8(?)-Oxycholansäure*“) F. 140—142°, kleine Tafeln aus verd. Aceton; $[\alpha]_D^{21,5}$ +22,1° [Dioxan]); anschließend Veresterung mit Diazomethan. — *Lithocholsäuremethylester-3-p-tosylat* (**IV**), $C_{32}H_{48}O_5S$, F. 110 bis 112° (Zers. bei 177° zu einer braunschwarzen Schmelze), aus Methyllithocholat u. p-Tosylchlorid in Dioxan u. Pyridin, 48 Std. bei 25°. — *Methyl-3β-acetoxycholanat*, $C_{27}H_{44}O_4$, F. 169,5—171° (Chromatographie), a) aus 200 mg **IV** in Essigsäure mit K-Acetat u. Acetanhydrid 75 Min. am Rückfluß; $[\alpha]_D^{22}$ +21 ± 1° (Chlf.); 60 mg. b) Aus 100 mg **I** durch Hydrierung wie **II** u. Acetylierung; feine Tafeln; $[\alpha]_D$ +24° (Chlf.); 60 mg. — *Δ^{9,11}-Lithocholensäuremethylester* (**V**)-*3-p-tosylat*, $C_{32}H_{46}O_5S$, F. 111 bis 112° (aus verd. Aceton; Zers. bei 170° zu einer schwarzen Schmelze), analog **IV**. — *Methyl-3β-acetoxy-Δ^{9,11}-cholenat* (**VIa**; früher „*Methyl-?-lithocholenatacetat*“), $C_{27}H_{42}O_4$, F. 178—180° (Ae.–Ligroin), aus 440 mg **V** in Essigsäure mit K-Acetat u. Acetanhydrid 90 Min. am Rückfluß; glänzende Tafeln; $[\alpha]_D^{22}$ +38 ± 2° (Dioxan); 100 mg. Gibt bei Verseifung *3β-Oxy-Δ^{9,11}-cholensäure* (früher „*?-Lithocholensäure*“; F. 174—175°, lange Nadeln aus verd. Aceton; $[\alpha]_D$ +42° [Chlf.]). — Weitere Berichtigungen: der frühere „*8(?)-Oxycholanylalkohol B*“ ist *3β-Methoxy-Δ^{9,11}-cholenylalkohol*, $C_{25}H_{42}O_2$, F. 146 bis 147°, $[\alpha]_D^{22}$ +39° (Dioxan). Der frühere „*8(?)-Oxycholanylalkohol A*“ ist *3β-Methoxycholanylalkohol*, $C_{25}H_{44}O_2$, F. 114—116°, $[\alpha]_D^{22}$ +25° (Dioxan). — *Koprostanylmethyläther*, $C_{28}H_{50}O$, F. 62—63° (Äthylacetat–Methanol nach Chromatographie), aus 400 mg Koprostanon (F. 62—63°) wie **II**; $[\alpha]_D^{23,5}$ +27,5 ± 1° (Chlf.); 100 mg. Gibt mit Ausgangsmaterial 5° F.-Depression. — *Cholestanylmethyläther*, F. 81—82° (Chromatographie), aus 150 mg Cholestanon wie **II**; glänzende Tafeln; $[\alpha]_D^{23}$ +21,9 ± 1° (Chlf.). Zur Darst. einer Vergleichsprobe wurde 1 g Cholesteryl-p-tosylat 1,75 Std. mit Methanol am Rückfluß gekocht u. der entstandene *Cholesterylmethyläther* (F. 82 bis 83°; 0,5 g) hydriert ($[\alpha]_D^{21,5}$ +20,6 ± 1°). (J. Amer. chem. Soc. **74**. 5472—74. 5/11. 1952. Cambridge, Mass., Harvard Univ., Chem. Labor.) H.-J. KOCH. 3700

E. B. Hershberg, Hershel L. Herzog, Stephen B. Coan, Lois Weber und **Margaret Jevnik,** *Cortisonzwischenprodukte.* 1. Mitt. *Eine neue Darstellung von 12α-Brom-24.24-diphenyl-Δ^{23}-cholen-3α-ol-11-onacetat.* In Anlehnung an die von BORGSTROM u. GALLAGHER (C. **1950**. II. 2321) durchgeführte Synth. des 12α-Brom-3α-succinoxy-11-ketocholansäuredimethylesters stellten Vff. *12α-Brom-24.24-diphenyl-Δ^{23}-cholen-3α-ol-11-onacetat* (**IX**) aus Desoxycholsäure (**I**) her. Die nach SCHWENK, RIEGEL, MOFFETT u. STAHL (C. **1945**. II. 657) aus **I** dargestellte 3α-Succinoxy-12-ketocholansäure (**IV**) wurde zu einem Gemisch von *11α-* u. *11β-Brom-3-succinoxy-12-ketocholansäure* (**V**) bromiert u. dieses in das *12β-Oxy-11-keton* (**II**) übergeführt. **II**-*Methylester* (**VI**) wurde mit Phenyl-MgBr in das *24-Carbinol* übergeführt, das durch Erhitzen mit Essigsäure zu *24.24-Diphenyl-Δ^{23}-cholen-3α.12β-diol-11-on* (**III**) bzw. dessen 3α-Acetat (**VIII**) dehydratisiert wurde. Das aus **VIII** erhaltene *3α.12-Diacetat* (**X**) wurde mit methanol. HCl zu **III** verseift. **VIII** gab mit PBr_3 **IX** u. das 12-Phosphit von **VIII** (**VII**); letzteres wurde mit Essigsäureanhydrid–HBr in **IX** übergeführt.

Versuche (FF. korr.): *3α.12β-Dioxy-11-ketocholansäure* (II), F. 203—204°. IV in Essigsäure wurde bei 60° in 2—3 Std. bromiert, mit Eiswasser versetzt u. das isolierte *Bromketon* V [F. 178—180°, $[\alpha]_D^{25}$ +46° (1% in 95%ig. A.)] in Methanol mit wss. NaOH 2 Std. unter N_2 gekocht u. die Lsg. auf Eis–H_2SO_4 gegossen; aus Essigester u. Isopropanol, $[\alpha]_D^{25}$ +65,3° (0,93% in 95%ig. A.); 46% (Ausbeute). *Methylester* (VI), F. 153,5—154,5°, aus II in Methanol mit Acetylchlorid durch 1std. Kochen; 85,5%. — *24.24-Diphenyl-Δ^{23}-cholen-3α.12β-diol-11-on-3-acetat* (VIII), $C_{38}H_{48}O_4$, F. 170—171°. a) Zu Phenyl-MgBr in Ae. wurde eine warme Lsg. von VI in Toluol zugetropft, wobei der Ae. gleichzeitig abdest. wurde; die Mischung wurde 2 Std. auf 90° erwärmt, mit 30%ig. Essigsäure zers., Biphenyl durch Wasserdampfdest. entfernt, die wss. Lsg. mit Ae. extrahiert, der Ae.-Rückstand mit Essigsäure 8 Std. am Rückfluß erhitzt u. in W. gegossen; $[\alpha]_D^{22}$ +76,9° (0,8% in Chlf.); 58%. b) Aus III in Eisessig durch 12std. Kochen. — *24.24-Diphenyl-Δ^{23}-cholen-3α.12β-diol-11-on* (III), 2 $C_{36}H_{46}O_3 \cdot CH_3OH$, F. 128—129° (Methanol). a) Analog VIII, aber Ae.-Rückstand mit 95%ig. Essigsäure aufgekocht; sofort abgekühlt u. mit 4 Vol. W. versetzt; $[\alpha]_D^{25}$ + 79,9° (1% in Methanol); 28%. b) Aus VIII in Methanol mit Acetylchlorid; 59%. c) Aus X in Methanol mit Acetylchlorid durch 1std. Kochen; 56%. — *24.24-Diphenyl-Δ^{23}-cholen-3α.12β-diol-11-ondiacetat* (X), $C_{40}H_{50}O_5$, F. 182,5—183,5° (Acetonitril), aus VIII mit Essigsäureanhydrid durch ½std. Erhitzen; $[\alpha]_D^{22}$ +65,1° (1% in Chlf.); 66,8%. — *12α-Brom-24.24-diphenyl-Δ^{23}-cholen-3α-ol-11-onacetat* (IX), F. 175—176° (Acetanhydrid). a) Ein äquimol. Gemisch von VIII u. PBr_3 wurde in Methylenchlorid über Nacht stehengelassen, mit Eiswasser gewaschen u. der nach dem Einengen erhaltene gummiartige Rückstand in Essigsäureanhydrid gelöst u. über Nacht bei 0—5° stehengelassen; 22%. b) Aus VIII in Methylenchlorid u. Pyridin mit PBr_3 wie vorst.; 25%. c) VIII in Methylenchlorid wurde mit PBr_3 versetzt u. der gummiartige Rückstand in 0,28n HBr in Eisessig 50 Min. auf dem Dampfbad erhitzt; 32%. — *24.24-Diphenyl-Δ^{23}-cholen-3α.12β-diol-11-on-3-acetat-12-dihydrogenphosphit* (VII), $C_{38}H_{49}O_6P$, F. 215—216°. 1,8 mMol VIII u. 3,7 mMol Pyridin wurden in 15 cm³ Methylenchlorid mit 2,1 mMol PCl_3 über Nacht bei Raumtemp. stehengelassen, wie oben aufgearbeitet u. der feste Rückstand aus Acetonitril umkrist.; $[\alpha]_D^{22}$ +71,3° (0,63% in Chlf.); 81,5%. VII in 0,28n HBr in Eisessig wurde 1 Std. gekocht u. ergab IX; 48%. VII in 0,88n HCl in Eisessig lieferte nach 1std. Kochen VIII. — *24.24-Diphenyl-Δ^{23}-cholen-3α.12β-diol-11-on-3-acetat-12-hydrogensulfit*, $C_{38}H_{48}O_6S$, F. 140—141° (Zers.) (Acetonitril). 1,8 mMol VIII u. 1,9 mMol Pyridin wurden in 15 cm³ Methylenchlorid mit 3,2 mMol $SOCl_2$ über Nacht stehengelassen, mit W. gewaschen u. zur Trockne eingedampft. — Vorst. Sulfitester wurde in 0,28n HBr in Eisessig 1 Min. auf dem Dampfbad erwärmt, mit W. versetzt u. lieferte VIII. (J. Amer. chem. Soc. **74**. 2585—89. 20/5. 1952. Bloomfield, N. J., Schering Corp., Chem. Res. Div.) SCHORRE. 3750

F. W. Kahnt und **A. Wettstein,** *Über Steroide.* 105. Mitt. *Die 11-Oxydation von Desoxycorticosteron und Reichsteins Substanz S mit Hilfe tierischer Organhomogenate. Bildung von Corticosteron und 17-Oxycorticosteron.* (104. vgl. HEER u. MIESCHER, Helv. chim. Acta **34**. [1951.] 359.) Vff. untersuchten die Einführung der 11-Oxygruppe in 11-Desoxycorticosteroide durch Organhomogenate (Nebennieren von Rind u. Schwein). Auf diese Weise wurden *17-Oxycorticosteron* aus 17-Oxy-11-desoxycorticosteron (REICHSTEINs *Substanz S*; I) u. *Corticosteron* aus Desoxycorticosteron (II) dargestellt u. in Substanz isoliert; die Ausbeuten betrugen je nach Versuchsbedingungen bis zu 40%. Die Rk. verläuft optimal bei p_H 7—8. Zusätze von Glucose, Phosphat u. Mg-Salzen erwiesen sich als nicht notwendig, doch war für die Erzielung hoher Ausbeuten ein Zusatz von dem Kohlenhydratstoffwechsel angehörenden oder nahestehenden Verbb. nötig. Von Bedeutung erwiesen sich hier bes. die Dicarbonsäuren des KREBSschen Citronensäurecyclus (*Citronensäure, Fumarsäure* u. a.) u. einige diesen nahestehende Aminosäuren. Dieser Effekt wird noch gesteigert durch weitere Zugabe von Nicotinsäureamid. Die gleiche Wrkg. wie mit dieser Kombination kann auch durch Verwendung von *Adenin, Adenosin, Adenylsäure* u. *Nicotinsäure* erzielt werden (*ADP* u. *ATP* sowie die Coenzyme *DPN* u. *TPN* waren noch nicht geprüft). Diese Befunde sprechen für einen engen Zusammenhang zwischen Bldg. der Glucocorticoide u. dem Kohlenhydratstoffwechsel. — Außer Nebennierenhomogenaten sind auch solche von Leber (Kalb, Kaninchen) oder Niere (Kalb) als wirksam gefunden worden, Herz u. Hirnhomogenate waren unter den Versuchsbedingungen wirkungslos.

Versuche: *17-Oxycorticosteron*, $C_{21}H_{30}O_5$, durch gemeinsames Homogenisieren von 1 g I, 210 g Rindernebennieren, 2,32 g Fumarsäure u. 1 Liter einer Verdünnungslsg., die Glucose u. anorgan. Salze enthielt; bei p_H 7,35—7,65 u. 37° wurde 4½ Std. O_2 durch den Ansatz geleitet, dieser dann mit konz. HCl auf p_H 1,65 gebracht, in Aceton gegossen u. 20 Std. bei Raumtemp. stehengelassen. Nach Abdampfen des Acetons wurde die wss. Lsg. mit Essigester extrahiert, der Extrakt mit Bicarbonat u. n/10 HCl gewaschen, u. der Trockenrückstand in Bzl.–Ae. (9 : 1) gelöst, wobei 250 mg eines hellbraunen Pulvers zurückblieben; aus Chlf. u. Ae.–Aceton Prismen, F. 214—219°; $[\alpha]_D + 168 \pm 4°$ (in A.); 160 mg; durch Chromatographie der Mutterlaugen an Silicagel [eluiert mit Chlf.–Essigester (1 : 1) u. Essigester] u. 6stufiger Verteilung zwischen Bzl.–Methanol (9 : 1) u. W. wurden weitere 120 mg reines Prod. erhalten. — *Corticosteron*, a) durch Homogenisieren von Rindernebennieren, 1 g **II** u. einer Verdünnungslsg. wie oben, die außerdem 0,02 Mol Na-Fumarat enthielt; dem Ansatz wurden 0,05 g Katalase zugesetzt u. danach durch langsames Zutropfen von 150 cm³ 15%ig. H_2O_2 innerhalb 2½ Std. u. nach 1 Std. von 15 cm³ 30%ig. H_2O_2 u. 0,05 g Katalase; nach Aufarbeitung wie oben u. Silicagelchromatographie 330 mg stark verunreinigtes *Corticosteron*. b) Ansatz wie zur Darst. von 17-Oxycorticosteron, nur mit 1 g **II** u. Zusatz von Nicotinsäure u. Fumarsäure; die Aufarbeitung lieferte ca. 300 mg reines *Corticosteron*; aus Aceton–Ae., F. 182—186°; Misch-F. u. Papierchromatogramm ergaben die Identität mit Corticosteron. (Helv. chim. Acta **34**. 1790—1805. 15/10. 1951. Basel, Ciba Akt.-Ges., Forschungslabor., Pharmazeut. Abt.) FRUHSTORFER. 3750

J. R. Billeter und **K. Miescher,** *Über Steroide.* 106. Mitt. *Zur Totalsynthese der Steroide.* (105. vgl. vorst. Ref.) Vff. beschreiben ausgehend vom Acetat (**I**) des KÖSTER-LOGEMANNschen Ketons bzw. von dessen Hydrierungsprodd. **II** u. **III** die Synth. tetracycl. Oxyketone der Steroidreihe; die Reaktionsprodd. **IV** u. **V** gehören der *Androsteron-* bzw. der *Oxytestanonreihe* (*Testan* statt *Ätiocholan,* vgl. hierzu C. **1952**. 374) an, doch offenbar mit abweichender Konfiguration der Verknüpfungsstellen der Ringe C/D. — **I** wurde mit Bromessigester u. Zn zu dem *Oxyester* **VI** umgesetzt, der durch Wasserabspaltung mit $POCl_3$/Pyridin den ungesätt. Äthylester von **VII** ergab, in dem sich die neueingeführte Doppelbindung wahrscheinlich in 1.2-Stellung befindet (kein UV-Spektr. konjugierter Systeme). Aus der *Säure* **VIIa** wurde über das *Säurechlorid* **VIIb** nach ARNDT-EISTERT die *Homosäure* **VIII** dargestellt, deren *Acetat* **VIIIa** in Acetanhydrid mit Spuren von $SnCl_4$ ($ZnCl_2$ oder BF_3-Ätherat lieferte schlechtere Ausbeuten) bei Wasserbadtemp. zu einem Gemisch zweier *Acetoxyketone* (**IX** u. **X**) cyclisiert wurde. Nach Trennung über die *Semicarbazone* (**IXa** u. **Xa**) wurde **IX** (Vff. halten die $\Delta^{14.15}$-Stellung der Doppelbindung in **IX** für die wahrscheinlichste) zum *Diolmonoacetat* **XIa** hydriert, dessen Verseifungsprod. **XI** verschieden war von den beiden bekannten Androstandiolen (3β.17α bzw. 3β.17β). CrO_3-Oxydation von **XIa** lieferte ein *Acetoxyketon* (**IVa**), das von 3β-Androsteronacetat, von Lumi-3β-androsteronacetat sowie auch vom 14-Iso-3β-androsteronacetat verschieden ist. Als C/D-Verknüpfung käme also nur die „verkehrte trans-Stellung" in Frage, wie sie in Formel **IV** angegeben ist [die Steroidringstruktur im Oxyketon **IV** wie auch in den Endprodd. **XVII** u. „cis"-**XVI** wurde jeweils durch Se-Dehydrierung zum *3'-Methyl-1.2-cyclopentenophenanthren* (**XIX**) gesichert]. **IVa** wird daher von Vff. als *13.14-Diiso-3β-androsteronacetat* bezeichnet. Diese Formulierung ist auch mit den Werten der mol. Drehungen vereinbar, die Vff. diskutieren. — Der gleiche Aufbau wurde mit den gesätt., in Anlehnung an die Nomenklatur der Steroide mit „cis"- u. „trans" bezeichneten Ketonen **II** bzw. **III** wiederholt; REFORMATSKI-Synth. lieferte die **VI** analogen gesätt., öligen *Oxyester* „*cis*"- u. „*trans*"-**XII**, die durch Wasserabspaltung u. anschließende Verseifung in die Δ^1-ungesätt. *Säuren* „*cis*"- u. „*trans*"-**XIII** übergeführt wurden. Hydrierung von „*trans*"-**XIII**

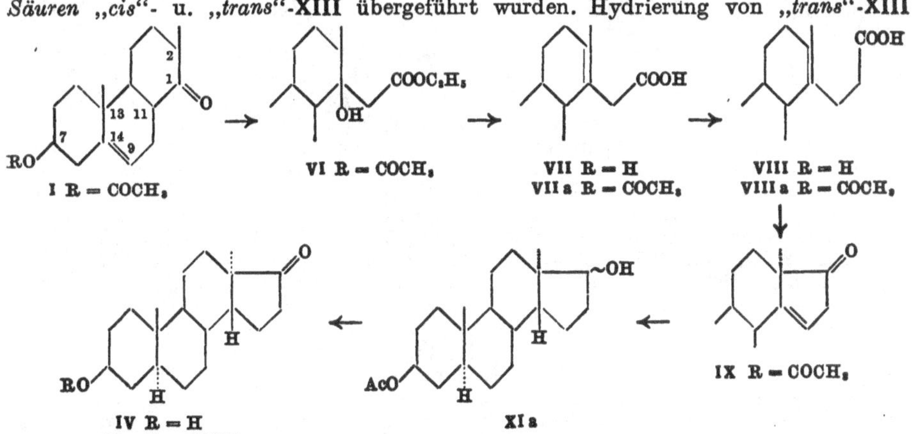

I R = COCH₃ · VI R = COCH₃ · VII R = H, VIIa R = COCH₃ · VIII R = H, VIIIa R = COCH₃ · IX R = COCH₃ · XIa · IV R = H, IVa R = COCH₃

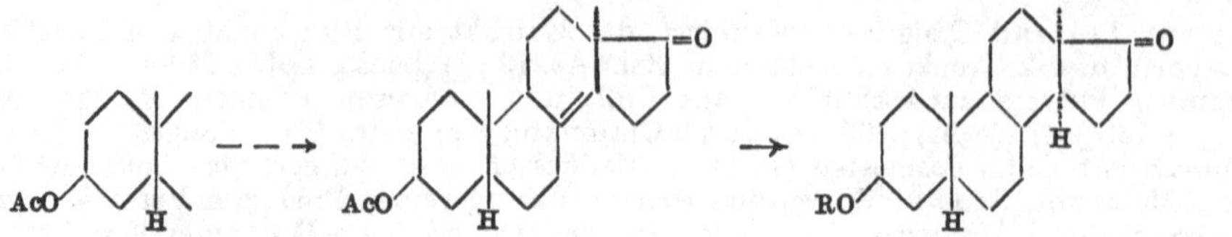

II „cis"-XVI V R = H
Va R = $COCH_3$

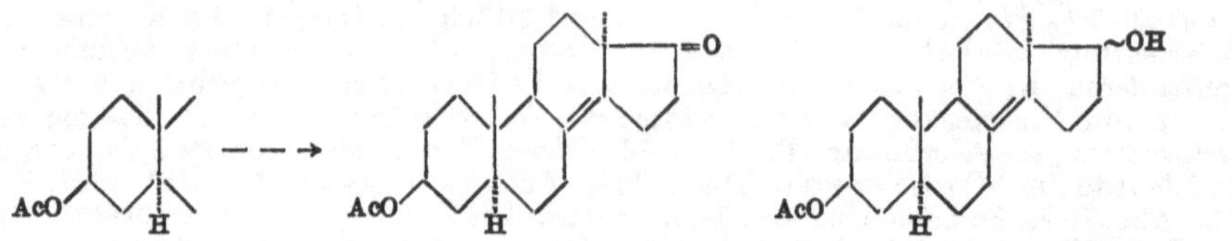

III „trans"-XVI XVII

lieferte die entsprechende gesätt. *Säure* **XIV**, die auch bei der Hydrierung der Oxysäure **VII** erhalten wurde. Die *Acetate* von „*cis*"- u. „*trans*"-**XIII** wurden nach ARNDT-EISTERT zu den *Homosäuren* „*cis*"- u. „*trans*"-**XV** umgesetzt, deren *Acetate* bei der Cyclisierung in Acetanhydrid/$SnCl_4$ Gemische von je zwei *Acetoxyketonen* lieferten, von denen nach Trennung über die *Semicarbazone* nur je eines („*cis*"- u. „*trans*"-**XVI**) weiter untersucht wurde. In „trans"-**XVI** war die Doppelbindung nicht hydrierbar; es wurde das ungesätt. *Diolmonoacetat* **XVII** erhalten. Vff. geben „*trans*"-**XVI** die Struktur eines *3β-Acetoxy-13-iso-$\Delta^{8,14}$-androstenons-(17)*. — In „*cis*"-**XVI** wurde dagegen bei der Hydrierung die Doppelbindung angegriffen, während die Ketogruppe erhalten blieb (**Va**). Vff. formulieren „*cis*"-**XVI** vorläufig als *3β-Acetoxy-13-iso-$\Delta^{8,14}$-testenon-(17)* bzw. **Va** als *Lumi-3β-acetoxytestanon-(17)*. — Über die biol. Prüfung der neuen Verbb. wird später berichtet. UV-Spektren von **VII** u. **IX** vgl. Original.

Versuche (FF. korr.): *$\Delta^{9,14}$-2.13-Dimethyl-1-oxy-7β-acetoxydodekahydrophenanthryl-(1)-essigsäureäthylester* (**VI**), $C_{22}H_{34}O_5$, F. 118°, durch Umsetzung von **I** mit Bromessigester u. aktiviertem Zn in absol. Ae.–Bzl. (nach Zusatz von etwas J_2) in der Siedehitze (insgesamt 9 Std.) u. Zers. mit 2nHCl; aus Methanol; $[\alpha]^{24}$ —74 ± 4° (c = 1,012, in A.); 63% (Ausbeute). — *$\Delta^{9,14}$-2.13-Dimethyl-1.7β-dioxydodekahydrophenanthryl-(1)-essigsäure*, $C_{18}H_{28}O_4$, F. 216—217°, durch Kochen von **VI** (24 g) über Nacht mit wss.-methanol. KOH; aus Essigester; 18 g. *7-Acetat*, $C_{20}H_{30}O_5$, F. 172 bis 173°, durch Kochen der vorst. Säure (12 Std.) in Eisessig; aus Essigester–Hexan; $[\alpha]_D^{22}$ —92 ± 4° (c — 1,072, in A.). — *$\Delta^{1,2,9,14}$-2.13-Dimethyl-7β-oxydekahydrophenanthryl-(1)-essigsäure* (**VII**), $C_{18}H_{26}O_3$, F. 175°, durch 1std. Kochen von **VI** mit $POCl_3$ in Pyridin; nach Zers. mit Eis–HCl Verseifung des Rohprod. durch Kochen mit wss.-methanol. KOH über Nacht; aus Essigester; $[\alpha]_D^{23}$ —221 ± 5° (c = 1,107, in Chlf.); 67%. — „*trans*"*-2.13-Dimethyl-7β-oxyperhydrophenanthryl-(1)-essigsäure* (**XIV**), $C_{18}H_{30}O_3$, F. 258° (A.) durch Hydrierung von **VII** mit PtO_2 in Essigsäure. — *$\Delta^{1,2,9,14}$-2.13-Dimethyl-7β-acetoxydekahydrophenanthryl-(1)-essigsäure* (**VIIa**), $C_{20}H_{28}O_4$, F. 137°, durch Acetylierung von **VII** mit Acetanhydrid in Pyridin; aus Essigester–Hexan; $[\alpha]_D^{23}$ —190 ± 4° (c = 1,302, in A.). *Säurechlorid* (**VIIb**), $C_{20}H_{27}O_3Cl$, F. 110°, durch Versetzen von **VIIa** in Bzl. mit Oxalylchlorid während einer Std. u. Stehen über Nacht; nach Eindampfen im Vakuum aus Hexan; 91%. — *β-[$\Delta^{1,2,9,14}$-2.13-Dimethyl-7β-oxydekahydrophenanthryl-(1)]-propionsäure* (**VIII**), $C_{19}H_{28}O_3$, F. 174—175°, durch Umsetzung von **VIIb** mit CH_2N_2 in Ae., Lösen des öligen Rückstandes nach Abdampfen des Ae. in absol. Methanol u. Versetzen mit frischgefälltem Ag_2O während 2 Std.; nach weiterem 2std. Kochen Verseifen des öligen *Methylesteracetats* ($C_{22}H_{32}O_4$, Kp.$_{0,4}$ 205—208°; $[\alpha]_D^{21}$ —173 ± 4° [c = 0,944, in Chlf.]) durch Kochen mit wss.-methanol. KOH über Nacht; aus Aceton; $[\alpha]_D^{22}$ —240 ± 5° (c — 1,044, in Chlf.); 47,3%. — *β-[„trans"-2.13-Dimethyl-7β-oxyperhydrophenanthryl-(1)]-propionsäure* (**XVIII**), $C_{19}H_{32}O_3$, F. 202—203°, durch Hydrierung von **VIII** mit PtO_2 in Eisessig; aus Aceton; $[\alpha]_D^{23}$ —26 ± 2° (c = 1,145, in A.); $C(NO_2)_4$-Rk. negativ. — *$\Delta^{5,6,14,15}$-3β-Acetoxy-13-isoandrostadienon-(17)* (**IX**), $C_{21}H_{28}O_3$, F. 164—165°, u. *Acetoxyketon* (**X**), $C_{21}H_{28}O_3$, F. 120—121°, durch Acetylierung von **VIII** (10 g) zu **VIIIa** (1std. Kochen in Acetanhydrid), Versetzen der abgekühlten Lsg. mit 0,2 cm³ $SnCl_4$ u. 10 Min. langes Erwärmen des Gemisches auf dem sd. Wasserbad; zu der intensiv blauen Lsg. wurde zur Zers. des Acetanhydrids vorsichtig W. zugetropft, mit Ae. extrahiert u. der Rückstand (8,26 g) 1 Std. in wss.-methanol. KOH gekocht; nach Aufnahme des neutralen

Anteils in Ae. durch Ansäuern der wss. Lsg. 3,2 g **VIII** (F. 174—175°); die Neutralfraktion (5,9 g) wurde acetyliert u. das ölige Rohprod. (5,6 g) in die *Semicarbazone* übergeführt (1std. Kochen mit methanol. Semicarbazidacetat); Kristalle des „*schwerlösl. Semicarbazons*" [**IXa**; $C_{21}H_{31}O_3N_3$, F. 262—263° (Zers.; Chlf. u. Methanol); 2,8 g]; aus den methanol. Mutterlaugen nach Ausfällen mit W. u. wiederholtem Umkristallisieren aus Methanol 0,51 g des „*leichtlösl. Semicarbazons*" [**Xa**; $C_{21}H_{31}O_3N_3$, F. 230° (Zers.)]; durch 45minütiges Kochen von **IXa** (5,3 g) mit Brenztraubensäure u. Na-Acetat in wss. Eisessig **IX**, aus Methanol u. nach Sublimation bei 100—120°/0,02 mm Hg Kristalle; $[\alpha]_D^{22}$ —54 ± 3° (c = 0,760, in Chlf.); 1,73 g. $C(NO_2)_4$-Rk. u. Rk. nach ZIMMERMANN positiv. Durch gleiche Behandlung von **Xa** (1,1 g) wurden 0,63 g eines braunen Öles erhalten, das nach Al_2O_3-Chromatographie [eluiert mit Hexan u. Hexan–Bzl. (9:1)], Sublimation bei 80°/0,05 mm Hg u. Umkristallisieren aus Pentan (240 mg) Kristalle, $[\alpha]_D^{24}$ +337 ± 5° (c = 1,218, in A.), lieferte. $C(NO_2)_4$-Rk. u. Rk. nach ZIMMERMANN positiv. **IXa** ferner a) durch 4std. Kochen von **VIIIa** (2 g) mit 0,4 g frisch geschmolzenem $ZnCl_2$ in Acetanhydrid–Eisessig unter N_2; b) durch 5minütiges Stehenlassen von **VIIIa** (1 g) in Acetanhydrid mit 15 Tropfen BF_3-Ätherat auf dem sd. Wasserbad; 220 mg **IXa** — Beim Vers., die Ketone **IX** u. **X** in Chlf. durch Einleiten von HCl-Gas (4 Std. bei 0°) umzulagern, wurde nur das Ausgangsmaterial isoliert. — *$\Delta^{5,6:14,15}$-3β-Oxy-13-isoandrostadienon-(17)*, $C_{19}H_{26}O_2$, F. 131—132°, durch 1std. Stehenlassen von **IX** in Methanol mit etwas 2n NaOH; aus wss. Methanol; $[\alpha]_D^{22}$ —37 ± 2° (c = 0,890, in Chlf.). — *$\Delta^{14,15}$-3β-Acetoxy-13-isoandrostenol-(17ξ)*, $C_{21}H_{32}O_3$, F. 120°, durch Hydrierung von **IX** (1,13 g) mit wenig (150 mg) PtO_2 in Eisessig unter Aufnahme von nur 2 Mol H_2; aus wss. Methanol; $[\alpha]_D^{21}$ —105 ± 4° (c = 1,045, in Chlf.); 750 mg. Ungesätt. gegen $C(NO_2)_4$; keine Rk. mit Semicarbazid. — *13.14-Diisoandrostandiol-(3β.17ξ)* (**XI**), $C_{19}H_{32}O_2$, F. 206—207°, durch Hydrierung von **IX** (211 mg) mit reichlich (200 mg) PtO_2 in Eisessig unter Aufnahme von 3 Mol H_2 zu **XIa** u. dessen Verseifung durch 3std. Stehenlassen mit 2n wss. NaOH in A.; aus wss. Methanol; $[\alpha]_D^{21}$ —20 ± 2° (c = 0,860, in Chlf.); mit 3β.17α-Androstandiol (F. 206—207°) Depression. — *3β-Acetoxy-13.14-diisoandrostanon-(17)* (**IVa**; *13.14-Diiso-3β-androsteronacetat*), $C_{21}H_{32}O_3$, F. 115°, durch Hydrierung von **IX** (1 g) mit PtO_2 (100 mg) in Eisessig (das dritte Mol H_2 wurde erst nach Erwärmen auf 60—70° aufgenommen), u. Oxydation mit CrO_3 in wss. Eisessig (Stehen über Nacht); Reinigung über das *Semicarbazon* ($C_{22}H_{35}O_3N_3$, aus Chlf.–Methanol, F. 272—273°; 600 mg), das durch 45minütiges Kochen mit Brenztraubensäure u. Na-Acetat in wss. Eisessig wieder zerlegt wurde; nach Sublimation bei 100°/0,02 mm Hg aus Methanol; $[\alpha]_D^{25}$ —92 ± 4° (c = 0,520, in Chlf.). Mit Lumi-3β-androsteronacetat Depression. — *3β-Oxy-13.14-diisoandrostanon-(17)* (**IV**; *13.14-Diiso-3β-androsteron*. Im Original 3β-Oxy-13.14-diisoandrosteron. Die Redaktion), $C_{19}H_{30}O_2$, F. 160°, durch Verseifen von **IVa** mit verd. NaOH in Methanol; aus Ae.–Pentan; $[\alpha]_D^{23}$ —103 ± 4° (c = 0,972, in Chlf.). — *3'-Methyl-1.2-cyclopentenophenanthren* (**XIX**), $C_{18}H_{16}$, F. u. Misch-F. 127—128°, durch 36std. Erhitzen von **XI** aus 1 g **IX** mit Se im Bombenrohr auf 340—350°, Ausziehen mit Ae. (540 mg) u. Chromatographie an Al_2O_3 (Pentan); aus 210 mg Öl (130 mg) Kristalle, die nach Hochvakuumsublimation bei 80° aus A. umkrist. wurden; Pikrat, F. 117—118°. — *Lumi-3β-androsteronacetat*, $C_{21}H_{32}O_3$, F. 133°, durch Bestrahlen von 3β-Androsteronacetat (6 g) in Dioxan unter N_2 mit einer Hg-Dampflampe über Nacht; nach Abtrennung einer kleinen Menge einer Säure (80 mg) u. Ketotrennung mit GIRARD-Reagens T neben 3,28 g Ausgangsmaterial 2,08 g Rohprod., das chromatograph. (Al_2O_3, eluiert mit CCl_4) gereinigt wurde; nach Wiederholung der Rk. 2,54 g (rein); aus Ae.–Pentan Prismen; $[\alpha]_D^{23}$ —97 ± 4° (c = 1,021, in Chlf.). — *Lumi-3β-androsteron*, $C_{19}H_{30}O_2$, F. 124—126°, durch 30minütiges Kochen des vorigen Acetats mit wss. KOH in A.; aus Ae.–Pentan; $[\alpha]_D^{26}$ —92 ± 4° (c = 1,025, in Chlf.). — *Lumiandrostandion*, $C_{19}H_{28}O_2$, F. 165—166°, durch CrO_3-Oxydation des Vorigen (100 mg) in Eisessig über Nacht; aus A. 63 mg; $[\alpha]_D^{25}$ —58 ± 3° (c = 0,600, in Chlf.). *3-Monosemicarbazon*, F. 225—226° (A.). — „*cis*"- u. „*trans*"-*2.13-Dimethyl-1.7β-dioxyperhydrophenanthryl-(1)-essigsäure*, $C_{18}H_{30}O_4$, durch Überführung von **II** bzw. **III** nach REFORMATSKI analog **I** in die *Oxyester* „*cis*"-**XII** (Kp.$_{0,2}$ 170—175°; 71%) bzw. „*trans*"-**XII** (Kp.$_{0,3}$ 165—170°; 73%) u. deren Verseifung: „*cis*"-*Säure*, F. 172—174° (Essigester); $[\alpha]_D^{26}$ —13 ± 2° (c = 0,436, in A.). „*trans*"-*Säure*, F. 205° (Essigester); $[\alpha]_D^{28}$ —15 ± 2° (c = 0,891, in Chlf.). — „*cis*"- u. „*trans*"-*$\Delta^{1,2}$-2.13-Dimethyl-7β-oxydodekahydrophenanthryl-(1)-essigsäure* („*cis*"-**XIII** u. *trans*"-**XIII**), $C_{18}H_{28}O_3$, durch Wasserabspaltung aus „cis"-**XII** bzw. „trans"-**XII** mit $POCl_3$/Pyridin analog **VII** u. Verseifen der öligen Ester („*cis*"-*Ester*, Kp.$_{0,1}$ 144—148°; 65%; „*trans*"-*Ester*, Kp.$_{0,5}$ 161—165°; 63%). „cis"-**XIII** konnte nicht krist. erhalten werden; „*trans*"-**XIII** (durch Reinigung über das „*trans*"-*Methylesteracetat*): F. 158—159°; $[\alpha]_D^{24}$ —78 ± 3° (c = 1,004, in A.). „*trans*"-*Methylesteracetat*, $C_{21}H_{32}O_4$, Kp.$_{0,2}$ 150—155°, durch Acetylierung von „trans"-**XIII** (30 g) mit Acetanhydrid/Pyridin u. Methylierung des Rohprod. mit äther. CH_2N_2-Lsg.; Öl; $[\alpha]_D^{22}$ -59 ± 3^0 (c = 1,178⁰, in A.); gegen $C(NO_2)_4$ ungesättigt. Durch Hydrierung von „cis"-**XIII** mit PtO_2 in Eisessig **XIV**, F. u. Misch-F. 258⁰. — *„cis"- u. „trans"-β-[$\Delta^{1,3}$-2.13-Dimethyl-7β-oxydodekahydrophenanthryl-(1)]-propionsäure* (*„cis"*-**XV** u. *„trans"*-**XV**) aus „cis"-**XIII** bzw. „trans"-**XIII** analog **VIII**; Isolierung der öligen *Methylesteracetate* (*„cis"-Methylesteracetat*, $C_{22}H_{34}O_4$, $Kp._{0,2}$ 180—188⁰; $[\alpha]_D^{21}$ -36 ± 3^0 [c = 1,080, in A.]; *„trans"-Methylesteracetat*, $C_{22}H_{34}O_4$, $Kp._{0,1}$ 167—175⁰; $[\alpha]_D^{21}$ $+54 \pm 3^0$ [c = 1,225, in A.]) u. deren Verseifung zu den öligen Säuren. — *„cis"-β-[2.13-Dimethyl-7β-oxyperhydrophenanthryl-(1)]-propionsäure*, $C_{19}H_{32}O_3$, F. 163—165⁰, durch Hydrierung von „cis"-**XV** (2,1 g) mit PtO_2 in Eisessig; aus Essigester; $[\alpha]_D^{21}$ -40 ± 3^0 (c = 1,082, in A.); 1,82 g. *„trans"-Säure*, durch Hydrierung von „trans"-**XV** (2 g) mit PtO_2 in Eisessig; aus Aceton; ident. mit **XVIII**, Misch-F. 202—203⁰; 1,67g. — *$\Delta^{8,14}$-3β-Acetoxy-13-isoandrostenon-(17)* (*„trans"*-**XVI**), $C_{21}H_{30}O_3$, F. 98—99⁰ (Pentan), aus „trans"-**XV** (20 g) analog **IX**; 11,6 g Neutralanteile werden nach Acetylierung u. Kochen mit methanol. Semicarbazidacetatlsg. in ein *Semicarbazon* ($C_{22}H_{33}O_3N_3$, aus Chlf.–Methanol, F. 253—255⁰; 5,20 g) übergeführt. Die Zerlegung des Semicarbazons (10 g) lieferte 6,6 g eines Öles, das nach Al_2O_3-Chromatographie mit Pentan eluiert wurde; 1,15 g reines „trans"-**XVI**; $[\alpha]_D^{21}$ -265 ± 5^0 (c = 0,972); mit Hexan u. Hexan + 5% Bzl. wurden noch weitere 3,06 g vom F. 89—95⁰ eluiert. Die mit W. aus den Semicarbazonmutterlaugen gefällte Fraktion (2,6 g), die nicht näher untersucht wurde, konnte nicht krist. erhalten werden. — *$\Delta^{8,14}$-13-Isoandrostendiol-(3β.17ξ)*, $C_{19}H_{30}O_2$, F. 183⁰, durch Hydrierung von „trans"-**XVI** (400 mg) mit PtO_2 in Eisessig (Aufnahme 1 Mol H_2) u. Ae.-Extraktion; hieraus das *3-Monoacetat* [**XVII**, $C_{21}H_{32}O_3$, F. 114—115⁰ (Pentan); $[\alpha]_D^{24}$ -196 ± 4^0 (c = 1,050, in Chlf.); ungesätt. gegen $C(NO_2)_4$, reagiert nicht mit Semicarbazid], das durch 4std. Stehen mit 2nNaOH in Methanol verseift wurde; aus wss. Methanol; $[\alpha]_D$ -232 ± 5^0 (c = 1,650, in Chlf.). Se-Dehydrierung von **XVII** (1 g) gibt 135 mg **XIX**, F. u. Misch-F. 127—128⁰. — *$\Delta^{8,14}$-Androsten-3β.17β-diol*, $C_{19}H_{30}O_2$, F. 168⁰ (nach Sintern), durch Schütteln (4 Std.) von *$\Delta^{7,8}$-3β.17β*-Diacetoxyandrosten mit vorhydriertem PtO_2 in Eisessig unter H_2 (prakt. keine H_2-Aufnahme); isoliert wurde das *Diacetat* ($C_{23}H_{34}O_4$, aus wss. Methanol, 370 mg, F. 135—137⁰; $[\alpha]_D^{21}$ -25 ± 2^0 [c = 1,160, in Chlf.]; gegen $C(NO_2)_4$ ungesätt.), das durch Stehenlassen mit NaOH in Methanol verseift wurde; aus wss. Methanol; $[\alpha]_D^{25}$ $+10 \pm 2^0$ (c = 0,815, in Chlf.). — *$\Delta^{8,14}$-3β-Acetoxy-13-isotestenon-(17)* (*„cis"*-**XVI**), $C_{21}H_{30}O_3$, F. 166—168⁰ (Pentan), durch Cyclisierung von „cis"-**XV** über das *„cis"-Acetat* analog **IX**. Auch hier ließ sich nur das schwer lösl. *Semicarbazon* (F. 260⁰, aus Chlf.–Methanol) isolieren, das dann mit Brenztraubensäure zerlegt wurde; $[\alpha]_D^{20}$ -245 ± 5^0 (c = 1,125, in A.). — *$\Delta^{8,14}$-3β-Oxy-13-isotestenon-(17)*, $C_{19}H_{28}O_2$, F. 170⁰, durch Verseifung von „cis"-**XVI** mit wss. 2nNaOH in Methanol; aus Ae.–Pentan; $[\alpha]_D^{23}$ -270 ± 5^0 (c = 0,44, in Chlf.). — *Lumi-3β-acetoxytestanon* (**Va**), $C_{21}H_{32}O_3$, F. 142—143⁰, durch Hydrierung von „cis"-**XVI** (627 mg) mit PtO_2 in Eisessig (Aufnahme 1 Mol H_2); aus Ae.–Pentan harte Prismen; $[\alpha]_D^{23}$ -36 ± 3^0 (c = 1,005, in Chlf.); 0,50 g; gesätt. gegen $C(NO_2)_4$; läßt sich mit CrO_3 in Eisessig bei Raumtemp. nicht weiter oxydieren. Ein Semicarbazon (F. 290 bis 292⁰) bildete sich nur schwer u. konnte nicht analysenrein erhalten werden. — *Lumi-3β-oxytestanon-(17)* (**V**), $C_{19}H_{30}O_2$, F. 164—165⁰, durch Verseifen von **Va** mit verd. NaOH in Methanol; aus Ae.–Pentan; $[\alpha]_D^{25}$ -57 ± 3^0 (c = 0,882, in Chlf.). — **XIX**, durch Se-Dehydrierung eines aus 1 g „cis"-**XVI** durch Hydrierung mit PtO_2 in Eisessig bei 70⁰ erhaltenen Tetrahydroprodd.; dickes Öl; F. u. Misch-F. 126—127⁰; 140 mg. (Helv. chim. Acta **34**. 2053—73. 15/10. 1951.) FRUHSTORFER. 3750

R. Neher und **A. Wettstein**, *Über Steroide.* 107. Mitt. *Farbreaktionen mit Steroiden, insbesondere Corticosteroiden, im Papierchromatogramm.* (106. vgl. vorst. Ref.) Vff. beschreiben neue Farb-Rkk. der Steroide, bes. der Corticosteroide, die eine charakterist. Unterscheidung dieser Verbb. auf dem Papierchromatogramm erlauben. Die getrockneten Papierchromatogramme werden rasch durch 15% ig. Phosphorsäure gezogen, 20 Min. auf 90⁰ erhitzt u. anschließend unter der UV-Lampe betrachtet. Die charakterist. Fluorescenzfarben der Steroide werden angegeben, die zusammen mit den R_F-Werten eine eindeutige Identifizierung in den meisten Fällen gestatten. Die Empfindlichkeit liegt im Mittel bei 2 γ, lediglich bei 11-Dehydrocorticosteron erst bei 25 γ. — Einige andere Farb-Rkk. wurden untersucht; bei Papierchromatogrammen lassen sich auch die Rkk. mit $SbCl_3$ oder mit Anisaldehyd–H_2SO_4 mit Erfolg verwenden (von zahlreichen Steroiden werden Fluorescenzfarben sowie Farben im weißen Licht für beide Rkk. angegeben). Die Rkk. mit Dimethylsulfat, Phenylhydrazin–H_2SO_4 u. die modifizierte LIEBERMANN-BURCHARD-Rk. bieten auf dem Papierchromatogramm keine besonderen Vorteile. (Helv. chim. Acta **34**. 2278—85. 1/12. 1951.) FRUHSTORFER. 3750

Ch. Meystre und **K. Miescher,** *Über Steroide.* 108. Mitt. *D-Glucoside von Cortison und von 17-Oxycortexon (11-Desoxocortison).* (107. vgl. vorst. Ref.) Zur Darst. der *D-Glucoside* (**Ia** bzw. **IIa**) von *Cortison* (**I**) bzw. *17-Oxycortexon* (*17-Oxy-11-desoxycorticosteron*; **II**) werden die freien Steroide **I** bzw. **II** mit Acetobrom-D-glucose u. Ag_2CO_3 oder Ag_2O in einem indifferenten Lösungsm. umgesetzt; die so erhaltenen *Glucosidtetraacetate* (**Ib u. IIb**) kristallisierten nicht. Durch Alkoholspaltung von **Ib** u. **IIb** wurden **Ia** bzw. **IIa** als mikrokristalline Pulver erhalten, die durch Reacetylierung wieder in die amorphen *Tetraacetate* übergeführt werden konnten. Die Säurespaltung von **IIa** (HCl in Methanol) lieferte krist. **II** zurück, während aus **Ia** nur amorphe Spaltprodd. erhalten wurden. — Aus dem Vgl. der mol. Drehungen mit den berechneten Werten ist zu schließen, daß **Ia**, wie erwartet, ein *β-Glucosid* ist, während **IIa** auffälligerweise die *α*-Form zuzukommen scheint. Die Wasserlöslichkeit der Glucoside liegt ca. 5—10mal höher als die von **I** bzw. **II**. Die Ergebnisse der biol. Prüfung werden noch nicht mitgeteilt.

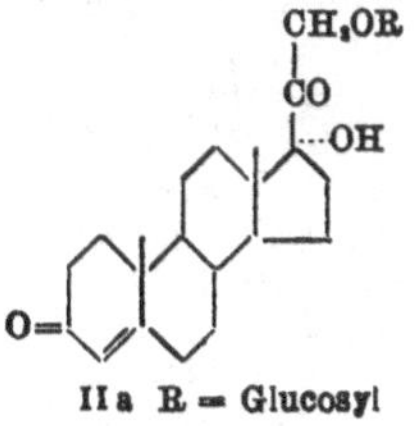

IIa R = Glucosyl

Versuche (FF. im KOFLER-Block u. korr.): *α-D-Glucosidtetraacetat des 17-Oxycortexons* (**IIb**). 1,2 g **II** werden in 20 cm³ Dioxan gelöst, mit der 10fachen Menge CCl_4 verd. u. mit trockenem Ag_2CO_3 dest.; nach dem Abdest. der Hälfte CCl_4 wurde unter langsamem Weiterdest. Acetobromglucose in CCl_4 zugetropft; nach Abnutschen der Ag-Salze wurde ein nichtkristallisierbarer Eindampfrückstand (5 g) erhalten. — *α-D-Glucosid des 17-Oxycortexons* (**IIa**), $C_{27}H_{40}O_9$, F. 236—243°, durch Stehenlassen einer Lsg. des rohen **IIb** in absol. Methanol mit einer ca. 2nBa-Methylatlsg. 24 Std. bei 20°; nach Versetzen mit der berechneten Menge H_2SO_4 wurden insgesamt 360 mg unreines **IIa** erhalten, aus dem durch Umfällen mit Aceton aus Chlf.-Methanol-Lsg. 216 mg Glucosid resultierten; Ausbeute 15,6%; $[\alpha]_D^{22}$ +149±20° (c = 0,0291, in W.); **II** durch 3std. Kochen von **IIa** mit ca. 0,2n methanol. HCl; F. u. Misch-F. 188 bis 209°. — *β-D-Glucosid des Cortisons* (**Ia**), $C_{27}H_{38}O_{10}$, durch Umsetzung von 1,25 g **I** mit Acetobromglucose wie oben; aus 4,46 g nichtkristallisierendem **Ib** durch Verseifung wie oben 325 mg (19,2%) krist. **Ia**; aus Methanol, F. 150—160°, unter Blasenbldg.; Rekristallisation bei ca. 200° u. erneutes Schmelzen bei 240—250°; häufiges Umkristallisieren ergab nur die hochschm. Form vom F. 249—251°; $[\alpha]_D^{24}$ +130,5±3° (c = 0,417, in W.). **Ia** konnte durch Spaltung mit methanol. HCl nicht in **I** rückverwandelt werden. — Durch Acetylierung von **Ia** u. **IIa** mit Acetanhydrid/Pyridin (24 Std. bei 20°) wurden wieder die amorphen Tetraacetate **Ib** bzw. **IIb** erhalten, die nicht zur Kristallisation gebracht werden konnten. (Helv. chim. Acta **34.** 2286—90. 1/12. 1951.)
FRUHSTORFER. 3750

R. Neher und **A. Wettstein,** *Über Steroide.* 109. Mitt. *Papierchromatographie von schwachpolaren Steroiden.* (108. vgl. vorst. Ref.) Vff. beschreiben eine Modifikation der Papierchromatographie für schwachpolare Steroide (Acetate, Äther usw.). Als Syst. verwendeten sie *Äthylenglykolmonophenyläther* (**I**)-*n-Heptan*; hierfür eignete sich WHATMAN-Papier Nr. 7 bes. gut. Das Papier nahm nach Tränken mit **I** u. dreimaligem Abpressen mit weichem Filtrierpapier 11,5% des Papiergewichtes an Lösungsm. auf; WHATMAN Nr. 1 u. Nr. 4 nahmen hierbei ca. 15% auf, was eine starke Verminderung der Wanderungsgeschwindigkeit verursacht. Durch längeres Hängen an der Luft nimmt das imprägnierte Papier Feuchtigkeit auf, was ein schnelleres Wandern der Steroide u. eine schlechtere Trennung zur Folge hat (verwaschene Substanzflecke). Nach der Entw. (Wanderungsgeschwindigkeit der Lösungsmittelfront ca. 45 cm/2 Std. [absteigend]) wurde 20 Min. im Trockenschrank bei 90° getrocknet. — Vff. untersuchten u. diskutieren mehrere Farb-Rkk.; für die $SbCl_3$-Rk. u. die $ZnCl_2$-Benzoylchlorid-Rk. werden die Färbungen von 21 Steroiden (vgl. hierzu auch vorvorst. Ref.) im weißen u. im UV-Licht angegeben. — Zahlreiche andere Lösungsmittelsysteme werden untersucht. (Helv. chim. Acta **35.** 276—83. 1/2. 1952.) FRUHSTORFER. 3750

K. Heusler und **A. Wettstein,** *Über Steroide.* 110. Mitt. *Herstellung von 7.9,11-Dienen der Androstanreihe.* (109. vgl. vorst. Ref.) Die Synth. von *$\Delta^{7.9.11}$-3β.17β-Dioxyandrostadien* (**I**) u. seines *Diacetats* (**Ia**) aus Δ^{5}-3β.17β-Diacetoxyandrosten (**II**) wird beschrieben. — Durch Oxydation von **II** mit Butylchromat wurde in 60%ig. Ausbeute das *7-Keton* (**III**) erhalten, das sich mit PtO_2 in Essigester zum gesätt. *7-Ketoderiv.* (**VI**) neben etwas *7β-Oxyverb.* hydrieren ließ. Hydrierung von **VI** mit PtO_2 in Eisessig lieferte zu 78,5% *3β.17β-Diacetoxy-7α-oxyandrostan* (**IV**) neben dem *7β-Epimeren* (**V**). Die Konfiguration der 7-Oxygruppe in **IV** u. **V** wurde durch Vgl. der mol. Drehungen u. durch die unterschiedliche Acetylierbarkeit (**IV** läßt sich erst durch längere Acetylierung vollständig in das *Triacetat* **IVa** überführen, während die Acetylierung von **V**

glatt verläuft) gesichert. Beim Vers., aus **IV** mit $POCl_3$ in Pyridin W. abzuspalten, wurde neben dem erwarteten *Δ^7-3β.17β-Diacetoxyandrosten* (**VII**) in etwas größerer Menge das *7-Chlorderiv.* (**VIII**) erhalten; unter den gleichen Bedingungen lieferte **V** ein epimeres *7-Chlorderiv.* (**IX**). Den mol. Drehungsdifferenzen nach tritt bei der Substitution WALDENsche Umkehr ein, so daß in **VIII** das *7β-*, in **IX** das *7α-Chlor-3β.17β-diacetoxyandrostan* vorliegt; **VIII** wie auch **IX** erwiesen sich gegen Kochen in Kollidin resistent. — Da weder **IV** noch **V** mit Tosylchlorid in Pyridin reagierten, wurde die Wasserabspaltung durch Überführung von **IV** in sein *Mesylat* (**X**) versucht, das in glatter Rk. in Kollidin unter Abspaltung von Methansulfonsäure **VII** bildet. **VII** wurde durch Verseifen zum freien *Diol* u. Überführung in das *Dibenzoat* charakterisiert. Die Dehydrierung von **VII** zu **Ia** wurde mit Hg(II)-Acetat durchgeführt. — Weitere Rkk. von **I** bzw. **Ia** vgl. HEUSSER u. **Mitarbeiter** (C. **1953**. 2930). — UV-Spektren von **Ia** u. **III** vgl. Original.

Versuche (FF. im Cu-Block bestimmt): *Δ^5-3β.17β-Diacetoxy-7-ketoandrosten* (**III**), $C_{23}H_{32}O_5$, F. 219—221° (Bzl./PAe. u. Ae.), durch Oxydation von **II** mit Butylchromat (aus tert.-Butanol u. CrO_3 bei 25°, Verdünnen mit CCl_4 u. Abdestillieren des überschüssigen Butanols als azeotropes Gemisch mit CCl_4 im Vakuum) in sd. CCl_4 (30 Min. Eintropfen eines Gemisches aus Butylchromat–CCl_4-Lsg., Eisessig u. Acetanhydrid unter Rühren, dann weiteres 10 std. Kochen); nach Kühlung auf 0° Zugeben von W. u. Oxalsäure; $[\alpha]_D^{19}$ $-125 \pm 4°$ (c = 1,242, in Chlf.); λ_{max} 237 mμ (log ε = 4,15; in A.). Aus den Mutterlaugen wurde eine Substanz isoliert, bei der es sich wahrscheinlich um das *3β.17β-Diacetoxy-5α-oxy-6-ketoandrostan* [$C_{23}H_{34}O_6$, aus Bzl.–Hexan u. Bzl.–PAe.; F. 232,5—234°; $[\alpha]_D^{19}$ $-62 \pm 4°$ (c = 1,537, in Chlf.)] handelt; keine selektive UV-Absorption, im Infrarot Ketobande (5,81 μ), Esterbande des Acetats (5,75 μ) u. freie Oxygruppe (2,88 μ). — *Δ^5-3β.17β-Dioxy-7-ketoandrosten*, $C_{19}H_{28}O_3$, F. 201—202°, durch 20 std. Verseifung von **III** mit KOH in wss. Dioxan bei Raumtemp.; aus Methanol; λ_{max} 240 mμ (log ε = 4,18). — *3β.17β-Diacetoxy-7-ketoandrostan* (**VI**), $C_{23}H_{34}O_5$, F. 192—193° (Methanol), durch Hydrierung von **III** (60 g) mit PtO_2 in Essigester bei Raumtemp.; Aufnahme von 1 Mol H_2; $[\alpha]_D^{18}$ $-39 \pm 4°$ (c = 1,436, in Chlf.). Aus den öligen Eindampfrückständen der Mutterlaugen neben einer unbekannten Verb. (vermutlich Testanderiv.) **V** vom F. 133,5—135°; **IV** wurde nicht gefunden. Durch Rückoxydation von **V** u. restlicher öliger Anteile konnten weitere 3,35 g **VI** erhalten werden; Gesamtausbeute 95%. — *3β.17β-Dioxy-7-ketoandrostan*, $C_{19}H_{30}O_3$, F. 198,5—199,5°; durch Verseifung von **VI** mit KOH in wss. Dioxan; aus Essigester; $[\alpha]_D^{22}$ $-53 \pm 4°$ (c = 0,870, in Chlf.). — *3β.17β-Diacetoxy-7α- u. -7β-oxyandrostan* (**IV** bzw. **V**), $C_{23}H_{36}O_5$, durch Hydrierung von rohem **VI** (50 g) mit PtO_2 in Eisessig bei Raumtemp.; nach Aufnahme von 1 Mol H_2 39,25 g **IV** (78,5%); aus Methanol u. Ae.; F. 184,5—186°; $[\alpha]_D^{19}$ $-15 \pm 4°$ (c = 1,454, in Chlf.). Aus den beim Eindampfen der Mutterlaugen erhaltenen Ölen durch Al_2O_3-Chromatographie (eluiert mit Bzl.–PAe. u. Bzl.) das *3β-Epimere* **V**; aus Hexan; F. 135,5—136,5°; $[\alpha]_D^{21}$ $+41 \pm 4°$ (c = 0,685, in Chlf.). Aus einem anderen Teil der Eindampfrückstände wurde durch Rückoxydation mit CrO_3 reines **VI** erhalten; unter Berücksichtigung des so zurückgewonnenen Ausgangsmaterials beträgt die Ausbeute an **IV** 98%. — *3β.7β.17β-Triacetoxyandrostan*, $C_{25}H_{38}O_6$, F. 172—173°, durch Acetylierung von **V** mit Acetanhydrid/Pyridin bei Raumtemp.; aus Ae.–Hexan; $[\alpha]_D^{21}$ $+39 \pm 4°$ (c = 1,020, in Chlf.); 90%. — *3β.7α.17β-Triacetoxyandrostan* (**IVa**), $C_{25}H_{38}O_6$, F. 169—170°, durch 5 std. Acetylierung von **IV** in Acetanhydrid/Pyridin bei 70° u. längeres Stehen bei Raumtemp.; aus Ae.–Hexan; $[\alpha]_D^{22}$ $-21,5 \pm 4°$ (c = 0,811). — *Δ^7-3β.17β-Diacetoxyandrosten* (**VII**), $C_{23}H_{34}O_4$, a) durch 2 std. Erhitzen von **IV** (1 g) mit $POCl_3$ in Pyridin auf 100°; an Al_2O_3 chromatographiert u. mit Bzl.–PAe. (1:4) eluiert; aus Ae.–Hexan u. Methanol; F. 127 bis 128°; $[\alpha]_D^{20}$ $-39 \pm 4°$ (c = 0,999, in Chlf.); 516 mg. Mit Bzl.–PAe. (1:1) u. Bzl. wurden 415 mg *3β.17β-Diacetoxy-7β-chlorandrostan* [**VIII**; $C_{23}H_{35}O_4Cl$, aus Hexan; F. 160—161°; $[\alpha]_D^{19}$ $+32 \pm 4°$ (c = 1,205, in Chlf.)] eluiert. **VIII** wurde durch 10 std. Kochen in Kollidin nicht verändert. — b) Durch Umsetzung von **IV** mit Methansulfochlorid in Pyridin bei −15° u. insgesamt 64 std. Stehen zuerst bei +3, dann bei +20°; das *Mesylat* (**X**; $C_{24}H_{38}O_7S$, aus Methanol; F. 121—123° [Zers.]; $[\alpha]_D^{22}$ $-27,5 \pm 4°$ [c = 0,955, in Chlf.]) wurde roh in Toluol/2.4.6-Kollidin (1:1) auf 130° erhitzt (12 Std.); 85% **VII** (bezogen auf **IV**). Verwendung von Pyridin statt Kollidin verringerte die Ausbeute auf 70%. — Beim Vers., **IV** mit Tosylchlorid in Pyridin (4 Tage bei Raumtemp.) umzusetzen, wurde lediglich das Ausgangsmaterial isoliert. — *Δ^7-3β.17β-Dioxyandrosten*, $C_{19}H_{30}O_2$, F. 190—192°, durch 4 std. Verseifen von **IV** mit KOH in wss. Dioxan bei 60°; aus Methanol; $[\alpha]_D^{21}$ $-28 \pm 4°$ (0,530, in A.). *Dibenzoat*, $C_{33}H_{38}O_4$, F. 207,5 bis 210,5° Essigester), aus Vorigem mit Benzoylchlorid in Pyridin; $[\alpha]_D^{22}$ $-4 \pm 4°$ (c = 1,063, in Chlf.). — *3β.17β-Diacetoxy-7α-chlorandrostan* (**IX**), $C_{23}H_{35}O_4Cl$, F. 147

bis 148° (Hexan u. Methanol), durch 3tägiges Stehenlassen von **V** (0,5 g) mit $POCl_3$ in Pyridin bei Raumtemp.; Nadeln; $[\alpha]_D^{21}$ $-30 \pm 4°$ (c = 0,918, in Chlf.); 460 mg. Wurde durch 10std. Kochen in Kollidin nicht verändert. — Beim Vers., **V** in das Tosylat überzuführen (8 Tage bei Raumtemp.), wurde das Ausgangsmaterial zurückerhalten. — *$\Delta^{7.9,11}$-3β.17β-Diacetoxyandrostadien* (**Ia**), $C_{23}H_{32}O_4$, F. 131—132,5°, durch 65std. Schütteln von **VII** (15 g) mit Hg(II)-Acetat in A.-Eisessig bei Raumtemp. im Dunkeln unter N_2; aus Methanol Kristalle; $[\alpha]_D^{24}$ $0 \pm 4°$ (c = 1,000, in Chlf.); 6,92 g (46,1%); λ_{max} 235; 242 u. 250 mμ (log ε = 4,14; 4,18 bzw. 4,00; in A.). Wurde die Dehydrierung in Chlf.-Eisessig durchgeführt, so war die Ausbeute erheblich schlechter, wobei eine höherschm., im UV nicht absorbierende, nicht näher untersuchte Substanz isoliert werden konnte. — *$\Delta^{7.9,11}$-3β.1β-Dioxyandrostadien* (**I**), $C_{19}H_{28}O_2$, F. 198 bis 201° (aus CH_3OH), durch Verseifen von **Ia** mit KOH in wss. Dioxan; $[\alpha]_D$ $+42 \pm 4°$ (c = 1,055, in A.); λ_{max} 236 u. 242 mμ (log ε = 4,20 u. 4,24) u. Wendepunkt bei 250 mμ (log ε = 4,06; in A.). (Helv. chim. Acta **35**. 284—94. 1/2. 1952.)

FRUHSTORFER. 3750

Mary Fieser, William E. Rosen und **Louis F. Fieser**, *Ein Isosteroidkohlenwasserstoff aus Ergosterin.* Die im Göttinger Labor. (vgl. ELSEVIER, Encyclopedia organ. Chem., Vol. 14, 22) durch Dehydratisierung von Ergosterin (**I**) dargestellten KW-stoffe *Ergostatetraen* **A** (mit $POCl_3$), **B** (aus **A** mit Acetanhydrid in der Wärme oder im Sonnenlicht in Ggw. von Eosin, oder direkt aus **I** mit p-Toluolsulfochlorid [TSC]) u. **C** erweisen sich nach chromatograph. Reinigung mit Al_2O_3 oder nach dem Kochen mit Amylalkohol als e i n e Substanz (**V**), die bei **A, B** u. **C** mit verschied. Mengen einer opt. stark rechtsdrehenden Substanz (**IV**) verunreinigt ist. Für **V** wird die bei ELSEVIER (für **A**) angegebene Struktur eines *$\Delta^{3.5.7.22}$-Ergostatetraens* verworfen u. diese dem aus Epialloergosterin (**II**) durch Dehydratation entstandenen KW-stoff (HEILBRON u. Mitarbeiter, J. chem. Soc. [London] **1938**. 869) zugeschrieben. Dagegen geben Vff. **V** auf Grund des Absorptionsmaximums (berechnet 260 mμ, gefunden 261 mμ) u. des Verbrauches von nur 3 Äquivalenten Benzopersäure die Formel *3.5-Cyclo-$\Delta^{6.8,14.22}$-ergostatrien* (**V**). Bei der Hydratation von **V** durch Kochen mit 10%ig. H_2SO_4 in wss. Aceton entsteht ein Gemisch aus *Ergosterin B_1* (**VI**), *B_2* (**VII**) u. *B_3* (**VIII**). Bei der Entfernung von **VIII** aus diesem Gemisch mit Maleinsäureanhydrid (MA) wird ein ziemlich reines **VI** erhalten. Für eine andere Darst. von **VI** wurde die durch saure Isomerisierung von 5-Dihydroergosterylacetat (**IX**) erhaltene, sowohl als *„β"-Dihydroergosterin* (**X**) als auch als *Dihydroergosterin III* bekannte Verb. [nach BARTON u. Mitarbeitern (C. **1950**. **II**. **2075**) ein nicht trennbares Gemisch aus gleichen Teilen von $\Delta^{8,14.22}$- u. $\Delta^{14.22}$-Ergostadienolacetat] mit SeO_2 dehydriert. Das nach HEILBRON, JOHNSTONE u. SPRING (J. chem. Soc. [London] **1929**. 2248) aus **X** durch Dehydrierung mit Hg-Acetat erhaltene *Ergosterin E* ist gemäß seiner Analyse weitgehend unverändertes **X** u. enthält nach spektrograph. Unterss. nur Spuren von konjugiertem Dien. Das aus **A, B** u. **C** mit HCl in Chlf. entstehende, als *„Ergostatetraenhydrochlorid"* bezeichnete Prod. ist ein Gemisch aus **VI**-, **VII**- u. **VIII**-*Chlorid*, aus dem durch Entfernen von **VIII**-Chlorid als MA-Addukt ein hauptsächlich aus **VI**-Chlorid bestehendes Prod. erhalten wird. Die Möglichkeit der Identität des labilen **IV** mit dem von WINDAUS u. BUCHHOLZ (Ber. dtsch. chem. Ges. **72**. [1939.] 579) dargestellten KW-stoff (**XI**) wird erwogen u. verworfen, da **XI** mit stark rechtsdrehendem **IV** eine große F.-Depression gibt u. durch aktiviertes Al_2O_3 oder sd. Amylalkohol nicht zu **V** isomerisiert wird. Für **XI** wird auf Grund des Absorptionsspektr. u. wegen der Umwandlung in *$\Delta^{8.14}$-Ergosten* durch Hydrierung die Formel *$\Delta^{4.6.8,14.22}$-Ergostatetraen* vorgeschlagen.

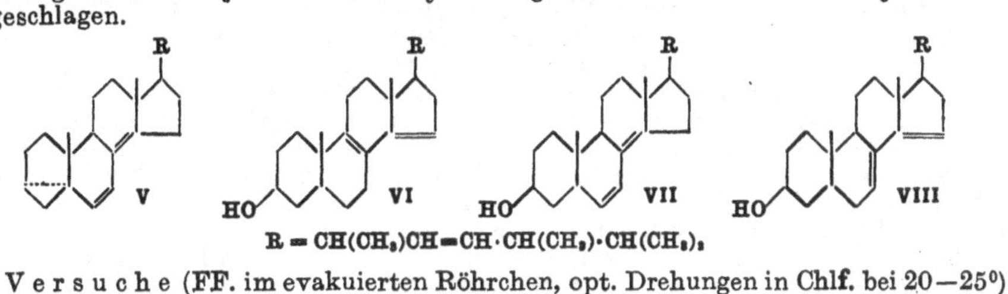

R = $CH(CH_3)CH{=}CH \cdot CH(CH_3) \cdot CH(CH_3)_2$

V e r s u c h e (FF. im evakuierten Röhrchen, opt. Drehungen in Chlf. bei 20—25°): *3.5-Cyclo-$\Delta^{6.8,14.22}$-ergostatrien* (**V**), $C_{28}H_{42}$, F. 102—102,5°, a) **I** u. $POCl_3$ ergibt ein **A** entsprechendes Prod. (F. 97—98,5°, $[\alpha]_D$ +173°); 50% (Ausbeute); b) aus **I** mit TSC nach STOLL (**Hoppe-Seyler's** Z. physiol. Chem. **202**. [1931.] 232), Reinigung durch Behandeln mit Al_2O_3 bzw. Chromatographie oder 5std. Kochen mit Amylalkohol; längliche dicke Tafeln aus Ae.-Methanol; $[\alpha]_D$ +92°; λ_{max} 261 mμ (ε = 26800), +91; λ_{max} 261 mμ

(ε = 25600; in A.); 50–60%. **V** gibt mit $C(NO_2)_4$ eine tief bernsteinfarbene → gelbe Färbung; ROSENHEIM-Test grün → blau; TORTELLI-JAFFE-Test stark positiv; mit $SbCl_3$ rot → orange → purpur. — Rohes *Ergosterin* (**I**)-*p-tosylat*, $C_{35}H_{50}O_3S$, F. 116° (Zers.; aus Äthylacetat oder Ligroin), aus 3 g **I** mit TSC in Pyridin u. Dioxan bei 25° im Dunkeln über Nacht; nach dem Verdünnen mit wss. Aceton noch eine Nacht im Eisschrank; $[\alpha]_D^{27}$ −45°; λ_{max} 274, 284, 294 mμ (log ε = 4,03, 40,3, 3,81; in Chlf.) u. 6,25, 7,37, 8,55 μ; 1,0 g, daneben 1,5 g **V**. — *Ergosteryl-B_1-chlorid*, $C_{28}H_{43}Cl$, F. 117 bis 118°. Durch eine Lsg. von **V** in Chlf. wird 2 Std. unter Eiskühlung HCl geleitet u. anschließend 8 Std. mit MA in Bzl. gekocht; Blättchen aus A. oder Acetanhydrid; $[\alpha]_D$ −30°; λ_{max} 248 mμ (ε = 18300; in A.). — *Ergosterin B_1* (**VI**), $C_{28}H_{44}O \cdot ½ CH_3OH$, F. 144–145°, nach nachst. Meth. a; rechteckige Prismen aus Methanol; $[\alpha]_D$ −47°; λ_{max} 250 mμ (ε = 10900; in A.). *Acetat* (**VIa**), $C_{30}H_{46}O_2$, F. 148,5–150°, nach c; 2mal mit MA behandelt u. 10mal umkrist., meist aus Ae.–Methanol, F.-Konstanz noch nicht erreicht; Tafeln; $[\alpha]_D$ −36°; λ_{max} 250 mμ (ε=16000; in A.); a) Aus 12 g **V** u. Trichloressigsäure nach STOLL (l. c.), dann 2 Std. mit CLAISEN-Alkali erhitzt, zur Isomerisierung von **I** 3 Std. mit alkoh. HCl gekocht (10 g **VI**), acetyliert u. chromatographiert; unreines **VIa**. b) Aus **V** in wss. Aceton mit 96%ig. H_2SO_4 unter Eiskühlung, dann 3 Std. am Rückfluß unter N_2, Chromatographie, Behandlung mit MA, Chromatographie (unreines **VIa**) u. alkal. Hydrolyse (**VI** vom F. 141,5–143°). c) Nach WINDAUS u. Mitarbeitern (Liebigs Ann. Chem. **488** [1931.] 91) aus **V** in Chlf. mit HCl 2 Std. unter Eiskühlung, anschließend Behandlung mit MA u. Chromatographie. d) Aus 2 g **I** mit wss. alkoh. HCl 2 Std. am Rückfluß u. anschließende Acetylierung oder direkt aus **I**-Acetat (**VIa** vom F. 143,5–144°); 1,5 g. e) Aus **X**-*Acetat* (F. 180–181°, $[\alpha]_D$ −18°, nach BARTON u. COX (J. chem. Soc. [London] **1948**. 1354) mit SeO_2 in Bzl. u. W. bei 25° über Nacht (**VIa** vom F. 136–137°; 10–20%; **VI** vom F. 142°). Bei der Dehydrierung von **X** (F. 112–113°) mit Hg-Acetat in A. nach HEILBRON (1929, l. c.) wurde nach Acetylierung u. Behandlung mit MA „*Ergosteryl E-Acetat*" ($C_{30}H_{48}O_2$, F. 117 bis 118°, $[\alpha]_D$ −21°; λ_{max} 250 mμ (ε = 150; in A.]) erhalten, das nach Hydrolyse größtenteils unverändertes **X** gab; die gleiche Dehydrierung von **X**-Acetat gab ein *Acetat* (F. 117–118°; $[\alpha]_D$ −19°) u. einen *Alkohol* (F. 123–124°, $[\alpha]_D$ −13°), offenbar im wesentlichen aus Ausgangsmaterial bestehend. — $\Delta^{4.6.8,14.22}$-*Ergostatetraen* (**XI**; WINDAUS' *KW-stoff*), $C_{28}H_{42}$, F. 86–87°, aus 10 g *Ergosteron* (**XII**; $\Delta^{4.7.22}$-*Ergostatrienon*, F. 131,5–132°, aus **I** durch OPPENAUER-Oxydation; nach Chromatographie feine, blaß gelbgrüne Nadeln aus Methanol; $[\alpha]_D$ −10°; λ_{max} 238 mμ (ε = 17000; in A.; 50%) durch Red. (MEERWEIN-PONNDORF) zu 8,5 g eines Gemisches aus *Epialloergosterin* (**II**) u. *Alloergosterin* (**III**; langsam schm. bis 164° [Zers.]), das in Methanol mit 2,6 cm³ 36%ig. HCl 1 Std. gekocht u. über Nacht stehengelassen wird; nach Abscheidung eines teerartigen Prod. Eindampfen u. chromatograph. Reinigung mit PAe.; aus Ae./CH_3OH Platten; $[\alpha]_D$ +283°; λ_{max} 283 mμ (33000; in A.), 1,8 g; oder aus dem durch $LiAlH_4$-Red. von **XII** erhaltenen Epimerengemisch (F. 158–162°; mit Digitonin auftrennbar in **III** vom F. 119–121°; 35–50%, u. **II** vom F. 146–148°; 20–30%). Wird nach Aufbewahrung bei 25° gelb, ist stabil bei 0–5°, reagiert nicht mit SeO_2 in Essigsäure bei 25°, gibt positive TORTELLI-JAFFE-, ROSENHEIM- u. $SbCl_3$-Teste; mit $C(NO_2)_4$ in 1 Min. bernsteinfarben → gelb. 110 mg **XI** werden in Äthylacetat an Pt zu $\Delta^{8,14}$-*Ergosten*, F. 74,5–75,5° (Ae.–Methanol; $[\alpha]_D$ +15°; 80 mg) hydriert. Bei der Red. von 110 mg **XI** mit Na in n-Propylalkohol wird ein *Prod.* vom F. 68,5–69,5° ($[\alpha]_D$ −124°; λ_{max} 252 mμ [ε = 4600; in A.]; 46 mg) erhalten, das wahrscheinlich aus einem Gemisch aus *isomeren Trienen* besteht. (J. Amer. chem. Soc. **74**. 5397–5403. 5/11. 1952. Cambridge, Mass., Harvard Univ., Chem. Labor.) H.-J. KOCH. 3750

H. Schmid, A. Ebnöther und **P. Karrer**, *Beitrag zur Kenntnis des Vitamins B_{12}*. 1. Mitt. Während die katalyt. Hydrierung von Vitamin B_{12} (**I**) in wss. Lsg. in Ggw. von PtO_2 oder Pd/Kohle zu einer braunen Verb. führt, die an der Luft in Vitamin B_{12a} übergeht, erhielten Vff. bei der katalyt. Hydrierung von **I** in nHCl neben kleinen Mengen *Methylamin*, das wohl aus dem im **I** enthaltenen HCN stammt, sowie *β-Aminopropanol* (**IV**), 5–6 Mol NH_3 (bezogen auf 1 Mol **I** mit einem Mol.-Gew. von 1500). Ein Teil des NH_3 könnte als solcher koordinativ an Co gebunden sein, da Vff. feststellen konnten, daß verschied. anorgan. Co-Komplexverbb. koordinativ gebundene Reste unter den angewandten Hydrierungsbedingungen abzuspalten vermögen. — Mit Cl_2 wurde eine farblose Chlorverb. über eine isolierbare violette Zwischenstufe erhalten. — Bei der sauren Hydrolyse wurde, nach Abtrennen von H_3PO_4, **IV** u. 5.6-Dimethyl-1-α-D-ribosylbenzimidazol, durch Methylierung ein Estergemisch erhalten, dessen Einzelbestandteile noch nicht endgültig charakterisiert werden konnten. Das unveresterte Hydrolysengemisch lieferte bei der sauren $KMnO_4$-Oxydation bei 50° ein Gemisch von Säuren, aus dem 8 Säuren isoliert werden konnten.

Es handelt sich dabei um *Oxalsäure, Bernsteinsäure* (II), *Methylbernsteinsäure* (III) u. *Dimethylmalonsäure*, sowie um 4 noch nicht endgültig identifizierte Säuren: 1. (Säure A) eine *Monocarbonsäure*, F. 140—143°, Äquivalentgewicht 221, pK 4,7 (W.), R_F 0,70 [WHATMAN Nr. 1-Papier; als Lösungsm. wurde die organ. Phase eines Gemisches aus 50 (ml) Eucalyptol, 50 Propanol, 20 Ameisensäure u. 20 W. verwendet]. 2. (Säure B) eine *Dicarbonsäure*, F. 152—154°, Äquivalentgewicht 78, pK_1 3,6, pK_2 6,2 (W.), R_F 0,65; bildet bei 130°/0,03 mm vermutlich ein *Anhydrid*. 3. (Säure C) eine *Dicarbonsäure*, F. 104—105°, Äquivalentgewicht ca. 125—130, pK_1 3,4, pK_2 6,4 (43%ig. wss. Methylcellosolve), R_F 0,21. 4. (Säure D) wahrscheinlich eine *substituierte Malonsäure*, F. 145 bis 147° (Zers.), R_F 0,30. Außerdem wurden aus dem wasserdampfflüchtigen Anteil des Säuregemisches Essigsäure u. n-Buttersäure isoliert. Da **II** u. **III** auch beim Abbau von Terpenen u. Camphern auftreten, nehmen Vff. an, daß ein Teil des **I**-Mol. aus Isoprenresten aufgebaut sein muß. (Helv. chim. Acta **36**. 65—75. 1953. Zürich, Univ., Chem. Inst.) IPPEN. 3800

J. Baddiley und **E. M. Thain,** *Coenzym A*. 6. Mitt. *Die Identifizierung von Pantothensäure-4'- und -2'.4'-phosphat in einem Hydrolysat*. (5. vgl. C. **1953**. 707.) Vorsichtige alkal. Hydrolyse von *Coenzym A* (I) (30 Min. langes Erhitzen mit nNaOH auf 100°) ergab neben Nucleotiden, Adenosin, Aminosäuren u. anderen bas. Gruppen enthaltenden Verbb., die durch Ionenaustausch an „Amberlite IR-120°" (saure Form) entfernt wurden, ein Eluat, aus dem sich durch Chromatographie an Säulen aus WHATMAN-Cellulosepulver (wss. Lsg. der NH_4-Salze in NH_4OH–Propylalkohol, Entw. mit n-Propylalkohol–NH_4OH–W. [6:3:1]) 4 Fraktionen (A, B, C, D) isolieren ließen. Die Substanzen A, B u. C sind Phosphate der Pantothensäure; ihre Hydrolyse gibt β-Alanin. Substanz B (11,3 mg aus 300 mg I) ist auf Grund seines papierchromatograph. Verh. u. des Infrarotspektr. ident. mit *Pantothensäure-2'.4'-phosphat* (II). Substanz C (9,2 mg aus 300 mg I) wurde papierchromatograph. als *Pantothensäure-4'-phosphat* (III) identifiziert; durch Prostata- u. Darmphosphatase wird C in Pantothensäure übergeführt. Substanz A gibt eine starke Thiol-Rk.; weitere Hydrolyse gibt **II** u. **III**. A ist vermutlich des 2-Mercaptoäthylamid des cycl. **II**. Substanz D gibt bei der Hydrolyse α-Alanin; wahrscheinlich ist die Aminogruppe des Alaninrestes acyliert. Genaueres ist über die Substanz D noch nicht bekannt. — Die Ergebnisse unterstützen die früheren Annahmen der Vff. über die Konst von **I**. (J. chem. Soc. [London] **1952**. 3783—89. Okt. London, Lister Inst. of Preventive Med.) K. F. MÜLLER. 3850

Richard Kuhn und **Karl Dury,** *Alkalischer Abbau von Aureomycin und Terramycin*. Aus Aureomycin (I) erhält man beim alkal. Abbau *Dimethylamin* (II) u. *5-Chlorsalicylsäure*, die weiter in *Gentisinsäure* (III) übergeht. Terramycin (IV) liefert unter ähnlichen Bedingungen NH_3, **II** u. *Salicylsäure*.

Versuche: Beim Erhitzen von 2,00 g I-Hydrochlorid mit 20 g KOH im N_2-Strom auf 180° (15 Min.) entsteht **II**, das nach Absorption in n/10 HCl als *Chloroplatinat*, $(C_2H_7N)_2PtCl_6$ (rhomb. Prismen, Zers. bei 200—204°), isoliert wird. Die in W. gelöste Schmelze gibt nach Ansäuern u. Ae.-Extraktion *Gentisinsäure* (III), $C_7H_6O_4$, F. 174 bis 175° (nach Sublimieren bei 110—120°/0,0001 mm). — Beim Verschmelzen von I-*Hydrochlorid* (1 g) mit 10 g NaOH + 5 ml W. bei 160—175° (30 Min.) entsteht *5-Chlorsalicylsäure*, $C_7H_5O_3Cl$, F. 170—171° (Nadeln aus W.). Beim Verschmelzen dieser Säure mit KOH (180°, 20 Min.) entsteht **III**. — Beim Verschmelzen von **IV**-Hydrochlorid (2,0 g) mit KOH (20 g) bei 170° (30 Min.) entstehen NH_3 [isoliert als $(NH_4)_2PtCl_6$], **II** u. *Salicylsäure*, F. u. Misch-F. 152—154°. (Chem. Ber. **84**. 563—65. 1951. Heidelberg, Max-Planck-Inst. für Medizin. Forsch., Inst. für Chem.) K. FABER. 3900

Andrea Scipioni, *Lignin und Derivate*. 1. Mitt. *Gewinnung von Lignin aus Sulfitablaugen*. Mit einer 9,95% Trockenrückstand, 0,65% CaO u. 5% Lignin (I) enthaltenden Sulfitablauge werden Verss. zur Abtrennung des bas. Ca-Ligninsulfonats u. zur direkten Desulfonierung durch Hydrolyse mit NaOH durchgeführt. 50—60% des S können schon mit geringen Konzz. an NaOH (0,4—2%) oder $Ca(OH)_2$ (2—4%) entfernt werden, für vollständige Desulfonierung sind wesentlich höhere Alkalikonzz. (6—8%) erforderlich, die aber einen weitgehenden Abbau des **I** bewirken. Die auf die Einheit Alkali bezogene **I**-Ausbeute nimmt mit zunehmendem Desulfonierungsgrad ab. Die Schwierigkeit, vollständige Desulfonierung zu erzielen, wird darauf zurückgeführt, daß die Ligninsulfonsäure S enthält, der aus den in der Sulfitkochlauge vorhandenen SH-Ionen stammt; diese SH-Ionen werden bei der alkal. Hydrolyse vom **I** gebunden. (Ann. Chimica **42**. 540—52. Juli/Aug./Sept. 1952. Padova, Univ., Ist. di Chim. industr.) R. K. MÜLLER. 3950

D_3. Makromolekulare Chemie.

Akira Isihara und **Morikazu Toda**, *Bemerkungen zur Theorie von hochpolymeren Lösungen.* Theoret. Betrachtungen über den 2. Virialkoeff. A_2 des osmot. Druckes von hochpolymeren Lösungen. Die Ergebnisse wurden im wesentlichen bereits früher (vgl. C. **1951**. II. 1592. 3458) mitgeteilt. Zu ergänzen ist, daß der Grenzfall des unendlich großen Mol. dem Fall von Polymeren des kompakten Einkörpertyps (etwa der Art der globularen Proteine) entspricht. Weiter werden die beiden Theorien von KIRKWOOD u. RISEMAN bzw. von DEBYE u. BUECHE über die Viscosität von hochpolymeren Lsgg. diskutiert; Vff. zeigen, daß die Grundgleichungen beider Theorien einander gleichwertig sind. (J. Polymer Sci. **7**. 277—87. Aug./Sept. 1951. Tokyo, Univ. of Tokyo, Faculty of Sci., Dep. of Phys.; Tokyo, Bunrika Univ., Faculty of Sci., Dep. of Phys.) FUCHS. 4000

E. H. Immergut und **H. Mark**, *Osmometertechnik für Polymere niedrigen Molekulargewichts und für Hochtemperaturmessungen.* Bei osmot. Messungen an Substanzen mit einem Mol.-Gew. $M < 50000$ treten infolge der Diffusion der Moll. durch die Membran Konzentrationsänderungen auf, so daß auf die Einstellzeit $t = 0$ zurückextrapoliert werden muß. Die hierbei auftretenden Extrapolationsfehler werden verringert, wenn das Osmometer beim Entleeren u. Füllen nicht aus dem Thermostaten genommen zu werden braucht u. wenn die einzufüllende Lsg. bereits die Meßtemp. besitzt. Eine entsprechende Vorr. wird beschrieben, bei der die ersten Druckmessungen bereits wenige Min. nach dem Einfüllen der Lsg. vorgenommen werden können. Die gleiche App. ist geeignet zur Messung bei höheren Tempp., bes. von Lsgg., aus denen sich beim Abkühlen Polymerisat abscheiden würde. (J. Polymer Sci. **7**. 345—47. Aug./Sept. 1951. Brooklyn, N. Y., Polytechn. Inst., Inst. of Polymer Res.) FUCHS. 4000

Ss. A. Reitlinger, *Gasdurchlässigkeit von hochmolekularen Verbindungen.* An Hand der Literatur (63 Angaben) kommt Vf. zur Feststellung, daß es wegen Fehlens einer genügend vollständigen Theorie der Löslichkeit u. Diffusion von Gasen in Polymeren heute noch nicht möglich ist, die Gasdurchlässigkeit polymerer Verbb. vorauszuberechnen. Durch Verwendung thermodynam. Daten in Verbindung mit den Vorstellungen von der Struktur der Polymeren kann man jedoch die Größenordnung der Konstanten der Durchlässigkeit, Löslichkeit u. Diffusion im gegebenen Syst. „Gas/Polymeres" annähernd abschätzen. Ebenso kann man umgekehrt bei Vorliegen der Werte für die Durchlässigkeit indirekt auf die Struktur der hochmol. Verb. schließen. — Die Gasdurchlässigkeit amorpher linearer Polymerer ist von deren physikal. Zustand abhängig. Während Polymere, die sich in einem glasartigen Zustand befinden, in Größe u. Mechanismus der Durchlässigkeit den anorgan. Gläsern nahestehen, ähneln hochelast. u. viscose Polymere mehr den organ. Flüssigkeiten. (Успехи Химии [Fortschr. Chem.] **20**. 213—30. März/April 1951.) v. PEZOLD. 4000

K. H. Klaassens und **J. H. Gisolf**, *Blockpolymerisation bei hohen Drucken.* Ein Gerät zur Blockpolymerisierung von Monomeren bei einem Druck bis zu 10000 at wird beschrieben, das die Erhitzung des zu polymerisierenden Stoffes unter Messung seiner Temp. gestattet. Styrol zeigt eine explosive Rk. bei 10000 at/70°. Inden polymerisiert langsam bei Erwärmung < 10000 at u. reagiert explosiv bei 175°. Beide Verbb. ergeben ein festes Polymeres. Crotonaldehyd ergibt bei Erhitzung < 10000 at ein sprödes, schwerschm. Polymeres. Cumaron u. einige chlorierte Äthylene (symm.-Dichlor-, Trichlor- u. Perchloräthylen) verkohlen bei Erhitzung < 10000 at. Butyraldehyd polymerisiert zu einem festen Material, das schnell wieder depolymerisiert. (J. Polymer Sci. **10**. 149—55. Febr. 1953. Eindhoven, N. V. Philips' Gloeilampenfabrieken, Res. Labors.) E. W. HAAS. 4000

P. L. McGeer und **H. C. Duus**, *Einfluß des Druckes auf den Schmelzpunkt von Teflon-Tetrafluoräthylenharz.* Die Annahme, daß Teflon (**I**; Polytetrafluoräthylen) thermodynam. in erster Annäherung als Einstoffsyst. betrachtet werden kann, hat sich durch den Befund, daß der Umwandlungspunkt T_m (F. der Kristallite) deutlich bei Anwendung eines äußeren Druckes steigt, nicht bestätigen lassen. Die spezif. Vol.-Temperatur-Kurven einer Probe aus koagulierter **I**-Dispersion wurden bei verschied. Drucken bestimmt u. die Längenänderungen der Probe mit der Temp. gemessen. Die Kurven zeigen deutliche Stufen mit einer Hysteresis-Erscheinung bei T_m. Die T_m-Werte betragen 608° K bei 69 atü bzw. 629° K bei 207 atü. Zwischen diesen Tempp. u. dem Druck P besteht die lineare Beziehung $T_m = a + bP$ (a = 597° K; b = 0,154°/at). Demnach ist T_m bei 0 atü 597° K (324° C). Dieser Wert stimmt mit dem auf anderem Wege (vgl. HANFORD u. JOYCE, C. **1946**. I. 1875) ermittelten Wert von 327° gut überein. Folgende Werte ergaben sich für die latente Schmelzwärme bzw. die Schmelzentropie: bei 69 atü 14,6 cal/g bzw. 0,0240 cal/g Grad u. bei 207 atü 8,4 cal/g bzw. 0,0134 cal/g Grad. Die Abnahme der Entropie bei Drucksteigerung von 69 auf 207 atü beträgt —0,00127 cal/g Grad beim festen I bzw. −0,00268 cal/g Grad beim geschmolzenen (fl.) I. (J. chem. Physics **20.** 1813—14. Nov. 1952. Wilmington, Del., E. I. du Pont de Nemours & Co., Polychem. Dep.) SCHÄFF. 4010

John R. Elliott, Robert L. Myers und **George F. Roedel,** *Suspensionspolymerisation von Chlortrifluoräthylen.* Auf Grund der Unterss. über die Hydrolyse (vgl. MYERS, C. **1953. 3443**) von *Chlortrifluoräthylen* (**I**) arbeiteten Vff. ein Polymerisationssyst. für die Darst. von wss. Polychlortrifluoräthylen-Suspensionen aus. Der Ansatz besteht aus 7,5 (Gewichtsteilen) **I**, 54,5 W., 0,003 lösl. Fe(III)-Phosphat (12—15% Fe, 15% P_2O_5, 45% Citronensäure), 0,012 Na-Bisulfit, 0,004 tert.-Butylperbenzoat u. 0,001792 HCl, hat den optimalen p_H-Wert 3,0 u. bewirkt bei 25° in 9 Std. einen Umsatz von 90%. Die festen Partikel des Latex haben eine Größe von ca. 0,2 μ. — Dieses Rezept ergab sich aus systemat. Unterss. über die Einfll. von Aktivatoren, Mengenverhältnis der einzelnen Komponenten, Anfangs-p_H u. Temp. auf Polymerisationsgeschwindigkeit, von Umsetzung u. Mol.-Gewicht. Peroxyde allein bringen nur sehr geringe Polymerisationsgeschwindigkeiten u. erfordern den Zusatz von Aktivatoren, unter welchen das Paar Fe(III)-Phosphat–Na-Bisulfit bes. wirksam ist. Das Verhältnis Fe:**I** soll nicht unter 3:7500 sein. Peroxydkonzz. von 0,05% des **I** liefern einen Umsatz von 90%. Andererseits hat die Peroxydkonz. einen Einfl. auf das Mol.-Gew. des Polymerisats, das mit abnehmender Peroxydkonz. ansteigt. Auch niedere Reaktionstempp. bewirken eine Erhöhung des Mol.-Gew., allerdings auf Kosten der Reaktionsgeschwindigkeit u. des Umsatzes. Einen bemerkenswerten Einfl. auf den Umsatz hat das Mengenverhältnis von W.:**I**. Unterhalb eines Verhältnisses von 2:1 fällt der Umsatz ab, oberhalb dieses Wertes steigt er nur geringfügig an. Solange der Umsatz noch gering ist, liegt das Polymerisat als bläulich opalescierender Latex vor; mit fortschreitender Polymerisation fällt alles Polymere als weißes Pulver aus. Um einen Latex zu erhalten, kann man entweder mit einem niedrigen W.:**I**-Verhältnis arbeiten u. die Rk. bei einer Polymerisatkonz. von 12% unterbrechen oder das W.:**I**-Verhältnis so hoch wählen, daß der Feststoffgeh. bei vollständigem Umsatz den Flockungswert von 12% nicht überschreiten kann. (Ind. Engng. Chem. **45.** 1786—90. Aug. 1953. Schenectady, N. Y., General Electric Co., Res. Labor.) FORCHE. 4010

H. S. Kaufman und **Ernest Solomon,** *Fraktionierung von Chlortrifluoräthylen-Polymerisaten.* Drei Proben *Polychlortrifluoräthylen* (*Kel-F*) mit den NST-Zahlen 235, 273 u. 322 wurden durch Fällung aus Lsgg. in einem Lösungsmittelgemisch aus 25% Diäthylphthalat u. 75% Dichlorbenzotrifluorid bei 150° fraktioniert. Die Best. der Eigenviscosität in 1.1.3-Trifluorpentachlorpropan-Lsg. bei 98,9° zeigte, daß die Mol.-Geww. der Fraktionen zwischen 20000 u. 200000 liegen. Während der Fraktionierung tritt prakt. kein Abbau des Mol. ein. Außerdem wurden zwei therm. bei 300° u. mechan. durch Trockenmahlung in einer Kugelmühle abgebaute Proben des Polymerisates mit NST-Zahl 322 fraktioniert. Beide Proben gaben nahezu gleiche u. der Kurve des Materials mit der NST-Zahl 273 ähnliche Verteilungskurven. (Ind. Engng. Chem. **45.** 1779 bis 1781. Aug. 1953. Jersey City, N. J., M. W. Kellogg Co.) FORCHE. 4010

Matthew T. Gladstone, *Einige Umsetzungen des Polychlortrifluoräthylens.* Vf untersuchte die Einw. von organ. Fll. u. von Metallen auf *Polychlortrifluoräthylen* (**I** *Poly F-1113*, *Kel-F* [M. W. Kellogg Co.], *Fluorothen* [Carbide & Carbon Chemicals Corp.]) Die beim Erhitzen von **I** mit den fl. Substanzen entstandenen Zersetzungsprodd. wurden mit einem N_2-Strom aus der Lsg. ausgetrieben, in $AgNO_3$-Lsg. geleitet u. das Chlorid titriert; außerdem wurde das Lösungsm. mit W. extrahiert u. in dieser Lsg. das Chlorid bestimmt. Metallpulver wurden mit dem **I** im Mörser vermischt, im Einschmelzrohr erhitzt, das Metall in konz. HNO_3 gelöst u. das Chlorid gravimetr. bestimmt. Beim Erhitzen mit Isoamyl-, 1-Chlor-, 1- u. 2-Methyl- u. 1-Fluornaphthalin, Äthylenglykol, Pinakol u. Propylenglykol gibt **I** oberhalb 200° wesentliche Mengen Cl in Form von HCl ab; mit alkoh. KOH erfolgt die Zers. schon bei 80°. Die Einw. von KW-stoffen wird durch die Ggw. von Metallen (bes. Cu) u. Metallchloriden (bes. $FeCl_3$) verstärkt. Von den untersuchten Aminen 2-Äthylhexylamin, Tri-n-hexylamin, Dimethyl-2-äthylhexylamin u. Morpholin sind die prim. reaktionsfähiger als die sek. u. tertiären. Bei Abwesenheit von organ. Fll. üben Al u. Ni keinen abbauenden Einfl. auf **I** aus, wohl aber Cu, vor allem in Ggw. von Sauerstoff. Die Bldg. von HCl aus **I** erfolgt vermutlich nach einer FRIEDEL-CRAFTS-Reaktion. (Ind. Engng. Chem. **45.** 1555—58. Juli 1953. Schenectady, N. Y., General Electric Res. Labor.) FORCHE. 4010

—, *Bericht über Molekulargewichtsmessungen von Polystyrolbezugsproben.* Vier Polystyrolfraktionen wurden in verschied. Laboratorien mit Hilfe der Viscosimetrie, Osmometrie, Lichtstreuung u. Ultrazentrifuge untersucht. Die Resultate werden verglichen u. mögliche Verbesserungen beim Auftreten beträchtlicher Diskrepanzen vorgeschlagen.

Allg. zeigen die viscosimetr. u. osmot. Ergebnisse unbefriedigende Übereinstimmung, bessere die Lichtstreuungsdaten, namentlich bei hohen Mol.-Geww.; gut decken sich die wenigen verfügbaren Ultrazentrifugenresultate. (J. Polymer Sci. **10.** 129—48. Febr. 1953.) E. W. HAAS. 4010

Avery A. Morton und **Erling Grovenstein jr.**, *Polymerisation.* 13. Mitt. *Ein Vergleich der Wirkung von Natrium-organischen Reagentien und Alfinkatalysator auf Styrol.* (12. vgl. C. **1951.** II. 3316.) Durch vergleichende Unterss. wird gezeigt, daß der Unterschied zwischen der Aktivität von Na-organ. Verbb., wie Amyl-Na, u. Alfinkatalysator (Mischung aus Na-Isopropylat, NaCl u. Allyl-Na) ebenfalls bei der Polymerisation von Styrol (I), wenn auch in weit geringerem Maße als bei der von Butadien (II), besteht. Folgende Verbb. in abnehmender Reihenfolge der aktivierenden Wrkg. auf die I-Polymerisation (in Klammern die Verhältniszahlen) wurden untersucht: Amyl-Na (7), Benzyl-Na (4), Allyl-Na (3), Diphenylmethyl-Na (1), Vinyl-Na (0,5), Phenyl-Na (0,5), β-Methylstyryl-Na (0,2), Triphenylmethyl-Na (0) u. Fluorenyl-Na (0). Bei der Verwendung des Alfinkatalysators zeigte sich, daß dieser 6—10 mal aktiver ist als Amyl-Na. Dabei ergeben sich überraschenderweise höhere Viscositätszahlen von 1,2 bis 3,6 als bei Amyl-Na (0,22—1,04). Dieser Effekt wird in erster Linie von der Na-Isopropylatmenge im Alfinkatalysator verursacht. Die aktivierende Wrkg. des Alfinkatalysators wird weitgehend durch Zusatz von β-Methylstyrol oder Triphenylmethan aufgehoben. Die Ursache ist die Rk. dieser KW-stoffe mit dem Katalysator unter Bldg. der entsprechenden Na-organ. Verbindung. Amyl-Na bewirkt, daß **I** 16 mal schneller polymerisiert als **II**, wogegen der Alfinkatalysator **II** 4 mal schneller als **I** polymerisiert. (J. Amer. chem. Soc. **74.** 5434—36. 5/11. 1952. Cambridge, Mass., Inst. of Technol., Dep. of Chem.) SCHÄFF. 4010

H. T. Hookway und **R. Townsend**, *Bestimmung des Molekulargewichtes von niedrigen Polymeren durch osmotische Messungen.* Mittels der bereits beschriebenen *Polyvinylalkohol-Membranen* (Research **4.** [1951.] 380) bestimmten Vff. die Mol.-Geww. einer Reihe von Polymeren mit Mol.-Geww. zwischen einer Million u. einigen Tausend. Die Messungen zeigten, daß die neuen Membranen den Cellophan- u. Collodium-Membranen für die osmot. Best. des Mol.-Gew. überlegen sind. Zwei Beispiele demonstrieren die gute Übereinstimmung zwischen den osmot. u. zur Überprüfung ausgeführten kryoskop. Messungen. Das Mol.-Gew. eines *Phenol–Formaldehyd-Harzes* wurde osmometr. zu 2156 u. kryoskop. zu 2140 u. das eines sehr niedrigmolekularen *Polystyrols* osmometr. zu 1899 u. kryoskop. zu 1900 bestimmt. (Research **5.** 191—92. April 1952. Teddington, Dep. of Scientif. and Indust. Res., Chem. Res. Labor.) G. HEINRICH. 4010

B. L. Funt, *Dielektrische Dispersion in festem Polyvinylbutyral.* Vf. untersuchte die dielektr. Dispersion von festem Polyvinylbutyral bei Frequenzen von 0,3—100 kHz u. im Temperaturbereich von 20—140°. Durch die Befunde wird eine deutlich verhinderte Dipolrotation aufgezeigt. Bei 25° wurde eine extrapolierte Relaxationszeit von 10^4 Sek. ermittelt. Bei Anwendung der Theorie absol. Reaktionsgeschwindigkeiten u. der EYRING-Gleichung wurden ein Enthalpiewert der dielektr. Relaxation von 65,2 kcal u. ein konstanter Entropiewert von 139 Einheiten erhalten. Diese Werte liefern ein quantitatives Maß für die Dipolhinderung, wie durch Vgl. mit den Daten für Polyvinylchlorid bzw. Polyvinylacetat gezeigt wird. (Canad. J. Chem. **30.** 84—91. Febr. 1952. Winnipeg, Man., Univ., Dep. of Chem.) SCHÄFF. 4010

B. Lincoln, *Reibungs- und elastische Eigenschaften von hochpolymeren Produkten.* Vf. untersucht u. erörtert die Beziehung zwischen den elast. Eigg. von Polymerisaten (*Nylon*) u. deren Reibungskoeffizienten. Durch Anwendung der HERTZ-Gleichung für die Deformation von Feststoffen unter Berührung wird gezeigt, daß im Gegensatz zu Befunden bei Metallen, wo die Unebenheiten auf den Oberflächen auch bei kleinsten Belastungen plast. deformiert werden, bei Materialien mit niedrigerem Elastizitätsmodul ein anderer Effekt [elast. Deformation, wobei Reibung proportional (Belastung)$^{2/3}$] auftreten kann. Dies wurde durch Messung der Berührungsfläche zwischen einer Nylonhalbkugel u. einer Glasplatte u. durch Reibungsmessungen an verschied. Nylonproben experimentell bestätigt gefunden. Ferner wird gezeigt, daß die beobachtete Abnahme der Reibung von einigen Polymerisaten an rauhen Oberflächen durch elast. Deformation der Rauhigkeiten gedeutet werden kann. (Brit. J. appl. Physics **3.** 260—63. Aug. 1952. Leeds, Wool Ind. Res. Assoc.) SCHÄFF. 4010

R. J. Orr und **H. Leverne Williams**, *Die Polymerisation von Isopren und 2.3-Dimethylbutadien und die Mischpolymerisation mit Styrol bei —18° in Emulsion.* Bei Emulsionspolymerisationsverss. bei tiefen Tempp. nach der GR-S-Rezeptur wurde gefunden, daß die Polymerisationsgeschwindigkeit mit steigendem Reinheitsgrad der Monomeren zunimmt. Die Diene können in Neben-Rkk. cycl. Verbb. oder Dimere bilden. Die 1.2-Addition des Monomeren nimmt mit abnehmender Polymerisationstemp. ab. Bei der

Emulsionsmischpolymerisation von Isopren (I) bzw. Dimethylbutadien (II) mit Styrol (III) bei -18^0 wurden die Reaktionsgeschwindigkeitsverhältnisse r_1 bzw. r_2 für I zu 1,30 ± 0,02 bzw. 0,48 ± 0,01 u. für II zu 0,92 ± 0,02 bzw. 0,42 ± 0,02 ermittelt. Die Q- u. e-Werte (nach ALFREY-PRICE) betragen für I 1,19 bzw. −0,112 u. für II 1,09 bzw. −0,181 (**III**: 1,0 bzw. −0,8). Aus diesen u. den bekannten Werten für Butadien (**IV**) wurden die Reaktionsgeschwindigkeitsverhältnisse für alle Monomerenkombinationen der 3 Diene berechnet. Die Kettenübertragungs-Rk. zwischen Dienylradikalen u. gemischten tert. Mercaptanen wurde untersucht u. dabei gefunden, daß Isoprenyl- u. Dimethylbutadienylradikale viel reaktionsfähiger sind als Butadienylradikale. Dieser Effekt wurde durch die Zahlenmittel- u. viscosimetr. Mol.-Geww. nach der Meth. von MEEHAN (C. **1951**. II. 3524) aufgezeigt. Die Viscostiätszahlen von Rein- u. Mischpolymerisaten bei Mercaptan-freier Rezeptur wurden bestimmt u. miteinander verglichen. Es wird gezeigt, daß im Vgl. zu **IV I** u. **II** ähnlich polymerisieren u. mischpolymerisieren, aber viel empfindlicher gegenüber Verunreinigungen, jedoch weniger empfindlich gegenüber O_2 sind. Es ist schwieriger, die I- u. II-Polymerisation so zu regeln, daß sie Prodd. mit einheitlichem Mol.-Gew. ergeben. Da sie andererseits leichter Prodd. mit linearer Struktur bilden, ist zu erwarten, daß sich auch noch bei hohen Umsätzen leicht lineare u. lösl. Polymerisate mit hohem Mol.-Gew. herstellen lassen. (Canad. J. Chem. **30**. 108–23. Febr. 1952. Sarnia, Ontario, **Can.**, Polymer Corp. Ltd., Res. & Developm. Div.) SCHÄFF. 4030

W. R. Moore, *Wechselwirkung zwischen Nitrocellulose und Lösungsmitteln.* Die Einw. von Lösungsmittelgemischen (*Alkylmethylketone, Alkylformiate, -acetate, -butyrate* u. *Dialkylphthalate* mit *Hexan* als N-Cellulose nicht lösendem Teil) auf Faser-Nitrocellulose wurde durch Messung der Absorption der Lösungsm. aus den Hexangemischen, durch Schätzung des Quellungsgrades sowie durch Ausfällen der Nitrocellulose aus den Lsgg. mittels Hexan u. Viscositätsmessungen untersucht. Aus den Quellungs- u. Absorptionsergebnissen ergibt sich, daß die Größe der Lösungsmittel-Molekeln von Wichtigkeit ist, da sie den Eintritt der Solventien in die Faser bestimmt. Weiterhin zeigen die Resultate von Quellung, Viscosität u. Fällung, daß zwischen der gegenseitigen Einw. u. der kohäsiven Energiedichte Beziehungen bestehen. Vf. nimmt an, daß die Theorien über die Wechselwrkg. zwischen Polymeren u. Lösungsm. bei endotherm verlaufenden Lsgg. auch, wie bei der Nitrocellulose, verwendbar sind auf exotherme Lösungsvorgänge. (J. Polymer Sci. **5**. 91–109. Febr. 1950. Bradford, Techn. Coll., Dep. of Chem.) SEIFERT. 4050

G. J. Millar, *Untersuchungen über die Polarographie von Proteinen.* 1. Mitt. *Die Beziehung der Wellenhöhen zur Proteinkonzentration und der Ursprung der Welle III.* Bei der Polarographie von *Proteinen* in Puffer-Lsg. tritt eine Welle bei ~ −1,8 V, die sogenannte „Pränatriumwelle" auf. Enthält der Elektrolyt NH_3 neben Co^{2+} oder Co^{3+}, treten hinter der Reduktionswelle des Co^{2+} zwei Wellen (H I u. H II) auf, von den *Aminosäuren* zeigen diesen Effekt nur Cystin oder Cystein. JURKA (Collect. Trav. chim. Tchécoslov. **11**. [1939.] 243) fand das Auftreten eines 3. Wellenberges, der in seiner Höhe der Pränatriumwelle im Co-freien Medium entspricht. Vf. untersucht diesen von ihm unabhängig entdeckten Wellenberg H III. H I u. H II werden in ihrer Höhe von der Höhe des Co-Grenzstromes ab bestimmt, H III von der Höhe des auf H II folgenden Minimums H II_{min} ab. Die Höhe dieser Wellen wurde in Abhängigkeit von der Konz. für *Insulin, Pepsin, Rinderplasmaalbumin, Chymotrypsin* u. *Trypsin* sowie für *Acetylinsulin* bestimmt. Mit zunehmender Konz. gehen H I u. H II gegen ein Maximum (bei ~ 1,65 mg/cm³), um dann wieder abzufallen. H III ist bei Konzz. über 0,2 mg/cm³ nur schwierig zu messen, so daß diese Kurve nur einen Anstieg zeigt. Das Maximum für H II wird jedoch nur bei Plasmaalbumin u. Chymotrypsin beobachtet, während H I bei allen untersuchten Proteinen ein konzentrationabhängiges Maximum zeigt. Diese Abhängigkeit von H I, H II u. H III folgt der Gleichung der LANGMUIRschen Adsorptionsisotherme, deren Konstanten B u. a für jedes Protein berechnet werden. Sie variieren von Protein zu Protein beträchtlich. Nur im Falle des Pepsins erreicht die gefundene Höhe H I (22,2 μa) den berechneten theoret. Wert B I (22,3 μa). Wenn die Konz. hoch ist, stören die Proteinaggregate die Diffusion der Co-Ammoniakatkomplexe, die Aggregate begrenzen daher die Höhe von H I u. H II. B II hängt linear von der Menge der vorhandenen SH-Gruppen ab. Der Ursprung von H III läßt sich bei Unters. des Acetylinsulins (aus Insulin u. Keten) finden: H III wird hier um 80% erniedrigt, so daß die freien NH_2-Gruppen für H III verantwortlich sind, was durch Zusatz von Formaldehyd zu Proteinlsgg. bestätigt werden konnte. Auch hier werden die H III durch Abbindung der NH_2-Gruppen erniedrigt. Die Pränatriumwelle ist ebenfalls auf N enthaltende Gruppen zurückzuführen. (Biochem. J. **53**. 385–93. Febr. 1953. Saskatchewan, Sask., Univ., Dep., Dep. of Physiol.) RUSKE. 4070

G. J. Millar, *Untersuchungen über die Polarographie von Proteinen.* 2. Mitt. *Der Einfluß des p_H und der Konzentrationen von Ammoniak und Ammoniumion auf die polarographischen Wellen.* (1. vgl. vorst. Ref.) Vf. untersucht die Höhe der Wellen H I u. H II für die in der vorst. Arbeit genannten Proteine in ammoniakal. Co^{2+}-Lsg. durch Variation des p_H-Wertes der Elektrolytlösung (p_H 8,7; 9,0; 9,3 u. 9,5). H I u. H II werden größer, wenn das p_H des Mediums konstant gehalten, aber die Konzz. von NH_3 u. NH_4^+ vergrößert werden. Bei gegebener NH_4^+-Konz. werden H I u. H II ebenfalls durch Zugabe von NH_3, d. h. Erhöhung des p_H, vergrößert, bei gegebener NH_3-Konz. werden die Wellen durch NH_4^+-Zugabe erhöht, wobei das p_H fällt. Diese Wellen hängen daher scheinbar von spezif. Eigg. von NH_3 u. NH_4^+ ab, die spezif. p_H-Effekte maskieren. H III reagiert bei diesen Verss. anders als H I u. H II. Im Gebiet geringer Puffer-Molarität scheint H III durch spezif. Effekte der individuellen Pufferkomponenten nicht beeinflußt zu werden, während aber das p_H den entscheidenden Einfl. ausübt. Bleibt nun die Summe der Konzz. der Pufferbestandteile konstant (Zufügung von 18 nNaOH zur Elektrolyt-Lsg., hierbei Übergang $NH_4^+ \rightarrow NH_3$), steigen die Wellenhöhen von H I, H II u. H II_{min} langsam von p_H 3,73 bis $\sim$ p_H 8,6 an, um dann schnell auf einen Maximalwert zu steigen u. abzufallen. Die Maximalwerte liegen für die untersuchten Proteine bei verschied. p_H-Werten, so H II für Chymotrypsin bei 9,30, Insulin bei 9,80, Pepsin bei 10,25 u. Plasmaalbumin bei 9,85. Werden die gleichen Versuchsbedingungen jedoch an Stelle von Co^{2+} das Co^{3+} gewählt, sind die Kurven im sauren Gebiet sehr flach. In beiden Fällen läßt sich für H I keine vollständige Kurve erhalten, da bei höheren p_H-Werten diese Welle mehr oder weniger von H II überdeckt wird. Die Wellen H I u. H II treten bei S-haltigen Verbb. auf, jedoch nur in Ggw. von Co u. NH_3, so daß ein Co–NH_3-Komplex wesentlicher Bestandteil des Syst. sein muß. Wird die Stromstärke im flachen Teil der Kurven gegen die vorhandenen SH-Gruppen aufgetragen, ergibt sich bes. gut für H I eine Gerade, jedoch auch für H II u. H II_{min}. Vf. erklärt dies damit, daß bei jedem Protein eine bestimmte Menge pro Flächeneinheit der Elektrode adsorbiert wird u. alle bzw. eine bestimmte Prozentzahl der potentiellen SH-Gruppen zu reagieren imstande sind. Ebenfalls kann das adsorbierte Protein zu einem gewissen Grade denaturiert werden. Das p_H-abhängige Maximum dieser Kurven steht ferner in Beziehung zum Arginin + Lysin-Geh. (H II u. H II_{min}) sowie zum Tyrosin-Geh. (H I). Damit scheint das Maximum für ein gegebenes Protein um so mehr nach höheren p_H-Werten verschoben zu werden, je größer der Anteil bas. Gruppen u. je geringer der Anteil an Tyrosingruppen ist. (Biochem. J. **53**. 393—402. Febr. 1953.) RUSKE. 4070

Yoshiya Kanda, *Über die Strukturen von Faserproteinen.* 1. Mitt. *Eine neue Polypeptidstruktur des α-Keratins.* Die *Keratin*modelle von HUGGINS (C. **1145**. **II**. 26) u. von SIMANOUTI u. MIZUSHIMA (Bull. chem. Soc. Japan **21**. [1948.] 1) werden diskutiert u. als nicht befriedigend abgelehnt. Vf. schlägt unter Zugrundelegung vernünftiger Werte der Bindungsabstände, -winkel u. -richtungen in der Polypeptidkette eine neue Polypeptidstruktur des *α-Keratins* vor. In der Polypeptidstrukturformel des α-Keratins, die nur aus L-Aminosäuren ableitbar ist, werden C—H...N-Bindungen angenommen. Aus ster. Gründen ist nur die Wiederholung der Bindungsrichtungstypen T_1^1–G_2^1–G_3^1 möglich. (Bull. chem. Soc. Japan **23**. 137—41. Okt. 1950. Fukuoka, Kyusyu Univ., Fac. of Science, Chem. Inst.) K. F. MÜLLER. 4070

Yoshida Kanda, *Über die Struktur von Faserproteinen.* 2. Mitt. *Neue Polypeptidstrukturen von β- und Federkeratinen und drei Seidenfibroinen aus Bombyx mori, Saturnia pyri und Antheraea mylitta.* (1. vgl. vorst. Ref.) Die Polypeptidstrukturen von *β-* u. *Federkeratin* werden durch Streckung der Polypeptidkette des α-Keratins erhalten. Sie entsprechen den Bindungsrichtungstypen T_1^1–G_2^5–G_3^5 bzw. T_1^1–G_2^3–G_3^3. Die Polypeptidstrukturen der Seidenfibroine aus *Bombyx mori, Saturnia pyri* u. *Antheraea mylitta* werden durch abwechselnde Kombination der Aminosäurereste des Polyglycins mit denen des *Federkeratins*, *β-Keratins* bzw. *α-Keratins* erhalten. Ihre Bindungsrichtungstypen entsprechen: T_1^1–G_2^3–T_3^1–T_1^1–T_2–G_3^3, T_1^1–G_2^5–T_3^1–T_1^1–T_2–G_3^5 bzw. T_1^1–G_2^1–T_3^1–T_1^1–T_2–G_3^1. (Bull. chem. Soc. Japan **23**. 142—46. Okt. 1950.) K. F. MÜLLER. 4070

Jack C. Paulson, Fred E. Deatherage und **Emory F. Almy,** *Durch Ionenaustauscher-Harze katalysierte Hydrolyse von Proteinen.* Die Hydrolyse von *Casein* kann mit dem Kationenaustauscher Dowex 50 (**I**) in 0,05 n salzsaurer Lsg. durch 48std. Kochen am Rückfluß nahezu vollständig durchgeführt werden. Die im Vgl. zu einem mit 6nHCl erhaltenen Hydrolysat geringeren Ausbeuten an Aminosäuren werden auf noch im Hydrolysat vorhandene Peptide zurückgeführt. Serin u. Threonin werden bei Hydrolyse mit **I** in höherer Ausbeute erhalten als mit 6 n HCl. Die Hydrolyse von *Gelatine* mit **I** erfordert unter den angegebenen Bedingungen die Hälfte der Zeit, wie die des Caseins. Wird die

Hydrolyse nach 6 Std. unterbrochen, so erhält man sowohl für die einzelnen Aminosäuren als auch für verschied. Eiweißkörper charakterist. Ausbeuteminderungen. Nachst. Ausbeuten wurden (bezogen auf Totalhydrolysate mit 6 n HCl) nach 6 std. Hydrolyse mit **I** (Bedingungen wie oben) erhalten. (1. Zahl: *Casein*, 2. Zahl: *Rinderserumalbumin*). Asparaginsäure: 43% ; 27%. Serin, Threonin: 13% ; 12%. Glutaminsäure: 5,9% ; 3,0%. Glycin, Alanin: 19% ; 8,2%. Valin: 7,0% ; 7,3%. Leucin, Isoleucin: 22,5% ; 4,9%. Tyrosin, Phenylalanin: 15% ; 8,3%. Peptidbindungen, an denen Cystin beteiligt ist, werden durch Ionenaustauscher bes. wenig angegriffen. Die Abhängigkeit der Hydrolyse vom Typ des Ionenaustauschers wird qualitativ untersucht. (J. Amer. chem. Soc. **75**. 2039—41. 5/5. 1953. Columbus, O., Univ., Dep. of Agricult. Biochem.)
WALTER. 4070

J. P. Witbaut und A. J. P. Witbaut, Practicum der Organische Scheikunde. Groningen: J. B. Wolters' Uitgeversmaatschappij N. V. 1950. (215 S.) f 6.—.

E. Biologische Chemie. Physiologie. Medizin.

E_1. Allgemeine Biologie und Biochemie.

Jo Nordmann, Roger Nordmann und **Odette Gauchery**, *Bestimmung der Dehydrasenwirkung der Mitochondrien mittels 2.3.5-Triphenyltetrazoliumchlorid.* 2.3.5-Diphenyltetrazoliumchlorid kann leicht unter Verbrauch von 2 Atomen H in *Triphenylformazan* + HCl übergehen, was an der Änderung der Absorptionsspektren verfolgt werden kann. Die Red. ist abhängig vom p_H: sie ist unvollständig zwischen p_H 2,5 u. 4; bei $p_H < 2,5$ erfolgt keine Red.; im Gebiet p_H 4,0—12,5 erfolgt die Red. in gleichmäßiger Weise. — Mit dieser Rk. konnten in Mitochondrien von Rattenleber sowie Leber u. Niere von Kaninchen folgende *Dehydrasen* nachgewiesen u. bestimmt werden: *Citronensäuredehydrase* (**I**), *α-Ketoglutarsäuredehydrase*, *Bernsteinsäuredehydrase* (**II**), *Äpfelsäuredehydrase*, *Brenztraubensäuredehydrase*, *Milchsäuredehydrase*. Die stärkste Wrkg. zeigen **I** u. **II**. — Es besteht keine Parallelität der nach dieser Meth. erhaltenen Ergebnisse mit den nach THUNBERG erhaltenen Werten. (Bull. Soc. Chim. biol. **33**. 1826—36. 1951. Paris, Salpêtrière, Clin. chirurgicale, Lab. de Biochimie.) HESSE. 4150

Helmut Metzner, *Die Reduktion wässeriger Silbernitratlösungen durch Chloroplasten und andere Zellbestandteile.* Vf. beschreibt die Verteilung der durch Red. wss. *$AgNO_3$*-Lsgg. im Dunkeln entstandenen Ag-Ndd. in den Zellen der Blattunterseite von Agapanthus umbellatus u. Keimblättern von Impatiens parviflora. Ausfällungen schwerlösl. Ag-Salze wurden mit *$NaNO_3$*-Lsg. entfernt. Im Cytoplasma wurden Ag-Schwärzungen bevorzugt in den Grenzschichten beobachtet, in den Chloroplasten an der Oberfläche u. den Grana. Die Verteilung ließ sich durch infiltrierte Pufferlsg. beeinflussen. Bei p_H 3 reagierten die Plastiden, bei p_H 7—8 das Plasma u. bei p_H 5—6 Zellkern u. Plastidenstroma. Licht trägt zur Beschleunigung der Rk. bei. Mit 20% ig. *Pb-Acetat*-Lsg. behandelte Zellen red. $AgNO_3$ jedoch nicht im Kern u. Stroma. In sd. W. eingetauchte Zellen zeigten keine Red. mehr. Der Reduktor des Cytoplasmas u. der Chloroplasten stimmt in seinen Eigg. am ehesten mit den Reduktoren der *Ascorbinsäure* überein. Der Reduktor im Zellkern u. Plastidenstroma scheint infolge seiner p_H-Abhängigkeit ein Ferment zu sein. — 97 Literaturangaben. (Protoplasma **41**. 129—67. 1952. Münster/Westf., Univ., Botan. Inst.) H. SCHEURLEN. 4150

S. Timonen, *Die Röntgenstrahlenempfindlichkeit der Zelle.* Die gekeimten Zwiebelspitzen von *Allium cepa* wurden bei 20—22° einer Röntgenbestrahlung mit 26 r/Min. Dosisleistung ausgesetzt. Die übrigen Bestrahlungsdaten waren 190 kV, 10 mA, Filter 1,0 mm Cu + 1,0 mm Al, Fokusabstand 60 cm, Bestrahlungsfläche 60 cm². Um die Wurzelzellen jeweils in bestimmten Zellteilungsphasen festzuhalten, wurden sie mit *Indoltriessigsäure* (**I**) oder mit *Colchicin* behandelt. Die höchste Strahlensensibilität zeigten die meristemat. Zellen in der Wurzelspitze im Zustand der Interphase. Zellen mit Zellteilungshemmung wurden durch **I** wieder zu Mitose veranlaßt, Bestrahlung verstärkte den Effekt der **I**. Die Deutung der Beobachtungen geht von der Annahme aus, daß die Strahlungsenergie gleichmäßig über die Zelle verteilt ist u. in deren Segmenten unterschiedliche Wirkungen hervorruft. Die sich hier ergebenden Möglichkeiten werden diskutiert. (Exp. Cell Res. **4**. 142—50. Febr. 1953. Helsinki, Univ. of Helsinki, Women's Clinic and Dep. of Anatomy.) REUSSE. 4150

J. H. Taylor, *Autoradiographische Klärung der ^{32}P-Aufnahmen durch Chromosomen während der Meiose und der Mitose.* Aus den Knospen von *Tradescantia paludosa* u. *Lilium longiflorum var. „Floridii"* wurden durch geeignete Behandlung Zellen im Zustand der Meiose u. Mitose extrahiert u. deren Suspension in Phosphatlsg. mit einem ^{32}P-Geh. von 20—75 μC/ml behandelt. Nach Verlauf von 8—48 Std. wurden Proben in dünner Schicht aufgetragen, angefärbt u. schließlich mit KODAK-Emulsion bestrichen. Nach 14 Tagen wurde die Schicht entwickelt, fixiert u. die entstehende Mikroautoradiographie mkr. untersucht. Es zeigte sich, daß die Aufnahme des ^{32}P in die Kerne der Chromosomen nur während eines relativ kurzen Teiles der Interphase erfolgt. Es wird gezeigt, daß dieser Teil mit der Phase der Synth. der *Desoxypentosenucleinsäure* im Kern korrespondiert. Der P-Stoffwechsel während der Zellteilung wird auf Grund der verschied. Beobachtungsergebnisse eingehend diskutiert. (Exp. Cell Res. **4**. 164—73. Febr. 1953. Oak Ridge, Tenn., Oak Ridge Nat. Labor., Biol. Div.) REUSSE. 4150

J. S. Friedenwald und **Sylvia Sigelman,** *Der Einfluß ionisierender Strahlen auf die Zellteilungsaktivität im Cornea-Epithel der Ratte.* Das Cornea-Epithel der Ratte als ein Zellsyst., bei dem die Interphase relativ lang ist u. das daher bes. strahlensensibel sein sollte, wurde mit weicher u. mittelharter Röntgenstrahlung bei Dosen zwischen 100 u. 8000 r bestrahlt. Die dadurch verursachte Mitosehemmung ist dosisabhängig, ebenfalls ihre Regeneration. Die Strahlenwrkg. wird auf die Zerstörung eines für die Zellteilung notwendigen Wirkstoffes zurückgeführt, dessen Menge einen gewissen Wert nicht unterschreiten darf. Über die Natur dieses Wirkstoffes werden Aussagen nicht gemacht. (Exp. Cell Res. **4**. 1—31. Febr. 1953. Baltimore, Md., Johns Hopkins Univ. and Hosp., Ophthalmolog. Inst.) REUSSE. 4150

Dieter Müting, *Der Aminosäureaufbau der Bluteiweißkörper Plasmocytomkranker.* Mit Hilfe von chem., papierchromatograph. u. papierelektrophoret. Methoden durchgeführte Aminosäure-Unterss. an Bluteiweißkörpern von 15 Plasmocytomkranken ergaben deutliche Unterschiede gegenüber Gesunden. Die Abgrenzung gegenüber anderen Formen von Dys- u. Paraproteinämie gelingt im allgemeinen durch Best. des Methioningeh. des unhydrolysierten Serumeiweißes. (Folia haematol. [Leipzig] **71**. 506—09. 1953. Greifswald, Med. Univ.-Klinik u. Poliklinik.) NEHRING. 4160

Roland Fischer, *Beitrag zur Frage der Entstehung des Cervixcarcinoms.* Das Plattenepithel-Carcinom der Cervix uteri kommt bei jüdischen Frauen sehr viel seltener vor als bei nichtjüdischen. Das wird auf den Fortfall des Smegmas bei den beschnittenen Juden bezogen. Als cancerogener Bestandteil des Smegmas wird ***Squalen*** angesehen (**SOBEL, J. invest. Dermatol. 13.** [1949.] 333), das eine „Anti-Keratin"-Wrkg. hat. Eine solche kommt auch dem ***Chloropren*** u. Zwischenprodd. bei der Synth. von Gummi zu, woraus Pessare u. Kondome gefertigt werden. (Geburtshilfe u. Frauenheilkunde **12**. 888—91. Okt. 1952. Montreal, Herbert-Reddy-Memorial Hosp.) DRUCKREY. 4160

John R. Sampey, *Anorganische carcinogene Agentien.* Vf. referiert die carcinogene Wrkg. wichtiger industrieller Metalle (***Cr, Be, Ni***) u. ***radioakt. Isotope*** des ***Au, Ce, J*** u. ***P***. — 26 Literaturangaben. (Ind. Med. Surgery **22**. 165—66. April 1953. Greenville, South Carolina, Furman Univ.) LUDOLPHY. 4160

René Truhaut, *Einige zeitgemäße Probleme der Hygiene und der öffentlichen Gesundheit.* 2. Mitt. ***Einige Ausblicke auf den gegenwärtigen Stand der Krebsforschung.*** (1. vgl. Produits Pharmac. **6**. [1951.] 550.) Bericht nach den in den *USA* erhaltenen Mitteilungen über die Chemotherapie des Krebses mit Prüfung von mehr als 4000 Substanzen, von denen nur ca. 150 eine gewisse Wrkg. zeigten. Davon dürfte lediglich ein Dutzend umfangreichere Verss. rechtfertigen. Es werden kurz behandelt hormonale Substanzen (***Cortison***), Mitosegifte (***Urethane***) u. wachstumshemmende Stoffe für Krebszellen (***Purin-*** u. ***Pyrimidinbasen***). (Produits Pharmac. **7**. 121—26. März 1952. Paris, Faculté de Pharmacie.) EISENBARTH. 4160

Elvira Mardones, R. Iglesias, S. Bruzzone, F. Fuenzalida und **A. Lipschutz,** *Wirkung von Pregnenolon und Δ^{16}-Dehydropregnenolon auf durch Östrogene induzierte abdominelle Fibroide.* ***Δ^{16}-Dehydropregnenolon*** vermochte bei kastrierten weiblichen Ratten nicht wie große Dosen von Pregnenolon die Ausbldg. abdomineller Fibroide durch Östrogene zu verhindern. (Experientia [Basel] **9**. 72—73. 15/2. 1953. Santiago, Chile, National Health Service, Dep. of Experimental Medicine.) LUDOLPHY. 4160

Lowell L. Henderson und **Edward C. Thompson,** *Corticotropin bei eosinophilem Granulom.* Bericht über einen Fall von eosinophilem Granulom des Kiefers mit gleichzeitiger Lungenschädigung. Behandlung mit 60 mg/Tag *Corticotropin* bewirkte keine Besserung, jedoch konnte mit ***Röntgenstrahlen*** eine Heilung des Kiefers erzielt werden. (J. Amer. med. Assoc. **151**. 294—95. 24/1. 1953. Urbana, Ill., Carle Hosp. Clinic, Dep. of intern. Med. and oral surg.) H. SCHEURLEN. 4160

P. Croizat, J. Papillon und **F. Pinet,** *Die Rolle von Stickstoffsenfgas bei der Behandlung der malignen Lymphogranulomatose.* Bericht über 36 schwere Fälle von Lymphogranulomatose, davon erhielten 28 zuerst ***Strahlentherapie*** (I) u. später Infusionen von ***Stickstofflost*** (II) 0,1 mg/kg Körpergewicht in physiol. Serum täglich

4 Tage lang. 8 Versager, 5 bedingte, 10 deutliche Besserungen, 5 sichtbare Erfolge. Die Reihenfolge in der Behandlung: I anschließend II erscheint Vff. erfolgreicher zu sein als II anschließend I. (J. Radiol. Électrol. Arch. Électr. méd. **34**. 83—84. 1953. Lyon, Hôp. Ed.-Herriot et Centre Pr. L. Bérard.) DOSSMANN. 4160

M. Piemonte, *Die Wirkung von Röntgenstrahlen und stickstoffhaltigen Yperiten bei der Behandlung der Hodgkinschen Krankheit.* Im Hinblick auf die Behandlung der Lymphogranulomatose wägt Vf. die Vor- u. Nachteile der Röntgen- u. *Stickstoff-Yperit* (I)-Therapie gegeneinander ab. Die Beeinflussung der Rk. auf Röntgenstrahlen durch vorangehende I-Verabreichung wird diskutiert. Bei kombinierter Anwendung beider Therapien wurde eine überzeugende synergist. Wrkg. bisher nicht beobachtet. (J. Radiol. Électrol. Arch. Électr. méd. **34**. 80—82. 1953.) DOSSMANN. 4160

E. Aaes-Jørgensen og Henrik Dam, Biokemi. København: Store nordiske Videnskabsboghandel. 1950. (408 S. m. Abb. u. 1 Taf.) kr. 38.00.

Helen M. Dyer, An index of tumor chemotherapy. Bruxelles: U. S. Government Printing Office. (329 S.)

A. Haddow, ed. Biological hazards of atomic energy; being the papers read at the conference convened by the Institute of Biology and the Atomic Scientists' Association. New York: Oxford. 1950. (245 S. m. Abb. u. Diagr.) $ 8.00.

E$_2$. Enzymologie. Gärung.

Pierre Duquénois und **Pierre Blaise,** *Nachweis und Versuch der Lokalisierung der oxydierenden Enzyme in Digitalis purpurea.* Es wurden folgende Desmolasen nachgewiesen: *Tyrosinase* (Blätter; Wurzeln); *Laccase* (Blätter; Bast der Wurzel); *Brenzcatechinoxydase* (Blätter, Wurzel); *Peroxydase* (Endoderm u. Bast der Blätter; Kork u. Bast der Wurzel); *Katalase* (Oberhaut des Blattsaumes; Parenchym des Blattes; Kork, Bast u. Holz der Wurzel). — Beim Trocknen an der Luft verschwinden die Enzyme allmählich, u. zwar meist zuerst die Phenoloxydasen. (Bull. Soc. Chim. biol. **33**. 1822—25. 1951. Strasbourg, Fac. de Pharmacie, Labor. de Matière méd.) HESSE. 4210

David I. Macht und **Thomas E. Hoffmaster,** *Die Wirkung von Antibioticis auf die Oxydations-Reduktionsenzyme von Lupinensamen.* Untersucht wurde die Wrkg. verschied. Antibiotica auf die Oxydations-Reduktionsenzyme von gemahlenen Lupinensamen mit Hilfe der Meth. von THUNBERG. Alle untersuchten Antibiotica [*Aureomycin* (I), *Streptomycin, Chloromycetin* u. 3 Penicillinarten] bewirkten eine Hemmung der Oxydoreduktionsprozesse; I ist am stärksten wirksam, *Penicillin* am schwächsten; amorphes Penicillin erwies sich aktiver als seine krist. K- u. Na-Salze. (Arch. int. Pharmacodynam. Thérap. **83**. 207—12. 1950. Baltimore, Md., Sinai Hosp., Dep. of Pharmacol.) GOEBEL. 4210

Denis Kertész, *Tyrosinase und Polyphenoloxydase; die Wirkung von Metallionen auf die Melanogenese.* Die erste Stufe der Melanogenese kann dargestellt werden durch die Rkk.: o-Dioxyphenol → o-Chinon → Zwischenprodd. → Melanin (**A**) u. o-Chinon + Monooxyphenol + H_2O → 2 Mol o-Dioxyphenol (**B**); nur **A** wird durch Enzyme katalysiert. Die scheinbar verschied. Spezifität von Enzymen tier. bzw. pflanzlichen Ursprungs gegen *Monooxy-* u. *Dioxyphenole* regten Vf. zur Unters. der möglichen Rolle von Metallionen bei der enzymat. Oxydation von o-Dioxyphenylalanin u. Tyrosin an. Die Verss. wurden im WARBURG-App. durchgeführt mit Cu-freiem Protein aus *Kartoffelpolyphenoloxydase* in Phosphat- bzw. Citratpuffer in Ggw. von $5 \cdot 10^{-6}$ bis $2 \cdot 10^{-2}$ mMol Metallionen. Für Rk. **A** ist Cu streng spezif. als prosteth. Gruppe u. kann nicht durch andere Metalle ersetzt werden. Das Protein wird durch eine geringe Cu-Menge abgesätt. u. erlangt volle Aktivität; weiterer Cu-Zusatz bringt keine Aktivitätssteigerung. Rk. **B** wird durch freie, nicht proteingebundene Metallionen katalysiert; wirksam sind Co, Ni, V u. Cu, Cu besitzt gegenüber den andern Metallen 2½fache Aktivität; Fe, Zn, Cr, Mn u Mg sind inaktiv. Vitamin B_{12} ist nicht aktiver als das in ihm enthaltene Co. Cytochrom c hemmt Rk. **B**. *Tyrosinase* entspricht dem Syst. *Polyphenoloxydase* + *o-Chinon* + *Metallion*; die Metallionen fungieren als Elektronenübermittler bei der nichtenzymat. Rk. zwischen Tyrosin u. o-Chinon. Vf. sieht, mit Ausnahme einer Erinnerung an die grundlegenden Forschungen von BERTRAND u. RAPER, keinen Grund, den Ausdruck „*Tyrosinase*" beizubehalten. (Nature [London] **168**. 697. 20/10. 1951. Rom, Ist. Regina Elena per lo Studio e la cura dei Tumori.) GOEBEL. 4210

F. L. Breusch und **E. Ulusoy,** *Fumaraldehydsäure und Maleinaldehydsäure in der Gewebeatmung.* (Vgl. C. **1953**. 9580.) Die Atmung des Taubenmuskelbreies wird durch 0,002 mol. reine neutrale Fumaraldehydsäure- oder Maleinaldehydsäurelsgg. um 80%, durch 0,008 mol. Lsgg. um 50% gehemmt. In Konzz. von 0,004 mol. erhöhen beide

Aldehydsäuren die Atmung um ca. 10—15%. *Glutathion* oder *Cystein* hebt in äquimol. Mengen u. gleichzeitig mit der Aldehydsäure zugesetzt die Atmungshemmung vollständig auf, da die Aldehydgruppe durch die Bldg. einer Thioacetalgruppe chem. blockiert wird. Erfolgt zuerst nur der Zusatz der Aldehydsäure, so ist die Atmung vermutlich durch Proteindenaturierung irreversibel gestört u. kann durch die Thioverb. nicht wiederhergestellt werden. (Hoppe-Seyler's Z. physiol. Chem. **291**. 60—63. 1952. Istanbul, Univ., II. Chem. Inst.) POHLOUDEK-FABINI. 4210

Carter D. Johnston, *Die in vitro-Wirkung von DDT und verwandten Verbindungen auf das Succinoxydasesystem aus Rattenherz. DDT (2.2-Bis-[p-chlorphenyl]-1.1.1-trichloräthan), DHC (2.2-Bis-[p-chlorphenyl]-1.1-dichloräthylen), MC (Methoxychlor, 2.2-Bis-[p-methoxyphenyl]-1.1.1-trichloräthan)* u. *MDHC (2.2-Bis-[p-methoxyphenyl]-1.1-dichloräthylen)* besitzen in 10^{-4} bis 10^{-5} mol. Lsg. Inhibitorwrkg. (70—90%) gegen Rattenherz-*Succinoxydase* (I) u. *Cytochromoxydase*, aber nicht gegen *Bernsteinsäuredehydrogenase*; *DDA (4.4'-Dichlordiphenylessigsäure)* ist fast wirkungslos (Zugabe der alkoh. Lsgg. zum Enzymsyst.). *Cholesterin* in derselben Konz. ist inakt. gegen I. In öliger Emulsion ist *DDT* gegen I nur schwach wirksam. (Arch. Biochem. Biophysics **31**. 375—82. Mai 1951. Washington, D. C., Federal Security Agency, Food and Drug Admin., Div. of Pharmacol.) GOEBEL. 4210

G. T. Mills, J. Paul und **Evelyn E. B. Smith,** *Untersuchungen über β-Glucuronidase. 2. Mitt. Herstellung und Eigenschaften von drei Fraktionen der β-Glucuronidase der Ochsenmilz.* (1. vgl. C. **1949**. **II**. 992.) Durch Fraktionieren mit Ammoniumsulfat wurde die bisher nur in zwei Fraktionen getrennte *β-Glucuronidase* (I) in 3 Fraktionen mit den Wirkungsoptima p_H 3,4, 4,5 bzw. 5,2 aufgeteilt. Diese Fraktionen werden als 3 verschied. Enzyme angesehen. — Die mit Überschuß an Substrat beobachtete Hemmung beruht auf Bldg. eines inakt. Komplexes durch Anlagerung von weiteren Moll. Substrat an die akt. Enzym-Substrat-Verbindung. — Citronensäure, welche nach OSHIMA (J. Biochemistry [Tokyo] 23 [1936.] 305) I hemmt, hemmt nur die beiden ersten Fraktionen, nicht aber die Fraktion mit Optimum p_H 5,2. Analog werden nur die beiden ersten Fraktionen durch *Schleimsäure* u. durch *Zuckersäure* kompetitiv gehemmt. — *Suramin* u. *Heparin* hemmen; die Hemmung ist p_H-abhängig. (Biochem. J. **53**. 232—45. Jan. 1953. Glasgow, Univ., Biochem. Dep.) HESSE. 4210

G. T. Mills, J. Paul und **Evelyn E. B. Smith,** *Untersuchungen über β-Glucuronidase. 3. Mitt. Einfluß von Alter, teilweiser Hepatektomie und anderen Faktoren auf die β-Glucuronidaseaktivität der Rattenleber.* (2. vgl. vorst. Ref.) In Rattenleber ist *β-Glucuronidase*-Aktivität (I) bei der Geburt geringfügig, steigt in 25—30 Tagen auf ein Maximum u. fällt dann ca. 80—90 Tage nach der Geburt auf den Wert für erwachsene Tiere. Benutzt man den Geh. an Desoxyribonucleinsäure als Maß für die Zahl der Zellen, so findet man, daß in der Zelle I nur bis zum 18. Tage post partum ansteigt u. dann konstant bleibt. — 4 Tage nach partieller Hepatektomie steigt I 60—70% über den Normalwert; diese Höhe wird ca. 6 Tage beibehalten. Scheinoperation bewirkt einen Abfall an I; Rückkehr zum Normalwert in 4 Tagen. — Adrenalektomie ändert I nicht. — Injektion von *Erdnußöl* bewirkt starkes Anwachsen von I. Eine viel Fett u. wenig Protein enthaltende Kost bewirkt eine geringfügige Erhöhung von I. (Biochem. J. **53**. 245—53. Jan. 1953.) HESSE. 4210

P. F. Fleury, J. E. Courtois und **D. Ramon,** *Untersuchungen über Amylase und Maltase des menschlichen Urins.* Neben *Amylase* (I) findet sich im menschlichen Urin auch *Maltase* (II). Wird die I durch Zusatz von 40—70% Aceton ausgefällt, so ist der erhaltene Nd. frei von II. Die gereinigte I spaltet lösl. Stärke bei p_H 7,0, so daß bei lang ausgedehnter Hydrolyse bis zu 65% *Maltose* u. bis zu 2% *Glucose* (ohne Mitwrkg. von II) gebildet werden. (Bull. Soc. Chim. biol. **33**. 1762—67. 1951. Paris, Fac. de Pharmac.) HESSE. 4210

Hamed Nasr, *Amylolytische Aktivität im Pansen des Schafes.* Im mit einer Fistel entnommenen Inhalt des Pansens von Schafen, die in verschied. Weise ernährt wurden, findet sich stets *α-Amylase* (I; Nachw.: Verschwinden der Jod-Rk.), die aus Bakterien stammt. Die größte Menge wurde beim Verfüttern von Maisflocken, die geringste Menge mit Casein, eine mittlere Menge mit Heu + „Konzentrat" gefunden. Speichel ist frei von I. Bei Ernährung mit Maisflocken konnte *Clostridium butyricum* als Bildner der I nachgewiesen werden. (J. agric. Sci. **40**. 308—10. Juli 1950. Bucksburn, Aberdeenshire, Rowett Res. Inst.) HESSE. 4210

Frances A. Hallman und **James N. DeLamater,** *Nachweis amylolytischer Aktivität in Kulturen von Endamoeba histolytica.* Wachsende Kulturen von 2 Stämmen der End. histolytica auf stärkehaltigen Blutagar-Nährböden scheiden amylolyt. Substanzen aus, die in die Nährböden hineindiffundieren u. die Stärke derselben hydrolysieren, so daß bei Behandlung mit J-Lsg. ein mehr oder weniger tiefer heller Ring um diese Kulturen auftritt. (Exp. Parasitology **2.** 170—73. April 1953. Los Angeles, Calif., Univ. of Southern California, School of Med., Dep. of Med. Microbiol., u. Dep. of Med.) GERDA SCHULZE. 4210

Harris H. Tallan und **William H. Stein,** *Lysozymuntersuchungen.* Bei Chromatographie von mehrmals umkrist. *Lysozym* (I)-Carbonat an IRC 50 werden 2 Fraktionen mit lyt. Aktivität gefunden. I-Chlorid ergibt nur eine lyt. akt. Fraktion, die bei p_H 4,6, 7,8 u. 9,2 elektrophoret. einheitlich ist. (J. Amer. chem. Soc. **73.** 2976—77. Juni 1951. New York, N. Y., Rockefeller Inst. for Med. Res.) BRATFISCH. 4210

A. N. Smolelis und **S. E. Hartsell,** *Das Vorkommen von Lysozym in Geflügeleieralbuminen.* Vff. untersuchen das Vork. von *Lysozym* (I) (angegeben in krist. I mg/cm³ Albumin): Bantamhuhn 6,9, Wachtel 6,7, Küken 6,5, Rebhuhn 5,3, Fasan 3,4, Perlhuhn 3,1, Ente 1,8, Möve 0,89, Gans —, Truthahn —. Bei den beiden letzten Spezies besteht die Möglichkeit, daß I in gebundener Form vorliegt u. mit der verwendeten Meth. nicht erfaßt wurde. (Proc. Soc. exp. Biol. Med. **76.** 455—56. März 1951. Lafayette, Ind., Purdue Univ., Dep. of Biol. Sci.) BRATFISCH. 4210

M. Bier und **F. F. Nord,** *Die Wirkung einiger Ionen und von Bestrahlung auf kristallisiertes Trypsin.* Die optimale proteolyt. Aktivität von *Trypsin* (T) liegt im p_H-Gebiet von 7,5—9,0, jedoch sind hier Enzymlsgg. bemerkenswert instabil. Es wird angenommen, daß T (T a) im Gleichgewicht mit einer denaturierten Form (T d) steht u. letztere durch T a verdaut wird; bei Ansteigen der Alkalität oder der Temp. verschiebt sich das Gleichgewicht nach T d; Zusatz von $Ca^{••}$ vermindert die Selbstverdauung bedeutend; ähnliche Wrkg. hat $Mg^{••}$, andere Ionen sind wirkungslos. (Der Effekt ist verschieden von der Wrkg. von $Ca^{••}$ auf die Überführung Trypsinogen → T.) Die Schutzwrkg. von $Ca^{••}$ wurde elektrophoret. untersucht. Bei allen T-Lsgg. im Gebiet von p_H 7—9 wurden 2 Banden beobachtet: Die eine wanderte als Kation (T a), während die andere über ein weites p_H-Gebiet nur sehr geringe Beweglichkeit zeigte (T d). $Ca^{••}$ ändert die Verdauung von anderen Enzymen durch T nicht, es beeinflußt das Gleichgewicht zwischen T a u. T d zugunsten T a. Der isoelektr. Punkt für T a liegt höher, als gewöhnlich angenommen wird (p_H 7—8), er liegt im Gebiet der Dissoziation der Guanidingruppen (Arginin). — Gegen Bestrahlung (1 μsec; 3 m.e.v. Capazitron) sind T-Lsgg. in saurem Medium bedeutend empfindlicher als solche in alkal. Medium (unter n. Bedingungen ist es umgekehrt); Aktivitätsminderung um 66,7% tritt bei p_H 2,6, 20° ein, bei Bestrahlung mit 75000 (rep. Einheiten], bei 0° mit 1000000, bei p_H 8 bei 300000 bzw. 2200000. (Arch. Biochem. Biophysics **31.** 335—36. April 1951. New York, N. Y., Fordham Univ., Dep. of Organ. Chem. and Enzymol.) GOEBEL. 4210

George C. Cotzias und **Vincent P. Dole,** *Aminostoffwechsel.* 1. Mitt. *Mikrobestimmung der Monoaminooxydase in Geweben.* Vff. beschreiben eine Meth. zur Best. der Aktivität von *Monoaminooxydase,* bei der nicht der aufgenommene O_2, sondern das entbundene NH_3 gemessen wird. Hierzu wird es in einer Borsäureindicatorlsg. aufgefangen. Es wird darauf hingewiesen, daß die üblicherweise angewendete Reaktionstemp. von 37° während der ersten Std. zu einer teilweisen Zerstörung der Enzymaktivität führt, so daß bei höchstens 20° gearbeitet werden muß. (J. biol. Chemistry **190.** 665—72. Juni 1951. New York, N. Y., Hosp. des Rockefeller Inst. für medizin. Forsch.) HEYNS. 4210

H. L. Luschinsky, *Die Glutaminaseaktivität in der menschlichen Placenta.* Homogenisate u. Extrakte aus menschlicher Placenta können Glutamin durch ein Enzym (Optimal-p_H 9,0) mit den Eigg. einer Glutaminase (I) desaminieren. Vf. beschreibt eine Meth. zur Best. dieses Enzyms in Placentahomogenisaten. Die I-Aktivität nimmt von 70,0 gegen Ende der Schwangerschaft ab u. beträgt dann als Q_{NH_3} (N) ausgedrückt 23,7 ± 6,7. Es werden einige quantitative Gesichtspunkte der I-Aktivität in menschlicher Placenta u. Niere diskutiert, wobei der bedeutende Anteil, den die Placenta zu der Gesamtaktivität beiträgt, hervorgehoben wird. (Arch. Biochem. Biophysics **31.** 132—40. März 1951. New York, N. Y., Univ., Bellevue Med. Center, Labor. of the Dep. of Obstetr. and Gynecol.) NEHRING. 4210

J. Courtois, C. Anagnostopoulos und **M. Khorsand,** *Untersuchungen über die Phosphatase der Blätter von Belladonna.* Ausführliche Angaben zu der C. **1951.** I. 1466 referierten Arbeit. — Es werden Verss. zur Reinigung der Lyosphosphatase beschrieben. — Von der „Phosphatase II" werden gespalten: *Benzylphosphat, Phenylphosphat, Pyrophosphat, Fructose-1.6-diphosphat, Glycerophosphat, Phosphoglykolat, Saccharosephosphat,* nicht aber Phytin. (Bull. Soc. Chim. biol. **33.** 1813—21. 1951. Paris, Fac. de Pharm., Labor. de Chim. biol.) HESSE. 4210

Wilbur L. Bullock, *Phosphatasen bei experimentellen Trichinella spiralis-Infektionen in der Ratte.* Histochem. Unterss. über Phosphatasen in Rattenmuskeln nach Infektion mit T. spiralis unter Verwendung von Glycerinphosphat, Nucleinsäure u. Lecithin als Substrat. 1—2 Tage nach der Infektion unterliegen die Muskelfasern einer basophilen Granulardegeneration, was auf eine Zunahme cytoplasmat. Ribonucleinsäure zurückgeführt wird. Eine Alkaliphosphatase tritt erst nach 4—5 Tagen nach dem trichinösen Infekt auf u. hält unvermindert für die Dauer des Infektes an, während Säurephosphatase unabhängig von der Infektion in den peripheren Nerven u. in den Fibroblasten gefunden wurde. Die Alkali-Phosphatase-Aktivität ist merklich in den mit perivasculärer Infiltration verbundenen Eosinophilen u. in denen um junge oder degenerierte Parasiten nachweisbar. Der Ursprung dieses Enzyms in dem infizierten degenerierten Gewebe ist noch unklar, ebenso seine Natur u. Funktion. Hemmend wirken KCN, $ZnCl_2$, Ascorbinsäure, Formalin. Unwirksam dagegen waren NaF u. $MnSO_4$. (Exp. Parasitology **2.** 150—62. April 1953. New Hampshire, Durham, Univ. of New Hampshire, Zoolog. Dep.) GERDA SCHULZE. 4210

Amiya B. Kar, *Untersuchungen zur Cytochemie der Hormonwirkung.* 7. und 8. Mitt. 7. Mitt. *Verhalten der alkalischen Nebennierenrindenphosphatase von Tauben gegenüber experimentellem Hyperadrenalismus.* 8. Mitt. *Untersuchungen über Verteilung und Konzentration der alkalischen Phosphatase in den Testes normaler und mit Sexualhormon behandelter Tauben.* (6. vgl. Proc. nat. Inst. Sci. India **17.** [1951.] 287.) Injektion von *Adrenalin* (**I**) bewirkt in der Nebennierenrinde der Taube eine beträchtliche Verminderung der *alkal. Phosphatase* (**II**)-Aktivität. Therapie mit gonadotropem Hormon (*Serumgonadotropin, Gostyl*) verhinderte den **II**-Verlust nur teilweise. Es wird auf die Ähnlichkeit der Wrkg. von Sexualhormonen (**III**) u. **I** hinsichtlich der Beeinflussung der **II**-Konz. der Vogelnebennierenrinde hingewiesen. In den Hodenkanälchen u. dem Zwischengewebe der Testes ausgewachsener Tauben ist cytochem. **II** nachweisbar. Behandlung mit **III** ruft dort einen deutlichen Verlust der **II**-Aktivität hervor. Die mögliche Bedeutung dieser enzymat. Veränderung nach **III**-Therapie wird diskutiert. (Proc. nat. Inst. Sci. India **17.** 357—62. Sept./Okt. 1951. Calcutta, Gov. of India, Central Drugs Labor.) K. MAIER. 4210

Marjorie A. Swanson, *Leberphosphatasen.* 2. Mitt. *Die sogenannten Adenosintriphosphatasen.* (1. vgl. C. **1951.** I. 734.) Es wird ein Überblick über die bei neutralem p_H wirksamen *Phosphatasen* u. den Einfl. von *Ca*- u. *Mg*-Ionen gegeben. Bei der Fraktionierung der *Proteine* wurde eine teilweise gereinigte spezif. *Adenosintriphosphatase* (**I**; ATP-ase) erhalten. *Mg*-Ionen verursachen eine 7—10fache Zunahme der **I**-Wirkung. (J. biol. Chemistry **191.** 577—90. Aug. 1951. Winston-Salem, N. C., Wake Forest Coll., Bownary Gray School of Med., Dep. of Biochem.) CARLS. 4210

C. Terner, *Der Angriffspunkt von 2.4-Dinitrophenol bei der Hemmung der oxydativen Phosphorylierung.* (Vgl. auch MELROSE u. Mitarbeiter, C. **1953.** 9531.) Die anaerobe Oxydored. bei der Glykolyse kann unter aeroben Bedingungen ablaufen, wenn Brenztraubensäure u. Cozymase zur Verfügung stehen (vgl. TERNER, C. **1951. I. 3379**). Die prim. Wrkg. von *2.4-Dinitrophenol* (DNP) ist wahrscheinlich eine Hemmung der aeroben Oxydation von red. Cozymase; die Hemmung des PASTEUR-Effekts u. der oxydativen Phosphorylierung mag auf einen ähnlichen Mechanismus zurückzuführen sein. Es wurde gefunden, daß $2 \cdot 10^{-4}$ mol. DNP keine Wrkg. auf die Oxydation von Succinat bei Brustdrüsenschnitten hat; der Angriffspunkt von DNP dürfte also zwischen Cozymase u. Cytochromsyst. liegen, u. es ist anzunehmen, daß Hemmung der aeroben Oxydation der Pyridinnucleotide, die den KREBS-Cyclus katalysieren, eintritt. In Ggw. von DNP dürfte die Elektronenübertragung von den Pyridinnucleotiden auf O_2 ersetzt werden durch eine Reihe von Oxydoredd.; Stufen des KREBS-Cyclus die keine Pyridinnucleotide benötigen, können Elektronen auf O_2 übertragen. (Biochem. J. **49.** II—III. Juni 1951. Univ. of Reading, Nat. Inst. for Res. in Dairying.) GOEBEL. 4210

W. N. Aldridge, *Die enzymatische Hydrolyse von Diäthyl-p-nitrophenylphosphat* (*E 600*). Kaninchenserum macht aus *Diäthyl-p-nitrophenylphosphat* (*E 600*) sehr rasch p-Nitrophenol frei (Gelbfärbung). 1 cm^3 Serum hydrolysiert unter optimalen Bedingungen in 30 Min. 20 mg E 600. Best. der Enzymaktivität, a) im WARBURG-App. (durch H_3PO_4 wird aus $NaHCO_3$ CO_2 gebildet), b) colorimetr. (p-Nitrophenol bei $p_H > 7$). Das Enzym in Kaninchenserum ist hitzelabil, besitzt ein p_H-Optimum bei 7,3—7,6 u. wird gehemmt durch Hg'', Cu'' u. Ni'' (10^{-6} mol.), Jodacetat (10^{-2} mol.) u. NaF (10^{-1} mol.); keine Hemmung mit CN' u. Cystein, sehr schwache Hemmung durch $4 \cdot 10^{-3}$ mol. Eserin. Das Enzym von HUGGINS u. LAPIDES (J. biol. Chemistry **170.** [1947.] 467), das p-Nitrophenylacetat (**I**) u. -propionat (**II**) rasch hydrolysiert, wird durch 10^{-3} mol. *E 600* nicht gehemmt. Eine Esterase in Rattenserum, das **I** u. **II** spaltet, wird andererseits schon durch 10^{-8} mol. *E 600* völlig gehemmt. Kaninchenserum spaltet *E 600* rasch, Rattenserum dagegen nur langsam. Die Hemmung durch *E 600* gibt die Möglichkeit, *Esterasen* 2 verschied. Typen zuzuordnen. (Biochem. J. **49**. I. Juni 1951. Carshalton, Surrey, Med. Res. Council Unit for Res. in Toxicol.) GOEBEL. 4210

George Gomori und **Earl P. Benditt,** *Die Fällung von Calciumphosphat in der histochemischen Phosphatasebestimmung.* Wird Ca-Phosphat unter ähnlichen Bedingungen wie in histochem. Substraten gefällt, so zeigt es keine nachweisbare Neigung zur Bldg. übersätt. Lösungen. Die Faktoren, die zu falscher Lokalisation der Phosphataseaktivität nach der CoS-Meth. beitragen, sind nicht recht verständlich u. der mathemat. Analyse noch nicht zugänglich. (J. Histochem. Cytochem. **1**. 114—22. März 1953. Chicago, Ill., Univ., Dep. of Med. and of Pathol.) FRESENIUS. 4210

C. V. Ramakrishnan und **B. N. Banerjee,** *Untersuchungen über Schimmelpilzlipase.* (*Vergleichende Untersuchung der Lipasen aus auf Mysoreölsamen, Guizotia abyssinica, gewachsenen Schimmelpilzen.*) (Vgl. C. **1953**. 8888.) Die *Lipase* aus Schimmelpilzen (Rhizopus M_1; Aspergillus flavus M_2, Aspergillus oryzae M_3, Penicillium M_4, Aspergillus fumigatus M_5) wirkt optimal bei p_H 6,2 (Na_2HPO_4/Citrat; Erdnußöl; 37°; 24 Std.). Als bestes Nährmedium dient ölfreier Preßkuchen von Mysoreölsamen + 10% Öl der Samen. — Unter Verwendung von Butylakohol u. Ölsäure konnte auch eine synthet. Wrkg. der Lipase nachgewiesen werden. (Indian Soap J. **17**. 65—67. Sept. 1951. Bangalore, Indian Inst. of Sci., Dep. of Biochem.) HESSE. 4210

W. E. Balfour und **Catherine O. Hebb,** *Einfluß von Cholin, Acetat und Citrat auf die Aktivität des Cholin-acetylierenden Systems des Säugetierhirns.* Bei der Prüfung akt., durch fraktionierte Fällung mit $(NH_4)_2SO_4$ gewonnener Präpp. aus dem Hirn von Kaninchen, die fähig sind, *Acetylcholin* (**I**) aus *Acetat* u. *Cholin* zu synthetisieren, kommen Vff. zum Teil zu anderen Ergebnissen als NACHMANSOHN u. Mitarbeiter (vgl. J. biol. Chemistry **180**. [1949.] 875). Vff. finden nur unwesentliche Mengen bioakt. Substanzen, wenn kein *Cholin* zum Incubationsgemisch hinzugefügt wird. Auch verschied. Co-Enzym-A-Präpp. beeinflussen dieses Ergebnis nicht. Im Gegensatz zu den vorerwähnten Autoren ergeben die chem. Bestimmungen für gebildetes **I** höhere Werte als die Bioproben, was als Beweis angesehen wird, daß die Bioaktivität von **I** u. nicht von anderen Substanzen herrührt. Ferner gelingt Vff. die Trennung zweier Cholin acetylierender Enzymsysteme aus Kaninchenhirn, von denen das eine wirksamer ist bei Zusatz von *Citrat* + Mg^{2+}, das andere bei Zusatz von *Acetat* + Ca^{2+}. (Nature [London] **167**. 991—92. 16/6. 1951. Edinburgh, Univ., Dep. of Physiol.) NIESWANDT. 4210

Hans-Ludwig Krüskemper und **Wilhelm Dirscherl,** *Über die Cholinesterase des Uterus der Maus und ihre Beeinflußbarkeit durch Steroidhormone.* 36 Mitt. *über Sexualhormone, Steroide und Sterine.* (35. vgl. Biochem. Z. **323**. [1953.] 408.) Die Uterusfrischgewichte von Mäusen zeigten ein Maximum im Proöstrus, ein Minimum im Met- u. Diöstrus. Gleiche Cyclusabhängigkeit wurde für die *Acetylcholin*-Spaltung durch Uterushomogenat gefunden. Für diese Spaltung ist überwiegend oder ausschließlich die *Cholinesterase* (**I**) verantwortlich, wie sich aus dem Verlauf der Aktivitäts-p_s-kurve u. Hemmungsverss. mit Coffein u. Paludrin ergab. Die Wrkg. von **I** wurde durch *Desoxycorticosteron* u. sein *Acetat, Cortison* (*Acetat*), *α-Östradiol* u. sein *Benzonat, Östron, Cyren B* u. *Testosteronpropionat* nicht beeinflußt, dagegen durch *Testosteron, trans-Dehydroandrosteron* u. *Progersteron* in Konzz. $< 10\,\gamma/cm^3$ gehemmt. Die Beziehung der Ergebnisse zu den von anderen Autoren am ganzen Tier erzielten Wrkgg. wird diskutiert. (Biochem. Z. **323**. 505—11. 1953. Bonn/Rh., Univ., Physiol.-chem. Inst.) GOEBEL. 4210

Hans-Ludwig Krüskemper und **Wilhelm Dirscherl,** *Zur Kenntnis der Cholinoxydase.* Zugleich 37. Mitt. *über Sexualhormone, Steroide und Sterine.* (36. vgl. vorst. Ref.) Bei Unterss. über die *Cholin*-Oxydation in Leberhomogenat von Ratten wurde folgendes festgestellt: Phosphatabhängigkeit fehlte bei p_H 6,7, war dagegen vorhanden bei p_H 7,4. Daraus ergibt sich die Notwendigkeit von Phosphat für die 2. Reaktionsstufe, nämlich die Oxydation von *Betainaldehyd* zu *Betain,* die wahrscheinlich mit einer Phosphorylierung verknüpft ist. Zusatz von *Diphosphopyridinnucleotid* steigert die Cholinoxydation (vielleicht als Co-Ferment). *Lactoflavin, Physostigmin, L-Leucin, L-Asparaginsäure, L-Glutaminsäure* u. *DL-Cystein* hemmten die Fermentwrkg.; auch die untersuchten Steroidhormone erwiesen sich sämtlich als hemmend, am stärksten wirksam waren *Desoxycorticosteron* (**I**), *Testosteron* (**II**) u. *Progesteron,* schwächer wirkten **I**-*Acetat,* **II**-*Propionat* u. *11-Dehydro-17-oxycorticosteron,* am schwächsten *Cortison* u. *α-Östradiol.* (Biochem. Z. **323**. 512—19. 1953.) GOEBEL. 4210

Wilhelm Dirscherl und **Hans-Ludwig Krüskemper,** *Über die Spaltung von Steroidhormonestern durch tierische Gewebe.* 38. Mitt. *über Sexualhormone, Steroide und Sterine.* (37. vgl. vorst. Ref.) Es werden Angaben über die Fähigkeit verschied. Organe der weißen Maus zur Spaltung von *Steroidhormonestern* gemacht. *Testosteronpropionat*, *Desoxycorticosteronacetat* u. *Cortison* wurden durch Leberhomogenat in etwa gleichem Maße, *3-Benzoyl-α-östradiol* u. *Acetylcholesterin* wurden nicht hydrolysiert. Das Steroidester spaltende Ferment ist chininresistent u. wird durch hohe *NaF*-Konzz. gehemmt; die Esterspaltung wird durch *Na-Cholat* erheblich aktiviert. Das Verhältnis dieses Fermentes zu anderen Esterasen wird diskutiert, ferner seine Bedeutung für die biol. Wirksamkeit der untersuchten Steroidhormonester. (Biochem. Z. **323**. 520—24. 1953.) GOEBEL. 4210

Ottar Dybing, *Stoffe mit Anticholinesterasewirkung in der Pharmakologie und Toxikologie.* Vf. bespricht eine Reihe von Stoffen mit Antiacetylcholinesterasewrkg., die zum Teil auch in der Therapie angewandt werden. Es sind dies Verbb. der Physostigmingruppe: *Physostigmin, Prostigmin* (*Synstigmin, Neostigmin*), verschied. Insekticide: *Tetraäthylpyrophosphat, Hexaäthyltetraphosphat* (*HTP*; *Bladan*; *Hexastigmin*), *Diäthylparanitrophenylthiophosphat* (*E 605*; *Parathion*; *Nitrostigmin*), Kampfgase: *Diisopropylfluorphosphat* (*DFP*; *Fluostigmin*), *Isopropylmethylfluorphosphonat* (*Sarin*), *Pinakolylmethylfluorphosphonat* (*Soman*) u. *Dimethylamidoäthoxycyanphosphonat* (*Tabun*). (Medd. norsk farmac. Selsk. **14**. 85—96. Juli 1952.) KRAFT. 4210

Aurin M. Chase und **Elizabeth H. Brigham,** *Untersuchungen über Zellenzymsysteme.* 6. Mitt. *Kompetitive Hemmung der Luciferase von Cypridina durch Butylalkohol.* (5. vgl. C. **1952**. 2854.) Bei Verss. über *Luciferase* (I) an Cypridina hilgendorfii (einer Meerescrustacaee) wird nach ANDERSON (J. Amer. chem. Soc. **59**. [1937.] 2115) eine Lsg. von *Luciferin* (II) in n-Butylalkohol (III) verwendet. Es wird gezeigt (photoelektr. Messung der Luminescenz nach ANDERSON), daß I in Ggw. von 0,2 mol. n-Butanol zu 50%, u. zwar reversibel, gehemmt wird. Es handelt sich um kompetitive Hemmung. Der I-II-Komplex ist fester gebunden als der I-III-Komplex. (J. cellular comparat. Physiol. **39**. 269—80. April 1952. New Jersey, Princeton Univ., Physiol. Labor., u. Woods Hole, Mass., Marine Biol. Labor.) HESSE. 4210

C. T. Chin, *Hoher Temperaturkoeffizient der Enzymaktivität des Muskels der amerikanischen Schabe Periplaneta americana.* Auf Arbeiten von STEINBACH (J. cellular. comparat. Physiol. **33**. [1949.] 123) hin über *Apyrase* (I)-*systeme* bei Vertebraten hat Vf. ähnliche Unterss. mit Insekten durchgeführt, die eine Klärung der Beziehung zwischen den Q_{10}-Werten von Insektenenzymsystemen u. den Tempp. der Umgebung, in der die Insekten zu leben gewohnt sind, zum Ziel hat. Es wurde gefunden, daß Muskelhomogenat von *Periplaneta americana* (Thoracal- u. Beinmuskeln erwachsener, meist ♀ Tiere) ein Enzymsyst. enthalten, das hohe Aktivierungsenergie für die Hydrolyse von ATP besitzt (Tabelle der Temperaturabhängigkeit der ATP-Hydrolyse zwischen 5 u. 50°). Es wurde berechnet, daß die Aktivierungswärme (ARRHENIUS-Gleichung) μ ca. 21000 cal/Mol beträgt; die Q_{10}-Werte zwischen 5—30° betragen 3—4. Die Schaben paralysieren bei 5°, werden jedoch bei 0° (24 Std.) noch nicht abgetötet; 45° führen nach 15 Min. zum Tod. Spezifitätstest des I-Syst. an Na-Hexose- u. Na-Glycerophosphat (keine PO_4'''-Abspaltung durch I). Vf. hofft, durch weitere Unterss. eine Beziehung zwischen I u. der Muskelaktivität bei verschied. Tempp. zu finden. (Arch. Biochem. Biophysics **31**. 333—35. April 1951. St. Paul, Minn., Univ. of Minnesota, Div. of Entomol. and Economic. Zool.) GOEBEL. 4210

Murray Strassman und **Sidney Weinhouse,** *Lysin-Biosynthese in Torulopsis utilis.* (Vgl. C. **1953**. 4221.) *Hefe* wurde auf einer Nährlsg. gezüchtet, die methyl- oder carboxylmarkiertes *Acetat* (I) enthielt. Die Unters. des isolierten *Lysins* (II) der Hefezellen ergab daß wahrscheinlich $C_{(1)}$ u. $C_{(6)}$ des II sich von der Carboxylgruppe des I ableiten, während $C_{(2)}$, $C_{(3)}$, $C_{(4)}$ u. $C_{(5)}$ der Methylgruppe von I entstammen. Die starke Aktivität von $C_{(1)}$ u. $C_{(2)}$ dürfte auf den Einbau eines intakten I-Mol. hinweisen, während die anderen C-Atome über Prodd. des Citronensäurecyclus eingebaut wurden. Die Zwischenstufen diese Weges werden kurz diskutiert. (J. Amer. chem. Soc. **74**. 3457—58. 5/7. 1952. Philadelphia, Pa., Lankenau Hosp., u. Temple Univ., Dep. of Chem.) V. PECHMANN. 4270

E₃. Mikrobiologie. Bakteriologie. Immunologie.

K. Krishnamurti und **S. R. Kate,** *Veränderung der elektrischen Leitfähigkeit während des bakteriellen Wachstums.* Während des Wachstums von *Bact. subtilis* in Pepton-Glucose trat noch vor der Vermehrung der Bakterien eine deutliche Erhöhung der elektrischen Leitfähigkeit der Nährlsg. auf. Vff. nehmen die Spaltung des Peptons in Aminosäuren durch die Bakterienfermente an, noch bevor die Wachstumsphase beginnt. (Nature [London] **168**. 170. 28/7. 1951. Nagpur, Coll. of Sci., Chem. Labor.) IRRGANG. 4310

Dean Watt und **C. H. Werkman,** *Modifizierung des Enzymsystems von Micrococcus pyogenes. Micrococcus pyogenes* var. *aureus* (**M**) dissimiliert *Brenztraubensäure* auf 2 Abbauwegen: a) zu *Acetylmethylcarbinol* (oder seinem Reduktionsprod. *2.3-Butylenglykol), Acetat* u. CO_2, oder b) zu *Lactat,* Acetat u. CO_2 (Dismutation). Die Entw. eines niedrigen p_H durch in Glucosemedium gewachsene Zellen begünstigt a), während in glucosefreiem Medium gewachsene Organismen hauptsächlich b) benutzen. Während der Dismutation konnte die Bldg. von Acetylphosphat oder Acylradikalen nicht beobachtet werden. Bei a) konnte kein Bedarf an anorgan. Phosphat nachgewiesen werden. Das Acetylmethylcarbinol–Enzym-Präp. aus **M** wird durch *Diphosphothiamin* stimuliert, das Dismutierungsenzym nicht. (Arch. Biochem. Biophysics **31.** 383—90. Mai 1951. Ames, Iowa, State Coll., Dep. of Bacteriol.) GOEBEL. 4320

Dorothy E. Hubbard und **Emil G. Schmidt,** *Mandelsäure als Antagonist der Phenylessigsäureverwertung bei L. casei.* Vff. untersuchten die wachstumsstimulierende bzw. hemmende Wrkg. einiger *Phenylessigsäure* (**I**)-Analogen bei *Lactobacillus casei. DL-Mandelsäure* (**II**) ist ein starker Inhibitor für die **I**-Verwertung; die Wrkg. war nichtkompetitiv mit Ausnahme eines kleinen Gebietes. **II** interferiert nicht mit *Phenylalanin* (**III**). Die **II**-Inhibitorwrkg. scheint hauptsächlich auf eine Verhinderung der enzymat. Überführung von **I** in **III** zurückzuführen zu sein. (Proc. Soc. exp. Biol. Med. **77.** 766—68. Aug. 1951. Baltimore, Md., Univ., School of Med., Dep. of Biol. Chem.) GOEBEL. 4325

Karl Heinz Wallhäusser, *Inaktivierung von Patulin und Parasorbinsäure.* Bei Einw. von *Patulin* (**I**) auf *Bac. mycoides* wird der Organismus zunächst gehemmt, dann in der Entw. gefördert. Beim Eintritt dieses Stadiums erreicht die Oxydaseproduktion ein Maximum, wodurch eine teilweise Zerstörung von **I** bewirkt wird. Eine von JONES u. WHITING (C. **1950.** I. 2103) synthetisierte, Auxin a

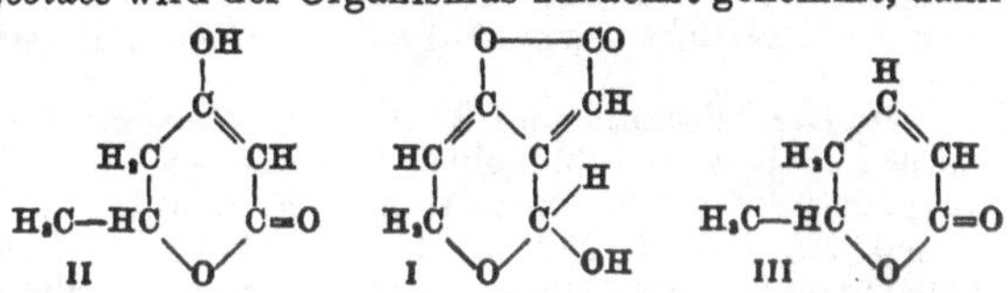

u. b nahestehende Verb. (**IIa**), die beim Erhitzen mit konz. HCl in die Oxyverb. **II** übergeht u. eine enge Strukturverwandtschaft zu **I** u. *Parasorbinsäure* (**III**) aufweist, wirkt in Konzz. von 0,05 γ bis 50 mg/cm³ nicht auf *Bac. mycoides* u. *St. aureus,* während *St. aureus* von **III** in gleicher Stärke wie durch **I** beeinflußt wird. Demnach erfährt **III**, die sich von **IIa** nur durch den Substituenten an $C_{(1)}$ unterscheidet, beim Austausch von H durch die OH-Gruppe eine Inaktivierung. (Naturwissenschaften **38.** 190. April 1951. Göttingen, Univ., Inst. für Mikrobiol.) K. MAIER. 4325

Vincent C. Barry, Michael L. Conalty und **Ethna Gaffney,** *Isoniazidresistente Stämme von Mycobacterium tuberculosis.* Kurzer Bericht über eigene Verss. mit isoniazidresistenten Stämmen von *Mycobacterium tuberculosis* (H 37 RV u. Ravenel RV). Die nach 3maliger Passage isolierten resistenten Stämme zeigen beim Meerschweinchen eine wesentlich geringere Pathogenität. (Lancet **264.** 978—79. 16/5. 1953. Dublin, Trinity Coll., Med. Res. Council of Ireland, Labors.) R. KÖNIG. 4330

H. Kliewe und **F. Oberfeld,** *Die keimtötende Wirkung von Rauchen.* Vff. untersuchen die Wrkg. der Verbrennungsprodd. von Papier, Stroh, Heu, Asthmaräuchertafeln (HEUMANN) u. Tabak in abgeschlossenen Räumen auf versprengte Bakteriensuspensionen von Bacterium prodigosum, B. coli u. Sarcina lutea. Es zeigte sich unterschiedliche Resistenz je nach Art des Rauches u. des Testorganismus. — Tabellen. (Z. Immunitätsforsch. exp. Therap. **107.** 62—69. 7/1. 1950. Mainz, Univ., Hygien. Inst.) GOEBEL 4330

K. Zapf, *Licht- und elektronenoptische Untersuchungen über die Ultraschallwirkung auf Bacterium coli unter Penicillineinfluß.* Die Wrkg. von Ultraschallenergie auf die Morphologie von E. coli in Ggw. von Penicillin in verschied. Konzz. wird im Licht- u. Elektronenmikroskop unter exakt reproduzierbaren Versuchsbedingungen untersucht. Veränderungen der Permeabilität u. des Inhaltsgefüges des Bakteriums durch die Beschallung verursachen eine Intensivierung der Penicillinwrkg. in Form von gehäuften Knospungen u. Verzweigungen. Der Beschallung allein wird die beobachtete Dislokation der Bakterienkerne zugeschrieben, die unter Umständen den n. Teilungsrhythmus des Kerns aufrechterhält oder zu nicht erblichen Verzweigungen führt. (Zbl. Bakteriol., Parasitenkunde, Infektionskrankh. Hyg., I. Abt., Orig. **159.** 436—53. 22/6. 1953.) FISCHOEDER. 4330

J. Verge, P. Goret, L. Joubert und **L. Gauchy,** *Untersuchungen über die in vitro-Empfindlichkeit des Klauenseuchebacillus auf Antibiotica.* (Vgl. auch C. **1953.** 9544.) Untersucht wurde die Empfindlichkeit von 2 Bakterienstämmen D u. M auf *Penicillin* (**I**) u. *Streptomycin* (**II**) nach der klass. Verdünnungstechnik (Oxford). D ist empfindlich auf 0,06 E./cm^3 I, M auf 0,03—0,04 E. I. Beim Stamm D betrug die Empfindlichkeit gegen reines krist. II 25 — 60 E/cm^3, gegen einen sauren Auszug des Myceliums von Streptomyces griseus 30—40E./cm^3. Beide Stämme wurden außerdem nach einer anderen Meth. getestet, dabei wurden größenordnungsmäßig abweichende Werte erhalten. Daher ergeben diese Verss. die Notwendigkeit der Festlegung einer Standardmeth. zur Erzielung vergleichbarerer Resultate. (Ann. Inst. Pasteur **79**. 145—49. Aug. 1950. Alfort u. Lyon, Écoles Vétér., Labors. de Bacteriol.) DOSSMANN. 4340

James J. Ahern und **William M. M. Kirby**, *Fehlende Interferenz zwischen Aureomycin und Penicillin bei der Behandlung von Pneumokokkenpneumonie.* Vergleichende Behandlungen bei Pneumokokkenpneumonie mit Penicillin allein u. in Kombination mit Aureomycin ergaben keine wesentlichen Unterschiede u. mithin keine Anzeichen für einen antibiot. Interferenzeffekt, wie er dagegen wahrscheinlich bei manchen Fällen von Pneumokokkenmeningitis auftritt u. von klin. Bedeutung ist. (A. M. A. Arch. intern. Med. **91**. 197—203. Febr. 1953. Univ. of Washington, School of Med., Dep. of Med., and King County Hosp.) GERDA SCHULZE. 4340

Marguerite Altoff, *Wirkung von Aureomycin in vitro.* Unterss. an 10 Bacillenarten in vitro ergaben, daß die bakteriost. Wrkg. von *Aureomycin* (I) sich mehr auf die grampositiven als auf die gramnegativen Bacillen erstreckt. Der Unterschied. wird noch deutlicher bei Testung von Subkulturen. Aufbewahrung bei Zimmertemp. hat einen größeren Einfl. auf die hemmende Wrkg. von I, speziell auf gramnegative Bacillen, als Erhitzung auf 100° während 15 Minuten. Die in vitro-Eigg. von I sind dem des *Penicillins* sehr ähnlich. (Ann. Inst. Pasteur **79**. 222—24. Aug. 1950.) DOSSMANN. 4340

Maxwell Finland und **Thomas H. Haight**, *Antibiotische Resistenz von pathogenen Staphylokokken.* 500 hämolyt., koagulase-positive Stämme von Staph. aureus wurden aus verschied. klin. Material isoliert u. auf ihre Empfindlichkeit gegenüber 9 verschied. Antibioticis geprüft. Die Ergebnisse wurden in einer als „antibiot. Spektr." bezeichneten statist. Summenkurve dargestellt, die die prozentuale Zunahme der empfindlichen Stämme in Abhängigkeit von der Konz. der jeweiligen Antibiotica wiedergibt. Sehr wirksam erwies sich *Erythromycin*, während *Penicillin* nur bei hohen Konzz. eine sichere Aktivität aufwies. Alle stärker penicillinresistenten Stämme waren Penicillinaseerzeuger, die schwächer resistenten dagegen nicht. Beziehungen zwischen der antibiot. Resistenz u. der Herkunft der Stämme wurden nicht gefunden, bis auf die Tatsache, daß die fäkalen Stämme im Vgl. zu den übrigen einen höheren Resistenzanteil gegenüber Penicillin, *Aureomycin* u. *Oxytetracylin* zeigten. Eine Beziehung zwischen der Empfindlichkeit gegen *Streptomycin* u. irgendeinem anderen Antibioticum wurde nicht gefunden, dagegen waren Aureomycin- oder *Terramycin*-resistente Stämme stets auch resistent gegen Penicillin, jedoch nicht umgekehrt. (A. M. A. Arch. intern. Med. **91**. 143—58. Febr. 1953. Boston, Mass., Thorndike Memorial Labor and the Second and the Fourth Med. Sevices [Harvard], Boston City Hosp., and the Dep. of Med., Harvard. Med. School.) GERDA SCHULZE. 4340

Oswaldo Gonçalves de Lima, Ivan Leóncio d'Albuquerque, Paulo Lóureiro, Carlos Larios Carmona und **Mário Zapata Benard**, *Biflorin, ein neues aus Capraria biflora isoliertes Antibioticum.* Vff. berichten kurz über die chem. u. bakteriolog. Eigg. eines aus Capraria biflora extrahierten Antibioticums: *Biflorin* (I), violette Kristalle, F. 97°. Es ist am besten in Amylacetat, pflanzlichen Ölen, Bzl. u. Aceton lösl.; weniger lösl. in Hexan, Ligroin, Chlf., Essigsäure, unlösl. in 5%ig. HCl. Zwischen p_H 6,0 u. 9,5 ist I bei 27,5° stabil, bei p_H 6,0 ist es 30 Min. bei 70° stabil. I reagiert mit 2.4-Dinitrophenylhydrazin zu einem kristallinen Prod. mit F. von 240°. Reagiert nach TOLLENS sehr langsam, FEHLING negativ, LIEBERMANN negativ, SCHIFF negativ, LASSAIGNE negativ. Durch Red. mit Zn + HCl entfärbt, wird leicht durch Luft, schneller durch H_2O_2 reoxydiert. Durch Behandeln von Alkali geht die antibiot. Wirksamkeit verloren. An zahlreichen Bakterienstämmen wurden die antibiot. Wirkungen geprüft u. gefunden, daß folgende Stämme gegen I am empfindlichsten sind: Micrococcus pyogen. cireus, Sarcina lutea, Neisseria catarrh., Bac. subtilis, Bac. anthracis, Bac. mycoides, Nocardia asteroides, Mycobact. phlei, Mycobact. tubercul. hominis, Cryptococc. neoformans. (Rev. Quím. ind. **22**. Nr. 249. 14—15. Jan. 1953. Recife, Univ., Ist. di Antibióticas.) P. G. SCHEURLEN. 4340

Gaston Ramon, Rémy Richou und **Claude Gerbeaux**, *Über die Beibehaltung der Gegengifteigenschaften von komplexen Antagonisten auf der Basis von Penicillin, Streptomycin und Subtilin.* Unter antagonist. Komplexen verstehen Vff. die Filtrate von Kulturen mit antagonist. Keimen. Sie sind resistent gegen Hitze u. Einw. kleiner Mengen *Formol* (I). Komplexe auf der Basis *Penicillin*, *Streptomycin* u. *Subtilin* unter Zusatz von I im Verhältnis 1:2000 u. Erhitzung während 30—45 Min. auf 52—55° behalten ihre Eigg. über mehrere Monate, was mit Staphylokokkentoxin u. variablen Mengen Komplexen durch Feststellung des Auftretens oder Ausbleibens der Hämolyse nach 6 std. Erwärmung im Trockenschrank bei 37° an einem Tropfen roter Blutkörperchen von Kaninchen bestätigt werden konnte. Auf ihre therapeut. Verwendung wird hingewiesen. (C. R. hebd. Séances Acad. Sci. **232.** 663—65. 19/2. 1951.) DOSSMANN. 4340

Karl Heinz Knoll, *Beiträge zur Kapselsubstanz von Klebsiella pneumoniae (Bacterium pneumoniae Friedländer).* 1. Mitt. *Kulturelle, physiologische und serologische Leistungen der Friedländer-Bakterien.* Auf 15—20%ig. Serumagar bildet Kl. pneumoniae eine gut ausgeprägte, aus *Polysacchariden* bestehende Kapsel. Zusatz von *Galaktose, Saccharose* oder *Lactose* zum Nährboden in höherer Konz. als 5% wirkt hemmend auf Wachstum u. Kapselbildung. Kapsellose Varianten konnten weder auf Galle- noch auf Speichel- oder Immunserumnährböden gezüchtet werden. *Hyaluronidase* hat in vitro keine erkennbare Wrkg. auf die Kapselsubstanz. Bei Mäusen war der Ablauf einer experimentellen Infektion etwas verzögert, wenn sie gleichzeitig mit Hyaluronidase behandelt wurden. Von Kaninchen gewonnenes *Immunserum* übte bei Mäusen eine sehr gute Schutzwrkg. gegen eine Infektion aus. Die akt. Immunisierung mit Kapselpolysacchariden führte bei Mäusen zu einem soliden Impfschutz, veranlaßte aber auch eine Sensibilisierung, so daß Tiere auf eine weitere Injektion von Kapselpolysacchariden einem anaphylakt. Schock erlagen. (Zbl. Bakteriol., Parasitenkunde, Infektionskrankh. Hyg., I. Abt., Orig. **159.** 394—413. 22/6. 1953. Frankfurt/M., Univ., Hygien. Inst.) FISCHOEDER. 4370

M. Dawson und **J. P. Todd,** *Die Prüfung von Bakterienpyrogenen.* Ein Standardpyrogen wird aus Proteus vulgaris hergestellt durch Abzentrifugieren der Kultur von der Nährflüssigkeit. Diese wird durch Cellophan dialysiert u. steril filtriert. An Kaninchen wird nach Injektion von 0,02—0,2 ml Fl./kg die Temperaturerhöhung gemessen, die 0,9—1,2° betrug. Die Zahl der kleinen Lymphocyten nimmt ab, die der Neutrophilen nimmt zu. (J. Pharmacy Pharmacol. **4.** 972—79. Nov.; Pharmac. J. **169** ([4] **115**). 421. 13/12. 1952. Glasgow, Royal Techn. Coll., School of Pharm.) FRESENIUS. 4370

D. Schwartz und **J. Cuzin,** *Einfluß des Lichts auf die Inkubationszeit beim Tabakmosaikvirus.* Bei Einimpfung des Mosaikvirus in die Tabakpflanze hängt die Inkubationszeit der Krankheit von den Lichtverhältnissen ab, denen die Blätter vor u. nach der Beimpfung ausgesetzt waren. Eine Vorbehandlung mit Dunkelheit — über das zu beimpfende Blatt wurde ein Beutel aus Al-Papier gezogen — verkürzt die Inkubationszeit. Der Effekt der Nachbehandlung mit Dunkelheit hängt von den Bedingungen ab, die der Beimpfung vorangingen. Wurde das Blatt vor der Beimpfung der Sonnenstrahlung ausgesetzt, war die Inkubationszeit verlängert, wird es im Dunkeln gehalten, scheint die Behandlung ohne Wrkg. zu bleiben. Vff. vermuten, daß der Faktor Licht die Schnelligkeit der Entw. des Virus im Wirtsgewebe beeinflußt. (Ann. Inst. Pasteur **79.** 178—85. Aug. 1950. Paris, Serv. des Rech. biol. du S. E. I. T. A.) DOSSMANN. 4374

Katharine F. Lewis und **Sidney Weinhouse,** *Assimilation von Kohlendioxyd in Oxalat und Citrat durch Aspergillus niger.* Beim Umsatz von Acetat (I) u. Glucose in Ggw. von radioakt. (^{14}C) Bicarbonat durch gewaschenes Mycel von Aspergillus niger wird CO_2 in Citrat (**III**), Oxalat (**IV**), in geringen Mengen in I u. spurenweise in *Formiat* assimiliert. Die Verteilung der Aktivität auf die III-C-Atome entspricht den Erwartungen. CO_2 wird in der β-Carboxylgruppe des *Oxalacetats* (**V**) assimiliert, bei teilweiser Verteilung der Aktivität zwischen beiden Carboxylgruppen, vielleicht im Gleichgewicht mit Fumarat. Die Ergebnisse entsprechen der Annahme, daß **V** in **I** u. **IV** gespalten wird. Aber sie weisen auch darauf hin, daß dies nicht die einzige Kohlenstoffquelle für **IV** ist. Bei der Biosynth. von **IV** scheinen weder direkte Oxydation von **I**, noch Spaltung von *Oxalsuccinat*, noch eine Kupplung mit *Formiat* eine Rolle zu spielen. (J. Amer. chem. Soc. **73.** 2906—09. Juni 1951. Temple Univ., Inst. for Cancer Res., Dep. of Chem., u. Lankenau Hosp.) CARLS. 4380

Katharine F. Lewis und **Sidney Weinhouse,** *Über den Mechanismus der Citronensäurebildung durch Aspergillus niger.* Der Umsatz von Acetat (I) mit durch ^{14}C markiertem Carboxyl durch Aspergillus niger (**II**) führt zur Bldg. von *Citronensäure* (**III**) mit markiertem Carboxylkohlenstoff, u. zwar mit 1,5 mal mehr Isotop im prim. als im tert. Carboxyl. Unter den gleichen Bedingungen liefert **II** mit markiertem *Methyl* eine sowohl in den Carboxyl- als auch in den Nichtcarboxyl-Kohlenstoffatomen markierte **III**. Die Verteilung der Isotopen in **III** stimmt mit der Annahme überein, daß der **III**-Cyclus der Hauptweg der I-Ausnutzung u. **III**-Bldg. im I-Organismus ist. (J. Amer. chem. Soc. **73.** 2500—03. Juni 1951. Temple Univ., Inst. for Cancer Res., Dep. of Chem., u. Lankenau Hosp.) CARLS. 4380

Barbara E. Wright, *Verwertung von Glyoxyl- und Glykolsäure durch eine Neurosporamutante, die Glycin oder Serin benötigt.* Vf. gibt zusammengefaßt die Ergebnisse von Unterss. an einer Neurosporamutante (Y 5015) die spezif. *Glycin* (I) oder *Serin* (II) benötigt. Die Verwertung von Glyoxyl- (III) u. Glykolsäure (IV) durch Y 5015 ist graph. dargestellt; bei p_H 7 ist die Verwertung beider Säuren unbedeutend. I befriedigt die Bedürfnisse der Mutante besser als rac. II, III oder IV. Vf. erklärt dies damit, daß bei der Biosynth. von I u. II durch den Pilz IV zu III oxydiert werden kann, das dann zu I aminiert wird. Die Verss. zeigen, daß Oxy- oder Ketoanaloge von Aminosäuren diese zum Wachstum benötigte Aminosäure ersetzen können. (Arch. Biochem. Biophysics **31.** 332—33. April 1951. Pacific Grove, Calif., Hopkins Marine Stat.) GOEBEL. 4380

R. Pohl und **W. Rother,** *Sporenkeimung und Mycelwachstum von Phycomyces blakesleeanus unter dem Einfluß von Wuchs- und Hemmstoffen der höheren Pflanze. β-Indolylessigsäure* (I) hemmte in einer Konz. von $5 \cdot 10^{-4}$ Mol/20 ml Nährlsg. (30 g Glucose, 1 g Asparagin, 1,5 g KH_2PO_4, 0,5 g $MgSO_4$, 12,5 γ Thiamin pro Liter) die Sporenkeimung, vollständig jedoch nur, wenn I in den ersten 12 Std. nach der Sporenaussaat zugesetzt wurde. Späterhin hemmte I nur das submerse Mycel. Es wird angenommen, daß I im Oberflächenmycel (hohe r_H-Werte) schneller fermentativ inaktiviert wird. Ein wss. Maissoutellumextrakt (II), *Indolyläthanol* ($5 \cdot 10^{-5}$ mol.), *Indolylacetaldehyd* (IV, $\cdot < 10^{-5}$ mol.), nicht aber *Benzaldehyd* (10^{-5} mol.) heben die Hemmung der I auf. Wahrscheinlich war in II ebenfalls ein Indolderiv. wirksam. II förderte auch allein das Wachstum. Dieser Effekt beruhte auf Ggw. von *Hypoxanthin.* Er hat mit der antagonist. Wechselwrkg. I–II nichts zu tun. (Biol. Zbl. **72.** 364—72. 1953. Freiburg/Br., Univ., Bot. Inst.) DRESSLER. 4380

P. A. Little, J. J. Oleson und **J. H. Williams,** *Wachstumsuntersuchungen an Polytomella agilis.* Vff. untersuchten den Nährstoffbedarf eines Stammes von *Polytomella agilis.* Als C-Lieferanten wurden von 37 getesteten Verbb. verwertet: *A., Butanol, Acetat, Propionat* u. *Butyrat. Glutamin* genügte als einziger N-Lieferant. *Thiamin* u. *Vitamin* B_{12} wirken stimulierend. Eine vereinfachte Grundnährlsg. besteht aus: 0,5 g Na_2HPO_4; 0,5 g KH_2PO_4; 3,75 mg $MgSO_4 \cdot 7\,H_2O$; 20 mg $MgCl_2 \cdot 6\,H_2O$; 18,75 mg $CaCl_2 \cdot 2\,H_2O$; 0,3 mg $FeCl_3 \cdot 6\,H_2O$; je 0,01 mg $MnCl_2 \cdot 4\,H_2O$ u. $ZnCl_2$; 100 mg Glutamin; 1 mg Thiamin u. 6 μg Vitamin B_{12} im Liter; End-p_H 6,8. (Proc. Soc. exp. Biol. Med. **78.** 510—13. Nov. 1951. Pearl River, N. Y., Amer. Cyanamid Co., Lederle Labors. Div.) GOEBEL. 4380

Th. Thjøtta, Kortfattet laerebok i bakteriologi. Utarbeidet etter Laerebok i bakteriologi. I.—III. Midlertidig ukomplett utgave. København: Fabritius. (383 S. m. Abb.) Kr. 46,00.

E_4. Pflanzenchemie. Pflanzenphysiologie. Pflanzenpathologie.

R. Scott Russell, *Die radioaktive Tracertechnik in der experimentellen Botanik.* Zusammenfassender Bericht über die Anwendung der Tracermethoden in der Botanik, bes. die des ^{14}C zur Unters. der Photosynthese. Weiter wird über Unterss. zum Stoffwechsel in der Pflanze mit akt. Isotopen von P, S, Fe, Zn, Ca, Rb, Na u. K, schließlich über die Anwendung der Autoradiographie berichtet. (School Sci. Rev. **34.** 274—78. März 1953. Oxford, Univ., Dep. of Agriculture.) REUSSE. 4400

A. A. Benson, J. A. Bassham und **M. Calvin,** *Sedoheptulose in der Photosynthese der Pflanzen.* Vff. isolierten markiertes *Sedoheptulosemonophosphat* aus $^{14}CO_2$-Photosyntheseprodd. folgender Pflanzen: *Chlorella, Scenedesmus, Rhodospirillum rubrum,* Blätter von *Gerstenkeimlingen, Sojabohne, Alfalfa, Zuckerrübe, Spinat* u. *Geranium.* Wenigstens 2 Monophosphatester wurden in Radiogrammen zu ^{14}C-markiertem Scenedesmus beobachtet, die mit *Fructosemonophosphat* bzw. *Glucosemonophosphat* verbunden sind. *Sedoheptulose* kann beim Töten der Pflanze enzymat. von ihren Phosphaten befreit werden, doch übersteigt ihre Konz. nicht die der Phosphate. In einem typ. Vers. einer 1 Sek.-Photosynth. in $^{14}CO_2$ in Gerstenkeimblättern war die Verteilung der Radioaktivität auf die durch Phosphatasehydrolyse der gemischten Phosphate erhaltenen neutralen Verbb. wie folgt: 43% Fructose, 47% Sedoheptulose u. 7% Glucose. Die Identifizierung der Sedoheptulose erfolgte durch 2-dimensionale Papier–Co-Chromatographie, Umwandlung in Sedoheptulosan (5 Min. Erhitzen in n-HCl), Co-Chromatographie mit Sedoheptulosan, Dehydrierungsgleichgewichtskonstante (= 4,0), katalyt Hydrierung zu D-β-Mannoheptid u. Perjodatoxydation der Hexose u. des Heptids. Die durch 5 Min.-$^{14}CO_2$-Photosynth. in Sojabohnenblättern erhaltene Sedoheptulose ergab 14,4% Formaldehydaktivität, 28% Glykolsäureaktivität u. 55% Formiataktivität. Der aus dieser Verb. erhaltene Heptit zeigte ein Format/Formaldehydverhältnis um 3,1. (J. Amer. chem. Soc. **73.** 2970. Juni 1951. Berkeley, Calif., Univ., Radiat. Labor. and Chem. Dep.) AMELUNG. 4420

A. A. Benson, *Identifizierung von Ribulose in $^{14}CO_2$-Photosyntheseprodukten.* Die Intermediären bei der CO_2-Fixierung der Pflanzen sind größtenteils phosphorylierte Oxysäuren u. Zucker. Eine bei allen untersuchten Pflanzen während der ersten Sek. der $^{14}CO_2$-Photosynth. beobachtete Verb. wurde als *Ribulose* (*Adonose*)-*diphosphat* (I) identifiziert. I zeigt eine Papierchromatographiestellung in der Nähe von *Fructose-* u. *Glucose-1.6-diphosphat* u. *2.3-Diphosphoglycerinsäure.* Der P-Geh. von I wurde durch Messungen des $^{14}C/^{32}P$-Verhältnisses in chromatograph. getrennten Verbb. aus mit ^{32}P u. ^{14}C gesätt. *Scenedesmus* ermittelt. Die gemeinsamen Verhältniszahlen ergaben nach Multiplikation mit einem geeigneten Faktor 3,0 für Phosphoglycerat, 5,1 für Glucosemonophosphat, 5,8 für Fructose + Sedoheptulosemonophosphat u. 2,0 für Ribulosediphosphat. Der berechnete Wert für Ribulosediphosphat ist 2,5. Die chromatograph. Stellung für den radioakt. Zucker: $Rf_{(Phenol)} = 0{,}60$, $Rp_{(Butanol-Propionsäure-Wasser^{3})} = 0{,}27$ entspricht genau der von durch Epimerisation von *Ribose* oder *Arabinose* in Pyridin gewonnenen Ribulose. Der radioakt. Zucker ist beständig gegen Br_2, wird aber unter bas. Bedingungen durch O_2 gespalten. Bei Luftoxydation wurden, wie bei Ribuloseoxydation zu erwarten, radioakt. *Glykol-*, *Glycerin-* u. eine *Polyoxysäure* (vermutlich *Erythronsäure*) erhalten. Das markierte Diphosphat wurde in Diäthylaminlsgg. durch Luft zu *Phosphoglycerin-* u. *Phosphoglykolsäure* als Hauptprodd. oxydiert u. durch Chromatographie der Hydrolyseprodd. identifiziert. Co-Chromatographie des resultierenden Gemisches mit Ribose u. Arabinose zeigte Identität der 2 radioakt. Hauptprodd. mit den zugefügten Zuckern. Das radioakt. *2.4-Dinitrophenyloxazon* von D-Arabinose wurde mit einer Spur markierter Ribulose dargestellt u. zeigte die berechnete spezif. Aktivität, die durch wiederholte Umkristallisationen aus Methylcellosolve nicht vermindert wurde. Der radioakt. Zucker wurde mit ADAMs Katalysator hydriert u. das Prod. co-chromatographiert mit zugefügtem *Ribit*, aber nicht mit *Arabit.* Es ist anzunehmen, daß die aus Pflanzen isolierten radioakt. Verbb. *Ribulose-1.5-diphosphat* u. *-monophosphat* sind. (J. Amer. chem. Soc. **73.** 2971—72. Juni 1951. Berkeley, Calif., Univ., Radiotion. Labor.) AMELUNG. 4420

Fernand Caujolle und **Georgette Bergal,** *Einfluß der Phenylborsäure auf das Wachstum isolierter Wurzeln von Raphanus sativus in sterilisierter Nährlösung.* In Nährlsg. nach WHITE, mit *Phenylborsäure,* erfolgt der größte Zuwachs der Wurzeln bei Konzz. von 10^{-7} u. 10^{-6}. Konzz. zwischen 10^{-10} u. 10^{-8} haben keinen Einfl. auf das Längenwachstum, Konzz. über 10^{-5} sind toxisch. In Konzz. über 10^{-6} erscheinen keine Nebenwurzeln. (C. R. hebd. Séances Acad. Sci. **230.** 1101—03. 13/3. 1950.) BORSUTZKI. 4486

J. A. B. Bond, *Resorption einer systemischen Verbindung durch den Stamm beim Kaffeebaum.* Das system. Insekticid *Hanane* (I, *Bis-*[*dimethylaminofluorphosphin*]*-oxyd*) wird leicht durch den Stamm von Kaffeebäumen resorbiert u. in die Blätter befördert, wenn die Rinde etwas angekratzt wird. Kleinere I-Dosen genügen, die Pflanzen gegen Planococcus Kenyae (LE PELLEY) bis zu 6 Wochen zu schützen. Phytotox. Wrkg. wurde nicht beobachtet. Bodenbehandlung ist ebenfalls wirksam, erfordert aber größere I-Mengen. (Bull. entomol. Res. **44.** 97—100. April 1953.) GOEBEL. 4490

E₅. Tierchemie. Tierphysiologie. Tierpathologie.

J. Delga und **J. Fournier,** *Fluorgehalt der Organe kleiner Laboratoriumstiere.* Ratten enthielten im Mittel 6,1 mg *Fluor* (I) pro kg Körpergewicht. Es enthielten beim Hund: Stirnbein 37,2, Diaphyse des Femur 37,9, Epiphyse des Femur 47,3. b) Schweineleber 1,33. c) Rinderblut 3,70 mg-% I auf Trockengewicht bezogen. Bei Kaninchen, Meerschweinchen, Ratte wurden: Blut 0,155, 0,21. — Leber 0,12, 0,16, 0,12. — Lunge 0,18, 0,72, 0,32. — Herz 0,20, 0,93, 0,625. — Niere 0,415, 0,52, 0,335. — Milz 2,281, 2,85. — Muskel 0,28, 0,32, 0,56. — Gehirn 0,25, 0,70, 0,435. — Femur 10,38, 8,13, 8,49. — Zähne 10,38, 8,13, 10,54 mg-% I im Durchschnitt gefunden. (Trav. Soc. Pharmac. Montpellier **10.** 31—35. 1950. Porton, Angleterre.) W. BRANDT. 4510

Aaron S. Posner und **Samuel R. Stephenson,** *Isomorphe Substitution im Schmelzapatit.* Mit Hilfe der *Röntgenstrukturanalyse* konnte nachgewiesen werden, daß das Carbonat im Schmelzapatit in Form einer getrennten Phase eingeschlossen ist, deren Partikel elektronenopt. nicht nachweisbar sind. (J. Amer. Dental Assoc. **46.** 257—64. März 1953. Alabama, Univ., Dep. of Chem., American Dental Assoc.) WALLIS. 4510

G. Leonhardi, I. v. Glasenapp und **G. Brühl,** *Die freien Aminosäuren der menschlichen Haut.* Die freien Aminosäuren der menschlichen Haut, getrennt nach Cutis, Epidermis u. dem wasserlösl. Oberflächenfilm, werden papierchromatograph. analysiert (1- u. 2-dimensionale aufsteigende Technik, Papiersorte Nr. 2043b, SCHLEICHER

& SCHÜLL, Lösungsm. entweder wassergesätt. Phenol oder Gemisch aus 70% α-Picolin, 2% NH_3 u. 28% W. oder Gemisch aus 70% Isopropanol, 20% Eisessig u. 10% W., Sprayreagens 0,1% Ninhydrin in sek. Butanol). Die Identifizierung einzelner Aminosäuren erfolgte entweder mit PAULYs Diazo-Rk. oder SAKAGUSCHI-Rk. oder EHRLICHs Aldehyd-Rk. oder Rk. mit Nitroprussid-Na, H_2O_2-Meth. zum Nachw. von Cystin u. Säurehydrolyse zum Nachw. des Glutamins. 22 Aminosäuren konnten nachgewiesen werden. Cystin u. Methionin liegen in der Haut nicht als freie Aminosäuren vor. (Hoppe-Seyler's Z. physiol. Chem. **292.** 89—94. 23/3. 1953. Frankfurt/M., Univ. Hautklinik.)
PATZSCH. 4520

Otto Völker, *Die Isolierung von Rhodoxanthin aus den Federn einer Flaumfußtaube.* Nach einem näher beschriebenen Verf. wurde aus den distalen, rotgefärbten Federabschnitten von Megaloprepia magnifica subspec. *Rhodoxanthin* (I) isoliert (F. bei 216° nach 2maligem Umkristallisieren aus Bzl.). I erwies sich mit dem aus Arillus der Eibenfrucht (Taxus baccata) isolierten Präp. ident. (gleicher F., Übereinstimmung in den kristallopt. Eigg. u. in der Löslichkeit). Die Flaumfußtauben beziehen das I aus Beeren u. fleischigen Früchten u. lagern es in völlig unveränderter Form in den Federn als Schmuckfarbe wieder ab. Trotz des durchschnittlichen Alters der Bälge von 40 Jahren hatte das I seine Kristallisationsfähigkeit nicht eingebüßt. (Hoppe-Seyler's Z. physiol. Chem. **292.** 75—77. 23/3. 1953. Gießen, Justus-Liebig-Hochsch., Zool. Inst.)
PATZSCH. 4520

Eugene L. Opie und **Mary B. Rothbard,** *Wasseraustausch von Kollagengewebe und Gelatine.* Während der Wasseraustausch bei *parenchymatösem Gewebe* den osmot. Gesetzen gehorcht, nehmen kollagene Gewebe wie auch Gelatine sowohl aus schwach als auch aus stark konz. Lsgg. H_2O auf. Die Wasserbindung steigt mit der Dichte des Kollagenfasergeflechtes bzw. des Geh. an Gelatine. (J. exp. Medicine **97.** 499—503. 1/4. 1953. Rockefeller Inst. for Med. Res.) WALLIS. 4550

P. Stern und **R. Košak,** *Die Permeabilität der Zellmembran und Allergie.* Der zur Best. der Permeabilität der Bauchmuskulatur kleiner Warmblüter verwendete App. von HEIM wurde durch Anbringen eines Hebers zum Austausch der RINGER-Lsg. abgeändert. Es konnte damit gezeigt werden, daß bei der mit Pferdeserum sensibilisierten Membran der Bauchmuskulatur von Meerschweinchen im Augenblick der Berührung mit einem homologen Antigen die Permeabilität für RINGER-Lsg. herabgesetzt wird. Das Antihistaminicum *Antistin* verhindert die Herabsetzung der Permeabilität nicht, ebensowenig wie die Vereinigung des Antigens mit dem Antikörper. *Histamin* setzt die Permeabilität herab oder läßt sie unbeeinflußt. Wird einem Kaninchen nach Hervorrufen einer allerg. Rk. *Harnstoff* intravenös injiziert, dann verschwindet er allmählich aus dem Blut. Daraus folgt, daß die allerg. Rk. die Durchlässigkeit der Zellmembran nicht vergrößert, sondern herabsetzt. Die intravenöse Injektion von Harnstoff liefert eine neue Meth. zur Best. der Permeabilität in vivo. — Die Ergebnisse der Verss. bestätigen die Ansicht, daß die allerg. Rk. den Tonus des cholinerg. nervösen Syst. erhöht u. erklären die Tatsache, daß sich Ödem-Fl. in den Intercellularräumen ansammelt u. nicht in den Zellen selbst. (Acta med. jugosl. **5.** 147—58. Sept. 1951. Sarajevo, Med. Fak., Pharmakol. Inst.)
BECKMANN. 4551

Michitaka Kaku, *Placentapolysaccharide und die Ätiologie der Schwangerschaftstoxämie.* Aus menschlicher Placenta wurden Polysaccharide isoliert, die in vitro u. in vivo antigene Eigg. hatten. Aus Kaninchenplacenta erhaltene Polysaccharide zeigten homo-Antigenität. Antikörper gegen diese Placentapolysaccharide wurden häufig im Serum von Toxämiepatienten gefunden, selten jedoch bei n. Schwangerschaft. Es ist möglich, daß die Polysaccharide bei der Ursache der Toxämie eine Rolle spielen. In verschied. Organen der Toxämiepatienten zeigten sich Krankheitsbilder, die denen allerg. Natur entsprechen. Werden trächtigen Kaninchen Placentapolysaccharide injiziert, so werden Krankheitsbilder erzeugt, die denen der Toxämiepatienten ähnlich sind. Normale Kaninchen zeigen dagegen keine oder nur wenig Veränderungen. (J. Obstetr. Gynaecol. Brit. Empire **60.** 148—56. April 1953. Japan, Kumamoto Univ., Med. School.)
HEYNS. 4551

Hugo V. Raubitschek, *Über künstlichen Myelinverlust.* Durch verschied. Stoffe, wie *Kuhmilch, menschliche* u. *Ochsengalle, Bromsalze, Phenylalanin* u. *Lumbal-Fl.* kann *Myelin* (I) geschädigt werden. Meth.: Gefrierschnitte von n. formalinfixierten Gehirnen wurden 24 Std. in der betreffenden Versuchs-Fl. belassen, mit Cr gebeizt u. gefärbt. Als Chrombeize diente Chromalaun oder Ammoniumchromsulfat. — Vf. stellte fest, daß I aus verschied. Gehirnteilen u. bei verschied. Hirnerkrankungen unterschiedlich auf I-Gifte reagiert u. will mit dieser Meth. das Wesen von Gehirnerkrankungen erforschen. Die Möglichkeit, daß die I-zerstörende Wrkg. von Phenylalanin bei der Pathogenese der Oligophrenia phenylpyruvica eine Rolle spielt, wird zur Diskussion gestellt.

(Virchow's Arch. pathol. Anatom. Physiol. klin. Med. **322.** 461—71. 1952. Crownsville, Md., Staatskrankenhaus, Pathol. Inst.) WOLFGANG ALBRECHT. 4552

Henri Simonnet, Paul Bonet-Maury und **Joseph Sternberg,** *Der Ursprung des an Eiweiß gebundenen Phosphors in der Milch, untersucht mit Hilfe von radioaktivem Phosphor.* $Na_2H^{32}PO_4$ hat keinen Anteil an der Bldg. von Lipoidphosphor in der Ziegenmilch. Dagegen nimmt es an der Caseinsynth. teil. Nach Injektion von 4 cm^3 1% ig. Phosphatlsg. (Aktivität $32 \cdot 10^6$ cm) läßt sich ^{32}P in Casein 7 Tage nach der Injektion nachweisen, die Vollmilch u. der anorgan. P sind bis zum 15. Tag radioaktiv. Die im Casein gefundene ^{32}P-Gesamtmenge betrug 23% des mit der Vollmilch ausgeschiedenen ^{32}P. (C. R. hebd. Séances Acad. Sci. **230.** 478—80. 30/1. 1950.) W. BRANDT. 4555

V. Friedberg, *Die Wirkung neuer Hormonpräparate in der Gynäkologie.* Übersicht über die wichtigsten Hormonpräpp. mit Angaben über Indikation, Dosierung, Verabreichungsart, Dauer der Wrkg. u. Nebenerscheinungen. (Dtsch. med. Rdsch. **4.** 325—28. 25/3. 1950. Mainz, Univ., Frauenklinik.) DOSSMANN. 4559

L. Lorenzo, *Depot-Hormonbehandlung in der Gynäkologie.* Vf. berichtet über klin. Erfahrungen nach Hormonbehandlung von 118 Fällen. (Semana méd. **102 (60).** 450—51. 2/4. 1953. Madrid, Inst. de Patol. Méd.) V. KEREKJARTO. 4559

Charles Huggins und **John Lambert Sommer,** *Quantitative Untersuchungen der Prostatasekretion.* 3. Mitt. *Gleichzeitige Messung von Größe und Sekretion der Hundeprostata und die Wechselwirkung von androgenen und östrogenen Stoffen auf diese Eigenschaften.* (2. vgl. C. **1942.** I. 215.) Im Anschluß an frühere Arbeiten, in welchen die Beeinflussung von Neoplasmen der Hundeprostata beschrieben wurde, untersuchten Vff. an Hunden, bei welchen die Prostata in das Perineum verlagert war, den Einfluß von *Testosteron* (**I**) u. *Stilböstrol* (**II**) auf Größe u. Sekretion der Drüse. **I** bewirkte eine Vergrößerung der Drüse proportional der Dosis, vermochte auch die Wrkg. von **II** zu maskieren. Bei kastrierten Hunden unter regelmäßiger **I**-Medikation verursachte **II** eine Verminderung der Sekretion, einen sogenannten Plateaueffekt, welcher mehrere Wochen lang erhalten wurde. Danach konnte auch stark vermehrte **I**-Zufuhr keine Sekretionssteigerung mehr bewirken. Gering vermehrte **II**-Gabe bewirkte eine weitere Sekretionshemmung, doch niemals ein Versiegen. Der Geh. an saurer Phosphatase im Sekret verhielt sich dabei ähnlich wie bei kastrierten Hunden unter **I** ohne **II.** Die Befunde werden mit funktionellen u. strukturellen Änderungen im Prostataepithel erklärt u. die Annahme ausgesprochen, daß die Empfindlichkeit verschied. Zellgruppen gegen Steroide verschieden groß ist. (J. exp. Medicine **97.** 663—80. 1/5. 1953. Chicago, Ill., Univ. of Chicago, Ben May Labor. for Cancer Res.) WOLFGANG ALBRECHT. 4559

Matthew A. Larkin und **Marvin G. Flannery,** *Chirurgische Erfahrung mit Corticotropin bei ulcerierender Colitis.* Bericht über eine Totalexstirpation des Colons nach Vorbehandlung mit *Corticotropin* (180 mg in 9 Tagen intravenös), wegen einer chron. ulcerierenden Colitis, die konservativ nicht zur Abheilung zu bringen war. Dabei kam es während der Operation zu mehrfachen Perforationen des Quercolons, während bei nicht mit Corticotropin vorbehandelten Fällen nie eine derartige Brüchigkeit der Darmwand beobachtet wurde. (A. M. A. Arch. Surgery **66.** 386—87. März 1953. Miami, Fla., Univ. of Miami, School of Med.; Coral Gables, Fla., Veterans Adm. Hosp.) DAUTZENBERG. 4560

Albert Sebag und **Georges Diacono,** *Lipoidnephrose bei einem dreijährigen Kind. Wert der Elektrophorese. Behandlung mit ACTH.* Besprechung eines Falles von Lipoidnephrose. Therapie mit Schilddrüsenextrakt bei Urin- u. Serumkontrolle mit Elektrophorese blieb erfolglos. *ACTH,* 50 mg täglich über 8 Tage, führte zur Heilung. (Tunisie méd. **41.** 394—403. April 1953.) DOSSMANN. 4560

Hermann Königsbauer, *Über die Wirkung von ACTH und Corton auf die experimentelle Histoplasmose der Ratte.* 30 Ratten wurden intraperitoneal mit Histoplasma capsulatum infiziert u. gleichzeitig gruppenweise mit *ACTH* oder *Cortone* MERCK (30 bzw. 50 mg/kg täglich intraperitoneal) oder gar nicht behandelt. Bei den behandelten Tieren war die Bindegewebsproliferation bedeutend geringer. Während in der mit ACTH behandelten Gruppe der Erkrankungsablauf nichts Besonderes aufwies, war in der Cortongruppe eine Generalisierung (Lunge u. Mediastinum) u. eine Aktivierung (intra- u. extraoelluläre Hefeformen) im erkrankten Gewebe festzustellen. (Zbl. Bakteriol., Parasitenkunde, Infektionskrankh. Hyg., I. Abt. Orig. **159.** 473—76. 22/6. 1953.) FISCHOEDER. 4560

Alex G. Davidson, Leonard Fox und **Jay J. Gold,** *Auftreten von Miliartuberkulose nach Behandlung mit ACTH und Cortison bei einem Fall von Lupus erythematodes disseminatus acutus.* Bei einer Frau mit akutem *Lupus erythematodes disseminatus* kam es nach *ACTH* (20 mg intravenös täglich bis insgesamt 200 mg) u. *Cortison* (50 mg täglich bis 4,65 g) zu einer ausgedehnten Miliar-Tbc. mit Exitus letalis. (Ann. intern. Med. **38.** 852—62. April 1953. New York, N. Y., Jewish Hosp. of Brooklyn.) BROSEMANN. 4560

R. R. H. Lovell, J. A. Osborne, H. C. Goodman und **B. Hudson,** *Ascorbinsäure, Glucose-1-phosphat und Lysergsäurediäthylamid bei rheumatischer Arthritis.* Es wird über Verss. an 11 Patienten mit rheumat. Arthritis berichtet, wobei vor allem eine etwaige Veränderung der experimentellen Tuberkulinüberempfindlichkeit zur Beobachtung gelangt. Verabreichung von *Ascorbinsäure* beeinflußt weder den Verlauf der Krankheit noch die therapeut. Wrkg. von *Cortison* (MERCK) u. *ACTH* (ARMOUR). Applikation von α-D-Glucose-1-phosphat u. Lysergsäurediäthylamid hatte weder auf die Krankheit noch auf die Tuberkulinüberempfindlichkeit einen Einfluß. (Lancet **264.** 970—73. 16/5. 1953. London, St. Mary's Hosp., Med. School, Rheumatism Res. Unit. of the Dep. of Med.) R. KÖNIG. 4561

Carlos Miguel Colque, *Die neutralen 17-Ketosteroide im Harn.* Die umfangreiche, durch 252 Literaturhinweise unterstützte Arbeit befaßt sich mit Klassifikation, Chemie, Bldg. u. Stoffwechsel der *17-Ketosteroide* (I) beim Menschen u. beim Tier. Es werden Hinweise auf die verschied. physikal., chem. u. biol. Bestimmungsmethoden gegeben. Der umfangreichere Teil der Arbeit, der sich auf ein Material von 230 gesunden u. kranken Personen stützt, befaßt sich mit den Normalwerten u. den pathol. Befunden bei Erkrankungen der Nebenniere (Nebenniereninsuffizienz u. ADDISON, sowie CUSHING), die teilweise mit *Cortison* behandelt worden waren, hypophysären Krankheiten, Schilddrüsenerkrankungen u. Krankheiten u. Funktionsstörungen der Sexualdrüsen. Bes. ausführlich werden die I-Anomalien beim Hirsutismus behandelt. Schließlich werden die I-Werte im Harn bei rheumat. u. bei Lebererkrankungen, sowie verschied. anderen, nicht hormonell bedingten Krankheiten geschildert. Es werden jeweils Ausführungen über die pathogenet. Prinzipien gemacht. (Semana méd. **102** (60). 227—38. 19/2. 283—90. 26/2. 314—24. 5/3. 349—57. 12/3. 381—92. 19/3. 417—30. 26/3. 1953. Buenos Aires, Policlin. Rivadavia.) P. G. SCHEURLEN. 4561

P. R. Bromage, *L-Noradrenalin als Vasoconstrictor.* Vf. wendet sich gegen die in der Veröffentlichung von CHURCHILL-DAVIDSON (Brit. med. J. **1951.** II. 1551) ausgesprochene Ansicht, daß *Noradrenalin* (I) eine beinahe gleiche Verstärkung des systol. wie des diastol. Druckes hervorruft, während *Methedrin* (II) nur eine kleine Verstärkung des diastol. im Vgl. zum systol. Druck bewirkt. Vf. stellt dagegen fest, daß unter klin. Bedingungen II eine größere diastol. Rk. als I hervorruft. (Brit. med. J. **1952.** I. 106—07. 12/1. Emsworth.) DOSSMANN. 4561

Walter Schmid, *Zur biologischen Wirkung der Oxydationsprodukte des Adrenalins.* Vf. untersucht, welcher Mechanismus dem Effekt zugrunde liegt, daß bei mehrfach wiederholter Gabe kleiner Adrenalin (I)-Mengen (in Konzz. von 10^{-6} bis 10^{-5}) am isolierten, in Tyrodelsg. schlagenden Meerschweinchenvorhof eine verlängerte bzw. eine erhöhte I-Wrkg. eintritt. Der frisch entnommene Vorhof wurde in 20 cm^3 Tyrodelsg., Temp. 30°, mit 0,3% Dextrosegeh., die von fein verteiltem O_2 durchperlt wurde, aufgehängt u. I in kleinen Mengen hinzugegeben. Ergebnis der Verss.: Die beim oxydativen Abbau des I über Adrenochrom (II) hinaus entstehenden melaninähnlichen Prodd. verlangsamen die I-Oxydation u. verlängern damit die I-Wirkung. Die prim. Oxydationsprodd., wie z. B. II, haben keine I-Wirkung. Auch verhindert reines II nicht die Oxydation von I. Wie I verhält sich auch *Noradrenalin, Corbasil, Arterenol* u. *Aludrin.* Noch nicht aufgeklärt werden konnte, wie die Oxydationshemmung des I durch seine Oxydationsprodd. zustande kommt. (Z. Biol. **105.** 409—14. 1953. Tübingen, Univ., Pharmakol. Inst.) BRAUKMANN. 4561

J. Gross und **C. P. Leblond,** *Stoffwechselprodukte des Thyroxins.* Es wird gezeigt, daß mit injiziertem Jodid in der Schilddrüse Thyroxin aufgebaut wird, das im Körper zu Jodid u. 2 jodenthaltenden, nicht identifizierten Substanzen abgebaut wird. (Proc. Soc. exp. Biol. Med. **76.** 686—89. April 1951. Montreal, McGill Univ., Dep. of Anat.) HEYNS. 4562

Andrée Lachaze und **Odette Thibault,** *Erste Versuche zur Charakterisierung der aktiven, sensibilisierenden Form des Schilddrüsenhormons.* Es konnte endgültig geklärt werden, daß das „akt. Thyroxin" (I) keine Peptidverb. ist. Bei der Spaltung mit HCl, Barytlauge u. Trypsin wird keine Aminosäure frei u. die Papierchromatographie gibt keinen für ein Peptid charakterist. Fleck. Es entsteht nur ein einziger Fleck, der sich von dem für I von ROCHE, JUTISZ, LISSITSKY u. MICHEL erhaltenen hinsichtlich Farbe u. R_F-Wert etwas unterscheidet. Dagegen stimmt der R_F-Wert genau mit dem für *Thyroxamin* (II) überein, wenn die Farbe auch wesentlich blauer ist. Den endgültigen Beweis für die Identität des „akt. I" mit II wird erst die Elementaranalyse des der

Einw. der Darmmucose unterworfenen „akt. I“ erbringen. (Bull. Soc. Chim. biol. **33.** 1458—60. 1951. Fac. des Sci. et C. N. R. S., Labor. de Physiol.) FRÜHWALD. 4562

Philip K. Bondy, *Die Erhaltung der normalen Schilddrüsenfunktion nach Transplantation einer Schilddrüse in die Milz oder in die Niere.* Thyroidektomierten Ratten wurde Schilddrüsengewebe in die Niere oder in die Milz implantiert. Die Konz. des an Plasmaeiweiß gebundenen J blieb dabei auf n. Höhe, eine Überfunktion der Implantate wurde nicht beobachtet. Die Leber scheint das gebildete Hormon nicht abzubauen u. auszuscheiden, sofern es in physiol. Mengen gebildet wird. (Proc. Soc. exp. Biol. Med. **77.** 638—40. Aug. 1951. Atlanta, Ga., Emory Univ., School of Med. Dep. of Med.) BALZER. 4562

Yoshitada Takino, *Die Wirkung von Neurotropin auf Hyperthyreoidismus und Morbus Basedow.* Bei einem Fall von Hyperthyreoidismus u. Asthmabronchitis schwanden die Beschwerden nach 12 Ampullen *Asthremedin,* das *Neurotropin* (I) enthält, bei einem BASEDOW-Fall nach 15 Ampullen I. Wirkungsweise des I ist unbekannt. (Folia endocrin. japon. **26.** 84—85. 20/9. 1950. Osaka, Japan, Dainippon-Zoki Kenkyusho.) BROSEMANN. 4562

Pericles Menof, *Essentielle Hypertonie — ihre Behandlung mit einer neuen Methode.* (Vorl. Mitt.) Von 44 essentiellen Hypertonien reagierten 36 (82%) zufriedenstellend auf Schilddrüsenextrakt (bis 25 g/Tag), der über längere Zeit gegeben wurde. Als Kontraindikation nennt Vf. nur die Angina pectoris. (South African med. J. **24.** 172—80. 11/3. 1950. Johannesburg, Gen. Hosp.) BROSEMANN. 4562

Hans Rohkrämer, *Beiträge zur funktionellen Pathologie des Hyperinsulinismus.* An Hand von 4 Fällen bespricht Vf. die Beteiligung des gesamten Endokriniums am Hyperinsulinismus. Unter n. Umständen besteht ein regulator. Mechanismus zwischen dem in den B-Zellen des Pankreas gebildeten Insulin u. dem Glukagon, das durch Glykogenolyse den Blutzucker erhöht u. in den A-Zellen gebildet wird. Bei einem Verhältnis zwischen A- u. B-Zellen von 1 : 4 ist der Kohlenhydratstoffwechsel ausgeglichen. Bei Störungen bedient sich der Organismus in Ausnahmefällen der kontrainsulären Wrkg. des Adrenalins oder Arterenols. Außerdem sind Nebennierenrinde, Hypophyse, Gonaden u. Schilddrüse daran beteiligt, so daß man beim Inselzelltumor von einem pluriglandulären Syndrom sprechen kann. (Aerztl. Forsch. **6.** I/356—71. 10/8. 1952. Wuppertal-Barmen, Städt. Krankenanst., Med. Klinik u. Nerven-Klinik.) DUCHO. 4564

Randall G. Sprague und **Marschelle H. Power,** *Elektrolytstoffwechsel bei der diabetischen Acidose.* Zu einer wirksamen Behandlung der diabet. Acidose ist es notwendig, den beträchtlichen Verlust an W. u. Elektrolyten zu ersetzen. Vor allem muß der Mangel an K u. Phosphaten behoben werden. Bei der Verwendung einer isoton. NaCl-Lsg. entsteht öfter eine Hyperchlorämie, die vermieden werden sollte. Es werden Lsgg. mit ca. 105 mÄqu. oder weniger Liter vorgeschlagen. Selbstverständlich kann nicht in allen Fällen eine genaue Beachtung der geschilderten Therapie von Erfolg sein. (J. Amer. med. Assoc. **151.** 970—76. 21/3. 1953. Rochester, Minn., Mayo Clin., Div. of Med., u. Sect. of Biochem.) R. KÖNIG. 4564

Daniel Eckert, Matti Paasonen und **A. Vartiainen,** *Über das Histamin in Mücken (Culex pipiens).* Im Körper von *Culex pipiens* wurde *Histamin* (I) nachgewiesen, wobei der Kopf ca. 6—7 mal soviel wie die übrigen Körperteile enthielt. Nach dem Stich sank der I-Geh. des Kopfes auf 30% des Ausgangswertes, während der I-Geh. des übrigen Körpers nicht wesentlich verändert war. Daraus wird geschlossen, daß die Mücke beim Stich I durch ihren Rüssel abgibt. Bei einem einzelnen Mückenstich beträgt die I-Abgabe 0,05 γ. (Ann. Med. exp. Biol. fenn. **28.** 84—85. 1950. Helsinki.) DAUTZENBERG. 4569

Alan H. Mehler, Herbert Tabor und **Hugo Bauer,** *Die Oxydation von Histamin zu Imidazolylessigsäure in vivo.* In Fortführung früherer Verss. (vgl. TABOR, C. **1951.** II. 990) wurde geprüft, ob *Histamin* (I) auch in vivo zu *Imidazolylessigsäure* (II) abgebaut wird. — 220 g schwere Ratten erhielten 2 mal innerhalb von 20 Std. jeweils 0,22 Millimol I intraperitoneal. Der 44-Std.-Urin wurde gesammelt. Zur Abtrennung von II wurde der Urin durch eine Ionenaustauschersäule (Dowex 1, Acetatform) gegeben, dann die adsorbierten Anionen mit verdünnter Essigsäure eluiert u. die diazopositiven Imidazolderivv. papierchromatograph. analysiert. Ggw. von II im Urin konnte durch Vgl. des R_F-Wertes synthet. hergestellter II nachgewiesen u. II durch Aufarbeitung einer größeren Menge Urin auch als Substanz erhalten werden. Der Abbau von I zu II dürfte nicht der einzige Stoffwechselweg sein; Acetylhistamin wurde z. B. vom Austauscher nicht absorbiert. Die Synth. von II, ausgehend von Oxymethylimidazol über Chlormethylimidazol u. -nitril wird beschrieben. (J. biol. Chemistry. **197.** 475—80. Juli 1952. Bethesda, Md., Nat. Inst. of Arthritis and Metabolic Diseases.) V. PECHMANN. 4569

Carl G. Schmiterlöw, *Einige Bemerkungen zur Histaminbestimmung, mit besonderer Berücksichtigung des Pferdeblutes.* Da nach der Meth. von CODE *Histidin* (I) zu *Histamin* (II) decarboxyliert werden kann u. damit ein höherer II-Spiegel vorgetäuscht wird, schlägt Vf. eine Meth. vor, wobei die Extraktion mit angesäuertem A. geschieht. Ein Vgl. beider Methoden zeigt, daß bei I-Lsgg. nach Meth. des Vf. kein II im Extrakt auftrat. Bei Pferdeblut betrug der II-Geh. nach CODE 0,13 γ/ml, nach Vf. 0,05 γ/ml. Die Differenz entspricht etwa den II-Mengen, die bei Extraktion von reinen Hämoglobinlsgg. nach CODE gefunden werden. (Ann. Med. exp. Biol. fenn. **28.** 105—06. 1950. Stockholm.) DAUTZENBERG. 4569

Lawrence J. Milch, Harvey F. Midkiff, Priscilla Matthews und **Herman I. Chinn,** *Veränderungen im Acetylcholingehalt des Gehirns während Kälteeinwirkung.* Werden Ratten 2 Std. lang der Kälte (—12°) ausgesetzt, so nimmt der Gehalt an freiem u. Gesamtacetylcholin im Gehirn deutlich zu (im Durchschnitt von 1,15 nach 1,54 bzw. von 1,99 nach 2,45 γ/g feuchtem Gehirngewebe; 29 Kontroll- u. 30 Testtiere). (Proc. Soc. exp. Biol. Med. **77.** 659—61. Aug. 1951. Randolph Field, Texas, USAF School of Aviation Medicine, Dep. of Pharmacol. u. Biochem.) W. BRANDT. 4569

Norman Kirshner, G. H. Pritham, G. O. Bressler und **Stephen Gordeuk,** *Zusammensetzung des normalen Blutes beim Truthahn.* Im Blut von ♀ u. ♂ *Truthühnern* wurden gefunden: (mg/100 cm³) N aus Aminosäuren 18,8 bzw. 21,1, Harnsäure 6,3 bzw. 7,2, freies N 45,0 bzw. 45,4, Harnstoff–N 2,3 bzw. 2,2, Kreatin 2,5 bzw. 2,8, Kreatinin 1,0 bzw. 1,0, beide zusammen 3,5 bzw. 3,8, Glucose 238,0 bzw. 200,0, Cholesterin 133,0 bzw. 115,0, Ca 34,5 bzw. 23,9; Chloride (in 1000 cm³) 92,0 bzw. 85,0; Na (in 1000 cm³ Serum) 149,6 bzw. 155,0, K (in 1000 cm³ Serum) 6,0 bzw. 6,4. (Poultry Sci. **30.** 875—79. Nov. 1951. Pennsylvania State College, Dep. of Agric. and Biol. Chem., of Poultry Husbandry and of Animal Husbandry.) LÜPNITZ. 4572

Helen van Vunakis und **Elvin A. Kabat,** *Freisetzung von Aminosäure durch milde Säurehydrolyse von Schweineblutgruppensubstanzen A und O.* Vff. isolierten nach Erhitzen von Blutgruppensubstanz auf 100°/2 Std. bei p_H 1,5—1,8 u. nach Dialyse neben *Methylpentose Asparagin-, Glutaminsäure, Lysin, Serin, Threonin* u. *Glykokoll* durch Behandlung des Dialysats mit Dinitrofluorbenzol. (J. Amer. chem. Soc. **73.** 2977—78. Juni 1951. New York, N. Y., Columbia Univ., Dep. of Bacteriol. and Neurol., Coll. of Physicians and Surgeons, u. Presbyterian Hospital.) BRATFISCH. 4572

Sidney Leskowitz, Helen van Vunakis und **Elvin A. Kabat,** *Verunreinigung von Blutgruppensubstanzen aus Schweineblutpräparaten durch Aminosäuren.* VAN VUNAKIS u. KABAT berichteten (vgl. vorst. Ref.) über den Geh. des dialysierbaren Anteils von Blutgruppensubstanzen an Aminosäuren. Weitere Verss. zeigen nun, daß ein Teil des Geh. an Aminosäuren auch ohne Hydrolyse, nach einfacher Dialyse nachgewiesen werden kann, so daß die darauf bezgl. Angaben in der oben zitierten Arbeit fehlerhaft sind. (J. Amer. chem. Soc. **74.** 5538. 5/11. 1952. New York, N. Y., Presbyterian Hosp.) LOCH. 4572

Ludwig Heilmeyer und **Herbert Begemann,** *Klinische Beobachtungen bei Störungen in der Zusammensetzung der Bluteiweißkörper.* Es werden behandelt: Makroglobinämie = Plasmaeiweißkörper mit Mol.-Gew. um 1 Million; lymphat. Leukämie mit starker Globulinvermehrung; Myelom mit vermehrten Bluteiweißkörpern, zum größten Teil blutfremder, patholog. Natur; Lymphogranulomatose mit Bldg. patholog. Eiweißkörper im lymphogranulomatösen Gewebe; essentielle Hypoproteinämie; essentielle Hyperproteinämie; essentielle Ödeme; Nephrosen ohne Albuminurie; Purpura hyperglobulinaemica. (Med. Mschr. **4.** 260—65. Apr. 1950. Freiburg i. Br., Univ. Med. Klin.) W. BRANDT. 4572

Kurt Salomon, Jonas E. Richmond und **Kurt I. Altman,** *Tetrapyrrol-Vorläufer von Protoporphyrin IX.* 1. Mitt. *Uroporphyrin III.* Es wurde die Synth. von *Protoporphyrin IX* (I) im *Knochenmark* (II) aus *Uroporphyrin* (III) untersucht. III wurde auf folgende Weise mit ^{14}C markiert: 2 Kaninchen erhielten $^{14}C_{(\alpha)}$-Glycin. Das II der Tiere (19,5g) wurde dann mit 50 cm³ W. homogenisiert, das Homogenat mit HCl auf p_H 3,5 eingestellt u. 1,8 mg reines *K-Uroporphyrinat* (IV) zugefügt. Dann wurde das Gemisch zentrifugiert, die wss. Schicht mit Talkum versetzt, um III zu adsorbieren. Das abzentrifugierte u. getrocknete Talkum wurde mehrfach mit Methanol (HCl-gesätt.) eluiert u. dann wurden nach Zugabe von 3 Voll. W. zum Eluat die *Porphyrine* mit Chlf. extrahiert, der Chlf.-Extrakt noch 3mal mit W. gewaschen u. das Chlf. im Vakuum abgedampft. Der in 5 cm³ Chlf.–Ae. (1:1) aufgenommene Rückstand wurde sodann nach der Meth. von GRINSTEIN (C. **1949.** E. 1224) chromatographiert u. die so erhaltene III-Fraktion noch durch 3maliges Chromatographieren u. Umkristallisieren gereinigt. Es wurden 1,6 mg reines III mit einer Radioaktivität von 7,2 c.p.m./mg erhalten. — 1,2 mg markiertes **IV** wurden mit 125 cm³ einer **II**-Suspension in Ggw. von O_2 incubiert. Die Suspension setzte sich zusammen aus 15 g **II**, 75 cm³ RINGER-Lsg., 45 cm³ 0,08 mol. Phosphatpufferlsg., p_H 7,3, 2 cm³ 0,32 mol. Glycinlsg., 2 cm³ 0,16 mol. Na-Acetatlsg., 2 mg Streptomycin in 0,5 cm³ W. u. 2 mg Penicillin in 0,5 cm³ Wasser. Nach 20 Std. wurden die **II**-Zellen durch Zugabe von **3** Voll. W. zur Suspension lysiert u. aus der Lsg. **I** nach der früher beschriebenen Meth. (vgl. RICHMOND u. Mitarbeiter, C. **1952.** 2705) isoliert u. an $CaCO_3$ mit Chl.-PAe. als Lösungsm. chromatograph. gereinigt. — Die Best. der Radioaktivität von **I** ergab, daß ca. 52% des in **III** vorhandenen ^{14}C in **I** wiedergefunden wurden. Dies ließ erkennen, daß **III** eine Hauptquelle des von **II** synthetisierten **I** ist. (J. biol. Chemistry **196.** 463—68. Juni 1952. Rochester, N. Y., Univ., School of Med. and Dent., Dep. of Radiat. Biol. and Biochem.) v. PECHMANN. 4572

—, *Akute Porphyrie: Bericht eines Falles.* Bei einer Frau mit akuter idiopath. Porphyrie blieb *ACTH* ohne Erfolg, *Tetraäthylammoniumchlorid* hatte keinen, *Octin* (*6-Methylamino-2-methylhepten*) u. *Ca-Gluconat* zeitweiligen Einfl. auf die Schmerzen. 4 intravenöse Infusionen von 500 ccm 0,2% *Procain-HCl* in 0,45%iger Salzlsg. wurden verabfolgt. Nach der 2. kam es zu einer deutlichen Besserung. (Ann. intern. Med. **38.** 862—68. April 1953. San Francisco u. Seattle, Virginia Mason Hosp. u. The Mason Clinic.) BROSEMANN. 4572

Adolf Linke, Ferdinand Kreiker und **Erich Lebok,** *Zur Hämatologie und Klinik der Hungerkrankheit.* (*Blutbild und Knochenmark beim chronischen Eiweißmangel.*) Bei 100 hungerkranken Männern betrug das Untergewicht im Mittel 21,2%. Bei 61 Patienten betrug die Größenabnahme 1—5 cm. Die meisten Kranken hatten ein weiches Sternum als Folge einer Hungerosteoporose. Infolge des Mangels an biolog. hochwertigen tier. Eiweißkörpern bestand vorwiegend eine hyperchrome, selten normochrome, makrocytäre Anämie mit leichter Hypoproteinämie. Die Erythropoese im Knochenmark zeigte eine Hyperplasie. Das weiße Blutbild zeigte Veränderungen quantitativer u. qualitativer Art. Besonders auffällig war die Rechtsverschiebung des qualitativen Blutbildes der Neutrophilen u. die Linksverschiebung des qualitativen Lymphocytenblutbildes. Im Knochenmark bestand bei quantitativer etwas verminderter Myelopoese qualitativ eine geringe Linksverschiebung. Aus der Verminderung der Zellzahl im reticulo-endothelialen Syst. kann eine herabgesetzte Infektionsresistenz gefolgert werden. Die Reifungshemmung der Thrombopoese im Knochenmark führte zu einer geringen Verminderung der Blutplättchen. (Med. Mschr. **4.** 266—78, Apr. 1950, Erlangen, Univ. Med. Klinik.) W. BRANDT. 4572

Hans Schulten, *Über Agranulocytose mit besonderer Berücksichtigung der medikamentösen Genese.* Symptome der Agranulocytose (Agc.) werden besprochen u. Zusammenhänge der Krankheit mit Medikamentengebrauch herausgestellt. Vereinzeltes Auftreten der Agc. nach Medikamenten läßt auf typ. Überempfindlichkeits-Rk. schließen. Bei *Pyramidon* (**I**) keine Parallelität zwischen Anfälligkeit für Agc. u. andere allerg. Erscheinungen. Personen mit Arzneimittelexanthem nach **I** sind deshalb keine Anwärter auf Agc., Verss., durch Haut-Rk. die überempfindlichen Menschen herauszufinden, blieben erfolglos. Zu den Stoffen, die neben **I** eine Agc. auslösen können, gehören *Antipyrin* u. *Phenacetin,* in geringem Maße auch *Salvarsan,* ferner können auch einige *Sulfonamide* u. vor allem *Thiouracil* eine Leukopenie hervorrufen, die sich zur Agc. steigern kann. Dasselbe gilt für *Conteben.* Hier ist Allergie nicht so eindeutig wie bei **I**, eine direkte tox. Wrkg. auf die Leukocytenbldg. ist nicht auszuschließen. Durch ausreichenden *Penicillin*-Schutz, $5{,}10^5$ bis $1{,}10^6$ E. pro Tag, gelang es Vf., die Letalität der Agc. erheblich zu senken. (Neue med. Welt **1.** 117—19. 28/1. 1950. Köln, Univ., Med. Polikl., Bürgerhosp.) DOSSMANN. 4573

B. A. Pethica und **J. H. Schulman,** *Die Physikochemie bei der Hämolyse mit oberflächenaktiven Substanzen.* (Vgl. C. **1953.** 723.) Da rote Blutkörperchen eine Lipidooberfläche besitzen u. Cholesterin ein Bestandteil dieser Zellen ist, der der Lysis durch verschied. Agentien entgegenwirkt, wurden die Verss. nicht nur mit roten Blutkörpern, sondern auch an monomol. Cholesterinschichten durchgeführt. Als oberflächenaktive Substanzen wurden n. aliphat. Alkohole u. zwei Polyäthylenäther n. Alkohole verwendet. Es wurden die Oberflächenspannungen gemessen, die Lsgg. der Detergentien in Lysis-bewirkenden Konzz. besitzen u. das Eindringungsvermögen in monomol. Cholesterinfilme bestimmt. Die krit. Oberflächenspannung, bei der Hämolyse erfolgt (Kollapsspannung), beträgt 34 dyn/cm. Der Cholesterinfilm wird bei 38 dyn/cm zerstört. Nichtionische oberflächenaktive Stoffe bringen die Lysis durch einfache detergierende Wrkg. zustande, langkettige ionische Detergentien durch Erhöhung der Oberflächenspannung infolge Ion–Dipol- oder Ion–Ion-Wechselwirkung. Die Ergebnisse stützen zugleich die Annahme, daß die Oberfläche von Erythrocyten durch eine

Cholesterin–Lipoproteinschicht gebildet wird. (Biochem. J. **53.** 177–85. Jan. 1953. Birmingham, Dep. of Pharm., Med. School Cambridge, Dep. of Coll. Sci., Univ.) WIEGERSHAUSEN. 4573

Pierre Plancherel, *Klinische und gerinnungsphysiologische Untersuchungen mit einem neuen Heparindepotpräparat.* Vf. untersucht die Wirkungen von *Liquenium-Depot* (I, HOFFMANN-LA ROCHE, Basel; 40000 IHE/cm³) mit Zusatz eines Vasoconstrictors, einem neuen Heparindepotpräparat. Thrombinzeit nach QUICK ist erhöht für 20–22 Std.; keine Veränderung von Blutdruck, Puls u. Thrombocytenzahl, keine Beeinflussung der Capillarresistenz, unwesentliche Verminderung des Prothrombinspiegels, keine Schmerzen nach einmaliger Injektion. Klin. Anwendung von I bei: 24 Thrombosen u. Thrombophlebitiden, 21 Lungeninfarkten, 12 Myocardinfekten, 11 Thromboseprophylaxen. Vf. ist der Ansicht, daß die Anwendung von I gegenüber der intravenösen Heparintherapie einen Fortschritt bedeutet, wenn auch die Sensibilisierungsgefahr die Anwendungsdauer von I zeitlich noch beschränkt. (Z. klin. Med. **150.** 213–59. 1953. Zürich, Univ., Med. Klinik.) BRATFISCH. 4574

Benmussa und **Saffar,** *Schweres hämorrhagisches Syndrom mit Anurie nach einer Behandlung mit synthetischem Antikoagulationsmittel.* Bericht über einen Phlebitisfall; nach Verordnung eines *Dicoumarolderiv.* ohne Blutbildkontrolle traten schwere hämorrhag. Erscheinungen auf. Behandlung mit *Vitamin K* u. *C, Traubenzucker* u. *Novocain.* (Tunisie méd. **41.** 405–07. April 1953.) DOSSMANN. 4574

Bengt Hagberg, *Das Eisenbindungsvermögen des Serums bei verschiedenen Formen der Eisenvergiftung.* Unters. des *Fe*-Geh. im Serum nach oraler u. intravenöser Verabfolgung (0,16 mg/g) von *Fe-Tartrat, -Sulfat* u. *-Saccharat.* Vergiftungserscheinungen werden bei ungesätt. Fe-Bindungsvermögen des Serums beobachtet. (Acta Soc. med. Upsaliensis **58.** 56–72. 3/3. 1953. Uppsala, Schweden, Univ. Hosp., Pediatric Dep.) FAHRNLAENDER. 4574

Bengt Hagberg, Bo Vahlquist und **Wallace Dickie,** *Experimentelle Untersuchungen des Eisensaccharates.* Vff. führen mit dem *Fe-Saccharatpräp. Intrafer* (I) (20 mg Fe/cm³) Dialyseverss. durch u. stellen fest, daß der Fe-Geh. des getrockneten, nichtdialysierbaren Anteiles ca. 60% beträgt. Auch die turbidimetr. Messungen lassen erkennen, daß I in vitro über einen weiten p_H-Bereich (11–6) stabil ist. Durch photometr. Analyse des hydrolysierten I (Zusatz von 4% HCl bzw. 8% CCl_3COOH) werden in jedem Falle (Reaktionszeit 1 Std., Reaktionstemp. 60°) nur 40–45% des koll. Fe ermittelt. Das Verhalten des I nach intravenöser Injektion (50–200 mg) zeigt, daß das koll. Fe das Blut 5–6 Std. nach der Injektion verläßt, wobei ein Absinken des Fe-Geh. im Serum stattfindet. Es wird vermutet, daß ein Teil des Fe von den Erythrocyten resorbiert wird. (Acta Soc. med. Upsaliensis **58.** 73–82. 3/3. 1953. Uppsala, Univ. Hosp., Pediatric Dep.) FAHRNLAENDER. 4575

Irving Gray, Pentii K. Siiteri und **Edwin J. Pulaski,** *Stoffwechsel von Plasma-Ersatzmitteln.* 1. Mitt. *Dextran* (*Macrodex*). Aus der Tatsache, daß das Dextrose/N-Verhältnis im Harn phlorrhizinvergifteter hungernder Hunde nach *Dextran*-Infusion ansteigt (Phlorrhizin verhindert die Dextroseresorption), wird geschlossen, daß Dextran bei diesen Hunden zu Dextrose abgebaut wird. (Proc. Soc. exp. Biol. Med. **77.** 626–27. Aug. 1951. Fort Sam Houston, Texas, Brooke Army Hospital.) W. BRANDT 4576

P. Moureau, *Dextran-Zusatz zu Plasma von gefährlichen Universalspendern.* Vf. berichtet über vorläufige Erfahrungen mit der Verwendung von *Dextran* als Zusatz bei Bluttransfusionen von Universalspendern. Außerdem wurden dem Blut je 100 cm³ noch 2,45 g Glucose, 1,36 g Natriumcitrat u. 0,5 g Citronensäure zugesetzt. Es wurde kein anaphylakt. Schock beobachtet, u. die Agglutine scheinen durch Dextran unwirksam geworden zu sein. (C. R. Séances Soc. Biol. Filiales **145.** 1252–54. Aug. 1951. Liège, Univ., Labor. de Groupes sanguins et Transfusion.) BALZER. 4576

Valdemar Madsen, K. Mauritzen und **J. B. Termansen,** *Antikonzeption. Eine Übersicht.* Allg. Ausführungen. — 67 Literaturangaben. (Arch. Pharmac. og Chem. **59** (**109**). 763–84. 20/9. 1952.) KRAFT. 4582

Valdemar Madsen, K. Mauritzen und **J. B. Termansen,** *Über chemische antikonzeptionelle Mittel.* 2. Mitt. (1. vgl. C. **1949.** E. **903.**) Auf Grund einer Beobachtungszeit von bis zu 2½ Jahren über die Anwendung antikonzeptioneller Mittel in 275 Fällen konnte die Effektivität bei Annahme eines Graviditätskoeff. mit 97,5 berechnet werden. Bei einjähriger Benutzung der Mittel wurde ein Versagen mit 2,8% ermittelt. (Arch. Pharmac. og Chem. **59** (**109**). 527–50. 14/6. 1952. KRAFT. 4582

T. Mann, *Untersuchungen über den Stoffwechsel des Spermas.* 7. Mitt. *Cytochrom in menschlichen Spermatozoen.* (6. vgl. C. **1951.** I. 2607.) Auch menschliches Sperma enthält entgegen der bisherigen Ansicht *Cytochrom* (I). Mit Hilfe der neuen spektroskop. Technik von KEILIN u. HARTREE (C. **1951. I. 160**; Einfrieren des mit Glycerin verdünnten Spermas mit fl. Luft) konnten *Cytochrom a, b* u. *c* nachgewiesen werden. In frischem Sperma liegt **I** zum größten Teil in oxydierter Form vor; in Fructose-RINGER-Phosphat-Lsg. erfolgt bei Bebrütung Red., bei Belüftung Reoxydation. In frischem Samen vom Menschen, Widder, Stier u. Eber sind die 3 Cytochrome in den Spermatozoen u. nicht im Samenplasma enthalten. Beim Stehen u. beim Altern der Spermien wird *Cytochrom c* ins umgebende Medium entlassen. Das Sperma ist bei raschem Einfrieren auf —79 bis —185° nach dem Auftauen noch lebensfähig. (Biochem. J. **48.** 386—88. April 1951. Cambridge, Univ., Molteno Inst.) GOEBEL. 4582

D. R. Melrose und **C. Terner,** *Der Einfluß von 2.4-Dinitrophenol auf den Pasteur-Effekt bei Bullenspermatozoen.* (Vgl. auch C. TERNER, C. **1953.** 9516.) Vff. berichten über die Bebrütung von *Bullensperma* bei 39° in Phosphat-Salzlsg.; *Fructose* (**I**), *Pyruvat* (**II**) u. *Lactat* (**III**) wurden chem. bestimmt. Die meisten Proben zeigten starken PASTEUR-Effekt (**P**); die **I**-Verwertung in Luft war ca. ½ der unter streng anaeroben Bedingungen; in einigen Fällen war **P** gering oder fehlte ganz; beim aeroben Abbau von entweder **I** oder **II** sammelte sich **III** an u. wurde erhöht bei **I** + **II**. In Ggw. von **I** hatte **II** keinen Einfl. auf Z_I u. erhöhte Zo_2 nicht ($Z = \mu l/10^8$ Spermatozoen/Std.). Zugabe von 10^{-4} Mol *2.4-Dinitrophenol* (*DNP*) steigerte Zo_2 um 50—100% in Ggw. von **I** oder **II**; in Ggw. von **I** + **II** war der Anstieg von Zo_2 geringer oder fehlte. Aerober Abbau von **I** u. Ansammlung von **III** werden beschleunigt durch *DNP*, u. in Ggw. von **II** erhöhen sich Fructolyse u. **III**-Bldg. (Tabelle). In Ggw. von 0,01 mol. Fluorid wurde aerobe **III**-Bldg. stark gehemmt, durch Zugabe von **II** trat teilweise Enthemmung ein, die durch *DNP* weiter gesteigert wurde. (Biochem. J. **49.** 1—2. Juni 1951. Reading Cattle Breeding Centre, Min. of Agricult. and Fisheries, u. Univ. of Reading, Nat. Inst. for Res. in Dairying.) GOEBEL. 4582

H. Waldmann, *Die Bestimmung der Vitamine als mikrochemische Aufgabe.* Es werden die Möglichkeiten der quantitativen Best. der wichtigsten *Vitamine* durch chem. u. physikal. Methoden aufgezeigt u. letztere mit den biol. u. mikrobiol. Bestimmungsverff. verglichen. An einigen Beispielen (*Lactoflavin, Vitamin C, Vitamin A*) werden die mikrochem. Grundprinzipien, Möglichkeiten u. Schwierigkeiten der chem. Vitaminanalyse erörtert. — 43 Literaturzitate. (Mikrochem. verein. Mikrochim. Acta **36/37.** 973—88. 1951. Basel, F. Hoffmann-La Roche & Co A. G., Wiss.-analyt. Laborr.) K. MAIER 4587

F. G. Stock, *Die Bestimmung des Vitamins B_1 mit dem Fluorometer: der Entwurf der Eichkurve.* Die Meth. wurde im Biochemic. J. **37.** [1943.] 433 beschrieben; ein Auszug daraus im Analyst **68.** [1943.] 379 bezeichnet eine Lsg. von 0,01 g *Chinin* (**I**) in 100 ml 0,1 n H_2SO_4 als Eichlsg., während diese nach dem Original eine Vorratslsg. ist, die erst bei 100facher Verdünnung die im Fluorimeter zu verwendende Eichlsg. gibt. Die Eichkurve γ *Vitamin B_1* = C : antilog D, in der D die opt. D. u. C eine Konstante ist, stellt eine durch den Anfangspunkt gehende Gerade dar. C ist die Menge Vitamin B_1 in γ, bei der antilog D = 1 ist u. deren Fluorescenz der der Eichlsg. (**I**) gleichkommt. Bei Bereitung der Eichlsg. mit **I**-Sulfat ist die Veränderlichkeit des Kristallwassergeh. zu beachten. (Analyst **75.** 499. Sept. 1950. Birmingham, City Analyst's Labor.) METZENER. 4587

H. N. Ridyard, *Theoretische und praktische Betrachtungen über die Bestimmung des Aneurins* (*Vitamin B_1*) *mit besonderem Bezug auf den Wiedergewinnungsfaktor.* Die fluorometr. Best. des *Aneurins* (**I**) umfaßt 4 Stufen: Die Extraktion von **I** aus dem Rohmaterial (entweder durch Ausziehen mit angesäuertem W. oder durch Erhitzen mit verd. Säure bis zum Kp., Einstellung auf p_H 4,5 u. Takadiastasebehandlung, je nachdem **I**-Pyrophosphat an- oder abwesend ist, u. gelegentlicher Behandlung mit Basenaustauschern), die Oxydation von **I** zu *Thiochrom* (**II**) durch K-Ferricyanid, Extraktion von **II** durch Isobutylalkohol u. die fluorometr. Best. dieses Extrakts. Die Faktoren, welche die durch die Anzahl chem. Rkk. u. physikal. Prozesse sehr verwickelte **I**-Best. beeinflussen, wurden krit. untersucht. Die angewandte Meth. bestand in der Zugabe von reinem **I** zu den Extrakten. Es zeigte sich, daß weder die Wiederauffindung von zugegebenem **I** noch die Übereinstimmung erhaltener Werte ein ausreichender Maßstab für die Übereinstimmung der gefundenen **I**-Menge mit dem tatsächlich vorhandenen **I** ist. (Die Übereinstimmung mit biolog. gefundenen Werten ist auch kein ausreichendes Kriterium, da die **I**-Verwertung durch andere anwesende Substanzen, z. B. die Vitamine A u. E, beeinflußt werden kann.) Die Möglichkeit, daß **I** Verbb. eingeht, die Fehler, die bei der Oxydation in **II** auftreten können, u. die Fehlermöglichkeiten bei der fluorometr. Best. werden in Betracht gezogen u. analysiert. Die Verluste bei den Basenaustauschmethoden werden erwähnt. Die Faktoren, welche die Wiederauffindung von zugegebenem I beeinflussen, stehen in keiner linearen Beziehung zur gesamten, in einem Extrakt vorhandenen I-Menge; diese Abweichungen von der Linearität können jedoch bei sehr geringen in Betracht kommenden I-Konzz. sehr klein sein. In Kleie u. vielleicht auch in anderem Material kann jedoch ein Anteil an jeder Abweichung dem Quadrat der I-Konz. proportional sein, was noch bewiesen u. theoret. begründet werden muß. Es wurde gefunden, daß der Quotient: scheinbare I-Konz./Wiederauffindungsfaktor mit dem Faktor u. deshalb mit der Konz. des Ausgangsmaterials zunimmt. (Analyst **75.** 634—50. Dez. 1950. St. Albans, Res. Assoc. of Brit. Fluor Millers, Cereals Res. Station.) K. F. MÜLLER. 4587

K. J. Carpenter, A. T. Phillipson und **W. Thomson,** *Untersuchungen mit trockenem Farn* (*Pteris aquilina*). Im Juni geernteter, geschnittener u. getrockneter Farn enthält einen Antithiaminfaktor, der in Ratten u. Ponys B_1-Mangelkrankheit hervorruft, die durch B_1-Gaben geheilt werden können. Andere B-Vitamine sind ohne Einfluß. Bei jungen Rindern ist die tox. Wrkg. des getrockneten Farnkrautes uneinheitlich. Vff. vermuten, daß Rinder sich an steigende Gaben von Farn gewöhnen können. Es wurden 2 von verschied. Stellen geerntete Farnpflanzen untersucht, von denen die eine giftiger wirkte, da sie weniger Stengel u. mehr Blätter aufwies. (Brit. veterin. J. **106.** 292—308. Aug. 1950. Bucksburn, Aberd., Rowett Res. Inst.) GRAU. 4587

F. E. Moon und **J. M. McKeand,** *Beobachtungen über den Vitamin-C-Status und die Hämatologie bei mit Farnkraut gefütterten Wiederkäuern.* Im Endstadium der Farnkraut (I)-„Vergiftung" bei Wiederkäuern erfolgte eine zunehmende Zerstörung von Vitamin C. Leukopenie, vorläufig beobachtet beim Rindvieh mit I-Vergiftung, scheint auch bei Schafen vorzukommen. Unterschiede im Blutbild bei mit I gefüttertem Rindvieh hängen mit der Fähigkeit der Schafe zusammen, für sehr lange Zeit I-Futter ertragen zu können. (Brit. veterin. J. **109.** 321—26. Aug. 1953. Edinburgh, East of Scotl. Coll. of Agricult.) PATZSCH. 4587

Arvin Carlsson (unter techn. Mitarbeit von **M. Lindqvist** und **T. Magnusson),** *Versuche mit radioaktivem Ca über die Beziehungen zwischen Vitamin D und Nahrungs-Calcium und -Phosphor.* Vf. fütterte Ratten 20 Tage lang mit einer Kost, die verschied. Gehh. an Ca u. P aufwies, mit oder ohne Zusatz von *Vitamin D* (I). Bei den Tieren, deren Futter kein I aufwies, hatten die verschied. hohen Gehh. von Ca u. P im Futter keinen nennenswerten Einfl. auf die Resorption von *^{45}Ca* durch den Verdauungstrakt, während in Anwesenheit von I sowohl Ca- als auch P-Mangel eine erhöhte Resorption des *^{45}Ca* bewirkte. War das Futter reich an Ca u. P, so hatte I keinen Einfl. auf die Resorption von *^{45}Ca*. (Acta pharmacol. toxicol. [Köbenhavn] **9.** 32—40. 1953. Lund, Schweden, Univ., Dep. of Pharmacol.) KRUSEN. 4587

Hans-Erich Levens, *Die Bedeutung des Hippursäuretestes für den Stoffwechsel und seine Beeinflussung durch Vitamin E. Hippursäure* (I) fällt nach Ansäuern des Urins mit HCl aus u. ist gravimetr. leicht zu bestimmen. Test zur Leberfunktionsprüfung. Vf. wandte den Test bei schwangeren Frauen an u. fand in den späteren Monaten der Schwangerschaft Verminderung der I-Synth., die als stoffwechselmäßig bedingt angesehen wird. Da an allen Stoffwechselvorgängen Vitamine beteiligt sind, erhielten n. Versuchspersonen *Vitamin E* (II). Am Tag vor u. nach der II-Gabe wurde der I-Test bestimmt, bei II-Gabe von 60—150 mg ergibt die 2. I-Best. immer geringere Werte. Bei n. Personen ohne II-Verabreichung ist eher Ansteigen zu verzeichnen. Vf. schließt daraus, daß II im intermediären Kohlenhydrat–Eiweiß-Stoffwechsel als eine verwertungssteigernde Substanz anzusehen ist. (Med. Mschr. **4.** 104—06. Febr. 1950. Köln, Univ. Frauenklinik.) DOSSMANN. 4587

Edw. Flückiger und **H. Flück,** *Der Einfluß von Vitamin E auf Daphnia longispina O. F. M.* Vff. untersuchten den Einfl. von *dl-α-tocopherolphosphorestersaurem Na* auf die Lebenserwartung von D. longispina. Als Futter wurde Bäckerhefe gegeben, die Versuchstiere erhielten zusätzlich 0,5 mg Vitamin E/200 cm³ W. bei jedem Wasserwechsel. Temp. während der Verss. 18—20°. Erhalten die Tiere von der Geburt an Tocopherolzusätze, so steigen die Lebenserwartungen. Wird Vitamin E erst vom 6. Versuchstage an gegeben, so hat es unter den betreffenden Bedingungen keinen Einfl. mehr auf die Lebenserwartung der Versuchstiere. (Experientia [Basel] **6.** 64. 15/2. 1950. Zürich, ETH, Pharmazeut. Inst., Pharmakognost. Abt.) K. BÖHM. 4587

Nada Trompke-Bathory, *Die Injektion von Vitamin K, eine einfache Therapie der Melaena neonatorum.* Klin. Beschreibung von 3 Fällen von Melaena neonatorum, die mit wenigen Injektionen von *Vitamin K* (*Karanum*) schlagartig geheilt wurden. Von insgesamt 23 so behandelten Kindern sind 2 gestorben. (Neue Med. Welt **1.** 1201—02. 16/9. 1950. Göttingen, Univ., Kinderklinik.) DAUTZENBERG. 4587

S. M. Gaafar und **J. E. Ackert,** *Versuche an Hühnern mit Mineralmangelnahrung als Widerstandsfaktor gegen Parasiten.* Verss. an 596 Hühnern über die Bedeutung des P-, Ca- u. Mn-Geh. der Nahrung für die Widerstandsfähigkeit gegen die Nematode Ascaridia galli (A.g.) zeigten, daß für das Wachstum von A.g. Ca u. P erforderlich sind. Ihr Mangel scheint die Widerstandsfähigkeit gegen A.g. nicht wesentlich zu beeinträchtigen, löst aber bei den Hühnern die typ. Symptome aus. Verss. mit Mn konnten nicht ausgewertet werden, da sie zu variabel waren. (Exp. Parasitology **2.** 185—208. April 1953. Dallas, Tex., Rutherford Veterinary Hospital.) GERDA SCHULZE. 4589

T. M. Paul, V. R. Bhale Rao und **C. P. Anantakrishnan,** *Die Verdaulichkeit verschiedener Öle und Fette.* In Stoffwechselverss. an Ratten wurde die Verdaulichkeit einer Reihe von Butterfetten (Kühe, Büffel, Ziegen u. Schafe), von Körperfetten der gleichen Tierarten, von verschied. pflanzlichen Ölen u. 3 hydrierten Ölen bestimmt. Die Butterfette zeigten die höchste Verdaulichkeit, die Körperfette die niedrigste; die pflanzlichen Fette lagen in der Mitte. Die Hydrierung der Öle mit Prodd. vom F. über 38° verminderte die Verdaulichkeit, verglichen mit der der Ausgangsöle. (Indian J. veterin. Sci. animal Husbandry **21.** 1—11. März 1951. Angalore, Indian Dairy Res. Inst.) NEHRING. 4594

Marcel Lelong, Jean Colin und **Claude Polonovski,** *Die Steatorrhoen bei Kindern, ihre Charakterisierung.* 1. Mitt. Vff. beschreiben die klin. Erscheinungen der Steatorrhoe u. ihre Ursachen. Ausführung der mkr. Unterss. der Stühle auf Neutralfett mittels Sudan, III-Lsg. u. der chem. Fettbest. durch Ae.-Extraktion. — 61 Literaturangaben. (Arch. franç. Pédiatrie **10.** 561—86. 1953. Paris, Fac. Méd., Clin. de Puéricult.; Inst. National d'Hyg.) PATZSCH. 4594

Marcel Lelong, Jean Colin und **Claude Polonovski,** *Die Steatorrhoen bei Kindern, ihre ätiologische Diagnose.* 2. Mitt. (1. vgl. vorst. Ref.) Zur ätiolog. Diagnose verwenden Vff. bei Kindern <1 Jahr die mkr. Unters. der Fäces auf Fett, Best. des fäkalen Trypsins nach SCHWACHMANN u. die Jodurieprobe (orale Gabe von 0,5 g Lipiodol u. Nachw. von J im Urin nach Zersetzen mit wenig HNO_3 u. $FeCl_3$ u. Extraktion mit $CHCl_3$). Bei Kindern >1 Jahr sind eingehendere, näher beschriebene klin. u. Laboratoriumsunterss. erforderlich. — 29 Literaturangaben. (Arch. franç. Pédiatrie **10.** 702—13. 1953. Paris, Clin. de Puéricult.; Inst. National d'Hyg.) PATZSCH. 4594

H. A. Weijers und **J. H. v. d. Kamer,** *Coeliakie.* 1. Mitt. *Kritische Wertung der verschiedenen Untersuchungsmethoden.* Die zur Unters. der gestörten Fettverdauung oder Fettresorption bei Erkrankungen des Coelums üblichen Methoden (Best. des Fetts in den Fäces u. Beziehung zwischen aufgenommenem u. resorbiertem Fett im Stuhl u. in der Trockensubstanz, Best. der Fettresorption durch Messung der Lipämie u. der Vitamin-A-Toleranzkurve) werden krit. verglichen. Lediglich der Resorptionskoeff. 100 (g aufgenommenes Fett — g ausgeschiedenes Fett)/g ausgeschiedenes Fett scheint ein brauchbares Maß für die gestörte Fettresorption abzugeben. Für die Erklärung der Steatorrhoe muß neben der Resorptionsstörung die Fettausscheidung in den Darm in Rechnung gestellt werden. (Acta paediatrica [Uppsala] **42.** 24—33. Jan. 1953. Utrecht, Univ. Children's Hosp., u. Central Inst for Nutr. Res.) W. BRANDT. 4594

W. K. Dicke, H. A. Weijers und **J. H. v. d. Kamer,** *Coeliakie.* 2. Mitt. *Ein im Weizen vorhandener, bei Coeliakie schädlicher Faktor.* (1. vgl. vorst. Ref.) Weizenmehl enthält einen Faktor, der bei Coeliakie-Patienten Anorexie, Erbrechen, Diarrhoe u. Steatorrhoe verschlimmert; Weizenstärke ist harmlos. Der „Weizenfaktor" ist auch in Roggen u. Hafer enthalten. (Acta paediatrica [Uppsala] **42.** 34—42. Jan. 1953. Utrecht, Univ. Children's Hosp., u. Hague, Juliana Children's Hosp.) W. BRANDT. 4594

E. Merlevede, *Die Bildung von Sulfhydrylgruppen bei der Proteolyse durch Magensaft in vitro und in vivo.* Bei pept. Verdauung werden Sulfhydrylgruppen gebildet, in vitro u. in vivo, mit einem Maximum bei p_H 1. Durch Säure allein, ohne Pepsin, treten keine SH-Gruppen auf. (Arch. int. Pharmacodynam. Thérap. **83.** 335—41. 1950.) GOEBEL. 4594

Earle W. Crampton, M. Isabel Irwin, Lewis E. Lloyd und **Helen R. Neilson,** *Die augenscheinliche Verdaulichkeit von essentiell ähnlichen Rationen bei Ratten, Meerschweinchen, Schafen, Schweinen und Menschen.* Weizenprodd. in verschied. Form wurden in Ausnützungsverss. bei den obengenannten 3 Spezies auf ihre Verdaulichkeit geprüft. Trotz der nicht unerheblichen Unterschiede im anatom Bau der Verdauungsorgane zwischen den verschied. Arten waren keine weiteren Unterschiede in der Verdaulichkeit festzustellen mit Ausnahme der Schafe, bei denen die Verdaulichkeit gegenüber den anderen Arten etwas niedriger lag (Gesamtverdaulichkeit: 78%

gegenüber 87% im Durchschnitt der übrigen.) (J. Nutrit. **43.** 541—50. 10/4. 1951. McGill Univ., Prov. of Quebec, Macdonald Coll., Dept. of Nutr.) Nehring. 4594

Andrée Michaux, *Die Grundsubstanzen der pflanzlichen Zellmembran im Verlauf der Verdauung beim Schaf.* Vf. untersucht die Verdaulichkeit von Cellulose u. Pektinsubstanzen verschied. Futterstoffe (Heu, Stroh, Rübenpulpe, Apfelmark) beim Schaf. Die Verdauuungskoeffizienten von Cellulose zeigen eine geringere Streuung als die von Pektin; am kleinsten sind die Unterschiede der Werte bei den Gesamtverdauungskoeffizienten (Pektin + Cellulose). Nach Ansicht des Vf. stellt die Cellulose ein regulierendes Element dar, dessen kompensierender Einfl. nur wirksam werden kann, wenn bei dem aufgenommenen Futter der Geh. an Cellulose höher als der an Pektin liegt. (C. R. hebd. Séances Acad. Sci. **232.** 121—23. 3/1. 1951.) Nehring. 4594

Gerhard Wicke, *Die Bedeutung der Zellwände für die Ausnutzbarkeit pflanzlicher Nährstoffe.* In Selbstverss. wurde festgestellt, daß die Resorption der Fette aus unveränderten Pflanzenzellen mit nicht unerheblichen Verlusten verknüpft ist. So wurde z. B. bei der Aufnahme von ungenügend zerkleinerter Sojabohne (Schrot, Flocken) ein Resorptionsverlust von 13,5—20,8% gegenüber 0,3—2,2% bei ganz fein gemahlenem Vollsojamehl festgestellt. Es wird angenommen, daß die ganze Zellwand einschließlich der verhältnismäßig dicken pektinisierten Mittellamelle dem Durchgang der Verdauungssäfte einen erheblichen Widerstand entgegensetzt. Die Pektine werden allmählich durch die Verdauungssäfte aufgelöst, u. damit werden auch die Zellwände für den Durchgang der Verdauungsfermente durchlässig gemacht. Ein direkter Nachw. der intermicellaren Räume der Zellmembranen, durch die ein Durchdringen der Fermente denkbar ist, auf elektronenopt. Wege gelang jedoch nicht. (Aerztl. Wschr. **6.** 725—30. 3/8. 1951. Marburg, Univ., Med. Klinik.) Nehring. 4594

R. Nicolaysen und **L. R. Njaa,** *Untersuchungen über die Wirkung von Phytinsäure auf die Resorption von Calcium bei Ratten, Schweinen und Menschen.* Es wurde die Wrkg. von *Phytinsäure* (**I**) in langdauernden Verss. an Ratten, Schweinen u. Menschen untersucht. Bei Ratten war bei einer relativ hohen Ca-Resorption diese durch **I** herabgesetzt. In späteren Lebensabschnitten mit niedriger Ca-Resorption verschwand diese Wrkg. von **I**. Der **I**-Geh. im Kot wurde durch eine verstärkte Ca-Ausscheidung nicht beeinflußt. Auch bei Verss. mit jungen Schweinen war die Wrkg. von **I** deutlich. In einem Vers. an drei Menschen konnte eine solche Wrkg. nicht festgestellt werden. (Acta physiol. scand. **22.** 246—59. 25/4. 1951. Oslo, Univ., Nutr. Res. Inst.) Nehring. 4594

M. H. Quenouille, A. W. Boyne, W. B. Fisher und **I. Leitch,** *Statistische Untersuchungen über den beobachteten Energieverbrauch des Menschen.* 1. Mitt. *Grundumsatz in Abhängigkeit von Geschlecht, Statur, Alter, Klima und Rasse.* Vff. haben aus der Literatur die gemessenen Werte für den Grundumsatz von über 8600 Einzelpersonen statist. verwertet u. bes. die Beziehungen der Höhe des Grundumsatzes zu Geschlecht, Rasse, Statur, Klima u. Alter herausgestellt. Die Ergebnisse der Berechnungen sind in 23 Tabellen niedergelegt. (Commonwealth Bur. animal. Nutrit., techn. Commun. Nr. **17.** 1—35. Dez. 1951.) Nehring. 4595

C. C. Kratzing, *Stoffwechselwirkung elektrischer Reizung von Säugetiergewebe in vitro.* Hirnrinde u. Gewebeschnitte von Nierenrinde u. Lunge von Meerschweinchen u. Zwerchfellschnitte von Ratten wurden in vitro einem elektr. Strom ausgesetzt (2,5 V, 10—25 mA). Dadurch wurde ein Ansteigen der Atmung u. der aeroben Glykolyse erzielt: Bei Hirnschnitten um 51 bzw. 56%, bei Zwerchfellgewebe um 39 bzw. 47%, bei Lunge um 19% ohne Ansteigen der Glykolyse. Nierenschnitte zeigten keine Reaktion. (Biochem. J. **50.** 253—57. Dez. 1951.) Barth. 4596

G. L. McClymont, *Der Stoffwechsel der flüchtigen Säuren beim Wiederkäuer und die besonderen Beziehungen zur lactierenden Milchdrüse der Rinder und der Zusammensetzung des Fettes.* Es wird der Stoffwechsel der flüchtigen Fettsäuren (**I**) der Schafe u. Rinder untersucht u. diese in Beziehung gesetzt zur Ausnutzung der Essigsäure durch die Milchdrüsen und dem Anteil an niederen Fettsäuren (Reichert-Meissl-Zahl) im Milchfett: Es bestehen enge Beziehungen zwischen dem Geh. an **I** im Pansen u. im arteriellen Blut. Die Werte sind abhängig von der Fütterung. 2 Std. nach der Fütterung werden mit 8—15 mg% die höchsten Werte im Blut beobachtet. Nach 8 Std. gingen die Werte auf 5—8, nach 16 Std. auf 2,6 u. nach 72std. Hungern auf 1,5 mg% zurück. Etwa 40—80% der Essigsäure werden beim Durchgang des arteriellen Bluts durch die Milchdrüse aufgenommen. Zwischen Essigsäureaufnahme u. CO_2-Ausscheidung durch die Milchdrüse bestanden keine Beziehungen, so daß die Essigsäure für „nützliche" Zwecke in der Milchdrüse verwandt wird. Es wird angenommen, daß die Essigsäure zur Fettproduktion u. für die Oxydationszwecke dient, daß aber der Anteil an niedrigen Fettsäuren im Milchfett nicht von der Aufnahme an Essigsäure abhängig ist.

(Austral. J. agric. Res. **2.** 158–80. April 1951. Glenfield, N. S. W. Vetr. Res. Stat.) NEHRING. 4596

F. H. Sims, *Der Stoffwechsel von Methionin und Cholin bei normalen und präeklamptischen Schwangeren.* Die Ausscheidungsrate von *Methionin* (I) u. *Cholin* (II) bei n. Schwangeren u. Schwangeren mit Zeichen von **Präeklampsie** war nicht verschieden, jedoch gegenüber nichtschwangeren Frauen deutlich erhöht. Diese Erhöhung der Ausscheidung beginnt am Ende des 1. Trimesters u. nimmt bei **II** bis zur Geburt zu, während sie bei **I** im letzten Trimester wieder zurückgeht. Diese Ausscheidungszunahme scheint mit der in der Schwangerschaft erhöhten Produktion von Nebennierenhormonen verbunden zu sein. (J. Obstetr. Gynaecol. Brit. Empire **58.** 985–95. Dez. 1951. Edinburgh, Univ., Dep. of Clin. Chemistry.) V. PECHMANN. 4596

W. Raab, *Stoffwechsel des Herzmuskels in der Pathogenese und Behandlung der Angina pectoris.* Durch Sympathicusreizung hervorgerufene Ausschüttung von Brenzcatechinaminen (*Noradrenalin, Adrenalin*) in den Herzmuskel bewirkt dort gesteigerten O_2-Verbrauch. Die resultierende Hypoxie wird durch Coronarsklerose gesteigert. Eine Behandlung bezweckt Vermeidung dieses Einstromes oder der schmerzerzeugenden **H**ypoxie. — 69 Literaturangaben. (Cardiologia [Basel] **22.** 291–303. 1953. Burlington, Vt., V. St. A., Univ. of Vermont, Coll. of Med.) BROSEMANN. 4596

J. Crossland, *Die Bedeutung des Hirnacetylcholins.* Bei Ratten stieg der *Acetylcholin* (I)-Geh. der Hirnrinde in der Narkose in Abhängigkeit von deren Tiefe, nicht der Dauer, bei durch ***Leptazol*** hervorgerufenen Convulsionen sank er (bei Kaninchen von 1,4 µg/g auf 0,82 µg/g). Damit ist die Ansicht, daß die Anästhesie durch Hemmung der Synth. von I u. krampferzeugende Verbb. ihre Wrkg. durch vermehrte Ansammlung von I im Gehirn hervorruft, widerlegt. Die Untersuchungsergebnisse erlauben aber auch gewisse Schlüsse über die Rolle von I bei der Reizübermittlung von Zentralsynapsen. (J. Mental Sci. **99.** 247–51. April 1953. Cardiff, Whitchurch Hosp., Neuropsychiatric Res. Centre.) BROSEMANN. 4598

Bernard Houssay, Physiologie humaine. 2. vol. Paris: Flammarion. (1601 S.)

Jean Rivière, Contribution à l'étude des méthodes de dosage biologique de l'hormone thyréotrope (TSH Bordeaux: Impr. de R. Samie. 1950. (52 S.) gr. 8°.

E₆. Pharmakologie. Therapie. Toxikologie. Hygiene.

J. Reboul, P. Joulia, Le Coulant, L'Épée und **Larue,** *Röntgenstrahlenhyperempfindlichkeit der Haut durch Sulfonamide.* Bei 12 Patienten wurde eine Fläche von 2×2 cm auf der Brust mit 400–500 r, 110 kV, 2 mm Al-Filter, im Abstand 28 cm Fokus-Haut bestrahlt, um die Erythemdosis festzustellen. Danach Verabreichung von *Sulfonamiden, Thiazomiden* oder *Dagenan* u. Röntgenbestrahlung unter gleichen Bedingungen, in 11 Fällen gleicher Hauteffekt, bei kürzerer Bestrahlung bzw. bei gleicher Intensität größerer Effekt. Vff. vermuten, daß die Wellenlänge der Röntgenstrahlen durch den Mechanismus der Diffusion kleiner wird, die frei werdenden Quanten rufen offenbar Zellmutationen analog wie beim UV hervor. (J. Radiol. Électrol. Arch. Électr. méd. **31.** 800. 1950.) DOSSMANN. 4601

F. K. Fischer, *Die Jodölbronchographie als schädigender diagnostischer Eingriff.* Besprechung der Schwierigkeiten mit Röntgenkontrastmitteln u. der Schäden, die bei *Jodöl* (I)-Bronchographie auftreten können. Durch Verbleiben von I in den untersuchten Organen werden entzündliche chron. Veränderungen hervorgerufen. Vf. beschreibt an einem Fall, der ad exitum kam, den Prototyp eines I-Schadens. An Hand von Röntgenaufnahmen u. nach den patholog.-anatom. Befunden wird eine Lipiodolschädigung anschaulich gemacht. (Schweiz. med. Wschr. **80.** 273–78. 18/3. 1950. Zürich, Univ., Röntgeninst.) DOSSMANN. 4601

L. Daprà und **P. Sismondi,** *Die Suspension des Sulfamids in jodiertem Öl bei der Bronchographie.* Vorläufige Mitt. über die Anwendung eines 25% Lipiodol–Sulfamid-Gemisches für bronchograph. Zwecke. Die Schattendichte ist bei dieser Kombination etwas größer, außerdem muß als vorteilhaft angesehen werden, daß das Präp. rascher wieder aus dem Bronchialsyst. eliminiert wird. (Minerva med. [Torino] **44.** I. 1373–79. 23/5. 1953. Torino, Ospedale Magg. di S. Giovanni Battista.) P. G. SCHEURLEN. 4601

W. Koch, *Kritische Stellungnahme zur Peteosthorbehandlung der Knochen- und Gelenktuberkulose.* Vf. berichtet über fremde u. eigene Verss. zur *Peteosthor*-Behandlung von Knochen- u. Gelenktuberkulosen. Das Präp. ist aus einem Pt-Sol, dem radioakt. ThX u. einem Eosinfarbstoff zusammengesetzt. Dieser dient zur Stabilisierung des **Pt-Sols** u. **zur Sensibilisierung des** tuberkulösen Gewebes. Die elektropositiv geladenen Pt-Solteilchen sollen das ThX zu den elektronegativ geladenen Tuberkelbacillen transportieren. Die gelegentlich beobachteten guten Resultate mit Peteosthor konnten vom Vf. nicht bestätigt werden. Unter Berücksichtigung von Tierverss. kommt Vf. zu dem Schluß, daß eine spezif. Wrkg. auf Knochen- u. Gelenktuberkulosen nicht nachzuweisen ist. Die gelegentlichen positiven Rkk. der Kranken lassen auf eine unspezif. Reizkörpertherapie des Pt-Sols u. auf die spezif. Rolle des ThX im Kalkstoffwechsel schließen. (Beitr. Klin. Tuberkul. **108.** 139—46. 1953. Münster/Westf.) REUSSE. 4601

John U. Hidalgo, Samuel B. Nadler, Ted Bloch und **Robert T. Nieset,** *Eine Technik zur Messung der Aufnahme radioaktiven Jods* (^{131}J) *durch die menschliche Schilddrüse.* Vff. beschreiben eine Meth. zur Messung radioakt. Strahlung mit einem GEIGER-MÜLLER-Zähler, der eine Bi-Kathode enthält. Die Ausschläge sind dabei 7,5mal größer. Zur Unters. der Aufnahme von ^{131}J durch die Schilddrüse können daher geringe Dosen von 50 μC verwendet werden bei einem Zählrohr-Patienten-Abstand von 17 cm. (Proc. Soc. exp. Biol. Med. **77.** 764—66. Aug. 1951. New Orleans, Tulane Univ., School of Med., Dep. of Biophys.) BALZER. 4601

E. Thibaud, *Untersuchung der Schilddrüsenfunktion durch radioaktives Jod* (^{131}J). 48 Std. nach Injektion von 110 μC radioakt. Jod waren bei einer n. Person 36% des Jods ausgeschieden, bei 2 hyperthyroiden Patienten 15 bzw. 21%, bei 2 hypothyroiden Patienten 79 bzw. 86%. Etwa 6 Std. nach der Injektion hat die Schilddrüse die maximale Jodmenge fixiert, sie beträgt bei n. 20—25%, bei hyperthyroiden 40—90% u. bei hypothyroiden Patienten 3—15% der verabreichten Jodmenge. Sie sank bei den verschied. Patienten auf die Hälfte ihres Wertes in 4,5—7 Tagen ab. (Trav. Soc. Pharmac. Montpellier **10.** 25—30. 1950. Montpellier, Centre régional anticancéreux.) W. BRANDT. 4601

R. G. Wood, *Die radioaktiven Isotopen in der Medizin.* (1. vgl. C. **1953.** 4896.) Übersicht. Anwendung von verschied. Isotopen des J in der Medizin, Methoden zur Diagnose u. Therapie von Schilddrüsenerkrankungen. (Atomics **4.** 105—13. Mai 1953. Cardiff, Royal infirmery.) REUSSE. 4601

S. Koeppen und **H. Schlomka,** *Die Kurzwellenhyperthermiebehandlung der rheumatischen Erkrankungen.* Angabe einer Meth. der Kurzwellenhyperthermiebehandlung von verschied. rheumat. Erkrankungen u. ihrer Erfolge bei insgesamt 494 Fällen. (Arch. physik. Therap. **5.** 18—25. Jan./Febr. 1953. Wolfsburg, Stadtkrankenhaus.) DOSSMANN. 4601

Robert B. Lewis, *Mikrowellen-Diathermiebehandlung von Erfrierungen.* Schnelle Erwärmung erfrorener Kaninchenschenkel durch Kurzwellendiathermie verursachte weit geringere Nekrose von Haut u. Muskel, verglichen mit solchen Tieren, deren Erfrierungen langsam bei Zimmertemp. aufgetaut wurden. Durch die lokale Wärmeapplikation auf die erfrorenen Glieder scheint ein Stoffwechselprozeß im Gewebe günstig beeinflußt zu werden. (Proc. Soc. exp. Biol. Med. **78.** 163—65. Okt. 1951. Randolph Field, Tex., USAF School of Avat. Med., Dep. of Pathology.) DOSSMANN. 4601

Justus F. Lehmann, *Die biophysikalische Grundlage biologischer Ultraschallreaktionen mit besonderer Berücksichtigung der Ultraschalltherapie.* Vf. gibt eine Übersicht über eigene Arbeiten u. Angaben aus der Literatur. Er betont, daß bei der Ultraschallwrkg. der therm. Effekt bei therapeut. Bedingungen die Hauptrolle spielt; da er spezif. wirkt, ist er durch keine andere physikal. Therapie zu ersetzen. Daneben ist ein mechan. Effekt festzustellen, der den Stoffwechsel beeinflußt. (Vgl. auch C. **1953. 7852.**) (Arch. physic. Med. **34.** 139—52. März 1953. Rochester, Minn., Univ., Mago Foundation.) DOSSMANN. 4601

H. Ph. Häusler und **St. Zach,** *Die Beeinflussung des Gasstoffwechsels und die elektrodermatometrischen Meßwerte durch Ultraschallreize.* Bericht über Verss. zur Testung der Tonusschwankungen im vegetativen Syst. bei *Ultraschall* (US)-Reiz durch Best. der Gasstoffwechselgrößen u. nach der Meth. der Elektrodermatometrie, die übereinstimmende Ergebnisse zeigten. Verwandt wurde Impulsschall, Normaldosis 2—3 W pro cm², Kleinstdosis 0,75 W/cm². Die Gasstoffwechseländerungen treten erst nach einer gewissen Latenzzeit auf, die von der Dosis abhängig ist. Nach Vff. läßt sich mit US in Kleinstdosen ein unspezif. Reiz auf das vegetative Nervensyst. ausüben. (Arch. physik. Therap. **5.** 57—61. Jan./Febr. 1953. Wien, Univ., I. Med. Klinik.) DOSSMANN. 4601

V. H. Cicardo, *Wirkungen von Ultraschall auf das Zwischenhirn.* Schädelbeschallung mit 800 kHz, 8 u. 16 W/cm² 10 Min. bei 36 Hunden nach Anästhesie mit *Na-Pentobarbital.* Gemessen wurde der Arteriendruck an der Carotis u. die Atmungsfrequenz. Änderungen bei Atmung u. Kreislauf traten fast gleichzeitig innerhalb einiger Sek. bis zu 1 Min. auf, Atemstillstand u. Tod bei einigen Tieren. Die Wrkg. von Ultraschall (US) auf den Arteriendruck äußerte sich hauptsächlich durch vasomotorische Veränderungen. Bei Reizung des Atemzentrums durch US keine Kreislaufstörungen. (C. R. Séances Soc. Biol. Filiales **145.** 1708—09. Nov. 1951. Buenos Aires, Hosp. Tornù.) DOSSMANN. 4601

V. H. Cicardo und **R. Bremier,** *Wirkung des Ultraschalls auf Veränderungen in der Chronaxie der Gehirnschale, hervorgerufen durch Kaliumsalze oder Natriumcitrat.* Durch Verabreichung von 0,1—0,3 cm³ KCl-Lsg. oder 3%ig. Na-Citrat auf das freigelegte Gehirn von Hunden oder durch intracisternale Injektion wurden bei den Tieren Konvulsionen hervorgerufen; der arterielle Druck an der Carotis wurde mit Kymographion gemessen. Nach Feststellung der durch die Salze hervorgerufenen Veränderungen folgte direkte Beschallung des Gehirns 3—10 Min. lang, diese Zeit reichte aus, um die Konvulsionen vorübergehend rückgängig zu machen; einige Min. nach Aufhören der Beschallung traten sie wieder auf. Vff. sehen in der Ultraschall (US)-Wrkg. eine Art Mikromassage der Zellen, wodurch gebundenes Ca in freies Ca^{2+} verwandelt wird. Nach Aufhören der US-Wrkg. geht das aus den organ. Verbb. frei gemachte Ca^{2+} wieder in Bindung, u. die Störungen traten wieder auf. (C. R. Séances Soc. Biol. Filiales **145.** 1729—30. Nov. 1951. Buenos Aires, Hosp. Tornù.)
DOSSMANN. 4601

V. H. Cicardo, E. Del Conte und **A. Cappelino,** *Hemmung der Meerschweinchen-Hypophyse durch Ultraschallwellen.* — (C. R. Séances Soc. Biol. Filiales **145.** 1710 bis 1711. Nov. 1951. Buenos Aires, Hosp. Tornù, u. Lab. de Histol. del Ministerio de Salud pública. — C. **1952.** 1041.) DOSSMANN. 4601

Cl. Olivier, Ivan Bertrand und **G. Cerbonnet,** *Die Gefährlichkeit von Talkum.* Vff. machen an Hand von 5 beschriebenen Krankheitsfällen auf die Gefährlichkeit von Talkum für die menschliche Gesundheit aufmerksam, wenn es, wie z. B. bei Operationen möglich, in Wunden gelangt. (Presse méd. **58.** 69—72. 25/1. 1950. Paris, Clinique chir. de la Salpêtrière.) BRAUKMANN. 4606

I. L. Moyer, *Mercurius cyanatus.* Zusammenstellung der in verschied. Handbüchern zu findenden therapeut. u. toxikolog. Angaben über $Hg(CN)_2$ mit bes. Berücksichtigung der Intoxikationssymptome. (J. Amer. Inst. Homeopathy **46.** 114—16. April 1953. Columbia, Pa.) KRUSEN. 4606

G. Ninane und **R. Pepinster,** *Histologische und histochemische Untersuchungen über die Wirkung des Berylliums in vivo.* Meerschweinchen wurden 10—150 mg/kg Körpergewicht *Berylliumsulfat* intraperitoneal injiziert. Die Injektionslsg. enthielt 5 mg *Be* in 1 cm³ RINGER-Lösung. Verschied. Organe wurden nach Tötung der Tiere auf ihren *Be*-Geh. untersucht. In gleicher Weise bekamen 2 Tiere die *Be*-Lsg. intracardial injiziert. Die *Be*-Wrkg. scheint sich nach diesen Unterss. aus mehreren Faktoren zusammenzusetzen: 1. nach Art eines unspezif. Stress, der sich auf die Nebennieren u. später auf die Milz ausbreitet; 2. eine direkt tox. Wrkg. auf die Leber mit antimitot. Effekt, der sich vor allem in der Metaphase manifestiert. (C. R. Séances Soc. Biol. Filiales **145.** 1269—71. Aug. 1951. Liège, Univ., Inst. d'Histol.) BALZER. 4606

Lewis K. Dahl, *Die Stadien der Calcifizierung der Rattenniere nach Urannitratverabreichung.* An Rattennieren wurde die calcifizierende Wrkg. von *Urannitrat* (**I**) nach intraperitonealer Gabe (2, 10, 20 u. 30 mg/kg Körpergewicht) anatom. u. histochem. untersucht. Calciumablagerungen wurden vor Manifestwerden anderer Zellschäden gefunden; das Ausmaß der Ablagerungen stand in proportionalem Verhältnis zur I-Dosis. Ferri- oder Ferro-Ionen, Chondroitinsulfat u. Polysaccharide wirken hier nicht als Calciumfänger; in frühen Stadien der Ablagerung konnte auch keine Vermehrung der Phosphate an den Ablagerungsstellen festgestellt werden. (J. exp. Medicine **97.** 681—94. 1/5. 1953. Hosp. of Rockefeller Inst. for Med. Res.)
WOLFGANG ALBRECHT. 4606

H. Handovsky, W. van Hecke und **F. Thomas,** *Die Verteilung von Alkohol im menschlichen Körper.* Bei 93 unter A.-Einfl. Verunglückten wurde der A.-Geh. in Blut, Harn, Cerebrospinal-Fl., Galle, Testes, Hirn, Herz- u. Skelettmuskeln, Milz, Niere u. Leber bestimmt, wobei sich ergab, daß die Körper-Fll. einen höheren, die Organe einen niedrigeren A.-Geh. als das Blut aufweisen. (Acta pharmacol. toxicol. [Köbenhavn] **9.** 18—26. 1953. Gent, Belgien, Dep. of Forens. Med.) KRUSEN. 4607

Erich Fischer, *Beitrag zur Wirkung des chronischen Alkoholkonsums auf die Entwicklung des Kindes.* Auf Grund eingehender Unterss. an ca. 200 Kindern des Kaiserstuhlgebietes wurde festgestellt, daß trotz chron. Alkoholkonsums der erwachsenen Bevölkerung seit Generationen u. der Kinder selbst keine nachteiligen Folgen auf die Entw. festzustellen waren. Im Gegenteil zeigten diese Kinder eine bessere körperliche Entw. u. zahlenmäßig bessere Konstitution als die Kinder von Freiburg, Stuttgart, sowie solche des Elz- u. Kinzigtales im Schwarzwald, die der Einw. von chron. Alkoholismus nicht ausgesetzt sind. Auch die Intelligenz dieser Kinder ist keineswegs reduziert. (Arch. Kinderheilkunde **138.** 199—211. 1950. Blaubeuren/Wttbg.) DOSSMANN. 4607

H. J. Sonneck, *Über Untersuchungen mit Poly-ε-aminocaprolactam auf seine Hautaggressivität.* Die Prüfung von 1—20%ig. wss. *ε-Aminocaprolactam* (I)-Lsgg., I-haltigem Perlonwaschwasser, Perlongewebe u. Dampf an zahlreichen Versuchspersonen ergab, daß I keine hautschädigenden Eigg. besitzt. Vereinzelt aufgetretene Hautreizungen werden auf konstitutionell bedingte Hauteigg. (z. B. starke Schweißabsonderung) zurückgeführt. (Dtsch. Gesundheitswes. **8.** 773—79. 25/6. 1953. Karl-Marx-Stadt, Städt. Hautklinik.) KRUSEN. 4607

H. Betz und **H. van Cauwenberge,** *Histologische Wirkungen nach Injektion von Natriumsalicylat bei der Ratte.* Biochem. Unterss. an Nebennieren von Ratten nach intraperitonealer Injektion von *Natriumsalicylat* (I) legten die Vermutung nahe, daß die Wrkg. des I über den Zellstoffwechsel dieser Drüse zustande kommt. Sie ähnelt der Alarm-Rk., die nach Verabfolgung von *ACTH* auftritt: Verminderung des *Ascorbinsäure-* u. *Cholesterin*-Geh. u. Verschiebung der *Lipoide* von der Zona fasciculata in die Zona glomerulosa. Nach I-Injektion waren die Eosinophilen nach einer Std. auf 50% abgesunken, in Thymus u. lymphat. Organen traten Kernpyknosen auf, die ihren maximalen Wert nach 6 Std. erreichten. Histolog. konnten somit die biochem. Ergebnisse bestätigt werden. (C. R. Séances Soc. Biol. Filiales **145.** 1275—77. Aug. 1951. Liège, Univ., Inst. de Pathol. interne et de Clinique méd., M. J. Roskam, Labor. d'Anatomo-Pathologie, M. J. Firket, u. Fonds national de la Recherche scientifique.) BALZER. 4607

H. van Cauwenberge und **C. Heusghem,** *Biochemische Veränderungen der Nebenniere nach Injektion von Natriumsalicylat bei der Ratte.* 90 Ratten wurden je 500 mg/kg Körpergewicht *Natriumsalicylat* (I) intraperitoneal in isoton. Kochsalz-Lsg. von p_H 7,3 injiziert. Eine Reihe von Tieren bekam zum Vgl. physiol. NaCl-Lsg. injiziert. Nach verschied. Zeiten wurden die Tiere getötet. Die „stress"-Wrkg. konnte durch Veränderung des *Cholesterin-* u. *Ascorbinsäure*-Geh. in der Nebenniere nachgewiesen werden. (C. R. Séances Soc. Biol. Filiales **145.** 1272—75. Aug. 1951. Liège, Univ., Inst. de Pathol. interne et de Clinique méd., Inst. de Chimie méd. et de Fonds national de la Recherche scientifique.) BALZER. 4607

E. King und **D. G. Harvey,** *Einige Beobachtungen über die Aufnahme und Ausscheidung von 4.6-Dinitro-o-kresol.* 1. Mitt. *Der Gehalt des Blutes von Kaninchen und Ratten an Dinitro-o-kresol im Hinblick auf verschiedene Methoden der Aufnahme.* Verss. an Ratten u. Kaninchen zeigen, daß *4.6-Dinitro-o-kresol* durch den Verdauungskanal, die Lungen (Aerosal) u. die Haut aufgenommen werden kann. Wiederholte Verabreichung bewirkt bis zu einem gewissen Grade Akkumulation. Wenn der Geh. im Blut ca. 100 γ/g erreicht hat, führt schon eine Erhöhung der Aufenthaltstemp. bei Ratten zum Tode. (Biochem. J. **53** 185—95. Jan. 1953. Hampstead, Med. Res. Council, M. R.-C.-Lab., u. Lond. Hosp., E 1.) FAHRNLÄNDER. 4607

E. King und **D. G. Harvey,** *Einige Beobachtungen über die Aufnahme und Ausscheidung von 4.6-Dinitro-o-kresol.* 2. Mitt. *Die Ausscheidung von 4.6-Dinitro-o-kresol beim Menschen und bei Tieren.* (1. vgl. vorst. Ref.) Die Elimination von im Blut befindlichem *4.6-Dinitro-o-kresol* (I) verläuft exponentiell am schnellsten beim Kaninchen, worauf Ratte u. Mensch folgen. I wird hauptsächlich in der extracellulären Fl. abgelagert, wo es sich mit *Albumin* verbindet. (Biochem. J. **53.** 196—200. Jan. 1953. Hampstead, Med. Res. Council M. R.-C.-Lab., u. Lond. Hosp., E 1.) FAHRNLÄNDER. 4607

P. Jeganathan, *Klinische Aspekte der Toxizität von Gammexane bei Kälbern unter experimentellen Bedingungen.* Bei drei Kälbern traten nach Besprühung mit einer 0,04% *γ-Benzolhexachlorid* enthaltende Lsg. keine Vergiftungserscheinungen auf. Dagegen führte Verwendung einer 0,65%ig. Lsg. zu Temperaturanstieg, beschleunigtem Herzschlag, Schwäche, Anorexie, Ataxie u. Muskeltremor. (Trop. Agriculturist **109.** 36—40. Jan./März 1953. Peradeniya, Ceylon, Dep. of Agric.) KRUSEN. 4607

E. Annau und **H. Konst,** *Enzymatische Änderungen in der Leber von Mäusen nach Fütterung mit insekticidwirksamem Aldrin (Hexachlorhexahydrodimethanonaphthalin).* Mäuse, die eine Zeitlang mit subletalen Dosen von *Aldrin* (I) gefüttert wurden, zeigten eine erhebliche Vergrößerung ihrer Leber. Zu der Frage, wie weit I mit einer enzymat. Änderung in der Leber zusammenhängen kann, wurden die Aktivitäten von 4 verschied., aus Leber isolierten Enzymen in behandelten u. Kontrolltieren untersucht. Saure *Phosphatase* u. *Arginase* blieben unverändert, während die Aktivität von *Xanthinoxydase* u. alkal. Phosphatase etwas abnahm. (Canad. J. med. Sci. **31.** 146—50. Juni 1953. Hull, Quebec, Animal Dis. Res. Inst.) v. KEREKJARTO. 4607

A. Fleckenstein und **F. Richter,** *Weitere Untersuchungen über die Aufhebung der Kontrakturwirkung von Acetylcholin, Cholin, Neurin, Nicotin, Coniin, Veratrin, Kaliumchlorid und Rubidiumchlorid durch den Anelektrotonus.* Am M. rectus des Frosches zeigen Vff., daß es einen sogenannten anodenempfindlichen Verkürzungsmechanismus der intakten Muskelfaser, wobei die elektr. Entladung der Membran für die Verkürzung maßgebend ist, u. einen sogenannten anodenresistenten Verkürzungsmechanismus der geschädigten Muskelfaser gibt. Für die jeweiligen Verss. wurde das Rectussegment, nachdem es 10 Min. in einer O_2 durchperlten RINGER-Lsg. war, kathod. polarisiert, wobei eine maximale Muskelkontraktion eintrat. Nachdem der Strom abgeschaltet u. das Maximum der Muskelerschlaffung erreicht war, wurde die RINGER-Lsg. gegen eine kontrakturerzeugende Lsg. ausgetauscht u. der betreffende Stoff 1 Min. einwirken gelassen. Daraufhin wurde eine stufenweise Neutralisation der Kontraktur durch Anelektrotonus durchgeführt. Nach Abschalten des Stromes kontrahiert sich der Muskel völlig. Bei den durch *Acetylcholin, Cholin* u. *Veratrin* erzeugten Kontrakturen läßt sich mit 40 Volt eine optimale Erschlaffung erzeugen, während *Nicotin, Neurin,* KCl u. RbCl 80—120 Volt erfordern. Bei stufenweiser Aufladung mit wachsenden anod. Spannungen lassen sich Zusammenhänge zwischen der angewandten Voltzahl u. der Erschlaffungsgeschwindigkeit aufzeigen. Zu unterscheiden von den anodenempfindlichen Katelektronica sind die anodenresistenten Verkürzungszustände, d. h. Verkürzungszustände durch *Coffein, Chinin, Tribromäthylalkohol, Salzsäure,* u. Anorexie. (Pflügers Arch. ges. Physiol. Menschen Tiere **257**. 1—11. 1953. Heidelberg, Univ., Pharmakol. Inst.) REICHLE. 4607

L. Gyermek, *Beiträge zur Pharmakologie von Tryptamin, Tyramin und Phenyläthylamin.* Es wurden Blutdruckunterss. an der Katze nach intravenöser Injektion von *Tryptamin* (*Indolyl-3 äthylamin*; I), *Tyramin* (*p-Oxyphenyläthylamin*; II) u. *Phenyläthylamin* (III; Dosis: 0,2—1,0 mg/kg) vorgenommen. Die blutdrucksteigernde Wrkg. dieser Amine wurde durch folgende antihistaminartig wirkende Verbb. vermindert: *Dehistin* (*N N-Dimethyl-N'-pyridyl-N'-benzyläthylendiaminhydrolchlorid*), *Antergan* (*N.N-Dimethyl-N'-phenyl-N'-benzyläthylendiaminhydrochlorid*; RHONE POULENC), *Tephorin* (*2-Methyl-9-phenyl-2.3 4 9 tetrahydro-1-pyridindentartrat*) u. *Trimeton* (*1-Phenyl-1-[2-pyridyl]-3.3 dimethylaminopropan*; Dosis: 1—13 mg/kg). I, II u. III wirken in erster Linie gefäßverengend, wobei nur eine geringe Rk. auf adrenerg. Lähmungsstoffe besteht. Weiterhin wurde noch eine vasodilator. Wrkg. nachgewiesen. Vf. schlägt vor, bei der Synth. der die Wrkg. von I, II u. III hemmenden Verbb. von Strukturanalogen der Antihistamine [z. B. $(R_1)_2 \cdot N \cdot (CH_2)_{3-4} \cdot N \cdot (R)_2$ oder $R_1R_2 \cdot N \cdot CH(R_3)(CH_2)_2 \cdot N \cdot (R)_2$] auszugehen. (Acta physiol. Acad. Sci. hung. **4**. 323—32. 1953. Budapest, Forschungsinst. der pharmazeut. Ind.) R. KÖNIG. 4607

Herbert Levine, Louis H. Nahum, Herman M. Geller und **Rajinder S. Sikand,** *Der Ursprung der durch Digitalis hervorgerufenen Veränderungen im EKG.* In Verss. an Hunden wurden nach intravenöser Injektion von *Cedilanid* (I) (SANDOZ) (0,8—1,2 mg) die Veränderungen im EKG (unipolare Ableitungen von den Extremitäten u. praecordiale Ableitungen über der rechten u. linken Spitze u. über dem Proc. xiphoides) beobachtet. Die Veränderungen nach I werden durch Verzögerung der Repolarisation der Herzspitzengegend gedeutet. (Amer. J. Physiol. **167**. 726—731. 1/12. 1951. New Haven, Conn., Yale Univ., School of Med., Physiol. Lab.) HOHENSEE. 4608

Shirley St. George, René Bine jr., Meyer Friedman und **Catharine Bland,** *Die Ausscheidung von Digitoxin durch die Niere bei Kaninchen und Hunden.* Nach einer früher angegebenen Meth. (Proc. Soc. exp. Biol. Med. **71**. [1949.] 406) wurde die *Digitoxin* (I)-Ausscheidung im Urin von Kaninchen u. Hunden (je 3 Verss.) bestimmt. Kaninchen scheiden keine meßbaren I-Mengen aus (0,5% der Gesamtmenge = 0,2 mg/g Gewicht intravenös) u. verhalten sich ähnlich wie Ratten. Bei Hunden konnte 1—2% in Urin wiedergefunden werden. Der Anteil des ausgeschiedenen I wurde beim Menschen mit 40% der zugeführten Menge bestimmt. (Proc. Soc. exp. Biol. Med. **78**. 504—05. Nov. 1951. San Francisco, Calif., Mt. Zion Hosp.) HOHENSEE. 4608

Floyd R. Skelton und **Gordon A. Grant,** *Untersuchungen über die Wirkung von Lithospermum ruderale.* Ein mit 80%ig. A. aus einem wss. Auszug der Wurzel von *Lithospermum ruderale* (I) erhaltener Nd. verlangsamt, subcutan verabreicht, ebenso wie Tannin (U. S. P.) u. 10%ig. Formalin bei männl. u. weibl. Ratten (II) das Wachstum, bewirkt Hypertrophie der Nebennieren u. Vergrößerung des Thymus sowie gleichzeitig Atrophie der Sexualorgane u. Ausbleiben des Östrus bei n. wie adrenektomierten II. Vff. halten es für möglich, daß die in I nachweisbaren Phlobatannine durch Komplexbldg. das Eindringen der gonadotropen Stoffe in die Zelle verhindern. (Amer. J. Physiol. **167**. 379—85. 1/11. 1951. Montreal Ayerst, McKenna & Harrison Ltd.) v. GIZYCKI. 4608

Hans Jensen und **Heinz Möller,** *Über ein tiefenwirksames, nichtätzendes Phenolpräparat und damit vorliegende Erfahrungen.* Bericht über *Kryptophen* (WILHELM E. ROSS & Co., Hamburg) bei Behandlung tiefsitzender, infektiöser Herde mit 1,95%

Phenol u. 0,5% *Kresol* in einem campherhaltigen *Carbamid*-Komplex in Geleeform. Erfolgreiche Erprobung in 500 Fällen, Ätzwirkungen oder Nierenschädigungen wurden nicht beobachtet. (Neue med. Welt **1**. 237—38. 18/2. 1950. Hamburg, Amalie-Sieveking-Krankenh. u. Fa. W. E. Roß u. Co., Chem. Fabr.) DOSSMANN. 4610

Prem Narain Agarwal, *Wirkungsweise von Sulfapräparaten.* Kurzer zusammenfassender Bericht über die neuesten, nicht einheitlichen Ansichten bzgl. des Mechanismus der bakteriostat. Wrkg. von Sulfonamiden. (Indian med. Rec. **70**. 353—56. Dez. 1950.) DOSSMANN. 4610

Kurt Nitsch, *Ist prophylaktische Verordnung von Sulfonamiden sinnvoll? Unter besonderer Berücksichtigung der Kinderheilkunde.* Nach Übersicht über in der Literatur vorliegende Reff. berichtet Vf. über eigene Erfahrungen an 104 Fällen aus den Jahren 1945—49. Danach können *Sulfonamide* (I) die Entstehung von Krankheiten im allg. nicht verhindern. Für die Kinderheilkunde wird daher I-Prophylaxe als unzweckmäßig abgelehnt. Analoge Frage bzgl. der *Antibiotica* wird gestreift u. mangels genügender Erfahrung noch offen gelassen. (Neue med. Welt **1**. 270—73. 25/2. 1950. Göttingen, Univ. Kinderklin.) DOSSMANN. 4610

Harry Jakobi, *Über den Wert der Sulfonamidbehandlung bei akuten Mittelohrentzündungen.* Vf. betont, daß die meisten Mittelohrentzündungen nach der konservativen Therapie ohne *Sulfonamide* (I) auszuheilen sind, Komplikationen sind durch I nicht wesentlich zu beeinflussen. Hinweise auf die Gefahr eines schleichenden Verlaufs der Krankheit bei I-Verabreichung. Bei chirurg. Maßnahmen wird unterstützende Behandlung mit I gefordert. Einige Formen der Obetitiden dürfen der I-Behandlung, bei Antrotomie ist I kontraindiziert. (Neue med. Welt **1**. 415—17. 25/3. 1950. Halle/S., Univ., Klinik für Ohren-, Nasen- u. Kehlkopfkrankh.) DOSSMANN. 4610

C. C. D. Shute und **R. A. Horth,** *Untersuchung über die Anwendung von Baktericiden und Reinigungsmitteln zur Behandlung chronischer Mittelohrinfekte.* Die bei chron. Mittelohrleiden auftretenden Bakterien, wie *Pyocyaneus, Proteus vulgaris* u. *Staph. aureus*, werden durch die sonst üblichen Baktericide kaum beeinflußt. Um eine verbesserte Penetration der wirksamen koll. Silber–Eiweiß-Verbb. zu erreichen, wurden sie in Ggw. synthet. Reinigungsmittel (*Cetyltrimethylammoniumbromid* u. *Na-Laurylsulfonat*) angewendet. Vor allem erwies sich das letzte als geeignet, da es als Kation eiweißdenaturierende Eigg. hat. Das ist insofern wichtig, als Eiweiß die antisept. Wrkg. von Silberverbb. verhindert. (J. Roy. Inst. publ. Health Hyg. **16**. 74—81. März 1953.) L. BERGER. 4610

Boy Kromann, *Sinngemäße Chemotherapie der Harninfektionen bei Kindern.* Vf. weist darauf hin, daß bei Harninfektionen durch laufende Best. der Bakterienflora u. ihrer Chemoresistenz eine wirkungsvolle Therapie der Bakteriurie durchgeführt werden kann. Betrachtung bezieht sich auf die *Sulfonamide Sulfathiazol* u. *Sulfadiazin*, sowie *Streptomycin* u. *Penicillin*. Selbst in Fällen, wo völlige Heilung nicht möglich ist, läßt sich bei dieser Kontrolle der Allgemeinzustand erheblich bessern. (Acta pathol. microbiol. scand. **27**. 572—90. 1950. Copenhagen, Univ., Inst. of Gen. Patholog. u. Martinsvey Children's Hosp.) DOSSMANN. 4610

Walter Schulze, *Die Anwendung von Aristamid bei den Infektionen der Harnwege.* Bericht über Erprobung von *Aristamid* (I; NORDMARK) bei urolog. Infektionen. I hat spezif. Wrkg. gegen Colibakterien u. liegt in Tabletten zu 0,5 g oder als 30%ig. Lsg. vor. Zur Erzielung einer alkal. Harn-Rk. wird I immer zusammen mit $NaHCO_3$ verabreicht. Bei akuter u. chron. Pyelitis 5—6mal täglich 2 Tabletten über eine Woche, gegebenenfalls Wiederholung der Kur mit höherer Dosis. Dasselbe Schema bei Cystitis u. Prostatitis. Bei schweren Blasenentzündungen wurde I oral 5—8 g über 8—10 Tage verabreicht, gleichzeitig lokale I-Behandlung nach Blasenspülung mit 20 cm³ einer 10%ig. I-Lsg. bei p_H 9,3. Durch die Alkalität wird Ausfällen von I-Kristallen weitgehend verhindert. In 70% der Fälle waren nach dieser Therapie Colibakterien nicht mehr nachzuweisen. (Neue med. Welt **1**. 459—60. 1/4. 1950. Hamburg-Eppendorf, Univ., Chirurg. Klin.) DOSSMANN. 4610

Tulio Pizzi, *Die Wirkung von Primaquine auf die experimentelle Trypanosoma cruzi-Infektion.* Verss. an Mäusen (C3H) mit T. cruzi (virulenter TULAHUÉN-Stamm, intraperitoneale Infektion). In der 1. Versuchsgruppe erhielten 10 Tiere am 2. Tag nach der Infektion täglich 0,25 mg *Primaquine* {*8-[4-Amino-1-methylbutylamino]-6-methoxychinolin-(1)*} oral. Die Tiere wurden alle T.-negativ u. blieben es zum größten Teil. Mit zunehmendem Abstand zwischen Behandlung u. Infektion u. Verringerung der Dosis wurden die Heilungsergebnisse schlechter. (Proc. Soc. exp. Biol. Med. **78**. 643—44. Nov. 1951. Chicago, Univ., Dep. of Parasitol. u. Bacteriol.) HOHENSEE. 4610

D. B. Jelliffe und **E. F. P. Jelliffe,** *Die ambulante Behandlung von Malaria durch einmalige intramuskuläre Injektion von Chloroquine in einem hyperendemischen Gebiet*

in Westafrika. 40 Kinder von 4—27 Monaten erhielten eine einmalige intramuskuläre Injektion von 5 mg/kg *Chloroquinephosphat.* Erregerfreiheit u. klin. Heilung wurden innerhalb von 2 Tagen erzielt. In 14 Fällen zum Teil wiederholt aufgetretene Reinfektionen wurden durch erneute Injektionen beseitigt. (Trans. Roy. Soc. trop. Med. Hyg. **47.** 235—38. Mai 1953. Ibadan, Nigeria, Univ. Coll., Dep. of Med.)
KRUSEN. 4610

Hans Leonhardt, *Über die Behandlung bakterieller Infektionen auf Sulfa-Additions-Basis mit dem Chemotherapeuticum Protocid.* Bericht über *Protocid* (**I**; SCHERING A. G., Berlin) = *Globucid* (**II**) + *Pyrimal M* (**III**). Unters. von 98 Fällen mit Lobärpneumonie, Bronchopneumie, Cystopyelitiden u. a., Dosierung bei schweren Fällen in den ersten Tagen innerhalb 24 Std. 8—10—12 g **I** oral in Tabletten zu je 0,5 g oder die gleiche Dosis intravenös (10 cm³ = 2 g, enthaltend je 1 g **II** u. **III**). Da mit **I** Depotwrkg. zu erzielen ist, kann 8—10std. Nachruhe ohne **I**-Medikation gewährleistet werden. **I** konnte in den meisten Fällen nach 6—8 Tagen abgesetzt werden; gute Erfolge, ausgezeichnete Verträglichkeit, in keinem Fall Nebenwirkungen. (Neue med. Welt **1.** 1668—70. 16/12. 1950. Osnabrück, Städt. Krankenanstalten.) DOSSMANN. 4610

Avelino Gomes da Silva, *Das PAS-Natrium in der Ophthalmologie.* Bericht über Behandlung von akuten tuberkulösen Augenaffektionen mit *Paracyl* (**I**; WANDER) = *Na-PAS*: subconjunctivale Applikation einer 2,5%ig. **I**-Lsg. von 1,5—3 cm³ jeden 2. Tag, außerdem lokal stündlich 1 Tropfen einer 3,33%ig. **I**-Lsg. in den Conjunctivalsack über mindestens 15 Tage. Objektive Beurteilung der Ergebnisse nach einer eigenen mikrophotograph. Untersuchungsmeth.; gute Erfolge; bei Uveitiden fokaler Genese ist **I**-Therapie zwecklos. 1 Fall mit phlyktänulärer Keratoconjunctivitis wird besonders hervorgehoben. Gute **I**-Verträglichkeit. (Neue med. Welt **1.** 776—79. 3/6. 1950. São Paulo, Trachom. u. Augenhyg. Inst.) DOSSMANN. 4610

W. E. Reinhard, *Therapie der Knochen- und Gelenktuberkulose mit p-Aminosalicylsäure.* (Vgl. C. **1952.** 1366.) In 54 Fällen von Knochen- u. Gelenktuberkulose ließ sich bei oraler Medikation mit *PAS* = *Pasalon* (**I**; BAYER) kein sicherer therapeut. Erfolg erzielen. In 20 Fällen kam es zu Störungen im Magen-Darm-Kanal, so daß **I** abgesetzt werden mußte. 26 fistelnde Fälle erhielten Instillation u. Spülungen mit 5%ig. **I**-Lsg., 11 davon bekamen gleichzeitig **I** per os. 50% zeigten keine Wrkg., in 11 Fällen günstiger Erfolg. Bei den besprochenen Tuberkuloseformen ist die orale Behandlung mit **I** u. *TbI* nicht sehr wirkungsvoll. (Beitr. Klin. Tuberkul. **104.** 179—81. 1950. Marienheide, Prov.-Krankenh.) DOSSMANN. 4610

Hans Brenn, *Die chemotherapeutische Beeinflussung der Meerschweinchentuberkulose durch p-Aminosalicylsäure.* Verss. an Meerschweinchen, die mit Tuberkelbacillen Typus humanus u. bovinus geimpft u. mit *PAS* (**I**) behandelt wurden. Die bakteriostat. Wrkg. von **I** wurde bestätigt, **I** richtet sich bes. gegen die tox. Komponente des Erregers. Durch **I**-Prophylaxe wird die Ausbildung der exsudativ verkäsenden Phase der tuberkulösen Entzündung gehemmt. Keine Speicherung von **I** in den Organen. Bei der angewandten Dosierung 0,2 g/kg traten keine Schädigungen bei den Tieren auf. Die größte Heilungstendenz zeigten Leber u. Hyluslymphknoten. Lokale **I**-Wrkg. konnte nur bei noch nicht fortgeschrittener Verkäsung erzielt werden. Nur quantitative Unterschiede im histolog. Bild nach Chemotherapie im Vgl. zu spontan heilender Tuberkulose. Es wurden 2 prim. **I**-resistente Tuberkelstämme, die dem bovinen Typus angehörten, isoliert; daher ist in der Klinik die Prüfung der Resistenz des Erregers vor Beginn der **I**-Therapie zweckmäßig. (Beitr. Klin. Tuberkul. **104.** 198—213. 1950. Davos, Schweizer Tuberkulose-Forschungsinst.) DOSSMANN. 4610

Euler, *Vorläufiger Kurzbericht über Reaktionen am Auge durch Behandlung der Tuberkulose mit „Tb I 698“.* Bei mit *Tb I/698* (**I**) behandelten Lupusfällen traten im Verlauf der **I**-Behandlung Augenentzündungen auf. Diese Nebenerscheinungen wurden vor Einführung der **I**-Therapie nicht beobachtet. In 2 weiteren Fällen (tuberkulöse Meningitis, Keuchhusten) traten gleiche Erscheinungen bei **I**-Behandlung auf. Feststellung des kausalen Zusammenhanges zwischen **I**-Medikation u. Augenentzündung steht noch aus. (Klin. Monatsbl. Augenheilkunde augenärztl. Fortbild. **115.** 664—65. 1949/50. Hannover.) DOSSMANN. 4610

P. Stüper und **R. Koch,** *Zur Wirkung des Conteben auf die experimentelle Meerschweinchentuberkulose. Zugleich ein Beitrag zur Morphologie der reaktiven Veränderungen bei der Vernarbung des Miliartuberkels.* Beim Meerschweinchen kann bei einer subcutanen tuberkulösen Infektion mit *Conteben* (**I**) die Generalisation verhindert werden. Ist diese bereits manifest geworden, so wird durch **I** die weitere Ausbldg. gestoppt. Auch die ausgeprägte Tuberkulose kann zur Vernarbung gebracht werden. Die Herdentgiftung nimmt mit der Dauer der Behandlung ständig zu, exsudative Rkk. wurden bei länger dauernder Behandlung nicht mehr beobachtet. Dieser Befund ist aber nur zu erreichen, wenn keine Komplikationen die Abwehrlage des Organismus schwächen. Die Tuberkulinempfindlichkeit, gemessen an der Tuberkulinschockbereitschaft, ist unter I herabgesetzt. Aus den Ergebnissen ist zu schließen, daß der I-Effekt nicht nur auf Tuberkulostase, sondern auch auf Umstimmung der Reaktions-, bes. der spezif. Allergielage beruht. (Beitr. Klin. Tuberkul. **104**. 311—40. 1950. Essen, Bakteriolog., serolog. u. patholog. Inst. u. Städt. Hautklinik.) DOSSMANN. 4610

Dietrich Jahn und **Emmerich Kesmarszky**, *Über Erfahrungen mit Conteben (Tb I/698).* Nach Überblick über bereits vorliegende Erkenntnisse über *Conteben* (I) wird von 55 mit I behandelten schweren Tuberkulosen berichtet. Verabreicht wurden täglich 0,05—0,15 I 3—12 Monate, während der I-Therapie starben 13 Patienten, die zum Teil bereits in erst moribundem Zustand behandelt wurden. Absol. Heilungen, also Inaktivierung des Prozesses, waren nicht zu erwarten, die Aktivität des Krankheitsverlaufs wurde aber durch I zurückgedrängt. Tox. Einflüsse sind unerheblich, die Frage einer etwaigen Leberschädigung durch I wird diskutiert, desgl. das Verh. von Blutsenkungsgeschwindigkeit, Körpergewicht u. Temperatur. Zu beachten sind plötzlich auftretende allerg. Erscheinungen. Neben tuberkulostat. Wrkg. ist Einfl. auf Stoffwechselvorgänge durch I festzustellen, die auf die Verwandtschaft von I mit *Guanidinen* u. *Thioharnstoff* zurückgeführt werden. (Neue med. Welt **1**. 405—10. 25/3. 1950. Nürnberg, Städt. Krankenhaus.) DOSSMANN. 4610

Herbert Claus, *Begünstigen tuberkulostatische Mittel den Ausbruch einer Meningitis?* Vf. weist auf das gehäufte Auftreten von tuberkulöser Meningitis nach chemotherapeut. Behandlung der Tuberkulose hin. 8 Fälle, vorwiegend hämatogene Tuberkuloseformen, werden besprochen. Weder *Conteben* (I) noch *Streptomycin* (II) können das Auftreten einer spezif. Meningitis verhindern. Vf. vermutet, daß diese durch I oder II in geeigneten Fällen ausgelöst wird. Verantwortlich wird dafür die Veränderung der Allergielage gemacht, gegebenenfalls die Resistenzsteigerung der Tuberkelbacillen unter II; ferner ist durch II ein chem. Reiz auf die entzündlich veränderten Meningen möglich, die darauf mit Hyperämie reagieren. Mit *PAS* wurden keine Zwischenfälle beobachtet. (Beitr. Klin. Tuberkul. **104**. 348—53. 1950. Mölln/Lauenburg, Schleswig-Holstein, Heilstätte der Landesversicherungsanst.) DOSSMANN. 4610

Carlo Ceresa und **Michele De Blashs**, *Das Isonicotinsäurehydrazid bei der exsudativen Pleuritis.* Kasuist. Mitt. über die Anwendung des *Isonicotinsäurehydrazids* (I) bei 12 Patienten mit exsudativer Rippenfellentzündung. I wurde über 5—30 Tage je 3 mg/kg täglich gegeben u. damit ein ziemlich schneller Effekt auf die Senkung der Temp. u. die Rückbldg. der Ergüsse erreicht. Auch bei Fällen, die auf Tb I nicht ansprachen, wurde durch I Besserung erzielt. (Minerva med. [Torino] **44**. I. 1370—73. 23/5. 1953. Novara, Ospedale Magg. della Carità.) P. G. SCHEURLEN. 4610

F. Nobile, **G. Razzaboni** und **L. Setti**, *Untersuchungen des Hämato- und Myelogramms bei Lungentuberkulosen während der Behandlung mit Isonicotinsäurehydrazid.* Bei 15 Patienten mit Lungentuberkulose wurden während der Behandlung mit *Isonicotinsäurehydrazid* das Sternalmark u. periphere Blut hämatolog. untersucht; es wurden keine wesentlichen Veränderungen festgestellt. (Minerva med. [Torino] **44**. I. 1605—09. 16/6. 1953. Gaiato, Centro Sanatoriale.) P. G. SCHEURLEN. 4610

G. Voluter, *Streptomycintherapie und tertiäre Tuberkulose.* Bei einer schweren Lungentuberkulose konnte mit einer *Streptomycin* (I)-Dosis von 1 g täglich in 3 Monaten klin. Heilung erzielt werden. In einem anderen Fall handelte es sich um eine Knochentuberkulose an der Fußwurzel, die nach demselben Schema mit 76 g I geheilt wurde. Für die erfolgreiche Durchdringung der Gewebsschranken, die als semipermeable Membranen aufgefaßt werden, verspricht nach Vf. die einmalige Verabreichung von 1 g I pro die eine bessere Wrkg. als die gleiche Menge in unterteilten kleinen Dosen. (J. Radiol. Électrol. Arch. Électr. méd. **31**. 728—29. 1950.) DOSSMANN. 4611

Antonio Pani, *Der Streptomycinspiegel im Liquor in Beziehung zu eventuellen fermentativen Wirkungen oder Änderungen der Permeabilität der Meningen. Beobachtungen während der Behandlung der tuberkulösen Meningitis.* Auf Grund von Kontrollen des *Streptomycin* (I)-Spiegels im Liquor, sowie im Blut u. Urin nach Injektion des I intralumbal, gelangt Vf. zu der Ansicht, daß bei der Passage des I durch die Blutliquorschranke keine enzymat. Rkk. stattfinden können. Wenn Differenzen in den verschied. I-Spiegeln im Verlauf einer Erkrankung beobachtet werden, so sollen diese wesentlich von den histolog. faßbaren Veränderungen an den erkrankten weichen Hirnhäuten abhängen, woraus folgt, daß die jeweilige intralumbale Applikation von I variiert werden kann u. muß. (Minerva med. [Torino] **44.** I. 1361—68. 23/5. 1953. Bologna, Univ., Ist. di Clinica Medica.) P. G. SCHEURLEN. 4611

Gaston Daniel, *Röntgen- und Streptomycintherapie der tuberkulösen Hili.* Besprechung der Wirkungsweise der *Röntgen-* u. *Streptomycin*-Therapie bei tuberkulösen Hili u. ihre Indikationen bei den verschied. Stadien der Krankheit. (J. Radiol. Électrol. Arch. Électr. méd. **34.** 116—17. 1953. Marseille.) DOSSMANN. 4611

François Gros, Michel Macheboeuf, Mirko Beljanski, Françoise Grumbach und **Fernand Boyer,** *Biologische Aktivität von Streptomycin-Fettsäuren-Kombinationen.* Verss. mit einer Kombination von 4 Mol *Ölsäure* u. 1 Mol *Streptomycin* (I) = *Oleostreptomycin* (II). Unters. mit II in *Propylenglykol,* Testverss. mit *St. aureus, E. coli* u. *Diplococcus pneumoniae* ergaben für II eine im Mittel um 20% höhere antibiot. Wrkg. als von *Dihydro*-I (III); bzgl. *Mycobacterium tuberculosis* sind II u. III gleichwertig. Tierverss. an Mäusen ergaben, daß II bei gleicher Heilwrkg. weniger tox. ist als I u. III. (C. R. hebd. Séances Acad. Sci. **232.** 764—66. 19/2. 1951.) DOSSMANN. 4611

M.-A. Dollfus und **J. Auvert,** *Ophthalmoskopisch erkennbare Läsionen im Verlauf der Streptomycinbehandlung von tuberkulöser Meningitis und Miliartuberkulose.* Übersicht über 322 Fälle. Vff. halten Kontrolle des Augenhintergrundes während *Streptomycin*-Therapie tuberkulöser Disseminationen für unbedingt erforderlich. Vorhandensein von Tuberkeln in der Chorioidea, bes. das Wiederauftreten von Bacillen nach festgestelltem Verschwinden, hat gewissen diagnost. Wert; wichtiger für die Prognose ist die Feststellung selbst kleinster Läsionen an der Sehnervenpapille. Diese Erkenntnis wird an als geheilt betrachteten u. tödlich verlaufenen Fällen mit tuberkulöser Meningitis u. Miliartuberkulose nachgewiesen. (Semaine Hôpitaux Paris **26.** 854—57. 10/3. 1950. Paris, Serv. de la Pitié.) DOSSMANN. 4611

Henry Guillon, *Neurotoxische Zwischenfälle bei Streptomycintherapie.* Besprochen wird das Auftreten von Störungen in der Cochlea, im Vestibularapp. der Augen, des Gleichgewichts u. verschied. nervöser Erscheinungen bei *Streptomycin* (I)-Therapie. Zur Erfassung dieser Nebenwirkungen wird eine Reihe von Prüfungen angegeben, die bei längerer I-Therapie laufend vorzunehmen sind. (Semaine Hôpitaux Paris **26.** 857—63. 10/3. 1950. Paris, Serv. de la Pitié.) DOSSMANN. 4611

Benmussa, Henri Cohen, Yvan Boulakia und **J. Minguet,** *Heilung eines asthmatischen Zustandes durch eine Injektion von 1 g Streptomycin.* Bericht über einen Asthmafall, bei dem die Krise jeweils mit 1 Injektion von 1 g *Streptomycin* zu beheben war. (Tunisie méd. **41.** 409—12. April 1953.) DOSSMANN. 4611

Otto von Lilienfeld-Toal, *Über ursächliche Therapie des Asthma bronchiale.* Vf. betont die ursächliche Beteiligung der Bakterien an der Entstehung von Asthma bronchiale u. behandelt mit *Penicillin* (I) u. *Streptomycin* (II). Beim Nachw. von Staphylokokken u. Streptokokken Verabreichung von I, bei Bacterium coli von II. Beobachtung von 30 Fällen, bei denen meist vorher andere Therapien versagt hatten, bis zu 2 Jahren. Dosierung I: 4tägige Kur, pro Tag $3 \cdot 10^5$ E. *Depotcillin* (GRÜNENTHAL) intramuskulär, II: täglich 2mal je 1 g über 3 Tage, daneben die übliche Therapie mit symptomat. Asthmamitteln. 23 Heilungen oder entscheidende Besserungen. (Die Medizinische **1.** 1691—93. 23/12. 1950. Kiel.) DOSSMANN. 4611

P.-L. Drouet, G. Faivre, De Ren und **P. Sadoul,** *Die Behandlung von Lungenabscessen durch transparietale Penicillininjektionen.* Bericht über 5 Fälle mit Lungenvereiterungen, bei denen nach einer beschriebenen Meth. der Eiter mittels Punktion durch den Thorax abgezogen wurde, um dann auf demselben Wege *Penicillin,* 10^5 bis $5 \cdot 10^5$ E. in 20 cm³ physiol. *NaCl*-Lsg., zu instillieren. Technik, mögliche Zwischenfälle, Indikationen werden besprochen. (Semaine Hôpitaux Paris **26.** 359—68. 2/2. 1950.) DOSSMANN. 4611

Gerhard Gross, *Penicillinbehandlung in der Augenheilkunde.* Vf. berichtet über Unterss. bzgl. der Heilwrkg. von *Penicillin* (I) bei 339 Patienten mit verschied. Augenerkrankungen u. nimmt zu Angaben aus der Literatur Stellung. I-Gesamtdosis lag zwischen $6 \cdot 10^5$ u. $2 \cdot 10^6$ E. je nach Schwere des Falles. Vf. findet intramuskuläre I-Injektion auch bei intraokularen Prozessen als ausreichend wirksam. Anwendung von I-Salben hat sich bes. bei der Prophylaxe bewährt. Hinweis auf *Penicilletten* zur bequemen Herst. von I-Lösungen. Nach seinen Beobachtungen hält es Vf. für wahrscheinlich, daß I die Blut-Kammerwasserschranke durchbricht. (Klin. Monatsbl. Augenheilkunde augenärztl. Fortbild. **115.** 592—602. 1949/50. Frankfurt/M., Univ., Augenklinik.) DOSSMANN. 4611

Ernst Heinsius, *Möglichkeiten der Penicillinanwendung am Auge bei intraokularen Entzündungen.* Besprochen werden die verschied. Möglichkeiten der *Penicillin* (I)-

Verabfolgung bei intraokularen Entzündungen, wie lokale Einträufelung einer I-Lsg., subconjunctivale u. intraokulare Injektion sowie parenterale Anwendung. Die Empfindlichkeit der verschied. Bakterien gegenüber *Sulfonamiden*, I u. *Streptomycin* ist einer Tabelle zu entnehmen. (Klin. Monatsbl. Augenheilkunde augenärztl. Fortbild. **115.** 587—92. 1949/50. Hamburg, Allg. Krankenhaus Heidberg.) DOSSMANN. 4611

K. H. Holstege, *Penicillinsalben in der Augenheilkunde.* Bericht über Erfolge mit einer *Penicillin* (I)-*Sulfonamid*-Augensalbe (GRÜNENTHAL, Stolberg/Rhld.) in 1 g Salbengrundlage 10^3 E. I-*G* u. 5% *Badional.* Mit ihr sind nahezu alle Infektionen des äußeren Auges zu erfassen. Hinweis auf die Möglichkeit der Kombination mit *Atropin* u. *Pilocarpin.* (Klin. Monatsbl. Augenheilkunde augenärztl. Fortbild. **115.** 602—05. 1949/50. Bonn, Univ., Augenklinik) DOSSMANN. 4611

Paul Haupt, *Über erfolgreiche Behandlung der luetischen Opticusatrophie mit Penicillin.* Bericht über 3 Fälle mit luet. Opticusatrophie, bei denen mit *Penicillin* (**I**) eine wesentliche Besserung der Funktionen, vor allem gute Beeinflussung der schwer gestörten Gesichtsfeldgrenzen, erreicht wurde. I-Gesamtdosis $5 \cdot 10^6$ E. in Einzeldosen von $5 \cdot 10^4$ bzw. 10^5 E. in 2- bzw. 4std. Abstand oder mit Depot-I, je $3 \cdot 10^5$ E. 12stündlich. (Klin. Monatsbl. Augenheilkunde augenärztl. Fortbild. **115.** 611—18. 1949/50. Waiblingen.) DOSSMANN. 4611

Ernst Heinsius, *Über die Nebenwirkung lokaler antibakterieller Therapie bei Augenleiden.* Besprochen werden lokale Augenbehandlung u. Eigg. der dafür in Frage kommenden Mittel. Als günstig herausgestellt wird die Lichtschutzwrkg. der *Sulfonamide* (*Aristamid*) u. die Leukotaxis durch *Penicillin*; ferner Besprechung der unerwünschten Nebenwirkungen, die sich als allerg. u. tox. Hauterscheinungen manifestieren. (Neue med. Welt **1.** 880—82. 24/6. 1950. Hamburg-Langenhorn, Allg. Krankenhaus Heidberg.) DOSSMANN. 4611

J. Verge, P. Goret, L. Joubert und **L. Gauchy,** *Untersuchungen über die in vivo-Empfindlichkeit des Klauenseuchebacillus auf Antibiotica.* **(Vgl. C. 1953. 9519.)** Verss. an Mäusen mit experimenteller Infektion u. Behandlung mit *Penicillin* (**I**) u. *Streptomycin* (**II**). Die in vivo-Verss. wurden mit denselben Stämmen D u. M analog durchgeführt. Es ergaben sich dieselben Abhängigkeiten wie in vitro: zu berücksichtigen ist noch die individuelle Empfindlichkeit der Tiere. Schutzwrkg. von **I** gegenüber der Infektion durch den Klauenseuchebacillus ist nur schwach, **II** ist **I** überlegen. Trotzdem werden in **I** u. **II** wertvolle Mittel zur Bekämpfung dieser Infektion gesehen. (Ann. Inst. Pasteur **79.** 150—57. Aug. 1950. Alfort et Lyon, Labor. de Bacteriol. des Ec. Vétér.) DOSSMANN. 4611

Vincent de Paul Larkin, *Chloromycetinpalmitat. Seine Anwendung in der Kinderheilkunde.* Ein neues Präp., *Chloromycetinpalmitat* (I; PARKE, DAVIS & CO.), wurde bei 17 Kindern mit Infektionskrankheiten hinsichtlich seiner Verträglichkeit erprobt. Dosierung 50 mg/kg in 4—6 gleichen Gaben innerhalb 24 Stunden. Verabreichung bis zur klin. Heilung 3—7 Tage. Die I-Suspension wurde gut eingenommen, keine Nebenerscheinungen. (Proc. Soc. exp. Biol. Med. **78.** 191—93. Okt. 1951. New York City, Univ. Hosp., Dep. of Pediatr.) DOSSMANN. 4611

William S. Spaeth, *Probleme bei der Anwendung der Antibiotica in der Kinderheilkunde.* Besprechung der geeigneten Auswahl unter den verschied. *Antibioticis*, wie *Penicillin, Aureomycin, Chloromycetin, Terramycin, Streptomycin*, der Dosierungen, Komplikationen u. Nebenwirkungen. Diskutiert wird ferner der zu erwartende Effekt bei Kombinationen verschied. Antibiotica. (J. Amer. osteopath. Assoc. **52.** 547—50. Juni 1953. Philadelphia, Pa., Philadelphia Coll. of Osteopathy.) DOSSMANN. 4611

Simone d'Ascola, *Chloromycetinbehandlung bei parotiditischen Komplikationen.* Vf. konnte in 2 Parotiditis-Fällen nach peroraler *Chloromycetin*-Gabe eine rasche Besserung erzielen, auch da, wo eine vorangehende Penicillin- u. Sulfonamidtherapie ohne befriedigende Wrkg. war. (Semana méd. **102** (**60**). 461—63. 2/4. 1953.) v. KEREKJARTO. 4611

Ed. Benhamou, F. Destaing und **A. Sorrel,** *Die neuen biologischen Probleme bei chloromycetinbehandeltem Typhus.* Nach Vff. ist für eine geeignete Typhustherapie folgendes zu berücksichtigen: Isolierung von Reinkulturen der Typhuserreger aus Blut, Stuhl, Urin, Galle, Best. der Empfindlichkeit der Erreger auf *Chloromycetin* u. *Aureomycin* wegen gegebenenfalls notwendiger Kombinationsbehandlung, Unters. der antigenen Struktur der Keime, bes. bzgl. des Geh. an Antigen Vi, elektrophoret. Serumunterss., Beobachtung der Rezidive bis zum Negativwerden des Stuhls, um Bacillenträger zu erkennen. (Semaine Hôpitaux Paris **26.** 230—32. 22/1. 1950.) DOSSMANN. 4611

Ed. Benhamou, F. Destaing, E. Albou, G. Daley und **P. Griguer,** *Die klinischen Gesichtspunkte bei der Chloromycetinbehandlung des Typhus.* Vff. diskutieren an Fieberkurven u. Elektrokardiogrammen, daß sich durch *Chloromycetin* (I)-Behandlung das Krankheitsbild von Typhus u. Paratyphus hinsichtlich Schwere, Art der Rückfälle u. Komplikationen günstig gewandelt hat. Als gefährliche Nebenerscheinung, die nur zum Teil mit I zu beeinflussen ist, wird die Typhusencephalitis bes. herausgestellt. (Semaine Hôpitaux Paris **26**. 219—23. 22/1. 1950.) Dossmann. 4611

Stanley Jacob, Fritz B. Schweinburg und **Alexander M. Rutenburg,** *Wirkung von intravenösem Aureomycin auf die intestinale Flora beim Hund und Menschen.* 16 gesunde Bastardhunde erhielten *Aureomycin* (I) intravenös über 10 Tage in täglichen Dosen von 1000, 600 u. 400 mg. 1000 mg wirkten tox., bei 600 u. 400 mg I blieben die Tiere am Leben, die coliformen Bacillen verschwanden oder waren stark red., Clostridia u. Enterokokken waren auch red., aber in allen Kulturen noch nachweisbar. 25 Patienten erhielten 1000 mg I intravenös in 2 gleichen Dosen über 3—25 Tage. Beim Menschen ist die intravenöse I-Verabreichung wirksamer als beim Hund. Coliforme Bacillen wurden völlig oder teilweise in 20, Clostridia in 19 u. Enterokokken in 22 Fällen unterdrückt. Da I offenbar über die Speicheldrüsen u. Galle in den intestinalen Trakt gelangt, wird die geringere Wrkg. von I beim Hund auf den höheren Geh. von *Na-Taurocholat* in der Hundegalle zurückgeführt. Bei oraler Verabreichung ist die I-Wrkg. in beiden Fällen gleich. (Proc. Soc. exp. Biol. Med. **78**. 121—22. Okt. **1951**. Boston, Beth Israel Hosp., u. Harvard Med. School, Dep. of Surg.) Dossmann. 4611

Emil Steen, *Behandlung akuter experimenteller Toxoplasmose mit Aureomycin.* Unterss. an 140 mit Toxoplasma gondi geimpften weißen Mäusen. Die Toxoplasmose wird durch *Aureomycin* (I) beeinflußt, aber nicht beseitigt. Der Heilerfolg ist um so besser, je früher die I-Therapie einsetzt. Wenn I-Behandlung erst 48 Std. nach der Impfung oder später beginnt, bleibt kein Tier am Leben, der Tod tritt später ein als bei den Kontrollen. Da beim Menschen die Diagnose erst gestellt werden kann, wenn die Symptome manifest geworden sind, dürfte es meistens für die I-Therapie zu spät sein. Der Ausbildung des Zustandes der Bacillenträger wird durch I Vorschub geleistet. Die geheilten Mäuse waren immun gegenüber neuen Infektionen. Protozoen werden durch I in vitro nur in sehr hoher Konz., 1 mg/ml, getötet, diese Konz. ist in vivo nicht anwendbar. (Acta pathol. microbiol. scand. **27**. 844—50. 1950. Oslo, Univ., Kaptein W. Wilhelmsen og Frues Bakteriol. Inst.) Dossmann. 4611

Constantin Levaditi und **Aron Vaisman,** *Die Antimalariawirkung (Plasmodium berghei) von Aureomycin.* Mit *Aureomycin* (I) ist bei Mäusen eine experimentelle Infektion durch *Plasmodium berghei* zu heilen. Bei oraler I-Verabreichung von insgesamt 45 mg blieben die Tiere 24 Tage am Leben, während die Kontrollen innerhalb 7 Tagen starben. Nach I-Dosen von 180 mg verschwinden die Hämatozoen innerhalb 60 Tagen aus dem Blut, Behandlung mit 60—180 mg I bedingt völlige Heilung, geringere Dosen verzögern nur den Ablauf der Krankheit u. verursachen Rezidive. (C. R. hebd. Séances Acad. Sci. **230**. 1908—10. 22/5. 1950.) Dossmann. 4611

W. L. McRary, E. L. Beaver und **E. R. Noble,** *In vitro-Effekte von Prodigiosin und anderen Antibioticis auf Trypanosoma Cruzi.* In vitro-Verss. über die Wrkg. von 9 verschied. Antibioticis auf einen einzelnen Stamm von T. Cruzi ergaben eine bedeutend höhere Wirksamkeit von *Prodigiosin* (I) u. *Polymyxin B* (II) als von *Aureomycin, Bacitracin, Chloromycetin, Fumagillin, Neomycin, Subtilin* u. *Terramycin.* I ist 100%ig wirksam bereits nach ½ Std. bei einem Spiegel von 10—25 μg/ml u. bei 1 μg/ml nach 48 Std., während II bei 100 μg/ml jedoch erst nach einigen Tagen wirksam ist. Ein synergist. Effekt zwischen beiden Antibioticis scheint nicht zu bestehen. (Exp. Parasitology **2**. 125—28. April **1953**. Santa Barbara, Calif., Univ. of California.) Gerda Schulze. 4611

R. B. Heisch und **A. E. C. Harvey,** *Bemerkungen zur Wirkung von Terramycin auf Spirochaeta duttoni bei weißen Ratten.* Mit 2 Stämmen von Sp. duttoni infizierte Ratten erhielten am 2. oder 3. Tag nach der Infektion 25—100 mg/kg *Terramycin* (I) intraperitoneal. Obwohl ein schnelles Verschwinden der Erreger aus dem Blut erreicht wurde, blieb doch in fast allen Fällen eine Infektion des Hirnes zurück. I verminderte jedoch wesentlich die Mortalität der infizierten Tiere. (Trans. Roy. Soc. trop. Med. Hyg. **47**. 239—41. Mai 1953. Kenya, Med. Res. Labor., Div. of Insect-Borne Dis.) Krusen. 4611

Gordon B. Magill und **John H. Killough,** *Oxytetracylin-Streptomycin-Therapie bei Brucellosis, hervorgerufen durch Brucella melitensis.* Verss., akute Brucellosis (Bruc. melitensis) mit einer Kombination von *Oxytetracylin* (*Terramycin*) u. *Streptomycin* bzw. *Dihydrostreptomycin* zu behandeln, ergaben ein gleich gutes klin. Ansprechen wie auf die einzelnen Antibiotica, jedoch ging die Zahl der Rezidive bei der kombinierten Anwendung ganz wesentlich zurück. (A. M. A. Arch. intern. Med. **91**. 204—11. Febr. 1953. Cairo, Egypt.) Gerda Schulze. 4611

Jay Ward Smith, Richard W. Dyke und **Richard S. Griffith,** *Resorption nach oraler Anwendung von Erythromycin.* Orale Verabreichung von *Erythromycin* (I) in Gelatinekapseln (Dosis: 300—500 mg) führte in den meisten Fällen zu einer Konz. im Serum von 1 μg/cm^3. Durch einen hohen Geh. an Magensäure wird I zerstört, weshalb es zweckmäßig ist, I in Tabletten mit einer säureunlösl., jedoch alkalilösl. Schicht zu verabreichen. Verss. an 13 Personen mit hämolyt. Streptococcusinfektionen u. 7 Personen mit Pneumococcusinfektionen ergaben gute Resultate. Über weitere 11 Fälle mit verschied. Infektionen wird berichtet. Ernstere tox. Nebenwirkungen wurden nicht beobachtet. (J. Amer. med. Assoc. **151.** 805—10. 7/3. 1953. Indianapolis, Gen. Hosp., Lilly Labor. for Clin. Res.) R. KÖNIG. **4611**

Harry F. Dowling, Mark H. Lepper und **George G. Jackson,** *Wann sollten Antibiotica in Kombination angewandt werden?* Eine Kombination von Antibioticis (I) ist angebracht 1. bei Mischinfektionen, 2. zur Verhinderung des Auftretens resistenter Stämme u. 3. zur Erreichung eines therapeut. Effektes, der mit einem I allein nicht erzielt werden kann. Wenn eine in vitro-Unters. nicht mehr durchgeführt werden kann, wird nach JAWETZ (Antibiotics and Chemotherapy **2.** [1952.] 243) eine Kombination von baktericid [z. B. Penicillin (II), Streptomycin, Bacitracin, Neomycin] mit bakteriostat. [z. B. Aureomycin (III), Chloramphenicol, Oxytetracyclin] wirkenden I empfohlen. Kurzer Hinweis auf 112 eigene Verss. mit der Kombination II–III. (J. Amer. med. Assoc. **151.** 813—15. 7/3. 1953. Chicago, Ill., Univ. of Illinois, Coll. of Med., Dep. of Med.) R. KÖNIG. 4611

Giuseppe Lovera, *Pharmakologische Untersuchungen des Verdauungsapparates. Die Wirkung eines neuen parasympathicomimetisch wirkenden Präparates auf das Colon.* Vf. untersuchte röntgenolog. die Wrkg. des *Fisostin* (I; *p-Toluolsulfonat* des *Furfurylmethylammoniums*) auf Tonus u. Motilität des Dickdarms. I entfaltet eine etwa dem Acetylcholin entsprechende Motorik, der Tonus wird aber 20mal weniger erhöht als bei diesem. In welcher Weise die Vaguswrkg. des I zustande kommt, ist nicht klar, da Verss. sowohl für eine Wrkg. im Sinne der Hemmung der Cholinesterase als auch einer acetylcholinähnlichen sprechen. Indikationen: erhöhter Sympathicotonus, Megacolon. (Minerva med. [Torino] **44.** I. 1595—99. 16/6. 1953. Torino, Univ., Ist. di Clin. Med. Gen.) P. G. SCHEURLEN. 4620

Joseph B. Kirsner und **Walter L. Palmer,** *Neuere gastrisch-antisekretorische Verbindungen.* In 500 Einzelunterss. wurde die Wrkg. von 16 Verbb. auf die Hemmung der Magensäureausscheidung untersucht. Die Präpp. wurden entweder intramuskulär oder durch den Magenschlauch verabreicht. Bei dieser Applikationsart erwiesen sich am stärksten: U–0229, *α.α-Diphenyl-γ-[1-piperidyl]-butyramidhydrochlorid* (UPJOHN), U–0382, *Pamin* = *Epoxytropintropatmethobromid* (I; UPJOHN), Win–4369, *2-Diäthylaminoäthyl-2-cyclopentyl-2-[2′-thienyl]-oxyacetatmethobromid* (II; WINTHROP-STEARNS), U–0385, *α.α-Diphenyl-γ-[1-piperidyl]-butyramidmethobromid* (UPJOHN) u. *Pro-Banthin*, Sc 3171, *β-Diisopropylaminoäthylxanthen-9-carboxylatmethobromid* (III; SEARLE). Teilweise wirksam erwiesen sich *Oxyphenonium „Antrenyl“-bromid* (*Diäthyl-2-oxyäthylmethylammoniumbromid* + *α-Phenylcyclohexylglykolat*; CIBA), Ap–407, *β-Diäthylaminoäthyl-β-n-propyltropatmethobromid* (ABBOTT), U–0407, *β-[1-Pyrrolidyl]-äthyl-Δ²-cyclopentenylphenylacetatäthobromid* (UPJOHN), *Darstin, 5-Methyl-4-phenyl-1-[1′-piperidyl]-3-hexanolmethobromid* (SHARP & DOHME) u. *Prantal, N.N-Dimethyl-4-piperidyliden-1.1-diphenylmethanmethylsulfat* (SCHERING). Durch Belladonnatinktur, Atropinsulfat, Hexamethoniumbromid, Verb. 14045, *1-Cyclohexyl-1-phenyl-3-pyrrolidino-1-propanolmethylsulfat* (LILLY), Verb. BL–139, *α.α-Diphenyldimethylaminovaleramidhydrogensulfatmonohydrat* (BRISTOL) u. Verb. 1637, *Scopolamin-N-butylbromid* (SMITH, KLINE & FRENCH) wurde keine Anacidität bewirkt. Im Hinblick auf geringe Nebenerscheinungen waren am günstigsten I, III u. II. Zu beachten ist ferner die Tatsache, daß verschied. Patienten auf gleiche Mittel sehr verschieden reagieren können. Die wirksamsten Mittel haben gleichzeitig die stärksten Nebenerscheinungen. Völlige Anacidität wurde bis jetzt ohne Nebenwrkg. durch kein Präp. hervorgerufen. (J. Amer. med. Assoc. **151.** 798—805. 7/3. 1953. Chicago, Ill., Univ., School of Med., Dep. of Med.) R. KÖNIG. 4620

Karl Bauer, *Über blasentonisierende Mittel.* Kurz besprochen werden die Erfahrungen aus 150 Fällen nach Behandlung mit den parasympathicusanregenden Präpp.: *Doryl* (*Carbaminoylcholin*), *Acetylcholin* (ROCHE), *Esmodil* (*Trimethylmethoxypropenylammoniumbromid*), *Gynergen*, *Strychnin*, *Tonaton* (LUITPOLDWERK, München); die *Hormon*-Therapie mit *Androgenen* u. *Follikelhormon* allein oder kombiniert wird erörtert, letztere als bes. wirksam herausgestellt. (Neue med. Welt **1.** 819—22. 10/6. 1950. Tübingen, Univ., Chirurg. Klinik.) DOSSMANN. 4620

Elsbeth Schmidt, *Über die Verwendung einer neuen sympathicomimetischen Substanz* (*Effortil*) *bei toxischen Kreislaufschäden.* Prüfung der Wrkg. von *Effortil* (I) bei 40 Patienten mit Kreislaufschädigung nach Grippe u. bei 2 Diphtheriekranken. Angabe der Wrkg. von 0,01 g I auf systol. u. diastol. Blutdruck bei intramuskulärer u. intravenöser Verabreichung. Der Blutdruckanstieg trat um so sicherer ein, je niedriger der systol. Blutdruck lag. Die diastol. Werte waren prakt. nicht geändert, Steigerung der Pulsfrequenz war unwesentlich. Auch bei oraler I-Verabreichung trat bei der Hälfte der Fälle Blutdrucksteigerung ein. Außer motor. Unruhe keine Nebenerscheinungen. (Die Medizinische 1. 1703—05. 23/12. 1950. Frankfurt/M., Univ., Med. Klinik.) DOSSMANN. 4620

Albert-Jean Rosenberg, Leya Buchel, Nicole Etling und **Jeanne Lévy,** *Einfluß von Narkoticis auf den Gehirnstoffwechsel.* Es wurde an Rattenhirnschnitten in Ggw. von Narkoticis im WARBURG-App. der O_2-, der Glucoseverbrauch u. die Milchsäurebldg. gemessen. Um eine 50%ig. Hemmung der O_2-Absorption zu erzielen, mußte 1 cm^3 KREBSsche Nährlsg. 1,5 mg *Chloral* oder 0,9 mg *Gardenal* oder 0,6 mg *Chloreton* oder 0,3 mg *Soneryl* enthalten. Trotz der 50%ig. Hemmung der O_2-Absorption nahm der Glucoseverbrauch um 50% u. die Milchsäurebldg. um 180% zu. Diese stieg so stark an, weil sich die überschüssig verbrauchte *Glucose* in *Milchsäure* umwandelte. Unter den Narkoticis wurde die Atmung durch die *Glykolyse* ersetzt, denn die während der Anaerobiose verbrauchten Glucose- u. gebildeten Milchsäuremengen waren mit denjenigen ident., die während einer Aerobiose in Ggw. von Narkoticis gefunden wurden. Einerseits beeinflußten die Narkotica in den obengenannten Mengen nicht die Glykolyse, andererseits begünstigten sie das Verschwinden der *Brenztraubensäure.* — Mit Gehirnbrei wurden dieselben Ergebnisse wie mit Gehirnschnitten erhalten. (C. R. hebd. Séances Acad. Sci. **230.** 480—82. 30/1. 1950.) W. BRANDT. 4621

L. G. C. Pugh und **C. L. Wyndham,** *Kreislaufwirkungen bei hoher spinaler Anästhesie in hypertonischen und Kontrollpersonen.* 14 Fälle, 9 mit Hypertension, 100 mm Hg diastol. Druck, 5 Kontrollen, Druck unter 100 mm Hg. Die Anästhesie erfolgte durch interthecale Injektion von *Nupercain.* Die Kreislaufwrkg. durch die spinale Anästhesie wurde nach einer Herzkathetermeth. beurteilt. In allen Fällen wurde Abfall des Blutdrucks festgestellt, er war bei den Patienten mit Hypertension größer als bei den Kontrollen, die Werte gingen zum Teil auf die Norm zurück. Anzeichen eines ungewöhnlichen Grades von sympathet. vasoconstrictor. Tonus waren bei 2 von 8 Hypertonikern u. 1 von 5 Kontrollen zu beobachten. In einigen Fällen, bei denen der Körper während der Anästhesie nicht horizontal gelagert war, machten sich Anzeichen einer Ohnmacht bemerkbar mit über dem Anästhesiespiegel liegender Vasodilatation. (Clin. Sci. **9.** 189—203. 1950. London, Postgraduate Med. School, Dep. of Med.) DOSSMANN. 4621

Hans Sauter, *Äthernarkose in Kombination mit Relaxil.* Bei 132 Operationen wurde neben *Ae.* (I) *Relaxil* (II) (EGGOPHARMA GMBH., Melano [Tessin] u. Zürich; *α.β-Dioxy-[2-methylphenoxy]-propan* in 1%ig. Lsg.) zur Muskelerschlaffung gegeben. Die durchschnittlich pro kg Körpergewicht u. pro Std. Narkosedauer verbrauchte I-Menge war bei I + II-Narkose 1,38 g, bei I allein 2,01 g. Keine Hämolyse oder Nierenschädigung, doch wird die intramuskuläre Injektion (10 cm^3) der intravenösen vorgezogen. Auch für die *Narconumal*-Narkose ist II geeignet. (Schweiz. med. Wschr. **80.** 654—56. 24/6. 1950. Zürich, Univ., Frauenklinik.) BROSEMANN. 4621

Raymond-Hamet, *Über die lokalanästhetische Wirksamkeit von Isoyohimbin und Alloyohimbin.* Die Prüfung der lokalanästhet. Wirksamkeit an der Kaninchencornea ergab für das *Isoyohimbinhydrochlorid* eine 3mal schwächere, für das *Alloyohimbinhydrochlorid* eine 5mal schwächere Wrkg. als *Cocainhydrochlorid,* während *Yohimbin* 2mal stärker als *Cocain* wirkt. (C. R. Séances Soc. Biol. Filiales **145.** 1829—30. Dez. 1951.) DAUTZENBERG. 4621

G. Carl Rau und **B. A. Westfall,** *Ein Vergleich von Procain und Tridiurecain.* Die DL_{50} für *Tridiurecainhydrochlorid* (I) wurde mit 250 ± 13 mg/kg gegenüber *Procain* (II) mit 225 ± 24 mg/kg (Ratten intraperitoneal) ermittelt. Auch die lokalanästhet. Wrkg. von I entspricht etwa der von II. Jedoch hat I sedative, hypnot. Wrkg., während II

I

in hohen Dosen zu Übererregbarkeit u. Krämpfen führt. (J. Pharmacol. exp. Therapeut. **99.** 421—24. Aug. 1950. Columbia, Mo., Univ. of Missouri, School of Med., Dep. of Physiol. and Pharmacol.) DAUTZENBERG. 4621

Frederick A. Fuhrman, *Muskelelektrolyte und Wasser nach intraarterieller Injektion von Thiopentalnatrium.* Vf. injizierte Kaninchen durch einen Katheter in die Femoralarterie *Thiopentalnatrium* (I; 25 mg/kg) u. hielt die Extremität für 1 Std. abgeschnürt. Die Abschnürung allein rief keine funktionellen Störungen oder sichtbaren Ödeme hervor, dagegen traten nach Injektion von I stets Ödem u. Funktionsstörungen der Muskulatur auf. Am Tage nach der Injektion war ein Anstieg von Na, Cl u. W. sowie ein Abfall von K u. Glykogen im Muskel nachzuweisen. Diese Veränderungen bestanden auch noch am 17. Tag nach der Injektion. Ähnliche Ergebnisse wurden auch mit Injektion von *NaCN* (5 mg/kg) erhalten. (Amer. J. Physiol. **167.** 298—304. 1/11. 1951. Stanford, Calif., Stanford Univ., Med. of School, Dep. of Physiol.) DAUTZENBERG. 4621

H. W. Dalton, *Theorie der Barbituratwirkung.* Kurzer Hinweis auf den Antagonismus zwischen *Barbituraten* u. *Thiamin. Barbiturate* hemmen das Wachstum von Staphylokokken in Bouillon, die Hemmung ist aufhebbar durch Zugabe von *Thiamin.* (Lancet **259.** 596. 18/11. 1950. Dublin.) DAUTZENBERG. 4621

H. Bauer, *Schmerzbekämpfung mit Polamidon (Hoechst) in der Gynäkologie.* Vf. wandte *Polamidon* (I; HOECHST) an bei a) postoperativen Schmerzen, b) zur Operationsvorbereitung, c) bei chron. u. d) akuten Schmerzzuständen. Bei a) u. c) ist I als vollwertiger Ersatz für *Morphin* (II) anzusehen. Sedative Wrkg ist gering, daher ist I für b) nicht geeignet. Trotz spasmolyt. Eigg. Ergebnisse bei d) nicht einheitlich. Verabreichung von I oral in Tabletten- (5 mg) oder Tropfenform, ferner als Suppositorien (5 mg). Umstellung von II auf I ist ohne Schwierigkeiten möglich. Bei 160 Fällen wurde Sucht oder Gewöhnung nicht beobachtet. Unverträglichkeitserscheinungen in 11 Fällen bei peroraler Gabe. (Neue med. Welt **1.** 273—79. 25/2. 1950. Wiesbaden, Städt. Frauenklinik.) DOSSMANN. 4621

Klaus Soehring, *Neuere synthetische Arzneimittel mit zentralanalgetischer Wirkung.* Vf. bespricht eingehend die Präpp. *N-Methylmorphinan, Dolantin* u. *Polamidon* (*Hoechst 10820*). — 80 Literaturangaben. (Med. Klin. **45.** 817—22. 7/7. 1950. Hamburg, Univ., Pharmakol. Inst.) BROSEMANN. 4621

G. Baumhoff und **A. Schürmeyer,** *Polamidon als Spasmolyticum und Analgeticum. Polamidon* (I) = 2-Dimethylamino-4.4-diphenylheptanon-(5)-hydrochlorid wurde bei den verschiedensten Indikationen erprobt. I zeigte gute Wrkg. bei Spasmen der glatten Muskulatur, auf Ischiasschmerzen u. das Hustenzentrum; Verbesserung der Durchblutung wird erzielt, Pleuritis u. Migräne günstig beeinflußt. I nicht vollständiger Ersatz für Morphin. Zeichen von Sucht werden nicht beobachtet. Im allg. wurden 5 mg I als orale Einzeldosis gegeben. Wrkg. tritt nach 30—40 Min. ein, bei subcutaner Gabe schon nach 10—15 Minuten. Zur Vermeidung von Nebenerscheinungen ist nach I-Gabe Bettruhe erforderlich. (Med. Klin. **45.** 489—94. 21/4. 1950. Köln-Hohenlind, St. Elisabeth-Krankenhaus.) DOSSMANN. 4621

W. Wilbrandt, *Zur Frage des Wirkungsmechanismus der Antihistaminsubstanzen.* Nach dem Massenwirkungsgesetz wird die Kinetik der Verdrängung *Histamin–Antihistamin* unter der Voraussetzung reversibler Rkk. beider mit den entsprechenden Receptoren berechnet u. als zweckmäßiges Maß der Antihistaminwrkg. die hiermit ermittelte Dissoziationskonstante des Antihistamin-Receptorkomplexes empfohlen. Verss. mit *Benadryl* ergaben befriedigende Übereinstimmung mit der Theorie in einem Konzentrationsbereich von 1:40. Für *Benadryl* wurde eine Dissoziationskonstante von $10^{-7,83}$ ermittelt. (Helv. physiol. pharmacol. Acta **8.** 399—408. 1950. Bern, Univ., Pharmakol. Inst.) DAUTZENBERG. 4625

Zs. Gáspâr-Németh und **B. Issekutz jr.,** *Beiträge zum Wirkungsmechanismus des Azulenols.* Durch intraperitoneale Injektion von Eiereiweiß wurde an Albinoratten ein Ödem der Extremitäten u. der Nase hervorgerufen. Nach einer 2—4wöchigen Vorbehandlung mit *Azulenol* (I; 0,05 ml 2%ig. bzw. 0,2 ml 33%ig. Lsg., alle 2 Tage) bleiben diese Erscheinungen aus oder treten nur in sehr milder Form auf. Vff. führen dies auf eine endogene Histamindesensibilisierung zurück. Akute Dosen von I beeinflussen die Ödembldg. nicht. (Acta physiol. Acad. Sci. hung. **4.** 301—05. 1953. Szeged, Med. Univ., Physiol. Inst.) R. KÖNIG. 4625

M. Gaida, *Zur Behandlung des diabetischen Pruritus mit Antistin.* Bericht über 25 ambulante u. 5 stationäre Fälle, die mit *Antistin* (I; CIBA) behandelt wurden. Bei intravenöser I-Injektion wurde zum Teil schlagartiges Verschwinden des Pruritus festgestellt. Bei ambulanter Behandlung Injektion von 5—8 Ampullen über mehrere Tage, anschließend Verordnung von I-Tabletten, beginnend mit 3mal 2 Stück pro Tag. Keine Nebenwirkungen. (Neue med. Welt **1.** 131. 28/1. 1950. Hamburg-Wandsbek, Allg. Krankenhaus.) DOSSMANN. 4625

A. Weder, *Erfahrungen mit „Thephorin" (Roche) in der Otorhino-laryngologie.* Klin. Prüfung von *Thephorin* (I; ROCHE) = *saures Tartrat* des *2-Methyl-9-phenyltetrahydropyridinden* bei 132 Patienten mit allerg.-vasomotor. Rhinopathie u. deren Begleiterscheinungen. I besitzt zentralerregenden Effekt. Verordnung im allg. 3mal täglich 1 Dragée zu 25 mg. Gute Erfolge bei ca. 50% der Fälle, mäßige Besserung bei ca. 25%. Unerwünschte Nebenwirkungen durch I sind im Vgl. zu anderen Antihistaminpräpp. gering, es wurden Schlafstörungen aller Grade festgestellt. Dosierung soll einschleichend erfolgen u. individuell angepaßt werden. (Schweiz. med. Wschr. **80.** 287—88. 18/3. 1950. Basel, St. Clara-Spital.) DOSSMANN. 4625

Daniel Eckert und **Osmo Vartiainen**, *Desensibilisierung mit Histamin.* 5 Asthmakranke erhielten jeden 2. Tag eine Infusion von *Histamin* (1 mg/500 ml). Die Infusionsgeschwindigkeit konnte mit zunehmender Histamintoleranz von Tag zu Tag erhöht werden. Gleichzeitig nahmen die Nebenwirkungen des *Histamins* (Dyspnoe, Hautrötung, Kopfschmerz) ab, u. die Asthmasymptome gingen zurück. Im Blutbild fiel ein Rückgang der Eosinophilen auf. (Ann. Med. exp. Biol. fenn. **28.** 86—88. 1950. Helsinki.) DAUTZENBERG. 4625

Peter Waser, *Pharmakologie einiger Reinalkaloide aus Calebassen-Curare: C-Curarin I, C-Toxiferin I, C-Calebassin, C-Calebassinin, C-Fluorocurin.* Von den mindestens 30 verschied. Calebassenalkaloiden wurden die bisher papierchromatograph. als einheitlich festgestellten *C-Curarin I* (I), *C-Toxiferin I* (II), *C-Calebassin, C-Calebassinin* u. *C-Fluorocurin* am Warmblüter (Maus, Kaninchen, Katze) pharmakol. untersucht. Am günstigsten hinsichtlich Toxizität u. therapeut. Breite ist II, das zugleich das wirksamste Alkaloid darstellt. Dieses u. auch I kommen gegebenenfalls für klin. Anwendung in Frage. Beide sind biol. günstiger als das Ausgangsmaterial Rohcurare. (Helv. physiol. pharmacol. Acta **8.** 342—50. 1950. Zürich, Univ., Pharmakol. Inst.) DAUTZENBERG. 4628

J. Raaflaub und **W. Wilbrandt**, *Curarewirkungen am perfundierten Froschschenkelpräparat.* Es wird eine Meth. zur quantitativen Registrierung von Effekten an der motor. Endplatte beschrieben, die sich alternierender direkter u. indirekter Reizung an der durchströmten hinteren Froschextremität nach LAEWEN-TRENDELENBURG bedient. Das Verhältnis von 10 g Konz. u. Wrkg. ist annähernd linear. Beim Vgl. von *d-Tubocurarin* u. *Chondrocurare* ergab sich am Frosch für letzteres eine 5mal schwächere Wirkung. *Prostigmin* ist in anticurarisierender Dosis schlecht, dagegen in curarisierend wirkenden hohen Dosen (Konz. 10^{-3}) gut auswaschbar. *Ca*-Zusatz unterstützt die anticurarisierende *Prostigmin*-Wirkung. (Helv. physiol. pharmacol. Acta **8.** 44—51. 1950. Bern, Univ., Pharmakol. Inst.) DAUTZENBERG. 4628

Ottar Dybing, *Vergleichende Untersuchung über Curare und Myanesin in Kombination mit Schlafmitteln.* Bei Mäusen wird die DL_{50} von *d-Tubocurarin* (1,3 mg/kg intravenös) durch Behandlung mit *Chloralhydrat* (600 mg/kg = DL_{50} intraperitoneal) auf 1,6 mg/kg erhöht, durch Behandlung mit 100 mg/kg (= DL_{50}) *Pentobarbitonnatrium* intraperitoneal auf 0,75 mg/kg herabgesetzt. Kombination von *Myanesin* mit *Chloralhydrat* zeigte im Toxizitätsvers. additive Wirkung. (Ann. Med. exp. Biol. fenn. **28.** 82—83. 1950. Oslo.) DAUTZENBERG. 4628

A. B. Monro und **H. H. Steadman**, *Myanesin in der Psychiatrie.* 68 psychiatr. Kranke erhielten 3 Wochen bis 7½ Monate 3mal täglich 1 g *Myanesin* (*Mephenesin*), das in kleinen Dosen bei Tieren Muskelerschlaffung u. schlafähnlichen Zustand, in größeren Ataxie, danach Paralyse hervorruft. Bei 28 trat ein Erfolg, bei 40 keiner ein. (J. Mental Sci. **99.** 285—87. April 1953. Epsom, Long Grove Hosp.) BROSEMANN. 4628

Eugene G. Lipow, *Langsam resorbiertes Tubocurarinchlorid in der Orthopädie.* Bei 149 orthpäd. Patienten mit stärkeren Muskelspasmen wurde *Tubadil* (ENDO PRODUCTS, INC.), ein Depotpräp. mit 25 mg *d-Tubocurarinpentahydrat* in 1 ml eines Gemisches von Erdnußöl, Oxycholesterinderivv. u. Bienenwachs, mit gutem Erfolg verwendet. Gegenüber wss. Curarinzubereitungen hat *Tubadil* den Vorzug milderer u. länger anhaltender Wrkg. bei gleichzeitig geringeren Nebenwirkungen. Unter Einhaltung der angegebenen Dosierung (meist ca. 1 ml) traten lediglich bei einigen Patienten vorübergehende Diplopie u. Koordinationsstörungen auf. (A. M. A. Arch. Surgery **66.** 312—17. März 1953. Washington, D. C.) DAUTZENBERG. 4628

L. B. Kirschner und **W. E. Stone**, *Bindung von Dihydro-β-erythroidin durch einen Bestandteil des Blutplasmas.* Eine auf der Verhinderung der durch Acetylcholin hervorgerufenen Reizung des rectus abdominalis-Muskels basierende Meth. zur Best. von curareartigen Stoffen wird beschrieben (vgl. J. gen. Physiol. **34.** [1951.] 821). Nach dieser Meth. wirkt *Dihydro-β-erythroidin* (I) ca. 6mal so stark wie *d-Tubocurarin*-

chlorid (II). Dagegen wirkt beim Hund II 20mal stärker atemlähmend als I. I erwies sich als unbeständig gegen 0,067 n NaOH u. wurde durch 15minütiges Kochen mit n HCl nur zu 17% zerstört. II war gegen beide Agentien beständig. Beim Versetzen mit Rinder- bzw. Hundeplasma sank der Geh. an wirksamem I binnen 15 Min. stark ab. Aus mit I versetztem Hundeplasma wurde mit essigsaurem A. das Eiweiß entfernt. Durch Erhitzen in HCl-Lsg. ließ sich das im enteiweißten Plasma enthaltene I wieder aktivieren, während das gefällte Eiweiß vor u. nach der HCl-Behandlung keine Curarewrkg. aufwies. Es wurde nachgewiesen, daß im lebenden Tier das gesamte I im Laufe einer Std. nur langsam abnimmt, während das wirksame I nach 4 Min. nur 25% des gesamten I u. nach 35 Min. nur noch 9% beträgt. — Die Verss. deuten darauf hin, daß I mit einem Bestandteil des Blutplasmas einen alkohollösl. Komplex bildet, der durch Säure gespalten werden kann u. offenbar mit der freien wirksamen Form ein in Richtung auf die komplexe Form verschobenes Gleichgewicht bildet. (J. Pharmacol. exp. Therapeut. **107**. 188—96. Febr. 1953. Madison, Wis., Univ. of Wisconsin, Med. School, Dep. of Physiol.) WILLENBERG. 4628

W. D. M. Paton, *Die Anwendungen der Methoniumverbindungen.* (Vgl. auch C. **1953**. 6724.) Ausführlicher Bericht über die Pharmakologie u. klin. Anwendung der *Methonium*-Verbb., bes. *Dekamethonium* (I) u. *Hexamethonium* (II). I dient wegen seiner geringeren Nebenerscheinungen u. der 10fachen Wirksamkeit gegenüber dem *d-Tubocurarin* (III) als ideales Muskelrelaxans bei Operationen. Bes. vorteilhaft ist, daß es die Atemmuskulatur nicht mit erfaßt. Die Wirkungsdauer ist wesentlich kürzer als die von III, so daß bei einer Überdosierung der n. Abbau im Körper unter Anwendung künstlicher Atmung abgewartet werden kann. Die bei Tieren beobachtete antagonist. Wrkg. von II ist beim Menschen nicht sehr deutlich. Auch bei der Tetanusbehandlung hat sich I bewährt. Die Wirkungsweise am Muskel unterscheidet sich von III. Dieses blockiert *Acetylcholin*, während I den Übergang des Nervenreizes auf den Muskel durch Depolarisation der Muskelfibrillen verhindert. II hat einen stark blutdrucksenkenden Effekt, vor allem bei aufrechter Körperhaltung. Hier liegt auch sein Hauptanwendungsgebiet, jedoch tritt Gewöhnung ein. Die Toleranz läßt nach Behandlungspausen wieder nach. Weitere Indikationen sind Magen-Darm-Geschwüre u. die Verhinderung von Blutverlusten bei Operationen. (J. Roy. Inst. publ. Health Hyg. **16**. 31—50. Febr. 1953. London, Univ.) L. BERGER. 4628

Donald L. Cook, W. E. Hambourger und **Robert G. Bianchi,** *Pharmakologie eines neuen ganglienblockierenden Mittels, 2.6-Dimethyl-1.1-diäthylpiperidiniumbromid (SC-1950).* Die ganglienblockierende Wrkg. von *SC-1950* (I; *2.6-Dimethyl-1.1-diäthylpiperidiniumbromid*) am oberen Halsganglion der Katze u. am N. pelvicus des Hundes war ca. 5—7mal stärker als die des *Tetraäthylammoniumbromids*. Tonus u. Kontraktilität des Darmes beim Hund werden durch I herabgesetzt, wobei bes. die Ringmuskulatur betroffen ist. Der *Acetylcholin*-Spasmus des isolierten Kaninchendünndarmes wird durch I kaum beeinflußt. Intravenöse Injektion senkt beim Hund den Blutdruck, in *Pentobarbital*-Narkose wesentlich länger als in *Ae.*-Narkose. Am Nerv–Muskel-Präp. des Frosches treten unter I *Curare*-ähnliche Lähmungserscheinungen auf. DL_{50} beträgt bei Mäusen intraperitoneal 40 ± 6 mg/kg, peroral 365 ± 40 mg/kg, bei Ratten peroral 2000 ± 310 mg/kg u. bei Hunden intravenös 20—25 mg/kg. (J. Pharmacol. exp. Therapeut. **99**. 435—43. Aug. 1950. Chicago, Ill., G. D. Searle & Co., Div. of Biol. Res., Pharmacol. Dep.) DAUTZENBERG. 4628

Karl-Heinz Kimbel, *Erfahrungen mit einer neuen Scopolammoniumbase.* Kurzer Bericht über günstige Erfahrungen mit *Buscopin* (*Butylscopolammoniumbromid*), das bei guter spasmolyt. Wirksamkeit nicht die Nebenwirkungen des *Atropins* hat. (Neue Med. Welt **1**. 1200—01. 16/9. 1950. Mainz, Johann-Gutenberg-Univ., Med. Klinik.) DAUTZENBERG. 4628

A. B. Monro, Anne K. Kirkland, A. Gillie und **D. L. M. McNeill,** *Der Gebrauch kurzwirkender Relaxantien bei E. C. T.* Als Muskelrelaxans bei der Schocktherapie bewährte sich *Scoline* (*Suxamethoniumchlorid* bzw. *Succinylcholinchlorid*) mit ausreichender lähmender Wrkg. bei verhältnismäßig geringer Gefahr einer gefährlich langen Atemlähmung gegenüber *Brevidil „M"* (*Suxamethoniumbromid*), das bei sicherer Relaxation Apnoen bis zu 10 Min. hervorrief, aber noch *Brevidil „E"* (*Suxethoniumbromid*) übertraf. (J. Mental Sci. **99**. 288—90. April 1953. Epsom, Long Grove Hosp.) BROSEMANN. 4628

J. Klosa, *Über Antiepileptica.* Übersicht über die Entw. der Epilepsiebehandlung unter besonderer Berücksichtigung der Hydantoine. (Apotheker-Ztg. **3**. 199—202. Nov. 1951. Berlin.) SCHMERSAHL. 4628

N. Salama und **Aziz Hilmy,** *Ein Fall von diffuser generalisierter Zahnfleisch-Hyperplasie durch Epanutin. Epanutin = Na-Diphenylhydantoinat, Na-Dilantin, Eptoin,*

Solantoin, das als Mittel bei epilept. Anfällen gegeben wird, kann bei längerer Verabreichung ausgedehnte Hyperplasie des Zahnfleisches bedingen; ein Fall wird beschrieben. (Brit. Dental J. **88.** 157—59. 17/3. 1950. Kairo, Dental School.) DOSSMANN. 4628

Stefan Nitschkoff, *Neurovegetative Gefäßstörungen und ihre Behandlung.* Bei einer Reihe von neurovegetativen Gefäßstörungen, die auf eine Behandlung durch Medikamente bisher nicht ansprachen, wurde mit Roßkastanienextrakt Heilung erzielt. (Hippokrates **24.** 378—81. 30/6. 1953. München-Thalkirchen, Med. Privatklinik.) BRAUKMANN. 4630

H. Marx, *Kritische Untersuchungen über einige sogenannte periphere Kreislaufmittel.* Vf. untersuchte mittels thermoelektr. Hauttemperaturmessung u. Kreislaufanalyse nach BROEMSER u. RANKE die Wrkg. von *Tetraäthylammoniumbromid* (I), *Diäthylaminoäthanol* (II) u. *Dihydroergotamin* (III). In über $^2/_3$ der Verss. kommt es zu einem Anstieg der Hauttemp. an Händen u. Füßen. Bei Kreislaufanalysen ergaben sich Verkleinerung des Schlagvol. u. Vergrößerung des peripheren Widerstandes. **I** u. **III** steigern elast. Widerstand u. Pulsgeschwindigkeit. Unter **I** nahm die Pulsfrequenz deutlich zu. **I**, **II** u. **III** führen also zu einer Mehrdurchblutung an den Akren u. zu einer Umstellung des Gesamtkreislaufes nach Art einer hypotonen Regulationsstörung. (Verh. dtsch. Ges. Kreislaufforsch. **16.** 245—49. 1950. Halle/S., II. Med. Univ. Klinik.) K. BÖHM. 4630

Sam I. Miller, Ralph V. Ford und **John H. Moyer**, *Dibenzylin: Ergebnisse der Therapie bei Patienten mit Überdruck und ein Vergleich mit Hexamethonium, 1-Hydrazinophthalazin und halbgereinigten Veratrumextrakten.* Bericht über Verss. an 32 unter Hypertension leidenden Patienten mit *Dibenzylin*, ***N-Phenoxyisopropyl-N-benzyl-β-chloräthylamin*** (SMITH, KLINE AND FRENCH LABORS., Inc., Philadelphia; Dosis: 20 mg alle 4—5 Std.). 72% der Kranken zeigten einen Blutdruckabfall um 20 mm u. mehr. Als Nebenerscheinung zeigte sich vor allem Tachycardie; nur bei 11 Patienten ließ sich die Therapie über 3 Monate fortsetzen. Zum Vgl. wurden Verss. mit dem ganglienblockierenden Präp. *Hexamethonium* (I), ferner mit ***1-Hydrazinophthalazin*** (***Apresolin***; II) u. den Extrakten von *Veratrum viride* (III), *Anatensol* (***Vergitryl***) u. *Veriloid* unternommen. **I**, das Mittel der Wahl, war in einer Kombination mit **II** in 50% der Fälle sehr günstig. Die **III** sind zwar wirksam, führen aber in erhöhtem Maße zu Nebenerscheinungen (Erbrechen) u. können deshalb nicht lange genug gegeben werden. (New England J. Med. **248.** 576—82. 2/4. 1953. Houston, Tex., Veterans Admin. Hosp. and Jefferson Davis Hosp., Cardiac Clin.) R. KÖNIG. 4630

J. L. Becher, *Ein Beitrag zur sublingualen Hyderginwirkung.* Es wurde die Wirksamkeit von *Hydergin* (I) als Sublingualtabletten mit Hilfe der Meth. der *Adrenalinbelastung* (vgl. STURM u. Mitarbeiter, Dtsch. med. Wschr. **76.** [1951.] 1590) ausgetestet. Dabei wirkt **I** den durch Adrenalin hervorgerufenen Steigerungen des Blutzuckergeh. u. der Leukocytenzahl entgegen. Nach der Auswertung ergibt sich, daß bei sublingualer Anwendung von **I** eine die intravenöse Gabe um das 4fache übersteigende Dosis (1,2 mg statt 0,3 mg) gegeben werden muß. (Med. Mschr. **7.** 33—36. Jan. 1953. Wuppertal-Barmen, Städt. Krankenanstalten, Med. u. Nervenklinik.) ZOPFF. 4630

A. H. Lemmerz und **J. Kranemann**, *Klinische Erfahrungen bei der Behandlung der Coronarinsuffizienz mit Khellin im Vergleich zur Wirksamkeit der Nitrite und Theophyllinpräparate.* Von 500 Coronarinsuffizienzen wurden 50, die durch Nitrite u. Theophyllinpräpp. nicht zufriedenstellend beeinflußt werden konnten, mit ***Khellin*** in Dosen von 60—300 mg per os behandelt. Es wurden 8 Versager beobachtet, wobei in 3 Fällen offenbar die Dosierung zu gering gewählt worden war. (Aerztl. Wschr. **8.** 350—53. 10/4. 1953. Bad Nauheim, Heilstätte für Herzkranke der LVA Rheinprovinz.) K. BÖHM. 4630

Maxwell J. Binder, George M. Kalmanson, Ernst J. Drenick und **Leon Rosove**, *Klinischer Wert von Heparin bei der Behandlung von Angina pectoris.* Bericht über 34 Patienten mit Angina pectoris, denen intravenös *Heparin* [**I**; Dosis: 100 mg (10 cm³), 2mal/Woche] verabreicht wurde. Zum Vgl. diente isoton. NaCl-Lösung. Eine günstige Wrkg. von **I** auf die Erkrankung war nicht festzustellen. (J. Amer. med. Assoc. **151.** 967—70. 21/3. 1953. Los Angeles, Calif., Univ. of California, School of Med., Dep. of Med. and Veterans Admin. Center, Med.Serv.) R. KÖNIG. 4630

Volker-Friedberg, *Die Behandlung der Hyperemesis mit Antistin.* Vf. behandelte 28 Fälle mit Hyperemesis während der Schwangerschaft mit *Antistin* (I). Wesentlich ist eine hohe Anfangsdosierung: 2mal 2 cm³ **I** intramuskulär ohne zusätzliche medikamentöse Unterstützung. Nach 5 Tagen wurden nochmals 2 cm³ **I** verabreicht, anschließend 3mal täglich 1 Tablette **I**, gegebenenfalls über längere Zeit. Sofortige Heilung in 13, Besserung in 8 Fällen, 7 Versager. Bei schlechter **I**-Wrkg. erwies sich das

Cystinpräp. *Hormodyn* (**II**; NORDMARK) erfolgreich. Kombination von **I** + **II** ergab bisher keine Versager. (Neue med. Welt **1**. 313—17. 4/3. 1950. Mainz, Univ., Frauenklinik.) DOSSMANN. 4646

F. Gierthmühlen, *Vergleichende diagnostische und therapeutische Untersuchungen bei der Oxyuriasis.* Angabe einer einfachen Meth. zum Nachw. von Oxyureneiern bei Kindern. Unters. der Präpp. *Nematodin* u. *Phenothiazin* erbrachte nur in geringem Maß ein Freiwerden der Kinder von Wurmeiern. Danach Erprobung von gereinigtem *Tetrachloräthylen* = *Vermalin* (**I**; PHARMACEUTICA, CEM. FABRIK, Schopfheim) in Gelatinekapseln zu 0,5 u. 1,0 g. Kinder im 1. Lebensjahr erhielten 0,5 g, Dosis steigend mit Lebensalter, bei 12 Jahren 5 Kapseln zu 0,5 g. Behandlungsschema u. Kontrollen werden beschrieben, von 56 Kindern waren nach dreimaliger **I**-Verabreichung alle wurmfrei während 8 Wochen. (Neue med. Welt **1**. 419—21. 25/3. 1950. Hamburg-Harburg.) DOSSMANN. 4649

Gerhard Schenck, *Über das Tetrachloräthylen als Wurmmittel.* Übersicht über amerikan. Erfahrungen mit *Tetrachloräthylen* (**I**) als Anthelminticum im Tiervers. u. beim Menschen unter Hervorhebung der sicheren Wrkg. u. der Überlegenheit von **I** gegenüber CCl_4 oder *Chenopodiumöl.* (Neue med. Welt **1**. 418—19. 25/3. 1950. München.) DOSSMANN. 4649

Lovis Gremliza, *Bilharziose der Harnwege und Behandlungserfahrungen mit dem Schistosomiasismittel Miracil-D.* Vf. behandelte Schistosoma haematobium-Infektionen mit dem spezif. wirksamen Chemotherapeuticum *Miracil-D* (**I**). Dosierung: 8,0 **I** auf 7 Tage verteilt. Beginnende u. mittelschwere Bilharziosen der Harnblase können mit **I** allein ausreichend behandelt werden. Bei schweren Infektionen ist die Injektionsbehandlung mit *Fuadin–Emetin* vorzuziehen. Auf **I** als Nachkur wird verwiesen. Die Eiausscheidung geht unter **I**-Einw. in allen Stadien der Erkrankung stark zurück, der Harnblasenbefund besserte sich stets erheblich u. die subjektiven Beschwerden klingen schnell ab. (Z. Tropenmed. Parasitol. **4**. 394—410. Juni 1953. Darmangah Sazemaneh Shahinshahi, Prov. Khouzistan, Iran.) K. BÖHM. 4649

Herbert Knönagel, *Über einen Fall von menschlicher Infektion mit dem Katzenleberegel Opisthorchis felineus (Riv.).* Bei Infektion mit Katzenleberegel (Opisthorchis felineus) waren alle Therapieverss. nach den Literaturangaben erfolglos. Auch ein Vers. mit *Resochin* = *7-Chlor-4-[4'-diäthylamino-1'-methylbutylamino]-chinolindiphosphat* verlief negativ. Intensive *Fuadin*-Behandlung half wenigstens vorläufig, wenn auch keine Heilung erzielt werden konnte. (Z. Tropenmed. Parasitol. **4**. 389—94. Juni 1953. Berlin-Lichtenberg, Städt. Oskar-Ziethen-Krankenhaus.) K. BÖHM. 4649

Norman D. Levine und **Virginia Ivens,** *Beziehung zwischen chemischer Struktur von Jodverbindungen und der Wirksamkeit gegen die Entwicklungsstufen der Strongyliden des Pferdes.* Von 43 Jodverbb. wurde die Toxizität gegen die Entwicklungsstufen von Strongyliden im Pferdekot (Larven von Strongylus vulgaris u. Str. edentatus) u. in Beziehung zu ihrer chem. Struktur gebracht. Hoch tox. zeigten sich alle Verbb. mit n. abspaltbarem J, wie ionisierte anorgan. J-Verbb., quaternäre Ammoniumjodide, quaternäre heterocycl. Stickstoffjodide u. Jodoniumjodide, während Verbb., bei denen das J fest gebunden ist, wie nichtionisierte anorgan. Verbb., Aryljodide u. Polyjodoverbb., sich als sehr wenig tox. erwiesen. Alkyljodide, bei denen das J weniger fest gebunden ist, waren von mittlerer Wirksamkeit, wobei das n-Octyljodid sich als am giftigsten erwies. Mit Zunahme der C-Atomzahl nahm die Wirksamkeit wieder ab, ebenso bei geringeren C-Atomzahlen. α-Jodo- u. β-Jodocarbonylverbb., bei denen das J-Atom bes. lose gebunden ist, zeigten etwa die gleiche Toxizität wie die ionisierten J-Verbindungen. (Exp. Parasitology **2**. 163—69. April 1953. Urbana, Ill., Univ. of Illinois, Coll. of Veterinary Med., u. Agric. Exp. Stat.) GERDA SCHULZE. 4649

A. B. P. Amies und **P. Pincus,** *Fluor und Zahncaries.* Allgemeiner Überblick über Aufzählung der Vor- u. Nachteile von *F*-haltigem Trinkwasser (bes. Hemmwrkg. von F gegenüber Enzymen) u. Hinweis auf den F-Geh. von schwarzem Tee (in Ländern mit hohem Tee-Konsum werden mit dem aufgegossenen Tee bis zu 0,93 mg F täglich aufgenommen; vgl. HARRISON, Brit. J. Nutrit. **3**. [1949.] 162). (Med. J. Australia **40**. II. 41—44. 11/7. 1953.) KLESSE. 4655

A. A. Fisher und **Louis Tobin,** *Empfindlichkeit gegenüber Verbindung G-4 („Dichlorophen") in Zahnpflegemitteln.* Nach Verwendung einer *G-4* (**I**; *Dichlorophen* = *Dioxydichlordiphenylmethan*)-haltigen Zahnpaste zeigten sich bei 9 Patienten Entzündungen in Form einer Stomatitis, Glossitis, Cheilitis bzw. Perlèche. Die Erscheinungen ähnelten denen, wie sie bei Mangel an Vitamin B auftreten. Die Empfindlichkeit gegenüber **I** war einwandfrei nachzuweisen. Nach dem Absetzen der **I**-haltigen Zahnpaste trat schnell Heilung ein. (J. Amer. med. Assoc. **151**. 998—99. 21/3. 1953.

Mount Vernon, N. Y., New York Univ., Post Grad. Med. School, Dep. of Dermatol. and Syphilol., u. Univ. Hosp., Skin and Cancer Unit.) R. KÖNIG. 4655

M. Müller, *Der praktische Wert des Dithioglycerins (BAL) in der Dermatologie.* Zusammenstellung des Schrifttums u. eigener Erfahrungen über die günstige therapeut. Wrkg. von *Dithioglycerin (BAL)* bei Haut- u. Schleimhauterkrankungen nach Intoxikationen mit As (Salvarsan), Hg, Bi bei Cr- u. Pb-Ekzemen u. bei Morbus maculosus WERLHOF. An Nebenerscheinungen sind bes. schmerzhafte Infiltrat- u. Absceßbildungen an den Injektionsstellen, die durch Hyaluronidase vermieden werden können, zu nennen. Dosierung in den ersten 2—3 Tagen 8mal täglich 100 mg BAL, dann abnehmend bis auf 200 mg täglich. — 27 Literaturangaben. (Dtsch. Gesundheitswes. **8.** 779—82. 25/6. 1953. Dresden-Friedrichstadt, Stadtkrankenhaus.) KRUSEN. 4661

Stanley L. Lane, Austin H. Kutscher und **Rolando Chaves,** *Oxytetracyclin bei der Behandlung von cervicofacialer Actinomykose.* Bericht über 7 Fälle, die mit *Oxytetracyclinhydrochlorid* erfolgreich behandelt wurden (Dosis: 750—1000 mg/Tag in verschied. Dosen, 2—6 Wochen lang). Tox. Erscheinungen wurden nicht beobachtet. (J. Amer. med. Assoc. **151.** 986—88. 21/3. 1953. New York.) R. KÖNIG. 4661

W. Scheunemann, *Magnesiumthiosulfat in der Behandlung schädelhirntraumatischer Spätfolgen. Magnesium* (NORDMARK) (10%ig. Lsg. MgS_2O_3) bewährte sich bei 200 Patienten als Osmotherapeuticum u. Sedativum. Einzige Kontraindikation war Liquorhypertension. (Aerztl. Wschr. **8.** 173—76. 20/2. 1953. Berlin-Spandau, Waldkrankenhaus.) BROSEMANN. 4670

Erkki Jokivartio, *Die Wirkung von Eisenpräparaten auf die Antabus-Alkohol-Vergiftung.* A. (I) bewirkt nach vorheriger Verabreichung von *Antabus* (II) typ. Vergiftungserscheinungen, die als Störung des enzymat. I-Abbaues im Körper anzusehen sind. Da Metalle mit II sehr leicht schwerlösl. Komplexverbb. eingehen, nimmt Vf. an, daß die von ihm beobachtete Verhinderung der I–II-Vergiftung durch intravenöse Injektion von Eisen (III) auf diesem Wege zustande kommt. Er verwendete eine *Fe-Ascorbinsäure*-Verb. mit einem Geh. von 13 mg III auf 10 cm³. Nach II-Verabreichung erhielten Patienten teils vor, teils nach der folgenden I-Gabe je 10 cm³ III-Lösung. III verhindert bei Injektion nach I vollständig tox. Erscheinungen, während es bei vorheriger Verabreichung nur eine allmählichere Entstehung bewirkt. Auch leichte tox. Erscheinungen bei II können durch Anwendung der Reihe II–I–III beseitigt werden. Viele Fragen der Wirkungsweise von III sind noch offen. (Quart. J. Stud. Alcohol **11.** 183—89. Juni 1950. Helsinki, Univ.) L. BERGER. 4670

Erica Lepp, Walter Chubaty und **Louis B. Jaques,** *Die Wirkung von Phenylindandion und Dicumarol bei Frostbeulen.* Durch Kälteeinw. (20 Min., —30 bis —40°) werden bei Kaninchen u. Ratten Frostbeulen hervorgerufen u. die Tiere mit den Antikoagulantien *Phenylindandion* (I) u. *Dicumarol* (II) peroral behandelt. Die Therapie mit I u. II konnte die Ausbildung von Gangrän zwar nicht verhindern, doch ihr Auftreten bei den Versuchstieren hinausschieben. Die Prothrombinzeit nach Frostbeulenbldg. zeigte eine signifikante Verlängerung bei Ratten, blieb aber ohne Änderung bei Kaninchen. Diese hatten eine verminderte Resistenz gegenüber der Therapie mit I u. II u. zeigten erst nach der Behandlung eine größere Zunahme der Prothrombinzeit, bzw. eine erhöhte Sterblichkeit an Hämorraghie. (Canad. J. med. Sci. **31.** 173—81. Juni 1953. Saskatoon, Univ. of Saskatchewan, Dep. of Physiol.) v. KEREKJARTO. 4670

Walther Karras, *Beobachtungen über Fruchtbarkeitsstörungen nach Verfütterung von Liquor Kalii arsenicosi an zwei Jungbullen.* Vf. beschreibt 2 Fälle von Fruchtbarkeitsstörungen bei Jungbullen nach Verfütterung von *Liquor Kalii arsenicosi.* Ein Tier erkrankte am 9. Tage nach insgesamt 45 Eßlöffeln FOWLERscher Lsg. an akuter As-Vergiftung u. wurde völlig steril. Beschreibung der spermatolog. Befunde u. der histolog. Hodenbefunde. Beim 2. Jungbullen, der insgesamt 23 Eßlöffel FOWLERsche Lsg. erhielt, regenerierte sich das geschädigte Keimgewebe, so daß er nach 6 Monaten wieder n. fruchtbar war. (Berliner Münchener tierärztl. Wschr. **66.** 122—26. 15/4. 1953. Neumünster, Tierseuchenamt des Landes Schleswig-Holstein.) K. BÖHM. 4675

Walter E. Kisieleski, William P. Norris und **Lois A. Woodruff,** *Die Wirkung von BAL auf Verteilung und Stoffwechsel von ^{32}P und ^{90}Sr.* Die Behandlung von Schwermetallvergiftungen mit *BAL (2.3-Dimercaptopropanol)* (I) hat sich als wirkungsvoll erwiesen, wobei das Metall durch I aus seiner im Organismus eingegangenen Verb. mit —SH-Gruppen unter Blockierung des Oxydation–Reduktions-Potentials herausgelöst wird. Um den gleichen Mechanismus zur beschleunigten Ausscheidung von ^{32}P u. ^{90}Sr zu klären, werden Tierverss. vorgenommen. Dabei erweist sich I als nicht brauchbar, zumindest bei den geschilderten Versuchsbedingungen. Die ^{32}P-Aufnahme im Knochen schien durch I wenigstens in der 1. Std. gehemmt worden zu sein. (Proc. Soc. exp. Biol. Med. **77.** 694—96. Aug. 1951. Chicago, Ill., Argone Nat. Labor., Div. of Biol. and Med. Res.) BALZER. 4675

—, *Anwendung von Calciumäthylendiamintetraacetat in der Behandlung von Schwermetallvergiftungen.* (*Bericht einer am Massachusetts General Hospital abgehaltenen Konferenz.*) Wiedergabe einer Reihe von Vorträgen über chem. Eigg. u. Toxizität von *Ca-Äthylendiamintetraacetat* u. damit gemachte experimentelle u. klin. Erfahrungen in der Behandlung von Schwermetallvergiftungen. (A. M. A. Arch. ind. Hyg. occupat. Med. **7.** 137—47. Febr. 1953. Boston.) KRUSEN. 4675

H. Foreman, H. L. Hardy, T. L. Shipman und **E. L. Belknap,** *Die Anwendung von Calciumäthylendiamintetraacetat in Fällen von Bleivergiftung.* Zur Unters. des therapeut. Effektes von *Äthylendiamintetraacetat* (I) erhielten 8 Patienten mit Pb-Vergiftung 5—65 g Ca-I peroral bzw. intravenös. Ca-I war von günstiger Wrkg. auf die Vergiftungssymptome u. hatte keine tox. Nebeneffekte. In 1 Fall von Berylliosis blieb es ohne Wirkung. Verss. mit Mg-I u. Ni-I in Form von wss. Lsgg. u. Salbe ergaben, daß I unverändert in Harn u. Fäces ausgeschieden wird. (A. M. A. Arch. ind. Hyg. occupat. Med. **7.** 148—51. Febr. 1953. Los Alamos, N. Mex.; Boston, Mass.; Milwaukee, Wis.) KRUSEN. 4675

Charles C. Comstock und **Fred W. Oberst,** *Vergleichende Inhalationstoxizitäten von vier halogenierten Kohlenwasserstoffen bei Ratten und Mäusen in Gegenwart von Gasolinfeuer.* Ratten u. Mäuse wurden in einem 20 m^3-Raum annähernd **3** lbs. vergastem *Tetrachlorkohlenstoff* (**I**), *Monochlormonobromäthan* (**II**), *Difluordibrommethan* (**III**) oder *Trifluormonobrommethan* (**IV**) ausgesetzt, wobei die Mortalität in allen Fällen unter 5% lag. Wurde ein Gasolinfeuer schnell mit jedem dieser Stoffe gelöscht, so zeigte **III** eine beträchtliche Toxizität (Mortalität 30—80%), während die von **I, II** u. **IV** nicht wesentlich die des einfachen Gases ohne Verbrennung übertraf. Bei langsamer Feuerlöschung zeigte **III** für Mäuse ebenfalls die höchste Toxizität (37—100%), bei Ratten war **I** am giftigsten. Dagegen bewirkte **IV** unter diesen Umständen nur geringe Mortalität. Durch Gasanalysen konnten Vff. zeigen, daß bei langsamer Feuerlöschung ca. 100mal meht CO u. Carbonylhalogenide entstehen als bei schneller Löschung. (A. M. A. Arch. ind. Hyg. occupat. Med. **7.** 157—67. Febr. 1953. U. S. Army, Army Chem. Center.) KRUSEN. 4675

—, *Benzolvergiftung.* Die Symptome der *Benzol*-Vergiftung werden eingehend beschrieben. Beim Auftreten eines Vitamin-C-Defizits im Urin besteht der Verdacht einer Benzolvergiftung, so daß Maßnahmen zur Verhütung einer ernsten Kochenmarkschädigung rechtzeitig ergriffen werden können. Durch ausgiebige Vitamin-C-Gaben sowie Eisen- u. Lebertrantherapie kann die Knochenmarkfunktion wieder angeregt werden. (Chem. Rdsch. [Solothurn] **3.** Nr. 5. 2. Bl. 1/3. 1950.) BRAUKMANN. 4675

Maurice Bornstein, Leon Yorburg und **Barbara Johnston,** *N-Allylnormorphin bei der Behandlung der Methorphinan (Dromoran)-Hydrobromid-Vergiftung.* Nachdem früher gefunden worden war, daß *N-Allylnormorphin* (I) weitgehende antagonist. Eigg. gegenüber Morphin (II) u. anderen halbsynthet. u. vollsynthet. zentralen Analgeticis aufweist, u. von anderer Seite die Anwendung von I bei II- (u. anderen) Überdosierungen beschrieben worden war, berichten Vff. über Anwendung von I bei *Dromoran* (III)-Vergiftung. Die durch **III** verursachte schwere Beeinträchtigung des Atemzentrums konnte durch Weckamine in beiden beschriebenen Fällen nicht aufgehoben werden, wohl aber durch 40 + 10 mg **I** intravenös in dem einen Fall (50 mg **III** subcutan) bzw. durch Dosen von 5 mg **I** intramuskulär im anderen Fall (25 mg **III**) Es werden durch **I** verursachte auffällige psych. Nebenerscheinungen beschrieben. (J. Amer. med. Assoc. **151.** 908—10. 14/3. 1953. Brooklyn, Granpoint Hosp., u. New York, N. Y., Bellevue Hosp.) SCHEIBE. 4675

William B. Deichmann und **Roman Rakoczy,** *Buscopan in der Behandlung experimenteller Vergiftung mit Parathion, Methylparathion und Systox.* Ratten erhielten eine DL_{50} bzw. DL_{100} *Parathion* (**I**; *Diäthyl-p-nitrophenylthiophosphat*), *Methylparathion* (**II**; *Dimethyl-p-nitrophenylthiophosphat*) oder *Systox* (*Diäthoxythiophosphorsäureester des β-Äthylmercaptoäthanols*) in 1%ig. öligen Lösungen. Zur Erprobung der therapeut. Wirksamkeit wurden intraperitoneal verabreicht u. a. 60 mg/kg *Buscopan* (**III**; *Scopolamin-n-butylbromid*; C. H. BOEHRINGER, Ingelheim), 70 mg/kg *Atropinsulfat* (**IV**) in 2%ig. wss. Lsgg. u. 3 ml *Glucose* (**V**) in 20%ig. wss. Lsg., außerdem O_2. Gegen **I** war **III** etwas wirksamer als **IV**, bei **II**-Vergiftung erwies es sich als weniger wirksam als **IV**, während es bei Systox-Vergiftung den gleichen Effekt zeigte wie dieses. Die Wrkg. von **IV** wurde in allen 3 Fällen durch **V** deutlich gesteigert, während **III** durch **V** in der Wrkg. nicht beeinflußt werden konnte. **V** allein erhöhte ebenfalls die Anzahl der überlebenden Ratten. O_2 steigerte die Wrkg. von **III** u. **V** bei **I**-Vergiftung u. von **IV** u. **V**

bei II-Intoxikation. (A. M. A. Arch. ind. Hyg. occupat. Med. **7.** 152—56. Febr. 1953. Albany, N. Y.) KRUSEN. 4675

H. Harant und **C. Bénézech,** *Zufällige leichte Vergiftung durch Kermesbeeren („Färbertrauben“).* (*Phytolacca Americana L.*) Ein 3jähriges Kind erkrankte nach dem Genuß der Beeren von Phytolacca decandra L. an verstärkter Urticaria u. Diarrhöen. Die Vergiftungssymptome werden beschrieben. Es trat nach einiger Zeit Heilung ein — auch von der Urticaria, von der das Kind vor seiner Vergiftung befallen war. (Trav. Soc. Pharmac. Montpellier **10.** 12—13. 1950.) BRAUKMANN. 4675

Friedrich Paula, *Eine neue Untersuchungsmethode bei der Silicose.* Vf. beschreibt das Prinzip des Koagulationsverf. von WELTMANN u. macht den Vers., das Verf. zur Frühdiagnose der Silicose einzusetzen. Auf Grund seiner Erfahrungen — in 62% der Fälle waren die Ergebnisse der Untersuchungsmeth. beweisend, in 85% der Fälle mit großer Wahrscheinlichkeit — ist Vf. der Ansicht, daß in der Meth. des WELTMANN-Koagulationsbandes ein brauchbares Verf. zur Früherkennung der Silicose gefunden ist. (Bergbau-Bohrtechniker- u. Erdöl-Ztg. **66.** 38—40. März 1950. Wien.) BRAUKMANN. 4681

H. R. Schinz und **U. Cocchi,** *Das Bronchogramm bei Silicose.* Die Bronchographie läßt die chron. Entzündung der Bronchien u. ihre Folgen erkennen. So kann z. B. mit Hilfe der Bronchographie festgestellt werden, daß mit fortschreitender Dauer der Staubgefährdung die bronchit. Veränderungen zunehmen: Bronchialbaumverzweigungen u. Bronchusverschlüsse. — Ein weiteres Mittel für die Diagnose der Silicose. (Vjschr. naturforsch. Ges. Zürich Beih. **95.** Nr. 2/3. 26—45. 31/12. 1950.) BRAUKMANN. 4681

C. Pagnamenta, *Über Bluteiweiß-Untersuchungen bei 88 Fällen von Silicose.* Die reine Silicose geht mit Veränderungen der Plasmaeiweißkörper einher, die um so häufiger auftreten, je fortgeschrittener die Entw. des silicot. Lungenprozesses ist. In den leichten Stadien, Silicose 0—I u. Silicose I, zeigt ca. die Hälfte der Fälle, in den schweren Stadien, Silicose II u. III, nur noch $^1/_3$ u. weniger der Fälle ein n. Bluteiweißbild. Das humorale Eiweißbild kann jedoch für sich allein nicht verwertet werden. Es besitzt aber im Zusammenhang mit dem klin., röntgenolog. u. bakteriolog. Untersuchungsbefund eine erhebliche prakt. Bedeutung. (Vjschr. naturforsch. Ges. Zürich Beih. **95.** Nr. 2/3. 46—51. 31/12. 1950.) BRAUKMANN. 4681

P. H. Rossier und **A. Bühlmann,** *Untersuchungen über die Pathophysiologie der Atmung bei der Silicose. Die Lungenfunktion im Arbeitsversuch.* Es wird eine Meth. zur Ermittlung der Arbeitsfähigkeit von an Silicose erkrankten Personen ausführlich beschrieben, sowie auf die Vor- u. Nachteile der Meth. hingewiesen. Die Ergebnisse der Unterss. von 11 an Silicose erkrankten Personen werden tabellar. wiedergegeben. Es wurde bestätigt, daß das Ausmaß der im Röntgenbild sichtbaren Lungenveränderungen für die Schwere des funktionellen Schadens keinen Maßstab abgibt. Zum Vgl. wurden gesunde Personen den gleichen Versuchsbedingungen unterworfen. (Vjschr. naturforsch. Ges. Zürich Beih. **95.** Nr. 2/3. 51—73. 31/12. 1950.) BRAUKMANN. 4681

J. R. Rüttner, *Die Silicoanthrakose der Gießer.* In Verbindung mit 11 Fällen von Gießersilicoanthrakose wird deren patholog. Anatomie eingehend behandelt u. mit den anderen zur Gruppe der Mischstaubsilicosen gehörigen Silicosen verglichen. (Vjschr. naturforsch. Ges. Zürich Beih. **95.** Nr. 2/3. 73—98. 31/12. 1950.) BRAUKMANN. 4681

A. Glauser und **J. R. Rüttner,** *Über die Anwesenheit von Rutil im Lungenstaub.* In den Lungen von Personen, die mit Gesteinsstaub in Berührung kommen, wird immer Rutil gefunden, u. zwar nicht nur in silicot. veränderten, sondern auch in gesunden Lungen. Der Grund hierfür ist die chem. Schwerangreifbarkeit des Rutils. (Vjschr. naturforsch. Ges. Zürich Beih. **95.** Nr. 2/3. 98—101. 31/12. 1950.) BRAUKMANN. 4681

L. Rivet, *Der Manganismus in den marokkanischen Bergwerken.* Eine Intoxikation durch *Mn* gibt Veranlassung zu einem nervösen Syndrom u. zur Manganpneumonie. Die Aufnahme des Mn erfolgt durch Lunge, Darm u. Haut. Die Ausscheidung geht langsam durch Galle u. Darm vor sich. Die Prophylaxe ist noch unzureichend. (Presse méd. **58.** 822. 15/7. 1950.) BRAUKMANN. 4681

Lucian E. Renes, *Antimonvergiftung in der Industrie.* Von 78 Arbeitern, die 5 Monate lang in einer *Sb*-Schmelzanlage beschäftigt waren, zeigten 69 Reizungen der oberen Atmungswege, Lungenentzündung, Dermatitiden u. andere entzündliche Erscheinungen, die auf das Vorhandensein von 4,69—11,81 mg Sb/m^3 Luft zurückgeführt wurden. (A. M. A. Arch. ind. Hyg. occupat. Med. **7.** 99—108. Febr. 1953. Little Rock, Ark.) KRUSEN. 4681

F. S. Parle, *Bleivergiftungsgefahr in der Flugzeugindustrie.* Hinweis auf die Gefahr einer Bleivergiftung bei Arbeitern in der Flugzeugindustrie durch die Verwendung von *Tetraäthylblei*-haltigen Treibstoffen; Ablagerung von Pb-Salzen (hauptsächlich Oxyde u. Bromide) in der Nähe des Motors u. der Auspuffrohre, die bei Reinigungs- u. Überholungsarbeiten eingeatmet werden. (Med. J. Australia **40.** II. 47—49. 11/7. 1953. Melbourne.) KLESSE. 4681

Donald Hunter, *Industrielle Toxikologie.* Beschreibung der Vergiftungssymptome, die durch *Be, Cd, Os, V, Dinitro-o-kresol* u. *P-haltige organ. Insekticide* (*Tetraäthylpyrophosphat = TEPP, Hexaäthyltetraphosphat = HETP* u. *Diäthyl-p-nitrophenylthiophosphat = Parathion*) verursacht werden. (J. Pharmacy Pharmacol. **5.** 145—57. März 1953. London, Hosp., Dep. for Res. in Ind. Med.) FAHRNLAENDER. 4681

C. H. Hine, H. H. Anderson, H. D. Moon, J. K. Kodama, M. Morse und **N. W. Jacobsen,** *Toxikologie und ungefährliche Handhabung von CBP-55* [*technisches 1-Chlor-3-brompropen-(1)*]. Eingehende Verss. an Ratten, Mäusen, Kaninchen u. Versuchspersonen ergaben, daß das zum Bodenräuchern angewandte *CBP-55* [55% *1-Chlor-3-brompropen-(1)*] als eine mäßig tox. Verb. anzusehen ist. Seine hauptsächliche tox. Wrkg. besteht in einer Reizung der Atmungswege; Schäden an inneren Organen wurden kaum beobachtet. In Konzz. über 5 p.p.m. wird *CBP-55* als äußerst unangenehm empfunden. Beschreibung von Maßnahmen zur gefahrenverhütenden Handhabung von *CBP-55.* (A. M. A. Arch. ind. Hyg. occupat. Med. **7.** 118—36. Febr. 1953. San Francisco, Calif.; Emeryville, Calif.) KRUSEN. 4681

Jan Lieben, Rudolph K. Waldman und **Leonard Krause,** *Urinale Exkretion von p-Nitrophenol nach Aufnahme von Parathion.* Bei Arbeiten mit dem im Obst- u. Tabakanbau verwendeten Insekticid *Parathion* (*Thiophosphorsäurediäthyl-p-nitrophenylester*) ist auf Anlegen von Schutzkleidung zu achten, da sonst *Paranitrophenol* (I) längere Zeit hindurch in schwankenden Mengen mit dem Harn ausgeschieden wird. Bei einer Menge von bis zu 40 γ/100 ml können Vergiftungssymptome noch völlig fehlen. Selbst bei hohen I-Werten im Harn kann die Tätigkeit der *Cholinesterase* n. sein. (Vgl. auch C. **1953.** 5699.) (A. M. A. Arch. ind. Hyg. occupat. Med. **7.** 93—98. Febr. 1953. Hartford, Conn.) KRUSEN. 4681

R. Masure, *Die Kerato-Conjunctivitis in den Viscose-Spinnereien. Klinische und experimentelle Untersuchungen.* Experimente in Atmungskammern gestatten die Corneaschädigungen mit einer Mischung von H_2S u. CS_2 oder hohen Konzz. an H_2S allein zu reproduzieren. Sie wurden durch CS_2 oder H_2SO_4-Nebel allein nicht erreicht. H_2S ist der wirksame Stoff bei der Entstehung der Keratitis, aber CS_2 u. wahrscheinlich der Säurenebel erhöhen die Empfindlichkeit der Cornea gegenüber H_2S. Die histolog. Änderungen der Kaninchencornea nach Einw. von H_2S, CS_2, H_2SO_4 werden untersucht. Gemische von CS_2 u. H_2S u. Spinnraumluft gaben die gleichen Veränderungen. Der Grund dafür, daß vorzugsweise der zentrale Teil der Cornea geschädigt wird, dürfte an ihrem Mangel an Gefäßen liegen. Die Prophylaxe der Erkrankung wird diskutiert. — 35 Literaturangaben. (Rev. belge Pathol. Méd. exp. **20.** 297—341. Dez. 1950. Louvain, Univ.) BRAUKMANN. 4681

Alfred Vogl, Diuretic therapie. London: T. & C. Bailliere. 1953. (XIV + 248 S. m. Abb.) 38 s. 6 d.

F. Pharmazie. Desinfektion.

Inge Ehrlén, *Kommentar zu den Änderungen des schwedischen Arzneibuchs vom 30. Juni und 31. Oktober 1952.* Erläuterungen zu den Bestimmungen für Hydromorphoni chloridum (Dilaudidchlorid), Injectabile hydromorphoni 0,2%, Tablettae hydromorphoni 2,5 mg, m-Dinitrobenzol, Extractus hepatis, Injectabile hepatis, Ventriculus siccatus. (Svensk farmac. Tidskr. **57.** 57—61. 10/2. 1953.) R. K. MÜLLER. 4750

J. B. Termansen, *Eine neue Maschine zum Sieben, Mischen von Pulvern und zur Schüttelgranulierung.* In orientierenden Verss. wird die Eignung einer motor. betriebenen Siebapp. (Abb.; Hersteller: RUSSELL CONSTRUCTIONS LTD., London) zur Gewinnung bes. von pharmazeut. Pulvergemischen einheitlicher Zus. u. Körnung nachgewiesen (Arch. Pharmac. og Chem. **57** (**107**). 535—39. 15/7. 1950.) R. K. MÜLLER. 4758

H. Berry und **C. W. Ridout,** *Die Herstellung gepreßter Tabletten.* 3. Mitt. *Eine Untersuchung über den Wert von Kartoffelstärke und Alginsäure als auflösende Faktoren.* Vergleichende Unterss. von gepreßten Tabletten, denen einmal *Kartoffelstärke* (I) u. ein anderes Mal *Alginsäure* (II), eine polymerisierte Manuronsäure, als Bindemittel zugesetzt wurden. Die Auflösungszeit wurde nach der Vorschrift der Brit. Pharmakopoe bestimmt. Die Tabletten wurden von Hand gepreßt. Mit II hergestellte Tabletten zeigten eine gute Auflösungszeit, sie waren weniger zerreibbar als mit I hergestellte. Bei Phenobarbitursäuretabletten, mit II hergestellt, war die Auflösungszeit kürzer als bei den mit I hergestellten. Vff. fordern, daß die Auflösungszeit aller nicht überzogenen Tabletten auf 15 Min. red. werden soll. (Pharmac. J. **165** ([4] **111**). 256. 21/10. 1950. London, Univ., School of Pharm.) K. BÖHM. 4766

H. Bikin, Glenn L. Jenkins und **H. George DeKay,** *Radiofrequenztrocknung von Tablettengranulaten.* Genaue Berechnungen über Stromverbrauch, Kosten usw. der schon früher mitgeteilten Trocknungsmeth. (J. Amer. pharmac. Assoc. **38.** [1949.] 245) werden angegeben. Die Rentabilität des Verf. macht sich bei der Verarbeitung größerer Mengen von Granulaten bes. bemerkbar. (J. Amer. pharmac. Assoc., sci. Edit. **39.** 441—43. Aug. 1950. Lafayette, Ind., Purdue Univ., School of Pharm.) SCHMERSAHL. 4766

S. Riegelman, J. V. Swintosky, T. Higuchi und **L. W. Busse,** *Untersuchungen über pharmazeutische Pulver und den Grad der Zerteilung* 4. Mitt. *Die Anwendung der Sprühtrocknungstechnik für pharmazeutische Pulver.* (3. vgl. J. Amer. pharmac. Assoc., sci. Edit. **38.** [1949.] 378.) Physikal. u. pharmazeut. Eigg. durch Sprühtrocknung veränderter Chemikalien wurden untersucht. Netzmittel usw. können gut hinzugefügt werden. Durch Sprühtrocknung können Substanzen von feinstem Verteilungsgrad gewonnen werden. (J. Amer. pharmac. Assoc., sci. Edit. **39. 444**—50. Aug. 1950. Madison, Univ. of Wisconsin, School of Pharm.) SCHMERSAHL. 4766

K. Münzel, *Die Dosierung von Suppositorien bei defekturmäßiger Herstellung.* Am Beispiel der Suppositoria Glyphyllini DAK 1950 (Dioxypropyltheophyllin) wird die korrekte Dosierungsmeth. für Suppositorien, die in größerer Anzahl hergestellt werden, erläutert. Formeln zur Berechnung. (Pharmac. Acta Helvetiae **28.** 163—68. 30/6. 1953. Beilage zu: Schweiz. Apotheker-Ztg. Zürich, ETH, Pharmaz. Inst.) ULEX. 4766

Friedhelm Korte, *Die pflanzlichen Bitterstoffe.* Physiologie, therapeut. Bedeutung u. Chemie der Bitterstoffe werden besprochen. Tabellar. Zusammenfassung nach bot. u. chem. Gesichtspunkten, chem. Einzelbesprechung. — 194 Literaturangaben. (Arch. Pharmaz. Ber. dtsch. pharmaz. Ges. **286/58.** 257—68. 295—307. 1953. Hamburg, Univ., Chem. Staatsinst.) FRESENIUS. 4782

Otto-Erich Schultz, *Galenische Untersuchungen an Cortex Frangulae mit synthetischen Versuchen zur Abführwirkung von Anthracenderivaten.* 1. Mitt. Der abführende Wirkstoff von *Cortex Frangulae*-Zubereitungen liegt als Anthranolglykosid (**I**) vor. In Form des Anthrachinon (**II**)-Aglykons (Emodin) ist die Wrkg. am schwächsten. Freies Anthranol (**III**), durch fermentative oder Säurewrkg. abgespalten, ist 5—10fach wirksamer als Emodin. Übelkeit u. Erbrechen, Reizwrkg. auf Magen u. Dünndarm fehlen beim genuinen **I** fast völlig, treten aber bei Bldg. von Anthranolhalbglykosid auf. Das freie **III** hat ebenfalls Reizwrkg., die aber bei Oxydation des **I** zu Anthrachinonglykosid bzw. des freien **III** zu Emodin verschwindet. Die Entgiftung der Rinde durch Alterung beruht auf ersterem Vorgang. Als Vermittler der Abrührwrkg. soll **III** in Betracht kommen. (Pharmazie **5.** 501—07. Okt. 1950. Tübingen, Univ.) ITZEROTT. 4782

Otto-Erich Schultz, *Galenische Untersuchungen an Cortex Frangulae mit synthetischen Versuchen zur Abführwirkung von Anthracenderivaten.* 2. Mitt. (1. vgl. vorst. Ref.) Bericht über Gehaltsbestimmungen von Drogen u. Galenicis nach dem gravimetr. u. colorimetr. Bestimmungsverfahren. Vorschlag für eine neue Gehaltsbest. über Best. von a) Oxyanthrachinonen in wss.-alkal. Lsg. (Wert wird als „Chrysophansäurewert“ bezeichnet), b) 1.8-Dioxyanthranol u. Ermittlung des Anthranolgeh. einer teilweise oxydierten Lsg. u. c) Übertragung der ermittelten Werte auf Frangulabewertungen. Einzelheiten vgl. Original. Bes. werden fermentative Umsetzungen in der Droge selbst u. in den Zubereitungen diskutiert sowie Stabilisierungsverff. erörtert. (Pharmazie **5.** 541—48. Nov. 1950.) KERN. 4782

Ludwig Kroeber, *Zur Pharmakologie der Inulindrogen und ihrer therapeutischen Verwendung.* 1. Mitt. *Allgemeines; Inula Helenium L. Inulin* (**I**) scheint nach neuen Unterss. nicht nur aus Fructose zu bestehen, sondern 1,5% Glucose zu enthalten. Die wichtigste Inulinquelle ist die Dahlienknolle (Georgina variabilis), die getrocknet fast 62% **I** enthält, u. Topinambur (Helianthus tuberosus). Weitere inulinreiche Pflanzen sind Alant (Inula Helenium L.) mit Gehh.. bis 45% **I**, die Schwarzwurzel (Scorzonera hispanica L.), die Zichorie (Cichorium Intybus), der Löwenzahn (Taraxacum officinale), die als Gemüse oder geröstet als Kaffee-Ersatz benutzt werden. Übersicht über Botanik, Etymologie, Geschichte, Chemie u. Verwendung von Alant, in dem neben **I** 3 Bitterstoffe, Sesquiterpene mit Lactoncharakter interessant sind. Alantolacton, das „Helenin“ (**II**) des Handels, ist nach RUZICKA mit Santonin verwandt. Vf. konnte bei Katzen mit **II** Askariden u. Taenien abtreiben. In der Volksmedizin wird Alant als Expectorans u. Spasmolyticum benutzt. (Pharmazie **5.** 40—44. Jan. 1950. Neuhaus, Schliersee/Obb.) OETTEL. 4782

Ludwig Kroeber, *Zur Pharmakologie der Inulindrogen und ihrer therapeutischen Verwendung.* 2. Mitt. *Cichorium Intybus L.*: *Taraxacum officinale* (*Weber*). (1. vgl. vorst. Ref.) Beschreibung, Anbau, Geschichte u. Chemie der Wegwarte (Cichorie). Die Blüten enthalten glykosid. gebundenen Bitterstoff (*Cichoriin*), der durch MERZ als Isomeres des *Äsculins* erkannt wurde, der aber nicht ident. mit dem Bitterstoff der Wurzel ist. *Inulin-Geh.* bis 45%. Literatur über die Therapie bei Magen- u. Gallenleiden. Entsprechender zusammenfassender Bericht über Löwenzahn (Taraxacum officinale, Leontodum taraxacum L.), dessen Wurzel ähnlich als Cholagogum bzw. Kaffeesurrogat benutzt wird. Inulingeh. 24%. (Pharmazie **5.** 122—27. März 1950.) OETTEL. 4782

Ludwig Kroeber, *Zur Pharmakologie der Inulindrogen und ihrer therapeutischen Verwendung.* 3. Mitt. *Arctium Lappa L.*; *Carlina acaulis L.*; *Petasites officinalis Moench*; *Anacyclus Pyrethrum De Candolle.* (2. vgl. vorst. Ref.) Ergänzung der Berichte von LINDNER u. MÜLLER-STOLL (Pharmazie **4.** [1949.] 566) über Botanik, Geschichte u. Anwendung der Klette (Arctium Lappa L.). Übersicht über Botanik, Geschichte, Chemie u. Anwendung der obsoleten Inulindrogen *Carlina acaulis L.* (stengellose Eberwurz), *Petasites officinalis Moench* (Pestwurz) u. *Anacyclus pyrethrum* (röm. Bertram), die keine spezif. Wrkg. haben u. nur selten in der Volksheilkunde u. in der Homöopathie benutzt werden. (Pharmazie **5.** 283—87. Juni 1950.) OETTEL. 4782

W. R. Brewer und **L. David Hiner,** *Anbauuntersuchungen von Solanaceen-Arzneipflanzen.* 3. Mitt. *Alkaloidgehalt von reifen und unreifen Belladonnablättern.* (2. vgl. J. Amer. pharmac. Assoc., sci. Edit. **39.** [1950.] 586.) Vff. untersuchten den Alkaloidgeh. von reifen (I) u. unreifen (II) Belladonnablättern. Er fand im Durchschnitt bei **II** 0,458% u. bei **I** 0,282%. Der Geh. der unreifen Blätter ist also wesentlich höher. (J. Amer. pharmac. Assoc., sci. Edit. **39.** 638. Nov. 1950. Salt Lake City, Ut., Univ. of Utah, Coll. of Pharm.) v. GIZYCKI. 4782

W. R. Brewer und **L. David Hiner,** *Anbauuntersuchungen von Solanaceen-Arzneipflanzen.* 4. Mitt. *Zeit und Zwischenraum bei der Solanaceenkultur.* (3. vgl. vorst. Ref.) Den höchsten Alkaloidgeh. erreichten die Vff. durch sofortige Ammonsulfatdüngung nach dem Einpflanzen, Pflücken zur Blütezeit sowie Abstand von ca. 46 cm von Pflanze zu Pflanze. (J. Amer. pharmac. Assoc., sci. Edit. **39.** 639—40. Nov. 1950.) v. GIZYCKI. 4782

J. Dussy und **A. Sosa,** *Über die chemische Zusammensetzung einer giftigen Ericacee, der Angavodiana von Madagaskar.* Vff. untersuchten Blätter (I) u. Rinde (II) von *Agauria salicifolia Hook*, die gegen Rheumatismus, Ungeziefer u. Geschwüre angewandt werden, u. fanden in **I** 0,05—0,08%, in **II** 0,03—0,04% Alkaloide, ferner Zucker u. Catechingerbstoff. Aus der Wachssubstanz von **II** wurden isoliert: *Agaurol A*, $C_{38}H_{62}O_2$, F. 228°, *Agaurol B*, $C_{23}H_{34}O$, F. 247°, *Agaurol C*, $C_{36}H_{56}O_3$, F. 268°, *Agaurol D*, $C_{31(32)}H_{52(54)}O$, F. 286°, *Agaurol* α u. β, $C_{21}H_{32}O$, F. 196° bzw. 216°; ein ungesätt. Alkohol *Agaurilol*, $C_{30}H_{45}O_2 \cdot OH$, F. 321°, $[\alpha]_D$ +6,9°, *Monoacetylderiv.*, $C_{32}H_{48}O_4$, F. 285°; eine Triterpenoxysäure, *Agauriolsäure*, $C_{29}H_{46} \cdot OH \cdot COOH$, F. 309°, $[\alpha]_D$ +32°, *Monoacetylderiv.* (I), $C_{32}H_{50}O_4$, F. 315°, $[\alpha]_D$ +47,7°, *Methylester* des I, $C_{33}H_{52}O_4$, F. 268°, $[\alpha]_D$ +38,3°. Für die genannten Substanzen werden eine chromatograph. Trennung u. Farb-Rkk. beschrieben. Die in anderen Ericaceen vorkommende Ursolsäure u. Arbutolsäure wurden nicht gefunden. (Bull. Soc. Chim. biol. **33.** 1672—78. 1951. Museum Nat. d'Histoire Naturelle, Labor. de Phys. végétale et de Chim.) v. GIZYCKI. 4782

A. Sosa, *Ergänzende Mitteilung über die Agauriolsäure.* Die in *Agauria salicifolia Hook* gefundene *Agauriolsäure*, $C_{30}H_{48}O_3$ (vgl. vorst. Ref.), erwies sich auf Grund der FF. sowohl der reinen Säuren als auch ihrer Acetyl- u. Methylderivv. als ident. mit *Morolsäure.* (Bull. Soc. Chim. biol. **33.** 1679—80. 1951.) v. GIZYCKI. 4782

R. Kress, *Ammi Visnaga Lam.* Kurze Übersicht über die Anatomie der Früchte von Ammi Visnaga u. majus, über ihre Inhaltsstoffe u. über die Pharmakologie u. Anwendung des Khellins. (Pharmaz. Zentralhalle Deutschland **92.** 232—36. Juli 1953. Gotha, Krankenhaus, Apotheke.) HERRMANN. 4782

K. Alb. Jensen, *Der Kohlendioxydgehalt in destilliertem Wasser.* Die von Ph. Dan. 1948 geforderte Reinheitsprobe von dest. W. (100 cm^3 + 0,70 cm^3 0,1 n NaOH + 10 Tropfen Phenolphthalein bei vorsichtigem Umrühren in 2 Min. nicht entfärbt) läßt sich durch Zusatz von $Ca(OH)_2$ vor der Dest., durch Entfernen des CO_2 aus dem ca. 85° warmen Kondensat in einem seitlich am Kühler angebrachten App. (Abb.), durch Auskochen in 10 Min./Liter oder mittels Durchperlen von Luft, die zuvor durch 2 Waschflaschen mit ca. 40%ig. NaOH geleitet wurde, erreichen. (Farmac. Tid. **63.** 487—91. 20/6. 1953. Aarhus, Kommun. Hosp., Apotek.) R. K. MÜLLER. 4786

A. Baerheim Svendsen und **E. Drottning,** *Inaktivierung der Peroxydasen des Gummischleimes.* Der Geh. von *Gummi arabicum* (I) an Peroxydase (II) u. die Viscosität der Lsgg. zeigen starke Schwankungen. Erhitzen auf 100° setzt die Viscosität der I-Lsgg. meist stark herab u. ergibt nur bei offizinellen Drogen II-freie Präparate. Dagegen führt das Kochen der I-Lsgg. mit der 3fachen Menge A. (15 Min.) zu sicherer Inaktivierung ohne wesentliche Verminderung der Viscosität; der A. wird im Vakuum abdestilliert. (Dansk Tidsskr. Farmaci **27.** 129—35. Juni 1953. Oslo, Univ., Farmas. Inst.) R. K. MÜLLER. 4786

Mâlik Zâfir, *Zum Artikel „Camphora synthetica" des DAB 6.* Die in der französ. u. schweizer., nicht aber der türk. u. deutschen Pharmacopoe zum Ausdruck kommende Ablehnung des synthet. *Camphers* (I) für interne Zwecke hat ihre Ursache in der von den französ. u. schweizer. Prüfern ungleich höher bezifferten Toxizität des synthet. I gegenüber dem natürlichen I. Die die größere Toxizität des synthet. I bedingenden Verunreinigungen können mit den bisher üblichen türk. u. deutschen analyt. Methoden nicht nachgewiesen werden. Vf. empfiehlt daher für das DAB 7 die Aufnahme folgender Zusatz-Rkk.: Fraktionierte Sublimation nach BONWITT u. LOHMANN, Prüfung auf *Borneol, Camphen, Fenchon* u. *W.* u. die I-Best. nach der durch die USP akzeptierte Meth. zur I-Best. im I-Spiritus. (Folia pharmac. [Istanbul] **1.** 68—70. 15/5. 1950. Istanbul.) M.-D. LAUBSCHAT. 4790

B. Siegfried und **R. Schneider,** *Über die Stabilisation von Extractum Secalis cornuti fluidum Ph. H. V.* Als Stabilisatoren wurden Zusätze von 1% Ascorbinsäure, 1% α-Oxybenzylphosphinsäure u. 1‰ $NaHSO_3$ verwendet. Die erstgenannten organ. Säuren beschränken den Alkaloidverlust in ca. 6 Monaten auf ca. 20%. Unstabilisierter Fluidextrakt hatte in gleicher Zeit 50% Verlust. (Pharmac. Acta Helvetiae **28.** 169—77. 30/6. 1953. Beilage zu: Schweiz. Apotheker-Ztg., Zofingen, Galen. Labor. AG.) ULEX. 4790

Mâlik Zâfir, *Radix ipecacuanha emetinoliberata und Extractum fluidum deemetinisatum. Ihre Verwendung gegen Dysenterie.* Bericht u. Nachprüfung der auf Veranlassung von KANTHOCK zuerst von E. MERCK (Darmstadt) hergestellten Präpp. der Ipecacuanhawurzel nach Entzug des Emetins unter Diskussion der vorhandenen Literatur. (Folia pharmac. [Istanbul] **1.** 77—81. 1950.) KERN. 4790

Kurt Schwädt, *Unsere Erfahrungen mit Kollagentampons.* Kollagentampons (Fa. DR. RUHLAND, NACHF., Neustadt/Donau) erwiesen sich als geeignet zur lokalen Blutstillung u. Ausfüllung kleiner Gewebsdefekte. Sie teilten in sept. u. asept. Wundgebiet ein. (Zbl. Chirurg. **78.** 511—14. 1953. Bayreuth, Staatl. Versorgungskrankenhaus.) BROSEMANN. 4794

Gerhard Kneise, *Erfahrungen und neue Erkenntnisse bei der Perlonnetzimplantation.* Nachunterss. an 16 Kranken mit implantierten Perlonnetzen ließen keinerlei Recidive erkennen. (Zbl. Chirurg. **78.** 506—11. 1953. Gotha, Kreiskrankenhaus.) BROSEMANN. 4796

B. N. Iwantschenko, *Nichtabnehmbare Prothesen aus dem Kunststoff AKR 7-10.* Bericht über Erfahrungen mit Zahnprothesen, die vollständig aus Kunststoff bestehen, u. Hinweis auf ihre Herstellung. Die besten Ergebnisse werden bei der Herst. von Einzelkronen, Stiftzähnen u. kleinen nichtabnehmbaren Brückenprothesen erzielt. (Стоматология [Stomatologie] **1950.** Nr. 1. 54—55. Kiew, Stomatol. Inst., Lehrstuhl für orthopäd. Stomatol.) ZELLENTIN. 4798

—, *Wichtige neue Arzneimittel.* Kurze Übersicht über PAS, östrogene Stoffe, Penicilline u. Sulfonamide. (Dtsch. med. Wschr. **75.** 1155—56. 1/9. 1950.) HOTZEL. 4800

Otto Manfred, *Kolloidik und neuzeitliche Arzneimittel.* Übersicht vgl. auch WASSITZKY, C. **1951.** II. 2219). (Österr. Chemiker-Ztg. **52.** 212—13. Nov. 1951.) HOTZEL. 4800

—, *Gebräuchliche Arzneifertigpräparate. Lebertransalben.* Übersichtsbericht. Neu genannt werden: *Abietin* (PHARMAZELL GMBH., Raubling). — *Akopal* (CHEM. FABRIK GRONEWALD & STOMMEL, Wuppertal). — *Arnilan* (BIOL. MED. FABRIK DR. W. ZOLLNER, Mannheim-Seckenheim). — *Casalgin* (CHEM. FABRIK DR. SANDER, Wesermünde). — *Livskraft-Lebertran-Wund- und Heilsalbe.* — *Metuvit c. Ol. Jecor Asell.* (CHEMOSAN GMBH., Frankfurt). — *Mirfulan Wund- und Heilsalbe* (MEDIN GMBH., Neu-Ulm). — *Novalan-Paste* (DR. R. REISS, Berlin). — *Tannovitol* (BYKOPHARM Frankfurt). — *Venacrusin-Salbe* (SCHAPER & BRÜMMER, Ringelheim). (Med. Mschr. **4.** 378. Mai 1950.) HOTZEL. 4800

D. Rostafińska, *Die heutige Anwendung der Pyridinbasen.* Kurzer Hinweis auf die Bedeutung des *Pyridins* u. seiner Homologen, bes. für die pharmazeut. Industrie. Besondere Berücksichtigung der poln. Verhältnisse. (Przemysł chem. **7** (**30**). 606. Okt. 1951.) FREYTAG. 4806

Arthur Turner jr., *Bericht über Rutin in Tabletten.* Eine Rundfrage (ca. 50% Antworten) bei ca. 80 Herstellerfirmen von Rutin (I)-Tabletten ergab, daß zwar die Mehrzahl der Tabletten aus I mit den üblichen Zusätzen besteht, daß aber auch zahlreiche Tabletten im Handel sind, die I in Verbindung mit anderen wirksamen Bestandteilen enthalten. Auch gefärbte, mit Zucker überzogene I-Tabletten werden hergestellt. (J. Assoc. off. agric. Chemists **34.** 565. 15/8. 1951. Philadelphia, Pa., Eastern Reg. Res. Labor.) Spitaler. 4806

Mâlik Zâfir und **Hikmet Eltutar,** *Erfahrungen mit Kaffeeruß.* Kaffeeflug (Kaffeeruß), wie er beim Rösten von Kaffee entsteht, enthält 10% Kaffeebutter (I), 8—12% Coffein (II) u. Kohle. I kann durch Extraktion mit Ae. genügend rein erhalten werden Aus dem entfetteten Prod. wird II nach Zugabe von MgO mit Chlf. extrahiert. Das Rohprod. kann durch Sublimation gereinigt werden. (Folia pharmac. [Istanbul] **1.** 91—92. 1950.) Boye. 4806

E. Hoff-Jørgensen, K. Ilver, O. I. Johansen und **F. Reimers,** *Untersuchungen über Cykobemin (Cyanocobalamin).* 2. Mitt. *Die Haltbarkeit von Cykobeminlösungen.* (1. vgl. C. **1953.** 5531.) Bei dem mit NaH_2PO_4-Puffer (ca. 0,02 mol.) eingestellten p_H 4,5 wird die Haltbarkeit von Cykobemin (I)-Lsg. im Autoklaven bei 120° (20 Min.) u. bei 100° (60 u. 15 Min.) qualitativ durch Extinktionsmessung bei 361 mμ u. quantitativ durch mikrobiol. Best. mittels *Lactobacillus leichmannii 313* untersucht. Bei 120° wird geringe Zers. (bis ca. 5%), bei 100° teils keine, teils noch geringere Zers. gefunden. Mit anderen Puffern, wie Na-H-Tartrat oder Na-Citrat (mit oder ohne HCl) werden ähnliche Ergebnisse erzielt. Es bestehen somit keine Bedenken gegen die Sterilisation von I-Lsgg. bei 120° (20 Min. Behandlungsdauer). (Dansk Tidsskr. Farmaci **27.** 117—20. Mai 1953. Kopenhagen, Univ., Biokem. Inst. u. Farmakopékommiss. Labor.) R. K. Müller. 4808

Hermann Vonderbank, *Die Antibiotica außer Penicillin. 2. Fortschrittsbericht 1947—1949.* 4. Mitt. *Antibiotica aus Actinomyceten.* (2. u. 3. Mitt. vgl. C. **1951.** II. 3351.) *Actidion, Actinomycin A, B, C, Antimycin A, Actinorhodin, Borrelidin, Chetomin, Ergin, Grisein, Griseofulvin* („*curling*"-Faktor), *Streptomyces lavandulae*-Antibiotica (z. B. *Lavendulin, Actinorubin, Streptin, Streptolin, Streptothricin, Streptothricin VI*), *Mycetin, Neomycin, Norcardin, Streptocin, Streptolin, Sulfactin,* Antibioticum aus *Streptomyces 105, Mycoine, Streptomycine, Chloramphenicol, Aureomycin.* (Pharmazie **5.** 375—82. Aug. 1950. Frankfurt/M., Chemotherapeut. Forschungsinst. „Georg-Speyer-Haus".) K. Maier. 4810

Hermann Vonderbank, *Die Antibiotica außer Penicillin. 3. Fortschrittsbericht Ende 1949 bis Ende 1950.* 1. Mitt. (Vgl. vorst. Ref.) Es werden behandelt: Antibiotica (I) aus Pflanzen, Tieren, Bakterien, Fungi, Actinomyceten. I als Konservierungsmittel u. als Prophylaktica. Apparate u. Methoden zur Gewinnung von I u. Wertbestimmungen. — 166 Literaturangaben. (Arzneimittelforsch. **1.** 82—89. Mai 1951.) W. Brandt. 4810

Hermann Vonderbank, *Die Antibiotica außer Penicillin. 3. Fortschrittsbericht Ende 1949 bis Ende 1950.* 2. Mitt. (Anfang.) (1. Mitt. vgl. vorst. Ref.) *Actidion, Actinomycine A, B, C, Actinomycetin, Alvein, Alternarin, Antimycin A, Aspergillinsäure, Aureomycin, Bacilipin A* u. *B, Bacilysin, Bacillomycin, Bacitracin, Borrelidin, Chloramphenicol (Chloromycetin), Cepharantin, Circulin, Citrinin.* Übersicht über Herkunft, Gewinnung, Chemismus, bakterielle Wirksamkeit u. Indikation der genannten Antibiotica. (Arzneimittelforsch. **1.** 131—40. Juni 1951.) C. O. Laubschat. 4810

Hermann Vonderbank, *Die Antibiotica außer Penicillin. 3. Fortschrittsbericht Ende 1949 bis Ende 1950.* 2. Mitt. (Schluß.) *Clitocybin—Kojisäure.* (Vgl. vorst. Ref.) Bei den folgenden Antibioticis werden kurze Angaben über Vork., Isolierung, chem. u. biol. Eigg. gemacht: *Clitocybin, Colicin, Cordycepin, Diplomycin, Endosubtilysin, Enniatin, Fradicin, Fungicidin, Garlicin, Gliotoxin, Glutenosin, Grifolin, Gramicidin S, Grisein, Hederin, Helicidin, Humulinon, Inolomin, Kojisäure.* — 480 Literaturangaben. (Arzneimittel-Forsch. **1.** 189—95. Juli 1951.) W. Brandt. 4810

Hermann Vonderbank, *Die Antibiotica außer Penicillin. 3. Fortschrittsbericht Ende 1949 bis Ende 1950.* 3. Mitt. (Anfang.) *Laterosporin—Rosein.* (2. Mitt. vgl. vorst. Reff.) Übersicht über die Herkunft sowie die chem., physikal., biol. u. pharmakol. Eigg. nachfolgender Antibiotica: *Laterosporin A* u. *B* aus B. laterosporus; *Morellin* aus den Samen von Garcinia morella; *Mycetin* aus dem Schimmelpilz Hyphomyces antibioticus; *Mycomycin* aus einer Actinomycetenart; *Nebularin* aus Clitocybe nebularis; *Neomycin* aus Streptomyces fradiae; *Netropsin* aus einer Streptomycesart; *Nidulin* aus Sterigmatocystes nidulans; *Nisin* aus Streptococcus lactis; *Notatin* aus Penicillium notatum u. glaucum u. Aspergillus niger; *Pikromycin* aus einem Actinomycetenstamm; *Plumericin* aus Plumeria multiflora; *Polymyxine A, B, C, D, E* aus Bac. polymyxus; *Polypeptin* aus Bac. krzemieniewsky (Spec. Bac. circulans); *Proactinomycin* aus Norcardia gardneri; *Prodigiosin* aus Chromobact. prodigiosum; *Raphanin*, ident. mit *Suforaphen* aus Rettichsamen, *Rodomycin* aus einem Streptomyces-Stamm u. *Rosein* aus den Mycelen von Trichothecium roseum. (Arzneimittel-Forsch. **1.** 231—34. Aug. 1951.) C. O. Laubschat. 4810

Wolmar Bondeson, *Stiele von Ephedra als Verfälschung von Ratanhiawurzel.* Bei einem Handelsmuster von peruan. Ratanhia (I)-wurzel wurden 57% fremde Bestandteile festgestellt, die sich mkr. als holziges Rhizom von Ephedra (II) erwiesen, das beim Einsammeln echter I-Wurzel irrtümlich beigemischt worden sein kann. Vf. hält indes die Abstammung von ind. II-Arten, wie E. intermedia oder verwandten Arten, für wahrscheinlicher. Vollkommener Beweis ist durch die mikro- u. makromorpholog. Eigg. der Rhizome gegeben. Das Holz der Rhizome fluoresciert im filtrierten UV-Licht gelb, gleich dem Holz vieler anderer II-Arten. — Zahlreiche Literaturangaben. (Farmac. Revy **49.** 507—14. 23/9. 521—33. 30/9. 537—44. 7/10. Collect. pharmac. suecica **5.** 26 Seiten. 1950.) Geitz. 4818

Karl Sipmann, *Neue Wege zur prophylaktischen Zahnpflege.* Hinweis auf die Verwendung eines Gemisches von *Netz-* und *Schaummitteln* u. absorbierend wirkenden Salzen hochmol. Säuren in einer Zahnpasta zur Entfernung der Mundbakterien u. des Zahnbelags auf physikal. Wege, um die gegebenenfalls gewebsschädigenden Einflüsse von Desinfektionsmitteln u. dgl. auszuschalten. (Apotheker-Ztg. **2.** 237—39. Okt. 1950. Berlin-Charlottenburg, Alberna GmbH.) Klesse. 4822

Morris B. Jacobs, *Wie ist Zahnpasta geschmackvoll zu machen?* Es wird berichtet über die Inhaltsstoffe von Zahnpasten, die den Geschmack beeinflussen, über starke Geschmacksträger, über Verträglichkeiten u. Unverträglichkeiten der Geschmacksträger mit anderen Substanzen, über Süßstoffe u. über die Aufnahme von Geschmacksträgern. (Amer. Perfumer essent. Oil Rev. **61.** 389—93. Mai 1953.) Boye. 4822

Nils Åke Diding, *Ultraviolette Strahlen und ihre Anwendung zu Desinfektionszwecken.* Übersicht. Behandelt werden die notwendigen Energiemengen, die Anordnung der UV-Lampen u. ihre Anwendung für die Luftdesinfektion in Laboratorien (für asept. Arbeiten), Operationssälen usw. (Farmac. Revy **49.** 585—92. 28/10. 1950.) Geitz. 4834

H. Harmsen, *Wäschedesinfektion bei Tuberkulose.* Es wird ein hochwertiges Enzympräp. („*Enzym 1500*", 150 g-Packung für 150 Liter Lsg.) vorgeschlagen. Gegenüber den bisher angegebenen Desinfektionsverff. gewährleistet das Präp. eine sichere u. vollständige Keimtötung. Das Präp. ist geruchlos, die Zeit der Wäschekochdesinfektion wird durch die Vorbehandlung mit dem Präp. (an Stelle des langen Einweichens in der Desinfektionslsg.) stark herabgesetzt. Infolge der nur schwachalkal. Rk. wird beim anschließenden Kochen die Faser sehr geschont. Wesentliche Kostenersparnis gegenüber chem. Desinfektionsmitteln. Schließlich wird der Vorfluter durch Aufnahme von meist phenolhaltigen Desinfektionsmitteln nicht belastet. (Prakt. Desinfektor **45.** 267—69. Aug. 1953. Hamburg.) Boye. 4834

Walther Schäfer, *Über die Schlußdesinfektion bei Tuberkulose.* Kurze Darst. der Maßnahmen der Schlußdesinfektion bei Tuberkulose u. Hinweis auf die Notwendigkeit der Einbeziehung einer Formalinverdampfung, wozu als neues Gerät ein leicht transportabler Tauchsieder empfohlen wird. (Prakt. Desinfektor **45.** 274—78. Aug. 1953. München, Univ., Hyg. Inst.) Boye. 4834

F. W. Kudrzycka-Białoszabska, *Die Aufhellungsmittel in der mikroskopischen Technik.* Vf. untersuchte systemat. die verschied. Aufhellungsmittel, die für pharmakognost. Arbeiten erforderlich sind. Eine 25%ig. Lsg. von *Na-Salicylat* in W.-*Glycerin*-Gemisch (I) läßt bei *Radix Althaeae, Sem. Lini, Fol. Sennae* die Schleimzellen deutlich hervortreten. Ölzellen u. -gänge von z. B. *Rh. Calami, Cort. Frangulae, Rh. Rhei* u. *Secale Corantum* lassen sich am besten durch 10%ig. Lsg. von NaOH oder KOH in I darstellen. Zur Unters. des Aleurons in Samen eignet sich Speiseöl besser als Nelkenöl. Die 25%ig. Na-Salicylatlsg. in I stellt man aus 1 Teil 50%ig. Salicylatlsg. u. 1 Teil Glycerin her. Die Fl. krist. nicht u. trocknet nicht aus. Das Aufhellungsmittel gemäß der Pharmakopoe wurde etwas abgeändert: 5 Teile *Chloralhydrat* in 3 Teilen W. gelöst u. mit 2 Teilen Glycerin versetzt. Die Lauge–Glycerin-Gemische bestehen aus gleichen Teilen wss. Lauge u. Glycerin. Die mkr. Präpp. werden durch dieses Aufhellungsmittel nicht geschädigt. (Acta polon. pharmac. **7.** 139—44. 1950. Poznań, Akad. med., Zakł. Farmakogn.) Freytag. 4880

A. Baerheim Svendsen und **E. Drottning,** *Papierchromatographische Reinheitsprüfung galenischer Präparate. Nachweis von Rhaponticin in Rheum-Präparaten.* In der früher (vgl. C. **1953.** 738) beschriebenen App. wird die mikrochem. papierchromatograph. Unters. auf alkoh. Lsgg. ($5 \cdot 10^{-3}$ cm³) von aus Rheum isoliertem *Rhaponticin* (I) angewandt. Mit einem Gemisch Äthylacetat–Essigsäure–Toluol–W. (20:3:10:9) passiert I mit einem R_F-Wert 0,03 u. läßt sich durch blaue Fluorescenz im UV-Licht in Mengen bis zu 0,1 γ nachweisen. Die untersuchten Präpp. enthalten im allg. bis zu 1% Rheum rhaponticum. (Dansk. Tidsskr. Farmaci **27.** 120–24. Mai 1953. Oslo, Univ., Farmas. Inst.) R. K. MÜLLER. 4880

Antonio Esposito Vitolo, *Neueste Untersuchungen zur Charakterisierung der Sulfonamide und der Sulfone mit dem Reagens nach Roux.* Vf. verwandte das Reagens von ROUX (Ann. pharmac. franç. **6.** [1948.] 2) zur Charakterisierung einer großen Anzahl von Sulfonamiden u. Sulfonen. Von dem aus 100 cm^3 10%ig. Nitroprussidnatriumlsg., 2 cm^3 33,3%ig. NaOH u. 5 cm^3 3,3%ig. $KMnO_4$-Lsg. nach Filtrieren erhaltenen Reagens wird 1 cm^3 mit 1 cm^3 der zu untersuchenden, ca. 1% Sulfonamid enthaltenden Fl. gemischt u. die Färbung nach 10 Min. u. 10 Min. nach Aufkochen im Tages- u. UV-Licht beobachtet; ferner werden in Filtrierpapierstreifen nach 10 Min. Gesamtsteighöhe sowie Höhe u. Farbe einzelner Zonen bestimmt. Die Auswertung aller dieser Daten ermöglicht die Identifizierung von 16 verschied. Produkten. (Boll. chim. farmac. **89.** 351–60. Sept. 1950. Pisa, Univ., Ist. di Med. Legale e delle Assicurazioni.) KIMPEL. 4880

Walter Hoffmann, *Die Analytik des Polamidon.* Eine spezif. Rk. für *Polamidon* wird entwickelt. Die Substanz gibt beim Behandeln mit H_2SO_4–HNO_3 auf dem Wasserbad eine kirschrote Färbung. In gleicher Weise reagiert das Mischpräp. Polamidon-C. Die reine Ticardasubstanz reagiert fast gleich, jedoch tritt die Rk. bei den mit Suprifen versetzten Ticardapräpp. nicht ein. Frisch gefälltes Polamidonpikrat ist lösl. in Äther. Auch Polamidonsalze einschließlich Pikrat geben die Farbreaktion. (Arzneimittel-Forsch. **3.** 364–68. Juli 1953. Hannover, Tierärztliche Hochschule, Chem. Inst.)

FRESENIUS. 4880

Walter Hoffmann, *Der Nachweis des Polamidon in Postonal-Suppositorien.* (Vgl. vorst. Ref.) Wenn das Polamidon (I) zur Anstellung der Farb-Rk. mit H_2SO_4–HNO_3 aus Postonalsuppositorien isoliert werden muß, treten trotz Verwendung von PAe. zum Ausschütteln Schwierigkeiten auf. Auch die weitere Reinigung über das Pikrat führt nicht zum Ziel. Man muß die Lsg. im PAe. zweimal mit stark verd. KOH ausschütteln u. das I dann durch Ausschütteln mit wenig stark verd. HCl aus PAe. extrahieren. Aus der HCl-Lsg. wird I als Pikrat gefällt u. mit diesem die Farb-Rk. angestellt. (Arzneimittel-Forsch. **3.** 440–41. Aug. 1953. Hannover-Kleefeld, Privatlabor.)

FRESENIUS. 4880

Palmer A. Ware und **Georg Cronheim,** *Die chemische Bestimmung von Folsäure in pharmazeutischen Präparaten.* Es wird eine Meth. angegeben, mit deren Hilfe man *Folsäure* (I) auch in gefärbten Lsgg. bestimmen kann. Nach der Meth. von HUTCHINGS u. Mitarbeitern (J. biol. Chemistry **168.** [1947.] 705) wird I mit Zinkamalgam in p-Aminobenzoylglutaminsäure gespalten u. letztere als Farbstoff bestimmt (BRATTON u. MARSHALL, J. biol. Chemistry **128.** [1939.] 537). In gefärbten Lsgg., die z. B. Leberextrakt oder den Vitamin-B-Komplex enthalten, konnte die Best. bisher nicht durchgeführt werden. Es wurde von den Vff. festgestellt, daß der Leerwert streng additiv zu der durch I erzeugten Färbung ist. In Ggw. von Ferrisalzen werden nur 90% I gefunden. Bei Ggw. von Ferrosalzen, die sehr störend wirken, muß zur Fällungsverhinderung Gluconsäure zugegeben werden. — Meth.: Zu einer Probe, die 1–10 mg I enthält, gibt man 10 ml n/1 NaOH u. füllt mit H_2O auf 100 ml auf. Bei Ggw. von Fe^{2+}-Salzen fügt man 2,5 ml Na-Gluconatlsg. hinzu, um die Fe-Fällung zu vermeiden, u. filtriert dann schnell. Zu 10 ml gibt man 50 ml n/1 HCl, verd. auf 100 ml u. teilt in zwei Teile. Der eine Teil wird mit 5 ml Zn-Amalgam durch Schütteln 30 Min. reduziert. Beide Lsgg. werden dann mit $NaNO_2$ versetzt u. mit 0,1% N-[1-Naphthyl]-äthylendiamindihydrochlorid angefärbt. Die Färbung wird bei 550 mμ gemessen u. der Leerwert in Abzug gebracht. (J. Amer. pharmac. Assoc., sci. Edit. **39.** 98–100. Febr. 1950. Bristol, Tenn., S. E. Massengill Co.)

HEERDT. 4880

Jonas Carol, *Bericht über spektrophotometrische Methoden. Die Bestimmung von Methyltestosteron in Tabletten durch Absorptionsspektrophotometrie.* Zur Best. von Methyltestosteron (I) in Tabletten werden 2 Methoden, eine auf Grund der UV-Absorption, eine weitere auf Grund der Infrarotabsorption, beschrieben, die beide der nach U. S. P. XIV üblichen, die opt. Drehung benutzenden überlegen sind. — Die UV-Absorption wurde in 0,20–1,00 mg I je 100 ml enthaltenden alkoh. Lsgg. im Vgl. zu reinem A. bei 241 mμ bestimmt, unter Benutzung eines CAREY-Recording-UV-Spektrophotometers mit 1 cm Quarzzellen. — Die Infrarotabsorption wurde mit einem PERKIN-ELMER-Modell-B-Recording-Spektrophotometer, versehen mit NaCl-Fenstern u. -Prismen u. 1 mm Zellen, vorgenommen. Es wurde die opt. D. von I-Lsgg. in CS_2 in Konzz. von 2,5–12,5 mg/ml gegenüber reinem CS_2 bei einer Wellenlänge von 10,70 μ in 1 mm-Zellen bestimmt. — Bei beiden Methoden bestand eine strenge lineare Beziehung zwischen opt. D. u. Konzentration. (J. Assoc. off. agric. Chemists **34.** 572—76. 15/8. 1951. Washington, D. C., Food and Drug Admin., Federal Security Agency.) SPITALER. 4880

Raymond Delaby und **Fouad Stephan**, *Volumetrische Bestimmung von Streptomycin und Dihydrostreptomycin.* Der Nachw. des Streptomycins (I) in Ggw. von Dihydrostreptomycin (II) gelingt mit NESSLERs Reagens bei Zugabe von KJ: grauer oder schwarzer Nd. in der Kälte (= I; II gibt die Rk. erst beim Erhitzen). — Zur quantitativen Best. des I in Ggw. von II wird eine mercurimetr. Meth. empfohlen: 0,07—0,10 g Substanz in 15 ml W. lösen, 15 ml NESSLERs Reagens u. 1 ml 19%ig. KJ-Lsg. zusetzen, ½ Std. bei 20—25° stehen lassen, mit 20 ml W. verdünnen, abkühlen, mit 2nHCl vorsichtig neutralisieren bzw. ansäuern. Nach Zugabe von 15 ml n/10 J_2 das unverbrauchte Jod gegen n/20 $Na_2S_2O_3$ mit Stärke als Indicator zurücktitrieren. 1 ml n/20 $Na_2S_2O_3$ = 0,0187 g $(C_{21}H_{39}O_{12}N_7 \cdot 3HCl) \cdot CaCl_2$. — Für die quantitative Best. von I u. II gleichermaßen geeignet ist die sogenannte Perjodatmeth.: 0,04—0,07 g Substanz in 10 ml W. lösen, 50 ml n/20 KJO_4 zufügen u. 1 Std. bei 40—50° auf dem Wasserbade reagieren lassen, abkühlen, 1 g $NaHCO_3$ zusetzen, dann 30—35 ml n/10 K-Arsenit u. 1 ml KJ-Lösung. Nach 20 Min. das unverbrauchte Arsenit mit n/20 J_2 gegen Stärke als Indicator zurücktitrieren. — 1 ml n/10 J_2 = 0,004871 g $(C_{21}H_{41}O_{12}N_7)_2 \cdot 3H_2SO_4$ bzw. 0,00462 g des Hydrochlorids oder 0,004983 g des Hydrochlorid–Calcium-Salzes. In beiden Verff. läuft ein Blindvers. mit, der bei der Berechnung berücksichtigt werden muß. — Vff. empfehlen die mercurimetr. Meth. zur Best. des I, die Perjodatmeth. zur Best. des II. (Ann. pharmac. franç. **8.** 513—19. Juli/Aug. 1950. Paris, Fac. de Pharm., Labor. de Pharm. chim.) LIPPOLD. 4880

Elizabeth J. Oswald und **Lila F. Knudsen**, *Eine turbidimetrische Methode zur Streptomycinbestimmung und ihre kritische Wertung.* Die Meth. arbeitet mit einem *Klebsiella pneumoniae* (*PCl 602*)-Test, welcher in sterilem dest. W. suspendiert bei Kühlschrankbedingungen 14 Tage (bis 4 Wochen) wirksam bleibt. Die Messung der Trübung der mit solcher Aufschwemmung beimpften Verdünnungsreihe erfolgt mit dem elektrometr. Colorimeter. Die Meth. ist genauer als die B. subtilis-Plattenmethode. (J. Amer. pharmac. Assoc., sci. Edit. **39.** 61—66. Febr. 1950. Washington, D. C., Federal Security Agency, Ford and Drug Admin.) J. KEIL. 4880

R. C. Kersey, *Eine turbidimetrische Bestimmung von Terramycin.* Eine Verdünnungsreihe wird wie üblich bereitet; die Beimpfung erfolgt mit einer in dest. W. suspendierten *Klebsiella pneumoniae PCl 602*-Kultur. Nach 3½ std. Bebrütung im Wasserbad (37°) werden die Röhrchen 10 Min. in den Dampfsterilisator gestellt; anschließend mißt man die Trübung. Die Absolutwerte ermittelt man an Hand einer geeichten Kurve. Die Meth. ist sowohl für reine als auch unreine *Terramycin*-Präpp. geeignet. (J. Amer. pharmac. Assoc., sci. Edit. **39.** 252—53. Mai 1950. Brooklyn, N. Y., Chas. Pfizer & Co., Inc.) J. KEIL. 4880

Charles N. Jones, *Bericht über Konservierungsmittel und bakteriostatische Mittel in Ampullenlösungen.* Eine Probe, die vom Hersteller als durchschnittliches Kresol (I) bezeichnet wurde, enthielt neben den 3 Isomeren von I noch 4% Phenol u. 8% Xylenol u. höhere Phenole, so daß bei einer Meth., die nur die 3 Isomeren von I erfaßt, ein Fehler von 12% entsteht. Es wird vorgeschlagen, sämtliche für die Best. von I gebräuchlichen Methoden in dieser Hinsicht zu überprüfen. — Eine colorimetr. Meth. zur Best. von p-Oxybenzoesäure u. ihrer Ester bedarf noch weiterer Bearbeitung. (J. Assoc. off. agric. Chemists **34** 585. 15/8. 1951. New York, N. Y., Food and Drug Admin., Federal Security Agency.) SPITALER. 4880

Deutsche Hydrierwerke Akt.-Ges., Düsseldorf, *Herstellung geformter pharmazeutischer bzw. kosmetischer Zubereitungen*, dad. gek., daß man Ester von Phthalsäure, deren Homologen, Analogen oder Hydrierungsprodd. u. höhermol. Alkoholen der aliphat. Reihe mit wenigstens 12 u. nicht mehr als 22 C-Atomen, gegebenenfalls zusammen mit Hilfsstoffen als Grundmasse verwendet. Nach dem Beispiel wird der Phthalsäureester des techn. Gemisches von Palmityl- u. Stearylalkohol verwendet. Die transparente M. hat F. 37° u. E. 33—38°. Für *Suppositorien, Vaginalkugeln, Lippenstifte* oder dergleichen. (**D. B. P. 889 684** Kl. 30h vom 4/7. 1943, ausg. 14/9. 1953.) SCHINDLER. 4767

Knoll Akt.-Ges. Chemische Fabriken, Ludwigshafen/Rh., *Gewinnung von kristallisierten herzwirksamen Glykosiden aus Boviea volubilis*, dad. gek., daß man die getrocknete pulverisierte Droge mit Methanol mehrmals kurz extrahiert, die vereinigten Extrakte einengt, die beigemengten Schleimstoffe mit Aceton ausfällt u. aus der Methanol-Aceton-Lsg. die Glykoside durch Adsorption an Al_2O_3 u. durch anschließendes Herauslösen getrennt isoliert. (**Oe. P. 174 697** vom 26/2. 1951, ausg. 25/4. 1953. D. Prior. 20/3. 1950.) M. F. MÜLLER. 4791

Alkaloida Vegyészeti Gyár R. T., Budapest, Ungarn, *Gewinnung von Opiumalkaloiden.* Man extrahiert trockenes Mohnstroh mit W., schwachsauren oder schwachalkal. wss. Lsgg. u. dampft die Extrakte ein, bis das spezif. Gewicht 1,45—1,65 beträgt, wobei man die Extrakte schwachsauer hält. Dann dampft man weiter bis zu einem Brei ein, zieht mit A. oder einem A.-Bzl.-Gemisch aus u. gewinnt so die Alkaloide, z. B. *Morphin,* in fast quantitativer Ausbeute. (**Dän. P. 73 608** vom 20/12. 1947, ausg. 7/1. 1952. Ung. Prior. 7/6. 1939.) JÜRGEN SCHMIDT. 4791

Sharp & Dohme, Inc., Philadelphia, Pa., V. St. A., *Herstellung von physiologisch wirksamen Produkten zur Senkung des Blutdruckes, Erweiterung der peripheren Gefäße und Verhinderung von Schockwirkungen.* Man behandelt Muskelgewebe, Nieren, Ovarien oder Pankreas mit über 97 %ig. A. bei p_H 4,8—6,5 über lange Zeiten, z. B. 48 Std., zieht die alkoh. Lsg. ab, befreit sie von Eiweiß, worauf sie wie üblich gereinigt wird. Man kann die Ausgangsstoffe auch vorher von Eiweiß oder, in bekannter Weise, von Insulin u. anderen unerwünschten Stoffen befreien. (**N. P. 80 181** vom 17/4. 1947, ausg. 5/5. 1952. A. Prior. 9/1. 1940.) JÜRGEN SCHMIDT. 4791

Deutsche Hydrierwerke Akt.-Ges. (Erfinder: **Wolfgang Gündel,** Düsseldorf, und **Franz Giloy,** Heidelberg), *Grundlage für Salben, Kreme, Emulsionen u. dgl.,* gek. durch die Verwendung von esterartigen Kondensationsprodd. aus mehrwertigen, bes. prim. Alkoholen mit mindestens 3 OH-Gruppen, mehrbas., aliphat. oder cycloaliphat. Carbonsäuren u. höhermol., bes. seifenbildenden Carbonsäuren. Nach einem Beispiel dienen als Ausgangsstoffe Dipentaerythrit, Spermölfettsäure u. Adipinsäure. (**D.B.P. 890 702** Kl. 30h vom 20/8. 1941, ausg. 21/9. 1953.) SCHINDLER. 4793

Gebr. de Trey Akt.-Ges., Zürich, Schweiz, *Verkleben von Flächen.* Man bringt zwischen die Flächen ein Klebemittel, das mindestens eine monomere Verb. (**I**) mit einer kationenaustauschenden Gruppe u. mindestens zwei voneinander unabhängigen polymerisierenden Gruppen im Mol. enthalten soll. Das Klebemittel wird dann an Ort u. Stelle mit Hilfe eines Katalysators (Sulfinsäure) zum Polymerisieren u. Erhärten gebracht. Die kationenaustauschende Gruppe soll eine Säuregruppe sein. Geeignet ist als I z. B. *Glycerinphosphorsäuredimethylacrylsäureester.* Die M. soll bes. zur Herst. von *Zahnfüllungen* dienen. (**N. P. 80 002** vom 20/7. 1950, ausg. 31/3. 1952. Schwz. Prior. 21/7. 1949.) JÜRGEN SCHMIDT. 4799

Ludwig Brunner K.-G., Deutschland, *Herstellung eines feinverteilten Niederschlags von AgCl auf Adsorbentien, besonders Kohle.* Man läßt den AgCl-Nd. in einer Aufschlämmung von Kohle u. einem Adsorptionsmittel von schwächerem Adsorptionsvermögen als Kohle, bes. $Al(OH)_3$, entstehen. — Zu einer 80° warmen Lsg. von 6 g NaCl in 25 Liter dest. W. gibt man 2,5 kg Tierkohle (carbo medicinalis) u. 6 kg $Al(OH)_3$ u. rührt 30 Minuten. Man fügt weitere 25 Liter dest. W. hinzu, läßt auf Raumtemp. abkühlen u. setzt tropfenweise eine Lsg. von 17 g $NaNO_3$ in 2 Liter dest. W. hinzu. Nach dem Zusatz von 1,5 kg $CaCO_3$ läßt man absitzen u. fügt zum feuchten Rückstand 10 Liter einer 10 %ig. Tyloselösung. Man trocknet bei 60° u. bringt die M. auf eine Teilchengröße von ca. 2 mm. Das Prod. hat gute *antisept.* Eigenschaften. (**F. P. 1 013 498** vom 26/5. 1948, ausg. 29/7. 1952.) HEYNE. 4805

N. V. de Bataafsche Petroleum Mij., Den Haag, Holland (Erfinder: **Rupert Clarke Morris** und **John Louis van Winkle,** Emeryville, Calif., V. St. A.), *Herstellung eines β-Monoäthers eines Glycerins,* dad. gek., daß ein entsprechender β-Monoäther eines Glycerinhalogenhydrins durch Erhitzen mit W. in fl. Zustand bei p_H 7 bis ca. 1,5 hydrolysiert wird. Die Hydrolyse wird vorteilhaft bei ca. 100—300° durchgeführt. Die Ggw. von Puffersalzen ist angezeigt. — Es werden hergestellt: *β-Monoallyläther* des *Glycerins* (**I**), $Kp._2$ ca. 110—112°; *β-Isopropylmonoäther* des **I**; *β-o-Kresylmonoäther* des **I**; *β-Methallylmonoäther* des I. — Äther des I vom Aryltyp besitzen pharmakolog. Eigenschaften. (**D. B. P. 866 038** Kl. 12o vom 24/12. 1950, ausg. 5/2. 1953. A. Prior. 27/12. 1949.) G. KÖNIG. 4807

I. G. Farbenindustrie Akt.-Ges., Frankfurt/M. (Erfinder: **Paul Pöhls** und **Fritz Mietzsch,** Wuppertal), *Diphenylsulfonverbindungen* erhält man durch Kondensation von 4.4'-Diaminodiphenylsulfon (**I**) mit mindestens 1 H-Atom in jeder NH_2-Gruppe oder dessen Substitutionsprodd. mit aromat., mindestens 1 Sulfonsäuregruppe oder in diese überführbaren Substituenten enthaltenden Carbonsäurehalogeniden. — Benzoylchlorid-3-sulfofluorid, $Kp._{16}$ 143°, wird in Aceton mit I in Pyridin 2½ Std. erhitzt, wodurch man *4.4'-Bis-(3-sulfofluoridbenzoylamino)-diphenylsulfon,* F. 297° (Zers.), erhält, das mit NaOH bei 50° *4.4'-Bis-(3-sulfosäurebenzoylamino)-diphenylsulfon* liefert. — *4.4'-Bis-(6''-sulfo-2''-oxynaphthalin-3''-carbonamido)-diphenylsulfon.* Die Verbb. können auch durch Oxydation von 4.4'-Disulfoarylcarbonamidodiphenylsulfiden oder -sulfoxyden, z. B. mit H_2O_2 oder $KMnO_4$, erhalten werden. — Verwendung gegen *Streptokokken-*

infektionen. (**D. R. P. 764 384** Kl. 12o vom 11/8. 1938, ausg. 17/11. 1952. **Zusatz zu D. R. P. 732 780; C. 1943. I. 2515.**) KRAUSS. 4807

Farbenfabriken Bayer, Leverkusen (Erfinder: **Hans Schmidt, Robert Behnisch** und **Ernst Schraufstätter,** Wuppertal), *Thiosemicarbazone.* Man läßt Thiosemicarbazid (I) auf Verbb. der Formel RCH=CH—CO—R' einwirken, wobei R ein Benzolring u. R' ein Benzylrest ist. Aus I u. *Benzylstyrylketon* erhält man ein *Thiosemicarbazon* vom F. 135°, aus I u. *Benzyl-p-methoxystyrylketon* ein solches vom F. 155°. — *Tuberkulostat.* u. *entzündungswidrig* hochwirksame Präparate. (**D. B. P. 875 200** Kl. 12o vom 9/1. 1951, ausg. 30/4. 1953. **Zusatz zu D. B. P. 845 196; C. 1953. 5545.**) BRÖSAMLE. 4807

Parke, Davis & Co. (Erfinder: **Charles Alexis Miller,** Detroit, und **Loren Marlin Long,** Große Pointe Woods), Mich., V. St. A., *Succinimide* der nebenst. Formel (R = H, Methyl oder Allyl, R_1 = H oder CH_3, R_2 = Cl, H) erhält man durch Erhitzen von Phenylbernsteinsäure oder ihrem Anhydrid mit Methylamin oder Allylamin oder von α-Phenyl-α.β-dimethylbernsteinsäure oder deren Anhydrid mit NH_3 oder Methylamin. — N-Methyl-β-phenylbernsteinsäurehalbamid, F. 158—160°, → *N-Methyl-α-phenylsuccinimid,* F. 65—68°. — N-Allyl-β-phenylbernsteinsäurehalbamid, F. 94—96°, → *N-Allyl-α-phenylsuccinimid,* F. 58—60°. — *α-Phenyl-α.β-dimethylsuccinimid,* F. 124—126°. — *N-Methyl-α-phenyl-α.β-dimethylsuccinimid,* $Kp._{1,3}$ 137—138. *α-(o-Chlorphenyl)-β-methylsuccinimid,* F. 130 bis 131°. — *α-(o-Chlorphenyl)-succinimid,* F. 129—131°. — *Krampflösende Mittel* bei *Epilepsie.* (**D. B. PP. 869 798** vom 11/4. 1951, ausg. 9/3. 1953, **870 556** vom 11/4. 1951, ausg. 16/3. 1953, u. **877 760** alle Kl. 12p vom 11/4. 1951, ausg. 26/5. 1953. Alle A. Prior. 12/4. 1950.) KRAUSS. 4807

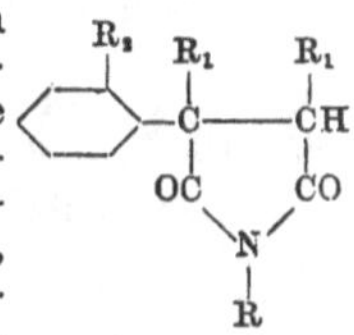

Smith, Kline & French Laboratories, übert. von: **James F. Kerwin** und **Glenn E. Ullyot,** Philadelphia, Pa., V. St. A., *N-Substituierte β-Halogenäthylamine* der Formel I, worin A Cycloalkyl oder Aryl, W = H oder Alkyl, Y = Alkyl mit 1—7 C-Atomen, Z Aryl u. Aralkyl, R, R_1 u. R_2 = H oder Alkylgruppen mit zusammen höchstens 6 C-Atomen, X = F, Cl oder Br bedeuten, wirken *adrenolyt.* u. *sympaticolytisch.* — Sie entstehen durch katalyt. Red. von Gemischen aus Aldehyden bzw. Ketonen der Formel **II** mit Aminen der Formel **III.** Rk. mit einem Z-Halogenid u. Ersatz der OH-Gruppe durch Halogen mittels $SOCl_2$, $SOBr_2$, HCl, HBr; ferner auch durch Rk. von Verbb. der Formel **II** mit Z–NH_2 bei katalyt. Red., Rk. mit einem Alkylenhalogenhydrin oder Alkylenoxyd u. Halogenierung, oder aus Verbb. der Formel **IV,** die aromat. gebundene

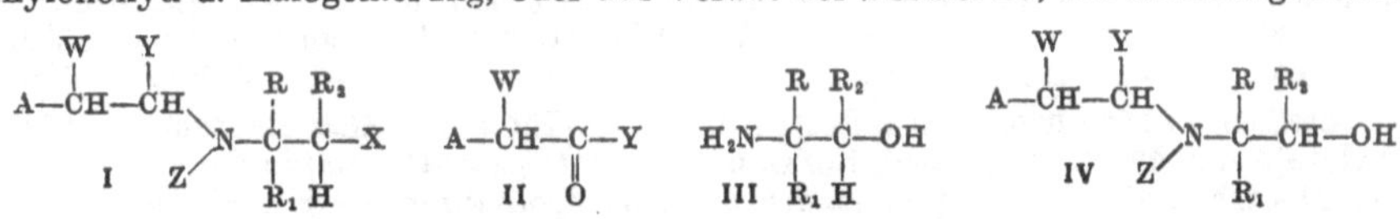

CH_3O-Gruppen enthalten, durch Entalkylierung u. Ersatz der aliphat. OH-Gruppe durch Halogen. — *N-(β-Phenylisopropyl)-aminoäthanol,* $Kp._3$ 118—122°. — *N-(β-Phenylisopropyl)-N-benzylaminoäthanol,* $Kp._1$ 161—169°; *Hydrochlorid,* F. 201,5—203,5°. — *N-(β-Phenylisopropyl)-N-benzyl-β-chloräthylaminhydrochlorid,* F. 144—147°. — *N-Benzyl-β-phenylisopropylamin,* $Kp._{22}$ 190—195°. — *d-N-(β-Phenylisopropyl)-N-benzyl-β-chloräthylaminhydrochlorid,* F. 131,5—133°, $[\alpha]_D^{20}$ +37,9° (c = 8,0 in A.). — *β-Cyclohexylisopropylaminoäthanol,* $Kp._{20}$ 154—158°. — *N-(β-Cyclohexylisopropyl)-N-benzylaminoäthanol,* $Kp._1$ 170—179°; *Hydrochlorid,* F. 121,5—123°. — *N-(β-Cyclohexylisopropyl)-N-benzyl-β-chloräthylaminhydrochlorid,* F. 145—147°. — *p-Methoxyphenylisopropylaminoäthanol,* $Kp._2$ 154—157°. — *N-(p-Methoxyphenylisopropyl)-N-benzylaminoäthanol,* $Kp._1$ 190—195°; *Hydrochlorid,* F. 143—144°. — *N-(p-Methoxyphenylisopropyl)-N-benzyl-β-chloräthylaminhydrochlorid,* F. 122—123°. — *N-(p-Oxyphenylisopropyl)-N-benzyl-β-bromäthylaminhydrobromid,* F. 178,5—181,5°. — *N-(3.4-Dimethoxyphenylisopropyl)-N-benzyl-β-chloräthylaminhydrochlorid.* — *N-(α-Benzylpropyl)-N-benzyl-β-chloräthylaminhydrochlorid.* — *N-(β-Phenylisopropyl)-N-benzyl-β-chlorpropylaminhydrochlorid.* — *N-Bis-(β-phenylisopropyl)-β-chloräthylaminhydrochlorid.* — *N-(p-Tolylisopropyl)-N-benzyl-β-chloräthylaminhydrochlorid.* — *N-(p-Chlorphenylisopropyl)-N-benzyl-β-chloräthylaminhydrochlorid.* — *N-(β-Phenylisopropyl)-N-(p-methoxybenzyl)-β-chloräthylaminhydrochlorid.* — *N-(β-Phenylisopropyl)-N-(p-brombenzyl)-β-chloräthylaminhydrochlorid.* — *N-(p-Methoxyphenylisopropyl)-N-(p-methoxybenzyl)-β-chloräthylaminhydrochlorid.* — *N-(4-Phenylbutyl-2)-N-benzyl-β-chloräthylaminhydrochlorid.* — *N-(β-Phenylisopropyl)-N-benzyl-β-fluoräthylaminhydrohalogenid.* — *N-(β-Phenylisopropyl)-N-benzyl-2-amino-3-chlorbutanhydrochlorid.* — *N-(β-Phenylisopropyl)-N-benzyl-*

2-amino-2-chlormethylpropanhydrochlorid. — *N-(β-Cyclopentylisopropyl)-N-benzyl-β-chloräthylaminhydrochlorid.* — *N-(β-Phenylisopropyl)-N-phenyl-β-chloräthylaminhydrochlorid.* — *N-(β-Phenylisopropyl)-N-(p-oxyphenyl)-β-chloräthylaminhydrochlorid.* — *N-(3-Phenylbutyl-2)-N-benzyl-β-chloräthylaminhydrochlorid.* — *N-(β-3.4-Dioxyphenylisopropyl)-N-benzyl-β-bromäthylaminhydrobromid.* (**A. P. 2 600 301** vom 4/6. 1948, ausg. 10/6. 1952.) LANGER. 4807

Luxema Soc. An., Luxemburg, *α-Äthyl-α-diäthylaminomethyl-β-(p-aminobenzoyloxy)-buttersäureäthylester* (I) wirkt stärker *anästhet.* als Novocain. — *α-Äthyl-α-diäthylaminomethylacetessigsäureäthylester* (II). Aus α-Äthylacetessigester, Diäthylamin u. CH_2O unter Kühlung, $Kp._{19}$ 136—138°. — *α-Äthyl-α-diäthylaminomethyl-β-oxybuttersäureäthylester* (III). Durch Red. von II mit Al-Amalgam, $Kp._{19}$ 146°, instabil. — *α-Äthyl-α-diäthylaminomethyl-β-(p-nitrobenzoyloxy)-buttersäureäthylester* (**IV**), aus **III** u. p-Nitrobenzoylchlorid. *Hydrochlorid*, F. 161°. — **I**, aus **IV** durch Red. mit H_2 + Pd oder Pt, F. 194°. *Hydrochlorid*, F. 198—199°. (**Schwz. P. 281 899** vom 22/3. 1949, ausg. 16/7. 1952. Belg. Prior. 27/3. 1948.) LANGER. 4807

Abbott Laboratories, North Chicago, Ill., übert. von: **Maxwell Schubert**, New York, N. Y., V. St. A., *Thiuroniumbrenzcatechinantimonylchlorid* (I) entsteht aus Brenzcatechin, $SbCl_3$ u. Thioharnstoff in Alkohol, F. 85—95°. — Wirksam gegen *Platyhelminthen.* (**A. P. 2 580 847** vom 20/3. 1950, ausg. 1/1. 1952.) LANGER. 4807

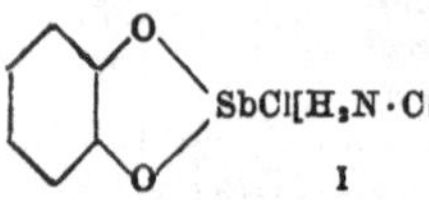

I

Eli Lilly & Co., Indianapolis, Ind., V. St. A., *Ester des o-Carboxyphenylthioantimondichlorids* der Formel o-ROOC·C_6H_4·S·$SbCl_2$, wobei R CH_3, C_2H_5, C_3H_7 oder C_4H_9 ist, erhält man durch Rk. von $SbCl_3$ mit dem entsprechenden Thiosalicylsäureester in einem inerten Lösungsm., z. B. CCl_4. Der *Methylester* schm. bei 131—133°. — Wirksam gegen *Schistosoma mansoni* bei oraler Anwendung. (**E. P. 694 276** vom 9/7. 1951, ausg. 15/7. 1953.) BRÖSAMLE. 4807

Løvens Kemiske Fabrik ved A. Kongsted, Kopenhagen, Dänemark, *Herstellung von Mononitroretenen.* Man nitriert *Reten* mit HNO_3 oder Acetylnitrat in Ggw. eines wasserbindenden Mittels, z. B. eines Säureanhydrides, u. eines organ. Lösungsm., wie Propionsäure, unterhalb 30°. Die Nitrierungsprodd. werden gegebenenfalls nach Chromatographieren durch Kurzwegdest. bei ca. 10^{-6}—10^{-3} mm Hg zerlegt. Man erhält hierbei reines *9-Nitroreten* als gelbe Kristalle, F. 123,5—125°. Durch Eluieren der roten Zonen des Adsorbates an Al_2O_3 mittels Chlf. erhält man *3-Nitroreten* als orangerote Nadeln, F. 177—178°. — Zwischenprodd. zur Herst. von *Antimalariamitteln.* (**Dän. P. 73 606** vom 29/11. 1947, ausg. 7/1. 1952.) JÜRGEN SCHMIDT. 4807

Gesellschaft für Chemische Industrie in Basel (Erfinder: **Max Hartmann**, Riehen, und **Harald von Meyenburg**, Basel, Schweiz), *Aminobenzolsulfonamidothiazole* entstehen durch Decarboxylierung entsprechender Thiazolcarbonsäuren. — *p-Aminobenzolsulfonamidothiazolessigsäure* (I). Man setzt Aminothiazolessigester mit p-Acetylaminobenzolsulfonsäurechlorid um u. verseift mit NaOH, F. 155—157. — *2-(p-Aminobenzolsulfonamido)-4-methylthiazol.* Beim Kochen von I mit Nitrobenzol, F. 241—242°. — Analog: *2-(p-Aminobenzolsulfonamido)-4-äthylthiazol*, F. 149—150°. — *2-(p-Acetylaminobenzolsulfonamido)-4-methylthiazol-5-carbonsäureäthylester*, F. 257—258°. — *2-(p-Acetylaminobenzolsulfonamido)-thiazol-5-carbonsäureäthylester*, F. 229°. — *2-(p-Aminobenzolsulfonamido)-thiazol-5-carbonsäure*, zers. sich bei 185°. — *2-(p-Aminobenzolsulfonamido)-thiazol*, F. 202—203°. (**D. R. P. 752 870** Kl. 12q vom 14/12. 1940. ausg. 26/5. 1953. Schwz. Priorr. 30/4. u. 31/10. 1940. **Zusatz zu D. R. P. 742 753; C. 1944. II. 1345.**) LANGER. 4807

Monsanto Chemical Co., St. Louis, Mo., V. St. A., *Quaternäre Ammoniumchloride* der Formel R·S·CH_2·CH_2·R_1(Cl), worin R eine tert. Alkylgruppe u. R_1 eine tert. Aminogruppe bedeuten, wirken keimtötend. — *β-tert-Tetradecylmercaptoäthanol* (I). Man leitet Äthylenoxyd in ein Gemisch aus tert.-Tetradecylmercaptan u. KOH bei 150—155° ein, $Kp._{1,5}$ 141—145°. — *β-tert.-Tetradecylmercaptoäthylchlorid* (II). Aus u. HCl, $Kp._1$ 121—124°. — *β-tert.-Tetradecylmercaptoäthylpyridiniumchlorid.* Aus **II** u. Pyridin. — Analog: *β¹-tert.-Tetradecylmercaptoäthyl-α-methylpyridiniumchlorid.* — *β-tert.-Hexadecylmercaptoäthylpyridiniumchlorid.* — *β¹-tert.-Hexadecylmercaptoäthyl-α-methylpyridiniumchlorid.* (**E. P. 679 382** vom 5/1. 1950, ausg. 17/9. 1952. A. Prior. 11/2. 1949.) LANGER. 4807

F. Hoffmann-La Roche & Co. Akt.-Ges., Basel, Schweiz, *Herstellung neuer Isonicotinylhydrazinderivate* durch Rk. von Isonicotinylhydrazin (I) mit einem Alkalimetall–Formaldehyd-Sulfoxylat, bes. in mol. Mengen in Ggw. eines organ. Lösungsmittels. — I u. Na-Formaldehydsulfoxylat kondensieren in Ggw. von warmem Methanol zu isonicotinylhydrazinomethansulfinsaurem Natrium. Krist. Pulver, in W. u. Methanol löslich. *Therapeut.* verwendbar, bes. zur Bekämpfung der *Tuberkulose.* (**Oe. P. 174 910** vom 2/4. 1952, ausg. 26/5. 1953. A. Prior. 24/5. 1951.) M. F. MÜLLER. 4807

F. Hoffmann-La Roche & Co. Akt.-Ges., Basel, Schweiz, *Herstellung von Benzchinolinverbindungen,* dad. gek., daß 3-Carboxy-3.4-dihydro-5.6-benzcumarin oder [2-Oxynaphthyl-(1)]-methylmalonsäure mit CH_2O u. einem prim. oder sek. Amin, z. B. Methylamin, Dimethylamin, Äthylamin, Diäthylamin, Methylbenzylamin, Piperidin oder Morpholin, zweckmäßig in wss. Medium bei Raumtemp. behandelt u. das gebildete 3-[2-Oxynaphthyl-(1)]-2-carboxypropylaminderiv. oder ein Alkalisalz desselben mit Methylamin unter Druck erhitzt u. gegebenenfalls hydrolysiert wird. — Das bei der Behandlung mit CH_2O u. Amin gebildete 3-[2-Oxynaphthyl-(1)]-2-carboxypropylaminderiv., welches eine Aminosäure darstellt, ist am N-Atom mit denselben Gruppen substituiert, welche das N-Atom des Ausgangsamins trägt. Wenn man die freie Aminosäure mit Methylamin unter Druck erwärmt, so bildet sich bes. 1-Methyl-1.2.3.4-tetrahydro-5.6-benzchinolin-3-carbonsäuremethylamid, welches zur freien 3-Carbonsäureverb. hydrolysiert werden kann. Wird dagegen die Aminosäure in Form des Alkalisalzes mit Methylamin unter Druck umgesetzt, so entsteht bes. die freie *1-Methyl-1.2.3.4-tetrahydro-5.6-benzchinolin-3-carbonsäure,* F. 154—156°. — Heilmittel oder Zwischenprodd. dafür. (**Oe. P. 174 917** vom 12/3. 1952, ausg. 26/5. 1953. E. Prior. 14/6. 1951.) M. F. MÜLLER. 4807

Aktieselskabet Alfred Benzon, Kopenhagen, und **Finn Andersen,** Sorgenfri, Dänemark, *Herstellung von Derivaten des Sulfanilamidopyrimidins* (**I**). Man läßt die Bisulfitverbb. von Acet-, Propion-, Butyr- oder Crotonaldehyd mit **I,** dessen Pyrimidinrest auch substituiert sein kann, in alkal. Medium (NH_3, Äthanolamin, Äthylendiamin) reagieren. — 12 (g) 2-(p-Aminobenzolsulfonamido)-pyrimidin, gelöst in 10%ig. NH_4OH-Lsg., u. 19 Acetaldehydbisulfit geben, im Vakuum eingedampft u. neutralisiert, ein *therapeut.* verwendbares Kondensationsprodukt. (**E. P. 645 429** vom 19/1. 1948, ausg. 1/11. 1950.) LÜTTGEN. 4807

Farbenfabriken Bayer, Leverkusen-Bayerwerk (Erfinder: **Hans Mauss,** Wuppertal-Wichlinghausen, und **Hans Leuchs,** Wuppertal-Sonnborn), *2-(p-Aminobenzolsulfonamido)-4-methylpyrimidin,* F. 234—235°, entsteht durch Kondensation von Acetoacetaldehydacetalen der Formel $CH_3COCH_2CH(OR)_2$ (R = Methyl oder Äthyl) mit p-Aminobenzolsulfoguanidin bzw. p-Acylaminobenzolsulfoguanidinen, zweckmäßig in alkal. Medium. Das z. B. entstandene 2-(p-Acetylaminobenzolsulfonamido)-4-methylpyrimidin, F. 242—243°, wird in bekannter Weise entacetyliert. (**D. B. P. 871 303** Kl. 12p vom 23/2. 1951, ausg. 23/3. 1953.) KRAUSS. 4807

Cassella Farbwerke Mainkur, Frankfurt/M.-Fechenheim, *Herstellung von 1.4-Dihydrazinophthalazinen,* dad. gek., daß man 1 Mol Phthalsäuredinitril (**I**) oder seine Kernsubstitutionsprodd. mit mindestens 3 Mol. Hydrazin, zweckmäßig unter Zusatz schwacher Säuren u. bei Tempp. nicht über 100°, behandelt. — Aus **I** u. Hydrazinhydrat in Dioxanlsg. in Ggw. von Essigsäure entsteht *1.4-Dihydrazinophthalazin,* F. 191—193°. Mit Essigsäureanhydrid entsteht das Diacetylprod., F. 334°, u. bei 130° das Triacetylprod., F. 237°. Mit Benzaldehyd wird das *Phthalazin-1.4-diphenylhydrazon,* F. 197°, mit Acetessigester das *Dipyrazolon*-Deriv., F. 197°, mit Acetophenon ein *Dihydrazon,* F. 156°, u. mit o-Nitrobenzaldehyd das *Di-(o-nitrophenylhydrazon),* F. 240—242°, erhalten. — *Heilmittel* u. *Zwischenprodd.* für Heilmittel u. Farbstoffe. — Die 1.4-Dihydrazinophthalazine entsprechen der allg. Formel **I,** worin der Benzolkern noch weitere Substituenten enthalten kann. (**Oe. P. 174 918** vom 20/3. 1952, ausg. 26/5. 1953. D. Prior. 21/3. 1951.) M. F. MÜLLER. 4807

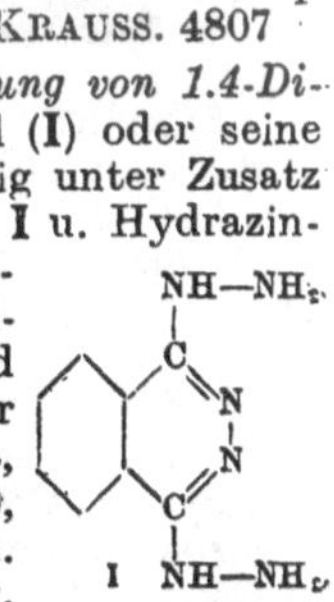
I

J. R. Geigy Akt.-Ges., übert. von: **Robert Pulver,** Basel, Schweiz, *Chondroitinpolyschwefelsäureester* erhält man durch Behandeln von Chondroitinschwefelsäureester mit $ClSO_3H$ in Formamid bei 10—25°. Der Ester wird mit Methanol ausgefällt; S-Geh. ca. 13%. *Blutgerinnungshemmungsmittel.* (**A. P. 2 612 499** vom 3/10. 1951, ausg. 30/9. 1952. Schwz. Prior. 17/10. 1950.) KRAUSS. 4807

Eastman Kodak Co., übert. von: **K. C. D. Hickman,** Rochester, N. Y., V. St. A., *Gewinnung einer Vitaminfraktion aus Fischölen.* Diese werden zunächst bei Raumtemp. unter Hochvakuum von gelösten Gasen befreit, worauf die Temp. allmählich auf 100° gebracht u. das Vakuum gehalten wird. Nach Abtrennung der gegebenenfalls vorhandenen freien Fettsäuren wird das Öl in Form eines dünnen Films oder einer sehr dünnen Schicht, die durch Überleiten des Öles über die erhitzten Bleche einer Zentrifuge erzeugt wird, bei einem Vakuum von weniger als 0,1 mm Druck u. bei 180—240° in einer Kurzzeitdest. von weniger als 1 Min. destilliert. — Zeichnungen. (**Can. PP. 480 474** u. **480475** vom 11/3. 1937, ausg. 22/11. 1952. E. Prior. 6/7. 1936.) M. F. MÜLLER. 4809

Eastman Kodak Co., übert. von: **K. C. D. Hickman**, Rochester, N. Y., V. St. A., *Gewinnung von Vitaminkonzentraten aus Fischölen durch Hochvakuumdestillation*, wobei die in dem Öl enthaltenen Gase u. oxydierenden Substanzen vor der Dest. dadurch entfernt werden, daß das Öl in Form eines dünnen Filmes einer kräftigen Rührwrkg. unter einem Vakuum bis zu 0,005 mm ausgesetzt wird. (**Can. P. 480 479** vom 8/8. 1938, ausg. 22/1. 1952. A. Prior. 1/12. 1937.) M. F. MÜLLER. 4809

Eastman Kodak Co., übert. von: **K. C. D. Hickman**, Jersey City, N. J., V. St. A., *Gewinnung von Vitaminen, Hormonen und Sterinen aus Fischölen durch Hochvakuumdestillation* unter Zusatz einer Fl., welche einen Kp. nahe dem Kp. der zu gewinnenden Substanzen besitzt, z. B. Tripelargonin. Die Dest. findet bei 70—250° u. einem Druck von weniger als 0,1 mm statt. — Es wird z. B. *Vitamin D* aus Fischölen gewonnen. (**Can. P. 480 468** vom 29/7. 1936, ausg. 22/1. 1952. A. Prior. 11/10. 1935.) M. F. MÜLLER. 4809

American Cyanamid Co., New York, N. Y., V. St. A. (Erfinder: **J. M. Smith jr.** und **D. B. Cosulich**), *Herstellen von substituierten Pteridinverbindungen.* Zur Herst. von

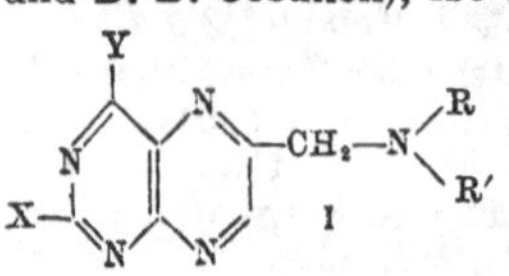

I

Verbb. der allg. Formel I, in der X u. Y H, OH-, SH-, Alkyl-, Halogen-, Amino- oder andere Reste, R einen Alkyl- oder substituierten Alkylrest u. R' einen aromat. Rest bedeuten, kondensiert man 4.5-Diaminopyrimidin mit X u. Y in 2- oder 6-Stellung mit 1.1-Dihalogenpropionaldehyd oder 1.1.3-Trihalogenaceton u. einem sek. Amin der allg. Formel HNRR'. Als Pyrimidin wird bes. 2.4.5-Triamino-6-oxypyrimidin u. als Amin das Amid einer Aminosäure, bes. p-Methylaminobenzoylglutaminsäure, verwendet. Die Kondensations-Rkk. werden bei 0—100°, bes. in wss. Lsg., bei p_H 1,5—6 durchgeführt. Man erhält z. B. *Folsäure.* (**Schwed. P. 134 027** vom 21/9. 1949, ausg. 27/12. 1951. A. Prior. 22/10. 1947.) JÜRGEN SCHMIDT. 4809

B. Helferich & Co. G. m. b. H., *Herstellung injizierbarer, haltbarer wässeriger Lösungen von Ferroascorbinat* (**I**). Man läßt bei 30—40° in wss. Lsg. 2 Mole sehr reine krist. l-Ascorbinsäure auf 1 Mol red. Fe einwirken, wobei jede Spur von O durch Arbeiten in einer reinen CO_2-Atmosphäre ausgeschaltet wird. Man kann **I** in krist. Form durch Eindampfen der Lsg. im Hochvakuum oder durch Fällen mit organ. Fll., wie Aceton oder Dioxan, gewinnen. Die gewonnene wss. Lsg. von **I** kann zur Stabilisierung mit l-Ascorbinsäure u. einer Spur HCl versetzt werden. Ferner können Mn-, Cu- oder Co-Verbb. hinzugefügt werden. Die Lsg. wird, in Ampullen eingeschlossen, 10 Min. bei 100° sterilisiert. (**F. P. 1 015 128** vom 21/1. 1948, ausg. 27/8. 1952.) HEYNE. 4809

Schering Akt.-Ges., Berlin, *Androstan- und Östrantriole* erhält man durch biolog. Red. der entsprechenden 16.17-Ketole oder -Diketone, die in 3-Stellung eine OH- oder eine in diese überführbare Gruppe tragen, z. B. mit Hefen. — 16-Ketoöstronacetat gibt in A. mit in voller Gärung befindlicher Bäckerhefe *Östriol*, F. 275—278°. Man kann auch 16-Oxyöstrondiacetat oder 16-Oxy- bzw. 16-Ketoöstron verwenden. — 16 Oxydehydroandrosteron → *Androstentriol-(3.16.17)*, F. 273—275°. — *Heilmittel.* (**D. B. P. 869 953** Kl. 12o vom 5/10. 1939, ausg. 9/3. 1953.) KRAUSS. 4809

Schering Akt.-Ges. (Erfinder: **Josef Kathol**), Berlin, *Tertiäre Cyclopentanopolyhydrophenanthrenalkohole und deren Ester* erhält man durch teilweise oder vollständige Hydrierung der in der Seitenkette am C-Atom-17 befindlichen 3fachen C-Bindung, zweckmäßig mit katalyt. erregtem H_2. — Äthinyldihydrofollikelhormonacetat gibt bei der Hydrierung mit H_2 in Ggw. von Pt *Äthyldihydrofollikelhormonacetat*, dessen Wrkg. der des Östradiols entspricht. — Äthinylandrostandiol → *Äthylandrostandiol.* — Äthinylandrostendiol → *Äthylandrostendiol*, F. 200—202°, Wrkg. 40—50 γ. — $\Delta^{5,6}$-3.17-Dioxy-17-äthinylandrosten → *$\Delta^{5,6}$-3.17-Dioxy-17-äthenylandrosten*, F. 186°. — 17-Äthinylöstradiol-(3.17) → *17-Äthenylöstradiol-(3.17)*, F. 156—157°. (**D. B. P. 870 099** Kl. 12o vom 23/11. 1935, ausg. 20/4. 1953.) KRAUSS. 4809

Schering Corp., Bloomfield, N. J., übert. von: **Martin Rubin**, Washington, D. C., **Emanuel B. Hershberg**, West Orange, und **Erwin Schwenk**, Montclair, N. J., V. St. A., *Östron*, F. 258—260°, erhält man durch pyrolyt. Aromatisierung des Ringes A von $\Delta^{1,4}$-Androstadiendion-(3.17) bei 475—575° in Ggw. eines KW-stoffs (Dekalin, Mineralöl, Tetralin). *Acetat, Benzoat, Semicarbazon.* (**A. P. 2 594 349** vom 2/7. 1948, ausg. 29/4. 1952.) KRAUSS. 4809

Schering Akt.-Ges., Berlin (Erfinder: **Willy Logemann**, Mailand, Italien, **Hans-Herloff Inhoffen**, Braunschweig, und **Hans Eysenbach**, Berlin-Zehlendorf), *Cyclo-*

pentanopolyhydrophenanthrene mit Nebennierenrindenhormonwirkung. Verbb. der Formel RX (R = Cyclopentanopolyhydrophenanthrenrest mit wenigstens einem OH— oder —CO, X = Seitenkette am C-Atom 17 mit mindestens einer oxydierbaren —OH neben mindestens einem —OH oder —CO) werden mit Oxydationsmitteln behandelt, die prim. oder sek. OH-Gruppen in CO-Gruppen überzuführen vermögen (CrO_3, Bichromate, Permanganate, Metalloxyde, CuO, Metallalkoholate). — Tetraoxypregnen wird mit Al-Isopropylat in Cyclohexanon bei 100° zu *3.20-Diketo-17.21-dioxypregnen* dehydriert. — 21-Oxypregnendion → *21-Aldehydopregnendion-(3.20).* (**D. B. P. 876 242** Kl. 12o vom 23/12. 1937, ausg. 11/5. 1953.) KRAUSS. 4809

C. F. Boehringer & Soehne G. m. b. H., Mannheim-Waldhof (Erfinder: **Franz Duspiva,** Heidelberg, und **Kurt Wallenfels,** Tutzing/Obb.), *Züchten fermentbildender Mikroorganismen.* Man verwendet zur Bereitung der Nährböden Reisspelzen bzw. -schalen. (**D. B. P. 851 039** Kl. 6a vom 18/6. 1949, ausg. 4/11. 1952.) KETTNER. 4809

C. H. Boehringer Sohn, Chemische Fabrik (Erfinder: **Karlheinz Hauptmann**), Ingelheim/Rh., *Herstellung hochwirksamer Fermentpräparate* aus Mycelen, bes. von Phycomyceten u. Cumycetenarten. Verschiedene Partien des Pilzmycels werden in üblicher Weise verschieden lang bis zur Erzielung der jeweiligen maximalen enzymat. Wirksamkeit gezüchtet; dann wird die Züchtung abgebrochen, die Kulturen werden extrahiert u. die bei den einzelnen Züchtungen erhaltenen, die betreffenden Fermente enthaltenden Lsgg. gleichzeitig oder nacheinander in üblicher Weise auf eine einzige Trägersubstanz aufgebracht. (**D. B. P. 857 785** Kl. 6a vom 20/6. 1950, ausg. 1/12. 1952.) KETTNER. 4809

Liselotte Brömme, Hamburg (Erfinder: **Heinrich Geffcken,** Lamstedt/Elbe), *Magenschleimhautpräparate durch Selbstandauung.* Die ungesalzenen Magenschleimhautteile werden mit verd. HCl solcher Konz. u. Menge vorgedaut, daß das p_H der Lsg. trotz der entstehenden Abpufferung während des gesamten Andauungsvorganges > 1 bleibt. Zur Herst. von Trockenpräpp. wird der Säuregrad des gewonnenen Extraktes vor dem Trocknen auf ein p_H von ca. 3 abgestumpft. (**D. B. P. 845 485** Kl. 6a vom 2/10. 1948, ausg. 31/7. 1952.) KETTNER. 4809

Dagoberto Molina Polo und **Alfonso Guillermo Alarcon,** Mexico City, Mexico, *Gewinnung von Lysozymen* (I). Eselsmilch wird mit 4 Vol. Aceton gefällt, der Nd. mit Aceton u. Ae. ausgewaschen, daraus die I mit 60% ig., mit 10% ig. Essigsäure angesäuertem A. extrahiert, aus der Lsg. das Prod. mit A. gefällt, der Nd. in eine verd. alkal. Lsg. gebracht, der verd. H_2SO_4 zugesetzt ist, darauf die Lsg. durch Dest. konz. u. mit Flaviansäure versetzt, der dabei ausfallende Nd. mit wenigen Tropfen NH_3 enthaltendem A. u. dann mit kaltem A. u. Ae. gewaschen, anschließend einer Vakuumbehandlung über P_2O_5 unter —10° unterworfen u. unter Adsorption über Bentonit oder dgl. zur Kristallisation gebracht. (**A. P. 2 590 121** vom 11/12. 1947, ausg. 25/3. 1952.) KETTNER. 4809

Comp. Internationale de Biochimie, Jouy en Josas, und **Jacques Risler,** Paris, Frankreich, *Gewinnung von antibiotischen Stoffen* durch Züchten von Schimmelpilzen der Gattungen Aspergillus, Penicillium, Rhizopus oder Actinomyces in geeigneten Nähr-Fll. in Ggw. von virulenten oder abgetöteten pathogenen Bakterien, z. B. Colioder Tuberkelbacillen, oder deren Stoffwechselprodd. oder Bestandteilen, z. B. Tuberculin, Extrakten, Seren, Vaccinen usw. Beispiele für Nährlsgg., Kulturverff. u. Extraktion der Antibioticis mit erhöhter Aktivität. (**E. P. 672 726** vom 29/7. 1949, ausg. 28/5. 1952. F. Prior. 30/7. 1948. **Belg. P. 503 422** vom 22/5. 1951, ausg. 26/9. 1952. F. Prior. 26/5. 1950.) SCHINDLER. 4811

Jacques Risler, Frankreich, *Gewinnung von antibiotischen Stoffen,* dad. gek., daß man 2 Mikroorganismen, die sich gegenseitig bekämpfen sollen, den antibiot. Pilz u. die Bakterie, gleichzeitig unter den für sie günstigsten Bedingungen entweder im Oberflächen- oder Tauchverf. züchtet. Zur Gewinnung von Hemmstoffen, z. B. gegen Tuberkelbacillen (**I**) züchtet man diese auf einem ihnen zusagenden Nährsubstrat u. günstiger Temperatur. Sobald sich die charakterist. Decke gebildet hat, zieht man ca. die Hälfte der Nähr-Fl. ab u. ersetzt sie durch die gleiche Menge einer Kultur-Fl. für Aspergillus Flavus (**II**) oder Aspergillus Oryzae (**III**). Man sät nun auf die Decke von **I** Sporen von **II** oder **III**. Sobald sich auf **I** ein genügender Pilzrasen gebildet hat u. Sporenbldg. erfolgt ist, beimpft man mit diesen Sporen eine frische Kultur von **I** u. verfährt weiter wie oben. Nachdem man dieses Verf. 4mal angewandt hat, kann aus der letzten Pilzkultur der antibiot. Stoff in bekannter Weise gewonnen werden. Das Verf. kann auch bei anderen Bakterien, bes. Colibacillen, angewandt werden. (**F. P. 1 015 571** vom 30/7. 1948, ausg. 15/10. 1952.) HEYNE. 4811

Merck & Co., Inc., Rahway, N. J., V. St. A., *α-Amino-β.β-diäthoxypropionsäure* (I) ist *Zwischenprod. für Penicillin.* — *α-Chlor-β.β-diäthoxypropionsäure* (II). Durch Verseifung des Äthylesters mit 0,5n NaOH. Gibt mit konz. NH_3 im Autoklaven bei 100° I. Zers. bei 170—200°. (**E. P. 682 942** vom 4/2. 1948, ausg. 19/11. 1952. A. Prior. 14/2. 1947.) LANGER. 4811

Sharp & Dohme, Inc., Pa., übert. von: **James M. Sprague**, Drexel Hill, und **Charles S. Miller**, Prospect Park, Pa., V. St. A., *p-(m-Aminophenylsulfamyl)-benzoesäure* (I) dient als *Adjuvans für Penicillin.* — *p-(m-Nitrophenylsulfamyl)-toluol* (II) (im Original irrtümlich *p-(m-Amino-*. Der Referent.). Aus m-Nitroanilin (III) u. p-Toluolsulfonylchlorid in Pyridin; F. 134—135°. — *p-(m-Nitrophenylsulfamyl)-benzoesäure* (IV). Aus II u. $Na_2Cr_2O_7$ in H_2SO_4 oder $KMnO_4$ in alkal. Medium. Aus p-Carboxybenzolsulfonylchlorid u. III, F. 245—246°. — I; durch Red. von IV mit H_2 + RANEY-Ni, dann mit H_2 + Pd, F. 241,5—242,5°. (**A. P. 2 608 506** vom 20/8. 1949, ausg. 26/8. 1952.) LANGER. 4811

Sharp & Dohme, Inc., übert. von: **Charles S. Miller**, Prospect Park, Pa., V. St. A., *Dialkylsulfamylbenzoesäuren* dienen als *Adjuvantia für Penicillin.* — *p-(Di-n-butylsulfamyl)-benzoesäure.* Aus Di-n-butylamin u. p-Carboxybenzolsulfonylchlorid in Aceton, F. 163—164°. — Analog: *Di-(n-propylsulfamyl)-* (F. 194—196°); *Di-(isobutylsulfamyl)-* (F. 200—201,5°). — *Di-(sek.-butylsulfamyl)-*. Man setzt p-Cyanbenzolsulfonylchlorid mit Di-sek.-butylamin um u. verseift mit NaOH, F. 185°. — Analog: *Di-(isopropylsulfamyl)-* (F. 209—210°). (**A. P. 2 608 507** vom 20/8. 1949, ausg. 26/8. 1952.) LANGER. 4811

Sharp & Dohme, Inc., übert. von: **James M. Sprague**, Drexel Hill, Pa., V. St. A., *N-Amylsulfamylbenzoesäure.* Aus 4-Carboxybenzolsulfonylchlorid u. n-Amylamin in Aceton. *Adjuvans für Penicillin.* (**A. P. 2 608 508** vom 20/8. 1949, ausg. 26/8. 1952.) LANGER. 4811

Sharp & Dohme, Inc., übert. von: **James M. Sprague**, Drexel Hill, Pa., V. St. A., *N-Benzylsulfamylbenzoesäure.* Man setzt 4-Cyanbenzolsulfonylchlorid mit Benzylamin in Pyridin um u. verseift mit sd. HCl, F. 238—239°. — *Adjuvans für Penicillin.* (**A. P. 2 608 510** vom 20/8. 1949, ausg. 26/8. 1952.) LANGER. 4811

Sharp & Dohme, Inc., Philadelphia, Pa., V. St. A., *Sulfamylbenzoesäuren* der Formel I entstehen durch Rk. einer Verb. $R_1 \cdot NH_2$ mit einem Benzoesäuresulfonsäurehalogenid, wobei R_1 = Isoamyl, Amyl-(2), Cyclopentyl, Alkyl oder Cycloalkyl mit 6—7 C-Atomen bedeutet. — *p-(Isoamylsulfamyl)-benzoesäure.* Aus Isoamylamin u. 4-Carboxybenzolsulfonylchlorid, F. 219—220°. — Analoge Verbb. mit R_1 = *2-Äthylbutyl-* (F. 206—208°); *Amyl-(2)-* (F. 207—208°); *Cyclopentyl-* (F. 161 bis 162°); *4-Methyl-2-pentyl-* (F. 207—208°); *n-Hexyl-* (F. 204°); *Cyclohexyl-* (F. 259 bis 260°); *n-Heptyl-* (F. 202,5—203°). — Die Verbb. dienen als *Adjuvans für Penicillin.* (**E. P. 678 416** vom 12/7. 1950, ausg. 3/9. 1952. A. Prior. 20/8. 1949.) LANGER. 4811

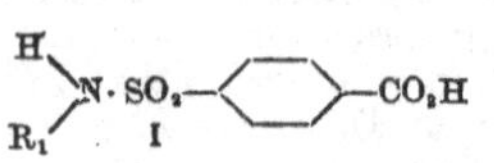

Chas. Pfitzer & Co., Inc., V. St. A., *Gewinnung von Streptomycin aus seinen wässerigen Lösungen.* Die das Streptomycin (I) enthaltende Gär-Fl. wird mit Orange II = *β-naphtholazobenzol-p-sulfonsaurem Na* (II) versetzt, wobei das Salz von I mit II ausfällt. Die Fällung wird am besten bei einem p_H-Wert von 5,5 vorgenommen, u. es ist erforderlich, durch Verss. die jeweils günstigste Menge an II festzustellen, da ein Überschuß an II die Farbstoffverb. lösl. macht. Der Nd. von I mit II wird getrocknet. Aus dem Nd. kann I als salz- oder schwefelsaure Verb. dadurch gewonnen werden, daß man den Nd. in einer geeigneten Fl. aufschlämmt u. die Suspension mit solchen Metallsalzen anorgan. oder organ. Säuren oder mit organ. Aminverbb. versetzt, die durch doppelte Umsetzung eine lösl. I-Verb. u. eine unlösl. II-Verb. oder umgekehrt bilden können. — Z. B. wird der noch feuchte Nd. von I mit II in W., einem Alkohol oder Äthylenglykoläther, verteilt u. hierzu die Lsg. eines Chlorides oder Bromides von Ba, Sr, Ca oder Mg gegeben. Durch doppelte Umsetzung bildet sich die lösl. Halogenverb. von I u. eine unlösl. Metallverb. von II. Ein weiteres Verf. zur Trennung von I u. II besteht darin, daß man die Fällung mit einer Säure in Ggw. von W. u. einem mit W. nicht vermischbaren organ. Lösungsm. behandelt, wobei II in das organ. Lösungsm. u. I in die wss. Schicht übergehen. An Stelle von II kann zur Abscheidung von I aus seinen wss. Lsgg. auch 8-amino-7-p-nitrophenylazo-2-phenylazo-1-naphthol-3.6-disulfonsaures Na (III) (Naphthol-blauschwarz) verwendet werden. Die weitere Behandlung der Ndd. von I, III erfolgt in ähnlicher Weise wie oben. Die Reinigung des Streptomycintrihydrochlorids kann über das gut kristallisierende Doppelsalz von $CaCl_2$ erfolgen. Weitere Trennungsverff. der Streptomycin–Farbstoff-Verbb. sind angegeben. (**F. PP. 1 013 682** vom 3/2. 1948, ausg. 1/8. 1952. A. Priorr. 22/4. u. 6., 7. u. 15/5. 1947, u. **1 014 026** vom 3/2. 1948, ausg. 7/8. 1952. A. Priorr. 1., 2., 3., 4. u. 23/4. u. 14., 16., 17/5. u. 3/6. 1947.) HEYNE. 4811

Parke, Davis & Co., übert. von: **George W. Moersch** und **Allen C. Moore**, Detroit, Mich., V. St. A., *Herstellung von Antibiotica.* Cycl. Sulfite von (dl) oder (l)-ψ-1-(p-Nitrophenyl)-2-dihalogenacetamido-propan-1.3-diol (I) der nebenst. Formel werden hergestellt durch Rk. von I mit $SOCl_2$, z. B. *Cycl. Sulfit von (dl)-ψ-1-(p-Nitrophenyl)-2-dichloracetamidopropan-1.3-diol*, F. 175 bis 176°. (**A. P. 2 587 641** vom 25/5. 1950, ausg. 4/3. 1952.)

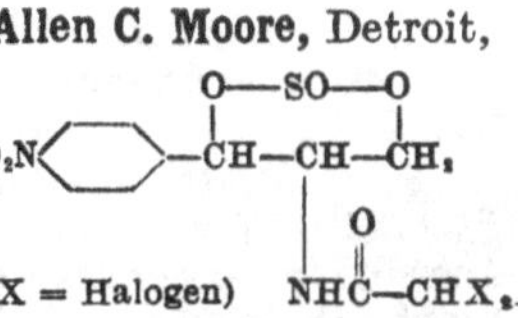

(X = Halogen)

LÜTTGEN. 4811

Biolyon (Soc. Lyonnaise de Produits biologiques), Frankreich, *Mittel zur Dosierung des Prothrombins*, bestehend aus einem in Pastillen gepreßten Gemisch von Thromboplastin u. Ca-Lactat oder Ca-Glycerinphosphat. Bei einer Dosierung nach der Meth. von QUICK hat das Gemisch die Zus. 7 (Teile) Ca-Lactat u. 93 Thromboplastin. (**F. P. 1 017 075** vom 4/5. 1950, ausg. 1/12. 1952.) OPPERMANN. 4813

Aktiebolaget Leo, Schweden, *Mittel gegen Geschwüre des Magens und Zwölffingerdarms*, in Form einer W.-in-Öl (I)-Emulsion, die gleichzeitig eine Suspension von Mg-Trisilicat (**II**) u. einen Emulgator (**III**) enthält. Als **I** kann ein vegetabil. Öl, wie Erdnuß-, Oliven-, Sesam-, Sojaöl, in einer Menge von 30—50% angewandt werden. Der Anteil an **II** schwankt zwischen 5—10% u. der von **III** zwischen 0,15 u. 0,80%. Als **III** eignen sich Alginsäure, Na-Alginat, Agar-Agar, Pektin oder eine Mischung von Arabisch- u. Traganthgummi. (**F. P. 1 015 143** vom 8/9. 1949, ausg. 27/8. 1952. Schwed. Priorr. 21/9. 1948 u. 5/2. 1949.) HEYNE. 4815

Ciba Pharmaceutical Products, Inc., Summit, N. J., V. St. A., übert. von: **Max Hartmann** und **Werner Bosshard**, Riehen, Schweiz, *Phenoxyäthyldimethyldodecylammoniumhalogenid* der nebenst. Formel **I** erhält man durch Quaternisieren von Phenoxyäthyldimethylamin (aus Phenoxyäthylen + Methylamin + Methylierung mit HCOOH u. CH_2O) mit Dodecylchlorid oder -bromid. Man kann auch Phenoxyäthylchlorid oder -bromid mit Dimethyldodecylamin umsetzen. — *β-Phenoxyäthyldimethyldodecylammoniumbromid*, aus Aceton, F. 112°, leichtlösl. in W. mit neutraler Reaktion; *-chlorid*, F. 129—130°. — *Desinfektions-* u. *Konservierungsmittel.* — Tabelle. (**A. P. 2 581 336** vom 19/12. 1949, ausg. 8/1. 1952. Schwz. Prior. 24/11. 1944.) KRAUSS. 4835

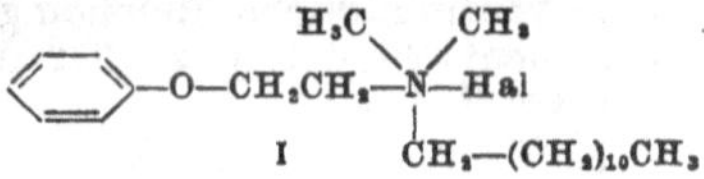

Craig Eagleson, Washington County, Oreg., V. St. A., *Desinfizierendes und insekticides Mittel*, bestehend aus $Ca(OCl)_2$, $Ca(H_2PO_4)_2 \cdot H_2O$, einem Netzmittel, einer Trägersubstanz u. einer insekticiden Zus. mit wenigstens einem Vertreter aus der Gruppe: Dichlordiphenyltrichloräthan, Methoxydichlordiphenyltrichloräthan, Dichlordiphenyldichloräthan, Hexachlorcyclohexan, Dianisyltrichloräthan, chlorierte, bicycl. Terpene u. chloriertes Naphthalin. (**A. P. 2 558 942** vom 3/2. 1947, ausg. 3/7. 1951.) KETTNER. 4835

C. G. van Arkel, Onverenigbaarheid van geneesmiddelen. Amsterdam: D. B. Centen's Uitgevers-Maatschappij N. V. 1950. (151 S.) fl. 4.90.

A. Couvreur, Essai sur les sutures modernes. Paris: Vigot Frères. 1950. (83 S. m. Abb.)

P. van der Wielen, Leer- en Handboek der Recepteerkunde. Deel I. Algemene en Bijzondere Recepteerkunde 3de druk herzien door Dr. J. Kok. Groningen: J. B. Wolters' Uitgeversmaatschappij. 1950. (VII + 610 S. m. 117 Abb.) fl. 15.—.

G. Analyse. Laboratorium.

A. J. Croft, *Ein großer Apparat zur Verflüssigung von Helium durch Ausdehnung.* Vf. beschreibt einen neu konstruierten großen Expansionsapp. zur Verflüssigung für *He* vom Typ SIMON (vgl. Z. Physik **34**. [1932.] 232). Der neue App. liefert bei einem Expansionscyclus, der bei 95 atü u. 11° K durchgeführt wird, 1,2 Liter fl. He bei einer Gesamtmenge von 2,3 m^3 He-Gas. Ein Verflüssigungsprozeß läßt sich in weniger als 1 Std. durchführen, wenn der App. genügend mit fl. H_2 vorgekühlt ist. Der Verbrauch an fl. H_2 beträgt 5 Liter. (J. sci. Instruments **29**. 388—90. Dez. 1952. Oxford, Univ., Clarendon Labor.) GOTTFRIED. 5006

G. D. Archard, *Eine Methode zur Verhütung des Festhaftens von Quecksilber an Glas.* Zur Verhütung des Festhaftens von kleinen Hg-Tröpfchen auf reinem Glas wird empfohlen, das Hg zuvor kurze Zeit mit einer Al-Folie in Berührung zu bringen. (J. sci. Instruments **29**. 412. Dez. 1952. Aldermaston, Berkshire, Associated Elect. Ind. Ltd., Res. Labor.) GOTTFRIED. 5010

A. Russell Jones, *Eine Abwiegepipette zur Aufnahme flüssiger Proben für trockne Verbrennung.* Mit der beschriebenen Pipette konnte 0,01 mg C in Form einer ^{14}C-markierten Verb. in 0,2 cm³ H_2O quantitativ in einer gewöhnlichen Semimikroverbrennungsröhre verbrannt werden. (Rev. sci. Instruments **24**. 230. März 1953. Oak Ridge, Tenn., Nat. Labor., Chem. Div.) GOTTFRIED. 5014

E. C. Pyatt, *Vereinfachtes Helligkeitstemperaturpyrometer unter Benutzung einer Photozelle.* Vf. teilt mit, daß eine PbS-Zelle in der früher (C. **1953**. 3125) beschriebenen Anordnung verwendet werden kann, u. zwar ohne Verstärker u. Strahlungswechsel. Die Empfindlichkeit der Zelle ist zwar herabgesetzt, die untere Temperaturgrenze beträgt 300° gegenüber 100° bei der alten Anordnung mit Verstärker. (J. sci. Instruments **29**. 414—15. Dez. 1952. Teddington, Nat. Phys. Labor., Phys. Div.) GOTTFRIED. 5016

H. Tschamler, *Eine einfache Laboratoriumsapparatur zur Mikro-Schmelzpunktsbestimmung unterhalb Zimmertemperatur.* Beschreibung eines Mikroschmelzpunktapp., der die Best. von FF., Umwandlungs- u. Entmischungstempp. bis zu —40° gestattet. Die Kühlung wird mit einem trocknen, regulierbaren Luftstrom erreicht. Die Verwendung von Gasmaskenklarscheiben als Durchsichtfenster verhindert das Beschlagen. (Mikrochem. verein. Mikrochim. Acta **35**. 353—58. 1950. Wien, Univ., I. Chem. Labor.) FRETZDORFF. 5018

George D. Oliver und **J. W. Grisard,** *Metallebulliometer für Dampfdruckmessungen.* Es werden App. u. Methoden zur Messung des Dampfdrucks bes. von korrodierenden Fll. über den gesamten Druck–Temp.-Bereich der Fll. beschrieben. (Rev. sci. Instruments **24**. 204—06. März 1953. Oak Ridge, Tenn., Union Carbide and Carbon Corp., Carbide & Carbon Chem. Co., Res. Labor., K–25 Plant.) GOTTFRIED. 5020

J. S. George, *Lösungsmittelverdampfer für eine rotierende Vakuumpumpe.* Es wird eine Anordnung beschrieben, die es gestattet, eine rotierende Vakuumpumpe zur Evakuierung von flüchtige Lösungsmittel enthaltenden Systemen zu benutzen, u. zwar durch kontinuierliche Reinigung des Pumpenöls von den Lösungsmitteln. (J. sci. Instruments **29**. 413. Dez. 1952. Wellington, New Zealand, Dep. of Sci. and Ind. Res., Fats Res. Labor.) GOTTFRIED. 5026

A. G. Hayward, *Einfache rotierende Vakuumdichtung.* Kurze Beschreibung der Dichtung. (J. sci. Instruments **29**. 410. Dez. 1952. Reading, Univ.) GOTTFRIED. 5026

James Morrison, *Ein kontrolliertes Gasleck.* Beschreibung eines porösen Porzellansyst. zur Aufrechterhaltung eines stationären Gasdrucks von $5 \cdot 10^{-7}$ bis $5 \cdot 10^{-3}$ Torr bei einer ständigen Vakuumpumpleistung von 2—3 Liter/Sekunde. Die Art des zugeführten Gases ist beliebig. (Rev. sci. Instruments **24**. 230—31. März 1953. Murray Hill, N. J., Bell Telephone Labor., Inc.) GOTTFRIED. 5026

A. W. Hemmings, *Ein Vielzweckextraktor.* Vf. beschreibt einen Extraktionsapp., der einem SOXHLET-App. sehr ähnlich ist. Der Kolben für die Extraktions-Fl. mit einem Hahn B am Überlaufrohr ist seitlich angebracht. Am unteren Ende des Extraktionszylinders befindet sich ebenfalls ein Hahn A. 1. Zur Extraktion eines festen Körpers mit einem fl. Lösungsm. ist der App. ebenso wie ein SOXHLET zu gebrauchen. Vorteilhaft ist, daß der Extrakt direkt durch Hahn A abgelassen werden kann. 2. Zur Extraktion einer leichteren Fl. durch eine schwere schließt man nur den Hahn B u. läßt das schwere Extraktionsmittel durch die leichte Fl. hindurchtropfen. Ab u. zu läßt man es durch Öffnen von Hahn B in den Erhitzungskolben zurücklaufen. 3. Zur Extraktion einer schweren Fl. durch eine leichte verlängert man das Extraktionsrohr durch ein weiteres Zwischenstück u. setzt eine lange, oben trichterförmig erweiterte Röhre ein, die unten eine grobe Filterplatte trägt. Die im Kühler kondensierte leichte Fl. tropft durch den Trichter in das Rohr u. steigt von unten durch die zu extrahierende schwere Flüssigkeit. (Analyst **76**. 117—18. Febr. 1951. London, Univ. Coll., Hosp. Med. School, Dep. of Chem. Pathol.) PLUSKAL. 5034

J. W. Beams und **H. M. Dixon III,** *Eine Ultrazentrifugendoppelzelle.* Beschreibung einer störungsarmen Doppelzelle für Sedimentationsmessungen. (Rev. sci. Instruments **24**. 228—29. März 1953. Charlottesville, Va., Univ., Rouss Phys. Labor.) GOTTFRIED. 5036

F. H. Hibberd, *Eine einfache Anordnung für ein zylindrisches Rotationsviscosimeter.* Vf. beschreibt ein von den üblichen Rotationsviscosimetern etwas abweichendes Gerät, das mit Erfolg im Unterricht benützt wird. Dieses Viscosimeter mißt die Endwinkelgeschwindigkeit, die aus einem gegebenen angelegten Drehmoment resultiert. Das Drehmoment wird durch zwei fallende Gewichte erzeugt, so daß kein elektr. Motor notwendig ist. Die Ergebnisse werden graph. u. durch einfache Partialdifferentation ausgewertet. (Amer. J. Physics **20**. 134—35. März 1952. Sydney, Australia, Univ.) G. HEINRICH. 5040

W. Kändler und **L. Miller,** *Ein neuer Sedimentationsapparat.* Zur Best. der Korngrößenzus. im Rahmen der Silicoseforschung konstruierten Vff. einen neuen Sedimenta-

tionsapp., der es gestattet, das Dispersoid in den Sedimentationszylinder einzubringen u. herauszuholen, ohne daß Störungen durch Strömungsbldg. oder Ablagerung an schrägen Wänden auftreten. Bes. hervorzuheben ist, daß die einzelnen Fraktionen direkt auf ein mkr. Deckgläschen sedimentiert werden können. (Kolloid-Z. **130**. 172—76. März 1953. Göttingen, Medizin. Forschungsanst. der Max-Planck-Ges., Staublabor.)
G. HEINRICH. 5048

S. Sunner und **N. Magnusson**, *Die genaue Bestimmung von Kondensationspunktdifferenzen bei geringen Substanzmengen.* Es wird eine differentielle SIWOLOBOFF-Meth. beschrieben, die unter Verwendung hochempfindlicher Temperaturregulierung im DEWAR-Gefäß die Meniskusverschiebungen in Capillaren bei der Kondensation messend verfolgt. Bei 0,1 ml Substanz können Differenzen im Kondensationspunkt von 0,001° noch genau bestimmt werden. Maximal können Differenzen von 0,5° bestimmt werden Die Meth. wird zur Reinheitsprüfung empfohlen. (Acta chem. scand. **4**. 1464—70. 1950.)
W. KAUFMANN. 5048

R. H. Buchanan, A. R. King und **R. H. Satterly**, *Taupunktbestimmung durch sichtbares Anfeuchten.* Um das Feuchtwerden eines Zeigers deutlich sichtbar zu machen, wird er mit hydrophobem *Kupferoxyd* bestrichen, bes. sorgfältig mit HNO_3 u. 2 n NH_4-Polysulfid gereinigt u. mit Aceton getrocknet. Beim Feuchtwerden wird der matte schwarze Überzug glänzend. Ebenfalls wurde mit einer geschliffenen hydrophilen Glasoberfläche der Taupunkt nachgewiesen. Beim Befeuchten verändert sich die durchscheinende in eine durchsichtige Oberfläche. Diese Meth. braucht größere Wassermengen u. ist unempfindlicher, während bei der ersten winzige Kondensatteilchen die Reflexion des Kupferoxyds verändern. Die 2. Meth. kann in Verbindung mit Photozelle zur automat. Registrierung verwandt werden. (Austral. J. appl. Sci. **3**. 14—15. März 1952.)
MIETHING. 5048

Hamed M. El-Badry und **Cecil L. Wilson**, *Chemische Analyse im Mikrogrammbereich.* 1. Mitt. *Apparate und Techniken.* Ausführliche Beschreibung von App. u. Methoden zur Durchführung von qualitativen u. halbquantitativen Analysen im γ-Maßstab. (Mikrochem. verein. Mikrochim. Acta **40**. 141—59. 1952. Belfast, Univ., Mikrochem. Labor., Chem. Dep.)
FRETZDORFF. 5050

Gerhart Jander und **Klaus Brodersen**, *Über die quantitative elektrochemische Bestimmung gelöster Fremdsubstanzen in geschmolzenen „Quasisalzen", am Beispiel des geschmolzenen Quecksilber(II)-bromids.* (Vgl. auch C. **1951**. I. 171.) Fl. $HgBr_2$, F. 238°, ist ein „Quasisalz" mit einer sehr geringen spezif. Leitfähigkeit ($1{,}45 \cdot 10^{-4} \Omega^{-1} cm^{-1}$ bei 242°), die durch geringe Dissoziation nach $2 HgBr_2 \rightleftharpoons (HgBr)^+ + (HgBr_3)^-$ hervorgerufen wird. Fremdsubstanzen, die in die lösungsmitteleigenen Ionen dissoziieren, leiten den Strom, während „Salze" meist unlösl. oder wenigstens sehr wenig dissoziiert sind. Stoffe, die Br^- abspalten (solvatisiert $HgBr_3^-$) sind Basenanaloge. Dazu gehören Metallbromide u. HgO, solvatisiert [HgO(HgBr)] ($HgBr_3$). Stoffe, die $HgBr^+$ abspalten, sind Säurenanaloge. Dazu gehören alle Hg(II)-Salze, z. B. $Hg(ClO_4)_2$, solvatisiert $(HgBr)ClO_4$. Vff. zeigen, daß eine quantitative Best. von geringen Mengen Fremdsubstanz in fl. $HgBr_2$ durch konduktometr. oder potentiometr. Verfolgung von neutralisationenanalogen Rkk. oder Verdrängungs-Rkk. mit einer Genauigkeit von 1—4% möglich ist. Die konduktometr. Best. wurde nach sehr empfindlichen Methoden durchgeführt. Vff. beschreiben bes. das Leitfähigkeitsgefäß, bei dem Tauchelektroden aus Pt–Ir in das geschmolzene $HgBr_2$ tauchen u. ein seitlicher Schliffverschluß die Zugabe von fester Fremdsubstanz in kleinen Portionen gestattet. Durch ein Paraffinbad wurde die Temp. auf 242° gehalten. Bei der potentiometr. Best. wurde eine Au/AuBr-Elektrode verwendet (Indicator- u. gebremste Elektrode), die auf die Konz. von Br^- anspricht. Vff. beschreiben folgende Rkk.: 1. $Hg(ClO_4)_2$ mit TlBr titriert (starke Elektrolyte, Knickpunkt am Äquivalenzpunkt); 2. $Hg(NO_3)_2$ mit TlBr titriert (Knickpunkt am Äquivalenzpunkt); 3. $HgSO_4$ mit $PbBr_2$ titriert. Bei Zugabe von 1 Mol $PbBr_2$ auf 2 Mol $HgSO_4$ tritt eine Fällung des sauren Salzes Pb $[(HgBr)SO_4]_2$ auf. Ein 2. Knickpunkt entspricht dem neutralen Salz $PbSO_4$. 4. TlBr mit $HgSO_4$ titriert. Es treten 2 Knickpunkte auf, die der Bldg. von Tl_2SO_4 u. dem sauren Salz $Tl(HgBr)SO_4$ entsprechen. 5. HgO mit $HgSO_4$ titriert. Die schwache Base HgO setzt sich mit $HgSO_4$ zu einem unlösl. Salz 2 HgO · 1 $HgSO_4$ um. Die schwereren Hg-Chalkogenide (HgTe usw.) sind stärkere Basenanaloge als das Oxyd u. können sehr genau für neutralisationenanaloge Umsetzungen verwendet werden. 6. Da alle Salze prakt. den Strom nicht leiten, kann man aus Salzen schwacher Basen diese schwacheBase durch eine starke austreiben; z. B. legt man TlBr (starke Base) vor u. titriert mit dem Salz der schwachen Base. Die anfangs starke Leitfähigkeit nimmt bis zum Äquivalenzpunkt ab u. bleibt dann prakt. konstant. Zum Schluß beschreiben Vff. 2 mit potentiometr. Mitteln bei 250° verfolgte Rkk.: a) $(HgBr)ClO_4 + NaBr \rightarrow HgBr_2$

$+ NaClO_4\downarrow$ b) $HgSO_4 + 2 NaBr \rightarrow Na_2SO_4 + HgBr_2$. (Z. analyt. Chem. **133**. 146—60. 1951. Greifswald.) PLUSKAL. 5054

Pierre Mignion, *Bemerkung zur Messung elektrolytischer Flüssigkeitswiderstände.* Es wurde eine spezielle Meßzelle mit konzentr. Zylinderelektroden u. Schutzzylinderelektroden in der Achse der inneren Hauptelektrode konstruiert, wobei die WHEATSTONE-Brücke durch einen Differentialtransformator ersetzt wurde. Die phasengerechte Potentialgleichheit zwischen Schutzzylindern u. innerer Elektrode ließ sich für eine Meßreihe ein für allemal durch bes. Ausgleichsimpedanz u. Nullstromanzeiger einregeln. (Bull. Soc. chim. belge **59**. 389—97. Juni/Juli 1950. Brüssel, Univ. libre, Fac. de Sci., Labor. Chim. Géner. II.) v. EICHBORN. 5054

Ivan Berkeš, *Ein einfaches Mikrocoulometer.* Das beschriebene Gerät besteht aus einer umgekehrt aufgestellten Bürette, der ein Glasansatzgefäß mit 2 Pt-Elektroden u. einem Niveaugefäß mit einem Gummistopfen eingepaßt ist. Dieser App. gestattet die Messung kleiner Strommengen u. Stromstärken mit hoher Genauigkeit. (Mikrochem. verein. Mikrochim. Acta **40**. 160—61. 1952. Zagreb, Univ., Medizin.-chem. Inst.) FRETZDORFF. 5054

M. Françon, *Interferenzmikroskop unter Verwendung eines senkrecht zur optischen Achse geschnittenen Kalkspatblättchens.* Beschreibung der mkr. Einrichtung, die bei jedem n. Mikroskop zusätzlich angebracht werden kann. (Ann. Acad. brasil. Sci. **25**. 47—52. 31/3. 1953. Rio de Janeiro, Univ., Inst. de Biofísica, u. Paris, Inst. d'Optique.) GOTTFRIED. 5056

Albert V. Baez, *Eine Untersuchung über Beugungsmikroskopie mit besonderer Bezugnahme auf Röntgenstrahlen.* Es werden die Faktoren untersucht, die die Auflösung in der Beugungsmikroskopie beeinflussen, sowie ihre möglichen Anwendungen bei der Fokussierung von Röntgenstrahlen besprochen. (J. opt. Soc. America **42**. 756—62. Okt. 1952. Bagdad, Univ. Coll., Unesco Techn. Assist. Miss.) GOTTFRIED. 5056

P. Grodzinski, *Schadhafte Eindrücke bei der Mikrohärteprüfung.* Bei der Härteprüfung mit einem Doppelkegeldiamanten wird bei prakt. jeder Last im Mikro-Makrobereich das sonst oft bei Mikrohärteprüfungen (VICKERS) in sprödem Material auftretende große Brechen u. Splittern der Proben vermieden. An der Länge des schmalen flachen ellipt. Eindrucks kann leicht eine genaue Messung ausgeführt werden. Vgl.: Eindruck auf der (0001)-Fläche eines *SiC*-Kristalls mit der VICKERSpyramide u. dem Doppelkegeldiamanten (30 Sek. mit 1 kg Last). An beiden Proben erscheint eine Zone mit Interferenzstreifen um den Eindruck. (Dieses deutet darauf hin, daß ein SiC-Kristall einen dünnen SiO_2-Oberflächenfilm besitzt). Während bei der VICKERSprobe das unter der Oberfläche zerstörte Gebiet fast ein Quadrat von beträchtlicher Ausdehnung bildet, erscheint bei dem Doppelkegeldiamanten eine ellipt. Zone von geringer Breite. Diese Zone ist halb so groß wie bei der VICKERSprobe. (Research **4**. 140—41. März 1951. London, Industr. Distributors, Industr. Ltd., Diamond Inform. Bureau.) KLEFFNER. 5060

Erich Köiw, *Ein stufenphotometrisches Prüfgerät für Papierelektrophorese.* Ein Gerät wird beschrieben, mit dem nach der Papierelektrophorese von Eiweißstoffen der angefärbte Papierstreifen direkt photometr. ausgemessen wird, ohne daß eine Eluierung der Farbstoffe notwendig ist. (Scand. J. clin. Lab. Invest. **5**. 99—101. 1953. Uppsala, Univ. Hospital, Central Lab.) FRESENIUS. 5062

Nora M. Mohler und **John R. Loofbourow,** *Optische Filter.* Überblick über die verschied. Arten u. Verwendungsmöglichkeiten von opt. Filtern im Ultraroten, Sichtbaren u. Ultraviolett. Eine Unterteilung in feste, gasförmige u. Flüssigkeitsfilter einerseits, in Polarisations-, Interferenz-, Absorptions- u. CHRISTIANSENfilter andererseits wird vorgenommen. Es werden Tabellen verschied. Filter u. Kombinationsmöglichkeiten angegeben. Auf mögliche chem. u. physikal. Veränderungen der Filter wird hingewiesen. (Amer. J. Physics **20**. 499—515. Nov. 1952. Northampton, Mass., Smith Coll., Phys. Dep., u. Cambridge, Mass., Massachusetts Inst. of Technol., Biol. Dep.) LINDBERG. 5063

L. Holland und **N. J. Newman,** *Vielfädenverdampfungsquelle und kugelförmiger Halter für Interferenzfilter.* Bei der beschriebenen Anordnung zur Herst. von Interferenzfiltern befinden sich die Linsen auf einem kugelförmigen Halter von $5^1/_4$ in. Durchmesser. Die Verdampfungsquelle ist gegenüber den Linsen auf der gleichen Kugel u. besteht aus einer revolverkopfähnlichen Anordnung mit 4 Verdampfungsquellen aus dünnem Mo-Blech, die in die vorbestimmte Lage gedreht werden kann. Durch diese Anordnung wird eine gleichmäßige Filmdicke erreicht. Verss. mit Ag-Filmen ergaben bei einem Aufdampfwinkel Φ bis zu 24° eine Durchlässigkeit zwischen 18—18,4%, die sich auf 19% bei Φ = 50° erhöhte. Graph. werden die Durchlässigkeiten als Funktion der Wellenlängen von 2 Dreischichtenfiltern gezeigt für $\Phi = 0^0$ u. 24^0, die aus zwei ZnS-Lagen erster Ordnung mit eingelagerter MgF_2-Lage zweiter Ordnung bestanden. Die maximale Abweichung zwischen den Durchlässigkeiten beider Filme betrug 60 Å. (Rev. sci. Instruments **23**. 642—43. Nov. 1952. London, W. Edwards and Co. Ltd.) GOTTFRIED. 5063

E. Hulthén und **E. Lind**, *Beugungsgitter und der ebene Spiegel.* Vff. beschreiben verschied. Möglichkeiten der Kombination von ebenen oder konkaven Strichgittern u. ebenen Spiegeln zur Erhöhung der Helligkeit u. der spektralen Anflösung. (Ark. Fysik **2**. 253—70. 1950. Stockholm, Univ., Phys. Dep.) GOTTFRIED. 5063

C. Cecil und **A. G. Ogston**, *Ein einfaches Doppelprismenrefraktometer.* Es wird ein einfaches Spektrometer mit doppelten Prismen beschrieben, das hauptsächlich zur Best. der Konzz. von Lsgg. von Proteinen verwendet werden kann, deren spezif. Brechungsinkremente bekannt sind oder gemessen werden können. (J. sci. Instruments **28**. 253—54. Aug. 1951. Oxford, Dep. of Biochem.) GOTTFRIED. 5063

G. H. Dieke und **S. P. Cunningham**, *Eine neue Wasserstoffentladungsröhre.* Um eine spektralreine H_2-Entladungsröhre zu erhalten, wird vorgeschlagen, Hochfrequenzerregung zu benutzen, um Elektroden u. ihre verunreinigenden Einfll. auszuschalten u. die Röhre mit einer Mischung aus fein verteiltem, akt. *U* u. UH_3 zu versehen. Das akt. U absorbiert noch vorhandene Verunreinigungen, während mit Hilfe des UH_3 jeder gewünschte Gasdruck durch einfaches Erhitzen reproduzierbar u. konstant hergestellt werden kann. (J. opt. Soc. America **42**. 187—89. März 1952. Baltimore, Md.; Johns-Hopkins Univ., Dep. of Phys.) PIEPLOW. 5063

Á. Bardócz, *Untersuchungen über Lichtquellen für die Spektralanalyse.* 2. Mitt. *Elektronisch gesteuerte, wechselstromgespeiste Gleichstrom-Abreißbogenquelle.* (1. vgl. C. **1953**. 7614.) Beschreibung einer Abreißbogen-Lichtquelle, bei welcher die Hochfrequenzzündung mit einer Thyratron-Schaltung im TESLA-Kreis erfolgt. Der Zündrhythmus kann durch Steuerung des Thyratrongitters mit einem Impulsgenerator, die Brenndauer innerhalb einer Halbwelle durch Phasenverschiebung des Zündzeitpunktes eingestellt werden. (Acta physica Acad. Sci. hung. **2**. 265—76. 1952. Budapest, Hungarian Acad. of Sci., Central Res. Inst. for Phys., Dep. for Spectroscopy.) EICHHOFF. 5063

Hermann Stadlinger, *Fortschritte auf dem Gebiet der Spektralanalyse durch photoelektrische Registrierung.* Nach einem Überblick über die amerikan. u. französ. Geräte zur elektron. Messung der Lichtintensitäten im Spektr. berichtet Vf. über den Industrie-Spektrographen S 2, „Optica", Mailand. Das Gerät gestattet sowohl die direkte als auch die photograph. Messung u. ist hauptsächlich zur Kontrolle aller Nichteisenmetalle u. Legierungen u. deren Ausgangsmaterialien u. Nebenprodd. vorgesehen. Eine eingehende Beschreibung u. die techn. Daten des Gerätes werden mitgeteilt. Ferner wird auf ein deutsches Gerät, das Flammenphotometer Modell III von CARL ZEISS, Jena, hingewiesen. (Chemiker-Ztg. **77**. 244—247. 20/4. 287—89. 5/5. 1953.) G. HEINRICH. 5063

E. R. Piore, R. H. Kingston, E. M. Gyorgy und **G. G. Harvey**, *Spektroskopie von festen Körpern mit weichen Röntgenstrahlen.* Vff. änderten den von O'BRYAN u. SKINNER (Physic. Rev. [2] **45**. [1934.] 370) u. SKINNER (Trans. Roy. Soc. [A] **239**. [1940.] 95) zu spektroskop. Unterss. im Gebiet zwischen 50—500 Å angegebenen Spektrographen derart ab, daß sie die photograph. Platte durch einen Be–Cu-Photovervielfacher ersetzten. Mit dieser neuen Anordnung bestimmten Vff. die Emissionsbandenkurven von *Na, Mg* u. *Al*, die in guter Übereinstimmung mit den Ergebnissen der obigen Autoren standen. Benötigt werden nur 2—3 mA bei Spannungen von 300—500 V; die gesamte Emissionsbande läßt sich innerhalb 5 Min. festlegen. (Rev. sci. Instruments **22**. 543. Juli 1951. Cambridge, Mass., Inst. of Technol., Res. Labor. of Electronics.) GOTTFRIED. 5063

D. R. Lawler, *Analytische Anwendungen der Massenspektrometrie.* Zusammenfassender Bericht über die Anwendung des Massenspektrometers als Analysengerät für KW-stoffgemische. (Ohio J. Sci. **52**. 146—50. Mai 1952. Brecksville, O., Goodrich Comp. Physic. Res. Labor.) WEIGEL. 5063

Heber J. R. Stevenson und **Seymour Levine**, *Halter für kleine Proben auf Silberchlorid für Infrarotspektrophotometrie.* (Rev. sci. Instruments **24**. 229—30. März 1953. Cincinnati, O., U. S. Public Health Service, Environmental Health Center.) GOTTFRIED. 5064

P. H. Dowling, *Stromkreis für den Farbmesser von Barnes.* Wenn man eine Photozelle als Lichtmesser benutzt, muß eine hohe Ansprechlinearität angestrebt werden. Zur Erreichung eines Maximums an Linearität benutzte Vf. einen modifizierten Farbmesser von BARNES (vgl. C. **1946**. I. 1275), in dem die 4 Filter nacheinander vor eine einzelne

Photozelle gebracht wurden. Der Ausgleichstromkreis wurde derart geändert, daß nicht der Widerstand, sondern der Strom in dem Ausgleichzweig variiert werden konnte. (Rev. sci. Instruments **22.** 538—59. Juli 1951. Irvington, N. Y., Philips Labor., Inc.) GOTTFRIED. 5065

C. F. Hiskey und **Irving G. Young,** *Prinzipien der Präzisionscolorimetrie. Abweichungen vom Absorptionsgesetz bei Messungen der relativen Durchlässigkeit.* Beschreibung einer Meth. zur Abschätzung der maximal erreichbaren Genauigkeit bei der quantitativen Colorimetrie oder Spektralphotometrie eines beliebigen Absorbers durch Wahl der günstigsten Konz. bei Messungen gegen einen Vergleichsstandard. Unters. des Einfl. der Spaltbreite auf solche Messungen. (Analytic. Chem. **23.** 1196—1201. Sept. 1951. Brooklyn, N. Y., Polytechnic Inst. of Brooklyn.) EICHHOFF. 5065

Nobuyuki Tanaka und **Suzuta Tamamushi,** *Außerjapanische Veröffentlichungen über Polarographie.* 1. u. 2. Mitt. Systemat. Bibliographie: Allg., Apparatives, Theorie, Differentialpolarographie, Anorgan. Polarographie. (Chem. and chem. Ind. [Kagaku to Kogyo] **3.** 247—54. Aug. 1950. **4.** 327—33. Aug. 1951. [Orig.: japan.]) SCHULER. 5066

L. Rosenthaler und **H. Eltutar,** *Brom-acidimetrische Verfahren.* 6. Mitt. (5. vgl. Pharmac. Acta Helvetiae. **7.** [1932.] Nr. 9.) Zur Beseitigung überschüssigen Broms bei Brom-acidimetr. Titrationen wird $K_4Fe(CN)_6$ benutzt, da es mit Br ohne Bldg. von H- oder OH-Ionen reagiert. Vgl. mit Aeration u. der Hg_2Cl_2-Meth. ergaben die Brauchbarkeit des Verfahrens. (Pharmac. Acta Helvetiae **28.** 124—27. 30/4. 1953. Bern.) FRESENIUS. 5066

L. Rosenthaler, *Brom-acidimetrische Verfahren.* 7. Mitt. (6. vgl. vorst. Ref.) Das Brom-acidimetr. Verf. zur Best. von *Phenol* (Pharmac. Acta Helvetiae **6.** [1931.] Nr. 9) wird modifiziert. Die Entfernung des überschüssigen Br aus dem Ansatz erfolgt durch Aeration, aus dem Blindvers. mit gleichzeitiger Zugabe von $K_4Fe(CN)_6$. Indicator Methylrot. Das Verf. ist auch auf Anilin anwendbar, das bei der Bromierung pro Mol 3 Mol HBr liefert. (Pharmac. Acta Helvetiae **28.** 128—29. 30/4. 1953.) FRESENIUS. 5066

Charles W. Pifer, Ernest G. Wollish und **Morton Schmall,** *Titrationen in nichtwässerigen Lösungen. Wirkung von Lösungsmitteln auf Steigerung der Empfindlichkeit.* Vff. diskutieren darüber, daß bei potentiometr. oder visuellen Titrationen schwacher Basen oder Säuren in nichtwss. Lösungsmitteln von saurem oder bas. Charakter oder in vorherrschend wss. Lösungsmitteln die Schärfe der Endpunktserkennung häufig sehr gemindert ist, wenn die Titrationsfl. schwächer als 0,1 n ist. Sie finden, daß Zusatz eines Überschusses von einem organ. Lösungsm. mit niedriger DK. in vielen Fällen die Empfindlichkeit der Endpunktserkennung steigern kann. Oft wird durch diesen Zusatz auch die Auflösung der zu analysierenden Substanz gefördert. Die Ausführung potentiometr. Titrationen u. die verwendete spezielle App. ist beschrieben. Beispiele für Titrationen in teilweise wss. Lsg. u. in nichtwss. Lsgg. sind angeführt. Ferner sind Titrationskurven von zweibas. Verbb. u. bin. Mischungen von einbas. u. zweibas. Verbb. wiedergegeben. Durch passende Auswahl des Lösungsm. konnten dabei am Neutralisationspunkt eines jeden Äquivalents der mehrbas. Verb. Biegungen in den Titrationskurven erhalten werden. Die Meth. erlaubt die Best. verschiedener schwacher Säuren u. Basen oder Salze in Mikromengen, wobei in einigen Fällen 0,001 n Titrationsfll. verwendet werden konnten. (Analytic. Chem. **25.** 310—14. Febr. 1953. Nutley, N. J., Hoffmann-La Roche, Inc., Products Control Labor.) J. MATTNER. 5066

James D. Devey, *Ein verbessertes Reagens zur Sauerstoffabsorption in der Gasanalyse.* 10 g 1.2.4-Triacetoxybenzol, 15 g KOH u. 100 ml W. werden geschüttelt, bis eine klare rote Lsg. entstanden ist. Die Substanz absorbiert die gleiche Menge O_2 wie Pyrogallol, entwickelt aber nicht wie dieses CO infolge der O_2-Absorption. Aus dem zu untersuchenden Gas muß CO_2 vor der O_2-Best. entfernt werden. (Scand. J. clin. Lab. Invest. **5.** 104. 1953. Bedford, England.) FRESENIUS. 5086

J. C. Gage, *Ein sehr schnell arbeitender Absorptionsapparat für die Bestimmung von giftigen Substanzen in der Luft.* Es wird ein ganz aus Glas hergestellter Absorptionsapp. beschrieben, mit dem man Luftverunreinigungen in der Größenordnung von 5 mg/m^3 oder weniger bei 5—10 Liter durchgesaugter Luft/Min. bestimmen kann. So wurde z. B. ein NH_3-Dampf mit einer Konz. von 3 mg/m^3 bei Durchsauggeschwindigkeiten von 6 u. 9 Liter/Min. in 0,1 n HCl zu 95% absorbiert.(J. sci. Instruments **29.** 409. Dez. 1952. Welwyn, Herts., Imperial Chem. Ind., Indust. Hygiene Res. Labor.) GOTTFRIED. 5088

H. C. Bones, *Die Verhinderung der Korrosion an CO_2-Anzeigeinstrumenten für Rauchgase.* Die Ursache für die Schäden ist das Vorhandensein von S in der Kohle, der zu SO_2 bzw. zu SO_3 verbrannt u. durch W. zu den entsprechenden Säuren umgesetzt wird. Die Beseitigung der Ursachen darf nur erfolgen, ohne daß der CO_2-Geh. irgendwie beeinträchtigt wird. Bewährt haben sich die folgenden Methoden: Durchleiten der Gase durch W. mit Fe-Wolle, Durchleiten durch eine $NaHCO_3$-Lsg., wobei das gebildete CO_2 dem gebundenen SO_2 äquivalent ist. Das W. wird mit $NaHCO_3$ übersättigt, so daß ein Bodenkörper vorhanden ist. Es werden Angaben über die Korrosionsschäden an dem Leitungssyst. gemacht u. geeignete Anordnungen vorgeschlagen, um Angriffe zu verhindern. (Instrument Pract. **5.** 17—21. Nov. 1950.) J. Fischer. 5088

a) Elemente und anorganische Verbindungen.

W. Kirsten, *Über die Dumasbestimmung des Stickstoffs.* (Vgl. C. **1953.** 3934.) Bei der krit. Untersuchung einiger bei der N-Best. nach Dumas ablaufender Rkk. findet Vf., daß CuO kein bes. guter Oxydationskatalysator ist. Bei niedrigen Tempp. findet oft nur unvollständige Verbrennung statt, während bei hohen Tempp. O_2 frei wird u. Stickoxyde vom Cu festgehalten werden. NiO gestattet die Anwendung höherer Tempp. u. gibt keinen O_2 ab. Beschreibung einer neuen Meth., bei der die Substanz bei 1050° unter Anwendung der Rk. $C + CO_2 \rightarrow 2\,CO$ vergast wird u. anschließend bei 1000° über NiO verbrannt wird. Beleganalysen guter Genauigkeit. (Mikrochem. verein. Mikrochim. Acta **40.** 121—37. 1952. Uppsala, Univ., Inst. of Med. Chem.) Fretzdorff. 5253

E. G. Brown, *Die Reaktion zwischen Natriumarsenit und Natriumchlorit.* Vf. prüft die Verff. zur Best. von $NaClO_2$ (**I**) u. findet, daß in Ggw. von $NaHCO_3$ u. Osmiumsäure als Katalysator die Rk. zwischen **I** u. Na-Arsenit quantitativ verläuft. Vf. schlägt vor, einen geringen Überschuß von Na_3AsO_3 zu mit $NaHCO_3$ gepufferter Chloritlsg. zu geben u. das überschüssige Arsenit mit bekannter Jodlsg. u. Stärke als Indicator zurückzutitrieren. (Analytica chim. Acta [Amsterdam] **7.** 494—500. Dez. 1952. Liverpool, British Enka Ltd., Res. and Development Dep.) Elchlepp. G 247

Masayoshi Ishibashi, Taitiro Fujinaga und **Ryuma Ichikawa,** *Über polarographische Analyse.* 10. Mitt. *Bestimmung von Schwefel in Pyriten.* (9. vgl. J. chem. Soc. Japan, pure Chem. Sect. [Nippon Kagaku Zassi] **71.** [1950.] 422.) Durch HNO_3 wird der *Pyrit*-S zu Sulfat oxydiert, dann wird überschüssiges $Pb(NO_3)_2$ zugegeben, das überschüssige Pb polarograph. bestimmt u. daraus der S-Geh. berechnet. Vor der $PbSO_4$-Fällung sollte Fe u. Cu bei p_H 3—5 entfernt werden. Man kann auch das gefällte $PbSO_4$ in NH_4-Acetat-Lsg. lösen u. darin das Pb polarograph. bestimmen. Bei 1—30% S Genauigkeit 5 bzw. 3%. (J. chem. Soc. Japan, pure Chem. Sect. [Nippon Kagaku Zassi] **73.** 263—65. April 1952. Kyoto Univ. [Orig.: japan.]) Schuler. G 253

H. N. Wilson, *Die genaue Bestimmung von „Phosphorsäureanhydrid" als Chinolinphosphomolybdat.* Vf. diskutiert die bestehenden Verff. zur PO_4-Best.: 1. Fällung als NH_4MgPO_4 u. Überführung in $Mg_2P_2O_7$; 2. Fällung als Ammoniumphosphomolybdat, das gewogen, mit NaOH titriert oder in NH_4MgPO_4 übergeführt wird. Verf. 1 dauert sehr lange, weil die Fällung sehr langsam erfolgt u. nochmals umkrist. werden muß. Verf. 2 ist abhängig von vielen Bedingungen u. arbeitet mit empir. Faktoren. Vf. sucht deshalb eine Meth., die schnell, genau u. auf stöchiometr. Grundlage durchzuführen ist. Er beschreibt die vorhandene volumetr. Meth. für Ammoniumphosphomolybdat. Die schwankenden Umrechnungsfaktoren führt er auf mitgerissenes MoO_3 u. dgl. zurück u. weist ferner auf die Löslichkeit des Nd. hin, die sich beim Auswaschen mit H_2O bemerkbar macht. Vf. verwendet Chinolin als Base. Chinolinphosphomolybdat zeigt genaue stöchiometr. Zus. nach der Formel $(C_9H_7N)_3H_3[PO_4 \cdot 12\,MoO_3]$, ist sehr unlösl. u. kann sehr genau mit NaOH titriert werden. Zur gravimetr. Best. konnte der Nd. nur als Mikroanalyse bis zu 4 mg P_2O_5 verwertet werden. Bei größeren Mengen schwanken die Faktoren bis fast 2%. Trotz vieler Verss. konnte der eigentliche Grund nicht festgestellt werden. Vf. hält einen verschied. H_2O-Geh. bei verschied. Versuchsbedingungen für wahrscheinlich. Er führte viele Analysen an Standardlsgg., die er sich aus sorgfältig umkrist. KH_2PO_4 u. H_3PO_4 herstellte, u. an verschied. Handelsdüngern u. selbst hergestellten Mischungen durch. Hinsichtlich der Verwendbarkeit der Meth. untersuchte er ferner den störenden Einfl. der im Dünger enthaltenen Stoffe u. arbeitete aus diesen Erfahrungen eine genaue Vorschrift aus. Ca, Fe, Mg u. Alkalisalze stören nicht, auch kaum die Citronensäure u. deren Salze. Zur Bindung von F^- wird etwas Borsäure oder $HClO_4$ zugegeben. NH_3 muß durch Oxydation (Br_2) entfernt werden. H_2SO_4 darf nicht mehr als HCl vorhanden sein, zusammen höchstens 2 n. 2,500 g Substanz werden in 20 ml H_2O u. 10 ml $HClO_4$ in der Hitze gelöst, eingeengt u. noch 15 Min. erhitzt. Nach dem Abkühlen wird mit 20 ml HCl (1 + 9) gekocht u. filtriert. Ein 50—60 mg P_2O_5 enthaltender Teil wird auf 100 ml mit H_2O aufgefüllt u. mit 20 ml konz. HCl u. 30 ml frischer 15%ig. Na_2MoO_4-Lsg. gekocht. Dann gibt man unter ständigem Rühren zuerst tropfenweise, dann ml-weise aus einer Bürette Chinolin (20 ml frisch dest. Chinolin + 800 ml heißes H_2O + 25 ml konz. HCl), insgesamt 60 ml, zu, läßt 15 Min. heiß stehen, abkühlen u. wäscht 2 mal durch Dekantieren mit 20 ml HCl (1 + 9), filtriert u. wäscht mit wenig kaltem H_2O bis zur Säurefreiheit. Den Nd. spült man mit 50 ml H_2O in eine Flasche u. löst mit 50,0 ml 0,5nNaOH. Die überschüssige u. die durch Hydrolyse von Na_3PO_4 zu Na_2HPO_4 frei werdende NaOH titriert man mit 0,5 n HCl zurück, wobei der Umschlagspunkt bei p_H 8 liegt. Vf. benutzt als Indicator Thymolblau ($p_H \sim 8$) u. einige Tropfen Phenolphthalein, die bei p_H 9 entfärbt werden u. zur Vorsicht mahnen. 1 ml 0,5nNaOH = 1,366 mg P_2O_6. Bei Ggw. von NH_3 wird im Hinblick auf den leichten Zerfall von NH_4ClO_4 mit HCl gelöst u. Borsäure zugesetzt. Nach der Auflösung des Nd. in NaOH wird noch vorhandenes NH_3 durch Zugabe von Br_2 oxydiert u. nach Verkochen des Br_2 titriert. Zur Best. der wasserlösl. Phosphate werden 10 g Substanz 30 Min. mit H_2O geschüttelt, filtriert u. wie oben analysiert. Zur Steigerung der Ablesegenauigkeit zieht Vf. Wägebüretten in Erwägung. (Analyst **76.** 65—76. Febr. 1951. Billingham, Co. Durham, Imp. Chem. Industr. Ltd., Res. Dep.) PLUSKAL. G 264

G. H. Osborn, *Die Bestimmung von Zinkoxyd in Zinkstaub.* Die meisten in der Literatur erwähnten Methoden zur Best. des im Zn-Staub als Verunreinigung enthaltenen ZnO beruhen auf der reduzierenden Wrkg. des Zn. Man red. z. B. $K_2Cr_2O_7$ oder J_2, oder man löst in H_2SO_4 u. bestimmt den frei werdenden H_2 direkt oder nach Überführung in H_2O. Da die benötigten App. ziemlich kompliziert sind, arbeitete Vf. eine einfache, aber genaue Meth. aus, die darauf beruht, daß ZnO im Gegensatz zu Zn in $(CH_3COO)NH_4$ lösl. ist. 2 g zu untersuchender Zn-Staub werden mit 100 cm³ 30%ig. $(CH_3COO)NH_4$-Lsg. 10 Min. gerührt u. nach 2 std. Stehen filtriert. Nach dem Auswaschen mit W., A. u. Ae. u. dem Trocknen wird der Rückstand gewogen oder in bekannter Weise als ZnS gefällt u. in ZnO übergeführt. (Analyst **76.** 114—15. Febr. 1951. Poole, Dorset, Brit. Drug Houses Ltd., Labor. Chem. Group, Analyt. Dep.) PLUSKAL. G 288

R. Belcher, A. J. Nutten und **W. I. Stephen,** *Substituierte Benzidine und verwandte Verbindungen als Reagentien in der analytischen Chemie.* 10. Mitt. *Die Titration geringer Galliummengen.* (9. vgl. C. **1953.** 9250). Bei der Titration von Ga^{3+}-Lsgg. mit $K_4Fe(CN)_6$ werden unter Verwendung von *3.3'-Dimethylnaphthidin* (**I**) oder dessen *Disulfosäure* (**II**) scharfe Endpunkte erhalten, wenn die schwachsauren Lsgg. 30—35% A. enthalten. Ausführung: Zu je 1 ml 0,01 mol. $GaCl_3$-Lsg. in 0,05nHCl gibt man 5 ml 50%ig. A. u. fügt zu dieser Lsg. 1 Tropfen 0,5%ig. wss. $K_3Fe(CN)_6$-Lsg. u. 2 Tropfen Indicatorlsg. (0,2 g **I** oder **II** in 100 ml A.) u. titriert schnell mit einer 0,0075 mol. $K_4Fe(CN)_6$-Lsg., bis die rote Farbe des oxydierten Indicators abnimmt. Dann titriert man tropfenweise weiter, bis die Farbe des Indicators in eine bleibende schwachgrüne Farbe umschlägt. Bei Gehh. von 0,74—2,94 mg Ga betrug der durchschnittliche Fehler ± 0,25%. (J. chem. Soc. [London] **1952.** 2438—39. Juni. Birmingham, Univ., Dep. of Chem.) K. F. MÜLLER. G 295

M. Venkataramaniah und **Bh. S. V. Raghava Rao,** *Bestimmung und Trennung von Zirkonium mittels Fumarsäure.* Fumarsäure fällt Zr aus 0,3—0,4nHCl vollständig als weißen, gelatinösen Nd., während unter gleichen Bedingungen viele andere Elemente in Lsg. bleiben. Da diese Fällung gegenüber der wahrscheinlichen Zus. O=Zr=X (X = Rest der Fumarsäure) geringe Gewichtsunterschiede aufweist, führten Vff. sie in ZrO_2 über. Da bei geringen Säurekonzz. auch andere Elemente Ndd. geben, bei hohen aber die Zr-Verb. merklich lösl. ist, untersuchten Vff. eine mit Mandelsäure analysierte Zr-Lsg. unter verschied. Bedingungen u. gaben folgende Arbeitsvorschrift: Zu einer höchstens 0,1 g ZrO_2 enthaltenden Zr-Lsg. gibt man 5 g gelöstes NH_4NO_3 u. so viel 2nHCl, daß 200 ml 0,25 n sind. Diese auf 100 ml aufgefüllte Lsg. kocht man u. fügt langsam unter Rühren 100 ml sd. 2%ig. Fumarsäure hinzu. Nach weiterem, 5 Min. langem Kochen u. Abkühlen wird filtriert, zuerst mit 0,2%ig. Reagenslsg. in 0,25nHCl u. dann mit W. gewaschen, geglüht u. als ZrO_2 gewogen. Bei Ggw. von Cr, V, Sn u. Ti ist es nötig, den gewaschenen Nd. vor dem Trocknen nochmals in heißer HCl (1:1) zu lösen u. nach Herst. einer Säurenormalität von 0,2—0,3 mittels NH_3 neu zu fällen. Mit dieser Arbeitsvorschrift erhielten Vff. um höchstens 0,2 mg differierende Werte auch bei Ggw. von Al, Be, U, Ni, Ba, Ca, Mn, Th u. den Seltenen Erden. (Analyst **76.** 107—09. Febr. 1951. Waltair, S. India. Andhra Univ., Chem. Labor.) PLUSKAL. G 322

Kazuo Saito, *Spektralanalyse von Germanium mit intermittierendem Bogenlicht,* 2. Mitt. *Einfluß der Substanzen der Matrix.* (1. vgl. J. chem. Soc. Japan, pure Chem. Sect. [Nippon Kagaku Zassi] **72.** [1951.] 447.) Es wurde der Einfl. verschied. Begleiter des Ge unter verschied. prozentualen Verhältnissen auf die Genauigkeit des Erkennens einzelner Ge-Spektrallinien untersucht. Bei über 20% Pb als Begleiter wird die Erkennung der Linien 2651,1 u. 2651,6 Å des Ge durch eine vorgetäuschte Linie 2650 gestört, nicht jedoch die der übrigen. Bei Si als Hauptbestandteil sind wegen der SiO_2-Bande die innerhalb 2500—2800 Å liegenden Linien schwer zu erkennen. Es wird die Meth. der 1. Mitt. empfohlen. Störungen durch In u. As sind bei empfindlicher Versuchsanordnung nicht zu befürchten, auch Sulfide verhindern das Auffinden des Ge nach der Meth. der 1. Mitt. nicht. (J. chem. Soc. Japan, pure Chem. Sect. [Nippon Kagaku Zassi] **73.** 254 bis 256. April 1952. Tokyo Univ. [Orig.: japan.]) SCHULER. G 326

Kazuo Saito, *Spektralanalyse von Germanium mit intermittierendem Bogenlicht.* 3. Mitt. *Anwendung eines Kondensorlinsensystems.* (2. vgl. vorst. Ref.) Durch das Verf. der zwischengeschalteten Bildverschärfung (mit kondensierenden Linsensystemen) wird die Empfindlichkeit gesteigert, u. das Verf. sollte universal verwendet werden. Ein Verf. mit Kathodenschicht (als unterer Elektrode) ist schwieriger, erwies sich aber in der Ge-Analyse als empfindlichstes. (J. chem. Soc. Japan, pure Chem. Sect. [Nippon Kagaku Zassi] **73.** 427—29. Juni 1952. Tokyo Univ. [Orig.: japan.]) SCHULER. G 326

Franz Erwin Korkisch und **Olga Rigele,** *Mikrobestimmung des Urans und Bleis in Monaziten.* Beschreibung einer Meth. zur Best. von Pb, U u. *Th* in Monaziten, die es gestattet, noch sehr geringe Mengen dieser Elemente in einer einzigen Einwaage von 1 g mit einer für die Ermittelung des geolog. Alters nach der Pb-Meth. erforderlichen Genauigkeit zu bestimmen. U wird als Uranylnitrat durch Ausäthern in salpetersaurer Lsg. abgetrennt u. quantitativ bestimmt unter Ausschaltung der langdauernden Anreicherungsmethoden. Es werden die optimalen Bedingungen für diese U-Bestimmungsmeth. ermittelt. Pb u. Th werden nach der Analysenvorschrift von HECHT u. KROUPA bestimmt. Beleganalysen zeigten eine gute Genauigkeit. (Mikrochem. verein. Mikrochim. Acta **35.** 365—83. 1950. Graz, Univ. Anorgan.-chem. Inst.) FRETZDORFF. G 339

Georg Carlsson, *Spektrographische Schlacken- und Erzanalyse.* (Vgl. C. **1952.** 577.) Bei Anwendung des früher beschriebenen Verf. auf Gesteinsbestandteile von Fe-Erzkonzentraten wird ein Aufschlußprozeß vorgeschaltet: 200 mg Erz (auf unter 100 Maschen gepulvert) werden 3—4 Min. mit 1600 g $Na_2B_4O_7$-Pulver in einer Pt-Schale geschmolzen. 400 g des gepulverten Prod. werden mit 300 g Graphit zum Brikett gepreßt u. wie für Schlacke früher beschrieben behandelt, jedoch mit 120 stast 70 Ω im Primärwiderstand. Geeignete Linienpaare sind die Kombinationen von Si 2528,52, Al 3082,16, Mn 2801,06, Mg 2779,83 u. Ca 3179,33 mit Fe 3083,74. Bei Proben ähnlicher mineralog. Zus. können unmittelbar aus Probe + Borax + Graphit (z. B. 1:3:3) hergestellte Briketts der Spektralanalyse unterworfen werden. (Jernkontorets Ann. **135.** 607—20. 1951.) R. K. MÜLLER. G 354

A. Gottlieb, *Zur Eisenbestimmung im Quarz.* 0,1—0,3 g des feinst zerkleinerten Quarzgutes werden mit 1 ml H_2SO_4 (35%ig) u. ca. 15 ml H_2F_2 im Pt-Tiegel bis zur Trockne abgeraucht u. schwach geglüht. Der Rückstand wird mit $K_2S_2O_7$ aufgeschlossen, mit W. u. 1—2 ml HCl (1:1) gelöst u. die Lsg. auf 100 ml aufgefüllt. 25 ml dieser Lsg. versetzt man mit 5 ml 5%ig. Na_2SO_3-Lsg., 3 ml (1%ig.) o-Phenanthrolin-Lsg. u. 5 ml Acetatpuffer (mol. 10, p_H 4,9), füllt auf 100 ml auf, schüttelt um u. mißt die Extinktion im LANGE-Colorimeter, Schichtdicke 15 mm, Blaufilter BG 5. (Mikrochem. verein. Mikrochim. Acta **35.** 320—28. 1950. Graz, TH, Inst. für anorgan.-chem. Technolog. u. analyt. Chem.) FRETZDORFF. G 354

Nobuyuki Unohara, Hiroe Iimori und **Shin'ichiro Hakomori,** *Analytische Untersuchungen einiger Mineralien aus Formosa.* 1. Mitt. *Elektromagnet zur Trennung analytischer Proben. Lackbildungs- und Luminescenzreaktionen einiger Seltener Erden.* Beschreibung eines Elektromagneten (55×59×10 mm) mit 2 mm Polschlitz für 6—24 V u. 0,19 bis 0,64 A zur Unters. von Zr-Erzen, Monazit usw. — 22 Beizenfarbstoffe, z. B. Alizarin, Kresolrot (**I**), Thymolblau, Phloxin usw. werden in 0,05—0,2%ig. wss. oder alkoh. Lsg. zur Prüfung auf Lackbldg. u. Luminescenzfärbung bei den im Monazit von Formosa zu erwartenden Elementen *La, Ce, Pr, Nd, Y, Er* u. *Yb*, sowie *Zr* u. *Th* untersucht. Nach orientierender Prüfung ist **I** (nach Ausschluß von Ce) zur Unterscheidung der La- u. Y-Gruppe geeignet (Prüfung als OH-Verb. u. als Salz). Die Fluorescenz von *Fluorescein* wird am stärksten von Nd, weniger von Ce, Er u. kaum von Th u. Zr unterdrückt. Die Fluorescenz von *Auramin* wird durch Ce stark gehemmt, durch Y u. Yb eher verstärkt; die übrigen Seltenen Erden sind ohne Reaktion. (J. chem. Soc. Japan, pure Chem. Sect. [Nippon Kagaku Zassi] **73.** 327—31. Mai 1952. Sendai, Tohoku Univ. [Orig.: japan.]) SCHULER. 5290

b) Organische Verbindungen.

Octavio Sanz Pastor, *Quantitative Bestimmung von Kohlenstoff und Wasserstoff in quecksilberhaltigen organischen Substanzen.* Vf. beschreibt eine verbesserte Versuchsanordnung zur Best. von C u. H in quecksilberhaltigen organ. Substanzen durch Verbrennung im O_2-Strom. Mit ihr können auch jeweils Halogene, N u. S bestimmt werden.

Die störende Kondensation von Hg-Dämpfen in den Absorptionsgefäßen wurde in der Anordnung durch Amalgamierung u. Kondensierung (an Ag-Drahtnetzen u. PbO_2) u. durch Schaffung einer kalten Zone beseitigt (Verbrennungsrohr: 142 cm lang; Füllung mit drei Ag-Drahtnetzen u. drei Schichten von: 16 cm CuO, 44 cm CuO + $PbCrO_4$ u. 15 cm PbO_2). Der Röhrenteil mit der CuO + $PbCrO_4$-Füllung wird mit einer elektr. Heizspirale auf 700—740° erhitzt (zur Vermeidung des F. des $PbCrO_4$; PbO_2 dient auch zur Stickoxydaufnahme), die anderen Teile mit Gasbrennern. Die 2. Hälfte des 2. Ag-Drahtnetzes (3 cm), die anschließende PbO_2-Schicht (15 cm) u. das 3. Ag-Drahtnetz (2 cm) werden durch Erhitzung eines auf die Verbrennungsröhre aufgeschobenen Mantels, der mit Kresol gefüllt ist, auf 180—190° gehalten. Es werden die H- u. C-Resultate von Analysen organ. Substanzen (mit C, H u. N), von Gemischen bekannter organ. Substanzen mit metall. Hg (Phenacetin + Hg) sowie von Acetoxymercuri-, Propionoxymercuri- u. Butyroxymercuriäthanol mitgeteilt. (Combustibles [Zaragoza] **10.** 292—94. Okt./Dez. 1950.) WINGCHEN. 5352

Octavio Sanz Pastor, *Gleichzeitige quantitative Bestimmung von Quecksilber und Halogenen in organischen Verbindungen.* Es wird eine Meth. beschrieben, die die quantitative Best. von Hg oder auch die gleichzeitige quantitative Best. von Hg u. Halogenen in organ. Verbb. ermöglicht (z. B. in Mercuriäthanolsalzen oder auch in Mercuriäthersalzen). Für diese Bestimmungen eignen sich gut organ. Hg-Verbb. mit Halogenradikalen. Vf. red. die Verbb. (0,5 g) mit Zn-Pulver (1 g) u. KOH (10 cm³ 6nKOH + 10 cm³ H_2O) in 45 Min. durch schwaches Sieden am Rückflußkühler. Es bildet sich schwammiges Zn-Amalgam. Durch sorgfältiges Dekantieren u. vierfaches Auswaschen des Amalgams wird die Halogenidlsg. vom Amalgam getrennt, mit konz. HNO_3 angesäuert (wobei das gelöste Zinkat als Indicator dient), mit 20 cm³ 0,1 n$AgNO_3$-Lsg. versetzt u. durch Rücktitration unverbrauchter $AgNO_3$-Lsg. mit 0,1nKCNS-Lsg. das Halogen bestimmt. Zur Hg-Best. wird das Amalgam in 10 cm³ HNO_3 (1:1) durch schwaches Erwärmen gelöst, mit Cl_2-Gas gesätt. (Oxydation von Mercuroverbb.), tropfenweise 6nKOH zugegeben u. 20 cm³ 0,4nNH_4CNS-Lsg. hinzugefügt. Es fällt $HgZn(SCN)_4$ aus; der Nd. wird filtriert, mit kleinen Mengen Waschfl., die 0,325 g $ZnSO_4$ u. 0,435 g NH_4CNS je Liter enthält, gewaschen u. bei 100—105° getrocknet (Faktor 0,4206). Es werden Resultate der Halogen- u. Hg-Best. von Cl-, Br- u. J-Quecksilberäthanol, Cl-, Br- u. J-Quecksilberäther, von Chloracetoxyquecksilberäthanol u. Chloracetoxyquecksilberäther sowie der Hg-Bestimmungen von Acetoxy-, Propionoxy- u. Butyroxymercuriäthanol mitgeteilt (Fehlergrenze ±0,2% bzw. 0,2—0,3%). (Combustibles [Zaragoza] **10.** 295—97. Okt./Dez. 1950.) WINGCHEN. 5352

F. L. Breusch und **E. Ulusoy,** *Colorimetrische Bestimmung von Fumaraldehydsäure und 2.3-ungesättigten Aldehyden.* (Vgl. C. **1953.** 9513.) Die Meth. beruht auf einer Farb-Rk. mit *p-Aminophenolhydrochlorid* in trichloressigsaurer Lösung. Die Intensitäten der meist gelb-grünen Farbnuancen werden im ZEISSschen Stufenphotometer gemessen. Die Konz. der Trichloressigsäure beeinflußt das Ergebnis u. ist durch Titration zu ermitteln (vgl. Orig.). *Glutathion* u. *Cystein* verhindern die Farb-Rk., da sie mit äquimolekularen Mengen der Aldehydsäure Thioverbb. bilden. Diese Farb-Rkk. liefern auch andere 2.3-ungesätt. Aldehyde, wie Zimtaldehyd u. Furfurol, jedoch nicht 2.3-ungesätt. Ketone u. normale Aldehyde. (Hoppe-Seyler's Z. physiol. Chem. **291.** 64—67. 1952. Istanbul, II. Chem. Inst. d. Univ.) POHLOUDEK-FABINI. G 860

Shinichi Ishii und **Toshiro Ando,** *Einfluß von HCl bei der Papierchromatographie von Aminosäuren.* Bei *Butanol* (I) als Lösungsm. wurden die R_F-Werte von *dl-Alanin, dl-Valin* u. *l-Leucin* durch verschied. konz. HCl beeinflußt, bei *Isovaleriansäure* statt I nahm der R_F-Wert ab. *Phenol* oder *Lutidin* schaltete die HCl-Wrkg. aus. (Science [Japan] **20.** 424—25. Sept. 1950. Tokyo, Univ. [Orig.: jap.]) SCHULER. G 950

S. M. Partridge und **R. C. Brimley,** *Verdrängungschromatographie an synthetischen Ionenaustauschharzen.* 8. Mitt. *Eine systematische Methode zur Trennung von Aminosäuren.* (7. vgl. C. **1952.** 3378.) Verwendet werden Zeo-Karb *215* (I) (Kationenaustauscher), *sulfoniertes Polystyrolharz* (II) u. *Dowex 2.* Die vorteilhafteste Säulenanordnung besteht in der Hintereinanderschaltung von 3 Säulen in abnehmender Größe. Aus hydrolysiertem *Eiereiweiß* (III) wurden 16 Aminosäuren (IV) getrennt, bei einer Gesamtausbeute von 54% des 280 g betragenden Ausgangsmaterials. Aus 10 g hydrolysiertem *Hefeeiweiß* wurden 13 krist. IV erhalten mit 60% Gesamtausbeute. Aus III wurden zunächst *Phenylalanin* u. *Tyrosin durch* Adsorption an Holzkohle entfernt u. daraus nach PARTRIDGE (Biochem. J. **44.** [1949.] 521) isoliert. Das Ablösen der IV von I erfolgte mit 0,15nNH_3 u. von II mit 0,075nNaOH. *Serin* u. *Threonin* befinden sich in einem unteren Abschnitt des I-Teils einer oben mit II u. darunter mit I beschickten Säule. Sie werden mit 0,1nNH_3 in 50%ig. wss. Aceton eluiert u. daraus fraktioniert kristallisiert. (Biochem. J. **51.** 628—39. Aug. 1952. Cambridge, Univ., Low Temp. Stat. for Res. in Biochem. and Biophys., Dep. of Scient. and Ind. Res.) FRESENIUS. G 950

Arnaldo Liberti, *Anwendung amperometrischer Titrationen auf anorganische und organische Bestimmungen.* Außer der Wiedergabe der C. **1951.** I. 764. 766. II. 1938 referierten Arbeiten wird eine Best. des *Mercaptobenzthiazols* (1—5 mg) in wss.-alkoh. oder wss.-aceton. Lsg. unter Zufügung von NH_3 bis zu 0,25 Molarität u. von NH_4NO_3 bis zu 0,1 Molarität mitgeteilt, die infolge Fällung mit 0,01 n $AgNO_3$-Lsg. durch amperometr. Titration bei —0,23 V zwischen Pt-Kathode u. gesätt. Hg_2Cl_2-Bezugselektrode ausgeführt wird. Genauigkeit ca. 1%. (Ann. Chimica **41.** 363—66. April/Mai 1951. Roma, Univ., Ist. Chim. gener.) METZENER. G 3142

Leo Lutwak und **Jacob Sacks,** *Fructosebestimmung in Fructosephosphaten.* Nach der Meth. von ROE u. Mitarbeitern (C. **1949.** E. 913) werden in Fructose-6-phosphat 57,9% des theoret. Fructosewerts gefunden. Fructosediphosphat ergab nach Reinigung über den Anionenaustauscher Dowex-1 87% des theoret. Werts. (Arch. Biochemistry Biophysics **39.** 240—41. Juli 1952. Upton, Long Island, N. Y., Brookhaven Nat. Labor.) FRESENIUS. G 3400

Marcel Frèrejaque und **Marguérite Durgeat,** *Nachweis von Digitalisglykosiden.* Zum papierchromatograph. Nachw. von *Glykosiden* (I) der Digitalisgruppe eignen sich: *p-Dimethylaminobenzaldehyd* (**II**) [0,25 g **II**; 25 cm^3 A.; 5 cm^3 *Phosphorsäure* (**III**)], das ungefähr so anspricht wie die Rk. von KELLER-KILIANI; ferner *Vanillin* (**IV**) (0,25 g **IV**, 25 cm^3 A.; 5 cm^3 **III**) mit dem gleichen Reaktionsbereich u. *p-Nitranilin* (**V**) (0,5 g **V**; 40 cm^3 A.; 10 cm^3 HCl), nach 1 Min. Trocknen bei 60° Besprühen mit Perjodsäure (0,25 g Na-Perjodat, 25 cm^3 W.; 5 Tropfen Essigsäure). Letzteres Reagens spricht auf *Digitoxin, Gitoxin, Oleandrin* u. das **I** aus Corchorus capsularis an, d. h. auf solche **I**, deren Desoxyzucker an C in 3-Stellung nicht substituiert ist u. 2 benachbarte OH-Gruppen besitzt. (C. R. hebd. Séances Acad. Sci. **236.** 410—12. 26/1. 1953.) v. GIZYCKI. G 3450

L. Hagdahl und **A. Tiselius,** *Aussalzchromatographie von Aminosäuren und Peptiden auf Filtrierpapier und anderen Medien.* Vff. finden, daß Aminosäuren u. Peptide beim Übergang von einem Lösungsmittelsystem zu einem anderen mit verminderter Lösungskapazität ein Anwachsen der Adsorption an Holzkohle u. Filtrierpapier zeigen. Durch Verwendung starker Phosphatpufferlsgg. wird ein Effekt erzielt, der einer Aussalzwrkg. gleichkommt. Die dadurch erhaltenen Chromatogramme zeigen meist recht gute Trennungen. Bisweilen zeigt sich dabei eine Umkehr der Reihenfolge der R_F-Werte gegenüber der gewöhnlichen Verteilungschromatographie mit Butanol–W.-Systemen. Anscheinend bildet sich, wenn ein Verdampfen von Lösungsm. vermieden wird, eine Anreicherung von Salz an der Lösungsmittelfront aus. Demnach wäre auf eine negative Adsorption des Salzes u. eine stärkere Bindung des W. an die Cellulose zu schließen. (Nature [London] **170.** 799—800. 8/11. 1952. Uppsala, Inst. of Biochem.) ENDRASS. G 4070

c) Bestandteile von Pflanzen und Tieren.

L. Lison, *Neuere Fortschritte der quantitativen Histochemie.* Ausführl. Überblick über die modernen chem. u. physikal. Methoden bes. über die Histophotometrie. (Ann. Soc. roy. Sci. méd. natur. Bruxelles **3.** 154—68. 1950. Bruxelles, Univ., Fac. de Médecine, Labor. d'Histol.) GERDA SCHULZE. 5661

F. G. J. Hayhoe, *Der cytochemische Nachweis von Lipoiden in Blut- und Knochenmarkzellen.* Die Anfärbung histolog. Präpp. mit *Sudan Schwarz B* ist zum cytochem. Nachw. *neutraler Fette,* der *Phospholipoide* u. *Sterine* sehr gut geeignet. Auf geringe Unterschiede der angefärbten Zellen bei n. u. patholog. Bedingungen wird hingewiesen. (J. Pathol. Bacteriol. **65.** 413—21. April 1953. Cambridge, Univ., Depart. of Med.) NIESWANDT. 5661

Je. I. Lebedinski, *Fixierung von Vitalfärbung durch Trypanblau.* Als Fixator bei Vitalfärbung mit Trypanblau wird eine Mischung von 5 g $BaCl_2$, 20 ml 40%ig. Formalin u. 80 ml W. angewandt. Vf. beschreibt die Vorzüge dieser Mischung gegenüber dem Fixator von MITAMURA. (Архив Патологии [Arch. Pathologie] **14.** Nr. 2. 95. März/April 1952. Wiss. Forschungsinst. für Physiotherapie, Exp. Abt.) BURGHARDT. 5662

Shirley H. Allen und **M. B. Hamilton,** *Die Bestimmung von Molybdän und Wolfram mit Dithiol.* Mo u. W lassen sich in pflanzlichen u. tier. Geweben sehr genau bestimmen: Mo u. W werden als Cupferrate gefällt u. mit Isoamylalkohol sofort extrahiert. Die Extraktion verläuft quantitativ, liegen die Cupferrate in ca. 6 n H_2SO_4 vor. Nach Abdest. des Isoamylalkohols wird der Rückstand mit HNO_3, H_2SO_4 oder $HClO_4$ aufgenommen u. mit einigen mg Fe versetzt, da sonst die Fällung nicht quantitativ verläuft. Nach Zugabe von Dithiol fällt in der Kälte u. stark saurer Lsg. (6–14nH_2SO_4) zuerst der Mo-Dithiol-Komplex aus, der mit PAe. extrahiert wird. Bei p_H 0,5–2,0 bei 90–95° bildet sich der W-Komplex, wobei wenig H_3PO_4 die quantitative Fällung gewährleistet. Der W-Komplex wird ebenfalls mit PAe. durch kräftiges Schütteln extrahiert. (Analytica chim. Acta [Amsterdam] **7.** 483–93. Dez. 1952. Adelaide, South Australia, Univ., Div. of Biochem. and General Nutrition, Commonwealth Scient. and Ind. Res. Organisat.) Elchlepp. 5664

d) Medizinische und toxikologische Analyse.

Dale W. Blackburn und **John E. Christian,** *Die amperometrische Titration von Wismut mit 8-Oxychinolin und ihre Anwendung bei Gemischen von medizinischer Bedeutung.* Beschreibung einer (ca. 1 Std. dauernden) Meth. zur Best. von Bi-Lsgg. in einer bes. konstruierten amperometr. Titrationszelle mit tropfender Hg-Elektrode u. gesätt. Kalomelelektrode unter Benutzung eines Polarographen. Als Grundlage dient die Rk. zwischen Bi u. 8-Oxychinolin unter Bldg. von Wismutoxychinolin in saurer Acetatpufferlsg. Die Fehlergrenze beträgt $\pm 0,3$ bis $\pm 0,8$ % für Bi-Konzz. zwischen 0,001 u. 0,01 Mol. (J. Amer. pharmac. Assoc., sci. Edit. **41.** 388–91. Juli 1952. Lafayette, Ind., Purdue Univ., School of Pharmacy.) Spitaler. 5725

K. F. Støa, *Bestimmung von Rhodanid in Blutserum.* Rhodanid in Blutserum wird nach der dazu bes. umgearbeiteten Meth. von Aldridge (C. **1945. I.** 1039) durch Umsetzung mit Brom zu Bromcyan u. dessen Farb-Rk. mit Benzidin–Pyridin photometr. bestimmt. Cyanid, das die gleiche Rk. gibt, stört im allg. nicht. Die Meth. gibt genauere Ergebnisse als die Best. mit Fe^{3+} oder als Cu-Pyridin-Komplex. (Scand. J. clin. Lab. Invest. **5.** 1–8. 1953. Bergen, Univ. Clinic, Biochem. Labor.) Fresenius. 5728

S. Chr. Sommerfelt, *Bemerkungen zur Auswertung von Papierelektropherogrammen von Proteinen.* Die bei der Papierelektrophorese von *Serumproteinen* erhaltenen Globulinwerte müssen mit einem Faktor multipliziert werden, um sie mit den Ergebnissen der freien Elektrophorese vergleichen zu können. Der Faktor schwankt mit der Methode. Einige Gründe dafür werden besprochen. (Scand. J. clin. Lab. Invest. **5.** 105–06. 1953. Uppsala, Univ. Hospital, Central Labor., u. Drammen, Drammen Hospital, Central Labor.) Fresenius. 5728

Alba A. Scalamandre und **Ariel H. Guerrero,** *Volumetrische Sulfatbestimmung im Harn.* Um ein schnelles Arbeiten bei Serienanalysen durch Fortfall der Filtrationen zu ermöglichen, wird der Endpunkt der $BaSO_4$-Fällung durch Tüpfelanalyse mit *Na-Rhodizonat* (I)- oder *Tetraoxychinon* (II) als Indicator erkannt. In 25 ml Harn wird mittels Eisessig das $p_H < 4$ eingestellt. Man titriert mit 0,1n$BaCl_2$-Lsg. u. findet den Endpunkt durch Farbumschlag eines auf Filtrierpapier mit 0,1%ig. wss. Lsg. von I oder II aufgebrachten Flecks von 2–3 mm Durchmesser (gelb → rot bei I, gelb → violett bei II). Nach der Best. der anorgan. Sulfate wird die Lsg. mit 15 ml HCl (1:4) versetzt u. 1 Min. zum Sieden erhitzt, um H_2SO_4-Ester zu hydrolysieren. Man bestimmt deren Menge durch Wiederholung der Titration. Die Ergebnisse stimmen unter sich u. mit dem gravimetr. Verf. überein. Sulfatgehh. bei verschiedd. patholog. Zuständen werden tabellar. angegeben. (An. Asoc. quím. argent. **39.** Nr. 191. 28–30. März 1951. Buenos Aires, Fac. Cie. exactes, físicas y naturales, Cátedra de Quím. analít. cualitativa, u. Hospital Bartolomé, Churruca.) Metzener. 5732

G. Beck, *Oxydimetrische Titration mit Kaliumkupfer(3)-perjodat und -tellurat. Bestimmung von Zucker in Blut und Urin.* Da Cu(III) ein höheres Oxydationspotential als Cu(II) hat, kann *Glucose* (I) in alkal. Lsg. schon in der Kälte red. werden, wobei für 1 Mol. I 8 Cu^{3+} benötigt werden. — Für die Best. im Blut wird das nach Hagedorn-Jensen enteiweißte Filtrat mit 3–4 Plätzchen KOH alkalisiert u. mit der dunkelschwarzbraunen Lsg. von $K_7[Cu(JO_6)_2]$ titriert, bis die durch den Zucker–Cu-Komplex tiefblaugefärbte Lsg. nach scharfem Umschlag ½ Min. lang schwach grünlich gefärbt bleibt. — Zur Best. im Harn wird das nach Cole entfärbte Filtrat entsprechend verd. u. wie oben titriert. — Zur Herst. des Reagenses werden 2 (Teile) KJO_4 u. 1 $CuSO_4 \cdot 5H_2O$ in W. gelöst, mit 10 KOH u. ½ $K_2S_2O_8$ bis zur dunklen Färbung aufgekocht u. nach Abzentrifugieren mit I eingestellt; KJO_4 kann durch KJO_3 u. entsprechend größere Menge K_2S_2 eingespart werden. Kaliumkupfer(3)-tellurat (II) reagiert genau so, Ni- u. Ag-Verbb. weniger gut; II braucht nicht aus Tellurat hergestellt zu werden, es genügt Tellurdioxyd bzw. Tellurit. — Obwohl die Werte für I im Blut von Diabetikern um ± 20 mg % von Hagedorn-Jensen u. im Harn um $\pm 0,3$% nach Cole abweichen können, weil die störenden Substanzen (Glutathion, Cystein, Harnstoff,

Harnsäure, Kreatin, Kreatinin usw.) in der Siedehitze anders reagieren als in der Kälte, hat diese Meth, wegen der sehr großen Vereinfachung, Zeit- u. Reagentienersparung große Vorteile. (Mikrochem. verein. Mikrochim. Acta **35.** 169—173. 1950. Bern, Med.-Chem. Inst., Universität.) KLINGMÜLLER. 5732

W. R. Butt, *Bestimmung von aus dem Urin stammenden 17-Ketosterinen. Eine polarographische Schnellmethode.* Die Schnellmeth. nach der polarograph. Meth. von BARNETT (Biochem. J. **40.** [1946.] 445 u. 778), die in 3 Std. ausgeführt werden kann, arbeitet mit gleicher Genauigkeit wie die colorimetrische. Sie beruht auf der polarograph. Red. der GIRARD-T-Hydrazone. Durch die charakterist. Welle werden Verbb. identifiziert, die eine Ketogruppe im gesätt. 5-Ring enthalten, wie z. B. 17-Ketosterine. Vf. beschreibt genau die Ausführung einer Analyse von Urin nebst verwendeten Reagentien. (Lancet **258.** 208—09. 4/2. 1950. London, A. R. I. C. of the Endocrine Unit, London Hospital.) JÄGER. 5732

K. Weber und **I. Ruždić,** *Beitrag zur fluorometrischen Bestimmung der Harnporphyrine.* Entgegen der bisher geübten Meth. zur quantitativen Best. der *Harnporphyrine* (I), den mit Eisessig angesäuerten Harn mit Ae. u. den Ae.-Extrakt wiederum mit 5—25%ig. HCl auszuschütteln u. dann I fluorometr. in dem Salzsäureextrakt zu bestimmen, wird die Ausschüttelung mit 10%ig. H_2SO_4 empfohlen, da, wenn mit H_2SO_4 ausgeschüttelt wurde, doppelte Fluorescenzhelligkeiten im Vgl. zu den salzsauren Lsgg. gemessen werden. Bekanntlich können Cl-Ionen die Fluorescenz verschied. Stoffe mehr oder weniger stark auslöschen; Sulfationen können das kaum. (Experientia [Basel] **7.** 354—55. 15/9. 1951. Zagreb, Jugoslawische Akademie der Wissenschaften, Inst. f. Arbeitshygiene, u. Univ., Inst. f. gerichtliche Medizin u. Kriminalistik.) W. BRANDT. 5732

Francis Edward Camps, *Kohlenoxydvergiftung. Unfall, Selbstmord und Mord.* Vortrag. Kasuistik u. allg. Darlegungen. Einige seltene Fälle von Amnesie nach CO-Vergiftung werden angeführt. — In der Diskussion gibt **F. C. Smith** ein Verf. zum CO-Nachw. an, bei dem die CO-verdächtige Atmosphäre durch ein mit Kaliumfluorid u. -sulfit getränktes Silicagel gesaugt wird, wobei sich das Gel bei Ggw. von CO dunkelbraun färbt. (Medico-legal J. **18.** 75—85. 1950.) KRAFT. 5762

H. Jansch und **F. X. Mayer,** *Zum Nachweis und zur Bestimmung von Thallium in Leichenteilen auf chemischem und spektralanalytischem Wege.* Emissionsspektralanalyt. lassen sich unter Verwendung von Trägerelektrode aus eloxiertem Reinst-Al noch Tl-Mengen von 10^{-7} pro 0,01 ml mit einem mittleren Fehler von ± 7% erfassen. Als Bezugselement dient 0,1 mol. Co (bezogen auf gesamte Lsg.). Die Analysenlinien liegen für Tl bei 3775,72 Å, für Co bei 3645,47 Å. — Tl wird als Sulfid in Ggw. von Fe^{3+}-Ionen ausgefällt, an der Luft zu Tl_2SO_4 oxydiert u. nach Oxydation des Fe mit heißem W. u. Essigsäure extrahiert. Zur Unters. gelangten alle Gewebe des Körpers, Mageninhalt, Exkrete, Sargholz u. Erdproben; bes. lange wird Tl im Muskel gespeichert. Bei einer überlebten Vergiftung mit kleinen Tl-Mengen konnte nicht mit chem., aber mit dieser Meth. Tl, z. B. in der Muskulatur zu 5 γ%, u. an den Resten einer vor 7 Jahren beerdigten Leiche nachgewiesen werden. (Mikrochem. verein. Mikrochim. Acta **35.** 310—319. 1950. Wien, Univ., Inst. f. gerichtl. Med., Chem. Labor.) KLINGMÜLLER. 5764

H. Angewandte Chemie.

I. Allgemeine chemische Technologie.

British Belting & Asbeston Ltd. und **Harry Briggs,** Cleckheaton, Yorkshire, England, *Dichtungsmaterial.* Asbestgarn wird mit einem gummiartigen plast. Stoff überzogen, wie Polyvinylchlorid, -acetat oder Polyvinylidenchlorid, zweckmäßig im Gemisch mit Plastifizierungsmitteln, wie Trikresylphosphat. Das überzogene Garn ist nicht klebrig u. daher gut zu handhaben, es ist bes. als *Dichtungsmittel* beim Verglasen von Metallkonstruktionen geeignet. (**E. P. 673 094** vom 1/8. 1949, ausg. 4/6. 1952.) REINHART. 5813

Dow Corning Ltd., London, England, *Trialkylsilylcyclohexanole* erhält man durch Einw. von H_2 (in Ggw. von RANEY-Ni) bei $>75^0$ auf Trialkylsilylphenoxytrialkylsilane u. Hydrolyse des Reaktionsproduktes. — Beispiel: p-Trimethylsilylphenoxytrimethylsilan → *p-Trimethylsilylcyclohexanol,* $(CH_3)SiC_6H_{10}OH$, F. 57^0. — *Wärmeaustauschmittel.* (**E. P. 688 177** vom 10/10. 1951, ausg. 25/2. 1953. A. Prior. 7/12. 1950.) BRÖSAMLE. 5815

Siemens-Schuckertwerke Akt.-Ges., Berlin und Erlangen (Erfinder: **Paul Wenk,** Erlangen), *Herstellung hochbeständiger Emulsionen,* bei denen mindestens eine Komponente der Emulsion durch eine Ultraschallpfeife gedrückt wird, gek. durch die Anwendung von Druck über 50 atü, bes. 200 u. 300 atü. (**D. B. P. 849 843** Kl. 12s vom 29/11. 1950, ausg. 18/9. 1952.) HERBST. 5825

Badische Anilin- & Soda-Fabrik (Erfinder: **Jens Sattler, Gustav Schwen** und **Willibald Ender**), Ludwigshafen/Rh., *Entfernung mehrwertiger Metallionen aus Ionenaustauschern.* Man läßt wasserlösl. Aminosäuren, die auf jedes bas. N-Atom mehr als eine —COOH-Gruppe enthalten, oder wasserlösl. Salze dieser Säuren auf die Austauscher einwirken. Zur Entfernung mehrwertiger Schwermetallverbb. läßt man gleichzeitig reduzierend wirkende Mittel einwirken. (**D. B. P. 868 433** Kl. 12d vom 5/3. 1943, ausg. 26/12. 1953.) REICHELT. 5827

Directie van de Staatsmijnen in Limburg, Heerlen, Holland (Erfinder: **J. F. Fontein**), *Zerlegen von festen Stoffen mit verschiedenem spezifischen Gewicht und verschiedener Formgröße in Cyclonapparaten mit Hilfe von Flüssigkeitssupsensionen.* Das Trenngut wird in den Cyclon tangential zusammen mit der Flüssigkeitssuspension von verhältnismäßig kleinen Teilchen mit einer D. oberhalb des Grenzwertes zwischen den zu trennenden Fraktionen eingeleitet. Außerdem führt man an der Spitze des Cyclons W. in einer der Austragung entgegengesetzten Richtung zu, so daß die feinsten Teilchen der Suspension im Cyclon zurückgehalten oder in ihn zurückgeführt werden. — Vorr., Zeichnung. (**Schwed. P. 132 698** vom 31/7. 1946, ausg. 21/8. 1951. Holl. Prior. 31/7. 1945.) JÜRGEN SCHMIDT. 5824

Adolf Kühle, Dortmund, *Schwerstoff für Sinkscheideverfahren.* Zur Herst. von Schwerstoffen für Schwereflüssigkeiten wird der Rotschlamm als Ausgangsstoff benutzt, der hierzu magnetisierend geröstet u. darauf zerkleinert wird. Gegebenenfalls bereitet man den gerösteten Rotschlamm zusätzlich magnet. auf. (**D. B. P. 871 131** Kl. 1c vom 14/11. 1951, ausg. 19/3. 1953.) W. HAUSWALD. 5829

Imperial Chemical Industries Ltd., London, und **Edward Alfred Wheeley,** Norton-on-Tees, England, *Herstellung eines nichtoxydierenden Gases für die Oberflächenbehandlung von Metallen.* N_2 aus Luftverflüssigungsanlagen, der bis 5% O_2 enthält, u. ein H_2 enthaltendes Gas, das durch therm. Zers. von NH_3 erhalten wurde, leitet man bei erhöhter Temp. (600°) über einen Reduktionskatalysator u. entfernt das gebildete W., falls erforderlich. Als Reduktionskatalysatoren dienen Pt, Pd, Cu, Fe mit 18% Cr, 8% Ni, 1% W u. 1% V oder geschmolzenes Fe_2O_3, aktiviert durch Al_2O_3 u. MgO. Die Reaktionskammer wird durch strahlende Hitze geheizt. Das Verhältnis von $H_2:O_2$ soll $>2:1$ sein. (**E. P. 671 421** vom 14/8. 1950, ausg. 7/5. 1952.) ZÜRN. 5847

N. V. Algemeene Norit Mij., Amsterdam, Holland, *Reinigen von Flüssigkeiten, bes.* von Lsgg. *organ. Säuren* oder deren Salzen. Man leitet die Fll. durch Kolonnen, die mit einer Aktivkohle gefüllt sind. Diese soll in trockenem Zustande ein Schüttgew. von höchstens 250 g, eine Benetzungswärme für Bzl. von mindestens 23 cal/g u. eine Bzl.-Adsorption von mindestens 60g/100 g trockener Kohle bei 20° aufweisen. Die Kohle wird mit alkal. Fll. regeneriert, zweckmäßig im Gegenstrom. Koll. Verunreinigungen sollen möglichst vor der Behandlung abgetrennt werden. (**Dän. P. 73 699** vom 19/7. 1944, ausg. 28/1. 1952. Holl. Prior. 30/4. 1943.) JÜRGEN SCHMIDT. 5849

Deutsche Rhodiaceta Akt.-Ges. (Erfinder: **Walter Bär**), Freiburg, Breisgau, *Kontinuierliche Beseitigung der Luftfeuchtigkeit bei O_2- oder N_2-Gewinnungsanlagen* nach dem Kompressionsverf., dad. gek., daß in die einzelnen Kompressionsstufen automat. sich entleerende Abscheidetöpfe, wie Kondenstöpfe, eingebaut werden, durch welche die Luft vor dem Durchleiten durch die mit Chemikalien beschickten Trocknungsflaschen geleitet wird. Erhöhung der ununterbrochenen Laufdauer auf mindestens 400 Stunden. (**D. B. P. 888 256** Kl. 17g vom 20/11. 1943, ausg. 31/8. 1953.) SCHINDLER. 5857

Soc. An. Stop-Fire, Seine, Frankreich, *Gefrierschutzmittel,* bes. für Autokühler u. Schaumlöscher, bestehend aus Hexamethylentetramin (**I**) oder/u. Na-Hyposulfit (**II**) oder/u. Na-Acetat (**III**). — Beispiele: a) 0,8 Liter W., 0,2 kg **I**, bleibt fl. bis —11°; b) 0,75 Liter W., 0,15 kg **II**, 0,1 kg **III**, bleibt fl. bis —12° u. läßt sich übersättigen bis —15°, ohne zu kristallisieren. Die Lsgg. greifen Metalle auch in der Wärme nicht an. Diese Gefrierschutzmittel können auch zusammen mit üblichen Gefrierschutzmitteln (z. B. KCl) u. Schaummitteln (z. B. $KHCO_3$ oder Na_2CO_3) verwendet werden. (**F. P. 977 246** vom 3/11. 1948, ausg. 29/3. 1951.) SCHREINER. 5859

Metropolitan-Vickers Electrical Co. Ltd., London, England (Erfinder: **G. Burrows**), *Kurzwegdestillation.* Die Kurzwegdest. wird in mehreren Stufen durchgeführt, wobei die Verdampfungsflächen jeweils aus rotierenden, konzentr. Schalen bestehen u. wobei die abgeschleuderten, nichtverdampften Teilchen jeweils auf die nächste, weiter außen liegende rotierende Schale übergeführt werden. — Zeichnung. (**Schwed. P. 134 385** vom 17/12. 1948, ausg. 29/1. 1952. E. Prior. 19/12. 1947.) JÜRGEN SCHMIDT. 5865

Kurt Mülleitner, Salzburg, Österreich, *Abscheidung gelöster Stoffe aus Lösungen.* Das Verf. arbeitet unter Druck u. bringt gelöste Stoffe aus Lsgg. zur Abscheidung, die mit steigender Temp. keine fallende Löslichkeitstendenz aufweisen. Die Lsg. wird auf eine ihrem krit. Zustand naheliegende Temp. erhitzt, u. zwar bei einem höheren Druck, als dem Dampfdruck der Lsg. bei dieser Temp. entsprechen würde, unter weitgehendem Austausch der therm. u. mechan. Energie der in dem Prozeß ein- u. austretenden Stoffe. Aus Salzsole kann nach diesem Verf. das Salz bis auf 7% entfernt werden. (**Oe. P. 172 905** vom 7/8. 1946, ausg. 25/10. 1952.) WITTHOLZ. 5865

Solvay & Cie., Brüssel, Belgien, *Kontinuierliche Kristallisation* unter Fällung aus Mutterlaugen (**I**), die Keime des zu fällenden Stoffes im Schwebezustand enthalten. Man führt gleichzeitig mit der Lsg., die das zu fällende Ion enthält, auch einen Teil der Fl. wieder in die Reaktionskammer ein, welche das Ergebnis der Rk. bildet, zum Zweck, die Übersättigung der **I** zu begrenzen. Man regelt die Zirkulation dieser Fl. im Verhältnis zur Einführung der Menge an chem. wirksamen Stoffen entsprechend den Formen u. Größen von Kristallen oder Mischkristallen, die man zu erhalten wünscht. — Beispiel: Fällung von $Na_2CO_3 \cdot 10\,H_2O$. — Zeichnungen. (**D. B. P. 869 934** Kl. 12c vom 27/1. 1944, ausg. 9/3. 1953. Belg. Prior. 31/7. 1943.) NEBELSIEK. 5869

Algemeene Kunstzijde Unie N. V., Arnhem, Holland, *Ablösen von Kristallbelägen* auf rotierenden Scheiben eines Kristallisierrotors, dad. gek., daß mit Hilfe einer beweglichen Düse ein Gasstrahl unter erhöhtem Druck, bes. von 2 at, auf einen oder mehrere außerhalb der Fl. gebrachte Scheibenteile gerichtet wird. Man verwendet z. B. eine schlitzartige Düsenöffnung von 5 mm Breite. (**Oe. P. 174 369** vom 19/6. 1951, ausg. 25/3. 1953. Holl. Prior. 3/8. 1950.) M. F. MÜLLER. 5869

Optische Werke C. A. Steinheil Söhne G. m. b. H. (Erfinder: **Fritz Asselmeyer**), München, *Erzeugung nichthygroskopischer Oberflächen an hygroskopischem, kristallinem Material* oder Einkristallen beliebiger Form für opt., elektr. oder sonstige Zwecke. Die durch mechan. Oberflächenbehandlung, wie Poliervorgänge u. dgl., gestörten Oberflächenteilchen bzw. -schichten werden durch Aus- bzw. Rekristallisation, z. B. durch Auflösen der Oberflächenteilchen in einem geeigneten Lösungsm., u. Wiederausscheiden der gelösten Substanz bzw. durch Erhöhung der Temp. gegen Wasserdampf unempfindlicher gemacht. (**D. R. P. 760 375** Kl. 12c vom 20/2. 1941, ausg. 1/6. 1953.) NEBELSIEK. 5869

Monsanto Chemical Co., St. Louis, Mo., übert. von: **Edmund S. Bauer jr.** Springfield, Mass., V. St. A., *Reib- u. Bremskörper,* bestehend aus einem Kondensationsprod. aus 1 (Mol) Melamin u. 1—6 CH_2O u. 0,5 Toluolsulfonamid (Weichmachungsmittel) u. mineralischen Fasern, wie Asbest- oder Glasfasermaterial. (**A. P. 2 614 091** vom 26/5. 1948, ausg. 14/10. 1952.) HERBST. 5893

Imperial Chemical Industries Ltd., London (Erfinder: **John Burnard Harding** und **Crawford Alexander Cunningham Petrie,** Norton-on-Tees), England, *Durchführung chemischer Reaktionen innerhalb geregelter Temperaturbereiche* in fl. Phase zwischen Reaktionsteilnehmern, von denen mindestens einer gasförmig ist u. wobei das theoret. erforderliche Mol.-Verhältnis von Gas zu Fl. verhältnismäßig niedrig ist. Man leitet die Reaktionsteilnehmer bei bestimmter Temp. u. in bestimmten Verhältnissen durch eine Reaktionszone mit mehreren Kühlschlangen. Durch diese wird je Zeiteinheit ein Gasvol. mindestens eines gasförmigen Reaktionsteilnehmers geleitet, das mindestens gleich dem des gasförmigen Reaktionsteilnehmers ist, der je Zeiteinheit durch die Reaktionszone strömt, wobei die Gasströme aus der Reaktionszone u. aus den Schlangen kontinuierlich gemischt u. erforderlichenfalls mit Auffüllgas versetzt werden, wobei die Gastemp. an jedem Punkt des Syst. u. die durch die Schlangen geleitete Gasmenge derart eingestellt wird, daß die Bedingungen in der Reaktionszone aufrechterhalten werden. Nach dem Beispiel wird Diisobutylen mit $CO + H_2$ bei 140—170° u. 250 at in Ggw. von Co-Naphthenat in nicht weiter erläuterter Weise umgesetzt. — Vorr., Zeichnung. (**D. B. P. 855 258** Kl. 12o vom 3/5. 1950, ausg. 10/11. 1952. E. Prior. 2/5. 1949.) KRAUSS. 5897

Johan Ernst Nyrop, Kopenhagen, Dänemark, *Durchführung von Reaktionen* zwischen fl. u./oder in Fll. gelösten oder dispergierten Stoffen, wobei Wärme entwickelt wird u. Sekundärreaktionen entstehen können. Die Reaktionsteilnehmer werden in einem Atomiseur gemischt, dann wird die Mischung in einem Inertgasstrom mit solcher Temp. u. solchem Dampfdruck eingesprüht, daß die Temp. durch die Reaktionsmischung nicht mehr gesteigert werden kann. (**E. P. 657 772** vom 22/6. 1948, ausg. 26/9. 1951.) STEIL. 5897

Sven Wilhelm Dahlbeck, Djursholm, und **Claes-Wilhelm Pilo,** Stockholm, Schweden, *Katalytische Gasreaktionen.* Der Katalysator wird im Reaktionsraum in einem grobmaschigen Metalldrahtnetz untergebracht, so daß bei turbulenter Berührung zwischen Gas u. Katalysator das Netz die Wärme ableitet, z. B. durch ein an der Außenseite des Netzes zirkulierendes geschmolzendes Metall, bes. Pb. — Zeichnung. (**Dän. P. 73 137** vom 21/4. 1948, ausg. 1/10. 1951. Schwed. Prior. 21/4. 1947.) JÜRGEN SCHMIDT. 5905

Soc. An. Manufactures de Produits Chimiques du Nord Établissements Kuhlmann, Paris, Frankreich, *Durchführung exothermer katalytischer Gasreaktionen.* Das stehende zylindr. Reaktionsgefäß ist in mehrere, durch durchlöcherte Platten miteinander verbundene Räume für den Katalysator (**I**) u. den Wärmeaustauscher aufgeteilt. Die aus dem I-Raum kommenden Gase werden durch ein domförmiges Ablenkblech (**II**) in einen Ringraum geleitet, in welchem miteinander verbundene U-förmige Rohre (**III**), die bis an **II** reichen, angeordnet sind. Durch **III** wird das Reaktionsgas, ehe es zur Reaktionszone kommt, von außen geleitet. — Abbildungen. (**E. P. 656 733** vom 26/4. 1948, ausg. 29/8. 1951. F. Prior. 2/8. 1947.) STEIL. 5905

Sinclair Refining Co., New York, N. Y., übert. von: **La Vern Herbert Beckberger,** East Chicago, Ind., V. St. A., *Durchführung von Reaktionen mit festen Katalysatoren,* z. B. Spaltung von KW-stoffen. Ein vertikales Reaktionsgefäß mit einer drehbaren spiralförmigen Fläche, die den Reaktionsweg der Gase vorschreibt, ist mit festem Katalysator angefüllt. Der Katalysator wird mittels der Spirale aufwärts gefördert, die Reaktionsgase werden im Gegenstrom geführt. — Abbildungen. (**A. P. 2 566 159** vom 21/6. 1947, ausg. 28/8. 1951.) STEIL. 5905

Badische Anilin- & Soda-Fabrik, Ludwigshafen/Rhein, *Durchführung exothermer katalytischer Gasreaktionen* in einem Ofen mit mehreren, übereinander angeordneten Kontaktschichten. Die Reaktionsgase strömen durch die Rohre eines zentral im Kontaktofen angeordneten Rohrbündelaustauschers, der sich über dessen ganze Höhe erstreckt u. dann von oben nach unten durch die ringförmig um das Rohrbündel angeordneten Kontaktschichten. Die die erste Kontaktschicht verlassenden heißen Gase werden um die Rohre einer dieser Schicht zugeordneten Abteilung des Wärmeaustauschers u. anschließend von oben nach unten durch die zweite Kontaktschicht u. eine zweite Abteilung des Austauschers zur jeweiligen Aufheizung der Außenflächen der Rohre geleitet. Weitere Kontaktschichten u. Aufheizabteilungen können angeschlossen werden. Durch die Gegenstromführung der Gase in dem Wärmeaustauscher, der infolge der zentralen Anordnung leicht ausgebaut werden kann, wird ein optimaler Wärmeaustausch erzielt. — Abbildungen. (**E. P. 660540** vom 10/11. 1949, ausg. 7/11. 1951. D. Prior. 19/11. 1948.) STEIL. 5905

Badische Anilin- & Soda-Fabrik, Ludwigshafen/Rh. (Erfinder: **Wilhelm von Füner,** Ludwigshafen/Rh. und **Otto Göhre,** Heidelberg), *Ausführung katalytischer Reaktionen,* bes. zur Verbesserung von Kohlenwasserstoffölen, in Ggw. von Tonerde, die durch Ausfällen von Tonerdehydrat aus einer Al-Salzlsg. $> 80^0$ bei p_H 7—10 u. durch nachträgliches Erhitzen hergestellt u. die mit Metallverbb. der 5. u. 6. Gruppe, bes. der Fe-Gruppe, verschm. ist. Die Tonerde wird während oder nach ihrer Herst. mit einer kleineren Menge (bis zu 30%) Kieselsäure oder eines wasserlösl. Silicats versehen. (**D. B. P. 823 444** Kl. 12g vom 19/5. 1949, ausg. 3/12. 1951. **Zusatz zu D. B. P. 814 138; C. 1952. 1062.**) STEIL. 5905

Badische Anilin- & Soda-Fabrik (Erfinder: **Karl Wimmer** und **Otto Stichnoth**), Ludwigshafen/Rh., *Cu-Katalysatoren* erhält man durch Herauslösen des Al mit Alkali aus Cu—Al-Legierungen, die geringe Mengen eines Metalls der 5.—8. Gruppe innerhalb der Perioden 4a u. 5a des Period. Syst. (V, Cr, Mn, Co, Mo) enthalten. Folgende Legierungen sind verwendbar: 55(Teile) Al, 43,5 Cu u. 1,5 Cr, oder 55 Al, 44 Cu u. 1 Mn, oder 60 Al, 38 Cu, 1 Mo u. 1 Co. Durch die Verwendung dieses Katalysators wird z. B. die Temp. bei der Hydrierung von 2.4-Dinitroanisol zu *2.4-Diaminoanisol* um 60^0 u. die Hydrierzeit um 15 Min. erniedrigt u. die Ausbeute um 5—7% gesteigert. (**D. B. P. 875 519** Kl. 12o vom 14/1. 1951, ausg. 4/5. 1953.) KRAUSS. 5905

Badische Anilin- & Soda-Fabrik, Ludwigshafen/Rh. (Erfinder: **Walter Reppe, Walter Schreckendiek,** Ludwigshafen/Rh., und **Herbert Friederich,** Worms), *Herstellung komplexer quaternärer organischer Stickstoff-Metallverbindungen.* Man läßt auf quaternäre organ. N-Verbb. Salze des Ni oder Co einwirken. Aus Pyridiniumbutylbromid u. $CoBr_2$ wird z. B. *Di-(butylpyridinium)-kobalttetrabromid,* $[C_5H_5N(C_4H_9)]_2\ [CoBr_4]$, F. 97^0, erhalten. Analog: *Di-(triäthylbutylammonium)-nickelbromid,* F. 250^0; *Butylen-1.4-dipyridiniumnickeltetracyanid,* F. 240^0 (Zers.); *Butylen-1.4-dipyridiniumnickeldichloridbromid,* F. 250^0; $[C_5H_5N(C_4H_2)]_2\ [NiBr_4]$, F. 95^0; $(C_5H_5N(CH_2COOCH_2(CH_2)_{10}\cdot$

$CH_3)]_2$ [$Ni(CN)_4$], F. 177°. — *Katalysatoren.* (**D. B. P. 878 352** Kl. 12o vom 3/6. 1951, ausg. 1/6. 1953.) BRÖSAMLE. 5905

Badische Anilin- & Soda-Fabrik, Ludwigshafen/Rh. (Erfinder: **Walter Schreckendiek,** Ludwigshafen/Rh., und **Karl Sepp,** Neustadt/Weinstraße), *Komplexverbindungen von Metallen.* Man läßt in fl. Medium auf komplexe Salze, die ein Metall u. einen Phosphin- oder Aminrest im Kation enthalten, komplexe Alkali- oder Ammoniumcyanide, die ein Schwermetall im Anion enthalten, einwirken. — Beispiel: $[(C_6H_5)_3P]_2 \cdot NiCl_2 + K_2[Ni(CN)_4] \rightarrow [(C_6H_5)_3P]_2Ni_2(CN)_4$. — Ferner werden dargestellt: $(C_5H_5N)_2 \cdot Ni_2(CN)_4$; $[(C_6H_5)(CH_3)_2N]CuNi(CN)_4$; $[(C_6H_5)_3P]_2NiZn(CN)_4$. — *Katalysatoren* für organ. Reaktionen. (**D. B. P. 888 849** Kl. 12o vom 11/4. 1951, ausg. 3/9. 1953.) BRÖSAMLE. 5905

Shell Development Co., San Francisco, Calif., V. St. A., übert. von: **Johannes Paulus Willem Houtman, Willem Frederick Engel,** Han Hoog und **Peter van't Spijker,** Amsterdam, Holland, *Silicate der Elemente der 8. Gruppe enthaltende Katalysatoren auf Kieselsäure nicht enthaltendem Träger,* bes. zur CO-Hydrierung. Eine wss. Metallsalzlsg. (Ni -oder Co-Salz) wird in einer Alkalicarbonat u. Alkalisilicat enthaltenden Lsg., in der 0,5—60% des Alkalis als Silicat vorliegen, vermischt u. der Nd. gewaschen u. getrocknet. Hierauf wird der trockene Nd. mit inertem pulverförmigem Material (Al, MgO, α- oder β-Al_2O_3) zwecks Verringerung des wirksamen Metallgeh. auf 10—60% des fertigen Katalysators, innig vermischt, die Mischung in Körner verpreßt u. teilweise reduziert. Der erhaltene Katalysator besitzt eine sehr gute mechan. Festigkeit u. gute Wärmeleitfähigkeit u. katalyt. Eigenschaften. (**A. P. 2 548 159** vom 13/1. 1948, ausg. 10/4. 1951. Holl. Prior. 17/1. 1947.) STEIL. 5905

Shell Development Co., übert. von: **Albert E. Smith** und **Otto A. Beeck,** San Francisco, Calif., V. St. A., *Herstellung eines mikroporösen β-Aluminiumoxydkatalysators* der Zus. $R_2O \cdot 11\ Al_2O_3$ (R = Na oder K) durch Rk. von γ-Al_2O_3 (γ-Syst. nach HABER) mit Na_2O oder K_2O bei 900—1400° in Abwesenheit eines Metalles, dessen Oxyd mit α-Tonerde isomorph ist. Vgl. E. P. 571 352; C. **1947.** 1779. (**Can. P. 473 480** vom 13/1. 1943, ausg. 8/5. 1951. A. Prior. 14/3. 1942.) M. F. MÜLLER. 5905

Imperial Chemical Industries Ltd., London, **Peter William Reynolds,** und **James Alan Mackenzie,** Norton-on-Tees, England, *Herstellung poröser Katalysatoren,* z. B. zur Dehydrierung, Aromatisierung, spaltenden Hydrierung. Aus einer Al enthaltenden Metallegierung, die z. B. 40—80 (%) Cu, 30—62 Ni, 15—55 Co oder 30—55 Fe enthält, wird das Al bis zu 70% mittels eines wss. 0,5—10%ig. Alkalis, zweckmäßig bei 100° entfernt. Anschließend wird gegebenenfalls mit W. bei Raumgeschwindigkeiten von mehr als 10 gewaschen. Der Katalysator kann auch in üblicher Weise, z. B. mittels $Ba(OH)_2$ oder KOH alkalisiert werden. (**E. P. 650 251** vom 17/11. 1948, ausg. 21/2. 1951.) STEIL. 5905

Davison Chemical Corp., Baltimore, übert. von: **Leon L. Baral** und **Charles P. Wilson jr.,** Baltimore, Md., Cincinnati, O., V. St. A., *Entfernen von Sulfat- und Natrium-Ionen aus Kieselsäure–Aluminiumoxyd-Katalysatoren,* die, z. B. durch Fällung aus Natriumsilicatlsg. mittels $Al_2(SO_4)_3$ hergestellt wurden u. 20—24% Al_2O_3 enthalten können. Das Gel wird zunächst mit einer schwachen Säure [HCl, $Al_2(SO_4)_3$, $(NH_4)_2SO_4$] gewaschen, bis das ablaufende W. ein p_H von 3—4 hat, u. dann mit einer schwachen Base (wss. NH_3-Lsg.) bis zu einem p_H 7—8 des ablaufenden W. (**E. P. 661 157** vom 24/11. 1949, ausg. 14/11. 1951. A. Prior. 29/4. 1949.) STEIL. 5905

Gulf Research & Development Co., übert. von: **William C. Starnes** und **Joseph B. McKinley,** Pittsburgh, Pa., V. St. A., *Suspendierte Isopoly- und Heteropolysäuren als Katalysatoren für Hydrierung, Oxydation, Dehydrierung, Entschwefelung und Wasserabspaltung.* Isopoly- u. Heteropolysäuren (12-Wolfram-, 9-Wolfram-, 12- bzw. 9-Molybdänphosphorsäure, 12- bzw. 10-Wolframkieselsäure, 9-Wolframarsensäure, 3-Molybdänarsensäure, 12-Wolframborsäure, 12-Molybdäntitansäure, 6-Molybdän- bzw. 6-Wolframkieselsäure, Metawolframsäure u. deren Polymere) werden in einem organ. Lösungsm. (Furfurol, Benzylsalicylat, Tetradecylmercaptan, 2-Äthylhexanol, Dimethylphthalat, β-n.-Butoxyäthylsalicylat, Octaldehyd, Amylacetat, Ä., Cellosolveacetat, Phoron, Butylmercaptan, Aceton, Phenylcellosolve, Carbitolacetat) gelöst u. dann in eine Fl. oder in das katalyt. zu behandelnde Material, die Nichtlöser für die Säuren sind, übergeführt, wodurch man den Katalysator in suspensoider Form erhält. — 12-Mo-Kieselsäure wird in Äthylacetat gelöst u. die Lsg. in ein Texas-Leichtöl eingerührt. Das Äthylacetat wird plötzlich abdest., indem man die Mischung langsam in einen erhitzten Destillierapp. gibt, wobei am Schluß der Dest. 230° erreicht werden; die Suspension der Säure in Öl wird nach dem Kühlen zentrifugiert, wodurch man einen

Schlamm erhält, mit ihm wird ein Texas-Schweröl versetzt u. das anschließend oxydiert. (Tabelle). (**A. P. 2 554 597** vom 3/6. 1948, ausg. 29/5. 1951.) KRAUSS. 5905

Houdry Process Corp., Wilmington, Del., übert. von: **John W. Barker**, Silver Spring, Md., V. St. A., *Regenerierung bewegter Kontaktmassen* mit C-Ablagerungen. Die Massen werden in zusammenhängendem Strom durch mehrere Verbrennungszonen nach unten geführt. In jede dieser Zonen wird unter Druck O_2-haltiges Gas im Gegenstrom ein- u. aus diesem werden die Verbrennungsprodd. abgeführt, wobei der Druck in jeder folgenden Zone etwas höher gehalten wird u. die Verbrennungsprodd. nicht von einer Zone in die andere gelangen können. Z. B. kann der Katalysator vor der Regenerierung bzw. vor Eintritt in die einzelnen Zonen gekühlt werden. — Abbildung. (**A. P. 2561331** vom 15/10. 1948, ausg. 24/7. 1951.) STEIL. 5905

Houdry Process Corp., Wilmington, Del., übert. von: **Winfred O. Milligan**, Houston, Tex., V. St. A., *Herstellung von kugelförmigen Gelkatalysatoren*. Ein wss. anorgan. Sol (z. B. Kieselsäure u. eine Metallverb., deren Oxyd in W. nicht lösl. ist) wird in einer mit W. nicht mischbaren Fl. emulgiert. Die sich darin bildenden Gelteilchen werden abgetrennt, mit W. gewaschen u. getrocknet. (**A. P. 2 568 352** vom 1/5. 1944, ausg. 18/9. 1951.) STEIL. 5905

Sinclair Refining Co., New York, N. Y., übert. von: **George F. Kuhn**, Sinclair, Wyo., V. St. A., *Regenerierung eines Spalt-, Hydrier- oder Dehydrierkatalysators durch Abbrennen*. Der Katalysator wird durch die Verbrennungsluft in einen über dem Regenerator (I) liegenden Vorraum gehoben, aus dem er durch sein Eigengewicht in I fällt. Die Luft wird zwecks Erzielung eines Gegenstromes in einer Umleitung an die tiefste Stelle von I geführt. (**A. P. 2 579 678** vom 21/6. 1947, ausg. 25/12. 1951.) v. HUHN. 5905

Hercules Powder Co., Wilmington, Del., und **Baker & Co., Inc.**, Newark, N. J., V. St. A., *Rückgewinnung von Edelmetallen*, bes. von solchen, welche in *Katalysatoren* während Gasreaktionen verlorengehen, z. B. Pt, Ir, Rh. Man verwendet einen rohrförmigen Behälter, in dem als Filtereinheit ein konzentr. angeordnetes perforiertes Rohr vorgesehen ist, das mit Quarzwolle, Glaswolle oder Faserasbest, gegebenenfalls in Mischung, gefüllt ist. (**Schwz. P. 274 228** vom 2/2. 1949, ausg. 1/8. 1951. A. Prior. 28/2. 1948.) REICHELT. 5905

George Granger Brown, Unit Operations. Reviewed by **Warren E. Winsche**. New York: John Wiley & Sons, Inc. 1950. (XII + 611 S.) $ 7.50.

II. Feuerschutz. Rettungswesen.

A. G. Christie, *Luftverunreinigung und die Verarbeitungsindustrien*. Es wird hingewiesen auf richtige Standortwahl unter Vermeidung von Plätzen, welche ungünstige meteorolog. Bedingungen fördern, auf geeignete, gegebenenfalls zu modernisierende Verbrennungsanlagen mit genügend hohem Schornstein, die Vor- u. Nachteile der Rauchgaswäsche, auf die Wiedergewinnung wertvoller oder die Entfernung schädlicher Stäube u. Gase. In diesem Zusammenhang wird auf noch nicht gelöste Probleme, wie Entfernung von Stäuben aus sehr heißen Gasen, Wirtschaftlichkeit der Entstaubung u. Entgasung auch bei nicht verwertbaren Prodd. aus Luft u. Abwässern, auf das Fehlen allg. gültiger Normen für die Messung der zulässigen Verunreinigung durch Gase u. Stäube aufmerksam gemacht. (Ind. Heating **18**. 1382—84. 1514—16. Aug. 1951. Baltimore, Md., Johns Hopkins Univ.) METZENER. 5930

Daniel Florentin, *Die Gefahr der Verunreinigung der Stadtluft durch Chemikalien. Die Bekämpfung*. Vf. behandelt die Ursachen u. die Folgen der Luftverunreinigung unter Bezugnahme auf die beiden bisher größten Nebelkatastrophen: Im Maastal (Belgien) u. in Donara (USA), die eine Folge der Luftverunreinigungen waren u. setzt sich für die staatliche Lenkung der Maßnahmen zur Bekämpfung der Luftverunreinigungen in Frankreich ein. (Ann. Hyg. publ., ind. soc. [N. S.] **29**. 209—19. Aug./Okt. 1951.) BRAUKMANN. 5930

J. E. L'anson, T. L. Harsell jr., R. T. Pring. *Selbsttätig arbeitende Rauchsammlung löst das Problem der Luftverunreinigung*. Eine Anlage wird beschrieben, die aus den Kupolöfenabgasen in Nichteisengießereien Rauch u. Staub unter Verwendung von Filtersäcken zurückhält. Da Filtersäcke aus Kunststoffasern benutzt werden, können diese mechan. in bestimmten Zwischenräumen zum Entfernen des aufgenommenen Staubes geschüttelt werden, so daß die Anlage vollautomat. arbeitet. (Amer. Foundryman **23**. 61—64. Jan. 1953. Los Angeles, Calif., Hermosa Beach, Mishawaka Ind.) EISENBARTH. 5930

—, *Anlage zur Rauchverminderung in Fabriken. Wie kann die Luftverunreinigung vermindert werden.* 3 völlig verschied. Verff. zur Verminderung des Rauchaustrittes in die Atmosphäre werden kurz beschrieben, u. zwar die kontinuierliche Carbonisation, die Wasserfiltration u. die Zentrifugalabscheidung. (Munic. Engng. **130.** 759—63. 10/4. 1953.) EISENBARTH. 5930

—, *Dermatosen infolge Berührung der Haut mit Textilgeweben.* Auf Grund entsprechender Vorkommnisse wird auf die Gefahr der Entw. von Dermatosen bei Berührung der Haut mit neuen Kleidungsstücken bzw. Stoffen hingewiesen. Die Ursachen der Entw. der Dermatosen werden diskutiert u. das Verf. zur Ermittlung gefährlicher Gewebe besprochen. (Rev. gén. Teinture, Impress., Blanchiment, Apprêt [Tiba] **28.** 27—29. Nov./Dez. 1951.) BRAUKMANN. 5932

Bernhardt, *Brand- bzw. Explosionsursachen im Untertagebetrieb unter Berücksichtigung elektrostatischer Zündungsmöglichkeiten.* Vf. untersucht hauptsächlich die Möglichkeiten der stat.-elektr. Fremdzündung von Kohlenstaub–Luft-Gemischen in Bergwerken. Er versucht auf rechner. Wege, die für die Entstehung einer Brand- oder Explosionskatastrophe in Frage kommenden Ursachen (auch von der Staubseite her: physikal. u. chem. aktivierter Kohlenstaub) abzuschätzen. Das Ergebnis der Unterss. läßt sich dahin zusammenfassen: Während einer Sek. an 100 Tagen dauernder Tätigkeit sämtlicher Bergwerke mögen an einer Stelle Explosionsvoraussetzungen (für eine Auslösung auf elektrostat. Wege) vorgelegen haben. (Kautschuk u. Gummi **5.** Nr. 11. Wiss. u. Techn. WT 184—86. Nov.; Nr.12.. WT 202—05. Dez. 1952.) BRAUKMANN. 5936

Drägerwerk Heinr. und Bernh. Dräger, Lübeck, *Regelbare Entwicklung von Sauerstoff, bes. für Atmungszwecke,* aus unter der Einw. von Katalysatoren O_2-abspaltenden Lsgg. oder/u. Aufschlämmungen, wobei der Zutritt der den O_2 abspaltenden Fll. zur Katalysatormasse entsprechend der gewünschten O_2-Menge geregelt wird u. die sich bildenden Stoffe abgeleitet werden. Die O_2-abspaltenden Fll. (z. B. H_2O_2-Lsg.) werden nacheinander mit Katalysatoren unterschiedlicher Aktivität (vorzugsweise steigender Aktivität, z. B. zunächst Tonscherben, dann Silicagel, auf das Mn- u. Cu-Oxyd niedergeschlagen sind, u. zuletzt körniges Gemisch von Braunstein u. Cu-Oxyd) in Berührung gebracht. — Ausführliches Beispiel u. Apparatur. (**D. R. P. 752 731** Kl. 12i vom 2/4. 1939, ausg. 30/3. 1953.) SCHREINER. 5945

Farbwerke Hoechst, vormals Meister Lucius & Brüning, Frankfurt/M. (Erfinder: **Karl Daimler,** Ehlhalten, Taunus), *Herstellung von Feuerschutzmittellösungen.* Die Feuerschutzmittellsgg. für Holz, cellulosehaltige Bauplatten oder dgl. enthalten Netzmittel in solcher, das Maximum des Netzens überschreitenden Menge, daß die Lsgg. beim Spritzen auf die zu behandelnden Gegenstände in Form von Schaum auftreffen. Die Netzmittelmengen liegen ca. 50—100% über der zur Erzielung des Maximums des Netzens notwendigen Menge. Die Schaumform verhütet das rasche Ablaufen u. erhöht die Aufnahme der Salzlsgg. in das Holz erheblich. (**D. B. P. 862 666** Kl. 38h vom 27/7. 1950, ausg. 12/1. 1953.) KARST. 5945

Farbwerke Hoechst, vormals Meister Lucius & Brüning, Frankfurt/M.-Höchst (Erfinder: **Karl Daimler,** Ehlhalten, Taunus), *Feuerschutzmittel.* Wss. konz. Lsgg. zum Feuerschutz von *Holz,* die Salze enthalten, die nicht zu den Alkalimetallsalzen rechnen, u. Netzmittel, werden mit *Harnstoff* versetzt, bes. in einer Menge, die ein Vielfaches des Netzmittelgeh. beträgt. Beispiele: Lsgg. von $CaCl_2$, $MgCl_2$, Chlorzinkmischsalzen, Chlorzinkammonhalogeniddoppelsalzen, Al-Sulfat oder dergleichen. Die Wirksamkeit der Netzmittel wird erhöht u. Verringerung oder Vermeidung von Ausfällungserscheinungen erzielt. (**D. B. P. 872 863** Kl. 38h vom 5/1. 1943, ausg. 9/4. 1953.) KARST. 5945

Egon Meier, Friedberg (Hessen), *Feuerlöschmittel für Phosphorbrandbomben,* das mit anderen, an sich bekannten Lösch- u. neutralen oder schwach sauren Schaumlöschmitteln vermischt werden kann. Es besteht aus wasserfreiem $FeSO_4$-Pulver oder aus einer, durch Zusatz von Stabilisierungsmitteln (Fe-Pulver) stabilisierten $FeSO_4$-Lösung. (**D. B. P. 861 052** Kl. 61b vom 16/3. 1944, ausg. 29/12. 1952.) STEIL. 5945

Bernard Lataste, Frankreich, *Feuerlöschmittel besonders für Magnesiumbrände* bestehend aus einer kühlenden u. einer löschenden Substanz, z. B. $^2/_3$ Pflanzen- oder Mineralöl (Leinöl) u. $^1/_3$ Methylbromid. (**F. P. 1 016 662** vom 25/4. 1950, ausg. 19/11. 1952.) OPPERMANN. 5945

VVB Sapotex, Cirine-Werke VEB (Erfinder: **Johannes Pfanner**), Chemnitz, *Feuerschutzmittel.* Verwendung von Weinsäure, Metaweinsäure, Tartramidsäure, Ditartrylsäure oder deren Alkalisalzen, gegebenenfalls zusammen mit bekannten Netzmitteln, Filmbildnern oder Fäulnisschutzmitteln als Feuerschutzmittel zum Tränken oder Überziehen brennbarer Werkstoffe. (**D. P. [DDR] 1582** Kl. 61b vom 28/8. 1943, ausg. 9/9. 1952 [Wirtschaftspatent].) WITTHOLZ. 5945

Th. Tharaldsen, Brannkjemi. Handbok i brann- og eksplosjonsfarlige stoffers egenskaper og behandling København: Dreyer. (218 + 1 S.) kr. 15,00.

III. Elektrotechnik.

Comp. de Produits Chimiques et Électrométallurgiques Alais, Froges et Camargue, Paris, Frankreich (Erfinder: **S. Stanko**), *Herstellung von Kohlepasten,* bes. für die Herst. von SÖDERBERG-Elektroden. Man verwendet 2 verschied. feine Kohlefraktionen, von denen die gröbere 30—75% betragen soll, u. vermischt zunächst die gröbere mit dem Bindemittel u. mischt dann die feinere bei. Das Bindemittel kann fest zugemischt werden, worauf man dann erwärmt, bis es fl. wird, u. setzt dann das Feinkorn zu. (**Schwed. P. 133 594** vom 9/8. 1949, ausg. 20/11. 1951.) JÜRGEN SCHMIDT. 5953

Siemens-Schuckertwerke Akt.-Ges., Berlin und Erlangen (Erfinder: **Carl Reimer,** Roth), *Isolation für elektrische Leiter.* Eine dünne Grundschicht aus mehreren Lagen eines hitzebeständigen elektr. hochwertigen Lackes trägt eine Deckschicht aus mehreren Lagen eines Füllmittel enthaltenden Lackes von höherer Wärmeleitfähigkeit. Als 1. Lack dient z. B. ein solcher auf Basis von Polyamid, Polyvinylacetat oder einer organ. Si-Verb., der 2. Lack kann auf derselben oder einer anderen Basis beruhen u. als Füllstoff Al-, Al_2O_3-, ZnO-, Kaolin- oder Schlackenwollepulver enthalten. (**D. B. P. 863 224** Kl. 21c vom 19/3. 1950, ausg. 15/1. 1953.) KESSEL. 5957

Siemens-Schuckertwerke Akt.-Ges., Berlin und Erlangen (Erfinder: **Karl Reimer,** Roth b. Nürnberg), *Isolierfolien,* z. B. aus Triacetat oder Acetobutyrat, erhalten zur Erhöhung der mechan. Widerstandsfähigkeit eine ein- oder beiderseitige dünne Deckschicht aus feinen Asbestfasern oder Asbestmehl. Diese wird prakt. mittels eines Luftstroms aufgebracht, der mit einem Lösungsmitteldampf (z. B. Methylenchlorid für Triacetat) gesätt. ist. (**D. B. P. 864 115** Kl. 21c vom 20/4. 1951, ausg. 22/1. 1953.) KESSEL. 5957

Siemens-Schuckertwerke Akt.-Ges., Berlin und Erlangen (Erfinder: **Georg Stauber,** Neuhaus b. Höchstadt/Aisch), *Isolierfüllmasse.* Die M. besteht gewichtsmäßig etwa zur Hälfte aus einem ohne Ausscheidung von Stoffen härtenden Kunstharz u. einem halogenierten KW-stoff, der bei —30—120° fl. ist; z. B. aus ca. 55 (Gew.-%) Trichlorbenzol. u. Chlordiphenyl u. 45 Trimethyldi-p-oxyphenylmethandipropylhexaäther mit Härtezusatz. (**D. B. P. 870 869** Kl. 21c vom 30/5. 1951, ausg. 16/3. 1953.) KESSEL. 5957

Siemens & Halske Akt.-Ges., Berlin und München (Erfinder: **Walter Hyprath, Albrecht Böhse, Hermann Bösche, Joachim Geyler** und **Paul Thomas,** Neustadt b. Coburg), *Fernmeldekabel.* Auf der Kabelseele ist eine Isolierschicht (I) angeordnet, die beim Erwärmen zur Trocknung der Kabelseele Wasserdampf durchtreten läßt u. nach der Trocknung eine wasserabweisende Hülle bildet. I besteht prakt. aus Papier oder Gewebeband, das mit Harz, Paraffin, Polyisobutylen oder dgl. getränkt ist. (**D. B. P. 871 174** Kl. 21c vom 13/2. 1951, ausg. 19/3. 1953.) KESSEL. 5957

Robert Bosch G. m. b. H. (Erfinder: **Hubert Mansfeld**), Stuttgart, *Papier für dielektrische Beanspruchung* wird bei der Herst. nach dem Satinieren nochmals angefeuchtet (bes. mit W. von ca. 80°) u. dann getrocknet, wobei sich die elektr. Durchschlagsfestigkeit erhöht. (**D. B. P. 864 116** Kl. 21c vom 7/8. 1941, ausg. 22/1. 1953.) KESSEL. 5957

Robert Bosch G. m. b. H., Stuttgart (Erfinder: **Arthur Möhrle,** Möhringen, **Hubert Mansfeld,** Stuttgart, und **Hermann Sträb,** Bad Boll), *Isolierende Überzüge* auf dielektr. Stoffen (I), bes. auf oberflächlich zu metallisierenden Papieren. Die oberflächlichen Poren der I werden durch einen isolierenden Überzug aus in wss. Lsg. aufgebrachter u. aufgetrockneter Methylcellulose verschlossen. (**D. B. P. 870 430** Kl. 21c vom 30/5. 1941, ausg. 12/3. 1953.) KESSEL. 5957

Robert Bosch G. m. b. H. (Erfinder: **Walter Brellochs** und **Fridolin Schäfer**), Stuttgart, *Isolationsblättchen.* Anorgan. Isolierstoff-Fasern, z. B. Glasfasern oder -gespinste, werden mit einem Phenolderiv. von bes. großer Klebkraft verbunden, das bis zur Grenze seiner Bindekraft mit einem anorgan. Füllstoff, z. B. Quarzmehl oder Kieselkreide, versetzt ist. (**D. B. P. 872 086** Kl. 21c vom 26/10. 1940, ausg. 30/3. 1953.) KESSEL. 5957

N. V. Philips' Gloeilampenfabrieken, Eindhoven, Holland, *Herstellung von Füllmassen für Regeneratoren.* Feine Drähte, die im wesentlichen in der gleichen Richtung verlaufen, werden in eine Umhüllungsm. (I) eingebettet u. nach Härten der I aus der I entfernt. Man erhält dann eine geformte M. aus sehr feinen Kanälen. Z. B. bettet man Textilfäden oder auch Metalldrähte in eine keram. M. ein u. brennt diese, wobei die Textilfäden verbrennen, während die Metalldrähte anschließend durch Schmelzen, Verdampfen, Elektrolyse oder Oxydation entfernt werden. (**Dän. P. 73 562** vom 11/6. 1948, ausg. 27/12. 1951. Holl. Prior. 14/6. 1947.) JÜRGEN SCHMIDT. 5957

N. V. Philips' Gloeilampenfabrieken, Eindhoven, Holland, *Herstellung von dielektrischem Material.* Man vermischt TiO_2 mit mindestens 2 Oxyden der 2-wertigen Metalle (I) Be, Mg, Ca, Sr, Ba, Zn, Cd, Pb u. Cu in etwa äquimol. Verhältnis. Das Durchschnitts-At.-Gew. der I soll hierbei 130 übersteigen. Ein Teil der I kann durch La ersetzt werden, wobei zwei Atome La auf drei Atome I zu rechnen sind. Man erhitzt die Gemische in O_2 auf ca. 900°. Man vermeidet so hohe Sintertempp., die sich bei Dielektrika aus reinem $BaTiO_3$ nachteilig erwiesen. (**Dän. P. 73 673** vom 17/12. 1947, ausg. 21/1. 1952. E. Priorr. 8/8. 1945 u. 24/7. 1947.) JÜRGEN SCHMIDT. 5957

General Aniline & Film Corp. (Erfinder: **Abraham Oscar Zoss,** Berkley Heights, N. J.), New York, N. Y., V. St. A., *Herstellung eines Metalloxydpräparates,* das eine Komplexverb. aus FeO u. einem Oxyd eines flüchtigen, carbonylbildenden Metalls enthält. Ein Gemisch aus $Fe(CO)_5$ u. wenigstens einem anderen flüchtigen Metallcarbonyl, z. B. $Ni(CO)_4$, wird in Ggw. eines O_2-haltigen Gases auf Verbrennungstemp. erhitzt u. so viel Gas verwendet, daß die Carbonyle vollständig oxydiert werden. — Beispiele: Herst. von $NiO \cdot Fe_2O_3$. — Verwendung: *Magnetkerne* für mit Hochfrequenz arbeitende Wechselstromspulen. (**D. B. P. 878 640** Kl. 12n vom 31/8. 1951, ausg. 5/6. 1953. A. Prior. 8/9. 1950.) NEBELSIEK. 5959

Accumulatoren-Fabrik Akt. Ges. (Erfinder: **Adolf Engelhardt**), Hagen, *Akkumulator mit bipolaren Elektroden.* Die Elektroden werden in die Seitenwände des Behälters isoliert u. flüssigkeitsdicht eingelassen, während die untere Abdichtung durch eine nichtleitende, gegenüber dem Elektrolyten indifferente u. nicht mischbare, aber spezif. schwerere Fl., z. B. Trichloräthylen, erfolgt. — 2 Abbildungen. (**D. B. P. 876 260** Kl. 21b vom 31/12. 1950, ausg. 11/5. 1953.) LAASS. 5971

Pertrix-Union G. m. b. H., Ellwangen/Jagst (Erfinder: **Emil Zender,** Berlin), *Herstellung eines galvanischen Elementes.* Mit dem Elektrolyten angerührte teildextrinierte Stärke wird in die becherförmige Zinkelektrode eingefüllt, der Becher wieder entleert u. dessen Innenwandung dann mit einer quellfähigen, griffigen Stärke, z. B. Kastanienmehl, eingepudert. Es entsteht ein mechan. fester Separator mit niedrigem elektr. Widerstand u. hohem Diffusionsvermögen. (**D. B. P. 876 110** Kl. 21b vom 22/12. 1939, ausg. 11/5. 1953.) LAASS. 5971

Union Carbide and Carbon Corp., New York, N. Y. (Erfinder: **Nelson Corey Cahoon,** Lakewood, O., V. St. A., *Herstellung eines Diaphragmas für Trockenelemente.* Eine dünne Folie aus im Elektrolyten lösl. Methylcellulose (I) wird auf der einen Seite durch Behandlung mit Gerbsäure unlösl. gemacht u. so im Element eingebaut, daß die lösl. Seite dem Zn anliegt. — Das Diaphragma kann auch aus 2 I-Folien bestehen, von denen die eine unlösl. ist. Letztere wird aus einer wss. I-Lsg., der Citronen-, Phthal-, Tricarballyl-, Wein-, Malein- oder Gallensäure zugesetzt wird, hergestellt. — Zeichnungen. (**D. B. P. 868 170** Kl. 21b vom 21/9. 1950, ausg. 23/2. 1953. A. Prior. 14/12. 1944.) LAASS. 5971

Licentia Patent-Verwaltungs-G. m. b. H., Hamburg (Erfinder: **Siegfried Poganski,** Belecke), *Herstellung einer Stromquelle ohne Elektrolyt.* Die Trockenstromquelle besteht aus einem nichtmetall., halbleitenden, festen Stoff, z. B. Se, der unmittelbar an 2 aus verschied. Metallen bestehenden Elektroden angrenzt u. mit dem Metall der einen Elektrode, z. B. aus Cd oder Cu, eine Sperrschicht bildende Verb. einzugehen vermag, mit dem Metall der Abnahmeelektrode, z. B. aus Bi, jedoch nicht reagiert. Wird Al an Stelle von Bi verwendet, so wird das Al mit einer Bi–Se-Zwischenschicht überzogen. Strom wird so lange geliefert, bis das gesamte Se durch Rk. mit dem Cd in Cd-Selenid verwandelt ist. Die Spannung beträgt einige $^1/_{10}$ V, jedoch ca. 1 V, wenn Cd durch Mg oder Na ersetzt wird. (**D. B. P. 868 309** Kl. 21b vom 16/8. 1949, ausg. 23/2. 1953.) LAASS. 5971

Radio Corp. of America, übert. von: **Ernest G. Linder,** Princeton, N. J., V. St. A., *Unmittelbare Erzeugung elektrischer Energie aus dem Atomkernzerfall.* Durch die von einem α- oder β-Strahler emittierten Ladungsträger (I) wird ein die Strahlungsquelle umgebender, evakuierter isolierter Kollektor auf eine der Voltgeschwindigkeit der I entsprechende hohe Gleichspannung aufgeladen (vgl. A. P. 2 517 120; C. **1951**. I. 1363). Dabei wird die Aufladung durch mechan. oder elektr. Mittel period. so unterbrochen, daß sich ein sägezahnartiger Hochspannungsverlauf ergibt. (**A. P. 2 555 143** vom 30/6. 1948, ausg. 29/5. 1951.) KESSEL. 5975

United States of America, übert. von: **John R. Raper,** Lake Geneva, Wis., V. St. A., *Künstliche β-Strahler.* Roter P oder Sr wird mit Kunstharz, z. B. Phenolformaldehyd- oder Methylmethacrylat-Harz gemischt, geformt u. gepreßt u. mit Neutronen bestrahlt. In (n,γ)-Rkk. bilden sich die γ-Strahler ^{32}P bzw. ^{89}Sr. (**A. P. 2 559 259** vom 16/5. 1946, ausg. 3/7. 1951.) KESSEL. 5975

Egyesült Izzólámpa és Villamossági Részvénytársaság, Ujpest, Ungarn (Erfinder: **G. Szigeti**), *Elektrische Lichtquelle.* Der Llchtkörper soll durchscheinend oder durchsichtig u. leitend oder halbleitend sein, u. unter Einw. des durchgehenden elektr. Stromes bei einer tieferen Temp. Licht ausstrahlen, als der Lichtfarbe einer rein therm. Strahlung entsprechen würde. Die Temp. soll hierbei unter 1000° liegen. Man stellt daher den Leuchtkörper aus durchsichtigen *Karborund*-Kristallen mit einem Fe-Geh. über 0,1% her. Der Leuchtkörper soll zweckmäßig eine flächenförmige Ausbildung haben, z. B. als Vakuumröhre mit einer Anode, die die Leiterplatte trägt. Man kann aber die Lichtquelle auch als elektrolyt. Zelle ausbilden, deren eine Elektrode von dem Lichtkörper gebildet wird. — Zeichnungen. (**Schwed. P. 133 619** vom 23/10. 1940, ausg. 20/11. 1951. Ung. Prior. 23/10. 1939.) JÜRGEN SCHMIDT. 5975

Soc. An. pour les Applications de l'Électricité & des Gaz Rares Établissements Claude-Paz & Silva, Soc. An., Paris, Frankreich, *Herstellung von elektrischen gasgefüllten Entladungsrohren mit Quecksilberfüllung.* Das Hg wird in einem Endteil des Rohres untergebracht u. dieser Teil beim Entgasen durch Erwärmen kälter gehalten als der übrige Teil des Rohres. Die Einfüllung des Hg erfolgt durch eine bes. Kapillare bei Unterdruck; der Hg-Vorratsbehälter selbst kann einen erhöhten Druck aufweisen. (**N. P. 79 264** vom 13/12. 1945, ausg. 29/10. 1951. F. Prior. 20/12. 1943.) JÜRGEN SCHMIDT. 5975

Canadian National Carbon Co., Ltd., Toronto, Ontario, Can., übert. von: **Lester L. Winter,** Lakewood, O., V. St. A., *Elektroden für Vakuumentladungsröhren.* Die Elektroden enthalten als Verunreinigung Ca in einer Menge von höchstens 0,001%. Die Elektrode soll im Gebrauch höchstens 25 mm³/g Gas abgeben. (**Can. P. 477 223** vom 5/3. 1947, ausg. 25/9. 1951. A. Prior. 12/4. 1946.) SCHÖNAUER. 5975

International General Electric Co., Inc., New York, N. Y., V. St. A. (Erfinder: **E. Lemmers**), *Elektrische Entladungsröhre.* Luminescenzröhren enthalten auf der Innenseite die Luminescenzschicht u. auf der Außenseite einen Metallstreifen, der beim Einschalten der Röhre in Tätigkeit tritt. Dieser Streifen ist mit einem Widerstand in dem einen Röhrensockel von ca. 1—10 Megaohm verbunden u. verhindert, daß zu starke Ströme vom Zündstreifen zur Elektrode am Sockelende gelangen. Dieser Widerstand kann aus einem leitendem Anstrich auf dem Sockel aus einem Nichtleiter, bes. auf dessen Innenseite, bestehen. Man kann aber auch den Sockel aus einer Kunstharzmasse mit einem leitenden Zusatz herstellen. Der Sockel wird mit dem Röhrenmantel über einen leitenden Kitt, z. B. einer Kunstharzgußmasse „Durite 528" mit 3—10% C verbunden. — Zeichnungen. (**Schwed. P. 132 787** vom 22/4. 1947, ausg. 4/9. 1951. A. Prior. 21/5. 1946.) JÜRGEN SCHMIDT. 5975

Lumalampan Aktiebolag, Stockholm, Schweden (Erfinder: **G. G. J. Günther** und **G. G. B. Anderson**), *Luminophor für elektrische Entladungsröhren.* Die Luminescenzmasse besteht aus $xAl_2O_3 \cdot yMeF_{(2;3)}$, in der Me ein Metall bezeichnet. Man stellt die M. durch Erhitzen bis zum Sintern in reduzierender Atmosphäre u. darauf in oxydierender Atmosphäre her. x : y soll 8 : 1 nicht übersteigen u. nicht unter 1 : 1 liegen. Z. B. vermahlt man $NH_4Al(SO_4)_2 \cdot 12\,H_2O$ u. $MnSO_4 \cdot 4\,H_2O$ u. erhitzt in Luft auf 900°. Nach dem Abkühlen wird CaF_2 zugesetzt u. in Aceton vermahlen. Dann glüht man 1 Std. bei 1400° in Luft, dann 10 Min. in H_2 bei fallender Temp. bis 1250° u. nochmals bei 1400°. Man erhält eine blaugrün fluorescierende Masse. (**Schwed. P. 133 519** vom 16/11. 1949, ausg. 6/11. 1951.) JÜRGEN SCHMIDT. 5975

General Electric Co. Ltd., London, England (Erfinder: **A. H. McKeag** und **P. W. Ranby**), *Kristalline Luminescenzmasse für Glimmlampe.* Die M. enthält Ca-Phosphat in der Struktur des Ca-Pyrophosphates mit *Sb*, *Sn* u./oder *Sm* als Aktivierungsmittel. Als 2. Aktivierungsmittel kann *Mn* vorhanden sein. Zur Herst. fällt man H_3PO_4 u. $CaCO_3$ zu Ca-Phosphat, mischt die Aktivatoren zu, fügt zur Erhöhung des Luminescenzeffektes $(NH_4)_2HPO_4$ zu u. erhitzt auf ca. 1050—1100°. (**Schwed. P. 133 343** vom 17/6. 1943, ausg. 23/10. 1951. E. Prior. 17/6. 1942.) JÜRGEN SCHMIDT. 5975

N. V. Philips' Gloeilampenfabrieken, Eindhoven, Holland, *Leuchtschichten für Gasentladungsleuchtröhren* bestehen aus Ca-Metasilicat von Pseudowollastonitstruktur, mit 2—10% (auf CaO bezogen) Mn u. Ce aktiviert u. bei 1300—1400° in reduzierender Atmosphäre gebrannt. (**F. P. 991 586** vom 3/8. 1949, ausg. 8/10. 1951.) KESSEL. 5975

Sylvania Electric Products, Inc., übert. von: **Lyle W. Evans,** V. St. A., *Leuchtschirm für Kathodenstrahlröhren* mit lastunabhängiger Leuchtfarbe. ZnS oder ein Mischphosphor aus Zn–Be-Silicat u. ZnS ist mit Ag oder Mn u. außerdem mit Cu aktiviert. Zur Herst. wird der mit Ag oder Mn aktivierte Phosphor aus einer Cu-Ionen (z. B. in einer Konz. von ca. $0{,}5 \cdot 10^{-6}$ als Sulfat oder Acetat) enthaltenden Lsg. niedergeschlagen. (**F. P. 991 565** vom 2/8. 1949, ausg. 8/10. 1951. A. Prior. 2/8. 1948.) KESSEL. 5975

General Electric Co. Ltd. (Erfinder: **A. H. McKeag** und **P. W. Ranby**), England, *Leuchtstoffe für Fluorescenzlampen, Kathoden- oder Röntgenröhren.* Zerkleinertes ZnS mit <5% P als Zn-Phosphid wird in reduzierender Atmosphäre bei 900—1100° mit $MgCl_2$ (z. B. 10%) u. NaCl (3%) erhitzt. (**F. P. 976 317** vom 8/12. 1948, ausg. 16/3. 1951. E. Prior. 8/12. 1947.) HOLM. 5975

Western Electric Co., Inc., New York, N. Y., V. St. A. (Erfinder: **J. H. Scaff** und **H. G. Theuerer**), *Herstellung von Körpern aus Silicium für elektrotechnische Zwecke.* Für die Herst. von *Gleichrichtern* stellt man Körper aus Si in Form von dünnen Blättchen aus Si mit einer Reinheit von mehr als 99,8% Si her u. setzt eine geringe Menge *Bor* zu, die die Menge der üblichen Verunreinigungen des Si nicht überschreiten soll. Durch diesen Zusatz wird der Widerstand der Si-Blättchen wesentlich herabgesetzt. Schon durch einen Zusatz von 0,005% B wird der Widerstand eines Probestückes von 0,15 Ohm/cm auf 0,03 Ohm/cm erniedrigt. (**Schwed. P. 133 789** vom 20/7. 1945, ausg. 4/12. 1951. A. Prior. 20/7. 1944.) JÜRGEN SCHMIDT. 5977

Westinghouse Brake & Signal Co. Ltd., Alexander Jenkins und **Kenneth Arthur Garrod,** London, England, *Germaniumgleichrichter.* Reinstes Ge wird in O_2-freier, NH_3-haltiger Atmopshäre (I) bei 800—1200° geschmolzen u. dann abgekühlt, oder es wird im Vakuum geschmolzen u. dann in I abgekühlt. (**E. P. 648 186** vom 10/12. 1948, ausg. 3/1. 1951.) KESSEL. 5977

Siemens-Schuckertwerke Akt.-Ges., Berlin und Erlangen (Erfinder: **Hans Gantzckow,** Berlin), *Kupferoxydulgleichrichter.* Der Hinterwand-Sperrschichteffekt wird unterdrückt. Hierzu werden die Seitenflächen der Gleichrichterscheibe metallisiert, z. B. mit Ag, so daß die Sperrschicht zwischen Mutter-Cu (I) u. Cu_2O-schicht (II) leitend überbrückt wird. Eine andere Möglichkeit besteht darin, daß als Gegenelektrode nicht das I verwandt wird, sondern eine besondere Elektrode, die aus einer koll. Graphitschicht oder einer aus der II red. Cu-Schicht bestehen kann, zusammen mit der Emissionselektrode auf der Vorderseite der II angeordnet wird. Eine weitere Möglichkeit besteht in doppelseitigem Aufbringen einer mehrere 100 μ starken II auf dem I. Als Ausgangsmaterial wird eine Cu-Sorte verwendet, deren Verunreinigungen sich bei der Oxydation im I anreichern u. nicht in die II übertreten. Ein bes. steiler Leitfähigkeitsabfall in der Vorderwand wird durch Abschrecken in D_2O erzielt. (**D. B. P. 814 914** Kl. $21a^4$ vom 23/7. 1949, ausg. 27/9. 1951.) KESSEL. 5977

Siemens-Schuckertwerke Akt.-Ges., Berlin und Erlangen (Erfinder: **Hans Schweickert,** Pretzfeld), *Trockengleichrichter.* Die auf die Grundelektrode aufgebrachte Halbleiterschicht (I) (z. B. aus Cu_2O, Ge, Si, bes. Se) wird in eine Metallschmelze (z. B. eine Sn-Cd- oder Sn–Cd–Bi-Legierung) getaucht, die einen den Sperrwiderstand erhöhenden Zusatzstoff (z. B. In, Ag, Mg, bes. Tl) enthält. Hierdurch wird die therm. Umwandlung der I u. zugleich die Einwanderung des II u. die Bldg. der Deckelektrode herbeigeführt. (**D. B. P. 826 175** Kl. 21g vom 12/8. 1949, ausg. 27/12. 1951.) KESSEL. 5977

Westinghouse Electric Corp., übert. von: **Wayne E. Blackburn** und **Alberto R. Apodaca,** V. St. A., *Selengleichrichter und Selenphotozellen* erhalten eine Sperrschicht aus Tl-Selenid, die durch Tauchbehandlung (ca. 20 Sek. bei 25°) der Se-Oberfläche mit einer wss. 0,1 n Tl-Hydratlsg. gewonnen u. mit einer Cd-Gegenelektrode versehen wird. (**F. P. 975 527** vom 27/11. 1948, ausg. 6/3. 1951. A. Prior. 29/11. 1947.) KESSEL. 5977

United States of America, übert. von: **Harry Shoub,** Washington, D. C., V. St. A., *Elektrischer Dehnungsmesser,* bes. zur Messung von plast. Deformationen. Ein Draht aus einem Metall von geringem Temperaturkoeffizient des elektr. Widerstandes [z. B. Konstantan mit ca. 40(%) Ni u. 60 Mn] ist unter Vermittlung einer dünnen Nylonschicht in Schichten aus einem synthet. Gummizement (I) u. einem Methylmethacrylat-Kunstharzzement eingebettet. Die Einrichtung ist durch eine Schicht I mit dem zu messenden Bauteil verbunden u. muß Dehnungen von 17—22% aushalten können. Die Dehnungsabhängigkeit des elektr. Widerstandes des Drahtes wird ausgewertet. (**A. P. 2 536 101** vom 23/7. 1948, ausg. 2/2. 1951.) KESSEL. 5979

Siemens & Halske Akt.-Ges., Berlin und München (Erfinder: **Ernst Baer** u. **Wilhelm Rosenkranz,** Heidenheim), *Elektrolytkondensator.* Bei der Formierung mit Hilfe eines Stromzuführungsbades wird hierfür der gleiche Elektrolyt verwendet wie für das Formierungsbad. Die Leitfähigkeit kann durch einen Zusatz, z. B. von NH_3, erhöht werden. — Beispiele: 5 (%) B_2O_3, 2,5 Citronensäure, 2 NH_3, 90,5 W., oder 5 HBO_2, 2 NH_3, 93 Wasser. (**D. B. P. 859 339** Kl. 21 g vom 5/1. 1950, ausg. 15/12. 1952.) Kessel. 5983

Micafil A. G., Zürich, Schweiz (Erfinder: **A. Liechti**), *Kondensatoren*, bestehend aus Schichten von imprägnierten Isolierstoffen, auf denen Metallbelagschichten aufgebracht sind. Die Kanten der Isolierschichten sind verstärkt, um das Glimmphänomen zu unterdrücken. — Zeichnungen. (**Schwed. P. 132 129** vom 16/2. 1948, ausg. 3/7. 1951. Schwz. Prior. 26/3. 1947.) Jürgen Schmidt. 5983

Bell Telephone Mfg. Co., Soc. An., Anvers, Frankreich, *Elektrischer Kondensator*. Das sich auch im Kontakt mit metall. Teilen nicht zersetzende Dielektrikum besteht aus 1.3.3-Trimethyl-1-phenylindan mit 1—9 substituierenden Cl-Atomen oder aus 1.3.3.6-Tetramethyl-1-(4'-tolyl)-indan mit 1—7 substituierenden Cl-Atomen. (**Belg. P. 496 800** vom 6/7. 1950, ausg. 6/1. 1951. A. Prior. 7/7. 1949.) Kessel. 5983

Franz Lauster, Bad Soden bei Salmünster, *Infrarotstrahler*. Ein Heizkörper (**I**) trägt eine hitzebeständige Oberflächenschicht (**II**) von $< 100\ \mu$ Stärke, die im Spektralbereich von 0,8 bis ca. 2 μ selektiv strahlt. Als **I** kann eine vorzugsweise gesinterte Halbleitermasse, eine induktiv geheizte Metallhülse oder ein direkt oder indirekt geheizter Metallkörper dienen. Die **II** kann aus Oxyden oder Carbonaten bestehen, z. B. ca. 80(%) ZrO_2, 10 ThO_2, 5 MgO, 5 CaO mit einem geringeren B_2O_3-Zusatz. (**D. B. P. 824 976** Kl. 21 h vom 13/4. 1950, ausg. 17/12. 1951.) Kessel. 5991

William Ferrier Proctor, Four Oaks, und **George William Webb**, Solihull, England, *Überführung von elektrischer Energie in Wärme*. Man zers. eine Elektrolytlsg. unter Bldg. von Knallgas elektr., bringt das Knallgas über Pt auf Silicagel zur Rk. u. nutzt die hierbei frei werdende Wärme zu Heizzwecken aus. Durch die Anwendung von feinverteiltem Pt wird eine plötzliche Knallgasexplosion u. damit ein stoßweises Arbeiten vermieden. — Vorr., Zeichnungen. (**N. P. 79 006** vom 20/10. 1948, ausg. 3/9. 1951. E. Prior. 24/10. 1947.) Jürgen Schmidt. 5991

British Thomson-Houston Co. Ltd., London, England, *Lichtbogen-Dauerelektroden* bestehen aus 100 (Teilen) W, 5—45 Th, 0,5—5 Ta, V oder Nb. (**E. P. 687 544** vom 6/3. 1951, ausg. 18/2. 1953. A. Prior. 30/3. 1950.) Kessel. 5991

J. B. Brennan, Clereland, O., V. St. A., *Herstellung von Elektroden*. Durch Aufspritzen von Metall auf eine Unterlage werden die Elektroden aufgebaut; gleichzeitig wird der Aufspritzstelle ein gesondertes Kühlmedium zugeführt, um diese unter dem F. des Metalles zu halten. Das Verf. dient bes. zur Herst. von *Al-Elektroden*. (**Schwed. P. 132 582** vom 7/12. 1940, ausg. 7/8. 1951. A. Prior. 7/12. 1939.) Jürgen Schmidt. 5993

Pechiney Comp. de Produits Chimiques et Électrométallurgiques, Paris, Frankreich, *Elektrolytzellen für Schmelzelektrolyse bei hohen Temperaturen*. Die Zuführung des Stromes zu der Kohlenstoffauskleidung am Boden der Zelle wird durch Eisenleitungen bewirkt. Diese sind durch den Boden der Zelle so hindurchgeführt, daß sie die wärmeisolierende Schicht frei durchfahren, d. h. nicht dicht an diese anliegen. Gehalten werden sie ausschließlich durch die Kohlenstoffschicht im Innern der Zelle. (**N. P. 80 109** vom 7/9. 1948, ausg. 21/4. 1952. F. Prior. 8/9. 1947.) Jürgen Schmidt. 5993

IV. Wasser. Abwasser.

Philip Lang, *Wasser: Seine Wirkung auf Gas-Heizvorrichtungen*. Zusammenfassender Bericht über die chem. Zus. natürlicher Wässer, ihren Einfl. bei Verwendung in Gasheizvorrichtungen sowie wissenschaftliche Grundlagen u. techn. Maßnahmen zur Enthärtung. (Gas Wld. **137**. 1246—49. 9/5. 1953. Andover Unit., Southampton and District Gas Undertaking, Southern Gas Board.) Niemitz. 6014

Kurt Demus, *Die Wasserversorgung in der Textilindustrie*. Einleitend besprochen werden die Eigg. des W. nach seiner Herkunft, eingegangen wird dann auf die besonderen Anforderungen bzgl. der Beschaffenheit des Betriebswassers nach seinem Verwendungszweck, wobei Richtlinien für die Anforderungen an das Speise- u. Kesselwasser gegeben werden. Vf. behandelt dann die Verff. der Wasseraufbereitung unter Angabe des Verbrauches an Flockungsmittel. (Reyon, Zellwolle andere Chemiefasern **31**. 449—54. Aug. 1953.) P. Eckert. 6014

Harold L. Jeter und **Edwin E. Geldreich**, *Bakteriologische Membranfilter für Wasserwerke*. Zusammenfassender Bericht über amerikan. Veröffentlichungen auf dem Gebiet der Membranfilter u. ihrer Anwendung in der Wasserwerkspraxis. In einem Nachtrag werden genaue Verfahrensvorschriften gegeben. (Southwest Water Works J. **35.** Nr. 3. 6—8. Juni 1953. Cincinnati, O., U. S. Public Health Serv., Environmental Health Center.) NIEMITZ. 6016

F. Seifert, *Das Abwasser der Kali-Industrie im Wesergebiet.* Berichtet wird über die Entstehung u. Zus. der Kaliabwässer sowie über die allg. Entw. der Kaliabwasserfrage im Wesergebiet, über die Kaliabwasser im Werra–Fulda-Gebiet, über die Flußwasserkontrolle, die Messung der Abwässer, die Kaliabwässerversenkung im Werragebiet, die Kaliabwässerbeseitigung im Werra–Weser-Gebiet im Jahre 1938, über die Kaliabwässer im Aller–Leine-Gebiet u. über anderweitige Beseitigung der Kaliabwässer im Wesergebiet. In diesem erfolgt die Kaliabwässerbeseitigung durch Ableitung in die Vorfluter unter weitgehender Anpassung an die Wasserführungen des Gesamtgebietes mittels eines Syst. von Stapelbehältern u. Meßeinrichtungen u. durch weiträumige Versenkung in das unterird. Gebirge. Zur Verringerung des Abwasseranfalles werden neue Arbeitsmethoden ausgebildet. (Gesundheits-Ing. **73.** 399—403. Dez. 1952. Kassel, Amtliche Flußüberwachungsstelle für das Werra- u. Fulda-Gebiet.) BOYE. 6036

James H. Edmondson, *Bio-Belüftung (eine Einführung zur Beschreibung der Abwasserwerke von Sheffield).* Geschichte der Abwasserwerke Sheffield seit 1886, zugleich ein Abriß der techn. Entw. u. Vervollkommnung der Abwasserreinigung. (J. Proc. Inst. Sewage Purificat. **1951.** 261—71. Sheffield, Sew. Disp. Dep.) MÜHLMEISTER. 6036

Willem Rudolfs und **A. I. Zuber,** *Entfernung giftiger Stoffe durch Abwasserschlamm.* Nach Besprechung verschied. Theorien, ob Adsorption oder Basenaustausch für die reinigende Wrkg. bakteriolog. Klärschlammprozesse verantwortlich sind, berichtet Vf. über Verss., gelöste Cr-, Zn- u. Cu-Salze durch belebten u. reifen Klärschlamm u. frische Feststoffe in verschied. Verdünnung auszuscheiden. — 9 Tabellen u. 3 Schaubilder zeigen die Ergebnisse, nach denen Cu u. Zn abhängig von Einwirkungszeit, Konz. u. Art des Klärschlamms durch die in ihm enthaltene organ. M. festgehalten werden, Cr nicht. (Sewage ind. Wastes **25.** 142—54. Febr. 1953. New Brunswick, N. J., Rutgers Univ.) MÜHLMEISTER. 6048

Toshimasa Higashino, Takeo Doi und **Sôichirô Musha,** *Bestimmung von H_2O_2 in Regenwasser.* H_2O_2 wurde nach der „Ferrous–Ferron"-Meth. der Vff. (J. chem. Soc. Japan, pure Chem. Sect. [Nippon Kagaku Zassi] **72.** [1951.] 995) bestimmt. Zu 0,5 cm³ $NH_4CO_2CH_3$-Lsg. + 4,5 cm³ Fe^{2+}-Lsg. werden 41,5 cm³ Regenwasser u. 3,5 cm³ „Ferron" gegeben u. die Färbung mit einem Standard verglichen. Genauigkeit bis ±1%. Im *Regenwasser* wurden 36—1346 γ/Liter H_2O_2 gefunden. (J. chem. Soc. Japan, pure Chem. Sect. [Nippon Kagaku Zassi] **73.** 363—67. Juni 1952. Osaka, Naniwa Univ. [Orig.: japan.]) SCHULER. 6060

Jaroslav Kastner, *Die colorimetrische Bestimmung der Nitrate im Wasser mittels des Hellige-Komparators.* Der HELLIGE-Komparator muß von Zeit zu Zeit mit Standardlsgg. überprüft werden. Mengen über 20 mg N_2O_5/Liter lassen sich nicht mit genügender Genauigkeit, über 40 mg auch nicht bei Verwendung von Standardlsgg. bestimmen. Bei größeren Mengen von N_2O_5 empfehlen sich Überführung in NH_3 u. Titration. (Pivovarský Zladařský Časopis Kvas **78.** 236. 11/8. 1950.) STEINER. 6060

Audrey M. Bond und **Margaret M. Murray,** *Direkte Titration von Fluorid in neutralen Wässern.* Die Titration erfolgt mit 0,0004 mol. Lsg. von Thoriumnitrat, frisch hergestellt aus der Standardlsg. 5,52 g $Th(NO_3)_4 \cdot 4\,H_2O$/Liter, p_H 3,3 eingestellt mit 0,05 n HCl, in Ggw. von Essigsäure. Die störenden Ionen SO_4^{2-}, PO_4^{3-}, CO_3^{2-}, HCO_3^- werden vorher mit $BaCl_2$ gefällt. Ca- u. Mg-Ionen in der Konz. von harten Wässern stören nicht. Als Indicator bei der Titration dient Na-Alizarinsulfonat. (Biochem. J. **53.** 642—45. März 1953. London, Univ., Bedford Coll., Dep. of Physiol.) FRESENIUS. 6060

W. D. Beljakow, *Über die Methodik einer bakteriologischen Kontrolle der Brunnenwasserversorgung.* Vf. benutzt für die Unters. auf den Geh. an B. coli eine *Carbol–Pepton*-Lsg., die das Wachstum der übrigen Mikroflora stark hemmt. (Гигиена и Санитария [Hyg. u. Sanitätswes.] **1952.** Nr. 6. 41. Juni.) KLUGE. 6064

—, *Analytische Methoden für die Bestimmung von Cyaniden in verbrauchten Bädern und in Abwässern.* Sehr eingehende Beschreibung der Arbeitsmethoden. Das CN wird in einer mit den Maßen angegebenen App. abdest. u. entsprechend der Konz. des CN entweder nach der modifizierten LIEBIG-Meth. oder nach der Pyridin–Pyrazolon-Meth. bestimmt. Für die LIEBIG-Meth. wird entweder KJ–NH_3-Indicator oder bei Konzz. zwischen 1—10 p.p.m. der p-Dimethylaminobenzalrhodanin-Indicator verwendet. Für CN-Konzz. zwischen 0,07—1 p.p.m. eignet sich die Pyridinmeth. am besten. Bei der Pyridinmeth. stört Ferrocyanid, wenn seine Konz. über 200 p.p.m. beträgt. Der relative Fehler liegt bei beiden Methoden bei durchschnittlich 4%. (Plating **39.** 267–73. März 1952.) J. FISCHER. 6068

Permutit A. G., Berlin, *Behandlung von Wasser bzw. wässerigen Lösungen mit Basenaustauschern.* Es werden Austauscher, die als wesentlichen Bestandteil C enthalten u. die durch Behandlung von C enthaltenden Stoffen, wie Holz, Braunkohle, Torf, Kork u. dgl., mit H_2SO_4, zweckmäßig konz. H_2SO_4, $ClSO_3 \cdot H$ oder Säureanhydriden, z. B. SO_3 oder Gemischen solcher Stoffe, erhalten wurden. Mit diesen Austauschern werden das W. bzw. die wss. Lsg. in heißem, gegebenenfalls bis zum Kp. erhitzten Zustand behandelt, wobei das heiße W. auf chem., therm. oder sonstigem Wege einer Vorenthärtung unterzogen werden kann. (**D. R. P. 755 515** Kl. 85b vom 5/9. 1935, ausg. 23/2. 1953.) REICHELT. 6021

Permutit Co. Ltd., London, England, *Entfernung von Ammoniak aus Wasser* unter Verwendung von Basenaustauschern, bes. von Na–Al-Silicat-Austauschern natürlicher Herkunft, z. B. Grünsand, oder von künstlich hergestellten. Die Austauscher werden mit Mn-Ionen beladen, z. B. durch eine 5%ig. $MnCl_2$-Lsg., u. einer oxydierenden Behandlung mit NaOCl unterworfen. Die erschöpften Austauscher werden mit NaOH regeneriert. (**E. P. 674 430** vom 12/1. 1950, ausg. 25/6. 1952.) REICHELT. 6021

Hellmuth Cüppers, Johannes Ludwig und **Martin Tiebel**, Radeberg, *Filtermassen zur Entsäuerung und Enteisenung von Trink- und Wirtschaftswässern.* Rohdolomit wird auf geeignete Korngröße, z. B. 2–3 mm, gebrochen u. einem Brennofen bekannter Konstruktion zugeführt. Sobald mit steigender Temp. die Dissoziationsspannung des CO_2 zu steigen beginnt, bei ca. 580°, wird ein Vakuum eingeschaltet u. der Brennprozeß unter allmählicher Steigerung der Temp. u. Regulierung des Druckes fortgeführt, bis die Dissoziation des CO_2 konstante Werte anzeigt. Nach Abkühlen kann die M. sogleich für die Enteisenung bzw. Entsäuerung verwendet werden. (**D. P. [DDR] 1 534** Kl. 85b vom 15/6. 1950, ausg. 23/7. 1952. [Wirtschaftspatent.]) WITTHOLZ. 6025

Air Reduction Co., New York, N. Y., übert. von: **Clark & Thorp**, Chicago, Ill., V. St. A., *Verteilung von gasförmigen Behandlungsmitteln in Flüssigkeiten,* bes. für die O_3-Behandlung von Wasser. Von dem zu behandelnden W. wird ein Teilstrom von nicht mehr als 10% abgezweigt u. in diesen O_3 eingeleitet. Die Menge des zugesetzten O_3 u. der Druck in dem Strom werden so abgestimmt, daß O_3 vollständig gelöst wird. Dann wird der Teilstrom mit dem gelösten O_3 dem Hauptstrom unter einer solchen Druckentlastung zugeführt, daß kein wesentlicher Teil des gelösten O_3 entweichen kann. Es wird eine Druckdifferenz eingestellt, so daß O_3 in hochdisperser Form in den Hauptstrom des zu behandelnden W. eintritt. — Zeichnung. (**A. P. 2 606 150** vom 8/4. 1948, ausg. 5/8. 1952.) REICHELT. 6025

I. G. Farbenindustrie Akt.-Ges., Frankfurt/M., *Verhinderung von Salzansätzen in Turbinen,* die mit Hochdruckdampf betrieben werden. Dem in bekannter Weise enthärteten Kesselspeisewasser, dem Kesselwasser oder dem daraus entwickelten Sattdampf wird eine dem darin enthaltenen NaOH entsprechende Menge NH_4-Salze, zweckmäßig solche nichtflüchtiger Säuren, bes. $(NH_4)_2SO_4$ oder $(NH_4)_3PO_4$, zugesetzt (**D. R. P. 755 389** Kl. 85b vom 5/8. 1936, ausg. 16/3. 1953.) REICHELT. 6025

T. I. S. Vermeiren, Antwerpen, Belgien, *Verhinderung der Bildung von Kalkablagerungen in Wasserbehältern.* Man hängt in den Behälter eine mit Wechselstrom beschickte Spule ein u. leitet gleichzeitig das W. so hindurch, daß es zunächst den Innenkern des sich bildenden Magnetfeldes von unten nach oben durchfließt, dann innerhalb der Spule, aber außerhalb des Kernes des Magnetfeldes, herabfließt u. schließlich außerhalb der Spule wieder nach oben geführt wird. (**Schwed. P. 135 555** vom 5/10. 1946, ausg. 29/4. 1952. Belg. Prior. 6/10. 1945.) JÜRGEN SCHMIDT. 6031

Joseph Darius Griffin, Johannesburg, Süd-Afrika, *Klären von Flüssigkeiten,* bes. von Abflüssen aus biol. Abwasserreinigungsanlagen. Es wird ein Filterbett verwendet, in dem die Poren größer sind als die aus dem W. zu entfernenden Teilchen. Das W. wird aufwärts durch das Filterbett geleitet mit einer Geschwindigkeit, daß die Anziehungskräfte, welche die Filtermasse auf die zu entfernenden Feststoffteilchen ausüben, die Reibungskräfte zwischen W. u. dem darin suspendierten Filterbett übersteigen, so daß die Feststoffteilchen im Filterbett zurückgehalten werden. Beim Rückspülen von unten nach oben werden die im Filterbett festgehaltenen Festteilchen durch höhere Geschwindigkeit des Spülwassers ausgewaschen. Beim Filtrieren u. beim Rückspülen soll die Lage der Filtermasse u. damit das Porenvol. im Filterbett nicht verändert werden. Es wird Kies mit einem Durchmesser von $^1/_{16}$–$^1/_4$ in. verwendet. — Zeichnung. (**E. P. 677 644** vom 19/7. 1949, ausg. 20/8. 1952. Südafrikan. Prior. 22/7. 1948.) REICHELT. 6043

Infilco, Inc., Chicago, übert. von: **Walter H. Green,** Batavia, und **Anton A. Kalinske,** Elmhurst, Ill., V. St. A., *Abwasserbehandlung.* In eine Suspension von $CaCO_3$ wird das z. B. durch Feststoffe verunreinigte oder ölhaltige Abwasser (I) eingetragen u. kräftig gerührt. Nach entsprechender Berührungszeit wird das behandelte I in eine Ruhezone abgezogen. Dabei wird weiteres, zu behandelndes, mit einer z. B. dem BSB entsprechenden Menge $CaCO_3$ versetztes I nachgespeist. In der unter der Rührwrkg. stehenden Zone wird eine starke $CaCO_3$-Suspension aufrechterhalten, wobei z. B. die $CaCO_3$-Menge ungefähr das 3—50fache der in der hinzugeführten I enthaltenen Feststoffteilchen beträgt. Das durch angelagertes Öl verunreinigte $CaCO_3$ wird abgezogen nach Aufnahme von ca. 40% Öl u. durch frisches $CaCO_3$ ersetzt. (**A. PP. 2 613 180** vom 3/7. 1948 u. **2 613 181** vom 13/9. 1947, beide ausg. 7/10. 1952.) REICHELT. 6043

Infilco, Inc., V. St. A., *Behandlung von Abwasser.* Abwasser wird mit sauerstoffhaltigem Gas u. $CaCO_3$ unter Belüftung längere Zeit gut durchmischt, um eine Sedimentation der festen Teilchen zu verhindern, sodann wird das gereinigte W. vom Schlamm getrennt. Man kann auch während der Belüftungszeit akt. biol. Schlamm dem zu behandelnden Abwasser zusetzen. — Zeichnungen. (**F. P. 999 516** vom 10/11. 1949, ausg. 1/2. 1952. A. Prior. 11/6. 1949.) WITTHOLZ. 6043

Gerald I. Horvitz, Woodmere, N. Y., V. St. A., *Elektrolytische Gewinnung von Nebenprodukten aus industriellen Abfallaugen,* bes. sauren Abwässern mit 5—25% H_2SO_4 u. 5—35% $FeSO_4$. Die Fl. wird in 2 Teilströme geteilt u. durch eine Reihe von durch Diaphragmen getrennten elektrolyt. Zellen, der eine Strom durch den Kathodenraum, der andere durch den Anodenraum, geleitet. Anschließend wird jeder Strom mit SO_2 gewaschen, ein Strom im Kathodenraum mit nascierendem H_2, der andere im Anodenraum mit nascierendem O_2 behandelt. In jeder Kammer wird $Fe(OH)SO_4$ u. S abgeschieden. In der Lsg. noch vorhandenes $FeSO_4$ wird mit $Ca(OH)_2$ ausgeschieden, H_2SO_4 durch Eindampfen der Lsg. konzentriert. (**A. P. 2 618 592** vom 22/4. 1949, ausg. 18/11. 1952.) REICHELT. 6043

Carl Hilder Nordell, Palm Springs, Calif., V. St. A., *Diffusorrohre* für die Belüftung von Fll., z. B. zur *Abwasserbehandlung* nach dem aktivierten Schlammverfahren. Um einen hohlen Kern mit einer Vielzahl von Öffnungen für den Luftdurchtritt ist eine einzige Lage einer gedrehten, vielfädigen, zusammenpreßbaren Kordel aus einem Mischpolymerisat von Vinylchlorid u. Vinylidenchlorid gewickelt. (**E. P. 638 185** vom 30/1. 1948, ausg. 31/5. 1950. A. Prior. 26/2. 1947. **A. P. 2 555 201** vom 26/2. 1947, ausg. 29/5. 1951.) REICHELT. 6049

Arthur Thomas Palin, Hexham, England, *Chlorbestimmung von Wasser.* Zur Best. des Geh. an freiem, wirksamem Cl nach entsprechender Reaktionszeit nach der Cl-Zugabe, wird neutrales o-Tolidin u. ein Dispergierungsmittel (I) zur Stabilisierung der durch Cl hervorgerufenen blauen Farbe zugegeben. Die Best. von Art u. Menge des Cl wird z. B. colorimetr. unter Verwendung von Standardlsg. $[Fe(NH_4)_2\cdot(SO_4)_2]$ durchgeführt. In Übereinstimmung mit dem gefundenen Wert wird der Geh. an Cl in dem zu behandelnden W. geregelt. Als I ist bes. $(NaPO_3)_6$ geeignet, als Puffer zur p_H-Regulierung dient bes. eine Mischung von NaH_2PO_4 u. Na_2HPO_4. (**E. P. 680 427** vom 25/9. 1948, ausg. 8/10. 1952.) REICHELT. 6061

V. Anorganische Industrie.

K. F. Chudoba, *Fortschritt in der Diamantsynthese.* Vf. behandelt krit. die Verss., nach den Methoden von MOISSAN u. HANNAY sowie durch direkte Umwandlung von Graphit synthet. Diamanten herzustellen, u. kommt zu dem Schluß, daß auch bei Anwendung modernster Verff. infolge zahlreicher wissenschaftlicher u. techn. Probleme die baldige Entw. einer brauchbaren Diamantsynth. nicht zu erwarten ist. (Gemmologist **19.** 62—65. März 1950.) GEHLEN-KELLER. 6152

I. G. Farbenindustrie Akt.-Ges., Frankfurt/M. (Erfinder: **Walther Sommer,** Ludwigshafen/Rh.), *Abscheidung von Wasser aus stickoxydhaltigen Gasen.* Man kühlt indirekt oder durch Einspritzen von W. u. scheidet dadurch den Wasserdampf weitgehend als W. oder dünne HNO_3 ab. Dann werden die Gase in unmittelbare Berührung mit gekühlter HNO_3 mittlerer Konz. bei möglichst kurzem Verweilen der Gase gebracht. Hierdurch wird der Dampfdruck der Gase auf den der HNO_3 gesenkt, so daß starke Kondensation von W. im 1. Absorptionsturm vermieden wird. — Abbildung. (**D. R. P. 752 321** Kl. 12i vom 11/5. 1940, ausg. 11/5. 1953.) ZÜRN. H 243

I. G. Farbenindustrie Akt.-Ges., Frankfurt/M. (Erfinder: **Carl Eyer, Walther Sommer,** Ludwigshafen/Rh., und **Frederic van Taack-Trakranen,** Mannheim), *Entwässerung stickoxydhaltiger Gase* nach der Oxydation mit HNO_3. Das vorwiegend NO_2

enthaltende Gasgemisch wird erneut mit HNO_3, jedoch solcher Konz. u. bei solcher Temp. behandelt, daß sie sich mit dem NO_2 prakt. nicht unter Bldg. von HNO_3 umsetzt. Wendet man die HNO_3 im Gemisch mit Salzlsgg., bes. Nitratlsgg., z. B. $Ca(NO_3)_2$-Lsgg., an, so ist bei gleicher Temp. eine weitgehende Entwässerung erreichbar, oder es wird bei höherer Temp. die gleiche Wrkg. erzielt wie mit HNO_3 von niedrigerer Temperatur. (**D. R. P. 753115** Kl. 12i vom 29/4. 1942, ausg. 26/5. 1953.) ZÜRN. H 243

I. G. Farbenindustrie Akt.-Ges., Frankfurt/M. (Erfinder: **Walther Sommer**, Ludwigshafen/Rh.), *Überführung von NO in NO_2* durch Einw. von HNO_3. Man verwendet diese im Gemisch mit Lsgg. von Salzen, bes. von Nitraten, z. B. von $Ca(NO_3)_2$. Man erreicht dadurch die gleiche Wrkg. mit HNO_3 geringerer Konz. oder höherer Temperatur. Man kann die Oxydation in mehreren Stufen durchführen u. hierbei in einer oder mehreren dieser Stufen HNO_3 allein anwenden. (**D. R. P. 753 116** Kl. 12i vom 30/4. 1942, ausg. 26/5. 1953.) ZÜRN. H 243

I. G. Farbenindustrie Akt.-Ges., Frankfurt/M. (Erfinder: **Carl Eyer, Walther Sommer**, Ludwigshafen/Rh., und **Frederic van Taack-Trakranen**, Mannheim), *Absorption von Stickoxyde enthaltenden Gasen mittels wässeriger HNO_3*. Die Gase werden komprimiert, gekühlt, gegebenenfalls durch Oxydationsräume geleitet u. vor oder/u. während der sich anschließenden Absorption wieder entspannt. Man kann stufenweise entspannen u. dazwischen absorbieren. Man kann ferner die Gase vor der Entspannung mindestens teilweise entwässern. (**D. R. P. 753 949** Kl. 12i vom 10/3. 1943, ausg. 26/5. 1953.) ZÜRN. H 243

Phillips Petroleum Co., V. St. A. (Erfinder: **Martin R. Cines**), *Verbesserungen bei der Rußherstellung.* Zur Verbesserung der Eigg. von Ofenruß (I) bzgl. seines Verh. in Kautschukmischungen u. seiner Agglomerationsfähigkeit bei der Verdichtung wird der p_H-Wert von I auf einen Wert zwischen 2,9 u. 7 gebracht, indem man I in verdichteter oder flockiger Form mit einem 340—540° heißen Gasstrom, der 2,5—10 Vol.-% O_2 enthält, in einer geeigneten Vorr. in Kontakt bringt. Statt O_2 kann auch O_3-haltige Luft genommen werden. — Vorrichtung. (**F. P. 1 007 343** vom 19/12. 1949, ausg. 5/5. 1952. A. Prior. 28/12. 1948.) HEYNE. H 260

Chemische Werke Hüls G. m. b. H. (Erfinder: **Felix Schmieder**), Marl, Kr. Recklinghausen, *Verdichten von Ruß* unter gleichzeitiger Granulierung durch Behandeln mit Schlägern oder Schaufeln, die auf einer in der Trommelachse rotierenden Welle sitzen, wobei der Ruß während dieser Behandlung gekühlt wird. (**D. B. P. 859 509** Kl. 22f vom 23/12. 1941, ausg. 15/12. 1952.) NEBELSIEK. H 260

I. G. Farbenindustrie Akt.-Ges., *Verdichten von Ruß.* Bei der Verdichtung u. gleichzeitigen Granulierung von Ruß in den gebräuchlichen Apparaten entsteht Wärme, welche die Temp. auf 50—90° steigen läßt. Nach dem vorliegenden Verf. wird durch Kühlung die Temp. während der Operation auf 20—23° gehalten. Hierdurch kann die Stundenleistung z. B. von 35—40 kg auf 60—75 kg erhöht werden. (**F. P. 1 013 952** vom 25/11. 1942, ausg. 6/8. 1952.) HEYNE. H 260

E. I. du Pont de Nemours & Co., Wilmington, Del., übert. von: **Victor I. Montenyohl**, West Chester, Pa., und **Carl M. Olson**, Newark, Del., V. St. A., *Herstellung von Kieselsäuresolen.* In einer mit Sicherheitsventil versehenen Kugelmühle wird metall. Si in einer wss. Lsg. gemahlen, die 1—28% NH_3 oder 1—35% eines aliphat. oder aromat. Amins enthält. Die Basizität des Amins soll zwischen p_H 6 u. 12 liegen. Mit NH_3 werden hydrophobe u. mit Amin hydrophile Sole erhalten. (**A. P. 2 614 993** vom 10/8. 1949, ausg. 21/10. 1952.) ZÜRN. H 261

E. I. du Pont de Nemours & Co., Wilmington, Del., übert. von: **Joseph H. Balthis**, Mendenhall, Pa., V. St. A., *Herstellung von Kieselsäuresolen.* Feinverteiltes metall. Si wird bei 0—150° mit einer wss. Lsg. eines wasserlösl. Amins, das bei 20—25° ein p_H zwischen 6 u. 12 aufweist, oder bei 0—200° mit einer wss. Lsg. von NH_3 behandelt. Die Menge Amin beträgt 0,05—15 (Mol/1 g-Atom) Si, die des NH_3 $>$0,1/1 Si. Die Konz. des Amins ist 0,25—40 Gew.-%, die des NH_3 1—35 Gew.-%. (**A. PP. 2 614 994** vom 16/1. 1950 u. **2 614 995** vom 13/6. 1951, beide ausg. 21/10. 1952.) ZÜRN. H 261

Jean Ch. Seailles, Frankreich, *Gewinnung von Phosphor.* Al-Silicatschlacken werden einer reduzierenden Schmelzung unterworfen, um das Fe als Gußeisen zu entfernen. Die so gereinigte Schlacke wird mit Phosphat u. einem Reduktionsmittel weiter auf P verarbeitet. 1 t gereinigte Schlacke wird mit 1750 kg reinem Phosphat u. einer genügenden Menge C verschmolzen. Man erhält 350 kg P u. 1950 kg Al-reiche Schlacke, aus der in bekannter Weise das Al extrahiert werden kann. (**F. P. 1 011 965** vom 6/5. 1949, ausg. 2/7. 1952.) WITTHOLZ. H 264

Tennessee Valley Authority, übert. von: **Kelly L. Elmore**, Sheffield, und **John F. Shultz**, Pittsburgh, Pa., V. St. A., *Oxydieren von Phosphor.* Ein Gemisch aus überhitztem Wasserdampf u. P-Dampf im Verhältnis 16 : 1 bis 30 : 1 wird bei 600—900° durch einen Katalysator geleitet, der aus Cu, Pt oder deren Phosphiden auf Trägern besteht. Als solche dienen $AlPO_4$ u./oder $Al(PO_3)_3$ bzw. Pyrophosphate von Ti oder Zr. Es entsteht ein Gemisch aus P_2O_3 u. P_2O_5 neben überschüssigem Wasserdampf. — Abbildung. (**A. PP. 2 613 134** vom 27/9. 1950 u. **2 613 135** vom 28/9. 1950, beide ausg. 7/10. 1952.) ZÜRN. H 264

Solvay & Cie. (Erfinder: **Francis Mandeville Joscelyne**), Belgien, *Herstellung von festem Natriumhydroxyd*, dad. gek., daß eine wss. 92%ig. NaOH-Lsg., in feine Tröpfchen zerstäubt, bei 200—300° durch einen entgegenstreichenden trockenen Luftstrom von 60—120 cm/Sek. entwässert wird. Die gebildeten NaOH-Granula haben einen Wassergeh. von 0,07%. — Vorrichtung. (**F. P. 1 018 068** vom 28/4. 1950, ausg. 26/12. 1952. A. Prior. 24/5. 1949.) OPPERMANN. H 274

Potash Co., Denver, Colo., V. St. A., **Stanley Gustav Dehn**, London, *Flotation von Sylvinit.* Sylvinite, die neben KCl u. NaCl geringe Mengen an unlösl. Bestandteilen, wie Ton u. Gips, enthalten, werden in eine gesätt. Lsg. der Sylvinite eingeführt, die eine geringe Menge gelösten Pb oder Bi, z. B. 2 g/Liter, enthält. Die so erhaltene Trübe wird der Schaumflotation in Ggw. eines Sammlers unterworfen. Der Sammler besteht aus einer Mischung von Alkali- oder Ammonsalzen von aliphat. Fettsäuren mit verzweigten u. geraden Ketten. Diese Säuren werden beim Cracken von Petroleum gewonnen u. besitzen einen Kp. zwischen 300—550° F. 20% der Säuren sd. unterhalb 365°, 50% unterhalb 415° F u. 80% unterhalb 500° F. (**E. P. 669 390** vom 16/2. 1948, ausg. 2/4. 1952.) W. HAUSWALD. H 275

E. I. du Pont de Nemours & Co., Wilmington, übert. von: **Holger H. Schaumann**, Newark, Del., V. St. A., *Überhitzen von Metallhalogeniden, besonders von $TiCl_4$*, z. B. vor der Überführung in Oxyde durch Rk. mit O_2. Die festen, fl. oder dampfförmigen Halogenide bringt man mit sehr heißen feinen Teilchen eines festen, inerten Stoffes, z. B. von Quarzsand (I), derart in Berührung, daß die Halogeniddämpfe die feinen Teilchen in flüssigkeitsähnlichen Zustand überführen, u. trennt die überhitzten Halogenide von den abgekühlten feinen Teilchen, z. B. in einem Cyclon. — Z. B. werden in 1 Std. 200 lbs. $TiCl_4$ von 138° u. 500 I von 1000° mit einer Teilchengröße von 700 μ durch ein senkrechtes Rohr geführt. (**A. P. 2 614 028** vom 16/7. 1947, ausg. 14/10. 1952.) ZÜRN. H 321

Glidden Co., Cleveland, O., übert. von: **Wilmer O. Davis, Reuben Roseman** und **Benjamin W. Allan**, Baltimore, und **Ralph W. Neptune**, Dundalk, Md., V. St. A., *Herstellung von Fe-freiem Titanarsenat* aus schwefelsauren Lsgg. von Ti^{IV} u. Fe^{II}. Man setzt ein Alkaliarsenat zu, bis p_H 1,5 erreicht ist, filtriert das Titanarsenat (I) ab u. wäscht es frei von Fe-Verbb.; man kann auch zuerst As_2O_5 u. dann NaOH zusetzen. I enthält $<$0,5% wasserlösl. As_2O_5 u. dient als Schädlingsbekämpfungsmittel, ferner zusammen mit einer filmbildenden Fl. als Mittel gegen Fäulnis. (**A. P. 2 615 789** vom 18/8. 1948, ausg. 28/10. 1952.) ZÜRN. H 321

Vereinigte Aluminium-Werke Akt.-Ges., Berlin und Bonn (Erfinder: **Gerhard Holder**, Ludwigshafen/Rh., und **Wilhelm Fulda**, Strnisce pri Ptuju, Jugoslawien), *Aufarbeitung eines sich besonders aus Aluminatlaugen ausscheidenden Natriumvanadat-, Natriumarsenat-, Natriumphosphatsalzgemisches.* Das reine oder noch z. B. Na_2CO_3 u. Na_2SO_4 enthaltende Salzgemisch wird mit heißer (bes. 90—100°), konz. (bes. 40—45%ig.) NaOH behandelt. Dabei gehen Na_3VO_4 u. Na_3AsO_4 in Lösung. Aus der Lsg. krist. beim Erkalten phosphatarmes, arsenhaltiges $Na_3VO_4 \cdot 12\,H_2O$ aus. Aus dem Rückstand wird Na_3PO_4 gewonnen. (**D. B. P. 852 844** Kl. 12i vom 3/4. 1943, ausg. 20/10. 1952.) ZÜRN. H 330

Badische Anilin- & Soda-Fabrik, *Magnetisches Eisenoxyd für Magnetophonbänder.* Man geht aus von Lsgg., die Ferri- u. Ferrosalze enthalten, u. fällt in der Hitze mit Ammoniak. — Beispiel: 540 (Teile) $FeCl_3$-Kristalle u. 280 $FeSO_4$-Kristalle werden in 5000 H_2O gelöst u. nach Zugabe von weiteren 5000 W. auf 80° erhitzt. Unter Umrühren wird mit 25%ig. Ammoniak versetzt u. weiter 3 Std. gerührt. Nach Dekantieren, Filtrieren u. Waschen wird bei 100° getrocknet u. zerrieben. Das rotbraune Oxyd enthält kein zweiwertiges Fe mehr. (**F. P. 1 005 892** vom 14/10. 1947, ausg. 16/4. 1952.) SCHÖNAUER. H 354

Mond Nickel Co. Ltd., London (Erfinder: **De Witt Henry West** und **Albert Edward Wallis**, Clydach, Glamorganshire), England, *Reinigen von Ni- und Co-Lösungen.* Man behandelt die durch Fe verunreinigte Lsg. zuerst mit SO_2-haltiger Luft u. fällt das als Fe(III) vorliegende Fe mittels einer Base als $Fe(OH)_3$ aus. Die verbleibenden Co- u. Ni-Verbb. gewinnt man anschließend in bekannter Weise aus der Lösung. (**E. P. 672 993** vom 7/9. 1949, ausg. 28/5. 1952.) NEBELSIEK. H 356

Sherrit Gordon Mines Ltd., Toronto (Erfinder: **Frank Arthur Forward**, Vancouver), Can., *Extraktion von Ni-Verbindungen* aus Ni–Fe-haltigen Erzen. Man laugt ein Ni–Fe-sulfidhaltiges Erz mit starker $(NH_4)_2CO_3$-freier NH_3-Lsg. bei ca. 30—80° aus, wobei man unter Druck Luft zuführt. Die erhaltene Lsg. trennt man von dem Unlöslichen ab u. fällt mit H_2SO_4 bei p_H 6 $NiSO_4 \cdot (NH_4)_2SO_4$ aus, filtriert, wäscht mehrmals mit angesäuertem $(NH_4)_2SO_4$ aus, erhitzt dann auf ca. 315°, um das restliche W. u. NH_3 abzutreiben. Zur Zers. erhitzt man weiter auf ca. 600° u. zur Abtreibung der SO_2 u. SO_3 auf ca. 900°, um zum NiO zu gelangen. (**E. P. 670 184** vom 28/3. 1949, ausg. 16/4. 1952. Can. Prior. 6/11. 1948.) NEBELSIEK. H 356

Neri Corsini, Firenze, Italien, *Herstellung von Kupfersulfat* auf elektrolyt. Wege. Der Elektrolyt enthält freie H_2SO_4, z. B. 80—120 g/Liter, u. Cu-Ionen, ca. 15 g/Liter. Zwischen Cu-Anode u. Kathode befindet sich ein Bleischirm, der als unlösl. Anode dient u. die Löslichkeitsverhältnisse an den Elektroden regelt. Man arbeitet mit einer kathod. Stromdichte von 600—800 A/m² u. 2—2,5 V Spannung. (**Can. P. 482 754** vom 13/2. 1947, ausg. 29/4. 1952. It. Prior. 18/4. 1946.) WITTHOLZ. H 358

Valentin Weil und **Hans Zimmermann**, *Herstellung von künstlichen Edelsteinen* aus einer Fritte aus relativ viel Al_2O_3 u. geringen Mengen MgO, B_2O_3 oder Borax, um den F. der Fritte zu erniedrigen. Die Färbung kann mittels Metalloxyden erreicht werden. — Z. B. vermischt man innig 85—92 (%) Al_2O_3, 6—12 MgO u. 4 bis 8 einer Borverbindung. Es kann noch ein Zusatz von ZrO_2, TiO_2 u. PbO_2 erfolgen. Nach Erhitzen, Schmelzen u. erfolgter Abkühlung erhält man einen künstlichen Edelstein. (**F. P. 1 001 002** vom 5/12. 1949, ausg. 19/2. 1952.) BEWERSDORF. 6153

VI. Silicatchemie. Baustoffe.

George W. Morey, *Das ternäre System Na_2O–B_2O_3–SiO_2*. Mit Hilfe mkr. Unterss. der abgeschreckten Schmelzen konnten in dem Syst. Na_2O–B_2O_3–SiO_2 die folgenden invarianten Punkte festgelegt werden: a) bin. invariante Punkte: $Na_2O \cdot SiO_2 + Na_2O \cdot 2\,SiO_2$ = Liqu. (846°). $Na_2O \cdot SiO_2 + SiO_2$ = L (793°). $Na_2O \cdot B_2O_3 + Na_2O \cdot 2\,B_2O_3$ = L (740°). $Na_2O \cdot 2\,B_2O_3 + Na_2O \cdot 3\,B_2O_3$ = L (722°). $Na_2O \cdot 3\,B_2O_3 + Na_2O \cdot 4\,B_2O_3$ = L (766°). $Na_2O \cdot B_2O_3 + Na_2O \cdot SiO_2$ = L (833°). $Na_2O \cdot B_2O_3 + SiO_2$ = L (530°). $Na_2O \cdot 4\,B_2O_3 + SiO_2$ = L (675°). b) tern. invariante Punkte: $Na_2O \cdot B_2O_3 + Na_2O \cdot 2\,SiO_2 + Na_2O \cdot SiO_2$ = L (640°). $Na_2O \cdot B_2O_3 + Na_2O \cdot 2\,SiO_2 + SiO_2$ = L (520°). $Na_2O \cdot B_2O_3 + Na_2O \cdot 2\,B_2O_3 + SiO_2$ = L (520°). $Na_2O \cdot 2\,B_2O_3 + SiO_2 + Na_2O \cdot 3\,B_2O_3$ = L (570°). $Na_2O \cdot 3\,B_2O_3 + SiO_2 + Na_2O \cdot 4\,B_2O_3$ = L (600°). Im Syst. SiO_2–B_2O_3 konnte keine krist. Phase erhalten werden. Beim Erhitzen von gepulvertem glasigem $Na_2O \cdot 2\,SiO_2$ mit H_3BO_3 im Autoklaven konnte eine neue Verb., $Na_2O \cdot B_2O_3 \cdot 2\,SiO_2$, in Analogie zum Mineral Danburit vom F. 766° erhalten werden, ihr genaueres Existenzgebiet ließ sich jedoch nicht festlegen. Eingehender untersucht werden die bin. Systeme $Na_2O \cdot B_2O_3$–$Na_2O \cdot SiO_2$ sowie $Na_2O \cdot B_2O_3$–SiO_2 u. $Na_2O \cdot 4\,B_2O_3$–SiO_2, wobei zum Teil jahrelange Erhitzungsdauern bei konstanter Temp. bemerkenswert sind. (J. Soc. Glass Technol. **35**. 270—83. Dez. 1951.) HENTSCHEL. 6168

Je. P. Oshigow, K. G. Maidel und **A. N. Dorochina**, *Die Verwendung von Sandstein in der Glasschmelze*. Sandstein läßt sich auf trockenem oder nassem Wege reinigen u. konzentrieren. Das hieraus gewonnene Glas ist in dünnen Schichten farblos. Das im Großbetrieb angewandte Sandsteinkonzentrat enthält (in %) 95 SiO_2, 4,1 Al_2O_3 u. 0,35 Fe_2O_3. Das Trockenverf. ist weniger effektiv als das nasse, bes. bei den Sandsteinen mit festem Zement. Beide Verff. werden ausführlich beschrieben. (Стекло и Керамика [Glas u. Keramik] **9**. Nr. 4. 10—11. April 1952.) v. SCHROEDER. 6170

Guy Mayer und **Jules Gueron**, *Kinetik der Entfärbung von durch Bestrahlung in der Versuchsanlage von Chatillon gefärbten Gläsern*. Inhaltlich ident. mit der C. **1953**. 6816 referierten Arbeit. (Glass Ind. **34**. 127—31. 158—59. März 1953.) EICHHOFF. 6176

A. N. Tichonow und **R. G. Tempelman**, *Photomethoden zur Verzierung von Glasgegenständen*. Bericht über Verss. zur photograph. Übertragung von Gravüren, Schriftzeichen usw. auf Gläser verschied. Zusammensetzung. Das Ausätzen der photographierten Linien erfolgt durch Eintauchen des behandelten Glaskörpers oder Bestreichen der ersteren mit Flußsäure. Die Verwendung von Rasteraufnahmen mißlang bei den Versuchen. (Легкая Промышленность [Leicht-Ind.] **10**. 19—20. Juli 1950. Leningrad, Forschungslabor. der Fabrik für künstler. Glas u. Qualitätsgeschirr.) v. MICKWITZ. 6188

W. A. Weyl, *Die Bedeutung der Koordinationsforderungen der Kationen für die Konstitution des Glases*. 1. Mitt. *Allgemeine Überlegungen und die Konstitution der Alkalisilicatgläser*. In ihrer gegenwärtigen Form vermag die Theorie der beliebig vernetzten SiO_4-Tetraeder (WARREN, ZACHARIASEN) eine Reihe durch sorgfältige experimentelle Unterss. gesicherte Eigg. der Gläser nicht zu erklären. So treten schon bei den einfachsten Alkalisilicatgläsern Schwierigkeiten auf, wenn man die Erniedrigung des F. von Cristobalit u. die Verdampfungsgeschwindigkeit des Alkalis aus den Gläsern bei hohen Tempp. in Abhängigkeit von ihrem Alkaligeh. erklären will. Ferner sprechen das Verh. des therm. Ausdehnungskoeff., des spezif. Vol., des elektr. Leitvermögens u. der chem. Widerstandsfähigkeit eher für das Vorliegen definierter chem. Verbindungen. Es wird die Ansicht, daß die O^{2-}-Anionen als starre, durch kräftige elektr. Felder unbeeinflußte Kugeln aufzufassen wären, als mit der Netzwerktheorie kaum vereinbar dargestellt. Die Theorie von FAJANS über die Ionendeformation kann auch von Lsgg. auf den festen Zustand ausgedehnt werden. Die elektr. Wechselwrkg. von Ionen, die zu gegenseitiger Deformation u. Polarisation führt, tritt bes. deutlich bei großen Anionen u. Kationen mit unvollständig besetzten Elektronenschalen hervor. Es wird gezeigt, daß diese Polarisationserscheinungen nicht nur auf die Ionen vom Nichtedelgas-Typ beschränkt sind, sondern in gleicher Weise für die Systeme mit edelgasartigen Ionen der Alkalisilicatgläser gelten. Hier ist jedem größeren O^{2-}-Ion, das unter dem Einfl. benachbarter Kationen polarisiert ist, auf der einen Seite ein Si^{4+}-Ion u. auf der anderen Seite entweder ebenfalls ein Si^{4+}-Ion oder ein Alkaliion benachbart. Unter Berücksichtigung der Deformation der O^{2-}-Ionen wird die Netzwerktheorie durch Beachtung der Bindungskräfte zwischen den Ionen abgewandelt. (J. Soc. Glass Technol. **35.** 421—47. Dez. 1951. Pennsylvania State Coll., School of Mineral Ind.) HENTSCHEL. 6200

W. A. Weyl, *Die Bedeutung der Koordinationsforderungen der Kationen für die Konstitution des Glases.* 2. Mitt. *Der Einfluß von Temperatur und Zusammensetzung auf das Redoxgleichgewicht bei Gläsern.* (1. vgl. vorst. Ref.) Zwischen den Redoxvorgängen in Gläsern u. Schlacken einerseits u. in wss. Lsgg. andererseits besteht kein wesentlicher Unterschied. Für den Fall der Dissoziation des Fe_2O_3 wird gefolgert, daß das Fe^{3+}-Ion nur in einem Syst. stabil ist, in dem seine überschüssige elektr. Ladung neutralisiert u. außerdem sein Potentialfeld durch Anionen völlig abgeschirmt ist. Eine solche Stabilitätsbedingung wird durch 6 F^--Ionen oder 4 hochpolarisierbare O^{2-}-Ionen in enger Nachbarschaft oder 6 weniger polarisierbare O^{2-}-Ionen in größerem Abstand erfüllt. Da die Polarisierbarkeit eines O^{2-}-Ions mit abnehmenden positiven Feldern seiner Nachbarn zunimmt, sind z. B. die O^{2-}-Ionen im Magnesiumferrit stärker polarisierbar als diejenigen im Hämatit, u. daher ist auch Magnesiumferrit bei noch höherer Temp. stabiler als Fe_2O_3. Die Farbänderungen bei den verschied. Cr-haltigen Gläsern muß man mit der Änderung im Verhältnis von Cr^{3+} zu Cr^{6+} in Zusammenhang bringen, u. dieses hängt wieder mit der Polarisationswrkg. auf die O^{2-}-Ionen durch die anwesenden Kationen zusammen. P_2O_5 mit seinem hohen Potentialfeld vermindert die Polarisierbarkeit, während K_2O u. BaO mit ihrem geringen Potentialfeld entgegengesetzt wirken u. die Chromatbldg. begünstigen. Die Bedeutung der Begriffe des Säure- u. Alkaligrads bei Gläsern u. Schlacken wird im Hinblick auf die Abschirmungsanforderungen der vorhandenen Kationen erörtert. Alle Silicatgläser sind als Säuren aufzufassen u. die Polymerisation der Silicate als durch die Forderung des Si^{4-}-Ions nach besserer Abschirmung bedingt. Bei konstantem O : Si-Verhältnis kann man die Basizität eines Glases erhöhen, wenn man einige der das Netzwerk modifizierenden Kationen durch solche mit schwächeren Potentialfeldern (z. B. Na^+ durch K^+ oder Ca^{2+} durch Ba^{2+}) ersetzt. (J. Soc. Glass Technol. **35.** 448—61. Dez. 1951.) HENTSCHEL. 6200

W. A. Weyl, *Die Bedeutung der Koordinationsforderungen der Kationen für die Konstitution des Glases.* 3. Mitt. *Die chemische Beständigkeit der Gläser.* (2. vgl. vorst. Ref.) In ihrer gegenwärtigen Fassung vermag die Netzwerktheorie der ungeordneten SiO_4-Gitter die Tatsache nicht zu erklären, daß bei Natron–Kalk–Kieselsäure-Gläsern ein Ersatz des Na durch Si zur Zerstörung des Glases führt; auch andere Befunde über Beständigkeit von Gläsern vermag die Theorie nicht zu erklären. Es wird gezeigt, daß man die Rkk. zwischen einem Glas u. W. auf Grund der Koordinationsforderungen des Si^{4+}-Ions u. seine Abhängigkeit von der Polarisierbarkeit der umgebenden O^{2-}-Ionen erklären kann. Die Wrkg. des W. auf ein übliches Glas führt zur Verdrängung eines Teils der Na^+- u. Ca^{2+}-Ionen durch H^+ unter Bldg. eines Films aus „Wasserstoffglas", bei dem zunächst die Si^{4+}-Ionen unvollständig abgeschirmt sind. Daher zieht der Film weitere Wassermoll. an, quillt u. verleiht dadurch der Glasoberfläche einen gewissen Schutz u. eine Verzögerung der Korrosion. Bei der Alterung einer Lsg. von Orthokieselsäure treten 2 wesentlich verschied. Vorgänge auf, nämlich Polymerisation zur Erfüllung der Koordinationsforderungen des Si^{4+}-Ions u. Kondensation infolge von Wasserabspaltung. So kann auch eine Erklärung für die Kontraktion bei der Herst. des Vycor-Glases gegeben werden; ebenso läßt sich die Wrkg. alkal. Lsgg. auf Glas

u. der Befund von DIMBLEBY u. TURNER über die Wrkg. verschied. Kationen auf die Korrosion des Glases durch W. erklären. (J. Soc. Glass Technol. **35.** 462—68. Dez. 1951.) HENTSCHEL. 6200

W. A. Weyl, *Die Bedeutung der Koordinationsforderungen der Kationen für die Konstitution des. Glases. 4. Mitt. Die atomistische Deutung des Schmelzens binärer Verbindungen.* (3. vgl. vorst. Ref.) Als Vorstudien zur Unters. des Schmelzens von Gläsern u. des Viscositätsverh. ihrer Schmelze werden zunächst einfache krist. Verbb., bes. die Alkalihalogenide, untersucht. Hiernach beginnt der Schmelzvorgang, sobald die Beweglichkeit der Ionen infolge der Temperaturerhöhung genügend groß ist, um einige Kationen aus dem Gitterverband abzutrennen. Die Abstoßung zwischen einem solchen losen Kation u. einem anderen Kation setzt den Zerstörungsprozeß des Kristalls fort. Es wird angenommen, daß bei einfachen bin. Verbb. der Ausdruck für die Abstoßung, für den Betrag der Energie u. des Vol. beim Übergang vom geordneten zum ungeordneten Zustand entscheidend ist. Die Abstoßung ist für Ionen vom Edelgastyp größer als für die stärker polarisierten Kationen, die meist diesem Typ angehören, in Übereinstimmung mit der Tatsache, daß Verbb. mit Ionen vom Nichtedelgas-Typ niedrigere FF. als diejenigen mit Edelgas-Typ aufweisen. Im Sinne dieser Vorstellung wird die Frage der Strukturveränderungen während des Schmelzens von NaCl behandelt, ferner der Einfl. der Polarisierbarkeit des Kations sowie des Verhältnisses von Anion zu Kation, auf den F., die latente Schmelzwärme, die therm. Ausdehnung der geschmolzenen Salze u. die Bldg. eutekt. Schmelzen. Bei entsprechenden Verbb. von Kationen mit annähernd gleichem Ionenradius (z. B. Mg^{2+} u. Zn^{2+} oder Ag^+ u. Na^+) hat diejenige mit dem stärker polarisierten Kation stets den niedrigeren Schmelzpunkt. Einer parallelen Erscheinung zu dieser Regel begegnet man bei den Alkali-Magnesium-Silicatgläsern für die Temp., bei der die Viscosität von $\eta = 10^9$ P. erreicht wird, wenn Mg durch Zn, Co, Mn u. bes. Cu ersetzt wird. Bei Gläsern dehnt sich die latente Schmelzwärme über einen weiten Temperaturbereich aus; aber bei Ionen, die aneinander vorbeiwandern, kann man einen meßbaren endothermen Effekt feststellen; derselbe nimmt bei den Alkalisilicatgläsern bei ca. 500° ab, wenn die kleineren Na^+-Ionen durch die größeren u. polarisierbareren K^+-Ionen ersetzt werden. Auch die Ritzhärte der Stoffe steht mit diesen Vorstellungen in Einklang. (J. Soc. Glass Technol. **35.** 469—86. Dez. 1951. Pennsylvania State Coll.) HENTSCHEL. 6200

H. I. Sephton, *Ein Laboratoriumsofen mit hydraulisch steuerbarer Höhenlage der heißen Zone.* Ein mit Globarstäben geheizter Ofen, welcher in jedem Temperaturzustand schnell u. leicht durch hydraul. Mechanik über Proben geschoben werden kann, u. in dem jede Art von Gasatmosphäre einstellbar ist. (Amer. ceram. Soc. Bull. **31.** 322—23. Sept. 1952. Alfred, N. Y., New York State Coll. of Ceramics, Alfred Univ.) SCHÜTZ. 6210

George J. Bishop III, *Pyrophyllit in feuerbeständigen Emails.* Ein Zusatz von *Pyrophyllit,* zweckmäßig zusammen mit Kaolin, erhöht die Hitzebeständigkeit des Emailüberzuges. Es wird ein Gemisch aus 65 (%) Fritte, 25 Pyrophyllit u. 10 Kaolin bevorzugt. Das Aufstäuben einer Pyrophyllitschicht auf die frisch eingebrannte Grundemailschicht hat sich nicht bewährt. — Diagramm. (Amer. ceram. Soc. Bull. **31.** 493—96. Dez. 1952. Clemson, S. C., Clemson Coll.) MARKHOFF. 6212

Earl B. Kinter, Adolph M. Wintermyer und **Max Swerdlow,** *Elektronen-Mikroskopie von Bodentonen und verwandten Materialien.* Die Arbeit zeigt elektronenmkr. Aufnahmen der verschiedensten Tone. (Publ. Roads **27.** 89—100. Dez. 1952.) K. SEIDEL. 6216

Gamal M. Gad, *Die feuerfesten Rohstoffe von Barramyia.* Unters. über die Serpentine, Talke, Magnesit u. Chromit von *Barramyia* in Oberägypten. Die dortigen Materialien sind für die feuerfeste Industrie geeignet, vor allem das Chromitmaterial wegen des geringen SiO_2-Gehaltes. (Trans. Brit. ceram. Soc. **51.** 429—37. Sept. 1952. London, Imp. Coll. of Sci. and Technol., Dep. of Chem. Engng. and Appl. Chem.) SCHÜTZ. 6218

C. R. Payne, *Zemente.* (Vgl. C. **1952.** 5960.) Fortschrittsbericht 1951. (Ind. Engng. Chem. **44.** 2292—95. Okt. 1952.) K. SEIDEL. 6222

A. G. Ward, *Die Rheologie von Baustoffen.* Für Mörtel, Beton, Gips, bituminöse u. ähnliche Stoffe, für die auf der Baustelle ihre Konsistenz u. Verarbeitbarkeit ein Maß für die Fließeigg. darstellt, ist die genaue Kenntnis der letzteren wichtig. Hierzu sind grundlegende Unterss. über die Beziehung der Fließeigg. zu der Struktur u. Zus. des Syst. nötig. Nach allg. Erörterung der Laboratoriums- u. empir. Prüfungsmethoden vergleicht Vf. an Mastix mit einem Ausflußgerät durchgeführte Messungen mit empir. gewonnenen Ergebnissen. (Chem. and Ind. **1951.** 1026—28. 24/11. Garston, Watford, Herts., Building Res. Stat.) DICKHAUT. 6226

G. M. Blaimont, J. R. G. de Bast, P. G. Migeotte und **H. P. C. Vandecapelle,** *Ein neuer Weg zur Untersuchung der Viscosität des Glases bei und unter dem Anlaßbereich.*

Es wird ein App. beschrieben, mit dem größere zylindr. Glasproben unterhalb der Erweichungstemp. auf ihr Fließverh. untersucht werden können. Die in einem Ofen, der gleichzeitig eine polariskop. Unters. erlaubt, erhitzte Probe wird zwischen zwei Säulen einem hohen Druck ausgesetzt u. die Verkürzung mit einer elektr. Meßzelle nach BALDWIN gemessen. Auch ein Extensiometer mit Diamantschneiden wird beschrieben. Für das untersuchte Tafelglas der Zus. SiO_2 72 (%), R_2O_3 1,5, CaO + MgO 12, Na_2O + K_2O 14,5 wurde bei 525° in Übereinstimmung mit Ergebnissen an gedehnten Glasfäden log a = 14,35 gefunden. (J. Soc. Glass Technol. **35**. 490—96. Dez. 1951.) HENTSCHEL. 6242

Owens-Corning Fiberglas Corp., Toledo, übert. von: **Ralph L. Tiede**, Newark, Ohio, und **Fay V. Tooley**, Urbana, Ill., V. St. A., *Glas zur Herstellung von Glasfasern*. Zur Faserherst. bes. geeignete Gläser haben die Zus. 19—25 (Gew.-%) CaO, 12—16 Al_2O_3, 52—56 SiO_2 u. 8—13 B_2O_3. — Beispiel für eine Glaszus.: 22 CaO, 14 Al_2O_3, 54 SiO_2 u. 10 B_2O_3. (**A. P. 2 571 074** vom 2/11. 1948, ausg. 9/10. 1951.) HANS HOFFMANN. 6171

Soc. An. des Manufactures des Glaces et Produits Chimiques de Saint-Gobain, Chauny & Cirey, Paris, Frankreich (Erfinder: **R. E. Lambert**), *Herstellung von Glas im elektrischen Ofen*. Man verhindert eine Verfärbung des Glases durch Kohle- oder Graphitelektroden, indem man als Heizstrom Gleichstrom verwendet u. als Anode die Kohleelektroden benutzt. (**Schwed. P. 136 132** vom 11/8. 1944, ausg. 17/6. 1952. F. Prior. 11/8. 1943.) JÜRGEN SCHMIDT. 6173

Joseph I. Strobel, Washington, D. C., V. St. A., *Oberflächenbehandlung von durch Niederdruck verformten, mit Kunstharz imprägnierten Glasgeweben*. Um die kleinen Löcher u. Risse in der harten Oberfläche auszufüllen, wird diese mit einem fl. Kunstharz aus Tetraäthylenglykoldimethacrylat, dem 2% Lauroylperoxyd zugefügt werden, überzogen u. so lange abgeschmirgelt, bis sie sich trocken anfühlt. Nach Anwendung eines Sandstrahlgebläses wird ein 2. Überzug obigen Kunstharzes aufgebracht; man hält die Temp. ca. 25 Min. auf 125° u. läßt dann abkühlen. Anschließend wird die Oberfläche mit dem eigentlichen Farb- u. Schutzlack überzogen. (**A. P. 2 583 024** vom 19/3. 1948, ausg. 22/1. 1952.) LAASS. 6189

Farbwerke Hoechst, vormals Meister Lucius & Brüning (Erfinder: **Hans Joachim Hahn** und **Fritz Winkler**), Frankfurt/M., *Licht- und wärmestabile Kondensationsprodukte des Polyvinylalkohols* oder seiner Derivv. mit aliphat. Aldehyden erhält man durch Kondensation mit geringen Mengen eines substituierten Aldehyds oder aldehydabspaltenden Körpers mit den funktionellen Gruppen $-OH$, $-NO_2$, $-S-$, $-NR_1(R_2)$, worin R_1 u. R_2 = H oder Alkyl, oder eines heterocycl. Aldehyds, der N oder S im Ring hat. Genannt sind: Oxy-, Nitro-, Rhodan-, Thioaldehyde, N-Piperidoacetaldehyd, o-Chinolin- u. α-Thiophenaldehyd. — Beispiele. — *Folien* u. Zwischenschichten für *Sicherheitsglas*. (**D. B. P. 888 008** Kl. 39c vom 1/6. 1951, ausg. 27/8. 1953.) SCHINDLER. 6201

E. I. du Pont de Nemours & Co., Del., übert. von: **Allen Cleland Buck**, New Brunswick, u. **Joseph Francis Conlon**, Metuchen, N. J., V. St. A., *Festhaftende Überzüge auf Glas*, die gegen W., schwache Alkalien oder Säuren, Seifenlsgg. u. organ. Lösungsmittel beständig sind. Die Überzugslsg. besteht z. B. aus 33,9 (Teilen) Epoxyoxypolyätherharz, 6,1 Citronensäure (I), 58,0 Äthylenglykolmonoäthyläther, 2,0 Xylol u. wird nach dem Aufbringen ca. 15 Min. auf 925° F erhitzt. An Stelle von I können z. B. auch Tricarballyl-, Aconit- oder Diglykolsäure verwendet werden. Der Lsg. kann ein transparenter organ. Farbstoff, der von obigen Säuren nicht angegriffen wird u. hitzefest ist, zugegeben werden. (**A. P. 2 569 920** vom 21/4. 1949, ausg. 2/10. 1951.) LAASS. 6201

Libbey-Owens-Ford Glass Co., Toledo, O., V. St. A., übert. von: **Arthur R. Weinrich**, *Herstellung von transparenten Spiegeln*, dad. gek., daß die glatte Oberfläche eines transparenten Gegenstandes mit einer Metalloxydschicht (z. B. Al_2O_3, Sb_2O_4) überzogen wird, wobei zuerst durch Erhitzen des Oxyds u. des Gegenstandes im Vakuum auf diesem eine Oxydschicht einer niederen Oxydationsstufe erzeugt wird, die dann bei über 200° in einer Atmosphäre mit einem O_2-Partialdruck von mindestens 50 mm Hg in die höhere Oxydationsstufe übergeführt wird. (**Can. P. 483 606** vom 2/1. 1948, ausg. 27/5. 1952. A. Prior. 3/11. 1947.) OPPERMANN. 6203

Fritz Lieblang und **Hans Luckhardt**, Deutschland, *Glasieren von Betonplatten*. Man bringt z. B. zunächst auf eine Betonplatte von ca. 10 cm Dicke eine 1,5 cm dicke Schicht aus einer Mischung von 1 (Volumteil) PbO_2-Pulver, 3 Ziegelsteinmehl u. 1,5 einer 66% W. enthaltenden Wasserglaslsg. auf. Nach einigen Std. ist diese Schicht abgebunden u. erhärtet. Darauf wird eine Bleiglasurmasse aufgestrichen, die man zum Verschmelzen bringt. (**F. P. 1 001 986** vom 9/7. 1946, ausg. 29/2. 1952.) BEWERSDORF. 6213

United Insulator Co. Ltd., Tolworth, Surbiton, und **Basil Edmund Waye**, New Malden, Surrey, England, *Keramisches Dielektrikum.* $BaTiO_3$ wird mit 0,1—10 (%) der Fluoride des Ni oder Fe oder 0,1—0,48 der Fluoride der Metalle der zweiten Gruppe des Period. Syst., wie BeF_2, MgF_2, CaF_2, ZnF_2, SrF_2, BaF_2, oder NaF oder PbF_2 gemischt u. bei ca. 1350° gesintert. Durch den Zusatz der Fluoride soll der OHMsche Widerstand erhöht werden. (**E. P. 669 941** vom 2/9. 1949, ausg. 9/4. 1952.) REINHART. 6215

Champion Spark Plug Co., Toledo, Ohio, V. St. A., *Isolierkörper.* Kristallines Al_2O_3 wird mit 5—25 (Gew.-%) Mullit oder mullitbildenden Stoffen u. 2—10 Flußmitteln, wie Oxyden der Metalle der zweiten Gruppe des Period. Syst., vermischt, geformt u. gebrannt. Als mullitbildende Stoffe können Al-Silicate, wie Sillimanit, Cyanit oder dgl., oder SiO_2 verwendet werden, die mit dem Al_2O_3 Mullit bilden kann. Die M. besteht z. B. aus 84 Al_2O_3, 10 Andalusit, 6 MgO. Das Silicat–Flußmittel-Gemisch setzt beim Brennen der Formkörper die Sintertemp. unter den F. des Al_2O_3 herab. Die Flußmittel vermindern oder verhindern beim weiteren Brennen die Bldg. von Mullit, während sie die Tonerde im wesentlichen unangegriffen lassen. Das Verf. eignet sich bes. zur Herst. von *Zündkerzenisolatoren.* (**E. P. 678 636** vom 24/4. 1950, ausg. 3/9. 1952.) REINHART. 6215

Phillips Petroleum Co., Bartlesville, Okla., V. St. A. (Erfinder: **Sam Perry Robinson**), *Tonerdekörper.* Körper für Wärmeaustauscher werden durch Formen u. Brennen von Gemischen hergestellt, die aus fein verteiltem Al_2O_3 u. Al-Silicaten bestehen, in welchen SiO_2 0,3—12 (Gew.-%) der freien Tonerde ausmacht. In der M. dürfen nicht mehr als 1 freie SiO_2 u. Verunreinigungen vorhanden sein. Die Körper werden zwischen 2900 bis 3200° F mindestens 2 Std. gebrannt. Die Porigkeit soll danach 5—20 betragen, u. die mittlere Größe der Al_2O_3-Kristalle soll zwischen 0,5 u. 50 μ liegen. So hergestellte Austauschkörper sind temperaturwechselbeständig u. abriebfest. (**E. P. 676 538** vom 20/9. 1949, ausg. 30/7. 1952. A. Prior. 4/10. 1948.) REINHART. 6217

Ivar Setterberg, Lyckorna, Schweden, *Feuerfeste Ziegel.* Es wird ein Mörtel aus feingemahlenem Chromit u./oder Magnesit mit Wasserglas als Bindemittel bereitet. Zweckmäßig wird hierbei saures Wasserglas mit einem Geh. von 75% SiO_2 benutzt, um ein möglichst dichtes Gefüge des Mörtels nach seiner Erhärtung zu erhalten. Die Mischung wird gegebenenfalls mit so viel W. verd., daß sie eine für die Formgebung brauchbare Konsistenz erhält. In diesen Mörtel wird *SiC* in Form von Körnern oder Stücken in einer Menge eingebracht, die das 3—4fache des Mörtels ausmacht. Der SiC-Geh. des fertigen Prod. beträgt 75—80%. Aus der M. werden Ziegel, etwa durch Pressen, hergestellt u. nach dem Entformen getrocknet. In dem fertigen Prod. liegt das SiC in dem erhärteten Mörtel dicht eingebettet u. ist dadurch bei der Verwendung der Erzeugnisse in metallurg. Öfen gegen Oxydation geschützt. (**D. B. P. 866 022** Kl. 80b vom 21/10. 1949, ausg. 5/2. 1953.) REINHART. 6219

I. G. Farbenindustrie Akt.-Ges. (Erfinder: **Karl Daimler** und **Heinz Thron**), Frankfurt/M., *Erhöhung der Fließbarkeit von tonhaltigen Schlämmen.* Tonhaltige Schlämme, bes. *Zementrohschlämme,* werden zweckmäßig während der Vermahlung mit geringen Mengen von mit Alkalilauge in der Hitze erhaltenen Umwandlungsstoffen solcher industrieller Abfälle vermischt, die nebeneinander Eiweißstoffe u. natürliche oder künstliche organ. Gerbstoffe enthalten. Als Zusätze kommen Altlederabfälle, soweit sie mit organ. Gerbstoffen behandelt sind, nach Erhitzung mit Alkalien in Frage. (**D. R. P. 752 066** Kl. 80b vom 24/4. 1942, ausg. 10/11. 1952.) HANS HOFFMANN. 6223

Dr. Georg Meder, Harzer Dolomitwerke, Scharzfeld, Südharz (Erfinder: **Walter Riedelsberger**, Frankfurt/M.-Griesheim), *Herstellung von Magnesiazementen.* Bei der Herst. von aus MgO u. lösl. Mg-, gegebenenfalls auch Ca-Salzen bestehenden Magnesiazementen wird das MgO aus geeigneten Mg-Verbb. durch Glühen hergestellt, denen vor oder bei dem Brennen solche Mengen von HCl, H_3PO_4 u./oder Ca- oder Mg-Salzen zugesetzt sind, daß die Säuren beim Glühen auf 600—850° prakt. nicht frei gemacht werden. (**D. B. P. 868 272** Kl. 80b vom 6/7. 1943, ausg. 23/2. 1953.) HANS HOFFMANN. 6223

Metallgesellschaft Akt.-Ges., Frankfurt/M. (Erfinder: **Willy Franke**, Frankfurt/M., **Paul Royen**, Frankfurt/M.-Ginnheim, und **Karl Ebner**, Oberursel, Taunus), *Herstellung von Massen auf der Grundlage von Magnesiumoxyd–Magnesiumsulfat.* Zur Herst. von Massen für die Steinholzbereitung oder dgl. Bauzwecke werden MgO–$MgSO_4$-Gemische verwendet, die durch teilweise therm. Zers. von $MgSO_4$ oder Hydraten des $MgSO_4$ gewonnen sind. Zwecks Herst. schnell erhärtender Mischungen wird die teilweise Zers. bis auf $MgSO_4$-Gehh. von 80—40% durchgeführt. (**D. B. P. 867 974** Kl. 80b vom 2/10. 1948, ausg. 23/2. 1953.) HANS HOFFMANN. 6223

Georg Brass, Radevormwald, *Mischung für Formsteine aus Bimsbeton* oder dergl., dad. gek., daß außer Bims u. Zement eine Beimengung von hartem Steinsplitt, z. B.

Basaltsplitt oder grobem Kies, erfolgt. Beimengung 25—50% der Gesamtmischung. Erhöhung der Festigkeit u. des Putzhaftvermögens. (**D. B. P. 890 126** Kl. 37b vom 5/9. 1950, ausg. 17/9. 1953.) SCHINDLER. 6225

Anorgana, Gendorf, Obb. (Erfinder: **Werner Wolff,** Neuötting), *Aufarbeiten von Kalkschlämmen auf Trockenkalk.* Durch Zusatz von Stückkalk (I) wird das W. im Schlamm zum Teil chem. gebunden, während das restliche W. durch die Reaktionswärme verdampft wird. Hierbei wird der gesamte Kalk in pulverförmigen Löschkalk übergeführt. An Stelle von I kann auch CaC_2 angewendet werden; das entstehende C_2H_2 wird aufgefangen u. getrocknet. (**D. B. P. 869 022** Kl. 80b vom 31/1. 1951, ausg. 2/3. 1953.) HANS HOFFMANN. 6227

Johann Nowak, Köln-Rath, *Befestigen von Glas auf einer Unterlage.* Zur Herst. von Wandbekleidungen aus Glas wird als Haftmittel eine *Zement–Kalk-Mischung* verwendet, der Milchsäure beigemischt ist. Gegebenenfalls kann auch noch Leinöl zugesetzt werden. (**D. B. P. 869 312** Kl. 80b vom 3/5. 1951, ausg. 2/3. 1953.) HANS HOFFMANN. 6227

Fritz Willersinn, Deutschland, *Herstellung künstlicher Steine* aus 8 (Teilen) Sand (<1 mm), 1 Quarzpulver, 4 Calciumcarbidschlamm. Man fügt noch 4—6 Vol.-% Ton (Bentonit) u. so viel W. hinzu, daß ein Feuchtigkeitsgeh. von ca. 15—20% erhalten wird. Gegebenenfalls kann man dem W. auch noch 2 Bauxitabfallschlamm zusetzen. Es werden Körper gepreßt, diese getrocknet u. später 10 Std. einer Dampfeinwrkg. bei einem Druck von 8 at unterworfen. (**F. P. 1 010 131** vom 31/7. 1948, ausg. 10/6. 1952.) BEWERSDORF. 6229

Anneliese Leininger, Wiesbaden, *Herstellung von Dämmstoffen für Bauzwecke.* Zwecks Herst. wärme- u. schalldämmender Baustoffe werden Halmgewächse, z. B. Flachs oder Hanf, welche einen geringen Stärkegeh. u. einen hohen Geh. an wasserunlösl. Stoffen aufweisen, zerkleinert u. mit einem Gemisch aus Bitumenemulsion u. einem wasserunlösl. gemachten Silicatkleber (I) gebunden. Als I wird Wasserglas verwendet, welches mit Al-Acetat u. gegebenenfalls noch mit Metallfluoriden wasserfest gemacht ist. (**D. B. P. 869 311** Kl. 80b vom 17/7. 1951, ausg. 2/3. 1953.) HANS HOFFMANN. 6229

J. H. Granholm und **V. Saretok,** Göteborg, Schweden, *Herstellung von Holzfaserplatten.* Man verpreßt eine M. aus Holzteilchen u. einer Leimlsg., wobei diese auf die Teilchen aufgespritzt wird, während diese sich auf schrägen Rüttelblechen abwärts bewegen. Man kann hierbei verschied. Leimlsgg. nacheinander zur Einw. bringen, bes. auch den letzten Blechen Härtungsmittel zusetzen. — Zeichnung. (**Schwed. P. 132 914** vom 23/2. 1948, ausg. 11/9. 1951.) JÜRGEN SCHMIDT. 6229

Torfoleum-Werke Eduard Dyckerhoff, Poggenhagen, Hann. (Erfinder: **Gerhard Frikell,** Blumenau bei Wunstorf, und **Hugo Dölfes,** Gr. Heidorn), *Herstellung von Holzwolle-Leichtbauplatten.* Die bei der Herst. gipsgebundener Holzwolle-Leichtbauplatten anfallenden Abfälle werden im Luftstrom auf Tempp. nicht über 130° erhitzt, bis das $CaSO_4 \cdot 2\,H_2O$ in $CaSO_4 \cdot \frac{1}{2}\,H_2O$ umgewandelt ist. Das Regenerat wird mit Gips u. W. versetzt u. in üblicher Weise zu Formkörpern verarbeitet. (**D. B. P. 868 571** Kl. 80b vom 26/9. 1951, ausg. 26/2. 1953.) HANS HOFFMANN. 6229

VII. Agrikulturchemie. Schädlingsbekämpfung.

P. K. Iwanow, *Der Einfluß mehrjähriger Gräser auf Struktur und Wasserhaushalt des Bodens.* Im Bereich der Ackerkrume von mehrjährigen Gräsern werden 4—15 t Wurzeltrockenmasse je ha hinterlassen, entsprechend der organ. Substanz von 16 bis 60 t Stallmist. Dabei muß man beachten, daß der Teil der Wurzeln, der bereits während der Entw. abstirbt u. den Boden mit organ. Substanz anreichert, bei dieser Berechnung nicht erfaßt wird. Die Wurzeln der Gräser sind feiner, diejenigen der Leguminosen dicker u. tiefergehend. Bes. günstig haben sich Mischungen von mehrjährigen Gräsern mit ausdauernden Leguminosen erwiesen. Der Geh. des Bodens an wasserbeständigen Krümeln wird dadurch verbessert. (Почвоведение [Bodenkunde] **1950.** 3—11. Jan.) A. JACOB. 6304

D. Issmailow, *Düngung der Baumwolle mit organo-mineralischen Düngemitteln.* Düngung mit organo-mineral. granuliertem *Superphosphat* hat eine gute Wrkg. auf den Baumwollertrag, bes. wenn es in verschied. Gaben sowohl als Grunddüngung vor der Bestellung als auch als Kopfdüngung verabreicht wird. (Хлопководство [Baumwoll-Wirtsch.] **3.** Nr. 5. 28—32. Mai 1953. Aserbeidshan, Wiss. Forschungsinst. für Baumwollbau.) A. JACOB. 6304

S. F. Wolotschkowa, *Die Anwendung von Düngemitteln bei Sommer- und Winterweizen bei Bewässerung im Gebiet von Rostow.* Einpflügen der Phosphorsäuredünger zur Winterfurche erwies sich als sehr wirksam. Auf bewässerten Feldern von Sommer- u. Winterweizen war die Anwendung von granuliertem *Superphosphat* (**I**) günstiger als die von feinkörnigem. Korngrößen von 1—2, 2—4 u. 1—4 mm zeigten keine Unterschiede in der Wrkg.; organo-mineral. gekörnte Dünger waren bei Sommerweizen wirksamer als **I** allein. Ein Gemisch aus **I** u. verrottetem Stallmist (1 : 4) war bei Sommerweizen wirksamer als organo-mineral. Granula. (Доклады Всесоюзной ордена Ленина Академии Сельскохозяйственных Наук имени В. И. Ленина. [Ber. Allunions landwirtsch. (Lenin-Orden) Lenin-Akad.] **18.** Nr. 4. 16—21. 1953. Rostow/Don, Selektionsstat.) A. JACOB. 6304

Ja. Ss. Nessterow, *Die Wirksamkeit der Einbringung organo-mineralischer granulierter Düngemittel bei Erdbeeren.* Organo-mineral. granulierte Dünger (*Superphosphat* + *Humus*) haben eine bessere Wrkg. als feines Superphosphat, selbst wenn dies zusammen mit Humus verabreicht wird. Vor allem entwickeln sich die Wurzeln besser. (Доклады Всесоюзной ордена Ленина Академии Сельскохозяйственных Наук имени В. И. Ленина [Ber. Allunions landwirtsch. (Lenin-Orden) Lenin-Akad.] **18.** Nr. 5. 30—32. 1953. Allunions Wiss. Forschungsinst. für Pflanzenbau.) A. JACOB. 6304

I. K. Artjuchow und **W. W. Turtschin,** *Die Bedeutung von granulierten Düngemitteln bei der Erhöhung des Ernteertrages bei Winterweizen auf Schwarzerdeböden der Steppenzone der UkrSSR.* Bei Reihendüngung mit gekörnten Mischungen von organ. Stoffen mit *Superphosphat* (1 : 1) wendet man je ha 50—100 kg des Gemisches an. Die Korngröße der Dünger aus Superphosphat u. organ. Stoffen bemißt man zweckmäßig auf 2—5 mm. (Советская Агрономия [Sowjet. Landwirtschaftskunde] **11.** Nr. 4. 48—54. April 1953. Ukrain. Wiss. Forschungsinst. für Getreidebau.) A. JACOB. 6304

H. W. Gardner, *Stickstoffdüngung zur Erhöhung des Proteingehaltes von Getreide.* Durch wiederholte $NaNO_3$-Gaben läßt sich der Proteingeh. von Getreidekörnern erheblich steigern, z. B. bei Weizen von 11,29% auf 13,62%. (J. Ministry Agric. **60.** 95—97. Mai 1953. Hertfordshire, Inst. of Agriculture.) GRIMME. 6304

P. Protassow und **N. Eidelnant,** *Über späte Gaben von Stickstoffdünger bei Baumwolle.* Bei niedrigen *N*-Gaben (bis zu 50 kg/ha) führt eine verspätete Anwendung der Kopfdüngung zu einer Verminderung der Wrkg., da dann hauptsächlich die Blattmasse erhöht wird. Bei erhöhten N-Gaben (100 kg/ha) kann eine teilweise Nachdüngung im August vorteilhaft sein. (Хлопководство [Baumwoll-Wirtsch.] **3.** Nr. 6. 9—14. Juni 1953. Allunions Wiss. Forschungsinst. für Baumwollbau, Zentralstat. für Düngemittel u. landw. Bodenkunde.) A. JACOB. 6304

M. Roshdesstwenski, *Düngungsschema bei Baumwolle-Getreide-Grasfeldfruchtfolgen.* Es wird empfohlen, der Brache zur Winterung je ha 10—12 t Stallmist (**I**) zusammen mit Mineraldünger (**II**) zu verabreichen. Der Ertrag der Winterung wird durch eine Nachdüngung mit *N* u. P_2O_5 erhöht. Die Anwendung granulierter P- u. *K*-Dünger durch Unterpflügen bei der Aussaat der mehrjährigen Gräser wird empfohlen. **I** gibt man zu Baumwolle im Herbst zusammen mit **II**. Wird im Herbst kein **I** zur Baumwolle gegeben, so muß eine verstärkte Anwendung von **II** erfolgen. Man gibt die PK- u. organ. Düngung zum Teil im Herbst zur Pflugfurche, zum Teil in gekörnter Form als Nachdüngung. Bei der Bemessung der Höhe der Düngung muß man auf die Bodenverhältnisse Rücksicht nehmen. (Хлопководство [Baumwoll-Wirtsch.] **1952.** Nr. 10. 33—40. Okt. Wiss. Forschungsinst. für Baumwollbau in neuen Gebieten.) A. JACOB. 6304

Je. N. Alexejewa, *Die Wirkung von Düngemitteln bei der Grasfeld-Fruchtfolge auf tiefgründigem, mäßig ausgelaugtem Tschernosem.* Auf tiefgründigem Tschernosem erwies sich in Gebieten ungenügender Feuchtigkeit eine kombinierte Stallmist–Mineral-Düngung bei der Grasfeld-Fruchtfolge als zweckmäßig. Zu hohe Düngergaben werden bei ungenügender Feuchtigkeit ungenügend ausgenutzt. (Советская Агрономия [Sowjet. Landwirtschaftskunde] **11.** Nr. 4. 41—47. April 1953. Ramon, Versuchs-Selektionsstat.) A. JACOB. 6304

Olof Svanberg, *Bodenanalyse und Düngung.* In einer Kritik der von ÅSLANDER auf Bodenanalysen begründeten „Standarddüngung" wird gezeigt, daß trotz einiger Widersprüche die von ÅSLANDER angegebenen P- u. K-Mengen im allg. den von der schwed. landwirtschaftlichen Versuchsstation empfohlenen Düngern entsprechen u. die Abweichungen unbegründet sind. Die Bezeichnung „Standarddüngung" wird abgelehnt. (Nordisk Jordbrugsforsk. **34.** 60—75. 1952. Uppsala, Kungl. Lantbrukshögskola.) R. K. MÜLLER. 6304

Massimo Curcio, *Die Faktoren der Tabakgewinnung.* Zusammenfassender Überblick über die Kultur des Tabaks. (Tabacco **56.** 246—60. Aug. 1952.) GRIMME. 6304

E. Röhrig, *Unkrautbekämpfung mit chemischen Mitteln in der Forstwirtschaft.* Zusammenfassender Überblick. — 158 Literaturhinweise. (Forstarchiv **24.** 141—47. 1/6. 1953. Göttingen, Univ., Inst. für Waldbautechnik.) WINIKER. 6312

Robert H. Daines, *Captan. Captan (= SR 406),* ein Fungicid auf Petroleumbasis erwies sich bei der Bekämpfung des Apfelschorfes den üblichen Fungiciden überlegen. (Amer. Fruit Grower **73.** Nr. 5. 16. 32. Mai 1953.) GRIMME. 6312

E. Marcelli, *Neueste Ergebnisse der Bekämpfung des Tabakoidismus (Erisyphe cichoriacearum).* Eine wiederholte Spritzung mit Salicylanilid (0,04% ig) ergab beste Erfolge. Die Wrkg. war die gleiche wie die durch S-Stäubung erzielte. Weniger wirksam war die Behandlung mit Tetramethylthiuramdisulfid. Am wenigsten geeignet waren Na-Salicylat u. $KMnO_4$. (Tabacco **56.** 370—74. Dez. 1952.) GRIMME. 6312

Mario Tirelli, *Behandlung des Tabaks mit Systeminsekticiden. Vorläufiger Bericht.* Bericht über erfolgreiche Verss. zur Bekämpfung der Aphiden mit *Pestox 66.* (Tabacco **56.** 355—61. Dez. 1952.) GRIMME. 6312

Emo Perucci, *Aphidenbekämpfung bei Tabakpflanze mit Systeminsekticiden.* Bericht über erfolgreiche Verss. mit *Pestox 66* (0,3% ig.) u. *Systox* (0,1% ig). (Tabacco **56.** 362—69. Dez. 1952. Verona.) GRIMME. 6312

—, *Thrips.* Beschreibung der wichtigsten Thrips-Arten. Ihre Bekämpfung erfolgt durch Kontaktinsekticide als Spritz- oder Stäubemittel (Nicotin, DDT, HETP, Gamma- u. Brechweinstein). (Agric. Gaz. New South Wales **64.** 144—47. März 1953.) GRIMME. 6312

H.-P. Plate, *Der Apfelblütenstecher und die Möglichkeiten seiner Bekämpfung.* Zur Bekämpfung des Apfelblütenstechers bewährte sich eine Winterspritzung mit Gelbspritzmitteln (I) unter Zusatz von *Multanin–Ultra* (II; DDT–BHC-Präp.) oder einem anderen Kombinationspräp. mit guter Dauerwrkg. u. Regenbeständigkeit. I allein reichen zur Bekämpfung nicht aus, wohl aber II. (Schädlingsbekämpfung **45.** 101 bis 104. Juli 1953. Berlin, Pflanzenschutzamt.) WINIKER. 6312

Albert Ulrich, *Düngerbedarf der Weinberge.* Die üblichen Bodenunterss. haben für die Feststellung der erforderlichen Weinbergsdüngung wenig Wert. Dagegen gibt die Unters. der Stiele der Rebblätter einen guten Einblick, ob der Rebstock hinreichend mit N, K_2O u. P_2P_5 versorgt ist u. zu welchem Zeitpunkt die stärkste Aufnahme dieser Nährstoffe stattfindet. Weitere Angaben über Einzelergebnisse diesbzgl. Unterss. sowie über Verss. mit markiertem P. (Wines and Vines **33.** Nr. 12. Techn. Sect. 21—22. Dez. 1952. Univ. of California.) KIELHÖFER. 6324

Jouko Vuorinen und **Osmo Mäkitie,** *Über die Bestimmung von Calcium unmittelbar aus dem Bodenextrakt mittels eines Flammenspektrophotometers.* Für die direkte flammenphotometr. Ca-Best. bei Bodenunterss. extrahieren Vff. die Bodenprobe in einer an Essigsäure (I) 1n u. an NH_4OH 0,5n-Lsg. mit einem p_H 4,65 u. untersuchen den Einfl. von Al, Mg, K, Na, PO_4 u. I. Daraus wird eine Bezugslsg. mit 0—500 mg CaO, 0 bis 80 mg K_2O, 10 mg Na_2O, 100 mg MgO, 40 mg Al_2O_3 u. 3 mg P_2O_5/Liter, entsprechend der durchschnittlichen Zers. der finn. Ackerböden bei meist parallelgehenden Ca- u. K-Gehh., entwickelt, die für die Intensität der Ca-Bande mit der Wellenlänge 554 mμ eine lineare Abhängigkeit von der Ca-Konz. aufweist. Die flammenphotometr. bestimmten CaO-Gehh. von 70 Proben werden mit den nach dem Oxalatverf. erhaltenen Werten verglichen u. zeigen die für Serienunterss. gute Übereinstimmung von $\pm 5\%$. Das Verf. ermöglicht ca. 60 CaO-Analysen/Stunde. (Suomen Kemistilehti **24.** 7—14. 1951. Helsinki, Agricult. Res. Centre, Dep. of Soil Sci.) WEITBRECHT. 6324

Ward, Blenkinsop & Co. Ltd., London, übert. von: **Peter Paul Hopf,** Orpington, und **Geoffrey Leigh Hey,** Luton, England, *Verhütung von Frostschäden an blühenden Pflanzen.* Die Blüten von fruchttragenden Bäumen oder Pflanzen werden vom grünen Knospenstadium ab bis zum Fruchtansatz mit wss. Lsgg. oder Stäubemitteln behandelt, die ein Pflanzenhormon, bes. wasserlösl. *Salze der β-Naphthoxyessigsäure, α-Naphthylessigsäure, 2.4-Dichlorphenoxyessigsäure* oder *2-Methyl-4-chlorphenoxyessigsäure* (1 Mol), eine *Verb. mit antipellagr. Aktivität* (10—20 Mol) u. eine *Substanz mit Vitamin-K-Aktivität* (1—2 Mol), bes. *2-Methyl-1.4-naphthochinon,* aufweisen. Die M. kann zu Tabletten gepreßt oder im Gemisch mit anorgan. Verbb. mit hohem O-Geh. zu Räuchermitteln verarbeitet werden. Verdünnte wss. Lsgg. des Gemisches können in die Kambiumschicht der Bäume eingespritzt werden. Die Schäden an den Blüten empfindlicher Obstbäume durch Frühjahrsfröste werden beseitigt oder stark vermindert. (**A. P. 2 610 117** vom 1/6. 1951, ausg. 9/9. 1952.) KARST. 6313

Monsanto Chemical Co., übert. von: **Russell A. Kaberg,** St. Louis, Mo., V. St. A., *Förderung des Fruchtansatzes von Obstbäumen.* Die Blüten von Obstbäumen werden während der Blühperiode mit ca. 1%ig. wss. Suspensionen, Emulsionen oder Stäubemitteln von *8-Chinolinol, 5.7-Dibrom-8-chinolinol* oder *5.7-Dichlor-8-chinolinol* oder ihrer Cu-, Cd- oder Zn-Salze besprüht oder bestäubt. Dispergiermittel, Trägerstoffe, insekticide u. fungicide Spritzmittel, z. B. Pb-Arsenat, Kalk u. dgl., können der M. zugesetzt werden. (**A. P. 2 614 918** vom 25/10. 1945, ausg. 21/10. 1952.) KARST. 6313

Shell Development Co., San Francisco, übert. von: **Theodore R. Hansberry,** Modesto, Calif., V. St. A., *Entblätterung von wachsenden Pflanzen.* Als akt. Entblätterungsmittel werden Polychlorphenole u. dgl., z. B. *2.4-Dichlorphenol, 2.6-Dibromphenol, 2-Brom-4.5-dichlorphenol, 2.4.6-Trichlorphenol, 2.3.4.6-Tetrachlorphenol, 2.4.6-Trichlor-5-bromphenol* u. *2.3.4.5.6-Pentachlorphenol,* unter Zusatz eines öllösl. Emulgators in einem Mineralspritzöl gelöst. Es werden ca. 0,1—3,15 kg Pentachlorphenol auf ca. 4000 qm verwendet. Die M. dient bes. zur Entblätterung von Baumwollpflanzen. (**A. P. 2 599 827** vom 1/5. 1950, ausg. 10/6. 1952.) KARST. 6313

Arthur Harold Stevens, London, England, übert. von: **American Cyanamid Co.,** New York, N. Y., V. St. A., *Entblätterung von Pflanzen.* Zur Entblätterung von Baumwoll- oder Gummipflanzen, Citrus- u. Obstbäumen wird ein Gemisch aus freiem Cyanamid u./oder dessen Metallsalzen, 1—300 (%) $CaCl_2$ u. 0,001—15 eines Netzmittels in Form von Stäubepulvern, wss. Lsgg. oder Dispersionen in Konzz. von ca. 1% verwendet. Das Pflücken von Baumwolle u. Ernten von Früchten wird erleichtert, u. Schäden an diesen durch auf den Blättern befindliche Insekten u. Fungi werden verhindert. (**E. P. 648 371** vom 23/3. 1944, ausg. 3/1. 1951.) KARST. 6313

B. F. Goodrich Co. (Erfinder: **William Dorsey Stewart**), New York, N. Y., V. St. A., *Flüssiges Unkrautvernichtungsmittel.* Man mischt zu einer wss. Dispersion eines polymeren, organ. Polysulfids (**I**), z. B. Äthylenpolysulfid, W. u. elementaren S. **I** bildet, dünn verstäubt, einen mkr., durchscheinenden, unzusammenhängenden, gummiartigen Film beim Eintrocknen auf den Pflanzen. (**E. P. 653 061** vom 20/2. 1948, ausg. 9/5. 1951. A. Prior. 11/4. 1947.) NEBELSIEK. 6313

Sharples Chemicals, Inc., übert. von: **Jack S. Newcomer,** Lincoln Park, Mich., V. St. A., *Phytotoxische Mittel.* Die zu behandelnden Pflanzen werden mit wss. Lsgg., Dispersionen oder Stäubemitteln bespritzt oder bestäubt, die *Trichloracrylsäure,* ihr Anhydrid, ihre sauren Halogenverbb. oder Salze im Gemisch mit Netzmitteln enthalten. Konz. ca. 0,01—1%. — Beispiele: *Na-Trichloracrylat, Trichloracrylylchlorid, Triäthylammoniumtrichloracrylat* u. dgl. Verbb. mit synergist. Wrkg., z. B. $(NH_4)_2SO_4$, NH_4HSO_4, NH_4-Sulfamat oder dgl., können zugesetzt werden. *Verzögerung der Blütenbldg., Verhinderung des Schossens, Entblätterung,* bes. von Baumwollpflanzen, u. *Unkrautvernichtung.* (**A. P. 2 618 545** vom 30/8. 1950, ausg. 18/11. 1952.) KARST. 6313

B. F. Goodrich Co. (Erfinder: **Luther Leroy Baumgartner**), New York, N. Y., V. St. A., *Unkrautvernichtungsmittel,* bestehend aus 0,01—10 Gew.-% eines Polychlorarylesters einer aliphat. Monocarbonsäure mit wenigstens 3 Cl-Atomen an jedem Benzolring in der Arylgruppe des Esters, z. B. Pentachlorphenylacetat, u. einem Trägerstoff, der im wesentlichen aus KW-stoffen mit 10—20 C-Atomen besteht, z. B. Kerosin. (**E. P. 680 980** vom 1/3. 1951, ausg. 15/10. 1952. A. Prior. 4/3. 1950.) NEBELSIEK. 6313

Pittsburgh Coke & Chemical Co., Pittsburgh, übert. von: **Jonas Kamlet,** New York, N. Y., und **William F. McLaughlin,** Pittsburgh, Pa., V. St. A., *Stabilisierung von herbiciden Konzentraten.* Zur Stabilisierung u. Verhinderung der Ausfällung nach Verdünnen mit hartem W. werden konz. wss. Lsgg. von Herbiciden, z. B. *2.4-Dichlor-, 2-Methyl-4-chlor-, 2.4.5-Trichlor-* u. *2.4.6-Trichlorphenoxyessigsäure,* ihre Salze, Ester u. Amide, mit einem Gemisch aus 0,3—2 (Teilen) eines wasserlösl. Salzes der *Äthylen-bis-(iminodiessigsäure),* bes. des Na-, Triäthanolamin- oder Triäthylaminsalzes, 0,5—5 *Polyoxyäthylensorbitanmonopalmitat, -monolaureat* oder *-monooleat* u. 0,8—40 eines *aliphat. Alkohols* mit 1—4 C-Atomen, bes. *Methanol, Propylenglykol-(1.2)* oder *Butylenglykol-(2.3),* innig vermengt. Beim Verdünnen von 1 des Konzentrates mit 50 hartem W. (500 p. p. m. Ca-Ionen) wird eine homogene klare Lsg. erhalten, die nach längerer Lagerung keinen Nd. zeigt u. auf Unkräuter verspritzt werden kann. (**A. P. 2 606 876** vom 8/3. 1949, ausg. 12/8. 1952.) KARST. 6313

United States Rubber Co., New York, N. Y., V. St. A., übert. von: **John C. R. Warren** und **Frederick M. M. J. Hager,** Elmira, Can., *Herbicide Mittel.* Eine Aryloxyessigsäure, z. B. 2.4-Dichlorphenoxy- oder 2.4.5-Trichlorphenoxyessigsäure, wird mit einem Alkohol, z. B. Methyl-, Äthyl-, n-Propyl-, n-Butylalkohol, ungesätt. oder sek. Alkoholen, in Ggw. von Kerylbenzol- oder Keryltoluolsulfonsäure zur Rk. gebracht.

Dann wird der Veresterungskatalysator mit einem organ. Amin neutralisiert u. die M. zu als Spritzmittel geeigneten Emulsionen verarbeitet. Der Katalysator wird in Mengen von 0,25—15% zugesetzt. Der überschüssige Alkohol kann aus der M. abdest. werden. Das Aminsalz der Kerylbenzolsulfonsäure dient in der M. als oberflächenakt. Mittel. (**A. P. 2 614 919** vom 28/3. 1951, ausg. 21/10. 1952.) KARST. 6313

Dow Chemical Co., Midland, Mich., V. St. A., *Flüssiges Unkrautvertilgungsmittel*, bestehend aus einer wss. Verdünnung des Triäthylaminsalzes der 2.4.5-Trichlorphenoxyessigsäure mit 0,8% wasserlösl. Methylcellulose. — Beispiele. (**E. P. 681 087** vom 19/7. 1951, ausg. 15/10. 1952.) NEBELSIEK. 6313

Soc. An. des Manufactures des Glaces et Produits Chimiques de Saint-Gobain, Chauney & Cirey, Paris, Frankreich, *Insekticides, fungicides und baktericides Mittel.* Man mischt Dichlordiphenyltrichloräthan u./oder $NH_4 \cdot NO_3$ mit Cyanamid oder Dicyanamid u. erhitzt das Gemisch. Es entwickelt sich ein dichter Rauch, der innerhalb kurzer Zeit selbst durch die Chitinhüllen der Schädlinge dringt u. sie abtötet. — Beispiele. (**E. P. 684 069** vom 24/5. 1951, ausg. 10/12. 1952. F. Priorr. 26/5. u. 8/8. 1950.) NEBELSIEK. 6313

Fruitgrowers Chemical Co. Ltd., Nelon, Neuseeland, *Fungicides und insekticides Mittel.* Zwecks Herst. von wss. Dispersionen aus fein verteiltem S u. Dichlordiphenyltrichloräthan (I) schlämmt man S u. I unter Zusatz von Sulfitlauge als Netz- u. Dispergiermittel mit W. an, läßt den Schlamm eine Kolloidmühle passieren u. kühlt unter 30° ab. Dann trennt man die feineren Teilchen ($< 5 \mu$) ab u. fügt die gröberen einem neuen Ansatz zu. — Schema. (**E. P. 676 227** vom 15/6. 1949, ausg. 23/7. 1952. Neuseeländ. Prior. 16/6. 1948.) NEBELSIEK. 6313

Phillips Petroleum Co., übert. von: **Lyle D. Goodhue**, Bartlesville, Okla., und **Winston M. Florence**, Manhattan, Kans., V. St. A., *Fungicide Mittel.* Zur Bekämpfung von Sclerotinia fructicola, Glomerella cingulata, Alternaria oleracea u. anderen Fungi werden Lsgg. verwendet, die als tox. Stoffe ein Thiosulfenyldithiocarbamat, bes. *N.N-Dimethyl-S-tert.-butylthiosulfenyldithiocarbamat* u. *N.N-Diäthyl-S-tert.-butylthiosulfenyldithiocarbamat*, enthalten. Konz. 0,1—1000 p. p. m. in A., Bzl., W. oder Aceton. Als Lsgg., Suspensionen oder im Gemisch mit Talkum als Stäubemittel auch zur Beizung von Saatgut geeignet. (**A. P. 2 598 989** vom 24/3. 1950, ausg. 3/6. 1952.) KARST. 6313

Monsanto Chemical Co., St. Louis, Mo., übert. von: **David T. Mowry**, Dayton, O., V. St. A., *Fungicides Mittel*, bestehend aus Furfurylcarbanilaten der allg. Formel I, worin R H oder Cl bedeuten, im Gemisch mit allg. üblichen Verdünnungsmitteln. — Beispiele für I: Furfuryl-2.4- bzw. -2.5-dichlorcarbanilat. (**A. P. 2 591 588** vom 25/2. 1950, ausg. 1/4. 1952.) NEBELSIEK. 6313

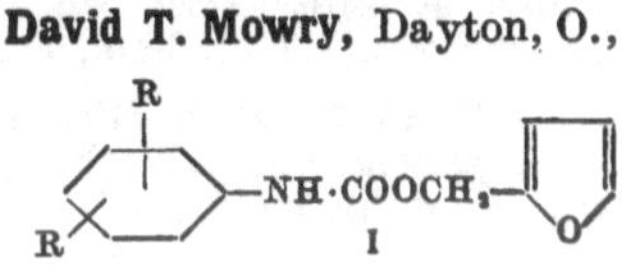

I

Pennsylvania Salt Mfg. Co., Philadelphia, Pa., V. St. A., *Insekticid und fungicid wirkendes, hochchloriertes Thiophen* (I) erhält man durch Chlorierung von I oder einer < 6 Cl enthaltenden I-Verb. in Abwesenheit eines Katalysators, zweckmäßig mit fl. Cl_2. — 2.5-Dichlor-I gibt bei 18—50° in 89%ig. Ausbeute *Tetrachlorthiophendichlorid*, C_4Cl_6S; Kp.$_1$ 85—90°; D.^{25} 1,76; Cl-Geh. 72,6%. (**E. P. 641 094** vom 18/6. 1947, ausg. 2/8. 1950. A. Prior. 29/6. 1946.) KRAUSS. 6313

Rasmus Chresten Severin Marius Rasmussen, Frederiksborg, Dänemark, *Insekticides Mittel*, bestehend aus einer wss. Lsg. aus einem oder mehreren Celluloseäthern, z. B. Methylcellulose, u. einem oder mehreren Halogenderivv. eines KW-stoffes mit 1—2 C-Atomen, z. B. Chlf., Dichloräthan, Tri- oder Tetrachloräthan, Tetrachloräthylen, Äthylen- oder Methylenbromid u. einem üblichen insekticiden Giftstoff. — Beispiele. (**E. P. 671 996** vom 20/10. 1950, ausg. 14/5. 1952.) NEBELSIEK. 6313

Koninklijke Industrieele Mij. voorheen Noury & van der Lande N. V., Holland, *Herstellung von Hexachlorcyclohexan* durch Chlorieren von Bzl. in Anwesenheit von W. u. NaOH ohne Anwendung einer bes. wirksamen Lichtquelle. Das W. wird in Form von Eis zugesetzt. (**F. P. 985 343** vom 29/4. 1949, ausg. 17/7. 1951. Holl. Prior. 30/4. 1948.) M. F. MÜLLER. 6313

Imperial Chemical Industries Ltd., England, übert. von: **John Gillies**, Ardrossan, und **John Rove**, Irvine, Schottland, *Räuchermittel für Schädlingsbekämpfung.* Man vermahlt ca. 65—80 (Gew.-%) NH_4NO_3 mit ca. 20—35 Holzkohle u. trocknet die erhaltenen Körner; dann fügt man ca. 40—55 eines verdampfbaren Schädlingsbekämpfungsmittels, z. B. γ-Hexachlorcyclohexan, u. ein Zündhilfsmittel, z. B. KNO_3 oder $(NH_4)_2Cr_2O_7$, zu. (**A. P. 2 590 529** vom 16/12. 1948, ausg. 25/3. 1952. E. Prior. 3/3. 1948.) NEBELSIEK. 6313

Allied Chemical & Dye Corp., New York, N. Y., übert. von: **Thomas W. Collins**, Iselin, N. J., V. St. A., *Insekticides Mittel*, bes. gegen Baumwollschädlinge, bestehend aus ca. 0,5—5 (%) γ-Hexachlorcyclohexan u. ca. 50—90 kalkfreiem Ca-Arsenat mit einem p_H von 9,3—10,5 beim Anschlämmen mit Wasser. Der Rest besteht aus den üblichen Streckmitteln. (**A. P. 2 586 519** vom 14/4. 1948, ausg. 19/2. 1952.) NEBELSIEK. 6313

Gebr. Borchers Akt.-Ges., Goslar/Harz, *Pflanzenschutz- oder Schädlingsbekämpfungsmittel.* Man löst gleiche Mengen p-Dichlordiphenyltrichlormethylmethan u. Hexachlorcyclohexan in CH_3OH oder CH_2Cl_2 zusammen mit einem Frostschutzmittel u. versprüht diese Lsg. als feinen Nebel, wobei die Tröpfchen, die die reine, akt. Substanz enthalten, einen Durchmesser $<50\,\mu$ haben. — Beispiele. (**E. P. 685 050** vom 15/6. 1949, ausg. 31/12. 1952. D. Prior. 4/10. 1948.) NEBELSIEK. 6313

N. V. de Bataafsche Petroleum Mij., Den Haag, Holland, *Schädlingsbekämpfungsmittel*, bestehend aus einem Gemisch aus Dinitrokresol u. seinem NH_4-Salz, zusammen mit einem üblichen Füllstoff. (**E. P. 635 134** vom 5/2. 1947, ausg. 5/4. 1950. Holl. Prior. 20/2. 1946.) NEBELSIEK. 6313

Koninklijke Industrieele Mij. voorheen Noury & van der Lande N. V., Deventer, Holland, *Herstellung einer insekticiden Verbindung.* Geschmolzene Isomere des Hexachlorcyclohexans (I) werden mit schmelzbaren Stoffen, die bei n. Temp. fest sind, aber einen niedrigeren Dampfdruck als I haben, z. B. Phenol–CH_2O-Harze, unter Zusatz von Träger- oder Füllstoffen gemischt, geschmolzen u. nach dem Erwärmen pulverisiert. (E. P. **680 630** vom 3/8. 1949, ausg. 8/10. 1952.) NEBELSIEK. 6313

J. R. Geigy Akt.-Ges., Basel, Schweiz, *Schädlingsbekämpfungsmittel*, bestehend aus einem üblichen Trägerstoff u. als akt. Stoff einem Ester aus einer niederen Dialkylcarbaminsäure (Alkyl mit 1—4 C-Atomen) u. einem Enol einer heterocycl. Oxoverb., deren Oxo-Gruppe ein Glied des heterocycl. Ringes ist. — Beispiel: 148 (Teile) 1-Methylindazolon-(3), gelöst in 1000 Bzl., erhitzt man 15 Std. zum Sieden mit 135 $K_2 \cdot CO_3$ u. 120 Dimethylcarbaminsäurechlorid. Man erhält *1-Methylindazolyl-(3)-dimethylcarbamat* (II), treibt das Bzl. ab u. reinigt es durch Dest. im Hochvakuum. Kp. 160—161° bei 0,2 mm Druck. (E. P. **681 376** vom 23/11. 1949, ausg. 22/10. 1952.) NEBELSIEK. 6313

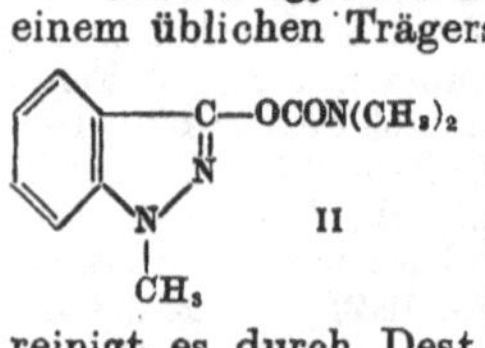

II

Dow Chemical Co. (Erfinder: **Arthur Abbey**), Midland, Mich., V. St. A., *Schädlingsbekämpfungsmittel*, bestehend aus den üblichen Trägerstoffen, Netz- u. Dispergiermitteln u. als akt. Stoff o-Polyhalogenphenyldiamidothiophosphat der nebenst. Formel I, worin X Cl oder Br, R_1 ein Alkylrest u. R_2, R_3 u. R_4 entweder ein H-Atom oder ein Alkyl-, Aralkyl- oder Cycloalkylrest sind u. n eine Zahl 3—5. Dieses I gewinnt man z. B. aus 2.4.5-Trichlorphenol, in einem Gemisch aus Pyridin u. Bzl. gelöst, das man unter Rühren zu Thiophosphorylchlorid fügt. Nach längerem Stehen filtriert man Pyridinhydrochlorid ab u. fügt zu der Lsg. unter Rühren Dimethylamin, läßt abermals 12 Std. stehen u. filtriert das erhaltene Rohprod. von dem Dimethylaminhydrochlorid ab. Nach dem Waschen u. Trocknen erhält man *O-(2.4.5-Trichlorphenyl)-N.N.N'.N-tetramethyldiamidothiophosphat*, ein leicht gelbes Öl, D. 1,36 bei 27° u. Brechungsindex n_D 1,5823 bei 35°. — Beispiele. (**E. P. 673 877** vom 18/10. 1949, ausg. 11/6. 1952.) NEBELSIEK. 6313

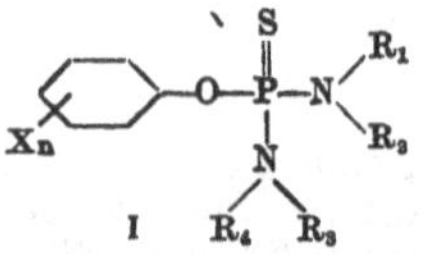

I

British Alkaloids Ltd., London, England, *Herstellung eines Schädlingsbekämpfungsmittels* gegen Nematoden-, bes. gegen Aalwürmer. Man leitet Cl_2 bei 60—140° in reines Phenol, bis man zu 55—75 (%) ein Gemisch aus o- u. p-Monochlorphenol u. ca. 25 bis 45 2.4-Dichlorphenol erhält. Das Gemisch löst man in W. unter Zusatz eines Netzmittels, z. B. Na-Dioctylsulfosuccinat. (**E. P. 672 574** vom 4/8. 1950, ausg. 21/5. 1952.) NEBELSIEK. 6313

I

Dow Chemical Co., Midland, Mich., V. St. A., *Schädlingsbekämpfungsmittel*, bes. gegen Milben, bei dem der akt. Bestandteil aus dem Gemisch von Hexaäthyltetraphosphat u. einem 2.4-Dinitrophenol (oder dessen Salz) der nebenst. Formel besteht. Darin ist X = Cyclohexyl oder ein Alkylrest mit 1—8 C-Atomen. (**E. P. 676 958** vom 28/2. 1951, ausg. 6/8. 1952.) NEBELSIEK. 6313

American Cyanamid Co. (Erfinder: **Edwin Oscar Hook** und **Philipp Hotchkiss Moss**), New York, N. Y., V. St. A., *Insekticides Mittel*, bestehend aus einem üblichen Trägerstoff u. einem Triester der Orthophosphorsäure der allg. Formel I, worin X O oder S, jedes R einen aliphat. oder aromat. Rest, R_1 einen aliphat. Rest u. R_2 H oder einen aliphat. Rest darstellen, oder einen anderen Triester der Formel II, in

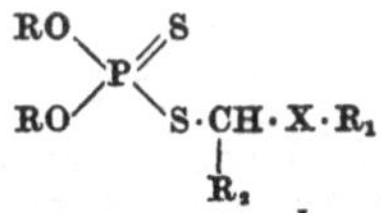
I

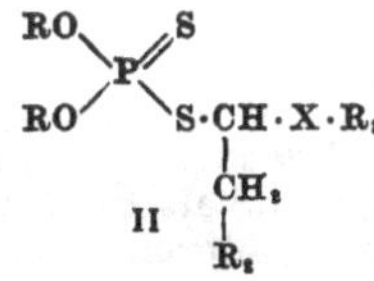
II

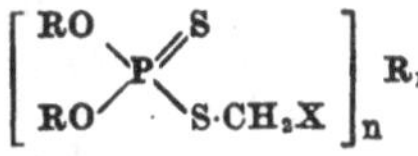
III

welchem X wie oben definiert ist, jedes R u. R_3 einen aliphat. oder aromat. Rest bedeuten u. R_2 wie oben definiert ist, oder einen weiteren Triester der Formel **III**, in dem X u. R wie oben definiert u. n eine ganze Zahl über 1 bedeutet. (**E. P. 676 776** vom 17/3. **1949**, ausg. 6/8. 1952. A. Prior. 26/8. 1948.) NEBELSIEK. 6313

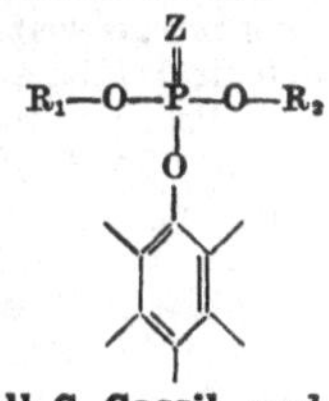

American Cyanamid Co., New York, N. Y., V. St. A., *Schädlingsbekämpfungsmittel*, bestehend aus einem anorgan. Lösungsm. gelösten organ. Phosphat der allg. nebenst. Formel, in dem R_1 u. R_2 organ. Reste u. Z S oder O darstellen, u. bei dem der Benzolkern durch wenigstens eine Nitrogruppe substituiert ist. (**Schwz. P. 283 656** vom 30/12. 1947, ausg. 16/10. 1952. A. Priorr. 15/3. u 26/7. 1947.) NEBELSIEK. 6313.

Food Machinery and Chemical Corp., San Josa, übert. von: **Carroll C. Cassil** und **Jerome Yaffa**, Berkeley, Calif., V. St. A., *Insekticides Stäubemittel*, bestehend aus Tetraäthylpyrophosphat, gelöst in Kiefernöl, u. einem anorgan. Verdünnungsmittel, z. B. $CaSO_4$, Al_2O_3 oder Talkum. (**A. P. 2 592 540** vom 12/1. 1949, ausg. 15/4. 1952.) NEBELSIEK. 6313

N. V. de Bataafsche Petroleum Mij., Den Haag, Holland, *Insekticides Mittel*, bestehend aus einem organ. Lösungsm., in welchem Hexachlorcyclohexan mit 50—75% des γ-Isomeren u. ein Cumaron-, Cumaron–Styrol- oder Cumaron–Inden-Harz gelöst sind. — Beispiele. (**E. P. 680 517** vom 26/2. 1951, ausg. 8/10. 1952. Holl. Prior. 27/2. 1950.) NEBELSIEK. 6313

Remy A. I. Chauvin und **Charles Mentzer**, Frankreich, *Pflanzenschutzmittel*, bes. gegen Heuschrecken. Hierzu eignen sich Cumarinverbb. in wss. Suspension oder Emulsion, sowie in Form von Stäubepulvern oder Aerosolen. In Betracht kommen 4-n-Propyl-7-methoxy-, F. 55—57°; 4-Äthyl-7-methoxy-, F. 90°; 4-Methyl-7-methoxy-, F. 160°; 4-Methyl-7-acetoxy-, F. 150°; 4-Methyl-6-carboxy-7-oxy-, F. 288°; 4.5-Diäthyl-7-methoxy-, F. 118—119°; 4-Methyl-7-benzyloxy-, F. 117°; 4-Methyl-7.8-dimethoxy-, F. 131—132°; 3-n-Butyl-4-methyl-7-methoxycumarin, F. 55—56°; 3.4-Dimethyl-7-oxycumarin-6-carbonsäure, F. $>$300°; 3-Methyl-4-bromcumarin, F. 157°. — Um 1 ha Weinanbaufläche gegen Heuschrecken zu schützen, löst man 1 kg 4-Methyl-7-methoxycumarin in 50 Liter A., verd. mit W. auf 1000 Liter u. zerstäubt diese Lösung. (**F. P. 1 003 646** vom 5/2. 1947, ausg. 20/3. 1952.) WITTHOLZ. 6313

VIII. Metallurgie. Metallographie. Metallverarbeitung.

Wilhelm Patterson, *Zur Frage der Wärmebilanz von Kalt- und Heißwindkupolöfen.* Im Anschluß an eine Kritik älterer Bilanzen aus dem Schrifttum wird über neue Messungen an Heißwindöfen berichtet. Wärmebilanzen von Kalt- u. Heißwindkupolöfen werden verglichen. (Giesserei, techn.-wiss. Beih. **1953.** 537—42. Mai. Aachen, TH, Giesserei-Inst.) HOCHSTEIN. 6370

Eugen Piwowarsky und **Wolfgang A. Matejka**, *Berechnung von Verbrennungen und die Festlegung der funktionalen Abhängigkeit von veränderlichen Größen beim Kupolofenschmelzen mit Hilfe von Schaubildern.* Eine Anzahl von Diagrammen für den auf Kaltwind arbeitenden Kupolofen wird so erweitert, daß sie auch auf den Heißwindofenbetrieb angewendet werden können. Es wird ein neues Diagramm aufgestellt, das den Zusammenhang zwischen der Kokssatzmenge u. dem Verbrennungsverhältnis bei höheren Windtempp. veranschaulicht. Hieraus läßt sich eine Beziehung zwischen der maximalen Eisentemp. u. dem Verbrennungsverhältnis bei variierendem Kokssatz u. variierender Windtemp. ableiten. — Schrifttumsangaben. (Giesserei, techn.-wiss. Beih. **1953.** 543—47. Mai. Aachen, TH, Giesserei-Inst.) HOCHSTEIN. 6370

J. D. Fast, *Der Einfluß von Verunreinigungen auf die Eigenschaften von Metallen.* 3. Mitt. (2. vgl. C. **1953.** 761.) Besprechung der Theorien der Verformungsalterung u. der Ergebnisse an einigen Stählen, die sich zum Teil durch die Theorie von COTRELL deuten lassen. (Metalen **7.** 23—27. 31/1. 48—50. 15/2. 1952. Eindhoven, N. V. Philips' Gloeilampenfabrieken, Natuurkundig Labor.) RUMPF. 6388

R. A. Elliot, *Beseitigung des Schwefels. Die Verwendung des Schwefels als Brennstoff beim Sintern von Eisenerzen.* Das Sintern von S-haltigen Eisenerzen kann dazu dienen, den S-Geh. auf den erwünschten Betrag von $<0,1\%$ zu verringern. Dabei kann der S [als *Pyrit* (I) oder *Pyrrhotit* zugesetzt] als Brennstoff dienen u. Koks ersetzen. Die alleinige Verwendung von S als Brennstoff ist durchaus möglich, erfordert aber eine längere Sinterzeit. Für die Sinterung von *Hämatit* (II) oder *Siderit* (III) ist daher ein Gemisch von Koks u. S-haltigem Material in bestimmtem Verhältnis vorzuziehen, nämlich für **II** 1,6 (Gewichtsteile) S u. für **III** 1,9 S je 1 Koks, während sich theoret. aus den Verbrennungswärmen bei Verwendung von **I** als S-Quelle 2,1 S/1 Koks berechnet, also ohne Materialverunreinigung u. Unvollständigkeit der Rkk. zu berücksichtigen. Der untersuchte *Ilmenit* von Lake Allard, Quebec, enthält ca. 0,25% S als **I**, so daß ein Zusatz von weiterem S nicht nötig, dafür aber nur 3,5—4% Koks zur Sinterung erforderlich sind. (Canad. Mining J. **73.** Nr. 7. 51—56. Juli 1952. Ottawa, Can., Div. of Dressing and Process Metallurgy.) METZENER. 6400

Ja. Je. Goldstein, *Über einige Besonderheiten des hochfesten Gußeisens.* Die mechan. Eigg. von hochwertigem Gußeisen werden durch *Zementit-* u. *Ledeburit*-Einschlüsse wie auch durch *Graphit*-Lamellen wesentlich verschlechtert. Ungleichmäßigkeiten durch Graphiteinschlüsse können durch Schmelzzusatz von 0,4—1,0% *Mg* eingeschränkt werden. Die Zementit- u. Ledeburitbldg. wird durch Wahl einer Gattierung mit höherem *C*- u. *Si*-Geh. vermieden. Durch Langglühen des Gusses bei 950—1100° zur Abscheidung des C wird die Bldg. von kugeligem Graphit bewirkt. Um ein hochwertiges schmiedbares Gußeisen zu erhalten, wird ein hoher Si-Geh. bei niedrigerem Geh. an Carbidbildnern (*Mn, Cr*) angestrebt. Die Härte des Gußeisens nach dem Härten ist wesentlich von Menge, Verteilung u. Form der Graphitausscheidung abhängig. Gehärtetes Gußeisen mit kugeligem Graphit kann eine höhere Härte erreichen als Perlitgußeisen; sein Härtewert kommt demjenigen des gehärteten Stahls nahe. (Вестник Машиностроения [Nachr. Maschinenbau] **31.** Nr. 10. 48—55. Okt. 1951.) VOLLENBRUCK. 6402

G. A. Oding, *Martensitumwandlung in Eisennickellegierungen.* Der Beginn der martensit. Umwandlung der *Fe-Ni-Legierungen* (30% Ni) ist vom Ausgangszustand der Legierung abhängig. Je größer die innere Spannung im Ausgangswerkstoff, desto eher setzt die Umwandlung ein. Genietet beginnt die Martensitbldg. bei —28 bis —30°, gehärtet (von 800° in angesäuertes W.) zwischen —40 bis —42°, gehärtet u. angelassen (zur Entspannung 3 Std. bei 300° u. langsames Erkalten auf 150°) zwischen —52 bis —62°. Der Beginn der martensit. Umwandlung macht sich durch deutlich hörbares Knacken u. sprunghafte Dilatation der Probe bemerkbar. Das Ende der Umwandlung lag bei genietetem Ausgangszustand bei —151 bis —171°, angelassen bei —185°. Bei Beendigung der Umwandlung waren keine Geräusche wahrzunehmen. Aus der Längenänderung der Probe im ganzen Intervall der Umwandlungstempp. konnte festgestellt werden, daß bei der Temp. der maximalen Umwandlungsgeschwindigkeit die Martensitbldg. 40—50% betrug. Beim Erwärmen der gehärteten Fe-Ni-Legierung beginnt die Martensitauflösung bei +418° u. ist bei +519° beendet. (Вестник Машиностроения [Nachr. Maschinenbau] **31.** Nr. 10. 46—48. Okt. 1951.) VOLLENBRUCK. 6404

A. P. Litwinow und **W. D. Silberdrut,** *Der Austausch von Zinnbronzen durch Antifriktionslegierungen.* Zur Einsparung von Bronzelagermetallen werden im Dampfmaschinenbau *Antifriktionsgußeisen, Zn–Al-Legierungen* u. *Bimetalle* verwendet. Die chem. Zus. des Antifriktionsgußeisens ist: 3,2—3,7 (%) *C*, 1,9—2,5 *Si*, 0,57—0,85 *Mn*, 0,13—0,25 *P*, 0,05—0,10 *S*, 0,15—0,38 *Cr*, 0,24—0,46 *Ni*, 0,26—0,57 *Cu*; H_B 165—185. Sn-Bronzen werden ersetzt durch die Zn–Al-Legierung: 1—2 (%) *Cu*, 2,7—4,0 *Al*, 94 bis 96,3 *Zn*; H_B 100—120. Für Buchsen von Werkzeugmaschinen wird Schleuderguß aus Stahl mit einer dünnen Schicht aus Bronzeabfällen verwendet. (Вестник Машиностроения [Nachr. Maschinenbau] **31.** Nr. 10. 24—27. Okt. 1951.) VOLLENBRUCK. 6404

Felice De Carli. *Physikalisch-chemische Gesichtspunkte der Desoxydation von Stahl.* Aus der Gleichung $FeO + Fe_3C \rightleftharpoons 4\,Fe + CO - 43{,}43$ kcal u. dem Gleichgewicht $FeO + CO \rightleftharpoons Fe + CO_2$ werden die Geschwindigkeitskonstanten u. mit deren Hilfe die günstigsten Bedingungen der Desoxydation bei Verwendung der gebräuchlichen Desoxydationsmittel abgeleitet, unter besonderer Berücksichtigung des *Mn.* — 18 Literaturzitate. Diskussion. (Metallurgia ital. **45.** 100—10. März 1953. Rom, Univ., Ist. di Metallurgia.) R. K MÜLLER. 6408

G. A. Geach, *Bildung von Haarrissen durch Wasserstoff im Stahl im Verlauf der Elektrolyse.* Entstehung in verd. H_2SO_4. (Research **3.** 98. Febr. 1950. Aldermaston, Berks., Assoc. Electrical Ind. Ltd.) HENTSCHEL. 6408

Otto Richter, *Werkstoffe und Fertigungsverfahren für die Herstellung von Gewindelehren.* Nach dem augenblicklichen Stand der Entw. sind Einsatzstahl, Wasserhärter u.

Ölhärter gleichwertig verwendbar. (Werkstatt u. Betrieb **83.** 482—83. Nov. 1950. München.) HABBEL. 6410

Günter Hillen und **Wilhelm Hofmann,** *Beobachtungen über die Erschütterungsfestigkeit von homogen verbleitem Stahlblech.* Streifen aus homogen verbleitem Stahlblech wurden bei Raumtemp. u. bei 100° dem Dauerbiegevers. unterworfen u. das Auftreten u. die Zunahme der Risse in der Pb-Auflage durch Messung des elektr. Widerstandes verfolgt. Bei 100° erwies sich *Weichblei* anfälliger als *Cu-*, *Ni-* oder *Te*-haltiges *Pb.* (Z. Metallkunde **44.** 131—32. April 1953. Braunschweig.) APEL. 6430

Günter Hillen und **Wilhelm Hofmann,** *Messungen der Dauerstandfestigkeit von Hartblei zwischen 25 und 75°.* In Langzeitverss. wurde die Dauerfestigkeit von *Pb–Sb*-Legierungen mit bis 5,4% Sb u. einer *Pb–Te*-Legierung mit 0,015% Te bei 25, 50 u. 75° ermittelt. Allg. zeigte sich ein Ansteigen mit dem Sb-Gehalt. Eine Ausnahme macht durch ihre geringe Kriechfestigkeit die Legierung mit 3% Sb. Eine noch geringere Dauerstandfestigkeit zeigte die *Pb–Te*-Legierung. (Z. Metallkunde **44.** 129—30. April 1953. Braunschweig.) APEL. 6430

Wilhelm Hofmann und **Rosemarie Engel,** *Untersuchungen an einem Hartbleirohr aus dem Jahre 1935.* Das aus einer *Pb*-Legierung mit 1,15 (%) *Sb* u. 0,02 *As* bestehende Rohr hatte bei einer Belastung von 25 kg/cm² eine Kriechgeschwindigkeit von 0,3% im Jahr u. somit eine Dauerstandfestigkeit, die erheblich über derjenigen von Weichblei liegt. Die Gefügeunters. zeigte keine Vergröberung der Sb-Ausscheidungen. In einer gesonderten Unters. wurde die Lage des eutekt. Punktes im Schaubild Pb–Sb bei 11,6% Sb ermittelt, was in guter Übereinstimmung mit ausländ. Werten steht. (Z. Metallkunde **44.** 132—33. April 1953. Braunschweig, TH, Inst. für Werkstoffkunde u. Schweißtechnik.) APEL. 6430

Francisco Javier Mariñas, *Die Messinge.* Vf. erörtert die Phasenumwandlungen im Syst. *Cu–Zn,* die mechan. Eigg. einer Einphasen-(α)-Legierung u. der Zweiphasenlegierung, die Technik der verschied. Legierungen u. den Einfl. von Verunreinigungen u. Sondermessingen. In Tabellen werden die möglichen Verunreinigungen u. die Anwendungsgebiete der verschied. Messinge zusammengestellt. (Metalurgia y Electr. **17.** Nr. 187. 42—52. März 1953.) R. K. MÜLLER. 6432

S. G. Kelley jr., *Neues Ziehmessing setzt Fertigungskosten herab.* Das als *Formbrite* bezeichnete Material ist ein Messing (von 95 [%] Cu–5 Zn bis 63 Cu–37 Zn), das durch ein nicht näher beschriebenes kombiniertes Verf. von Walz- u. Wärmebehandlung bes. feinkörnig gemacht wurde. Die Korngröße beträgt 12 μ u. weniger. Die Streckgrenze eines 70/30 Formbrite-Messings liegt zwischen derjenigen von halbhartem u. angelassenem Standard-70/30 Messing. Die Zugfestigkeit übertrifft die des halbharten 70/30 Standardmessing. (Materials and Methods **35.** Nr. 3. 82—83. März 1952.) WERNER. 6432

Philip O'Keefe, *Nickel-Aluminium-Legierung vereint Festigkeit und Korrosionswiderstand.* Eigg., Verarbeitung u. Anwendung der Nickellegierungen *Duranickel* mit 4,4%Al u. *Permanickel.* (Materials and Methods **33.** Nr. 4. 73—77. April 1951.) KATZ. 6434

C. C. Downie, *Aufarbeitung kleiner Mengen von Nickel und Kobalt.* Beschreibung der Aufarbeitung von Dreh- u. Bohrspänen, Kehrricht aus Werkstätten usw. bestehend aus *Ni–Ag, Monel, Cu–Ni*-Legierungen u. anderen in Betrieben zur Aufarbeitung u. Raffination von Altmetallen u. Rückständen durch Schwefeln mit $PbSO_4$. Rösten u. Endkonzentrierung. (Mining J. [London] **234.** 598—99. 9/6. 1950.) ROTTER. 6434

Hermann Schunck, *Die Trennung von Aluminium–Magnesium-Legierungen durch Vakuumdestillation.* Nach der Ausfällung von Fe u. Si-Verunreinigungen aus Al-Schrott nach BECK durch Zusatz von 25—30% Mg kann dieses zwischen 680 u. 950° bei einem Druck von 2—3 mm Hg vom Al abdest. werden. Von 3 verschied. elektr. geheizten Destillieröfen mit Kondensatoren aus zunderfreiem Stahl (Sicromal 8) wird bes. der bewährte Niederfrequenzinduktionsofen für 2 t Al + 1 t Mg-Einsatz behandelt. (Chemiker-Ztg. verein. dtsch. Chemiker-Z. **74.** 353—55. 6/7. 1950.) BLUMRICH. 6442

F. Gatto, *Experimentelle und theoretische Untersuchungen über Al–Mg–Si-Flaschen von 24 Liter Inhalt für verflüssigte Gase.* Flaschen aus einer Al–Mg–Si-Legierung vom Typ des *Anticorrodals* (ca. 0,6% *Mg,* 0,7% *Mn,* 1,0% *Si,* 0,2% *Fe*) u. einer Wandstärke von 2,8—3,4 mm wurden therm. u. mechan. Beanspruchung unterworfen. — Diagramme u. Tabellen. (Alluminio **21.** 481—503. 1952. Novara, Inst. Sper. dei Metalli Leggeri.) STEINER. 6442

Frank G. Woollard, *Magnesium für Kabeltrommeln.* Verwendet wird die Mg-Legierung *Elektron A 8,* die der Legiernng *DTD 289* entspricht. Die aus ihr hergestellten Kabeltrommeln haben sich bewährt. (Times Rev. Ind. [N. S.] **4.** 25. Febr. 1950.) PAHL. 6444

D. I. Brown, *Titan.* Überblick über Gewinnung, spanlose Verformung, Schweißen u. spanabhebende Bearbeitung. — Schrifttumsangaben. (Iron Age **170.** Nr. 15. 260—79. 9/10. 1952.) APEL. 6448

M. Baliki, *Kaltverformung und Glühen von Silberdraht.* Aufstellung von Rekristallisationsdiagramme von reinem Ag-Draht, die die Abhängigkeit der Bruch- u. Biegefestigkeit sowie der Dehnung von dem Kaltverformungsgrad beim Ziehen u. anschließender Rekristallisationsglühtemp. angeben. (Wire and Wire Products **27.** 1291—96. 1313. Dez. 1952. New York, N. Y., Polytechnic. Inst. of Brooklyn.) HOCHSTEIN. 6460

S. D. Ford und **B. W. Mott,** *Die Photographie metallischer Pulver.* Verschied. Beleuchtungsmethoden zur photograph. Aufnahme von Metallpulvern werden beschrieben. Das Pulver wird in einer viscosen Fl., etwa Glycerin, suspendiert u. gleichzeitig mit einem gewöhnlichen Kondensor durchleuchtet u. mit einem ringförmigen Auflichtkondensor beleuchtet. (Metal Treatment Drop Forging **18.** 360—02. Aug. 1951. Harwell, Atomic Energy Res. Est.) RUMPF. 6474

H. W. Greenwood, *Der Beitrag der Pulvermetallurgie für die Herstellung von Hochtemperaturwerkstoffen.* Vf. berichtet über den Fortschritt in der Entw. von hochwarmfesten Werkstoffen, bes. Turbinenschaufeln. Auf diesem Gebiet kommen oxyd. u. carbid. Werkstoff immer mehr zum Einsatz, wobei rein metall. Stoffe entweder eingeseigert oder eingesintert werden. Die Pulvermetallurgie übernimmt in den meisten Fällen die Herst. solcher Werkstoffe. (Metal Treatment Drop Forging **19.** 75—80. Febr. 1952.) FAHLENBRACH. 6474

D. Tabor, *Die Härte und Zugfestigkeit von Metallen.* Vgl. C. **1952.** 6124. (Rev. Métallurgie **49.** 208—10. März 1952.) HOCHSTEIN. 6480

H. Schreiner, *Die Bedeutung der Kleinlasthärteprüfung in der Produktion.* Durchführung der Härteprüfung u. Beschreibung der Prüfgeräte. (Feinwerktechnik **56.** 223—27. Aug. 1952. Ulm.) HOCHTSEIN. 6480

Nikolaus Ludwig, *Spiralkokille für die Ermittlung der Gießfähigkeit (Formfüllfähigkeit) von Lagermetallen.* (Werkstatt u. Betrieb **83.** 372. Aug. 1950. Stuttgart.) HABBEL. 6480

Walter Peter und **Adolf Rose,** *Einfluß der Versuchsbedingungen bei der Stirnabschreckprüfung von Stählen.* (Arch. Eisenhüttenwes. **22.** 303—12. Sept./Okt. 1951. Düsseldorf, Max-Planck-Inst. für Eisenforsch.) HABBEL. 6480

C. L. M. Cottrell, *Beurteilung der Schweißbarkeit durch Schnelldilatationsprüfungen.* Die Umwandlungsmerkmale niedriglegierter Stähle wurden in einem Schnelldilatometer unter Anwendung einer Wärmeführung, wie sie bei der Schweißprüfung auftritt, bestimmt. Die untersuchten Stähle enthielten bis 0,16 (%) *C*, 0,2 *Si*, bis 1,79 *Mn*, bis 1,55 *Ni*, bis 1 *Cr* u. 0,25 *Mo* mit oder ohne 0,94—1,13% *Cu* oder 0,12 C, 0,28 Si, 0,5 Mn, 0,4 Mo u. 0,0033 *B*. Die Unterss. ergaben, daß bei Ausführung einer bestimmten Lichtbogenschweißung eine Beziehung zwischen dem Auftreten einer Hartzonenrißbldg. u. der Temp. für die Vollendung der Austenitumwandlung während der Abkühlung besteht. Das Verf. kann zur Beurteilung der Schweißbarkeit niedriglegierter Stähle ohne sonstige Schweißprüfung angewandt werden. — Schrifttumsangaben. (J. Iron Steel Inst. **174.** 17—24. Mai 1953.) HOCHSTEIN. 6480

E. M. Emery und **A. E. Flanigan,** *Zusammenhang zwischen Kerbspannungen und Biegewinkel beim Kerb-Biege-Versuch.* Verf. zur Messung der Spannungen im Grunde der Kerbe beim Längsnutschweißbiegeversuch. Es wird festgestellt, daß die Spannungs-Biege-Beziehung linear verläuft im Bereiche der Beanspruchungen vor dem Bruch der Probe u. unmittelbar darauf. Das Verhältnis Spannung zu Biegung hängt sowohl von den metallurg. Eigg. der Schweißungen als auch von der geometr. Form der Probe ab. (Welding J. **30.** Weld. Res. Council Engng. Foundat. 607 s—612 s. Dez. 1951. Downey, Calif., North. Am. Aviat. Corp., Aerophys. Div., u. Los Angeles, Calif., Univ. of California.) WERNER. 6480

W. Späth, *Bemerkungen zum Verschleißproblem.* (Schweiz. Arch. angew. Wiss. Techn. **17.** 214—19. Juli 1951.) G. RICHTER. 6480

Walter Strohfeld, *Gefügeentwicklungen durch elektrolytisches Polieren an korrosions- und hitzebeständigen Stählen.* Beschrieben wird das Polierverf. nach KNUTH-WINTERFELD, bei dem ein Elektrolyt aus 2 (Teilen) $HClO_4$ (D. 1,2), 7 A. (96%ig.) u. 1 Butylcellosolve oder Glycerin verwendet wird. Durch das Verf. werden schnellere u. bessere Gefügeentwicklungen möglich als mit mechan. Polierverfahren. Überblick über Lsgg. für sek. Ätzungen u. Gefügeentw. nach dem elektrolyt. Polieren. — 13 Schliffbilder. (Industrie-Rdsch. **1952.** Nr. 9. 13—17. Wuppertal-Elberfeld.) MARKHOFF. 6482

G. C. Smith und **M. J. Olney,** *Mikroskopie bei hohen Temperaturen mit einem Reflexionsobjektiv.* Das mit einem Ofen für hohe Tempp. versehene Mikroskop mit einem bisphär. Reflexionsobjektiv der N. A. 0,5 erlaubt die Beobachtung u. photograph. Aufzeichnung der Bldg. von Graphit an der Oberfläche hypereutekt. *Stahls*, der im Vakuum von 950° abgekühlt wird. Die Anwendung dieser Meth. wird zur Unters. von Rekristallisation, Wachsen der Korngröße, Korrosionserscheinungen usw. vorgeschlagen. (Research **4**. 437—38. Sept. 1951. Cambridge, Univ., Dep. of Metallurgie.) LINDBERG. 6482

R. E. Lismer und **F. B. Pickering.** *Mikroskopische Prüfung von tonerdehaltige Einschlüsse enthaltenden Eisenproben.* Bereits vorher auf *MnO*-Einschlüsse untersuchte Eisenproben werden zur Ermittlung der opt. u. chem. Eigg. mkr. unter n. senkrechter Beleuchtung, unter polarisiertem Licht, nach Anwendung des WHITELEY-Prüfverf. u. nach Behandlung mit 10% ig. alkoh. HNO_3, 10% ig. wss. Chromsäure, 5% ig. alkoh. HCl oder 20% ig. wss. HF untersucht. Die aus α-Al_2O_3 oder *Hercynit* bestehenden Einschlüsse sind gegen chem. Angriff durch anorgan. Säuren beständig u. es ist unmöglich, sie durch Ätzmethoden zu identifizieren. *Korund* tritt in einem Stahlblock in 2 Formen auf, nämlich als irreguläre kleine Kristalle mit ausgesprochener Seigerungsneigung u. als größere, glasartige abgerundete Kristalle, die sowohl in Seigerungen als auch isoliert davon vorliegen. Ferner wurden noch idiomorph. *Hercynit*-Kristalle in Verbindung mit *Wüstit*-Kügelchen entdeckt. (J. Iron Steel Inst. **172**. 381—83. Dez. 1952. Sheffield, Lloyds Register of Shipping.) HOCHSTEIN. 6482

L. van Ouwerkerk, *Radioaktive Isotope und ihre Anwendung.* Ausführlicher Bericht über „Non-destructive Testing Team E. C. A. (T. A. project 47–63)". (Metalen **7**. 41—44. 15/2. 80—87. 15/3. 122—27. 15/4. 233—37. 31/7. 1952.) RUMPF. 6484

M. Eugene Merchant und **E. J. Krabacher,** *Radioaktive Indicatoren zur schnellen Messung der Lebensdauer von Schneidwerkzeugen.* Durch Bestrahlung von Schneidwerkzeugen mit Neutronen im Pile wird eine Aktivität durch ^{185}W, ^{182}Ta u. ^{60}Co hervorgerufen. Die Abnutzung ergibt sich aus der Aktivität des gesammelten, zerspanten Materials nach einer Schneiddauer von einigen Sek., welches die abgenutzten Teilchen zu 90% enthält. Das Verf. eignet sich bes. zur schnellen Best. der relativen Abnutzung unter verschied. Schneidbedingungen. (J. appl. Physics **22**. 1507—08. Dez. 1951. Cincinnati, O., Cincinnati Milling Machine Comp., Res. Dep.) EICHHOFF. 6484

Mladen Paic, *Die Halb-Mikroradiographie und ihre Anwendung auf Aluminiumlegierungen.* (Rev. Métallurgie **49**. 51—59. Jan. 1952.) HOCHSTEIN. 6484

K. V. Taylor, *Radiographie im Schiffsbau.* Beschreibung der im Schiffsbau notwendigen Arbeitsmethoden zur Röntgenunters., bes. von Schweißungen. (Marine Engr. **76**. Nr. 916. 202—05. Mai 1953.) RUMPF. 6484

L. W. Court, *Automatisches Drücken von nichtrostendem Stahl bei der Fertigung.* Die schlechte Verformbarkeit u. die starke Kaltverfestigung beim nichtrostenden Stahl erschweren das Kaltdrücken. Für Rotationskörper wurde eine besondere App. geschaffen. Als Matrizen werden gehärtete u. nitrierte Stähle verwendet. Für das Drücken dient eine mit Hartmetall belegte Rolle, die die Bleche auf die Matrize aufdrückt. — 3 Abbildungen. (Materials and Methods **33**. Nr. 5. 86—87. Mai 1951. International Harvester Co., Richmond Works.) KÜNTSCHER. 6490

Ss. Ja. Weiler, *Über die negative Schmierwirkung einiger flüssiger Medien beim Tiefziehen von Metallen mit Verringerung der Wandstärke.* Die Wirksamkeit von Schmiermitteln beim Tiefziehen ist durch ihre Fähigkeit, die Tangentialspannung beim Ziehen herabzusetzen, charakterisiert. Unterss. des Vf. an dünnen Bleichstreifen aus weichem *C-Stahl* mit *KW-stoffen, Alkoholen, Säuren* mit offener Kette, als Schmiermittel, zeigen eine nahezu lineare Abhängigkeit der Schmierfähigkeit von der Länge der Kette in der homologen Reihe: die niedrigmol. Stoffe erhöhen, im Vgl. zum Trockenziehen, die Tangentialspannung (negative Wrkg.), die mit hohem Mol.-Gew. erniedrigen sie (positive Wrkg.). Bei gleicher Länge der Kette ist die positive Wrkg. der Fettsäuren u. Alkohole stärker als die der KW-stoffe. Feste Stoffe erweisen sich bei Raumtemp. als positive, im geschmolzenen Zustand als negative Schmiermittel. Positiv wirksame Schmierstoffe (z. B. Seife in wss. Lsg.) verfestigen das Metall geringer als negative (z. B. CCl_4); auf die Wandstärkenverringerung sind die negativen Mittel von größerem Einfl. als die positiven. Dies wird mit einer chem.-physikal. Einw. der dünnfl. Medien auf die Oberflächenschicht des Metalls in Zusammenhang gebracht. (Доклады Академии Наук СССР [Ber. Akad. Wiss. UdSSR] [N. S.] **83**. 709—12. 11/4. 1952. Inst. für physikal. Chem. der Akad. der Wiss. der UdSSR.) EHMCKE. 6490

Milton C. Shaw und **Prescott D. Smith,** *Einfluß des Werkstückgefüges auf die Lebensdauer des Werkzeuges.* Angaben über die Bearbeitbarkeit reiner Metalle, von reinen

C-Stählen, von legierten Stählen, von Freischnittstählen, von austenit. Materialien u. von Gußeisen, sowie Betrachtungen über Heißbearbeitung von harten Materialien. Es wird der Einfl. bestimmter Gefügeformen wie Kugelzementit, Ferrit mit 75% Perlit, getempertem Martensit, WIDMANSTÄTTENschem Gefüge u. Martensit mit Härten von 300—400 Brinell auf die Standzeit verschied. Drehstähle geprüft. Austenit. Materialien sind bes. schwer zu bearbeiten. Man verwendet dafür zweckmäßig Hartmetalle. Im Gußeisen wirken die Graphitlamellen als inneres Schmiermittel bei der Bearbeitung. Der als *Steadit* bekannte Gefügebestandteil des Gußeisens macht sich erst bei sehr hohen P-Gehh. von 1% u. mehr störend bemerkbar. Weiß erstarrtes Gußeisen ist kaum bearbeitbar. Freier Zementit im Gußeisen, selbst bei Gehh. von nur 5% macht das Gußeisen unbearbeitbar. Die Standzeiten für die verschied. Gefügeformen sind in tabellar. Form angegeben. (Amer. Machinist **95.** Nr. 23. 138—41. 12/11. 1951. Massachusetts Inst. of Technol.) WERNER. 6490

Allen S. Russell, *Wirkung einer Erhitzung auf 300 und 500° F auf die Eigenschaften von Aluminium- und Kupferdrähten.* Angaben über elektr. Leitfähigkeit, Zugfestigkeit, Streckgrenze u. Dehnung als Funktion der Erhitzungsdauer von Al- u. Cu-Drähten bei 300 u. 500° F. (Wire and Wire Products. **27.** 255—56. März 1952. New Kensington, Pa., Aluminium Res. Labor.) WERNER. 6490

Axel Hultgren, *Die Funktion der Aktivierungsmittel bei der Pulverzementation.* Statt die Aktivierungsmittel der Kohle zuzumischen, kann man K_2CO_3 oder Na_2CO_3 auch als Schicht auf die Kohle bringen, $BaCO_3$ als dünnen Belag auf Stahlflächen in die gut mit HCl getränkte Kohle einbringen, wobei K_2CO_3 auf unbekannte Weise stören kann. Bei mehrmaliger Verwendung des Aktivierungsmittels ist jeweils frische Holzkohle zuzumischen u. die Verluste zu ersetzen. Ungemischte Holzkohle reagiert langsam mit CO_2, bei Zusatz von KOH wird rasch die dem Gleichgewicht mit C entsprechende CO_2-Konz. im Abgas erreicht. Die Aktivierungsmittel können daher als Katalysatoren der Rk. $CO_2 + C \rightleftharpoons 2\ CO$ aufgefaßt werden, die eine hohe CO-Konz. an der Stahloberfläche gewährleisten. (Jernkontorets Ann. **135.** 575—604. 1951.) R. K. MÜLLER. 6492

H. R. Clauser, *Schweiß- und Lötmittel.* Ausführliche zusammenfassende Übersicht mit zahlreichen tabellar. Zusammenstellungen u. Anleitungen zur Wahl u. Handhabung von Schweiß- u. Flußmitteln, Weichloten u. Loten für verschied. Metalle. Eingehend behandelt werden *Ag*- u. *Cu*-Schweißlegierungen, *Al–Si*, *Cu–Au*, *Ni–Cr*, *Ag–Mn* u. *Ni–Mn*. Löten von Stählen, Gußeisen, Ni u. Ni-Legierungen, Ti, Al u. Al-Legierungen, Mg u. Mg-Legierungen. Kurze Hinweise auf das Löten von Mo, W, Zn u. Zn-Legierungen, Au, Pt u. Ag. Weitere kurze Angaben über die Verbindung ungleicher Werkstoffe. (Materials and Methods **35.** Nr. 3. Materials and Methods Manual Nr. 80. 105—20. März 1952.) WERNER. 6506

E. V. Beatson, *Löten und Schweißen von Kupfer und Aluminium für elektrische Verbindungen.* Mit Kohlewiderstandserwärmung wird *Cu-Konstatan* sowie mit *Ag* überzogenes Cu gelötet. Ein *P–Ag–Cu*-Lot von MATTHEY schm. bei 694°. Für *Al*-Lötung wird *Si–Al*-Lot mit 10—12% Si verwendet. Beim Schweißen von Cu bereitet O-Geh. Schwierigkeiten. *HC-Kupfer* (mit höchster Leitfähigkeit) hat einen kleinen O-Geh. u. nimmt deshalb beim Schweißen O_2 auf u. ist empfindlich gegen H_2-Einwirkung. Mit P gut desoxydiertes Cu ist gut schweißbar, hat aber merklich schlechtere Leitfähigkeit. Zwischenlegierung „*sauerstofffreies Kupfer*" ist für Schweißungen am besten geeignet. Die besondere Eignung der Kohlelichtbogenschweißung beim Motorenbau wird herausgestellt. Es werden Beispiele für Punkt- u. Preßschweißung sowie Abbrennschweißungen gegeben. Die Abbrennschweißung von Al u. sogar von Al mit Cu wurde mit einer Spezialmaschine gelöst. — 4 Tab., 15 Abbildungen. (Engineer **192.** 501—03. 19/10. 533—36. 26/10. 1951.) KÜNTSCHER. 6506

S. G. Kelley jr., *Gleichmäßig hochwertige Qualitäts-Fertigbehandlung durch Diamantpulverschleifmittel.* Die zunehmende Verwendung von verchromten u. gehärteten Werkstücken u. Hartmetallen führte zu erhöhtem Einsatz von Diamantpulverschleifmitteln in Verbindung mit verschied. Verff., um sowohl gleichmäßige Oberflächenbeschaffenheit als auch bei sehr harten Teilen bei gleichzeitiger Schleifzeitabkürzung beste Politur zu erzielen. Verwendungsvorschläge für verschied. Diamantpulver. (Materials and Methods **33.** Nr. 2. 65—67. Febr. 1951.) ARNDT. 6510

H. Nann und **H. A. O. Fitzler,** *„Roto-Finish", das neuartige, mechanisch-chemische Verfahren zum Entgraten, Schleifen und Polieren von Massenartikeln.* Die Gegenstände werden in rotierenden Trommeln in mineral. Schleif- u. Polierkörpern eingebettet mit emulgierend wirkenden Lsgg. behandelt. — Schrifttumsüberblick u. 12 Abbildungen. (Metalloberfläche, Ausg. B **5.** 41—47. März 1953.) MARKHOFF. 6510

H. K. Hunt, *Poliermittel.* Zusammenfassende Übersicht über einige chem. u. physikal. Eigg. wie Fettgeh., Härte, Verseifbarkeit des Fettes u. Schleiffähigkeit von Poliermitteln. (Metal Finishing **50.** Nr. 7. 65—66. Juli 1952. L. H. Butcher Comp.) J. FISCHER. 6510

G. D. Polossatkin, *Abhängigkeit des Verschleißes von der Schleiffläche.* Es wurden Verschleißverss. mit *Messing*-Proben verschied. Form u. Größe durch Schleifen an einer rotierenden Carborundscheibe durchgeführt. Es wird versucht, die Beziehungen zwischen Schleifdruck, Schleiffläche, Schleifweg u. M. der abgetreagenen Metallschicht mathemat. zu erfassen. Auf die Ähnlichkeit mit den Verhältnissen beim Schneiden der Metalle wird hingewiesen. (Доклады Академии Наук СССР [Ber. Akad. Wiss. UdSSR] [N. S.] **88.** 971—73. 21/2. 1953. Tomsk, Kuibyschew-Univ., Sibir. Physikal.-Techn. Inst.) EHMCKE. 6510

D. Iturrioz, *Reinigung und Blankreiben metallischer Gegenstände mit Stahlschrot.* Stahlschrot kann sowohl in Trommeln als auch in freiem Strahl mit Preßluft zur Reinigung, zur Beseitigung von Unebenheiten usw. bei Metallwaren verwendet werden. Verschied. Vorrichtungen werden beschrieben. (Metalurgia y Electr. **17.** Nr. 186. 37—44. Febr. 1953.) R. K. MÜLLER. 6510

John Starr, *Die Oberflächenbehandlung von Magnesium.* Überblick über die chem. Reinigung u. über organ. Überzüge auf Mg. (Metal Finishing **50.** Nr. 10. 62—64. Okt. 1952.) J. FISCHER. 6512

Georg Schichtel, *Oberflächenschutz von Magnesiumlegierungen.* Überblick über die auf Bichromatbasis arbeitender Bäder. Ferner werden behandelt das Färben der Mg-Oberflächen durch Beizen, das Aufbringen von SeO_2-Überzügen, die anod. Verff., die Erzeugung galvan. Metall-Ndd. auf Mg u. von Lacküberzügen. — Schrifttumsangaben. (Metallurgie u. Gießereitechn. **3.** 25—34. 35. Jan. 1953. Bitterfeld.) MARKHOFF. 6512

J. Steiner und **M. Ruiner,** *Über Dichte und Richtung der Stromlinien in galvanischen Bädern.* Es wird angegeben, wie mit einer Doppelsonde nach einer Kompensationsmeth. die Richtung u. D. der Stromlinien in galvan. Bädern ermittelt werden kann. Ein Vgl. zwischen den möglichen Messungen mit der Ringkathode u. jenen mit der Doppelsonde läßt die geeigneten Anwendungsbereiche der beiden Methoden erkennen. — Abbildungen u. Schrifttumsangaben. (Metalloberfläche, Ausg. B **5.** 69—72. Mai 1953. Wien, TH, Elektrochem. Inst.) MARKHOFF. 6514

Gerhard Schikorr, *Ein einfaches Verfahren zur Bestimmung der Zinnauflage von verzinntem Bleiblech.* Die Sn-Schicht wird mit einer Lsg. von gelbem $(NH_4)_2S$ von der Pb-Unterlage abgelöst. Die Sn-Auflage ergibt sich aus der Gewichtsabnahme der Proben bei der Ablösung, da Pb von $(NH_4)_2S$ nicht angegriffen wird. (Metalloberfläche, Ausg. B **5.** 8—9. Jan. 1953. Stuttgart, Chem. Landesuntersuchungsanst.) MARKHOFF. 6524

Paul Wenk und **Heinrich Boljahn,** *Verzinnung von Aluminium mit Hilfe von Ultraschall.* Beschrieben wird der Einfl. der Einwirkungsdauer des Ultraschalls auf die Bindung von Al u. Sn. Es tritt eine zunehmende Aufrauhung der Al-Oberfläche ein, wodurch eine innige Verzahnung zwischen beiden Metallen erreicht wird. Ferner wird ein zum Löten von *Al* mit *Se* geeignetes Gerät beschrieben. — 9 Abbildungen. (Z. Metallkunde **43.** 322—24. Sept. 1952. Erlangen, Siemens-Schuckert-Werke Akt.-Ges.) MARKHOFF. 6524

N. D. Tomaschow, *Theorie der atmosphärischen Korrosion von Metallen.* Behandelt werden die Klassifizierung der atmosphär. Korrosion, ihr Verlauf, die Kondensation von Feuchtigkeit auf korrodierenden Oberflächen, die die Korrosionsgeschwindigkeit beeinflussenden Faktoren, die Beziehung zwischen der Geschwindigkeit der O_2- u. H_2-Depolarisation, die Bedeutung von Kathodeneinschlüssen in Legierungen, die Schutzwrkg. der sich bildenden Korrosionsprodd. u. Wege zur Verhütung von atmosphär. Korrosion. (Успехи Химии [Fortschr. Chem.] **19.** 716—29. Nov./Dez. 1950.) HOCHSTEIN. 6538

Léo Cavallaro, *Untersuchungen über die Korrosion von Metallen in Italien.* Bericht über in Italien ausgeführte Untersuchungen. — 100 Literaturstellen. (Mém. Soc. roy. belge Ing. Industriels **1952.** 15—36. Ferrara, Univ.) J. FISCHER. 6538

Norman Hackerman und **A. D. Shock,** *Korrosion in der Schwefelproduktion. Anwendung eines Legierungsüberzuges.* Schwere Korrosion setzt ein, wenn H_2O u. geschmolzener S in Kontakt mit der Stahloberfläche kommen. Beide allein verursachen geringe Schäden, dagegen eignen sich verzinkte Rohre. Der Überzug verhält sich unter den gegebenen Bedingungen gegen Stahl kathodisch. Die Analyse des Überzuges ergab einen relativ hohen Al- u. Mg-Gehalt. Diese Art von Überzügen hat sich sowohl im Labor. als auch in der Praxis bewährt. Die Brauchbarkeit nimmt mit steigendem Geh. der Leichtmetalle zu. Allerdings sind in bezug auf die Legierungsbldg. u. Haftfestigkeit Grenzen gesetzt. Als Gußmaterial verhielten sich die Legierungen *Zn–2 Al–2 Mg* u. *Zn–2 Al–5 Mg* am besten gegen H_2O u. 1% NaCl. (Corrosion [Houston] **6.** 195—200. Juni 1950. Ponca City, Okla., Continental Oil Co.) J. FISCHER. 6538

W. H. Stewart, *Ergebnisse der Prüfung einer galvanischen Korrosion von 9%- und 5%-Ni-Stahlrohren mit N–80-Überzug.* (Corrosion [Houston] **6.** Topic of the Month 1—2. Juli 1950. Beaumont, Tex., Sun Oil Co.) J. FISCHER. 6538

K. N. Barnard, *Die Verwendung von Magnesiumlegierungen als Anoden zum Schutz von Schiffen.* Das bisher zum kathod. Schutz gegen Unterwasserkorrosion verwendete Zn bildete infolge seiner Verunreinigungen einen Film, der die zum Schutz erforderliche Stromstärke schon nach 6 Wochen vermindert. Mg-Legierungen verhalten sich günstiger. Für die Unterss. wird das Potential der Schiffshaut mit Hilfe von Ag–AgCl-Elektroden dauernd überwacht. Es wird festgestellt, daß das Potential Fe–Ag/AgCl $>$ 740 mV sein muß u. daß in den kanad. Gewässern eine Stromdichte von 0,15 mA/dm² genügt. Die gelieferte Strommenge hängt von der Oberfläche der Anoden u. der Wassertemp. ab. Nach kurzer Zeit werden die Anoden grau u. sind mit einem dünnen, aber lockeren Film überzogen, Für das verwendete Versuchsschiff (Länge 68 m) würde der Mg-Verbrauch ca. 100 kg/Jahr sein. — Kurven u. Bilder. (Canad. J. Res., Sect. F. **28.** 417—37. Nov. 1950. Canada, Def. Res. Board, Dep. Nat. Defence.) J. FISCHER. 6538

M. Duncan und **Carl J. Lamb,** *Die Verhütung elektrochemischer Korrosion in Seewasser.* Betrachtung über die elektrochem. Korrosion in Seewasser. Vorschläge für geeignete Konstruktion von Rohrverbb., deren Schutz u. die Anordnung von Zn als Schutzanoden für gußeiserne Rohrleitungen (Water Works Engng. **105.** 126. 150—51. Febr. 1952. Tampa, Fla., Dep. Publ. Works.) J. FISCHER. 6538

T. Howard Rogers, *Ein Verfahren zur Beurteilung des relativen Korrosionsverhaltens von verschiedenen Meerwässern.* Jahrelange Unterss. haben gezeigt, daß der korrosive Angriff von Meerwasser auf *Cu*-Legierungen beträchtlich schwankt, weil durch n. chem. Prüfung nicht leicht zu ermittelnder Faktoren in verschied. Wässern vorhanden sind. Die korrosive Natur von Meerwasser schwankt mit der Jahreszeit u. mit der Zeitdauer, während welcher die Probe vor der Verwendung gelagert war. Es wird ein Verf. entwickelt u. beschrieben, mit dem die Korrosivität von verschied. Wässern durch Vergleichbestimmungen ermittelt werden kann. Hierbei wird eine Blechprobe von bestimmter Oberfläche in eine Wasserprobe eingetaucht u. der Betrag an in 22 Std. unter n. Bedingungen gelöstem Cu gemessen. Es werden für verschied. Cu-Legierungen u. für verschied. Meerwasserproben die ermittelten Korrosionswerte angegeben. — Diskussion. (J. Inst. Metals **76.** 597—612. Febr. **77.** 646—57. **März** 1950. London, Brit. Non-Ferrous Metals Res. Assoc.) HOCHSTEIN. 6540

Metallgesellschaft Akt.-Ges., Deutschland, *Herstellung eines als Zuschlag beim Sintern von Erzen geeigneten Gemisches aus Calciumoxyd und Calciumcarbonat.* $CaCO_3$ oder solches enthaltende Stoffe, wie Kalkstein, Dolomit, Kreide, Abfälle aus industriellen Anlagen oder dgl., werden in geeigneter Korngröße, z. B. 5—8 mm, mit Brennstoff vermischt u. auf dem Verblaserost gebrannt. Der Zersetzungsgrad des $CaCO_3$ richtet sich nach dem Brennstoffzusatz. Das erhaltene CaO kann auch in $Ca(OH)_2$ übergeführt werden. Als Brennstoffe können Abfallprodd., wie Koksgrus, Brikettabrieb, Flugasche, benutzt werden. Das Brennprod. kann auch für Düngezwecke, für die Zementindustrien oder dgl. verwendet werden. (**F. P. 998 849** vom 24/10. 1949, ausg. 23/1. 1952. D. Prior. 14/3. 1949.) HANS HOFFMANN. 6379

Metallgesellschaft Akt.-Ges., Frankfurt/M. und **Eisenwerke Gelsenkirchen Akt.-Ges.,** Gelsenkirchen (Erfinder: **Karl Kintzinger,** Bockum bei Wittlaer, **Herbert Wittenberg,** Schönberg bei Kronberg (Taunus) und **Kurt Meyer,** Frankfurt/M.), *Sintern von Eisenerzen, Abbränden oder dergleichen.* Der Zusatz von vorzugsweise staubförmigem Kalk in gebrannter Form auf Saugzugsintergeräten wird derart bemessen, daß durch Ausnutzung der dadurch bedingten Herabsetzung des spezif. Widerstandes des zu sinternden Gutes gegen den Luftdurchtritt unter Hindurchsaugen größerer Luftmengen durch das zu sinternde Gut die Schichtstärke u./oder Arbeitsgeschwindigkeit unter Steigerung der Leistung des Sintergerätes erhöht wird. (**D. B. P. 874 777** Kl. 18a vom 24/5. 1941, ausg. 27/4. 1953.) HOCHSTEIN. 6379

Bolidens Gruvaktiebolag (Erfinder: **Johann Erik Kjell Svenke, Sven Johan Waldén** und **Karl Göran Görling**), Skelleftehamn, Schweden, *Herstellung von hochwertigem Sinter aus feinkörnigen eisenoxydhaltigen Rohstoffen.* Als Brennstoff, der zur Eisenerzschlick, Kiesabbränden oder anderem feinkörnigen Eisenerz für das Sintern zugemischt wird, wird ausschließlich Schwimmschwefelkies oder anderes Metallsulfidmaterial einer Korngröße entsprechend derjenigen des Schwimmschwefelkieses verwendet. Der Brennstoff wird mit dem Rohstoff gemischt, wonach die Mischung gesintert wird. Der zugemischte Brennstoff kann auch aus *Ni-* u. *Co-Sulfiden* bestehen. (**D. B. P. 888 257** Kl. 18a vom 29/12. 1951, ausg. 31/8. 1953. Schwed. Prior. 28/3. 1946.) HOCHSTEIN. 6379

Mannesmann-Hüttenwerke Akt.-Ges., Duisburg (Erfinder: **Peter Dickens,** Duisburg-Huckingen), *Entphosphorung von Schlacken oder Erzen.* Schlacken oder Erze, bes. mit V-Gehh., werden mit Hilfe von Säuren entphosphort, indem die Reaktionszeit, Temp. u. Säurekonz. sowie Säuremenge so aufeinander abgestimmt werden, daß eine möglichst weitgehende Entphosphorung der Schlacke erzielt wird, ohne daß die gelöste SiO_2 in unfiltrierbarer Form wieder ausfällt. Zweckmäßig wird bei einer Reaktionstemp. von 60—80°, einer Säurekonz. 1 + 5 u. einem Mengenverhältnis Säure zu Schlacke wie 1—1,2 zu 1 die Reaktionszeit auf ca. 10—20 Min. bemessen. (**D. B. P. 868 159** Kl. 18a vom 20/8. 1944, ausg. 23/2. 1953.) HOCHSTEIN. 6381

Svit, Národní Podnik, Gottwaldov, Tschechoslowakei (Erfinder: **J. Doškář** und **V. Krumpole**), *Herstellung von feuerfesten Formen für das Gießen von Werkzeugen, besonders Schneidstahl nach dem Zentrifugalgußverfahren.* Man stellt die Hauptformmasse aus einem Gemisch aus Schamotte, Kaolin, Bentonit u. als Hauptbestandteil Quarzit her, die mit W. oder einer stark verd. KOH-Lsg. verbunden werden. Nach dem Brennen wird die Formmasse überzogen mit einem Überzug, der aus wärmebeständigen Oxyden, Bentonit, Sulfitablauge, NaCl u. W. hergestellt ist. — Z. B. verwendet man als Formmasse ein Gemisch aus 50 (Teilen) Quarzit, 40 Schamotte, 7 Kaolin u. 3 Bentonit, die mit 12 W. verd. werden, mit NaOH angeteigt, verformt u. gepreßt u. bei 900° gebrannt werden. Die Gießflächen der Form bespritzt man mit einer Mischung aus ZrO_2, MgO oder Si, zusammen mit Bentonit, Sulfitablauge, NaCl u. Wasser. (**Schwed. P. 135 964** vom 8/3. 1949, ausg. 3/6. 1952. Tschech. Prior. 18/3. 1948.) JÜRGEN SCHMIDT. 6383

United Steel Co. Ltd. (Erfinder: **Lewis Reeva**), Sheffield, England, *Gewinnung von Fe aus Fe_2O_3-haltigem Eisenerz* durch Umwandlung des Oxyds in $FeCl_3$ mittels HCl-Gasbehandlung u. darauffolgender Red. des $FeCl_3$ zu Fe mittels H_2. Dabei besteht das zur Behandlung kommende Gas aus einer Mischung von HCl-Gas u. H_2 u. wird beim Umlauf derart ergänzt, daß die aus dem Chloriergefäß überströmende Mischung in einem Kreislauf dorthin zurückströmt u. dabei teilweise mit H_2 angereichert u. als Behandlungsgas im Reduktionsgefäß verwendet wird. — Zeichnungen. (**D. B. P. 859 443** Kl. 12n vom 21/7. 1950, ausg. 15/12. 1952. E. Prior. 21/7. 1949.) NEBELSIEK. 6393

August Thyssen-Hütte Akt.-Ges. (Erfinder: **Erich Schultz**), Duisburg, *Gewinnung von vanadinhaltiger Schlacke erster Stufe am Hochofen.* Unter Zusatz von *Eisenoxyden,* z. B. Schwedenerzmulm, Walzensinter u. dgl., zu dem zu entvanadinisierenden, in Roheisenpfannen oder dgl. einfließenden Roheisen wird zur Erleichterung des Abziehens der Vanadinschlacke vom Roheisen u. zur Sauberhaltung der Roheisenpfanne u. dgl. *Flußspat* zugegeben. Zweckmäßig wird Flußspat in feingemahlenem Zustand in Mengen von ca. 1—5% je nach Art des gewählten Eisenoxyds u. der Zeitdauer zwischen Beginn der Entvanadinisierung u. der Abschlackung sowie der Temp. des Roheisens angewandt. (**D. R. P. 762 848** Kl. 18b vom 23/2. 1943, ausg. 2/2. 1953.) HOCHSTEIN. 6401

August Thyssen-Hütte Akt.-Ges., Duisburg-Hamborn (Erfinder: **Gerhard Gille,** Duisburg-Hamborn, **Heinz Höfges,** Duisburg-Hamborn, und **Jacob Willems,** Duisburg-Meiderich), *Herstellung von Thomasroheisen.* Zur Verminderung des im schmelzfl. Roheisen gelösten Stickstoffgeh. werden dem Eisen *Al, Si, Ti* oder *Zr* einzeln oder zu mehreren zugesetzt. Zweckmäßig beträgt der Zusatz der Elemente mindestens 0,3% des Bades. Die Elemente können in Form von Erzen u./oder metall. dem Hochofenmöller zugegeben werden. Vorzugsweise soll das Roheisen zum Ausscheiden u. teilweisen Abtrennen der unlösl. Stickstoffverbb. aus dem Roheisen im Mischer mehrere Std. absitzen. (**D. B. P. 887 823** Kl. 18a vom 22/4. 1944, ausg. 27/8. 1953.) HOCHSTEIN. 6401

Charles Dennery und **Pierre Hirsch,** Frankreich, *Herstellung von Gußeisen mit hohen Festigkeitseigenschaften.* Die Schmelzeinsätze bestehen aus reinem *Fe* oder Stahl sowie aus möglichst reinem *C,* z. B. Elektrodengraphit, der bei den Arbeitstempp. im Schmelzofen keine Gase entwickelt. Auch muß die Ofenauskleidung derart sein, daß bei den Arbeitstempp. keine Gase entwickelt werden. Das so gewonnene Gußeisen wird entschwefelt u. desoxydiert. Hierauf werden graphitisierende Zusätze, z. B. von *Si, Ti* oder *Mo,* zugeführt. Das so gewonnene Gußeisen wird einer dreistd. Wärmebehandlung beim A_1-Punkt mit einer nachfolgenden 1—10 std. Glühung beim A_3-Punkt unterworfen, wobei es vor dem Einfl. von Ofengasen u. Luft geschützt wird. (**F. P. 1 009 161** vom 20/1. 1950, ausg. 26/5. 1952.) HOCHSTEIN. 6403

Carl Adey, Burscheid bei Köln, *Herstellung von Grauguß mit sphärolitischem Graphit.* Bei der Schmelzbehandlung wird eine so weitgehende Entschwefelung durchgeführt, daß der S-Geh. 0,01% u. weniger, aber nicht wesentlich unter 0,001% beträgt. Ferner muß eine starke Unterkühlung der Schmelze vorgenommen u. der Sättigungsgrad in Abhängigkeit von der Wandstärke so eingehalten werden, daß dieser in das Feld sphärolith. Graphitausscheidung fällt. Im Fall des Gießens in grünem Sand wird zweckmäßig das Feld sphärolith. Graphitausscheidung von den angenäherten Begrenzungskurven Sc = 0,3/10 g·W + 0,766 u. Sc = 0,285/10 g·W − 3 + 1,035 gebildet, wobei Sc den Sättigungsgrad u. W die Wandstärke in mm bedeutet. (**D. B. P. 864 096** Kl. 18b vom 1/1. 1949, ausg. 22/1. 1953.) HOCHSTEIN. 6403

Eugen Piwowarsky, Aachen, *Rißfreie Warmverformung von höher gekohltem Eisen.* Gußeisen bzw. Roheisen üblicher Zus., legiert oder unlegiert, vorzugsweise mit Gesamt-C-Gehh. oberhalb der maximalen Sättigung des jeweiligen Austenits für C, muß so dimensioniert sein, daß das Verhältnis der maßgebenden Höhe zur maßgebenden Breite der Rohgußkörper vor der Warmverformung größer als ca. 0,3 ist. Der gewünschte Grad an elementarem C im Zwischen- oder Fertigprod. erfolgt durch eine Glühung, oder die chem. Zus. wird so eingestellt, daß die gewünschte Graphitisierung ganz oder teilweise unter dem Einfl. des Verformungsvorganges verläuft. (**D. B. P. 882 099** Kl. 18c vom 6/10. 1942, ausg. 6/7. 1953.) HOCHSTEIN. 6403

August Thyssen-Hütte Akt.-Ges., Duisburg-Hamborn, **Dortmund-Hörder Hüttenunion Akt.-Ges.,** Dortmund, und **Hüttenwerke Phoenix Akt.-Ges.,** Duisburg-Ruhrort (Erfinder: **Karl Daeves** und **Werner Holtmann,** Düsseldorf), *Herstellung von Stahl mit niedrigem Stickstoffgehalt in der Thomasbirne.* Der Hauptteil der Schmelze wird in der THOMAS-Birne vorgefrischt u. dann der Rest des Roheisens, der größer ist als zum Desoxydieren des vorgefrischten Teils notwendig wäre, zugegeben, worauf das Ganze in der Birne fertig gefrischt wird. Der Stahl enthält weniger als 0,012% Stickstoff. Zur Herst. eines THOMAS-Stahles mit gleichzeitig niedrigem *P*-Geh. von weniger als 0,05% wird der weitgehend vorgefrischte Hauptteil der Schmelze abgeschlackt u. nach der Roheisenzugabe mit einer zweiten stark bas. Schlacke fertiggeblasen. (**D. B. P. 878 358** Kl. 18b vom 28/12. 1941, ausg. 1/6. 1953.) HOCHSTEIN. 6409

Administration-Séquestre des „Röchlingsche Eisen- und Stahlwerke G. m. b. H." Saargebiet, *Herstellung von Thomasstahl mit geringem Stickstoffgehalt.* Der geschmolzene THOMAS-Stahl wird mit an Wasserdampf angereichertem Wind derart erblasen, daß die zugesetzte Menge an Wasserdampf in direkter Abhängigkeit von der Temp. des Schmelzbades steht, wobei die Menge automat. geregelt wird. An Stelle von Wasserdampf können dem Blaswind auch andere Abkühlgase, z. B. CO_2, zugesetzt werden. (**F. P. 999 639** vom 16/11. 1949, ausg. 4/2. 1952.) HOCHSTEIN. 6409

Franz Domalsky, Saargebiet, und **Soc. des Aciéries de Longwy, Soc. An.,** Frankreich, *Herstellung von Thomasstahl mit Siemens-Martin-Stahlqualität.* Dem entphosphorten u. entschwefelten THOMAS-Stahl werden bei erhöhter Temp. feste oder fl., natürliche oder synthet. SIEMENS-MARTIN-Schlacken zugesetzt. Zweckmäßig wird eine Schlacke verwendet, die mit einem geschmolzenen SIEMENS-MARTIN-Stahl im Gleichgewicht war. Auch kann solche Schlacke mehrfach verwendet werden. Vorzugsweise beträgt die zugesetzte Schlackenmenge ca. 2—7% der gesamten Stahlmenge. (**F. P. 1 010 437** vom 17/8. 1948, ausg. 11/6. 1952.) HOCHSTEIN. 6409

Soc. des Aciéries de Longwy Soc. An., Frankreich, *Herstellung von Thomasstahl.* Zur Beruhigung wird dem fl. THOMAS-Stahl nach der Abschlackung u. kurz vor dem Abguß in die Blockkokillen geschmolzenes *Ti* entweder in Form einer Legierung oder als handelsüblich reines Ti zugesetzt. Zweckmäßig wird aluminotherm. hergestelltes fl. *Ferrotitan* verwendet. Der Zusatz kann in der Abstichrinne erfolgen. (**F. P. 1 008 475** vom 17/1. 1950, ausg. 19/5. 1952.) HOCHSTEIN. 6409

Dortmund-Hörder Hüttenunion Akt.-Ges. (Erfinder: **Karl Holthaus**), Dortmund, *Vermeidung der Rißbildung an Walzprofilen aus Thomas-Stahl.* Die Profile aus THOMAS-Stahl, der z. B. mit *Al* weitgehend desoxydiert worden ist, werden bei Tempp. zwischen A_3 u. A_1 fertiggewalzt. (**D. B. P. 880 453** Kl. 18c vom 20/12. 1940, ausg. 22/6. 1953.) HOCHSTEIN. 6409

Allegheny Ludlum Steel Corp., Brackenridge, Pa., übert. von: **Gunther Mohling,** Londonville, New York, V. St. A., *Hitzebeständige Stähle* bestehen aus 0,3—0,6 (%) *C*, 12—20 *Cr*, 10—30 *Ni* u. zusammen 6—18 *Mo*, *W* u. *Nb*, Rest *Fe*; sie haben beständiges austenit. Gefüge. (**Can. P. 481 929** vom 4/3. 1944, ausg. 25/3. 1952. A. Prior. 23/1.1943.) HOLM. 6411

Firth-Vickers Stainless Steels Ltd., Sheffield, übert. von: **Leonhard Ratherham,** Dronfield, Derbyshire, und **Charles Sykes,** Sheffield, Yorkshire, England, *Warmfeste*

Stahllegierung besteht aus 0,1—0,3 *C*, 1,0—2,0 *Si*, 2,5—3,5 *Mn*, 12,0—16,0 *Cr*, 16,0 bis 20,0 *Ni*, 2,5—3,5 *Mo*, 1,5—2,5 *Nb*, 6,0—8,0 *Co*, Rest *Fe*. (**Can. P. 483 209** vom 23/12. 1947, ausg. 13/5. 1952.) HOLM. 6411

Avesta Jernverks Aktiebolag, Schweden, *Legierung mit hoher Warmfestigkeit.* Die Legierung besteht aus bis 0,1 (%) *C*, 15—25 *Cr*, 15—40 *Ni*, 5—30 *Co*, 0,5—7 *Mo*, 0,5—10 *W*, 1—3 *Ti* u./oder *Zr*, 1—4 *Nb* u./oder *Ta*, bis 1,5 *Al*, bis 0,1 N_2, Rest im wesentlichen *Eisen*. Auch kann die Legierung bis 2 *Mn*, bis 1 *Si* sowie bis 2 *V* enthalten. Eine bevorzugte Zus. ist: 20 Cr, 20 Co, 30 Ni, 4 Mo, 4 W, 2 Ti, 0,6 Al, 1,5 Nb, Rest Eisen. (**F. P. 1 007 996** vom 5/1. 1950, ausg. 12/5. 1952. Schwed. Priorr. 8/1. u. 14/11. 1949.) HOCHSTEIN. 6411

Thos., Firth & John Brown Ltd., übert. von: **Henry W. Kirby, Charles Sykes** und **Charles Stokes,** England, *Ferritische Stahllegierung mit hoher Warmstreckgrenze.* Der Stahl enthält 0,05—0.5 (%) *C*, 4—20 *Cr*, bis 3 *Mo*, das auch durch *W* ausgetauscht sein kann, ferner bis 2,5 *Nb*, bis 0,5 *B* u. bis 2 *V*. Die Legierung kann auch noch bis 3 *Si*, bis 4 *Mn*, bis 5 *Ni*, bis 0,25 N_2 u. bis 10 *Co* enthalten. Bevorzugt besteht der Stahl aus 0,1—0,25 C, 0,5—1,5 Si, 0,5—1,5 Mn, 0,5—1,5 Ni, 10—14 Cr, 0,5—1,5 Mo, 0,1 bis 0,3 V, 1—3 W, 0,5—1,25 Nb, 0,1—0,15 N_2, 0,025—0,1 B, 0—5 Co, Rest Eisen. (**F. P. 1 001 131** vom 9/12. 1949, ausg. 20/2. 1952. E. Priorr. 16/12. 1948 u. 31/10. 1949.) HOCHSTEIN. 6411

Armco Steel Corp., Middletown, Ohio, übert. von: **Paul A. Jennings,** Baltimore, Md., V. St. A., *Ventile für Verbrennungsmaschinen.* Austenit. Stähle mit 0,08—1,5 *C*, 12—30 *Cr*, 2—35 *Ni*, $<$ 0,2 *Si*, 0,15—0,5 *S* u. $<$0,04 *P* sind auch bei hohen Tempp. hart, haben geringe Dehnung u. gute Korrosionsfestigkeit. — Diagramm. (**Can. P. 481 630** vom 10/7. 1948, ausg. 11/3. 1952. A. Prior. 6/4. 1948.) HOLM. 6411

Firth-Vickers Stainless Steels Ltd., Sheffield, England, *Kriechfeste Stahllegierung* besteht aus bis zu 0,40 (%) *C*, bis zu 1 *Si*, bis zu 3 *Mn*, 9—17 *Cr*, 7—12 *Ni*, 1,75—3 *Mo*, 1—4 *Cu*, 0 25—1 *Ti*, Rest *Eisen*. Außerdem kann die Legierung noch bis zu 3 *W* enthalten. Der Stahl besitzt eine hohe Kriechfestigkeit bis zu mindestens 700°. (**Schwz. P. 286 571** vom 12/4. 1950, ausg. 16/2. 1953. E. Priorr. 23/8. 1949 u. 31/3. 1950.) HOCHSTEIN. 6411

Crane Co., übert. von: **Nicholas A. Ziegler, James R. Goldsmith** und **Alvin F. Lahr,** Chicago, Ill., V. St. A., *Mit Magnesium behandelter nichtrostender ferritischer Stahl.* Der im geschmolzenen Zustande durch einen Zusatz von 0,1—0,4 (%) Mg behandelte Stahl besteht aus bis 0,2 *C*, 25—30 *Cr*, Spuren bis 4 *Ni*, Spuren bis 2 *Mo* sowie den n. Gehh. an *Si*, *Mn*, *S* u. *P*. Der behandelte Stahl ist fehler- u. gasfrei u. besitzt im Gußzustand eine hohe Dehnung u. Einschnürung. (**A. P. 2 616 798** vom 25/10. 1950, ausg. 4/11. 1952.) HOCHSTEIN. 6411

Soc. d'Électrochimie, d'Électrométallurgie et des Aciéries Électriques d'Ugine, Frankreich, *Verbesserter nichtrostender Chrom–Nickel-Stahl.* Dem Cr–Ni-Stahl wird so viel Cu zugesetzt, daß der Cu-Geh. nahe, jedoch nicht über seiner Löslichkeitsgrenze im Stahl liegt. Der Stahl enthält vorzugsweise 12 (%) *Cr*, 12 *Ni* u. 2 *Cu*. Er läßt sich gut tiefziehen. (**F. P. 1 009 239** vom 28/5. 1948, ausg. 27/5. 1952.) HOCHSTEIN. 6411

Westinghouse Electric Corp., East Pittsburgh, Pa., übert. von: **Howard Scott, Robert B. Gordon** und **Frederick C. Hull,** Pittsburgh, Pa., V. St. A., *Gehärteter austenitischer Schweißstahl* besteht aus 15—35 *Ni*, 7—20 *Cr* u. 2—5 *Mo* oder *W*, 1,3—1,9 *Ti*, $>$0,4 *Al*, $>$0,1 *C*, 0,3—3 eines Desoxydationsmittels, Rest *Fe*; er hat, vollkommen rekrist., ein gleichmäßig feines Korn. Maschinenteile für besondere Beanspruchung bei hohen Tempp. bestehen aus 15—35 *Ni*, 7—20 *Cr*, 2—5 *Mo* oder *W*, 1,3—1,9 *Ti*, $<$4 *Al*, $<$0,1 *C* u. 0,3—3 eines Desoxydationsmittels, Rest *Fe*. (**Can. P. 479 596** vom 30/5. 1949, ausg. 18/12. 1951. A. Prior. 30/7. 1948.) HOLM. 6411

Sandvikens Jernverks Aktiebolag, Sandviken, Schweden (Erfinder: **A. W. Bernstein**), *Herstellung von Gegenständen, die geschweißt werden können und gegen Punktanfressungen, besonders durch Halogenverbindungen, beständig sind.* Man verwendet eine Legierung aus 14—18 (%) *Cr*, 21—24 *Ni*, 3—6 *Mo*, bis 3 *Mn*, bis 0,06 *C*, bis 0,75 *Si*, mindestens einem Carbidbildner, wie *Nb*, *Ta* oder *Ti*, Rest *Fe*. Die Legierung soll austenit. Struktur haben. Die Carbidbildner sollen mindestens das 10fache des C Geh. ausmachen. (**Schwed. P. 135 753** vom 15/8. 1949, ausg. 20/5. 1952.) JÜRGEN SCHMIDT. 6411

William Jessop & Sons Ltd. (Erfinder: **Donald Arthur Oliver** und **Dennis Hadfield**), Sheffield, England, *Herstellung von anisotropen Dauermagneten.* Eine Stahllegierung oder ein gesinterter Werkstoff mit 10—30 (%) *Ni*, 6—11 *Al*, 1 —30 *Co*, 0,5—8 *Cu*, 0,5—4,5 *Nb* + *Ta* mit der Maßgabe, daß die anteiligen Verhältnisse von Nb u. Ta im

Gebiete von 3:1 bis 1:3 mit Ausnahme eines Verhältnisses von 1,5% Nb u. 1,5 Ta liegen, Rest *Fe* mit den üblichen Verunreinigungen wird während der Abkühlung von der Lösungstemp. durch den CURIE-Punkt der Wrkg. eines Magnetfeldes unterworfen u. anschließend gealtert. Zweckmäßig liegt der Gesamtgeh. von Nb + Ta bei ca. 1—3%. (**E. P. 676 881** vom 3/6. 1949, ausg. 6/8. 1952.) HOCHSTEIN. 6411

National Lead Co., New York, N. Y., übert. von: **Viatcheslav V. Efimoff**, Niagara Falls, N. Y., V. St. A., *Vorlegierung zur Herstellung von Titan—Bor-Stählen.* Die Legierung besteht aus <0,1 (%) *C*, 35—45 *Ti*, 1,5—2,8 *B*, 7—15 *Al*, Rest *Eisen* mit den üblichen Verunreinigungen. Eine bevorzugte Zus. ist: <0,1 C, 38 Ti, 2,6 B u. 14,4 Al. Zweckmäßig wird die geschmolzene Vorlegierung dem desoxydierten Stahl zugesetzt. (**A. P. 2 616 797** vom 26/5. 1949, ausg. 4/11. 1952.) HOCHSTEIN. 6411

Deutsche Edelstahlwerke Akt.-Ges. (Erfinder: **Robert Scherer** und **Karl Bungardt**), Krefeld, *Herstellung von Gegenständen aus borhaltigen Stählen.* Zur Erzielung hoher Dauerstandfestigkeit neben geringer Neigung zu verformungslosen Brüchen werden stabil austenit. Stähle mit 0,01—0,5, bes. 0,04—0,10 (%) *C*, 15—25, bes. 16—18 *Cr*, 10—35, bes. 12—20 *Ni*, 0,01—0,30, bes. 0,02—0,15 *B*, Rest *Eisen* mit den üblichen Gehh. an *Si*, *Mn*, *S* u. *P* bei Tempp. unter 1180°, vorzugsweise bei 1000—1100°, warmverarbeitet (geschmiedet), von 1100—1170°, vorzugsweise 1130—1150°, beschleunigt abgekühlt u. bei Tempp. unter 800°, vorzugsweise 700—750°, mehrere Std. geglüht. (**Oe. P. 173 717** vom 23/12. 1950, ausg. 26/1. 1953. D. Prior. 9/1. 1950.) HOCHSTEIN. 6411

Stahlwerke Bochum Akt.-Ges., Bochum (Erfinder: **Walter Eilender**, Aachen, **Heinrich Arend**, Mülheim/Ruhr-Styrum, und **Hansalbert Becker**, Heinitz bei Neunkirchen/Saar), *Alterungs- und laugenbeständiger Stahl.* Bei der Herst. des unabhängig von der Abkühlgeschwindigkeit u. den Glühbedingungen alterungs- u. laugenbeständigen Stahles wird neben der üblichen weitgehenden Desoxydation durch *Al* ein Zusatz von geringen *Ta*-Mengen, ca. 0,1%, vorgenommen. Auch kann der Stahl im genannten Umfange mit den üblichen *Ta-Nb*-Legierungen versetzt werden. Auch kann er mit *Th*-Zusätzen von ca. 0,15—0,2% versetzt sein. (**D. B. P. 887 206** Kl. 18d vom 17/8. 1943, ausg. 20/8. 1953.) HOCHSTEIN. 6411

Vereinigte Österreichische Eisen- und Stahlwerke Akt.-Ges., Linz, Österreich, *Herstellung von Manganstahl.* Roheisen mit einem Mn-Geh. von ca. 2—4% wird unter Anwendung geringstmöglicher Schlackenmengen, z. B. ca. 70 kg/t, in einem bas. zugestellten Konverter mittels eines von oben auf die Badoberfläche geblasenen Strahles reinen O_2 sehr heiß gefrischt, wodurch die Zugabe eines besonderen Desoxydationsmittels nicht mehr erforderlich wird. Der so hergestellte Manganstahl enthält ca. 0,05 bis 0,1% *C* u. mindestens die 10fache Mn-Menge. (**Oe. P. 173 712** vom 6/2. 1950, ausg. 26/1. 1953.) HOCHSTEIN. 6411

Falconbridge Nickel Mines Ltd., Toronto, Canada, *Verbesserungen bei der Nickelgewinnung.* Diese bestehen darin, daß beim elektrolyt. Reinigen von Ni mit unreinem Sulfat—Chlorid-Elektrolyten (**I**), der Fe, Co, Cu, Pb u. As enthält, das Co u. noch ein oder mehrere der Metalle oxydiert u. mit Cl_2 ausgefällt werden. Dabei wird ein Teil des **I** abgezogen u. elektrolysiert, um Cl_2 u. H_2SO_4 in Freiheit zu setzen. Das Cl_2 dient zum Ausfällen des Co aus dem Hauptstrom des **I**. Die Säure wird zum Extrahieren des Ni aus wenigstens einem der Ndd. verwendet; die dabei entstandene $NiSO_4$-Lsg. kehrt in den Kreislauf zurück, so daß die Zus. des Hauptstromes des **I** bzgl. der Chloride u. Sulfate konstant gehalten wird. (**E. P. 667 659** vom 1/5. 1950, ausg. 5/3. 1952. A. Prior. 4/5. 1949.) NEBELSIEK. 6435

Soc. Générale Métallurgique de Hoboken Soc. An., Hoboken-lez-Anvers, Belgien, *Abscheidung von in kobalthaltigen Lösungen enthaltenem Nickel.* Ni wird mit Hilfe von metall. *Co* u. mindestens einem der Elemente *S*, *As*, *Sb*, *Se*, *Te*, in elementarer oder oxydierter Form, aus der Lsg. gefällt. Ni u. Co liegen in der Lsg. zweckmäßig in Form von Sulfaten, Chloriden oder sonstigen lösl. Salzen vor, deren Anion mit dem Fällungsmittel nicht zu Neben-Rkk. führen kann. Die Lsg. wird auf p_H zwischen 1 u. 5,5, vorzugsweise zwischen 2 u. 3, gehalten, wobei die Umsetzung unter Umrühren bei Tempp. zwischen 85° u. dem Kp. durchgeführt wird. (**D. B. P. 876 600** Kl. 40a vom 16/6. 1951, ausg. 15/5. 1953.) HANS HOFFMANN. 6435

Canadian General Electric Co. Ltd., Toronto, Ontario, Can, übert. von: **John D. Seaver**, Marblehesd, Mass., V. St. A., *Wärmebehandlung von Kobalt—Nickel—Chrom-Legierungen.* Permanente Magnete mit 20—85 *Cr*, 10—50 *Ni* u. 5—70 *Co* werden ca. 8 Std. auf 1100° erhitzt u. dann einige Std. auf 575—650° gehalten, langsam auf 800—870° abgekühlt, mechan. bearbeitet u. wieder wenige Min. auf 1100° erhitzt. Die Abkühlung nach dem ersten Glühen erfolgt langsam um 120° in der Stunde. (**Can. P. 484 286** vom 7/8. 1948, ausg. 24/6. 1952.) HOLM. 6437

Electro Manganese Corp., Knoxville, Tenn., V. St. A. (Erfinder: **W. L. Hammerquist**), *Elektrolytische Gewinnung von Mangan.* Die Kathodenfl. soll außer Mn(II)-Salz $(NH_4)_2SO_4$ oder NH_4Cl u. 0,001—0,06 g *Thioharnstoff* (I) je Liter enthalten. I setzt die Energie zur Entw. von H_2 wesentlich herab. Man kann dann lange Zeiten, z. B. 24—32 Std., elektrolysieren bei einer Stromausbeute von 60—68%. (**Schwed. P. 132 810** vom 22/2. 1949, ausg. 4/9. 1951.) JÜRGEN SCHMIDT. 6437

California Research Corp., San Francisco, übert. von: **William A. Bates**, Berkeley, Calif., V. St. A., *Aufbereitung von Wolframerzen, besonders von Scheelit.* Man behandelt eine Trübe von Scheelit, Calcit, Fluorit u. SiO_2-haltiger Gangart, die einen p_H von 10,8—11,5 aufweist, mit Na-Silicatlsg., die zur Regelung der Trübe dient, u. einem tanninhaltigen Drücker für Calcit, Fluorit u. SiO_2-Gangart. Als Sammler wird eine Seife einer Naphthensäure mit einer SZ. 160—190 (auf ölfreier Basis) u. 20—50 Gew.-% eines neutralen Petrolöles mit einem Kp. zwischen 350—700° F u. einer Viscosität von weniger als 55 S. S. U. bei 100° F (berechnet auf Gesamtgewicht von ölfreier Säure u. Öl). — Verfahrensschaubild. (**A. P. 2 607 479** vom 4/2. 1948, ausg. 19/8. 1952.) W. HAUSWALD. 6441

Phelps Dodge Corp., New York, N. Y., übert. von: **Nathaniel Arbiter** und **Orel E. Young**, Morenci, Ariz., V. St. A., *Selektive Gewinnung von Molybdänsulfid mittels Flotation.* Die Abtrennung von MoS_2 aus Erzen, die große Mengen von Sulfiden anderer Metalle enthalten, erfolgt durch Flotation in Ggw. von Polysulfid u. Thiosulfat zusammen mit Salzen, die man durch Rk. einer Mineralsäure auf die Mischung erhält. Diese Mischung, z. B. Calcium- oder Natriumpolysulfid–Thiosulfat, wirkt als Drücker für die anderen Sulfide u. kann noch andere Salze, wie $FeSO_4$, enthalten. Das Flotationsreagens besteht z. B. aus 1,77 (lbs./ton Beschickung) H_2SO_4, 6,77 $FeSO_4$, 7,01 Natriumpolysulfid–Thiosulfat-Mischung, 0,15 Methylisobutylcarbinol (Schäumer), 0,11 Utha-Heizöl. (**A. P. 2 608 298** vom 6/4. 1948, ausg. 26/8. 1952.) W. HAUSWALD. 6441

Comp. de Produits Chimiques et Électrométallurgiques Alais, Froges & Camargue, Paris, Frankreich, *Elektrolytische Raffination von Aluminium.* Man verwendet ein Elektrolysebad aus den Fluoriden u. Chloriden der Erdalkalien u. dem AlF_3, wobei dessen D. zwischen der von reinem Al u. der anod. Legierung u. dessen F. zwischen 680 u. 780° liegen. — Beispiel: 40—45 (%) $BaCl_2$, 18—28 CaF_2, 25—35 AlF_3 u. 5 BaF_2. MgF_2 u. Oxyde. (**E. P. 681 629** vom 8/6. 1950, ausg. 29/10. 1952. F. Prior. 13/6. 1949.) NEBELSIEK. 6443

N. H. Brundin, Höganäs, Schweden, *Aufarbeiten von Laugen bei der Aluminiumgewinnung.* Die Laugen, die neben *Al-*, auch *Fe-*, *V-* u. gegebenenfalls *U*-Verbb. enthalten, werden gegebenenfalls nach Red. des Fe zur Ferrostufe von Al durch Ausfällung oder Kristallisation befreit. Dann fällt man V u. U soweit aus, daß die restliche Lsg. noch sauer bleibt, filtriert die Fällung ab, die auf V u. U aufgearbeitet wird, u. fällt das restliche Fe als $Fe(OH)_3$ unter oxydierenden Bedingungen. Aus der Mutterlauge können schließlich NH_4HSO_4 oder $(NH_4)_2SO_4$ gewonnen werden. (**Schwed. P. 135 789** vom 27/11. 1946, ausg. 20/5. 1952.) JÜRGEN SCHMIDT. 6443

Kenmore Metals Corp., New York, übert. von: **Herbert Kenmore, Walter J. Manson** und **Etienne L. A. Camin**, New York, N. Y., V. St. A., *Ziehen von Metallstäben mit Nickelüberzug.* Ein streckbarer Metallstab ist von grobkristallinen Ni-Rohren von mkr. Feinheit mit einer oxydhaltigen Zwischenschicht umgeben. Die Schichten begünstigen das Gleiten beim Ziehen auf das Vielfache der Stablänge. — Zeichnung. (**Can. P. 482 845** vom 28/1. 1948, ausg. 29/4. 1952. A. Prior. 1/2. 1947.) HOLM. 6491

Mathieson Chemical Corp., New York, übert. von: **Paul David Frost**, Columbus, O., V. St. A., *Aufplattieren von Magnesium–Lithium-Legierungen.* Nach dem Reinigen von Blechen aus rostsicherem Stahl oder Al u. Befestigen der Kanten mit der Mg–Li-Legierung (8:1) werden die Platten bei ca. 280—425° (bes. bei 350—400°) in einem Gang auf die gewünschte Stärke gewalzt. Mehrstufiges Verf. mit Zwischenerhitzung ist vorteilhaft. (**Can. P. 481 082** vom 23/6. 1949, ausg. 12/2. 1952. A. Prior. 27/8. 1948.) HOLM. 6491

Nitralloy Corp., New York, N. Y., übert. von: **Carl F. Floe**, Belmont, Mass., V. St. A., *Nitrieren von Eisen mit trockenem NH_3.* Das NH_3 soll innerhalb der n. Nitrierhärtetemp. einen derartigen Dissoziationsgrad (15—65%) aufweisen, daß sich sofort eine Nitridschicht bildet, erkennbar durch weißes Aussehen beim Ätzen. Die Behandlung wird bis zu 10 Std. fortgesetzt, wobei sich eine zusammenhängende weiße Schicht bildet. Dann wird die Geschwindigkeit des NH_3-Stromes herabgesetzt, so daß sich der Dissoziationsgrad des NH_3 auf 65—75% erhöht, wodurch ein weiteres Wachsen der Schicht in die Tiefe aufgehalten wird. Diese Behandlung dauert 10—90 Stunden. (**Can. P. 479 123** vom 29/6. 1945, ausg. 4/12. 1951.) SCHÖNAUER. 6493

Oesterreichisch-Alpine Montangesellschaft (Erfinder: **Wilhelm Schilken, Wolfgang Küntscher** und **Peter Kienberger**), Wien, Österreich, *Herstellung von Schweißelektroden und Schweißstäben.* Ein Pulver von Weicheisen oder legiertem oder unlegiertem Stahl wird mit schlackenbildenden Bestandteilen gemischt, zu Elektroden oder Stäben gepreßt u. dann gesintert. Der Sintermischung können auch noch hochwertige Legierungsmetalle, wie *Cr, Mo, Ni, V*, in Pulverform beigegeben werden. Außerdem können das Sinterpulver oder die fertiggepreßten Sinterstäbe selbst durch Glühen bzw. Sintern in metallabspaltenden Dämpfen, wie $CrCl_3$, SiF_4 oder SiH_4, auflegiert werden. Die mit solchen Elektroden oder Stäben hergestellten Schweißen sind zufolge der idealen Mischung zwischen Schweißmetall u. Schlackenbildner wesentlich hochwertiger als die mit solchen bisheriger Herstellungsart gewonnenen. Die Elektroden sind genügend biegsam, so daß sie im Automaten verschweißt werden können. Gegen mechan. Verletzungen sind sie wesentlich unempfindlicher als die n. preßummantelten oder getauchten Elektroden. (**Oe. P. 168 840** vom 30/4. 1948, ausg. 25/8. 1951. D. Prior. 6/11. 1944.) KLEIN. 6507

Western Electric Co., Inc., New York, übert. von: **Henry C. Theuerer,** New York, N. Y., V. St. A., *Ätzen von Gegenständen aus Germanium.* Nach dem Schleifen werden die Gegenstände in einer wss. Lsg. von 35—150 g *HF* im Liter mit 1—3 Teilen H_2O_2 auf 1 Teil HF geätzt bis die Oberfläche Metallglanz erhält, u. gewaschen. (**Can. P. 478 611** vom 11/8. 1950, ausg. 13/11. 1951.) HOLM. 6513

Gebr. Böhler & Co. Akt.-Ges., Wien, Österreich (Erfinder: **L. Wetternik**), *Herstellung einer Phosphatierungsschicht auf Stahl.* Man verwendet übliche Phosphatierungsbäder, denen bis zu 25% *Tannin* zugesetzt ist. Nach dem Phosphatieren wird mit heißem W. bespült u. dann schnell getrocknet. Man erhält dann Unterlagen, die sich bes. gut für das Auftragen von Lacken bei Stählen oder gesintertem Material eignen. (**Schwed. P. 134 514** vom 16/3. 1945, ausg. 5/2. 1952. D. Prior. 16/3. 1944.) JÜRGEN SCHMIDT. 6533

Metallgesellschaft Akt.-Ges. (Erfinder: **Gerhard Roesner,** Frankfurt/M., **Ludwig Schuster,** Philadelphia, Pa., V. St. A., und **Robert Krause,** Langelsheim/Harz), *Phosphatieren von Metallen, wie Eisen und Stahl.* Man verwendet Lsgg., bes. *Zinkphosphatlsgg.*, die neben *Nitrat Peroxyd*, bes. H_2O_2, enthalten. Als weiterer Beschleuniger kann ein *Nitrit* zugesetzt werden. Der H_2O_2-Geh. soll 0,25 g/Liter nicht übersteigen, da die Schichten dann fleckig u. schlammig werden können. Ohne Nitritzusatz werden die Schichten sehr dünn. Im übrigen sind die Schichten haftfest u. hart. (**D. B. P. 881 893** Kl. 48d vom 5/8. 1943, ausg. 6/7. 1953.) MARKHOFF. 6533

—, The formulation of anti-corrosive compositions for ships' bottoms and underwater service on Steel. First report of joint technical panel N/P 2. London: British Iron and Steel Research Association. [Gratis.]

IX. Organische Industrie.

G. Carrière, *Vinylacetylen* $HC \equiv C - CH = CH_2$. Übersicht über Herst. u. Eigenschaften. (Chem. pharmac. Techniek **8.** 133—35. 1/2. 1953.) WESLY. H 530

G. Carrière, *β-Chlorpropionitril*, $Cl \cdot CH_2 \cdot CH_2 \cdot CN$. Übersicht über Herst. u. Eigenschaften. (Chem. pharmac. Techniek **8.** 173—74. 15/3. 1953.) WESLY. H 810

United States of America, übert. von: **Frederick B. Downing,** Carney's Point, N. J., und **John B. Roberts,** Wilmington, Del., V. St. A., *Katalytische Synthesen in der Gasphase.* Fluorierungen usw. werden dadurch reguliert, daß man die Rk. über das ganze Gefäß durch Anordnung von durchlässigen Trennwänden verteilt. Zusätzlich kann man noch inerte Gase (N_2) einleiten. — Zeichnung. (**A. P. 2 570 435** vom 30/3. 1945, ausg. 9/10. 1951.) G. KÖNIG. 6565

Ruhrchemie Akt.-Ges., Oberhausen-Holten, *Verfahren zur kontinuierlichen Sulfonierung von Alkoholen, Olefinen, Aromaten oder Alkylaromaten* durch kontinuierliche Berührung mit H_2SO_4 in einem senkrechten, mit Verteilungskörpern, z. B. mit RASCHIG-Ringen, gefüllten Rohr, dad. gek., daß von oben her fortlaufend Sulfonierungsmittel u. von unten her das zu sulfonierende Ausgangsmaterial in fl. Zustande eingeführt werden, wobei das Ausgangsmaterial gegebenenfalls unter Einblasen von Luft oder anderen indifferenten Gasen in Mischung mit den gebildeten Sulfonierungsprodd. nach oben steigt u. am oberen Ende durch einen Überlauf abfließt, bzw. durch Zugabe von verd. H_2SO_4 oder W. aufgearbeitet wird. — Die aufzuarbeitende Sulfonsäure wird mit 55—80%ig. H_2SO_4 behandelt. — Zeichnung. (**Oe. P. 172 653** vom 14/2. 1951, ausg. 10/10. 1952. D. Priorr. 17/2. u. 15/3. 1950.) M. F. MÜLLER. 6567

Arthur Jack Sackville Evans, London, England, *Verbindungen mit semicyclischer Doppelbindung* (**I**) erhält man durch Red. von α.β-ungesätt. Cycloalkenylcarbonylverbb. der allg. Formel **II** (R = cycloaliphat. Ring u. —COR_1 = Aldehydgruppe oder ein Ketonrest) nach WOLFF-KISHNER. — Δ^2-Formylcholesten wird mit Hydrazinhydrat in absol. A. auf 200° im Druckrohr erhitzt, wobei sich *2-Methylencholestan*, F. 65—67°, bildet. — Δ^1-Cyclopenten → *Methylencyclopentan*, F. 78—81°. — $\Delta^{5,17}$-*3β-Acetoxypregnadien*, F. 138—140°. — *Methylencycloheptan*, F. 137—138°. — *Methylencyclopentadecan*. — *2.2.6-Trimethyl-1-methylencyclohexan*, $Kp._{11}$ 65—68°. — *γ-Cyclogeraniol*, $Kp._{11}$ 98—100°. — *γ-Dihydrojonol*, $Kp._{12}$ 128—131°. — *Äthylidencyclohexan*, $Kp._{760}$ 133—135°. (**E. P. 666 106** vom 12/10. 1949, ausg. 6/2. 1952.)

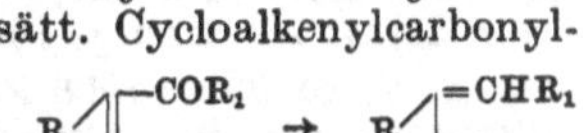

KRAUSS. 6585

Distillers Co. Ltd., Edinburgh (Erfinder: **Thomas Bewley**, Epsom, Surrey, und **Basil Vivian Aller**, Hedon, Hull), England, *Katalytische Hydrierung organischer Verbindungen* mit H_2, der 0,01—5 Vol.-% CO enthält, in Ggw. von RANEY-Ni u. eines Lösungsm. bei 20—180°, bes. 85—180°. Der Katalysator wird mindestens teilweise zur Wiederbelebung auf 85—180°, zweckmäßig in Ggw. von H_2, erhitzt. — Eine Mischung aus Isopropylbenzol u. 51 (%) α-Methylstyrol gibt bei der Hydrierung in Ggw. von RANEY-Ni *Isopropylbenzol* in 92%ig. Ausbeute u. 7 Polymerisat (Tabelle). — Crotonaldehyd → *Butyraldehyd*. — Acrolein → *Propionaldehyd*. — Diacetonalkohol → *2-Methyl-2.4-pentandiol*. — Methoxypropionaldehyd → *Methoxypropanol*. (**D. B. P. 870 107** Kl. 12o vom 3/12. 1950, ausg. 9/3. 1953. E. Prior. 7/12. 1949.) KRAUSS. 6585

United States of America, übert. von: **George H. Cady**, Leonia, N. J., V. St. A., *Fluorieren von reinen oder gemischten Kohlenwasserstoffen* mittels F_2 erfolgt in Ggw. wärmeableitender Metallkatalysatoren, die einen Überzug eines Metallfluorids der Metalle Ag, Co, Mn oder Ce aufweisen, bei Tempp., die man für jeden einzelnen Fall durch Verss. feststellen muß. Bes. geeignet sind Tempp. zwischen 100—400°. Inerte gasförmige Verdünnungsmittel (N_2, Ar_2, He_2, HF) können angewendet werden. — Z. B. werden hergestellt: C_6F_{12} C_7F_{16}, C_8F_{16}, C_7F_{14}, C_9F_{18}, C_4F_{10}. Verwendung als Schmiermittel, Kühlmittel. — Zeichnung. (**A. P. 2 574 619** vom 9/3. 1943, ausg. 13/11. 1951.) G. KÖNIG. H 500

N. V. de Bataafsche Petroleum Mij., Haag, Holland (Erfinder: **Bernard Sutro Greensfelder, Walter Howard Peterson** und **Sumner Hatch McAllister**, Emeryville, Calif., V. St. A.), *Selektive katalytische Hydrierung von Alkadienen* zu Alkenen in KW-stoffgemischen, die ungesätt. KW-stoffe nahezu ausschließlich als Alkadiene u. Alkene enthalten, dad. gek., daß die Hydrierung in Ggw. eines NiS-Katalysators unter einem Druck von 1—10 at bei 150—350° durchgeführt wird, wobei eine Durchsatzgeschwindigkeit des KW-stoffgemisches von 0,5—10 Liter fl. Ausgangsmaterials pro Liter Reaktionsraum u. Std. eingehalten wird. Die Hydrierung der Diene kann bis auf 5 Vol.-% erfolgen, der Rest durch Polymerisation oder Extraktion aus der Mischung entfernt werden. Während der Rk. kann man eine geringe Menge S, z. B. als H_2S, zusetzen. Mit einem Mol.-Verhältnis H:Dien von 10:1 bis 12:1 werden gute Ergebnisse erzielt. (**D. B. P. 848 360** Kl. 12o vom 16/9. 1950, ausg. 4/9. 1952. A. Priorr. 20/11. 1943 u. 9/5. 1944.) G. KÖNIG. H 520

Shell Development Co., San Francisco, Cal., V. St. A., übert. von: **Peter van't Spijker**, Den Haag, und **Marius t'Hart**, Amsterdam, Holland, *Katalyse des Oxo-Verfahrens*. Bei dem kontinuierlichen Verf. der CO- u. H-Anlagerung an Olefine in mehreren Stufen wird nach der 1. Stufe überwiegender CO-Anlagerung frischer (z. B. auf Celit niedergeschlagener) Co-Katalysator in aufgeschlämmter Form zugeführt, während ausgebrauchter Katalysator nach der 2., der Hydrierungsstufe abgezogen, regeneriert u. wie angegeben wieder zugeführt wird. Man vermeidet so die übermäßige Bldg. von Dicköl. — Reaktionsschema. (**A. P. 2 581 988** vom 17/10. 1950, ausg. 8/1. 1952. Holl. Prior. 26/1. 1950.) MÖLLERING. H 550

Chemische Verwertungsgesellschaft Oberhausen m. b. H., Oberhausen-Holten (Erfinder: **Alois Gemassmer**, Köln), *Herstellung von O-haltigen organischen Verbindungen, besonders von Aldehyden und Ketonen, gegebenenfalls auch Alkoholen*, durch Rk. von olefin. Verbb. bei erhöhter Temp. u. unter erhöhtem Druck mit CO u. H_2 in Ggw. von Katalysatoren, dad. gek., daß man Katalysatoren verwendet, deren katalyt. akt. Bestandteil aus Co neben überwiegenden Mengen eines oder mehrerer leicht reduzierbarer Oxyde, jedoch keine Carbonyle bildender Metalle besteht. Setzt sich 1 (Mol einer olefin. Verb. mit CO u. H_2 um, so entstehen Aldehyde, bei 2 einer olefin. Verb. entstehen Ketone. Werden ungesätt. Alkohole, Aldehyde, Ketone, Säuren usw. der Einw. von CO u. H_2 ausgesetzt, so entstehen die entsprechenden Carbonylverbb., wie Aldehydalkohole, Dialdehyde, Ketoaldehyde, Aldehydsäuren, halogenierte Aldehyde,

Ketoalkohole, Diketone, Ketosäuren, halogenierte Ketone. (**D. B. P. 876 842** Kl. 12o vom 26/11. 1940, ausg. 18/5. 1953.) G. KÖNIG. H 550

N. V. de Bataafsche Petroleum Mij., Den Haag, Holland (Erfinder: **Frank Host Dickey**, Emeryville, Calif., V. St. A.), *Peroxyde* der allg. Formel R_1—O—O—C(H_2)(R_3)X (R_1 = tert. organ. Rest, R_2 = organ. Rest, R_3 = H oder KW-stoffrest, X = OH oder —O—O—R_4, R_4 = tert. organ. Rest, bes. = R_1) erhält man durch Kondensation eines tert. organ. Hydroperoxyds $(R)_3$C—O—O—H (R = gleiche oder verschied. organ. Reste) mit einer organ., eine CO-Gruppe enthaltenden Verb. in saurem Medium (HCl, H_2SO_4) bei n. oder niedriger Temp., bes. zwischen —10 u. +35°. — Aus tert.-Butylhydroperoxyd (I), $CaCl_2$, HCl u. Aceton erhält man bei 0° *Di-tert.-butylisopropylidenperoxyd*, n_D^{20} 1,4093. — *Di-tert.-butyl-sek.-butylidenperoxyd*, n_D^{20} 1,4140. — *α.α-Dimethyl-α'-oxydiäthylperoxyd* aus Acetaldehyd + I. — I + Diacetonalkohol → *2-Methyl-2-oxy-4.4-di-tert.-butylperoxydpentan*, n_D^{20} 1,4220. — I + Lävulinsäure → *2-Oxy-2-tert.-butylperoxydvaleriansäure*, F. 43—45°. — Zusatzmittel zur Verbesserung des Cetanwertes von Dieseltreibstoffen, Katalysator für Polymerisationen u. sonstige Reaktionen. (**D. B. P. 857 964** Kl. 12o vom 8/9. 1950, ausg. 4/12. 1952. A. Prior. 27/12. 1943.) KRAUSS. H 550

Emery Industries, Inc., Cincinnati, O. (Erfinder: **Jonas Kamlet**, New York, N. Y.), V. St. A., *Gleichzeitige Herstellung von Natriumcyanat* (**I**) *und Fettalkoholen*, dad. gek., daß man metall. Na auf Fettsäureester (**II**) in Ggw. von redzierend wirkenden Alkoholen unter Herst. von Na-Alkoholaten einwirken läßt, worauf man die erhaltenen Na-Alkoholate mit Harnstoff zu Alkoholen u. **I** umsetzt u. die Alkohole von **I** trennt. Als kommen bes. natürliche, tier. u. pflanzliche Fette, Öle u. Wachse, aber auch synthet. gewonnene Ester in Betracht. Vorteilhaft ist die Anwendung eines inerten Verdünnungsmittels. **I** kann z. B. mit CO zu NaCN reduziert werden. (**D. B. P. 849 100** Kl. 12o vom 31/3. 1951, ausg. 11/9. 1952. A. Prior. 1/4. 1950.) G. KÖNIG. H 560

Badische Anilin- & Soda-Fabrik, Ludwigshafen/Rh. (Erfinder: **Erwin Bauer**), *Gewinnung organischer Stoffe aus ihren wässerigen Lösungen* durch azeotrope Dest. mit Lösungsmitteln, die mit W. bei n. Temp. nicht mischbar sind, aber mit ihm azeotrop. sd. Gemische bilden, dad. gek., daß man die Lsgg. mit solchen Mengen eines derartigen Lösungsm. (**I**) extrahiert, daß im Extrakt das Verhältnis von **I** zu mitgelöstem W. gleich dem im **I**-W.-Azeotrop oder nur wenig größer ist, die wss. Schicht abtrennt u. den Extrakt dest., bis das gesamte mitgelöste W. u. **I** entfernt sind. Als **I** sind genannt 2-Methyl- u. 2.5-Dimethyltetrahydrofuran, Ae. u. CH_2Cl_2. Mengenbeispiel für *Propargylalkohol*. (**D. B. P. 851 050** Kl. 12a vom 21/3. 1943, ausg. 2/10. 1952.) SCHINDLER. H 560

Farbenfabriken Bayer (Erfinder: **Fritz Schmidt** und **Otto Bayer**), Leverkusen-Bayerwerk, *Herstellung von organischen Fe- und Al-Verbindungen* vom Typ der Fe- u. Al-Alkoholate durch Einw. von NH_3 auf die entsprechenden in Alkohol gelösten Metallhalogenide, dad. gek., daß man auf in einem Alkohol gelöstes Fe- bzw. Al-Halogenid, gegebenenfalls in Ggw. weiterer inerter Lösungsmittel, so viel NH_3 bzw. Amin einwirken läßt, daß die zunächst stark sauer reagierende Lsg. neutral oder annähernd neutral reagiert, also prakt. noch keine Fällung einer Fe- bzw. Al-Verb. eintritt. (**D. B. P. 859 143** Kl. 12o vom 24/8. 1950, ausg. 11/12. 1952.) G. KÖNIG. H 560

Badische Anilin- & Soda-Fabrik, Ludwigshafen/Rh., *Enoläther* entstehen, indem äquimol. Mengen eines Aldehyds u. Alkohols fortlaufend in Ggw. eines sauren Katalysators erhitzt, das gebildete W. abgeschieden u. aus dem Acetal im gleichen Arbeitsgang durch Erhitzen, gegebenenfalls in Ggw. eines schwach sauren Salzes, 1 Mol Alkohol abgespalten wird. Zweckmäßig erfolgt die Acetalbldg. in einer Destillationskolonne, während die Acetalspaltung im Sumpf oder unteren Teil der Kolonne erfolgt u. der Enoläther zwischen der Destillationsblase u. -kolonne abgezogen wird. — Isobutyraldehyd (**II**) + Isobutanol (**I**) + konz. HCl → *Isobutylidenisobutyläther*, Kp. 131,5°; an Stelle von HCl kann geschmolzenes $NaHSO_4$ verwendet werden. — Acetaldehyd + A. → *Vinyläthyläther*. — Propionaldehyd + **I** + HCl + Chinolinphosphat → *Propylidenbutyläther*, Kp. 110—112°. — **I** + Önanthol + H_3PO_4 + Anilinsulfat → *Heptylidenisobutyläther*, Kp. 200—205°; Ausbeute 90—95%. — **II** + Hexylalkohol → *Isobutylidenhexyläther*, Kp. 173—175°. — Vorr., Zeichnung. (**D. B. P. 857 370** Kl. 12o vom 17/1. 1943, ausg. 27/11. 1952.) KRAUSS. H 560

N. V. de Bataafsche Petroleum Mij., Den Haag, Holland (Erfinder: **Edward Reed Bell** und **William Eugene Vaughan**, San Francisco, Calif., V. St. A.), *Aliphatische und cycloaliphatische Hydroperoxyde* erhält man durch Rk. des entsprechenden Alkohols mit H_2O_2 (250%ig. Überschuß) in fl. Phase in Ggw. von höchstens 0,4, bes. 0,05—0,25, (Mol) eines sauren Katalysators je 1 Alkohol (Silicomolybdänsäure, BF_3, HCl, H_2SO_4). —

Aus tert.-Butanol erhält man mit 50%ig. H_2O_2 (Mol-Verhältnis 1:1) in Ggw. von 0,0169 Mol. Silicowolframsäure *tert.-Butylhydroperoxyd* in 96%ig. Reinheit, $Kp._{100}$ 69 bis 69,5°, F. 5—5,5°, D. 0,894, u. in 89%ig. Ausbeute. — *Amylhydroperoxyd*, $Kp._4$ 30°.— *2-Isopropylisopropyl-*, *2-Propylisopropyl-*, *2-tert.-Butylisopropylhydroperoxyd.* (**D. B. P. 857 810** Kl. 12o vom 1/7. 1950, ausg. 1/12. 1952. A. Prior. 1/7. 1949.) KRAUSS. H 570

Glycerine Corp. of America, New York, N. Y., V. St. A., *Gewinnung von Glycerin.* Die durch Vergärung von Melasse erhaltene Fl. wird filtriert, angesäuert, durch Dest. von flüchtigen Anteilen befreit, auf 50% eingedampft u. neutralisiert, im Gegenstrom mit W. durch mehrere Dialysierzellen, deren Zellen aus regenerierter Cellulose bestehen, bes. bei 50°, geführt, durch Na_2S von Fe-Verbb. u. durch Ionenaustauscher von anorgan. Salzen befreit u. mit Adsorbentien, z. B. Aktivkohle, entfärbt. — Zeichnung. (**E. P. 683 898** vom 28/10. 1949, ausg. 10/12. 1952. A. Prior. 19/5. 1943.) LÜTTGEN. H 580

Badische Anilin- & Soda-Fabrik, Ludwigshafen/Rh. (Erfinder: **Helmut Jacobi,** Wuppertal-Barmen), *Herstellung konzentrierter Lösungen von Glycerinchlorhydrinen.* Man gelangt beim Chlorieren von wss. Lsgg. von Allylalkohol (I) zu konz. Lsgg. von Glycerinchlorhydrinen (II), unter Vermeidung der Bldg. unerwünschter Nebenprodd., wenn man zunächst starkverd. wss. Lsgg. von I mit Cl_2, gegebenenfalls in Ggw. eines säurebindenden Mittels, wie Na_2CO_3, behandelt u. darauf durch Zugabe von I stets eine geringe Konz. von I aufrechterhält oder immer wieder erneut herstellt, die Lsg. weiter chloriert usw., bis eine konz. Lsg. von II entstanden ist. Bei dieser Arbeitsweise tritt trotz der steigenden Konzz. kein nachteiliger Einfl. des Cl_2 auf den neu hinzukommenden I oder auf die bereits entstandenen II auf. (**D. B. P. 840 236** Kl. 12o vom 1/7. 1944, ausg. 29/5. 1952.) ROICK. H 560

Henri Brunel, Frankreich, *Löslichmachen von Mineralölen durch Sulfonierung* für industrielle Zwecke, wie zur Herst. von Farbstoffen, Farben, Reinigungsmitteln, Insekticiden sowie bei der Behandlung von Textilien u. in der Färberei. Die Sulfonierung der Mineralöle geschieht mit konz. H_2SO_4, Oleum oder SO_3 von steigender Stärke unter Rühren bei Tempp. unterhalb 70°. Nach der Sulfonierung wird mit Alkalien neutralisiert, worauf die gebildeten beiden Schichten getrennt u. aufgearbeitet werden. Man erhält ein in W. lösl. u. ein in W. unlösl. Sulfonierungsprod. im Gemisch mit unverändertem Mineralöl. (**F. P. 1 007 045** vom 18/2. 1948, ausg. 30/4. 1952.) M. F. MÜLLER. H 600

N. V. de Bataafsche Petroleum Mij., Den Haag, Holland (Erfinder: **Philip Alan Winsor,** London, England), *Praktisch ölfreie Erdölkohlenwasserstoff-Na-Sulfonate* erhält man durch Extraktion eines ölhaltigen Sulfonats, zweckmäßig nach möglichst weitgehender Entfernung der anorgan. Salze unter wasserfreien Bedingungen mit einem mehrwertigen Alkohol u. einem KW-stoff oder einem in KW-stoffen lösl. Lösungsm. für das Öl. Zweckmäßig verwendet man als Alkohol Glykol u. als KW-stoff PAe. mit Kp. 65—95° oder Äthylenglykol–CCl_4, Propylenglykol–, Trimethylenglykol–, Glycerin–Petroläther. Die Sulfonate wurden zweckmäßig aus Transformatorenölen, halbweißen Ölen u. Reinparaffinen hergestellt. (**D. B. P. 833 804** Kl. 12o vom 6/9. 1950, ausg. 13/3. 1952. E. Priorr. 5/9. 1945 u. 2/9. 1946.) KRAUSS. H 600

Böhme Fettchemie G. m. b. H., Düsseldorf, *Neutralisation von Sulfonierungsprodukten,* die neben säureempfindlichen auch alkaliempfindliche Gruppen enthalten, erfolgt mit zweckmäßig äquivalenten Mengen wss. Alkalien in Ggw. geringer Mengen schwacher Basen oder schwacher Säuren bzw. deren Salzen u. unter Einhaltung eines nicht schädlich wirkenden p_H. In den Beispielen wird ein mit $ClSO_3H$ hergestellter Schwefelsäureester aus techn. Paraffinoxydationsfettsäuretetrahydrofurfurylester in Ggw. von H_3BO_3 bzw. aus Cocosfettsäurenäthylenglykolester in Ggw. von NH_3 mit NaOH, zuletzt bei p_H 7—7,5 neutralisiert. (**D. B. P. 859 451** Kl. 12o vom 21/9. 1943, ausg. 15/12. 1952.) KRAUSS. H 600

Imperial Chemical Industries Ltd., London (Erfinder: **Philip Geoffrey Harvey** und **Norvik Ackroyd,** Norton-on-Tees), England, *Herstellung von O-haltigen Verbindungen, besonders Aldehyden,* aus Alkenmischungen, welche auch Di- oder Polyene enthalten, die aliphat. oder alicycl. sein können, dad. gek., daß in das Reaktionsgefäß, in dem ein Monoolefin mit mindestens 4 u. vorzugsweise 6 C-Atomen im Mol., z. B. Diisobuten, mit darin suspendierten oder gelösten Co-Verbb. von mindestens 0,1 Gew.-% Co, errechnet als Metall, vorgelegt ist, bei erhöhtem Druck u. erhöhter Temp. eine Mischung von CO u. H_2, in der der Partialdruck von CO mindestens 50 at beträgt u. diese Mischung vorzugsweise ein Molverhältnis von CO:H_2 von mindestens 1:3 aufweist, bis zur Einstellung der Rk. geleitet wird, worauf in die Reaktionsmischung eine Mischung von CO u. H_2 mit einem Molverhältnis von CO:H_2 von nicht weniger als 1:3, zusammen mit fl. Alkenmischungen mit darin suspendierten oder gelösten Co-Verbb. von nicht weniger als 0,1% Co, berechnet als Metall, kontinuierlich eingeleitet werden u. die Anlagerung von CO u. H_2 bei erhöhter Temp. u. erhöhtem Druck mit einer Gasmischung fortgesetzt wird, welche mindestens 30% CO enthält. Die Ausgangsmischung kann Di- oder Polyene enthalten, die konjugierte Doppelbindungen aufweisen. Die erhältlichen Aldehyde lassen sich zu den entsprechenden Alkoholen hydrieren. (**D. B. P. 860 199** Kl. 12o vom 13/9. 1950, ausg. 18/12. 1952. E. Prior. 12/9. 1949.) G. KÖNIG. H 660

Adolf Christian Joseph Opfermann (Erfinder: **Wolfgang Thiele**), Bergisch-Gladbach, *Herstellung von Acetalen*, dad. gek., daß Alkohole, zusammen mit Orthoestern, bes. der Kiesel- u. Ameisensäure, mit Oxydationsmitteln, wie Cl_2Br, N_2O_4, SeO_2 oder CrO_2Cl_2, gegebenenfalls in Ggw. von Lösungsmitteln, behandelt werden. Reaktionstempp. —30 bis +150°. Falls nicht bei der Rk. HCl sich bildet, wird dieser eingeleitet. — Isoamylalkohol, Orthokieselsäuretetramethylester (I) u. Br ergeben bei 70—80° *Isovaleraldehyddimethylacetal*, Kp. 128—129°. — 1-Chlorbutanol-(4) ergibt *γ-Chlorbutyraldimethylacetal*, $Kp._8$ 88—91°. Aus Benzylalkohol → *Benzaldimethylacetal*, $Kp._{11}$ 73 bis 79°. — 1.4-Butandiol + I → *Succindialdehydtetramethylacetal* $Kp._{15}$ 78—81°, u. *Monobromsuccindialdehydtetramethylacetal*, $Kp._{17}$ 95—99°. Zwischenprodd., Aroma-Geschmack-, Süßstoffe, Lösungsmittel u. Weichmacher. (**D. B. P. 871 444** Kl. 12o vom 17/2. 1951, ausg. 23/3. 1953. Holl. Prior. 1/3. 1951.) G. KÖNIG. H 660

Badische Anilin- & Soda-Fabrik (Erfinder: **Wilhelm Baumeister**, Heidelberg, und **Günther Hamprecht**), Ludwigshafen/Rh., *Herstellung von Chlorierungsprodukten des Acetaldehyddimethylacetals* (I), dad. gek., daß man die Chlorierung unter Entfernung des gebildeten HCl, vorzugsweise bei red. Druck, in der Kälte oder bei mäßig erhöhter Temp. durchführt. Bei der Herst. von *Monochloracetaldehyddimethylacetal* (II) wird die Chlorierung unter Ausschluß chem. akt. Strahlen ausgeführt. Die Weiterchlorierung zu *α.β-Dichloracetaldehyddimethylacetal* wird jedoch unter der Einw. chem. akt. Strahlen durchgeführt. Chloriert man I gleich unter der Einw. chem. akt. Strahlen, erhält man *α.β-Dichloräthylmethyläther*, neben II. Man kann II auch im diffusen Tageslicht, vorzugsweise bei 0—45°, erhalten. (**D. B. P. 869 055** vom 6/4. 1951, ausg. 2/3. 1953.) G. KÖNIG. H 670

General Mills, Inc., Minneapolis, Minn., V. St. A., *β-Acetamino-β.β-dicarbäthoxypropionaldehyd* (IV) erhält man durch Rk. von Acetaminomalonsäureäthylester (I) mit einem Allylhalogenid, Ozonisierung des erhaltenen *2-Acetamino-2-carbäthoxy-4-pentenoats* (II) u. Red. des Ozonids (III). — Beispiel: Man erhitzt 32,5 (Teile) I mit einer Lsg. von 3,45 Na in 500 absol. A. unter Rückfluß, gibt 19,5 Allylbromid zu, erhitzt weiter, kühlt, filtriert vom NaBr, konz. das Filtrat im Vakuum u. entfernt aus dem Öl (II) noch etwas NaBr durch Filtrieren. — Man ozonisiert nun 9 II in A. bei 0—5° u. red. die III-Lsg. in Ggw. von Pd-Kohle bei n. Temp. u. 1,75 at H_2-Druck u. entfernt Kohle, A. u. CH_2O. Beim Stehen krist. IV, F. 74,5—76° (aus A.); *2.4-Dinitrophenylhydrazon* (V), F. 117—119° (aus A.). Zwischenprod. zur Herst. von Aminosäuren u. dergleichen. — Cyclisierung von V ergibt z. B. *α-Acetamino-α-carbäthoxy-α-(indol-3)-acetat* → *α-Amino-α-(indol-3)-essigsäure*. (**Schwz. P. 280 831** vom 23/2. 1948, ausg. 16/5. 1952. A. Prior. 6/12. 1946.) MÜLLER-MEININGEN. H 690

Walter Reppe, Ludwigshafen/Rh., und **August Magin**, Mutterstadt, *Ketone* erhält man aus olefin. Verbb., CO u. W. bei 100—250° u. Drucken von mindestens 10 at in Ggw. der Cyanide von Metallen, die zur Bldg. von Carbonylverbb. fähig sind. Bes. eignen sich $K_2[Ni(CN)_3]$ u. $K_2[Ni(CN)_4]$ oder die entsprechenden Komplexsalze des Li, der Erdalkalien, der 2wertigen Metalle, wie Zn, Cd, Hg, oder des NH_3. Die Beschleuniger können gelöst, suspendiert oder auf Träger aufgebracht Anwendung finden. (**A. P. 2 577 208** vom 9/2. 1950, ausg. 4/12. 1951. D. Prior. 1/10. 1948.) G. KÖNIG. H 700

Märkische Seifen-Industrie, Witten/Ruhr, *Niedrigmolekulare Carbonsäuren* erhält man aus Oxydationsprodd. von hochmol. aliphat. KW-stoffen, indem man bei Dest. solcher Prodd. die bei 120—150° u. 2—8 mm Hg übergehenden Anteile verseift, vom Unverseiften abtrennt, aus den Seifen die Carbonsäuren mit konz. Mineralsäuren in Freiheit setzt usw. (**D. R. P. 763 023** Kl. 12o vom 1/12. 1939, ausg. 15/9. 1952.) MÜLLER-MEININGEN. H 800

Mathieson Chemical Corp., übert. von: **Eric R. Woodward**, New York, N. Y., V. St. A., *Oxydation von Kohlenwasserstoffen* (I) *mit mindestens 8 C-Atomen* (*Paraffinen, Petrolatum, Asphalt*) *zu Fettsäuren*. Die I werden bei n. Druck u. erhöhter Temp., jedoch nicht über 100°, zweckmäßig um ca. 50°, mit einer Mischung aus Luft u. ClO_2, in welcher der Partialdruck des ClO_2 5—30 mm beträgt, geblasen, vorteilhaft in Ggw. eines Oxydationskatalysators, wie FeO, Fe-Naphthenat, Mn-Oleat, -Stearat, -Naphthenat. — 100 (g) eines hochraffinierten Kerosins, JZ. u. SZ. = 0, werden 52 Std. mit einer Mischung aus Luft u. ClO_2 geblasen, wobei insgesamt 77 ClO_2 verbraucht wurden. Man erhält ein Prod. mit SZ. 21,25. — In weiteren Beispielen wird Paraffin u. eine Leichtschmierölfraktion oxydiert. (**A. P. 2 573 751** vom 28/8. 1947, ausg. 6/11. 1951.) KRAUSS. H 800

I. G. Farbenindustrie Akt.-Ges., Frankfurt/M. (Erfinder: **Theodor Wilhelm Pfirrmann, Hans Krzikalla** und **Hermann Meier**, Ludwigshafen/Rh.), *Herstellung carbonsäurehaltiger Oxydationsprodukte*, dad. gek., daß man durch katalyt. Hydrierung von CO mit H_2 in Ggw. von Fe-haltigen Katalysatoren direkt erhaltene ungesätt. KW-stoffgemische als Ausgangsprodd. verwendet. (**D. R. P. 765 728** Kl. 12o vom 8/3. 1940, ausg. 1/6. 1953.) MÜLLER-MEININGEN. H 800

Rudolf Decker und Hellmuth Holz (Erfinder: **Willy O. Herrmann** und **Wolfram Haehnel**), München, *Herstellung organischer, sauerstoffhaltiger Verbindungen* nach D. B. P. 852 991, dad. gek., daß man das nach D. B. P. 846 848 erhaltene, neben organ. Säuren die Verb. $C_6H_{10}O_2$ enthaltende Reaktionsgemisch direkt mit Alkoholen unter Verwendung von Katalysatoren zur Rk. bringt. Als Katalysatoren kommen die bekannten Acetalisierungskatalysatoren in Betracht. Man verwendet den Alkohol im Überschuß, damit vorhandene Säure, z. B. Essigsäure, verestert wird. (**D. B. P. 875 193** Kl. 12o vom 26/10. 1943, ausg. 30/4. 1953. **Zusatz zu D. B. P. 852 991; C. 1953. 1717.**) G. KÖNIG. H 810

Soc. „Suber", Paris, Frankreich, übert. von: **Andre Guillemonat**, Algier, Algerien, *Fettsäuregemische aus Kork* (**I**) erhält man durch Extraktion von **I** mit einem aliphat. Alkohol C_1—C_4 (**II**) in Ggw. von 5—6 Gew.-% eines alkal. Katalysators (berechnet auf **I**), z. B. NaOH oder KOH, Abdest. von **II**, Extraktion des Fettsäuregemisches aus dem Destillationsrückstand, z. B. mit Trichloräthylen, u. anschließende Hydrolyse des Estergemisches. (**A. P. 2 617 814** vom 20/9. 1950, ausg. 11/11. 1952. F. Prior. 29/9. 1949.) MÜLLER-MEININGEN. H 810

„Chimiotechnic", Union Chimique du Nord & du Rhône Soc. An., Frankreich, *Herstellung des Äthylesters von höhermolekularen Fettsäuren* durch Einw. von wasserfreiem A. auf die freien Fettsäuren oder ihre Glyceride bei 90° in Ggw. einer ausreichenden Menge konz. H_2SO_4 (66° Bé), so daß sich sehr bald eine untere wss. Alkohol–Säure-Schicht bildet. Diese wird abgetrennt, worauf zu dem Estergemisch eine neue Menge H_2SO_4 (66° Bé) zugegeben wird, um danach die abgesetzte wss. Alkohol–Säure-Schicht abermals abzutrennen. Das gewonnene Estergemisch wird durch Dest. gereinigt. (**F. P. 978 993** vom 15/1. 1942, ausg. 20/4. 1951.) M. F. MÜLLER. H 810

Colgate-Palmolive-Peet Co., übert. von: **Cl. J. Arrowsmith** und **J. Ross**, Jersey City, N. J., V. St. A., *Herstellung von Fettsäuremonoestern von mehrwertigen Alkoholen* durch Rk. von höhermol. Fettsäuren mit 12—20 C-Atomen mit einem Überschuß des mehrwertigen Alkohols in Ggw. eine Alkoholysekatalysators. Das Reaktionsgemisch wird auf p_H 6—7 gebracht. Danach wird zunächst der überschüssige mehrwertige Alkohol u. anschließend der Fettsäuremonoester unter red. Druck abdestilliert. — Genannt sind der Monoester des Glycerins u. Propylenglykols. (**Can. P. 484 096** vom 9/2. 1944, ausg. 17/6. 1952. A. Prior. 6/5. 1943.) M. F. MÜLLER. H 810

Rudolf Decker und Hellmuth Holz, München (Erfinder: **Ludwig Beer** und **Herbert Berg**, Burghausen), *Herstellung hochaktiver Katalysatoren* für die therm. Erzeugung von Vinylestern oder -äthern durch Tränken von porösen Trägern mit Lsgg. von Metallsalzen, wie Zn- oder Cd-Acetat, u. nachfolgendes Trocknen, dad. gek., daß die mit den Metallsalzlsgg. getränkten Träger alsbald oberflächlich angetrocknet u. dann sogleich, zweckmäßig in dem zur Herst. der Vinylverbb. dienenden App. unter Verwendung eines gegebenenfalls im Kreislauf geführten warmen Gasstroms fertiggetrocknet u. sogleich verwendet werden. Die letzten Reste des W. können dem Katalysator durch den Dampf einer kondensierbaren Reaktionskomponente (Essigsäure) entzogen werden. — Beispiel für Vinylacetat. (**D. B. P. 847 148** Kl. 12o vom 18/7. 1942, ausg. 21/8. 1952.) G. KÖNIG. H 810

Deutsche Gold- und Silberscheideanstalt vormals Roessler, Frankfurt/M., *N-Alkylformamide*. Man läßt prim. oder sek. Alkylamine bei erhöhter Temp. mit CO unter Druck in Ggw. von Alkali- oder Erdalkalialkoholaten (als Katalysator) reagieren. — Aus Dimethylamin wird in CH_3OH bei Ggw. von CH_3ONa unter Anwendung von 30 at u. ca. 60° *N-Dimethylformamid* erhalten. — Analog: *N.N-Dihexyl-* u. *N-Monohexylformamid*. (**E. P. 690 131** vom 24/11. 1950, ausg. 15/4. 1953. D. Prior. 5/1. 1950.) BRÖSAMLE. H 810

Röhm & Haas G. m. b. H. (Erfinder: **Walter Bauer, Friedrich Wilhelm Ditt** und **Otto Grimm**), Darmstadt, *Abtrennung von Methacrylsäureamid* (**I**). Das **Reaktionsgemisch**

aus Acetoncyanhydrin u. konz. H_2SO_4 wird teilweise oder vollständig mit lösl. Sulfaten, bes. $(NH_4)_2SO_4$ bildenden Stoffen (NH_4HCO_3, gasförmiges oder wss. NH_3, NaOH, $Na_2 \cdot CO_3$) neutralisiert, wobei die Wassermenge so bemessen wird, daß eine gegebenenfalls mit Salz als Bodenkörper gesätt. Salzlsg. entsteht, die in der Wärme bei ca. 60° **I** als konz. wss. Lsg. ausscheidet, aus der entweder durch Abkühlen oder durch Ausziehen mit einem Lösungsm. Roh-I gewonnen wird, das dann gereinigt werden kann. **I** ist in der gesätt., wss. Sulfatlsg. nur sehr wenig lösl. u. schwimmt auf, weshalb es leicht abgetrennt werden kann. Aus ca. 20% **I** enthaltenden Lsgg. kann man solche mit 80 u. mehr % gewinnen. (**D. R. P. 753 624** Kl. 12o vom 26/11. 1940, ausg. 21/7. 1952.) KRAUSS. H 810

B. F. Goodrich Co., New York, N. Y., V. St. A., *α.β-ungesättigte Monocarbonsäurealkylester* erhält man durch kontinuierlichen Zusatz einer Mischung aus einem β-Lacton mit wenigstens einem an das α-C-Atom gebundenen H u. einem einwertigen Alkohol zu einer erhitzten Alkylschwefelsäure unter gleichzeitiger Entfernung des Esters durch Dest. nach dem Reaktionsschema: $R_1C(R_2)—CH(R_3)—CO + R_4OH$ (C und CO über —O— verbunden) $\rightarrow R_1—C(R_2){=}C(R_3)—COOR_4 + H_2O$. — Aus β-Propiolacton, Methylschwefelsäureester (Methanol + H_2SO_4) u. $FeSO_4$ erhält man bei 126—135° *Methylacrylat*, Kp. 80,5°, D.$^{20}_4$ 0,955. — *Äthylacrylat*, Kp. 99,7°, D.$^{20}_4$ 0,924. — β-Butyrolacton → *Äthylcrotonat.* α-Methyl-β-butyrolacton + Propanol → *Propyltiglat* + *Propylangelat.* Als Lactone sind verwendbar: n-Valero-; n-Capro-; α-Methyl-n-valero-; β-Methyl-β-äthylpropio-; α-Propyl-β-propio-; α-Butyl-β-propiolacton; als Alkohole: Isopropanol, Methyläthylcarbinol, tert.-Amylalkohol, Hexyl-, n-Heptyl-, n-Octyl-, Lauryl-, Myristyl-, Palmitylalkohol. (E. P. **668 285** vom 19/10. 1948, ausg. 12/3. 1952. A. Prior. 9/2. 1948. **Zusatz zu E. P. 654 251; C. 1952. 5171.**) KRAUSS. H 810

Rohm & Haas Co., Philadelphia, Pa., übert. von: **John O. Van Hook,** Philadephia, und **Willard J. Croxall,** Bryn Athyn, Pa., V. St. A., *Ungesättigte Ätherester* der Zus. **II** erhält man durch Rk. von Verbb. der Zus. **I** (vgl. A. P. 2 540 070) mit einem nicht-tert. Alkohol R^0OH unter Entfernung des gebildeten Esters der Säure $R''—COOH$ bei 50—150° in Ggw. von H_3PO_4, H_2SO_4, p-Toluolsulfonsäure (**III**) u. dgl. (R'' = Alkyl mit maximal 3 C, R^0 = nicht-tert. KW-stoffrest mit maximal 9 C, R = nicht-tert. KW-stoffrest mit maximal 8 C). — Beispiel: Aus 60(g) 2-Acetoxymethylen-4-pentensäureäthylester + 100 cm³ CH_3OH u. 1 **III** dest. man zunächst bei 56—64° $CH_3 \cdot COOCH_3$, dann im Vakuum CH_3OH ab u. erhält bei 55—67°/1 mm 27 *2-Methoxymethylen-4-pentensäureäthylester*, n_D^{20} 1,4633. Ferner wird beschrieben die Herst. der entsprechenden *2-Äthoxymethylen-Verb.*, $C_{10}H_{18}O_3$, Kp.$_{0,4}$ 65—70°, n_D^{20} 1,4644. — *2'-Äthylhexyl-2-(2''-äthylhexoxymethylen)-4-pentenoat*, Kp.$_{0,5}$ 158—176°, n_D^{20} 1,4658, SZ. 360 (berechnet 352). — *2-Cyclohexoxymethylen-4-pentensäurecyclohexylester*, Kp.$_{0,2}$ 140—144°, n_D 1,5025, VZ. 300 (ber. 292). (**A. P. 2 582 212** vom 21/1. 1949, ausg. 8/1. 1952.)

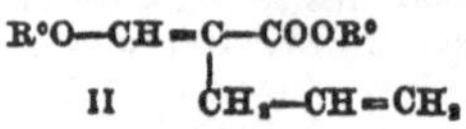

II

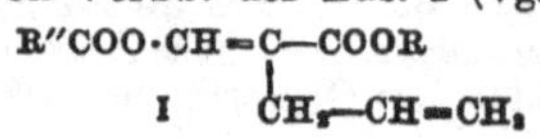

I

MÜLLER-MEININGEN. H 810

Badische Anilin- & Soda-Fabrik, Ludwigshafen/Rh. (Erfinder: **Herbert Stummeyer** und **Georg Hummel,** Mannheim), *Ester bzw. Esteramide aliphatischer Dicarbonsäuren* neben Diazoalkanen erhält man durch Rk. von aliphat. Dicarbonsäure-N.N'-dialkylamiden mit HNO_2 u. Rk. der erhaltenen N-Mono- bzw. N.N'-Dinitrosoderivv. mit alkoh. OH-Gruppen enthaltenden Verbindungen. — Z. B. tropft man zur Lsg. von 144(Teilen) Bernsteinsäure-N.N'-dimethylamid u. 150 $NaNO_2$ in 1000 W. bei 5—10° unter Rühren 110 H_2SO_4 in wss. Lsg. ein, rührt noch ca. 3 Std. bei gleicher Temp. weiter u. saugt 130 N.N'-Dinitroverb. ab; F. 110° (aus Aceton). — 100 dieserVerb. werden in 600 CH_3OH (**I**) fein verteilt, dann wird im N_2-Strom bei 20° eine Lsg. von 0,1 Na in 10 **I** langsam zugetropft u. das entweichende Diazomethan in kalten Ae. oder Tetrahydrofuran aufgefangen oder direkt weiterverwendet. Nach Entfärbung der Reaktionslsg. wird mit 0,1 n H_2SO_4 neutralisiert, **I** abdestilliert. Als Rückstand erhält man 90 *Bernsteinsäuredimethylester*, Kp. 195°. — Weiter wird beschrieben die Herst. von: *Bernsteinsäurediäthylester*, Kp. 218°. — *Adipinsäure-N-nitroso-N.N'-dimethylamid*; F. 86°. — *Adipinsäuremonomethylestermonomethylamid*, F. 45,5°. (**D. B. P. 841 747** Kl. 12o vom 5/12. 1944, ausg. 19/6. 1952.) MÜLLER-MEININGEN. H 820

Monsanto Chemical Co., St. Louis, übert. von: **William E. Weesner,** Webster Groves, Mo., V. St. A., Herstellung von *Di-(alkylglykolyl)-estern von aliphatischen Dicarbonsäuren und Oxydi-(polymethylen)-dicarbonsäuren* der allg. Zus. $R_1 \cdot OOC—CH_2 \cdot COC \cdot (CH_2)_n—COO—CH_2 \cdot COO \cdot R_2$ bzw. $R_1 \cdot OOC—CH_2—OOC—(CH_2)_n$**—O—**$(CH_2)_n \cdot COO \cdot CH_2—COOR_2$ (R_1 u. R_2 = Alkyl $C_1—C_{18}$ oder Alkoxylalkyl [Alkyl = $C_1—C_{12}$] n = 2—8 bzw. 1—3). — Man erhitzt z. B. 90,3 (g) Chloressigsäurebutylester (**I**) u. 1 cm³ $(C_2H_5)_3N$

unter Rühren auf 100—110°, setzt dann innerhalb 15 Min. 57,0 trockenes adipinsaures Na zu u. erhitzt anschließend 18 Std. von 140—165°, wobei man nochmals 30 I zugibt. Das erhaltene Öl wird mit W. u. Na_2CO_3 gewaschen, I mit Wasserdampf entfernt u. 89% *Di-(butylglykolyl)-adipinsäureester* erhalten. $D.^{25}_{25}$ 1,0849, n_D^{25} 1,4461, VZ. 94,8 gefunden, 93,5 berechnet. — Beschrieben wird ferner die Herst. von *Di-(butylglykolyl)-bernsteinsäure-*, *Di-(äthylglykolyl)-sebacinsäure-*, *Di-(n-octylglykolyl)-adipinsäure*, *Di-(octadecylglykolyl)-bernsteinsäure-*, *Di-(butoxyäthylglykolyl)-adipinsäure-*, *Di-(2-äthylhexoxyäthylglykolyl)-sebacinsäure-*, *Di-(butylglykolyl)-diglykolsäure-*, *Di-(butylglykolyl)-γ-oxydibuttersäure*, *Di-(2-äthylhexylglykolyl)-γ-oxydibuttersäure-*, *Di-(butoxyäthylglykolyl)-diglykolsäure-*, *Di-(butoxyäthylglykolyl)-γ-oxydibuttersäure-* u. *Di-(2-äthylhexoxyäthylglykolyl)-γ-oxydibuttersäureester*. Die Prodd. sind klare farblose Fll. bis relativ tiefschmelzend feste Körper mit Weichmachereigenschaften. (**A. PP. 2 608 577** u. **2 608 578** vom 10/6. 1949, ausg. 26/8. 1952.) MÜLLER-MEININGEN. H 820

American Cyanamid Co., New York, N. Y., übert. von: **Gerard N. Vriens** und **William E. Sisco**, Sommerville, und **Eugene C. Medcalf**, Bound Brook, N. J., V. St. A., *Gewinnnug von Lösungsmitteln für Dinitrile*, wie Dicyanalkylamine, Dicyanalkyläther u. Dicyanalkylsulfide, aus Dinitrillösungen. Sie erfolgt mit einem Lösungsm., das keine oder geringe Löslichkeit gegenüber den Nitrilverbb. aufweist, z. B. Paraffin-KW-stoffen, Chlorparaffinen mit 5 u. mehr C-Atomen, Cycloparaffinen, Äthern, höhermol. Alkoholen. Der Kp. dieser Verbb. soll möglichst weit von dem Kp. der zu lösenden Verb. entfernt liegen. — Zeichnung. (**A. P. 2 568 176** vom 10/2. 1950, ausg. 18/9. 1951.) G. KÖNIG. H 820

Farbenfabriken Bayer (Erfinder: **Eberhard Stein** und **Otto Bayer**), Leverkusen, *Dimethylcarbaminsäurechlorid* erhält man aus $(CH_3)_2N$ u. $COCl_2$ durch Rk. in der Gasphase. Kp. 167°. — Zwischenprodukt. (**D. B. P. 888 689** Kl. 12o vom 17/11. 1951, ausg. 3/9. 1953.) BRÖSAMLE. H 820

Imperial Chemical Industries Ltd., London, **Arthur William Charles Taylor**, **Phineas Davies** und **Peter William Reynolds**, Norton-on-Tees, England, *Amine* entstehen beim Leiten von gesätt. prim. aliphat. Alkoholen mit 2—13 C-Atomen oder entsprechenden Aldehyden oder von gesätt. sek. aliphat. Alkoholen mit 2—13 C-Atomen oder entsprechenden Ketonen oder Cyclohexanol oder seinen Homologen oder den entsprechenden Ketonen mit bis zu 13 C-Atomen oder Tetrahydrofurfurylalkohol oder Tetrahydrofurfural mit NH_3 u. H_2 bei 140—230° u. bis zu 10 at über porige Ni- oder CO-Katalysatoren, die mit lösl. Erdalkalihydroxyden, bes. $Ba(OH)_2$ imprägniert wurden. — Herst. von *Äthyl-*, *Propyl-*, *Isopropyl-*, *n-Butyl-*, *Isobutyl-*, *sek.-Butyl-*, *(3.5.5-Trimethylhexyl)-*, *Cyclohexyl-* u. *Tetrahydrofurfurylamingemischen*. (**E. P. 679 712** vom 7/1. 1949, ausg. 24/9. 1952.) LANGER. H 910

Arthur William Charles Taylor, Norton Hall, Norton-on-Tees, Co. Durham, und **Imperial Chemical Industries Ltd.**, London, England, *Amine* entstehen beim Leiten von gesätt. aliphat. prim. Monoalkoholen mit 2—9 C-Atomen, oder den entsprechenden Aldehyden, oder gesätt. sek. aliphat. Monoalkoholen mit 2—9 C-Atomen oder den entsprechenden Ketonen, oder Cyclohexanol u. seinen Homologen, oder den entsprechenden Ketonen mit bis zu 9 C-Atomen, oder Tetrahydrofurfurylalkohol, oder Tetraahydrofurfural mit NH_3 u. H_2 in der Dampfphase bei 180—240° u. 10—25 at über akt. Cu-Katalysatoren, die mit bas. Erdalkalimetallverbb. behandelt sind. — *Äthylamine* entstehen im Gemisch, wenn man ein A.-Triäthylaminazeotrop mit NH_3 u. H_2 über einen porigen Cu-Al-Katalysator bei 200° u. 250 lbs./sq.in. leitet. (**E. P. 679014** vom 6/1. 1950, ausg. 10/9. 1952.) LANGER. H 910

Badische Anilin- & Soda-Fabrik, Ludwigshafen (Erfinder: **Otto Westphal**, Säckingen), *Alkylierte Hydrazine*. — *Triäthylhydrazin* (**I**). Man erhitzt Hydrazin mit Äthylchlorid in A. im Autoklaven auf 150°. $Kp._{30}$ 43—44°. — Analog: *Triallylhydrazin* (**II**), $Kp._{11}$ 61—63°. — *Tripropylhydrazin*, $Kp._{11}$ 53—68°. — *Tributylhydrazin*, $Kp._{11}$ 102—104°; *Tri-n-hexylhydrazin*, $Kp._{14}$ 172—174°. — *Tri-n-octylhydrazin*, $Kp._{4}$ 186—187°. — Beim Erhitzen von **I** oder **II** mit Äthylbromid + $Mg(OH)_2$ in A. auf 140—150° im geschlossenen Gefäß erhält man *Tetraalkylhydrazine*. — *Weichmacher*. (**D. B. P. 865 312** Kl. 12q vom 27/4. 1941, ausg. 2/2. 1953.) LANGER. H 910

Eastman Kodak Co., Rochester, N. Y., übert. von: **John R. Caldwell**, Kingsport, Tenn., V. St. A., *2.2-Dimethyl-3-oxypropylamin* dient als Zwischenprodukt. Aus 2.2-Dimethyl-3-oxypropionaldehyd, NH_3, H_2 u. RANEY-Ni in A. bei 1500 lbs./sq.in. u. 90 bis 100°. F. 98—100°; $Kp._{35}$ 105°. — *(2.2-Dimethyl-3-(2.4-dinitrobenzoyloxy)-propyl]-(2.4-dinitrobenzoylamid)*, F. 132°. (**A. P. 2 618 658** vom 8/6. 1949, ausg. 18/11. 1952.) LANGER. H 920

Polytechnic Institute of Brooklyn, Kings County, übert. von: **Gilbert B. L. Smith** und **Morton W. Leeds**, Brooklyn, N. Y., V. St. A., *Elektrolytische Reduktion von Nitro-*

alkoholen zu Alkanolhydroxylaminen in Zellen mit Diaphragma u. Pb-, Zn-, Sn- oder Hg-Kathoden bzw. -Anoden. Nach dem Beispiel wird 2-Nitro-2-methyl-1-propanol in verd. H_2SO_4 bei 25—30°, 4—4,5 Volt u. 1 A/dcm² zu Propanolhydroxylamin reduziert. Zeichnung. (**A. P. 2 589 635** vom 13/3. 1945, ausg. 18/3. 1952.) SCHINDLER. H 920

Deutsche Gold- und Silberscheideanstalt vormals Roessler, Frankfurt/M. (Erfinder: **Hermann Schulz,** Frankfurt/M., **Hermann Leyerzapf,** Gießen, und **Hans Wagner,** Konstanz), *Oxamine* der Formeln $HO(CH_2)_4 \cdot CH(OH) \cdot CH_2 \cdot NH_2$ bzw. $HO(CH_2)_4 \cdot CH(NH_2).CH_2 \cdot NH_2$ oder $H_2N \cdot (CH_2)_4 \cdot CH(OH) \cdot CH_2 \cdot NH_2$ entstehen beim Erwärmen von 2-Formyl-2.3-dihydropyran mit W. u. p-Toluolsulfonsäure auf 40—50°, Neutralisieren mit NaOH u. Erhitzen mit RANEY-Ni, H_2 u. NH_3 im Autoklaven auf 80—120°. Basengemisch vom Kp.$_3$ 110—140°. Verwendung als Zwischenprod. zur Herst. von Weichmachern, Kunstharzen u. Lacken. (**D. B. P. 870 119** Kl. 12q vom 7/5. 1944, ausg. 9/3. 1953.) LANGER. H 920

Badische Anilin- & Soda-Fabrik, Deutschland, *Herstellung von quaternären Ammoniumverbindungen* aus Oxalkylestern von starken Säuren, wie HCl oder H_2SO_4, u. Trialkylaminen, wie Trimethyl-, Triäthyl-, Dimethyläthyl- u. Diäthylmethylamin. — Als Ester sind z. B. genannt Äthylenchlorhydrin oder H_2SO_4-Oxalkylester. (**F. P. 1 011 430** vom 7/2. 1949, ausg. 23/6. 1952.) M. F. MÜLLER. H 920

American Cyanamid Co., übert. von: **Elmer W. Cook,** New York, N. Y., und **Philip H. Moss,** Stamford, Conn., V. St. A., *Quaternäre Ammoniumsalze* erhält man durch Quaternisierung (nach bekannten Verff.) von Amidopropylaminen der Formel $RCONH(CH_2)_3NR_1(R_2)$, wobei R aliphat. oder alycycl. Reste mit wenigstens 7 C-Atomen, R_1 u. R_2 Alkyl- bzw. Oxyalkylreste mit 1—3 C-Atomen bedeuten. Es werden dargestellt: *Caprylamidopropyldimethyl-(β'-oxyäthyl)-ammoniumchlorid; γ-Stearamido-propyldimethyldioxypropylammoniumchlorid; γ-Stearamidopropyl-tri-(β'-oxyäthyl)-ammoniumchlorid; Lauramidopropylmethyl-di-(β'-oxyäthyl)-ammoniumchlorid; Abietamidopropyldimethyl-(β'-oxyäthyl)-ammoniumchlorid.* Die Verfahrensprodd. sind meist dickfl. oder amorphe feste Stoffe ohne definierten F., in W. leicht löslich. — Reinigungsmittel, Emulgiermittel, Germicide, Fungicide. (**A. P. 2 589 674** vom 24/5. 1947, ausg. 18/3. 1952.) BRÖSAMLE. H 920

International Minerals & Chemical Corp., Chicago, Ill., V. St. A. (Erfinder: **F. A. Hoglan** und **A. J. Schlaeger**), *Herstellung von Glutaminsäure.* Bei der Herst. von Glutaminsäure stellt man aus STEFFENS-Filtrat ein saures u. ein alkal. Hydrolysat her. Beide Filtrate werden so vereinigt, daß die Lsg. einen p_H-Wert von ca. 1,6 aufweist, Dann konz. man die Lsg. u. trennt Salze u. andere unlösl. Stoffe ab, worauf die resultierende Lsg. auf einen p_H-Wert von ca. 3,2 eingestellt u. nun in üblicher Weise die Glutaminsäure gewonnen wird. Vor der Vereinigung der beiden Hydrolysate trennt man aus dem sauren Hydrolysat unlösl. Stoffe, bes. Humin, ab. Man kann das Humin aber auch nach der Vereinigung abtrennen. (**Schwed. P. 134 626** vom 12/2. 1948, ausg. 26/2. 1952. A. Prior. 3/6. 1947.) JÜRGEN SCHMIDT. H 950

International Minerals & Chemical Corp., Chicago, Ill., V. St. A. (Erfinder: **R. W. Shafor** und **F. H. Catterson,**), *Kristallisieren von Glutaminsäure.* Man läßt ein Gemisch aus Glutaminsäurekristallen u. Mutterlauge bei einem p_H-Wert zwischen ca. 3,1—3,3 durch eine Mischzone, eine Kristallisierzone u. eine Entnahmezone für Kristalle zirkulieren, wobei man kontinuierlich eine Lsg. von Glutaminsäure zusetzt, die durch Hydrolyse von glutaminsäurehaltigen Verbb. gewonnen wurde. Hierbei muß der p_H-Wert der zugesetzten Lsg. der Glutaminsäure entsprechen, indem man gleichzeitig eine nichtoxydierende Säure zufügt, die den gewünschten p_H-Wert der Kreislaufsuspension aufrechterhält. In der Kristallisierzone hält man eine Temp. von ca. 25—40° aufrecht. (**Schwed. P. 134 627** vom 18/11. 1948, ausg. 26/2. 1952. A. Prior. 15/5. 1948.) JÜRGEN SCHMIDT. H 950

Badische Anilin- & Soda-Fabrik, Deutschland, *Herstellung von α-Amino-γ-lactonen* der allg. Formel I durch Erhitzen von α-Halogen-*butyrolactonen* mit sek. Aminen in Ggw. von Substanzen, welche Halogenwasserstoff absorbieren. R u. R' = beliebige organ. Reste. — Aus α-Chlorbutyrolacton u. Dimethylamin in wss. Lsg. entsteht *α-Dimethylaminobutyrolacton.* (**F. P. 1 011 442** vom 9/2. 1949, ausg. 23/6. 1952.) M. F. MÜLLER. H 950

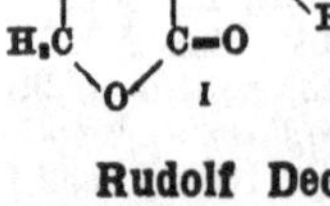
I

Rudolf Decker und Hellmuth Holz, München, *Organohalogensilane* entstehen beim Erhitzen von Alkyl- bzw. Arylhalogeniden mit Si-Legierungen, die Si, Cu u. ein Element der 5.—8. Gruppe enthalten u. noch zusätzlich mit einem Schwermetall oder einer Schwermetallverb. aktiviert sind. — Man legiert Si mit Cu u. Co, aktiviert **mit**

CuCl·HCl u. leitet CH_3Cl bei 250° darüber. Hauptprod. $(CH_3)_2SiCl_2$, daneben CH_3SiCl_3, $(CH_3)_3SiCl$ u. CH_3SiHCl_2. — Analog ein Gemisch aus *Chloräthylsilanen*. (**Schwz. P. 282 375** vom 7/1. 1950, ausg. 1/8. 1952. D. Priorr. 26/1., 23/2. u. 5/5. 1949.) LANGER. H.980

Dow Corning Corp. (Erfinder: **John Thomas Goodwib**), Midland, Mich., V. St. A., *Polymere Organosiliciumverbindungen* mit der Struktureinheit $[R(R_2SiCH_2)_mSiRO\text{-}]$ (R = Alkyl oder monocycl. Aryl oder deren Mischungen) erhält man durch Hydrolyse von Verbb. der Formel $R[R_2SiCH_2]_mSiRY_2$ (m = 1 oder 2, Y = Alkoxy oder Halogen) u. Kondensation der entstandenen Hydrolysate. — $(CH_3)_3SiCH_2SiCH_3(OC_2H_5)_2$ wird in 95%ig. A. mit 35%ig. HCl 20 Std. erhitzt, aus dem Hydrolysat erhält man durch Dest. $[(CH_3)_3SiCH_2SiCH_3O\text{-}]_3$, $Kp._{24}$ 181°, n_D^{25} 1,4391, u. $[(CH_3)_3SiCH_2SiCH_3O\text{-}]_4$, $Kp._{24}$ 223°, n_D^{25} 1,4452. — $\{CH_3[(CH_3)_2SiCH_2]_2SiCH_3O\text{-}\}_3$, $Kp._{25}$ 252°, n_D^{25} 1,4598. — $[(CH_3)_3 \cdot SiCH_2SiCH_3O\text{-}]_5$, $Kp._{25}$ 270°, n_D^{25} 1,4493. — Verwendung zum Wasserabstoßendmachen, als Schmiermittel, Heizbadfl. u. hydraul. Flüssigkeit. (**D. B. P. 854 519** Kl. 12o vom 26/9. 1950, ausg. 4/11. 1952. A. Prior. 19/3. 1949.) KRAUSS. H 980

Canadian General Electric Co., Ltd., übert. von: **Ben A. Bluestein**, Toronto, Canada, *Herstellung von Trimethylisothiocyanatosilan* durch Überleiten von Trimethylchlorsilan über Na-Isothiocyanat. (**Can. P. 485 421** vom 11/5. 1948, ausg. 5/8. 1952.) M. F. MÜLLER. H 980

International General Electric Co., Inc., New York, V. St. A., *Herstellung neuer hydrolysierbarer Organosilane* nach dem Hauptpatent, dad. gek., daß mit dem Thienyl-GRIGNARD-Reagens ein solches hydrolysierbares Silan umgesetzt wird, welches außer dem hydrolysierbaren Glied oder den hydrolysierbaren Gliedern wenigstens einen u. nicht mehr als zwei einwertige KW-stoffreste an das Si-Atom direkt gebunden enthält. Als Silan wird z. B. ein Alkylhalogensilan, wie Methyltrichlorsilan (I), oder ein Arylhalogensilan, wie Phenylchlorsilan, verwendet. — 150 g I u. 2-Thienyl-Mg-bromid werden in äther. Lsg. umgesetzt. Es entsteht dabei *Methyl-2-thienyldichlorsilan* $[CH_3(2\text{-}C_4H_3S)SiCl_2]$ vom Kp. 199—200° u. der Strukturformel II, außerdem in geringerer Menge *Methyldi-(2-thienyl)-chlorsilan*, Kp. 301—307° von der Strukturformel III. (**Oe. P. 174 062** vom 17/6. 1950, ausg. 25/2. 1953. A. Prior. 25/6. 1949. **Zusatz zu Oe. P. 171 154; C. 1952. 7892.**) M. F. MÜLLER. H 980

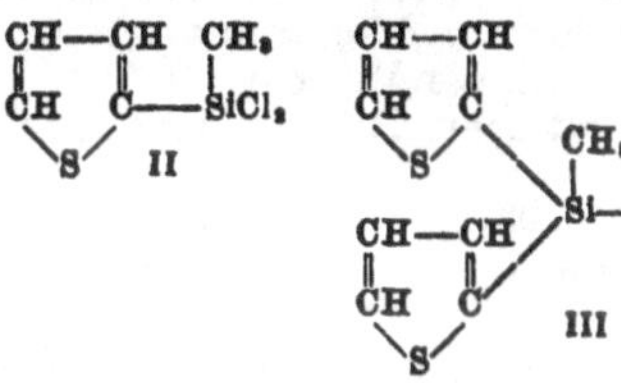

General Electric Co., übert. von: **Glennard R. Lucas**, Pittsfield, und **Robert W. Martin**, Lenox, Mass., V. St. A., *Tetramethyldisiloxandiol*-(1.3), F. 67°, erhält man durch Hydrolyse von $(CH_3)_2SiCl_2$ mit W., wobei die Temp. auf —5 bis 20° gehalten u. der entwickelte HCl sofort durch Zugabe von wss. NH_3-Lsg. laufend neutralisiert wird (p_H 5—10). (**A. P. 2 600 307** vom 15/3. 1950, ausg. 10/6. 1952.) BRÖSAMLE. H 980

Farbenfabriken Bayer, Leverkusen (Erfinder: **Gerhard Schrader**, Opladen), *Arsen-*, *Silicium-* und *Borpolyamidverbindungen* entstehen aus Aminoarsen(III)-, Aminosilicium- oder Aminoborchloriden oder -bromiden durch Rk. mit prim. oder sek. Aminen in Lsg. u. bei Ggw. eines säurebindenden Mittels, bes. in der Wärme. — *Bis-(dimethylamino)-arsen(III)-chlorid.* Aus Dimethylaminoarsen(III)-dichlorid u. Dimethylamin in Bzl. bei 40°; $Kp._{12}$ 72—73°. — Analog: *Arsen(III)-tris-(dimethylamid)*, $Kp._8$ 50°. — *Bis-(dimethylamino)-siliciumdichlorid*, $Kp._{12}$ 46—47°. — *Tris-(dimethylamino)-siliciumchlorid*, $Kp._{10}$ 58—59°. — *Siliciumtetra-bis-(dimethylamid)*, $Kp._9$ 62°. — Verwendung als Lösungsm., Weichmacher u. Schmiermittelzusätze. (**D. B. P. 870 275** Kl. 12q vom 20/12. 1942, ausg. 12/3. 1953.) LANGER. H 980

United States Rubber Co., New York, N. Y., V. St. A., *O-Alkyldichlorthiophosphate* der allg. Formel $S = P(Cl)_2OR$ (R = niedermol. Alkyl) erhält man durch Kondensation von Thiophosphorylchlorid mit einem niedermol. Alkanol unter Erhitzen in Ggw. eines aliphat. Halogen-KW-stoffes vom Kp. 30—65°, bes. tert. Butylchlorid. — 6 (Mol. Thiophosphorylchlorid werden mit 9 absol. A. in tert. Butylchlorid 8 Std. erhitzt. Nach der Dest. erhält man *O-Äthyldichlorthiophosphat*, $C_2H_5OPCl_2S$, $Kp._{11}$ 52°, Ausbeute 82%; in einem anderen Beispiel beträgt die Ausbeute 87%. — *O-n-Butyldichlorthiophosphat*, $Kp._{13}$ 85—165°. (**E. P. 666 616** vom 22/7. 1949, ausg. 13/2. 1952. A. Prior. 29/9. 1948.) KRAUSS. H 980

Koppers Co., Inc. (Erfinder: **John R. Anderson**), Pittsburgh, Pa., V. St. A., *Reinigung aromatischer Kohlenwasserstoffe* (I), die nichtaromat. Verunreinigungen enthalten, deren Kpp. oberhalb der Kpp. der aromat. I liegen, mittels einer zweistufigen azeotrop. Dest., dad. gek., daß man dem zu reinigenden aromat. I-Gemisch einen nichtaromat. I, der mit dem aromat. I ein azeotrop. Gemisch bildet u. dessen Kp. nahe dem Kp. des aromat. I liegt, im Überschuß zusetzt u. das Gemisch dest., wobei die nichtaromat. Verunreinigungen des Ausgangsgemisches als Destillationsrückstände anfallen, während das über Kopf abdest., den gewünschten I enthaltende azeotrop. Gemisch nach Zufügung eines polaren azeotropen Mittels noch einmal dest. wird, wonach der gewünschte aromat. I aus einem als Bodenprod. bei dieser Dest. anfallenden azeotropen Gemisch in reiner Form abgetrennt wird. Der zugesetzte I soll in Kp. höchstens 5° nach oben u. 10° nach unten vom Kp. des abzutrennenden aromat. I abweichen. — Zeichnung, Beispiele für Aromaten. (**D. B. P. 855 547** Kl. 12o vom 29/9. 1950, **ausg.** 13/11. 1952. A. Prior. 4/6. 1948.) G. KÖNIG. H 1010

Badische Anilin- & Soda-Fabrik, Ludwigshafen/Rh. (Erfinder: **Hellmut Jochinke,** Gersthofen), *Reine aromatische Kohlenwasserstoffe aus Gemischen mit nichtaromatischen Kohlenwasserstoffen.* Man verwendet als selektive Lösungsmittel für die Aromaten solche, die mit den nichtaromat. Bestandteilen azeotrope Gemische bilden. Die aromatenreiche Extraktschicht wird ohne Abtrennung des Extraktionsmittels rektifizierend destilliert. Extraktionsmittel: Gemisch aus Methanol + W., ferner Acetonitril oder fl. SO_2. (**D. B. P. 856 679** Kl. 23b vom 4/11. 1943, ausg. 24/11. 1952.) UNGER. H. 1010

Monsanto Chemical Co., St. Louis, Mo., übert. von: **Forrest R. Hurley,** Jamestown, O., V. St. A., *Aromatisieren geradkettiger Kohlenwasserstoffe* bei hohen Tempp. (450 bis 600°) in Ggw. eines Fe–Mn-Fluorid-Katalysators (**I**). Man leitet gleichzeitig mit dem KW-stoff 1—40 (Vol.-%) O_2 u. 1,5—40 HF zu, bezogen auf das Vol. des Ausgangsstromes. In **I** kann der Geh. an Fe zwischen 10—90 Gew.-% des Gesamt-**I** schwanken, wobei **I** als M. oder als Träger niedergeschlagen verwendet wird. — Aus n-Heptan erhält man *Toluol.* (**A. P. 2 598 642** vom 24/9. 1949, ausg. 27/5. 1952.) G. KÖNIG. H 1010

Directie van de Staatsmijnen in Limburg, Heerlen (Erfinder: **Theodorus Johannes Josephus Hoek,** Geleen), Holland, *Nitrierung von Toluol zu Trinitrotoluol,* dad. gek., daß man Toluol, ausgehend von einer freies SO_3 enthaltenden Mischsäure, vollständig kontinuierlich in mehr als zwei, aber höchstens 5 Stufen nitriert, wobei das in jeder Stufe anfallende Nitrierungsprod. von der Mischsäure abgetrennt wird, um sodann in der Weise behandelt zu werden, daß frische Mischsäure in der höchsten Stufe verwendet u. gebrauchte Säure von mindestens einer höheren Stufe, verstärkt durch HNO_3, in jeder niedrigeren Stufe verwendet wird, wobei in jeder einzelnen Stufe im Gleichstrom gearbeitet wird. In der höchsten Stufe wird eine Mischsäure mit wenigstens 30% freiem SO_3 u. wenigstens 30% HNO_3 verwendet. — Skizze. (**D. B. P. 858 245** Kl. 12o vom 25/11. 1948, ausg. 4/12. 1952. Holl. Prior. 12/6. 1945.) G. KÖNIG. H 1010

Imperial Chemical Industries Ltd., London, und **Leslie Victor Johnson,** Norton-on-Tees, England, *Herstellung von Katalysatoren,* bes. für KW-stoffumwandlungen. Die Aktivität eines Al_2O_3 u. gegebenenfalls SiO_2, ZrO_2, ThO_2 u. TiO_2 enthaltenden Katalysators wird durch eine Behandlung mit Fluoriden [HF, $(NH_4)HF_2$, SiF_4, H_2SiF_6] bei Tempp. $<500°$ (**100**) erhöht. Der Katalysator soll dann 4—20 Gew.-% F enthalten. Er eignet sich bes. zur Umwandlung von *p-Xylol* in *m-* u. *o-Xylol.* (**E. P. 666 927** vom 2/9. 1949, ausg. 20/2. 1952.) STEIL. H 1010

Ciba Akt.-Ges. (Erfinder: **Max Geiger, Eduard Usteri** und **Charles Graenacher**), Basel, Schweiz, *Herstellung von im Isopropylrest substituierten Isopropylarylverbindungen,* dad. gek., daß man aromat. KW-stoffe (**I**) oder substituierte aromat. **I** bei tiefer Temp. u. in Ggw. von $AlCl_3$ mit chlorierten Acetonen (**II**) der allg. Formel $(X)_2ClC—CO—CCl(X)_2$, wobei mindestens ein X u. höchstens zwei X Chloratome u. die restlichen X Wasserstoffatome bedeuten, kondensiert. Man verwendet vorteilhaft solche substituierten aromat. **I**, deren Substituenten vorwiegend nach o- u. p-Stellung dirigieren u. unter den Reaktionsbedingungen beständig sind. Als **II** sind bes. 1.1.3-Trichlor-, 1.1.3.3-, 1.1.1.3-Tetrachloraceton sowie Gemische geeignet. — Trichloraceton u. Chlorbenzol (**IV**) ergeben *Tetrachlorisopropyl-p-chlorbenzol,* farbloses, fast geruchloses Öl, $Kp._{0,02}$ 120 bis 122°. — 1.1.3.-3.Tetrachloraceton (**III**) u. **IV**→ *symm. Pentachlorisopropyl-p-chlorbenzol,* farbloses Öl, $Kp._{0,05}$ 130°, erstarrt kristallin; F. 50—52°. Mit 1 Mol alkoh. Lauge erhält man unter HCl-Abspaltung *Tetrachlorisopropenyl-p-chlorbenzol,* das gegen Laugen stabil ist. Aus **III** u. Bzl. *Pentachlorisopropylbenzol,* $Kp._{15}$ 173—176°; mit Äthylbenzol erhält man *Pentachlorisopropyläthylbenzol,* $Kp._{0,03}$ 133°; mit tert. Butylbenzol *Pentachlorisopropyl-tert.-butylbenzol,* F. 102°; u. mit o-Dichlorbenzol *Pentachlorisopropyl-o-dichlorbenzol,* $Kp._{0,1}$ 153—154°; mit Anisol *Pentachlorisopropylanisol,* $Kp._{0,03}$ 161 bis 165°, F. (aus PAe.) 100—102°; mit der doppelten Menge Anisol erhält man *Bis-di-*

chlormethyl-bis-anisylmethan, F. 148—149° (aus Chlf. + Methanol); mit α-Chlornaphthalin erhält man *Pentachlorisopropyl-α-chlornaphthalin*, Kp.$_{0,02}$ 185—86°, sehr viskoses Öl. — 1.1.1.3-Tetrachloraceton (V) u. **IV** ergibt *asymm. Pentachlorisopropyl-p-chlorbenzol*, Kp.$_{0,05}$ 143—145°, F. 90—91°. Man kann auch Mischungen von **III** u. **V** zur Rk. bringen u. erhält als Reaktionsprodd. die entsprechenden isomeren Stoffe in Mischung. (**D. B. P. 840 684** Kl. 12o vom 27/2. 1949, ausg. 5/6. 1952. Schwz. Prior. 18/12. 1946.) G. KÖNIG. H 1010

Rohm & Haas Co., übert. von: **Peter la Roche de Benneville** und **Louis Hamilton Bock**, Philadelphia, Pa., V. St. A., *Chlormethylierung aromatischer Kohlenwasserstoffe* erfolgt durch Einw. von CH_2O u. HCl im wasserfreien Medium auf einen KW-stoff der Benzolreihe bei Ggw. einer Katalysatormischung, erhalten aus 1 (Mol) $ZnCl_2$ u. 1,5—8 einer aliphat. Carbonsäure mit (1—3 C-Atomen im Mol). An Stelle der Carbonsäure können auch die entsprechenden Anhydride oder auch die Chlorcarbonsäuren oder Mischungen dieser Stoffe Anwendung finden. CH_2O wird in Mengen von 1,5 bis 2 (Mol.-Äquivalenten) auf 1 KW-stoff angewendet. Die Menge der Katalysatormischung soll 0,75—2,5 $ZnCl_2$ auf 1 KW-stoff betragen. Reaktionstemp. 50—100°. An Stelle von CH_2O u. HCl kann man Monochlor- oder Dichlormethyläther anwenden. Es eignen sich die alkylierten Benzol-KW-stoffe, die 1.) eine Alkylgruppe mit 8—18 C-Atomen u. gegebenenfalls noch eine oder zwei Alkylgruppen mit weniger als 5 C-Atomen, oder 2.) zwei Alkylgruppen mit je 5—12 C-Atomen u. gegebenenfalls noch eine dritte Alkylgruppe mit weniger als 5 C-Atomen, enthalten. Die Reaktionsprodd. werden als *Lösungsmittel* u. zur Herst. von *quaternären Ammoniumverbb.* verwendet. — Dodecyltoluol, Kp.$_{1,2-2,2}$ 110—160°, ergibt, mit CH_2O u. $ZnCl_2$ in Eisessig bei 60—70° mit HCl behandelt, *Dodecylmethylbenzylchlorid* (**II**), Kp.$_{0,5-1}$ 145—185°, das mit Trimethylamin in das *Methyldodecylbenzyltrimethylammoniumchlorid* übergeführt wird. Wird **II** mit Dimethylamin sowie mit W. u. NaOH im Autoklaven auf 180° erhitzt, so erhält man *Methyldodecylbenzyldimethylamin*, Kp.$_1$ 142—173°. Dieses Amin ergibt, mit C_2H_5Br u. Acetonitril am Rückfluß erhitzt, *Methyldodecylbenzyldimethyläthylammoniumbromid*. Durch Behandlung mit **II** in Nitromethan gelangt man zu *Di-(methyldodecylbenzyl)-dimethylammoniumchlorid*. — Pyridin → *Methyldodecylbenzylpyridiniumchlorid*; mit Octadecyldimethylamin erhält man *Methyldodecylbenzyloctadecyldimethylammoniumchlorid*. Die quaternären Ammoniumverbb. sind kationakt. Netzmittel u. besitzen baktericide Wirkung. (**E. P. 659 353** vom 4/5. 1949, ausg. 24/10. 1951. A. Prior. 20/5. 1948.) G. KÖNIG. H 1010

Badische Anilin- & Soda-Fabrik (Erfinder: **Karl Maier**), Ludwigshafen/Rh., *Entalkylierung von Alkylphenolen* durch Erhitzen in Ggw. saurer Katalysatoren (konz. H_2SO_4, $(CH_3)_2SO_4$). (**D. B. P. 855 854** Kl. 12q vom 10/2. 1951, ausg. 17/11. 1952.) FABEL. H 1060

Brennstoff-Technik G. m. b. H., Essen (Erfinder: **Christian J. Hansen**, Bochum), *Entphenolen von Abwässern* durch Behandlung mit Essigsäureestern von Phenolen (I) u. anschließende Extraktion. Bes. werden aus I der Siedegrenze 205—270° hergestellte Ester verwendet. — Vorrichtung. (**D. B. P. 889 895** Kl. 12q vom 20/8. 1950, ausg. 14/9. 1953.) FABEL. H 1060

Metallgesellschaft Akt.-Ges. (Erfinder: **Wilhelm Herbst**), Frankfurt/M., *Abscheidung von Phenolen und organischen Basen aus Industrieabwässern*. Als Extraktionsmittel werden Äther oder Ketone verwendet, die unter 180° sd. u. deren Löslichkeit in W. unter 1% liegt, z. B. Isopropyläther oder Ketonöle. (**D. R. P. 752 645** Kl. 12q vom 10/8. 1937, ausg. 20/10. 1952.) FABEL. H 1060

Hercules Powder Co., übert. von: **Leo J. Filar** und **Milton A. Taves**, Wilmington, Del., V. St. A., *Gewinnung eines Phenols und eines aliphatischen Ketons* durch Zers. eines α.α'-Dialkylarylmethylhydroperoxyds, indem dieses in ein homogenes Reaktionsgemisch aus Aceton u. konz. H_2SO_4 bei 30—90° eingetragen wird. Die Konz. der H_2SO_4 in dem Gemisch beträgt 0,05—10 Gew.-%. — Aus α.α-Dimethyl-p-methylbenzylhydroperoxyd entsteht *p-Kresol u. Aceton*. (**Can. P. 484 328** vom 11/12. 1950, ausg. 24/6. 1952. A. Prior. 30/12. 1949.) M. F. MÜLLER. H 1060

Hercules Powder Co., übert. von: **Edwin J. Vandenberg**, Wilmington, Del., V. St. A., *Gewinnung von Phenolen* durch Behandlung von α-Alkylarylmethylhydroperoxyden mit einem sauren Kondensationskatalysator unter wasserfreien Bedingungen. — α-Methyl-p-methylbenzoylhydroperoxyd liefert dabei *p-Kresol*. — Aus α.α'-Dimethyl-p-xylyldihydroperoxyd entsteht *Hydrochinon*. (**Can. P. 484 329** vom 2/6. 1951, ausg. 24/6. 1952.) M. F. MÜLLER. H 1060

Dr. F. Raschig G. m. b. H. (Erfinder: **Carl Thönnessen** und **Ludwig Seelmann**), Ludwigshafen/Rh., *Herstellung von Pentachlorphenol* (I). Phenol wird mit Cl_2 in Ggw.

von Katalysatoren (A-Kohle, heterocycl. N-Basen) zu „*Hexachlorphenol*" chloriert. Dieses wird mit H_2SO_3 oder deren Salzen in Ggw. von Lösungsmitteln zu I reduziert. (**D. B. P. 888 701** Kl. 12q vom 27/4. 1951, ausg. 3/9. 1953.) Fabel. H 1060

Österreichische Stickstoffwerke Akt.-Ges. (Erfinder: **Rupert Schönbeck**), Linz, Österreich, *Herstellung von gemischten Phenoläthern* der allg. Formel I, worin X ein Halogen, R einen aliphat., aromat. oder aliphat.-aromat. Rest u. Ar einen aromat. Kern bedeutet. m u. n sind Zahlen, wobei m = 2 bis 5 u. n = 1 bis 6 (m) ist. Das Verf. ist dad. gek., daß man aromat., im Kern — außer gegebenenfalls H u. O — nur Halogene, mindestens aber drei Halogene enthaltende KW-stoffe, bes. Hexachlorbenzol, mit aliphat., aromat. oder aliphat.-aromat. Alkoholen, die mindestens 4 C-Atome enthalten, bei an sich üblichem Zusatz von Alkali- oder Erdalkalihydroxyden bzw. -oxyden umsetzt. — Die gebildeten Äther sind fl. oder fest; sie werden in der *Kunststoffindustrie* verwendet u. dienen als *Schädlingsbekämpfungsmittel*. — Aus Hexachlorbenzol u. 2-Äthylhexylalkohol entsteht als Hauptprod. ein Gemisch der *Di-2-äthylhexyläther* von den isomeren *Tetrachlordioxybenzolen*; als Nebenprod. wurde *Pentachlorphenyl-2-äthylhexyläther* erhalten. (**Oe. P. 173 242** vom 8/2. 1951, ausg. 25/11. 1952.) M. F. Müller. H 1060

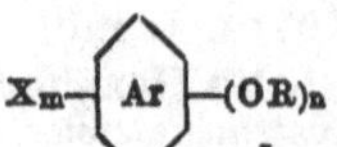

I

Vulcan Chemical Co. Ltd., Cleckheaton, **David William Milner** und **Ernest Clifford Holdsworth**, England, *Arylsulfonsaure Salze* erhält man durch Neutralisation der Sulfonsäuren in fl. SO_2 mit Alkali-, Erdalkali- oder NH_4-Sulfiten, -Hydrosulfiten, -Pyrosulfiten, -Sulfaten, -Pyrosulfaten, -Halogeniden, -Carbonaten oder -Acetaten nach dem Reaktionsschema: $2 C_6H_5SO_3H + Na_2SO_3 \rightarrow 2 C_6H_5SO_3Na \cdot \frac{1}{2} H_2O + SO_2$. — (**E. P. 656 319** vom 3/1. 1949, ausg. 22/8. 1951.) Krauss. H 1090

May & Baker Ltd., Dagenham, England, *Quaternäre Ammoniumsalze* der allg. Formel $R(X \cdot CH_2 \cdot N^+R_1R_2R_3A^-)_n$, worin X = O oder S, R Aryl, oder, wenn X = S ist, auch Aralkyl, R_1 Alkyl, Aralkyl, Cycloalkyl, R_2 u. R_3 Alkyl mit höchstens 4 C-Atomen u. R_1, R_2, R_3 gemeinsam auch den Rest des Pyridins oder Chinolins, A ein Anion u. n = 1, 2 oder 3 bedeuten, werden nach bekannten Verff. hergestellt: *Phenoxymethyldimethylbenzylammoniumchlorid* (**I**), F. 161—162°. — *4-Cyan*-**I**, F. 166—167°. — *2-Nitro*-**I**, F. 145—146°. — *4-Nitro*-**I**, F. 159—160°. — *4-Brom*-**I**, F. 105—108°. — *2-Chlor*-**I**, F. 154—155°. — *4-Chlor*-**I**, F. 111—113°. — *2.4-Dichlor*-**I**, F. 139—140°. — *2.5-Dichlor*-**I**, F. 163—164°. — *3.4-Dichlor*-**I**, F. 152—153°. — *3.5-Dichlor*-**I**, F. 156 bis 157°. — *2.3.4-Trichlor*-**I**, F. 129—130°. — *2.4.5-Trichlor*-**I**, F. 142—143°. — *2-Methyl-4-chlor*-**I**, F. 71—73°. — *3-Methyl-4-chlor*-**I**, F. 134—139°. — *4-Methyl-2-chlor*-**I**, F. 110 bis 111°. — *3.5-Dimethyl-4-chlor*-**I**, F. 162—163°. — *α-Naphthoxymethyldimethylbenzylammoniumchlorid*, F. 155—158°. — *β-Naphthoxymethyldimethylbenzylammoniumchlorid*, F. 160—161°. — *Phenylen-1.4-bis-(oxymethyldimethylbenzylammoniumchlorid*, F. 170 bis 171°. — (-phenoxymethyldimethylbenzylammoniumpikrat = **II**). — *4-Methoxy*-**II**, F. 89—90°. — *4-Methyl*-**II**, F. 113—114°. — *4-tert.-Octyl*-**II**, F. 106—108°. — *3-Chlor*-**II**, F. 118°. — *4-Methyl-3-chlor*-**II**, F. 126—127°. — *2-Methoxy-4-chlor*-**II**, F. 104—106°. — *3-Methoxy-4-chlor*-**II**, F. 116—117°. — (-methyltriäthylammoniumchlorid = **III**). — *2.4-Dichlorphenoxy*-**III**, F. 121—123°. — *2-Chlor-phenoxy*-**III**, F. 77—80°. — *β-Naphthoxy*-**III**, F. 92°. — *(4-Methoxyphenoxymethyl)-trimethylammoniumpikrat*, F. 109 bis 110°. — *(2.5-Dichlorphenoxymethyl)-dimethylbenzyl-ammoniumchlorid*, F. 163—164°. — (*-phenoxymethylpyridiniumchlorid* = **IV**). — *3-Methyl-4-chlor*-**IV**, F. 168—171°. — *4-Nitro*-**IV**, F. 225°. — *2.4-Dichlor*-**IV**, F. 107—108°. — *2.4-Dichlorphenoxymethylchinoliniumchlorid*, F. 156—159°. — (3.5-Dimethyl-4-chlorphenoxymethyldimethyl- = **V**). — **V**-*n-octylammoniumchlorid*, F. 162—163,5°. — **V**-*n-amylammoniumchlorid*, F. 149—150°. — **V**-*n-hexylammoniumchlorid*, F. 153—155°. — **V**-*isooctylammoniumchlorid*, 117—125°. — **V**-*cyclooctylammoniumchlorid*, F. 122,5—123°. — **V**-*n-decylammoniumchlorid*, F. 152—153°. — **V**-*laurylammoniumchlorid*, F. 143—144°. — **V**-*cetylammoniumchlorid*, 140—143°. — **V**-*stearylammoniumchlorid*, F. 144—147. — *(p-Nitrophenoxymethyl)-pyridiniumchlorid*, F. 225°. — *2 4-Dichlorphenylthiomethyldimethyl-n-octylammoniumchlorid*, F. 91—92°. — *4-Chlorphenylthiomethyldimethyl-n-octylammoniumchlorid*, F. 58—60°. — *4-Chlorphenylthiomethyldimethyl-n-decylammoniumchlorid*, F. 82—83°. — *2.5-Dichlorphenylthiomethyl-n-octylammoniumchlorid*, F. 148—149°. — *2.5-Dichlorphenylthiomethyldimethyl-n-decylammoniumchlorid*, F. 112 bis 113°. — *2.5-Dichlorphenylthiomethyldimethylbenzylammoniumpikrat*, F. 144—145°. — (-phenylthiomethyldimethylbenzylammoniumchlorid = **VI**). — *4-Methyl*-**VI**, F. 141 bis 142°. — *4-Chlor*-**VI**, F. 137—139°. — *2.4-Dichlor*-**VI**, F. 135—136°. — *3.4-Dichlor*-**VI**, F. 117—119°. (**D. B. P. 848 820** Kl. 12q vom 16/6. 1950, ausg. 8/9. 1952 E. Prior. 25/5. 1949.) Langer. H 1310

Smith, Kline & French Laboratories, übert. von: **Thomas Carl Aschner,** Philadelphia, Pa., V. St. A., *Stereochemische Umlagerung optisch-aktiver sekundärer Carbinamine* durch Einw. von Katalysatoren, wie Ni, Pd, Pt u. Co. — *Racemisierung von l-2-Amino-6-methylheptan* (I). Opt.-akt. I ($\alpha_D^{25} = +0,3$) wird mit Ni-Stückchen 4 Std. auf 140° erhitzt, wobei weitgehende Racemisierung eintritt. — Analog Racemisierung von: *d-1-Cyclohexyl-2-methylaminopropan*; *d-Phenylisopropylamin*; *l-Phenylisopropylamin*; *d-Phenylisopropylmethylamin*; *d-N-(β'-Phenylisopropyl)-β-phenylisopropylidenimin.* (**A. P. 2 608 583** vom 31/8. 1949, ausg. 26/8. 1952.) LANGER. H 1310

Anglo-Iranian Oil Co. Ltd., London, übert. von: **Stanley Francis Birch, Frederick Arnold Fidler** und **Ronald Alfred Dean,** Sunbury-on-Thames, England, *Xylidine.* Aus dem rohen Xylidin-Gemisch, erhalten durch Nitrieren von Rohxylol u. Red., wird mit Essigsäure *m-4-Xylidinacetat* abgeschieden. Aus dem Rückstand (II) wird mit HCl *p-Xylidinhydrochlorid* (I) abgetrennt. I wird durch Kristallisation aus W. rein erhalten, wobei Xylidin-Mutterlauge (III) zurückbleibt. II wird mit Alkali behandelt u. das Basengemisch fraktioniert dest., wobei *o-4-Xylidin* anfällt, während ein Gemisch aus *o-3-Xylidin* u. *o-4-Xylidin* zurückbleibt. III wird mit Alkali behandelt u. das Basengemisch dest., wobei *m-2-Xylidin* erhalten wird. (**A. P. 2 615 047** vom 21/5. 1947, ausg. 21/10. 1952. E. Prior. 24/5. 1946.) LANGER. H 1310

E. I. du Pont de Nemours & Co., Wilmington, Del., übert. von: **Charles B. Biswell,** Woodstown, N. J., V. St. A., *Stabilisierung von N.N'-Di-sek.-butyl-p-phenylendiamin* durch Zusatz geringer Mengen eines heterocycl. Imins, wie Piperidin, Pyrrolidin, α-Pipecolin, Dipiperidyl, Morpholin, Thiamorpholin, Piperazin, Thialdin. (**A. P. 2 615919** vom 9/3. 1949, ausg. 28/10. 1952.) LANGER. H 1310

C. F. Boehringer & Soehne G. m. b. H., Mannheim (Erfinder: **Erich Rabald,** Mannheim, und **Fritz Voeller,** Heidelberg), *Primäre Amine* entstehen durch katalyt. Red. von Oximen mit H_2 u. Oxyden der Pt-Gruppe in essigsaurer Lsg. bei Ggw. von A-Kohle (I), bes. unter erhöhtem Druck. — *4-Oxy-3-methoxybenzylamin.* Aus 4-Oxy-3-methoxybenzaldoxim, H_2, Pd-Oxyd u. I in Eisessig bei n. Temp. u. 2 at. *Hydrochlorid,* F. 220°. — Analog: *4-Oxy-5-methoxy-1.3-bis-(aminomethyl)-benzoldihydrochlorid,* F. 249—251°. — *n.-Amylamin.* (**D. R. P. 760 746** Kl. 12q vom 21/2. 1941, ausg. 18/5. 1953.) LANGER. H 1320

Knoll Akt.-Ges. Chemische Fabriken, Ludwigshafen/Rh. (Erfinder: **Gustav Hildebrandt,** Mannheim), *Amine* der Formel p-HO·CH·CH_2·CH. (CH_3)·NH·CHR_1R_2), worin R_1 Aralkyl u. R_2 = H oder niederes Alkyl bedeuten, entstehen aus 1-(4'-Oxyphenyl)-2-aminopropan (I) oder dessen Alkyläthern bzw. Estern durch Rk. mit Verbb. Formel R_1·CO·R_2 u. Red. der entstandenen SCHIFFschen Basen (II), oder aus Aminen der Formel R_1·CH(NH_2)·R_2 durch Rk. mit 4-Oxybenzylmethylketon u. Red. der entstandenen II. — *β-(4-Oxyphenyl)-β'-phenyldiisopropylamin* (III). Aus Benzylmethylketon (IV), I, H_2 u. Pt-Oxyd in Methanol. 2 Formen: F. 146—147° (*Hydrochlorid,* F. 213°) u. F. 109° (*Hydrochlorid,* F. 214—215°). — III entsteht auch aus 1-Phenyl-2-aminopropan u. 4-Methoxybenzylmethylketon oder 1-(4'.Methoxyphenyl)-2-aminopropan u. IV durch Red. u. nachfolgende Verseifung mit HBr. (**D. B. P. 870 121** Kl. 12q vom 13/7. 1951, ausg. 9/3. 1953.) LANGER. H 1320

Lepetil Soc. An., Mailand, Italien, *Threo-1-Phenyl-2-aminopropan-1.3-diol* (I) u. seine N-Acyl- u. ON-Diacylderivv. entstehen durch Red. von threo-α-Amino-β-oxy-β-phenylpropionsäure bzw. von den entsprechenden Acylderidv. durch Red. mit $LiAlH_4$ in feuchtem Äther oder mit H_2 u. Ni. — I: F. 85—88°. — *1-Phenyl-1-acetoxy-2-acetylaminopropan-3-ol,* F. 132—133°. (**E. P. 679 028** vom 23/11. 1949, ausg. 10/9. 1952. It. Prior. 12/10. 1949.) LANGER. H 1320

Parke, Davis & Co., Detroit, Mich., V. St. A., *Aminodiole* der Formel I, worin R_1 u. R_2 H, niedere Alkyl- oder niedere Alkoxygruppen bedeuten, entstehen durch Red. von Verbb. der Formel II, worin R eine niedere Alkyl- oder Aralkylgruppe bedeutet. — *dl-pseudo-1-Phenyl-2-aminopropan-1.3-diol.* Durch Red. von dl-pseudo-α-Amino-β-oxy-β-phenylpropionsäureäthylester mit H_2 u. RANEY-Ni in A. bei 50° unter Druck von 2500 lbs./sq.in. oder mit $LiAlH_4$ in äther. Öl. — Gibt mit Acetanhydrid *dl-pseudo-1-Phenyl-2-acetamido-3-acetoxypropan-1-ol* (III), F. 168—169,5°. — *dl-pseudo-1-Phenyl-2-acetaminopropan-1.3-diol* aus III u. verd. NaOH + Aceton unter Kühlung. F. 130—132°. — Analog: *l-pseudo-1-Phenyl-2-aminopropan-1.3-diol.* — *dl-re.g-1-Phenyl-2-aminopropan-1.3-diol.* — *1-(2'-Methylphenyl)-2-aminopropan-1.3-diol.* — *dl-pseudo-1-(3'-Methoxyphenyl)-2-aminopropan-1.3-diol.* — *dl-pseudo-1-(3'.4'-Dimethylphenyl)-*

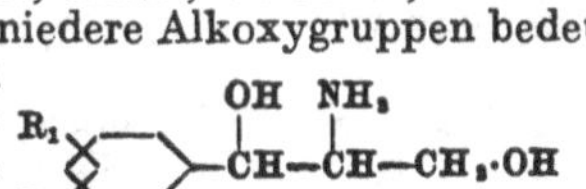

I

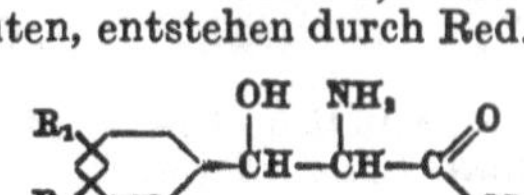

II

2-aminopropan-1.3-diol. — *1-(2'-Methyl-4'-äthoxyphenyl)-2-aminopropan-1.3-diol.* — (**E. P. 671 294** vom 3/11. 1949, ausg. 30/4. 1952.) LANGER. H 1320

E. I. du Pont de Nemours & Co., übert. von: **Adrian L. Linch**, Wilmington, Del., V. St. A., *Dianisidin* entsteht durch Umlagerung von Hydrazoanisol durch Einw. einer verd. wss. nichtoxydierenden Mineralsäure, wie verd. H_2SO_4, in Ggw. von 2—5% eines Alkalisalzes einer Dialkyldithiocarbamidsäure, bes. des Na-Salzes von Dimethyl- oder Diäthyldithiocarbamidsäure. (**A. P. 2 586 837** vom 28/9. 1950, ausg. 26/2. 1952.) LANGER. H 1320

Wellcome Foundation Ltd., London, England, *Sulfonsäureester von Bis-2-oxyalkylaminen* der allg. Formel $R_3 \cdot N[CH_2 \cdot CH(R_1) \cdot O \cdot SO_2 \cdot R_2]_2$, worin R_1 = H, CH_3, C_2H_5, R_2 Phenyl-, Naphthyl- oder Alkylreste mit höchstens 5 C-Atomen, R_3 Phenyl- oder Naphthylreste bedeuten, entstehen durch Rk. von Verbb. der allg. Formel $R_3 \cdot N[CH_2 \cdot CH(R_1) \cdot O \cdot M]_2$, worin M = Li, Na oder K bedeutet, mit Sulfonsäurehalogeniden in einem inerten Lösungsmittel. — *Bis-p-toluolsulfonyloxyäthylanilin*, F. 91°; *Bis-p-toluolsulfonyloxyäthyl-p-chloranilin*, F. 103—104°. (**E. P. 672 691** vom 10/1. 1949, ausg. 28/5. 1952.) LANGER. H 1320

E. I. du Pont de Nemours & Co., Wilmington, Del., V. St. A., *o- und m-Oxybenzamidobenzaldehyde* (I) *oder deren niedrigmolekulare Acetale* erhält man bei der Kondensation von o- oder m-Oxybenzoylhalogeniden (II) mit m-Aminobenzaldehyden oder den entsprechenden Acetalen, gebildet aus Alkoholen mit 1—4 oder aus Glykolen mit 2—4 C-Atomen, bei —10 bis +100° (0—30°), vorteilhaft im fl. Medium u. in Ggw. eines alkal. Stoffes, der mit dem entstehenden HCl reagiert. II kann in äquimol. Mengen oder im Überschuß angewendet werden, bevorzugt werden die Säurechloride. — Es werden hergestellt: *m-(3-Allylsalicylamido)-benzaldehyd*, feine Nadeln, F. 115—118°. — *m-(3-Allyl-4-methylsalicylamido)-benzaldehyd*, farblose Plättchen, F. 146—148°. — *m-(3-Isopropyl-6-methylsalicylamido)-benzaldehyd.* — *m-Salicylamidobenzaldehydäthylenglykolacetal*, farblose Kristalle, F. 152—154°, ($C_{16}H_{15}O_4N$). — *m-(4-Methylsalicylamido)-benzaldehydäthylenglykolacetal*, Platten, F. 176—178°, ($C_{17}H_{17}O_4N$). Die *3-Methylverb.* bildet farblose Kristalle, F. 134—135°, ($C_{17}H_{17}O_4N$). — *m-(3.6-Dimethylsalicylamido)-benzaldehydäthylenglykolacetal*, farblose Platten, F. 141—143°. — m-(6-Chlor-3-methylsalicylamido)-benzaldehydäthylenglykolacetal, F. 142—144°; die 4-Chlorverb. bildet feine Nadeln; F. 163—165°, ($C_{17}H_{16}O_4NCl$). — *m-3-(Oxy-4-methylbenzamido)-benzaldehydäthylenglykolacetal*, farblose Kristalle, F. 152—154°, ($C_{17}H_{17}O_4N$), erhält man durch Hydrolyse von *m-(3-Acetoxy-4-methylbenzamido)-benzaldehydäthylenglykolacetal*, F. 118 bis 120°. I werden verwendet zur Herst. von *Farbstoffen* für Textilien, Fäden, Filmen. Bes. Verwendung in der *Farbenphotographie* finden die Acetale aus Polyvinylalkohol u. m-(3-Methylsalicylamido)-benzaldehyd. (**E. P. 661 477** vom 28/2. 1949, ausg. 21/11. 1951. A. Prior. 6/3. 1948.) G. KÖNIG. H 1330

Parke, Davis & Co. (Erfinder: **Leonard Doub**), Detroit, Mich., V. St. A., *4-Amino-2-oxybenzoesäure* entsteht beim Erhitzen von m-Aminophenol (I) mit einem wasserlösl. Bicarbonat in wss. Medium unter CO_2-Druck in Ggw. von wenigstens 1 (Äquivalent) $B(OH)_3$ pro 1 I. Man kann auch Resorcin mit NH_3 unter Druck in einem wss. Medium in Ggw. von $B(OH)_3$ erhitzen u. das so hergestellte I mit dem Bicarbonat umsetzen. (**D. B. P. 849 698** Kl. 12q vom 13/10. 1950, ausg. 18/9. 1952. A. Priorr. 14/10. 1949 u. 8/9. 1950.) LANGER. H 4503

Steinkohlenbergwerk Rheinpreußen, Chemische Werke, Homberg/Ndrh. (Erfinder: **Walter Grimme** und **Heinrich Schmitz**, Moers), *4-Amino-2-oxybenzoesäureester* entstehen durch Veresterung der Komponenten in Ggw. eines großen Überschusses an konz. Mineralsäure oder Arylsulfonsäure. — *4-Amino-2-oxybenzoesäureäthylester* (F. 114°; $Kp._{0,3}$ 125—127°); *-isopropylester* (F. 78—79°; $Kp._2$ 147—148°); *-sek.-butylester* (F. 49—50°; $Kp._1$ 142—143°). (**D. B. P. 846 097** Kl. 12q vom 30/10. 1949, ausg. 7/8. 1952.) LANGER. H 1350

American Cyanamid Co., New York, N. Y., übert. von: **Richard W. Young**, Stamford, Conn., V. St. A., *Amide* entstehen durch Rk. von Aminen, die freies H an der Aminogruppe besitzen, mit einem gemischten Anhydrid aus einer Carbonsäure u. einem Phosphorsäurediester. — *Carbobenzyloxyglycinanilid.* Man setzt carbobenzyloxyglycinsaures Ag mit Diäthylchlorphosphit in CCl_4 um u. behandelt das entstandene gemischte Anhydrid mit Anilin. F. 148—149°. — Analog: *Carbobenzyloxyglycyl-DL-phenylalaninäthylester*, F. 91—92°. — *Carboxbenzyloxy-DL-alanyl-DL-phenylalaninäthylester*, F. 120 bis 121°. — *Phthalylglycyl-DL-alanyl-DL-phenylalaninäthylester*, F. 186—190°. — *L-Carbobenzoxyphenylalaninhydrazid*, F. 167,5—168,5°. — *Dicarbobenzoxy-L-lysylhydrazid*, F. 160—161°. — *Dicarbobenzoxy-L-lysylglycinäthylester*, F. 89—90°. — *Butyranilid*, F. 90—92°. — *Benzoylphenylhydrazin*, F. 166—167°. — *Acetanilid*, F. 113—114°.

— *Adipinsäuredianilid*, F. 245—246°. — *Adipinsäuremonoanilid*, F. 153—155°. — *Carbobenzoxyglycinanilid*, F. 147—148°. — *Carbobenzoxyglycylglycylglycinäthylester*, F. 165 bis 167°. (**A. P. 2 617 793** vom 1/12. 1950, ausg. 11/11. 1952.) LANGER. H 1350

Libbey-Owens-Ford Glass Co., übert. von: **David B. Hatcher** und **Raymond H. Bunnell**, Toledo, O., V. St. A., *Organosilane*. β-Chlorbutyltrichlorsilan u. Toluol reagieren miteinander in Ggw. von $AlCl_3$ unter Bldg. von *β-Tolylbutyltrichlorsilan*, $Kp._{1,5}$ 122°, u. HCl-Entwicklung. Analog erhält man folgende *Trichlorsilane*: *β-Tolylpropyl-*, $Kp._3$ 125°; *β-Phenylpropyl-*, $Kp._2$ 111°; *β Tolylisobutyl-*, $Kp._1$ 124°; *γ-Tolylpropyl-*, $Kp._{1,5}$ 127°; *γ-Tolylbutyl-*, $Kp._{1,5}$ 122°; *Tolylcyclohexyl-*, $Kp._2$ 160°, u. *Phenylcyclohexyl-*, $Kp._1$ 152°. — Zwischenprodukte. (**A. P. 2 618 646** vom 23/2. 1949, ausg. 18/11. 1952.) BRÖSAMLE. H 1380

Dow Corning Ltd., London, England, übert. von: **Herbert James Fletcher** und **Harry Dale Dingman**, Midland, Mich., V. St. A., *Halogenaryltrichlorsilane* mit 1—7 Halogenatomen je Arylrest erhält man durch Rk. von Phenyl- oder Xenyltrichlorsilan mit Br_2 oder Cl_2 bei 0—250° in Ggw. eines Fe-Katalysators. — Phenyltrichlorsilan wird in Ggw. von $FeCl_3$ bei 20—30° mit Br_2 behandelt, wodurch man *Monobromphenyltrichlorsilan*, $Kp._{5-6}$ 103—105°, erhält. — Mischung *isomerer Tribromphenyltrichlorsilane*, $Kp._3$ 157—192°. — *Monochlorphenyltrichlorsilan*, $Kp._{760}$ 230—235°. — *Dichlorphenyltrichlorsilan*, $Kp._{12}$ 95—98°. — *Trichlorphenyltrichlorsilan*, $Kp._1$ 113°, F. 69—71°. Mischung *isomerer Tetrachlorxenyltrichlorsilane*. — Mischung *isomerer Mono-*, *Di-* u. *Tribromphenyltrichlorsilane*, Kp. 142—160°. — Vgl. E. P. 667 179; C. **1953**. 2058. (**E. P. 673 322** vom 10/8. 1950, ausg. 4/6. 1952. A. Prior. 14/9. 1949.) KRAUSS. H 1380

John B. Pierce Foundation, V. St. A. (Erfinder: **William Warren Triggs**), *Herstellung von kondensierten Arylsilicaten*. Kondensierte Arylsilicate werden in der Weise hergestellt, daß man entweder Tetraarylorthosilicate einer Teilhydrolyse mit wenig W. unterwirft u. das entstandene Prod. unter Wiedergewinnung des frei gewordenen Phenols erhitzt, oder daß man $SiCl_4$ mit unterschüssigem Phenol reagieren läßt u. das Reaktionsprod. mit W. erhitzt, oder daß man polymere Äthylsilicate mit überschüssigem Phenol unter Wiedergewinnung des A. umsetzt u. den Überschuß des Phenols abtrennt. Als Phenole können Phenol, Kresol, Xylenol, Isopropylphenol, Diamylphenol oder β-Naphthol verwendet werden. — Hochtemperaturschmiermittel u. Wärmeübertragungsmittel. (**F. P. 1 008 820** vom 16/1. 1950, ausg. 22/5. 1952. E. Priorr. 25/1., 22/8. 1949 u. 5/1. 1950.) NOUVEL. H 1380

Distillers Co. Ltd., Edinburgh, übert. von: **Francis Edward Salt**, Banstead, **William Webster**, Epsom, und **Eugen Galitzenstein †**, London, England, *Herstellung von Styrolverbindungen*, indem man Chloräthylbenzol, das im Kern durch Cl u. Alkyl substituiert sein kann, in Ggw. von Collidin in Mengen von über 0,2% bis zu 10% zweckmäßig unter Durchleiten eines inerten Gases, wie N, am Rückflußkühler kocht u. HCl dauernd entfernt. (**A. P. 2 609 403** vom 28/6. 1948, ausg. 2/9. 1952. E. Prior. 28/6. 1947.) GRÄGER. H 1410

Eastman Kodak Co., übert. von: **Joseph B. Dickey** und **Theodore E. Stanin**, Rochester, N. Y., V. St. A., *α-Acylaminostyrole* der allg. Formel I (Acyl = Alkyl-, Aryl-, heterocycl. Carbonsäurerest, Carbamin-, Alkyl-, Arylsulfonsäurerest, R = H, Alkyl mit 1—4 C-Atomen, n = 1—2, X = H, OH, Halogen, Alkyl, Alkoxy, F-Alkyl, NH_2, Alkyl-, Acylamino, Sulfonamido) erhält man durch Behandeln von Verbb. der allg. Formel II mit Alkalien, Alkalicarbonaten, -bicarbonaten, organ. Basen (Harnstoff, Pyridin, Chinolin, Triäthylamin), zweckmäßig in Ggw. eines Polymerisationsverzögerers; vgl. A. P. 2 500 025; C. **1951**. I. 1686. Die Verbb. lassen sich allein oder in Mischung mit anderen ungesätt. Verbb. in der Wärme oder in Ggw. von Polymerisationskatalysatoren zu *Harzen* polymerisieren, die zu Filmen u. Fasern verarbeitet werden können. — p-Dodecylstyrol gibt in CCl_4 mit NCl_3 bei —10° u. nach Einleiten von HCl 1-p-Dodecylphenyl-1-amino-2-chloräthanhydrochlorid, das mit Benzoyl-, Acetyl-, Butyryl-, Acrylylchlorid, Methansulfonylchlorid, Äthylchlorcarbonat die entsprechenden Acylamide liefert. — 1-(2.4-Dichlorphenyl)-1-amino-2-chloräthanhydrochlorid. 1-(4-Sulfonamidophenyl)-1-amino-2-chloräthanhydrochlorid. 1-(2-Carbamyl-4-chlorphenyl)-1-methansulfonylamino-2-chloräthan. N-1-(2.4-Dichlor-5-amylphenyl)-2-chlorpropylphenylcarbamat. 1-(2-Decycloxyphenyl)-1-acrylamido-2-caproyl-2-chloräthan. 1-Phenyl-1-(4-acetaminobenzoylamino)-2-chloräthan. 1-Phenyl-1-furoylamino-2-chloräthan. 1-(p-Propionylaminophenyl)-1-propionylamino-2-chloräthan. 1-Phenyl-1-(N-äthylureido)-2-chloräthan. 1-Phenyl-1-lauroylamino-2-chloräthan. 1-Phenyl-1-acetylamino-2-chloräthan gibt beim Erwärmen mit Triäthylamin *α-Acetaminostyrol* (III). 1-Phenyl-1-benzoylamino-2-chloräthan → *α-Benzoylaminostyrol*. — 1-Phenyl-1-me-

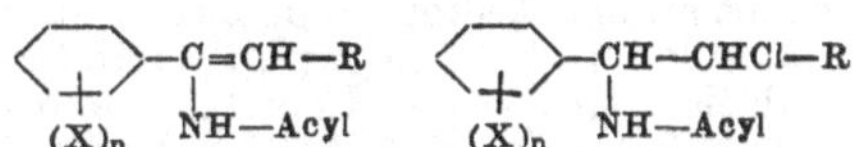

I II

thansulfonamido-2-chloräthan → *α-Methansulfonamidostyrol.* — *α-Carbamidstyrol.* — *o-Acetamino-α-acetaminostyrol.* — *p-Hexadecyl-α-propionylamino-β-methylstyrol.* — *N-1-(o-Carbamylphenyl)-vinyläthylcarbamat.* — *p-Cyan-α-phenylsulfonamidostyrol. p-Trifluormethyl-α-succinylaminostyrol. α-Furoylamino-β-acetylstyrol. 2.4-Dichlor-α-acetaminostyrol. 2.4-Di-n-propyl-α-acrylamidostyrol. p-(N-Äthylsulfamyl)-α-hexahydrobenzoylstyrol. p-Amido-α-acetaminostyrol. p-Oxy-α-acetaminostyrol. p-Hexadecycloxy-α-diacetaminostyrol.* III gibt in W. in Ggw. eines KW-stoff-Na-sulfonats, NH_4-Persulfat u. $NaHSO_3$ nach 16 Std. ein *transparentes Harz*, mit Acrylnitril *elast. Fasern*, die sich mit Acetat- u. Wollfarbstoffen leicht färben lassen. Zwischenprodd. für Pharmazeutica. Insekticide u. Fungicide. (**A. P. 2 588 968** vom 29/12. 1948, ausg. 11/3. 1952.)
KRAUSS. H 1710

United States of America, übert. von: **Charles C. Price**, South Bend, Ind., und **Royston M. Roberts**, Austin, Tex., V. St. A., *Herstellung von Arylaminomethylenmalonsäureestern und ihren isomeren Anilen*, dad. gek., daß man etwa äquimol. Mengen eines Malonsäureesters u. eines Diarylformamidins 2—6 Std. auf 100—125° erhitzt u. das Reaktionsprod. nach Zugabe von wss. HCl mit einem mit W. nicht mischbaren Lösungsm. extrahiert. Man erhält z. B. aus Diäthylmalonsäureester u. Di-(m-chlorphenyl)-formamidin *m-Chlorphenylaminomethylenmalonsäurediäthylester*, m-ClC_6H_4·NH—CH = $C(COOC_2H_5)_2$. — Zwischenprodukte. (**A. P. 2 614 121** vom 1/3. 1946, ausg. 14/10. 1952.)
LÜTTGEN. H 1750

General Aniline & Film Corp., New York, N. Y., übert. von: **Richard M. Elofson**, Ponoka, Alberta, Canada, V. St. A., *Cyclooctadien-(1.5)*, Kp. 144—148°, n_D 1,4864, erhält man durch Erhitzen von Cyclooctatetraen mit Na, K oder Li in Alkohol, wie Methanol, A., Propanol, Butanol, in 86,6%ig. Ausbeute. Mit 2 Br_2 bildet sich daraus $C_8H_{12}Br_4$, F. 127—128°, durch Ozonolyse oder HNO_3-Oxydation Bernsteinsäure, dagegen kein Addukt mit Maleinsäureanhydrid. (**A. P. 2 594 889** vom 31/12. 1949, ausg. 29/4. 1952.)
KRAUSS. H 1810

California Research Corp., San Francisco, übert. von: **Robert L. Haynor**, El Cerrito, Calif., V. St. A., *2.5-Dichlorthiophan-S.S-dichlorid* entsteht durch Einw. von 4 (Mol) SO_2Cl_2 auf 1 Thiophan bei ca. 0° unter Ausschluß von Feuchtigkeit. F. 173—174°. Unbeständig an der Luft. (**A. P. 2 578 301** vom 29/9. 1950, ausg. 11/12. 1951.)
LANGER. H 3071

Badische Anilin- & Soda-Fabrik, Ludwigshafen/Rh. (Erfinder: **Paul Schlack**, Bobingen), *Aminoalkohole* entstehen durch Rk. von Halogenhydrinen mit Oxoverbb. zu Dihalogenalkylacetalen, Einw. von NH_3 oder Aminen u. Verseifung. — *Bis-(chlorbutyl)-formal* (I). Aus 4-Chlorbutanol-(1) u. Paraformaldehyd, $Kp._5$ 154—156°. — *Bis-(piperidinobutyl)-formal* (II). Aus I u. Piperidin. $Kp._1$ 170°. — *4-Piperidinobutanol-(1)*. Beim Kochen von II mit HCl. (**D. B. P. 877 457** Kl. 12q vom 28/6. 1939, ausg. 26/5. 1953.)
LANGER. H 3241

J. R. Geigy Akt.-Ges., Basel, Schweiz, *Herstellung von neuen Thiosemicarbazonen von Pyridinaldehyden.* Pyridinaldehyde, welche auch substituiert sein können, oder deren reaktionsfähige funktionelle Derivv., wie Imine, Oxime oder Bisulfitadditionsverbb., werden mit Thiosemicarbazid oder mit leicht spaltbaren Thiosemicarbazonen von Ketonen, bes. Aceton, in an sich bekannter Weise umgesetzt. — Als Ausgangsmaterial sind z. B. Pyridin-2-aldehyd, Pyridin-3-aldehyd (I), Pyridin-4-aldehyd, 6-Methylpyridin-2-aldehyd (II). — Aus I entsteht ein *Thiosemicarbazon* vom F. 222°, aus II ein solches vom F. 204°. (**Oe. P. 174 607** vom 8/8. 1951, ausg. 25/4. 1953. Schwz. Prior. 9/8. 1950.)
M. F. MÜLLER. H 3231

American Cyanamid Co., New York, N. Y., V. St. A., *Herstellung von Melamin.* Harnstoff, Ammoniumcyanat oder Guanylharnstoff oder deren therm. Zersetzungsprodd. werden in einem geschlossenen Behälter auf mindestens 270°, bes. 250—450°, vorteilhaft unter Zusatz von mehr NH_3, als bei der Rk. frei wird, erhitzt. Die Ausbeuten liegen optimal bei ca. 400° bei 88—89%. (**Dän. P. 73 666** vom 27/12. 1947, ausg. 21/1. 1952. A. Prior. 17/7. 1943.)
JÜRGEN SCHMIDT. H 3313

I. G. Farbenindustrie Akt.-Ges. (Erfinder: **Ernst Korten** und **Karl Keller**), Frankfurt/M., *Melamin* (II) erhält man durch Erhitzen von Dicyandiamid (I) in Ggw. von wasserfreiem NH_3, indem man z. B. in einem mit 300 g trockenem I beschickten 1-Liter-Druckgefäß den Druck zunächst auf 20 mm red., anheizt u. mit einem auf 67° Innentemp. erwärmten, mit fl. NH_3 gefüllten Behälter verbindet, wobei nach Temp.- u. Druckausgleich sich in der App. ein konstanter Druck von 30 at einstellt. Bei 100° im Reaktionsraum beginnt exotherme Rk. unter raschem Temperaturanstieg auf ca. 220°, worauf ebenso rascher Temperaturabfall eintritt. Man erhält eine nahezu 100%ig. Ausbeute. F. 347—348°. (**D. R. P. 752 869** Kl. 12p vom 30/1. 1938, ausg. 10/11. 1952.)
MÜLLER-MEININGEN. H 3313

American Cyanamid Co., New York, N. Y., V. St. A., *Melamin.* Man erhitzt mit CO_2 (z. B. in wss. Aufschlämmung) behandelten Kalkstickstoff auf 200—475°, bes. in Ggw. von NH_3. — Zeichnungen. (**E. P. 677 167** vom 14/2. 1950, ausg. 13/8. 1952.) BRÖSAMLE. H 3313

American Cyanamid Co., New York, V. St. A., *Verfahren zum Ausbringen von Melamin* aus der Vorr., in der es hergestellt wurde. Man breitet das geschmolzene Melamin (I) in ca. 3 mm dicker Schicht in einem geschlossenen Raum auf einer gekühlten Fläche aus, um es zum Erstarren zu bringen. Dann leitet man zwecks Abhebung des erstarrten I unter Druck gasförmiges NH_3 ein. — 2 Abbildungen. (**Schwz. P. 280 475** vom 6/9. 1948, ausg. 1/5. 1952. A. Prior. 6/9. 1947.) NEBELSIEK. H 3313

British Oxygen Co. Ltd., London, England, *Reinigung von Melamin* (I). Man versetzt rohes I, das alkalilösl. u. wasserunlösl. Verunreinigungen enthält, mit gesätt. wss. I-Lsg., erhitzt auf 95—100°, entfärbt, filtriert, versetzt mit NaOH bis zum p_H 11,5 bis 12, kühlt auf n. Temp., filtriert abgeschiedenes I ab u. wäscht mit W. nach. (**Schwz. P. 282 730** vom 9/11. 1949, ausg. 16/8. 1952. E. Prior. 10/11. 1948.) LANGER. H 3313

American Cyanamid Co., New York, N. Y., V. St. A., *Melaminderivate.* Durch Rk. von Melamin mit Anilin (I) im Autoklaven (350°) erhält man nebeneinander *N-Monophenyl-, N.N'-Diphenyl-* u. *N.N'.N''-Triphenylmelamin,* wobei die Ausbeuten von der angewandten Menge I abhängen. Mit Butylamin erhält man analog: *N-Monobutyl-, N.N'-Dibutyl-* u. *N.N'.N''-Tributylmelamin.* (**Schwz. P. 283 752** vom 30/4. 1948, ausg. 16/10. 1952. A. Prior. 1/5. 1947.) BRÖSAMLE. H 3313

Deutsche Gold- und Silberscheideanstalt vormals Roessler (Erfinder: **Hans Huemer**), Frankfurt/M., *Cyanursäureester* erhält man durch Rk. von Cyanurhalogenid mit einem Alkohol in Ggw. von inerten Verdünnungsmitteln, die für Halogenwasserstoff (I) geringes Lösungsvermögen besitzen, wobei der I mittels inerten Gases schnell entfernt wird. Z. B. wird aus Cyanurchlorid u. Butanol in Toluol mit Durchleiten von N_2 *Monobutoxydichlortriazin,* $Kp._{13}$ 146°, oder mit entsprechenden Reagenzmengen der Triester *Tributylcyanurat,* $Kp._{11}$ 209°, erhalten. Veresterung mit verschied. **Alkoholen in verschied.** Stufen ist vorgesehen. (**D. B. P. 854 801** Kl. 12p vom 19/11. 1944, ausg. 6/11. 1952.) SCHINDLER. H 3313

Deutsche Gold- und Silberscheideanstalt vormals Roessler, Frankfurt/M. (Erfinder: **Hans Huemer**, Konstanz/Bad.), *Herstellung von Cyanurhalogenid* aus Halogencyan in der Gasphase, wobei die Polymerisation in Ggw. von aktivierter Kohle als Katalysator vorgenommen wird. (**D. B. P. 833 490** Kl. 12k vom 13/12. 1949, ausg. 10/3. 1952.) NEBELSIEK. H 3313

Deutsche Gold- und Silberscheideanstalt vormals Roessler (Erfinder: **Hans Huemer**, Frankfurt/M., und **Hermann Schulz**, Konstanz), *Herstellung von Cyanurchlorid,* dad. gek., daß Cl_2 mit wss., 2—3%ig. HCN-Lsg. zur Rk. gebracht u. das mit W. gewaschene u. mit nichtalkal. Trocknungsmitteln getrocknete Reaktionsprod. bei über 200° über Aktivkohle geleitet wird. Die Aktivkohle soll nicht $>$ 0,5 W. enthalten u. bei 700—1000°, z. B. als elektr. Widerstandsmaterial, getrocknet werden. Das Verf. kann kontinuierlich durchgeführt werden; die App. sind bes. aus Cr-Ni-Stahl. (**D.B.P.842067** Kl. 12p vom 25/6. 1950, ausg. 15/9. 1952.) SCHINDLER. H 3313

Deutsche Gold- und Silberscheideanstalt vormals Roessler, Frankfurt/M., *Trennung von Cyanurchlorid und sublimierbaren Eisenverbindungen.* Die Dämpfe, die Cyanurchlorid u. Fe-Verbb. (I) enthalten, werden über poröse Kohle, bes. Aktivkohle, geleitet, wobei die I adsorbiert werden. (**Schwz. P. 283 053** vom 16/3. 1950, ausg. 1/9. 1952. D. Prior. 19/3. 1949.) NEBELSIEK. H 3313

X. Färberei. Organische Farbstoffe.

E. Brunnschweiler, *Farbmessung in der Textilindustrie.* Es wird der Wert objektiver Farbmessung betont, der Begriff Farbe erläutert, ferner werden physiol., psycholog. u. physikal. Grundlagen besprochen. (SVF Fachorgan Textilveredlung **8.** 239—45. Juni 1953. Schlieren, Färberei Schlieren Akt.-Ges.) DOSSMANN. 7000

J. B. Dickey, E. B. Towne, M. S. Bloom, G. J. Taylor, H. M. Hill, R. A. Corbitt, M. A. McCall, W. H. Moore und **D. G. Hedberg**, *Einfluß von Fluorsubstitution auf Farbe und Echtheit von Monoazofarbstoffen.* Viele fluorhaltige Azofarbstoffe haben eine größere Lichtechtheit als die nichtfluorierten Verbb.; jedoch läßt sich diese Feststellung nicht verallgemeinern. Eine Verbesserung der Lichtechtheit erzielt man nur bei geeigneter Wahl von Diazonium- u. Kupplungskomponente. Dagegen zeigen die fluorhaltigen Azofarbstoffe stets eine ausgezeichnete Gasechtheit. — Die Farbe wird durch Fluorsubstitution in der N-Alkylgruppe der Kupplungskomponente stärker beeinflußt als durch eine in der Diazoniumkomponente. N-Fluoralkylgruppen in der Kupplungskomponente bewirken eine Verschiebung der Farbe von Violett nach Gelb in der Reihenfolge $CH_3CF_2CH_2CH_2CH_2$-, CH_2FCH_2-, $CH_3CF_2CH_2CH_2$-, $CHF_2CH_2CH_2$-, $CF_3CH_2 \cdot CH_2$-, $CH_3CF_2CH_2$-, CHF_2CH_2-, CF_3CH_2-, $CF_3CF_2CF_2CH_2$-. Der Grad der Farbverschiebung hängt also von der Anzahl u. von der Stellung der F-Atome ab. Wenn mindestens 2 F-Atome an dem zweiten oder dritten C-Atom nach dem N-Atom stehen, resultieren Farbstoffe mit erhöhter Lichtechtheit u. hervorragender Gasechtheit. Der Einfl. von F in der Diazoniumkomponente ist bei weitem nicht so ausgeprägt wie in der Kupplungskomponente. Eine 2-Trifluormethyl- oder 2-Fluorgruppe in einem 4-Nitrodiazoniumkörper bewirkt eine geringe Farbverschiebung nach Blau u. eine Verbesserung der Lichtechtheit. Wenn die Diazoniumkomponente gleichzeitig eine 6-Nitrogruppe enthält, sind die Farbstoffe noch blauer, haben aber nur geringe Lichtechtheit. Gute orangefarbene bis rote, gas- u. lichtechte Celluloseacetatfarbstoffe erhält man durch Kupplung der 2-Methylsulfonyl-4-nitro-, 2-Trifluormethyl-4-nitro-, 2-Chlor- u. 2-Brom-4-nitro-6-trifluormethylbenzoldiazoniumsalze mit Kupplern, die eine CF_3CH_2-, CHF_2CH_2-, $CH_3 \cdot CF_2CH_2$- oder $CF_3CH_2CH_2$-Gruppe enthalten. Die Effekte der Fluoralkylgruppen u. der fluorierten Diazoniumverbb. auf Farbe u. Lichtechtheit sind tabellar. wiedergegeben u. die Absorptionskurven der dargestellten Farbstoffe abgebildet. — Die Darst. der fluorierten Anilinkuppler erfolgte durch Rk. von Anilin oder substituierten Anilinen mit einem Fluoralkylbromid oder -chlorid zu einem N-[Fluoralkyl]-anilin u. dessen Umsetzung mit Äthylenoxyd, Propylenoxyd, 3-Brompropanol-(1) oder 1-Chlorpropandiol-(2.3) zu dem entsprechenden N-[Fluoralkyl]-N-[oxyalkyl]-anilin. — Verschied. fluorierte Diazoniumverbb. der allg. Formel (2) Y—(4)NO_2—(6)$CF_3 \cdot C_6H_2 \cdot N_2X$ mit Y = H, Cl, Br, NO_2 oder CF_3 wurden auf folgenden Wegen gewonnen. Die Verbb. mit Y = H oder NO_2 wurden durch Mono- u. Dinitrierung von 2-[Trifluormethyl]-chlorbenzol u. Aminierung der Prodd., die Verbb. mit Y = Cl oder Br durch Halogenierung von 4-Nitro-2-[trifluormethyl]-anilin (I) erhalten. Die Verb. mit Y = CF_3 entstand durch Fluorierung von 4-Nitro-2.6-bis-[trichlormethyl]-1-chlorbenzol u. Aminierung, u. *4-Nitro-2-fluoranilin* durch Nitrierung von 1.2-Difluorbenzol u. Aminierung des entstandenen Nitrodifluorbenzols.

Versuche: *N-[2.2-Difluoräthyl]-anilin*, Kp.$_{19}$ 104—106°; durch 15 std. Erhitzen von 73 g Difluoräthylbromid, 47 g Anilin, 42 g $NaHCO_3$ u. 1 g NaJ im Schüttelautoklaven auf 150°, Lösen des Prod. in Toluol, Waschen mit W., Abdampfen des Lösungsm. u. Rektifizierung; 74% (Ausbeute). — *N-[2.2-Difluoräthyl]-N-[2-oxyäthyl]-anilin* (**II**), Kp.$_3$ 123—125°; durch 15 std. Erhitzen von 15,7 g der vorst. Verb. mit 5,2 g Äthylenoxyd in 15 cm³ A. im Schüttelautoklaven auf 200°; 75%. — *4-Nitro-2-[trifluormethyl]-anilin*, F. 90—92°; durch 12 std. Erhitzen einer Suspension von 100 g 4-Nitro-2-[trifluormethyl]-1-chlorbenzol in 300 cm³ konz. NH_4OH im Schüttelautoklaven auf 170°; 86%. — *2-Fluor-4-nitroanilin*, F. 135—136° (50%ig. A.); analog aus 144 g 4-Nitro-1.2-difluorbenzol in 630 cm³ 28%ig. NH_4OH in 6 Std. bei 150—160°; 96%. — *2.4-Dinitro-6-[trifluormethyl]-anilin*, F. 114—115°; durch 2½ std. Einleiten von NH_3 in eine Lsg. von 210 g 2.4-Dinitro-6-[trifluormethyl]-1-chlorbenzol in 1500 cm³ mit NH_3 gesätt. A. bei 25—30°; 97%. — *4-Nitro-2.6-bis-[trifluormethyl]-anilin*, F. 147—149° (A.); durch Sättigen einer Lsg. von 30 g 4-Nitro-2.6-bis-[trifluormethyl]-1-chlorbenzol in 300 cm³ A. mit 33 g NH_3 u. 7 std. Erwärmen im Schüttelautoklaven auf 105°; 75%. — *2-Chlor-4-nitro-6-[trifluormethyl]-anilin*, F. 115—116°; durch Chlorierung von 10,3 g I in 50 cm³ Essigsäure u. einer Spur J_2 von Zimmertemp. bis 40°; 50%. — *2-Brom-4-nitro-6-[trifluormethyl]-anilin*, F. 140—142°; durch Zutropfen einer Lsg. von 16,8 g Br_2 in 100 cm³ Essigsäure zu einer Lsg. von 20,6 g I in 100 cm³ Essigsäure bei 40° u. 4 std. Erwärmen des Reaktionsgemisches auf dem Dampfbad; 91,3%. — *2-Methylsulfonyl-4-nitro-1-chlorbenzol*, F. 171—173°; durch Red. von 2-Chlor-5-nitrobenzolsulfochlorid mit Na-Sulfit in alkal. Medium u. Behandlung des Na-Sulfinats mit Na-Chloracetat in wss. Lsg. u. Ggw. von einer Spur KJ; 80%. — *2-Methylsulfonyl-4-nitroanilin* (**III**), F. 204—205°; durch 12 std. Behandlung der vorst. Verb. mit überschüssigem 28%ig. NH_4OH im Schüttelautoklaven bei 170—180°. — *Diazotierungsbeispiel*: In 92 g 96%ig. H_2SO_4 wurden 7,6 g trockenes $NaNO_2$ bei unterhalb 70° eingerührt, die Lsg. auf 15° abgekühlt, 100 g Essigsäure zugetropft, 21,6 g feingepulvertes **III** u. schließlich noch 100 g Essigsäure bei 15—20° zugegeben. Die kalte Lsg. wurde auf 500 g Eis gegossen, filtriert u. zur Zers. des überschüssigen Nitrits mit 1 g Harnstoff oder Sulfaminsäure behandelt. — *Kupplungsbeispiel*: Zu einer auf 5° abgekühlten Lsg. von 10 g H_2SO_4 in 20 cm³ W. wurden 20,1 g **II** u., nach vollständiger Auflsg., 400 g Eiswasser zugegeben. In diese Lsg. wurde die vorst. Diazoniumlsg. eingerührt, nach 15 Min. 100 g Na_2CO_3 zugegeben, nach 1 Std. der Farbstoff abfiltriert, mit W. salzfrei gewaschen u. an der Luft getrocknet; F. 125—130°; 95%. (Ind. Engng. Chem. **45**. 1730—34. Aug. 1953. Kingsport, Tenn., Tennessee Eastman Co., Res. Labors.) FORCHE. 7002

W. Happe, *Über Chemie und Einsatz nichtionogener Textilhilfsmittel.* Zusammenfassende Beschreibung an Hand des Schrifttums (18 Literaturnachweise). In diesem Zusammenhang werden die Polyglykoläther, ihre Herst. u. Chemie sowie ihre Verwendung als Textilveredlungsmittel behandelt. An Mikroaufnahmen wird der Waschvorgang mit Polyglykoläthern gezeigt. Genau beschrieben wird die Anwendung bei der Woll- u. Baumwollfärbung sowie das Abziehen von Küpenfärbungen. Weiter äußert sich Vf. über den Einsatz der Polyglykoläther bei der Färbung mit Naphthol AS Kombinationen sowie die Verwendung dieser Prodd. beim Färben von Acetatreyon. (Reyon, Zellwolle andere Chemiefasern **31.** 422—26. 428—31. Aug. 1953.) P. Eckert. 7006

—, *Neue Farbstoffe, Musterkarten und Textilhilfsmittel.* Prodd. der Ciba Akt.-Ges., Basel: *Pyrogenbraun 5 RF* gibt auf Baumwolle u. Reyon reine u. lichtechte u. in der Knitterappretur beständige Brauntöne. (Zirkular Nr. 691.) — *Pyrogenbrillantgrün 2 B* färben ein brillantes Grün von sehr guter Lichtechtheit u. Beständigkeit in der Knitterappretur (Zirkular Nr. 690.) — *Cibantinorange 8 R* gibt auf Baumwolle, Zellwolle u. Reyon rotstichige Orangenuancen von guter Lichtechtheit u. guten Allgemeinechtheiten. (Zirkular Nr. 100.) — Prodd. der Durand & Huguenin Akt.-Ges., Basel: Weiße u. Buntätzen mit indigosolgefärbten Fonds. (Musterkarte D/66.) — **Farbwerke Bayer,** Leverkusen: Nach dem Acramin-F-Verf. lassen sich nunmehr auch Acraminreserven bei Anilinschwarz u. bei Variaminblau durchführen (Le 259.) — *Levapon ML* ist ein Vorreinigungs- u. Färbereihilfsmittel. — *Livapon OL konz.* besitzt hohes Reinigungsvermögen, eine gute Härtebeständigkeit sowie gutes Emulgier- u. Dispergiervermögen. — *Benzoviscoseorange RR* besitzt sehr gutes Egalisier- u. Ausgleichvermögen. In seinen Echtheitseigg. entspricht der Farbstoff den üblichen Anforderungen. — *Diamantschwarz PLC* ist eine neue Chromschwarzmarke. Der Farbstoff besitzt hervorragende Löslichkeit u. günstiges Verh. beim Verspinnen. Licht- u. Pottingechtheit sind sehr gut. —*Indanthrenorange GG Suprafix Teig* zeichnet sich durch bes. drucktechn. Eigg. sowie vorzügliche Lichtechtheit aus. Sehr gut sind ferner Wasch-, Bügel- u. Chlorechtheit. — *Indanthrenbrillantblau 4 G Teig* für Druck. Der Farbstoff kann auf Grund seiner hervorragenden Lichtechtheit ohne Begrenzung der Farbtiefe für den Druck von Vorhang- u. Dekorationsstoffen verwendet werden. — Prodd. der Compagnie Française des Matières Colorantes, — Francolor, Paris: *Acetochinonrot 2 BS,* Dispersionsfarbstoff für das Bedrucken u. Färben von Acetatfasern. Der Farbstoff besitzt sehr gutes Durchfärbe- u. Egalisiervermögen. Er läßt sich weiß ätzen u. eignet sich in Verbindung mit seinen guten Naßechtheiten für den Ätzdruck. (Zirkular Nr. 63.) — *Säuremarinelichtblau BR* ist ein stark sauer ziehender Egalisierfarbstoff zum Färben von Wolle u. Naturseide in sehr lichtechten marineblauen Nuancen. (SVF Fachorgan Textilveredlung **8.** 20—22. Jan. 1953.) P. Eckert. 7018

B. Steverlynck, *Verfahren zum Färben von Textilien in überhitzter Flotte.* Inhaltlich ident. mit der C. **1953.** 5259 referierten Arbeit. (SVF Fachorgan Textilveredlung **8.** 139 bis 146. April 1953.) P. Eckert. 7020

Fr. Fuchs, *Egalisierungsprobleme in der Kleiderfärberei.* Besprochen werden die Ursachen, die zu ungleichmäßigen Anfärbungen bei getragenen Kleidungsstücken führen. Prakt. Hinweise zu deren Behebung werden gegeben. (SVF Fachorgan Textilveredlung **8.** 149—51. April 1953.) P. Eckert. 7020

H. Egli, *Mikrodisperse Küpenfarbstoffe.* Geschildert werden die Vorteile bei der Verwendung feinstdisperser Küpenfarbstoffe, bes. beim Kontinueverfahren. Angeführt werden die von den verschied. Ländern auf den Markt gebrachten feinstdispersen Küpenfarbstoffe, deren Größenordnung zwischen $^1/_2$ u. 6 μ liegt. Abschließend wird auf Farbstoffe der Ciba hingewiesen, deren Teilchengröße sich zwischen $^1/_2$ u. 1 μ bewegt. Die sich hieraus ergebenden Vorteile werden besprochen. (SVF Fachorgan Textilveredlung **8.** 146—48. April 1953.) P. Eckert. 7020

—, *Das Färben von Fibrolan.* Zum Echtfärben von Fibrolan in loser Form oder als Kammzug sind nach den Angaben des Vf. die schwach sauren, die Nachchromierungs- u. die Chromkomplexfarbstoffe einschließlich der Irgalane u. Cibalane geeignet. Beim Färben selbst ist darauf zu achten, daß eine Temp. von 80—85° nicht überschritten u. ein p_H-Wert von ca. 4 eingehalten wird, was durch einen Zusatz von Essigsäure u. Na-Acetat erreicht werden kann. Man geht mit der rohen u. trockenen Ware bei ca. 50° ein, läßt 15 Min. laufen u. erwärmt dann langsam auf 80—85°. Bei dieser Temp. wird dann noch 30—60 Min. lang gefärbt. Nach dem Spülen in kaltem W. wird bei Tempp. zwischen 60 u. 70° getrocknet. (Textile J. Australia **28.** 82. 20/3. 1953.) H. G. Fröhlich. 7020

D. Sserebrjakow und **W. Beresina,** *Färben von Polyamidfasern.* Zum Färben von *Capron-, Perlon-* u. *Nylonfasern* kann man dieselben Farbstoffe wie für Wolle u. auch

Cellit-, Celliton- u. *Cellitosol*-Farbstoffe anwenden. Die Färbefestigkeit der einzelnen Farbstoffe wird beschrieben. Das Färben beeinflußt die Festigkeit prakt. nicht. Der Glanz geht allerdings zurück. Man kann die genannten Fasern zusammen mit Wolle färben, u. zwar mit direkten oder sauren Farbstoffen oder deren Gemischen. (Текстильная Промышленность [Textil-Ind.] **10.** Nr. 6. 31—32. Juni 1950.) Ecke. 7020

Carl Blau, *Die Terylenefaser in der Textilfärberei.* Allg. u. prakt. Hinweise über das Färben der Terylenefaser. Bes. besprochen wird die Vorbehandlung der Fasern vor allem der Quellprozeß. Behandelt wird ferner das Färben von Terylene mit Acetatreyon-(Dispersions)-Farbstoffen, das Färben von Mischungen aus Terylene u. Acetatreyon sowie aus Terylene u. Viscosereyon. (Reyon, Zellwolle andere Chemiefasern **31.** 335—38. Juni 1953.) P. Eckert. 7020

Gerhard Dierkes, *Modifizierte Verfahren zur Erzeugung unlöslicher Azofarbstoffe auf der Faser.* Zusammenfassender Überblick. Besprochen wird das Färben mit Rapidechtfarbstoffen (Naphtolchemie Offenbach), Cibagenen (Ciba), Momentogenen (Sandoz), Tinogenen (Geigy) u. Naphtoldirektfarbstoffen (Kuhlmann), ferner mit Rapidogenen (Bayer), Naphthazogenen (St. Denis) u. Rapidazolen (Naphtolchemie Offenbach). Das Grundlegende dieser Farbstofftypen wird angegeben. Genauer eingegangen wird auf die von der Firma Leitsch & Co., Ltd. hergestellten Solnaphtole (Solunaphtols) (Färbevorschriften). Weiter angeführt werden die Ofnacet-Farbstoffe (Naphtolchemie Offenbach) gleichfalls unter Angabe der Färbevorschriften. Abschließend behandelt dann Vf. die Neocotone (Ciba), die Neogenole (Sandoz) u. die Tinogenale (Geigy). Entsprechende Strukturformel werden angeführt. (Reyon, Zellwolle andere Chemiefasern **31.** 365—69. Juli 1953.) P. Eckert. 7020

N. P. Kanjajew und **A. A. Sprysskow,** *Bestimmung von Kupfer im Pigment Monastrahlblau.* Die Einwaage (ca. 1 g) des Kupferphthalocyanins, *Monastrahlblau* (I) wird im Porzellantiegel mit HNO_3 (**II**; 1,465) versetzt u. schwach erwärmt. Die an der Wand aufsteigenden Zersetzungsprodd. werden mit **II** (1,5) abgespült. Nach vorsichtigem Verdampfen von **II** u. des größeren Teils von Phtalsäureanhydrid wird im Tiegelofen auf Rotglut erhitzt u. nach dem Erkalten das CuO gewogen. Zur Reinigung des techn. **I** werden 175 g in 1 Liter 98%ig. H_2SO_4 (**III**) gelöst, bei 80—85° mit so viel W. versetzt, daß **III** 78%ig. wird. Am nächsten Tag wird der Nd. filtriert, mit kalter 78%ig. **III** gewaschen, durch Kochen mit W. zers. u. filtriert. (Журнал Прикладной Химии [J. angew. Chem.] **25.** 1220—21. Nov. 1952. Iwanowo, Chem.-Technol. Inst., Labor. für organ. Chemie.) Lebtag. 7086

American Cyanamid Co., New York, N. Y., übert. von: **Roy Herman Kienle, Chester Albert Amick** und **Alfred Louis Peiker,** Bound Brook, N. J., V. St. A., *Küpenfarbstoffpräparate.* Als *Hilfsmittel* beim *Zeugdruck* werden der Verdickung, den Küpenfarbstoffpulvern oder -pasten oder der Druckpaste Verbb. der Formel R—NH—Ac—NH—R' zugesetzt. Ac bedeutet den Rest einer cycl. oder gesätt. oder ungesätt. Dicarbonsäure mit 2—10 C-Atomen, R u. R' Aminoalkyl- oder Aminoarylgruppen mit 1—8 C-Atomen, z. B. *N.N'-Di-(β-aminoäthyl)-succinamid, -maleinsäurediamid, -adipinsäurediamid, -phthalsäurediamid.* Die Zers. der Druckpasten wird verhindert u. man erhält farbstärkere Drucke. (**A. P. 2 371 104** vom 1/7. 1943, ausg. 6/3. 1945. **Can. P. 476 224** vom 8/5. 1944, ausg. 21/8. 1951. A. Prior. 1/7. 1943.) Hoppe. 7007

American Cyanamid Co., New York, N. Y., übert. von: **Roy Herman Kienle** und **Chester Albert Amick,** Bound Brook, N. J., V. St. A., *Hilfsmittel beim Zeugdruck.* Die Druckpasten enthalten außer einem fein dispergierten Küpenfarbstoff u. der Verdickung ein krist. Alkylcarbamat der Formel $R—O—CO—NH_2$, worin R einen prim. oder sek. Alkylrest mit 4—8 C-Atomen bedeutet. Als Carbamate kommen die Reaktionsprodd. von Harnstoff oder substituierten Harnstoffen mit z. B. n-Butylalkohol, Octylalkohol, Diäthylenglykol in Betracht. Man erhält klare, kräftige u. scharfe Drucke. (**A. P. 2 421 622** vom 1/7. 1943, ausg. 3/7. 1947. **Can. P. 476 223** vom 3/5. 1944, ausg. 21/8. 1951. A. Prior. 1/7. 1943.) Hoppe. 7007

Imperial Chemical Industries Ltd., London, England, *Färben von plastischen Massen,* z. B. aus Celluloseacetat, Casein, Formaldehyd- oder Acrylharzen. Man mischt das Material in heißem Zustand mit einem $ZnCl_2$-Doppelsalz eines Rhodaminfarbstoffes u. einer lackbildenden Base, z. B. $Al(OH)_3$, ZnO oder $ZnCO_3$. Man erhält bes. lichtechte Färbungen. (**E. P. 682 857** vom 24/4. 1951, ausg. 19/11. 1952.) v. Schiller. 7021

British Celanese Ltd., Spondon, England, *Färben von Textilien aus Celluloseacetat* oder anderen Cellulosederivv. mit Küpenfarbstoffen. Man bringt die Leukoverb. des Farbstoffes in einem wss. Medium auf die Faser, das gleichzeitig als Quellungsmittel wirkt u. als solches eine mit W. mischbare organ. Base enthält, z. B. Pyridin. (**E. P. 647 897** vom 28/7. 1947, ausg. 28/12. 1950.) V. SCHILLER. 7021

Lewis Berger & Sons Ltd., London, England, *Herstellung eines Anthrachinonküpenfarbstoffs in Pigmentform.* Man mischt den Farbstoff mit Anilin oder einem Substitutionsprod. in fl. Zustand u. trennt die Mischung in ihre Komponenten, entweder durch Umwandlung des Anilins in ein wasserlösl. Salz u. Auswaschen mit W., durch Wasserdampf dest. oder durch Lösen in einem fl. organ. Lösungsmittel. (**E. P. 643 291** vom 13/1. 1948, ausg. 15/9. 1950. A. Prior. 16/4. 1941.) V. SCHILLER. 7023

Ciba Akt.-Ges., Basel, Schweiz, *Drucken mit substantiven Farbstoffen.* Man verwendet eine Druckpaste, die eine unlösl. Metallkomplexverb. des Farbstoffes u. eine organ. Base der nebenst. Formel, in welcher $R_1 = H$, eine Alkylgruppe mit höchstens 3 C-Atomen oder eine Oxymethylgruppe, $R_2 = H$ oder CH_3. u. n. höchstens 4, bes. 2 bedeutet, z. B. 1.2-Di-(β-oxyäthylamino)-äthan, enthält. (**E. P. 677 388** vom 7/9. 1950, ausg. 13/8. 1952. Schwz. Priorr. 19/9. 1949 u. 20/7. 1950.) V. SCHILLER. 7023

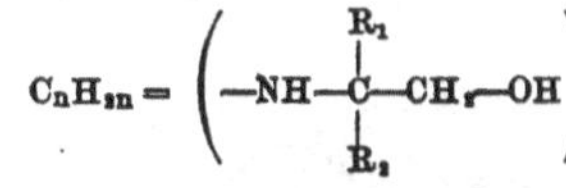

Soc. An. Union Française Commerciale et Industrielle, Marokko, *Haarfärbemittel in Cremeform.* Die Creme setzt sich zusammen aus einem emulgierbaren Glykolstearat oder Glycerinmonostearat, einem Emulgier- oder Netzmittel, wie sulfoniertem Laurylalkohol, Nekal, ferner Cholesterin u. Lecithin in geringen Mengen, Parfüm u. Farbstoff. Letzterer kann aus den Blättern des Walnußbaumes oder des Hennastrauches stammen oder auch ein Teerfarbstoff sein. Das Prod. soll die Haare beständig färben, ohne sie anzugreifen oder die Kopfhaut zu reizen. (**F. P. 1 013 532** vom 19/12. 1949, ausg. 30/7. 1952. Marok. Prior. 3/1. 1949.) HEYNE. 7025

Ciba Akt.-Ges. (Erfinder: **Raymond Gunst**), Basel, Schweiz, *Mono-, Dis- und Polyazofarbstoffe,* die einen oder mehrere Reste der untenst. Formel enthalten, gewinnt man durch Kupplung von Diazoverbb. mit Azokomponenten, in denen ein oder mehrere solche Reste vorhanden sind, wobei die Phenylgruppe in 2-Stellung des Benzothiazolrestes bzw. in 4-Stellung an die NH-Gruppen gebunden ist u. sowohl der Benzolrest des Benzothiazolringes als auch der Phenylgruppe in 2-Stellung zu diesem Ringe weitere Substituenten enthalten können. Die Reaktionsprodd. sind bes. zum Färben von cellulosehaltigen Fasern geeignet u. können auf dem Gewebe nachgekupfert werden. — Beispiel: 18,8 (Teile) 2-Amino-1-oxybenzol-4-sulfonsäureamid werden mit 55 2-[4-(5″-Oxynaphthyl-[2″]-aminophenyl])-6-methylbenzthiazol-x.7″-disulfonsäure gekuppelt. Die Cu-Komplexverb. färbt Baumwolle rotviolett. (**D. B. P. 853 188** Kl. 22a vom 22/8. 1950, ausg. 23/10. 1952. Schwz. Priorr. 25/8. 1949 u. 11/8. 1950.) KALIX. 7053

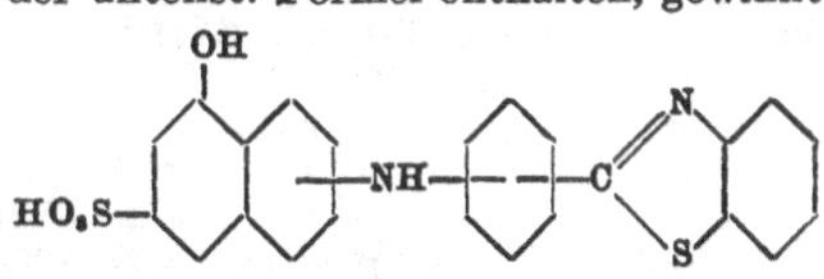

Ciba Akt.-Ges., Basel, Schweiz, *Chromierte Monoazofarbstoffe.* Azofarbstoffe der allg. Formel I werden in ihren Kupplungslsgg. oder daraus isoliert, in schwach mineralsaurer Lsg. bei 110—140° mit Cr-abgebenden Mitteln behandelt, die die O-Alkylgruppe abspalten. Diese soll 1—4 C-Atome enthalten u. bes. eine OCH_3-Gruppe sein. Dunkle, alkalilösl. Farbstoffe, die Wolle aus schwefelsaurem Bade rein blau färben, wobei diese Färbungen im Tages- u. Kunstlicht prakt. einander gleichen. (**Schwz. P. 282 734** vom 1/12. 1949, ausg. 1/9. 1952.) KALIX. 7053

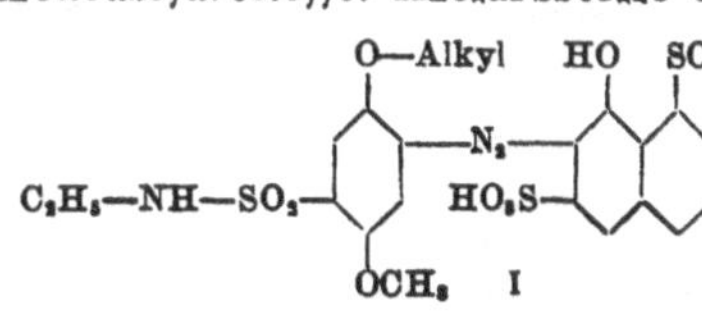

I

Ciba Akt.-Ges., Basel, übert. von: **Fritz Straub**, Kaiseraugst, **Jakob Brassel** und **Peter Fieth**, Basel, Schweiz, *Disazofarbstoffe.* Tetrazotiertes 3.3′-Dioxy-4.4′-diaminodiphenyl wird mit 2 Mol einer in 6-Stellung kuppelnden 2- oder 3-Amino-5-oxynapththalin-7-sulfonsäure in Erdalkalihydroxydlsg. gekuppelt u. das Prod. vor oder nach der Ausfärbung in Cu-, Cr-, Fe-, Mn-, Ni- oder Co-Komplexverbb. übergeführt. Diese färben pflanzliche oder Kunstfasern in rein blauen, licht- u. waschechten Tönen. (**A. P. 2 567 828** vom 29/12. 1947, ausg. 11/9. 1951.) KALIX. 7055

Cassella Farbwerke Mainkur (Erfinder: **Richard Fleischhauer**), Frankfurt/M., *Reinigung von wasserlöslichen Farbstoffen,* wie *Dis-* oder *Polyazofarbstoffen,* zweckmäßig im Anschluß an die Farbstoffherst. vor der üblichen Abscheidung des Farbstoffs aus seiner Lsg., indem man diese mit Celluloseäthern oder Benzylcellulose, sowie gegebenenfalls mit adsorbierenden Mitteln, wie akt. Kohle, u. indifferenten Verdünnungsmitteln u. Trägerstoffen, wie Kieselgur oder Sand, behandelt, zweckmäßig durch Filtrieren durch mehrere Filterschichten, deren letzte möglichst frisch (Gegenstromprinzip) eingesetzt sein soll. (**D. B. P. 863 969** Kl. 22a vom 10/3. 1951, ausg. 22/1. 1953.) GRÄGER. 7055

General Aniline & Film Corp., New York, N. Y., übert. von: **Samuel D. Glickman**, Easton, Pa., V. St. A., *Triphenylmethanfarbstoffe* der allg. Zus. I (n = 2—10, Y = H, Methyl, Äthyl, Propyl, Halogen, Alkoxy, NO_2, NH_2, Alkylamino, Bis-(2-oxäthyl)-amino, Carbalkoxy, SO_3H, COOH, A = Anion einer starken Säure als innere Bindung zu Y, wenn Y SO_3H oder COOH bedeutet) erhält man durch mehrstd. Kondensation eines aromat Aldehyds mit einem N.N-disubstituierten Anilin, das eine oder zwei ω-Oxypolyoxaalkylgruppen enthält, in Ggw. von HCl oder Schwefelsäure bei ca. 100°, u. Oxydation in üblicher Weise mit PbO_2 oder MnO_2 bei 0—10°. Die Farbstoffe sind sehr leicht lösl. in W. u. alkoh. Lösungsmitteln. Befindet sich Y in m- oder p-Stellung, so sind die Farbstoffe zur Herst. photograph. Filterschichten geeignet. Ferner können sie zur Herst. von Druckfarben u. -pasten, zum Färben von plast. Massen u. Lacken sowie als Indikatoren verwendet werden — Farbstoffe können erhalten werden aus: Benzaldehyd (II) u. 8.8′-Phenylimino-bis-3.6-dioxaoctanol (**III**), viscose grüne M. der Zus. **IV** p-Nitrobenzaldehyd u. **III**, klebrige grüne M.; Anisaldehyd u. **III**, klebrige grüne M.; p-Diäthylaminobenzaldehyd u. **III**, viscoses violettes Öl; **II** u. 17.17′-Phenylimino-bis-3.6.9.12.15-pentaoxa-1-heptadecanol, viscoses grünes Öl; p-Chlorbenzaldehyd u. **III**, viscose grüne Flüssigkeit. (**A. P. 2 598 660** vom 16/12. 1948, ausg. 3/6. 1952.) ROICK. 7057

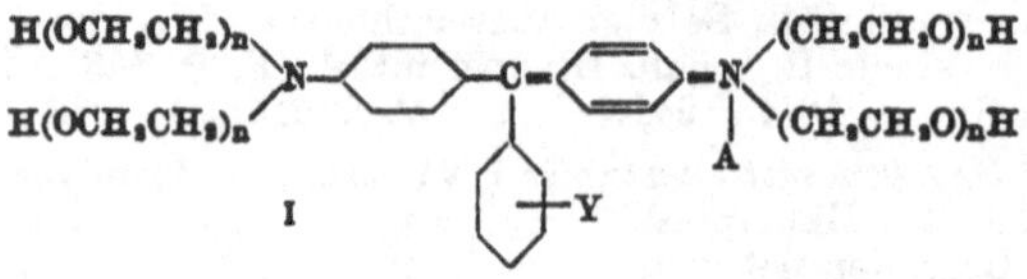

I

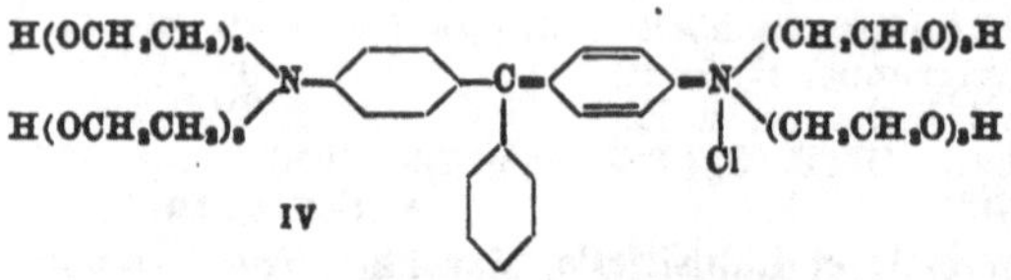

IV

Cassella Farbwerke Mainkur (Erfinder: **Max Schubert**), Frankfurt/M., *Gelbe substantive Farbstoffe*, die Baumwolle (**A**) lebhaft lichtecht färben, erhält man in der Weise, daß man die durch Einw. von Oxydationsmitteln, bes. Chlorlauge, auf Verbb. der allg. Formel I, worin ein x eine Sulfogruppe, die übrigen x H oder Halogen, Alkoxy, Alkyl oder beliebige andere einwertige Gruppen bedeuten können, erhältlichen Farbstoffgemische einer selektiven Nachbehandlung mit Säuren von ausgesprochenem Lösevermögen, bes. mit H_2SO_4, unterwirft. — 100 (Teile) des nach D. R. P. 65402 durch Oxydation von Dehydrothiotoluidinsulfonsäure erhältlichen Farbstoffgemisches verrührt man mehrere Std. bei n. Temp. mit ca. 800 70%ig. H_2SO_4, saugt ab, wäscht mit 200 70%ig. H_2SO_4, trägt das Sauggut in W. ein, macht mit NaOH alkal., saugt ab, wäscht mit Salzwasser u. trocknet. Der Farbstoff färbt **A** klarer, lebhafter u. lichtechter gelb als der Ausgangsfarbstoff. In ähnlicher Weise kann man mit dem durch Oxydation von 2-(p-Aminophenyl)-4-methyl- u. chlorbenzthiazolsulfonsäure **erhaltenen Farbstoff** verfahren, färbt ebenfalls lebhaft gelb. An Stelle von H_2SO_4 kann auf ein Gemisch von Di- u. Trichloressigsäure oder Phosphorsäure verwendet werden. Durch Verwendung einer bestimmten Säuremenge u. Säurekonz. kann man das Ausgangsfarbstoffgemisch, das aus einem Azofarbstoff, Azinfarbstoff u. Zersetzungsprod. besteht, entweder nur von dem Zersetzungsprod. befreien oder auch daraus den *Azinfarbstoff* teilweise oder ganz entfernen. — Beispiele. (**D. B. P. 862 933** Kl. 22e vom 3/10. 1944, ausg. 15/1. 1953.) ROICK. 7063

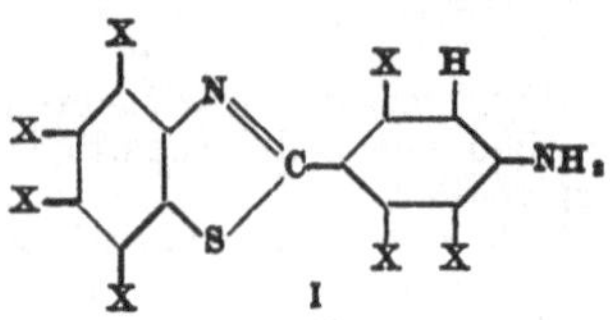

I

XIa. Farben. Anstriche. Lacke. Naturharze.

Victor A. Babits, *Eine graphische Methode zur Synthese und Auflösung von hellen Mischfarben.* Angabe einer Meth., um eine Mischfarbe aus zwei oder beliebig mehr Komponenten im Farbdiagramm auf graph. Wege zu bestimmen. Durch Umkehrung der Meth. kann auch eine Mischfarbe in drei Komponenten zerlegt u. deren Helligkeiten ermittelt werden. (Optik **7**. 172—80. Sept. 1950. New York, N. Y., Reusselaer Polytechn. Inst. Troy, Dep. of El. Engng.) RUDOLPH. 7090

L. L. Carrick, J. T. Banchero und **A. J. Permoda**, *Die Einwirkung von Gamma-, Röntgen- und ultravioletten Strahlen auf die Spannungsbeanspruchungs-Eigenschaften von Soja-Alkyd-Filmen.* Die Alterung von Soja-Alkyd-Deckfilmen in einem Verwitterungsmesser beeinflußt die Beziehungen zwischen Spannung u. Beanspruchung dieser Filme, die mit zunehmender Verwitterung eine progressiv zunehmende Knickbeanspruchung u. eine progressiv abnehmende Dehnung u. Zähigkeit zeigen. Das gilt für Verss. mit beschleunigter Verwitterung; bei längerer Versuchsdauer wird sich die Knickspannung einem Höchstwert nähern u. dann bei weiterer Verwitterung abnehmen. Die Bruchdehnung von Deckfilmen strebt ebenfalls einem Höchstwert zu, um dann bei beschleunigter Verwitterung abzunehmen. Bei der n. Alterung von Soja-Alkyd-Filmen zeigt jedes Soja-Alkyd-Pigment-Syst. seine eigene spezif. Alterung unter entsprechender Einw. auf das Verhältnis zwischen Spannung u. Beanspruchung. Einige der Deckfilme zeigen während einer 6 Monate dauernden Alterung gleichbleibende oder zunehmende Zähigkeit. Gamma- u. Röntgenstrahlen haben keinen nennenswerten Einfl. auf das Verhältnis zwischen Spannung u. Beanspruchung der Filme. Einzelheiten sind aus zahlreichen Diagrammen abzulesen. (Off. Digest Federat. Paint Varnish Product. Clubs **1953.** 105—19. Febr. Ann Arbor, Mich., Univ.) WESLY. 7106

Dean A. Bixler und **Stewart Rowe,** *Ein unhydrolysiertes Sojabohnenprotein in Latexanstrichen.* Vff. untersuchen die Beeinflussung der Eigg. von Latexanstrichen durch verschied. Mengen eines unhydrolysierten Sojabohnenproteins (**I**). Hohe **I**-Konzz. beeinflussen die Streichbarkeit nicht. Die Viscosität, nicht jedoch die Beständigkeit eines bestimmten Anstriches können durch die Reihenfolge u. die Art, in der die Ingredientien gemischt werden, beeinflußt werden. Die Haftfähigkeit der Anstriche u. die Beständigkeit gegen Frost-Tauwetter-Wechsel werden durch I erhöht; innerhalb der Grenzen einer wünschenswerten Viscosität ist jedoch nur eine geringe Erhöhung möglich. (Off Digest Federat. Paint Varnish Product. Clubs **1953.** 92—99. Febr. Ivorydale, Cincinnati, Buckeye Cotton Oil Co.) WESLY. 7106

General Electric Co., New York, N. Y., V. St. A., übert. von: **Robert Stirling Wells,** Rugby, England, *Manganaktivierter Magnesiumarsenat-Luminophor.* Bei der bekannten Herst. dieses Luminophors, wobei ein Gemisch von Mg-, As- u. Mn-Verbb. (Mol-Verhältnisse $MgO : As_2O_5$ von 8 : 1 bis 10 : 1, Mn : MgO von 0,001 : 100 bis 5 : 100, bes. 0,05 : 100 bis 0,6 : 100) in Luft bis zu 100 Std. auf 1150° erhitzt wird, soll statt MgO ein „Magnesiumperoxyd" (ca. 75% MgO + 25% MgO_2) verwendet werden, um die erforderliche Erhitzungszeit wesentlich zu kürzen. — Beispiel: 76 g As_2O_5, gelöst in W., 1,8 cm³ einer wss. 10%ig. Lsg. von $Mn(NO_3)_2 \cdot 6\,H_2O$ u. 144 g „Magnesiumperoxyd" werden angepastet, getrocknet u. 2—4 Std. auf 1150° erhitzt. (**A. P. 2 615 848** vom 16/10. 1951, ausg. 28/10. 1952. E. Prior. 8/11. 1950.) SCHREINER. 7093

Radio Corp. of America, Del., übert. von: **John D. Markoski,** Lancaster, Pa., V. St. A., *Durch Infrarot ausleuchtbare Zinksulfid-Luminophore,* bestehend aus ZnS oder (ZnCd)S mit 0,0018—0,0036 Fe u. aktiviert mit geringen Mengen (z. B. 0,0073%) Cu u. gegebenenfalls Ag. (**A. P. 2 615 849** vom 31/12. 1948, ausg. 28/10. 1952.) SCHREINER. 7093

Radio Corp. of America, Del., übert. von: **Arthur L. J. Smith,** Lancaster, Pa., V. St. A., *Magnesiumsulfidhaltige Zinksulfid- oder Zinkcadmiumsulfid-Luminophore,* bestehend aus einer festen Lsg. von 0,5—30 Mol-% MgS in 99,5—70 Mol-% (ZnCd)S (letzteres selbst bestehend aus 99,5—50 Mol-% ZnS u. 0,5—50 Mol-% CdS), aktiviert mit 0,0002—0,02 Gew.-% Cu, 0,005—0,02 Ag oder Au, 0,001—1,0 Mn oder Pb, 0,001 bis 0,1 Bi, As oder Sb. Es können auch mehrere Aktivatoren gleichzeitig verwendet werden, z. B. Cu + Ag oder Cu + Mn. — Emissionskurven mehrerer derartiger Luminophore. (**A. P. 2 614 082** vom 30/11. 1949, ausg. 14/10. 1952.) SCHREINER. 7093

General Electric Co., New York, N. Y., V. St. A., übert. von: **Alfred H. McKeag,** North Wembley, England, *Manganaktivierter Zinklithiumsilicat-Luminophor* mit einem Mol-Verhältnis von $ZnO : Li_2O$ ca. 2 : 1 u. $SiO_2 : Li_2O$ von 12 : 1 bis 2 : 1, aktiviert mit 2—5 Gew.-% (bezogen auf das Gesamtgewicht) Mn. Bes. soll der Luminophor der Formel $2\,ZnO \cdot 1\,Li_2O \cdot 4\,SiO_2$ (aktiviert mit 2—5 Gew.-% Mn) entsprechen. (**A. P. 2 615 850** vom 28/4. 1951, ausg. 28/10. 1952. E. Prior. 30/5. 1950.) SCHREINER. 7093

General Mills, Inc., übert. von: **Harold Wittcoff** und **John Robert Roach,** Minneapolis, Minn., V. St. A., *Harte hochschmelzende Harzsäureester* von Oleorosin, Sapinsäuren, Pimarsäuren, Abietinsäuren mit polymeren Polyalkoholen erhält man durch Verestern dieser Säuren mit solchen Alkoholen, die durch alkal. Kondensation von Glycerindichlorhydrin mit Polyoxyverbb. von der Art des Pentaerythrits u. Glycerins im Verhältnis von ca. 0,5—2 : 1 Mol, bes. nach A. P. 2 537 726 (C. **1952.** 1252) erhalten werden. — Penterythrit wird mit Glycerindichlorhydrin 4½ Std. auf höchstens 105° in 50%ig. wss. NaOH erhitzt, dann verd. man mit Methanol u. neutralisiert mit HCl. OH-Geh. 29%. Der erhaltene Sirup wird mit Harzsäuren („WW gum rosin") in Ggw. von Zn-Stearat auf 265° 11 Std. erhitzt, wobei sich ein leicht gefärbtes Prod. mit SZ. 20 u. F. 115° bildet. In weiteren Beispielen werden Prodd. mit F. 98° u. 144°

erhalten. Verwendung zur Herst. von *Firnissen* u. *Lacken*. (**A. P. 2 572 086** vom 8/5. 1947, ausg. 23/10. 1951.) KRAUSS. 7097

Chemische Werke Albert (Erfinder: **Felix Schlenker**), Wiesbaden, *Verbesserung von Bindemitteln für Lacke, Anstrichmittel, Kitte, Klebstoffe und plastische Massen auf der Grundlage von Ölen, Naturharzen oder Kunstharzen*. Die Bindemittel werden mit Kunstharzen vermischt, die durch Rk. von Al- oder anderen 3- oder höherwertigen Metall-Alkoholaten, wie Al- oder Ti-Butylat oder -Äthylat, mit bekannten tautomer reagierenden Verbb. erhalten sind, die enol. OH-Gruppen oder Ketolgruppen zu bilden vermögen, wie Acetessig- oder Malonsäureester, vorteilhaft nach Beigabe üblicher Zusatzstoffe zu den Bindemitteln. (**D. B. P. 878 826** Kl. 22h vom 13/1. 1951, ausg. 8/6. 1953.) GRÄGER. 7097

General Electric Co., New York, übert. von: **Murray M. Sprung**, Schenectady, N. Y., V. St. A., *Polymere Chlortrifluoräthylene*, die gegen chem. Einw. u. Wärme beständig sind, werden mittels hochsd. organ. Ester, wie Dibutylphthalat, -sebacat, -adipat, Methyl-, Butylstearat, Tributylcitrat, -tricarballylat, Acetyltributylcitrat, Dihexyl- oder Dioctyltetrachlorphthalat, Triäthylenglykoldi-(2-äthylhexoat) oder/u. β-Naphthylbenzoat, durch Erwärmen in Lsg. gebracht. — Sie finden bei der Herst. von *Überzügen* oder *Imprägnierungen* Verwendung. (**A. P. 2 581 453** vom 25/11. 1949, ausg. 8/1. 1952.) G. KÖNIG. 7107

Pierre-Ernest-Édouard Docquet, Seine-Inférieure, Frankreich, *Steifmachen von Gewebe, Papier, Leder* durch ein- oder beidseitiges *Überziehen* mit einer *Styrolharzlsg.*, z. B. aus 20(Gew.-%) Styrolharz, 4 Plastiziermittel, 30 Füllstoff u. 70 Lösungsm. u. Trocknen. Die zu imprägnierende Folie wird durch das Imprägnierbad geleitet, dann durch ein über dem Bad befindliches Walzenpaar, einen darüber befindlichen Trockenturm mit 60—70° Temp., erneut bei dieser Temp. durch ein Walzenpaar geschickt u. nach Abkühlen aufgewickelt. Verwendung für Knöpfe, Schuhe, Kragen, Manschetten. (**F. P. 1 009 302** vom 3/6. 1948, ausg. 28/5. 1952.) PANKOW. 7107

Reichhold Chemicals, Inc., Detroit (Erfinder: **Philip Stanley Hewett**, Royal Oak). Mich., V. St. A., *Herstellung von Harnstoffharzen*, dad. gek., daß 1(Mol) Harnstoff u. 2—2,5 CH_2O in der Wärme in 2 Stufen so umgesetzt werden, daß in der 1. Stufe bei p_H 6,7—7,3 unter Zusatz von 0,3—1 Gew.-% eines Borax-Borsäure-Gemisches als Puffer, berechnet auf die Menge des wss. CH_2O, gearbeitet wird, während das Reaktionsgemisch in der 2. Stufe mit 1—2,5 Gew.-% HBO_3, berechnet auf das Gesamtgewicht der Ausgangsprodd., behandelt wird. In der 2. Stufe kann ein Polyalkohol, z. B. Glycerin, Diäthylenglykol, Mannit usw., zugefügt werden. Reaktionstemp. ca. 100°. Beispiele. Geeignet bes. für *Grundüberzüge auf Glasfasern oder -geweben*. (**D. B. P. 888 927** Kl. 39c vom 1/10. 1950, ausg. 7/9. 1953. A. Prior. 27/10. 1944.) SCHINDLER. 7107

National Cash Register Co., übert. von: **Ned A. Thacker** und **Doris S. Threlkeld**, Dayton, O., V. St. A., *Lackierverfahren mit Hilfe von Reißlacken*, nämlich Organosolen, die aus feinen Teilchen eines Mischpolymeren von Vinylchlorid u. Vinylacetat u. einem organ. Lösungsm. hergestellt werden, dessen Kp. unterhalb der Vereinigungstemp. der Teilchen liegt, z. B. aus einer Mischung von Xylol u. Diisobutylketon. Nach dem Aufbringen des Lackes wird unter Verwendung von Hitze getrocknet, wobei der entstandene Film Risse bildet, u. dann erst wird die Temp. soweit erhöht, daß die Teilchen sich vereinigen können, u. der Film fest auf der Unterlage haftet. (**A. P. 2 612 456** vom 29/7. 1948, ausg. 30/9. 1952.) LAASS. 7107

Farbwerke Hoechst, vormals Meister Lucius & Brüning, Frankfurt/M. (Erfinder: **Werner Heuer**, Hofheim, und **Hajo Eilers**, Frankfurt/M.), *Polymerisate aus Vinylhalogeniden, Vinylestern und Acrylsäureestern* in emulgierter Form erhält man durch Polymerisation ohne Emulgator in Ggw. von Persäuren oder ihren Verbb., wobei W. u. ein Lösungsm. verwendet wird, das mit W. nicht oder nur wenig mischbar ist, das aber das Monomere u. das Polymerisat löst oder gelatiniert. Bes. geeignet für *Anstrichzwecke*. (**D. B. P. 889 980** Kl. 39c vom 23/4. 1937, ausg. 14/9. 1953.) SCHINDLER. 7107

Emil Hammerschmid, Deutschland, *Chemikalienbeständiger Überzug*. Als Bindemittel werden hauptsächlich teilweise depolymerisierter Naturkautschuk (I) oder synthet. Kautschuk mit einem niedrigen Polymerisationsgrad verwendet. Außerdem erfolgen Zusätze von Kunstharzen, Härtern u. Beschleunigern. Man erhält I durch Erhitzen, gegebenenfalls unter Druck, mit einem Phthalsäureester im Verhältnis 4 : 1. Als anorgan. Bestandteil verwendet man säure- u. alkalibeständige Pigmente, bes. Quarzmehl u. gemahlenen Schwerspat, deren Teilchengröße unter 10 μ liegt. Das Anstrichmittel wird in mehreren Schichten aufgebracht, wobei die Zus. in den einzelnen Schichten verschied. sein kann. Die Schichten werden bei Tempp. über 100° eingebrannt. (**F. P. 1 012 582** vom 7/12. 1949, ausg. 15/7. 1952.) Heyne. 7107

Kennametal, Inc., V. St. A., *Dichten von geformten Gegenständen*; dad. gek., daß man die aus Metallboriden, -nitriden, -carbiden mit oder ohne Zusatz von Bindemitteln bestehenden Gegenstände mit einer dünnen Kautschukhülle umgibt u. in einer mit elektr. Zündvorrichtung u. Kolben versehenen, mit H_2O gefüllten Kammer durch Explosion dichtet. Der vom Kolben auf das H_2O übertragene Höchstdruck wird in $^{25}/_{1000}$—$^{50}/_{1000}$ Sek. erreicht. Als Schießstoff wird z. B. rauchloses Pulver, Schwarzpulver verwandt. — Vorrichtung. (**F. P. 1 017 581** vom 17/3. 1950, ausg. 12/12. 1952.) Oppermann. 7107

Jakob Lanker, Gais, Appenzell, Schweiz, *Herstellen von im Dunkeln leuchtendem Glas*. Eine gereinigte Glasfläche wird mit glasklarem Einbrennlack bespritzt u. bei Tempp. bis 150° getrocknet. Nach dem Abkühlen wird die so vorbehandelte Fläche mit einer aus 1 (Teil) phosphoreszierender Leuchtfarbe u. 2 glasklarem Nitrocelluloselack bestehenden M. bespritzt. (**D. B. P. 872 981** Kl. 32b vom 20/4. 1951, ausg. 9/4. 1953. Schwz. Prior. 29/4. 1950.) Hans Hoffmann. 7107

Léon Mathé, Frankreich, *Glasartiges Anstrichmittel*. Man stellt eine Mischung aus 75(%) Na- u. 25 K-Wasserglas her u. fügt allmählich unter energ. Rühren 10—15 einer Lsg. von Harnstoff-Formaldehydharz hinzu. Als Pigment eignet sich bes. TiO_2, das für Buntanstriche mit alkaliechten Buntpigmenten getönt werden kann. Es ist vorteilhaft, vor u./oder nach dem Anstrich eine Lsg. von 10 (%) Formaldehyd u. 10 Essigsäure in Ä. aufzutragen. Man erzielt glasartig dichte, wasserundurchlässige Anstriche. (**F. P. 1 014 936** vom 22/3. 1950, ausg. 25/8. 1952.) Heyne. 7107

XIb. Plaste (Kunstharze. Plastische Massen).

Gerhard Thilenius, *Spritzgußwerkzeuge für thermoplastische Massen*. Allg. Ausführungen. — 21 Skizzen u. Abbildungen. (Kunststoffe **43**. 285—92. Juli 1953. Weißenburg/Bayern.) Winiker. 7170

Hans Beck, *Spritzguß von Kunststoffen*. Überblick über den heutigen Stand der Spritzgußtechnik — bes. in den USA, über die verwendeten Spritzmaschinen, über Herst. u. Eigg. der Spritzgußmassen u. der erhaltenen Spritzgußteile sowie über deren Färbung. (Mitt. chem. Forsch.-Inst. Ind. Österreichs **5**. 25—30. April 1951. Ludwigshafen/Rh., Kunststoff-Rohstoff-Labor. der BASF.) G. Froelich. 7170

C. P. Vale, *Die Chemie der ungesättigten Polyesterharze*. Überblick über Herst., Eigg., Härtung u. Anwendungen. — 58 Literaturhinweise. (Brit. Plastics **26**. 327—32. Sept. 1953.) Winiker. 7176

J. Schrade, *Kunstharze mit Epichlorhydrin*. An Hand der Literatur (64 Hinweise) gibt Vf. einen Überblick über die Verff. zur Herst. thermoplast. Epoxydharze u. die Möglichkeiten, dieselben in gehärtete unschmelzbare Polyplaste überzuführen, sowie über einige Methoden zur Best. von Äthylenoxydgruppen. (Kunststoffe **43**. 266—70. Juli 1953. Zürich, Micafil Akt.-Ges.) Winiker. 7176

E. S. Narracott, *Das Härten von Epoxydharzen*. (Vortrag.) Nach kurzem Hinweis auf die Anwendungen der Epoxydharze gibt Vf. einen Überblick über die wichtigsten Härtungsverff., z. B. mit Aminen oder Harnstofformaldehyd- u. Phenolformaldehydharzen. (Brit. Plastics **26**. 120—22. April 1953. Shell Petroleum Co. Ltd.) W. Brinkmann. 7176

Walther Ruziczka, *Probleme der Kunststoffanalyse*. Zusammenstellung der gebräuchlichsten Methoden zur qualitativen Best. von Kunstharzen (Acryl-, Styrol-, Phenol-, Harnstoff-, Vinyl-, Celluloseacetatharz, Galalith, Nylon, Chlorkautschuk) u. Füllstoffen. (Mitt. chem. Forsch.-Inst. Ind. Österreichs **5**. 30—32. April 1951.) G. Froelich. 7210

Walter Toeldte, *Gerät zur Prüfung von Harzen beim Erhitzen*. Kurze Beschreibung des Gerätes (Schmelzrohr in einem bes. konstruierten Badgefäß) mit Abbildung. Das Probematerial braucht nicht in Pulverform vorzuliegen; die Fließeigg. können auch quantitativ durch „Betasten" mit einem Glasstab ermittelt werden. (Kunststoffe **43**. 271—72. Juli 1953. Berlin-Dahlem, Materialprüfungsamt.) Winiker. 7210

Soc. An. Manufacture de Caoutchouc Industriel P. Lacollonge, Rhône, Frankreich (Erfinder: **Gabriel-Dominique-Georges Simonin**), *Verschweißen von Folien aus plastischen Massen*, wie Cellulosederivv., Vinylchloridpolymeren oder -mischpolymeren. Das Verschweißen erfolgt bei Boden- oder Möbelbelägen am Ort mittels Hochfrequenz, wobei die obere Elektrode wie üblich ausgebildet ist, die untere durch eine Metallfolie in der plast. M. gebildet wird. (**F. P. 1 009 614** vom 2/2. 1950, ausg. 3/6. 1952.) PANKOW. 7171

American Cyanamid Co., New York, N. Y., übert. von: **Lennert A. Lundberg**, Stamford, Conn., V. St. A., *Verwendung von nichtionisierten oberflächenaktiven Stoffen bei der Herstellung von kugelförmigen Anionenaustauschharzen.* Ein wss.-sirupförmiges, teilweise kondensiertes Harz wird in einem inerten, organ. Nichtlösungsm., das einen Kp. von wenigstens 70° hat u. dessen D. etwa gleich der des Harzes ist, in Ggw. eines nichtionisierten oberflächenakt. Stoffes unter Rühren erhitzt. Hierbei geliert das Harz u. wird unter weiterem Erhitzen getrocknet. — Beispiele: Äthylenoxydadditionsprod. mit Säuren, Aminen in einer Menge von 0,005—3%, bezogen auf Nichtlöser, dient als Dispersionsmittel. Kondensationsprod. von Epichlorhydrin u. einem Polyalkylenpolyamin, oder von Melamin, Guanidin u. Formaldehyd. (**A. P. 2 610 156** vom 17/2. 1949, ausg. 9/9. 1952.) REICHELT. 7171

British Resin Products Ltd., London, England, *Ölige, zu kautschukähnlichen Erzeugnissen härtbare Polymerisate.* Formaldehyd, Furfuraldehyd, Hexamethylentetramin oder deren Gemische werden mit einer Lsg. von Styrol (I) in dem Polymerisat (II) der Fl. aus Cashewnußschalen soweit polymerisiert, daß das erhaltene Öl eine bestimmte Viscosität hat. — 60 (Teile) in Ggw. von HCl erhaltenes **II** werden in 40 **I** gelöst u. mit 5 gepulvertem Paraformaldehyd verrührt, wobei man nach 3 Std. ein Gel erhält. — Nach E. P. 636 710 verwendet man als Ansatz eine Lsg. aus **I** in **II** u. polymerisiert nach Zusatz von trocknenden Ölen, wie Holzöl, Oiticicaöl oder einem aus Bangar-Nuß erhaltenem Öl. (**E. PP. 636 695** vom 1/8. 1947, ausg. 3/5. 1950. A. Prior. 6/2. 1943 u. **636 710** vom 20/2. 1948, ausg. 3/5. 1950. A. Prior. 14/12. 1942.) MÖLLERING. 7171

Deutsche Gold- und Silberscheideanstalt vormals Roessler, Deutschland, *Polymerisationsverfahren für Styrol, Vinylester, Acrylester, Acrylnitril, Butadien, Chlorbutadien* u. andere polymerisierbare Verbb. nach dem Block-, Lösungs-, Emulsions- oder Suspensionsverfahren. Man polymerisiert in Ggw. geringer Mengen von Verbb., die zur Bldg. nichtstabiler Aminoxyde fähig sind (Tributyl–Trihexylamin; vgl. F. P. 883 679; C. **1944**. I. 1244) u. einer Verb. von 4wertigem S, wie SO_2, Sulfoxyde, SO_2-Ester, Sulfinsäuren u. gegebenenfalls unter Zusatz von Peroxyden. Man gibt eine Mischung aus 50 g Polymethacrylatpulver mit 1% Benzoylperoxyd zu einer Mischung von 10 g Methacrylat (I), das 0,2 Trihexylamin enthält, u. 10 g **I**, das 2% SO_2 enthält. Polymerisationsdauer bei Raumtemp. 25 Min., bei 35° 2 Min. (**F. P. 1 007 420** vom 24/12. 1949, ausg. 6/5. 1952. D. Prior. 31/12. 1948.) PANKOW. 7173

E. I. du Pont de Nemours & Co., Wilmington, Del., V. St. A., *Herabsetzung der elektrostatischen Eigenschaften von Filmen, Fäden und Überzügen aus Polyäthylen.* Man imprägniert die Gebilde mit einer 0,25—10%ig. wss. Lsg. eines Alkylarylpolyglykoläthers der Formel $R \cdot O(CH_2 \cdot CH_2 \cdot O)_xH$, worin R ein durch einen mindestens 4 C-Atome enthaltenden Alkyl- oder Cycloalkylrest substituiertes Phenyl bedeutet; die Äther werden durch Rk. von C_2H_4O auf Dibutyl-, Octyl-, p-tert.-Butylphenol, Di-tert.-butyl-p-kresol u. dgl. erhalten. (**E. P. 681 517** vom 17/11. 1950, ausg. 22/10. 1952. A. Prior. 17/11. 1949.) SALZMANN. 7173

Dow Chemical Co., übert. von: **Raymond F. Boyer** und **Louis C. Rubens**, Midland, Mich., V. St. A., *Mischpolymerisat aus einem Diolefin und einem Aconitsäureester.* Beispiel: Eine fl. Mischung von 20 g Butadien, 5 Trimethylester der Aconitsäure u. 0,25 Benzoylperoxyd wird 53 Tage auf ca. 50° erwärmt. Das Prod. läßt sich zu *kautschukartigen* Massen verarbeiten, während es nach Vakuumdest. ein festes, in einem Gemisch von CCl_4 (70) u. Dioxan quellbares Harz liefert, das durch Mineralsäure hydrolysiert werden kann. (**A. P. 2 557 903** vom 3/3. 1947, ausg. 19/6. 1951.) SALZMANN. 7173

Michael Mojzesz Szwarc, Prestwich, England, *Herstellung von Polymerisaten.* Halogenierte p-Xylole, z. B. 2-Fluor- oder 2-Chlor- oder 2.5-Dichlor-p-xylol, werden höchstens 10 Sek. auf 700 —1000° erhitzt, worauf die erhaltenen Dämpfe zu festen Polymerisaten kondensiert werden, die in üblichen Lösungsmitteln nicht lösl. sind u. gute D.K. aufweisen. — Nach E. P. 673 652 werden 6gliedrige heterocycl. Verbb. mit 1 oder 2 N im Ring u. 2 CH_3-Substituenten, wie 2.5-Dimethylpiperazin, 2.5-Lutidin oder 5.8-Dimethylchinolin, der gleichen Rk. unterworfen. (**E. PP. 673 651** vom 7/2. 1949 u. **673 652** vom 10/2. 1949, beide ausg. 11/6. 1952.) MÖLLERING. 7173

United States Rubber Co., New York, N. Y., V. St. A., *Mischpolymerisate.* Ein Diester aus einer Verb. der Formel $XCH{=}CXCH_2OH$ (ein X steht für H, das andere für H, Cl oder Alkyl) u. Citracon- oder Mesaconsäure wird im Gemisch mit einer Verb. der Formel $XCH{=}CXCH_2Z$ (Z = OH oder Cl) polymerisiert. — Tabelle über Polymerisatansätze von verschied. Mengen Diallylcitraconat oder -mesaconat u. (Meth-)

Allylalkohol oder -chlorid. — Die Harze trocknen aus Lsgg. an der Luft zu Lacken, sind in polymerisierbaren Verbb. lösl. u. mit diesen auspolymerisierbar. (**E. P. 675 433** vom 28/6. 1950, ausg. 9/7. 1952. A. Prior. 15/11. 1949.) MÖLLERING. 7173

Wacker-Chemie G. m. b. H., München (Erfinder: **Herbert Reinecke** und **Wolfgang Gruber**, Burghausen/Obb.), *Herstellung von besonders für Pasten geeignetem Polyvinylchlorid* durch Polymerisation von Vinylchlorid (I) nach dem Suspensionsverf. in Ggw. von wasserlösl. Katalysatoren u. Dispergiermitteln, dad. gek., daß als Dispergiermittel Polyvinylacetat in sehr geringer Menge, bes. 0,05—0,5%, berechnet auf I, verwendet wird. (**D. B. P. 889 835** Kl. 39c vom 1/11. 1949, ausg. 14/9. 1953.) SCHINDLER. 7173

Märkische Seifenindustrie o. H. G. und **Karl-Heinz Imhausen** (Erfinder: **Arthur Imhausen** und **Karl-Heinz Imhausen**), Witten/Ruhr, *Herstellung von Kunstharzen* durch Chlorierung von aliphat. hochmol. KW-stoffen, dad. gek., daß die Chlorierung unter Zusatz von Polyvinylchlorid (I) vorgenommen wird. — Z. B. werden 100 (Teile) Erdölparaffin (F. 52°) in Ggw. von 5 I in 100 Vol. CCl_4 70 Std. chloriert. Nach Abdampfen des CCl_4 hinterbleibt ein Harz vom F. 136° u. 65% Cl-Gehalt. Durch die Ggw. von I wird die Chlorierungszeit um ca. 20% verkürzt; die Prodd. zeigen eine bessere Wärme- u. Farbbeständigkeit. Als Ausgangsstoffe kommen ferner Braunkohlenparaffin u. synthet. Paraffine in Betracht. (**D. B. P. 871 836** Kl. 39c vom 5/11. 1942, ausg. 26/3. 1953.) HERBST. 7173

Dow Chemical Co., Midland, Del., V. St. A., *Anionenaustauschharze.* Man läßt NH_3 oder ein tert. Amin, das nur KW-stoffgruppen am N-Atom enthält, bei 25—100° auf ein halogenmethyliertes vinylaromat. Harz mit einem Mol.-Gew. von 50000 oder mehr einwirken. I ist abgeleitet von einem einheitlichen Polymerisat eines monovinylaromat. KW-stoffes (II) oder eines kernhalogenierten II oder von einem Mischpolymerisat, das 0,5—20 Teile eines polyvinyl-aromat. KW-stoffes der Benzol- oder Naphthalinreihe, z. B. Divinylbenzol, u. 99,5—80% eines II, z. B. Styrol, **oder ein Deriv., das zusätzlich zum Vinylrest kernsubstituierte** Halogenatome u. niedrige Alkylreste mit nicht mehr als 4 C-Atomen enthält. I enthält 0,2—1,2 $ClCH_2$- oder $BrCH_2$-Gruppen im aromat. Kern. Der Anteil des NH_3 oder des tert. Amins in der Mischung beträgt mindestens 1 Mol pro Halogenmethylgruppe in dem Polymerisat oder Mischpolymerisat. (**E. PP. 683 399** u. **683 400** vom 10/11. 1949, ausg. 26/11. 1952. Beide A. Prior. 29/12. 1948.) REICHELT. 7173

Imperial Chemical Industries Ltd., London, England, *Herstellung körniger Polymerisate* aus Vinylestern, niederen Alkylestern der Acrylsäure, Methacrylsäure oder Mischungen dieser Ester, dad. gek., daß die monomeren Ester mit einer bis zu 2%ig. wss. Lsg. eines Schutzkoll. in solchem Verhältnis gemischt werden, daß sich im wesentlichen keine beständige Emulsion bildet u. die Mischung unter Verrühren der beiden fl. Phasen während der ganzen Polymerisation polymerisiert wird. Als wasserlösl. Koll. wird Stärke, Gelatine, Traganth, Akaziengummi oder wasserlösl. bzw. alkalilösl. Glykolcellulose verwendet. — Beispiele. (**D. B. P. 889 981** Kl. 39c vom 26/10. 1934, ausg. 14/9. 1953. E. Prior. 25/10. 1933.) SCHINDLER. 7173

Farbenfabriken Bayer (Erfinder: **Heinz Ehring, Karl Hamann** und **Adolf Kinsky**), Krefeld, *Herstellung von Polymerisaten aromatischer Vinylverbindungen*, dad. gek., daß man Mischungen aus monomeren aromat. Vinylverbb. u. Estern mehrwertiger Alkohole, die die Reste der charakterist. Fettsäuren des Isanoöls, bes. der Erythrinsäure, enthalten, gegebenenfalls unter Zusatz von Estern mehrwertiger Alkohole mit anderen höheren Fettsäuren als den für das Isanoöl charakterist. der Polymerisation unterwirft. — Beispiele für die Styrolisierung von Isanoöl in Solventnaphtha usw. (**D. B. P. 862 958** Kl. 39c vom 25/11. 1949, ausg. 15/1. 1953.) DONLE. 7173

Soc. An. Le Cristallex, Marne, Frankreich (Erfinder: **Claude de Jarny**), *Polymerisieren von Vinylverbindungen*, wie Styrol. Man behandelt das Monomere mit einem Strom reinen u. trockenen O_2 u. mit *Infrarot*-Licht, formt das entstehende Teilpolymere u. polymerisiert in gleicher Weise fertig. Man erhält ein hartes, in Ölen, wie Vaselinöl, unlösl. Polystyrol. (**F. P. 999 301** vom 20/12. 1945, ausg. 30/1. 1952.) PANKOW. 7173

Soc. An.: Soc. P. Lacollonge und **Gabriel-Dominique-Georges Simonin,** Rhône, Frankreich, *Vinylharze mit polierter Oberfläche.* Die etwa durch Gießen oder Kalandern hergestellten Gegenstände, etwa aus einer Mischung von 60% Polyvinylchlorid u. 40% Trikresylphosphat, werden ca. 10 Min. mit *infrarotem* Licht bestrahlt, wodurch eine glänzende Oberfläche erhalten wird. (**F. P. 1 001 936** vom 4/7. 1946, ausg. 29/2. 1952.) PANKOW. 7173

Deutsche Gold- & Silberscheideanstalt vormals Roessler (Erfinder: **Kurt Nagel**), Frankfurt/M., *Herstellung von thermoplastischen, höhermolekularen, in Lösungsmitteln löslichen Kunstharzen* durch Veresterung von Pentaerythrit (I) bzw. Dipentaerythrit oder Gemischen beider Stoffe mit mehrbas. Säuren, dad. gek., daß vor der Veresterung in den zur Anwendung gelangenden Stoffen jeweils die Hälfte der OH-Gruppen abgeschirmt wird, z. B. durch Äther-, Acetal- oder Esterbindungen. Man kann von dem Tetraester des I mit einbas. Säuren ausgehen u. in diesem 2 Säurereste durch den einer mehrbas. Carbonsäure ersetzen; z. B. I-Tetraacetat + Phthalsäureanhydrid → zäh plast., hochmol., in der Wärme noch gut fließendes Harz. (**D. B. P. 862 219** Kl. 39c vom 9/7. 1942, ausg. 8/1. 1953.) DONLE. 7177

Badische Anilin- & Soda-Fabrik (Erfinder: **Gustav Steinbrunn**), Ludwigshafen/Rh., *Kondensationsprodukte* erhält man durch Rk. von Verbb., die 2 oder mehr durch Halogenkohlensäure veresterte alkoh. OH-Gruppen enthalten, mit äquivalenten Mengen von Salzen oder Estern solcher Amino- oder Diaminocarbonsäuren, die an jeder Aminogruppe mindestens ein freies H tragen. Nach den Beispielen wird der Dichlorkohlensäureester des 1.4-Butandiols mit ε-aminocapronsaurem Na, hexamethylendiaminoessigsaurem Na, Phenylglycin-Na umgesetzt. Zwischenprodd. mit *Harz*-Charakter. (**D. B. P. 889 693** Kl. 39c vom 12/3. 1943, ausg. 14/9. 1953.) SCHINDLER. 7181

Hanson-Van-Winkle-Munning Co., Matawan, übert. von: **Otto Kardos Leonardo**, N. J., V. St. A., *Polykondensationsprodukte.* 29 (g) Hexamethylendiamin in 300 A. werden mit 19 CS_2 versetzt. Das ausgefallene u. abgetrennte Pulver wird mit 40,5 CH_2O verrührt u. auf 55° erwärmt. Das Dithiocarbamat–Aldehyd-Harz besitzt einen Erweichungspunkt von 80—120° u. ist in W. sowie Alkalilauge unlöslich. Wird die Kondensation in Ggw. von 50%ig. NaOH durchgeführt, so entstehen wasserlösl. Harze, die mit Metallsalzen ausgefällt werden. (**A. P. 2 589 209** vom 4/9. 1948, ausg. 18/3. 1952.) SALZMANN. 7181

American Cyanamid Co., New York, übert. von: **James R. Dudley**, Cos Cob, Conn., V. St. A., *Anionenaustauscherharze.* Beispiel: 24 (Teile) Acrylsäure u. 4,4 H_2O werden in 200 W. gelöst u. mit 26 Tetraäthylenpentamin versetzt. Die viscose M. wird bei 165° (12—16 Std.) verfestigt. 28,3 dm^3 des Harzes vermögen 4,9 kg $CaCO_3$ aufzunehmen; in 100 W. lösen sich weniger als 0,1. (**A. P. 2 582 194** vom 19/2. 1946, ausg. 8/1. 1952.) SALZMANN. 7181

Cassella Farbwerke Mainkur (Erfinder: **Werner Zerweck** und **Walter Brunner**), Frankfurt/M.-Fechenheim, *Substituierte 2.6-Diamino-1.3.5-triazine.* Man setzt Dicyandiamid (I) mit Cyanamidderivv. der Formel $N{\equiv}C{-}NR_1R_2$ (R_1 u. R_2 = aliphat. oder aromat. Reste) in Ggw. einer starken Base bei höherer Temp., gegebenenfalls im geschlossenen Gefäß, um. — Aus I u. N-Cyandibenzylamin erhält man in Ggw. von Piperidin bei ca. 200° *2.6-Diamino-4-dibenzylamino-1.3.5-triazin*, F. 218°. — *2.6-Diamino-4-piperidino-1.3.5-triazin*, F. 210°; *2.6-Diamino-4-dimethylamino-1.3.5-triazin*, F. 214°; *2.6-Diamino-4-methylphenylamino-1.3.5-triazin*, F. 241°. — Verwendung zur Herst. *harzartiger* Kondensationsprodukte. (**D. B. P. 889 593** Kl. 12p vom 12/8. 1942, ausg. 10/9. 1953.) BRÖSAMLE. 7181

American Cyanamid Co., New York, übert. von: **Edward L. Kropa**, Old-Greenwich, und **Henry P. Wohnsiedler**, Darien, Conn., V. St. A., *Polyäthylenmelamin-Kunstharze.* Di- bzw. Triäthylenmelamin wird mit einer eine $-N\langle^{R}_{R'}$-Gruppe (R = H oder Oxy-KW-stoffrest [I], R' = H, KW-stoff oder I) aufweisenden Verb., z. B. Octadecylamin, n-Butylamin, Diäthylentriamin, Piperazin, Äthanolamin, 1.3-Diaminobutan, Dekamethylendiamin, Harnstoff, Acrylamid, Stearamid, Benzamid, α-Oxyisobutyramid, Polyaminocaproamid u. a., gegebenenfalls in Ggw. von W., A., $CHCl_3$, Äthylenmonoglykoläther, Hexanol, Benzylalkohol u. dgl., in der Wärme umgesetzt. Die Prodd. können in Mischung mit allen anderen bekannten Kunstharzen, Farb- u. Füllstoffen aller Art zu Formkörpern, (Isolier-) Lacken, Klebstoffen, als Textil- u. Lederhilfsmittel verarbeitet bzw. zur Herst. von Verbundstoffen verwendet werden. (**A. P. 2 582 594** vom 25/11. 1950, ausg. 15/1. 1952.) SALZMANN. 7181

Soc. Organico (Erfinder: **René Aelion**), Paris, Frankreich, *Herstellung von N-haltigen Polykondensaten,* dad. gek., daß Oxyaminocarbonsäuren der allg. Formel $HO{-}R{-}NR'{-}(CH_2)_n{-}COOH$, in der n eine ganze Zahl, R einen zweiwertigen aliphat. KW-stoffrest u. R' H oder einen Oxyalkylrest bedeuten, allein oder im Gemisch mit anderen kondensierbaren Verbb. durch Erhitzen polykondensiert werden. Nach den Beispielen werden N-Äthanol-11-amino- oder N-Diäthanol-11-aminoundecansäure verwendet. Das Verf. wird beim F. der Verbb. in N_2-Atmosphäre durchgeführt. *Form- und härtbare Harze.* (**D. B. P. 888 617** Kl. 39c vom 10/9. 1950, ausg. 3/9. 1953. F. Prior. 19/4. 1948.) SCHINDLER. 7181

Farbenfabriken Bayer (Erfinder: **Walter Droste**, Hamburg-Wilhelmsburg, und **August Höchtlen**), Leverkusen, *Künstliche Schwämme,* bestend aus Umsetzungsprodd. von Diisocyanaten (I) bzw. wie I reagierenden Verbb. mit solchen Stoffen, die mindestens zwei austauschbare H-Atome im Mol. enthalten (z. B. Kondensationsprodd. aus Adipinsäure u. Trimethylolpropan), als Trägersubstanz. (**D. B. P. 860 109** Kl). 39b vom 20/4. 1941, ausg. 18/12. 1952.) SALZMANN. 7181

Cassella Farbwerke Mainkur (Erfinder: **Werner Zerweck** und **Wilhelm Kunze**), Frankfurt/M., *Herstellung von Arylacrylharnstoffen und daraus abgeleiteten Polymerisaten*, dad. gek., daß man Arylisocyanate mit einem Acrylsäureamid umsetzt u. die erhaltenen monomeren Prodd. in Ggw. von bekannten Katalysatoren, gegebenenfalls unter Zusatz weiterer polymerisationsfähiger Verbb., polymerisiert. Nach dem Beispiel wird aus Phenylisocyanat u. Acrylsäureamid in o-Dichlorbenzol in Ggw. von Hydrochinon der *N-Phenyl-N'-acrylharnstoff*, F. 151°, erhalten. Dieser kann mit Styrol oder für sich polymerisiert werden. (**D. B. P. 888 316** Kl. 39c vom 25/12. 1943, ausg. 31/8. 1953.) SCHINDLER. 7181

Eastman Kodak Co., übert. von: **Harry W. Coover jr.** und **Joseph B. Dickey**, Rochester, N. Y., V. St. A., *α-Acylaminoacrylamide* der allg. Formel **I** *und deren Polymere* (R = Alkyl mit 1—3 C-Atomen, R_1 u. R_2 = H, Alkyl mit 1—18 C-Atomen, das durch F, CN, OH, Carbamyl, Alkylsulfonyl, Aralkyl, Aryl mit 6—8 C-Atomen, Cycloalkyl mit 5—6 C-Atomen substituiert sein kann) erhält man durch Kondensation eines Alkyl-α-acylamino-acrylates (hergestellt z. B. nach A. P. 2 548 518; C. **1953**. 1244) mit NH_3 oder einem prim. oder sek. Amin, zweckmäßig in W. oder Alkoholen. — **α-Acetaminoacrilsäure** gibt mit Dimethylsulfat in Methanol in Ggw. von Na-Methylat Methyl-α-acetaminoacrylat, $Kp._{0,3}$ 66—67°, F. 75—76°. Dieses liefert mit NH_3 in Methanol nach 48 Std. *α-Acetaminoacrylamid* (**II**), F. 180—182°. — *N-Äthyl-α-acetaminoacrylamid*. — *N-Äthyl-α-propionaminoacrylamid*. — *N-Äthyl-α-butyraminoacrylamid*. — *N-Phenyl-α-acrylaminoacrylamid*. — *N-Phenyl-α-propionamino-*; *N-Phenyl-α-butyramino-*; *N.N-Dimethyl-α-acetamino-*; *N.N-Diäthyl-α-acetamino-*; *N.N-Dipropyl-α-acetamino-*; *N.N-Dibutyl-α-acetamino-*; *N.N-Dibenzyl-α-acetamino-*; *N.N-Dicyclohexyl-*; *N-Phenyl-N-methyl-α-acetamino-*; *α-Propionamino-*; *N-Isopropyl-*; *N-Cyan, äthyl-α-propionsaminoacrylamid*. *N-β-Cyanäthyl-α-acetamino-*; *N-β-Cyanäthyl-α-butyraminoacrylamid*. Die Prodd. lassen sich in Ggw. von aktin. Licht oder Peroxyden-Persulfaten, Perboraten, Percarbonaten oder Sulfopersäure auch in Mischung mit anderen ungesätt., organ. Verbb. (Vinylestern, Vinyläthern, -ketonen, -sulfonamiden, -urethanen, cycl. Vinylimiden, Acrylsäuren, -anhydriden, -amiden, -nitrilen, Butadienen, Styrolen, Vinylidenhalogeniden, Fumar- u. Maleinsäuren zu *hydrophilen Harzen* polymerisieren. **II** gibt in W. in Ggw. von NH_4-Persulfat u. $NaHSO_3$ bei 35—40° nach 18 Std. ein hartes Polymeres, Erweichungspunkt über 200°. — Weitere Polymerisationsbeispiele. (**A. P. 2 592 248** vom 9/12. 1949, ausg. 8/4. 1952.) KRAUSS. 7181

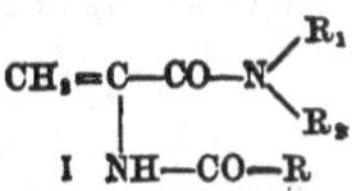

I

Badische Anilin- & Soda-Fabrik (Erfinder: **Hanns Ufer**), Ludwigshafen/Rh., *Herstellen von Streifen, Bändern, Folien, Platten aus Polyamiden*. Man verwendet Polyamide, die in Ggw. von Vernetzungsmitteln u. zweckmäßig auch von Weichmachern hergestellt sind. Als polyamidbildende Ausgangsstoffe kommen z. B. in Betracht: ε-Aminocapronsäure u. deren Lactam, ω-Aminoheptansäure, 11-Aminoundecansäure, dicarbonsaure Salze von Diaminen u. Gemische aus äquivalenten Mengen von Dicarbonsäuren u. Diaminen. Als Vernetzungsmittel sind benannt: drei- oder höherbas. Carbonsäuren, z. B. Butantetracarbonsäure. Die Gebilde werden möglichst rasch nach dem Erstarren des Polyamidblockes abgeschält oder abgehobelt. (**D. B. P. 865 192** Kl. 39a vom 6/1. 1951, ausg. 29/1. 1953.) SCHLITT. 7181

Dynamit-Akt.-Ges., vormals Alfred Nobel & Co., Troisdorf, Köln (Erfinder: **Wilhelm Wehr**, Hanau/M.), *Herstellen von Flächengebilden, Röhren, Stäben und sonstigen Gebilden beliebiger Gestaltung aus Polyamiden*. Die Polyamide (**I**) werden mit hydroxylhaltigen organ. u. mit W. verd. Fll. bei Tempp. bis zu ca. 30° angequollen, vom überschüssigen Quellmittel befreit, bei erhöhter Temp. aber erheblich unterhalb des Schmelzintervalles des nicht gequollenen **I** zusammengeschmolzen u. in Gestalt dieser Schmelze verformt. Die Quellung des **I** wird bis zu einer Gewichtszunahme von 30—70% getrieben. Ein **I** vom Kp. 180—185° schm. nach dem Anquellen mit 70%ig. A. schon bei ca. 75°. — Anwendung: Rohmaterial zur Herst. von Rohren für Betriebe der Nahrungsmittelindustrie, Brauereien, Bierleitungen, Wursthüllen, ärztliche Hilfsmittel, wie z. B. Katheter, Spritzen, Schaugläser, Flüssigkeitsstandgläser. (**D. B. P. 867 004** Kl. 39a vom 16/12. 1939, ausg. 12/2. 1953.) SCHLITT. 7181

Dow Corning Corp., übert. von: **John T. Goodwin jr.** und **Melvin J. Hunter**, Midland, Mich., V. St. A., *Polysiloxanharze*. Silane der Formel R_nSiX_{4-n} (R = Alkylrest mit mehr als 7 C-Atomen; X = Cl, Alkoxy- oder Acyloxyrest u. n = 0,9—2,1) werden nach A. P. 2 584 340 mit einem aus überschüssigem Glycerin (**I**) u. einer Dicarbonsäure (II) bei einem Verhältnis von I–OH-Gruppen zu COOH-Gruppen von 2,25 : 1 bis 3 : 1 erhaltenem Ester in solchen Mengen umgesetzt, daß das Verhältnis von Silan–X-Resten zu überschüssigen I–OH-Resten 0,1 : 1 bis 0,53 : 1 ist. Anschließend wird mit II umgesetzt, so daß das Verhältnis der Summe Silan–X-Reste + II–COOH-Reste zu I–OH-Resten 1 : 0,9 bis 1 : 1,2 beträgt. — Nach A. P. 2 584 341 wird das Silan mit I im Verhältnis Silan–X-Reste zu I–OH-Resten = 0,25 : 1 bis 0,9 : 1 umgesetzt, worauf der erhaltene Silan–I-Ester mit einem I–II-Ester in solchen Mengen umgesetzt wird, daß die Gesamtsumme der I–OH-Reste sich zu II–COOH-Resten wie 1,25 : 1 bis 2,8 : 1 verhält. — Nach A. P. 2 584 342 werden Polysiloxane, die je Si-Atom 0,9 bis 2,1 gesätt. Alkylreste (mit weniger als 7 C-Atomen) oder Arylreste u. 0,05—2 funktionelle Gruppen (Alkoxy- oder Acyloxygruppen) gebunden enthalten, mit I in solchen Mengen umgesetzt, daß das Verhältnis von funktionellen Gruppen zu OH-Gruppen bei 0,1 : 1 bis 0,66 : 1 liegt. Anschließend wird das Prod. mit einem I–II-Ester mit überschüssigen OH-Gruppen in solcher Menge umgesetzt, daß die Summe der funktionellen Gruppen + II–COOH-Gruppen zu I–OH-Gruppen zwischen 1 : 0,9 bis 1,2 : 1 liegt. — Nach A. P. 2 584 343 setzt man gleiche Ausgangspolysiloxane (wie in A. P. 2 584 342) zuerst mit I (bei einem Verhältnis von funktionellen Gruppen zu OH-Gruppen wie 0,1—1) u. dann mit II in solchen Mengen um, daß das Verhältnis von II–COOH-Gruppen zur Summe I–OH-Gruppen + funktionelle Gruppen des Si-Atoms zwischen 0,08 u. 0,75 liegt. — Bei gleichen Ausgangspolysiloxanen (wie in A. P. 2 584 342) werden nach A. P. 2 584 344 noch freie Si-Valenzen mit I–II-Estern, bei denen überschüssige I–OH-Gruppen zu II–COOH-Gruppen im Verhältnis von 2,25 : 1 bis 3 : 1 vorliegen, umgesetzt, worauf in dem Prod. durch Einw. von II ein Verhältnis von I–OH-Gruppen zur Summe der funktionellen Gruppen von Si + II–COOH-Gruppen von 0,9—1,2 eingestellt ist. — Als Silane werden angewendet bes. Gemische aus Phenylmethyldichlorsilan u. Phenyltrichlorsilan, Phenylmethyldiäthoxyäthylsilan, als Polysiloxane die aus Alkylarylchlorsilanen u. Isopropylalkohol erhaltenen Verbb. u. als II ausschließlich Phthalsäureanhydrid. — Die öligen bis harzartigen Prodd. dienen als Farbstoffträger bes. für Drahtemaillelacke, die bei ca. 200° eingebrannt werden. (**A. PP. 2 584 340, 2 584 341, 2 584 342, 2 584 343** u. **2 584 344** vom 7/1. 1950, ausg. 5/2. 1952.) MÖLLERING. 7189

Dow Corning Corp., übert. von: **John T. Goodwin jr.** und **Melvin J. Hunter,** Midland, Mich., V. St. A., *Modifizierte Siloxanmischpolymerisate.* 760 (Teile) eines alkoxylierten Organopolysiloxans, erhalten z. B. aus 105,9 Phenylmethyldichlorsilan, 50,4 Phenyltrichlorsilan u. 87,7 Isopropylalkohol, werden mit 288 2-Äthylhexansäure, 78 12-Oxystearinsäure u. 174 Glycerin 2 Std. auf 88—200° erwärmt. Man erhält ein öliges Prod., das in aromat. KW-stoffen lösl. u. für Lacke u. Überzüge geeignet ist. (**A. P. 2 589 243** vom 15/3. 1950, ausg. 18/3. 1952.) MÖLLERING. 7189

Dow Corning Corp. (Erfinder: **Howard N. Fenn** und **Lawrence A. Rauner**), Midland, Mich., V. St. A., *Siloxanharze.* Man stellt die Siloxanharze durch Hydrolyse u. Kondensation von Silanmischungen her, indem man eine Mischung von Silanen der allg. Formeln $CH_3{-}Si{\equiv}$, $C_6H_5{-}Si{\equiv}$ u. $(CH_3)_3{\equiv}Si{-}$, deren restlichen Valenzen durch Halogen oder Alkoxygruppen abgesätt. sind, verwendet. In dieser Mischung sind weniger als 25 (Mol-%) u. mindestens 1 Trimethylsilane enthalten. Der Rest besteht aus den übrigen obengenannten Silanen, mindestens aber aus je 2 Monomethyl- u. Monophenylsilan. Die Hydrolyse wird mit W. durchgeführt u. die weitere Kondensation durch Erhitzen in Ggw. eines Säurekatalysators. (**D. B. P. 855 163** Kl. 39c vom 24/9. 1950, ausg. 10/11. 1952. A. Prior. 21/1. 1946.) UNGER. 7189

Dow Corning Corp., Midland, Mich., übert. von: **Earl Leathen Warrick,** Pittsburgh, Pa., V. St. A., *Polymerisation von Organosiloxanen.* Organosiloxane $(-\underset{|}{Si}-O-\underset{|}{Si}-)$, die zwischen 1,75 u. 2,25 organ. Reste je Si-Atom tragen, wobei alle Reste Alkylreste oder alle Reste Alkyl- u. Arylreste sind, werden mit 0,1—10 Gew.-% Diacylperoxyd, das mindestens einen aromat. Acylrest enthält, oberhalb der Zersetzungstemp. des Peroxyds zu höhermol. Polymerisaten polymerisiert. Die Polymerisation kann in Abwesenheit von O durchgeführt werden, die organ. Substituenten können Methylreste u./oder Phenylreste sein. Das aromat. Acylperoxyd kann Benzoylperoxyd sein u. die Temp. oberhalb 100° liegen. Die Prodd. sind Fll., Gele, harzartige feste Körper oder gummiartig. Verwendung als Dämpfungs- u. Hydrauliköle oder als elektr. Isolierüberzüge für metall. Leiter. (**D. B. P. 856 222** Kl. 39c vom 22/9. 1950, ausg. 20/11. 1952. A. Prior. 3/10. 1944.) UNGER. 7189

Dr. Alexander Wacker, Gesellschaft für elektrochemische Industrie G. m. b. H., München (Erfinder: **Siegfried Nitzsche,** Burghausen/Obb.), *Stabilisieren von Siliconölen,* durch Behandlung mit Bleicherden bei n. oder erhöhter Temperatur. (**D. B. P. 859 672** Kl. 39c vom 13/5. 1951, ausg. 15/12. 1952.) DONLE. 7189

Dow Corning Corp. (Erfinder: **Harold Arthur Clark**), Midland, Mich., V. St. A., *Verbesserung von Siloxanharzen*, dad. gek., daß man ein Organopolysiloxanharz, das je Si-Atom 0,9—1,8 an Si gebundene einwertige KW-stoffreste, wie Alkyl- oder Arylreste, bes. Methyl-, Phenylreste, halogenierte Arylreste oder Mischungen solcher Reste enthält u. das außerdem mindestens 0,1 Gew.-% an Si gebundenes OH aufweist, mit einer Kieselsäure (I), die mindestens 1% OH enthält, in einer Menge von mindestens 0,005 Gew.-%, bezogen auf das Siloxanharzgewicht, bei mindestens 100° mindestens 10 Min. lang behandelt. Die nicht in Rk. getretene I wird aus dem Harz entfernt, das z. B. eine Zus. von 55—70 (Mol-%) Phenylmethylsiloxan, 30—45 Monomethylsiloxan u. 0—15 Monophenylsiloxan hat. Geeignet zur Herst. von Mehrschichtmaterialien, bes. für elektr. Zwecke. (**D. B. P. 889 982** Kl. 39c vom 28/7. 1951, ausg. 14/9. 1953. A. Prior. 2/8. 1950.) SCHINDLER. 7189

Dow Corning Ltd., London, England, *Für Belagstoffe geeignete Siloxane* mit ausreichender Thermoplastizität u. Elastizität erhält man aus Mischpolymerisaten mit je 33,3% Monomethyl-, Monophenyl- u. Phenylmethylsiloxan durch Zusatz von 0,5 (%) Dibutylzinndiacetat u. 0,03 Pb-2-Äthylhexoat. — Mit dem in Toluol gelösten Ansatz wird z. B. Glasgewebe imprägniert, worauf bei Raumtemp. getrocknet u. 10 Min. auf 110° erwärmt wird. (**E. P. 667 333** vom 22/2. 1950, ausg. 27/2. 1952. A. Prior. 11/6. 1949.) MÖLLERING. 7189

Monsanto Chemicals Ltd., London, England, *Kontrollierbare Herstellung organischer Siliciumverbindungen.* Alkyl-, Aryl- oder Alkylarylhalogensilane werden mit monomeren oder niedrigpolymeren Alkyl-, Aryl- oder Alkylarylsilanolen umgesetzt. — In 500 (g) Toluol u. 100 Ae. werden 65 $(CH_3)_2SiCl_2$ (I) u. 108 Diphenylsilandiol bei 60° umgesetzt. Man erhält 115 langsam polymerisierendes Phenylmethylsiloxanharz, das in Xylol lösl. ist u. bei 100—250° einen hitzebeständigen Film bildet. — Analog verfährt man mit einem Gemisch aus I oder CH_3SiCl_3 u. Diphenylsilandiol oder Dibenzylsilandiol oder Phenylsilantriol. (**E. P. 682 969** vom 20/12. 1949, ausg. 19/11. 1952. Belg. Priorr. 30/12. 1948 u. 20/10. 1949.) MÖLLERING. 7189

Diamond Alkali Co., Cleveland, O. (Erfinder: **Alfred Hirsch**), V. St. A., *Herstellung von organischen Siloxanen.* $C_6H_5SiCl_3$ wird mit 10—30% $C_2H_5SiCl_3$ gemischt, mit W. hydrolysiert u. bei über 100° polymerisiert. (**E. P. 683 905** vom 15/3. 1950, ausg. 10/12. 1952.) MÖLLERING. 7189

Badische Anilin- & Soda-Fabrik, Ludwigshafen/Rh. (Erfinder: **Hans-Rudolf Jacobi**, Mannheim), *Herstellen von glasklaren, klebfreien Hohlkörpern, Folien usw. aus Polyäthylen.* In die Körper wird eine indifferente Fl. oder ein indifferenter Dampf eingeblasen, der sich im Hohlkörper kondensiert u. ein Zusammenkleben oder -schweißen der Wandungen verhindert. Als Fl. oder Dampf kommen in Betracht: W. oder Wasserdampf bzw. A. oder Alkoholdampf. (**D. B. P. 858 771** Kl. 39a vom 25/4. 1951, ausg. 8/12. 1952.) SCHLITT. 7205

Lonza Elektrizitätswerke und Chemische Fabriken Akt.-Ges., Basel, Schweiz, *Herstellung von Formkörpern aus Polyvinylchlorid und gegebenenfalls Weichmachern.* Man setzt der zu verformenden M. *Monoisocyanate*, bes. *Phenylisocyanat*, in Mengen bis zu ca. 40% oder mehr zu u. verformt dann in üblicher Weise, gegebenenfalls bei erhöhter Temp. u. unter Druck. Die Formkörper zeichnen sich durch große Härte u. große Gasdichtigkeit auch bei äußerst geringer Wandstärke aus, so daß man sie zur Herst. von Schaumgegenständen mit geschlossenen Poren von sehr geringem scheinbarem spezif. Gewicht verwenden kann. (**N. P. 80 000** vom 27/7. 1949, ausg. 31/3. 1952. Schwz. Prior. 9/8. 1948.) JÜRGEN SCHMIDT. 7205

Soc. An. des Manufactures des Glaces et Produits Chimiques de Saint-Gobain) Chauny & Cirey, Seine, Frankreich, *Gegenstände erhöhter Festigkeit aus Thermoplasten*, wie Polyvinylchlorid oder Polyvinylchloracetat. Man legt abwechselnd dünne ($^5/_{10}$ mm-Platten des Thermoplastes u. Schichten aus Glasfasern (gerichtet oder ungerichtet) oder -gewebe übereinander u. verpreßt heiß so, daß das Thermoplast die Fasermasse ausfüllt. Verwendung der Massen für Bodenbelag, Schuhsohlen, Schuhe, Dichtungen, Pumpenteile. (**F. P. 997 322** vom 11/7. 1945, ausg. 4/1. 1952.) PANKOW. 7205

Soc. An. des Manufactures des Glaces et Produits Chimiques de Saint-Gobain, Chauny & Cirey, Seine, Frankreich, und **Ehrmann**, *Herstellung mit Gewebe verstärkter plastischer Massen.* Das Bindemittel wird in Pulverform auf das Gewebe aufgebracht, das mit einer das Bindemittel festhaltenden Fl. überzogen ist. Mehrere solcher Gewebe werden nach dem Trocknen miteinander verpreßt. Als Bindemittel nimmt man Vinyl-, Alkyd-, Harnstoff–Formol-, Phenolformol- oder Melamin–Formol-Harze. Die das Bindemittel aus dem Gewebe festhaltende Fl. besteht aus Lsgg., Suspensionen oder Emulsionen von Vinylharzen, nachchloriertem Polyvinylchlorid, den oben genannten

Harzen, Kautschuk, Chlorkautschuk, deren Mischungen miteinander oder mit Naturharzen, wie Kolophonium. Glasgewebe wird mit einer 10%ig. Polyvinylacetat- oder Polyvinylchloridlsg. imprägniert, worauf es durch Polyvinylchloridpulver läuft; man trocknet bei 60—70° u. verpreßt eine Anzahl von Gewebestücken bei 160° u. 10 kg/cm² 15—30 Min. miteinander, wobei auf die Außenseiten zusätzlich 2 Polyvinylchloridfolien aufgepreßt werden können. Verwendung der Platten für Autochassis,. für Flugzeug- u. Schiffsteile. (**F. P. 1 008 758** vom 21/5. 1948, ausg. 21/5. 1952.) PANKOW. 7205

St. Regis Paper Co., New York, N. Y., V. St. A. (Erfinder: **P. P. Ryan**), *Schichtstoff*. Es werden mehrere mit härtbaren Kunstharzen imprägnierte Lagen aus Papier oder ähnlichen Stoffen durch Aushärten des Kunstharzes bei 150—180° zu einem Schichtstoff vereinigt. Hierbei soll die oberste Schicht 120—185 (%) Harz, bezogen auf das Papier, enthalten u. hart u. unporös sein, während die übrigen nur ca. 50 bis 85 Harz enthalten u. porös sein müssen, so daß etwa bei der Weiterverarbeitung, z. B. Emaillierung der Oberfläche, entstehende Gase, ohne Blasen zu hinterlassen, entweichen können. — Zeichnungen. (**Schwed. P. 133 281** vom 28/2. 1942, ausg. 16/10. 1951. A. Prior. 28/2. 1941.) JÜRGEN SCHMIDT. 7205

Julius Lindenmeyer, Deutschland, *Kunstharzpreßmasse* mit Verstärkungsmitteln, wie Papier, Kunstfasern oder -gewebe, oder Glasfasern. Man gibt zu dem Verstärkungsmaterial bis zu 10% Graphit, bes. koll. Graphit, u. verwendet die Kunstharzmasse zur Herst. von stark beanspruchten Maschinenelementen. Das graphithaltige Glas kann z. B. zu bes. feinen u. festen Fäden ausgezogen sein. (**F. P. 1 007 258** vom 12/3. 1948, ausg. 5/5. 1952.) PANKOW. 7205

Georges-Eugène Ezbelent, Seine, Frankreich, *Acetatcellulosefolie*. Man verstärkt sie durch Aufpressen auf eine mit einem Lösungsm. getränkte Unterlage etwa aus Gewebe, Papier, Leder, wobei man im Augenblick des Pressens leicht erwärmt. Die Acetatfolie wird vorher an den sich beim Gebrauch biegenden Stellen etwas eingeritzt. (**F. P. 1 004 270** vom 27/3. 1947, ausg. 27/3. 1952.) PANKOW. 7205

Maxence-Élie Meyer, Seine, Frankreich, *Herstellung von Dichtungen und Überzügen aus Kork*. Auf die Korkschichten werden Folien aus plast. Massen, wie Polyvinylverbb., Cellulosederivv., Superpolyamiden, mit Phenolplasten oder Aminoplasten imprägniertes Gewebe, aufgeschweißt, wobei zwischen Heizkörper u. Folie eine entfernbare Zwischenlage etwa aus Cellophan oder Papier gelegt wird. Man läßt z. B. eine 2 mm starke Korkplatte u. eine 0,2 mm starke Polyäthylenfolie zwischen 2 heißen Zylindern durchlaufen u. erhält so Dichtungen für Flaschenkapseln. (**F. P. 1 004 928** vom 3/11. 1949, ausg. 4/4. 1952.) PANKOW. 7205

E. I. du Pont de Nemours & Co., Wilmington, Del., übert. von: **John D. Pickens**, Metuchen, N. J., V. St. A., *Schichtkörper* aus Furnieren, Papier, Gewebe, Cellulosehydratfilmen, Cellulosederivv., Polyvinylharzen, bes. in Gestalt von *Sperrholz*. Als Klebmittel dient ein N-Alkoxymethylpolyamid, hergestellt aus einem linearen Polyamid mit H tragenden Aminogruppen (I) als Hauptbestandteil, das mindestens 2 C-Atome zwischen den I trägt, CH_2O u. einem einbas. aliphat. Alkohol in Ggw. einer O-haltigen Säure. — Beispiel: Eine Lsg. von 29,84 (%) N-Methoxymethyl- (bzw. N-Isobutoxymethyl-)polyhexamethylenadipamid, 33,32 A., 14,34 W., 2,94 Maleinsäure in 11,76 W. + 7,80 A. wird auf die Furniere gestrichen; diese werden nach 1 std. Trocknen 16 Std. bei 3,5 at kalt verpreßt. (**A. P. 2 502 340** vom 6/4. 1944, ausg. 28/3. 1950.) SALZMANN. 7205

E. I. du Pont de Nemours & Co., Wilmington, Del., übert. von: **John D. Pickens**, Metuchen, N. J., V. St. A., *Herstellung von Sperrholz* u. anderen Schichtkörpern. Als Bindemittel wird ein alkohollösl. lineares N-Alkoxymethylpolyamid, gegebenenfalls in Mischung mit anderen Kunstharzen u. einem Cellulosefüllstoff, verwendet, das durch Rk. eines linearen Polyamids mit CH_2O u. einem Alkohol in Ggw. einer organ. oder anorgan. Säure (H_3PO_4) erhalten wird u. wärmehärtbar ist. Beim Verkleben von z. B. Papier, Geweben, Filmen aller Art wird als Härtebeschleuniger Säure oder ein saures Salz zugesetzt. (**A. P. 2 542 288** vom 6/4. 1944, ausg. 20/2. 1951.) SALZMANN. 7205

Adolf Mähner, Deutschland, *Preßmassen aus Coniferenzapfen*, die zweckmäßig vorher entsamt sind, oder aus Baum- oder Strauchrinde. Man preßt das zerkleinerte Material bei über 150° mit 150 kg/cm² u. mehr. Harze oder Kunstharze, wie Phenolharze, Polyamide, Polyvinylchlorid, Polystyrol, Cumaron-, Glyptalharze, Weichmacher, Füllstoffe, Öle, Naphthalin, auch Kautschuk oder Kunstkautschuk oder Butadiene zusammen mit Polymerisationsbeschleunigern können dem Pulver zugesetzt werden. Verarbeitung auf Platten für Bauteile, auf Radio- u. Telephonteile, Bremsteile, Rohre, Gefäße. (**F. PP. 1 007 241** vom 11/3. 1948 u. **1 007 265** vom 12/3. 1948, beide ausg. 5/5. 1952.) PANKOW. 7205

Auto-Union G. m. b. H. (Erfinder: **Hans Cropp**), Ingolstadt, *Instandsetzung beschädigter Behälter aus härtbaren Kunstharz-Gewebeschichtpreßstoffen*, z. B. Wagenkasten für Kraftfahrzeuge. Das beschädigte Stück wird ausgebessert oder ersetzt; dabei werden die Berührungsflächen zwischen dem Ersatzstück u. dem Behälter mit fl. Kunstharz bestrichen u. unter Druck mit dielektr. Wärme zusammengeschweißt u. ausgehärtet. (**D. B. P. 843 162** Kl. 39a vom 15/11. 1950, ausg. 7/7. 1952.) SCHLITT. 7205

Badische Anilin- & Soda-Fabrik, Ludwigshafen/Rh. (Erfinder: **Fritz Stastny,** Weinheim), *Bodenbelagmassen* aus Kondensationsprodd. von zweibas. Carbonsäuren u. mehrwertigen Alkoholen, die mindestens 5% ZnO enthalten. (**D. B. P. 870 331** Kl. 39b vom 10/8. 1950, ausg. 12/3. 1953.) SALZMANN. 7205

Ges. für Teerstraßenbau m. b. H., Essen (Erfinder: **Hans Lüer,** Essen-Heisingen, und **Wilhelm Lorenz,** Essen), *Herstellung farbiger Boden- und Wandbelagmassen.* Kornabgestufte helle oder farbige Gesteinsmassen bis zu 5 mm werden mit Farbstoffpulvern, -lsgg. oder -aufschlämmungen u. mit aufgehellten Bindemitteln auf Harz-, Wachs- oder Bitumenbasis, die mit einem ausreichend hellen, aus verseiften Harzen u. Wachsen bestehenden u. gegebenenfalls noch überschüssige Harze u. Wachse enthaltenden Emulgator versehen sind, u. W. gemischt. (**D. B. P. 837 369** Kl. 80b vom 1/11. 1949, ausg. 28/4. 1952.) HANS HOFFMANN. 7205

Audio Devices, Inc., New York, übert. von: **George Martin Sutheim,** Jamaica, N. Y., V. St. A., *Wetterbeständige Schallplatten mit niedrigem Geräuschspiegel* erhält man durch Zusatz von Pigmenten von 10—50 mμ Durchmesser in solchen Mengen, daß in der Schneidschicht 0,05—0,25% vorhanden sind. In einer Tabelle ist die Geräuschstufe für verschied. Zusätze auch nach Lagerung während 1 bzw. 3 Wochen feuchten Sommerwetters angegeben, u. a. für $CaCO_3$, koll. SiO_2, Litholrot, Ruß, Phthalocyaninblau, Eisenoxydgelb u. Methylviolett. (**E. P. 673 899** vom 8/8. 1949, ausg. 11/6. 1952. A. Prior. 26/8. 1948.) MÖLLERING. 7205

XII. Kautschuk. Guttapercha. Balata.

D. M. Michlin und **K. W. Pschenowa,** *Oxydierende Fermente und die Anreicherung von Kautschuk in den Wurzeln von Kok-Saghyz.* In eingehenden Unterss. über die Rolle fermentativer Prozesse während der gesamten ontogenet. Entw. von Kok-Saghyz, wobei die Wirkungen von *Polyphenoloxydase* (**I**), *Peroxydase* (**II**), *Cytochromoxydase* (**III**) u. *Katalase* (**IV**) verfolgt werden, finden Vff., daß **IV** u. **II** die Bldg. von *Kautschuk* (**V**) im Kok-Saghyz begünstigen oder auch verhindern können. **III** läßt sich nur in den frühesten Wachstumsstadien der Pflanzen nachweisen. **I** ist gegenüber Polyphenolen, die eine wesentliche Rolle beim Polymerisationsprozeß des **V** spielen, wirksam. Oxydationsprodd., wie Chinone, sind unter biol. Bedingungen entweder ohne Einfl. oder begünstigen die **V**-Synthese. In der Wurzelmasse ist die Aktivität von **I, II** u. **IV** verhältnismäßig gering, jedoch deutlich nachweisbar. Mit der Ansammlung von Vorratsstoffen im Verlaufe der Vegetation sinkt die **II**-Aktivität. Die **II**- u. auch die **IV**-Aktivität sinkt außerdem ständig in Richtung des Anwachsens des **V**-Geh. mit der Entfernung vom Wurzelhals. Bei 2jährigen Wurzeln findet sich im Zentrum weniger **II** als in der Wurzelhülle, wo der **V** abgebaut wird. Umgekehrt liegen die Verhältnisse bei **I**. Die **I**-Aktivität steigt außerdem parallel mit dem **V**-Geh. im Verlaufe der Längenausdehnung der Wurzel an. Zu Zeiten, wo im Latex **II** kaum nachweisbar ist u. auch die **IV**-Aktivität niedriger als in anderen Teilen der Wurzel ist, findet man eine hohe **I**-Aktivität, die die Aktivität dieses Fermentes in der Wurzelmasse um ein Mehrfaches übersteigt. (БИОХИМИЯ [Biochimia] **16.** 5—11. Jan./Febr. 1951. Moskau, Bach-Inst. für Biochem. der Akad. der Wiss. der UdSSR.) ULMANN. 7222

Ignacio Puig, *Die künstlichen oder synthetischen Kautschuke.* Allg. Ausführungen. (Goma [2] **1.** Nr. 3. 7—11. März 1953.) WINIKER. 7224

Jacques Gossot, *Neue Stabilisatoren für Latex.* Eine krit. Prüfung der von der STÉ. DOITTAU, Corbeil, hergestellten Latexstabilisatoren [*Stabilisant L* (**I**), *Stabilisant OC* (**II**) u. *Stabilisant N* (**III**); Zus. nicht angegeben] ergab, daß **I** vor allem für Verff. ohne Thermosensibilisierung geeignet ist. **II** bewährt sich bes. bei Latexschäumen, da es selbst eine gewisse schäumende Wrkg. besitzt. **II** verzögert die Koagulierung thermosensibilisierter Latices nicht. **III** eignet sich für thermosensibilisierte Latices, seine stabilisierende Wrkg. macht sich bes. beim isoelektr. Punkt geltend, so daß ein Übergang vom alkal. zum sauren Bereich erfolgen kann, ohne daß die Gefahr des Koagulierens besteht. (Rev. gén. Caoutchouc **30.** 399—400. Juni 1953. Paris, Sté. Coframet.) WINIKER. 7226

Willi Schlitt, *Die Entwicklung der Elektrovulkanisation an Hand der Patentliteratur.* (Kautschuk u. Gummi **4.** 169—72. Mai. 211—13. Juni 1951. München.) WINIKER. 7228

Siegfried Boström, *Über Kleben und Haften — theoretische Erwägungen und praktische Forschungen.* Zusammenfassender Überblick über das Kleben bzw. Haften von unvulkanisiertem bzw. vulkanisiertem Kautschuk. — 7 Literaturhinweise. (Kautschuk u. Gummi **4**. 207—10. Juni 1951.) WINIKER. 7230

J. R. Scott, *Geräte für die Plastizitätsmessung in der Kautschukindustrie.* Zusammenfassender Überblick. — 24 Literaturhinweise. (J. sci. Instruments **30**. 145—50. Mai 1953. Croydon, Surrey, Res. Ass. of British Rubber Manufacturers.) WINIKER. 7248

R. H. Norman, *Kontaktwiderstand verschiedener Elektroden für die Prüfung von elektrisch leitfähigem Kautschuk.* Mehrere Elektroden wurden an Kautschuk im spezif. Widerstandsbereich von 10—10^5 $\Omega \cdot$cm untersucht. Ein vulkanisiertes Messing weist prakt. keinen Kontaktwiderstand auf. Von den anderen untersuchten Elektroden, die bei bereits vulkanisiertem Kautschuk geprüft wurden, war Zinnfolie, die mit koll. Graphit an die Probe geheftet war, am besten. Die Reinigung der Berührungsflächen mit A. vermindert den Kontaktwiderstand. (Trans. Instn. Rubber Ind. **27**. 276—89. Okt. 1951.) SCHÄFF. 7248

Cecil Albert Curtis, Withington, Manchester, und **Douglas Sandford Stephens,** Cheadle, Chester, England, *Herstellung von Thiokautschuk.* Man läßt einen Thioaldehyd oder dessen Polymeres oder eine Mischung eines Thioaldehyds oder dessen Polymerem mit einem Aldehyd oder dessen Polymerem mit S bei 50—200° in einem Medium mit p_H 1,5—10 reagieren. Man erhält elast., vulkanisierbare, in Ölen u. den üblichen Kautschuklösungsmitteln (außer CS_2) unlösl. Prodd., deren Härte mit der S-Menge wechselt u. mit dem p_H des Mediums wächst. Mit sauer reagierenden Stoffen, wie H_2SO_4 oder $AlCl_3$, geben sie elast. Stoffe großer Festigkeit u. Zähigkeit, die auch gegen starke Mineralsäuren, einschließlich HNO_3, fest sind u. mit anderen kautschukartigen Stoffen, Harzen u. Zusatzstoffen gemischt u. vulkanisiert werden können. — Man läßt z. B. mit Borax neutralisierte CH_2O-Lsg. mit H_2S unter Rückfluß reagieren u. behandelt das Reaktionsprod. mit H_2SO_4, das mit Diphenylguanidin, Dibenzothiazyldisulfid, Stearinsäure, Ruß u. ZnO gemischt u. vulkanisiert wird. Verwendung z. B. zum Bedecken von Textilien (vgl. auch A. P. 2 454 635; C. **1948**. **E**. 138). (**Can. P. 480 360** vom 22/11. 1943, ausg. 22/1. 1952. E. Prior. 4/9. 1942.) PANKOW. 7225

United States Rubber Co., New York, N. Y., übert. von: **Edward M. Bevilacqua,** Ramsay, N. J., V. St. A., *Stabilisieren von Kautschukmilch,* die mit bes. 0,03—1,0% CH_2O, gegebenenfalls auch einem weiteren Zusatz von 0,1—1,0% Dimethylamin, Trimethylamin oder Morpholin stabilisiert wurde; sie erhält einen Zusatz von 0,01 bis 0,2% Polyvinylmethyläther, Polyvinylmethoxyäthyläther oder einem Mischpolymerisat aus beiden Monomeren. (**A. P. 2 587 278** vom 2/2. 1950, ausg. 26/2. 1952. **E. P. 677 876** vom 29/11. 1950, ausg. 20/8. 1952. A. Prior. 2/2. 1950.) OVERBECK. 7227

United States Rubber Co., New York, N. Y. (Erfinder: **Ivan Mankovich,** Naugatuck, Conn.), V. St. A., *Kondensationsprodukte aus Aceton und Diphenylamin* (**I**). Man kondensiert **I** mit Aceton in einem Molverhältnis $> 1 : 1$ bei oberhalb 200°, bes. 220—260°, u. Überdruck in Ggw. von einer geringen Menge Br_2, J_2, HBr, HJ oder eines Bromides oder Jodides von Schwermetallen (außer Pb), trennt das entstandene Kondensat, das eine Viscosität von 250—500 Poise bei 30° besitzt, von nichtumgesetztem Aceton u. W. u. unterwirft es bei Abwesenheit von Aceton bei 215—400° in Ggw. einer geringen Menge eines der genannten Katalysatoren der Pyrolyse, bis die Viscosität auf < 100 Poise bei 30° gesunken ist. — *Antioxydans für Kautschuk.* (**D. B. P. 869 962** Kl. 12q vom 5/6. 1951, ausg. 9/3. 1953.) LANGER. 7227

Soc. An. de Matières Colorantes et Produits Chimiques Francolor, Seine, Frankreich (Erfinder: **Georges Mingasson**), *Vulkanisationsbeschleuniger,* bestehend aus einem Stoff der Formel $C_9H_{10}ON_2S_2$, vermutlich $C_6H_4\langle{}^{N}_{S}\rangle C \cdot SO \cdot N(CH_3)_2$; F. 125°. Er entsteht durch Oxydation von Mercaptobenzothiazol (**I**) oder dessen Disulfid in Ggw. von Dimethylamin. Stabiler Vulkanisationsbeschleuniger hoher Sicherheit. — Zur Herst. läßt man 16,7 (Gewichtsteile) **I** in 42 Volumteilen einer Lsg. mit 380 g Dimethylamin pro Liter u. 9 NaOCl in 50 W. 1 Tag bei 40° stehen. (**F. P. 1 003 821** vom 28/2. 1947, ausg. 24/3. 1952.) PANKOW. 7229

American Cyanamid Co., New York, N. Y., übert. von: **Hal B. H. Cooper,** Bound Brook, und **Carl E. Mensing,** Somerville, N. J., V. St. A., *2-Mercaptobenzthiazol* erhält man kontinuierlich aus $C_6H_5NH_2$, S u. CS_2 in fl. Phase bei 220—300° u. 1000 bis 1500 lbs./sq.inch. — Vorr., Zeichnung. (**A. P. 2 567 146** vom 9/8. 1949, ausg. 4/9. 1951.) MÜLLER-MEININGEN. 7229

Monsanto Chemical Co., St. Louis, Mo., übert. von: **David J. Beaver**, St. Albans, W. Va., V. St. A., *Vulkanisationsaktivator* der nebenst. Formel, worin M = H, Metall, bes. Zn, NH_4, alkyl-, cycloalkyl- oder aralkylsubstituierte NH_4-Gruppe; R_1 u. R_2 = H, Alkyl, Cycloalkyl, Oxyalkyl, Cyanalkyl, Aralkyl oder Thiocarbamyl, R_1 u. R_2 aber nicht beide H sind. Bevorzugt sind Phthalsäuremonoamid u. Maleinsäuremonoamid u. deren Verbb., z. B. N.N-Dibutylmaleinsäure-, N-Cyclohexylmaleinsäure-, N.N-Dicyclohexylmaleinsäure-, N-Äthylphthalsäure-, N-Butylphthalsäure-, N.N-Diisopropylphthalsäure-, N.N-Dibutylphthalsäure-, N.N-Dicyclohexylphthalsäuremonoamid, die Zn-Salze von N-Butylmaleinsäure-, N-Äthylphthalsäure-, N-Butylphthalsäure- u. N.N-Dicyclohexylphthalsäuremonoamid, das Isopropylaminsalz von N-Isopropylmaleinsäuremonoamid, das Butylaminsalz von N-Butylmaleinsäuremonoamid, das Dicyclohexylaminsalz von N.N-Dicyclohexylmaleinsäuremonoamid, das Äthylaminsalz von N-Äthylphthalsäuremonoamid, das Isopropylaminsalz von N-Isopropylphthalsäuremonoamid, das Butylaminsalz von N-Butylphthalsäuremonoamid u. das Dicyclohexylaminsalz von N.N-Dicyclohexylphthalsäuremonoamid. Verwendung als Allein- u. als Zweitbeschleuniger. (**A. P. 2 582 670** vom 17/1. 1949, ausg. 15/1. 1952. **E. P. 676 248** vom 17/1. 1950, ausg. 23/7. 1952. A. Prior. 17/1. 1949.) OVERBECK. 7229

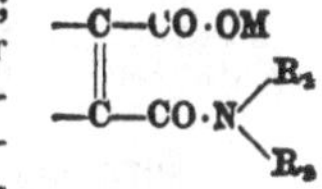

Continental Gummi-Werke Akt.-Ges. (Erfinder: **Heinrich Bauermeister**), Hannover, *Vulkanisieren oder Gelieren von Kautschuk oder kautschukähnlichen Kunststoffkörpern, besonders Schaumkautschukkörpern.* Der mit einem Elektrolyt durchsetzte Kautschukkörper wird als Widerstand in einen niederfrequenten Wechselstromkreis eingeschaltet. Die Mischungen sind im allg. durch die darin enthaltenen Salze ausreichend elektrolytisch. (**D. B. P. 864 449** Kl. 39a vom 8/11. 1951, ausg. 26/1. 1953.) SCHLITT. 7229

Continental Gummi-Werke Akt.-Ges. (Erfinder: **Hans Karthaus**), Hannover, *Regenerieren von Kautschuk.* Das vorzerkleinerte Altmaterial wird durch mit Förder- u. Rührmitteln versehene Behälter, z. B. Schneckentröge, gefördert, die von dem Regeneriermittel durchströmt werden. Das Altmaterial wird zuerst in Alkalilauge gekocht, abgepreßt, dann gewaschen, wieder abgepreßt u. schließlich in überhitztem Dampf regeneriert. (**D. B. P. 861 748** Kl. 39a vom 9/4. 1944, ausg. 5/1. 1953.) SCHLITT. 7233

Joseph Anton Talalay, New Haven, Conn., V. St. A., *Herstellen von hohlen Gegenständen aus Schaumgummi.* Eine aufgeschäumte, wss. Kautschukmilchdispersion wird einer Abkühlung von solcher Stärke u. Dauer unterworfen, daß nur ein Teil des Schaumes durch die Temperaturänderung verfestigt u. innerhalb der Form koaguliert wird, worauf dann durch Zusammenfallen des nicht verfestigten Schaumteiles ein Hohlraum in der verschäumten M. gebildet wird. (**D. B. P. 860 546** Kl. 39a vom 22/12. 1950, ausg. 22/12. 1952. A. Prior. 6/1. 1950.) SCHLITT. 7231

United States Rubber Co., New York, N. Y., V. St. A. (Erfinder: **H. McWilliams Buckwalter**), *Behandeln von Cordgeweben für die Armierung von Gummidecken für Autoreifen.* Man behandelt das Cordgewebe mit einem organ. prim. Amin, Diphenylguanidin oder Piperidin (Kp. mindestens 75°, F. nicht < 150°). Diese Amine diffundieren dann während der Verwendung langsam in die Gummidecke u. schützen diese gegen eine Wärmealterung u. nachfolgende Zerstörung. Man kann die Amine zwischen der Gummidecke u. der inneren Stoffdecke anbringen oder innerhalb der letzteren. Man kann auch einen festen Adsorptionsträger mit den Aminen imprägnieren. (**Schwed. P. 135 610** vom 28/1. 1949, ausg. 6/5. 1952. A. Prior. 26/3. 1948.) JÜRGEN SCHMIDT. 7231

B. F. Goodrich Co., New York, N. Y., übert. von: **Donald V. Sarbach**, Cuyahoga Falls, und **George P. Loomis**, Silver Lake, O., V. St. A., *Bindemischung* zum Verbinden von *Mischpolymerisaten* aus *Mono-* u. *Diolefinen* mit natürlichem oder künstlichem Kautschuk oder mit Textilien, bestehend aus einer Mischung aus einem Isoolefin (I)-Diolefin-Mischpolymerisat (mit 80—99,5% I) u. einem Chlorbutadien. I soll 4—5 C-Atome haben, das Diolefin 4—6. Das Mischungsverhältnis soll 80 : 20—20 : 80 sein. (**A. P. 2 541 550** vom 3/1. 1949, ausg. 13/2. 1951.) OVERBECK. 7231

Pneumatiques et Caoutchouc Manufacturé Kléber-Colombes Soc. An., Seine, Frankreich, *Kleben von Kautschukvulkanisaten* aneinander. Man halogeniert die Vulkanisatoberflächen (mit SO_2Cl_2, $SOCl_2$, PCl_3, PCl_5, $POCl_3$, $C_6H_5SO_2Cl$, CCl_3COCl, Halogenchinonen), wobei die Halogenierungslsg. auch gleichzeitig ein Plastiziermittel für den entstehenden Halogenkautschuk enthalten kann, bringt auf eine oder beide zu verklebende Flächen einen Halogenkautschukleim (z. B. aus 10 g Chlorkautschuk, 2,5 g Butylphthalat, 10 g rotem Fe-Oxyd, 100 cm^3 Trichloräthylen) u. preßt. (**F. P. 1 006 467** vom 19/1. 1948, ausg. 23/4. 1952.) PANKOW. 7231

—, A. S. T. M. Standards on Rubber products. Philadelphia: American Society for testing materials. 1950. (652 S.)

XV. Gärungsindustrie.

Wilhelm Geiß, *Die Filtration von Spirituosen.* Wirkungsweise u. Anwendung der Asbest-Anschwimmfilter unter besonderer Berücksichtigung der SEITZ-Fabrikate. — Abbildung. (Branntweinwirtschaft **75.** 33—37. 10/2. 1953. Kreuznach, Seitz-Werke.) KIELHÖFER. 7536

Hermann Fink und **Franz Heilmeier,** *Hat die Feinstvermahlung von Hopfen einen Einfluß auf die Ausfällung der Eiweißkörper?* Verss., die Eiweißausscheidungen in Würze durch Verwendung von feinzermahlenem Hopfen an Stelle von ganzen Hopfendolden, zu erfassen, ergaben, daß prakt. kein Unterschied in der N-Bilanz bei der Würzekochung eingetreten war. Es kann der Fall vorliegen, daß durch zermahlenen Hopfen zwar mehr Eiweiß aus der Würze ausgeschieden, dies jedoch durch erhöhte Eiweißauflsg. aus dem Hopfen wettgemacht wurde. (Brauwissenschaft **1951.** 97—99. Juli. Köln, Univ., Inst. für Gärungswiss. u. Enzymchem., Brauwiss. Abt.) GRAU. 7544

René Gallay, Lucien Benvegnin und **Henri Leyvraz,** *Zwanzig Jahre Erfahrungen in der Kultur roter Traubensorten und der Weinbereitung daraus.* Es sind 98 Hybriden u. 97 europäische Rebsorten geprüft worden. Hiervon haben sich nur 5 Sorten nach Ertrag u. Weinqualität als vermehrungswürdig erwiesen. Angaben über Erträge u. Beurteilung der Weinqualität in verschied. Jahren. (Landwirtsch. Jb. Schweiz **66.** ([N. F.] **1.**) 1087—94. 1952. Lausanne, Stat. féclér. d'enais agric.) KIELHÖFER. 7554

L. Depardon, *Der Weinbau und Wein von Bourgueil.* Angaben über Geschichte, Bedeutung, Klima, Geographie u. Geologie, Bodenbeschaffenheit, Rebsorten u. Rebschnitt, Weinbereitung u. Zus. der Weine des Weinbaugebietes von Bourgueil (Loire). (Ann. Inst. nat. Rech. agronom., Sér. A **3.** 953—62. Nov./Dez. 1952. Blois, Stat. agron. et oenolog.) KIELHÖFER. 7554

Fr. Seiler, *Zusammensetzung der 51er naturreinen Moselweine.* Angaben über den Geh. an A., unvergorenem Zucker, zuckerfreiem Extrakt, titrierbarer Säure, Weinsäure u. Mineralstoffen. (Dtsch. Wein-Ztg. **89.** 301—02. 1/7. 1953. Trier.) KIELHÖFER. 7554

K. Hennig, *Ionenaustauscher in der Weinchemie und Kellerwirtschaft.* Ausführliche Darlegung der Wirkungsweise der Ionenaustauscher. Literaturangaben. Verss. mit Kationenaustauschern u. Anionenaustauschern bei Wein. Das Durchflußverf. ist hierbei nicht brauchbar. Es soll vielmehr eine bestimmte Menge Austauscher dem zu behandelnden Wein zugesetzt werden. Zur Entsäuerung des Weines kommen 5—15 g/Liter Anionenaustauscher in Frage. Analysen vor u. nach der Behandlung des Weines mit Austauschern. (Dtsch. Wein-Ztg. **89.** Nr. 9. [Wein u. Rebe **35.**] 137—42. 21/3. 1953. Geisenheim/Rh., Inst. für Biochem. u. Weinchem.) KIELHÖFER. 7554

Emile Capt, *Die Verwendung der Ionenaustauscher zur Behandlung stichiger Weine.* Die Affinität der Essigsäure zu den bei den Verss. benutzten (nicht näher bezeichneten) Kunstharz-Anionenaustauschern ist geringer als die aller anderen Säuren des Weines. Ein Entzug derselben ohne erhebliche Veränderung der Zus. des Weines ist daher nicht möglich. Der Austausch der Essigsäure gegen Milchsäure ist zwar (im Gegensatz zu einem solchen gegen Weinsäure u. Citronensäure) möglich; er führt aber, im Wein vorgenommen, zu einer beträchtlichen Verminderung der Weinsäure u. der anorgan. Säuren sowie einer erheblichen Vermehrung der Milchsäure, ferner auch (durch Adsorption) zu einem Verlust an Farbe u. Bukett. Dadurch werden die organolept. Eigg. erheblich verschlechtert. Eine solche Behandlung essigstichiger Weine, die bisher gesetzlich nicht zulässig ist, kommt deshalb auch für die Zukunft nicht in Frage. (Landwirtsch. Jb. Schweiz **66.** ([N. F.] **1.**) 1113—27. 1952. Lausanne, Stat. fédér. d'enais agric.) KIELHÖFER. 7554

René Gallay, Lucien Benvegnin und **Emile Capt,** *Die Wirkung der Reinzuchthefe auf die Eigenschaften des Weines.* In exakten Verss. unter Verwendung egalisierten Ausgangsmaterials u. Einhaltung gleicher Gärungsbedingungen mit verschied. Heferassen, darunter auch solchen ausländ. Herkunft unter Benutzung schweizer. Moste der Jahrgänge 1948, 49 u. 50 wurden frühere Beobachtungen bestätigt. Bei den Jungweinen sind zunächst geringe Qualitätsunterschiede zwischen den einzelnen Versuchsansätzen festzustellen. Diese sind aber nicht auf die Heferasse, sondern auf zufällige Einflüsse zurückzuführen. Auch sind die ohne Reinhefe, aber unter SO_2-Zusatz vergorenen Vergleichsweine qualitativ gleichwertig. Eine Korrelation zwischen der Weinqualität u. der Verwandtschaft der benützten Heferasse mit dem zu vergärenden Most auf Grund ihrer Herkunft besteht ebenfalls nicht. Bei späteren organolept. Prüfungen lassen sich überhaupt keine Qualitätsunterschiede mehr feststellen. (Landwirtsch. Jb. Schweiz **66.** ([N. F.] **1.**) 1095—1103. 1952. Lausanne, Stat. fédér. d'enais agric.) KIELHÖFER. 7554

Heinrich Schulle, *Die Bedeutung der Apiculatushefen für die Gärtätigkeit der echten Weinhefen in zuckerreichen Mosten.* Die alkoh. Gärung durch echte Weinhefe (Saccharomyces cerevisiae, var. ellipsoideus) wird in Ggw. von zugespitzter Hefe (Kloeckeraspora apiculata) gehemmt. Dies ist aber nur der Fall, wenn die Apiculatushefe im Gärgemisch überwiegt. In dem Maße, wie die Beimischung der Apiculatushefe zurückgeht (z. B. bei 10—20% Anteil), wird die Gärleistung der echten Weinhefe über ihre Leistung ohne Beimischung hinaus gefördert. (Arch. Mikrobiol. **18**. 342—48. 1953. Geisenheim/Rh., Botan. Inst. der Versuchs- u. Forschungsanst.) KIELHÖFER. 7554

M. A. Gerassimow, *Längeres Belassen von Wein auf dem Hefebodensatz.* Der Bodensatz nach beendeter Gärung besteht aus anorgan. Stoffen sowie Hefen u. Bakterien. Bei der Autolyse der Hefe werden Substanzen frei, die den Bakterien als Nährboden dienen. Das während der Gärung hemmende CO_2 verflüchtigt sich, die Folge ist ein kräftiges Bakterienwachstum mit Entw. von unangenehmem Beigeschmack u. Trübung. Andererseits wurde festgestellt, daß durch Zugabe von Hefeautolysaten die Güte von Champagner erhöht u. seine Reifung beschleunigt wird. Bei Weißweinen ist durch 3monatiges Stehen über der Hefe eine Qualitätssteigerung nur dann zu erwarten, wenn durch Schwefeln vor der Gärung der Bodensatz arm an Bakterien ist, Hefereinkulturen u. geeignete Tempp. (12°) angewandt werden. (Виноделие и Виноградарство СССР [Weingewinn. u. Rebenzucht] **10**. Nr. 1. 31—32. Jan. 1950.) SCHMELZ. 7554

H. Schanderl und **Margit Draczynski,** *Brettanomyces, eine lästige Hefegattung im flaschenvergorenen Schaumwein.* Diese Hefen erschweren das Rütteln des Schaumweines u. können noch bei 10—12 Vol.-% A. eine Nachgärung unter Erhöhung der flüchtigen Säure verursachen. Durch 100 mg/Liter SO_2 wird ihre Entw. verhindert, durch Kaltgärung gehemmt. Der beste Schutz ist eine scharfe Filtration des für die Schaumweinbereitung bestimmten Weines u. Gärung durch Reinzuchthefe. (Dtsch. Wein-Ztg. **88**. Nr. 20. [Wein u. Rebe **34**.] 462—64. 16/10. 1952. Geisenheim/Rh.) KIELHÖFER. 7554

Walter Saller, *Gekühlte Gärung — Kaltgärung.* Inhaltlich ident. mit C. **1953**. 3967. (Schweiz. Z. Obst- u. Weinbau **62**. 49—50. 7/2. 1953. Klosterneuburg, Österreich, Höh. Bundeslehr- u. Versuchsanst.) KIELHÖFER. 7554

Hubert C. Stollenwerk, *Fortschritte in der Tankgärung von Schaumwein.* Bericht über anläßlich einer Studienreise durch Deutschland u. Frankreich festgestellte Fortschritte in der Schaumweinbereitung nach dem Großraumgärverfahren. (Wines and Vines **33**. Nr. 10, techn. Sect. 19—25. Okt. 1952.) KIELHÖFER. 7554

Lucien Benvegnin und **Jean Michod,** *Die einem Wein zuzusetzende Menge an SO_2 um seinen Gehalt an freiem SO_2 auf einen gegebenen Wert zu bringen.* Diese Menge läßt sich durch einfache graph. Interpolation zweier Versuchsergebnisse mit verschieden hohen Zusätzen an SO_2 ermitteln: Bei einer Probe (100 cm³) des betreffenden Weines wird eine geringere Menge SO_2, bei einer anderen Probe eine höhere Menge SO_2 (als K-Metabisulfit) zugesetzt als man im Wein zu haben wünscht. Die beiden verschlossenen Versuchsflaschen werden 48 Std. im Dunkeln aufbewahrt u. sodann jeweils 50 cm³ auf ihren Geh. an freiem SO_2 untersucht. Die so erhaltenen beiden Werte werden in einem Koordinatensyst. zu der jeweils hinzugesetzten Menge an SO_2 in Beziehung gebracht. Aus der Geraden, die diese beiden Punkte verbindet, läßt sich die einem gewünschten Geh. an freiem SO_2 entsprechende zuzusetzende Menge SO_2 ermitteln. (Landwirtsch. Jb. Schweiz **66**. ([N. F.] **1**.) 1107—12. 1952.) KIELHÖFER. 7554

Wilhelm Geiß, *Filtration von Entschleimungs- und Schönungstrub in der Weinkellerwirtschaft.* Es werden dazu die auch zur Kieselgurfiltration benutzten Trubrahmen sowie abwaschbare Filtrierschichten empfohlen. (Dtsch. Wein-Ztg. **89**. Nr. 5 u. 6. [Wein u. Rebe **35**.] 80. 11/2. 96. 21/2. 1953. Kreuznach, Seitz-Werke.) KIELHÖFER. 7554

Georg Haeseler, *Schönung von Spirituosen.* Allgemeine Angaben über die Gewinnung u. Anwendung der verschied. nach dem Weingesetz zulässigen Schönungsmittel. (Branntweinwirtschaft **75**. 42—45. 10/2. 1953. Berlin, Inst. für Gärungsgewerbe.) KIELHÖFER. 7554

Gabriel Bertrand und **Lazare Silberstein,** *Untersuchungen über den Methanolgehalt von Wein.* Inhaltlich ident. mit der C. **1952**. 6452 referierten Arbeit. (Ind. agric. aliment. **69**. 311—16. April 1952.) KIELHÖFER. 7554

Dan W. Steuart, *Redoxpotentiale bei der Ciderbereitung.* Nach Angaben über die r_H-Werte (colorimetr. bestimmt) von Cider (Apfelwein) in verschied. Entwicklungsstadien wird die Feststellung des I.T.T.-Wertes nach dem Prinzip von GRAY u. STONE beschrieben. Es werden die damit gefundenen Werte bei Apfelsaft vor u. nach Durchleiten von Luft (Anstieg bis > 60 Min.) nach Erhitzen (starke Abnahme) u. nach Zusatz von SO_2 angegeben; ferner von Apfelwein in verschied. Ausbaustadien u. nach verschied. Behandlung, sowie nach der Flaschenfüllung. Zusatz von 0,001% Ascorbinsäure bewirkt Abnahme von 30 auf < 1 Min., von 0,3% Traubentannin von 38 auf 4 Min., von 0,05% 6%ig. H_2O_2 Zunahme von < 1 auf 60 Minuten. (Chem. and Ind. **1952**. 830—31. 23/8. Attleborough u. London, William Gaymer & Son, Ltd.) KIELHÖFER. 7556

Edward Krupski, Nathan A. Hall und **Louis Fischer,** *Die Wirkung verdorbener Früchte auf Tischweine aus Loganbeeren, Trauben und Äpfeln.* Aus gesunden, ziemlich guten, schlechten u. sehr schlechten Früchten (Loganbeeren = Kreuzung zwischen Himbeeren u. Brombeeren, Trauben u. Äpfeln) wurde (auf die im Staat Washington übliche Weise) Wein bereitet (gezuckert mit Dextrosesirup, nach der Gärung nachgesüßt, nach der Flaschenfüllung pasteurisiert). Die eingehende chem. Unters. erfolgte nach den amtlichen amerikan. Methoden. Es wurden dabei u. a. folgende Abweichungen bei den Weinen aus schlechten Früchten festgestellt: Abnahme der nichtflüchtigen Säure, Zunahme der flüchtigen Säure u. auch Ester beim Apfelwein; hierbei auch Zunahme der Methanol- u. Furfurol liefernden Stoffe, ferner Farbabnahme. — 25 Literaturhinweise. (Amer. J. Pharmacy **Sci.** support. publ. Health **124**. 264—68. Aug. 1952. Seattle, Wash., Univ., Coll. of Pharm.) KIELHÖFER. 7556

Otto Hromatka, *Über die submerse Essiggärung.* Es wird die Entw. eines neuen Verf. (vgl. C. **1952**. 5430) beschrieben, bei welchem es durch gute Sauerstoffdarbietung möglich ist, den gesamten Gärraum für die Tätigkeit der Essigbaktreien heranzuziehen. Die Gärung vollzieht sich in kurzer Zeit bei guter Ausbeute ohne Verluste. Die Gärgefäße können gegenüber dem Fesselverf. um eine Zehnerpotenz kleiner gehalten werden u. dadurch aus nichtrostendem Stahl hergestellt werden. (Chemiker-Ztg. **76**. 776—79. 20/11. 815—17. 5/12. 1952. Wien, Univ., I. Chem. Labor.) KIELHÖFER. 7564

K. Hennig, *Die Bedeutung der freien schwefligen Säure und ihre Bestimmung.* Es wird eine App. zur Best. des freien SO_2 durch den Praktiker beschrieben, die aus einer Schüttelbürette besteht. Es wird dazu n/128 Jodat–Jodid-Lsg. unter Zusatz einer Phosphorsäure–Stärke-Lsg. benutzt, so daß (bei Verwendung von 50 cm^3 Wein) jeder Teilstrich der Bürette 1 mg SO_2 je Liter Wein entspricht. Betrachtungen über die Veränderungen **des SO_2 im Wein. Ratschläge für die Schwefelung** des Weines; der Geh. an freiem SO_2 soll 10—20 mg/Liter betragen. (Dtsch. Wein-Ztg. **88**. Nr. 22. [Wein u. Rebe **34**.] 515—16. 16/11. 1952. Geisenheim/Rh., Inst. für Biochem. u. Weinchem.) KIELHÖFER. 7606

G. Séris, *Über den Nachweis von Konservierungsmitteln im Wein.* Ausführliche Literaturangaben (77 Hinweise) über die hier besprochenen organ. Konservierungsmittel (Benzoesäure u. Derivv.). Der Nachw. des Vf. beruht auf der Extraktion mittels Ae.-PAe., Reinigung des Extraktes, Verdunstung des Lösungsm., Trennung durch Mikrosublimation, Identifizierung durch F., Misch-F., chem. Rkk. usw. Auf diese Weise können Benzoesäure, Ester der p-Oxybenzoesäure sowie p-Chlorbenzoesäure nachgewiesen werden. (Ann. Falsificat. Fraudes **44**. 373—81. Okt./Dez. 1951. Labor. Central du Serv. de la Répression des Fraudes.) KIELHÖFER. 7606

G. Séris, *Nachweis von Apfelwein im Wein mittels o-Nitrobenzaldehyd.* Literaturangaben (31 Hinweise) über die Methoden zur Sorbitbest. im Wein. Da der bisher meistens zur Best. benutzte o-Chlorbenzaldehyd in Frankreich schwer erhältlich u. auch leicht oxydierbar ist, wird stattdessen die Verwendung von o-Nitrobenzaldehyd (**I**) vorgeschlagen. Eine Untersuchungsvorschrift wird angegeben. Mannit reagiert nicht mit **I**. (Ann. Falsificat. Fraudes **44**. 425—29. Okt./Dez. 1951. Labor. Central du Serv. de la Répression des Fraudes.) KIELHÖFER. 7606

XVI. Nahrungs-, Genuß- und Futtermittel.

Garold C. Jenison, *Weißblech und Lebensmittelkonservierung in den USA.* Allg. Ausführungen. (Tidsskr. Hermetikind. **39**. 237—42. Mai 1953.) FRESENIUS. 7634

Balbino Del Nunzio, *Kältekonservierungsverfahren für landwirtschaftliche Produkte.* Überblick. (Rev. prat. Froid **8**. Nr. 1. 36—42. Okt. 1952. Padua, Univ.) WINIKER. 7636

D. H. Greup, *Untersuchungen über das Altbackenwerden von Brot. Der Einfluß von gequollenem und teilweise hydrolysiertem Stärkemehl auf den Alterungsvorgang.* Es wird einführend ein Überblick gegeben über den Einfl. der „Rückbldg." (retrogradation) der Stärke auf das Altbackenwerden des Brotes. Sodann wird ein neues Verf. zur Teigbereitung beschrieben, wobei vorbehandelte Stärke u. der hiervon abgetrennte Kleber dem Teig einverleibt werden, der anschließend in üblicher Weise ausgebacken wird. Bei dem vorbehandelten Mehl wurden wechselnde Mengen des Stärkeanteils nach Abtrennung des Klebers teilweise hydrolysiert. Die vorbehandelte Stärke ist von

Einfl. auf Menge u. Zus. der extrahierbaren Kohlenhydrate u. auf die Broteigg., bes. auf die Weichheit der Brotkrume. (Chem. Weekbl. **48.** 219—23. 12/4. 1951. Wageningen, Centraal Inst. voor Voedingsonderzoek T. N. O.) SCHEIFELE. 7674

Ernest Bovay, *Die Konservierung von Tafeltrauben mittels Schwefeldioxyd.* Nach Verss. 1950 u. 1951 mit verschied. Tafeltraubensorten ergibt sich die beste Haltbarkeit der Trauben (3 Monate) in gasdichten Kühlzellen (ohne Kühlsegmente) bei 0^0 u. wiederholter Desinfektion (ca. alle 10 Tage) mit SO_2 (15 g je m^3). (Landwirtsch. Jb. Schweiz **66.** ([N. F. **1.**) 1083—86. 1952. Lausanne, Stat. fédér. d'enais agric.) KIELHÖFER. 7688

G. Jakovliv, *Überlegungen über die Methoden zur Bewertung des Pektingehaltes der Früchte.* Die übliche Best. des in der Kälte lösl. Pektins gibt den wahren Pektingeh. der Früchte nur sehr unvollständig wieder. Es wird auf Grund eigener Unterss. sowie von Literaturangaben der Geh. verschied. Früchte in verschied. Reifezustand an Gesamtpektin u. lösl. Pektin angegeben. Vf. empfiehlt, neben der acidimetr. Meth. zur Pektinbest. auch die einfachere gravimetr. Ca-Pektatmeth. unter Benutzung eines Korrekturfaktors beizubehalten. (Ind. agric. aliment. **69.** 317—20. April 1952.) KIELHÖFER. 7702

Lucien Benvegnin, Emile Capt und **Jean Michod,** *Versuche zur Identifizierung des Metallgeschmackes der Traubensäfte.* Der Metallgeschmack mancher Traubensäfte, gek. durch einen lange festhaftenden bitteren u. zusammenziehenden Nachgeschmack ist nicht auf eine bestimmte Sterilisationsmeth. oder auf SO_2 zurückzuführen. Ein Cu-Geh. von 10 mg/Liter kann diesen Geschmacksfehler verursachen. Er wird aber dabei u. selbst bei höherem Cu(u. Fe-)-Geh. nicht immer festgestellt. Andererseits wird er auch gefunden bei Süßmosten ohne Cu- u. andere Schwermetalle. Es müssen also noch andere Ursachen dafür vorhanden sein. (Landwirtsch. Jb. Schweiz **66.** ([N. F.] **1.**) 1129—40. 1952. Lausanne, Stat. fédér. d'enais agric.) KIELHÖFER. 7706

E. A. H. Roberts, *Die Chemie der Teefermentation.* Übersicht mit 37 Literaturangaben. (J. Sci. Food Agric. **3.** 193—98. Mai 1952. London, Indian Tea Assoc.) KRUSEN. 7724

W. G. C. Forsyth und **J. E. Rombouts,** *Die Extraktion von Kakaopigmenten.* Nach verschied. Verff. getrocknete Kakaobohnen wurden zur Extraktion der Pigmente mit A. behandelt. Vff. konnten zeigen, daß die wichtigsten Anthocyanine in Form von freien Farbbasen, freien Pseudobasen u. als farblose Komplexe mit polyphenol. Verbb. vorliegen. Aus frischen Bohnen sowie aus solchen, die so getrocknet wurden, daß die Farbstoffe in den ursprünglichen Zellvakuolen verbleiben (Sonnentrocknung, Vakuumtrocknung bei 25°, Trocknung im gut gelüfteten Schrank bei 40—58°), lassen sich die Farb- u. Pseudobasen leicht durch A. extrahieren. Werden die Bohnen jedoch so getrocknet, daß vor der Dehydratation der Zelltod eintritt, so diffundieren die Farbbasen, jedoch nicht die Pseudobasen, aus den Pigmentzellen in die umliegenden Zellen u. werden dort komplex gebunden, so daß sie nicht durch reinen A., jedoch durch **70%ig.** A., extrahiert werden können. (J. Sci. Food Agric. **3.** 161—64. April 1952. Trinidad, British West Indies, Colonial Microbiol. Res. Inst.) KRUSEN. 7726

H. L. Pearse und **L. Novellie,** *Südafrikanische Tabake.* 1. Mitt. *Erkennung von Aminosäuren und anderen Inhaltsbestandteilen.* Der mit 80%ig. A. aus fein gepulverten Tabakblättern hergestellte Extrakt wird nach Entfernung des A. mit $CdSO_4$ u. $Ba(OH)_2$ geklärt. Die Lsg. wird dann an *Dowex 50* u. danach an *Amberlite IR 4 B* adsorbiert. In den Eluaten werden zahlreiche Aminosäuren u. 4 Zucker papierchromatograph. nachgewiesen. Im Chromatogramm des unbehandelten Extrakts ist Chlorogensäure nachweisbar. (J. Sci. Food Agric. **4.** 108—12. Febr. 1953. Rustenburg, Transvaal, Central Tobacco Res. Stat., u. Pretoria, Nat. Chem. Res. Labor.) FRESENIUS. 7734

A. Bérard, *Zur Möglichkeit der Verwendung germicider Lampen in der Fleisch- und Wurstwarenindustrie.* Allg. Ausführungen. (Rev. prat. Froid **8.** Nr. 8. 22—24. 65. Mai 1953.) WINIKER. 7750

P. N. Sen Gupta, *Untersuchungen über Fleischtrocknung.* 2. Mitt. *Beziehung zwischen Luftfeuchtigkeit und Trockenzeit.* (1. vgl. C. **1952.** **2939.**) Vf. untersuchte die Beziehungen zwischen Luftfeuchtigkeit u. Trockenzeit beim Trocknen von Fleisch (Stücke von ca. 0,5 cm Dicke, 13—15 cm Länge u. 4 cm Breite im Gegenstrom-Tunneltrockner). Die Beziehungen sind linear, so daß man imstande ist, bei gegebener Luftfeuchtigkeit die zum Trocknen erforderliche Zeit abzulesen. Vf. gibt auf die einzelnen Monate im Jahr bezogene Luftfeuchtigkeiten in Abhängigkeit von der Trocknungsdauer graph. wieder. (J. Indian chem. Soc., ind. News Edit. **14.** 125—33. 1951. Calcutta, Indian Museum, Dep. of Anthropol., Biochem. Sect.) GRAU. 7750

P. N. Sen Gupta, *Untersuchungen über Fleischtrocknung.* 3. Mitt. *Einfluß der Trocknung auf den Nährwert von Ziegenfleisch und eßbaren Innereien.* (2. vgl. vorst. Ref.)

Unterss. über die Zus. von frischem u. getrocknetem Ziegenfleisch u. Innereien, wie Herz, Leber, Lunge, Nieren u. Hirn von männlichen, weiblichen u. kastrierten Tieren zweier Rassen umfaßten den Geh. an W., Fett, Asche, Eiweiß, Calorien, Gesamt-Fe, P, Ca, ionisiertes Fe, Thiamin, Nicotinsäure (I), Ascorbinsäure (II) u. Gesamtbakterienzahl. Während die Hauptnährstoffe wesentliche Veränderungen durch das Trocknen, bezogen auf das frische Material, nicht erleiden, trat ein völliger Verlust an Vitamin B_1 ein, wahrscheinlich hervorgerufen durch das Pökeln des Fleisches vor der Trocknung. Der Verlust an I betrug nur 5—10%, II war in Frischfleisch nicht vorhanden. Der II-Geh. der Leber wurde durch das Trocknen um 50% vermindert. (J. Indian chem. Soc., ind. News Edit. **14**. 134—47. 1951.) GRAU. 7750

E. H. Callow, *Gefrierfleisch.* Übersicht der wissenschaftlichen Grundlagen u. techn. Durchführung der Fleischgefrierung. — 49 Literaturangaben. (J. Sci. Food Agric. **3**. 145—50. April 1952. Cambridge, Univ., Low Temp. Stat. for Res. in Biochem. and Biophys.) KRUSEN. 7750

J. C. Sharp und **G. Howard Smith,** *Die in Walfleisch bei Lagerung in gefrorenem Zustand eintretenden Veränderungen.* Vff. beobachteten die in gefrorenem Walfleisch bei Lagerung bei —10° eintretenden Veränderungen. Es entwickelte sich bei der Luft ausgesetztem Fleisch ein ranziger Geschmack, von dem jedoch nur eine dünne Oberflächenschicht befallen war u. dessen Ursache Fettoxydation war. Nach 22 Monaten Lagerzeit wiesen Fleischblöcke im Innern noch keinen ranzigen Geschmack auf, desgl. war bei fest in Eis eingeschlossenen Fleischblöcken die Oberfläche noch einwandfrei. Verss. mit verschied. Packmaterial zeigten, daß nur Polyvinylidenchloridfilm das Fleisch wirksam schützt. (J. Sci. Food Agric. **3**. 179—85. April 1952. Cambridge, Univ., Low Temp. Stat. for Res. in Biochem. and Biophys.; Dep. of Sci. and Ind. Res.) KRUSEN. 7750

R. H. M. Robinson, G. C. Ingram und **B. P. Eddy,** *Trimethylaminbildende Bakterien in Walfleisch.* Von 107 aus Walfleisch verschied. Herkunft isolierten Bakterienstämmen konnte in vitro bei 64 eine Bldg. von *Trimethylamin* (I) aus Trimethylaminoxyd, bei 8 aus Cholin u. bei keinem aus Lecithin beobachtet werden. Prakt. Schlußfolgerungen können hieraus nicht gezogen werden, da nicht bekannt ist, wieviel I natürlicherweise im Walfleisch enthalten ist. (J. Sci. Food Agric. **3**. 175—79. April 1952. Cambridge, Univ., Low Temp. Stat. for Res. in Biochem. and Biophys.; Dep. of Sci. and Ind. Res.) KRUSEN. 7750

L. R. MacDonnell, Hans Lineweaver und **R. E. Feeney,** *Chemie der Verderbnis von Eiern mit Schale: Wirkung reduzierender Substanzen. Thioglykol* (I), H_2S u. SO_2 rufen in geringen Konzz. (ca. 50‰) bei direkter Applikation eine Verflüssigung des Eiklars u. mißfarbenes Aussehen des Dotters hervor. Ebenso wirken H_2S u. SO_2, wenn sie in der umgebenden Atmosphäre enthalten sind. Ölbehandlung der Eischale vermag die Absorption der Substanzen weitgehend zu verhindern. Diskussion über den Einfl. von SH-Gruppen im Eialbumin u. I. (Poultry Sci. **30**. 856—63. Nov. 1951. Albany, Calif., Western Reg. Res. Labor.) LÜPNITZ. 7754

Lawrence J. Schroeder, Michael Lacobellis und **Arthur H. Smith,** *Hitzebehandlung und Nährwert von Milch und Milchprodukten.* Verss. am erwachsenen Hund zeigen, daß das 15—30 Min. lange Autoklavieren roher Vollmilch keinen Einfl. auf den biol. Wert des Eiweißes ausübt. Verdaulichkeit u. biol. Wert von Milcheiweiß ändern sich nicht, wenn die Milch 5 Monate lang gefroren aufbewahrt wird. Unter den gewählten Versuchsbedingungen verringern auch die üblichen Herstellungsverff. von Dosenmilch u. Trockenmilch nicht den Nährwert. (J. Nutrit. **49**. 549—61. 10/4. 1953. Detroit, Mich., Wayne Univ., Coll. of Med.) FRESENIUS. 7756

P. Haerry, *Die Sterilisation der Milch durch Uperisation.* Bei weitestgehender Wahrung des Rohmilchcharakters werden Farbe, Geschmack u. Geruch von fl. Dauermilchpräpp. verbessert. Auch für Konsummilch eröffnen sich interessante Perspektiven (sterile Lagerhaltung, Transport in Großbehältern). — 8 Literaturhinweise. (Chem. Rdsch. [Solothurn] **5**. 375—76. 15/11. 1952. Konolfingen, Ursina A. G., Zentrallabor.) WINIKER. 7556

—, *Die Herstellung von Milchpulver. Trocknungsprozeß bei möglichst niedrigen Temperaturen. Haltbarkeit und Löslichkeit des Produkts.* Behandelt werden: Teigtrocknung, Walzentrocknung, Vakuum-Walzen-Trocknung, Sprüh-Walzen-Trocknung, Düsenzerstäubungstrocknung u. KRAUSE-Trocknung. (Molkerei-Ztg. **7**. 1235—37. 8/10. 1953.) WINIKER. 7756

W. S. Arbuckle, *Stabilisierte Früchte für Eiskrem.* Vf. beschreibt die Vorteile, die durch Verwendung von stabilisierten Frostfrüchten zur Eiskremherst. erzielt werden. Als Stabilisatoren werden Carboxymethylcellulose, Pektin u. Algisäurederivv. empfohlen.

(Ice Cream Trade J. **48.** 34. 36. 86. Mai 1952. College Park, Md., Univ. of Maryland, Dairy Dep.) KRUSEN. 7756

K. K. Brenziss, *Die Ausnutzung von Tannennadeln als vitaminhaltiges Zusatzfutter.* Als optimale Gabe von zerkleinerten grünen Tannennadeln erwiesen sich 0,2 kg pro 100 kg Lebendgewicht für Schweine u. 0,25 kg je Kopf u. Tag für Schafe. Dabei betrug die Gewichtszunahme der Schweine 8—18% bei einer Verbilligung der Futterkosten um 7—18%. Verfütterung von Nadellaub beeinflußte den Hämoglobingeh. im Blut sowie den Vitamin-A- u. Vitamin-C-Geh. in den inneren Organen der Tiere günstig. (Социалистическое Животноводство [Sozialist. Tierzucht] **15.** Nr. 2. 15—16. Febr. 1953.) M. GORDIENKO. 7782

K. Richter, M. Becker und **K. L. Cranz,** *Untersuchungen über den Nährwert und die Futterwirkung von extrahiertem Baumwollsaatschrot.* Es wurde je eine Probe Baumwollsaatextraktionsschrot aus entschälter bzw. unentschälter Saat in Verss. an Hammeln auf die Verdaulichkeit hin untersucht. Die Verdaulichkeit der organ. Substanz betrug bei Extraktionsschrot aus entschälter Saat 72,8, aus unentschälter 56,2%. In einem Milchviehvers. übte die Verfütterung von 1,2 kg extrahiertem Schrot aus entschälter Saat im Vgl. zu einem üblichen Kraftfuttergemisch die gleiche Wrkg. auf Milchmenge u. Fettgeh. aus. (Züchtungskunde **24.** 173—79. Febr. 1953. Braunschweig-Völkenrode, Forschungsanst. für Landw., Inst. für Tierernährung.) NEHRING. 7786

G. Fingerling, *Ergebnis der Versuche zur Ermittlung des Nährwertes des Herbst'schen Holzzellmehles bei Schweinen.* In 12 Tabellen werden die Fütterungsergebnisse an Schweinen mit Holzzellmehl u. Kartoffelflocken aufgeführt. Die Ergebnisse zeigen deutlich, daß Holzzellmehl keiner enzymat. Spaltung unterliegt, sondern nur von Bakterien verarbeitet wird. Dementsprechend liegen die Ansatzzahlen mit Kartoffelflocken bei der Schweinemast bedeutend günstiger. (Arch. Tierernähr. **1.** 22—35. Juli/Aug. 1950. Leipzig-Möckern, Landw. Versuchs- u. Forschungsanst. für Pflanzenbau-, Tierernährungs- u. Bodenkunde.) GLIMM. 7786

Earl F. Potter, *Neue Methode zur Bestimmung der Feuchtigkeit.* Feuchtigkeit von Fruchtmark u. Saftkonzentraten wird aus der Gewichtszunahme eines Trockenmittels errechnet. Man behandelt das Material mit Methanol, filtriert u. läßt einen aliquoten Teil des Filtrats (mit 250—500 mg W.) durch eine gewogene Menge *Drierite* (I) laufen. Dann wird mit Methanol u. Ae. oder PAe. nachgewaschen, bei 140° F getrocknet u. gewogen. I kann durch 2—3 Std. langes Erhitzen bei 464—473° F regeneriert werden. (Food Ind. **23.** 85. 190. Jan. 1951. Albany, Calif., Agricult. Res. Admin.) FRESENIUS. 7808

Theodor Schultes, Erlenbach, Schweiz, *Haltbarmachung von Lebensmitteln* durch Abtötung der das Verderben hervorrufenden Mikroorganismen, indem das zu behandelnde Gut gleichzeitig der Einw. von Ultraschall, Elektronen hoher Geschwindigkeit u. UV-Strahlung ausgesetzt wird. (**Schwz. P. 283 739** vom 11/1. 1950, ausg. 16/10. 1952.) MAASS. 7635

Gerd Poetschke, *Verfahren zur Desinfektion und Konservierung verderblicher Stoffe, besonders Nahrungsmittel,* darin bestehend, daß man den Stoffen Antibiotica, bes. Streptomycin, aber auch Penicillin, Aureomycin, Chloromycetin entweder einzeln oder im Gemisch hinzusetzt. Man bestreut Fleisch mit Kochsalz, das 0,5% Streptomycin enthält. Frische Bananen werden mit Talk, der 1% Streptomycin enthält, eingepudert. Um Würste zu konservieren, fügt man zu 100 kg Wurstfleisch 1 Liter einer 0,3%ig. Streptomycinlsg. hinzu. Man kann auch Schlachthaus- u. Gerbereiabfälle auf diese Weise vor Bakterienbefall bewahren. (**F. P. 1 014 095** vom 9/3. 1950, ausg. 8/8. 1952. D. Prior. 9/3. 1949.) HEYNE. 7635

Pierre-Robert Laguliharre, Frankreich, *Sterilisation von Nahrungsmitteln und anderen Materialien.* Die Nahrungsmittel (Fruchtsäfte, Milchprodd. usw.) (I) werden in fl. oder halbfl. Form, kalt oder warm, in eine Kammer mit gespanntem Wasserdampf von z. B. 130° versprüht u. anschließend einer teilweisen Verdampfung durch Druckentspannung, z. B. auf Atmosphärendruck, unterworfen. Der Druck des gespannten Wasserdampfes, sowie der Druck nach der Entspannung müssen so gewählt werden, daß der Wassergeh. von I nach der Behandlung der gleiche ist wie vorher. — Apparatur. (**F. P. 1 003 333** vom 14/12. 1949, ausg. 17/3. 1952.) HEYNE. 7635

James Emilyn Lodwick Thomas, Ardrossan und **Imperial Chemical Industries Ltd.,** London, England, *Proteingewinnung.* Proteinhaltiges Material, wie entöltes Sojamehl, wird mit einer verd. Alkalilsg. behandelt, die Lsg. geklärt u. das Protein durch Zugabe von z. B. H_2SO_4 oder SO_2 ausgefällt. Der Prozeß erfolgt kontinuierlich, wobei die das gefällte Protein in Suspensionsform enthaltende Fl. kontinuierlich abgeführt u. die

Zufuhr des Fällungsmittels durch Kontrolle der p_H der ablaufenden Fl. gesteuert wird. — Vorrichtung. (**E. P. 681 722** vom 21/11. 1949, ausg. 29/10. 1952.) KRANZ. 7647

Soc. des Levures et Alcools de Grains Soc. An., Frankreich, *Backhilfsmittel.* Zur Verbesserung der plast. Eigg. von Hefeteig, bes. aus Mehlen mit geringem Glutengeh., setzt man dem Mehl vor dem Anmachen des Teiges ca. 1% einer Mischung aus 48 (%) Malzmehl, 48 Bohnenmehl u. 4 CaO_2 hinzu. An Stelle von Malz- u. Bohnenmehl kann auch gewöhnliches Getreidemehl genommen werden. CaO_2 wird hergestellt, indem man in der Kälte auf Perhydrol sehr reines $Ca(OH)_2$ einwirken läßt. Das gebildete CaO_2 wird getrocknet u. sehr fein gemahlen. Es kann bis zu 15% Sauerstoff abgeben. (**F. P. 1 008 261** vom 12/1. 1950, ausg. 15/5. 1952.) HEYNE. 7677

Robert I. Glary, Blue Point, N. Y., V. St. A., *Konservieren schalenfreier Früchte und Vegetabilien* mittels einer Mischung aus einer 8-Oxychinolinverb. u. einem Glied einer aus einer Lecithin- oder Cholinverb. bestehenden Gruppe. (**A. P. 2 615 814** vom 9/6. 1951, ausg. 28/10. 1952.) MAASS. 7679

Pomosin-Werke G. m. b. H. (Erfinder: **Hansfriedel Gudjons, Gert Taubmann** und **Rudolf Wahl**), Frankfurt/M., *Herstellung von Rübenpektin.* Rübenschnitzel werden bei $p_H < 2$ u. Temp. $< 50^0$ mit mindestens der 10fachen Menge einer Säurelsg. hydrolysiert u. extrahiert. Die Pektinstoffe werden im Hydrolysenauszug mit A. oder Metallionen ausgefällt. (**D. B. P. 879 507** Kl. 53k vom 22/2. 1941, ausg. 15/6. 1953.) KRANZ. 7703

Siemens-Schuckertwerke-Akt.-Ges. (Erfinder: **Günther Scharowsky**), Berlin und Erlangen, *Behandlung von Süßmost* u. anderen organ. Flüssigkeiten. Die Fl. wird durch Hindurchleiten eines elektr. Stromes, bes. im Durchlaufverf., erhitzt, wobei in den Stromkreis ein elektr. Widerstandskörper (I) mit einem solchen Temperaturkoeff. eingeschaltet ist, daß die Summe des mit steigender Flüssigkeitstemp. abnehmenden Widerstandes der Fl. u. des Widerstandes des **I** während des Erhitzens die gleiche bleibt oder, zumindest in dem n. Arbeitsbereich, mit steigender Temp. zunimmt. (**D. B. P. 878 461** Kl. 53k vom 14/3. 1940, ausg. 1/6. 1953.) KRANZ. 7707

Alfred Bird & Sons Ltd., Birmingham, England, *Bleichen von Sagomehl* zur Herst. von *Puddings.* Eine wss. Aufschlämmung von Sagomehl wird bei p_H 4—5 (bei Mehlen niedriger Viscosität) bzw. p_H 11—11,5 (bei Mehlen hoher Viscosität) mit Cl_2 behandelt, von überschüssigem Cl_2 durch Zugabe von H_2O_2 befreit, auf p_H 6—7 eingestellt u. getrocknet. (**E. P. 688 428** vom 7/3. 1951, ausg. 4/3. 1953.) KRANZ. 7711

Soc. Immobilière et Financière du Parc, Frankreich, *Herstellung von löslichem Kaffee-Extrakt.* Geröstete u. gemahlene Kaffeebohnen werden mit W. von 40—50^0, 1 Std. lang durchgeknetet. Der erhaltene Brei wird bei 42^0 unter red. Druck dest., um die Aromastoffe (I) zu gewinnen. Der Destillationsrückstand wird bei 90—95^0 mit W. erschöpfend extrahiert u. die Fl. zu einem Extrakt von 45% Trockengeh. eingedickt. Nach Zugabe von Glucose, Maltose oder Stärkezucker erfolgt Trocknung unter Luftausschluß (II). Nach dem Mischen von **I** mit **II** u. schonender Trocknung der Mischung bei niedriger Temp. unter Luftabschluß erhält man das fertige Produkt. Die Herst. von milchhaltigen Kaffee-Extrakten ist angegeben. (**F. P. 1 005 798** vom 25/9. 1947, ausg. 15/4. 1952.) HEYNE. 7721

Ernest Léon-Victor-Émile Lizeray, Frankreich, *Herstellung wasserfreier Extrakte.* Die Säfte, z. B. von Früchten, Gemüsen, Fleisch, oder Extrakte von Tee, Kaffee usw., werden zunächst unter Rühren zu einer hochviscosen Fl. eingedampft. Die viscose Fl. wird plötzlich stark abgekühlt, wobei fortlaufend weiter gerührt wird, bis eine schwammige, bröcklige u. wasserfreie M. entstanden ist, welche durch Mahlen in ein Pulver von gewünschter Feinheit verwandelt wird. Das Verf. ist bes. zur Herst. von *Kaffee-Extrakten in Pulverform* geeignet. — Vorrichtung. (**F. P. 1 014 263** vom 10/3. 1950, ausg. 12/8. 1952.) HEYNE. 7721

André-Lucien Dillenseger, Frankreich, *Schokoladenpräparat mit einem Gehalt an Fluorverbindungen.* Man versetzt eine Schokoladenmasse mit einer kleinen Menge eines Alkali- oder Erdalkalifluorides u. formt hieraus Tafeln. Man kann außer den Fluorverbb. noch $CaH_4(PO_4)_2$ hinzufügen. Der Geh. an F des Präp. beträgt z. B. 11 mg in einer 125 g schweren Tafel Schokolade. Das Prod. soll den Zähnen zur Verhinderung von Zahnfäule F unmittelbar durch den Kauakt zuführen u. außerdem den Körper mit F u. Ca versorgen. (**F. P. 1 013 756** vom 14/2. 1950, ausg. 4/8. 1952.) HEYNE. 7727

Pierre Steiner, Chene-Bourg, Schweiz, *Veredelung von Tabak.* Der Tabak wird, bes. in der Verbrauchsform, mit der wss. Lsg. des Vitamins PP oder von Vitamin PP bzw. das Provitamin während des Verbrauches des Tabaks bildenden Stoffen, z. B. einer Mischung von $FeCl_3$ u. MnO_2, behandelt. (**D. B. P. 879 376** Kl. 79c vom 1/12. 1949, ausg. 11/6. 1953. Schwz. Priorr. 31/5. u. 9/6. 1944.) KRANZ. 7735

Josef Eisenbrand, Deutschland, *Mittel zur Behandlung von Tabak,* bestehend aus einer 0,5—1%ig. wss. Lsg. mehrwertiger Phenole, wie Resorcin, Phloroglucin, Orcin. Der Lsg. können auch andere für die Behandlung von Tabak bekannte Stoffe, wie Glycerin u. Salpeter, zugesetzt werden. Werden frische Tabakblätter in diese Lsg. eingetaucht oder damit besprüht, so findet eine erhebliche Beschleunigung der Fermentation statt. (**F. P. 1 003 102** vom 4/12. 1946, ausg. 14/3. 1952.) HEYNE. 7735

Swift& Co., Chicago, Ill., V. St. A., übert. von: **Harry H. McKee, Herbert W. Keefer** und **William J. McCue,** *Herstellung von getrocknetem Fleisch,* dad. gek., daß man das Fleisch 20—30 Min. bei 160—180° F kocht, bis die Proteine koaguliert sind u. der Fleischsaft ausgelaufen ist, dann 1—3 Std. unter 160° F bis zu einem Feuchtigkeitsgeh. von 40—50% im eigenen Saft einkocht, zerhackt u. bis zu einem Feuchtigkeitsgeh. von höchstens 10% trocknet. (**Can. P. 483 641** vom 22/9. 1943, ausg. 27/5. 1952. A. Prior. 26/9. 1942.) OPPERMANN. 7751

Raoul Bernat und **Henri Bernat,** Frankreich, *Herstellung von Milchprodukten.* Voll- oder Magermilch wird in bekannter Weise mit Lab in Bruch (**I**) u. Molke (**II**) zerlegt. **I** wird mit großen Mengen von gewöhnlichem oder Invertzucker u. mit anderen Nähr- oder Aromastoffen (Mehlen, Kakao, Vanille u. dgl.) gemischt u. homogenisiert. — **II** wird nach teilweisem Eindampfen in gleicher Weise wie **I** weiterbehandelt. (**F. P. 1 000 117** vom 4/11. 1949, ausg. 8/2. 1952.) HEYNE. 7757

René-Fernand-Marie-Aimé-Louis Champ und **Soc. l'Auvergne Laitière,** Frankreich, *Fermenthaltiges Sahnepulver.* Bei 90° pasteurisierte Sahne wird durch Impfen mit geeigneten Milchsäurebakterien einer Milchsäuregärung zwischen —1 u. 18° unterworfen. Hierbei wird der in der Sahne enthaltene Milchzucker (**I**) in Milchsäure (**II**) umgewandelt. Hat der p_H-Wert der Fl. 3,5—4 erreicht, so hört die Gärung auf. Man neutralisiert mit NaOH oder $Ca(OH)_2$, worauf die Gärung wieder einsetzt. Man neutralisiert gegebenenfalls erneut, bis aller **I** in **II** verwandelt ist. Danach wird die M. homogenisiert u. z. B. durch Zerstäubung in ein trockenes Pulver übergeführt. Das Prod. ist reich an Fermenten u. von guter Lagerbeständigkeit. (**F. P. 1 005 333** vom 3/7. 1947, ausg. 9/4. 1952.) HEYNE. 7757

Morton Salt Co., übert. von: **Horace W. Diamond,** Flossmoor, Ill., V. St. A., *Vieh-Leckstein* von guter Beständigkeit gegen Witterungseinflüsse. Der üblichen Salzmischung wird das Reaktionsprod. von MnO_2 u. Fe·P der Formel $9\,MnO \cdot 4\,FeO \cdot P_2O_5$ in feingemahlenem Zustand u. in Mengen von z. B. 0,6% zugesetzt. (**A. P. 2 603 566** vom 21/9. 1950, ausg. 15/7. 1952.) KRANZ. 7787

National Distillers Products Corp., Virginia, übert. von: **Charles M. Ely,** Springdale, O., V. St. A., *Beifutter für Geflügel.* Wachstumssteigerung durch Zugabe von 0,015 bis 0,2% Tri- oder Tetra-Na-Salz der Äthylendiamintetraessigsäure zum n. Futter oder Trinkwasser. (**A. P. 2 604 401** vom 26/4. 1951, ausg. 22/7. 1952.) KRANZ. 7787

Dan. B. Vincent, Inc., übert. von: **Daniel B. Vincent,** Tampa, Fla., V. St. A., *Fischpreßwasserkonzentrat.* Das Preßwasser von gekochten Fischen wird ohne Abtrennung der festen Bestandteile in einer weitgehend O_2-freien Atmosphäre unter Verwendung von heißen Verbrennungsgasen von Heizölen entwässert u. in Gelform übergeführt. — Vorrichtung. (**A. P. 2 595 180** vom 30/9. 1948, ausg. 29/4. 1952.) KRANZ. 7787

Adolphe Pacault, Paris, Frankreich, *Eiweiß aus Lederabfällen.* Das durch Erwärmen mit $Ca(OH)_2$ entfettete Rohmaterial wird gewaschen u. mit W., das bas. Magnesiumcarbonat enthält, bei $p_H < 9{,}5$ gekocht. Der mit Aktivkohle desodorisierten Fl. wird H_3PO_4 zugesetzt, dann die milchartige Suspension anschließend im Vakuum getrocknet. Verwendung als *Futtermittel* nach Vermischen mit Melasse oder Häckselstroh. Durch Wiederauflösen in H_3PO_4 u. Erwärmen auf 40° wird das Eiweiß in Peptone übergeführt. (**A. P. 2 617 729** vom 27/12. 1949, ausg. 11/11. 1952. F. Prior. 21/12. 1948.) KRANZ. 7787

XVII. Fette. Seifen. Wasch- u. Reinigungsmittel. Wachse. Bohnermassen usw.

—, *Fortschritte auf dem Gebiet der Fette und Öle. Einige Beobachtungen über den gegenwärtigen Stand und über neue Entwicklungen.* Kurze Besprechung über spektrophotometr. Methoden im Rot u. Infrarot zur Strukturenaufklärung, die Wrkg. von Antioxydantien, den COLGATE-EMERY-Fettspaltungsprozeß u. über eine Reihe neuer techn. Entwicklungen, von denen bes. die Herst. neuer Prodd. aus Fetten u. Ölen erwähnt wird. (Soap, Perfum. Cosmet. **25.** 394—97. April 1952.) GRAU. 7870

T. S. Ramaswamy, T. Venugopal und **V. Parameswaran,** *Die Lösungsmittelextraktion von Industrieabfällen und -nebenprodukten.* Diskussion der in Indien gegebenen Möglichkeiten zur Gewinnung von Öl aus Abfällen auf Grund statist. Angaben. (Indian Soap J. **17**. 241—43. April 1952.) SCHMEISS. 7872

Sei-ichi Ueno und **Yoshiro Shigeno**, *Eigenschaftsänderungen bei konservierten gehärteten Ölen. 2. Mitt. Oxydation von aus verschiedenen gehärteten Ölen und Fetten dargestellten Stearinsäuren.* (1. vgl. J. chem. Soc. Japan, ind. Chem. Sect. [Kōgyō Kagaku Zassi] **52**. [1949.] 155.) Die Verschiedenheit in der durch langes Lagern angenommenen Färbung u. im Oxydationsverh. der aus gehärteten Ölen u. Fetten nach langem Lagern dargestellten Stearinsäure wird erklärt durch die Ggw. von geringen, bei Fetten u. Ölen verschied. Herkunft verschied. Anteilen an hochungesätt. Fettsäuren, die der völligen Hydrierung entgangen sind. (J. chem. Soc. Japan, ind. Chem. Sect. [Kōgyō Kagaku Zassi] **53**. 228—29. Juli 1950. Osaka, Univ. [Orig.: japan.]) SCHULER. 7880

Yoshiyuki Toyama und **Chozo Yamaguchi**, *Umesterung einiger Fette und Öle bei niedriger Temperatur.* Das Verf. der gegenseitigen Umesterung nach ECKEY (Ind. Engng. Chem. **40**. [1948.] 1183) wurde auf Erdnuß- (**I**), Reiskleie- (**II**) u. Cocosnußöl (**III**) angewandt. Bei **I** u. **II** trat ein Anstieg, bei **III** eine Abfall des Gelierpunkts ein. Als Katalysator empfiehlt sich $NaOCH_3$ in Xylolsuspension. Zusatz von Glycerin zum Katalysator verursachte die Bldg. von Mono- u. Diglyceriden u. läßt den Trübungs- u. Gelierpunkt ansteigen. (J. chem. Soc. Japan, ind. Chem. Sect. [Kōgyō Kagaku Zassi] **54**. 188—90. Febr. 1951. Nagoya, Univ. [Orig.: japan.]) SCHULER. 7888

Torbjørn Pedersen, *Öl aus dem Fleisch des Spermwals (Physeter catodon).* Der Unterschied zwischen dem Öl aus dem Fleisch u. demjenigen aus Speck u. Knochen. Analysen von mit Ae. extrahiertem Öl aus dem Rückenmuskel ergeben bei 2 verschied. Walen: VZ. 138,0 (124,6), JZ. 85,6 (77,4), Unverseifbares 35,3 (39,3), dessen JZ. 64,6 (63,8); gesamte Fettsäuren JZ. 84, Äquivalentgewicht 287, Geh. an gesätt. Fettsäuren ca. 17% ; der Ölgeh. des Fleisches beträgt 1,6 (2,8) % bei einem Wassergeh. von 74,3 (68,6) %. (Norsk Hvalfangst-Tid. **41**. 296—98. Juni 1952.) R. K. MÜLLER. 7898

—, *Ein Prozeß zur Destillation von Fettsäuren zwecks Entsäuerung von Ölen.* Beschreibung einer nach dem BAMAG-WECKER-Verf. arbeitenden Mehrzwecke-Anlage zur Dest. von Spaltfettsäuren u. Ölsäuren sowie zur Entsäuerung hochsaurer Rohöle. (Indian Soap J. **17**. 238—40. April 1952. London, Bamag.) SCHMEISS. 7908

—, *Herstellung von Cocosseifen.* Grundbedingung für die Herst. von milden, gut hautverträglichen Cocosseifen ist die Vollverseifung. Die Mitverwendung von Stoffen mit hautschützenden Eigg., z. B. Tylose (wasserlösl. Celluloseäther), wird empfohlen. (Parfümerie u. Kosmet. **33**. 248—49. Juli 1952.) WINIKER. 7910

O. Jacobi, *Wie wirkt Rasierseife auf Barthaare und Haut?* 1. Mitt. *Einwirkung der Rasierseife auf das Barthaar.* Rasierseife wirkt nicht keratolyt. oder quellend auf Barthaare, wie Verss. zeigten. Die alkal. Rk. ist diesbzgl. bedeutungslos. W. allein genügt nicht, um das Rasieren zu ermöglichen. *Tylose*-Lsg. von der Viscosität des Rasierschaums ist ebenfalls nutzlos. Tylosegallerte mit einem Netzmittel, sogar bei schwach saurer Einstellung, ist aber bereits als Rasiermittel brauchbar. Lediglich das Netzvermögen u. die Bldg. gallertigen, hochviscosen Schaums dürften demnach als Wirkungsmechanismus zur Rasiererleichterung in Frage kommen. Die Seife ist das bisher einzige Mittel, das mit W. hochviscose, gallertige Sole von hohem Netzvermögen liefert. Erhöhte Temp. (ca. 45°) begünstigt dies. (Z. Haut- u. Geschlechtskrankh. **10**. 64—70. 15/1. 1951.) FREYTAG. 7910

Kazuo Fukuzumi, **Shinpei Ozaki** und **Yutaka Yamada**, *Eigenschaften von Tetrabutylnaphthalinsulfonsäure als oberflächenaktives Waschmittel. Tetrabutylnaphthalinsulfosaures Na* erwies sich gegenüber der Dibutylverb., dem Hauptbestandteil des Nekals, hinsichtlich Oberflächenspannung überlegen, auch steigt die Aktivität mit der Temp. stärker an. Die Kalkempfindlichkeit u. Säureempfindlichkeit ist bei beiden ziemlich gleich. Das Verh. in Ggw. von Na_2SO_4 u. $NaH_2P_2O_7$ wurde eingehend untersucht. — 3 Versuchstabellen. (J. chem. Soc. Japan, ind. Chem. Sect. [Kōgyō Kagaku Zassi] **54**. 728—29. Nov. 1951. Nagoya. [Orig.: japan.]) SCHULER. 7912

B. A. Brice, **R. T. O'Connor**, **A. L. Lingard**, **F. R. Senti** und **R. C. Stillman**, *Bericht des Ausschusses für Spektroskopie.* Zur Best. der ungesätt. Fettsäuren in Fetten u. Ölen wurde die spektroskop. Meth. mit verschied. anderen Verff. einer näheren Prüfung unterzogen. 2 Baumwollsamen- (**I**) u. 2 Sojabohnenöle (**II**) wurden von 5 Laboratorien spektroskop., nach dem BERTRAM-Verf., nach einer Kristallisationsmeth. u. nach dem TWITCHELL-Verf. untersucht. Auf Grund der Ergebnisse werden Änderungen des amtlichen Verf. vorgeschlagen. Die Verss. zeigten, daß in den untersuchten 4 Pflanzenölen nach allen Methoden Arachidonsäure nicht gefunden wurde. In **I** fehlt es an Linolensäure. Die vorgeschlagenen Modifikationen des Verf. erhöhen in **II** den Geh. an Linolen-

säure leicht, während Linolsäure u. der Geh. an gesamten gesätt. Säuren sinkt u. der Ölsäuregeh. stark ansteigt. Die Unterschiede zwischen den einzelnen angewendeten Verff. werden besprochen. (J. Amer. Oil Chemists' Soc. **28**. 331—35. Aug. 1951.)
GRAU. 7932

Foster Wheeler Ltd., London, England, *Austreiben flüchtiger Bestandteile aus Flüssigkeiten.* Man führt kontinuierlich die Fl., aus der die Substanzen ausgetrieben werden sollen, u. das gasförmige Treibmittel getrennt in den unteren Teil einer Zone ein, die eine Anzahl vertikaler, in Abständen angeordneten Kontaktzonen enthält, u. läßt dann beide eine tiefer gelegene Zone passieren. Anschließend leitet man beide zu einer darüberliegenden Kontaktzone u. zieht zum Schluß die von den Substanzen befreite Fl., das Treibmittel u. die ausgetriebenen, flüchtigen Substanzen aus dem unteren Teil der Abtreibezone ab. — Vorrichtung. — Anwendung: *Geruchlosmachen* von *tier.* u. *pflanzlichen Ölen.* (**E. P. 682 394** vom 26/9. 1949, ausg. 12/11. 1952. A. Prior. 25/9. 1948.) NEBELSIEK. 7875

Aktiebolaget Separator, Stockholm, Schweden (Erfinder: **S. H. B. Zachariassén**), *Raffinieren von fetten Ölen* oder Mineralölen in 2 oder mehr hintereinander geschalteten Stufen. Bei kontinuierlicher Arbeitsweise überführt man die Öle aus der 1. in die 2. Stufe mit Hilfe einer rotierenden Pumpe, in der man eine freie Flüssigkeitsoberfläche aufrechterhält, die während des Betriebes gegen die Rotationsachse oder von ihr wegfließt, je nachdem der Strömungswiderstand sich erhöht oder absinkt. Dadurch wird der Übertritt des Öles von der 1. zur 2. Stufe selbsttätig auch bei Änderung des behandelten Öles reguliert. — Zeichnungen. (**Schwed. P. 133 268** vom 24/3. 1950, ausg. 16/10. 1951.)
JÜRGEN SCHMIDT. 7875

United States of America, übert. von: **Cyrill A. Evans, Arthur W. Schwab** und **John C. Cowan,** Peoria, Ill., V. St. A., *Sterilisieren von Glyceriden,* z. B. Sojabohnenöl durch Zusatz von 0,001—0,1 Gew.-% Phytinsäure. (**A. P. 2 610 973** vom 9/6. 1950, ausg. 16/11. 1952.) MAASS. 7895

Eilif Fredrik Heyerdahl, Nordstrand bei Oslo, Norwegen, *Gewinnung von Tran.* Das Rohmaterial wird mit Dampf ausgeschmolzen u. in einen Trennbehälter gedrückt, aus dem kontinuierlich die obere Transchicht u. die untere, aus tranfreien Rückständen bestehende Schicht entfernt werden. — Zeichnung. (**E. P. 685 123** vom 18/8. 1949, ausg. 31/12. 1952. N. Prior. 19/8. 1948.) LÜTTGEN. 7899

August Luhn & Co. G. m. b. H., Deutschland (Erfinder: **Werner H. Luhn**), *Pastenförmige Reinigungsmittel.* Um ein Austrocknen von Seife oder synthet. Waschmitteln zu verhindern, versieht man die pastenförmigen Prodd. mit einem Zusatz von 2—10% eines hygroskop. neutralen oder schwach alkal. Salzes, z. B. mit Alkalimeta- oder -pyrophosphat. (**F. P. 1 010 847** vom 10/11. 1948, ausg. 16/6. 1952.) NOUVEL. 7911

August Luhn & Co. G. m. b. H., Deutschland (Erfinder: **Werner H. Luhn**), *Geschmeidigmachen von pilierter Seife.* Lsgg. von Alkalimeta- oder -pyrophosphat, die als Zusätze zu Seifen verwendet werden (vgl. vorst. Ref.), bes. Lsgg. von Na-Tetra- u. Na-Hexametaphosphat, erhalten einen Zusatz von 10—20% Alkalisilicat (Wasserglas) u. gegebenenfalls noch von 5—20% Lanolin u. Zucker. (**F. P. 1 010 848** vom 10/11. 1948, ausg. 16/6. 1952.) NOUVEL. 7911

Henkel & Cie., G. m. b. H., Düsseldorf, *Herstellung von Alkylbenzolsulfochloriden.* Man erhält die als *Zwischenprodd.* zur Herst. von *Waschmitteln,* Weichmachern, Pharmazeutica u. Desinfektionsmitteln verwendbaren Sulfochloride durch Behandlung von Alkylbenzolsulfonsäuren, deren Alkylrest $>$ 3 C-Atome aufweist, mit Chlorsulfonsäure. (**E. P. 679 185** vom 14/4. 1949, ausg. 17/9. 1952. D. Prior. 11/2. 1949.) LÜTTGEN. 7913

Barry-Wehmiller Machinery Co., übert. von: **Frederick W. Mehmiller** und **William J. Nekola,** St. Louis, Mo., V. St. A., *Regenerieren gebrauchter Waschlösungen.* Große Mengen Schaum enthaltende Waschlsgg. werden über ein endloses Schüttelsieb geführt, wobei Trennung von Lsg. u. Schaum u. gleichzeitig durch Vibrieren des Siebes Zerstören von Schaum bewirkt wird. — Zeichnung. (**E. P. 685 228** vom 13/6. 1950, ausg. 31/12. 1952. A. Prior. 17/10. 1949.) LÜTTGEN. 7913

Georges-Marie-Théodore François, Seine, Frankreich, *Reinigungsmittel.* Ein Mittel zum Reinigen der Hände ohne W. u. Seife besteht aus 50 (Teilen) Latex, der bis auf 60% zentrifugiert ist, 45 W., das 1% NH_3 enthält, 0,15 Wachs, 1,5 Paraffinöl u. 1,5 einer 50%ig. Lsg. von Bornylacetat. Die Konsistenz der Emulsion kann zwischen pastenförmig u. milchartig schwanken. (**F. P. 1 009 598** vom 1/2. 1950, ausg. 30/5. 1952.)
NOUVEL. 7915

Emmerich Madarasz, Wien, Österreich, *Herstellung eines haltbaren Reinigungs-, Desinfektions- und Konservierungsmittels.* Einer Lsg. von ca. 100 (Gewichtsteilen) NaOH in ca. 200 Na_2SiO_3-Lsg. (35%ig) wird unter Rühren so viel wasserfreies Na_2CO_3 zugesetzt, daß das gesamte W. gebunden wird. Die so erhaltene trockene Mischung wird nach dem Pulvern u. Sieben mit ca. 100 p-Toluolsulfonchloramid-Na vermischt. (**Oe. P. 172 064** vom 20/2. 1950, ausg. 11/8. 1952.) M. F. MÜLLER. 7917

Leo Jenko u. **Eduard Kopf**, Das Entfernen von Flecken aus Geweben (Kunstdetachieren). 4., unveränd. Aufl. München: Eder 1950. (XV + 240 S. m. 27 Abb., 3 Bl. Abb.) 8°. DM 17,—.

William W. Niven, Fundamentals of detergency. New York, N. Y. (USA) Reinhold Publishing Corp. 1950. (256 S. m. Abb. u. Diagr.) $ 5,50.

XVIIIa. Holz. Cellulose. Zellstoff. Papier. Papierdruck. Celluloid. Linoleum.

—, *Feuer- und Insektenschutz von Holz.* Übersicht über die feuerhemmenden Holzmprägnierungsmittel für Innen- u. Außenanstrich. Auch die neueren Holzschädlingsbekämpfungsmittel (Zn- u. Cu-Naphthenat, Pentachlorphenol, Gammexan) werden besprochen. (Ind.-Lackier-Betrieb **21**. 111. Juni 1953.) SEIFERT. 7952

Erich Adler, *Einige schwedische Beiträge zur Holzchemie.* Geschichtlicher Überblick unter besonderer Würdigung der Arbeiten von KLASON, KULLGREH, HÄGGLUND u. HOLMBERG. — 34 Literaturzitate. (Svensk Papperstidn. **56**. 517—22. 31/7. 1953. Göteborg, Chalmers Tekniska Hogskola. [Orig.: engl.]) P. ECKERT. 7956

Saara Asunmaa und **Paul W. Lange**, *Mikrospektrographische Bestimmung der Verteilung der durch Perjodsäure oxydierten Bereiche der Zellwand der Holocellulose der Fichte.* Die vorliegende Arbeit beschäftigt sich mit der Verteilung der zugänglichen u. schwer zugänglichen Gebiete in den Faserwänden der Holocellulose der Fichte. Zu den Unterss. wurde die Perjodsäureoxydation in 70%ig. A. angewandt. Die oxydierten Gebiete (Polyaldehyde) wurden mit fuchsinschwefeliger Säure angefärbt u. die Lichtabsorption, ein Maß des Aldehydgeh., wurde mikrospektroskop. gemessen. In der Holocellulose liegt der Hauptteil der leicht zugänglichen Bereiche in der Außenzone der Faser. Die Verteilung ist annähernd linear u. gegen die Lumen hin abnehmend. In der Faserwand der warmalkalisierten Holocellulose dagegen ist die Konz. an oxydierten Bereichen beim Lumen am größten u. nimmt linear gegen die Außenbereiche ab. Da diese Faser zum größten Teil aus Cellulose besteht, müßten hauptsächlich die „Oberflächen" der Cellulosefibrillen oxydiert sein. Die Verteilung kann dadurch erklärt werden, daß die Cellulose ihre größte Konz. beim Lumen hat. (Svensk Papperstidn. **55**. 936—41. 31/12. 1952. Stockholm, Sweden, Swedish Forest Oroducts Res. Labor., Paper Technol. Dep., Phys. Chem. Sect. [Orig.: engl.]) P. ECKERT. 7956

Johan Richter, *Gegenwärtiger Stand der Entwicklung der Zellstoffbleiche.* Behandelt werden die ClO_2-Bleiche, deren Anlage u. Durchführung sowie die Mehrstufenbleiche. (Svensk Papperstidn. **56**. 548—49. 31/7. 1953. [Orig.: engl.]) P. ECKERT. 7956

Horace Freeman und **John D. Boadway**, *Neue Methoden zur Entfernung von Festkörpern und Gasen aus flüssigen Suspensionen mit teilweiser Bezugnahme auf die Verhältnisse in der Zellstoffpülpe.* Die Gase sind im Stoff gelöst, an die Fasern adsorbiert u. als Blasen enthalten. Letztere sind am gefährlichsten, da sie ein Aufschwimmen u. Koagulieren des Zellstoffs verursachen. Man versucht daher möglichst viel Gesamtgas zu entfernen, damit sich auch keine neuen Blasen bilden können. Vff. untersuchten daraufhin den *Vortrap*-Entgaser, der mit guter Wrkg. Schmutz u. Gas aus dem Stoff entfernt. Es handelt sich dabei um einen Zentrifugalseparator, bei dem das Gas noch abgesaugt wird. Schmutz wird zu 50—85% u. Gase zu 80—90% entfernt. (Paper Mill News **76**. Nr. 20. 74—80. 16/5. 1953. Consolidated Paper Corp. Ltd.) H. BECKER. 7956

Vincent P. Owens, *Chemikalienrückgewinnungsanlage.* Die Verbrennung der Schwarzlauge zur Chemikalienrückgewinnung u. zur Dampferzeugung wird bei der Herst. von Kraft- u. Natronzellstoff angewendet. Zur Kraftschwarzlauge wird noch Na_2SO_4 zugesetzt, das dabei zu Na_2S red. wird. Die konz. Schwarzlauge gibt beim Verbrennen viel Asche von einem niedrigen F. (700—760°). Vf. gibt dazu eine genaue Beschreibung von verschied. Geräten, des Wärmegleichgewichtes, der D. u. Viscosität der Schwarzlauge u. der Installation der Anlagen. (Paper Trade J. **135**. Nr. 20. 215—29. 14/11. 1952. New York, N. Y., Combustion Engng. Superheaten, Inc., Paper Mill Equipment Dep.) H. BECKER. 7958

J. H. Coulter jr., *Sulfatrückgewinnungsanlagen.* In Verdampfern verschied. Typen wird die Schwarzlauge von 15—18% auf 45—55% Festkörper u. dann mit direkter Beheizung auf 62—70% konzentriert. Nach Zugabe von Na_2SO_4 (45—200 kg/t Zellstoff) wird sie heute meist in Sprühöfen verbrannt, in die sie seitlich eingespritzt wird, beim Absinken trocknet u. am Boden verbrennt. Die geschmolzene Asche von Na_2S u. Na_2CO_3 wird abgezogen, in W. zur Grünlauge gelöst u. dann mit $Ca(OH)_2$ zur Weißlauge kaustifiziert. Aus den Abgasen kann die Flugasche elektr. niedergeschlagen werden; da sie aber noch SO_2, H_2S u. Mercaptane enthalten, ist ein VENTURI-Wäscher besser. Da diese Gase schon bei der Konz. der Schwarzlauge verloren gehen, kann die Lauge vorher mit Luft oxydiert werden, wobei Sulfide u. Mercaptide in Thiosulfate umgewandelt werden. (Paper Trade J. **135.** Nr. 20. 210—15. 14/11. 1952. New York, N. Y., Babcock & Wilcox Co.) H. BECKER. 7960

William Kraske, *Herstellung von halbchemischem Zellstoff mit neutralem Sulfit.* Das Verf. wird meist bei Hartholz angewendet, das wenig Lignin (**I**) u. viel Hemicellulose(**II**) enthält. Das **II** wird hierbei nicht gelöst; Nadelholz ist weniger gut, da es mehr **I** enthält u. dann schwerer zu bleichen ist. Die Kochlauge besteht aus Na_2SO_3 (**IV**), die mit Na_2CO_3 (**V**), $NaHCO_3$ oder NaOH gepuffert ist, die Konz. beträgt 8—20% **V,** bezogen auf das Gewicht des Holzes, die Temp. 150—175° u. die Ausbeute 65—80%. Ammonsalze puffern schlechter, da NH_3 flüchtig ist; dafür läßt sich aber das SO_2 leichter zurückgewinnen. Sonst wird zur Rückgewinnung die Ablauge konz. u. verbrannt, im Rückstand das Na_2S in der Schmelze zu **IV** oxydiert oder das H_2S mit CO_2 ausgetrieben oder durch Ionenaustauscherharze das *S*-Ion absorbiert u. als H_2S verbrannt oder die Ablauge zusammen mit Kraftstoffablauge verbrannt. Der halbchem. Zellstoff wird meist für Pappen u. Kartonagen verwendet; er läßt sich aber auch nachbehandeln u. bleichen. (Paper Trade J. **135.** Nr. 20. 173—79. 14/11. 1952. Syracuse, N. Y., Solvay Proc. Div., Allied Chem. & Dye Corp.) H. BECKER. 7962

H. F. Bannink und **F. M. Muller,** *Über die Verwendung der Ablauge des Strohaufschlusses mit Monosulfit.* Da H_2S (I) für Methanbakterien relativ unschädlich ist u. sulfatreduzierende Bakterien alle anorgan. S-Bestandteile in **I** verwandeln, so wird hieraus eine Meth. entwickelt, freies Sulfit (Strohaufschluß mit Na_2SO_3) in der anfallenden Fl. in **I** überzuführen. Hierbei sickert die Lsg. durch eine feste Substanz, der SO_4-reduzierende Bakterien beigegeben sind. Außer Sulfit werden dabei ca. $^1/_5$ des in der Lsg. enthaltenen Gesamt-S umgewandelt. Die so erhaltene Fl. kann zur Methangärung verwendet werden. Die Analyse der unbehandelten Lsg. ergab einen größeren Gesamt-S-Geh. als die der durchgesickerten Flüssigkeit. Zur Entfernung von **I** kann Fe-Oxydhydrat verwandt werden, auch enteisender Grundwasserschlamm ist dazu geeignet. Methoden zur H_2S-Best. werden angegeben, desgleichen die Kombination von Sulfitred., Methangärung u. Sulfitentfernung im techn. Maßstab besprochen. (Antonie van Leeuwenhoek **18.** 45—54. 1952. Groningen, Netherlands Exp. Stat. for the Utilizat. of Straw.) ITZEROTT. 7962

Alexander Horovic, *Untersuchungen von Celluloseäthern.* 1. Mitt. *Herstellung von Carboxymethylcellulose aus industriellen Abfällen, wie Viscose und cottonisiertem Hanf.* Cottonisierter Hanf mittlerer u. hoher Viscosität (93,7% α-Cellulose) u. Viscose niederer u. mittlerer Viscosität (85,1% α-Cellulose) lassen sich unter Anwendung von 2—3 Moll. $CH_2ClCOOH$ auf 1 Mol. $C_6H_{10}O_5$ für die Gewinnung von *Carboxymethylcellulose* ausnutzen. (**Гласник Хемиског Друштва Београд** [Ber. chem. Ges. Belgrad] **16.** 217—25. 1951. Belgrad, Serb. Akad. der Wiss., Inst. für Chem.) ULMANN. 7970

T. E. Kloss, *Mechanische Zellstoffherstellung.* Übersicht über die Rohstofffe, Herst., Qualitäten u. Verwendung des Holzschliffs in Maine. (Paper Trade J. **135.** Nr. 20. 123—27. 14/11. 1952. Waterville, Me., Northern Mills, Hollingworth & Whitney Co.) H. BECKER. 7974

Nils J. Lindberg, *Das Blattbildungsproblem und neue Untersuchungsmöglichkeiten.* 3. Mitt. (2. vgl. Paperi ja Puu **34.** [1952.] 275.) Zur Erforschung des Blattbildungsvorganges entwickelte Vf. ein neues Laborgerät, bestehend aus einem ruhenden Siebteil, der mit variierbarer Frequenz u. Amplitude geschüttelt werden kann. Der Stoffauflauf ist also anders als bei der Papiermaschine beweglich auf Schienen angeordnet. Die mit diesem Gerät im Finnland-Inst. für Technol. durchgeführten Unterss. über Auflauf- u. Entwässerungsgeschwindigkeit, über Verteilung von Längs- u. Querlagerung der Fasern, Schüttlung u. a. gestatten weitgehende Schlüsse auf die Vorgänge in der Papiermaschine. (Paperi ja Puu **34.** 287—98. 25/8. 1952. Helsingfors. Finland Inst. of Technol.) BORCHERS. 7982

Olle Andersson, *Eine Untersuchung mit dem Faserklassifizierungsgerät nach Clark.* Beschrieben wird ein Gerät zum Zwecke der Trennung u. Klassifizierung von Zellstofffasern. Die Ungenauigkeit der Meßergebnisse konnte gegenüber anderen Prüfgeräten von 2—9% auf 1—2% herabgesetzt werden. Sulfitzellstoff wurde im PFI-Holländer auf verschied. Weise zermahlen u. die einzelnen Faserfraktionen bestimmt. Die Ergebnisse sind in Tabellen zusammengefaßt. (Svensk Papperstidn. **55.** 927—32. 31/12. 1952. Central Labor. of the Swedish Paper Mills. [Orig.: engl.]) P. ECKERT. 8006

Badische Anilin- & Soda-Fabrik (Erfinder: **O. Lissner, F. Graf** und **T. Toepel**), Ludwigshafen/Rh., *Veredeln von Holz durch Imprägnieren mit härtbaren Kunstharzen.* Man verwendet Kondensationsprodd. aus mehrwertigen Urethanen u. CH_2O. Man kondensiert z. B. äquivalente Mengen eines diprim. Alkoholes u. Harnstoffs so, daß ca. 40—70% Diurethane gebildet werden, u. behandelt die so erhaltene Schmelze anschließend mit CH_2O. Die sauer reagierende, wss. Lsg. der Kondensationsprodd. wird mit NH_3 oder anderen N-Basen auf p_H mindestens 7 eingestellt. (**Schwed. P. 135 476** vom 23/4. 1951, ausg. 29/4. 1952. D. Prior. 3/6. 1950.) JÜRGEN SCHMIDT. 7953

Socony-Vacuum Oil Co., Inc., New York, N. Y., V. St. A., *Mittel zum Regulieren der Pechmenge bei der Herstellung von Sulfitcellulose.* Man setzt bei der Herst. von Sulfitcellulose ein Gemisch zu, das ein Lösungsm. für Pech u. einen nichtion. oder kation. Emulgator enthält, u. vorzugsweise einen Anilinmischpunkt von nicht $>51^0$ aufweisen soll. Als Emulgator verwendet man z. B. Seifen aus Carbonsäuren, bes. Essigsäure, u. Fettsäureaminen; die Fettsäure letzterer soll zweckmäßig 8—20 C-Atome im Mol. enthalten. Als Lösungsm. für das Pech werden Mineralöldestillate mit Kp. ca. 149—371° in Mengen von 35—75% des Gemisches verwendet. Die Gesamtmenge des Zusatzgemisches beträgt ca. 0,1—1% der Gesamtmasse. (**N. P. 80 035** vom 28/1. 1949, ausg. 7/4. 1952. A. Prior. 17/4. 1948.) JÜRGEN SCHMIDT. 7963

Buffalo Electro-Chemical Co., Inc., Buffalo, N. Y., V. St. A., *Bleichen von Sulfitzellstoff.* Es wird bei einer Stoffdichte von 20—65% mit alkal. Peroxydlsg. gebleicht. Auf 100 (Teile) Zellstoff (trocken) treffen 0,3—1,75, bes. 0,75—1,25 H_2O_2 u. 0,75—3,25, bes. 1—2,5 Gesamtalkali, als NaOH berechnet. Die M. wird 1—20, bes. 2—14, Tage bei Tempp. $<55^0$ gehalten. — Beispiel: Rottannenstoff mit 55,1% Weißgeh. wird bei 40% Stoffdichte behandelt, so daß 100 Stoff (trocken) 1 H_2O_2, 6 Na-Silicat (41° Bé) u. 1 NaOH enthalten. Der Stoff wird in Rollen (Stoffdichte: 37%) bei 21° gelagert. Nach 6 Tagen ist die maximale Weiße von 82,3% erreicht. — Diagramme. (**E. P. 681 661** vom 26/2. 1951, ausg. 29/10. 1952. A. Prior. 8/3. 1950.) G. VOGEL. 7963

E. Öman, Stocksund, Schweden, *Aufschließen von Stroh.* Man schließt das Stroh das Stroh mit Kalkmilch oder Kalkwasser, bes. ohne Überdruck, auf. Hierbei wird die Ablauge der vorhergehenden Charge unter Zusatz der erforderlichen Menge Frischkalk angewendet. Vorteilhaft wendet man ca. 30—50% gebrauchter Kochlauge an. (**Schwed. P. 132 916** vom 12/3. 1949, ausg. 11/9. 1951.) JÜRGEN SCHMIDT. 7965

British Celanese Ltd., London, England, übert. von: **Arthur Hodge, John Downing** und **James Gordon Napier Irewitt**, *Herstellung von wasserlöslichem, homogenem celluloseglykolsaurem Natrium.* Cellulose (I) wird in 15—33%ig., bes. 21—26%ig. NaOH (II) getaucht (Temp. $>50^0$, bes. 75—85°) u. bis zu einem Mol-Verhältnis II : I = 2,0—3,1 abgepreßt. Dann wird $ClCH_2COOH$ oder deren Na-Salz zugesetzt u. bei $<25^0$ geknetet. (**E. P. 686 001** vom 5/10. 1949, ausg. 14/1. 1953.) FABEL. 7971

National Research Development Corp., London, England, *Herstellung von mit Kunstharz imprägniertem Material,* bes. von *Papier* für *Bienenwaben.* Das Material wird mit einem Harz aus CH_2O u. Phenol oder Harnstoff imprägniert, partiell, z. B. durch Erhitzen auf 150° während 90 Min., gehärtet, nochmals mit einem Furanharz, das z. B. aus einer Lsg. von Furfurol in H_3PO_4 u. Furfurylalkohol erhalten wurde, imprägniert u., z. B. 3 Std. bei 90—100°, gehärtet. Die Formgebung des Materials erfolgt zweckmäßig zwischen den beiden Imprägnierungen. (**E. P. 670 990** vom 18/5. 1949, ausg. 30/4. 1952.) G. VOGEL. 7987

Tribuna Co., Chicago, übert. von: **Max H. Jones**, Evanston, Ill., V. St. A., *Herstellung von Katalogen und ähnlichen Druckschriften.* In eine nicht magnet. Unterlage, z. B. aus Holz, ist eine Reihe von U-förmigen Magneten eingelassen, die zum Halten von beschrifteten Papierstreifen, welche auf der Rückseite mit Fe-Staub überzogen sind, dienen. Man fertigt von den leicht auswechselbaren Papierstreifen nach ihrer Zusammenstellung auf der Unterlage eine photograph. Aufnahme an u. verwendet diese zur Druckplattenherstellung. (**A. P. 2 600 505** vom 19/8. 1948, ausg. 17/6. 1952.) LAASS. 7989

Wingfoot Corp., Arkon, O., V. St. A. (Erfinder: **J. E. Snyder** und **C. M. Carson**), *Herstellung von Tuben oder Säckchen aus in der Wärme verklebenden Filmen.* Man rollt 2 Filmstreifen mit einer dazwischenliegenden Grenzschicht (z. B. aus Papier) zu einer Rolle auf, verleimt die Kanten durch Erwärmen, z. B. über einer Flamme, einer Heizplatte oder durch Eintauchen in geschmolzenes Metall, zieht dann nach dem Abrollen die Grenzschicht heraus u. schneidet die an den Rändern zusammengeklebten Streifen auf die gewünschte Länge, worauf die Endkanten ebenfalls verklebt werden können. (**Schwed. P. 135 478** vom 24/8. 1948, ausg. 29/4. 1952. A. Prior. 27/12. 1947.) JÜRGEN SCHMIDT. 7995

XVIIIb. Textilfasern.

E. C. Caspar, *Neues über optische Aufheller.* Eingehend besprochen wird die opt. Wirkungsweise der Aufheller. Eine Reihe opt. Bleichmittel wird angeführt u. deren Vorteile u. Anwendungsmöglichkeiten werden besprochen. (Vgl. auch C. **1953.** 4137.) (SVF Fachorgan Textilveredlung **8.** 13—15. Jan. 1953.) P. ECKERT. 8032

—, *Das Flammsichermachen von Geweben.* Hingewiesen wird auf die *Aflamman*-Marken der Firma DR. QUEHL & CO. GMBH., Speyer. Die Vorteile dieser Prodd. zur Flammsicherausrüstung sowie deren Durchführung werden geschildert. (SVF Fachorgan Textilveredlung **8.** 155—56. April 1953.) P. ECKERT. 8036

H. Netz, *Textiltrocknung in Theorie und Praxis.* (Z. ges. Textilind. **55.** 924. 927—29. 5/8. 1953.) P. ECKERT. 8038

E. M. Jenkins und **Margaret E. Maxwell**, *Untersuchungen über Hautwolle.* 13. Mitt. *Die Verwendung von Schimmelpilzprotease zur Wollgewinnung aus Schaffellstücken.* Aus Schaffellstücken oder ganzen Häuten läßt sich die Wolle durch vollständige Verdauung der Haut mit Schimmelpilzproteasen (I) gewinnen. Die frischen Hautstücke werden gewaschen, trockene 24 Std. geweicht. Durch Erhitzen auf 75° wird das Hautkollagen geschrumpft. Vorteilhaft packt man eine 5 cm hohe Schicht Hautstücke zwischen Drahtnetzgestelle, wobei nur eine Einw. des heißen W. von 5 Min. nötig ist. Hierauf kühlt man ab u. taucht in ein aus Schimmelpilzkleie mit W. extrahiertes Enzymbad ein, dessen Aktivität durch die Red. der Viscosität von Gelatinelsgg. bestimmt wurde. 2% NaCl vom Vol. der Lsg. verhindert das Wachstum von Fäulnisbakterien u. die Faserverfärbung. Nach 4—6 Tagen (40 ± 5° ohne Zirkulation) ist die Haut völlig verdaut. Die Vff. beschreiben Verss. im techn. Maßstab über die Extraktion von I (Methoden, Dauer, Temp.), die Lagerung (Verluste durch Temp. u. Bakterien) u. Konservierung durch bakteriostat. Verbindungen. (Austral. J. appl. Sci. **1.** 363—72. Sept. 1950. Australien, Div. Ind. Chem., Chem. Engng. Sect.) ZAHN. 8060

Narao Saito, *Kunststoffnachbehandlung von Kunstseide hoher Festigkeit.* 4. Mitt. (3. vgl. Bull. Inst. chem. Res., Kyoto Univ. [**Kagaku Kenkyusho Hokoku**] **22.** [1950.] 87.) Mkr. wurde nachgewiesen, daß bei der neuartigen Nachbehandlung auch die dickste Außenschicht des Kunstseidegarns oder der Stapelfaser wirksam von der Kunststofflsg. durchdrungen wird, mit dem Ergebnis, daß die Elastizität, Knotenfestigkeit u. Dehnung zunehmen (Tabelle). Die techn. Bedeutung dieser neuen Meth. wird hervorgehoben. (Bull. Inst. chem. Res., Kyoto Univ. [**Kakagu Kenkyusho Hokoku**] **24.** 87—88. März 1951. Horio Labor.) SCHÄFF. 8070

Olof Samuelson und **Heimer Jonsén**, *Untersuchungen über die Filtrationseigenschaften der Viscose.* 6. Mitt. *Der Einfluß der Änderung der NaOH-Konzentration bei der Auflösung des Cellulosexanthogenats.* Wenn dem Xanthogenat zu Anfang des Lösevorgangs eine Löselauge geringer NaOH-Konz. zugesetzt u. erst zu Ende die erforderliche NaOH-Menge zugefügt wird, so erhält man eine schlechter filtrierbare Viscose, als wenn die gesamte NaOH-Menge sofort angewandt wird. Eine bedeutende Verbesserung der Filtration kann erzielt werden, wenn das Xanthogenat zunächst mit einer Löselauge höherer Konz. geknetet u. die erhaltene Lsg. nachträglich durch Verdünnung mit W. auf die gewünschte Endkonz. gebracht wird. (Svensk Papperstidn. **55.** 933—35. 31/12. 1952. Lrnnsköldsvik, Sweden, Res. Labor. of Mo och Dömsjö AB.) P. ECKERT. 8074

R. J. B. Marsden und **A. R. Urquhart**, *Mattieren von Acetatreyon.* Acetatreyon wird durch Kochen in W. oder Seifenlsg. mit oder ohne Zusätze wie Phenol (I) Cyclohexanol usw. mattiert. Hierbei erfolgt eine Festigkeitseinbuße. Die Vff. untersuchten quantitativ alle wesentlichen Faktoren (Glanz, Festigkeit, Fehlerbreite der Messungen, Temperaturabhängigkeit der Mattierung in 0,2% Seifen- u. 0,2%ig. Phenollsg., Abhängigkeit von der Phenol- u. der Seifenkonz. bei 97°. Als optimale Bedingungen wurde eine Konz. an I von 0,2% u. eine Seifenkonz. von 0,5% bei einer Temp. von 97° u. einer Dauer von 2 Std. erkannt (Flottenverhältnis 200 : 1). Es wurden Glanz- u. Festigkeitsmessungen nach Einw. folgender Verbb. durchgeführt: p-Kresol, p-Aminophenol, p-Nitrophenol, p-Nitranilin (**II**), m-Nitranilinhydrochlorid, Chlorbenzol, Dichlorbenzol, Cyclohexanol, Methylcyclohexanol (**III**), Cyclohexanon (**VI**), Methylcyclohexanon (**V**), Benzophenon (**I**), Butylalkohol (**VIII**), Nitrobenzol (**III**). Nur **II** u. **III** waren wirksamer als **I**, aber **II** färbt die Gewebe gelb. Etwas weniger wirksam als **I** waren **IV**—**VIII**. Entschlichten u. Mattieren kann in einem Bad durchgeführt werden, ohne daß die Geschwindigkeit der Mattierung oder der Festigkeitsverlust beeinflußt wird, wenn die Konz. an I oder anderen Zusätzen aufrechterhalten wird. Vorbehandlung der Gewebe, bes. bei Rhodiaceta, in einer 0,1%ig. Phenol- u. 2%ig. Schwefelsäurelsg. über Nacht beschleunigt die Mattierung. Alle Einzelfaktoren derartiger Vorbehandlungen wurden quantitativ untersucht. Fehler in mattierten Acetatgeweben (Meltaubefall, kalkige Streifen bei Acetat-Viscose-

Krepp, Schäden durch Lagern) werden krit. diskutiert. Die Vff. empfehlen auf Grund ihrer Daten für die Halbmattierung Behandlung mit 0,2%ig. Seifenlsg. bei 97° zwischen ½ u. 2 **Stunden.** Vollmattierung wird zweckmäßig bei 97° mit 0,2%ig. I-Lsg. u. 0,5%ig. Seifenlsg. (neutrale Seife) in 1—2 Std. erreicht. Soll die Heißbehandlung abgekürzt werden, ist ein Zweibadverf. vorzuziehen: 1. Eintauchen in eine kalte 0,2%ig. I- u. 2%ig. Schwefelsäurelsg. über Nacht, auswaschen u. 2. Mattierungsbad mit 0,2% I u. 0,2% Seife bei 97°, Dauer 4—10 Minuten. Um mattierte Gewebe wieder glänzend zu machen, taucht man die Gewebe 1—3 Std. in 20—25%ig. Essigsäure, quetscht ab, trocknet, wäscht u. trocknet. — Der Mechanismus der Mattierung beruht nicht auf einer Hydrolyse, sondern auf der Bldg. zahlreicher Grübchen u. Blasen in der Faser (Querschnittmikrobilder). I bildet Wasserstoffbrücken mit den Acetylgruppen der nicht geordneten Bereiche in der Faser u. plastifiziert diese, so daß sich leicht mit I-Lsg. gefüllte Hohlräume bilden können, welche nach Auswaschen des I u. Trocknen stabilisiert werden. — 42 Tabellen, 8 Abbildungen. (J. Textile Inst., Trans. **42.** 15—78. Febr. 1951). ZAHN. 8078

Marcello de Maldè, *Terylene.* Allg. Ausführungen über Chemie, Eigg. u. Verwendungsmöglichkeiten **dieser** Faser. (Materie plast. **18.** 205—10. Juli/Aug. 1952.) DALL'ASTA. 8080

—, *Fortschrittsbericht über die neueren Fasern, wie zum Beispiel Orlon, Dacron, Dynel und Nylon.* Außer den physikal. u. technolog. Eigg. der vollsynthet. Fasern werden auch die entsprechenden Eigg. von Mischgarnen u. -geweben aus diesen Fasern mit Wolle, Reyon u. Acetatreyon besprochen. (Z. ges. Textilind. **55.** 922—24. 5/8. 1953.) P. ECKERT. 8080

A. Weber, *Ausrüstung von Strümpfen aus Polyamidfasern.* Nach einigen kurzen Hinweisen über das Wirken der Strümpfe wird auf das Fixieren (Verformen, Nachverformen) eingegangen u. dann die Vorreinigung sowie das Färben besprochen. Geeignete Farbstoffe sowie Färbevorschriften werden angegeben. Ferner wird die Korrektur von Fehlfärbungen sowie das Abziehen behandelt. Abschließend wird die prakt. Durchführung der Anti-Snag-Ausrüstung (Verhinderung von Ziehfäden) erwähnt. (SVF Fachorgan Textilveredlung **8.** 152—55. April 1953.) P. ECKERT 8080

P. Crissement, *Glasfasern in Frankreich. Herstellung und Verwendung.* Übersicht. (Reyon, Zellwolle andere Chemiefasern **31.** 382—88. Juli 1953.) P. ECKERT. 8082

Walther Wegener, *Prinzip der periodisch wiederkehrenden konstanten Maximalbelastung.* In C. **1953.** 2052 wurde von MULSOW über ein neues Prüfgerät für dynam. Dauerstandbeanspruchung von Garnen berichtet u. **die** damit an einem Viscosereyon nach dem Prinzip cycl. wiederkehrender konstanter Dehnungsbegrenzung erzielten Versuchsergebnisse **wurden** besprochen. In der vorliegenden Arbeit werden die Versuchsergebnisse an dem gleichen Viscosereyon besprochen, das mit Hilfe des erwähnten Gerätes auf dynam. Dauerstand nach dem Prinzip der period. wiederkehrenden Maximalbelastung untersucht wurde. U. a. wurde eine analyt. Darst. des zeitabhängigen Verlaufes der Gesamtdehnung u. der bleibenden Dehnung gegeben. (Melliand Textilber. **33.** 1038—40. Nov. 1119—21. Dez. 1952.) P. ECKERT. 8096

Polymark Ltd., Bristol, England, *Kennzeichnung von Wäschestücken* in der Wäscherei. Man verwendet z. B. ein in Abständen mit einer Lsg. von Polyvinylformal imprägniertes Baumwollband, das in kurze Streifen geschnitten u. signiert wird; diese Streifen werden mit CH_2CCl_2 angefeuchtet u. mit ihrem Rand auf das Wäschestück gebügelt. Statt dessen kann man auch Bänder aus Polyvinylidenchloridfaser u. Baumwolle oder Viscoseseide u. Celluloseacetatseide benutzen; sie sind bis 160° unempfindlich. (**E. P. 650 910** vom 16/8. 1948, ausg. 7/3. 1951.) SALZMANN. 8023

Paix & Co., Frankreich, *Schaum-, Netz-, Dispergier- und Emulgiermittel.* Man läßt äquimol. Mengen Fettsäure u. Glycerin aufeinander in Ggw. eines Katalysators u. eines Lösungsm. oder eines Gemisches dieser einwirken. Das Lösungsm. hat zwei Aufgaben zu erfüllen: 1. innige Vermengung der Reaktionsteilnehmer, 2. Entfernung des durch die Rk. frei gewordenen W. durch azeotrop. Destillation. Als Lösungsm. können solche mit polaren Gruppen u. Kp. 80—220° verwendet werden, z. B. Äthyl-, Propyl-, Butylacetat, Äthyl-, Propyl-, Butylalkohol, Phenol, Kresol, Cyclohexanol, Methyl- u. Dimethylcyclohexanol, Anilin, Pyridin, auch im Gemisch mit nichtpolaren, wie Bzl., Toluol, Xylol u. Homologe, Petroläther. Als Katalysator wird Glycerinschwefelsäureester in einer Menge von 0,1—10% vorgeschlagen. An Stelle der freien Fettsäuren können auch Glyceride verwendet werden, nur ist dann die doppelt mol. Menge an Glycerin zu verwenden. Die Reaktionstemp. ist abhängig vom Kp. des Lösungsm. oder des Gemisches. (**F. P. 980 205** vom 7/2. 1949, ausg. 9/5. 1951.) WITTHOLZ. 8029

General Aniline & Film Corp., New York, N. Y., übert. von: **James Cross**, Belvedere, und **Raymond L. Mayhew**, Philippsburg, N. J., V. St. A., *Halogenmethyläther von kernalkylsubstituierten Monoarylglykoläthern* der allg. Formel $Y_x-Ar-O-[CH_2-C(R_1, R_2)-O]_nCH_2Hlg$ (Ar = keine wasserlösl. machenden Gruppen enthaltendes Aryl, Y = Alkyl, x = 1—3; $-O-(CH_2-C(R_1, R_2)-O)_n$ = Mono- oder Polyalkylenglykolrest, R_1, R_2 = H oder niedermol. Alkyl, n = wenigstens 1, Hlg = Cl oder Br) erhält man aus den entsprechenden Monoalkylaryläthern von Alkylen- oder Polyalkylenglykolen (hergestellt aus Alkylphenolen, $Y_x-Ar-OH$ mit Alkylenoxyden) durch Kondensation mit CH_2O oder Paraformaldehyd (I) in Ggw. von HCl oder HBr in einem organ. Lösungsm. bei ca. 20—85° im Verhältnis 1 : 1 bis 1 : 2. — Durch Einleiten von HCl in eine Mischung aus p-(2-Methylbutyl-2)-phenoxyäthanol u. I in Bzl. bei 25—30° erhält man nach 6 Std. $CH_3CH_2C(CH_3)_2-C_6H_4OCH_2CH_2OCH_2Cl$, $Kp._{2,5}$ 150—155°; Cl-Geh. 13,55%; der sich beim Stehen an der Luft unter HCl- u. CH_2O-Abspaltung zersetzt. Mit Na-Äthylat das *Acetal*. — (2.4.4-Trimethylamyl-2)-phenoxyäthanol → $(CH_3)_3CCH_2C(CH_3)_2-C_6H_4-OCH_2CH_2OCH_2Cl$. — $o.p$-$(C_5H_{11})_2-C_6H_4-OCH_2CH_2 \cdot OCH_2Cl$. — Dodecylphenoxyäthanol → $C_{12}H_{25}C_6H_4OCH_2CH_2OCH_2Cl$, leichtbraunes Öl. — $C_{18}H_{37}C_6H_4OCH_2CH_2OCH_2Cl$. — Dodecylphenoxyäthoxyäthanol → $C_{12}H_{25}-C_6H_4OCH_2CH_2OCH_2CH_2OCH_2Cl$. — 2.4.6-Triisopropylphenoxyäthanol → $[(CH_3)_2C]_3-C_6H_2OCH_2CH_2OCH_2Cl$. — $C_{18}H_{37}C_6H_4OCH_2C(CH_3)OCH_2Cl$. Die Halogenmethyläther geben mit Alkalialkoholaten *Acetale*, mit carbonsauren Salzen *Äther*, mit tert. Aminen *quaternäre N-Verbb.*, die in W. lösl. sind u. als *Netz-*, *Reinigungs-* u. *Emulgiermittel*, je nach dem Mol.-Gew., verwendet werden können. Zwischenprodd. zur Herst. von kation., oberflächenakt. Mitteln u. zum Wasserabstoßendmachen von Textilien. (**A. P. 2 554 441** vom 16/12. 1948, ausg. 22/5. 1951.) KRAUSS. 8029

Soc. An. d'Innovations Chimiques, Sinnovaou Sadic, Seine-et-Marne, Frankreich, *Oberflächenaktive Verbindungen*. Schäumende wss. Netzmittellsgg. für industrielle Anwendungszwecke ergeben die Monosulfonsäuren des Diisopropyl- oder Di-tert.-butylphenoxthins oder deren mineral. oder organ. Salze. Das Phenoxthin entspricht der nebenst. Formel (Di-o-phenylenoxysulfid). (**F. P. 992 582** vom 10/7. 1944, ausg. 19/10. 1951.) RAETZ. 8029

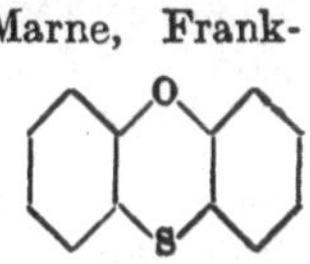

American Cyanamid Co., New York, N. Y., übert. von: **Joseph J. Carnes**, Greenwich, Conn., V. St. A., *Herstellung von 2-substituierten Oxazolidinpolyäthern*. Man erhitzt z. B. 212 (g) C_6H_5CHO u. 126 Äthanolamin (I) in 150 cm³ Bzl. unter Rühren u. Rückfluß 3½ Std, dest. 37,5 cm³ W. u. anschließend Bzl. im Vakuum ab. Man erhält bei 93—94° u. 0,8 mm 227 (76%) *2-Phenyloxazolidin* (II). — Isobutyraldehyd + I → *2-Isopropyloxazolidin*, $Kp._{15}$ 55—59°. — $(CH_3)_2CO$ + 2-Aminobutanol → *2.2-Dimethyl-4-äthoxazolidin*, $Kp._{25}$ 57—60°. — Diese Verbb. wurden mit wechselnden Mengen Alkylenoxyd umgesetzt, z. B. wird in eine Lsg. von 100 II u. 7 $(C_2H_5)_3N$ in 100 cm³ sek.-Butanol unter Rühren u. Rückfluß bei 90—100° 297 Äthylenoxyd innerhalb 10 Std. eingeleitet u. weitere 3½ Std. auf 100—105° erhitzt bis kein Rückfluß mehr stattfindet. Man dest. bei 130° u. 11 mm die Lösungsmittel ab u. erhält *2-Phenyloxazolidinpolyglykoläther* als dunkles, viscoses Öl. Die wasserlösl. leicht hydrolysierbaren Prodd. dienen als Zwischenprodd. bes. zur Herst. oberflächenakt. Stoffe, Textilölen u. dergleichen. (**A. P. 2 571 985** vom 13/7. 1949, ausg. 16/10. 1951.) MÜLLER-MEININGEN. 8029

Bernhard G. Zimmerman, Guildford College, N. C., V. St. A., *Textilschlichte*. 10 (Teile) Pentandiol oder Hexandiol werden mit 5 Diäthanolamin unter Abdest. von W. kondensiert. 2 Kondensat werden z. B. mit 200 Stärke, 11 Talg u. 1250 W. zu einer weiter verdünnbaren Schlichte verkocht. (**A. P. 2 614 103** vom 17/2. 1949, ausg. 14/10. 1952.) MÖLLERING. 8031

E. I. du Pont de Nemours & Co., Wilmington, Del., übert. von: **George Otis Funderburk**, Upper Penn's Neck, N. J., V. St. A., *Erhöhung des Lösevermögens von Cellulosederivaten*, bes. von Na-Carboxymethyl- (I) bzw. Na-Oxyäthylcellulose. Es werden z. B. 84 (Teile) I in einer Lsg. von 3 $Al_2(SO_4)_3$ in 2500 W. (65—70°), die mit 6 $Na_2B_4O_7$ versetzt worden ist, gelöst u. auf dem Zellenfilter getrocknet. Eine 1%ig. Lsg. von I findet als *Schlichte*, Emulgiermittel, Schutzkoll. u. Verdickungsmittel auch in Seifenlauge Verwendung. (**A. P. 2 579 381** vom 5/10. 1949, ausg. 18/12. 1951.) SALZMANN. 8031

Monsanto Chemical Co., St. Louis, Mo., V. St. A., übert. von: **Oscar P. Cohen und Donald H. Powers**, *Fixierung der Kräuselung oder Verfilzung bei Keratin enthaltenden Textilien, zum Beispiel Teppichgarnen oder Wollfilz*. Man imprägniert in wss. Medium mit einem hitzehärtbaren Harzkondensat u. einem ein- oder polybas. Mercaptoalkohol oder — nach E. P. 685 201 — einer aliphat. Mercaptocarbonsäure, worauf nach dem Trocknen das Harz durch Erhitzen fixiert wird. Garne werden mit 2—20 (%), Filze mit

2—10 Harz beladen. — Geeignet sind (methylierte u./oder chlorierte) Melamin–CH_2O-Harze, die auch mit (Thio-) Harnstoff modifiziert sein können, u. Phenol–CH_2O-Harze sowie 2-Mercaptoäthanol, 1-Thiosorbit, 1-Thioglykol oder thioglykolsaures Na oder NH_4. (**E. PP. 685 201** u. **685 202**, beide vom 22/11. 1948, ausg. 31/12. 1952. A. Prior. 28/11. 1947.) MÖLLERING. 8033

Leo Beer, Montreal, Can., *Krumpffreie Cellulosegewebe* mit einem Geh. von mehr als 50% regenerierter Cellulose erhält man nach A. P. 2 602 017 durch Imprägnierung mit einer wss., 1—7% Monomethyloldimethylhydantoin (I) enthaltenden Lsg., wobei durch eine nichtflüchtige organ. Säure, z. B. Milch- oder Oxalsäure, p_H 2—2,5 eingestellt wird. Nach dem Abquetschen trocknet man bei 120—150°, wäscht u. neutralisiert. — Nach A. P. 2 602 018 setzt man der Imprägnierungsflotte neben I noch zusätzlich 3—10% Dimethylolharnstoff zu, wodurch das wie oben weiter behandelte Gewebe auch noch knitterfrei wird. (**A. PP. 2 602 017** vom 1/12. 1949 u. **2 602 018** vom 3/1. 1950, beide ausg. 1/7. 1952. Beide Can. Prior. 22/12. 1949.) MÖLLERING. 8033

Chemische Fabrik Stockhausen & Co. (Erfinder: **Georg Strauch**), Krefeld, *Mattieren und Schiebefestmachen von Geweben.* Man imprägniert mit koll. Lsgg. von in W. unlösl. Sulfaten 2-wertiger Metalle. — 3,6 (Teile) Dextrin, 25,5 Harnstoff, 32,6 $BaCl_2$, 14,3 $(NH_4)_2SO_4$ u. 24 W. werden zu einer Paste verrührt, von der 10 g je Liter Mattierungsbad verwendet werden, um Viscose- oder Polyamidseide zu behandeln. (**D. B. P. 875 643** Kl. 8k vom 13/11. 1951, ausg. 4/5. 1953.) MÖLLERING. 8033

General Aniline & Film Corp., New York, V. St. A., *Herstellung von neuen fluorescierenden Bis-[2''-morpholino-4''-amino-1''.3''.5''-triazyl-(6'')]-4.4'-diaminostilbensulfon- und -carbonsäuren.* Man kondensiert 1 Mol 4.4'-Diaminostilbensulfon- oder -carbonsäure mit 2 Mol Cyanurchlorid, wobei die Temp. 5° nicht übersteigen soll, setzt das Reaktionsprod. mit 2 Mol NH_3 oder prim. oder sek. Amin bei 35—40° um u. erhitzt sodann mit 2 Mol Morpholin bei p_H 7,5—8 auf 90°. Auf diese Weise werden z. B. *Bis-[2''-morpholino-4''-amino-1''.3''.5''-triazyl-(6'')]-4.4'-diaminostilben-2.2'-disulfonsäuren* hergestellt, bei denen die 4''-Aminogruppe durch *Phenyl, Phenyl-p-sulfonsäure, p-* oder *o-Methoxyphenyl, p-* oder *m-Tolyl* oder *o-Chlorphenyl* substituiert ist. Auch kann statt der 4''-Aminogruppe eine *4''-Morpholinogruppe* stehen. — *Opt. Bleichmittel.* (**Oe. P. 169 561** vom 23/8. 1949, ausg. 26/11. 1951. A. Prior. 24/8. 1948.) NOUVEL. 8033

Joseph Hajdu, Seine, Frankreich, *Veredeln von Geweben.* Man behandelt Textilfasern-, -fäden oder -gewebe aus Kunstseide, Naturseide, Wolle, Baumwolle, Jute oder Leinen mit Lsgg. von sehr harten Substanzen, z. B. durch Tränken mit einer Lsg. von Glas in HF oder mit einer alkal. Glaslsg. oder mit einer Lsg. von Kieselerde, neutralisiert darauf das Gut in einem alkal. bzw. sauren Bade u. tränkt es schließlich mit einer Lsg. von Acetonkunstharz, Naturharz oder Gelatine. Die so behandelten Waren, bes. Strumpfwaren, besitzen eine beachtliche Steifheit, sind gegen Abrieb u. Abkühlung beständig, unlösl. u. wasserundurchlässig u. für die Körperausdünstung genügend durchlässig. (**F. P. 982 178** vom 15/1. 1949, ausg. 7/6. 1951.) RAETZ. 8037

Otto Bayer und **Ernst Cauer**, Deutschland, *Veredeln von Textilstoffen.* Man imprägniert Textilstoffe aus Baumwolle, Cellulose oder Kunstseide mit wasserabweisenden Verbb., wie Paraffin oder Wachs, in Verbindung mit einem Emulgiermittel, das man durch Kondensieren von CH_2O u. $NaHSO_3$ mit Diaminen oder Polyaminen, deren eine NH_2-Gruppe mindestens eine prim. ist u. einen höhermol. KW-stoffrest enthalten, erhält, sowie mit Additionsprodd. aus Polyisocyanat u. $NaHSO_3$ u. erhitzt das so imprägnierte Textilgut auf Tempp. über 100°. Man schm. z. B. 16 (Gewichtsteile) Paraffin, 2 Ceresin, 2 eines gemischten Esters aus Montansäure, Palmölfettsäure, Lanolinfettsäure u. Äthylenglykol u. 4 Octadecyldipropylentriamin $[C_{18}H_{37}\cdot NH\cdot (CH_2)_3\cdot NH\cdot (CH_2)_3\cdot NH_2]$ u. verrührt das Gemisch bei 80° mit 14 Volumteilen W. von 80°; alsdann setzt man unter Rühren 4 (Volumteile) 30%ig. CH_2O-Lsg. u. 8 $NaHSO_3$-Lsg. (D. 1,28) zu u. rührt bei 80° noch 10 Min. lang; der so erhaltenen, um das 5fache verd. Emulsion setzt man alsdann unter Rühren eine Lsg. von 20 Gewichtsteilen des Additionsprod. aus 2 Mol $NaHSO_3$ u. 1 Mol Hexamethylendiisocyanat in 500 Volumteilen W. zu; die so erhaltene sehr feine Emulsion hält sich mehrere Tage lang; ihre Beständigkeit kann durch Zusatz von 4 Volumteilen 30%ig. CH_2O-Lsg. noch verbessert werden. Durch Imprägnieren des Textilgutes mit dieser Emulsion u. 10 Min. langes Trocknen bei 130° erhält man ohne Verwendung weiterer Fixiermittel u. ohne Faserschädigung eine Ware von gutem Wasserabperleffekt mit einer waschbeständigen Appretur. — Weitere Beispiele. (**F. P. 986 456** vom 7/3. 1949, ausg. 1/8. 1951.) RAETZ. 8037

E. Hooper & Sons Co., übert. von: **Edwin C. Clayton** und **Lawrence L. Heffner**, Philadelphia, Pa., V. St. A., *Imprägniermittel für Gewebe*, bestehend aus organ. Verbb.

mit 20—70% Cl_2-Geh., wie chloriertes Paraffin, Paraffinöl, Fischöl, Pflanzenöl, Chlorkautschuk oder chloriertes Holzöl u. Metalloxyden oder -sulfiden in feinverteilter Form, flüchtigen Lösungsmitteln u. Plastifizierungsmitteln. An Metallverbb. sind genannt Sb-, As- oder Bi-Oxyd oder -Sulfid. — Die damit behandelten Gewebe sind nicht brennbar, wasserdicht, gegen Stocken geschützt u. behalten ihre Geschmeidigkeit u. Weichheit. (**Can. P. 476 279** vom 8/4. 1942, ausg. 21/8. 1951. A. Prior. 15/8. 1941.) WITTHOLZ. 8037

N. V. de Bataafsche Petroleum Mij., Holland, *Schutzmittel für Faserstoffe gegen Mikroorganismen*, bestehend aus einem Schwermetallsalz einer organ. Säure, z. B. Naphthensäure, einem KW-stoff mit Kp. von 200°, einem in W. u. Öl lösl. organ. Lösungsm. u. einem capillarakt. Öl. — 40% Zn-Naphthenat, 57% Testbenzin, Kp. 140—200°, 1% Diacetonalkohol, 2% Na-Salz des sulfonierten Weißöles. Das Schutzmittel wird zum Imprägnieren von Fischereigarnen, Seilen, Trossen, Säcken u. dgl. empfohlen. (**F. P. 991 103** vom 22/7. 1949, ausg. 1/10. 1951. Holl. Prior. 23/7. 1948.) WITTHOLZ. 8037

American Cyanamid Co., V. St. A., *Behandlung von Gewebe.* Man behandelt das Gewebe mit einer wss. CH_2O-Lsg., die mit Trichloressigsäure auf einen p_H-Wert von 2—3 gebracht ist, u. anschließend mit auf 177° erhitztem Eisen. Alsdann wird geschoren u. mit einem wärmehärtbaren, vulkanisierbaren Aminoplast behandelt, der anschließend durch Hitze wasserunlösl. gemacht wird. Als Aminoplaste werden methyliertes Methylolmelamin, methylierter Methylol- u. Dimethylolharnstoff u. die entsprechenden Thioverbb. vorgeschlagen. (**F. P. 974 926** vom 16/11. 1948, ausg. 27/2. 1951.) WITTHOLZ. 8037

André Silvain, Nord, Frankreich, *Formbeständige fertige Textilerzeugnisse* von hoher Festigkeit u. Schmiegsamkeit bei Aufrechterhaltung ihrer ursprünglichen Durchlässigkeit erhält man durch Imprägnieren der Textilfasern, Gewebe oder Fertigerzeugnisse aus tier., pflanzlichen, mineral. oder künstlichen Fasserstoffen — nach geeigneter Vorbereitung für eine gute Durchdringung — mit Dispersionen von natürlichem oder künstlichem Kautschuk (Latex) oder regeneriertem Kautschuk u. darauffolgendes Verformen. (**F. P. 992 275** vom 8/6. 1944, ausg. 16/10. 1951.) RAETZ. 8037

Ciba Akt.-Ges., Basel, Schweiz (Erfinder: **James Kenneth Dixon,** Riverside, Conn., V. St. A.), *Schrumpfechte Baumwollgewebe* erhält man durch Imprägnierung mit koll. Lsgg. (**I**) von polymerisierten, positiv geladenen Aldehydkondensaten von Di- oder Triaminotriazinen, die am N-Atom jeder Aminogruppe 1 H-Atom besitzen. Die **I** enthalten eine in W. lösl. gesätt. aliphat. Carbonsäure mit einer Dissoziationskonstante zwischen $1{,}4\cdot10^{-5}$ u. $2{,}5\cdot10^{-4}$. Man bringt auf Gewebe 2,5—15 (%) Harz auf u. fixiert durch Trocknung. Z. B. verwendet man für Perkalimprägnierung eine wss. Lsg., die 10 methyliertes Trimethylolmelaminharz u. 0,1 Na-Salz des Sulfobernsteinsäuredioctylesters enthält. (**D. B. P. 878 789** Kl. 8k vom 25/10. 1950, ausg. 5/6. 1953. A. Prior. 26/10. 1949.) MÖLLERING. 8045

Deutsche Gold- und Silberscheideanstalt vormals Roessler, Frankfurt/M. (Erfinder: **Egon Elöd,** Badenweiler), *Verbesserung der Verfilzbarkeit gefärbter Reißwolle.* Diese wird mittels einer wss., sauren, oxydierend wirkenden Fl., die neben HNO_3 katalyt. wirkende Oxydationsmittel (Cernitrat, Alkaliwolframat oder Ferrinitrat) u. H_2O_2 enthält, gebeizt. Die gebeizte Wolle (mit einem $p_H > 2{,}7$) wird nachträglich, gegebenenfalls während des Verfilzens oder Walkens, mit warmer H_2SO_4 besprüht. Verwendung für Uniformtuche u. Hüte. (**D. B. P. 880 781** Kl. 29b vom 15/5. 1940, ausg. 25/6. 1953.) SALZMANN. 8061

Diamalt Akt.-Ges. (Erfinder: **Wolfgang Jülicher** und **Otto Appelt**), München, *Steifen von Filzen.* Man imprägniert mit wss. Lsgg., die durch Feinvermahlung wasserlösl. gemachten Gummi sowie gegebenenfalls Soda oder K_2CO_3 enthalten. Geeignet ist *Gummi insoluble* oder *Gummi Shiraz.* Dextrin oder lösl. Stärke können mitverwendet werden. (**D. B. P. 876 090** Kl. 8k vom 15/7. 1937, ausg. 7/5. 1953.) MÖLLERING. 8067

North American Rayon Corp., New York, übert. von: **Rudolph S. Bley,** Milligan College, Tenn., V. St. A., *Verspinnen von Viscose.* Die Zus. des Fällbades [9,5 (%) H_2SO_4, 17,3 Na_2SO_4, 4,9 $MgSO_4$, 2,8 $ZnSO_4$ u. 65,5 W.] soll eine schnelle Regenerierung der Viscose möglichst verhindern. In einem zweiten, 85° warmen Bad [2 (g/Liter) H_2SO_4, 0,97 $ZnSO_4$, 5,8 Na_2SO_4, 3 $(NH_4)_2S_2O_8$ u. 0,5 anionenakt. Alkylarylnatriumsulfonat] werden die Fäden gestreckt. Festigkeit: trocken 2,95 g/den, naß 1,7 g/den. Dehnung: 15 bzw. 18%. (**A. P. 2 577 732** vom 16/11. 1950, ausg. 11/12. 1951.) SALZMAEN. 8075

Comptoir des Textiles Artificiels, übert. von: **Nicolas Drisch** und **André Bonnet,** Paris, Frankreich, *Verminderung des Quellvermögens von Cellulosekunstseiden.* Zellwollballen werden im geschlossenen Gefäß unter Vakuum gesetzt u. dann mit gesätt.

Wasserdampf von 1,5—15 atü behandelt. Das Vakuum soll 50—100 mm Hg betragen. Der Vorgang wird mindestens einmal wiederholt. (**A. P. 2 608 460** vom 15/2. 1951, ausg. 26/8. 1952. F. Prior. 21/4. 1944.) MÖLLERING. 8075

Badische Anilin- & Soda-Fabrik, Ludwigshafen/Rh. (Erfinder: **Erich Schwartz,** Mannheim, **Josef Lintner,** La Garenne-Colombes, Frankreich, und **Oscar Leupin,** Mannheim), *Cellulosehaltiges Textilgut mit vermindertem Quellvermögen* erhält man durch Imprägnierung mit wss. Dispersionen der nach D. B. P. 866 737 (C. **1953.** 6579) aus Methylolverbb. des Acetylendiharnstoffes u. höhermol. Alkoholen in Ggw. von Emulgiermitteln hergestellten Produkte. (**D. B. P. 878 790** Kl. 8k vom 25/6. 1943, ausg. 5/6. 1953.) MÖLLERING. 8075

Walkden Makin & Co. Ltd., Openshaw, übert. von: **Hugh vom Hove,** Newport, England, *Krumpffreimachen von Kunstseide enthaltendem Gewebe.* Das Gut wird zuerst in einer Flotte behandelt, die eine schwache organ. Säure, z. B. Olein, Caprin-, Laurin- oder Ricinolsäure, sowie NH_4OH u. eine organ. Aminbase, z. B. (Thio) Harnstoff, Melamin, Benzidin oder dgl., enthält. Nach der Imprägnierung trocknet man u. behandelt in einem 2. Bad, das CH_2O (20—40%ig) u. ein Sb-Salz einer organ. Säure, z. B. Sb-Lactat, enthält. Das imprägnierte Gut wird — gegebenenfalls unter Streckung — getrocknet u. z. B. 6—8 Min. bei 150° gebacken. (**A. P. 2 608 494** vom 23/8. 1949, ausg. 26/8. 1952. E. Prior. 28/8. 1948.) MÖLLERING. 8075

E. I. du Pont de Nemours & Co., Wilmington, Del., übert. von: **Jefferson A. Stokes,** Richmond, Va., V. St. A., *Wärmebeständige Ausrüstung von Kunstseide,* bes. aus regenerierter Cellulose. Als Imprägnierung dient eine 1%ig. wss. Lsg. von 1-Phenylbiguanid (**I**) von 50°. Aufnahme an **I**: 0,22%. Festigkeitsverlust nach 32std. Erhitzen auf 150°: 32%. (**A. P. 2 577 593** vom 21/12. 1946, ausg. 4/12. 1951.) SALZMANN. 8075

Farbenfabriken Bayer, Leverkusen (Erfinder: **Emil Hubert,** Dessau, **Heinrich Pabst,** und **Rudolf Hofmann,** Dormagen), *Geformte Gebilde aus chloroformlöslicher Acetylcellulose.* Eine vom Katalysator befreite, gegebenenfalls 2—6% CH_2Cl_2 u. W. enthaltende 12—16%ig. Rohlsg. des Celluloseacetats in Eisessig wird auf 55—80° erwärmt u. in eine wss. Ammonsalzlsg. von $<30°$, die den ausgefällten Gebilden entgegengeführt wird, *versponnen.* Die Durchflußmenge des Fällbades u. die Spinngeschwindigkeit werden so eingestellt, daß das Fällbad bei seinem Austritt einen CH_3COOH-Geh. von höchstens 30% hat. (**D. B. P. 878 429** Kl. 29b vom 20/1. 1937, ausg. 1/6. 1953.) SALZMANN. 8077

Industrial Rayon Corp., Cleveland, übert. von: **Gaetano F. D'Alelio,** Shaker Heights, O., V. St. A., *Lösungen von Polymerisaten,* die mindestens 50—80 (%) Acrylnitril u. mindestens 50—20 einer Verb. der Struktur $CH_2{=}C(\mathbf{X}){-}Cl$ [X = H oder Cl] enthalten u. ein Mol.-Gew. von 10000—250000 besitzen, erhält man durch Lösen derselben in CH_3COOH-freiem N.N-Dimethylacetamid. — Beispiel. — *Spinnlösungen.* (**A. P. 2 531 407** vom 25/10. 1946, ausg. 28/4. 1950.) MÜLLER-MEININGEN. 8081

Comptoir des Textiles Artificiels, Frankreich, *Spinnfäden aus Oxypolyvinylverbindungen.* Oxypolyvinylverbb., z. B. Polyvinylalkohol in wss. Lsg., gegebenenfalls unter Zusatz von Laurylpyridiniumchlorid, werden in wss. $(NH_4)_2SO_4$-haltigem Fällbad versponnen u. unter Dehnung aufgespult unter gleichzeitiger Trocknung bei mäßiger Temp. u. starker Luftbewegung. Alsdann erfolgt Streckung, wobei gleichzeitig das anhaftende Salz entfernt wird. (**F. P. 983 508** vom 1/8. 1949, ausg. 25/6. 1951.) WITTHOLZ. 8081

Monsanto Chemical Co., V. St. A., *Synthetische Fäden.* Ein vollkommen homogenes Gemisch aus N.N-Dimethylacetamid u. einem Polymerisat, dessen Monomeres wenigstens zu 70% aus Acrylsäurenitril besteht, wird unter Druck versponnen. Die orientierten Fasern haben eine Zugresistenz von 4,6 g/Denier. — Man löst ein Mischpolymerisat, bestehend aus 83% Acrylsäurenitril, 11% Methacrylsäurenitril u. 7% Vinylacetat, in N.N-Dimethylacetamid unter Rühren u. Erwärmen, bis eine vollständige transparente Lsg. erhalten wird. Man verspinnt unter Druck eine 11%ig. Lsg. des Mischpolymerisates durch eine 10 Löcher von je 0,13 mm Durchmesser aufweisende Düse in eine Lsg. von 0,3% alkylbenzolsulfonsaurem Na in W., möglichst dest. W., bei 70°. Die Fäden werden getrocknet u. im Glycerinbad auf 600% bei 160° gedehnt. (**F. P. 984 270** vom 6/4. 1949, ausg. 4/7. 1951. A. Prior. 29/4. 1948.) WITTHOLZ. 8081

N. V. de Bataafsche Petroleum Mij., Den Haag, Holland, *Behandlung mehrfach ungesättigter organischer Hochpolymerisate* mit anorgan. Säuren oder deren Anhydriden. Man löst die Reaktionsteilnehmer in gleichen oder ähnlichen Lösungsmittelgemischen u. läßt sie dann aufeinander einwirken. — 6 (kg) *plastifizierter Kautschuk* werden in 94 eines Gemisches aus gleichen Teilen Bzl. u. Xylol gelöst u. durch den Zusatz von 0,9 Tetrahydronaphthalinperoxyd aktiviert. Man preßt die Lsg. durch ein Filter u. eine Spinndüse in ein Fällbad, das aus gleichen Teilen Bzl. u. Xylol besteht u. je Liter

0,1 SO_2 enthält. Die gesponnenen *Fäden* werden mit A. gewaschen u. an der Luft getrocknet. (**E. P. 663 865** vom 21/6. 1948, ausg. 27/12. 1951. Holl. Prior. 17/7. 1947.) MÖLLERING. 8081

Shell Development Co., San Francisco, Calif., übert. von: **Gottfried Ernst Rumscheidt** und **Johannes Thomas Hackmann,** Amsterdam, Holland, *Herstellung von Fäden aus kautschukartigen Polymeren.* Eine 6%ig. Lsg. von Latex (oder Polybutadien) in gleichen Teilen Bzl. u. Toluol u. 5% Cumol- (bzw. Triphenylmethan-, Äthylbenzol-, Diäthylbenzol-, Tetralin-) Peroxyd wird durch 0,09 mm weite Düsen in 80%ig. A. von -5^0 gesponnen, in dem 400 g SO_2 je Liter gelöst sind. Die Fäden mit einem S-Geh. von 21% besitzen eine Festigkeit von 190 g/den. (**A. P. 2 558 527** vom 29/8. 1949, ausg. 26/6. 1951. Holl. Prior. 14/10. 1948.) SALZMANN. 8081

Shell Development Co., San Francisco, Calif., übert. von: **Gottfried Ernst Rumscheidt,** Amsterdam, Holland, *Reaktionsprodukte von Natur- oder Kunstkautschuk mit SO_2.* Butadien, seine Homologen u. Derivv. einschließlich der Vinylverbb., werden in Form einer 6%ig. Lsg. in Bzl.-Toluol mit 0—15 (%) Decahydronaphthalinperoxyd in ein wss., 80 A. u. 100 g/Liter SO_2 enthaltendes Bad von 0^0 gepreßt. Die *fadenförmigen* Gebilde enthalten 15—19,7% S. (**A. P. 2 558 498** vom 26/11. 1947, ausg. 26/6. 1951. Holl. Prior. 27/11. 1946.) SALZMANN. 8081

XIX. Brennstoffe. Erdöl. Mineralöle.

Ss. Ja. Otscheretowyi, *Bestimmung des Wasserbedarfes zur Umwandlung von Torflagern in Hydromasse.* Der Wasserbedarf zur Gewinnung von Naßtorf kann nach folgender Formel mit genügender Genauigkeit berechnet werden: $A = 70{,}526\ P \cdot d/C_1 \cdot \beta\ m^3$; P = Fördersoll an Trockentorf, d = Koeff. der Wasserzugabe $= (C_1 - C_2)/C_2$; C_1 = Geh. an Trockensubstanz im Torflager, C_2 = Geh. an Trockensubstanz im Naßtorf, β = Ausnutzungskoeff. von Naßtorf (0,93—0,95). (Торфяная Промышленность [Torf-Ind.] **28.** Nr. 9. 6—7. Sept. 1951.) HUENE. 8122

Walther Mantel, *Zusammenhänge und Nutzanwendung der Ergebnisse aus Laboratorium und Kohlenwertstoffbetrieb. C) Über die Kokskohle und die Kohlenwertstoffausbeuten, aus Laboratorium und Praxis.* (B vgl. Brennstoff-Chem. **31.** [1950.] 161.) An Hand von umfangreichen systemat. chem., physikal. u. kohlenpetrograph. Unterss. der Flözkohlen, der Kohlenwaschprodd., der Einsatzkohlen u. der Kohlenwertstoffe, mit Laboratoriums- u. Betriebsmitteln, werden Merkmale der Kokskohlen u. der Kohlenwertstoffe, ihre Zusammenhänge u. Streubereiche erörtert. Die (nach SCHROTH bzw. BAUER ermittelten) Ausbeuten an Urteer u. Schwelbenzin, Bildungswasser, Ammoniak, Teer, Bzl. u. Gas, die obere Heizwertzahl, die spezif. Wertzahl, der Sauerstoff- u. Wasserstoffgeh. der wasser- u. aschefreien (waf) Kohlensubstanz werden als quadrat. Funktionen des Geh. der waf Kohlensubstanz an flüchtigen Bestandteilen dargestellt u. mit Betriebsergebnissen verglichen. — Zahlreiche Bilder u. Zahlentafeln. (Brennstoff-Chem. **31.** 265—78. 13/9. 1950. Lünen, Hauptlabor. der Harpener Bergbau AG.) TRAUSTEL. 8126

D. W. van Krevelen, C. van Heerden und **F. J. Huntjens,** *Physikalisch-chemische Betrachtungen über die Pyrolyse von Kohlen und entsprechenden organischen Verbindungen.* Untersucht wurden die Zersetzungskurven von Kohle, die Kinetik der Pyrolyse, die Integration der Grundgleichung durch Annäherung u. durch Reihenentw., die Anwendung auf die Verkokung u. der Vgl. mit einigen Modellsubstanzen (Polythen, Polystyrol, Polyinden, Polycyclohexanon, Cellulose, Dibenzanthron). Die Umwandlung von Kohlen in Koks wird bestimmt durch die Geschwindigkeit der Zers. des Ausgangsmaterials u. durch die plast. Eigg. während der Erhitzung. Die Anwendung theoret. Betrachtungen auf die Verss. führt zum Beweis, daß die Pyrolyse von Kohle u. analogen organ. Verbb. einen Reaktionsverlauf erster Ordnung darstellt. Die Veränderung der Grundkonstanten als Funktion des Grades der Kohlung ist sehr charakteristisch. (Fuel **30.** 253—59. Nov. 1951. Geleen, Netherlands, Staatsmijnen in Limburg, Central Labor.) BOYE. 8126

Wacław Cybulski, *Das Problem der Explosivität von Kohlenstaub von sehr hohem Zerteilungsgrad.* In einem Versuchsschacht wird die Explosionsfähigkeit von Kohlenstaub von 2 Korngrößen untersucht: Feinstaub (85% 75 μ, spezif. Oberfläche $F = 2400$ bis 4200 cm^2/g) u. Puderstaub ($< 20\ \mu$, $F = 10800-18900\ cm^2/g$). Die Explosivität nimmt mit der Mahlfeinheit stark zu. Bei sehr feinem Staub ändert sie sich nicht nur aus physikal., sondern auch aus chem. Ursachen. Das Verh. auf einem „Inflammator" entspricht früheren russ. Untersuchungen. (Prace badawcze Głównego Inst. Górnictwa, Komunikat Nr. 109. 3—32. 1952. Kattowitz [Katowice], Vers.-Grube Barbara, Inst. Bezpiecz. górn.) R. K. MÜLLER. 8126

Wacław Cybulski, *Untersuchungen über die Abhängigkeit der Explosivität des Kohlenstaubs vom Explosionsbeginn.* (Vgl. vorst. Ref.) Die Explosionsverss. mit Kohlestaub von 2 Feinheitsgraden werden mit verschied. Zündung durchgeführt: einerseits mit starker Anfangsladung, andererseits mit Zündschnur u. Verzögerungszünder. In beiden Fällen wird eine Erhöhung des Explosionsgrades festgestellt; im letzteren Falle kann die Explosion die Wrkg. einer CH_4-Explosion erreichen. (Prace badawcze Głównego Inst. Górnictwa, Komunikat Nr. **117.** 3—30. 1952. Kattowitz [Katowice], Vers.-Grube Barbara, Inst. Bezpiecz. gorn.) R. K. MÜLLER. 8126

Mario Medici, *Über das höhere Strahlungsvermögen und über die höhere Wärmeabgabefähigkeit der Verbrennungsrauche aus Methan.* In den Verbrennungsprodd. des CH_4 ist der Wasserdampfpartialdruck höher, der CO_2-Partialdruck geringer als in den Verbrennungsprodd. von Kohle u. Erdöl; dadurch haben sie ein hohes Strahlungsvermögen im Ultrarotgebiet, u. zwar in den Banden 2,64—2,85 u. 4,15—4,50 μ für CO_2, 2,55 bis 2,84 u. 5,60—7,60 μ für H_2O. Damit verbunden ist gleichmäßigere Verteilung der Temp. u. der spezif. Wärmebelastung in den Verbrennungskammern u. verstärkte Wärmeübertragung durch Konvektion nach den Wänden, also höhere Wärmewertigkeit (Wärmetonalität) der Rauchgase. Diese Faktoren machen CH_4-reiche Gase zu einem nahezu idealen Brennstoff. (Ricerca sci. **21.** 1942—52. Nov. 1951. Padua.) R. K. MÜLLER. 8128

Dionisy Korol, *Anreicherung der feinsten Kohlekörner.* Für die Anreicherung von Kohlefeinstaub kommen folgende Verff. in Frage: Flotation, Konzentriertisch, Hydrocyclon u. elektrostat. Anreicherung. Die Anwendungsbereiche, Vor- u. Nachteile der verschied. Verff. werden erörtert. (Prace badawcze Głównego Inst. Górnictwa, Komunikat Nr. **113.** 3—12. 1952. Kattowitz [Katowice], Główn. Inst. Górn., Zakł. mechan. Przeróbki i Petrogr.) R. K. MÜLLER. 8134

Franz Trefny, *Allgemeine Hinweise zur Erhöhung der Wirtschaftlichkeit beim Betrieb von Koksöfen.* Schrifttumsübersicht. (Brennstoff-Chem. **34.** 45—51. 18/2. 1953. Oberhausen.) ROSENDAHL. 8144

A. Je. Masslygin und **G. A. Bugrow,** *Die Vergasung von Braunkohle des Moskauer Beckens in Gasgeneratoren.* Versuchsbericht über die Gewinnung von Generatorgas für Glasfabriken aus Kohlen des westlichen Moskauer Braunkohlebeckens in einer aus drei Generatoren von je 3 m Durchmesser bestehenden Anlage. Die verwandten Kohlen weisen eine Feuchtigkeit von 31—33% u. 19—21% Asche auf. Bei richtigem Körnungsverhältnis der Kohlen, zweckmäßiger Luftzuführung u. Verteilung des Brenngutes in der Verbrennungszone erhielt man schließlich ein Gas von 1418,9 cal mit 6,0 (%) CO_2, 0,2 O_2, 0,2 C_mH_n, 14,28 H_2, 2,35 CH_4, 27,1 CO u. 49,87 N_2. (Стекло и Керамика [Glas u. Keramik] **7.** Nr. 6. 11—13. Juni 1950. Skopin, Glasfabrik.) v. MICKWITZ. 8148

W. K. Parsons, *Das Parsons-Ölgas-Verfahren.* Beschreibung der Arbeitsweise eines Generatorenverf. zur Herst. von blauem Wassergas. Ausbeutezahlen u. Einzelheiten im Original. (Gas Wld. **137.** 1296—98. 16/5. 1953. Rhos Undertaking Wales Gas Board.) K. O. MÜLLER. 8160

R. Llewellyn Rees, *Die Entfernung von Schwefeloxyden aus Abgasen.* Obgleich es einige Verff. zur Entfernung des S aus Abgasen gibt (z. B. den BATTERSEA-Gaswaschprozeß), ist es wirtschaftlich meist vorteilhafter, das Gas in heißem, ungewaschenen Zustand aus hohen Schornsteinen entweichen zu lassen, da auf diese Weise die Verunreinigung der Atmosphäre am geringsten ist. Für die Reinigung von Abgasen höher S-haltiger Brennstoffe wird das FULHAM-SIMON-CARVES-Verf. erprobt, das eine Gaswasch-Fl. u. eine geringe Menge H_2SO_4 als Rohstoff benötigt u. bei dem sowohl $(NH_4)_2 \cdot SO_4$ als auch S gewonnen werden. (J. Inst. Fuel **25.** 350—57. März 1953.) H. SCHÖBERL. 8172

C. F. Prutton, T. J. Walsh und **A. M. Desai,** *Lösungsmittel-Extraktion von Teersäuren aus Kohlenteerkohlenwasserstoffen.* Daten über die Löslichkeit von typ. Teersäuren u. KW-stoffen in Lösungsmittelgemischen von W. u. Methylalkohol bei Tempp. von 10, 25 u. 35°. Gemessen werden Phenol, p-Kresol, 2-Naphthol u. p-tert.-Butylphenol. An KW-stoffen werden in die Unterss. einbezogen Methylnaphthalin, Hexadecan u. 2.2.4-Trimethylpentan. — Diagramm u. Gleichgewichtstabellen. (Ind. Engng. Chem. **42.** 1210—17. Juni 1950. Cleveland, O., Case Inst. of Technol.) K. O. MÜLLER. 8176

Hugh S. Taylor, *Katalyse in der Kohlenwasserstoffchemie.* Allg. Betrachtungen über Wrkg. u. Zus. von Katalysatoren bei der Verarbeitung von Rohöl u. bei den Syntheseverff., bes. im Hinblick auf die zukünftige Entwicklung. (Ind. Engng. Chem. **45.** 1440 bis 1441. Juli 1953. Princeton, N. J., Princeton Univ.) K. O. MÜLLER. 8196

E. V. Murphree, *Katalyse in der Erdölindustrie.* Die zukünftige Entw. in der Erdölindustrie geht nach Ansicht des Vf. auf verstärkten Einsatz von Katalysatoren bei der

Spaltung, Alkylierung, Aromatisierung u. Polymerisation. Eine milde Hydrierung von Erdölfraktionen führt zu stabileren Prodd. bei gleichzeitiger S-Entfernung. Niedrigsd. Fraktionen, bei denen eine Aromatisierung nicht genügend anspricht, können durch katalyt. Verff. zu Kraftstoffen mit hoher OZ. umgewandelt werden. Schwere Rückstandsfraktionen können durch Hydrierung in wertvolle niedrigsd. Prodd. umgewandelt werden. Die Anwendung von Katalysatoren findet ein weites Betätigungsfeld bei der Gewinnung von Ölen aus Naturgasen, bei Schieferölen u. Ölsanden u. Kohle. Die Vertiefung in der Kenntnis über den Mechanismus von katalyt. Rkk. führt zur Entw. von neuen katalyt. Verfahren. (Ind. Engng. Chem. **45**. 1442—44. Juli 1953. New York, N. Y., Standard Oil Development Co.) K. O. MÜLLER. 8200

Je. A. Timofejewa, N. I. Schuikin und **W. M. Kleimenowa,** *Entschwefelnde Wirkung des Troschkow-Kaolins.* Vff. untersuchten die entschwefelnde Wrkg. des Troschkow-Kaolins (I) auf S enthaltendes *Bzn.* u. auf Mischungen von gereinigtem Bzn. mit *Propylmercaptan, Diisoamylsulfid, Thiophen* u. *Thiophan.* Der nicht aktivierte I hat bei 400° gute Wrkg., wobei nicht nur die aliphat. S-Verbb., wie Mercaptane, Sulfide, sondern auch die S-haltigen Ringverbb., wie Thiophan, entfernt werden. Durch eine therm. Aktivierung wird die Wrkg. fast um das 3fache erhöht. (Известия Академии Наук СССР, Отделение Химических Наук [Nachr. Akad. Wiss. UdSSR, Abt. chem. Wiss.] **1952**. 489—94. Mai/Juni. Inst. für organ. Chem. der Akad. der Wiss. der UdSSR.) R. RICHTER. 8200

—, *Wie unreine Brennstoffe für die Verwendung in Dieselmotoren behandelt werden.* Um Abfallöle in Dieselmotoren günstig verbrennen zu können, werden sie heute zur Entfernung der Verunreinigungen zentrifugiert. Da der Verschleiß der Motore bei Verwendung dieser Öle groß ist, unterwirft man sie noch einem Waschprozeß mit W., mit dem z. B. eine Verringerung des Aschegeh. von 9% (nach Zentrifugieren) auf 30% erzielt werden konnte. (Marine Engng. Shipping Rev. **58**. Nr. 4. 59—63. April 1953.) H. SCHÖBERL. 8212

W. Ruttenstorfer und **A. Schafler,** *Öleigene Antioxydantien.* Mittels H_2SO_4 u. Bleicherde raffinierte Transformatorenöle wurden an einer Adsorbersäule in eine Neutralölfraktion (Paraffine u. Naphthene), in eine Harz- u. eine Asphaltfraktion zerlegt. Diese 3 Fraktionen wurden zur Verteerungszahl in Beziehung gesetzt u. gefunden, daß es möglich ist, Verteerungszahlen aus der untersuchten Reihe sonst gleichartiger Öle auf Grund der Adsorptionsanalyse vorauszusagen. Weiterhin wurde durch Verss. gefunden, daß dem Erdölharz eine quantitativ bestimmbare Schutzfunktion eigen ist. (Erdöl u. Kohle **6**. 65—66. Febr. 1953.) K. O. MÜLLER. 8218

C. V. Smalheer und **T. W. Mastin,** *Phosphor im Schmierölgebiet. Chemismus der phosphorhaltigen Zusätze unter besonderer Berücksichtigung der neuesten Forschungsergebnisse.* Überblick über Verwendung u. Wirkungsweise *phosphorhaltiger Schmierölzusätze.* — 28 Literaturangaben. (Petroleum Processing **7**. 1780—84. Dez. 1952. Cleveland, O., Lubrizol Corp.) W. MEYER. 8220

L. M. Tichvinsky, *Über das Schäumen der Schmieröle für Dieselmotoren.* Auf die die Schaumbldg. fördernde Eig. mancher Schmierölzusätze u. auf Zusätze zur Verhinderung des Schäumens wird eingegangen. Als wirksamste Schauminhibitoren gelten zur Zeit die Organosiloxane u. die Organosilicate. Die wirksamsten Schauminhibitoren sind die, die gegen Öl eine geringe Grenzflächenspannung haben, deren Oberflächenspannung klein ist u. die wenig lösl., stabil u. fein in Öl dispergiert sind. Nach einem Überblick über die Theorien des Schäumens u. die Wirkungsweise der Schauminhibitoren wird die (in USA) unter der Nummer 321, 1, 1 genormte Prüfmeth. beschrieben u. auf Fehlermöglichkeiten hierin hingewiesen. Die Erzielung reproduzierbarerResultate hängt von der Vorgeschichte des Öls, bes. hinsichtlich Belüftung u. Belüftungstemp., ab. Vf. schlägt Vorbelüftung bei 200° F (92° C) vor. Die Luftzufuhr durch die Filterkerzen soll möglichst konstant u. zwecks Vermeidung einer Kanalbldg. im Schaum klein sein. Alle Verss. wurden mit SAE 50 Öl durchgeführt. (Rev. Inst. franç. Pétrole Ann. Combustibles liquides **8**. 35—46. Febr. 1953.) SYDOW. 8220

Janusz Warmuziński, *Der Einfluß von Salzsäure auf die Ergiebigkeit und einige Eigenschaften der Braunkohlenbitumina.* Wenn Braunkohlen zunächst mit 1—15%ig. HCl behandelt, dann mit Bzl.-A.-Gemisch (7 : 3) extrahiert werden, läßt sich eine Steigerung der Bitumenausbeute von 22,9 auf 45,7% erzielen. Die Bitumina haben höhere SZ. u. EZ. u. prakt. keinen Erweichungspunkt, was ihre Verwendbarkeit einschränkt. (Prace badawcze Głównego Inst. Górnictwa, Komunikat Nr. **116**. 3—9. 1952. Kraków, łówn. Inst. Górnictowa, Zak. chem. Przerobki.) R. K. MÜLLER. 8224

Shôichi Kikkawa, *Über Teerpech.* 2.—5. Mitt. (1. vgl. Kosaka u. Kikkawa, J. chem. Soc. Japan, ind. Chem. Sect. [Kōgyō Kagaku Zassi] **53**. [1950.] 234.) Aus 118 g einer bei 190—200° (0,1 mm Hg) sd. Fraktion aus *hartem Teerpech* wurde durch Behandeln mit Ae., Bzl., CS_2 u. Chromatographie (Al_2O_3) von Maleinsäureanhydridaddukten u. Vakuumfraktionierung 5,1% *Chrysen* u. seine Begleiter *Naphthacen*, *2.3-Benzcarbazol* (0,16%) u. *Benzanthracen*, aber kein *1.2-Benzcarbazol* isoliert. — Aus 37 g einer Vorfraktion ($Kp._{0,1}$ 100—130°) wurden auf ähnliche Weise *Anthracen*, *Carbazol*, *Dianthracen*, *Anthrachinon*, *Phenanthren*, *Chrysen*, *Fluoren* u. *4.5-Methylenphenanthren* (?) isoliert. — Aus der Ae.-lösl. Fraktion (vgl. oben) wurde durch Behandlung mit 5%ig. H_2SO_4 u. 5%ig. NaOH Pikratkristallisation, Sodawaschung usw. sowie Chromatographie an akt. Al_2O_3 u. Bleicherde, Brasan, Chrysen, 1.2-Benzanthracen, 1.2-Benzpyren u. S isoliert. — Aus dem CS_2-lösl. Anteil des *Tieftemperaturteerpechs* wurde durch fraktionierte Dest. im Vakuum bes. in den niedrigersd. Anteilen sogenanntes „*Mineralwachs*" isoliert u. in Fraktionen ($Kp._4$ 160—330°) aufgeteilt, sowie dessen durchschnittliches Mol.-Gew. u. Brechungsexponenten (n_D^{75}) bestimmt. Es sind Paraffine der n-Reihe von C_{24} bis C_{32}. Daneben sind nicht krist. sulfonierte von den Paraffinen verschied. Rückstände vorhanden. (J. chem. Soc. Japan, ind. Chem. Sect. [Kōgyō Kagaku Zassi] **54**. 631—39. Okt. 1951. Osaka Univ. [Orig.: japan.]) SCHULER. 8228

Shōichi Kikkawa, *Über Teerpech.* 6. Mitt. *Durchschnittskennwerte von Tieftemperaturteerpech.* (5. vgl. vorst. Ref.) Es wurden die in kaltem CS_2-lösl. Anteile des *Tieftemperaturteerpechs* (I) in 10°-Fraktionen ($Kp._4$ 160—300°) getrennt, deren physikal. Eigg. bestimmt u. mit denen von Hochtemperaturteerpech (II) verglichen. $D.^{30}_4$ 1,031 bis 1,0817 gegenüber **II** 1,18—1,26. Das Verhältnis C/H ist ca. 10,0, wenig verschieden von dem bei **II**. Die % an O, N, S sind höher bei **I**, die Doppelbindungszahl geringer. Das Mol.-Gew. bei gleichem Kp. ist bei **I** höher. n_D^{30} 0,320—0,323. **I** ist reicher an Bestandteilen mehr aliphat. Natur. Die Unterschiede der beiden lassen sich auf Grund der großen Temperaturunterschiede, 500—600° gegenüber 1000—1200°, bei der Bldg. der Teere verständlich machen. (J. chem. Soc. Japan, ind. Chem. Sect. [Kōgyō Kagaku Zassi] **54**. 790—92. Dez. 1951. Osaka Univ. [Orig.: japan.]) SCHULER. 8228

Emil Christensen, Hellerup, und **Ernst Lerdorff Rye,** Kopenhagen, Dänemark, *Verbesserung der Verbrennung in Vergasermotoren.* Man fügt dem vom Vergaser kommenden Gemisch aus Brennstoffdampf u. Luft ein fl. Gemisch aus NH_3, Kiefernnadelöl u. CH_3Cl zu. (**Dän. P. 72 957** vom 20/12. 1948, ausg. 20/8. 1951.) JÜRGEN SCHMIDT. 8129

Vereinigte Glanzstoff-Fabriken Akt.-Ges., Wuppertal-Elberfeld, *Brikettbindemittel.* Als Bindemittel dient pulverisiertes Cellulosexanthat in Ggw. von Wasser. So werden z. B. 100 kg Kohlenstaub mit 850 g feinfaserigem Xanthat vermischt u. gegebenenfalls mit W. versetzt, bis die Mischung einen Gesamtwassergeh. von ca. 12% aufweist u. dann brikettiert. Das Xanthat gewinnt man aus Alkalicellulose. (**E. P. 668 031** vom 15/5. 1950, ausg. 12/3. 1952.) W. HAUSWALD. 8137

André Charles, Frankreich (Seine), *Herstellung von Petroleum.* Man läßt das bei der Vergasung von Kohle im geschlossenen Gefäß entstehende Gemisch von Kohle, H_2, Wasserdampf u. festen KW-stoffen mit großer Geschwindigkeit durch ein Rohr zirkulieren, das als Katalysator ein Gitter von vernickeltem oder verzinntem Fe enthält. An das Rohr ist ein Kondensator angeschlossen, durch den die erhaltenen fl. KW-stoffe abgeführt werden. — Zeichnung. (**F. P. 967 382** vom 19/5. 1948, ausg. 2/11. 1950.) NOUVEL. 8141

Standard Oil Development Co., Elizabeth, N. J., V. St. A., *Entschwefeln von Petrolkoks.* Zur Verringerung des Schwefelgeh. wird der Koks rasch auf 2500—3200° F erhitzt u. auf dieser Temp. eine ausreichende Zeit (15 Min. bis 8 Std.) gehalten. Die direkte Erhitzung erfolgt mittels vorerhitzter Gase, die einen geringen Luftüberschuß aufweisen. (**E. P. 676 494** vom 23/8. 1950, ausg. 30/7. 1952. A. Prior. 17/9. 1949.) W. HAUSWALD. 8145

Karl Pilz und **Alois Joklik,** Wien, Österreich, *Gewinnung von Stadtgas mit niedrigem Kohlenoxydgehalt* aus Naturgas, Kohlendestillationsgas, oder deren Gemischen. Man unterwirft einen Teil des Ausgangsgases vor der in bekannter Weise durchzuführenden Konvertierung einer vollständigen CH_4-Crackung durch Oxydation bei 800—900°. Den so behandelten Gasstrom vermischt man mit dem zu konvertierenden Gasstrom, der nur noch einen geringen CO-Geh. aufweist. Nach der CH_4-Crackung wird das Gas mit Dampf gesätt. u. dabei auf die erforderliche Konvertierungstemp. heruntergekühlt. (**E. P. 675 884** vom 20/12. 1949, ausg. 16/7. 1952. Oe. Prior. 23/9. 1949.) W. HAUSWALD. 8157

Gottfried Bischoff G. m. b. H. (Erfinder: **Eberhard Krebs**), Essen, *Entfernung von Stickoxyden aus brennbaren Gasen als N-haltige Harze.* Die Oxydation von NO zu N_2O_4 wird an einem oder mehreren Betriebspunkten durch Zugabe von Reaktionsbeschleunigern zum Gas wie O_3 oder durch Ozonisierung von Gasbestandteilen, z. B. durch Bestrahlung mit UV-Strahlen, vorgenommen; die N-haltigen Harze werden, z. B. durch Ölwäsche, aus den Gasen entfernt. (**D. B. P. 851 107** Kl. 26d vom 22/6. 1950, ausg. 2/10. 1952.) DEMMLER. 8165

Badische Anilin- & Soda-Fabrik, Ludwigshafen/Rh. (Erfinder: **Helmuth Speijerer,** Mannheim, und **Ernst Wittmann,** Ludwigshafen/Rh.), *Selektives Auswaschen von Gasbestandteilen,* bes. von KW-stoffen, aus Gasgemischen unter Druck u. Entspannen in mehr als einer Stufe, indem das in der 2. oder/u. einer folgenden Entspannungsstufe frei werdende Gas auf eine vorhergehende höhere Druckstufe verdichtet u. mit dem bei diesem höheren Druck entgasten Waschmittel gewaschen wird. (**D. B. P. 868 208** Kl. 26d vom 4/1. 1939, ausg. 23/2. 1953.) DEMMLER. 8165

Heinrich Koppers G. m. b. H. (Erfinder: **Richard Brandt,** Hamburg-Bergedorf), Essen, *Entfernung von sauren Bestandteilen, wie HCN, NO und H_2S, aus Kohlendestillationsgasen* (**II**), wobei die Gase in einer ersten Reinigerstufe (**I**) ohne Luftzusatz u. in einer zweiten Reinigerstufe, die gegebenenfalls auch in mehrere Stufen unterteilt sein kann, unter Zusatz von Luft mit eisenoxydhaltiger Reinigermasse behandelt werden, indem zwecks selektiver u. quantitativer Entfernung des HCN u. NO in der **I** solche **II** verwendet werden, die lediglich von Teer befreit wurden u. mindestens ca. 250 g NH_3 je 100 m^3 Gas enthalten. — Zeichnung. (**D. B. P. 859 928** Kl. 26d vom 9/11. 1948, ausg. 18/12. 1952.) DEMMLER. 8173

Maurice Hinsenkamp, Belgien, *Kontinuierliche Destillation von Teerölen.* In einem Vorerhitzer werden Teeröle unter einem Vakuum von 300—400 mm Hg unter Einleiten von Wasserdampf auf 335—350° erhitzt. Die entwickelten Dämpfe treten in eine Rückflußkolonne ein, in der die Fraktionierung stattfindet. Das aus den Kondensaten sich abscheidende W. wird in Form von Dampf wieder in den Vorerhitzer zurückgeleitet. — Zeichnung. (**F. P. 1 010 483** vom 27/8. 1948, ausg. 11/6. 1952.) NOUVEL. 8177

Soc. Française de Recherches Techniques, Seine, Frankreich, *Verwendung von Mineralrückständen* von der Vergasung von Bitumenschiefern, bituminösen oder asphalt. Kalkerden, Kohlen, Lignit. Die porösen Rückstände dienen als *Füllmaterial* für plast. Massen, wie Phenolharze, für Asphalt oder Bitumen. Man kann sie auch durch Schmelzen zu Platten, Flaschen, elektr. Isoliermaterial formen, sie als Magerungsmittel in der keram Industrie verwenden, nach Erhitzen u. Mahlen zur Herst. von porösem Beton oder ohne Erhitzen als Füllstoff für solchen, ferner als Ersatz für Bentonit, als Träger für Katalysatoren oder selber als Katalysator oder in feingemahlener Form als Stabilisatoren für Emulsionen oder als Emulgiermittel. (**F. P. 1 006 245** vom 10/12. 1947, ausg. 21/4. 1952.) PANKOW. 8181

Visco Products Co. Ltd., Houston, übert. von: **Willard H. Kirkpatrick,** Sugar Land, Tex., und **Doyne L. Wilson,** Pasadena, Calif., V. St. A., *Mittel zum Brechen von Petroleumemulsionen,* bestehend aus Estern oder Salzen von Alkenylbernsteinsäuren, deren Alkenylgruppe mindestens 5, aber nicht mehr als 30 C-Atome enthält. Alkenylbernsteinsäureanhydrid wird durch Addition von Olefinen an Maleinsäureanhydrid hergestellt, dann durch Erhitzen z. B. mit Terpentinöl in den Diterpineolester übergeführt u. in Edeleanuextrakt gelöst. Die Alkenylgruppe soll bes. C_{10}—C_{12} betragen, geeignete Veresterungskomponenten sind z. B. Undecylalkohol, Isopropanol, Allylalkohol, Phenol oder Cyclohexanol. Die Neutralisation erfolgt durch NH_3 oder Alkylamin, z. B. Cyclohexylamin oder Anilin. Die Lsgg. der Mittel eignen sich zur Trennung von W.-in-Öl-Emulsionen. (**A. P. 2 568 746** vom 8/4. 1949, ausg. 25/9. 1951.) DERSIN. 8191

Anorgana, Gendorf/Obb. (Erfinder: **Karl Huttner,** Burghausen/Salzach), *Brechen von Erdölemulsionen* durch wss. Lsgg. von Phosphaten von aliphat. Aminen mit mehr als 6 C-Atomen. (**D. B. P. 887 095** Kl. 23b vom 28/12. 1949, ausg. 20/8. 1953.) UNGER. 8191

Salt Water Control, Inc., Fort Worth, übert. von: **Ransome W. Erwin,** Houston, Tex., V. St. A., *Zerstörung von Rohölemulsionen aus Ölquellen.* Ein röhrenförmiges wagerechtes Gefäß enthält eine Prallzone mit einer Reihe paralleler geneigter Prallwände, die sich über den ganzen Querschnitt des Gefäßes erstrecken u. dieses in Prallzone u. davon getrennte Waschzone teilen. Jede Prallwand hat eine Öffnung am oberen Ende u. eine entsprechende Anzahl von Fallrohren mit Verteilern, die durchbohrt sind. Das Gefäß kann unter Druck arbeiten, um die zu behandelnde Fl. durch die einzelnen Zellen zu drücken. Einrichtungen zum Erhitzen, zum Absetzen, Filtrieren u. Niederschlagen des W. sind ebenfalls in dem Gefäß vorgesehen. — Zeichnung. (**A. P. 2 601 904** vom 3/12. 1946, ausg. 1/7. 1952.) UNGER. 8191

Anglo-Iranian Oil Co. Ltd., London (Erfinder: **Stanley Francis Birch, John Habeshaw** und **Clarence Barnes Collis,** Sunbury-on-Thames), England, *Cyclohexan* (**I**). Eine aus olefinfreien Erdölen u. anderen Ausgangsstoffen, die Methylcyclopentan (**II**) u. **I** enthalten, durch Dest. erhaltene Fraktion wird in zwei weitere Fraktionen zerlegt, von denen die niedrigersd., die n-Hexan, das gesamte Cyclopentan, Bzl. u. kleine Mengen verzweigter Hexane enthält, mit einem Isomerisierungskatalysator behandelt wird, wobei das **II** in **I** übergeführt wird, während eine Trennung der höhersd. Fraktion, die das gesamte **I** u. Bzl. u. gegebenenfalls 2.2.3-Trimethylbutan sowie 2.2- u. 2.4-Dimethylpentan enthält, durch eine extraktive Dest. in Ggw. eines hochsd., polaren Lösungsm. mit einem selektiven Lösevermögen für **I**, Bzl. u. die anderen vorhandenen Paraffine in reines Bzl. u. reines **I** erfolgt. Das Isomerisierungsprod. wird nach der Enfernung der niedrigersd. Bestandteile (n. u. verzweigte Hexane u. $>$ 81—85° sd. Prodd.) extraktiv destilliert. Die Isomerisation erfolgt in Ggw. von $AlCl_3$ oder dessen Komplexverbb. mit KW-stoffen bei 50—150°, bes. 70—120°, u. einem solchen Druck, daß die fl. Phase gewährleistet ist; hierbei werden bis zu 10 Gew.-% wasserfreier HCl als Aktivator zugeführt. — Z. B. wurden in einer extraktiven Destillationskolonne mit 100 theoret. Böden, in der Anilin als Lösungsm. kontinuierlich umlief, 65% des eingesetzten Cyclohexans in einer Reinheit von über 99,5% gewonnen, wobei als Ausgangsmaterial eine Fraktion aus iran. Erdöl mit Kp. 74—75—81° verwendet wurde, die 21,4 (Gew.-%) n-Hexan, 64,2 **II**, 14,4 Bzl. u. Spuren von **I** u. Methylpentanen enthielten. — Schemat. Apparatur. (**D. B. P. 821 786** Kl. 12o vom 1/1. 1949, ausg. 19/11. 1951. E. Prior. 4/12. 1944.) KRAUSS. 8193

Phillips Petroleum Co., Del., übert. von: **Forrest N. Ruehlen**, Barthesville, **Okla.**, V. St. A., *Lösungsmittelextraktion von Kohlenwasserstoffen mit fluorierten, aliphatischen Carbonsäuren.* Die neuen selektiven Lösungsmittel sind brauchbar zur Trennung von Aromaten, Isoparaffinen, n-Paraffinen u. Cycloparaffinen. Man extrahiert die KW-stoffe in fl. Phase bei 0—150° F. im Gegenstrom mit mindestens einer aliphat. Carbonsäure, in der die aliphat. Gruppe vollständig fluoriert ist. Das Verhältnis von Lösungsm. zu KW-stoffen kann von 20 : 1 bis 1 : 10 schwanken. Beispiele für die fluorierten Carbonsäuren: Trifluoressigsäure u. Heptafluorbuttersäure. — Zeichnung. (**A. P. 2 614 965** vom 28/7. 1950, ausg. 21/10. 1952.) UNGER. 8192

Texas Co., New York, **N. Y.**, übert. von: **George B. Arnold**, Glenham, und **William E. Shelton**, Beacon, N. J., V. St. A., *Lösungsmittelextraktion von Ölen, deren Siedebeginn sich um weniger als 75° F vom Siedepunkt des Lösungsmittels unterscheidet.* Zur Erleichterung der Abtrennung des Lösungsm. wird zwecks Bldg. eines azeotropen Gemisches ein KW-stoff zugesetzt, der zwischen den Kpp. des W. u. des Lösungsm. siedet. (**A. P. 2 567 172** vom 28/2. 1948, ausg. 11/9. 1951.) v. HUHN. 8195

Michele Bonotto, Princeton, N. J., V. St. A., *Extraktion von ölhaltigen Stoffen und Wiedergewinnung des Lösungsmittels aus dem Rückstand.* Nach der Extraktion wird der nunmehr Lösungsm. enthaltende Feststoff mit überhitztem Dampf des Lösungsm. behandelt. Die letzten Reste des Lösungsm. werden dann durch Wasserdampf aus dem Rückstand entfernt. (**A. P. 2 567 179** vom 23/7. 1945, ausg. 11/9. 1951.) v. HUHN. 8195

Anderson-Prichard Oil Co., Oklahoma City, übert. von: **Clyve C. Allen**, Cyril, Okla., V. St. A., *Entfernung polarer Verbindungen aus Erdölfraktionen.* Um Erdöldestillate von unerwünschten polaren Verbb. bzw. solchen Anteilen, die zur Bldg. polarer Verbb. neigen, zu befreien, behandelt man das Destillat mit konz. H_2SO_4 u. trennt die Reaktionsprodd. ab. Die Behandlung wird so oft — mindestens dreimal — wiederholt, bis eine entnommene Probe einen verhältnismäßig niedrigen End-Kp. („dry-point)" aufweist, keine Verfärbung mit konz. H_3PO_4 ergibt, bei Behandlung mit UV-Licht stabil bleibt u. keinen Geruch nach Bzn. u. Leuchtöl zeigt. Dann wird mit 2—25%ig. Ätzalkalilsg. neutralisiert. Die dabei entstandenen Prodd. werden durch Zentrifugieren oder Absitzenlassen entfernt, worauf das Destillat schließlich mit einem absorbierenden Material, wie Bauxit, aktiviertem Al_2O_3, MgO oder Diatomeenerde behandelt wird. — Beispiele. (**A. P. 2 553 624** vom 18/8. 1949, ausg. 22/5. 1951.) BEIERSDORF. 8195

Standard Oil Development Co., Del., übert. von: **Insley P. Jones**, Oldwick, N. J., V. St. A., *Raffination von Schmierölen.* Das mit ca. dem gleichen Vol. eines Paraffin-KW-stoffs mit 3—10 C-Atomen, z. B. n-Heptan, verd. Öl wird von oben in einen mit gekörntem Silicagel (**I**) beschickten Turm so lange eingeführt, bis **I** mit dem Öl gesätt. ist u. dieses unten abläuft. Die Ölzufuhr wird unterbrochen u. **I** bei 60—90° F mit reinem n-Heptan ausgewaschen, wodurch sich die Paraffin- u. Naphthenbestandteile des absorbierten Öles lösen. Die Öl-n-Heptan-Lsg. geht in eine Destillationskolonne, aus der oben das Heptan abdest. u. unten das gereinigte Öl gewonnen wird. Sobald die Herauslsg. des Öles bei 60—90° F beendet ist, wird der aus der Kolonne kommende heiße Heptandampf auf das **I** geleitet, wo es sich kondensiert u. die absorbierten Aromaten herauslöst, dabei gleichzeitig das **I** für die erneute Absorption regenerierend. Die Aromatenlsg. wird ebenfalls durch Dest. aufgearbeitet u. das Lösungsm. in den Prozeß zurückgeführt. 2 I-Türme arbeiten im Wechsel. (**A. P. 2 572 866** vom 18/12. 1947, ausg. 30/10. 1951.) DERSIN. 8195

Sun Oil Co., Philadelphia, übert. von: **Alfred E. Hirschler,** Drexel Hill, Pa., V. St. A., *Trennung von Kohlenwasserstoffen durch selektive Adsorption.* Das Adsorbens (Kieselgel) wird mit einem fl., gesätt. KW-stoff befeuchtet u. anschließend wird das zu behandelnde KW-stoffgemisch (hauptsächlich Diolefine) über das befeuchtete Kieselgel geleitet, um eines der Diolefine zu adsorbieren. Man wäscht das Kieselgel erneut mit der gesätt. KW-stoff-Fl. zwecks partieller Desorption des Diolefins u. gibt ein weiteres fl. Desorptionsmittel auf, das zum größeren Teil aus Aromaten u. zum kleineren Teil aus gesätt. KW-stoffen besteht, wobei das Desorptionsmittel, das Behandlungsgut u. die fl. gesätt. KW-stoffe sich in ihrem Kp. so stark unterscheiden, daß sie durch Dest. getrennt werden können. (**A. P. 2 554 908** vom 3/3. 1948, ausg. 29/5. 1951.) UNGER. 8195

Sun Oil Co., Philadelphia, übert. von: **John L. Olsen,** Upland, Pa., V. St. A., *Trennung eines Gemisches von organischen Stoffen in zwei Komponenten durch selektive Adsorption in kontinuierlichem Verfahren.* In der Mitte einer Kolonne, durch die das Adsorptionsmittel transportiert wird, wird das Gemisch eingesetzt. In einer zweiten Kolonne wird die adsorbierte Komponente herausgewaschen u. anschließend vom Lösungsm. abdestilliert. Das mit Lösungsm. gesätt. Adsorptionsmittel geht zur ersten Kolonne zurück. Dort treibt die zweite Komponente das Lösungsm. aus. Trennung dieser beiden durch Destillation. — Beispiel: Einsatzprod. ist eine Erdölfraktion aus Aromaten u. gesätt. KW-stoffen, Siedebereich 300—400° F; Adsorptionsmittel: Silicagel oder Aktivkohle. Lösungsm.: Benzol. (**A. P. 2 564 717** vom 28/4. 1949, ausg. 21/8. 1951.) v. HUHN. 8195

Sun Oil Co., übert. von: **Moses Robert Lipkin,** Philadelphia, Pa., V. St. A., *Abtrennung von Aromaten aus Kohlenwasserstoffen durch selektive Adsorption.* Über das Adsorptionsmittel, z. B. Silicagel, werden abwechselnd zwei aromatenhaltige KW-stofffraktionen, deren Siedegrenzen sich nicht überschneiden, geleitet, z. B. ein Schmieröl sd. von 510—830° F, mit 35% Aromaten, u. eine Erdölfraktion, sd. von 310—410° F, mit 19% Aromaten. Die aus dem Adsorptionsturm mit wechselndem Aromatengeh. austretenden KW-stoffe werden dann getrennt destilliert. (**A. P. 2 576 525** vom 25/2. 1948, ausg. 27/11. 1951.) v. HUHN. 8195

Sun Oil Co., Philadelphia, übert. von: **Evan E. Davis,** Chester, Pa., V. St. A., *Entaschen der Rückstandsöle von Erdölen* erfolgt durch Behandeln mit verd. oder konz. H_2SO_4 in Ggw. von 0,1—2 Vol.-% Glycerin. Nach Abdest. des gebildeten W. läßt man die anorgan. Salze auskristallisieren. Der Aschegeh. sinkt. auf 0,3%. (**A. P. 2 545 806** vom 25/2. 1950, ausg. 20/3. 1951.) G. KÖNIG. 8195

Standard Oil Development Co., Del., übert. von: **George R. Gilbert,** Elizabeth, N. J., V. St. A., *Erdöle,* enthaltend anorgan. Salze, werden bei Tempp. $>$ 160° F mit öllösl. Sulfonsäuren, bes. Mahoganysulfonsäuren (Alkylarylsulfonsäuren mit Mol.-Gew. $>$ 325) behandelt. Die gebildeten öllösl. Salze kann man mit adsorbierenden Stoffen, wie Bauxit, Kieselsäuregel, restlos entfernen. (**A. P. 2 556 269** vom 18/12. 1948, ausg. 12/6. 1951.) G. KÖNIG. 8195

Standard Oil Co., Chicago, Ill., übert. von: **Arthur P. Lien,** Hammond, Ind., **Bernard L. Evering,** Chicago, und **Frank W. Haeckl,** Detroit, Mich., V. St. A., *Raffination von Ölen.* Man behandelt Schmieröl mit 50 Vol.-% fl. HF bei ca. 200° F unter Druck, um die fl. Phase aufrechtzuerhalten, solange bis der Viscositätsindex merklich erhöht ist, kühlt das Gemisch von fl. HF u. Schmieröl unter 100° F ab, trennt ein teilweise gereinigtes Schmieröl von der fl. HF-Phase ab u. behandelt das Schmieröl nunmehr mit einer fl. Mischung von HF—BF_3, die zwischen 10 u. 60 Gew.-% BF_3 enthält, bei 40—80° F, unter Druck in fl. Phase. Es soll mindestens so viel HF–BF_3 anwesend sein, daß sich unter den Behandlungsbedingungen eine deutliche fl. Phase bildet. Aus der Mischung trennt man das gereinigte Öl u. HF–BF_3 ab. — Zeichnung. (**A. P. 2 564 071** vom 2/7. 1946, ausg. 14/8. 1951.) UNGER. 8195

Phillips Petroleum Co., Del., übert. von: **Donald M. Little,** Bartlesville, Okla., V. St. A., *Gewinnung von C_3- bis C_5-Olefinen aus Mineralölcrackprodukten.* Ein leichtsd. KW-stoffgemisch wird in einem Wärmeaustauscher gekühlt u. dann in einer 1. Zone bei 88—110° u. 300—360 lbs./sq.in. von C_2—C_4-KW-stoffen befreit, in einer nächsten Zone wird bei 190—232° u. 50—70 lbs./sq.in. eine weitere Fraktion abgezogen, die unter Abtrennung von H_2 u. CH_4 kondensiert wird. Aus dem Rest des Ansatzes dest. man bei 354° u. 65 lbs./sq.in. ein Heizöl ab. Aus der 2. Fraktion wird unter Abtrennung von C_3—C_5-Olefinen ein Treibstoff gewonnen. — Reaktionsschema u. Vorr., die die Rückführung der Abgase in früher liegende Fraktionierzonen zeigt. (**A. P. 2 548 032** vom 5/10. 1948, ausg. 10/4. 1951.) MÖLLERING. 8195

Socony-Vacuum Oil Co., Inc., übert. von: **Alexander Greentree**, Nacogdoches, Tex., und **Donald A. Hermanson**, Plainfield, N. J., V. St. A., *Raffination von Mineralölen und Paraffin.* Man bringt den Ausgangsstoff in Berührung mit einem saugfähigen, im wesentlichen Mikroporen aufweisenden Material, bei dem das Vol. der Poren, die einen größeren Durchmesser als 100 Å haben, weniger als 30% des gesamten Porenvol. beträgt u. dessen Teilchengröße oberhalb der 60 Maschen-Größe liegt, wobei die niedrigviscosen, schwachgefärbten Anteile des Ausgangsstoffes, nicht aber die höherviscosen, dunkelgefärbten, in die Poren gesaugt werden. Nachdem die höherviscosen nicht in die Poren eingesaugten Anteile von der Oberfläche des Materials durch Waschen oder Behandlung mit Dampf entfernt sind, wird das Material 1—5 Std. auf 200—600° F — jedoch unterhalb der Cracktemp. — erhitzt u. hierauf einer selektiven Extraktion unterworfen, u. zwar zuerst mit einem paraffin. Lösungsm. (Hexan, Pentan, PAe., Bzn.), wobei ein raffiniertes, schwach gefärbtes Öl mit einem niedrigen C-Rückstand erhalten wird, u. dann mit einem polaren Lösungsm. (Alkohol, Keton, Ester, Aldehyd). Nach nochmaligem Erhitzen kann das Material zur Raffination einer neuen Charge benutzt werden. Als saugfähiges poröses Material mit den oben angegebenen Eigg. eignen sich anorgan., oxyd. Gele, wie SiO_2, ZrO_2, Al_2O_3, BeO, ThO_2. (**A. P. 2 574 434** vom 4/6. 1949, ausg. 6/11. 1951.) BEIERSDORF. 8195

Gulf Oil Corp, Pittsburgh, Pa., übert. von: **Leslie U. Franklin**, Port Arthur, Tex., V. St. A., *Reinigung und Wiedergewinnung von Säure aus Säureschlamm.* Säure aus der KW-stoffraffination enthält in SO_2 lösl. u. unlösl. Produkte. Man behandelt die gebrauchte Säure mit fl. SO_2 unterhalb 30° F mit solchen Mengen, daß keine merkliche Auflsg. der Säure in dem fl. SO_2 erfolgt. In einer 2. Behandlungsstufe läßt man frisches fl. SO_2 oberhalb 70° F auf die Säure einwirken, u. zwar in solcher Menge, daß sich der größte Teil der Säure darin löst. Man trennt die Lsg. von den ungelösten Bestandteilen ab, kühlt auf unter 30° F u. scheidet die gefällte H_2SO_4 aus der Lsg. ab. So wird die gereinigte Säure wiedergewonnen, während das SO_2 nach dem Verdampfen u. Kühlen in den Kreislauf zurückgeht. — Zeichnung. (**A. P. 2 562 608** vom 7/3. 1946, ausg. 31/7. 1951.) UNGER. 8195

Lummus Co., New York, N. J., übert. von: **Wheaton W. Kraft**, Scarsdale, N. J., V. St. A., *Kühlung des Kreislaufgases bei einer mit Filtrierung arbeitenden Entparaffinierung.* Das aus dem Filter abgesaugte Kreislaufgas wird nach seiner Trennung vom Filtrat (entparaffiniertes Öl + Lösungsm.) in zwei Röhrenkühlern vorgekühlt, nach Abscheidung von Kondensat durch direkte Berührung im Gegenstrom mit dem Filtrat tiefgekühlt u. dem Filter wieder zugeführt. (**A. P. 2 579 501** vom 14/7. 1949, ausg. 25/12. 1951.) v. HUHN. 8195

Karl A. Fischer, College Park, Md., V. St. A., *Entparaffinierung von Erdölprodukten.* Das Material wird in der doppelten bis dreifachen Menge CH_2ClBr gelöst, die Mischung abgekühlt u. das Paraffin durch Zentrifugieren oder Filtern abgeschieden. (**A. P. 2 578 685** vom 10/11. 1949, ausg. 18/12. 1951.) v. HUHN. 8195

Karl A. Fischer, Washington, D. C., V. St. A., *Entparaffinieren von Mineral- und Teerölen.* Man versetzt das zu entparaffinierende Öl mit einer Mischung eines die öligen Anteile gut lösenden u. eines diese nicht oder kaum lösenden Lösungsm., kühlt das Gemisch sukzessive in mehreren, z. B. 6, Stufen um jeweils 6° bis auf eine Endtemp. von —20° u. trennt das in kristalliner Form ausgefallene Paraffin ab. Die Kühlung wird dadurch erreicht, daß in jeder Stufe eine Druckreduzierung vorgenommen wird, wodurch ein Teil des die öligen Anteile lösenden Lösungsm. verdampft wird. Da die Lösefähigkeit des Lösungsm. für die öligen Anteile mit sinkender Temp. zunimmt, wird durch diese Entfernung eines Teils des Lösungsm. erreicht, daß in jeder Stufe eine konstante Lösefähigkeit aufrechterhalten u. Phasentrennung vermieden wird. Diese konstante Lösefähigkeit kann auch dadurch erzielt werden, daß man zu der Ausgangsmischung in jeder Kühlstufe eine weitere Menge von, die öligen Anteile nicht lösenden Lösungsmitteln zusetzt, wodurch die Verstärkung der Lösefähigkeit des die öligen Anteile lösenden Lösungsm. bei sinkenden Tempp. ausgeglichen wird. Beispiele für geeignete Lösungsmittelmischungen: Dichlordifluormethan + Dichlormethan; SO_2 + Benzol. Allg. können als die öligen Anteile gut lösende Lösungsmittel organ. Säuren. Ketone, Aldehyde, gewisse Alkohole, wie Butyl- oder Amylalkohol, fluorierte u. chlorierte KW-stoffe, als die öligen Anteile nicht oder kaum lösende Lösungsmittel aliphat. u. aromat. KW-stoffe, wie Propan oder Bzl., oder Amine, verwendet werden. (**A. P. 2 565 489** vom 22/6. 1948, ausg. 28/8. 1951.) BEIERSDORF. 8195

Anglo-Iranian Oil Co. Ltd., London, übert. von: **Frederick William Bertram Porter** und **Frank Robert George Green**, Sunbury-on-Thames, England, *katalytische Entschwefelung von Naphthenkohlenwasserstoffen.* Durch Verwendung eines Co–Mo-Katalysators werden die Naphthene bei ca. 750° F dehydriert, so daß der zur Hydrierung des S zu H_2S benötigte H_2 im Prozeß selbst entsteht. (**A. P. 2 573 726** vom 29/6. 1948, ausg. 6/11. 1951. E. Prior. 30/6. 1947.) v. HUHN. 8195

Anglo-Iranian Oil Co. Ltd., London, übert. von: **Frederick William Bertram Porter** und **Frank Robert George Green**, Sunbury-on-Thames, England, *Katalytische Entschwefelung von Leuchtöl und Testbenzin.* Eine schwefel- u. naphthenhaltige Erdölfraktion (Kp. 150 bis 240°) wird in Dampfform über einen schwefelfesten Dehydrierungs–Hydrierungs-Katalysator (vom Kobalt–Molybdat-Typ) geleitet (Temp. 700—800° F, Druck: 50 bis 250 lbs./sq.in.). S wird zu H_2S red. u. der dazu nötige H_2 durch Dehydrierung der Naphthene (Aromatisierung) frei. H_2S wird entfernt u. die wasserstoffreiche Gasmischung in die Reaktionszone zurückgeführt. — Zeichnung. (**A. P. 2 574 445** vom 27/8. 1948, ausg. 6/11. 1951. E. Prior. 26/8. 1947.) UNGER. 8195

Anglo-Iranian Oil Co. Ltd., London übert. von: **Frederick William Bertram Porter,** Sunbury-on-Thames, England, *Katalytische Entschwefelung von Erdölkohlenwasserstoffen.* Ein über 375° C sd., schwefel- u. naphthenhaltiges Erdöldestillat wird in einer Reaktionszone bei 750—800° F u. 50—200 lbs./sq.in. über einen schwefelfesten Dehydrierungs–Hydrierungs-Katalysator (vom Co–Molybdat-Typ) ohne Zufuhr von Fremdwasserstoff geleitet, wobei die Naphthene zu Aromaten dehydriert werden u. der S mit dem gebildeten H_2 H_2S bildet, der aus dem Syst. entfernt wird. Das wasserstoffreiche Gasgemisch kehrt in den Kreislauf zurück. Das Behandlungsgut kann mit einer Leuchtöl- bzw. Gasölfraktion gemischt werden. (**A. P. 2 574 447** vom 19/5. 1949, ausg. 6/11. 1951. E. Prior. 1/6. 1948.) UNGER. 8195

Anglo-Iranian Oil Co. Ltd., London, übert. von: **Henry Thomas Lorne** und **Frederick William Bertram Porter,** Sunbury-on-Thames, England, *Katalytische Entschwefelung und Spaltung von Erdölkohlenwasserstoffen.* Oberhalb des Benzinsiedebereiches sd. schwefel- u. naphthenhaltige Erdöl-KW-stoffe werden in einer Reaktionszone in der Dampfphase bei 650—800° F u. bei 25—500 lbs./sq.in. ohne Zufuhr von Fremdwasserstoff mit einem schwefelfesten Dehydrierungs–Hydrierungs-Katalysator vom Co–Molybdat-Typ in Berührung gebracht, wobei die Naphthene zu Aromaten dehydriert u. der zur Entschwefelung benötigte H_2 frei wird. Aus der Reaktionszone gelangen die Prodd. in einen Abscheider, in dem Gase u. Fll. getrennt werden. Die Fll. werden in einer Spaltzone in Ggw. eines synthet. Al-Silicatgels zu Gas, C_3-, C_4-KW-stoffen, Leichtbenzin, Leuchtöl, Gasöl, Brennöl u. Koks gespalten u. anschließend fraktioniert. Die erhaltenen Prodd. sind fast schwefelfrei u. können durch leichte Nachbehandlung in Handelsware übergeführt werden. — Zeichnung. (**A. P. 2 574 449** vom 4/11. 1949, ausg. 6/11. 1951. E. Prior. 9/11. 1948.) UNGER. 8195

Anglo-Iranian Oil Co. Ltd., London, übert. von: **Frederick William Bertram Porter** und **Roy Purdy Northcott**, Sunbury-on-Thames, England, *Entschwefelung von Kohlenwasserstoffextrakten.* Ein aromat. Extrakt, gegebenenfalls gemischt mit einer Leuchtöl- u. einer Benzinfraktion, wird in der Dampfphase in Ggw. eines schwefelfesten Dehydrierungs–Hydrierungs-Katalysators (vom Co–Molybdat-Typ) der katalyt. Entschwefelung ohne Zufuhr von Fremdwasserstoff bei 700—800° F u. 50—250 lbs./sq.in. unterworfen. Der gebildete H_2S wird entfernt u. das behandelte KW-stoffgut durch eine leichte Sodawäsche gereinigt. Der benötigte H_2 wird durch Dehydrierung der Naphthene gewonnen u. das wasserstoffreiche Gasgemisch kehrt in den Kreislauf zurück. Für die App. sind keine Hochdruckstähle erforderlich. (**A. P. 2 574 450** vom 7/2. 1950, ausg. 6/11. 1951. E. Prior. 14/12. 1948.) UNGER. 8195

Anglo-Iranian Oil Co. Ltd., London, übert. von: **Frederick William Bertram Porter** und **Roy Purdy Northcott,** Sunbury-on-Thames, England, *Katalytische Entschwefelung von Erdölkohlenwasserstoffen.* Schwefel- u. naphthenhaltiges Traktorenöl, bestehend aus einem Gemisch von Spaltbenzin, Leuchtöl u. „Straightrun"-Bzn. wird in einer Reaktionszone bei 700—800° F u. bei 50—250 lbs./sq.in. mit einem schwefelfesten Dehydrierungs–Hydrierungskatalysator vom Co-Molybdattyp ohne Zufuhr von Fremdwasserstoff in Berührung gebracht. Die Naphthene werden zu Aromaten dehydriert, wobei der zur Entschwefelung nötige H_2 frei wird. Der gebildete H_2S wird aus dem Syst. entfernt u. das wasserstoffreiche Gasgemisch in den Kreislauf zurückgeführt. (**A. P. 2 574 451** vom 27/4. 1950, ausg. 6/11. 1951. E. Prior. 9/5. 1949.) UNGER. 8195

Anglo-Iranian Oil Co. Ltd., London, **Frederick William Bertram Porter** und **Frank Robert George Green**, Sunbury-on-Thames, England, *Katalytische Entschwefelung von Destillatbenzin.* Das Bzn. wird in Dampfform über einen schwefelfesten Dehydrierungs–Hydrierungskatalysator geleitet, der gleichzeitig zur Dehydrierung von Naphthenen oder Aromaten sowie zur Umwandlung von organ. gebundenem S in H_2S befähigt ist, wobei solche Temperatur- u. Druckbedingungen eingehalten werden, daß die Dehydrierung der Naphthene nur so weit erfolgt, daß genügend H_2 erzeugt wird, um den organ. gebundenen S in H_2S umzuwandeln u. daß das Ausgangsprod. in der Dampfphase gehalten wird. Das erzeugte H_2-reiche Gas wird dann von dem Bzn. abgetrennt u. in die Reaktionszone zurückgeführt; ein Zusatz von H_2 aus fremder Quelle ist nicht erforderlich. Als Katalysatoren eignen sich z. B. $CoMoO_4$ auf Al_2O_3, ferner ein Gemisch von CoO_2, Mo_2O_3 u. Al_2O_3, das mit 1% Graphit zu Kügelchen verformt wird. Auch Mo-Sulfid u. ein Gemisch von W- u. Ni-Sulfid sind geeignet. Die Tempp. sollen zwischen 650 u. 800° F., die Drucke zwischen 1,8 u. 35 at gehalten werden. (**E. P. 654152** vom 30/6. 1947, ausg. 6/6. 1951.) BEIERSDORF. 8195

Standard Oil Development Co., übert. von: **Richard C. Brandon**, Elizabeth, und **Minor C. K. Jones**, Mountainside, N. J., V. St. A., *Beseitigung von Mercaptanen aus Kohlenwasserstoffen.* Unter 700° F. sd. KW-stoffe werden mit einer Lsg. gewaschen, die 2—10 g Alkalihypochlorit, 50—250 g Alkalihydroxyd u. 50—200 g Alkalichlorid pro Liter enthält. (**A. P. 2 550 668** vom 8/4. 1949, ausg. 1/5. 1951.) v. HUHN. 8195

Standard Oil Co., übert. von: **John D. Bolt**, Chicago, Ill., und **Theodore B. Tom**, Hammond, Ind., V. St. A., *Entfernung von Mercaptanen aus Erdöldestillaten.* Das Destillat wird bei 50—200° F unter Einleiten von O_2 oder Luft mit einer 5—50%ig. Ätzalkalilsg. behandelt, der als Oxydationskatalysator 1—5% eines durch eine OH-, Amino-, Alkoxy-, Alkyl-, Aryl-, Aralkyl-, Cycloalkylgruppe substituierten Brenzcatechins zugesetzt ist, wobei Disulfide gebildet werden. Geeignete Oxydationskatalysatoren sind z. B. 4-tert. Butylbrenzcatechin, 4-Cyclohexylbrenzcatechin, 1.2.4-Trioxybenzol. Will man das Destillat frei von Disulfiden erhalten, so arbeitet man in zwei Stufen, indem man in der 1. Stufe die Mercaptane mittels der Ätzalkalilsg. im Gegenstrom extrahiert u. in der 2. Stufe die Mercaptane durch Einw. von O_2 oder Luft in Disulfide überführt. Die in der Ätzalkalilsg. unlösl. Disulfide werden mittels eines leichten KW-stoffes entfernt u. die so regenerierte Ätzalkalilsg. in die 1. Stufe des Verf. zurückgeführt. Erleichtert wird die Entfernung der Mercaptane, wenn man der Ätzalkalilsg. 5—25% eines Lösungsm. für die Mercaptane zusetzt, z. B. einfache Phenole, wie Kresole oder Xylenole, organ. Säuren mit 3—7 C-Atomen, wie Isobuttersäure, aromat. Säuren, wie Cuminsäure, Alkohole, Glykole, Amine, Hydroxylamine. (**A. P. 2 550 905** vom 20/7. 1944, ausg. 1/5. 1951.) BEIERSDORF. 8195

Standard Oil Development Co., Elizabeth, N. J., übert. von: **John G. Browder**, Houston, Tex., V. St. A., *Behandlung schwefelhaltiger Erdöldestillate.* Zwecks Umwandlung der in Erdöldestillaten enthaltenen Mercaptane in weniger störende Disulfide verfährt man wie folgt: Ein zwischen ca. 50 u. 750° F sd. Destillat wird bei 60—200°F mit ca. 0,001—1,0% eines Phenols oder eines aromat. Amins behandelt, worauf das Destillat mit 0,1—5 Vol.-% einer Ätzalkalilsg. von 30—50° Bé in Ggw. eines milden Oxydationsmittels, wie O_2, Luft, Peroxyde, Permanganate, in Berührung gebracht wird. Die Ätzalkalilsg. wird dann von dem Destillat abgetrennt. Geeignete Phenole u. Amine sind z. B. Hydrochinon, Kresole, Brenzcatechin, Pyrogallol, Xylenole, rohe Erdölphenole, tert. Amylphenol, Phenol, β-Naphthol, Aminophenole, wie p-Aminophenol, ferner Phenylendiamine, wie o-, m- u. p-Phenylendiamin, N.N'-di-sek.-butylphenylendiamin. — Beispiele. (**A. P. 2 552 399** vom 19/2. 1949, ausg. 8/5. 1951.) BEIERSDORF. 8195

Standard Oil Development Co., Elizabeth, N. J., übert. von: **John G. Browder**, Houston, und **Alvin R. Smith**, Baytown, Tex., V. St. A., *Entschwefeln von zwischen 50 und 75° F siedenden Erdöldestillaten* (**I**) erfolgt durch Behandeln mit einer vorzugsweise wss. Lsg. eines Alkalihydroxyds (**II**) in Ggw. von katalyt. Mengen eines alipath. Alkohols (**III**) bei 60—200° F oder höher unter gleichzeitiger Einw. eines milden Oxydationsmittels, wie O_2, Luft, H_2O_2 u. Permanganate. Als **II** wird bes. NaOH (30—50° Bé) in einer Menge von 0,1—5 Vol-% der wss. Lsg., bezogen auf **I**, angewandt. Als **III** sind bes. die niedrigmol. geeignet u. werden mit 0,001—1 Vol.-%, bezogen auf **I**, zugesetzt. (**A. P. 2 556 836** vom 11/3. 1949, ausg. 12/6. 1951.) G. KÖNIG. 8195

Standard Oil Development Co., Elizabeth, N. J., übert. von: **John G. Browder**, Houston, und **Alvin R. Smith**, Baytown, Tex., V. St. A., *Entschwefeln von Erdöldestillaten,* die zwischen 50 u. 750° F sd., erfolgt bei Tempp. von n. bis 220° u. bei Drucken, die ein Entweichen von KW-stoffen u. ein Verdampfen von W. verhindern, durch Behandeln mit einer wss. Lsg. von Alkalihydroxyden (30—50° Bé) u. aliphat. oder aromat. **Säureamiden** in Mengen von 0,1—5 Vol.-% unter gleichzeitiger Anwendung mild wirkender Oxydationsmittel, wie O_2, Luft, Peroxyde, Permanganate. Mercaptane werden in Disulfide übergeführt. Dieser Behandlung werden Destillate unterworfen, die frei von H_2S sind. (**A. P. 2 556 837** vom 12/9. 1949, ausg. 12/6. 1951.) G. KÖNIG. 8195

Anglo-Iranian Oil Co. Ltd., London, übert. von: **Leslie Christopher Strang**, Sunbury-on-Thames, England, *Entschwefelung von Kohlenwasserstoffen durch katalytische Druckhydrierung.* Anschließend an die Rk. werden die fl. Prodd. bei Reaktionsdruck (1000 lbs./sq.in.) kondensiert u. das Kreislaufgas, dessen H_2S-Geh. 2 Mol-% nicht übersteigt, abgeschieden. Die Fl. wird entspannt u. gegebenenfalls erwärmt, wodurch neben H_2 u. CH_4 der gebildete H_2S ausgeschieden wird. Dieser wird anschließend durch Auswaschen gewonnen. (**A. P. 2 567 252** vom 20/7. 1949, ausg. 11/9. 1951.) V. Huhn. 8195

Standard Oil Development Co., übert. von: **Harold D. Richards jr.**, Cranford, und **James W. Ryder**, Watchung, N. J., V. St. A., *Beseitigung von Mercaptanen aus Kohlenwasserstoffen* durch Behandlung mit Alkalilösung. Die Wäsche erfolgt in 2 Stufen. Die Konz. der Alkalilsg. (**I**) beträgt in der 1. Stufe 12—15(%), in der 2. 1—3 weniger. Um die Löslichkeit der Mercaptane zu erhöhen, wird **I** Butter-, Propion-, Valerian- oder Naphthensäure bzw. ein Alkohol zugesetzt. (**A. P. 2 570 277** vom 24/2. 1949, ausg. 9/10. 1951.) V. Huhn. 8195

Standard Oil Co., Cleveland, übert. von: Harrison M. Stine, East Cleveland, O., V. St. A., *Hydrierende, katalytische Entschwefelung von Kohlenwasserstoffen.* Temp. 650 **bis** 850° F. H_2-Partialdruck 100—500 lbs./sq.in. Katalysator: 50—85(Mol-%) Al-Oxyd u. jeweils zwischen 2 u. 30 Mo- u. Cr-Oxyd. (**A. P. 2 577 823** vom 6/2. 1948, ausg. 11/12. 1951.) V. Huhn. 8195

Gulf Research & Development Co., Pittsburgh, übert. von: **Charles W. Montgomery** und **William J. Gilbert**, Oakmont, und **Stanley M. Hazen**, Indiana Township, Pa., V. St. A., *Entschwefelung von Erdölkohlenwasserstoffen durch Kontakthydrierung.* Die KW-stoffdämpfe werden in Ggw. eines wasserstoffhaltigen Gases mit einem Kontakt, bestehend aus Ni oder NiO auf Trägersubstanzen (Al_2O_3, Kieselgel, Bauxite, Kieselgur usw.), in Berührung gebracht, wobei der S aus den Dämpfen absorbiert u. NiS gebildet wird. Der Zerfall des Kontaktes in Pulver beim Regenerieren wird durch einen Zusatz von 5—11% Cu stark vermindert. Die Behandlung wird mit dem regenerierten Kontakt wiederholt. Kontakttempp. 750—950° F. — Zeichnung. (**A. P. 2 559 457** vom 2/5. 1949, ausg. 3/7. 1951.) Unger. 8195

Gulf Oil Corp., Pittsburgh, übert. von: **Paul W. Cornell**, Mount Lebanon, Pa., V. St. A., *Katalytische Entschwefelung von Kohlenwasserstoffen.* Schwefelhaltige, hochsiedende Erdöl-KW-stoffdämpfe u. H_2-haltige Gase werden unter Druck gemeinsam durch ein Gefäß geleitet, in dem als Katalysator Metalloxyde der Fe-Gruppe auf Trägermaterial enthalten sind, welche S aus den Erdöl-KW-stoffen aufnehmen; dabei gehen die Oxyde in Sulfide über. Anschließend werden die Kontakte regeneriert, u. die Entschwefelung beginnt von neuem. Um Druckabfälle zu vermeiden, die durch die Adsorption von H_2 an den Metalloxyden entstehen könnten, u. um eine längere Kontaktzeit zu ermöglichen, bringt man das Syst. nach dem Regenerieren der Kontakte durch Einführen eines verflüssigbaren niedrigsiedenden gesätt. KW-stoffgases (z. B. Propan) in die Reaktionskammer auf Arbeitsdruck u. behandelt das KW-stoff–H_2-Gasgemisch mit den Metalloxyden noch einmal. — Zeichnung. (**A. P. 2 560 415** vom 14/12. 1948, ausg. 10/7. 1951.) Unger. 8195

Socony-Vacuum Oil Co., Inc., New York, N. Y., übert. von: **Elwood B. Backensto**, Woodbury, N. J., V. St. A., *Entschwefeln von Kohlenwasserstoffmischungen* (**I**), bes. von Erdöldestillaten, erfolgt durch Behandeln der nicht mehr als 0,02 Gew.-% Mercaptan-S (**II**) enthaltenen **I** mit *Di-sek. butylbrenzcatechin* (**III**) in Ggw. von Alkalihydroxyden bei n. oder bei Rückflußtemperatur. Enthalten **I** außer **II** noch H_2S, so werden sie mit wss. Alkalilsg. vorgewaschen u. anschließend mit **III** versetzt. Enthalten **I** keinen H_2S, jedoch mehr als 0,005 Gew.-% **II**, so wird entweder mit einer wss. Alkalilsg. oder mit einer wss. alkal. Lsg. eines Lösungsvermittlers vorbehandelt. Solche wss. Lsgg. sind bekannt, z. B. Na(OH)–Na-Kresylat, enthaltend noch Polyoxybenzole oder Polyoxybenzolcarbonsäuren oder Tannin. Die Dauer der Entschwefelung kann vorteilhaft durch Ggw. von O_2 (Luft) beeinflußt werden. (**A. P. 2 543 953** vom 21/11. 1947, ausg. 6/3. 1951.) G. König. 8195

Pure Oil Co., übert. von: **George W. Ayers** und **Priscilla Lyon**, Chicago, Ill., V. St. A., *Reinigen von flüssigen Kohlenwasserstoffen* zwecks Entfernung von elementarem Schwefel u. organ. Polysulfiden mit mehr als 2 S-Atomen im Mol. durch Behandlung mit einer Alkalistannitlsg., wobei der Schwefel entfernt u. die Polysulfide in Mercaptane übergeführt werden. Vgl. A. P. 2 417 041; C. **1947.** 1059. (**Can. P. 477 701** vom 1/10. 1945, ausg. 9/10. 1951. A. Prior. 18/12. 1944.) M. F. Müller. 8195

Texaco Development Corp., New York, N. Y., übert. von: **Ludwig Rosenstein**, San Francisco, Calif., V. St. A., *Entfernung von Mercaptanschwefel aus Kohlenwasserstoffen und anderen organischen Flüssigkeiten.* Man behandelt die KW-stoffe mit einer wasserfreien Lsg. eines Alkalihydroxyds in Alkanolamin im Gegenstrom, wobei die Menge des Alkalihydroxyds zum Mercaptangeh. in einem nahezu stöchiometr. Verhältnis steht, um die Mercaptane vollständig zu entfernen. Wirksame Alkanolamine sind Monäthanol- u. Monoisopropanolamin. — Zeichnung. (**A. P. 2 578 602** vom 22/5. 1948, ausg. 11/12. 1951.) UNGER. 8195

Pure Oil Co., Chicago, Ill., V. St. A., *Entfernung von schwachsauren S-Verbindungen aus flüssigen Kohlenwasserstoffen.* Schwachsaure S-Verbb., wie Mercaptane u. Thiophenole, werden aus KW-stoffen durch Behandlung mit wss. Alkalihydroxydlsg., die Alkalimetallseifen von Naphthensäuren (I) u. als Lösungsvermittler für I Glykole, Phenole oder Thiophenole enthalten, entfernt. Geh. der Lsg. an freiem NaOH: 10—20 Gew.-%, oder an freiem KOH: 10—40 Gew.-%. (**E. P. 656 837** vom 19/6. 1947, ausg. 5/9. 1951. A. Prior. 22/6. 1940.) UNGER. 8195

Axel Axelson Johnson med Firma A. Johnson & Co., Stockholm, Schweden (Erfinder: **N. O. Boström),** *Filtrieren von schlammhaltigen Flüssigkeiten.* Schlammhaltige Fll., bes. Gemische aus Mineralölen u. Bleicherde, erhalten im Anschluß an die Raffination von Mineralölen mit Säure oder Lauge, werden in Rahmenpressen durch Filtertücher filtriert. Hierbei legt man auf die Filtertücher ein oder mehrere Schichten Papier, bes. Kreppapier. Hierdurch kann die Filtriergeschwindigkeit um 15—25% erhöht werden. Auch lösen sich die Filterkuchen leichter ab. (**Schwed. P. 131 985** vom 15/11. 1945, ausg. 19/6. 1951.) JÜRGEN SCHMIDT. 8195

Standard Oil Co., Chicago, übert. von: **Frederick E. England,** Homewood, Ill., V. St. A., *Wirbelschichtverfahren* mit feinverteilten Katalysatoren, z. B. zur *katalyt. Spaltung von KW-stoffen.* Das Absetzen der feinverteilten Katalysatoren in waagerechten Leitungen wird durch geneigte schraubenartig gelagerte Bleche mit zentr. gelagerter Welle verhindert. — Zeichnung. (**A. P. 2 576 504** vom 25/6. 1949, ausg. 27/11. 1951.) G. KÖNIG. 8197

Phillips Petroleum Co., übert. von: **Jesse A. Guyer,** Bartlesville, Okla., V. St. A., *Umwandlung von Kohlenwasserstoffen.* Sie erfolgt in einem Reaktionsgefäß mit mehreren Katalysatorkammern u. gefalteten, katalyt. wirkenden, durch Kreuze versteiften metall. Leitblechen mit großer Oberfläche. — Vorr., 2 Zeichnungen. (**A. P. 2 526 657** vom 13/7. 1945, ausg. 24/10. 1950.) KRAUSS. 8197

Ruhrchemie Akt.-Ges. (Erfinder: **Heinrich Tramm** und **Helmut Kolling,** Oberhausen, Rhld.), *Katalytische Spaltung von Kohlenwasserstoffen* in Behältern, die abwechselnd in einer Kontakt- bzw. Ausbrennperiode arbeiten (Ausbrennen mit ca. 100cm^3 eines Wasserdampf–Luft-Gemisches 1 : 3 je m^3 Kontakt, unmittelbarer Wärmeaustausch zwischen Kontakt- u. Ausbrennperiode); bei Verwendung von aktivierten Bleicherden oder anderen Al-Hydrosilicaten wird die Zeitdauer der mit der Ausbrennperiode wechselnden Spaltperiode so bemessen, daß zwischen Spaltwärmebedarf u. Verbrennungswärmeliefermöglichkeit der im Kontakt zurückbleibenden C-haltigen Stoffe annäherndes Gleichgwicht besteht. — Zeichnung. (**D. R. P. 765 154** Kl. 23b vom 8/2. 1941, ausg. 5/1. 1953.) UNGER. 8197

Badische Anilin- & Soda-Fabrik, Ludwigshafen/Rh. (Erfinder: **Fritz Hamacher,** Heidelberg, und **Ernst Plauth,** Freinsheim), *Durchführung katalytischer Reaktionen,* bes. *Spalten* von *KW-stoffölen,* in der Gas- oder Dampfphase in Ggw. bewegter, stükkiger Stoffe, die bes. als Wärmeträger oder Katalysator wirken u. nach Gebrauch regeneriert oder neu aufgeheizt werden müssen. Man verwendet einen Reaktions- u. einen Regenerations- bzw. Aufheizraum, in denen der stückige Stoff, der Schwere folgend, von oben nach unten wandert, wobei die beiden nebeneinander befindlichen Räume durch ein Paar schräg nach oben führende gerad- oder krummlinig verlaufende Rohre miteinander verbunden sind, in denen der Wärmeträger oder Katalysator vom unteren zum oberen Ende des Reaktionsraumes u. umgekehrt gefördert wird, u. die Förderung durch eine den Förderrohren aufgezwungene Schwingung erzielt wird. Zweckmäßig führt man den Förderrohren Dampf zu, damit diese als Sperrzonen zwischen Reaktions- u. Regenerations- bzw. Aufheizraum wirken. Im Beispiel erhält man durch Spaltung eines Mittelöls, Kp. 220—350°, Anilinpunkt 68, mit einem auf 480° erhitzten Katalysator, wie natürlichem oder künstlichem Al- oder Mg-Silicat, 37(%) *Bzn.*, End-Kp. 200°, 13 *Flüssiggas* (C_3 C_4), 1,5 *Methan, Äthan, H_2* u. 3 auf dem Katalysator abgesetzten Koks. — Vorr., Zeichnung. (**D. B. P. 863 054** Kl. 12o vom 9/11. 1950, ausg. 15/1. 1953.) KRAUSS. 8197

Universal Oil Products Co., Chicago, Ill., übert. von: **William K. Hunter,** Lyons, Ill., V. St. A., *Umwandlung und Verkokung schwerer flüssiger Kohlenwasserstoffe* mit feinverteilten Wärmeträgern in einer Kokungs- u. Umwandlungszone. Die entweichenden Dämpfe gehen durch eine Fraktionierzone, die feinverteilten Teilchen mit kohligen

Ablagerungen in eine Erhitzungs- u. Verbrennungszone, wo sie mit einem regulierten, O_2-haltigen Gasstrom abgebrannt werden, um die Teilchen zu erhitzen. Ein Teil der erhitzten Wärmeträger geht in die Kokungszone zurück, um die für die Umwandlung erforderliche Wärme zu ergänzen u. die schweren KW-stoffe zu verkoken. Man fraktioniert die aus der Kohlungs- u. Umwandlungszone kommenden KW-stoffdämpfe in einer Fraktionierzone. Ferner zieht man heiße Teilchen aus einer der Umwandlungszonen ab u. leitet sie fortlaufend in die Überhitzungszone, wobei die Bodenanteile teilweise verdampfen. Man zieht die entstehenden Dämpfe aus der Überhitzungszone ab, kondensiert sie unabhängig von den Dämpfen aus der Kokungs- u. Umwandlungszone u. leitet mindestens einen Teil des Kondensates zur Fraktionierzone. — Zeichnung. (**A. P. 2 598 058** vom 6/1. 1950, ausg. 27/5. 1952.) UNGER. 8197

Texas Co., New York, N. Y., übert. von: **Charles A. Coghlan**, Port Arthur, Tex., V. St. A., *Umwandlung von schweren kohlehaltigen Ölen in Motortreibstoffe, Treibgas und Synthesegas.* Man braust das Behandlungsöl in den oberen Teil einer Reaktionskammer ein u. bringt es mit einem Aufwärtsstrom heißer Gase ($CO + H_2$) in Berührung bei ca. 800—1500° F. Flüchtige Bestandteile werden während der Abwärtsbewegung verdampft, wobei sich freifliegende Koksteilchen bilden. Aus dem oberenTeil der Reaktionszone entweichen KW-stoffdämpfe. Die Koksteilchen gelangen vom Boden der Reaktionszone in eine abgetrennte Vergasungszone, wo sie als dichtes Wirbelstrombett mit O_2-haltigem Dampf bei 1800—3000° F. in der Weise umgesetzt werden, daß sich vorwiegend CO u. H_2 bilden. Ein Teil der gebildeten heißen Gase gelangt als Heizmittel u. Reaktionsteilnehmer in den unteren Teil der Reaktionszone. Das Restgas entfernt man aus der Vergasungszone. Es ist ein H_2-haltiges Gasgemisch. — Zeichnung. (**A. P. 2 605 215** vom 15/1. 1949, ausg. 29/7. 1952.) UNGER. 8197

Shell Development Co., übert. von: **William D. Bailey jr.** und **Bernard S. Greensfelder**, San Francisco, Calif., V. St. A., *Katalytische Umwandlung von schweren KW-stoffölen in niedrigmolekulare KW-stoffe*, z. B. in *Gasoline*, unter Verwendung eines Katalysators, bestehend aus 8—30(%) B_2O_3, 3—15 SiO_2, 0,1—1,0 Alkalioxyd u. mindestens 50 Tonerdegel, bei 700—1100° F. Der Katalysator wird in kurzen Zeitabständen, die 7 Min. nicht übersteigen, regeneriert. (**Can. P. 484 377** vom 22/2. 1945, ausg. 24/6. 1952. A. Prior. 19/4. 1944.) M. F. MÜLLER. 8197

Mannesmann-Akt.-Ges., Düsseldorf (Erfinder: **Adolf Jenker**, Wanne-Eickel, und **Wilhelm Jamm**, Meererbusch bei Düsseldorf), *Erzeugung wertvoller, insbesondere niedrig siedender Kohlenwasserstofföle aus Steinkohle durch Cracken*, dad. gek., daß in an sich bekannter Weise Glanzkohlen bzw. Kohlen, die hauptsächlich aus Glanzkohlen bestehen, in feinpulveriger Form mit einer verhältnismäßig großen Menge eines Lösungsm., bes. eines hochsd. Teeröles, z. B. Anthracenöl, einer Behandlung bei erhöhten, unterhalb der Zersetzungstemp. der Steinkohle liegenden Tempp. unterworfen werden u. das Behandlungsprod. mit dem Lösungsm., vorzugsweise ohne jedes Abdestillieren, unter Druckentspannung u. gegebenenfalls unter Wärmeentzug, einem Crackverf. unterworfen wird. Die Entspannung kann stufenweise in hintereinandergeschalteten Reaktionsräumen erfolgen, wobei gegebenenfalls einzelne Reaktionsräume mit Wärmezufuhr u. einzelne mit Wärmeabfuhr betrieben werden. (**D. B. P. 870 996** Kl. 12o vom 19/4. 1944, ausg. 19/3. 1953.) G. KÖNIG. 8197

I. G. Farbenindustrie Akt. Ges., Frankfurt/M. (Erfinder: **Mathias Pier**, Heidelberg, und **Ernst Donath**, Mannheim), *Herstellung klopffester Benzine* aus naphthen. KW-stoffe enthaltenden KW-stoffgemischen, die mindestens zur Hauptsache im Bereich der Mittelöle sd., durch Spaltung in Ggw. von H_2 unter Verwendung fest angeordneter Katalysatoren bei 440—550° in kontinuierlichem Betrieb, dad. gek., daß man die Ausgangsstoffe in dampfförmigem Zustand zusammen mit H_2 bei 25—90 at u. einem H_2-Partialdruck, der ca. 30—50% des Gesamtdruckes beträgt u. geringer als 30 at ist, über ein oder mehrere Oxyde der Metalle V, Cr oder Mo, die auf akt. Tonerde als Träger aufgebracht sind, leitet u. die den Reaktionsraum verlassenden H_2-haltigen Gase, gegebenenfalls nach Anreicherung des H_2-Geh., ohne weitere Zugabe von H_2 in einer Menge von 0,3—1,5 m^3/kg Ausgangsstoff in den Reaktionsraum zurückführt. (**D.R.P. 724 083** Kl. 12o vom 5/10. 1939, ausg. 26/5. 1953.) G. KÖNIG. 8197

Badische Anilin- & Soda-Fabrik, Ludwigshafen/Rh. (Erfinder: **Harry Welz**, Krefeld-Uerdingen), *Spalten von Kohlenwasserstoffen und Umwandeln von klopfendem Benzin oder Schwerbenzin in nichtklopfende Kohlenwasserstoffe* durch Behandlung der Ausgangsstoffe in mehreren Stufen, die durch Zwischenerhitzer verbunden sind, in Ggw. von Katalysatoren u. gegebenenfalls von H_2 unter den üblichen Bedingungen, dad. gek., daß man 1. den Ausgangsstoffen in jeder Stufe KW-stoffe der Methanreihe mit 5 oder weniger C-Atomen im Mol. in erhitztem Zustand zusetzt. 2., in den einzelnen Stufen verschied. Katalysatoren mit von Stufe zu Stufe steigender Wirksamkeit verwendet. — Die KW-stoffe dienen als Wärmeträger, um die bei der exothermen Spaltungs-Rk. verbrauchte Wärmemenge zuzuführen. (**D. R. P. 767 411** Kl. 23b vom 24/12. 1940, ausg. 7/8. 1952.) DERSIN. 8197

Gyro Process Co., Detroit, Mich., übert. von: **William W. Holland,** Baltimore, Md., V. St. A., *Abschrecken von Dampfphasenspaltprodukten.* In einem Dampfphasenspaltapp. für KW-stoffe wird zum Abstoppen der Umwandlungs-Rk. ein Abschreckraum (Stoßkühlung von 1000—1550° F auf 600° F) für die Umwandlungsprodd. vorgesehen, in dessen oberen Teil man als Abschreckmittel kühles Leichtöl einsprühen kann. Die Temp. im Abschreckraum wird durch ein Thermoelement kontrolliert, u. Ventile zur Regelung der Temp. werden magnet. gesteuert. Der kon. Boden des Abschreckraumes steht mit einem Flash-Turm in Verbindung. In diesem Verbindungsstück werden die abziehenden Prodd. in lebhafte wirbelnde Bewegung versetzt. Dämpfe werden vom Kopf des Flash-Turmes abgezogen, während sich am Boden fl. Rückstände mit darin suspendierten Kohleteilchen ansammeln. — Zeichnung. (**A. P. 2 608 527** vom 1/8. 1947, ausg. 26/8. 1952.) UNGER. 8197

Commonwealth Engineering Co. of Ohio, Dayton, übert. von: **Oliver F. Davis** und **Herman Nack,** Troy, O., V. St. A., *Plattieren von Trägerteilchen mit einem katalytischen Metall.* Zur Herst. des Katalysators erhitzt man Trägerteilchen (I) in einem Gefäß auf genügend hohe Temp., um in der Hitze zersetzbare Metalldämpfe auf I niederzuschlagen. Man führt die heißen I fortlaufend abwärts in eine senkrechte, isolierte Plattierungszone u. leitet fortlaufend in der Hitze zersetzbare Metalldämpfe im Gegenstrom zu den I in diese Zone. Nach der Plattierung entfernt man die I fortlaufend aus der Plattierungszone, in der eine nichtoxydierende Atmosphäre herrscht. Man setzt die Teilchen den Metalldämpfen so lange aus, bis die Metallschicht eine Stärke von 0,0005 bis ca. 0,005 Zoll erreicht hat. — Verwendung bei *Crackprozessen.* Zeichnung. (**A. P. 2 599 978** vom 15/4. 1949, ausg. 10/6. 1952.) UNGER. 8197

Universal Oil Products Co., Chicago, übert. von: **Charles H. Ehrhardt,** Western Springs, Ill., V. St. A., *Katalysator zur Umwandlung, besonders zum Cracken von Kohlenwasserstoffen.* Eine Mischung aus Silicagel u. 20—30% MgO wird mit Ammonphosphatlsg. imprägniert u. anschließend calciniert, z. B. bei 800—1200° wobei der P-Geh. 0,5—5% betragen soll. (**A. P. 2 507 625** vom 3/8. 1946, ausg. 16/5. 1950.) KRAUSS. 8197

Standard Oil Development Co., V. St. A., *Regenerierung von Synthesegas.* Die bei der KW-stoffsynth. aus CO u. H_2 erhältlichen Restgase, die außer nichtumgesetztem CO u. H_2 noch CO_2 enthalten, werden mit einem Lösungsm. für CO_2 (W., Na_2CO_3–$NaHCO_3$-Lsg., Aminoalkohole, bes. Triäthanolamin) gewaschen. Das regenerierte Synthesegas wird in den Arbeitsgang zurückgeleitet. Aus den Lsgg. wird CO_2 durch Einleiten von gasförmigen KW-stoffen in Freiheit gesetzt. — Zeichnung. (**F. P. 981 777** vom 25/2. 1949, ausg. 30/5. 1951. A. Prior. 17/7. 1948.) NOUVEL. 8201

Standard Oil Development Co., V. St. A., *Synthese von Kohlenwasserstoffen.* Man leitet Synthesegas gleichzeitig durch eine Reihe von Reaktionszonen, die die Katalysatoren im Fließbett enthalten. Dabei sollen das Durchschnittsalter der einzelnen Katalysatoren verschieden voneinander u. der H_2-Partialdruck jeder Zone auf optimale Ausbeute eingestellt sein. Die Restgase werden in die einzelnen Zonen zurückgeleitet, wobei das Verhältnis der jeweiligen Restgase zu dem frischen Synthesegas gleichfalls auf beste Ausbeute eingestellt wird. — Zeichnung. (**F. P. 983 694** vom 25/3. 1949, ausg. 26/6. 1951. A. Prior. 15/9. 1948.) NOUVEL. 8201

Standard Oil Development Co., V. St. A., *Synthese von Kohlenwasserstoffen und ihren Sauerstoffverbindungen.* Man leitet ein Gemisch von CO u. H_2 durch einen Reaktionsraum, in dem sich ein mit K_2CO_3 aktivierter Fe-Oxydkatalysator im Fließbett befindet u. in dem ein Druck von 10,5—28 at u. eine Temp. von 260—370° herrschen. Dann bläst man in das aus den Reaktionsprodd. u. nichtumgesetzten Ausgangsstoffen bestehende Gasgemisch Wasserdampf unter den gleichen Druck- u. Temperaturbedingungen ein, worauf die Dämpfe kondensiert werden. Dadurch wird die Ausbeute an O-haltigen Prodd. (*Akohole, Carbonylverbb., Carbonsäuren* u. *Ester*) erhöht. — Zeichnung. (**F. P. 987 743** vom 2/6. 1949, ausg. 17/8. 1951.) NOUVEL. 8201

Standard Oil Development Co., V. St. A., *Synthese von Kohlenwasserstoffen.* Die aus CO u. H_2 über einem Fe-Katalysator bei 288—426° unter 5—50 at erhaltenen KW-stoffe werden unter den gleichen Temperatur- u. Druckbedingungen über einen Bauxitkatalysator geleitet. Dadurch wird die Octanzahl erhöht. — Zeichnung. (**F. P. 992 047** vom 9/8. 1949, ausg. 12/10. 1951. A. Prior. 29/10. 1948.) NOUVEL. 8201

Texas Co., New York, übert. von: **Howard V. Hess**, Beacon, und **George B. Arnold**, Glenham, N. Y., V. St. A., *Aufbereiten von CO-Hydrierungsprodukten*, die aus CO u. H_2 bei 250—700° (F) u. Drucken zwischen n. Druck u. 1000 lbs./sq.in. in Ggw. eines alkalisierten Fe-Katalysators (96% Fe, 2—3% Al_2O_3 u. 0,1—3% Alkalioxyde) im Wirbelschichtverf. erhalten werden, erfolgt durch Abkühlen der Reaktionsprodd. auf 200 bis 350° unter erhöhtem Druck, wobei eine Gasphase, eine fl. wss. u. eine fl. ölige Phase erhalten wird. Die Phasen werden voneinander mit physikal. Methoden getrennt. Die wss. Phase, enthaltend neben Aldehyden u. Ketonen die niedrigmol. Carbonsäuren u. A., wird der azeotrop. Dest. unterworfen, wobei A. in 95%ig. Konz. gewonnen wird. Die ölige oder KW-stoffphase wird auf n. Druck entspannt u. eine Gasolinfraktion (bis 400°) u. eine Gasölfraktion (> 400°) gewonnen. Aus der Gasolinfraktion erhält man durch selektive Extraktion mit Äthylenglykol oder Diäthylenglykol zwischen 70 u. 100° die Alkohole mit 2—8 C-Atomen, die in die einzelnen Individuen getrennt werden. Aus der Gasölfraktion werden ebenfalls durch selektive Extraktion zwischen 70 u. 100° die höhermol. Alkohole gewonnen. Die C_2–C_3-Alkohole sind Lösungsmittel. — Zeichnung. (**A. P. 2 558 556** vom 6/8. **1946**, ausg. **26/6. 1951.**) G. König. 8201

Texaco Development Corp., New York, N. Y., V. St. A., *CO-Hydrierung* zu Benzin-KW-stoffen ergibt als Reaktionsprodd. eine Gas-, eine fl. KW-stoff- u. eine wss. Phase. Die wss. Phase wird mit einem Lösungsm., bestehend aus KW-stoffen, bei erhöhter Temp. u. Druck behandelt, wobei die neutralen, O-haltigen Verbb. extrahiert werden, die mit der fl. KW-stoffphase vereinigt, einer fraktionierten Dest. unterworfen werden. Die bis 245° übergehenden Anteile werden zum größten Teil in den Kreislauf zurückgeleitet. Die oberhalb 245° sd. Fraktion vermischt man mit einem mit KW-stoffen nicht mischbaren Lösungsm. für die O-haltigen Verbb. u. erhält dadurch von O-haltigen Verbb. freie Kohlenwasserstoffe. Die O-haltigen Verbb. gewinnt man aus der Extraktlsg. durch bekannte Maßnahmen. Werden nicht alle unterhalb 245° sd. Anteile in den Kreislauf geschickt, so werden sie den höhersd. Anteilen beigemischt. Die gasförmige Phase gelangt ebenfalls in den Kreislauf. — Zeichnung. (**E. P. 655 843** vom 20/1. 1948, ausg. 1/8. 1951.) G. König. 8201

Stanolind Oil & Gas Co., übert. von: **James E. Latta**, Tulsa, Okla., V. St. A., *CO-Hydrierung zu Kohlenwasserstoffen und O-haltigen organischen Verbindungen* erfolgt in Gefäßen, die den Katalysator, z. B. Fe u. Alkalioxyd, in dünner Schicht, vorteilhaft zwischen 0,01 u. 0,06 inch, als Oberfläche besitzen. Der feinverteilte Katalysator (100 Maschen) wird in einem synthet. Öl oder geschmolzenem Wachs suspendiert u. auf die Oberfläche des Reaktionsraumes gespritzt, u. anschließend wird der Katalysator reduziert. (**A. P. 2 548 801** vom 9/8. 1949, ausg. 10/4. 1951.) G. König. 8201

M. W. Kellogg Co., Jersey City, übert. von: **William Benedict Johnson**, Far Hills, N. J., V. St. A., *CO-Hydrierung* wird in 2 Reaktionszonen mittels Fe-Katalysatoren im Wirbelschichtverf. durchgeführt, wobei in der 1. Zone das Verhältnis H_2 : CO nicht größer als 2 : 1 sein u. die Umsetzung des CO zu bei n. Temp. fl. organ. Verbb. zwischen 50 u. 70% liegen soll. In der 2. Zone wird das Verhältnis H_2 : CO nicht unter 3 : 1 gehalten wobei eine Umsetzung des CO zu mindestens 80% erzielt wird. Der Katalysator wird nach jeder Zone abgeschieden u. mit H_2-haltigen Gasen behandelt, wobei dem Katalysator anhaftende höhermol. organ. Verbb. ausgetrieben werden. — Zeichnung. (**A. P. 2 579 828** vom 12/5. 1948, ausg. 25/12. 1951.) G. König. 8201

Standard Oil Development Co., Elizabeth, N. J., übert. von: **Morris R. Morrow** und **Jack W. Smalling**, Baytown, Tex., V. St. A., *Abtrennung von Naphthenen aus paraffinischen Kohlenwasserstoffen* bes. aus *Benzinen.* Das KW-stoffgemisch wird in verdampfter Form mit Tetramethylbenzol (I) extrahiert. Durch Fraktionierung erhält man ein I–Naphthen-Gemisch u. reinen Paraffin-KW-stoff. — Vorr., Schema. (**A. P. 2 570 066** vom 26/8. 1948, ausg. 2/10. 1951.) Möllering. 8201

Shell Development Co., übert. von: **Antoine E. Lacomble**, San Francisco, Calif., V. St. A., *Treibstoffmischung.* Um das Absetzen von festen Pb-Verbb. im Motor zu verhindern, sollen Pb-tetraäthylhaltigem Bzn. solche Halogen–C-Verbb. zugesetzt werden, die nur aus C u. Halogen bestehen u. 2 C-Atome im Mol. u. wenigstens 2 Halogenatome je C-Atom besitzen u. deren Halogen ein At.-Gew. zwischen 35 u. 81 besitzt, z. B. Hexachlor-, Hexabromäthan, Tetrachlor-, Tetrabromäthylen, u. gemischte Halogenverbb., wie 1.1.2.2-Tetrachlor-1.2-dibromäthan, 1.2.2-Trichlor-1.1.2-tribromäthan, 1.2-Dichlor-1.1.2.2-tetrabromäthan, 1.1-Dibrom-2.2-dichloräthylen; 1.2-Dibrom-1.2-dichloräthylen; 1-Chlor-1.2.2-tribromäthylen u. 1-Brom-1.2.2-trichloräthylen. Die Zusatzmenge soll so groß sein, daß je Atom Pb 2 Halogenatome im Brennstoff vorhanden sind. (**A. P. 2 573 579** vom 9/11. 1948, ausg. 30/10. 1951.) Dersin. 8205

Carter Carburetor Corp., übert. von: **Alfred C. Korte**, St. Louis, Mo., V. St. A., *Verhinderung der Harzabscheidung in Benzinpumpen.* Elektr. leitende Teile an Motorpumpen für Bzn. sollen anstatt aus Cu, das die Harzabscheidung katalysiert, aus einer Legierung von 40—50% Cu u. 60—50% Ag hergestellt sein. (**A. P. 2 573 850** vom 18/3. 1946, ausg. 6/11. 1951.) DERSIN. 8205

Plus Gas Generator Co. Ltd., London, England (Erfinder: **J. P. M. van Dietz**), *Verbesserung der Wirkung von Benzinmotoren.* Man führt zwischen dem Vergaser u. dem Motorzylinder eine Zusatzluftmenge zu, die durch rohes Naphthalin, das mit p-Dichlorbenzol bis zu 10% u. gegebenenfalls mit Anilinöl bis zu 5% versetzt wurde, gesaugt wurde. — Zeichnungen. (**Schwed. P. 132 827** vom 1/11. 1940, ausg. 4/9. 1951. E. Priorr. 1/11. 1939, 24/5. u. 10/10. 1940.) JÜRGEN SCHMIDT. 8205

Badische Anilin- & Soda-Fabrik (Erfinder: **Leo Schlecht, Karl Rosenberger** und **Hermann Weber**, Ludwigshafen/Rh.), *Antiklopfmittel* aus einem Metallcarbonyl, z. B. Fe-Carbonyl (I) u. einem Mineralöl, dem ein aromat. KW-stoff, z. B. Bzl., beigemischt wird. — Beispiel: 40 (Teile) I, 40 Paraffinöl, $Kp._{10,0}$ 160—300°, u. 20 Benzol. Klare Lösung. (**D. B. P. 801 865** Kl. 46a vom 25/11. 1948, ausg. 25/1. 1951.) K. HEINZE. 8209

Hercules Powder Co., übert. von: **Richard S. George**, Wilmington, Del., V. St. A., *Dieselöl.* Zur Steigerung der Cetanzahl setzt man Dieselölen 0,25—5% eines α.α-Dialkylarylmethylhydroperoxyds, z. B. α.α-Dimethyl-p-methyl- (oder -p-isopropyl-)-benzylhydroperoxyd, zu. Diese Verbb. werden durch Einw. von O_2 auf Verbb. der allg. Formel $R_1(R_2)=C=H(Ar)$ in Ggw. von Alkali erhalten, in der R_1 u. R_2 Alkylgruppen u. Ar eine Arylgruppe bedeuten. (**A. P. 2 580 015** vom 31/12. 1947, ausg. 25/12. 1951.) DERSIN. 8213

Jean D. Grégoire, Frankreich, *Treibmittel für Dieselmotoren*, bestehend im wesentlichen aus W., welches in Form von Wasserdampf über ein auf 600° vorerhitztes Eisensieb geleitet wird, wobei ein Zerfall des W. unter Bldg. von H_2 nach der Gleichung $3\,Fe + 4\,H_2O = Fe_3O_4 + 8\,H$ stattfindet. Der gebildete H_2 wird unter Zuleiten der notwendigen Menge Luft in dem Motor verbrannt. — Zum Regenerieren des Fe-Katalysators wird im Kreislauf eine geringe Menge eines KW-stoffes zugeleitet, welcher den notwendigen C bzw. CO zur Red. des Eisenoxyds nach der Formel $Fe_3O_4 + 4\,CO = 3\,Fe + 4\,CO_2$ liefert. (**F. P. 973 969** vom 7/9. 1948, ausg. 16/2. 1951.) M. F. MÜLLER. 8213

Aktiebolaget Separator, Schweden, *Reinigen von schweren Dieselölen* durch Erhitzen in einem Platten-Wärmeaustauscher auf 80—95° unter Ausschluß von Luft u. durch ausschließendes Zentrifugieren unter Vermeidung der Fällung von asphalt. Substanzen. (**F. P. 975 907** vom 7/12. 1948, ausg. 12/3. 1951. Schwed. Prior. 9/12. 1947.) M. F. MÜLLER. 8213

Handelsbolaget under Firma A. Johnson & Co., Stockholm, Schweden (Erfinder: **K. G. Bergh, N. B. Holmberg** und **K. U. Stalnacke**), *Stabilisierung von dickflüssigen Heizölen, Asphalt oder dergleichen.* Man behandelt die Öle längere Zeit bei erhöhter Temp. in einem elektr. Ofen, wobei die Zu- u. Abflüsse der Öle elektr. von der Temp. im Ofen gesteuert werden; gleichzeitig wird auch die Heizung in Abhängigkeit der Temp. geregelt. Man kann hierdurch die Temperaturschwankungen gegenüber bisherigen Behandlungsweisen von 10—15° auf 0,3° herabsetzen. — Zeichnung. (**Schwed. P. 132 368** vom 23/3. 1950, ausg. 17/7. 1951.) JÜRGEN SCHMIDT. 8217

Soc. Nantaise d'Électricité, Frankreich, *Regenerieren von Isolierölen, wie Transformatorenölen oder Turbinenölen, mit aktiver Kohle* in einer Menge von 2—4 Gew.-% bei 60—80°. Das behandelte Öl wird durch eine Schicht von neutralem, feinem u. leichtem SiO_2 filtriert. Der p_H-Wert des zu behandelnden Öles beträgt 7—8. (**F. P. 974 617** vom 7/11. 1942, ausg. 23/2. 1951.) M. F. MÜLLER. 8219

Phillips Petroleum Co., übert. von: **Paul H. Carnell**, Bartlesville, Okla., V. St. A., *Alkylierung von Kohlenwasserstoffen.* Die bei der Alkylierung eines niedrigmol. Isoparaffins mit einem Olefin in Ggw. von HF erhaltenen „säurelösl. Öle“ mit einer A.P.I.-D. zwischen 15 u. 30, einer JZ. zwischen 100 u. 175 u. einem Kp. von 300 bis 1000° F (10—90 Vol.-%) werden in Ggw. von HF mit einem Isoparaffin so alkyliert, daß eine KW-stofffraktion mit dem Kp. von Gasolin u. eine Schmierölfraktion entsteht, wobei Tempp. zwischen 150 u. 400° F, ein Druck von 100—2000 lbs./sq.in., ein Mol.-Verhältnis von Isoparaffin zum „säurelösl. Öl“ von 4 : 1 u. ein Volumenverhältnis von HF : KW-stoff zwischen 0,5 : 1 u. 4 : 1 angewendet wird. Das durch Alkylierung von Isobutan mit Butylen in Ggw. von HF bei 90° F u. 100 lbs./sq.in. erhaltene „säurelösl. Öl“ mit $Kp._{760}$ 320—750° F (Tabelle) wird mit HF u. Isobutan 16 Std. auf 122° bei 800 lbs./sq.in. erhitzt. Durch Dest. erhält man eine Fraktion mit Kp. 112—140° F, der Rückstand hat *Schmieröl*-Eigenschaften. — Vorr., Zeichnung. (**A. P. 2 507 764** vom 18/3. 1946, ausg. 16/5. 1950.) KRAUSS. 8221

N. V. de Bataafsche Petroleum Mij., Den Haag, Holland, *Schmieröl und Herstellung der dazu verwendeten Polymeren.* Die Schmierölzus. enthält ein Polymeres, welches aus Alkylthioäthern u. Disulfiden der allg. Formel HO—R—(S)p—R—OH erhalten wurde (p = 1 oder 2 u. jedes R ein organ. Rest, bes. ein gesätt. KW-stoffrest, oder ein Deriv. dieses Polymeren, welches durch teilweise oder vollständige Veresterung oder Verätherung der endständigen OH-Gruppen erhalten wurde), u. eine kleinere Menge eines Antioxydationsmittels. (**E. P. 647 911** vom 3/10. 1947, ausg. 28/12. 1950. A. Prior. 8/10. 1946.) UNGER. 8221

Standard Oil Co., übert. von: **Roger W. Watson**, Chicago, Ill., und **Lawson W. Mixon**, Hammond, Ind., V. St. A., *Stabilisierung von S-haltigen Verbindungen*, wie *Schmierölen, öllöslichen S-haltigen Zusatzstoffen*, die H_2S abspalten. Man verwendet als Stabilisierungsmittel 0,001—5%, bes. 0,01—3% Epoxyde, wie Epichlorhydrin, Glycid, Äthylenoxyd, Propylenoxyd, 2.3-Epoxybutan, 1.2-Epoxybutan, Isobutylenoxyd, Butadienoxyd, Chloroprenoxyd, Isoprenoxyd, Decenoxyd, Styroloxyd, Cyclohexenoxyd, Cyclopentenoxyd, Pinenoxyd; vgl. Tabelle. (**A. P. 2 496 508** vom 26/6. 1946, ausg. 7/2. 1950.) KRAUSS. 8221

Standard Oil Development Co., übert. von: **Harry W. Rudel**, Roselle Park, und **Arnold J. Morway**, Clark Township, Union County, N. J., V. St. A., *Schmierfett für hohe Temperaturen*, bestehend aus einem Mineralöl, das mit 20—40 (%) einer freies Alkali u. Glycerin enthaltenden Na-Seife von Rapsöl verdickt ist u. dem 0,1—2 Phenyl-α-naphthylamin u. 0,1—1 Di-(benzoylacetonyl)-äthylen- oder propylendiamin zugesetzt sind. (**A. P. 2 503 969** vom 30/3. 1948, ausg. 11/4. 1950.) DERSIN. 8223

Standard Oil Development Co., übert. von: **Arnold J. Morway**, Cleark, und **John C. Zimmer**, Union, N. J., V. St. A., *Reversible Fettschmiere.* Man löst Fettsäuren mit 12—24 C-Atomen, z. B. Ölsäure oder hydrierte Fischölsäuren, in Mineralöl, neutralisiert sie mit carbonatfreiem $Ba(OH)_2$ unter Erhitzen auf 275—425° F u. kühlt die Mischung bis zur Bldg. einer homogenen Struktur ab. (**A. P. 2 504 717** vom 20/9. 1947, ausg. 18/4. 1950.) DERSIN. 8223

Standard Oil Development Co., übert. von: **David W. Young**, Roselle, und **William H. Smyers**, Westfield, N. J., V. St. A., *Schmierfett.* Man löst 3 (%) eines Styrol-Isobutylen-Copolymerisats mit ca. 50 Styrol u. Mol.-Gew. $>$10000 u. 10 Stearinsäure in Mineralöl u. neutralisiert letztere unter Erhitzen u. Rühren mit $Ca(OH)_2$, worauf man das Gemisch erstarren läßt. (**A. P. 2 504 779** vom 18/10. 1947, ausg. 18/4. 1950.) DERSIN. 8223

Standard Oil Co., Chicago, Ill., übert. von: **Alfred W. Weitkamp**, Hammond, Ind., und **John C. Stamm**, Chicago, Ill., V. St. A., *Herstellung von Schmierfett.* Kolophonium (I) u. hydriertes oder dehydriertes I im Verhältnis 6 : 1 bis 1 : 4 werden bei 150—300° F in Mineralöl gelöst u. mit Alkalien oder Erdalkalien verseift. (**A. P. 2 505 222** vom 26/4. 1947, ausg. 25/4. 1950.) LÜTTGEN. 8223

Standard Oil Development Co., übert. von: **Arnold J. Morway**, Cleark, und **John J. Kolfenbach**, Sommerville, N. Y., V. St. A., *Hochtemperaturschmierfette* erhält man durch Erhitzen eines Mineralöls (I) mit einem heterocycl. Aldehyd, der nach CANIZZARO spaltbar ist, z. B. Furfurol (II), einer Fettsäure C_{12}–C_{22} (III) u. eines Alkali- oder Erdalkalihydroxyds, wobei mindestens ein Teil des bei der Alkalispaltung entstehenden heterocycl. Alkohols mit III verestert oder abdest. wird oder als Weichmacher dient. Das Endprod. enthält 3—12 (%) Alkalifuorat u. 3—30 fettsaures Salz. — Beispiel: 10 (Teile) I, 10 II u. ca. 3,18 NaOH (IV) als 33,3%ig. wss. Lsg. werden bei 175° F 1,5—2 Std. gerührt, 15 einer hydrierten Tran-III u. $^1/_3$ des I (von insgesamt 66,6) bei 150—160° F, dann der Rest von insgesamt 5,4 IV zugegeben u. die Temp. auf 350° F erhöht, die restlichen $^2/_3$ von I in kleinen Anteilen zugesetzt, auf 450° F erhitzt, schließlich unter Rühren abgekühlt. Als Antioxydans kann 1% Phenyl-α-naphthylamin zugesetzt werden. — Weitere Beispiele, Tabellen u. Kurven. (**A. PP. 2 516 137** u. **2 516 138** vom 17/11. 1948, ausg. 25/7. 1950.) MÜLLER-MEININGEN. 8223

William Schmore, England, *Zusatzmittel für Schmiermittel für Brennkraftmaschinen* u. für hohe Tempp., bestehend aus den *Sn-* oder *Cr-Salzen* von *Mineralölsulfonsäuren*, gegebenenfalls zusammen mit Alkali- oder Erdalkalimineralölsulfonaten. (**F. P. 962 162** vom 26/2. 1948, ausg. 2/6. 1950. E. Priorr. 27/2., 20/5., 26/8. 1947 u. 19/2. 1948.) M. F. MÜLLER. 8223

C. C. Wakefield & Co. Ltd., London, England, *Ziehfett für Metallbearbeitung.* Man benutzt ölsaures Cr in emulgierter oder in Mineralöl gelöster Form. (**E. P. 639 735** vom 23/9. 1947, ausg. 5/7. 1950.) LÜTTGEN. 8223

Phillips Petroleum Co., Del., übert. von: **Paul H. Carnell,** Bartlesville, Okla., V. St. A., *Polymerisieren von Allylchlorid,* das als *Dichtungs-* u. *Schmiermittel* für Kegelventile, durch die KW-stoffe fließen, dienen soll. Allylchlorid (I) wird in Ggw. eines Peroxyds u. unter Zuführung einer gleichen Menge wasserfreier HF polymerisiert u. auf 100° erhitzt, um HF, HCl u. monomeres I auszutreiben; es bleibt ein viscoses *klebriges Öl* zurück, das gegen wss. Säure beständig ist. — Zeichnung. (**A. P. 2 533 425** vom 14/5. 1946, ausg. 12/12. 1950.) SALZMANN. 8223

Mannesmannröhren-Werke, Düsseldorf (Erfinder: **Adolf Jenkner,** Wanne), *Erzeugung von bitumenähnlichen Stoffen aus Steinkohle,* dad. gek., daß Glanzkohlen bzw. Kohlen, die überwiegend aus Glanzkohle bestehen, in bekannter Weise in feinpulvriger Form mit lösend wirkenden KW-stoffölen (I), bes. Steinkohlenteerölen, bei erhöhten Tempp., die unterhalb der Zersetzungstemp. der Steinkohle liegen, behandelt werden, worauf aus dem entstandenen Erzeugnis ohne Vornahme einer mechan. Trennung ein Teil des I abdest. wird. — Es kann mit einem beträchtlichen Lösungsmittelüberschuß, z. B. der 4—6fachen Menge des Kohlegewichtes, gearbeitet werden. Das Abdestillieren des Lösungsm. kann so weit getrieben werden, daß das Verhältnis von Lösungsm. zu Ausgangskohle ca. 2—3 : 1 beträgt. Die verfahrensgemäß erhältlichen Bitumen können z. B. zur Rohrisolation herangezogen werden. (**D. R. P. 752 577** Kl. 12r vom 7/10. 1939, ausg. 16/2. 1953.) HERBST. 8225

Hercules Powder Co., übert. von: **Walter A. Raczynski,** Wilmington, Del., V. St. A., *Abietylborate* erhält man durch Veresterung von 1(Mol) Abietylalkoholen (Dihydro-, Tetrahydro-, Dehydroabietylalkohol oder deren Mischungen) bei ca. 140—200° mit 1—1,6 Ortho-, Meta- oder Tetraborsäure. 2,1 Äquivalente Hydroabietylalkohol werden mit 2,1 Äquivalenten H_3BO_3 auf 150—152° 4 Std. erhitzt. Der erhaltene Triester hat einen Tropfpunkt von 59°, ist farb- u. bei 330° noch temperaturbeständig. Zusatzstoffe zu Paraffinmischungen (vgl. Beispiele). (**A. P. 2 510 904** vom 25/9. 1948, ausg. 6/6. 1950.) KRAUSS. 8227

Ruhrchemie Akt.-Ges. (Erfinder: **Robert Luben,** Oberhausen), *Zerlegung von Rohparaffin in Hart-, Tafel- und Weichparaffin.* Das Rohparaffin wird mit einem Gemisch extrahiert, das zwei zur Bldg. eines azeotrop. Gemisches befähigte Komponenten enthält, von denen die eine ein gutes, die andere (I) ein schlechtes Lösungsvermögen für oberhalb C_{20} liegende Paraffine hat, z. B. Gemische von Bzl., Trichloräthylen oder CCl_4 u. aliphat. Alkoholen, z. B. Propanole. I ist dem azeotropen Verhältnis gegenüber im Überschuß vorhanden. Die Extraktlsg. wird in Stufen abgekühlt u. dabei jeweils von den festausgeschiedenen Paraffinanteilen befreit. Aus der Restlsg. wird stets ein Teil des Lösungsmittelgemisches abdestilliert. (**D. B. P. 850 044** Kl. 23b vom 1/2. 1950, ausg. 22/9. 1952.) v. HUHN. 8227

Standard Oil Co., Chicago, Ill., übert. von: **Clyde S. Scanley,** Hammond, Ind., V. St. A., *Stabilisierte Kohlenwasserstofföle (flüssiges Paraffin) und Wachse,* die hochraffiniert u. oxydationsfest sind, erhält man durch Zusatz von 0,0001—0,0025 Gew.-% von 2-Methyl-3-phytyl-1.4-naphthohydrochinon zu Mineralölen. (**A. P. 2 619 465** vom 25/4. 1951, ausg. 25/11. 1952.) UNGER. 8227

Badische Anilin- & Soda-Fabrik, Ludwigshafen/Rh. (Erfinder: **Mathias Pier,** Heidelberg, **August Eisenhut,** Neckargemünd, **Kurt Peters,** Wien, und **Ernst Donath,** Pittsburgh, Pa., V. St. A.), *Herstellung von Vaseline oder Weißölen.* Man entasphaltiert u. entharzt paraffinhaltige, hochsd. Destillationsrückstände u. unterwirft das Raffinat oder das daraus gewonnene ölhaltige Paraffin einer raffinierenden Druckhydrierung in Ggw. von Sulfiden der Metalle der 6. Gruppe, die mit die Spaltung verzögernden Stoffen versehen sind. Das Erzeugnis wird von den leichtsd. Anteilen befreit u. die so erhaltene Vaseline, falls Weißöle erwünscht sind, mit einem Entparaffinierungsmittel behandelt. Die Entasphaltierung bzw. Entharzung wird durch Behandlung mit verflüssigten, bei n. Temp. gasförmigen KW-stoffen bei n. u. erhöhter Temp. durchgeführt. Die raffinierende Druckhydrierung wird in Ggw. von Sulfiden der 6. Gruppe mit einer kleineren Menge NiS oder CoS auf akt. Tonerde vorgenommen. Zur Herst. von Weißöl wird das Erzeugnis der raffinierenden Durckhydrierung entparaffiniert. Zur Erzeugung von Vaseline gibt man dem ölhaltigen Paraffin noch Anteile des Öls zu. Die Vaseline wird mit Adsorptionsmitteln raffiniert. (**D. B. P. 879 002** Kl. 23b vom 20/4. 1944, ausg. 8/6. 1953.) UNGER. 8227

Raymond Spencer Millard und **Peter Lyne Critchell,** Harmondsworth, West Drayton, Middlesex, England, *Fugenverschlußmasse für Betonstraßendecken.* Zwecks Herst. einer kaltverarbeitbaren Fugenverschlußmasse wird ein mit flüchtigen Ölen gefluxtes *Bitumen* mit pulverförmigem oxydierten Bitumen u. mit Kautschukpulver vermischt. Eine solche Mischung besteht z. B. aus 31 (%) Bitumen mit einer Penetration von 180—220, 8 Solventnaphtha, 4 leichtem Kreosotöl, 30 Bitumenpulver u. 17 Kautschukpulver. (E. P. **640 055** vom 22/12. 1947, ausg. 12/7. 1950.) HANS HOFFMANN. 8229

Georg Holländer, Wien, Österreich, *Herstellung von künstlichem Asphalt* durch Sulfurierung der Ausgangsprodd. der bei der Raffination von Mineralölen mit selektiven Lösungsmitteln gewonnenen Extrakte. Die geschwefelten Prodd. werden einer Wärmenachbehandlung bei Tempp. über 120° bis zu 400° unterworfen, vor oder nach der Schwefelung findet eine Chlorbehandlung statt. — Z. B. wird ein Extrakt, wie er nach dem Abdampfen des Lösungsm. (Furfurol, Kresol) aus einem schweren Schmieröl gewonnen wurde, so lange unter Durchleiten von Chlorgas auf eine Temp. von ca. 130° erhitzt, bis 5% des Ausgangsgewichtes an Cl aufgenommen sind. Die letzten Spuren Cl werden durch Erhitzen auf 300° unter Rühren entfernt. Nach Abkühlen wird entweder auf einmal oder in drei Teilen mit insgesamt 12% S behandelt. Nach dem Erhitzen auf 300° resultiert ein Asphalt mit 105° nach KRÄMER-SARNOW, der sich als *Lackrohstoff* hervorragend eignet. (**Oe. P. 174 342** vom 22/9. 1948, ausg. 25/3. 1953. D. Prior. 17/11. 1943.) BEWERSDORF. 8229

Berry Asphalt Co., übert. von: **Harold B. Pullar,** Magnolia, Ark., V. St. A., *Pulverförmige Asphaltmischung.* Zur Herst. einer lagerfähigen, pulverförmigen Asphaltmischung werden 25—75 (Gewichtsteile) eines durch ein 40-Maschensieb hindurchgehenden Asphaltpulvers mit einer Penetration unter 5 bei 77° F mit 25—75 feinverteiltem $BaSO_4$, welches durch ein 325-Maschensieb hindurchgeht, vermengt. Vor Gebrauch wird die Mischung mit einem Lösungsm. verd. u. mit Füllstoffen versetzt. (**A. P. 2 584 919** vom 28/6. 1949, ausg. 5/2. 1952.) HANS HOFFMANN. 8229

N. V. de Bataafsche Petroleum Mij. (Erfinder: **Th. K. Milas**), Holland, *Stabilisieren von Asphaltlösungen und -emulsionen.* Die Emulsionen enthalten als Emulgiermittel eine Alkalimetallseife (0,5—2%) u. eine öllösl. Verb. (0,5—1,0%) mit einem Mol.-Gew. über 300, die zweckmäßig ein organ. Kation mit großer Oberflächenaktivität ist oder ein Salz derselben, z. B. ein Fettsäuresalz eines aliphat. Amins, dessen Fettsäurerest mindestens 10 C-Atome im Mol. aufweist. Der Emulsionsstabilisator ist eine Eiweißverb., z. B. Casein, u. beträgt 0,5—5%, bezogen auf die Asphaltmenge. Wird Sandboden mit solch einer feindispergierten Asphaltemulsion behandelt, so tritt nach kurzer Zeit Brechen der Emulsion ein. (**F. P. 958 104** vom 29/12. 1947, ausg. 3/3. 1953. A. Prior. 15/9. 1942.) WITTHOLZ. 8231

Shell Refining and Marketing Co. Ltd., London, und **Philip James Garner,** Wordclose, Hooton, Wirral, Cheshire, England, *Bituminöse Mischung.* Um die Haftfestigkeit bituminöser Stoffe an feuchtem Gestein zu erhöhen, werden ihnen geringe Mengen (ca. 2%) eines öllösl. oberflächenakt. organ. NH_3-Deriv. mit wenigstens einem Naphthenradikal zugesetzt. Als Aminoderivv. kommen z. B. prim. Naphthenamine, Dinaphthenylamin, N-Naphthenylpiperidin oder dgl. in Frage. (**F. P. 638 654** vom 28/10. 1947, ausg. 14/6. 1950.) HANS HOFFMANN. 8231

Berliner Gipswerke L. Mundt vormals H. Kühne, Berlin, und **Friedrich Lipinski** (Erfinder: **Friedrich Lipinski**), Plettenberg-Holthausen, *Herstellung haltbarer wässeriger Emulsionen von Bitumen, Teer oder Pech* unter Benutzung von Ton, dad. gek., daß dieser in W. aufgeschlämmt, die Aufschlämmung nach Erhitzen durch Ansteifungsmassen, bes. $Ca(OH)_2$, zu einer gerade noch fließfähigen Paste angedickt, in diese durch Rühren geschmolzenes Bitumen u. dgl. eingearbeitet u. nach Erlangung einer gleichmäßigen Mischung zusätzlich heißes W. in beliebiger Menge eingerührt wird. — Zum Ansteifen dient bes. frischer Carbidkalk, vor dessen Zusatz die Aufschlämmung durch Zusatz von Alkalihydroxyden, -carbonaten, -phosphaten oder Wasserglas peptisiert werden kann. (**D. B. P. 879 447** Kl. 23c vom 10/11. 1948, ausg. 11/6. 1953.) DERSIN. 8231

Armstrong Cork Co., Lancaster, Pa., übert. von: **Charles E. Aill,** Dover, N. J., V. St. A., *Herstellung von Asphaltplatten* für *Straßen-* u. *Bodenbelag.* Um das Kleben an den Kalanderwalzen zu verhindern, besprüht man sie mit einer Emulsion aus 43,5 (kg) Carnaubawachs, 6 Triäthanolamin, 2,6 Borax, 6 farblosem Olein u. so viel W., daß eine 15%ig. Emulsion entsteht. — Zeichnung. (**A. P. 2 533 228** vom 12/10. 1946, ausg. 12/12. 1950.) SALZMANN. 8237

Allied Chemical & Dye Corp., New York, übert. von: **George E. Martin,** New Rochelle, N. Y., V. St. A., *Bindemittel zur Bodenbefestigung.* Zur Herst. von Wegen u. Straßendecken wird der Erdboden in entsprechender Tiefe ausgehoben u. die aufgelockerte Erde gepulvert. Nach dem Vermischen dieses Erdpulvers mit einem bituminösen Bindemittel wird die M. verfestigt. Das Bindemittel besteht aus einem Gemisch aus Pechpulver (Kohlenteerpech oder Wassergasteerpech) mit einem F. zwischen

200 u. 430° F u. einem fl. Teer mit einer ENGLER-Viscosität zwischen 5 u. 40° C u. einem Fließpunkt von 200 Sek. bei 32° C. Der pulverisierte Boden wird mit 2—10% Teer gemischt, dem 10—100% Pechpulver zugesetzt sind. (**A. P. 2 535 644** vom 10/10. 1947, ausg. 26/12. 1950.) HANS HOFFMANN. 8237

Josef Oberbach, Bad Godesberg/Rh., *Mischen von feinkörnigem Gestein mit bituminösen Bindemitteln.* Bei der Durchführung des Verf. nach D. B. P. 801 014 wird ein Teil des bituminösen Bindemittels den Mineralstoffen zugesetzt u. die Mischung mit W. zu einem Brei verrührt, dem dann der Rest des bituminösen Bindemittels in heißfl. Zustande zugesetzt wird. — Z. B. kann gepulvertes Teerpech den Mineralstoffen zugesetzt u. dünnfl. Teer später zugegeben werden. (**D. B. P. 849 671** Kl. 80b vom 12/1. 1951, ausg. 18/9. 1952. **Zusatz zu D. B. P. 801 014.**) HANS HOFFMANN. 8237

George Malecki, Providence, R. I., V. St. A., *Ermittlung und quantitative Bestimmung von Verbrennungsgasen,* z. B. H_2, CH_4, CO_2, KW-stoff- u. Lösungsmitteldämpfen in der Atmosphäre. Das U-förmige Rohr mit einer angepolten Hg-Säule (Differentialthermometer), die mit Äthylamin oder Methanol überschichtet ist, mündet an seinen Enden in je eine Kugel; über die Kugeln ist ein ebenfalls beiderseits kugelförmig erweitertes, den gemeinsamen Zu- u. Abgang bildendes Rohr gestülpt. In diesem sind 65% MnO_2, 35% CuO — in der einen Kugel zugleich Ag_2O — enthalten, zwecks Verbrennung von CO. — 2 weitere Ausführungsformen u. Zeichnungen. (**E. P. 645 252** vom 23/4. 1946, ausg. 25/10. 1950.) SALZMANN. 8243

Alonzo L. Smith, Houston, Tex., V. St. A., *Analyse von Bohrproben,* bes. von Erdölbohrungen. Die Bohrprobe (**I**) wird in ein röhrenartiges Gefäß (**II**)), dessen Wandung aus einem dehnbaren Material, z. B. Gummi, besteht, eingefüllt, das **II** mit z. B. W. aufgefüllt u. verschlossen. Durch Drücken u. Pressen der Wandung des **II** wird die **I** zerkleinert, wobei der Gasinhalt frei wird. Das Gas wird durch einen Rohranschluß mit Hilfe einer Vakuumpumpe abgesogen u. analysiert. — Apparatur. (**A. P. 2 531 083** vom 16/10. 1944, ausg. 21/11. 1950.) KRANZ. 8253

C. A. Bouman, Properties of lubrificating oils and engine deposits. London: MacMillan and Co. 1950. (170 S. m. Diagr.) 8°. 15 s.

F. H. Garner, E. B. Evans and Georg Sell, Reviews of Petroleum Technology. Vol. 8. London: The Institute of Petroleum, Manson House. 27 s. 6d.

—, Standard methods for testing tar and its products. 3d ed. London: Standardization of tar products tests Committee. 1950. (452 S. m. 90 Abb. u. 49 Tafeln.) 1 £ 10 s.

XXI. Leder. Gerbstoffe.

M. Nopitsch, *Lederschäden durch Mikroorganismen.* Allg. Darst. über die verschied. Lederschäden durch Mikroorganismen unter gleichzeitiger Besprechung der Bacillen u. Bakterien, die auf der Haut des lebenden Tieres u. auf frischer sowie getrockneter Rohhaut vorkommen. (Ciba-Rdsch. **1953.** 3964—67. April.) H. G. FRÖHLICH. 8334

P. J. v. Vlimmeren, *Der Pickelprozeß.* Übersicht über die sich beim Pickeln abspielenden Vorgänge (Schwellen, Säure im Pickel, Salzgeh. des Pickels, Praxis des Pickelns). (Nederl. Leder-Ind. **64.** 219—23. 2/4. 251—54. 16/4. 283—86. 30/4. 330—35. 21/5. 1953.) WESLY. 8334

F. P. Cronin, *Neue vegetabilische Schnellgerbmethoden.* Ausführliche Beschreibung von 2 Schnellgerbungen (Dauer 1 bzw. 4 Tage) mit Angabe der jeweiligen Rezepturen u. der notwendigen Kontrollen. (Leather Manufacturer **64.** Nr. 7. 7—10. Juli 1953. Rohm & Haas Comp.) H. G. FRÖHLICH. 8336

G. A. Bravo, *Das Kastanienholz und sein Gerbextrakt.* Nach einer kurzen geschichtlichen Einleitung über den Kastanienholzextrakt bespricht Vf. die verschied. Edelkastanienarten u. ihre Verbreitung, den Gerbstoffgehh. des Kastanienholzes, die chem. Natur des Kastanienholzgerbstoffs u. seiner Eigg. u. Anwendungen. Die Fabrikation des Extraktes wird beschrieben sowie die Bedeutung der unlösl. Bestandteile u. der Nichtgerbstoffe. Analysen von Ledern, die unter Mitverwendung oder allein mit Kastanienholzextrakt hergestellt wurden, werden mitgeteilt. — 3 Abbildungen, 14 Tabellen. (Rev. techn. Ind. Cuir **44.** 165—71. 15/9. 185—92. 15/10. 1952. Turin, Fabrica Nazionale Estratti Tannici, SPA.) O. ENGEL. 8336

D. H. Tuck, *Die Herstellung von egalgefärbtem Leder.* Kurze allg. Übersicht über für die gleichmäßige Färbung von Leder wichtigsten Faktoren, wie z. B. Auswahl der Häute, Kälkung, Beizung, Pickelung, Gerbung, Art der Färbung, Fettung u. Zurichtung. (Leather Trades' Rev. **108.** 125—26. 129. 15/7. 1953. Light Leather Dep., National Leathersellers' College.) H. G. FRÖHLICH. 8340

Fritz Stather, *Ledereigenschaften und Schuhqualität.* Allg. Ausführungen. (Leder-J. **1953.** 381—84. 4/8. 405—06. 19/8. Freiberg/Sa., Deutsches Lederinst.) WINIKER. 8340

Otto Bayer und **Ernst Cauer,** Deutschland, *Insekticid oder Bakterizid zum Schutze von Häuten und Fellen.* Die üblichen Glanzmittel werden mit *Chlormethansulfotrichloranilid* enthaltenden inerten Trägerstoffen vermischt u. damit die Häute u. Felle behandelt. (**F. P. 998 764** vom 10/10. 1949, ausg. 23/1. 1952.) WITTHOLZ. 8335

Soc. An. des Manufactures des Glaces et Produits Chimiques de Saint-Gobain, Chauny & Cirey, Frankreich, *Stabilisieren von Gerblösungen* aus Ferrisulfat durch Zugabe von organ. Säuren, wie CH_3COOH, Weinsäure oder Maleinsäure u. Trinatriumphosphat. (**F. P. 999 844** vom 16/1. 1946, ausg. 5/2. 1952.) WITTHOLZ. 8337

Deutsche Gold- und Silberscheideanstalt vormals Roessler, Frankfurt/M. (Erfinder: **Franz Köhler,** Alsbach), *Gerbstoff-Fixierungsmittel* entstehen durch Rk. von Diacylaten von α.β-ungesätt. Aldehyden mit NH_3 u. Aminen. — Kondensationsprodd. aus *Acroleindiacetat* (I) u. NH_3 + Essigsäure bzw. Propionsäure; I u. Monoäthanolamin; I u. Triäthanolamin + Essigsäure; I u. Dimethylamin. (**D. B. P. 865 309** Kl. 12q vom 10/11. 1950, ausg. 2/2. 1953.) LANGER. 8339

Luciano Valentini und **Battista Chiaberge,** St. Francesco el Campo, Turin, Italien, *Herstellung von Ledersatz.* Man knetet Kautschuk in einem üblichen Kneter. Sobald sich eine Schicht gebildet hat, gibt man Beschleuniger, Farbstoffe u. ca. 66% feingeschnittene pflanzliche Fasern hinzu u. verfeinert die grobe Mischung zwischen den gekühlten Zylindern einer Zerkleinerungsmaschine, so daß eine homogene Schicht entsteht. Anschließend mischt man nochmals im Mischer unter Zugabe von Füllern Plastifizierungs- u. Vulkanisierungsmitteln, kalandert zwischen kalten Rollen u. vulkanisiert bei niedriger Temp. längere Zeit. (**E. P. 672 746** vom 8/11. 1949, ausg. 28/5. 1952.) v. SCHILLER. 8353

Antoine Fayet, Puy-de-Dôme, Frankreich, *Plastische Masse.* Man klebt mit einem Leim auf Aceton- oder Äthylacetatbasis bei 80° u. ca. 60 kg/cm³ eine *Kunstleder*-Folie (Synderm) auf eine Folie aus plast. M., wie Celluloid oder Rhodoid. Verwendung als Korksohlenersatz in Schuhen, Wandbekleidung, Untersetzer, Schreibunterlage. (**F. P. 1 006 053** vom 6/11. 1947, ausg. 18/4. 1952.) PANKOW. 8353

XXIV. Photographie.

Jeanne Gaultier du Marache, *Anwendungen des Fourier-Integrals auf photographische Abbildungen.* 3. Mitt. *Deutung der Versuchsergebnisse.* In Fortsetzung früherer Arbeiten (vgl. C. **1953.** 3342) gibt Vf. eine abschließende Deutung seiner Versuchsergebnisse über die photograph. Wiedergabe von Spaltbildern. (Cahiers de Physique **1952.** Nr. 40. 53—80. Nov. Besançon, Fac. des Sci., Labor. de Physique.) W. GÜNTHER. 8590

G. W. W. Stevens, *Die Tiefe des inneren latenten Bildes.* Die Beobachtung, daß das innere latente Bild im Gegensatz zum Oberflächenbild gegen Oxydationsmittel, wie *Chromsäure* oder saure *Bichromat*lsgg., relativ resistent ist, ermöglicht Rückschlüsse auf dessen Lage im Korninnern. Ausgehend von den Arbeiten von KEMPF, DEBOT, KORNFELD, berichtet Vf. über seine Messungen über die Tiefenlage des inneren latenten Bildes. Zu diesem Zweck werden „Einschicht"-Platten mit 0,25 mg Halogensilber einer Process-Emulsion pro cm² bzw. mit 0,04 mg einer Röntgenemulsion pro cm² nach dem Belichten mit einem Bleichbad (Lsg. A: 20 g K-Bichromat, 2 cm³ konz. H_2SO_4, 4 g Na_2SO_4, 10 g Chromalaun, W. auf 500 g. Lsg. B: 1 g $AgNO_3$, W. auf 500 cm³) behandelt. Von Kontrollflächen wird der Ag-Geh. bestimmt (Gesamtsilber, Schleiersilber, Restsilber), indem das Ag bzw. das Halogensilber mit Hilfe von ^{131}J in AgJ übergeführt u. dessen Radioaktivität mit einem GEIGER-MÜLLER-Zähler gemessen wird. Da die Anzahl der Ag-Körner pro cm² bekannt ist, läßt sich aus den gefundenen Ag-Werten auf die Lage des inneren latenten Bildes schließen. Für die Process-Emulsion wird eine Tiefe von 60—100 Å gleich 10—16 Ionenpaaren angegeben. Ähnliche Werte werden erhalten, wenn KCN oder $Na_2S_2O_3$ (1 g pro Liter) als Halogensilberlösungsmittel benutzt werden oder Ferricyanid als Bleichbad dient. Für die Röntgenemulsion wird die Tiefenlage auf 130—200 Å (23—36 Ionenpaare) bei Verwendung von Bichromat u. auf 40 Å bei Oxydation mit Ferricyanid geschätzt. Durch Behandeln mit 10%ig. Chromsäurelsg. wird die Empfindlichkeit des inneren latenten Bildes erheblich herabgesetzt. Es liegt dann wesentlich tiefer im Korninnern, die Ätztiefe beträgt bei der Process-Emulsion 160 Å u. 900 Å bei der Röntgenemulsion. Annähernd n. Empfindlichkeit wird jedoch dann beobachtet, wenn vor Anwendung des Bleichbades ein großer

Teil des Halogensilbers von der Kornoberfläche her entfernt wird. (Photographic J., Sect. B 1. 122—29. Juli/Aug. 1953. Wealdstone, Harrow, Middlesex, Kodak Ltd., Res. Labor. Mitt. 1542 H.) W. GÜNTHER. 8594

M. H. VanHorn, *Die Verwendung von Film bei Röntgenbeugungsuntersuchungen.* Wie bereits von mehreren anderen Seiten festgestellt worden war, beobachtete auch Vf. bei einer größeren Anzahl verschied. Röntgenfilmtypen eine lineare Beziehung zwischen Expositionszeit u. Filmdichte im Gebiet niedriger Filmdichte. Diese Linearität bleibt auch bestehen bei solchen Filmen, auf denen künstlich durch Lagerung bei höheren Tempp. u. höheren Feuchtigkeitsgraden Schleierbldg. erzeugt wurde. Ändert man die Entwicklungszeit, so erhält man eine Reihe linearer Kurven auf dem Dichte-Expositionszeitdiagramm, aus denen zu entnehmen ist, daß mit zunehmender Entwicklungszeit nicht nur die Dichten zunehmen, sondern daß auch für eine gegebene Expositionszeit der Gradient größer wird. (Rev. sci. Instruments 22. 809—11. Nov. 1951. Rochester, N. Y., Kodak Res. Labor.) GOTTFRIED. 8598

J. W. Mitchell, *Ein Beitrag zur Theorie der photographischen Empfindlichkeit.* Nach einer kurzen Einführung in die neuesten Arbeiten über die Theorie des latenten Bildes (12 Literaturangaben) entwickelt Vf. neuartige Modellvorstellungen, die sich sowohl für **nichtsensibilisierte** als auch für chem. sensibilisierte AgBr-Mikrokristalle anwenden lassen. Die bisherigen Anschauungen über die Entstehung des latenten Bildes mußten revidiert werden, nachdem sich die Annahme von auf Kristalloberflächen sitzenden Sensibilisatoren als Elektronenfallen als unhaltbar erwies. — Jeder Halogensilbermikrokristall besteht aus der Zusammenballung einer Anzahl polyedr. Einzelindividuen, an dessen gemeinsamen Berührungsflächen der Sitz von Störstellen angenommen wird. Das so entstehende Netzwerk von Störstellen wird für die Abscheidung von Ag verantwortlich gemacht. Die Stellen, an denen sich die Grenzflächen der polyedr. Bausteine mit der Oberfläche des Mikrokristalls schneiden, werden als bes. reaktionsfähig angesehen. An ihnen erfolgt bevorzugt die Adsorption von Sensibilisatoren. Bei sensibilisierten Emulsionen wirken nicht, wie bisher angenommen, die Sensibilisatoren als Elektronenfallen, sondern die an den bevorzugten Stellen sitzenden Reifkeime. Es spielt sich also bei nichtsensibilisierten u. bei sensibilisierten Emulsionen der gleiche Grundvorgang ab. Der Mechanismus der Entstehung des inneren u. äußeren latenten Bildes mit Hilfe des beschriebenen Modells wird diskutiert. (Photographic J., Sect. B 1. 110—16. Juli/Aug. 1953. Bristol, Univ., H. H. Wills Physical Labor.) W. GÜNTHER. 8604

G. I. P. Levenson, *Der Metol-Hydrochinon-Entwickler.* 4. Mitt. *Entwicklung durch Metol und durch Hydrochinon.* In Fortsetzung früherer Arbeiten (3. vgl. Photographic J., Sect. B **89.** [1939.] 13) untersucht Vf. den photograph. Entwickler *Metol-Hydrochinon.* Als Testfilm für die Verss. diente Kinepositivfilm, Type 1301; entwickelt wurde bei 20°. Variiert wurden der Geh. an Entwicklungssubstanz, das p_H u. die KBr-Konzentration. Es wurde gefunden (Kurven vgl. Original), daß die additive Wrkg. des Metol-Hydrochinon-Entwicklers von der Konz. der Entwicklungssubstanz nicht abhängt. Die Versuchsergebnisse lassen darauf schließen, daß Hydrochinon als einfach u. als doppelt geladenes Ion reagiert. (Photographic J., Sect. B **1.** 117—22. Juli/Aug. 1953. Wealdstone, Harrow, Middlesex, Kodak Ltd., Res. Labor.) W. GÜNTHER. 8618

Typon A. G. für photographische Industrie, Burgdorf, Schweiz (Erfinder: **John Eggert,** Wallisellen, Schweiz), *Lichtempfindliche Schichten.* Als lichtempfindlicher Stoff werden endotherme detonationsfähige Verbb., wie Jodstickstoff u. Knallsilber, verwendet u. in feinstverteilter Form in einem Bindemittel oder faserhaltigen Material eingebettet. Bei Einw. von Blitzlicht tritt Zers. ein, u. es werden entweder die Zersetzungsprodd. oder die unveränderten Ausgangsstoffe durch Rk. zu einem sichtbaren Bildentwickler. Eine belichtete JN_3-Schicht wird z. B. nacheinander mit folgenden Lsgg. behandelt: A., $AgNO_3$, Na_2SO_3, Na-Stannit. (**Schwz. P. 282753** vom 11/3. 1950, ausg. 16/8. 1952. **Belg. P. 501752** vom 9/3. 1951, ausg. 6/6. 1952. Schwz. Prior. 11/3. 1950.) KALIX. 8601

General Aniline & Film Corp., New York, N. Y., übert. von: **Alfred W. Anisk,** Vestal, und **Lee C. Hensley,** Binghamton, N. Y., V. St. A., *Azanol-Sensibilisatoren* erhält man durch Kondensation von aliphat., aromat. oder heterocycl. prim. Diaminen mit 5- oder 6gliedrigen heterocycl. Ketoverbindungen. Sie sind leicht lösl. in wss. Lsgg. von anorgan. Basen, bilden stabile, nichtdiffundierende Ag-Salze u. besitzen die allg. Formel I. Hierin bedeutet A die zur Bldg. eines 5- oder 6gliedrigen Heterocyclus nötigen Atome, z. B. eines Barbitursäure-, Thiobarbitursäure-, Oxazoldion-, Thiazolon-, Pyrazolon-,

I

Hydantoin-, oder Thiohydantoinrestes, n = 1, 2 oder 3; N—X—N ist ein Diaminrest mit höchstens 12 C-Atomen, vorzugsweise ein Rest von Hydrazin, Äthylendiamin, o- u. p-Phenylendiamin, 1.5-Naphthylendiamin, 2.2'-, 2.4'- oder 4.4'-Diaminostilben, 4.4'-Diamino-3.3'-dichlorphenylmethan oder -3.3'-dimethoxydiphenylmethan, p.p'-Diaminodiphenylmethan, 2.6-Diaminopyridin oder 2.5-Diaminothiodiazol. Die Kondensation wird durch Erwärmen von je 1 Mol beider Komponenten in Methyl-, Äthyl-, Propyl-, Benzyl- oder Furfurylalkohol, gegebenenfalls in Ggw. von organ. Basen, wie Triäthyl- oder Tributylamin, ausgeführt. In den obengenannten Verbb. lassen sich mit Hilfe von Schwermetallionen die OH-Gruppen leicht zu Schwermetall-, bes. Ag-Salzen, umsetzen, die außer als Sensibilisatoren auch als Filter- u. Lichthofschutzfarbstoffe verwendbar sind. (**A. PP. 2 545 421** vom 5/10. 1946, ausg. 13/3. 1951, u. **2 500 111** vom 9/8. 1946, ausg. 7/3. 1950.) KALIX. 8605

Eastman Kodak Co., übert. von: **Edward C. Jackel**, Rochester, N. Y., V. St. A., *Lichtempfindliche Schicht für die Herstellung von Auswaschreliefs.* Auf einer Unterlage aus Papier, Celluloseesterfilm oder Glas befindet sich eine Gelatineschicht, die sehr feinkörniges Halogensilber enthält u. außerdem schwerlösl. Verbb., die zugleich entwickelnd u. härtend wirken, z. B. 2.3-, 2.5- oder 3.4-Dioxydiphenyl oder 5.6.7.8-Tetrahydronaphthohydrochinon. Das Bild wird mit Lsgg. von Alkalihydroxyden, NH_3 oder Aminen entwickelt; das Relief mit W. von 90—100° F. (**A. P. 2 592 368** vom 4/11. 1947, ausg. 8/4. 1952.) KALIX. 8603

General Aniline & Film Corp., New York, übert. von: **Thomas R. Thompson**, Binghamton, N. Y., V. St. A., *Cyaninsensibilisatoren.* Dreikernige Cyanine der allg. Formel I erhält man durch 5—20 Min. langes Kochen (am Rückfluß) von 3-Alkyl-, 3-Aryl- oder 3-aralkylsubstituierten 5-gliedrigen heterocycl. Ketomethylenverbb. (mit einer reaktionsfähigen Ketomethylengruppe an der CO-Gruppe) mit einem Thiazoloncyaninsalz (**II**) in Ggw. einer anorgan. oder organ. Base, gegebenenfalls in Ggw. eines Lösungsm.; hierbei bedeuten: R ein H-Atom oder eine Alkylgruppe, R_1 u. R_2 gleiche oder verschied. Alkyl-, Aryl-, Aralkyl- oder Allylgruppen, R_3 eine Alkyl-, Aryl- oder Aralkylgruppe, X einen Säurerest, Y den Rest eines 5gliedrigen heterocycl. Ringsyst., wie es in Cyaninfarbstoffen üblich ist, Z den Rest eines 5- oder 6gliedrigen N-Ringes u. m = 1—3. Mit **II** werden z. B. kondensiert 3-Allylrhodanin, 3-Methyl-1-phenylpyrazolon oder 3-Allyl-1-methyl-2-thiohydantoin. Die Prodd. sensibilisieren Halogensilberemulsionen im Bereiche von 610—750 mμ. (**A. P. 2 518 730** vom 21/9. 1948, ausg. 15/8. 1950.) KALIX. 8605

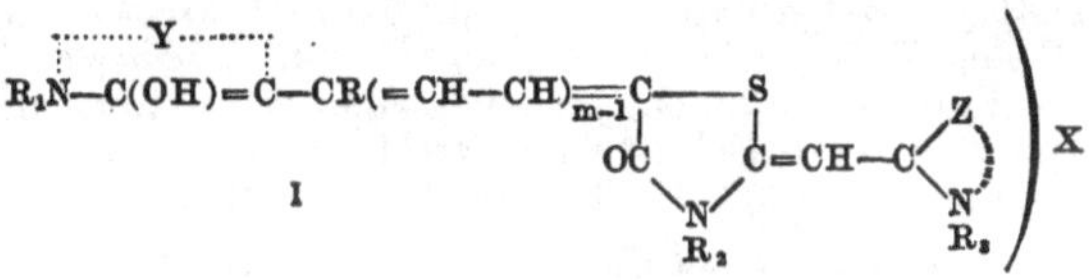

General Aniline & Film Corp., New York, N. Y., übert. von: **Henry G. Derbyshire**, Johnson City, N. Y., V. St. A., *Dreikernige Azacyaninfarbstoffe* von Rhodacyanintyp mit einer Azagruppe in der chromophoren Kette erhält man durch Kondensation von Azathiazoloncyaninfarbstoffen mit quaternären Cyclammoniumsalzen, wie sie üblicherweise zur Herst. von Cyaninfarbstoffen benutzt werden. Die Farbstoffe besitzen die allg. nebenst. Formel. Hierin bedeuten R u. R_2 gleiche oder verschied., gegebenenfalls substituierte Alkyl-, Aryl- oder Aralkylgruppen, R u. R' ein H-Atom oder eine niedrigmol. Alkylgruppe, X einen Säurerest, Z u. Z' Reste von heterocycl. N-Ringen, wobei Z = Z' sein kann, m u. n 1 oder 2. Beispiele: 2 g 2-(β-Acetanilidovinyl)-benzoxazoljodäthylat (I) werden in 50 cm^3 Methanol + 25 Tropfen Triäthylamin mit 0.75 g des Reaktionsprod. aus 5 g Bromessigsäure (II) u. N-(3-Äthyl-benzthiazolyliden)-N'-phenylthioharnstoff kondensiert. Blaue Kristalle, F. 250°, Absorptionsmaximum 534 mμ, Sensibilisierungsbereich 620 mμ, Sensibilisierungsmaximum 580 mμ. Aus I u. dem Reaktionsprod. aus II u. N-(3-Äthyl-5-methyl-4-phenyl-2-thiazolyliden)-N'-phenylthioharnstoff erhält man einen Farbstoff mit F. 192—194°. (**A. P. 2 535 982** vom 16/12. 1949, ausg. 26/12. 1950.) KALIX. 8605

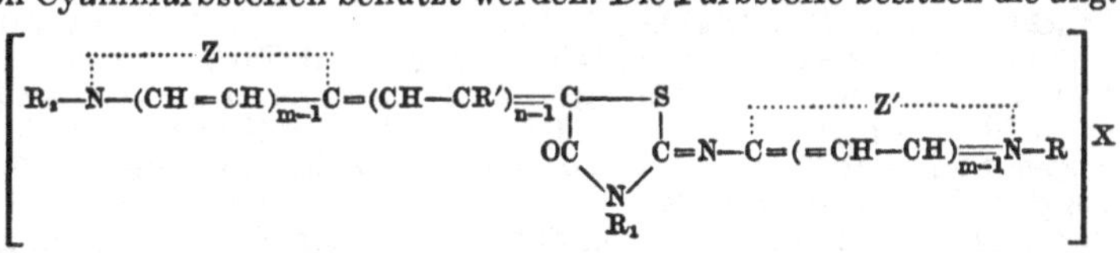

E. I. du Pont de Nemours & Co., Wilmington, Del., übert. von: **John Charles Firestine**, South River, N. Y., V. St. A., *Cyaninsensibilisatoren* erhält man durch Rk. von 1 (Mol) eines Cyclammoniumsalzes von 2-Methyl-5-benzoylbenzoxazol (I) mit 1 eines Carbonsäureorthoesters, wobei symm. Verbb. entstehen oder durch Behandlung von 2 I nach dem Verf der A. PP. 2 071 898 u. 2 071 899 (C. **1937.** I. 5110). Die Rkk. werden durch Erhitzen der Komponenten in Ggw. von säurebindenden Mitteln u. in Lösungsmitteln, wie Essigsäureanhydrid, ausgeführt. Auf diese Weise werden z. B. gewonnen: *3.3'-Diäthyl-5 5'-dibenzoyloxycarbocyaninjodid,* Sensibilisierungsgrenze für AgBr 5600 Å.; *3.3'-Diäthyl-9-methyl-5-oxycarbocyaninjodid,* u. *2.2'.9-Triäthyl-5.5'-dibenzoyloxycarbocyaninjodid.* (**A. P. 2 521 705** vom 21/8. 1946, ausg. 12/9. 1950.) Kalix. 8605

Ilford Ltd., übert. von: **John David Kendall** und **Frank Peter Doyle,** Ilford, England, *Merocarbocyanine* der allg. Formel I erhält man durch Erhitzen von Säuren HX u. Trithioorthoformiat in wasserfreiem Lösungsm., bes. Essigsäureanhydrid, mit Verbb. der allg. Formel II. Hierbei bedeutet R_1 eine Alkyl-, Oxyalkyl-, Aralkyl- oder Oxyaralkylgruppe, R_2 ein H-Atom oder eine KW-stoffgruppe, Q ein O- oder S-Atom, R_3 eine

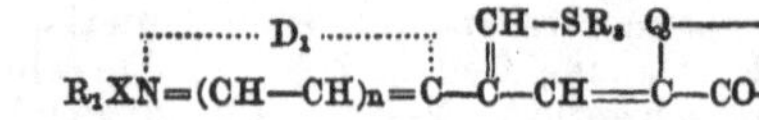
I

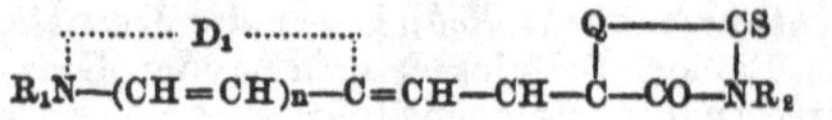
II

Alkyl- oder Aralkylgruppe, X ein Cl-, Br- oder p-Toluolsulfonsäureanion, u. n = 0 oder 1, D_1 ist ein Thiazol-, Oxazol- oder Selenazolrest oder der Rest einer polycycl. homologen Verb. davon. Beispiele: *1-Äthylthio-2-benzthiazolyl-3-[3'-äthyl-2'-thio-4'-ketotetrahydrothiazolyliden]-propen-metho-p-toluolsulfonat,* F. 210° (Zers.); *1-Äthylthio-2-α-chinolyl-3-[3'-äthyl-2'-thio-4'-ketotetrahydrothiazolyliden]-propenjodäthylat,* F. 220° (Zers.); *1-Äthylthio-2-benzthiazolyl-3-[3'-äthyl-2'-thio-4'-ketotetrahydrooxazolyliden]-propenbromäthylat,* F. 208 (Zers.); *1-Äthylthio-2-(3'.3'-dimethylindolenyl)-3-(3'-äthyl-2'-thio-4'-ketotetrahydrothiazolyliden)-propen-p-toluolsulfonatmethylat* u. *1-Äthylthio-2-benzoazolyl-3-(3'-methyl-2'-thio-4'-ketotetrahydrothiazolyliden)-propen-p-toluolsulfonatmethylat.* (**A. P. 2 518 477** vom 3/6. 1948, ausg. 15/8. 1950. E. Prior. 4/6. 1947.) Kalix. 8605

Eastman Kodak Co., übert. von: **Charles E. Ives,** Rochester, N. Y., V. St. A., *Entwickler für Direktpositivbilder.* Latente Innenkornbilder, die nach dem Verf. des A. P. 2 497 875 (C. **1951.** II. 175) erzeugt worden sind, werden mit einem Entwickler behandelt, der außer den üblichen Phenolen oder Aminophenolen noch *Hydrazine* enthält, in denen 1 oder 2 H-Atome durch Aryl-, Aralkyl-, Acyl- oder Carbonsäureamidgruppen substituiert sind. Geeignet sind z. B. p-Chlor-, p-Brom-, 2.5-Dichlorphenyl, p-Tolyl-, p-Toluolsulfonyl-, α-Naphthyl-, p-Acetylphenyl- u. α-Benzyl-α-phenylhydrazin, **Hydrazobenzol,** Phenylhydrazin-m-sulfonsäure, p-[β-(Methylsulfonamido)-äthyl]-phenylhydrazin, Triphenylphosphoniumchloridacetohydrazid, Diaminobiuret, β-Phenylacethydrazidopyridiniumchlorid, N.N'-Diphenylhydrazin, p-Diphenylhydrazin, 4-p-Phenylendisemicarbazid u. das Additionsprod. aus Phenylhydrazin u. 3-Phenyl-3-oxy-5-pyrazolon. (**A. P. 2 563 785** vom 29/4. 1950, ausg. 7/8. 1951.) Kalix. 8619

Kodak-Pathé, Seine, Frankreich, übert. von: **Hedwiga R. Silberstein, Burt H. Carroll, Robert H. Prague, Leslie G. S. Brooker, Louis M. Minsk** und **William O. Kenyon,** *Herstellung und Verwendung quaternärer Salze harzartiger Polymerer in der Photographie* (Nachtrag zu A. P. 2 484 420; C. **1949.** E. 1126 u. A. P. 2 484 430; C. **1949.** E. 324). Man verwendet sie als Beiz- u. Fällmittel für saure Farbstoffe sowie als Emulgiermittel. Man gießt rot- u. grünempfindliche AgCl-Emulsion aus, löst 1 g 4-[3-Äthyl-2(3)-benzoxazoliden]-äthyliden-3-methyl-1-(p-sulfophenyl)-5-pyrazolon-Na in 100 cm³ W. u. getrennt 3 g Metho-p-toluolsulfonat des Poly-2-vinylpyridins in 100 cm³ W., gibt beide Lsgg. nacheinander unter Rühren in eine Lsg. von 18 g Gelatine in 180 cm³ W., gießt die erhaltene Merocyaninfarbstoffdispersion auf die grünempfindliche Emulsionsschicht, so daß der Überzug 7 g Gelatine pro m² Oberfläche enthält u. nach Trocknen hierauf eine Schicht aus einer blauempfindlichen AgCl'-Emulsion. Der Farbstoff diffundiert nicht in die angrenzenden Schichten. (**F. P. 982 994** vom 26/12. 1947, ausg. 18/6. 1951. A. Priorr. 7/2. u. 31/12. 1946.) Pankow. 8631

Paul Raiburn, Southport, Conn., V. St. A., *Mehrfarbenbilder in Einschichtmaterial.* Die Teilfarbennegative für Rot, Grün u. Blau werden nacheinander auf eine panchrom at. sensibilisierte Halogensilberschicht kopiert, u. zwar zuerst das Rot negativ, wobei die Belichtung so geregelt wird, daß nur in der obersten Schichtzone ein latentes Bild entsteht. Dieses wird blau entwickelt, das Ag in Halogensilber verwandelt u. herausfixiert, ebenso das Halogensilber in einer dünnen benachbarten Schichtzone. Dann wird das Grünnegativ so durch das Blaubild hindurchkopiert, daß nur in der mittleren Zone der Halogensilberschicht ein latentes Bild entsteht, dieses in Purpur entwickelt u. in der gleichen Weise wie das erste nachbehandelt u. schließlich das Blaunegativ durch die beiden schon vorhandenen hindurchkopiert, gelb entwickelt u. entsilbert. (**A. P. 2 567 401** vom 18/4. 1947, ausg. 11/9. 1951.) Kalix. 8631

Eastman Kodak Co., übert. von: **Dudley B. Glass, Paul W. Vittum** und **Arnold Weissberger,** Rochester, N. Y., V. St. A., *Kuppler auf 1-Oxy-2-naphthoesäureamid-Basis.* In der Silberhalogenidemulsionsschicht wird das farbige Bild mit einem üblichen prim. aromat. Amin, aber auch Phenylendiaminen oder Aminophenolen, in Ggw. eines Kupplers der Formel I unter Aufspaltung der —N=N—R-Gruppe u. Kuppeln an der Spaltstelle mit dem Oxydationsprod. des Amins entwickelt. X bedeutet H u. Alkyl, Y einen

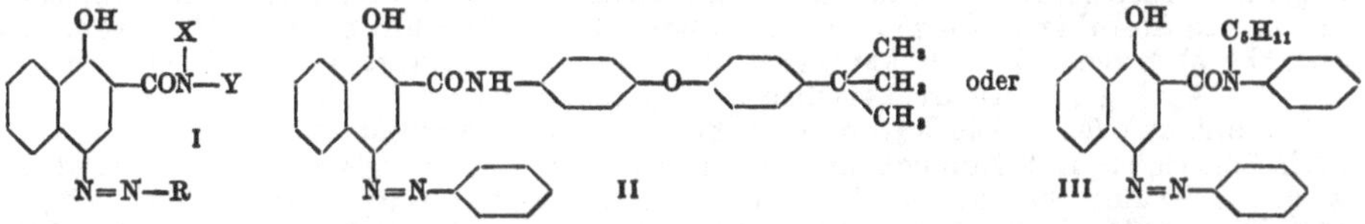

einkernigen Aryl- u. Aralkylrest, R einen einkernigen Arylrest. Die in bekannter Weise herstellbaren Kuppler, z. B. **II, III,** können der Entwicklerlsg. oder der Emulsionsschicht einverleibt werden. Sie sind gelb bis orangerot u. liefern durch Rk. mit dem oxydierten Entwickler blaue bis blaugraue Töne. (**A. P. 2 521 908** vom 13/3. 1947, ausg. 12/9. 1950.) Harder. 8631

Ilford Ltd., übert. von: **Reginald Geoffrey Horner,** Ilford, England, *Umkehrbelichtung von Mehrschichtmaterial.* Damit bei der Zweitbelichtung (Allgemeinbelichtung) die Wrkg. des (selektiven) Kopierlichts streng auf die oberste Schicht beschränkt bleibt u. nicht als sog. „Kriechlicht" durch die Filmränder hindurch unter gegebenenfalls vorhandenen Filterschichten hinweg tieferliegende lichtempfindliche Schichten wenigstens seitlich schwärzt, wird der Film während der Belichtung in eine gefärbte Fl. eingetaucht (z. B. eine Tartrazinlsg.), die das angewandte Licht (z. B. Blau) restlos absorbiert. Dabei soll sich über dem Film eine möglichst dünne Flüssigkeitsschicht ohne freie Oberfläche (mit einer Glasscheibe bedeckt) u. unter dem Film u. seitlich davon eine möglichst starke Schicht befinden. (**A. P. 2 566 664** vom 2/1. 1948, ausg. 4/9. 1951. E. Prior. 9/1. 1947.) Kalix. 8634

Eastman Kodak Co., Rochester, N. Y., V. St. A., übert. von: **Edward Bowes Knott** und **John Morgan,** Wealdstone, England, *Bildtonverbesserung bei der Hochglanzerzeugung durch Entwickler- oder Emulsionszusätze.* Verwendet werden Verbb. mit den allg. Formeln I oder II. Hierin bedeuten X eine Alkylen- oder Xylylengruppe u. R, R′ u. R″ H-Atome, Alkyl-, Aryl- oder Aralkylgruppen u. Z die zur Bldg. eines 5- oder 6gliedrigen Heterocyclus nötigen Atome. Zu Halogensilberemul-

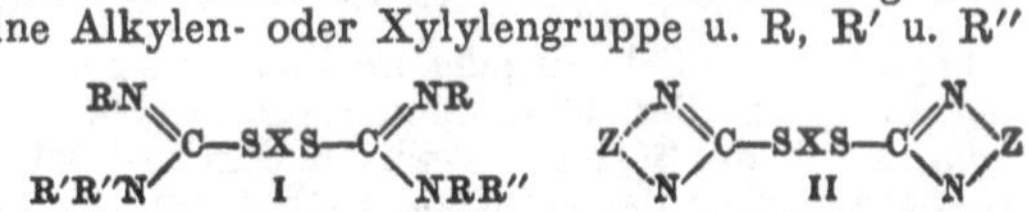

sionen gibt man 1—10 g auf 127 g Ag zu, zu Entwicklern, Fixierbädern u. sonstigen Nachbehandlungslsgg. 0,2—2,0 g auf 1 Liter; die Verbb. wirken auch schleierhindernd. Verwendet werden z. B. *S.S′-Methylen-bis-thiuroniumjodid. S.S′-Äthylen-bis-thiuroniumbromid; S.S′-Trimethylen-bis-thiuroniumbromid,* F. 198°; *2.2′-Methylenthio-bis-dihydroiminazol-dihydrojodid,* F. 240°, *2.2′-Äthylenthio-bis-dihydroiminazoldihydrobromid,* F. 203; *2.2′-Trimethylenthio-bis-dihydroiminazol-dihydrobromid,* F. 224°; *2.2′-Äthylenthio-bis-(4-methyldihydroiminazol)-dihydrobromid,* F. 236°; *2.2′-Trimethylenthio-bis-(4-methyliminazol)-dihydrobromid,* F. 177°; *Di-Na-2.2′-äthylenthio-bis-(4-amino-6-oxy-pyrimidin)*; *S.S′-Äthylen-bis-N-äthylthiuroniumbromid,* F. 92°; *S.S′-Äthylen-bis-N.N′-di-äthylthiuroniumbromid,* F. 186°, *S.S′-Trimethylen-bis-N.N′-diäthylthiuroniumbromid; S.S′-Äthylen-bis-N.N.N′-triäthylthiuroniumbromid,* F. 130—132°; *S.S′-o-Xylylenyl-bis-thiuroniumbromid,* F. 225—226°; *S.S′-Äthylenthio-bis-(1-methyl-dihydroiminazol)-di-p-to-luolsulfonat; S.S′-Äthylen-bis-N-phenyl-N-methylthiuroniumbromid,* F. 214°; *2.2′-Äthylen-thio-bis-(5-thiol-1.3.4-thiodiazol),* F. 254°. (**A. P. 2 514 650** vom 27/3. 1947, ausg. 11/7. 1950. E. Prior. 5/4. 1946.) Kalix. 8637

Peter F. Rossmann, Depew, und **Karl Rath,** New York, N. Y., V. St. A., *Photographische Tonaufzeichnung.* Zur Aufnahme wird der übliche lichtempfindliche Normal- oder Schmalfilm mit der bekannten Einteilung in Bildfeld- u. Tonstreifen auf der Vorderseite verwendet. Auf seiner Rückseite ist zusätzlich eine Zubereitung bekannter Zus. für Magnettonaufzeichnungen angebracht. Bei der Aufnahme wird synchron mit dem Bild der Ton auf dem Magnetband aufgezeichnet. Für die Herst. des Wiedergabefilms wird der Ton akust. reproduziert u. als Lichtton auf den lichtempfindlichen Tonstreifen transponiert. (**A. P. 2 564 312** vom 9/6. 1949, ausg. 14/8. 1951.) Kalix. 8637

Joseph D. Ball, Los Angeles, Calif., V. St. A., *Druckplatten für Vier- und Fünffarbendruckverfahren.* Von den für die subtraktive Farbensynth. nach der Theorie von YOUNG-HELMHOLTZ angewandten 3 Grundfarben werden Rot u. Blauviolett unverändert beibehalten, Grün dagegen in 2 Komponenten aufgeteilt, die Grün u. Gelbgrün („chlor") genannt werden. Die 4 Farben haben folgende Absorptionsmaxima 445—455 (mμ), 545—575, 490—535 u. 605—630. Zur Herst. der Teilfarbendruckplatten werden mit den entsprechenden Filtern von Original 4 Farbauszüge gemacht u. diese in bekannter Weise in Druckplatten umgewandelt. Mit diesen werden übereinander folgende Farben gedruckt: Gelb, das bis 450 absorbiert; Rot, das hauptsächlich zwischen 485 u. 525 absorbiert; Purpur, das zwischen 545 u. 575 absorbiert, u. Blaugrün, das über 600 absorbiert. Hierauf kann außerdem noch eine Schwarzplatte gedruckt werden. Für das Verf. geeignete Druckfarben sind z. B. Rhodamin B, Eosin Y, Hansagelb u. Rhodulinblau 6 G. — Die Farbwiedergabe kann weiter verbessert werden, wenn auch noch Blauviolett in 2 Komponenten aufgeteilt u. im übrigen wie vorstehend verfahren wird. Als Grundfarben werden dann verwendet: Violett, Absorptionsmaximum (AM) = 430; Blau, AM = 485; Grün, AM = 535; Gelbgrün, AM = 574 u. Rot, AM = 610. (**A. PP. 2 507 494** vom 2/9. 1947 u. **2 508 213** vom 21/2. 1950, beide ausg. 16/5. 1950.) KALIX. 2404

Anne F. Goddard, übert. von: **Francisco G. Yanes,** New York, N. Y., V. St. A., *Tiefgeätzte Buchdruckklischees.* Zunächst wird ein Klischee in der üblichen Weise hergestellt u. dieses nach einem bekannten Verf. in ätzfähigem Material abgeformt. Dieses wird mit einer „proportional" wirkenden Ätzschutzschicht versehen, die so beschaffen ist, daß die Vertiefungen des 2. Klischees, die also den druckenden Elementen (Rasterpunkten oder Strichen) des 1. Klischees entsprechen, noch tiefergeätzt werden, während die übrigen Teile davor geschützt sind. Eine solche proportional wirkende Ätzschutzschicht kann z. B. photograph. erzeugt werden. Vom 2. Klischee wird ein drittes abgeformt, das dann zum Drucken verwendet wird. Abbildungen. (**A. P. 2 507 431** vom 17/5. 1945, ausg. 9/5. 1950.) KALIX. 8645

L. L. Ridgway Co., Inc., New York, übert. von: **Paul E. Spoerri,** Blue Point, und **David P. Habib,** Brooklyn, N. Y., V. St. A., *Diazotypieschicht.* Als lichtempfindliche Verbb. werden *Diazosalze von 2.3-Dioxynaphthalin-6-sulfonsäure* verwendet, die ohne

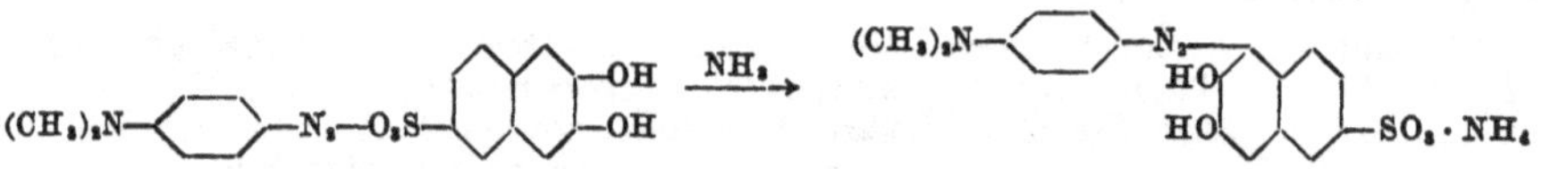

Kuppler in der Schicht oder im Entwickler durch bloße Alkalibehandlung an den unbelichteten Stellen blaue Monoazofarbstoffe ergeben, da durch UV-Licht die Diazokomponente des Salzes zers. wird u. durch Alkali obenst. Umlagerung des Salzes eintritt. Bes. geeignet ist das p-Diazodimethylanilinsalz der Säure. Davon verwendet man 1,2 g zusammen mit 4,2 g Weinsäure u. 3 g Glycerin in 100 cm^3 W. zur Herst. einer lichtempfindlichen Schicht. (**A. P. 2 525 751** vom 30/12. 1947, ausg. 10/10. 1950.) KALIX. 8647

General Aniline & Film Corp., New York, N. Y., übert. von: **William H. von Glahn,** Loudonville, und **Lester N. Stanley,** Delmar, N. Y., V. St. A., *Diazokomponenten für Diazotypiezwischenkopien* stellen substituierte p-Phenylendiamine der allg. Formel I dar, in der R ein H-Atom, eine Methyl-, Äthyl- oder Oxyäthylgruppe bedeutet. Sie geben auch mit schnellkuppelnden Azokomponenten, wie Acetoacetanilid u. 2.3-Dioxynaphthalin, gegen Vorkupplung beständige lichtempfindliche Schichten, ermöglichen die Herst. von hochkonz. Sensibilisierungslsgg. (I) u. führen zu sepiabraunen Kopien von hoher visueller u. Kopierdichte. Beispiel für I: 3,5 g N-Äthyl-N-oxyäthyl-m-toluidin-*p*-diazoniumchlorid-zinkchloriddoppelsalz + 2,2 g Resorcin + 8 g Citronensäure + 4 g Thioharnstoff gelöst in 100 cm^3 Wasser. (**A. P. 2 529 464** vom 23/9. 1946, ausg. 7/11. 1950.) KALIX. 2409

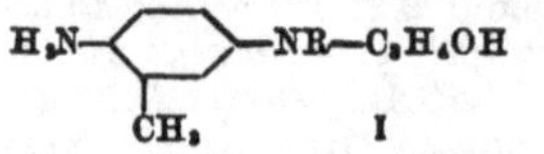

I

Herausgeber u. verantwortlich für den Inhalt: Prof. Dr. Maximilian Pflücke, Berlin W 8, Jägerstraße 22/23. Fernsprecher: 200481, 201464. Redaktion: Chefredakteure Dr. Eugen Klever und Prof. Dr. Maximilian Pflücke. Verlag: Akademie-Verlag GmbH, Berlin W 8, Mohrenstraße 39 (Fernsprecher 200386, Postscheckkonto Berlin 35021) u. Verlag Chemie, GmbH, Weinheim/Bergstraße (Postscheckkonto Frankfurt/M. 145314 u. Berlin [West] 7430, Fernsprecher: Weinheim 2017). Bestell- u. Verlags-Nr. dieses Heftes: 1007/124/52. Das Chemische Zentralblatt erscheint wöchentlich. Satz u. Druck: VEB Leipziger Druckhaus, Leipzig, III/18/203. XII. 53.
Veröffentlicht unter der Lizenznummer 1212 des Amtes für Literatur und Verlagswesen der Deutschen Demokratischen Republik.
Printed in Germany.

Patentrückzitate.

Nachfolgend stehen diejenigen Patente, die nicht im Textteil referiert sind, da ihr Inhalt bereits in einem Patent eines anderen Landes wiedergegeben wurde.

Die 1. Spalte enthält die Patentnummer.

Die 2. Spalte enthält das Land, in welchem das identische Patent herausgegeben ist.

Die 3. Spalte gibt die Nummer des identischen Patentes an.

Die 4. Spalte enthält die Zentralblattstelle, an der das identische Patent referiert ist und die 5. Spalte gibt, soweit es die römischen Ziffern betrifft, die Untergruppen der Abteilung H. Angewandte Chemie bzw. F. Pharmazie oder G. Analyse an, z. B. heißt X., daß es sich um ein Patent handelt, das die Färberei betrifft. Bezüglich der römischen Kapitelnummern vgl die Kapitelübersicht im Autoren- und Patentregister 1953.

Deutsche Patente [München] (D.B.P.).

802751	Schwd.	129166	C. 51. II. 2495	F
809111	Amer.	2503479	C. 50. II. 1872	VIII
219	Schwd.	127343	C. 51. I. 1362	III
442	Frz.	970402	C. 51. I. 3102	III
682	Schwd.	129107	C. 51. II. 2509	III
810789	Schwz.	271505	C. 51. II. 435	III
811621	Eng.	575001	C. 47. 1882	III
812316	Can.	463229	C. 50. II. 1847	F
843	Amer.	2497537	C. 50. II. 2245	VIII
813575	Finn.	24552	C. 51. II. 297	VIII
816022	Amer.	2419825	C. 47. 1412	VIII
817528	Oest.	167103	C. 51. II. 1204	VIII
915	Frz.	942759	C. 50. I. 759	F
819687	Amer.	2417659	C. 48. II. 538	IX
851	Amer.	2416656	C. 47. 1240	IX
891	Amer.	2528634	C. 51. II. 2098	VI
821386	Amer.	2539193	C. 52. 931	X
719	Schwd.	126620	C. 50. II. 2965	VIII
893	Frz.	941238	C. 50. I. 615	VIII
823084	Amer.	2546101	C. 52. 942	XVI
906	Schwz.	272404	C. 51. II. 3362	III
824341	Schwz.	274236	C. 52. 3083	IX
825202	Amer.	2527231	C. 52. 4716	XXIV
829485	Amer.	2521770	C. 51. I. 3090	F
935	Frz.	971122	C. 53. 1058	F
936	Amer.	2524200	C. 51. II. 2080	F
830112	Eng.	655149	C. 51. II. 3091	VIII
113	Oest.	167106	C. 52. 130	VIII
831289	Schwz.	276419	C. 52. 8052	X
584	Amer.	2461922	C. 50. I. 2007	F
606	Oest.	167106	C. 52. 130	VIII
906	Amer.	2532335	C. 52. 1235	VIII
832752	Oest.	171176	C. 52. 7703	F
982	Amer.	2489538	C. 50. II. 1282	VIII
833134	Schwz.	267156	C. 50. II. 2245	VIII
287	Oest.	167637	C. 51. I. 3261	VIII
834312	Schwz.	260089	C. 50. I. 2030	VIII
992	Schwz.	273544	C. 52. 3869	F
837572	Amer.	2541028	C. 51. II. 2933	III
839494	Frz.	957173	C. 50. II. 1722	F
495	Oest.	168630	C. 52. 1376	F
840700	Amer.	2534237	C. 52. 4343	F
841591	Oest.	162924	C. 49. E. 100	F
915	Frz.	963371	C. 51. I . 2671	XVIIIb
842049	Schwz.	261772	C. 50. I. 1638	F
049	Frz.	942591	C. 50. I. 760	F
053	Can.	463007	C. 50. II. 2347	F
062	Oest.	163629	C. 49. E. 101	F
063	Oest.	163614	C. 49. E. 101	F
064	Frz.	949267	C. 50. II. 82	F
201	Schwz.	262429	C. 50. II. 81	F
202	Frz.	949343	C. 50. II. 795	F
202	Schwz.	274678		
		bis 683	C. 52. 3215	F
842468	Schwz.	273409	C. 52. 2421	VIII
490	Frz.	965686	C. 51. I. 1044	F
843410	Schwd.	125182	C. 50. I. 1885	F
410	Schwz.	257400	C. 50. II. 2468	F
489	Amer.	2409983	C. 47. 514	IX
844781	Amer.	2530010	C. 52. 4225	X
900	Frz.	957173	C. 50. II. 1722	F
845043	Oest.	168628		
		u. 630	C. 52. 1376	F
199	Amer.	2499058	C. 50. II. 2834	F
199	Amer.	2534235	C. 52. 4343	F
732	Amer.	2523190		
		u. 191	C. 51. I. 2354	VIII
847183	Amer.	2542796	C. 52. 734	F
848069	Schwz.	261950	C. 50. I. 637	XVII
849581	Amer.	2541832	C. 52. 427	III
851162	Eng.	654955	C. 52. 5025	XVIIIa
806	Oest.	167870	C. 51. II. 173	XXIII
852201	Amer.	2543691	C. 53. 480	XXIV
302	Frz.	950797	C. 50. II. 1062	XIb
853984	Eng.	653962	C. 52. 1724	VII
854977	Schwz.	275260	C. 52. 4513	III
855188	Oest.	167422	C. 51. II. 300	VIII
264	Amer.	2546762	C. 52. 1571	IX
838	Frz.	955437	C. 50. II. 485	XVIIIb
851	Schwd.	129533	C. 52. 767	IX
993	Frz.	919188	C. 47. E 572.	F
998	Oest.	166940	C. 51. I. 1258	XXIII
857738	Amer.	2487569	C. 50. II. 728	XXIV
841	Frz.	861901	C. 41. II. 2498	X
844	Frz.	897797	C. 46. I. 1780	X
984	Amer.	2541832	C. 52. 427	III
858400	Eng.	653335	C. 52. 897	F
543	Frz.	949592	C. 50. II. 91	V
997	Oest.	165061	C. 50. II. 1733	V
859169	Amer.	2570392	C. 53. 1058	F
291	Amer.	2539699	C. 52. I. 742	I
843	Schwz.	274537	C. 52. 3732	VIII
860128	Frz.	944631	C. 50. I. 2030	VIII
239	Can.	463196	C. 50. II. 1193	XVIIIb
273	Frz.	963954	C. 51. I. 1402	XIX
302	Schwz.	279301	C. 52. 7410	VIII
309	Amer.	2500673	C. 51. I. 1376	VIII
389	Eng.	654083	C. 52. I. 1426	XVIIIb
390	Frz.	980541	C. 52. 4245	XVIIIb
550	Frz.	955783	C. 50. II. 590	XIb
744	Schwd.	131463	C. 52. 4077	XVIIIa
950	Oest.	164019	C. 50. II. 1602	F
861167	Eng.	659579	C. 52. 6753	VII
897	Amer.	2532774	C. 51. II. 2934	III
862253	Amer.	2572929	C. 52. 7116	XVIIIa
302	Schwd.	131003		
		bis 005	C. 52. 5650	IX
384	Amer.	2502355	C. 51. I. 1655	VII

862611	Amer.	2547519	C. 52. 897	F
647	Amer.	2516080	C. 51. I. 1917	F
889	Amer.	2487382	C. 50. II. 2989	XVIIIb
893	Amer.	2511056	C. 51. I. 1967	XIX
863119	Frz.	898950	C. 46. I. 1272	F
248	Eng.	655649	C. 52. 2720	F
259	Amer.	2528606	C. 51. II. 1821	XIb
409	Frz.	954199	C. 50. II. 713	XII
864426	Frz.	962846	C. 51. I. 1669	XIa
918	Amer.	2568963	C. 52. 6924	VIII
986	Frz.	950928	C. 50. II. 959	XVIIIb
865060	Eng.	494080	C. 39. I. 2351	XXI
138	Frz.	950418	C. 50. II. 1629	X
141	Frz.	963978	C. 51. I. 2383	XIX
198	Oest.	166255	C. 50. II. 1730	I
199	Schwz.	271942	C. 52. 6142	XIb
205	Schwz.	270814	C. 52. 4237	XVI
366	Norw.	66545	C. 45. I. 981	XXI
449	Amer.	2570391	C. 53. 2648	F
590	Frz.	974681	C. 52. I. 3593	XVIIIb
926	Frz.	950705	C. 50. II. 1513	X
866704	Oest.	166920	C. 51. I. 789	X
927	Schwz.	279916	C. 53. 2659	IV
975	Can.	469427	C. 51. I. 1682	XVII
975	Schwd.	129998	C. 52. 462	XVII
867859	Schwz.	272267	C. 52. 1073	VII
868492	Eng.	659698	C. 52. 7226	F
599	Frz.	996544	C. 52. 4673	V
869068	Amer.	2554986	C. 52. 4344	F
209	Norw.	78577	C. 53. 285	IX
642	Schwz.	274317	C. 52. 1400	VIII
719	Amer.	2536673	C. 52. 2076	VIII
956	Amer.	2557803	C. 53. 454	XIb
957	Oest.	171154	C. 52. 7892	IX
870109	Oest.	170616	C. 52. 7892	IX
150	Eng.	476243	C. 38. I. 3391	X
257	Eng.	609507	C. 49. II. 1339	IX
262	Amer.	2525150	C. 51. II. 2357	F
310	Frz.	808845	C. 37. II. 3820	X
411	Amer.	2436777	C. 48. II. 773	IX
478	Frz.	963516	C. 51. I. 530	XIb
705	Frz.	894534	C. 46. I. 526	V
760	Frz.	960045	C. 50. II. 2256	XIa
871007	Amer.	2553992	C. 52. 6131	IX
200	Schwz.	262559	C. 50 II. 1990	III
366	Frz.	955354	C. 50. II. 1180	XIb
666	Schwd.	103962	C. 42. II. 1869	XVIII
896	Amer.	2501858	C. 50. II. 2833	F
897	Amer.	2543544	C. 52. 5302	F
872622	Frz.	951508	C. 49. E. 346	XXII
810	Frz.	891271	C. 46. I. 1123	XVII
822	Frz.	941298	C. 50. I. 1419	XIb
978	Amer.	2507614	C. 51. I. 671	XVII
873093	Frz.	903168	C. 46. I. 387	VII
874311	Amer.	2557802	C. 53. 2837	IX
754	Frz.	964185	C. 51. I. 807	XVIIIb
905	Amer.	2583419	C. 53. 2845	XIb
908	Amer.	2550205	C. 53. 1559	IX
875192	Frz.	918715	C. 47. E. 120	IX
349	Eng.	653468	C. 52. 2080	IX
354	Frz.	947513	C. 50. I. 2161	IX
355	Amer.	2535191	C. 52. 6159	XIX
951	Frz.	907470	C. 46. I. 1292	VII
876292	Belg.	432983	C. 41. II. 3146	XVIII
294	Schwd.	130929	C. 52. 1594	XVIIIb
877306	Amer.	2507512	C. 52. 3926	XIX
613	Frz.	941289	C. 50. I. 1385	F

Deutsche Reichs-Patente (D.R.P.).

747415	Frz.	51987	C. 44. II. 481	X
749738	Frz.	876966	C. 43. I. 1524	X
761103	Oest.	165064	C. 50. II. 2248	IX
761844	Frz.	896772	C. 46. I. 1496	XVII
767015	Amer.	2411495	C. 47. 619	F

Amerikanische Patente.

2254602	Frz.	873678	C. 43. I. 95	X
2257216	It.	382709	C. 42. I. 2932	X
2289085	DRP.	703748	C. 41. I. 3320	XVIII
799	Frz.	956676	C. 50. II. 1775	XXIV
2296153	It.	382372	C. 42. I. 2825	X
2304858	Eng.	537645	C. 44. I. 63	XII
2311073	Frz.	956679	C. 51. I. 2387	XXIV
2327066	Frz.	860289	C. 41. II. 536	IX
2354524	It.	391576	C. 43. II. 1440	XXIV
2361036	Frz.	950977	C. 50. II. 1174	IX
2385182	Eng.	514912	C. 40. II. 1663	XII
2387997	Frz.	904283	C. 46. I. 674	X
2417735	DRP.	741462	C. 44. I. 1331	X
2420453	Frz.	908768	C. 46. I. 1631	X
2421553	Frz.	909579	C. 46. I. 1479	X
2424066	Schwd.	107228	C. 44. I. 390	X
2426977	Schwd.	107227	C. 44. I. 390	X
2427539	Frz.	884169	C. 45. I. 232	X
2428130	Schwd.	107229	C. 44. I. 390	X
2430295	Frz.	829081	C. 39. II. 4164	XXIV
2435002	Oest.	164510	C. 50. II. 2098	F
2440514	Can.	464753	C. 51. I. 1788	IV
2453953	Eng.	588696	C. 48. II. 775	X
2456258	Frz.	872521	C. 43. II. 342	F
2459164	Frz.	961934	C. 50. II. 2376	XIa
2460962	Can.	464510	C. 51. I. 1810	XIb
2464049	Eng.	602303	C. 49. II. 132	IX
2466897	Schwd.	124933	C. 50. I. 1885	F
2468363	Eng.	590768	C. 49. I. 345	IX
2471965	DBP.	812722	C. 51. II. 3513	VIII
2472684	Frz.	941433	C. 50. I. 615	VIII
965	Frz.	884169	C. 45. I. 232	X
2473642	Eng.	667070	C. 52. 6745	III
2474737	Frz.	944240	C. 50. I. 2164	X
2475530	Frz.	943286	C. 50. I. 1788	X
2476668	Frz.	960623	C. 51. I. 3264	IX
2476989	Schwz.	279753	C. 52. 7392	III
2477443	Can.	463864	C. 50. II. 2118	VIII
2484536	Frz.	884057	C. 44. I. 1268	XXIV
2486533	Frz.	960175	C. 51. I. 2110	XIX
2492702	DRP.	734654	C. 43. II. 691	XVIII
2493486	Frz.	962845	C. 51. I. 1669	XIa
780	Frz.	956655	C. 50. II. 560	F
2503919	Frz.	959549	C. 50. II. 2477	VI
2504401	Frz.	969554	C. 51. I. 2235	XVI
806	Schwz.	261633	C. 50. I. 347	X
875	Frz.	950883	C. 50. II. 1150	F
2505133	Oest.	164019	C. 50. II. 1602	F
681	Oest.	166049	C. 50. II. 2361	VII
682	Frz.	948613	C. 50. II. 106	IX
2508814	Frz.	955895	C. 50. II. 1513	X
2509766	Can.	469363	C. 51. I. 1968	XXIV
2510426	Frz.	969534	C. 51. I. 2367	XIb
2511722	Schwz.	263291	C. 50. II. 591	XII
2512667	Frz.	957994	C. 50. II. 1635	XIb
2519887	Frz.	859335	C. 41. I. 2461	XII

2523065	Oest.	166227	C. 50. II. 2492	XIa
2524725	Can.	474019	C. 52. 2615	XXIV
2529498	Frz.	944955	C. 50. I. 1126	F
2531405	Schwz.	259648	C. 50. I. 1508	F
2539766	Schwz.	269483	C. 51. I. 3586	XVIIIb
2541249	Frz.	969053	C. 51. II. 2531	XIb
2542848	DBP.	810107	C. 52. 956	XXIV
2544825	Frz.	949985	C. 50. II. 1747	X
2546959	Frz.	952073	C. 50. II. 1723	F
2553033	DBP.	833238	C. 52. 6935	X
2556335	Schwz.	266423	C. 51. I. 2958	VIII
2558273	Schwz.	270826	C. 53. 2358	IX
2560032	Schwz.	271656	C. 52. 1579	XIb
471	Schwd.	130106	C. 51. II. 3656	VIII
830	Eng.	658958	C. 52. 5022	XVI
2562107	DBP.	837099	C. 52. 6257	F
207	Schwz.	271119	C. 51. I. 3582	XVII
2563819	Frz.	955770	C. 50. II. 1402	X
2566359	Schwz.	260311	C. 49. E 639	XVII
2568780	Frz.	966437	C. 51. I. 2067	III
2569375	Eng.	652421	C. 53. 755	V
2571670	Schwz.	272285	C. 52. 1435	XXIV
2572079	Frz.	963219	C. 51. I. 2944	III
2574620	Schwd.	132874	C. 53. 3767	F
2576314	DBP.	825747	C. 52. 4369	VIII
898	Frz.	924448	C. 47. E. 305	XVIIIb
899	DBP.	819997	C. 52. 4552	XVIIIb
2580364	Schwz.	275271	C. 52. 2889	F
867	DBP.	829644	C. 52. 6442	X
2581016	DBP	816702	C. 52. 1085	IX
057	DBP.	819993	C. 52. 5176	X
523	DBP.	830384	C. 52. 7548	G
2582712	Frz.	963986	C. 51. I. 1405	XIX
2583448	DBP.	816721	C. 52. 3737	X
638	DBP.	813080	C. 52. 6294	XIb
2584009	Schwz.	275274	C. 52. 2889	F
351	Eng.	663599	C. 53. 2843	XIa
2585610	Oest.	166455	C. 51. I. 525	X
909	DBP.	839641	C. 53. 2328	F
910	DBP.	830511	C. 53. 2328	F
917	DBP.	825264	C. 52. 5620	F
967	Frz.	963516	C. 51. I. 530	XIb
979	DBP.	825413	C. 52. 7383	F
2586098	Oest.	166244	C. 50. II. 1635	XIb
407	Eng.	648870	C. 53. 1900	XVII
887	DBP.	810549	C. 52. 7104	XIb
2587992	Frz.	960228	C. 50. II. 2986	XVIIIa
2588899	DBP.	829798	C. 52. 5015	XIb
2589190	Eng.	653702	C. 52. 462	XVII
275	Frz.	997029	C. 52. 4844	IX
294	Schwd.	130554	C. 52. 1579	XIb
684	Frz.	972962	C. 52. 2734	V
831	Schwz.	272404	C. 51. II. 3362	III
919	DBP.	839718	C. 52. 6452	XII
951	Schwz.	271898	C. 52. 3249	X
955	Schwz.	267297 bis 299	C. 52. 2756	X
2590073	Schwz.	260278	C. 49. E. 495	XVIIIa
346	Frz.	968109	C. 51. I. 2509	X
517	DBP.	806520	C. 51. II. 2399	XVI
613	Eng.	653702	C. 52. I. 462	XVII
639	Schwz	275089	C. 52. 1575	X
640	Schwz.	272830	C. 52. 3905	X
2591470	Frz.	974528	C. 53. 774	X

2591811	DBP.	810628	C. 52. 1052	F
2592144	Oest.	166704	C. 51. I. 239	V
2593652	Schwd.	127117	C. 51. I. 771	V
2594124	Schwz.	267120	C. 50. II. 2119	VIII
2595104	Eng.	653325	C. 52. 469	XIX
571	Oest.	168580	C. 52. 296	X
831	Eng.	661886	C. 53. 935	XIb
2596878	DBP.	816601	C. 52. 4232	XII
2597232	Eng.	654864	C. 52. 3067	V
233	Eng.	654865	C. 52. 3067	V
406	Frz.	982695	C. 52. 7411	VIII
534	DBP.	818352	C. 52. 3246	IX
2598453	Can.	468942	C. 51. I. 3595	XXIV
666	Eng.	664428	C. 52. 6458	XVII
2599373	Norw.	78681	C. 52. 7280	XVIIIa
581	DBP.	833988	C. 52. 5516	XXII
633	DBP.	848201	C. 53. 1579	XVIIIa
950	Schwd.	125444	C. 50. I. 1760	F
977	Frz.	947387	C. 50. I. 1802	XVIIIb
2600375	DBP.	842074	C. 53. 155	XVIII
835	DBP.	819693	C. 52. 3902	IX
2601168	Schwd.	129744	C. 52. 3871	F
598	Eng.	654955	C. 52. 5025	XVIIIa
2602739	Can.	467924	C. 51. I. 1545	XVIIIa
759	Schwz.	266854	C. 51. I. 108	VI
762	DBP.	807918	C. 52. 145	XIV
812	DBP.	825401	C. 52. 5169	IX
2603612	Frz.	960864	C. 50. II. 1894	XVIIIb
613	DBP.	825579	C. 52. 6795	XXI
617	Frz.	952586	C. 50. II. 2016	XII
639	DBP.	858565	C. 53. 2004	F
643	DBP.	839498	C. 52. 5462	F
658	DBP.	832150	C. 52. 6284	IX
658	DBP.	838139	C. 52. 7414	IX
668	Frz.	988323	C. 52. 5827	XII
2604473	DBP.	831696	C. 52. 7861	F
665	Frz.	959403	C. 50. II. 2130	XII
2605262	DBP.	830546	C. 52. 4658	F
2608480	DBP.	820900	C. 52. 6119	VII
588	DBP.	810629	C. 52. 1052	F
2609271	Frz.	907470	C. 46. I. 1292	VII
308	Frz.	975364	C. 52. 1079	VIII
351	DBP.	813207	C. 52. 3579	XIb
2610105	Eng.	664023	C. 52. 5317	V
152	Eng.	655296	C. 52. 5839	XVIIIb
207	DBP.	818941	C. 52. 4661	F
2611691	Eng.	662079	C. 52. 5805	VII
733	Schwd.	130365	C. 51. II. 3210	F
782	DBP.	859012	C. 53. 2836	IX
2612501	DBP.	814901	C. 52. 465	XVIIIb
2614109	DBP.	836066	C. 53. 774	X
916	DBP.	815192	C. 52. 5322	VII
942	DBP.	813573	C. 52. 1221	III
2615472	Frz.	975829	C. 51. II. 1945	III
802	Eng.	664942	C. 52. 7245	VII
932	DBP.	818203	C. 52. 2060	III
2616813	DBP.	810047	C. 52. 5796	III
840	DBP.	805213	C. 51. II. 2381	VIII
859	DBP.	815062	C. 52. 1550	III
866	DBP.	832591	C. 52. 6308	XVIIIb
900	Frz.	987329	C. 52. 451	X
2617797	DBP.	849736	C. 53. 1564	XIa
2618561	Schwz.	273546	C. 51. II. 3634	F
609	DBP.	817907	C. 52. 1928	XVIIIa

Belgische Patente.

493628	Eng.	658467	C. 52. 3872	F
857	DBP.	831754	C. 52. 4345	F
494006	DBP.	831551	C. 52. 4345	F
275	DBP.	809912	C. 52. 293	IX
334	DBP.	855614	C. 53. 2165	F
495401	Amer.	2516080	C. 51. I. 1917	F
736	Eng.	666518	C. 53. 752	III
496100	DBP.	834582	C. 52. 5622	F
245	Amer.	2577039	C. 53. 900	F
447	DBP.	819694	C. 52. 3435	XXI

496523	DBP.	820735	C. 52. 2223	F
524	DBP.	818345	C. 52. 1539	F
584	Eng.	673477		
		u. 485	C. 53. 1701	III
497366	Amer.	2588051	C. 53. 2049	XVIIIa
438	DBP.	855762	C. 53. 1692	F
493	Can.	474055	C. 52. 4502	F
505	Amer.	2543209	C. 52. 1924	XVI
924	Eng.	664003	C. 52. 5797	III
498533	Amer.	2530416	C. 51. II. 866	F
677	DBP.	842690	C. 53. 1224	III
700	DBP.	835787	C. 52. 6576	F
498898	DBP.	833089	C. 52. 6267	III
499326	DBP.	833080	C. 52. 5954	III
474	DBP.	852087	C. 53. 2805	F
605	Schwd.	129819	C. 52. 614	XVI
700	DBP.	837700	C. 53. 2030	IX
500359	DBP.	831549	C. 52. 4661	F
401	DBP.	823445	C. 52. 4845	IX
991	DBP.	805645	C. 51. II. 2662	IX
501818	DBP.	844009	C. 53. 1245	IX
988	Amer.	2547782	C. 52. 4979	F
502332	DBP.	852591	C. 53. 1692	F
976	DBP.	850140	C. 53. 946	XVIIIa

Canadische Patente.

417709	Amer.	2379736	C. 45. II. 1256	IX
462146	Eng.	575160	C. 48. I. 138	F
203	Amer.	2439207	C. 48. II. 1022	XVII
366	Amer.	2436432	C. 49. I. 1023	V
486	Norw.	67834	C. 45. II. 146	F
487	Amer.	2462963	C. 49. II. 681	F
488	Port.	22972	C. 45. II. 851	F
559	Amer.	2409915	C. 47. 550	XII
643	Amer.	2406909	C. 47. 1609	VI
644	Amer.	2407725	C. 47. 1021	VI
686	Eng.	579102	C. 48. I. 168	IX
847	Amer.	2378701	C. 45. II. 1119	XII
991	Amer.	2440256	C. 48. II. 907	XI
994	Amer.	2448756	C. 49. II. 810	XI
463081	Amer.	2448714	C. 49. I. 1421	IX
173	Amer.	2415193	C. 48. I. 293	XVIII
192	Eng.	578660	C. 48. I. 286	XII
238	Amer.	2417093	C. 47. 1045	XII
304	Amer.	2445181	C. 49. I. 332	III
307	Amer.	2406605	C. 47. 764	V
341	Amer.	2407752	C. 47. 377	VIII
432	Amer.	2416440	C. 47. 1045	XII
499	Amer.	2392871	C. 48. II. 126	VIII
654	Amer.	2413624	C. 47. 939	XI
674	Frz.	861674	C. 41. I. 3445	X
678	Amer.	2377585	C. 45. II. 1666	IX
701	Amer.	2416552	C. 47. 1344	XVIII
731	Eng.	588824	C. 48. II. 1459	XI
759	Amer.	2411188	C. 47. 810	XVI
858	Amer.	2402940	C. 47. 1429	XVII
886	Amer.	2446124	C. 49. I. 1037	IX
984	Amer.	2462359	C. 50. I. 342	IX
464058	Amer.	2460225	C. 50. I. 2005	F
082	Amer.	2408971	C. 47. 781	VIII
133	Amer.	2329638	C. 45. I. 1420	IX
163	Amer.	2456408	C. 50. I. 233	XIa
203	Schwd.	110832	C. 45. II. 912	XI
214	Schwd.	124809	C. 50. I. 595	I
346	Amer.	2417698	C. 48. II. 1369	XIX
401	Eng.	587153	C. 48. I. 424	XVIII
447	Amer.	2418489	C. 47. 1021	VI
631	Amer.	2406802	C. 47. 785	IX
633	Amer.	2467976	C. 50. I. 2294	XIb
700	Amer.	2409877	C. 47. 569	XIX
701	Amer.	2409878	C. 47. 569	XIX
713	Amer.	2461726	C. 49. II. 1222	III
777	Amer.	2403148	C. 47. 368	V
812	Amer.	2418782	C. 47. 1338	XII
843	Amer.	2423033	C. 47. 1626	XII
853	Amer.	2420280	C. 47. 1533	XIX
864	Amer.	2401925	C. 47. 1061	XIX
866	Amer.	2416281	C. 47. 1439	XIX
868	Amer.	2254490	C. 43. II. 2130	XIX
465286	Amer.	2444012	C. 49. II. 1233	IX
373	Amer.	2437682		
		u. 683	C. 49. I. 1016	F
465379	Schwz.	255094	C. 50. I. 1516	III
400	Amer.	2412784	C. 47. 1034	IX
494	Eng.	587929	C. 48. II. 448	X
495	Eng.	587928	C. 48. II. 448	X
496	Eng.	587930	C. 48. II. 1011	X
534	Amer.	2405672	C. 47. 242	I
555	Amer.	2410977	C. 47. 1120	IX
571	Frz.	890468	C. 44. II. 268	IX
572	Eng.	603735	C. 49. II. 1327	I
702	Amer.	2461469	C. 50. I. 372	XXIV
703	Amer.	2416461	C. 47. 1337	XII
710	Amer.	2409001	C. 47. 619	F
732	Amer.	2417892	C. 48. I. 1452	IX
733	Amer.	2419470	C. 48. I. 1453	IX
734	Amer.	2417893	C. 48. I. 1452	IX
751	Eng.	584434	C. 47. 1901	XI
851	Amer.	2449130	C. 49. I. 439	X
866	Amer.	2384387	C. 48. I. 761	XI
873	Amer.	2435594	C. 48. E. 472	VI
876	Amer.	2460224	C. 50. I. 2005	F
967	Amer.	2465979	C. 50. I. 2417	X
980	Amer.	2417386	C. 48. I. 499	V
983	Amer.	2255230	C. 45. I. 1182	IX
466001	Amer.	2444643	C. 49. I. 253	XII
026	Amer.	2365065	C. 45. II. 1232	F
038	Eng.	571543	C. 47. 1911	XIX
110	Amer.	2373305	C. 45. II. 568	VIII
112	Amer.	2410770	C. 47. 645	VIII
155	Amer.	2358229	C. 48. I. 427	XIX
224	Amer.	2323432	C. 45. II. 396	V
293	Amer.	2455890	C. 50. I. 127	XIb
311	Eng.	585232	C. 48. II. 1352	XI
312	Amer.	2413729	C. 47. 910	VI
363	Frz.	942074	C. 50. I. 630	XII
528	Frz.	862209	C. 41. II. 1683	X
541	Amer.	2419008	C. 47. 1127	XI
558	Amer.	2230654	C. 41. II. 2146	XI
735	Amer.	2399672	C. 47. 282	XII
736	Amer.	2444848	C. 48. II. 908	XI
806	Amer.	2459256	C. 49. II. 913	VIII
814	Amer.	2449527	C. 49. II. 706	XI
823	It.	382372	C. 42. I. 2825	X
824	Frz.	51490	C. 43. I. 1330	X
828	Amer.	2449876	C. 49. II. 144	XI
832	Frz.	914754	C. 48. II. 348	VIII
865	Amer.	2427303	C. 48. II. 908	XI
877	Eng.	592306	C. 48. II. 1240	XII
952	Amer.	2455073	C. 49. II. 129	VIII
953	Amer.	2455074	C. 49. II. 129	VIII
467137	Amer.	2382156	C. 45. II. 1824	IX
141	Amer.	2436073	C. 49. II. 564	F
389	Amer.	2449299	C. 49. I. 349	XI
390	Amer.	2467033	C. 50. I. 1418	XIb
394	Amer.	2459109	C. 50. I. 1289	XIb
419	Amer.	2362508	C. 45. II. 1384	F
420	Amer.	2362508	C. 45. II. 1384	F

467527	Amer.	2410305	C. 47. 395	XI
541	Amer.	2451735	C. 49. II. 104	F
542	Schwd.	124522	C. 50. I. 758	F
565	Amer.	2426705	C. 48. II. 1452	IX
622	Amer.	2416656	C. 47. 1240	IX
623	Amer.	2417659	C. 48. II. 538	IX
626	Frz.	943689	C. 50. I. 1263	I
644	Amer.	2439953	C. 48. II. 1461	XI
670	Amer.	2403769	C. 47. 265	IX
678	Amer.	2446382	C. 49. II. 1242	XI
684	Amer.	2483890	C. 50. I. 2280	VIII
706	Frz.	942027	C. 50. I. 1155	XIb
758	Amer.	2407997	C. 47. 1529	XIX
845	Amer.	2440985	C. 48. II. 906	XI
849	Amer.	2329436	C. 45. II. 103	XIX
895	Amer.	2424311	C. 48. II. 105	F
919	Amer.	2415414	C. 48. II. 657	IX
930	Amer.	2410885	C. 47. 824	XIX
953	Schwd.	108625	C. 44. II. 391	XIX
953	Schwd.	110032	C. 44. II. 615	XIX
468044	Amer.	2406654	C. 47. 524	IX
053	Frz.	883840	C. 44. II. 590	XI
081	Amer.	2404509 u. 510	C. 47. 386	IX
101	Amer.	2407488	C. 47. 649	IX
133	Amer.	2454056	C. 49. II. 1327	I
159	Amer.	2461943	C. 50. I. 791	IX
162	Amer.	2479930	C. 50. II. 579	VIII
195	Frz.	904283	C. 46. I. 674	X
224	Amer.	2441602	C. 49. II. 356	IX
227	Amer.	2484068	C. 50. II. 1742	VIII
251	Eng.	595170	C. 48. II. 1344	IX
257	Amer.	2409746	C. 47. 569	XIX
262	Amer.	2404677	C. 47. 649	IX
263	Amer.	2407311	C. 47. 783	IX
342	Amer.	2483971	C. 50. II. 252	XXIV
354	Amer.	2412176	C. 47. 795	XI
355	Amer.	2412177	C. 47 795	XI
358	Amer.	2463943	C. 50. I. 1758	F
470	Amer.	2402193	C. 47. 110	VIII
543	Amer.	2422954	C. 48. II. 529	III
559	Amer.	2458843	C. 50. I. 1920	XII
561	Amer.	2401754	C. 47. 1333	XI
611	Amer.	2405300	C. 47. 266	IX
616	Amer.	2409134	C. 47. 662	X
617	Amer.	2403226	C. 47. 662	X
619	Amer.	2409859	C. 47. 382	IX
699	Amer.	2443817	C. 48. II. 1240	XII
787	Amer.	2420233	C. 47. 1730	XIX
791	Amer.	2439798	C. 49. I. 439	X
827	Amer.	2488298	C. 50. II. 1861	V
967	Schwz.	262268	C. 50. I. 330	V
469020	Amer.	2422586	C. 48. II. 350	X
082	Amer.	2420703	C. 47. 1482	F
153	Eng.	601701	C. 49. I. 835	IX
213	Amer.	2478755	C. 50. I. 1406	VIII
214	Amer.	2478756	C. 50. I. 1406	VIII
259	Amer.	2440760	C. 49. I. 737	IX
303	Amer.	2385335	C. 48. I. 1259	XII
304	Amer.	2407376	C. 47. 797	XI
305	Eng.	584933	C. 47. 1901	XI
308	Amer.	2403940	C. 47. 248	V
335	Amer.	2409250	C. 47. 653	IX
401	Amer.	2443497	C. 48. II. 786	XIX
402	Amer.	2423494	C. 48. II. 263	XIX
423	Amer.	2426706	C. 48. II. 1235	IX
522	Amer.	2449613	C. 49. I. 1303	XI
576	Amer.	2427527	C. 48. II. 1456	X
585	Amer.	2411603	C. 47. 427	XIX
586	Frz.	834018	C. 39. I. 3082	XI
717	Amer.	2450027	C. 49. II. 259	XI
763	Amer.	2438259	C. 49. I. 325	F
861	Amer.	2493288	C. 50. II. 595	XVII
469916	Amer.	2444478	C. 49. II. 351	VII
958	Frz.	953583	C. 50. II. 1040	V
987	Amer.	2417939	C. 48. II. 337	F
470003	DRP.	713965	C. 42. I. 2065	IX
004	DRP.	698970	C. 41. I. 1094	IX
005	Amer.	2203628	C. 40. II. 3704	IX
056	Amer.	2433415	C. 48. II. 1116	VI
141	Frz.	938723	C. 49. II. 1428	F
142	Frz.	938723	C. 49. II. 1428	F
171	Amer.	2409521	C. 47. 398	XI
184	Frz.	944955	C. 50. I. 1126	F
190	Frz.	950694	C. 50. II. 944	X
219	Amer.	2458980	C. 50. I. 1685	XIX
251	Amer.	2488445	C. 50. II. 210	III
257	Amer.	2495186	C. 50. II. 1857	III
338	Amer.	2469883	C. 50. I. 1540	XII
346	Amer.	2482450	C. 50. II. 2354	III
351	Amer.	2452165	C. 49. I. 1051	XI
404	Schwz.	261973	C. 50. II. 224	IX
407	Amer.	2450394	C. 49. II. 375	XIX
466	Amer.	2401933	C. 47. 164	XIX
468	Amer.	2462331	C. 50. I. 1287	XIb
484	Oest.	166699	C. 51. I. 1077	X
574	Frz.	907495	C. 48. II. 517	F
592	Amer.	2400376	C. 47. 784	IX
604	Amer.	2479882	C. 50. II. 1050	VIII
618	Schwd.	124960	C. 50. II. 686	III
679	Amer.	2469879	C. 50. I. 1020	V
686	Eng.	589288	C. 48. I 424	XVIII
706	Amer.	2437691	C. 49. I. 357	XVIII
707	DRP.	746576	C. 45. I. 1185	X
708	Amer.	2411670	C. 47. 1010	F
725	Frz.	959544	C. 50. II. 2235	V
732	Frz.	943704	C. 50. I. 760	F
757	Amer.	2406081	C. 47. 696	XIX
769	Amer.	2446897	C. 49. II. 1456	XI
861	Amer.	2488094	C. 50. II. 2989	XVIIIb
878	Amer.	2488251	C. 50. II. 1864	VI
891	Amer.	2412720	C. 47. 1022	VII
894	Frz.	950540	C. 50. II. 1628	X
919	Frz.	898245	C. 46. I. 1591	F
927	Frz.	913981	C. 46. I. 1779	IX
928	Frz.	913982	C. 46. I. 1779	IX
930	Amer.	2430245	C. 47. E. 312	XIX
471002	Frz.	942825	C. 50. I. 1180	XXIV
022	Frz.	817539	C. 38. I. 956	III
030	Eng.	585728	C. 48. II. 113	V
065	Amer.	2419565	C. 48. I. 1242	V
068	Eng.	586650	C. 48. II. 113	V
145	Amer.	2457484	C. 49. II. 681	F
162	Amer.	2461156	C. 50. I. 754	F
169	Frz.	938985	C. 50. I. 234	XIb
214	Amer.	2326156	C. 45. II. 1262	XI
219	Amer.	2444990	C. 49. I. 360	XIX
284	Amer.	2487137	C. 50. I. 1530	VIII
355	Amer.	2410949	C. 47. 891	F
441	Frz.	957994	C. 50. II. 1635	XIb
484	Amer.	2466670	C. 50. I. 2003	F
523	Amer.	2462870	C. 50. I. 2281	VIII
555	Amer.	2408018	C. 47. 566	XIX
556	Amer.	2400288	C. 47. 266	IX
632	Frz.	908655	C. 46. I. 1477	X
633	Amer.	2460618	C. 50. I. 1414	X
675	Amer.	2405872	C. 47. 424	XIX
684	Amer.	2467403	C. 50. I. 1426	XVII
783	Amer.	2485724	C. 50. II. 215	VI
790	Amer.	2321311	C. 45. II. 755	XIX
875	Amer.	2419247	C. 48. II. 657	IX
881	Amer.	2439399	C. 48. II. 1235	IX
915	Amer.	2408421	C. 47. 1243	X
917	Amer.	2499261	C. 50. II. 2611	VIII
928	Eng.	585363	C. 47. 1871	F
929	Amer.	2472066	C. 50. I. 1882	F

471930	Eng.	585363	C. 47. 1871	F
935	Frz.	959999	C. 51. I. 2507	X
961	Amer.	2401549	C. 47. 531	XI
971	Amer.	2516113	C. 51. I. 2985	XVIIIb
999	Amer.	2407052	C. 47. 300	XIX
472086	Schwd.	124933	C. 50. I. 1885	F
087	Schwd.	124933	C. 50. I. 1885	F
091	Frz.	955983	C. 50. II. 942	IX
120	Amer.	2434290	C. 49. I. 1167	VIII
255	Amer.	2428450	C. 48. II. 894	IX
269	Amer.	2467295	C. 50. I. 1167	XVII
272	Frz.	949612	C. 50. II. 82	F
273	Schwd.	123797	C. 50. I. 2386	F
311	Amer.	2463653	C. 50. I. 606	VII
332	Amer.	2444243	C. 49. I. 126	IX
336	Amer.	2479443	C. 50. II 109	IX
342	Amer.	2434060	C. 49. I. 817	F
369	Amer.	2507013	C. 50. II. 1864	VI
375	Frz.	913706	C. 46. I. 1350	XIX
430	Amer.	2437645	C. 49. I. 1046	X
465	Amer.	2404800	C. 47. 379	IX
469	Amer.	2483969	C. 50. II. 2989	XVIIIb
472	Amer.	2349986	C. 46. I. 1431	F
502	Amer.	2481188	C. 50. I. 1790	XIb
574	Amer.	2419341	C. 47. 1521	XVIII
598	Amer.	2430771	C. 48. II. 662	X
599	Amer.	2407704	C. 47. 390	X
677	Amer.	2507700	C. 51. I. 949	XVIIIb
714	Amer.	2496326	C. 50. II. 1055	IX
718	Amer.	2445007	C. 49. I. 1301	X
800	Amer.	2494969	C. 51. I. 656	X
845	Amer.	2357275	C. 45. II. 898	VIII
853	Schwz.	261980	C. 50. II. 116	XIb
998	Amer.	2358694	C. 45. II. 584	XII
473002	Amer.	2463866	C. 50. I. 926	XII
004	Amer.	2462703	C. 50. I. 1671	XIb
039	DBP.	807741	C. 52. 598	VIII
187	Eng.	579459	C. 47. 1898	F
414	Amer.	2512572	C. 51. I. 1498	F
458	Amer.	2501269	C. 50. II. 1398	VIII
485	Amer.	2488721	C. 50. II. 2995	XIX
584	Amer.	2495232	C. 50. II. 1189	XVIIIa
649	Amer.	2453704	C. 49. II. 1028	XI
668	Amer.	2413311	C. 47. 822	XIX
669	Amer.	2460056	C. 50. I. 1784	IX
670	Amer.	2408010	C. 47. 1117	IX
671	Amer.	2446969	C. 50. I. 457	IX
674	Frz.	953174	C. 50. II. 239	XIb
695	DRP.	690195	C. 40. I. 3824	F
790	Amer.	2316465	C. 45. II. 1821	IX
799	Amer.	2467206	C. 50. I. 2033	IX
815	Amer.	2424590	C. 48. II. 128	IX
816	Amer.	2424589	C. 48. II. 128	IX
817	Frz.	957003	C. 50. II. 2005	IX
838	Amer.	2469108	C. 50. I. 1668	XIa
851	Amer.	2444024	C. 49. II. 253	IX
887	DRP.	681686	C. 39. II. 4031	F
959	Amer.	2459710	C. 50. I. 1532	IX
961	Amer.	2510981	C. 51. I. 1227	IX
998	DRP.	724761	C. 43. I. 581	XVII
999	Amer.	2495233	C. 50. II. 1303	XVIIIb
474014	Amer.	2522771	C. 51. II. 174	XXIV
231	Amer.	2497540	C. 50. II. 1049	VIII
356	Amer.	2422166	C. 48. II. 129	IX
358	Amer.	2422169	C. 48. II. 129	IX
360	Amer.	2422165	C. 48. II. 129	IX
376	Amer.	2443888	C. 48. II. 1244	XVII
390	Schwz.	261505	C. 50. I. 1008	F
398	Amer.	2444555	C. 48. E. 274	I
489	Amer.	2533809	C. 51. II. 730	III
687	Amer.	2509387	C. 51. II. 572	F
776	Frz.	942453	C. 50. I. 484	XXIV
783	Frz.	817539	C. 38. I. 956	III

474786	Schwz.	261375	C. 50. I. 2039	XIb
806	Frz.	949678	C. 50. II. 117	XIb
836	Amer.	2493268	C. 50. II. 1407	XII
837	Amer.	2490712	C. 51. I. 3274	XII
840	Amer.	2406081	C. 47. 696	XIX
926	Amer.	2470168	C. 50. I. 1155	XIb
943	Amer.	2460865	C. 50. I. 2406	VII
948	Amer.	2532573	C. 51. II. 2949	IX
960	Amer.	2486440	C. 50. II. 3000	XXIV
998	Norw.	76407	C. 51. II. 434	III
475109	Frz.	952586	C. 50. II. 2016	XV
110	Amer.	2498390	C. 50. II. 2251	IX
159	Amer.	2521485	C. 51 I. 3567	X
177	Frz.	952530	C. 50. II. 2386	XVIIIb
182	Amer.	2516076	C. 51. I. 1647	IV
204	Amer.	2502809	C. 51. II. 592	VII
208	Amer.	2443290	C. 48. II. 1141	XVIII
246	DRP.	729341	C. 43. I. 1080	F
490	Schwz.	262114	C. 50. I. 1123	F
490	Schwz.	266231	C. 50. II. 2949	F
502	Schwz.	263038	C. 50. II. 348	XIa
503	Amer.	2480815	C. 50. I. 1436	XXIV
531	Amer.	2366204	C. 45. II. 1385	F
535	Amer.	2515872	C. 51. I. 2359	IX
543	Frz.	905327	C. 46. I. 554	X
549	Fzr.	977843	C. 52. 4061	X
551	Frz.	974625	C. 52. 4061	X
559	Amer.	2521758	C. 51. II. 2498	F
649	Amer.	2412700	C. 47. 1915	XXIV
670	Amer.	2519231	C. 51. II. 758	XII
900	Oest.	167861	C. 51. II. 105	F
923	Oest.	164453	C. 50. II. 1270	III
934	Amer.	2406648	C. 47. 656	IX
939	Frz.	952017	C. 50. II. 1884	XIb
951	Amer.	2460144	C. 50. I. 92	F
476010	Amer.	2448337	C. 49. II. 346	V
014	Amer.	2504400	C. 51. I. 2100	XVII
022	Amer.	2440660	C. 49. I. 1144	F
042	Amer.	2411546	C. 47. 1251	XXIV
	u. Eng.	584381	C. 48. I. 770	XXIV
046	Amer.	2452765	C. 49. II. 719	XXIV
082	Amer.	2524840	C. 51. II. 731	V
102	Amer.	2502421	C. 51. II. 2634	F
105	Amer.	2443598	C. 48. II. 1437	F
229	Amer.	2520108	C. 51. I. 2506	X
276	Amer.	2499275	C. 51. I. 1949	XIb
277	Amer.	2518133	C. 51. I. 2824	XVIIIa
291	Frz.	950646	C. 50. II. 1771	XXII
302	Amer.	2499675	C. 50. II. 2247	IX
428	Amer.	2476654	C. 50. II. 1612	III
465	Amer.	2481218	C. 50. II. 2354	III
469	Amer.	2481218	C. 50. II. 2354	III
482	Amer.	2513725	C. 51. I. 1957	XVIIIa
496	Amer.	2529778	C. 51. II. 2096	V
500	Eng.	596461	C. 49. II. 917	IX
501	Amer.	2451826	C. 49. II. 570	V
516	Amer.	2530334	C. 51. II. 2776	F
535	Amer.	2529722	C. 51. II. 2515	VI
666	Amer.	2507539	C. 51. II. 1965	IX
683	Amer.	2515788	C. 51. I. 1644	III
689	Amer.	2496864	C. 51. I. 1386	XIb
704	Amer.	2439202	C. 49. I. 544	XII
715	Amer.	2507479	C. 51. II. 1969	XIa
717	Eng.	655007	C. 52. 631	XXIV
748	Schwz.	254992 bis 995	C. 50. I. 2388	F
831	Amer.	2499055	C. 50. II. 2735	IX
857	Amer.	2526434	C. 51. II. 1974	XIb
862	DBP.	842098	C. 53. 1724	X
866	Amer.	2566424	C. 52. 6269	IV
882	Amer.	2492194	C. 52. 1211	F
884	Amer.	2492189	C. 52. 1211	F
885	Amer.	2492190	C. 52. 1211	F

476914	Amer.	2448397	C. 49. I. 242	VIII
936	Amer.	2530389	C. 51. II. 2358	F
937	Amer.	2530390	C. 51. II. 2358	F
943	Amer.	2496848	C. 50. II. 1723	F
477029	Schwd.	127618	C. 51. I. 1671	XIb
053	Amer.	2531197	C. 51. II. 1820	XIb
073	Amer.	2415884	C. 48. I. 950	IX
080	Amer.	2500950	C. 51. I. 943	IV
082	Frz.	965229	C. 51. I. 1210	V
092	Eng.	565022	C. 45. II. 1786	III
106	Amer.	2526872	C. 51. I. 3581	XVII
120	Amer.	2403375	C. 47. 427	XIX
144	Amer.	2445817	C. 49. I. 1170	IX
183	Amer.	2488560	C. 50. II. 2598	II
184	Amer.	2404406	C. 47. 941	XI
199	Amer.	2499133	C. 51. II. 2115	X
242	Amer.	2481438	C. 50. I. 1399	VIII
285	Amer.	2512525	C. 51. I. 497	F
302	Amer.	2360585	C. 45. II. 603	XIX
331	Amer.	2324118	C. 45. II. 101	XIX
341	Amer.	2531279	C. 51. II. 2803	IX
441	Frz.	989878	C. 53. 1058	F
573	Oest.	166238	C. 50. II. 1859	IV
591	Amer.	2485634	C. 50. II. 243	XVII
592	Amer.	2485635	C. 50. II. 121	XVI
593	Amer.	2485636	C. 50. II. 122	XVII
631	Amer.	2492953	C. 51. II. 175	XXIV
670	Amer.	2489200	C. 50. II. 820	IX
712	Amer.	2505634	C. 51. II. 1331	F
794	Amer.	2488631	C. 50. II. 598	XVIIIa
814	Amer.	2460195	C. 50. I. 1155	XIb
828	Amer.	2462430	C. 50. I. 1673	XIb
844	Amer.	2515164	C. 51. I. 2225	XIb
845	DBP.	834236	C. 52. 5336	X
851	Amer.	2516104	C. 51. I. 2658	XIb
857	Amer.	2443374	C. 48. II. 1238	XI
861	Eng.	583344	C. 48. I. 404	IX
862	Amer.	2470733	C. 50. I. 825	XX
866	Eng.	608539	C. 50. I. 229	IX
867	Amer.	2463776	C. 50. I. 457	IX
868	Oest.	168245	C. 51. II. 2386	IX
869	Oest.	168246	C. 51. II. 2386	IX
911	Amer.	2532281	C. 51. II. 1076	XVI
978	Frz.	965339	C. 51. I. 1507	I
981	Oest.	166048	C. 50. II. 2024	XVIIIb
478002	Amer.	2526545	C. 51. II. 1510	IX
004	Amer.	2520139	C. 51. II. 1062	IX
020	Amer.	2540284	C. 52. 898	F
026	Norw.	62146	C. 40. II. 1384	XVIII
027	Schwd.	128491	C. 51. I. 2640	V
115	Amer.	2462221	C. 50. I. 2159	IX
116	DBP	810398	C. 52. 425	I
118	Amer.	2513788	C. 51. I. 2379	XVIIIa
127	Amer.	2402873	C. 47. 116	IX
128	Amer.	2464120	C. 50. I. 1928	XVIIIb
139	Eng.	601211	C. 49. I. 1040	IX
143	Amer.	2510257	C. 51. I. 2368	XIb
144	Amer.	2512472	C. 51. I. 529	XIb
149	Amer.	2514305	C. 51. I. 2816	XIb
188	Amer.	2444034	C. 48. II. 1113	III
237	Eng.	658104	C. 52. 5347	XVIIIa
271	Eng.	654093	C. 52. 898	F
277	Frz.	953801	C. 50. II. 584	X
340	Amer.	2538078	C. 52. 1221	III
341	Amer.	2538079	C. 52. 1221	III
512	Amer.	2549935	C. 52. 2088	XIb
513	Amer.	2480007	C. 50. II. 115	XIb
665	Amer.	2472433	C. 50. I. 2387	F
675	Schwz.	274381	C. 52. 2553	F
676	Amer.	2552327	C. 52. 5824	XIb
719	Amer.	2548173	C. 52. 5173	IX
747	Amer.	2573605	C. 53. 101	F
769	Schwz.	225885	C. 44. I. 666	F
478810	Amer.	2444608	C. 49. I. 852	XXIV
850	Amer.	2427503 u. 504	C. 48. II. 904	XI
851	Amer.	2427503 u. 504	C. 48. II. 904	XI
872	Amer.	2541851	C. 52. 116	I
877	Amer.	2535690	C. 51. II. 2119	XIb
887	Amer.	2525530	C. 51. II. 1661	IX
889	Amer.	2486191	C. 50. II. 2979	XIb
958	Amer.	2538081	C. 52. 1052	F
985	Frz.	915064	C. 46. I. 1802	XIX
479076	Amer.	2451573	C. 49. II. 717	XIX
107	Frz.	954966	C. 50. II. 952	XII
143	Amer.	2416956	C. 47. 1327	IX
210	Frz.	960404	C. 51. I. 1223	IX
232	Amer.	2484430	C. 49. E. 324	XIb
265	Amer.	2511669	C. 52. 1936	XX
292	Amer.	2515906	C. 51. I. 2965	IX
293	Amer.	2515909	C. 51. I. 2384	XIX
294	Amer.	2515907	C. 51. I. 2965	IX
299	Amer.	2460375	C. 50. I. 825	XX
312	Schwd.	128161	C. 51. I. 2385	XX
315	Frz.	962659	C. 50. II. 2392	XX
316	Eng.	655098	C. 52. 4673	V
318	Amer.	2536865	C. 51. II. 3107	XVI
333	Schwd.	130650	C. 52. 735	F
334	DBP.	814599	C. 52. 2081	IX
335	DBP.	814598	C. 52. 2081	IX
336	DBP.	814449	C. 52. 1571	IX
337	Amer.	2546762	C. 52. 1571	IX
341	DBP.	814450	C. 52. 1571	IX
343	Amer.	2514377	C. 51. I. 3393	F
344	Amer.	2514376	C. 51. I. 2056	F
347	Amer.	2523580	C. 51. II. 1360	IX
349	Amer.	2477731	C. 50. I. 1632	F
350	Amer.	2472292	C. 50. I. 2259	F
362	Amer.	2406851	C. 47. 962	XIX
364	Frz.	912575	C. 46. I. 1654	XIX
367	Amer.	2496343	C. 50. II. 2877	XIX
368	Amer.	2458870	C. 50. I. 1435	XIX
441	Amer.	2525620	C. 51. II. 1662	IX
442	Amer.	2525621	C. 52. 4376	IX
464	Amer.	2400872	C. 47. 167	XXIV
465	Amer.	2438953	C 49. I. 157	XXII
469	Amer.	2543013	C. 52. 2615	XXIV
470	Amer.	2543045	C. 52. 2952	XXIV
471	Amer.	2543046	C. 52. 3436	XXIV
472	Amer.	2543047	C. 52. 3764	XXIV
496	Amer.	2497248	C. 51. I. 390	IX
498	Amer.	2477550	C. 49. E. 618	IX
499	Amer.	2520670	C. 51. I. 2650	IX
500	Amer.	2513831	C. 51. I. 933	IX
503	Amer.	2572035	C. 52. 5670	XVIIIa
519	Amer.	2443246	C. 49. I. 1171	IX
589	Amer.	2496692	C. 50. II. 927	III
649	Amer.	2351667	C. 45. II. 724	IX
651	Amer.	2542565	C. 52. 2260	X
654	Amer.	2513550	C. 51. I. 1226	IX
703	Amer.	2468770	C. 50. I. 624	XIa
728	Frz.	968334	C. 51. II. 3544	XXIV
729	Amer.	2542322	C. 52. 2086	XIa
733	Amer.	2470115	C. 50. I. 351	XII
734	Amer.	2561415	C. 52. 6114	V
757	Amer.	2427532	C. 48 II. 666	XII
776	Amer.	2519408	C. 51. II. 103	F
781	Amer.	2498453	C. 51. I. 1809	XIb
782	Amer.	2496226	C. 50. II. 1064	XIb
819	Amer.	2551574	C. 52. 3102	XVII
820	Amer.	2538360	C. 52. 1433	XX
914	Amer.	2487569	C. 50. II. 728	XXIV
919	Amer.	2530769	C. 51. II. 1663	IX
930	Oest.	169799	C. 52. 4084	XIX
947	Schwd.	131682	C. 52. 6409	F

480071	Amer.	2538735	C. 52. 897	F
073	Amer.	2523482	C. 51. II. 2081	F
103	Amer.	2412256	C. 47. 1392	F
109	Amer.	2404034 bis 37	C. 47. 148	XVI
114	Amer.	2543181	C. 52. 1113	XXIV
122	Amer.	2457769	C. 50. II. 947	XIa
125	DBP.	803831	C. 52. 430	V
146	Amer.	2552130	C. 52. 6637	XXI
211	Amer.	2449025	C. 49. I. 756	XIX
240	Amer.	2495233	C. 50. II. 1303	XVIIIb
252	Amer.	2533193	C. 51. II. 2527	X
257	Amer.	2508545	C. 51. I. 230	F
394	Amer.	2461917	C. 50. I. 2187	XIX
463	Amer.	2497483	C. 52. 1406	IX
469	Frz.	817036	C. 38. I. 211	XVII
470	Frz.	825974	C. 38. II. 1151	XVII
471	Amer.	2113302	C. 38. II. 1151	XVII
472	Eng.	479816	C. 38. II. 1151	XVII
473	DRP.	700764	C. 41. I. 1995	F
478	Frz.	845957	C. 40. I. 2356	I
480	Frz.	849596	C. 40. I. 2041	I
537	Amer.	2496227	C. 50. II. 1064	XIb
709	Amer.	2566516	C. 52. 8078	XXIII
604	Amer.	2494191	C. 50. II. 2132	XIV
621	Amer.	2400370	C. 47. 409	XV
631	Amer.	2556078	C. 53. 1103	XVIIIa
680	Amer.	2542762	C. 52. 2584	IX
681	Amer.	2517916	C. 51. II. 1962	IX
702	Amer.	2500487	C. 51. I. 3593	XXIV
721	Amer.	2443915	C. 48. II. 1355	XI
732	Amer.	2537870	C. 52. 3903	IX
733	Amer.	2564609	C. 53. 1107	XVIIIb
748	Amer.	2493596	C. 50. II. 1768	XIX
754	Amer.	2561796	C. 52. 6293	XIb
764	Amer.	2549050	C. 52. 6137	XIa
481046	Amer.	2424736	C. 48. II. 450	XII
065	DBP.	818118	C. 52. 1250	XIb
160	Frz.	963698	C. 51. I. 1396	XVI
185	Amer.	2326699	C. 45. II. 1675	XI
237	Amer.	2515483	C. 51. I. 1776	F
243	Norw.	62146	C. 40. II. 1384	XVIII
253	Amer.	2407071	C. 47. 285	XIV
256	Amer.	2496550	C. 50. II. 1300	XVIIIa
269	Amer.	2511938	C. 51. I. 1076	X
348	Schwz.	259250	C. 50. I. 1257	F
373	Frz.	942158	C. 50. I. 646	XIX
430	Frz.	929611	C. 49. II. 271	XIX
476	Frz.	965001	C. 51. I. 3236	F
545	Amer.	2549142	C. 51. II. 1991	XIX
659	Amer.	2516162	C. 51. I. 2974	XIb
660	Amer.	2517610	C. 51. II. 905	XIb
678	Amer.	2496390	C. 50. II. 1060	XIb
865	Amer.	2542122	C. 52. 298	XIa
931	Amer.	2447465	C. 49. I. 1278	F
954	Amer.	2534441	C. 52. 121	V
956	Schwd.	125178	C. 50. I. 1279	IX
960	Amer.	2328505	C. 45. II. 420	IX
980	Amer.	2412635	C. 47. 1140	XVI
982	DBP.	831128	C. 52. 4815	F
996	Dän.	72603	C. 52. 5665	XVI
482004	Frz.	947497	C. 50. I. 2271	V
014	Oest.	170273	C. 53. 1119	XXIV
019	Schwd.	127832	C. 51. I. 2488	III
030	Amer.	2543728	C. 51. II. 1945	III
032	DBP.	813573	C. 52. 1221	III
055	Amer.	2437799	C. 49. I. 150	XVIII
744	Amer.	2466773	C. 50. I. 2012	I
823	Amer.	2449023	C. 49. I. 240	VIII
905	Frz.	967857	C. 51. II. 1227	XVIIIb
999	Amer.	2537969 u. 970	C. 52. 1412	XIb
483093	Amer.	2426994	C. 48. II. 450	XII
483159	Amer.	2439229	C. 48. II. 1437	F
160	Amer.	2518264	C. 51. I. 2652	IX
166	Schwd.	129651	C. 51. II. 3379	IX
228	Amer.	2555049	C. 52. 3742	XIb
229	Amer.	2554180	C. 52. 6471	XX
232	Schwd.	128814	C. 51. II. 168	XX
271	Frz.	954627	C. 50. II. 364	XVIII
276	Amer.	2515155	C. 51. II. 325	XIX
553	Amer.	2537816	C. 52. 3085	IX
565	Amer.	2487850	C. 50. II. 1653	XXIV
583	Amer.	2415389	C. 47. 926	IX
584	Amer.	2547944	C. 52. 3094	XI
646	Amer.	2425045	C. 48. II. 1352	XI
648	Amer.	2466963	C. 50. I. 1421	XII
650	Amer.	2402977	C. 47. 143	XII
710	Amer.	2496894	C. 50. II. 2006	IX
726	Amer.	2443888	C. 48. II. 1244	XVII
727	Frz.	945986	C. 50. I. 2293	XIb
741	Amer.	2388439	C. 46. I. 1513	XIX
745	Amer.	2513189	C. 51. II. 2976	XXIV
746	Amer.	2534707	C. 52. 4875	XXIV
751	Amer.	2508705	C. 51. I. 1053	III
758	Amer.	2552032	C. 52. 2905	V
763	Norw.	77206	C. 51. II. 1647	V
767	Schwd.	110592	C. 45. II. 379	F
817	Amer.	2543215	C. 52. 1052	F
818	Amer.	2538322	C. 52. 571	F
826	Schwd.	131682	C. 52. 6409	F
897	Amer.	2516012	C. 52. 4384	XIb
900	Amer.	2512102	C. 51. I. 623	F
907	Amer.	2444858	C. 49. II. 357	IX
929	Schwz.	266641	C. 51. I. 2661	XIb
931	Schwd.	130177	C. 52. 6473	XX
932	Frz.	969522	C. 51. II. 3120	XX
935	Amer.	2451469	C. 49. I. 928	VIII
937	Amer.	2437710	C. 48. II. 904	XIb
943	Frz.	949412	C. 50. II. 116	XIb
977	DBP.	825451	C. 52. 3756	XVIII
983	Amer.	2375979	C. 45. II. 1773	F
994	Amer.	2505830	C. 51. I. 1086	XIb
484051	Amer.	2450384	C. 49. II. 260	XII
053	Frz.	959871	C. 51. I. 408	XVII
056	Amer.	2326140	C. 45. II. 1870	XIX
059	Amer.	2541339	C. 52. 627	XIX
063	Amer.	2541338	C. 52. 627	XIX
066	Amer.	2541340	C. 52. 627	XIX
077	Amer.	2532197	C. 51. II. 1217	XIb
122	Amer.	2568656	C. 52. 6144	XII
263	Amer.	2329436	C. 45. II. 103	XIX
264	Frz.	949405	C. 50. II. 225	IX
318	Amer.	2459740	C. 50. I. 2045	XII
323	Amer.	2515160	C. 51. I. 1379	IX
331	Oest.	165071	C. 51. I. 364	F
345	Norw.	77178	C. 51. II. 2095	V
347	Frz.	942066	C. 50. I. 639	XVIIIa
379	Amer.	2405922	C. 47. 300	XIX
385	Amer.	2529316	C. 51. II. 2123	XII
575	Amer.	2524046	C. 51. II. 2393	XIb
576	Amer.	2524045	C. 51. II. 2393	XIb
637	Amer.	2549549	C. 52. 1718	V
641	Amer.	2489711	C. 51. I. 3574	XIb
642	Amer.	2507263	C. 51. I. 2663	XIb
643	Amer.	2410124	C. 47. 402	XII
644	Amer.	2452313	C. 49. II. 1029	XI
645	Amer.	2452315	C. 49. II. 1029	XI
692	Amer.	2534226	C. 51. II. 2536	XVI
693	Amer.	2534227	C. 51. II. 2536	XVI
694	Amer.	2534228	C. 51. II. 2536	XVI
704	Amer.	2551421	C. 52. 5005	IX
732	Schwd.	129056	C. 51. II. 1365	XIa
758	Amer.	2489316	C. 49. E. 306	IX
759	Amer.	2538220	C. 51. II. 3679	XIX
768	Schwz.	262562	C. 50. II. 486	XVIIIb

Nr.	Land	Patent	C.	Klasse
484878	Amer.	2511258	C. 51. I. 2815	XIb
905	Amer.	2494297	C. 50. II. 2857	XIa
934	Amer.	2527795	C. 51. II. 1821	XIb
485063	Amer.	2531754	C. 51. II. 2920	F
221	Amer.	2369855	C. 45. II. 1805	VII
236	Amer.	2529840	C. 51. II. 2113	IX
251	Amer.	2456514	C. 50. I. 152	XXIV
253	Frz.	953576	C. 50. II. 1900	XIX
258	Amer.	2473260	C. 50. I. 2161	XI
268	Amer.	2493666	C. 50. II. 2587	F
270	DBP.	813554	C. 52. 284	VII
271	DBP.	827802	C. 52. 5487	IX
285	Frz.	956644	C. 50. II. 1405	XIb
331	Frz.	945618	C. 49. E. 144	X
337	Amer.	2447043	C. 49. I. 1195	XIX
399	Amer.	2540493	C. 52. 431	V
404	Amer.	2265941	C. 45. I. 1425	XI
407	Amer.	2445740	C. 48. II. 910	XII
422	Amer.	2458376	C. 50. I. 372	XXIV
433	Frz.	944671	C. 50. I. 1911	IX
435	Frz.	968209	C. 51. I. 1939	IX
436	DBP.	819092	C. 52. 2923	IX
438	Amer.	2526517	C. 51. II. 1639	IX
447	Amer.	2496978	C. 50. II. 957	XVII
490	Schwd.	127259	C. 51. I. 936	XIb
494	Amer.	2404405	C. 47. I. 424	XIX
502	DBP.	817908	C. 52. 5978	IX
503	Frz.	957238	C. 51. I. 263	XIb
511	Amer.	2488186	C. 49. E. 621	IX
523	Amer.	2499486	C. 50. II. 2621	XIb
601	Frz.	941218	C. 50. I. 461	XI
612	Frz.	942920	C. 50. I. 483	XXIVa
634	Amer.	2512606	C. 51. I. 1251	XVIIIb
653	Amer.	2504074	C. 51. I. 814	XXIV
654	Amer.	2527579	C. 51. II. 2078	F
664	Amer.	2420255	C. 47. 1342	XVI
668	Eng.	577843	C. 48. I. 1341	F
693	Amer.	2537343	C. 51. II. 2965	XVIIIa
732	Amer.	2508801	C. 51. I. 128	XIb
732	Schwd.	127069	C. 51. I. 663	XIb
784	Amer.	2514901	C. 51. I. 2988	XIX
824	Amer.	2503313	C. 51. II. 424	F
844	Amer.	2434190	C. 49. II. 345	IV
845	Amer.	2408615	C. 47. 496	IV
856	Amer.	2528235	C. 51. II. 2261	XIb
863	Amer.	2452765	C. 49. II. 719	XXIV
864	Amer.	2452765	C. 49. II. 719	XXIV
884	Amer.	2558378	C. 52. 3744	XIb
905	Amer.	2564374	C. 52. 6622	XVI
954	Amer.	2453259	C. 49. I. 1277	F
959	Amer.	2537620	C. 52. 1598	XIX
960	Amer.	2580490	C. 52. 7582	VII
486811	Amer.	2502782	C. 51. II. 468	XVIIIa
846	Amer.	2453665	C. 49. II. 1040	XXII
847	Amer.	2453666	C. 49. II. 1040	XXII
877	Amer.	2480723	C. 50. I. 1781	VIII
486878	Amer.	2469490	C. 50. I. 1520	VI
879	Amer.	2570020	C. 53. 1706	VI
880	Amer.	2528634	C. 51. II. 2098	VI
881	Amer.	2532386	C. 51. II. 1649	VI
884	Amer.	2535014	C. 51. II. 2920	F
889	Amer.	2534283	C. 52. 5180	XIb
891	Amer.	2518321	C. 51. II. 451	XI
893	Amer.	2572300	C. 52. 6748	V
899	Amer.	2508717	C. 51. I. 530	XIb
900	Amer.	2522776	C. 51. II. 1978	XII
922	Amer.	2407713	C. 47. 354	F
929	Amer.	2541103	C. 52. 265	F
939	Amer.	2517128	C. 51. I. 2092	XIb
943	Schwd.	124209	C. 50. I. 1382	F
954	Amer.	2574122	C. 52. 5514	XIX
990	Amer.	2512624	C. 51. I. 1823	XVIIIb
991	Amer.	2512631	C. 51. I. 1672	XIb
992	Amer.	2512632	C. 51. I. 1811	XIb
487076	Amer.	2461495	C. 50. I. 2422	XIb
232	Amer.	2448799	C. 49. II. 142	XI
234	Frz.	952728	C. 49. E. 483	XIb
712	Amer.	2491487	C. 50. II. 2478	VI
774	Amer.	2452200	C. 49. II. 155	XVIII
861	Amer.	2572185	C. 52. 5657	XIb
488017	Amer.	2551952	C. 52. 1549	I
032	DBP.	821554	C. 52. 4066	XIb
123	Amer.	2524392	C. 51. II. 750	IX
131	Amer.	2459062	C. 50. I. 817	XVIII
135	Amer.	2517530	C. 51. I. 3539	F
190	Amer.	2538103	C. 52. 1424	XVIIIa
203	Amer.	2507485	C. 51. I. 787	IX
212	Frz.	938592	C. 49. II. 1468	XIX
216	Amer.	2447725	C. 49. I. 111	VI
225	Amer.	2524054	C. 51. II. 1964	IX
229	Amer.	2510732	C. 51. I. 499	F
231	Amer.	2457820	C. 49. II. 784	F
236	Amer.	2533210	C. 51. II. 2531	XIb
266	Amer.	2555320	C. 52. 4853	XIb
268	Amer.	2561183	C. 52. 7103	XIb
270	Schwd.	128426	C. 51. I. 3128	XII
277	Frz.	948501	C. 49. E. 341	XIX
348	Amer.	2498227	C. 50. II. 2713	F
393	Amer.	2461300	C. 50. I. 1296	XVII
413	Amer.	2556459	C. 52. 3578	XIb
418	Oest.	170851	C. 52. 7429	XIV
419	Schwz.	269496	C. 51. I. 3276	XIV
427	Amer.	2498872	C. 51. I. 1937	IX
439	Amer.	2518286	C. 51. I. 2350	VII
441	Amer.	2310376	C. 48. I. 428	XIX
532	Amer.	2523235	C. 51. I. 3101	I
679	Amer.	2497074	C. 51. I. 1085	XIb
763	Amer.	2378030	C. 45. II. 738	XII
779	Amer.	2538100	C. 53. 2366	XIb
877	Amer.	2534079	C. 52. 5656	XIb
489818	Amer.	2544877	C. 51. II. 3544	XXIV

Dänische Patente

Nr.	Land	Patent	C.	Klasse
72045	Finn.	24799	C. 51. II. 879	III
061	Schwd.	129343	C. 51. II. 2652	VI
096	Schwd.	128628	C. 51. I. 2778	F
102	Schwd.	123270	C. 48. E. 453	F
123	Norw.	76967	C. 51. II. 1349	VI
214	Norw.	77024	C. 51. II. 2248	VIII
226	Schwd.	123563	C. 48. E. 452	F
257	Schwd.	126334	C. 50. II. 2956	III
271	Schwd.	126786	C. 51. I. 271	XVI
282	Schwd.	128365	C. 51. I. 2827	XVIIIb
323	Schwd.	123615	C. 48. E. 96	F
368	Finn.	24909	C. 51. II. 1348	VI
390	Oest.	166049	C. 50. II. 2361	VII
72436	Schwd.	127907	C. 51. I. 2473	F
437	Schwd.	128078	C. 51. I. 2331	F
465	Schwd.	128855	C. 51. II. 285	III
491	Schwd.	127834	C. 51. I. 2831	XXII
542	Schwd.	129862	C. 51. II. 3381	XIa
549	Norw.	77646	C. 52. 125	VI
644	Schwd.	128316	C. 51. I. 2990	XXI
781	Schwd.	129965	C. 51. II. 3385	XII
835	Schwd.	129602	C. 52. 5809	VIII
851	Schwd.	128027	C. 51. I. 2508	X
941	Schwd.	128824	C. 51. II. 769	XIX
978	Schwd.	126555	C. 50. II. 2974	XIa
979	Finn.	24871	C. 51. II. 1383	XXII

73175	Norw.	77183	C. 51. II. 3237	XIa
262	Norw.	76864	C. 52. 4876	XXIV
270	Norw.	77031	C. 51. II. 2515	VI
276	Norw.	78130	C. 52. 4671	III
338	Norw.	77245	C. 51. II. 2099	VI
344	Finn.	25215	C. 52. 2431	XIa
350	Schwd.	128761	C. 51. I. 3573	XIb
351	Norw.	76378	C. 51. II. 148	XII
353	Norw.	76112	C. 51. II. 743	VIII
388	Schwd.	131000	C. 52. 5481	VIII
426	Schwd.	128837	C. 51. II. 119	III
428	Finn.	24341	C. 51. I. 1933	VIII
458	Schwd.	123488	C. 48. E. 452	F
469	Schwd.	127210	C. 51. II. 574	F
488	Norw.	77443	C. 51. II. 2922	F
494	Norw.	76799	C. 51. II. 585	III
516	Schwd.	130365	C. 51. II. 3210	F
521	Schwd.	129847	C. 52. 293	IX
73530	Finn.	24649	C. 51. I. 3114	VIII
537	Schwd.	130563	C. 52. 2741	VII
573	Schwd.	129988	C. 51. II. 3541	XX
583	Amer.	2539915	C. 51. II. 3540	XIX
593	Norw.	76315	C. 51. I. 3592	XXIV
629	Norw.	76316	C. 51. I. 3592	XXIV
640	Schwd.	123561	C. 48. E. 452	F
676	Finn.	25484	C. 52. 7598	XIX
759	Schwd.	127568	C. 51. I. 1637	F
771	Norw.	77433	C. 51. II. 2668	XIb
772	Schwd.	127262	C. 51. I. 3563	VIII
787	Norw.	78125	C. 52. 4498	F
791	Schwd.	128023	C. 51. I. 2488	III
804	Norw.	76319	C. 51. I. 3592	XXIV
943	Finn.	24781	C. 51. II. 766	XVIIIb
944	Norw.	77220	C. 51. II. 1952	VI
979	Finn.	24145	C. 51. I. 814	XXII
983	Finn.	24148	C. 51. I. 3561	VIII

Englische Patente

574052	Frz.	54939	C. 52. 3745	VII
582268	Amer.	2405336	C. 47. 281	XII
598746	Frz.	971906	C. 51. II. 2934	III
611109	Frz.	959021	C. 51. I. 130	XIb
615770	Frz.	950846	C. 50. II. 1078	XIX
616453	Frz.	977848	C. 53. 1091	XIb
955	Schwz.	272421	C. 52. 1704	F
619014	Frz.	938479	C. 50. I. 121	IX
621583	Frz.	981249	C. 52. 5632	III
628013	DBP.	806267	C. 51. II. 1944	III
129	DBP.	838039	C. 52. 7392	III
630022	Frz.	959027	C. 50. II. 1750	XIb
631625	Amer.	2523863	C. 51. I. 3403	I
896	Amer.	2437838	C. 50. I. 656	XXIV
634356	Amer.	2557545	C. 52. 3393	VI
391	Can.	474795	C. 52. 2921	IX
479	Amer.	2556005	C. 52. 3392	VI
531	DBP.	825264	C. 52. 5620	F
536	Frz.	954662	C. 50. II. 240	XII
548	DBP.	845247	C. 53. 593	VI
580	Can.	474795	C. 52. 2921	IX
647	Can.	469195	C. 51. I. 1533	XIb
959	Frz.	960215	C. 50. II. 2371	IX
986	Schwd.	127697	C. 51. I. 1669	XIa
635185	Frz.	961455	C. 51. I. 1396	XVI
354	Schwz.	265143	C. 50. II. 2846	VI
581	DBP.	813460	C. 52. 3909	XIb
596	DBP.	839558	C. 52. 8057	XII
612	Norw.	77530	C. 52. 279	V
656	Amer.	2499848	C. 52. 6160	XIX
754	Frz.	925686	C. 47. E. 593	VI
923	Norw.	78035	C. 52. 3106	XVIIIb
934	Frz.	954198	C. 50. II. 1 03	IX
973	DBP.	814890	C. 52. 2272	XV
636034	Can.	455289	C. 50. II. 1626	IX
051	Can.	472525	C. 52. 132	VIII
151	DBP.	809847	C. 51. II. 3505	VI
287	Frz.	960027	C. 50. II. 2123	IX
319	DBP.	830110	C. 52. 6141	XIb
429	Frz.	975729	C. 52. 3094	XIb
466	Frz.	954671	C. 50. II. 224	IX
873	Amer.	2534803	C. 52. 582	I
637134	Amer.	2553695	C. 52. 3590	XVIIIa
222	Frz.	911800	C. 46. I. 1943	VIII
244	Frz.	945203	C. 50. I. 1549	XVIIIb
342	Amer.	2523390	C. 51. I. 3281	XVIIIa
346	DBP.	816759	C. 52. 1251	XIb
369	Frz.	998559	C. 53. 1701	III
385	DBP.	819296	C. 52. 2563	III
425	DBP.	819194	C. 52. 4701	XVI
656	Amer.	2497519	C. 51. I. 1251	XVIIIa
637849	Amer.	2507195	C. 51. II. 1356	VIII
638071	Frz.	963264	C. 51. I. 1391	XII
255	Schwz.	278656	C. 52. 5970	VIII
279	Finn.	25262	C. 52. 4391	XVIIIa
316	Amer.	2490164	C. 49. E. 641	XVIIIa
356	Amer.	2519978	C. 51. I. 1547	XVIIIb
411	Amer.	2500296	C. 51. I. 900	F
531	Amer.	2559794	C. 52. 3754	XVIIIa
556	Amer.	2540988	C. 52. 4050	VII
644	Amer.	2523264	C. 51. II. 1801	VI
651	Amer.	2503479	C. 50. II. 1872	VIII
889	Frz.	954618	C. 50. II. 1624	VIII
951	Schwd.	126819	C. 51. I. 119	IX
639025	Frz.	975287	C. 52. 2929	XIb
155	Oest.	168049	C. 52. 467	XVIIIb
160	Frz.	954752	C. 50. II. 706	X
231	DBP.	829770	C. 52. 6256	F
239	DBP.	811687	C. 51. II. 3506	VI
240	DBP.	816520	C. 52. 750	VI
551	Frz.	959822	C. 51. I. 408	XVII
685	DBP.	823791	C. 52. 4055	VIII
640075	Amer.	2553664	C. 52. 4392	XVIIIa
120	DBP.	833856	C. 52. 6140	XIb
143	Schwz.	266418	C. 50. II. 2116	VIII
158	Frz.	949983	C. 49. E. 310	IX
169	Frz.	955265	C. 50. II. 832	XII
195	Schwz.	263331	C. 50. II. 338	VIII
258	Schwz.	263291	C. 50. II. 591	XII
289	Schwz.	274316	C. 52. 2748	VIII
311	Frz.	959863	C. 51. I. 520	IX
421	Frz.	964667	C. 51. I. 1251	XVIIIb
578	Frz.	953950	C. 50. II. 490	XIX
832	Finn.	25432	C. 52. 7423	XIb
886	Schwz.	281200	C. 53. 601	VIII
972	Frz.	945404	C. 50. I. 1683	XVIIIb
641121	Frz.	963881	C. 51. I. 147	XIX
242	Amer.	2542285	C. 52. 1595	XVIIIb
264	Frz.	952764	C. 50. II. 226	IX
284	Frz.	979277	C. 52. 2930	XIb
301	Oest.	166432	C. 50. II. 2001	VIII
437	Schwz.	273948	C. 52. 3245	IX
605	Dän.	72160	C. 52. 4976	F
609	Amer.	2558037	C. 52. 5840	XVIIIb
653	Amer.	2503341	C. 51. I. 793	XIb
642134	Can.	467532	C. 51. I. 1380	IX
258	Frz.	972211	C. 52. 1414	XIb
277	Amer.	2514026	C. 51. I. 932	XI
303	Schwd.	130455	C. 52. 4399	XXII
592	Amer.	2538152	C. 52. 136	X
768	Frz.	961472	C 51. I. 1801	VIII
827	Amer.	2544292	C. 52. 2089	XIb

642830	DBP.	821201	C. 52. 3733	IX
905	Amer.	2533808	C. 52. 4218	IX
943	Amer.	2544231	C. 52. 1891	V
950	Finn.	25161	C. 52. 2257	IX
959	Frz.	954557	C. 50. II. 240	XII
643009	Frz.	944274	C. 50. I. 1384	F
089	DBP.	819693	C. 52. 3902	IX
273	Amer.	2469407	C. 50. I. 1928	XVIIIb
303	Amer.	2560971	C. 52. 4675	V
308	Amer.	2541642	C. 52. 4065	XIa
348	Amer.	2535359	C. 52. 4392	XVIIIa
353	Schwz.	262269	C. 50. II. 227	XIII
		u. 270	C. 50. II. 2983	XIII
365	Frz.	954389	C. 50. II. 1602	F
386	Oest.	165768	C. 51. I. 544	XVIIIb
458	Frz.	951039	C. 50. II. 1073	XVIIIb
610	Frz.	966139	C. 51. I. 1663	IX
666	Dän.	72584	C. 52. 6630	XVIIIb
681	Amer.	2513923	C. 51. I. 1668	X
687	Amer.	2530509	C. 52. 4533	IX
752	Can.	476074	C. 53. 778	XIb
950	Can.	474774	C. 52. 3908	XIb
644078	Schwd.	130803	C. 52. 2389	F
298	Amer.	2412592	C. 47. 1145	XVIII
325	Amer.	2422948	C. 47. 1500	VIII
358	Schwd.	129998	C. 52. 462	XVII
399	Frz.	954294	C. 50. II. 1277	VII
422	DBP.	822552	C. 52. 3703	F
422	Schwz.	258454	C. 50. I. 1510	F
430	Amer.	2538802	C. 52. 1386	V
447	Amer.	2536136	C. 52. 742	I
468	Oest.	167302	C. 51. I. 1234	XIb
468	Schwd.	130057	C. 52. 778	XIb
580	Frz.	900248	C. 46. I. 1775	VIII
582	Frz.	944317	C. 50. I. 1759	F
628	Schwd.	130426	C. 52. 1570	IX
636	Schwz.	266586	C. 50. II. 2846	VI
791	Schwz.	261542	C. 50. I. 1914	XIa
832	Schwz.	272635	C. 52. 1402	VIII
645034	Amer.	2488502	C. 50. II. 2742	XIb
035	Amer.	2488503	C. 50. II. 2743	XIb
065	Frz.	953868	C. 50. II. 349	XIb
067	DBP.	837928	C. 52. 7103	XIb
088	Amer.	2542783	C. 52. 1089	XIb
152	Frz.	958848	C. 51. I. 1397	XVI
180	DBP.	814317	C. 52. 1875	F
230	Frz.	966214	C. 51. I. 1073	IX
350	Amer.	2568656	C. 52. 6144	XII
409	Schwz.	281281	C. 53. 120	VII
431	Schwd.	129846	C. 52. 447	IX
446	DBP.	842070	C. 52. 7736	IX
551	Amer.	2566362	C. 52. 4075	XVII
828	Amer.	2537636	C. 52. 3417	XII
646031	Can.	468643	C. 51. I. 1818	XVI
052	Frz.	962643	C. 50. II. 2371	IX
116	DBP.	821346	C. 52. 3406	IX
149	Schwz.	276268	C. 52. 1703	F
200	Oest.	166444	C. 52. 1266	XVIIIb
422	DBP.	821119	C. 52. 2108	XVIIIb
434	Frz.	967783	C. 51. II. 318	XVII
488	DBP.	823348	C. 52. 4055	VIII
750	DBP.	825551	C. 52. 3084	IX
758	Oest.	167304	C. 52. 3053	F
828	Frz.	941289	C. 50. I. 1385	F
829	Frz.	966554	C. 51. I. 1074	IX
946	Amer.	2513999	C. 51. I. 1042	F
950	Frz.	957707	C. 50. II. 2374	X
963	Frz.	981694	C. 52. 4081	XVIIIb
971	Amer.	2518133	C. 51. I. 2824	XVIIIa
647133	Finn.	24633	C. 51. I. 1359	I
272	Amer.	2444005	C. 49. II. 1235	IX
350	Frz.	951803	C. 50. II. 1895	XVIIIb
487	Amer.	2550814	C. 52. 3734	IX
647490	DBP.	824854	C. 52. 4214	VIII
572	DBP.	842404	C. 52. 7748	XII
596	Norw.	77754	C. 52. 4696	XIb
732	DBP.	854432	C. 53. 1731	XII
782	Schwz.	266114	C. 50. II. 2851	VIII
970	Amer.	2581915	C. 53. 152	XVIIIa
971	Frz.	960026	C. 51. I. 389	IX
997	Amer.	2531380	C. 51. II. 2525	IX
648250	DBP.	832680	C. 52. 6940	XIb
253	DBP.	832680	C. 52. 6940	XIb
258	Schwz.	280584	C. 53. 922	VIII
332	Schwz.	260551	C. 49. E. 478	X
333	Frz.	958848	C. 51. I. 1397	XVI
381	DBP.	838508	C. 52. 6615	XIb
406	Frz.	959099	C. 50. II. 1745	IX
481	Amer.	2537131	C. 52. 1086	IX
619	Frz.	963491	C. 50. II. 2465	F
655	Frz.	968552	C. 51. II. 135	VIII
786	Oest.	165057		
		u. 058	C. 50. II. 2832	F
883	Frz.	922965	C. 47. E. 147	XVIIIb
892	Amer.	2559790	C. 52. 5016	XIb
900	Frz.	954199	C. 50. II. 713	XII
649027	Amer.	2548173	C. 52. 5173	IX
034	Schwz.	272993	C. 51. II. 3377	VIII
044	Frz.	981693	C. 52. 4081	XVIIIb
045	Schwz.	277950	C. 52. 5997	XVIIIb
094	Frz.	952828	C. 50. II. 601	XVIIIb
261	Amer.	2496566	C. 51. I. 2825	XVIIIa
342	Amer.	2537316	C. 52. 595	VIII
474	Amer.	2540475	C. 52. 1915	XIb
499	Finn.	978742	C. 52. 6433	VIII
511	Schwd.	131825	C. 52. 7400	VI
609	Schwz.	278592	C. 52. 5492	XIa
642	Finn.	25086	C. 52. 621	XVIIIb
646	Frz.	960920	C. 51. I. 263	XIb
765	DBP.	830149	C. 52. 5665	XVI
887	Schwz.	273409	C. 52. 2421	VIII
906	Frz.	960821	C. 50. II. 2126	XIa
972	Can.	467864	C. 51. I. 1408	XXI
981	Schwd.	129845	C. 52. 4189	F
650187	Amer.	2538942	C. 51. II. 3353	F
276	Amer.	2472462	C. 50. I. 2387	F
309	Amer.	2515483	C. 51. I. 1776	F
317	Amer.	2563792	C. 52. 5496	XIb
341	Schwd.	130994	C. 52. 1554	V
343	Schwz.	278586	C. 52. 7090	IX
389	Frz.	948477	C. 50. II. 226	IX
720	Frz.	950335	C. 50. II. 1524	XVII
822	Frz.	954567	C. 50. II. 703	IX
838	Amer.	2537015	C. 52. 934	XIb
876	Amer.	2575443	C. 52. 5986	XIb
943	Oest.	169786	C. 52. 5327	VIII
972	Frz.	962075	C. 51. I. 1402	XVIIIb
996	Frz.	987699	C. 52. 4710	XVIIIb
651004	DBP.	815317	C. 52. 912	VI
073	Frz.	961479	C. 51. I. 118	IX
174	DBP.	831583	C. 52. 4817	F
269	DBP.	831582	C. 52. 4818	F
302	Amer.	2541977	C. 52. 2928	XIa
311	Amer.	2480817	C. 50. I. 1271	VII
405	Schwz.	272245	C. 52. 156	XVIIIb
450	Schwz.	272245	C. 52. 156	XVIIIb
408	Amer.	2572185	C. 52. 5657	XIb
412	Amer.	2515878	C. 52. 6298	XII
544	Amer.	2488564	C. 50. II. 1980	F
545	Amer.	2488565	C. 50. II. 1980	F
611	DBP.	810221	C. 52. 2250	VIII
656	Schwd.	130999	C. 52. 1909	IX
710	Schwz.	272946	C. 52. 105	F
840	Amer.	2219748	C. 41. I. 2179	IX
971	Frz.	977641	C. 52. 7578	XIa
972	Amer.	2502453	C. 52. 4211	VII

652024	Norw.	79272	C. 53.	615	XIb
029	Frz.	975792	C. 53.	1555	VIII
135	Amer.	2460367	C. 50. I.	1396	VI
186	Can.	468364	C. 51. I.	1250	XVIIIb
234	Schwz.	276475	C. 52.	2418	VIII
272	DBP.	814447	C. 52.	928	IX
273	Schwd.	131000	C. 52.	1704	F
275	DBP.	814448	C. 52.	2754	IX
278	DBP.	814450	C. 52.	1571	IX
280	DBP.	814599	C. 52.	2081	IX
326	Schwz.	270835	C. 51 II.	1817	X
370	Schwd.	130419	C. 52.	1914	XIa
452	DBP.	841614	C. 53.	775	X
457	Frz.	954067	C. 50. II.	239	XII
462	DBP.	817907	C. 52.	1928	XVIIIa
566	Amer.	2495255	C. 51. I.	265	XIb
669	Frz.	971024	C. 52.	934	XIb
741	Amer.	2536014	C 52 I	4711	XVIIIb
746	DBP	829649	C. 52.	5997	XVIIIb
760	Frz.	964251	C. 51. I.	1552	XIX
809	Frz.	971015	C. 52.	1907	IX
844	Schwz.	279590	C. 52.	7919	XVIIIb
899	Amer.	2549099	C. 52.	2585	X
988	Amer.	2541803	C. 52.	1427	XVIIIb
653055	Amer.	2497135	C. 51. I.	804	XVIIIa
058	Frz.	960861	C. 51. I.	2222	IX
117	Frz.	971296	C. 52.	7088	VIII
187	Amer.	2536789	C. 52.	3095	XII
268	Frz.	959403	C. 50. II.	2130	XII
375	Amer.	2523482	C. 51. II.	2081	F
377	Amer.	2523482	C. 51. II.	2081	F
379	Amer.	2523482	C. 51. II.	2081	F
530	Schwz.	266423	C. 51. I.	2958	VIII
681	Frz.	963371	C. 51. I.	2671	XVIIIb
839	Frz.	957842	C. 51. I.	1791	VI
913	Amer.	2487840	C. 50. II.	2878	XIX
654215	Amer.	2544272	C. 52.	734	F
740	Amer.	2515275	C. 51. I.	2211	VI
655258	Oest.	165049	C. 52.	1931	XVIIIb
364	Frz.	958134	C. 51. I.	372	I
519	DBP.	815073	C. 52.	1875	F
668	Can.	462523	C. 50. II.	1511	IX
909	Schwz.	261125	C. 50. I.	1414	X
995	Schwz.	269253	C. 52.	2579	VIII
656282	Schwz.	263116	C. 50. II.	1497	III
472	Oest.	163629	C. 49. E.	101	F
919	Amer.	2546101	C. 52.	942	XVI
657509	Amer.	2547980	C. 52.	3101	XVI
511	Amer.	2535730	C. 51. II.	2820	XVIIIa
580	Amer.	2529493	C. 51. II.	293	VIII
674	Amer.	2521770	C. 51. I.	3090	F
674	Amer.	2540238	C. 52.	735	F
902	Amer.	2512572	C. 51. I.	1498	F
658204	DBP.	830511	C. 53.	2328	F
520	DBP	831603	C. 52.	6452	XII
640	Frz.	979232	C. 52.	3416	XIb
721	Amer.	2567822	C. 53.	1248	X
724	Amer.	2508545	C. 51. I.	230	F
659011	Amer.	2495363	C. 50. II.	1183	XIb
028	DBP.	820949	C. 52.	2050	F
036	DBP.	844402	C. 53.	152	XVIIIa
053	DBP.	834885	C. 52.	6258	F
251	DBP.	817151	C. 52.	2424	IX
367	Amer.	2547907	C. 52.	2902	III
457	DBP.	814866	C. 52.	2452	XIX
476	DBP.	801210	C. 51. II.	1062	IX
483	DBP.	812077	C. 52.	2257	IX
709	Amer.	2552059	C. 52.	2770	XVI
836	Amer.	2534079	C. 52.	5656	XIb
842	DBP.	818350	C. 52.	417	F
884	Amer.	2534828	C. 52.	1600	XIX
893	DBP.	825030	C. 52.	5646	VIII
944	DBP.	814866	C. 52.	2452	XIX
659946	Amer.	2538105	C. 52.	105	F
972	Amer.	2540680	C. 52.	105	F
660006	Frz.	970052	C. 51. II.	3211	F
203	DBP.	810534	C. 52.	1875	F
361	Amer.	2528506	C. 51. II.	1981	XVI
385	DBP.	808738	C. 52.	933	X
502	Oest.	166940	C. 51. I.	1258	XXIII
582	Amer.	2537933	C. 51. II.	3354	F
583	Amer.	2537934	C. 51. II.	3354	F
702	Frz.	983707	C. 52.	7438	XVIIIb
722	Amer.	2496363	C. 51. I.	366	F
661241	Amer.	2570686	C. 53.	1560	IX
291	Amer.	2569960	C. 52.	6615	XIb
292	Amer.	2569959	C. 52.	6615	XIb
374	DBP.	837533	C. 52.	6576	F
375	Amer.	2508005	C. 51. I.	258	IX
491	DBP.	802880	C. 51. II.	1784	F
494	Amer.	2580730	C. 53.	768	IX
703	Amer.	2507184	C. 51. I.	408	XVII
800	DBP.	810270	C. 52.	603	X
907	DBP.	816721	C. 52.	3737	X
913	Frz.	982841	C. 52.	4392	XVIIIa
662197	DBP.	813089	C. 52.	955	XXIV
466	Frz.	957592	C. 50. II.	1891	XVII
758	DBP.	818937	C. 52.	5943	F
810	DBP.	818690	C. 52.	1413	XIb
663033	Amer.	2558128	C. 52.	3751	XVI
036	Frz.	959188	C. 52.	3426	XVIIIa
097	DBP.	825413	C. 52.	7383	F
201	Schwd.	130996	C. 52.	1907	IX
364	Oest.	165063	C. 50. II.	2122	IX
445	Schwd.	130054	C. 52.	1093	XII
575	DBP.	807891	C. 51. II.	3684	XXIV
664270	Amer.	2529922	C. 52.	6640	XXIV
346	Amer.	2510096	C. 51. I.	1826	XIX
695	DBP.	837099	C. 52.	6257	F
849	Amer.	2541252	C. 52.	1252	XIb
914	Frz.	975827	C. 52.	2946	XVIIIb
993	Oest.	165080	C. 52.	621	XVIIIb
665147	DBP.	818348	C. 52.	416	F
337	Oest.	168645	C. 52.	1377	F
339	DBP.	820436	C. 52.	2389	F
339	Amer.	2576825	C. 52.	5940	F
585	DBP.	823593	C. 52.	4816	F
585	Schwd.	129743	C. 52.	3872	F
679	DBP.	844895	C. 53.	2836	IX
666101	Frz.	997049	C. 52.	4028	F
173	Amer.	2561153	C. 52.	5180	XIb
199	DBP.	837436	C. 53.	310	XVIIIb
265	Amer.	2519627	C. 52.	4369	VIII
315	Schwz.	272269	C. 52.	2250	VIII
315	Schwz.	272270	C. 52.	3403	VIII
343	Amer.	2554504	C. 52.	5632	III
373	DBP.	816545	C. 52.	3246	IX
390	Amer.	2551353	C. 52.	6941	XIb
457	DBP.	833962	C. 52.	5786	F
869	DBP.	829801	C. 52.	7086	VIII
892	Frz.	965159	C. 51. II.	3378	IX
920	DBP.	806994	C. 51. II.	3068	F
953	DBP.	845198	C. 52.	8048	IX
667075	Amer.	2541874	C. 52.	1736	IX
098	Amer.	2595196	C. 53.	1691	F
106	DBP.	810628 u. 629	C. 52.	1052	F
107	DBP.	810628 u. 629	C. 52.	1052	F
339	DBP.	825193	C. 52.	7410	VIII
622	Frz.	983482	C. 52.	4078	XVIIIa
785	Frz.	979929	C. 52.	2408	VI
668235	DBP.	814445	C. 52.	4814	F
342	DBP.	809803	C. 52.	765	IX
470	Schwz.	274307	C. 53.	281	VIII
496	Amer.	2516139	C. 51. I.	2356	VIII

668530	Schwz.	277299	C. 52.		6127	IX
620	DBP.	817457	C. 52.		3719	V
761	DBP.	818353	C. 52.		5941	F
779	Schwd.	131087	C. 52.		4378	X
964	Amer.	2568016	C. 53.		2992	IX
999	DBP.	808836	C. 51.	II.	2947	IX
669002	DBP.	816089	C. 52.		5175	X
016	DBP.	818345	C. 52.		1539	F
016	DBP.	820735	C. 52.		2223	F
057	Amer.	2512283	C. 51.	I.	522	IX
129	DBP.	823448				
		823591				
		u. 592	C. 52.		4028	F
189	Amer.	2555589	C. 53.		2676	IX
206	DBP.	832787	C. 52.		6470	XIX
220	Schwz.	273076	C. 52.		929	IX
259	Amer.	2528634	C. 51.	II.	2098	VI
396	Frz.	968546	C. 51.	II.	133	VIII
416	Frz.	986151	C. 53.		580	F
425	DBP.	827357	C. 52.		4515	V
575	DBP.	814295	C. 52.		2258	IX
697	Can.	467573	C. 51.	I.	2078	VIII
771	DBP.	842270	C. 53.		1252	XIb
852	Frz.	993381	C. 52.		6953	XVIIIa
889	Amer.	2546551	C. 52.		1736	IX
670030	DBP.	814297	C. 52.		3725	VII
094	Amer.	2510355	C. 51.	I.	2525	XVIIIa
097	DBP.	832897	C. 52.		5478	VII
211	DBP.	823448	C. 52.		4028	F
211	DBP.	823591				
		u. 592	C. 52.		4028	F
393	DBP.	829217	C. 52.		6614	XIb
434	Amer.	2511861	C. 51.	I.	522	IX
501	Amer.	2559617	C. 52.		3408	IX
522	Frz.	990008	C. 52.		7260	X
522	Oest.	169324	C. 52.		7260	X
546	Oest.	170022	C. 52.		3409	X
580	Schwz.	262433	C. 50.	I.	1257	F
895	DBP.	808834	C. 52.		445	IX
934	Amer.	2549118	C. 53.		1732	XII
986	Schwd.	130365	C. 51.	II.	3210	F
987	Schwd.	130366	C. 51.	II.	3210	F
991	Schwz.	273953	C. 52.		447	IX
671045	Oest.	171172	C. 52 .		7743	XIb
213	DBP.	814722	C. 52.		1389	VI
295	DBP.	835036	C. 52.		5622	F
408	Amer.	2549270	C. 52.		2287	XIX
449	DBP.	819991	. 52.		6930	IX
721	DBP.	842044	C. 52.		7915	XVIIIa
820	Can.	481431	C. 52.		7751	XIV
880	DBP.	825087	C. 52.		3902	IX
915	Oest.	169338	C. 52.		5645	VIII
935	DBP.	839594	C. 52.		5665	XVI
948	DBP.	838214	C. 52.		6451	XIb
672048	DBP.	841455	C. 53.		447	IX
136	Frz.	979821	C. 52.		2589	XIb
367	Schwz.	274537	C. 52.		3732	VIII
407	DBP.	809461	C. 52.		572	F
418	DBP.	840441	C. 52.		1239	VIII
496	Amer.	2528355	C. 51.	II.	3401	XIX
594	Amer.	2540104	C. 52.	I.	928	IX
650	DBP.	829198	C. 52.		6636	XIX
651	DBP.	829198	C. 52.		6636	XIX
727	DBP.	820307	C. 52.		3870	F
727	Oest.	170243	C. 52.		6734	F
753	DBP.	833536	C. 52.		5491	XIa
805	DBP.	825259	C. 52.		7095	IX
806	DBP.	812550	C. 52.		572	F
824	Amer.	2557942	C. 52.		6435	IX
825	Amer.	2507517	C. 51.	I.	266	XIb
872	Amer.	2556566	C. 52.		2720	F
908	Amer.	2542312	C. 53.		1248	X
972	Schwd.	129818	C. 52.		2769	XVI
672992	Frz.	995249	C. 52.		7270	XII
673101	Amer.	2547782	C. 52.		4979	F
139	Amer.	2507520	C. 51.	I.	652	IX
255	Frz.	990808	C. 52.		7117	XVIIIa
555	DBP.	837588	C. 52.		6256	F
558	DBP.	817912	C. 52.		4979	F
576	DBP.	831252	C. 52.		5172	IX
632	Frz.	954207	C. 50.	II.	358	XVII
633	Amer.	2556566	C. 52.		2720	F
638	Frz.	985277	C. 52.		7411	VIII
677	DBP.	831632	C. 52.		6125	VIII
711	Oest.	169071	C. 52.		1246	X
798	Schwz.	279108	C. 53.		1690	F
814	Can.	465861	C. 51.	I.	1250	XVIIIb
836	Amer.	2548471	C. 52.		2238	V
866	DBP.	820266	C. 52.		3071	VI
871	Amer.	2535190	C. 52.		6469	XIX
997	Amer.	2535191				
		u. 5192	C. 52.		6159	XIX
674059	DBP.	818349	C. 52.		734	F
		u. 492	C. 52.		734	F
061	DBP.	820437	C. 52.		2224	F
080	Amer.	2564291	C. 52.		5656	XIb
088	DBP.	823448	C. 52.		4028	F
153	Amer.	2499181	C. 51.	I.	257	IX
178	Frz.	977296	C. 52.	I.	3577	XIb
315	DBP.	833488	C. 52.		4516	V
324	Frz.	975772	C. 52.		4516	V
400	Frz.	995112	C. 52.		4517	V
444	Oest.	169817	C. 52.		5810	VIII
519	DBP.	832495	C. 52.		6770	XIb
581	Can.	471147	C. 51.	II.	1175	F
591	DBP.	863655	C. 53.		2847	XIb
594	DBP.	836802	C. 53.		2328	F
638	Amer.	2553375	C. 52.		6441	X
716	Amer.	2540146	C. 52.		2591	XIb
808	DBP.	831543	C. 52.		5474	V
846	DBP.	825376	C. 52.		6273	VI
876	Amer.	2576914	C. 53.		467	XVIIIa
877	Amer.	2550684	C. 53.		3145	VIII
891	Frz.	987751	C. 52.		7885	VIII
953	Frz.	965160	C. 51.	II.	3379	IX
675041	Amer.	2544079	C. 52.		1243	IX
051	Amer.	2512390	C. 51.	I.	653	IX
057	Amer.	2563005	C. 52.		6143	XIb
131	DBP.	818203	C. 52.		2060	III
137	DBP.	828537	C. 52.		5675	XVIIIb
165	Frz.	960045	C. 50.	II.	2256	XIa
166	Frz.	962845	C. 51.	I.	1669	XIa
167	Frz.	962846	C. 51.	I.	1669	XIa
169	Frz.	960044	C. 51.	I.	131	XIb
170	Frz.	960044	C. 51.	I.	131	XIb
237	DBP.	840746	C. 53.		318	XXI
240	Amer.	2561011	C. 52.		3581	XII
247	DBP.	859352	C. 53.		2491	F
253	DBP	831235	C. 52.		5953	I
298	DBP.	815541	C. 52.		6463	XVIIIb
306	Schwd.	130563	C. 52.		2741	VII
341	Amer.	2535036	C. 52.		4359	V
359	Amer.	2551197	C. 52.		1226	VI
430	DBP.	840698	C. 53.		578	F
444	DBP.	814984	C. 52.		1905	VIII
478	Frz.	974879	C. 52.		3435	XXI
489	DBP.	821237	C. 52.		2764	XII
547	DBP.	808788	C. 52.		454	XIb
594	DBP.	845248	C. 53.		593	VI
627	DBP.	805567	C. 51.	II.	3239	XI
709	DBP.	830194	C. 52.		7257	IX
784	Schwz.	278587	C. 53.		1245	IX
800	Schwz.	276120	C. 52.		6441	X
823	Amer.	2542827	C. 52.		3093	XIb
979	Amer.	2528058	C. 52.		3914	XIV
676011	Frz.	982385	C. 53.		.1410	XIb

676024	Oest.	168063	C. 51. II.	865	F
090	Oest.	171160	C. 52.	8030	V
130	Amer.	2538721	C. 52.	897	F
188	Amer.	2560744	C. 52.	3580	XII
189	Amer.	2560743	C. 52.	3745	XII
198	Schwz.	269520	C. 51. I.	1934	VIII
232	Amer.	2588051	C. 53.	2049	XVIIIa
280	Amer.	2542072	C. 52.	6139	XIa
447	DBP	802893	C. 51. II.	3099	XIb
563	DBP.	850540	C. 53.	1715	IX
564	Amer.	2508433	C. 51. I.	758	F
619	Frz.	966014	C. 52.	573	F
683	Frz.	963866	C. 50. II.	2347	F
686	Frz.	977877	C. 52.	3762	XXI
699	DBP.	831432	C. 52.	7262	X
721	Amer.	2574597	C. 52.	7100	XIa
723	Amer.	2575125	C. 53.	457	XII
738	DBP.	831885	C. 52.	5305	F
889	Frz.	996447	C. 52.	4541	XIb
677216	Amer.	2564365	C. 52.	4044	V
293	DBP.	839278	C. 52.	5675	XVIIIb
381	DBP.	825865	C. 53.	610	X
392	Amer.	2572248			
		u. 249	C. 52.	4673	V
397	Amer.	2538051	C. 52.	1090	XIb
433	Amer.	2534308	C. 52.	5657	XIb
442	DBP.	814001	C. 52.	2426	IX
443	DBP	829891	C. 52.	7891	IX
459	Amer.	2579873	C. 53.	1266	XVIIIa
487	DBP.	835178	C. 53.	1375	F
505	Amer.	2558728	C. 52.	5340	XIb
532	Amer.	2536430	C. 52.	1255	XIV
584	Amer.	2538355	C. 52.	5497	XII
598	Amer.	2575317	C. 52.	5635	V
700	DBP.	816690	C. 52.	425	I
771	Amer.	2554592	C. 52.	6296	XIb
805	DBP.	842406	C. 53.	1253	XIb
878	DBP.	830946	C. 52.	5154	V
895	Frz.	982695	C. 52.	7411	VIII
678125	DBP.	852087	C. 53.	2805	F
194	DBP.	818199	C. 52.	1395	VII
312	DBP.	843547	C. 53.	272	V
313	DBP.	843252	C. 53.	2339	V
345	DBP.	822551	C. 52.	3405	IX
351	Amer.	2564967	C. 52.	7095	IX
468	DBP.	817921	C. 52.	3570	IX
489	Oest.	171706	C. 53.	741	F
508	Amer.	2538081	C. 52.	1052	F
525	Amer.	2596820	C. 53.	2360	X
541	Amer.	2530202	C. 51. II.	1813	IX
551	Amer.	2485669	C. 50. II.	122	XVI
568	Amer.	2572238	C. 52.	6130	IX
578	DBP.	825094	C. 52.	4521	VII
679	Amer.	2544630	C. 52.	572	F
899	DBP.	835592	C. 52.	6915	V
912	Schwz.	272285	C. 52.	1435	XXIV
920	Schwz.	274858	C. 52.	7267	XIb
921	Amer.	2505053	C. 51. II.	1175	F
956	DBP.	818425	C. 52.	3743	XIb
679001	Can.	477323	C. 53.	579	F
005	DBP.	837242	C. 52.	5940	F
054	DBP.	821615	C. 52.	4381	XIa
184	DBP.	832542	C. 52.	5359	XXIV
391	DBP.	831551	C. 52.	4345	F
397	Amer.	2539485	C. 52.	922	VIII
418	DBP.	859310	C. 53.	2838	IX
664	DBP.	829890	C. 52.	7893	IX
699	Amer.	2534235			
		bis 247	C. 52.	4343	F
749	DBP.	831553	C. 52.	6470	XIX
758	DBP	833707	C 52	6450	XIb
761	Amer.	2515250	C. 51. II.	1070	XIb
809	Amer.	2558014	C. 52.	3540	F
679834	DBP.	849903	C. 53.	1891	XIb
836	Amer.	2564292	C. 52.	5656	XIb
893	Amer.	2548544	C. 52.	4693	X
893	Amer.	2576846			
		u. 847	C. 52.	6766	X
923	Amer.	2514017	C. 51. I.	3140	XIX
680168	DBP.	824816	C. 53.	1405	X
200	Frz.	917298	C. 46. I.	684	XVII
220	Schwd.	131259	C. 52.	4395	XVIIIb
232	DBP.	841440	C. 52.	6743	I
255	DBP.	838142	C. 52.	7539	F
335	DBP.	807688	C. 52.	770	IX
369	Amer.	2522858	C. 51. I.	3090	F
378	DBP.	836066	C. 53.	774	X
380	Amer.	2549921	C. 52.	2762	XIb
413	Amer.	2551733	C. 52.	1554	V
431	DBP.	823775	C. 52.	3705	F
435	Amer.	2548420	C. 52. I.	1904	VIII
623	Amer.	2539365	C. 52.	6309	XVIIIb
662	DBP.	824054	C. 52.	2050	F
953	Schwz.	280469	C. 53.	2028	IX
971	DBP.	849549	C. 53.	918	VII
996	Schwz.	277661	C. 52.	6291	XIa
997	Amer.	2500600	C. 52.	5658	XIb
681011	Amer.	2558013	C. 52.	6137	XIa
108	DBP.	837908	C. 52.	8078	XXII
198	DBP.	800663	C. 51. I.	2806	IX
251	DBP.	818642	C. 52.	3228	V
357	Norw.	77972	C. 52.	2950	XIX
386	Amer.	2551353	C. 52.	6941	XIb
523	DBP.	835787	C. 52.	6576	F
622	Amer.	2543041	C. 52.	289	VIII
792	DBP.	834102	C. 52.	5619	F
803	Amer.	2558378	C. 52.	3744	XIb
865	Amer.	2539586	C. 52.	787	XVIIIa
870	DBP.	849463	C. 53.	776	XIa
944	DBP.	829798	C. 52.	5015	XIb
991	Amer.	2541027	C. 52.	7102	XIa
682020	DBP.	826795	C. 52.	4527	VIII
023	DBP.	810667	C. 52.	1091	XIa
038	Amer.	2542070	C. 52.	6139	XIb
058	DBP.	840694	C. 52.	6930	IX
065	Amer.	2495458	C. 51. I.	401	XIb
180	Amer.	2537031	C. 52.	141	XIb
181	Amer.	2537030	C. 52.	1090	XIb
254	DBP.	816760	C. 52.	4067	XIb
289	Amer.	2542071	C. 52.	6139	XIb
329	DBP.	842527	C. 53.	102	F
332	Norw.	78398	C. 53.	1234	VII
415	Amer.	2537969	C. 52.	1412	XIb
690	DBP.	833960	C. 53.	1058	F
771	DBP.	818257	C. 52.	2592	XII
801	DBP.	820788	C. 52.	6099	F
878	Frz.	989933	C. 52.	8067	XVIIIb
959	Amer.	2546474	C. 52.	3716	III
683067	Amer.	2560420	C. 52.	2932	XIb
084	DBP.	819694	C. 52.	3435	XXI
156	Amer.	2535189	C. 52.	3909	XIb
192	DBP	814770	C 52	732	F
251	DBP	831540	C 52	6288	X
303	Amer.	2565141	C. 52.	7745	XIb
405	DBP.	855480	C. 53.	2058	XIX
410	Schwz.	276488	C. 52.	5188	XVIIIa
451	Amer.	2548186	C. 52.	3093	XIb
526	Norw.	79091	C. 53.	626	XVII
527	Norw.	79091	C. 53.	626	XVII
620	Amer.	2494597	C. 50. II.	2136	XVIIIb
632	DBP.	831754	C. 52.	4345	F
674	DBP.	839503	C. 53.	1561	IX
772	Amer.	2590140	C. 53.	1856	F
958	DBP.	838061	C. 52.	6943	XIb
684032	DBP.	826746	C. 52.	6267	I
149	Amer.	2527807	C. 51. II.	1964	IX

684295	Amer.	2557802	C. 53.	2837	IX
296	Amer.	2557803	C. 53.	454	XIb
369	DBP.	825544	C. 52.	5169	IX
417	Amer.	2516080	C. 51.	I. 1917	F
515	Can.	474846	C. 52.	3408	IX
572	Amer.	2572248	C. 52.	4673	V
678	Oest.	170281	C. 52.	7422	XIb
734	Amer.	2552537	C. 52.	5333	IX
801	DBP.	823594	C. 52.	5304	F
843	DBP.	842101	C. 53.	449	X
684972	Frz.	988058	C. 52.	3271	XVIIIb
685007	DBP.	820900	C. 52.	6119	VII
035	Frz.	985473	C. 52.	7421	XIb
230	Amer.	2574759	C. 52.	8048	IX
285	Amer.	2542796	C. 52.	734	F
368	Frz.	963082	C. 50.	II. 2504	XVIIIa
403	DBP.	837700	C. 53.	2030	IX
593	DBP.	831238	C. 52.	5486	IX
694	DBP.	812549	C. 52.	5007	IX
731	Amer.	2572227	C. 52.	5497	XII

Finnische Patente

24062	Oest.	165045	C. 50.	II. 1721	F
788	Norw.	76722	C. 51.	II. 1050	VII
863	Schwd.	127832	C. 51.	I. 2488	III
916	Schwd.	126555	C 50	II. 2974	XIa
929	Norw.	76751	C 51	II 474	XIX
933	Schwd.	128825	C 51	II. 104	F
25031	Schwd.	128378	C. 51.	I. 2954	VII
032	Schwd.	128379	C. 51.	I. 2954	VII
033	Schwd.	127431	C. 51.	I. 1686	XVIIIb
067	Schwd.	128788	C. 51.	I. 3583	XVIIIa
122	Schwd.	122904	C. 48.	E. 137	XIb
151	Norw.	76747	C. 51.	II. 1190	IV
261	Schwd.	129045	C. 51.	II. 1359	IX
265	Schwd.	128177	C. 51.	I. 2652	IX
275	Schwd	129602	C. 52.	5809	VIII
319	Schwd.	128788	C. 51.	I. 3583	XVIIIa
25325	Schwd.	126463	C. 50.	II. 2990	XVIIIb
334	Norw.	76275	C. 51.	I. 3589	XIX
335	Norw.	76370	C. 51.	I. 3589	XIX
356	Norw.	77063	C. 51.	II. 1794	I
357	Norw.	77064	C. 51.	II. 1794	I
358	Norw.	76497	C. 51.	II. 431	I
723	Schwd.	129937	C. 51.	II. 3656	VIII
762	Frz.	965234	C. 51.	I. 1061	VI
820	Schwd.	128722	C. 51.	I. 3549	III
931	Schwd.	131562	C. 52.	6612	XIa
993	Schwd.	131561	C. 52.	7104	XIb
26059	Dän.	72088	C. 52.	5003	VIII
062	Norw.	77626	C. 52.	308	XVI
099	Norw.	79135	C. 53.	933	XIa
163	Schwd.	130234	C. 51.	II. 3383	XIb
207	Norw.	79186	C. 53.	435	VI

Französische Patente

54908	Amer.	2404208	C. 47.	298	XIX
55088	Finn.	24452	C. 51.	I. 1101	XVIIIb
143	Amer.	2475081	C. 50.	I. 2258	F
188	Eng.	942243	C. 50.	I. 1383	F
890968	It.	384187	C. 42.	II. 227	XII
912662	Amer.	2349223	C. 46.	I. 1614	VIII
919177	Amer.	2422754	C. 47.	1623	XI
920692	Amer.	2451743	C. 49.	II. 259	XI
923426	Schwd.	129155	C. 51.	II. 2376	VII
927223	Schwz.	262704	C. 50.	II. 334	VII
932875	Amer.	2458168	C. 50.	I. 370	XXIV
876	Amer.	2458168	C. 50.	I. 370	XXIV
944234	Amer.	2449016	C. 49.	I. 949	XIX
949872	Can.	467195	C. 51.	I. 284	XXIV
950292	Eng.	584381	C. 48.	I. 770	XXIV
298	Eng.	558452	C. 45.	II. 607	XXIV
528	Can.	465994	C. 50.	II. 2152	XXIV
951296	Schwd.	128311	C. 51.	I. 3122	XIa
953889	Amer.	2392713	C. 48.	I. 1057	XI
893	Amer.	2340045	C 45.	II. 572	IX
954292	Amer.	2449226	C. 49.	II. 616	XXIV
293	Amer.	2449225	C. 49.	II. 615	XXIV
889	Eng.	605617	C. 49.	II. 465	X
955266	Amer.	2249774	C. 42.	I. 1686	X
275	Schwd.	125064	C. 50.	I. 919	IX
276	Amer.	2430170	C. 48.	II. 666	XV
288	Eng.	537645	C. 44.	I. 63	XII
293	Amer.	2446429	C. 49.	I. 348	XI
340	Amer.	2406621	C. 47.	533	XI
356	Eng.	566344	C. 48.	I. 519	XI
509	Amer.	2503479	C. 50.	II. 1872	VIII
974	Schwz.	266313	C. 50.	II. 1863	VI
975	Schwz.	266313	C. 50.	II. 1863	VI
956133	Norw.	67714	C. 45.	II. 305	XI
134	Schwz.	228443	C 45	I. 957	XI
629	Amer	2456033	C 49	II. 908	VI
629	Amer	2466506	C 50.	I. 1021	VI
703	Amer.	2364343	C. 45.	II. 760	XXIV
854	Schwz.	258591	C. 50.	I. 347	X
957133	Amer.	2356450	C. 46.	I. 395	VIII
957343	Schwz.	262284	C. 50.	I. 2420	XIa
407	Schwd.	124216	C. 50.	I. 2386	F
436	Amer.	2459256	C. 49.	II. 913	VIII
437	Amer.	2459256	C. 49.	II. 913	VIII
500	Schwz.	262278	C. 50.	I. 346	X
652	Eng.	563335	C. 48.	I. 502	VI
737	Amer.	2446119	C. 49.	I. 841	XI
958048	Holl.	62273	C. 49.	II. 1031	XVI
656	Amer.	2340046	C. 45.	II. 572	IX
804	Schwz.	277657	C. 52.	7093	IX
853	Oest.	163621	C. 50.	II. 1722	F
854	Oest.	163622	C. 50.	II. 1722	F
919	Eng.	655684	C. 52.	6436	IX
959489	Oest.	165061	C. 50.	II. 1733	V
913	Amer.	2448531	C. 50.	I. 128	XIb
932	Amer.	2401138	C. 47.	250	VI
960022	Schwd.	128814	C. 51.	II. 168	XX
075	Schwz.	261840 bis 844	C. 50.	II. 823	X
207	Amer.	2322056	C. 45.	II. 919	XVII
307	Amer.	2328057	C. 45.	I. 1331	XXII
878	Amer.	2367519	C. 45.	II. 1828	X
961111	Schwz.	263642	C. 50.	II. 212	V
962023	Amer.	2403141	C. 47.	108	VIII
024	Amer.	2397222	C. 48.	II. 124	VIII
070	Amer.	2460698	C. 50.	I. 634	XVI
242	Amer.	2441337	C. 49.	I. 723	V
500	Amer.	2419240	C. 47.	1020	V
794	Amer.	2442196	C. 49.	I. 251	XI
855	Amer.	2442321	C. 48.	II. 1333	VI
963908	Amer.	2493663 u. 664	C. 50.	II. 1298	XVI
925	Schwd.	124728	C. 50.	I. 621	X
964552	Oest.	165298	C. 50.	II. 1178	X
965386	Amer.	2500792	C. 51.	I. 3551	V
966792	Amer	2514621	C 51	I. 1518	VII
793	Amer.	2514621	C. 51.	I. 1518	VII
899	Dän.	61609	C. 44.	I. 734	XXII
967471	Oest.	166438	C.51.	I. 395	X
513	Schwz.	263978	C. 50.	II. 941	IX

968305	Amer.	2488560	C. 50. II 2598	I
442	Amer.	2478387	C 50 II 330	III
694	Dän.	72943	C. 52. 6932	X
724	Schwz.	268327	C. 51. II. 106	F
890	DBP.	832887	C. 52. 5978	IX
969253	Amer.	2496842	C. 51. I. 1260	XXIV
389	Schwz.	268327	C. 51. II. 106	F
970284	Schwz.	262189	C. 50. I. 1898	VII
319	Schwz.	262190	C. 50. I. 1898	VII
320	Schwz.	262189	C. 50. I. 1898	VII
350	Schwz.	261339	C. 50. II. 346	X
490	Amer.	2466523	C. 50. I. 1687	XXIV
529	Amer.	2511820	C. 51. I. 1072	IX
679	Schwd.	130012	C. 52. 4028	F
721	Amer.	2531812	C. 52. 1432	XIX
877	Amer.	2518160	C. 51. I. 2663	XIb
947	Amer.	2493075	C. 50. II. 1063	XI
971205	It.	378567	C. 42. II. 1185	XII
269	Amer.	2315087	C. 45. II. 579	XI
445	Amer.	2520037	C. 51. I. 2222	IX
633	Schwz.	261632	C. 50. I. 346	X
757	Norw.	76512	C. 51. II. 592	VII
800	Schwz.	270036	C. 51. II. 142	X
829	Oest.	166228	C. 50. II. 1513	X
860	Amer.	2553415	C. 52. .4714	XIX
977	Norw.	67409	C. 45. II. 442	XVIII
972083	Amer.	2479874	C. 50. II. 2224	F
083	Amer.	2523482	C. 51. II. 2081	F
096	Schwz.	276475	C. 52. 2418	VIII
158	Amer.	2531535	C. 51. II. 585	III
219	DBP.	823348	C. 52. 4055	VIII
259	Oest.	166226	C. 51. I. 394	X
498	Amer.	2515723	C 51. I 1945	X
538	Schwd.	131862	C 53. 2064	XXIV
564	Oest.	165701	C. 50. II 1635	XIb
615	Oest.	165078	C 51. I. 395	X
662	Schwz.	267758	C. 51. I. 2526	XVIIIa
917	Belg.	445723	C. 43. II. 56	III
973000	Oest.	165077	C. 51. I. 395	X
009	DBP.	824696	C. 52. 4684	VIII
054	Amer.	2541865	C. 52. 1115	XXIV
079	Oest.	167648	C. 51. II. 309	XIa
259	Belg.	446080	C. 43. II. 1677	XI
438	Amer.	2496903	C. 51. I. 2834	XXIV
516	Norw.	77527	C. 52. 306	XV
517	Schwd.	128008	C. 51. I. 2351	VII
901	Can.	465662	C. 51. I. 2105	XVIIIb
925	Amer.	2521361	C. 51. II. 461	XII
935	Norw.	76800	C. 51. II. 607	XIa
974111	Schwz.	230809	C. 45. I. 67	F
289	DBP.	818351	C. 52. 4687	IX
303	DBP.	810109	C. 52. . 956	XXIV
316	Eng.	664375	C. 52. 6761	IX
320	Amer.	2524025	C. 51. II. 310	XIb
321	Amer.	2520750	C. 51. I. 2081	IX
329	Amer.	2545778	C. 52. 2062	V
362	Schwd.	130371	C. 52. I. 946	XVIIIb
428	Amer.	2502412	C. 51. I. 389	IX
439	Schwd.	127905	C. 51. I. 2358	IX
478	Amer.	2510423	C. 52. 6131	IX
514	Amer.	2496097	C. 51. I. 265	XIb
520	Eng.	654797	C. 53. 751	III
640	Norw.	76239	C. 51. I. 3590	XIX
693	Schwz.	261218	C. 50. I. 1506	F
704	Schwz.	267360	C. 51. II. 322	XVIIIb
747	Amer.	2514132	C. 51. I. 1547	XVIIIb
775	Can.	464443	C. 51. I. 419	XXI
802	Amer.	2513923	C. 51. I. 1668	X
804	Schwd.	128317	C. 51. I. 2828	XVIIIb
975302	Amer.	2533514	C. 52. 6640	XXIV
385	Amer.	2515107	C. 51. I 1547	XVIIIb
461	Amer.	2495255	C. 51. I. 265	XIb
786	DBP.	815108	C. 52. 442	VIII

976065	DRP.	739050	C. 43. II. 2213	X
073	Schwd.	110891	C. 45. II. 306	XI
166	DBP.	821938	C. 52. I. 1403	IX
306	Schwz.	262276	C. 50. I. 1258	F
342	Schwd.	127753	C. 51. I. 282	XIX
343	Eng.	658182 u. 183	C. 52. 5195	XIX
355	DBP.	321759	C. 52. 4400	XXIV
467	Amer.	2507401	C. 52. 2234	I
471	Eng.	657521	C. 52. 6468	XIX
484	Oest.	166448	C. 50. II. 2466	F
553	Eng.	655869	C. 52. 8071	XIX
594	DRP.	741321	C. 44. II. 166	IX
651	Amer.	2561915	C. 52. 6141	XIb
959	DRP.	734725	C. 43. II. 1233	XI
	DRP.	735771	C. 44. I. 183	IX
977014	DRP.	738494	C. 44. II. 1329	IX
014	DRP.	740248	C. 43. II. 2108	IX
099	Belg.	450358	C. 45. I. 345	IX
354	Eng.	663038	C. 52. 5355	XIX
421	Schwz.	276142	C. 52. 2922	IX
435	Amer.	2460805	C. 50. I. 801	XIb
801	Amer.	2495323	C. 50. II. 2249	IX
844	Amer.	2529585	C. 51. II. 2390	XIa
845	Schwd.	127442	C. 51. I. 1650	VI
996	Amer.	2467013	C. 50. I. 2411	IX
978153	Oest.	165883	C. 50. II. 1516	XIb
156	DBP.	815199	C. 52. 630	XXIV
173	Amer.	2467858	C. 50. I. 2290	XIa
175	Amer.	2529493 u. 494	C. 51. II. 293	VIII
214	DBP.	812874	C. 52. 1115	XXIV
265	Norw.	77369	C. 51. II. 1673	XII
272	Amer.	2524524	C. 51. II. 2388	X
372	Can.	475344	C. 52. 1239	VIII
378	Norw.	78007	C. 52. 6480	XXIV
395	Norw.	77664	C. 52. 452	XIa
543	Schwz.	263268	C. 50. II. 2598	II
642	Schwz.	263147	C. 50. II. 2468	F
656	Schwd.	130996	C. 52. 1907	IX
761	Amer.	2525380	C. 51. II. 1513	X
762	Schwz.	271374	C. 51. II. 166	XIX
798	Amer.	2550371	C. 52. I. 1765	XIX
841	Eng.	654764	C. 52. 4843	IX
853	Schwd.	130554	C. 52. I. 1579	XIb
859	Amer.	2472496	C. 50. I. 2383	F
880	Amer.	2452895	C. 49. I. 1039	IX
979236	Oest.	166716	C. 51. I. 2053	F
290	DBP.	816699	C. 52. 4691	IX
346	Schwd.	127120	C. 51. I. 786	IX
347	Schwd.	130373	C. 52. 771	IX
348	Schwd.	127806	C. 51. I. 2485	I
349	Schwd.	129819	C. 52. I. 614	XVI
389	Amer.	2569203	C. 52. 4074	XVI
437	Eng.	654408	C. 52. 2257	IX
650	DBP.	807210	C. 51. II. 2527	X
718	Oest.	167651	C. 51. I. 3575	XIb
815	Schwd.	128080	C. 51. I. 2503	IX
980364	Amer.	2533472	C. 52. 4400	XXIV
381	Amer.	2550661	C. 52. 2615	XXIV
386	Amer.	2525753	C. 51. II. 1839	XXIV
394	Amer.	2537924	C. 52. 1768	XXIV
404	Amer.	2543086	C. 52. 5036	XXIV
573	Schwz.	271376	C. 51. II. 459	XII
574	Schwz.	269471	C. 51. I. 3285	XVIIIb
981046	DBP.	807290	C. 51. II. 2664	X
113	Norw.	77031	C. 51. II. 2515	VI
116	Oest.	166451	C. 51. I. 526	X
117	Oest.	166452	C. 51. I. 526	X
192	Amer.	2547640	C. 52. I. 1703	F
565	Amer.	2479874	C. 50. II. 2224	F
565	Amer.	2523482	C. 51. II. 2081	F
729	Eng.	657269	C. 52. 5170	IX

Nr.	Land	Patent	Zitat	Klasse
981780	Amer.	2521485	C. 51. I. 3567	X
822	Amer.	2514236	C. 51. I. 1081	XIa
842	Amer.	2500600	C. 52. 5658	XIb
896	Oest.	167301	C. 51. II. 622	XVIIIb
925	Eng.	597128	C. 49. II. 698	IX
982302	Eng.	656003	C. 52. 2579	VIII
308	Schwd.	130542	C. 52. 1715	III
396	DBP.	808738	C. 52. 933	X
744	Schwd.	128081	C. 51. I. 2196	F
761	Oest.	166455	C. 51. I. 525	X
763	Amer.	2468027	C. 50. I. 1037	XIb
800	Oest.	167095	C. 51. I. 2967	X
963	Belg.	451991	C. 45. I. 255	XXII
990	Amer.	2407279	C. 47. 785	IX
990	Amer.	2508389	C. 51 I. 928	IX
983047	DBP.	842203	C 53. 261	F
138	DBP.	809555	C. 52. 4847	IX
139	Amer.	2539193	C. 52. 931	X
181	Amer.	2504411	C. 51. II. 745	IX
199	Norw.	76722	C. 51. II. 1050	VII
242	Eng.	657470	C. 52. 7736	IX
243	Schwd.	128904	C. 51. II. 1360	IX
305	DBP.	832542	C. 52. 5359	XXIV
347	Eng.	657585	C. 52. 5678	XIX
634	Schwz.	277022	C. 52. 4661	F
799	Eng.	655118	C. 52. 2256	IX
837	Norw.	77337	C. 51. II. 1679	XVII
995	Amer.	2511228	C. 50. II. 1862	VI
984120	DBP.	825747	C. 52. 4369	VIII
218	DBP.	824492	C. 52. 6282	IX
219	Amer.	2532031	C. 52. 927	IX
223	Amer.	2527315	C. 51. II. 2110	IX
236	Eng.	664615	C. 52. 7553	V
262	Schwd.	127563	C. 51. I. 1634	F
336	DBP.	818642	C. 52. 3228	V
349	Schwz.	268783	C. 51. I. 2351	VII
365	DBP.	822425	C. 52. 6635	XIX
374	Schwd.	127567	C. 51. I. 1637	F
383	Schwz.	273640	C. 52. 2742	VII
391	Schwz.	270541	C. 51. II. 455	X
456	Amer.	2460968	C. 50. I. 1278	IX
640	Eng.	669551	C. 53. 1749	XIX
673	Amer.	2542783	C. 52. 1089	XIb
674	Norw.	76397	C. 51. II. 168	XX
772	Schwd.	130809	C. 52. 2256	IX
810	Schwz.	276419	C. 52. 8052	X
985120	Oest.	165676	C. 50. II. 2730	VIII
127	Amer.	2510355	C. 51. I. 2525	XVIIIa
198	Schwd.	128397	C. 51. I. 2830	XIX
224	Oest.	168579	C. 51. II. 2949	IX
301	DBP.	817581	C. 52. 615	XVI
344	Amer.	2521940	C. 51. II. 2391	XIb
388	DBP.	825405	C. 52. 6625	XVII
505	Oest.	167302	C. 51. I. 1234	XIb
636	DBP.	819092	C. 52. 2923	IX
640	Amer.	2480815	C. 50. I. 1436	XXIV
709	DBP.	836039	C. 52. 6130	IX
710	DBP.	816860	C. 52. 1729	VIII
763	DBP.	810270	C. 52. 603	X
805	Eng.	659947	C. 53. 1734	XV
839	Oest.	167540	C. 51. II. 606	X
985	Schwd.	129533	C. 52. 767	IX
986120	Amer.	2494126	C. 51. I. 253	IX
182	Amer.	2540799	C. 52. 450	X
240	Amer.	2508257	C. 51. I. 651	IX
402	Schwz.	261374	C. 50. I. 651	XXI
828	DBP.	819698	C. 52. 2888	F
987194	Schwz.	270845	C. 51. II. 166	XIX
213	Amer.	2546551	C. 52. 1736	IX
239	Schwz.	275382	C. 52. 2607	XVIIIb
379	DBP.	834989	C. 52. 6903	F
542	DBP.	817921	C. 52. 3570	IX
725	Oest.	168580	C. 52. 296	X
987755	Amer.	2501132	C. 51. II. 455	X
784	Amer.	2516627	C. 51. I. 2081	IX
800	Schwd.	127568	C. 51. I. 1637	F
844	Schwz.	276714	C. 52. 6423	V
879	Schwz.	263970	C. 50. II. 1386	III
880	Schwz.	272263	C. 52. 1090	XIb
988019	Amer.	2496631	C. 50. II. 2631	XVIIIb
114	Eng.	655210	C. 52. 6128	IX
123	Amer.	2554259	C. 52. 5180	XIb
181	Eng.	653356	C. 52. 6442	X
182	Oest.	169912	C. 52. 5008	IX
205	Amer.	2520100	C. 51. I. 2662	XIb
291	Amer.	2542544	C. 52. 6135	X
424	Amer.	2354463	C. 51. I. 2505	X
496	Amer.	2525898	C. 51. II. 1967	X
553	Eng.	602104	C. 49. I. 933	X
579	Eng.	602347	C. 49. I. 934	X
621	Schwz.	262553	C. 50. II. 91	V
635	Can.	474804	C. 52. 2616	XXIV
820	Schwz.	274241	C. 52. 5820	X
975	Can.	476273	C. 53. 2064	XXIV
989250	Eng.	653457	C. 52. 2562	I
400	Amer.	2541472	C. 52. 471	XXIV
434	Oest.	168584	C. 51. II. 2679	XVIIIb
437	DBP.	806594	C. 51. II. 3100	XIb
450	Eng.	662002	C. 52. 6793	XIX
473	Oest.	166702	C. 50. II. 2833	F
579	Oest.	168587	C 51 II. 2644	I
600	Schwz.	279301	C 52 7410	VIII
725	DBP.	850540	C 53. 1715	IX
854	Finn.	24401	C 51. I. 1056	V
921	DBP.	825577	C 53. 1248	X
990071	Norw.	79071	C 53. 933	XIa
072	Norw.	79135	C 53. 933	XIa
399	Schwd.	129534	C. 52. 262	F
454	Norw.	76686	C. 51. II. 587	V
456	Schwz.	272252	C. 52. 5490	X
456	Schwz.	274708	C. 52. 7262	X
492	Schwd.	130367	C. 52. 734	F
678	Amer.	2493399	C. 50. II. 1149	F
679	Amer.	2493399	C. 50. II. 1149	F
866	DBP.	825895	C. 52. 4853	XIb
872	DBP.	821253	C. 52. 5981	X
873	Norw.	79248	C. 53. 791	XVIIIa
878	DBP.	824525	C. 52. 4055	VIII
932	Schwd.	131419	C. 52. 4229	XIa
943	DBP.	828245	C. 52. 6606	IX
966	Amer.	2487569	C. 50. II. 728	XXIV
978	Eng.	662503	C. 52. 6761	IX
979	Amer.	2495363	C. 50. II. 1183	XIb
991027	DBP.	802525	C. 51. II. 2098	VI
042	Amer.	2536353	C. 53. 635	XIX
073	Schwz.	279288	C. 52. 7732	IX
091	Oest.	168585	C. 51. II. 2680	XVIIIb
102	DBP.	832787	C. 52. 6470	XIX
122	Eng.	599864	C. 49. II. 363	XI
211	Eng.	599702	C. 49. II. 917	IX
224	DBP.	824884	C. 52. 5036	XXIV
330	Schwz.	278586	C. 52. 7090	IX
382	Can.	477058	C. 52. 7703	F
468	DBP.	819993	C. 52. 5176	X
530	Schwz.	271943	C. 52. 2088	XIb
611	DBP.	813155	C. 52. 445	IX
762	Amer.	2525794	C. 51. II. 1813	IX
940	Eng.	670619	C. 53. 1587	XXI
983	Finn.	25527	C. 52. 7758	XVIIIb
992005	DBP.	824885	C. 52. 4876	XXIV
046	Amer.	2545162	C. 52. 1107	XIX
772	Schwd.	131317	C. 52. 3902	IX
796	Can.	472075	C. 51. II. 1799	V
993307	Oest.	168060	C. 51. II. 2679	XVIIIb
337	Schwz.	278309	C. 52. 5520	XXIV
367	Schwz.	273399	C. 52. 444	IX

993395	DBP.	833813	C. 53.	160	XIX
728	Schwd.	129161	C. 51. II.	2541	XVIIIb
728	Schwz.	273395	C. 52.	2080	XVIIIb
745	Amer.	2524672	C. 51. I.	3570	XIa
776	Amer.	2520619	C. 51. I.	2083	IX
839	DBP.	821979	C. 52.	2260	X
861	Eng.	604386	C. 49. II.	802	IX
994162	Schwz.	277303	C. 53.	1882	IX
163	Amer.	2515913	C. 51. I.	2833	XXIV
167	DBP.	833238	C. 52.	6935	X
168	Eng.	662351	C. 52.	6293	XIb
169	Schwz.	270829	C. 51. I.	3567	IX
189	Schwd.	129160	C. 51. II.	2400	XVII
203	Eng.	666731	C. 53.	1384	III
204	DBP.	831719	C. 52.	5490	X
623	DBP.	818670	C. 52.	1087	X
637	Can.	469198	C. 51. I.	1803	IX
653	Amer.	2494597	C. 50. II.	2136	XVIIIb
700	Schwd.	129162	C. 51. II.	2776	F
939	Amer.	2529825	C. 52.	6146	XIII
976	Oest.	166940	C. 51. I.	1258	XXIII
995320	Schwz.	275809	C. 52.	7887	VIII
437	Schwz.	258595	C. 50. I.	2157	VIII
929	Oest.	168745	C. 51. II.	3531	XVII
938	DBP.	807030	C. 51. II.	3524	XII
996259	Schwz.	277988	C. 52.	6777	XIII
322	Amer.	2535846	C. 51. II.	2824	XVIIIb
345	DBP.	845636	C. 53.	610	X
347	DBP.	833703	C. 52.	7108	XII
393	Schwz.	277789	C. 52.	5471	III
440	DBP.	815044	C. 52.	2059	I
997031	DBP.	810459	C. 52.	320	XXIV
112	DBP.	808908	C. 51. II.	3107	XVI
153	DBP.	848814	C. 53.	1215	F
583	Eng.	662522	C. 52.	4683	VIII
584	Eng.	662523	C. 52.	4683	VIII
623	DBP.	804584	C. 51. II.	1515	XIa
678	DBP.	821423	C. 52.	4856	XII
998193	DBP.	838061	C. 52.	6943	XIb
234	DBP.	816602	C. 52.	955	XXIV
345	DBP.	813457	C. 52.	3909	XIb
604	Amer.	2593829	C. 53.	1384	IV
999281	DBP.	818573	C. 52.	5018	VII
518	Schwz.	271370	C. 51. II.	307	XIa
519	DBP.	805213	C. 51. II.	2381	VIII
596	DBP.	813459	C. 52.	6140	XIb
596	Can.	467925	C. 50. II.	2858	XIb
597	Amer.	2568692	C. 52.	6613	XIb
701	DBP.	813208	C. 52.	7105	XIb
712	Eng.	653597	C. 52.	2267	XIb
732	DBP.	807440	C. 51. II.	3238	XIb
750	Schwz.	279616	C. 52.	7587	XV
1000243	DBP.	829222	C. 53.	453	XIb
248	Schwz.	276487	C. 53.	945	XVIIIa
267	DBP.	807441	C. 51. II.	3238	XIb
268	Oest.	170024	C. 52.	3229	V
285	Oest.	169071	C. 52.	1246	X
303	DBP.	813080	C. 52.	6294	XIb
307	DBP.	812546	C. 52. I.	3884	III
427	DBP.	818069	C. 52.	3090	XIa
435	Schwz.	276707	C. 52.	4235	XV
461	Amer.	2540570	C. 52.	952	XIX
1001015	Schwz.	272830	C. 52.	3905	X
015	Schwz.	275089	C. 52.	1575	X
018	Schwz.	272267	C. 52.	1073	VII
021	Amer.	2567987	C. 52.	6752	VII
134	Amer.	2540545	C. 52.	148	XVI
153	DBP.	841440	C. 52.	6743	I
537	DBP.	803857	C. 52.	1577	XIb
540	DBP.	854701	C. 53.	2686	XII
541	DBP.	805565	C. 51. II.	3522	XIb
911	DBP.	803856	C. 52.	606	XIb
973	DBP.	805642	C. 51. II.	2385	IX
1001974	DBP.	801744	C. 51. II.	2668	XIb
1002624	DBP.	804584	C. 51. II.	1515	XIa
674	DBP.	836097	C. 52.	6295	XIb
735	DBP.	806955	C. 51. II.	1688	XIX
763	DBP.	816760	C. 52.	4067	XIb
785	DBP.	816928	C. 52.	1396	VII
799	DBP.	821978	C. 52. I.	2429	X
801	Schwz.	272585	C. 52.	3921	XVIIIa
863	DBP.	818356	C. 52.	1109	XIX
864	Eng.	665597	C. 52.	7562	VII
877	Eng.	654139	C. 52.	573	F
1003157	DBP.	840763	C. 53.	2038	XIb
158	DBP.	803079	C. 52.	607	XIb
159	DBP.	802895	C. 51. II.	3239	XIb
748	DBP.	802994	C. 51. II.	3248	XVIIIa
893	Amer.	2538140	C. 52.	735	F
987	Schwz.	273618 bis 620	C. 52.	4379	X
989	DBP.	817269	C. 52.	909	V
1004122	Amer.	2538725	C. 51. II.	3636	F
396	DBP.	807191	C. 52.	159	XIX
543	DBP.	829799	C. 52.	5179	XIb
605	Amer.	2534359	C. 52.	780	XII
898	DBP.	834035	C. 53.	278	VIII
1005305	DBP.	821554	C. 52. II.	4066	XIb
528	Schwz.	279021	C. 52.	8064	XVIIIa
575	DBP.	801233	C. 51. II.	753	XIb
596	DBP.	801746	C. 51. II.	609	XIb
1006563	DBP.	812962	C. 52.	1092	XIb
818	DBP.	813461	C. 52.	6615	XIb
857	DBP.	819386	C. 52.	3432	XIX
922	Eng.	667154	C. 53. I.	273	V
1007381	Schwd.	128743	C. 51. II.	165	XIX
401	DBP.	826746	C. 52.	6267	I
618	DBP.	818120	C. 52.	6447	XIb
703	DBP.	808707	C. 51. II.	3096	XIb
705	DBP.	800501	C. 51. I.	3579	XII
1008089	Eng.	664897	C. 52.	7549	I
093	DBP.	813456	C. 52.	4067	XIb
100	DBP.	813458	C. 52.	1089	XIb
106	DBP.	808789	C. 51. II.	3662	XIa
404	Amer.	2507514 u. 515	C. 51. I.	283	XIX
405	Amer.	2507514 u. 515	C. 51. I.	283	XIX
406	Amer.	2537136	C. 52.	2928	XIa
417	Schwd.	131029	C. 52.	4553	XVIIIb
456	DBP.	819231	C. 52.	3233	VI
541	DBP.	821344	C. 52.	3553	V
1009044	DBP.	812963	C. 52.	1250	XIb
216	Schwz.	271375	C. 52.	944	XVII
439	Eng.	660778	C. 52.	7396	V
623	Oest.	168087	C. 51. II.	736	VII
838	DBP.	800408	C. 51. I.	2985	XVIIIb
1010059	DBP.	801640	C. 51. I.	1800	VIII
225	Schwd.	130256	C. 52.	1268	XIX
266	Oest.	168065	C. 51. II.	2528	X
728	DBP.	812376	C. 52.	1073	VII
733	DBP.	802893	C. 51. II.	3099	XIb
744	DBP.	803003	C. 51. II.	3103	XIII
836	DBP.	828007	C. 53.	615	XIb
1011036	DBP.	829162	C. 52.	5474	V
105	DBP.	831996	C. 52.	6762	IX
109	DBP.	837538	C. 53.	606	IX
119	DBP.	827065	C. 52.	5486	IX
210	Amer.	2517601	C. 51. II.	302	IX
227	DBP.	815513	C. 52.	3572	X
238	DBP.	801752	C. 51. II.	770	XIX
296	DBP.	815043	C. 52.	1874	F
414	Amer.	2595196	C. 53.	1691	F
467	DBP.	838596	C. 52.	7071	I
484	DBP.	820597	C. 52.	1430	XIX
544	DBP.	815343	C. 52.	3554	V

1011561	Oest.	170860	C. 52. 7412	IX
650	DBP.	840235	C. 52. 7888	IX
718	DBP.	820301	C. 52. 2423	IX
1012252	DBP.	838823	C. 52. 7749	XII
281	Eng.	658865	C. 52. 5159	VII
288	Schwz.	274205	C. 52. 5653	X
738	Eng.	656863	C. 52. 4344	F
743	Schwd.	130365		
745		u. 366	C. 51. II. 3210	F
747	Can.	478165	C. 53. 1059	F
760	Eng.	659698	C. 52. 7226	F
938	Oest.	165874	C. 50. II. 2241	VII
981	DBP.	814318	C. 52. I. 609	XIII
1013592	Schwz.	274839	C. 52. 1903	VIII
620	Norw.	77701	C. 52. 4205	V
698	DBP.	823775	C. 52. 3705	F
701	Amer.	2532980	C. 51. II. 2776	F
753	DBP.	831754	C. 52. 4345	F
763	Schwz.	280486	C. 53. 2698	XVIIIb
979	Eng.	598481	C. 49. II. 681	F
1014032	Oest.	167861	C. 51. II. 105	F
036	Amer.	2538943	C. 51. II. 3353	F
353	Schwd.	130720	C. 52. 1235	VIII
596	Schwz.	276488	C. 52. 5188	XVIIIa
1015110	Can.	470735	C. 51. II. 3354	F
114	Amer.	2493202	C. 50. II. 2100	F
1015116	Amer.	2472453	C. 50. I. 1886	F
123	Amer.	2515878	C. 52. 6298	XII
144	DBP.	820949	C. 52. 2050	F
147	Schwd.	131382	C. 52. 3867	F
148	Finn.	25082	C. 52. 414	F
380	Amer.	2542312	C. 53. 1248	X
478	DBP.	828395	C. 52. 5011	X
578	Amer.	2545554	C. 52. 2889	F
579	Amer.	2545572	C. 52. 2889	F
594	DBP.	831539	C. 52. 5652	X
1016141	DBP.	829644	C. 52. 6442	X
284	DBP.	811159	C. 52. 4853	XIb
635	DBP.	828537	C. 52. 5675	XVIIIb
929	Amer.	2594314	C. 53. 2005	F
1017026	DBP.	816788	C. 52. 3880	G
183	Amer.	2516682	C. 51. I. 2933	F
298	Eng.	673489	C. 53. 1733	XV
349	Amer.	2531029	C. 51. II. 2814	XV
467	Amer.	2538942	C. 51. II. 3353	F
473	Schwz.	279099	C. 53. 2166	F
513	DBP.	817594	C. 52. 1062	I
537	Eng.	671728		
		u. 729	C. 53. 2362	XIa
598	DBP.	832180	C. 52. 7576	X
1018112	DBP.	818507	C. 52. 1549	I

Norwegische Patente

76273	Schwd.	128496	C. 51. I. 3115	IX
279	Can	468106	C. 51. I. 1913	F
601	Schwd.	127753	C. 51. I. 282	XIX
770	Schwd.	127658	C. 51. I. 1684	XVIIIa
900	Schwd.	123532	C. 48. E. 148	XVIIIa
77004	Schwd.	126555	C. 50. II. 2974	XIa
143	Schwd.	126477	C. 50. II. 2955	III
306	Schwd.	128378	C. 51. I. 2954	VII
307	Schwd.	128379	C. 51. I. 2954	VII
368	Schwd.	125707	C. 50. II. 116	XIb
514	Oest.	167867	C. 51. II. 172	XXIII
546	Finn.	24397	C. 51. I. 2800	VIII
665	Can.	469773	C. 51. II. 155	XVII
811	Schwd.	128840	C. 51. II. 284	III
813	Schwd.	128027	C. 51. I. 2508	X
847	Schwd.	126477	C. 50. II. 2955	III
849	Schwd.	128102	C. 51. I. 2363	X
78072	Schwd.	127905	C. 51. I. 2358	IX
126	Schwd.	123561	C. 48. E. 452	F
213	Finn.	24148	C. 51. I. 3561	VIII
510	Schwd.	128854	C. 51. II. 306	X
673	Schwd.	129045	C. 51. II. 1359	IX
697	Schwd.	131029	C. 52. 4553	XVIIIb
733	Schwd.	123173	C. 48. E. 467	III
748	Finn.	24781	C. 51. II. 766	XVIIIb
781	Schwd.	128177	C. 51. I. 2652	IX
854	Schwd.	130507	C. 52. 1226	VI
870	Schwd.	127609	C. 51. I. 3113	VIII
882	Schwd.	128584	C. 51. I. 2824	XVIIIa
909	Schwd.	128999	C. 51. II. 1368	XII
78998	Schwd.	129160	C. 51. II. 2400	VII
79046	Schwd.	123589	C. 48. E. 673	XIb
078	Schwd.	130554	C. 52. 1579	XIb
199	Schwd.	129847	C. 52. 293	IX
366	Finn.	25857	C. 53. 1738	XVIIIa
420	Finn.	24925	C. 51. II. 2275	XIX
506	Schwd.	129877	C. 51. II. 3383	XIb
508	Finn.	24708	C. 51. I. 2945	III
656	Schwd.	131083	C. 52. 4356	III
661	Schwd.	129602	C. 52. 5809	VIII
689	Schwd.	128082	C. 51. I. 2359	IX
690	Schwd.	129166	C. 51. II. 2495	F
728	Schwd.	123557	C. 48. E. 624	F
770	Schwd.	123615	C. 48. E. 96	F
776	Schwd.	129777	C. 52. 281	VI
808	Schwd.	127563	C. 51. I. 1634	F
820	Finn.	25484	C. 52. 7598	XIX
821	Finn.	25687	C. 53. 109	I
895	Schwd.	128006	C. 51. I. 2476	F
900	Schwd.	131009	C. 52. 5481	VIII
906	Finn.	25101	C. 52. 582	III
948	Amer.	2497394	C. 51. I. [illegible]0	F
977	Finn.	24482	C. 51. I. 1555	XX
979	Schwd.	129649	C. 51. II. 3679	XIX
80023	Schwd.	131197	C. 52. 2111	XIX
125	Schwd.	128968	C. 51. II. 1354	VIII
131	Schwd.	131883	C. 52. 8049	IX
132	Finn.	24934	C. 51. II. 3235	IX
141	Dän.	72441	C. 52. 4711	XVIIIb

Österreichische Patente

751343 /414	Schwd.	107227	C. 44. I. 390	X
751600 /419	Schwd.	102719	C. 42. II. 1184	XI
753048 /415	Schwz.	200664	C. 39. I. 4842	IX
753061 /396	Dän.	62209	C. 45. II. 380	F
755968 /417	Frz.	880290	C. 43. II. 870	X
756003 /418	Frz.	856329	C. 41. I. 928	F
764866 /416	Frz.	836461	C. 39. I. 3265	X
162239	Schwz.	263716	C. 50. II. 580	VIII
297	Frz.	917179	C. 46. I. 377	I
303	Frz.	917181	C. 46. I. 564	XVII
599	Amer.	2460618	C. 50. I. 1414	X
613	Frz.	953642	C. 50. II. 706	X
900	Amer.	2446992	C. 49. I. 1422	X

Nr.	Land	Patent	Zitat	Klasse
162912	Frz.	943728	C. 50. I. 758	F
918	Frz.	942042	C. 50. I. 1010	F
936	Schwz.	261811	C. 50. I. 1008	F
		bis 820	C. 50. I. 1008	F
938	Frz.	953594	C. 50. II. 585	X
939	Frz.	941944	C. 50. I. 602	V
940	Frz.	941943	C. 50. I. 602	V
946	Frz.	901005	C. 46. I. 802	X
947	Schwz.	261821		
		bis 831	C. 50. I. 1008	F
957	Schwz.	258714	C. 50. I. 755	F
962	Norw.	68207	C. 45. II. 589	XVI
163170	Eng.	518057	C. 41. I. 831	XI
176	Schwz.	258842	C. 50. I. 906	V
183	Eng.	605339	C. 49. II. 1012	V
191	Frz.	861252	C. 41. I. 3558	III
418	Frz.	941326	C. 50. I. 792	X
429	Amer.	2405863	C. 47. 937	XI
430	Schwz.	225155	C. 44. I. 1052	XVIIIa
615	Frz.	942143	C. 50. I. 640	XVIII
616	Frz.	915648	C. 46. I. 526	V
623	Amer.	2230654	C. 41. II. 2146	XI
635	Frz.	915205	C. 48. II. 659	IX
817	Frz.	944319	C. 50. I. 921	X
819	Amer.	2448756	C. 49. II. 810	XI
164009	Schwz.	259347	C. 50. I. 1912	X
		bis 351	C. 50. I. 1912	X
015	Frz.	954282	C. 50. II. 707	X
268	Frz.	956014	C. 50. II. 715	XIV
271	Frz.	861536	C. 41. I. 3259	F
272	Amer.	2437561	C. 49. I. 938	XIII
272	Schwz.	258982	C. 50. I. 806	XIII
491	Frz.	942747	C. 50. I. 796	X
515	Can.	465378	C. 51. I. 1510	V
518	Schwz.	255094	C. 50. I. 1516	III
536	Schwz.	261632	C. 50. I. 346	X
549	Frz.	882126	C. 44. II. 675	F
550	Frz.	883109	C. 44. I. 568	F
810	Frz.	915042	C. 46. I. 418	XVIII
165040	Schwz.	261374	C. 50. I. 651	XXI
048	Schwz.	261628	C. 50. I. 357	XVI
053	Frz.	862209	C. 41. II. 1683	X
082	Frz.	944160	C. 50. I. 1291	XII
303	Frz.	853754	C. 40. II. 1660	XI
544	Frz.	941433	C. 50. I. 615	VIII
680	Eng.	577054	C. 46. I. 382	V
166060	Eng.	455138	C. 37. I. 2481	XII
457	Schwz.	208530	C. 40. II. 2414	XVIII
457	Schwz.	210959		
		bis 61	C. 41. II. 1348	XVIII
485	Schwz.	211494	C. 41. I. 3589	X
461	Schwd.	107228	C. 44. I. 390	X
463	Frz.	888744	C. 44. II. 900	X
464	Frz.	897447	C. 46. I. 1100	X
465	Frz.	904283	C. 46. I. 674	X
487	Schwd.	107553	C. 44. I. 630	XXI
692	Frz.	950418	C. 50. II. 1629	X
695	Frz.	839137	C. 40. I. 469	X
696	Schwz.	215941	C. 42. I. 3260	X
696	Schwz.	220113		
		bis 119	C. 43. I. 1222	X
700	Frz.	910819	C. 46. I. 1630	X
701	Frz.	910820	C. 46. I. 1631	X
911	Schwz.	226227	C. 44. I. 1132	IX
917	Schwz.	199420	C. 39. II. 734	X
918	Schwz.	213418	C. 41. II. 2737	X
922	Frz.	908768	C. 46. I. 1631	X
167091	Schwd.	124849	C. 50. I. 652	XXII
104	Schwz.	267156	C. 50. II. 2245	VIII
123	Frz.	890760	C. 45. I. 1547	XI
124	Amer.	2398569	C. 48. I. 953	XI
167281	Frz.	857474		
		u. 475	C. 41. I. 1227	IX
300	Eng.	484798	C. 38. II. 1869	XII
410	Frz.	957700	C. 51. I. 415	XIX
432	Frz.	969440	C. 51. I. 3557	VII
616	Eng.	578014	C. 48. I. 517	X
630	Frz.	959116	C. 51. I. 1043	F
848	Can.	468106	C. 51. I. 1913	F
853	Frz.	954299	C. 50. II. 1198	XIX
857	Frz.	945120	C. 50. I. 2150	VII
859	Schwz.	261902	C. 50. II. 1393	VII
987	DBP.	815981	C. 52. 6111	III
168054	Frz.	872220	C. 43. I. 453	X
079	Amer.	2405658	C. 47. 400	XI
265	Frz.	957975	C. 51. I. 1650	VI
388	Eng.	581702	C. 48. I. 284	XI
619	Frz.	951160	C. 50. II. 1061	XIb
620	Schwd.	125068	C. 50. I. 1884	F
625	Schwd.	126566	C. 50. II. 2834	F
627	Schwd.	126567	C. 50. II. 2834	F
629	Schwd.	126719	C. 51. I. 108	VI
631	Schwd.	126569	C. 50. II. 2714	F
782	Frz.	962067	C. 51. I. 264	XIb
832	Finn.	24654	C. 51. I. 1372	VII
839	Frz.	962946	C. 50. II. 2392	XX
169080	Amer.	2407376	C. 47. 797	XI
328	Schwz.	274205	C. 52. 5653	X
568	DBP.	832179	C. 52. 6934	X
588	DBP.	814984	C. 52. 1905	VIII
791	Amer.	2456471	C. 51. II. 1512	X
792	Frz.	839529	C. 40. I. 470	X
794	Frz.	875880	C. 43. I. 1420	X
795	Amer.	2459424	C. 50. I. 2418	X
798	Amer.	2439626	C. 49. II. 360	X
170205	Schwd.	131332	C. 52. 3883	III
629	Norw.	78379	C. 53. 290	X
630	Norw.	78643	C. 52. 8051	X
849	Schwz.	276475	C. 52. 2418	VIII
171153	DBP.	807812	C. 51. II. 2367	I
161	Frz.	957585	C. 50. II. 2128	XIb
162	Schwz.	269516	C. 51. I. 3135	XVIIIa
171	Schwd.	129649	C. 51. II. 3679	XIX
275	Finn.	24469	C. 51. I. 1811	XIb
404	DBP.	828395	C. 52. 5011	X
421	Amer.	2520891	C. 51. II. 3386	XIV
698	Amer.	2516098	C· 51. II. 304	IX
702	DBP.	801839	C. 52. 5619	F
721	Frz.	970531	C. 52. 3434	XX
722	Schwz.	258457	C. 50. I. 315	F
726	DBP.	803645	C. 52. 161	XX
922	DBP.	825976	C. 52. 3234	VI
988	DBP.	817423	C. 52. 6113	IV
172043	DBP.	819042	C. 52. 5631	II
044	DBP.	836346	C. 52. 5649	IX
057	DBP.	807580	C. 51. II. 2946	VIII
062	DBP.	836704	C. 52. 6736	F
067	DBP.	819191	C. 52. 2252	VIII
069	DBP.	803703	C. 52. 588	VI
072	DBP.	839498	C. 52. 5462	F
256	Finn.	25595	C. 52. 6913	III
318	Schwz.	278779	C. 52. 6901	F
321	Schwz.	270257	C. 51. I. 3429	XIb
325	Amer.	2447914	C. 49. II. 609	XVIII
327	Schwz.	273405	C. 52. 2928	XIa
329	Amer.	2451686	C. 49. II. 603	XIV
351	Schwz.	275431	C. 52. 1935	XIX
619	DBP.	812547	C 52. 746	V
662	Schwz.	269799	C. 51. I. 3285	XVIIIb
666	Frz.	982385	C. 53. 1410	XII
667	Norw.	77337	C. 51. II. 1679	XVII
680	DBP.	808786	C. 51. II. 3522	XIb
954	DBP.	850368	C. 53. 3953	VIII
173446	DBP.	814447	C. 52. 928	IX

173447	DBP.	814598	C. 52. 2081	IX
448	DBP.	814448	C. 52. 2754	IX
449	DBP.	814449	C. 52. 1571	IX
450	Schwd.	131003	C. 52. 5650	
451	DBP.	814450	C. 52. 1571	IX
453	Schwd.	131005	C. 52. 5651	IX
455	Amer.	2540104	C. 52. 928	IX
461	DBP.	824940	C. 52. 2719	F
558	DBP.	830839	C. 53. 602	VIII
676	Norw.	77441 u. 442	C. 51. II. 2237	V
677	Norw.	77441 u. 442	C. 51. II. 2237	V
678	Norw.	77441 u. 442	C. 51. II. 2237	V
173693	Amer.	2516098	C. 51. II. 304	IX
694	DBP.	836194	C. 52. 7061	F
702	Schwz.	272170	C. 52. 2081	IX
855	Amer.	2558559	C. 52. 3745	XII
856	DBP.	833701	C. 52. 5660	VII
857	Amer.	2558560	C. 52. 5343	XII
174132	Schwz.	277619	C. 52. 7097	X
140	Schwd.	129504	C. 52. 165	XXII
209	DBP.	810667	C. 52. 1091	XIb
380	Norw	76986	C. 51. II. 1345	V
567	Can.	469168	C. 51. II. 1533	XX
733	DBP.	853349	C. 53. 778	XIb
734	DBP.	831292	C. 52. 6616	XIb
737	Schwd.	131637	C. 52. 6142	XIb

Schwedische Patente

123491	Schwz.	256897	C. 50. I. 2028	VIII
916	Amer.	2525231	C. 51. II. 1782	F
968	Amer.	2493645	C. 50. II. 1262	F
124026	Frz.	957007	C. 50. II. 1876	IX
511	Frz.	944138	C. 50. I. 1396	VI
641	Amer.	2482382	C. 50. I. 1781	VIII
126115	Oest.	166033	C. 50. II. 2259	XIb
381	Frz.	947167	C. 50. I. 1637	F
385	Amer.	2402135	C. 47. 108	VIII
495	Finn.	24637	C. 51. I. 3113	VIII
577	Can.	470083	C. 51. II. 1659	VIII
677	Amer.	2463462	C. 50. I. 754	F
680	Frz.	951134	C. 50. II. 1027	F
967	Amer.	2461503	C. 50. I. 1663	IX
128039	Amer.	2458469	C. 49. II. 1231	VIII
129244	Finn.	24397	C. 51. I. 2800	VIII
577	Frz.	942260	C. 50. I. 584	F
578	Frz.	942260	C. 50. I. 584	F
579	Frz.	942260	C. 50. I. 584	F
580	Frz.	942260	C. 50. I. 584	F
603	Finn.	24341	C. 51. I. 1933	VIII
648	Can.	464365	C. 50. II. 940	IX
834	Norw.	76196	C. 51. II. 299	VIII
841	Frz.	958814	C. 50. II. 2098	F
842	Oest.	166448	C. 50. II. 2466	F
130323	Norw.	76497	C. 51. II. 431	I
324	Norw.	76497	C. 51. II. 431	I
325	Norw.	76497	C. 51. II. 431	I
422	Can.	466652	C. 50. II. 2488	IX
130553	Frz.	944132	C. 50. I. 924	XIb
605	Norw.	77095	C. 51. II. 2109	IX
654	Amer.	2510738	C. 51. I. 623	F
131024	Norw.	76532	C. 51. II. 753	XIb
064	Norw.	77093	C. 51. II. 1962	IX
318	Norw.	76989	C. 51. II. 1331	F
390	Norw.	76300	C. 51. I. 3562	VIII
464	Norw.	77192	C. 51. II. 1830	XVIIIa
132102	Finn.	24573	C. 51. I. 2093	XIb
225	Norw.	76686	C. 51. II. 587	V
226	Norw.	77067	C. 51. II. 1948	V
133035	Norw.	77455	C. 51. II. 2777	F
141	Finn.	25191	C. 52. 2275	XVI
167	Finn.	24382	C. 51. II. 447	VIII
178	Finn.	25101	C. 52. 582	III
477	Norw.	78069	C. 52. 2735	V
565	Dän.	72478	C. 52. 5344	XVI
566	Norw.	78222	C. 52. 5185	XVI
572	Norw.	78007	C. 52. 6480	XXIV
806	Frz.	959520	C. 51. II. 3491	F
134278	Norw.	76229	C. 51. II. 117	I
534	Dän.	72280	C. 52. 6446	XIb
538	Finn.	25030	C. 52. 1061	I
573	Norw.	77700	C. 52. 303	XII
617	DBP.	829891	C. 52. 7891	IX
632	Finn.	24552	C. 51. II. 297	VIII
633	Finn.	25171	C. 52. 2061	III
826	Finn.	25359	C. 52. 6451	XIb

Schweizer Patente

244050	Frz.	920658	C. 47. E. 127	X
245642	Frz.	962786	C. 50. II. 2373	X
249748	Can.	463229	C. 50. II. 1847	F
251940	Finn.	24229	C. 51. I. 1375	VIII
252020	Oest.	166919	C. 51. I. 498	F
253415	Frz.	51887	C. 44. II. 778	F
475	Amer.	2461503	C. 50. I. 1663	IX
254106	Oest.	165073	C. 50. II. 2347	F
806	Frz.	949596	C. 50. II. 111	X
809	Amer.	2480985	C. 50. II. 344	X
257109	Amer.	2242079	C. 42. II. 316	F
266170	Amer.	2411073	C. 47. 511	VIII
268329	Amer.	2520037	C. 51. I. 2223	IX
540	Frz.	941238	C. 50. I. 615	VIII
687	Frz.	946864	C. 50. I. 1631	F
847	Frz.	968461	C. 51. I. 3424	X
269470	Amer.	2420565	C. 48. II. 1247	XVIII
270806	Frz.	965006	C. 51. I. 2507	X
837	Frz.	967452	C. 51. I. 3121	X
271128	Amer.	2404725	C. 47. 545	XI
387	Can.	464655	C. 51. I. 1260	XXIV
272268	Amer.	2451341	C. 49. II. 130	VIII
840	Oest.	167638	C. 51. II. 300	VIII
272841	Oest.	167423	C. 51. II. 300	VIII
273213	DBP.	815981	C. 52. 6111	III
540	Amer.	2520098	C. 51. I. 1916	F
704	Amer.	2312855	C. 45. II. 899	VIII
813	Schwd.	124933	C. 50. I. 1885	F
274542	DBP.	807891	C. 51. II. 3684	XXIV
275467	DBP.	809280	C. 52. 320	XXIV
615	Amer.	2523482	C. 51. II. 2081	F
618	Amer.	2520099	C. 51. I. 1916	F
965	Frz.	941394	C. 50. I. 95	F
276554	DBP.	806994	C. 51. II. 3068	F
643	Frz.	957842	C. 51. I. 1791	VI
277313	Frz.	961844	C. 50. II. 2379	XIb
314	Frz.	959024	C. 50. II. 2012	XIb
316	Frz.	951924	C. 50. II. 1885	XIb
320	Finn.	24469	C. 51. I. 1811	XIb
326	Oest.	167422	C. 51. II. 300	VIII
662	Frz.	958920	C. 50. II. 1634	XIb
663	Frz.	959025	C. 50. II. 1751	XIb
665	Frz.	970883	C. 52. 1414	XIb
823	Amer.	2515898	C. 51. I. 1778	F
278121	DBP.	813573	C. 52. 1221	III
290	Frz	957253	C 51. I. 129	XIb

278773	Amer.	2538942	C. 51. II.	3353	F
774	Eng.	654255	C. 52.	2720	F
775	DBP.	831696	C. 52.	7861	F
948	DBP.	847486	C. 53.	140	XII
279184	Amer.	2559220	C. 52.	7116	XVIIIa
184	Amer.	2559221	C. 52.	7116	XVIIIa
624	Frz.	961886	C. 51. II.	287	V
636	Amer.	2525936	C. 51. II.	1222	XVII
649	Can.	474965	C. 52.	1115	XXIV
280198	DBP.	816760	C. 52.	4067	XIb
308	DBP.	810047	C. 52.	5796	III
472	DBP.	820138	C. 52.	3569	IX
509	DBP.	844348	C. 53.	933	XIa
515	DBP.	821759	C. 52.	4400	XXIV
517	DBP.	817554	C. 52.	630	XXIV
656	DBP.	811976	C. 52.	1221	III
754	Eng.	654512	C. 52.	4190	F
857	DBP.	824884	C. 52.	5036	XXIV
281264	Oest.	170821	C. 52.	7550	III
277	DBP.	819093	C. 52.	1542	F
430	Eng.	668755	C. 52.	5635	V
436	Schwd.	129531	C. 52.	768	IX
445	Frz.	959021	C. 51. I.	130	XIb
449	DBP.	805213	C. 51. II.	2381	VIII
597	Oest.	170899	C. 52.	7060	F
597	Schwd.	129743	C. 52.	3872	F
597	DBP.	823593	C. 52.	4816	F
753	Frz.	997028	C. 52.	4058	IX
761	Schwd.	130056	C. 52.	934	XIa
901	DBP.	834102	C. 52.	5619	F
282055	DBP.	825404	C. 52.	6630	XVIIIb
088	Schwd.	131000	C. 52.	1704	F
089	DBP.	814488	C. 52.	2754	IX
090	DBP.	814449	C. 52.	1571	IX
093	DBP.	807210	C. 51. II.	2527	X
096	Schwd.	130655	C. 52.	1733	IX
100	Norw.	77691	C. 52. I.	2613	XXIII
218	Schwd.	130127	C. 52.	107	F
222	Schwd.	130367	C. 52.	734	F
378	Oest.	169564	C. 52.	3083	IX
282379	DBP.	819990	C. 52.	3245	IX
390	DBP.	843038	C. 53.	316	XIX
395	Eng.	654955	C. 52.	5025	XVIIIa
543	DBP.	816701	C. 52.	601	IX
728	DBP.	831245	C. 52.	5977	IX
855	Eng.	666731	C. 53.	1384	III
873	Finn.	25082	C. 52.	414	F
945	Oest.	167304	C. 52.	3053	F
946	DBP.	840839	C. 52.	6902	F
958	Dän.	72240	C. 52.	5964	VII
283045	Frz.	989561	C. 52	7071	III
047	Amer.	2566362	C. 52.	4075	XVII
059	DBP.	840000	C. 52.	7583	XII
240	DBP.	820949	C. 52.	2050	F
355	DBP.	809847	C. 51. II.	3505	VI
356	DBP.	809847	C. 51. II.	3505	VI
419	DBP.	813837	C. 52.	1889	IV
425	Frz.	972652	C. 52. I.	2766	XIII
442	Oest.	166940	C. 51. I.	1258	XXIII
551	Frz.	962190	C. 51. I.	3103	III
579	DBP.	823446	C. 52.	4498	F
630	DBP.	815486	C. 52.	1243	IX
748	DBP.	824040	C. 52.	4530	IX
751	DBP.	840694	C. 52.	6930	IX
753	DBP.	827949	C. 52.	6286	IX
763	DBP.	808738	C. 52.	933	X
765	DBP.	824816	C. 53.	1405	X
768	Eng.	648722	C. 53.	2212	XVII
769	Amer.	2572102	C. 52.	6150	XVII
787	Can.	473614	C. 52.	2456	XXIV
788	Can.	474019	C. 52.	2615	XXIV
789	DBP.	814996	C. 53.	322	XXIV
913	Schwd.	130367	C. 52.	734	F
914	DBP.	810534	C. 52.	1875	F
917	Amer.	2534237	C. 52.	4343	F
284056	Norw.	79091	C. 53.	626	XVII
083	Norw.	79091	C. 53.	626	XVII
084	Norw.	79091	C. 53.	626	XVII
088	Amer.	2537131	C. 52.	1086	IX
108	DBP.	813089	C. 52.	955	XXIV

CHEMISCHES ZENTRALBLATT

VOLLSTÄNDIGES REPERTORIUM
FÜR ALLE ZWEIGE DER REINEN UND ANGEWANDTEN CHEMIE

GEGRÜNDET 1830

Im Auftrage der Deutschen Akademie der Wissenschaften zu Berlin,
der Chemischen Gesellschaft in der Deutschen Demokratischen Republik,
der Akademie der Wissenschaften zu Göttingen
und der Gesellschaft Deutscher Chemiker

herausgegeben von

Prof. Dr. **Maximilian Pflücke**

124. JAHRGANG

1953

SEITE 7221—8268
NOVEMBER

Chefredakteure Dr. Eugen Klever und Prof. Dr. Maximilian Pflücke

1953

AKADEMIE-VERLAG GMBH · BERLIN
VERLAG CHEMIE, GMBH, WEINHEIM/BERGSTR.

MIX
Papier | Fördert gute Waldnutzung
FSC® C083411

Zeitfracht Medien GmbH
Ferdinand-Jühlke-Straße 7
99095 Erfurt, Deutschland
produktsicherheit@kolibri360.de